MODERN METHODS
OF PLANT ANALYSIS

EDITED BY

K. PAECH   M. V. TRACEY

VOLUME III

CONTRIBUTORS

G. BRAUNITZER - J. GLOVER - M.J.R. HEALY - E. HECKER - H. HELLMANN
R. HILL - E.C. HUMPHRIES - R.H. KENTEN - G. KORTUM
M. KORTUM-SEILER - K. PAECH - N.W. PIRIE - J. SMALL
R.L.M. SYNGE - F.R. WHATLEY

WITH 77 FIGURES

REPRINT 1980

SPRINGER-VERLAG
BERLIN · GÖTTINGEN · HEIDELBERG
1955

MODERNE METHODEN DER PFLANZENANALYSE

HERAUSGEGEBEN VON

K. PAECH   M. V. TRACEY

DRITTER BAND

BEARBEITET VON

G. BRAUNITZER - J. GLOVER - M.J.R. HEALY - E. HECKER - H. HELLMANN
R. HILL - E.C. HUMPHRIES - R.H. KENTEN - G. KORTUM
M. KORTUM-SEILER - K. PAECH - N.W. PIRIE - J. SMALL
R.L.M. SYNGE - F.R. WHATLEY

MIT 77 ABBILDUNGEN

REPRINT 1980

SPRINGER-VERLAG
BERLIN · GÖTTINGEN · HEIDELBERG
1955

ISBN-13: 978-3-642-64960-8   e-ISBN-13: 978-3-642-64958-5
DOI: 10.1007/978-3-642-64958-5

2130/3014-5432

Inhaltsverzeichnis. — Contents.

Inhaltsverzeichnis. — Contents.   VII

VIII   Inhaltsverzeichnis. — Contents.

Inhalt der übrigen Bände. — Contents of other Volumes.

Erster Band. — Volume I.

Zweiter Band. — Volume II.

Mitarbeiter von Band III.   Contributors to Volume III.

Dr. H. M. BENEDICT, Stanford Research Institute,
Stanford, California (USA).

Dr. D. D. CLARKE, Dept. of Organic Chemistry and Enzymology,
Fordham University, New York 58, N.Y. (USA).

Professor H. ERDTMAN, Institutionen för Organisk Kemi,
Kungl. Tekniska Högskolan, Stockholm 70 (Sweden).

Professor Dr. K. FREUDENBERG, Chemisches Institut der Universität,
Heidelberg.

Professor T. A. GEISSMAN, Department of Chemistry,
University of California, Los Angeles 24, Calif. (USA).

Dr. T. W. GOODWIN, Biochemistry Department, Johnston Laboratories,
The University, Liverpool (Great Britain).

Privatdozent Dr. O. HOFFMANN-OSTENHOF, I. Chem. Laboratorium d. Universität,
Wien IX/71 (Österreich).

Dr. H. HOLTZEM, Pharmakognostisches Institut der Universität,
Bonn.

Dr. E. JUCKER, Sandoz AG.,
Basel 13 (Schweiz).

Professor Dr. POUL LARSEN, Det Botaniske Laboratorium Universitetet,
Bergen (Norway).

Professor Dr. O. MORITZ, Pharmakognostisches Institut der Universität,
Kiel, Gutenbergstraße 76 II.

Professor Dr. F. F. NORD, Dept. of Organic Chemistry and Enzymology,
Fordham University, New York 58, N.Y. (USA).

Dr. R. F. PHIPERS, The Cooper Technical Bureau,
Berkhamsted, Herts. (Great Britain).

Professor Dr. W. SCHMID, Pharmakologisches Institut der Universität,
Tübingen.

Professor Dr. OTTO TH. SCHMIDT, Chemisches Institut der Universität,
Heidelberg.

Dr. F. A. SKINNER, Rothamsted Experimental Station,
Harpenden, Herts. (Great Britain).

Professor Dr. M. STEINER, Pharmakognostisches Institut der Universität,
Bonn.

Dr. G. DE STEVENS, Dept. of Organic Chemistry and Enzymology,
Fordham University, New York 58, N.Y. (USA).

Professor Dr. A. STOLL, Sandoz AG.,
Basel 13 (Schweiz).

Die niederen Terpene
(ätherische Öle und Harze allgemein).

Von

O. Moritz.

Mit 7 Abbildungen.

Gebietsumgrenzung.

Unter „niederen Terpenen" sollen hier die Stoffe vom Terpenoidtypus mit der Kohlenstoffatomzahl von 10—20, also die Monoterpene, Sesquiterpene und Diterpene verstanden werden. Bezüglich derjenigen Stoffe, die im Sinne biogenetischer Erwägungen als Hemiterpenkörper bezeichnet werden können (Isovaleriansäure, Methylcrotonaldehyd, Seneciosäure u. a.), sei auf die entsprechenden Abschnitte dieses Handbuches hingewiesen.

Die niederen Terpenkörper in unserem Sinne sind für gewöhnlich Bestandteile pflanzlicher Duftöle oder pflanzlicher Harze. Die Methoden ihres Nachweises sind großenteils als warenkundliche Methoden der Analyse und der Wertbestimmung dieser pflanzlichen Produkte entwickelt worden, so daß auch im folgenden sehr weitgehend auf Schrifttum der angewandten Chemie zurückzugreifen ist. Dabei sollen zunächst diejenigen Methoden besprochen werden, die den Gehalt eines Pflanzenteils an ätherischem Öl oder an Harz zu erkennen oder zu bestimmen gestatten. Es folgt dann eine Darstellung der Methoden, welche der Untersuchung eines vom Pflanzenteil bereits abgetrennten Produktes dienen, einschließlich der Methoden zur Aufteilung von Duftölen und Harzen in einzelne Fraktionen, die im Idealfalle aus chemisch einheitlichen Körpern bestehen können. Der Umfang der einschlägigen Literatur ist zu groß, als daß all diese Einzelgebiete mit gleicher Ausführlichkeit behandelt werden könnten. Nimmt doch allein der Abschnitt über Prüfung und Analyse von ätherischen Ölen im Handbuch von GÜNTHER (1948) den Umfang von etwa 140 Seiten ein, ohne den Stoff zu erschöpfen. Es sollen daher mit besonderer Ausführlichkeit die handbuchmäßig anderweitig kaum behandelten Methoden der Bestimmung des Gehalts von Pflanzenteilen an Duftölen besprochen werden, zumal der Verfasser auf diesem Gebiet über eigene Erfahrungen verfügt, während bei den übrigen Unterabschnitten häufig nur eine allgemeine Charakterisierung der Verfahren und Hinweise auf die Behandlung in Standardwerken, die am Anfang des Literaturverzeichnisses, S. 39, zusammengestellt sind, sowie auf neuere kritische Beiträge gegeben werden können. Soweit dabei überhaupt einzelne Stoffe behandelt werden, beschränkt sich diese Abhandlung auf die Gruppe der niederen Terpenkörper, während andere wichtige Bestandteile von ätherischen Ölen und Harzen in dieser Hinsicht außer Betracht bleiben. Es sei insbesondere auf die Abschnitte "Other Simple Benzene Derivatives", S. 332, und "Natural Phenylpropane Derivatives", S. 392, hingewiesen. Aber auch stickstoff- und schwefelhaltige Stoffe kommen nicht selten in ätherischen Ölen und Harzen vor, so daß auch auf die entsprechenden Abschnitte dieses Handbuchs hingewiesen werden muß.

A. Qualitative Nachweismethoden für Duftöle und Harze im pflanzlichen Material.

1. Ätherische Öle.

Ätherische Öle sind definiert als Produkte von Organismen, die sich hinsichtlich der Lösungseigenschaften ähnlich wie Fette verhalten, also zu den lipophilen Körpern gehören, darüber hinaus aber bei gewöhnlicher Temperatur und Normaldruck flüssig sowie vor allem merklich flüchtig sind. Die meisten Bestandteile der ätherischen Öle sind außerdem Reizstoffe für den Riechnerv, so daß die ätherischen Öle auch als Duftöle bezeichnet werden können, eine Bezeichnung, die schon aus stilistischen Gründen neben der herkömmlichen verwendet werden sollte, damit endlich Ausdrücke wie „ätherischer Ölgehalt" oder „ätherische Ölbestimmung" aus der Literatur verschwinden.

Zur Definitionsfrage vergleiche man auch die Arbeiten von Bournot (1953), Rosenthaler (1953), Schirm (1953). Die praktisch so außerordentlich wichtige und eindrucksvolle Riechstoffeigenschaft der meisten Bestandteile ätherischer Öle kann einen wichtigen Hinweis auf das Vorliegen derartiger Stoffe in pflanzlichem Material geben. Riechstoffe sind grundsätzlich flüchtige Stoffe, ohne daß sie allerdings zugleich bei Normaldruck und -temperatur auch flüssig sein müßten. Für praktische Zwecke kann die organoleptische Prüfung einer aromatischen Droge oder des aus ihr gewonnenen ätherischen Öles sogar die wichtigste Probe sein. Vorschläge für die praktische Durchführung derartiger Prüfungen finden sich bei Langenau [in Günther (1948), Bd. I, S. 306]. Ferner sei auf die Arbeiten von Cartwright, Snell und Kelley (1952), Dodge (1953), Doll und Bournot (1948), Henning (1924), Lockhart (1951), McCord und Witheridge (1949), Nerdel und Späth (1951) sowie von Nielsen (1940) hingewiesen.

Für die wissenschaftlich-analytische Behandlung eines vorliegenden Pflanzenmaterials muß jedoch trotz der sehr bedeutenden Empfindlichkeit der Geruchsnerven für Riechstoffe der organoleptische Test als völlig subjektive Methode gegenüber der objektiven Demonstration der Eigenschaften der Flüssigkeit, Lipophilie (Wasserunlöslichkeit) sowie der Flüchtigkeit unter Normalbedingungen zurücktreten, zumal die Möglichkeit objektiver reproduzierbarer Messung der bei Sinnenprüfung wahrnehmbaren Eigenschaften sehr eingeschränkt ist.

Für die grobe Orientierung über das Vorhandensein von ätherischem Öl in einer Probe pflanzlichen Materials stehen die folgenden Methoden zur Verfügung:

Bei der Methode des flüchtigen Fettflecks werden kleine Mengen der trockenen Probe gegen Filtrierpapier gepreßt. Bei Anwesenheit von ätherischem Öl entsteht ein durchscheinender Fleck, der allmählich verschwindet, wenn das Probepapier bei Zimmertemperatur aufbewahrt, einem Luftstrom ausgesetzt oder gelind erwärmt wird.

Bei der Destillationsmethode wird die Probe bei Vorliegen größerer Mengen Materials in einer der weiter unten beschriebenen Apparaturen der Hydrodestillation unterworfen. Bei Anwesenheit von Duftöl finden sich im Destillat wasserunlösliche Tropfen des Öls, die meist leichter als das Wasser, manchmal aber auch schwerer oder gleich schwer wie Wasser sind. Für die Prüfung kleiner Materialmengen empfiehlt sich die Anstellung der Probe in einer der gebräuchlichen Anordnungen für Mikrosublimation, wobei also ein wenig der Probe mit Wasser angeteigt und dann gegen einen Objektträger oder ein Deckglas als Rezipienten destilliert wird [vgl. Tunmann-Rosenthaler (1931), S. 30—43].

Auch dem histochemischen Nachweis ätherischer Öle liegen die Eigenschaften der Flüssigkeit und Flüchtigkeit zugrunde. Zum histochemischen Nachweis müssen also fettähnliche Tröpfchen an bestimmten Orten des mikroskopischen Präparates nachgewiesen werden. Die Fettähnlichkeit kann durch Anfärben mit lipoidlöslichen Farbstoffen (Alkanna, Sudan III) nachgewiesen werden. Wird ein Präparat aber vor dem Anfärben kurze Zeit auf 100° C erhitzt, so müssen an den entsprechenden Orten (Exkretbehälter) die anfärbbaren Tropfen verschwunden sein. Weiter erlaubt das Verhalten gegenüber Alkohol eine Unterscheidung von den meisten fetten Ölen. Diese sind (Ausnahme z. B. Ricinusöl) in Alkohol unlöslich, während die ätherischen Öle ausnahmslos in 90%igem Äthanol löslich sind. Weitere Untersuchungsflüssigkeiten, in denen die ätherischen Öle löslich, die fetten Öle dagegen im allgemeinen unlöslich sind, sind Eisessig und konzentrierte wäßrige Chloralhydratlösung. Es lassen sich also ätherische Öle im histochemischen Versuch von fetten Ölen unterscheiden, wenn auch nicht mit absoluter Sicherheit. Für weitere Darlegungen hierüber vgl. TUNMANN-ROSENTHALER (1931).

2. Harze.

Harze haben mit den ätherischen Ölen die Eigenschaft der Lipoidlöslichkeit gemeinsam. Im Gegensatz zu ihnen aber sind die Harze bei Zimmertemperatur feste oder halbfeste Körper und, wenn sie nicht ätherische Öle enthalten, bei Zimmertemperatur und Normaldruck nicht merklich flüchtig. Während die ätherischen Öle infolge ihrer gut definierbaren Grundeigenschaften eine analytisch und technisch scharf umschriebene Klasse von Pflanzenprodukten sind, gilt das gleiche nicht von den Harzen. Dem Verfasser ist auch heute noch keine bessere — und das heißt hier zugleich ihre eigene Fragwürdigkeit besser zum Ausdruck bringende — Definition des Harzbegriffes bekannt geworden als die von DISCHENDORFER (1932):

Danach sind Harze Gemische organischer Stoffe, welche die Fähigkeit haben, mit gewissen Lösungsmitteln „Lacke" zu bilden, und bei denen der Typus feste Lösung („Glas") weitgehend stabilisiert ist, während die Fähigkeit zur Selbstreinigung (ausfallen, auskristallisieren) praktisch ausgeschaltet ist. Für den harzartigen Zustand wesentlich und charakteristisch ist also die Amorphie des maßgebenden Teiles des betreffenden Harzes. Es gelingt häufig, durch längeres Erhitzen „Entglasungserscheinungen" hervorzurufen.

Aus dieser Darlegung über den Harzbegriff folgt zugleich, daß es keine einfachen Operationen geben kann, durch die ein Pflanzenprodukt eindeutig als Harz erkannt werden kann. Im mikroskopischen Bild wird man feste oder halbfeste Körper, die Lipoidfarben annehmen, sich in Lipoidlösungsmitteln einschließlich 90%igem Alkohol und häufig auch einschließlich 60%iger Chloralhydratlösung lösen, die ferner beim Erwärmen erweichen, dagegen keinen festen Schmelzpunkt zeigen, als Harze ansprechen. Bezüglich verschiedener histochemischer Reaktionen, die zur Sichtbarmachung im mikroskopischen Bild herangezogen werden können, sei auf TUNMANN-ROSENTHALER (1931) verwiesen.

B. Quantitative Methoden zur Bestimmung des Duftölgehaltes in Pflanzenmaterial.

I. Duftölgehaltsbestimmung durch Messung im mikroskopischen Bild.

Soweit sich ätherische Öle in bestimmten, leicht sichtbaren Öldrüsen auf der Oberfläche eines pflanzlichen Organs befinden, kann versucht werden, den Gehalt durch Auszählung der Öldrüsen auf der Flächeneinheit, mikrometrische Feststellung der den Rauminhalt der einzelnen Drüse bestimmenden Größen und Bestimmung der Gesamtoberfläche des untersuchten Organs zu ermitteln. Über derartiges Vorgehen zur Bestimmung des Duftölgehaltes aromatischer Drogen haben wohl erstmals SCHLEMMER und SPRINGER (1938) berichtet. Weitere An-wendungsbeispiele finden sich bei WEILING (1951) sowie SCHRATZ und SPANING (1940, 1943).

Es ist zweifellos mit einem solchen Verfahren möglich, sich ein Urteil über den Erhaltungsgrad der Öldrüsen zu bilden und daraus praktisch wichtige Schlüsse zu ziehen auf die Sorgfalt, die beim Trocknungsvorgang aufgewendet wurde. Auch berichten die erwähnten Autoren zum Teil, daß die so ermittelten Wert-reihen den mit Destillationsmethoden bestimmten im allgemeinen parallel gehen. Dennoch muß man sich darüber klar sein, daß aus dem Bild des Exkrets in der Öldrüse nicht geschlossen werden kann auf den Duftölgehalt der Drüse, geschweige denn des Organs. Denn einerseits kann das Exkret im ätherischen Öl gelöste nicht-flüchtige Stoffe enthalten, andererseits braucht nicht alles ätherische Öl des unter-suchten Organs in den Drüsenräumen enthalten zu sein. Endlich dürfte die gegenüber einer Destillationsmethode erzielbare Zeitersparnis gering sein, wenn eine ausreichende Anzahl von Drüsen gezählt und vermessen wird. Der Wert der Methode für orientierende Vorprüfungen sei jedoch unterstrichen.

II. Extraktionsmethoden.

Reine Extraktionsmethoden kommen als selbständige Methoden zur analyti-schen Bestimmung des Duftölgehaltes von Pflanzenmaterial nicht zur Anwendung, da in die Definition des Duftöles notwendig die Flüchtigkeit miteingeht. Sie können aber als vorbereitende Operationen zur Isolierung von Einzelstoffen oder zur Bestimmung des Gehaltes an ätherischem Öl durch nachfolgende Destillation verwendet werden, wenn Trennung des ätherischen Öls von dem Pflanzenmaterial unter schonenderen Bedingungen als sie bei der Destillation möglich sind, erfolgen soll, wenn insbesondere die Einwirkung von Wasser oder wäßrigen Extraktiv-stoffen des Gesamtmaterials auf die Bestandteile der ätherischen Öle bei der Destillation zu vermeiden ist. Die für derartige Extraktionen möglichen Extrak-tionsmittel und Apparaturen sollen hier nicht besprochen werden (vgl. in Bd. I: General Methods for Separation). Hingewiesen sei aber auf die Möglichkeit, ätherische Öle aus dem Rohmaterial bei tiefen Temperaturen zu extrahieren, wenn Butan als Extraktionsmittel verwendet wird [vgl. CONSTANTINI (1952), sowie das Am. Patent 2158670], wenngleich die in den zitierten Arbeiten angegebenen Verfahren nicht für analytische, sondern für technisch-präparative Zwecke entworfen wurden. Jedoch dürfte der angestrebte Zweck auch mit anderen Lösungsmitteln (Diäthyläther, Pentan) ohne die Notwendigkeit der beim Butan unvermeidlichen Druckverdichtung erreicht werden können, wenn mit entsprechendem Vakuum und intensiver Kühlung gearbeitet wird.

III. Destillationsmethoden.

Die Destillationsmethoden zur Bestimmung des Duftölgehaltes von Pflanzen-teilen nutzen die Flüchtigkeit der ätherischen Öle für ihre Trennung vom Pflanzen-material aus. Nach den bei dieser Trennung obwaltenden Temperaturgefälls-verhältnissen können Anordnungen zu isothermer oder zu anisothermer Destilla-tion unterschieden werden.

1. Isotherme Destillation.

Praktisch isotherme Destillation liegt vor bei dem technischen Prozeß des «enfleurage à froid»: duftölhaltige Blüten werden auf Glasplatten, die mit einem

Gemisch aus Talg und Schmalz bestrichen sind, ausgebreitet. Im geschlossenen, gleichmäßig temperierten Raum wird das bei der Raumtemperatur in die Atmosphäre übergehende Duftöl in der Fettmasse («corps») durch Lösung absorbiert. Bezüglich der Einzelheiten des technischen Verfahrens sei auf GILDEMEISTER und HOFFMANN (1928), GÜNTHER (1948), FÖLSCH (1930) und LEIMBACH-BOURNOT (1951) verwiesen. Hier wird also der für die teilweise Trennung des ätherischen Öls vom Pflanzenmaterial erforderliche Dampfdruckunterschied nicht durch Temperaturdifferenzen geschaffen und aufrechterhalten, sondern durch Lösung der ätherischen Öle in einem geeigneten Lösungsmittel. Analytische Verwendung hat dies Verfahren zwar anscheinend bisher nicht gefunden. Dennoch sei auf dieses Prinzip hier hingewiesen, da seine Anpassung an analytische Bedürfnisse denkbar ist und sich z. B. bei der Aufstellung der Bilanz der Bildung von ätherischen Ölen in lebenden Pflanzenteilen als nützlich erweisen könnte. Die von MORITZ (1938) erwähnten Versuche zur Schaffung eines ausreichenden Dampfdruckgefälles durch Adsorption sind erfolglos abgebrochen worden. Jedoch hat KISS (1941) über ein Verfahren der Adsorption an Aktivkohle berichtet, wobei aber die Droge auf 100° C erhitzt wird. Anderweitige Erfahrungen mit der Methode scheinen nicht vorzuliegen.

2. Anisotherme Destillation.

Bei der anisothermen Destillation wird das für die Trennung vom Pflanzenmaterial erforderliche Dampfdruckgefälle zwischen dem Rohstoffbehälter und einem Abscheidungsraum durch verschiedene Temperierung beider Räume hergestellt und aufrechterhalten. Grundsätzlich sind dabei Anordnungen denkbar, bei denen die Destillation ohne Zumischung eines indifferenten Treibmittels oder mit Zumischung eines solchen vorgenommen wird. Das indifferente Treibmittel, von dem das ätherische Öl sich nach der Destillation leicht trennen lassen muß, kann ebenso wie das ätherische Öl lipophil oder lipophob sein. Treibmittelfreie Destillation ist für unseren Zweck bisher scheinbar noch wenig angewandt worden, obgleich sie bei dem Stande der Hochvakuumtechnik und unter Verwendung von Infrarotbeheizung des Materials grundsätzlich möglich erscheint. Unter dem Gesichtswinkel schonendster Abtrennung der ätherischen Öle vom Material könnten derartige Verfahren interessant sein.

STAHL (1953) hat für den Zweck des Nachweises kleinster Mengen Proazulen oder Azulen die KLEIN-WERNERsche Vakuumsublimationsapparatur modifiziert und in ihr trocknes Material einer Sublimation oder Destillation unterworfen.

Destillation mit relativ lipophilen Treibmitteln.

BURDICK und ALLEN (1948) beschrieben eine Methode zur Bestimmung des Gehalts von *Citrus*-Säften an ätherischen Ölen, nach der mit Aceton versetzte Säfte der Destillation unterworfen werden. Der Gehalt des Kondensates an ätherischem Öl wird unter Zugrundelegung von Eichwerten durch Verdünnung mit Wasser bis zur beginnenden Trübung bestimmt.

SABETAY (1939) verwendet Äthylenglykol als relativ lipophiles Treibmittel. Er läßt „konkrete" oder „absolute" Öle, Produkte der «enfleurage»-Methoden also, mit Äthylenglykol bei 95—100° C und 8—15 mm Hg-Druck destillieren und das ätherische Öl aus dem Destillat durch Verdünnen mit Wasser und Ausschütteln mit einer Mischung aus gleichen Teilen Pentan und Äthyläther gewinnen. (Er hat dieses Verfahren dann auch auf Pflanzenteile angewandt.)

Destillation mit lipophobem Treibmittel.
(Hydrodestillation.)

Destillation mit Wasser als Treibmittel ist die gebräuchlichste Methode zur Abtrennung von Duftölen aus pflanzlichem Material für analytische und präparative Zwecke (auch im fabrikatorischen Ausmaß). Während bei der Destillation mit relativ lipophilen Treibmitteln die Gesetze und Regeln der Fraktionierung einphasischer Flüssigkeitsgemische Geltung haben, gelten für die Hydrodestillation von Duftölen im wesentlichen die Gesetze für die Destillation und Fraktionierung von Gemischen solcher flüchtiger Flüssigkeiten, die wegen Schwerlöslichkeit (praktisch oft „Unlöslichkeit") der das Gemisch bildenden Flüssigkeiten ineinander Grenzflächen gegeneinander bilden. Im Idealfalle völliger Unlöslichkeit der Partner des Gemisches ineinander beeinflussen sie also gegenseitig ihre Dampfdrucke nicht, und der Gesamtdampfdruck über dem Gemisch ist gleich der Summe der Partialdrucke der beiden Partner im reinen Zustand. Der Siedepunkt eines solchen Gemisches liegt also unterhalb des Siedepunktes des Partners mit dem niedrigsten Siedepunkt. Dementsprechend verhalten sich die Gewichtsmengen zweier derartiger Gemischpartner F und F_1 im Dampfraum über dem Gemisch:

$$\frac{G_F}{G_{F_1}} = \frac{M_F \cdot p_F}{M_{F_1} \cdot p_{F_1}},$$

wo M die Molekulargewichte und p die Partialdrucke sind. Im Falle einer Destillation, also bei Vorliegen eines Temperaturungleichgewichtes zwischen einem das Destillans enthaltenden Siederaum (Rohstoffbehälter bei Abtrennung von ätherischem Öl von einem pflanzlichen Material) und einem gekühlten Abscheidungsraum, muß das gleiche Verhältnis auch für das Destillat gelten. Ausführliche Darlegung der bei der Abtrennung eines ätherischen Öls aus Pflanzenmaterial herrschenden Verhältnisse findet man bei v. Rechenberg (1910, 1923) und bei Günther (1948). Bei Besprechung der sich aus der Natur des Rohmaterials ergebenden für analytische Zwecke wichtigen Abweichungen ist hierauf zu zurückzukommen. Zunächst aber sollen die für die Durchführung der Abtrennung von Duftölen aus Pflanzenmaterial verwendbaren Apparaturtypen besprochen werden.

Apparaturen. Die Apparate zur analytischen Erfassung des Duftölgehaltes von Pflanzenorganen sind ausnahmslos nach den Prinzipien der für die fabrikatorische Herstellung derartiger Produkte gebräuchlichen Apparate gebaut. Nach der Art, wie das Treibmittel Wasser oder Wasserdampf mit dem Rohstoff in Berührung gebracht wird, unterscheidet man Wasserdestillation, bei der ein Rohstoff in Wasser im Siederaum gekocht wird, Wasser- und Dampfdestillation, bei der sich der Rohstoff in einem besonderen Rohstoffbehälter über dem siedenden Wasser befindet, und Dampfdestillation, bei der gesondert entwickelter Dampf den Rohstoffbehälter mit dem Pflanzenmaterial durchstreicht.

Nach der Art der Führung des Dampfes und des Kondensats können offene Apparaturtypen, in denen der Abscheidungsraum nur durch den Kühler mit dem Siederaum in Verbindung steht, von solchen unterschieden werden, bei denen außerdem eine Flüssigkeitsverbindung zwischen beiden Räumen besteht, so daß ein Rücklauf eines Teiles des Kondensates in den Siederaum statthat. Mit einer offenen Apparatur und Wasserdestillation läßt das Deutsche Arzneibuch, 6. Ausgabe, arbeiten. Ebenfalls mit offener Apparatur und Wasserdestillation arbeiten Bänninger (1939), Jud (1940), Messmer (1941), Zäch (1931) u. a., die der Destillation eine Chromsäureoxydation folgen lassen [vgl. auch noch Flück, Hegnauer und Hoffmann (1949), Flück und Hoffmann (1953)]. Das Prinzip des Aufbaues derartiger Apparate ist aus der Abb. 1 ohne weiteres verständlich.

Mit Apparaturen vom „offenen" Typ, jedoch mit Wasser- und Dampfdestillation arbeiten WASICKY, ROTTER und ALBER (1931) sowie KOFLER und v. HERREN-SCHWAND (1935). Das Prinzipielle einer solchen Anordnung stellt die Abb. 2 dar.

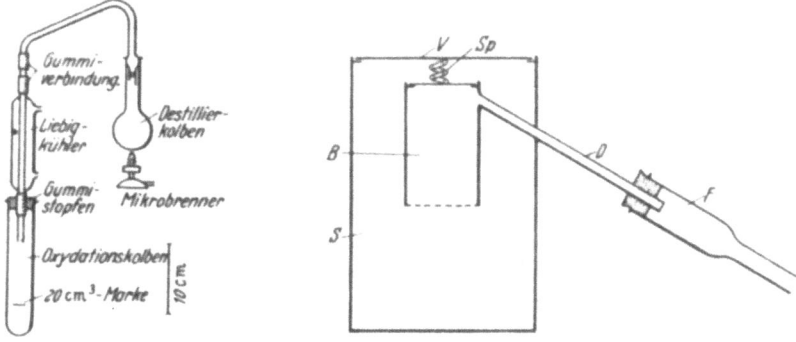

Abb. 1.   Abb. 2.

Abb. 1. Apparatur für offene Destillation. Aus FLÜCK und HOFFMANN (1953).
Abb. 2. Apparatur für Wasser- und Dampfdestillation, offener Typ nach KOFLER und v. HERRENSCHWAND (1935).
S Siedegefäß aus Metall; B Rohstoffbehälter aus Metall; Sp Rohstoffbehälter; V Verschlußplatte; D Dampfrohr; F absteigender Kühler.

Eine analytische Apparatur mit reiner Dampfdestillation (Dampfentwicklung in einem gesonderten Entwicklungsgerät, Überleitung des Dampfes in den Roh-stoffbehälter) haben KAISER und FÜRST (1936) beschrieben. KALITZKI (1954) benutzte eine Dampfdestillationsappa-ratur mit Rücklauf (s. Abb. 3) zur Ge-winnung ätherischer Öle für Unter-suchungszwecke.

Die Apparaturen des offenen Typs dürften heute allgemein gänzlich zugun-sten der Destillationsapparate nach dem Rücklaufprinzip verlassen worden sein. Den Grundtypus eines solchen Apparates bietet der Apparat von CLEVENGER (1928, 1938), der in Abb. 4 dargestellt ist und je nach der Konstruktion des Aufsatzes für Öle, die spezifisch leichter (Abb. 4a) oder spezifisch schwerer als Wasser sind (Abb. 4b), verwendet werden kann. Das zu untersuchende Material geiangt in einer Menge, die etwa 2—6 ml äthe-risches Öl geben soll, und mit etwa der 3—6fachen Gewichtsmenge Wasser in den auf 2 l berechneten Siedekolben S. Dieser wird durch ein Ölbad von etwa 130° C beheizt. Beim Sieden steigen die Dämpfe durch das Dampfrohr D zum Kühler f, der ein Oberflächenkühler (Typ „kalter Finger") ist, kondensieren sich hier und gelangen als Kondensat in den

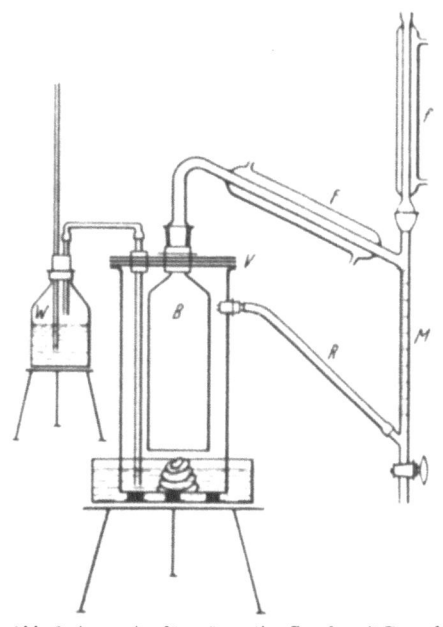

Abb. 3. Apparatur für präparative Zwecke mit Dampf-destillationen, Überhitzungsmöglichkeit und Rücklauf nach KALITZKI (1954). W Wasserdampfentwickler, B Rohstoffbehälter; f absteigender Kühler; R Rück-laufrohr; M Meßrohr. Sonstige Bezeichnungen wie in den übrigen Abbildungen.

Abscheidungsraum A. Dieser steht über das Meßrohr M und das Rücklaufrohr R mit dem Dampfrohr und damit mit dem Siedekolben in Verbindung. Vor Beginn der Destillation werden A, M und R mit destilliertem Wasser gefüllt. Somit

werden sich die spezifisch leichteren Bestandteile der ätherischen Öle im Abscheidungsraum von der wäßrigen Phase trennen, während diese (das „aromatische Wasser", eine Lösung von Bestandteilen des ätherischen Öls in Wasser)
durch den Rücklauf kontinuierlich wieder dem siedenden Gut zugeführt wird.
Nach Beendigung der Destillation, wenn also der Rohstoff als erschöpft angesehen
wird, kann durch Öffnung des Hahnes H das abgeschiedene ätherische Öl in das
Meßrohr gezogen werden, das beim Originalapparat eine Teilung in 0,1 ml trug.

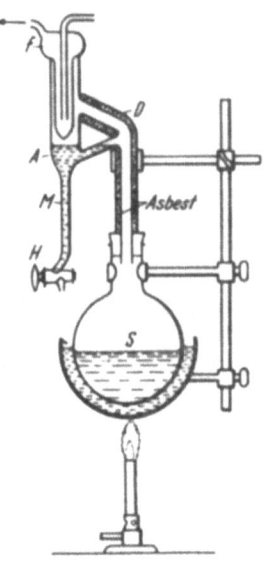

Der Gang der Bestimmung mit dem Aufsatz für spezifisch schwere ätherische Öle
ist aus der Zeichnung ohne besondere Erklärung verständlich. Der Apparat nach
CLEVENGER ist für Bestimmung des ätherischen Öls in Proben des vorgeschriebenen
Umfanges ohne weiteres brauchbar. Für
wissenschaftliche Zwecke werden jedoch
häufig nur wesentlich kleinere Probemengen zur Verfügung stehen, bei denen

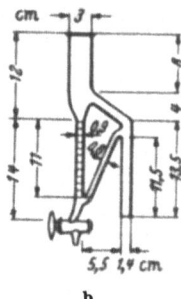

a   b

Abb. 4a u. b. Apparatur nach CLEVENGER (1928), (entnommen aus GÜNTHER, 1948). a Gesamtapparatur mit
Aufsatz für Öle, die schwerer als Wasser sind. b Aufsatz für Öle, die leichter als Wasser sind, mit Maßangaben.
A Abscheidungsraum; H Hahn; sonstige Bezeichnungen wie in den übrigen Abbildungen.

Ölmengen von 0,05 ml etwa zu bestimmen sind. Dann machen sich bei der Verwendung einer CLEVENGER-Apparatur grundsätzliche Mängel bemerkbar, die
nicht durch Verkleinerung der Dimensionen des Meßrohres und anderer Maße der
Apparatur abgestellt werden können. Versuche in dieser Richtung haben u. a.
BAUER und POHLOUDEK (1942, 1943) sowie ULLRICH und SCHNEIDER (1939) gemacht. MORITZ (1938) hat in Modellversuchen nachgewiesen, daß sich
beim Arbeiten mit Apparaturen vom CLEVENGER-Typ regelmäßige Fehlbeträge
gegenüber der in den Siedekolben gebrachten Einwaage ergeben. Sie sind zurückzuführen auf Verluste, die sich aus der Anordnung des Kühlers und aus der
partiellen Löslichkeit der zu bestimmenden Substanzen im aromatischen Wasser
ergeben. Die zuletzt genannte Fehlerquelle kann beseitigt werden, wenn einmal
das Volumen des im Abscheidungsraum, Meßrohr und Rücklauf befindlichen
aromatischen Wassers möglichst klein gehalten wird, ferner durch eine der Bestimmung vorangehende Sättigung des aromatischen Wassers mit den zu bestimmenden Substanzen. Diese wird praktisch am einfachsten so ausgeführt, daß vor
der eigentlichen Bestimmung eine gleichartige Probe aus dem Siedekolben destilliert wird, so daß das destillierte Wasser im Rücklaufsystem durch das auch bei
der Bestimmung anfallende aromatische Wasser verdrängt wird. Das bei dieser
Sättigung anfallende ätherische Öl wird volumetrisch im Meßrohr gemessen und
das abgelesene Volum bei der Hauptbestimmung in Abzug gebracht. Selbstverständlich ist diese Methode nur bei volumetrischer Ablesung anwendbar,

niemals bei gravimetrischer oder bei titrimetrischer Ausbeutebestimmung. Die Fehler aus der Anordnung des Kühlersystems erklären sich daraus, daß der „kalte Finger" z. T. als Rückflußkühler wirkt, haften also in noch höherem Maße den Apparaturen mit echtem Rückflußkühler an, wie sie von KUHN (1934) u. a. beschrieben wurden. Da (s. oben) das Gemisch aus ätherischem Öl und Wasser bei niedrigerer Temperatur siedet als Wasser, wird es sich am Kühler zuletzt kondensieren, d. h. im Rückflußkühler an Stellen, wo es der Spülwirkung des kondensierten Wassers nicht ausgesetzt werden kann. Besonders fehlerhaft wäre also die Verwendung von Kugelkühlern. MORITZ (1940) hat schließlich eine Apparatur entwickelt, die diese Nachteile der ursprünglichen CLEVENGER-Apparatur vermeiden läßt und die er als „Neo - CLEVENGER" bezeichnete. Sie ist in Abb. 5 dargestellt. Ein Siedekolben S steht in Schliffverbindung mit dem Dampfrohr D, das in den *absteigenden* Kühler F übergeht. Dieser mündet in ein lotrechtes Rohr, dessen oberer Zweig als Entlüftungs- und Druck-ausgleichsrohr dient und nach Anbringung eines Kühlschweinchens als Sperrkühler f (Rückflußkühler!) dienen kann, während der untere Zweig als Abscheidungsraum A dient. Er verjüngt sich allmählich zum Übergang in das Meßrohr M, von dem oberhalb des Hahnes H das Rücklaufrohr R abzweigt. R mündet so in das Dampfrohr, daß bei lotrechtem Stand von M und D das Flüssigkeits-niveau sich etwa in der Mitte des Abscheidungs-raumes befindet. Unterhalb des Hahnes H kann mittels eines Capillarschlauches die Verbindung zu einer kleinen Niveaubirne N hergestellt werden, durch deren Betätigung der Inhalt des Abscheidungsraumes, des Rücklaufrohres

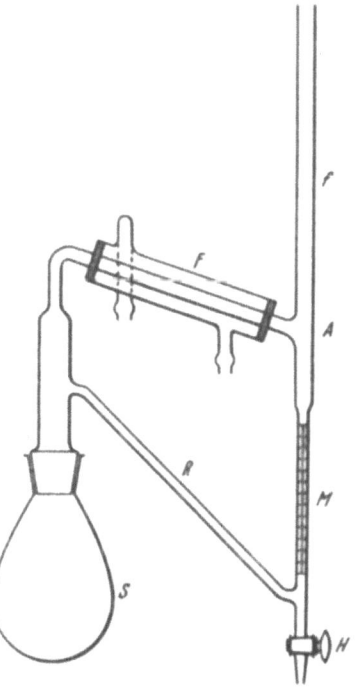

Abb. 5. Neo-CLEVENGER-Apparatur nach MO-RITZ (1940). Bezeichnungen wie in den übrigen Abbildungen.

und des Meßrohres hin und her bewegt werden kann. Das Meßrohr hat normaler-weise einen Querschnitt von 2—3 mm i. L. und ist in 0,01 ml eingeteilt. Die Größe des Siedekolbens kann beliebig gewählt werden, da (s. unten) die Menge des als Treibmittel dienenden Wassers grundsätzlich ohne Einfluß auf die Bestim-mungsausbeute ist. Wird aus irgendwelchen Gründen ein möglichst kleiner Kolben mit geringer Treibmittelmenge versehen, so ist Beheizung durch ein Ölbad wie beim CLEVENGER-Apparat durchzuführen. Bei größeren Ausmaßen des Kolbens und relativ geringer Beschickung mit Material kann direkte Beheizung auf Asbestdrahtnetz oder Baboblech vorgenommen werden. Die Materialmenge wird man bei den angegebenen Ausmaßen des Meßrohres so wählen, daß min-destens 0,05 ml ätherischer Öle anfallen. Normalerweise werden die Apparate vom Hersteller mit 250 ml-Kolben ausgerüstet (E. Eydam, Kiel, Karlstraße).

Eine Bestimmung erfolgt dann etwa nach folgender Vorschrift: Das zweck-mäßig vorbereitete und gewogene Material (s. unten) wird durch einen Fülltrichter in den Kolben eingefüllt, der Fülltrichter mit der erforderlichen Wassermenge nachgespült und der Siedekolben an den Aufsatz angeschlossen. Zur Schmierung des Schliffs bedient man sich zweckmäßigerweise des fettfreien Schliffschmier-mittels nach KAPSENBERG, da Fette ätherische Öle zu absorbieren vermögen.

Abscheidungsraum, Meßrohr und Rücklauf werden mit destilliertem Wasser gefüllt, soweit nicht zum Zwecke der Sättigung der Apparatur eine Vordestillation vorangegangen ist, so daß sich im Rücklaufsystem aromatisches Wasser befindet (s. oben). Nunmehr wird die Heizung (je nachdem, ob bei der gewählten Beschikkung die Gefahr des Anbrennens besteht oder nicht, bei direkter Beheizung oder indirekter durch ein Ölbad) in Gang gesetzt, die Kühlung angestellt. Das Ausmaß der Wärmezufuhr zum Siedekolben wird so eingestellt, daß die Kondensation aller übergehenden Dämpfe im absteigenden Kühler *F* stattfindet. Der Sperrkühler *f* soll normalerweise nicht in Funktion zu treten brauchen. Er kann gänzlich fehlen, abgesehen von solchen Fällen, wo sehr leicht flüchtige Substanzen destilliert werden, z. B. wenn Pentan oder dergleichen als lipophiles Hilfstreibmittel zugesetzt wird (s. unten). Nach etwa 30 min wird ohne Verlangsamung des Siedevorganges die Kühlwasserzufuhr abgestellt oder so eingeschränkt, daß Anteile des ätherischen Öls, die im absteigenden Kühler *F* haften geblieben sind, vom kondensierenden wärmeren Wasser hinreichend verflüssigt werden, daß sie mit dem Kondensat in den Abscheidungsraum getrieben werden. Auch in dieser Phase des Arbeitsganges soll eine Kondensation von Dämpfen im aufsteigenden Ast des Entlüftungsrohres möglichst vermieden werden (s. oben über Nachteil der Kondensation im Rückflußkühler). Dann wird die Heizung abgestellt, und nach Aufhören des Siedens und des Kondensatzuflusses sowie nach ausreichender Abkühlung wird der im Raume *A* abgeschiedene Duftöltropfen durch Öffnen des Hahnes und Betätigung des Niveaugefäßes in das Meßrohr gezogen, das Volumen wird bestimmt, notiert, der Tropfen durch Heben des Niveaugefäßes wieder emporgetrieben, der Hahn wieder geschlossen und die Destillation fortgesetzt. Diese Unterbrechung der Destillation wird in gleicher Weise so oft wiederholt. bis sich keine weitere Vermehrung des Volumens des Öltropfens bei erneuter Destillation mehr feststellen läßt. Es ist klar, daß dabei jedesmal gleiche Temperaturbedingungen herrschen müssen. Ferner ist klar, daß bei Serienbestimmungen auf die geschilderte Art nur in einem Vorversuch die für die vollständige Übertreibung des erfaßbaren ätherischen Öls erforderliche Zeit ein für allemal bestimmt zu werden braucht, worauf dann alle anderen Versuche unter Zugrundelegung dieser Zeitspanne durchgeführt werden. Die endgültige Volumenbestimmung hat dann bei jeweils bekannten und gleichen Temperaturbedingungen stattzufinden.

Für die Bestimmung des Endpunktes der Destillation, der natürlich je nach der Intensität der Destillation, der Natur der zu bestimmenden Stoffe und dem Zustand des Rohstoffes nach verschiedener Zeit erreicht wird, haben Kaiser und Lang (1951) eine fest an die Apparatur anzublasende Vorrichtung angegeben. Mit Bournot (1953) wird man der Meinung sein können, daß diese Abwandlung vor der hier beschriebenen einfachen Vorrichtung keine prinzipiellen Vorteile bietet. Wohl aber erschwert sie die Herstellung des Apparates und vermindert seine Bruchsicherheit. Eine ebenfalls mit absteigendem Kühler arbeitende Bestimmungsapparatur hatten bereits vorher Cocking und Middleton (1935a. 1935) beschrieben. Die Kühlvorrichtung führt jedoch von der Biegung des Dampfrohres lotrecht nach unten, so daß das Entlüftungsrohr an einer Stelle abgezweigt werden muß, die dauernd vom Kondensat bespült wird, was unter Umständen zu Verlusten führen kann. Schmersahl hat — offenbar ohne die vorbeschriebene Apparatur zu kennen — über die Arbeiten von Cocking und Middleton berichtet (1950a, 1950b). Auch Wichtl (1954), der verschiedene Apparaturtypen referiert, ist offenbar die im „Neo-Clevenger"-Apparat verwirklichte Kombination von Wasserdestillation mit schräg-absteigendem Kühler sowie der Konstruktionsmangel der Apparatur von Cocking u. Middleton entgangen.

STEINER u. HOCHHAUSEN (1954), die anscheinend mit einer modifizierten Apparatur nach COCKING u. MIDDLETON brauchbare Ergebnisse erzielt haben, haben dem Entlüftungsstutzen eine etwas andere Form gegeben, wodurch die erwähnten Nachteile etwas gemildert sein mögen.

Rücklaufapparaturen sind nicht nur für die Durchführung von Wasserdestillationen (CLEVENGER-Apparatur, „Neo-CLEVENGER" nach MORITZ) beschrieben worden, sondern auch für die Verwendung von Wasser- und Dampfdestillation. Die erste derartige Apparatur hat anscheinend MORITZ (1938) beschrieben, und zwar vor dem oben erwähnten „Neo-CLEVENGER"-Apparat, der sich erst aus der nunmehr zu beschreibenden Apparatur für Wasser- und Dampfdestillation entwickelte (s. Abb. 6). Hier nimmt der Siedekolben S nur noch das als Treibmittel dienende Wasser auf. Der Rohstoff befindet sich in dem Rohstoffbehälter B. Der Rücklauf mündet über einen das Dampfrohr oberhalb des Rohstoffbehälters umgebenden Kragen. Im übrigen entspricht die Apparatur in allem Wesentlichen dem oben beschriebenen „Neo-CLEVENGER"-Apparat. In der Abb. 6 ist eine andere Kühlerform gezeigt, bei der das Hauptkühlrohr F und das Sperrkühlrohr (Entlüftungs- und Druckausgleichsrohr) f von einem gemeinsamen Kühlmantel umgeben sind. Eine ähnliche Kühlerordnung, bei der jedoch auch der Abscheidungsraum von der Kühlflüssigkeit umspült wird, hat STAHL (1952, 1953) angegeben. Beide Anordnungen bieten jedoch keine grundsätzlichen Vorteile gegenüber der beim „Neo-CLEVENGER" beschriebenen, die außerdem einfacher herzustellen und übersichtlicher in der Bedienung ist. Beim Arbeiten mit sehr niedrig siedenden Abfangmitteln wie Pentan wird die STAHLsche Kühleranordnung allerdings Vorteile bieten können.

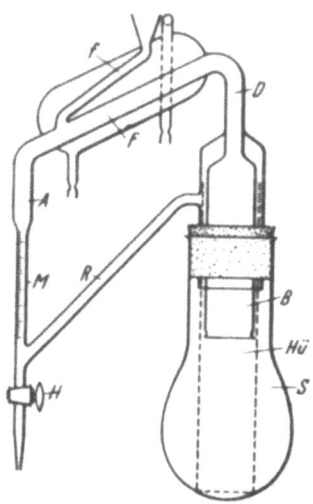

In dieser Beziehung unterscheidet sich die Apparatur für Wasser- und Dampfdestillation nur hinsichtlich der Beschickung von der für Wasserdestillation. Wenn es sich um grobzerschnittenes oder grobzerstoßenes Material handelt, wird der Aufsatz bei der Beschickung auf den Kopf gestellt (Öffnung des Rohstoffbehälters nach oben), in den Rohstoffbehälter wird ein passendes Säckchen aus Mull eingefüllt. In dieses wird dann durch den Fülltrichter das abgewogene Material eingefüllt, das Mullsäckchen geschlossen, dann nach Verbinden des Aufsatzes mit dem Siedekolben verfahren wie bei der Apparatur für Wasserdestillation. Gepulvertes Material bringt man dagegen zweckmäßig in ein flaches Leinensäckchen, dessen Breite

etwas geringer bemessen ist als die Höhe des Rohstoffbehälters. Das gepulverte Gut wird möglichst gleichmäßig auf der einen Wandung des Säckchens verteilt, dieses dann von der Öffnung her aufgerollt und in diesem Zustand in den Rohstoffbehälter eingeschoben [Rollsäckchen-Methode, s. bei MORITZ (1941)]. Diese Arten der Beschickung können unter Umständen etwas verlustreicher sein als die Beschickung des Siedekölbchens beim Neo-CLEVENGER-Apparat. Jedoch zeigte sich bei der praktischen Erprobung, daß Parallelwerte sehr gut miteinander übereinstimmen. Selbstverständlich braucht nie auf die Gefahr des Anbrennens des zu analysierenden Gutes geachtet zu werden. Ferner ist die Gefahr des Überschäumens des Ansatzes im Siedekolben ausgeschaltet. Dieses sind die unbezweifelbaren Vorzüge der Apparatur für Wasser- und Dampfdestillation.

Ob im übrigen die Wasser- und Dampfdestillation vor der Wasserdestillation, wie sie im Neo-CLEVENGER-Apparat durchgeführt wird, irgendwelche Vorteile hat, kann nach Vergleichsuntersuchungen von MORITZ (1941) bezweifelt werden. Allerdings gingen WASICKY und Mitarbeiter (1935), KOFLER und v. HERREN-SCHWAND (1935), KOCH (1939) und zunächst auch MORITZ von der Annahme aus, daß die Wasser- und Dampfdestillation vor der Wasserdestillation unbezweifelbare Vorzüge habe.

Das trifft bezüglich der Vollständigkeit der Erschöpfung des Rohstoffes und der Höhe der Ausbeute einer Bestimmung jedoch nach den Untersuchungen von MORITZ (1940) für die von ihm vergleichsweise erprobten analytischen Apparaturen allenfalls für wenige Drogen (z. B. Kamillenblüten) zu. Auch KAISER und LANG (1951) scheinen anzunehmen, daß der einzige Vorteil einer Anordnung mit Wasser- und Dampfdestillation in den rein praktischen Vorteilen der Vermeidung von Schäumen und Anbrennen besteht. Wenn aber die bei der Bestimmung der Ausbeute erhaltene Ölmenge nicht nur diesem Zweck, sondern außerdem zu qualitativer oder quantitativer Bestimmung von Bestandteilen des ätherischen Öls dienen soll, so muß auf eine Angabe, die sich wiederholt in der Literatur über die Fabrikation der ätherischen Öle findet, Rücksicht genommen werden. Öle, welche durch Dampf- oder Wasser- und Dampfdestillation erhalten werden, sollen nämlich in geringerem Maße Verseifungsreaktionen ausgesetzt sein als die Produkte der Wasserdestillation. Dementsprechend wird „trockner, überhitzter Dampf" als „chemisch weniger aktiv als feuchter Dampf" angesehen [GÜNTHER (1948) Vol. I, S. 215]. Derartige Angaben sind also gegebenenfalls zu berücksichtigen und für den einzelnen Fall nachzuprüfen. Man vergleiche weiterhin die Angaben bei SIMON (1935), v. RECHENBERG (1923), KALITZKI (1954).

Die Rücklaufdestillationsverfahren können hinsichtlich der Apparatur und des experimentellen Vorgehens in verschiedener Weise variiert werden. Bei den Varianten der apparativen Konstruktion handelt es sich zum Teil um relativ belanglose Abweichungen, die lediglich die Gesamtabmessung oder die Abmessungen einzelner Teile betreffen. Die Apparatur von BRÜCKNER (1953) z. B. ist lediglich ein Neo-CLEVENGER-Apparat, bei dem wegen der unzweckmäßigen Verkürzung des Druckausgleichsrohres dieses nicht mehr als Sperrkühler verwendet werden kann. Auch KAISER und LANG (1951) haben zum Teil bloße Maßabweichungen vorgenommen. Als zweckmäßig dürfte jedoch der von ihnen angegebene Zwischensatz anzusehen sein, der es gestattet, den Neo-CLEVENGER nach MORITZ schnell in eine Apparatur für Wasser- und Dampfdestillation umzuwandeln. Allerdings ist dann der Rohstoffbehälter nicht wie bei den Apparaten von KALITZKI (1954), KOCH (1939) oder MORITZ (s. oben) von Dampf umspült. PETERSEN (1952) hat einen Apparat angegeben, bei dem unmittelbar nach der Bestimmung des Volumens noch in einem besonderen Apparatteil das spez. Gewicht des abgeschiedenen Öles gemessen werden soll. Abgesehen davon, daß dabei die für diesen Zweck an sich erforderliche Trocknung nur höchst unvollkommen durchgeführt werden kann, werden derartige Apparaturen sehr kompliziert und unübersichtlich. STAHL hat außer der bereits erwähnten Änderung der Kühlerform einige weitere Abweichungen angegeben, die zum Teil entbehrlich sein mögen. Jedoch ist der von ihm angebrachte Csako-Hahn sicher dann sehr nützlich, wenn auf eine bequemere Trennung des ätherischen Öls vom aromatischen Wasser Wert gelegt wird (STAHL, 1953). Auch MATHIAS (1953) verwendet einen Csako-Hahn an der Verzweigung zwischen Meßrohr, Rücklauf- und Ablaufrohr. Er hat ferner eine sehr zweckmäßige Apparatur zur Vereinigung mehrerer Neo-CLEVENGER-Apparate zu einer Batterie für Serienbestimmungen angegeben. Selbstverständlich können auch am Neo-CLEVENGER-Apparat oder an dem entsprechenden Gerät für Wasser- und Dampfdestillation Abscheidungsraum, Meßrohr und Rücklauf so miteinander verbunden werden, wie es in Abb. 4a für den ursprünglichen CLEVENGER-Apparat gezeigt wurde. Jedoch bevorzugt man im allgemeinen für die Bestimmung spezifisch schwerer Öle das Abfangen des ätherischen Öls in einer ausreichenden Menge vorgelegten leichteren Lösungsmittels (Xylol oder dergleichen, s. weiter unten). PANZER (1939) hat einen Rücklauf-Apparat konstruiert, bei dem das ätherische Öl sich grundsätzlich unterhalb des aromatischen Wassers abscheidet, da mit dem ätherischen Öl zusammen stets Monobrombenzol destilliert wird.

Besondere Maßnahmen. Im Arbeitsgang mit den beschriebenen Rücklaufapparaturen ist eine Reihe von besonderen Vorkehrungen für besondere Zwecke möglich. Sind die abzutrennenden ätherischen Öle dickflüssig oder liegt ihr spez. Gewicht nahe bei oder über dem des Wassers, so ist es zweckmäßig, vor Beginn der Destillation in den Abscheidungsraum eine genau gemessene Menge von Xylol, Cymol[1], oder eines anderen geeigneten leichten Lösungsmittels vorzulegen. Es ist am besten, diese Menge Lösungsmittel zu messen, indem man sie in der oben beschriebenen Weise in das Meßrohr zieht, bei der Temperatur der endgültigen Messung das Volumen feststellt, wieder in den Abscheidungsraum treibt und das festgestellte Volumen dann bei der endgültigen Ablesung in Abzug bringt. Es ist klar, daß diese Menge des vorgelegten Lösungsmittels nicht ein Vielfaches der zu erwartenden Ölmenge sein darf, da dann gegen die bekannte Regel verstoßen wird, daß möglichst der Endwert einer Bestimmung nicht die kleine Differenz zweier relativ großer Werte sein soll. Darauf beruht u. a. ein Einwand gegen die Arbeitsweise des bereits erwähnten Apparats von PANZER (vgl. MORITZ, 1941). Das Lösungsmittel kann auch als lipophiles Hilfstreibmittel in genau abgemessener Menge vor Beginn der Destillation in den Siedekolben gebracht werden. So verfährt z. B. SCHIRM (1953). BOURNOT (1953) schlägt als ein hierfür besonders geeignetes Lösungsmittel den Di-isoamyläther vor. Im Idealfalle müßte ein solches Hilfstreibmittel ein Gemisch leichter und leichtbeweglicher Flüssigkeiten sein, dessen Siedeverlauf so einzustellen wäre, daß die letzten Anteile des Hilfstreibmittels zugleich mit den zuletzt aus dem Pflanzenmaterial überdestillierenden Anteilen des ätherischen Öls übergehen. STAHL (1952) verwendet Pentan als sehr leichtbewegliches und gut wieder zu entfernendes Lösungsmittel. Wegen des niedrigen Siedepunktes des Pentans muß dann bei Kühleranordnung nach Abb. 5 der Sperrkühler in Funktion treten. Andernfalls muß die von STAHL gewählte oder die in Abb. 6 gezeigte Kühlerform benutzt werden. Arbeiten mit einem gesondert zu führenden Sperrkühler dürfte rationeller sein, da dann der Sperrkühler mit intensiver Kühlung laufen kann, wenn zur Ausspülung des Hauptkühlers dessen Kühlwasserzulauf gedrosselt wird. Bedenken gegen die Funktion des Rückflußkühlers bestehen nicht, wenn als Hilfslösungsmittel Pentan verwendet wird, da dann sich im Rückflußkühler am weitesten oben ein Gemisch aus Pentan mit Wasser abscheidet und die tieferen Teile spült. Bedenklich ist die Verwendung eines Hilfstreibmittels, das schwerer als Wasser ist wie z. B. das von PANZER verwendete Brombenzol. Es werden dann evtl. spät übergehende Anteile des ätherischen Öls nicht mehr durch das Hilfstreibmittel genügend beschwert werden, also der Bestimmung entgehen können. Dahingehende Beobachtungen teilte MORITZ (1941) mit.

Es ist verschiedentlich vorgeschlagen und versucht worden, den Gang der Abtrennung von ätherischem Öl aus Pflanzenmaterial mittels Destillation zu beschleunigen oder zu vervollständigen durch Heraufsetzung des Siedepunktes und Herabsetzung der Lösungsfähigkeit der lipophoben Treibflüssigkeit für ätherische Öle, was beides durch Zusatz von wasserlöslichen Stoffen erreicht werden kann. Selbstverständlich dürfen diese Stoffe selbst nicht flüchtig sein. Insofern sind bereits gegen die Verwendung von Glyzerin zu diesem Zweck Bedenken vorzubringen. Unbedenklich sind in dieser Hinsicht selbstverständlich anorganische Salze, sofern sie nicht als Salze schwacher Basen mit starken flüchtigen Säuren hydrolytisch zerfallen. Es ist zunächst klar, daß bei derartiger Veränderung des Treibmittels bei Wasser- und Dampfdestillation sich bezüglich der Destillationsgeschwindigkeit gar nichts ändert, da z. B. eine NaCl-Lösung vom Siedepunkt 110° C mit Dampf von 100° C im Gleichgewicht ist.

MORITZ (1940) hat jedoch bei der oben beschriebenen Apparatur für Wasser- und Dampfdestillation den höheren Siedepunkt einer NaCl-Lösung zur Beschleunigung

---

[1] Auch Dekalin oder Tetralin sind geeignet.

und (im speziellen Falle der Kamillenblüten) auch wohl zu einer Vervol!-
ständigung des Erschöpfungsvorganges ausgenutzt, indem er in die siedende
Lösung eine oben über den Rohstoffbehälter reichende, unten geschlossene Metall-
hülse eintauchen ließ, die den zwischen Hülse und Rohstoffbehälter streichenden
Dampf leicht überhitzte, da sie Wärme durch Leitung auf den strömenden Dampf
übertrug. Bei der Wasserdestillation unter Zusatz eines nichtflüchtigen lipophoben
Stoffes steht allerdings das ätherische Öl im Pflanzenmaterial unter höherer
Temperatur als bei einfacher Wasserdestillation, aber die Temperatur des Dampf-
raums ist im wesentlichen durch den gesättigten Wasserdampf bestimmt, so daß
beim Übertritt in den Dampfraum Rekondensation der Dämpfe des ätherischen
Öls stattfinden müßte. Dennoch hat Schirm (1953) über Verbesserungen der
Ausbeute und Beschleunigung der Destillation durch NaCl-Zusatz in den Siedekolben eines Neo-Clevenger-Apparates nach Moritz berichtet. Von sehr frag-
lichem Wert ist der Zusatz wasserlöslicher Stoffe zum Treibmittel zum Zwecke
der Verminderung der Löslichkeit des ätherischen Öls im Wasser. Ein System aus
zwei flüchtigen, nicht oder nur begrenzt ineinander löslichen Flüssigkeiten ist
unter den Bedingungen einer im Betrieb befindlichen Rücklaufapparatur solange
im Ungleichgewicht, wie sich nicht alle im Abscheidungsraum abtrennbaren
Körper dort oder im „aromatischen Wasser" befinden. Darauf beruht die Möglichkeit, aus aromatischen Wässern; wie sie bei industrieller offener Destillation
anfallen, durch Redestillation (Kohobation) noch ätherisches Öl abzutrennen.
In einem Rücklaufdestillationsgerät befindet sich also schließlich im Siedekolben,
Dampfrohr und Kühler während eines bestimmten Zeitdifferentials nur diejenige
Menge an Öl, die während des Zeitdifferentials aus dem Rücklauf in den Kolben
geflossen ist. Dementsprechend ist die endgültige Ausbeute an ätherischem Öl
aus Pflanzenmaterial in einer Rücklaufapparatur unabhängig von der Wassermenge, die sich als Treibmittel im Siedekolben befindet, worauf Moritz (1940)
gegenüber Koch (1939) hinwies. Und der von Schirm beobachtete Erfolg solcher
Aussalzungen ist wohl eher als eine Folge der Beschleunigung des Diffusions-
vorganges infolge der Erhöhung der Temperatur im siedenden Gut denn als eine
Vervollständigung der Endausbeute infolge Verringerung der Löslichkeit zu
deuten. Daß aber Unterschiede in der Löslichkeit der Bestandteile von ätherischem
Öl auf den zeitlichen Verlauf der Destillation einen Einfluß haben können, steht
allerdings außer Frage. Stärkere Löslichkeit eines Ölbestandteiles ist verantwortlich für die bei der fraktionierenden Destillation ausnutzbaren „extraktiven
Effekte" (s. unten). Die für die Erreichung des Endzustandes erforderliche Zeitspanne hängt zunächst von der Geschwindigkeit der Destillation ab, d. h. von
der Menge Wasserdampf, der in der Zeiteinheit jeden Querschnitt der Apparatur
passiert, da ja im Idealfalle Menge des Wasserdampfes und Menge des ätherischen
Öls in dem oben mitgeteilten Verhältnis zueinander stehen. Im Falle der Über-
hitzungsdestillation, die aber in unseren analytischen Rücklaufapparaturen nur
in sehr begrenztem Maße durchgeführt werden kann (s. oben), wird ein größerer
Anteil des übergehenden Dampfes aus ätherischem Öl bestehen als bei gleicher
Temperatur mit gesättigtem Dampf. Das gilt sowohl für normale Druckbedingun-
gen wie für Vakuum, das ja in den beschriebenen Apparaturen leicht herzustellen
ist. Dabei wird allerdings die Geschwindigkeit der Erschöpfung des Rohstoffes
erheblich zurückgehen, da die Bestandteile der ätherischen Öle bei den Siede-
temperaturen des Öl-Wasser-Gemisches unter vermindertem Druck zum Teil
bereits sehr niedrige Dampfdrucke haben. Immerhin kann für die Gewinnung
möglichst unveränderter ätherischer Öle aus Pflanzenteilen die Vakuumdestillation
mit Wasser oder Wasserdampf erwünscht sein. Die Intensivierung der Kühlung
wird man, wenn quantitativ-analytische Zwecke verfolgt werden, am besten

durch weitgehende Herabsetzung der Kühlmitteltemperatur und nicht durch Vergrößerung der Kühlfläche herbeiführen, da jede Oberflächenvergrößerung in der Apparatur notwendigerweise eine Erhöhung der Fehlergrößen bedeutet. Der wesentliche Vorteil der Hydrodestillation unter Vakuumbedingungen ist in der Herabsetzung der Temperatur zu sehen. Nach GÜNTHER (1948) ist bei Destillationstemperatur über 70° C stets mit chemischen Veränderungen zu rechnen. Wegen der unvermeidlichen Herabsetzung der Destillationsgeschwindigkeit, insbesondere der hochsiedenden Anteile des ätherischen Öls (wegen der allgemein bekannten Gestalt der Dampfdruck-Temperaturkurven) wird man zur Ausschaltung von solchen Veränderungen, die durch den Luftsauerstoff bedingt sind, daher eher die Destillation bei normalem Druck und Temperaturen um 100° C ausführen, nachdem man zuvor die Apparatur mehrfach evakuiert und mit indifferentem Gas gefüllt hat. Ein Aufsatz nach Art der bekannten Gäraufsätze kann dann den Druckausgleich bei Beginn der Destillation ermöglichen und während der Destillation die Druckschwankungen abfangen.

Im Gegensatz zu einer Destillation bereits isolierter ätherischer Öle mit Wasserdampf nach irgendeiner der möglichen Destillationsmethoden, bewirkt bei der hier behandelten Isolierung von ätherischen Ölen aus Pflanzenmaterial die Bindung an dieses und der Einschluß in besondere Räume des Materials Abweichungen von den oben für den Idealfall dargestellten Mengenverhältnissen im Dampf. Im einzelnen kommen dafür Adsorption an die Oberflächen des Materials, Lösung in Fetten und Harzen sowie der Diffusionswiderstand unzerstörter Membranen der Exkretbehälter in Betracht. Besonders der Diffusionswiderstand verkorkter Membranen scheint erheblich zu sein, während derjenige der Cuticula bei oberflächlichen Öldrüsen unter den Bedingungen der Destillation relativ gering ist oder durch Zerstörung des cuticulären Häutchens aufgehoben wird. Nach v. RECHENBERG (1910, 1923) und GÜNTHER (1948) wird für die industrielle Gewinnung von ätherischem Öl aus Pflanzenmaterial je nach der Leichtflüchtigkeit der Bestandteile das 10—200fache der Dampfmenge benötigt wie bei Hydrodestillation der reinen Bestandteile im isolierten Zustand. Bei der experimentellen Destillation für analytische Zwecke wird man also gut tun, ebenfalls etwa das 200fache der theoretisch erforderlichen Dampfmenge durch das System kreisen zu lassen (vgl. MORITZ, 1940), ferner aber für geeignete Zerkleinerung des Materials vor der Bestimmung Sorge zu tragen. Diese Zerkleinerung hat aber unmittelbar vor der Bestimmung zu erfolgen, da bekannt ist, daß pflanzliche Drogen im zerkleinerten Zustand beachtliche Verluste an ätherischem Öl beim bloßen Liegen an der Luft erleiden, worüber u. a. KOFLER und v. HERRENSCHWAND (1935) Versuche angestellt haben, deren Ergebnisse von MORITZ (1938) bestätigt wurden.

Insbesondere ist eine sorgfältige Zerkleinerung bei solchem Pflanzenmaterial erforderlich, dessen ätherische Öle in Einzelzellen oder in inneren Exkretgängen eingeschlossen ist. Dem Verfasser bewährte sich dabei folgendes Verfahren: in einer sauberen Reibschale aus Porzellan wird zunächst eine kleine, nicht der Bestimmung dienende Menge des Materials mit gekörntem Bimsstein zerrieben und verworfen. Dann wird die abgewogene Menge Material mit einer ausreichenden Menge gekörnten und ausgeglühten Bimssteins in derselben Schale fein zerrieben und in der gleichen Weise wie das erste Material (mit Pinsel, Federfahne oder Gummikratzer) aus der Reibschale entfernt und quantitativ in den Kolben oder den Rohstoffbehälter übergeführt. Der Bimsstein dient dabei nicht nur als Hilfsmittel zu möglichst feiner Zerkleinerung, sondern fängt offenbar auch als Adsorptionsmittel sonst verdunstende Anteile des ätherischen Öls ab, die nur so zur Bestimmung gelangen. STEINER und HOCHHAUSEN (1952) haben ebenfalls darauf hingewiesen, daß bei der Zerkleinerung von Pflanzenmaterial sehr erhebliche

Verdunstungsverluste an ätherischem Öl auftreten können, die vermeidbar sind, wenn ein geeignetes Abfangmittel bei der Zerkleinerung zugesetzt wird. Sie verwendeten Cacaobutter hierzu bei der Homogenisierung von *Citrus*-Fruchtschalen. Das Eigenfett von Umbelliferenfrüchten ist jedenfalls kein ausreichendes Abfangmittel, wie eigene Versuche mit ihnen zeigten. Steiner und Hochhausen haben dann ferner gezeigt, daß nicht nur durch mechanische Zerkleinerung unter Beifügung des Abfangmittels, sondern auch durch chemische Maßnahmen, die in ihrem Falle auf Pektinzerstörung abzielten, die Erlangung der vollen Ausbeute erreicht werden kann, wobei dann unter Umständen mit chemischen Änderungen in der Zusammensetzung des ätherischen Öls zu rechnen ist. Daß derartige Veränderungen unter Umständen auch erwünscht sein können, zeigen die Untersuchungen von Stahl (1952), der bessere Azulenausbeuten aus *Achillea*-Material erhielt, wenn er es aus 1/5 n Schwefelsäure destillierte, als bei Verwendung von Wasser.

Hier wäre noch die von Bournot (1953) bestätigte Angabe von Moritz (1938) zu erwähnen, daß es gelingt, gewisse Störstoffe, welche die lästige Emulsionsbildung im Kondensat begünstigen, durch Zusatz von Calciumcarbonat zum Destillationsansatz unschädlich zu machen.

Bestimmung der Ausbeute. An die Isolation des ätherischen Öles aus dem Pflanzenmaterial nach der einen oder anderen Methode schließt sich dann die Bestimmung der Menge der Isolationsausbeute. Auf den Umstand, daß es sich dabei um Ausbeute- nicht um Gehaltsbestimmungen handelt, ist verschiedentlich hingewiesen worden [Strazewicz (1936); Moritz (1940); Schirm (1953)]. Letztlich aber befindet man sich bei jeder sog. Gehaltsbestimmung am Pflanzenmaterial in der gleichen Lage und muß mehr oder weniger konventionell die mit der betreffenden Methode erzielte Ausbeute als Gehalt des Pflanzenmaterials erklären.

Zur mengenmäßigen Bestimmung des Ertrags der Isolierung können verschiedene Verfahren verwendet werden. Es wurde bereits erwähnt, daß die beschriebenen Rücklaufapparate mit einem Meßrohr zur volumetrischen Bestimmung der Ölausbeute versehen sind. Sofern die Apparaturen nach den oben angegebenen Vorschriften gehandhabt werden und die Mengen, welche bestimmt werden sollen, den Betrag von etwa 0,05 ml nicht unterschreiten, lassen sich gut übereinstimmende Parallelwerte erzielen und modellmäßig eingewogene Ölmengen recht exakt wiederfinden, zumal wenn die Methode der vorangehenden Sättigung der Apparatur gewählt wird, worüber die oben zitierten Arbeiten des Verfassers sowie die von Schirm (1953) zu vergleichen wären. Es ist jedoch wenig ratsam, die zu bestimmende Ölmenge weiter herabdrücken zu wollen. Zwar kann durch die Methode der Sättigung der Verlust an das aromatische Wasser ausgeschaltet werden. Es ist jedoch zu beachten, daß bei fallender Ölmenge die Meniskusfehler relativ größer werden, daß ferner der Öltropfen immer hohlzylinderförmig von einem feinen Wasserfilm umgeben ist. Erfahrungen mit Meßrohren, deren Innenfläche hydrophob gemacht ist, liegen bislang nicht vor.

Grundsätzlich können dann verschiedene andere Bestimmungsmethoden an die Stelle der volumetrischen Bestimmung treten oder sie kontrollierend ergänzen. Bei gravimetrischer Bestimmung wird man das Öl zusammen mit dem aromatischen Wasser durch den Hahn in einen kleinen Scheidetrichter ablassen, evtl. durch erneutes Ingangsetzen der Destillation das Rücklaufsystem nochmals füllen, wieder ablassen, mit Pentan oder einem Gemisch aus Pentan und Äthyläther, das nach Sabetay (1939) für den Zweck der Ausschüttelung des aromatischen Wassers besser geeignet sein soll als Pentan allein, mehrfach nachwaschen, durch Schütteln im Scheidetrichter das ätherische Öl restlos in das Pentan-Äther-Gemisch überführen, wobei Sättigung des aromatischen Wassers mit NaCl nützlich sein kann, wäßrige und ätherische Phase voneinander trennen, die ätherische Phase mit wasserfreiem Natriumsulfat trocknen, das Trocknungsmittel mit Pentan nachwaschen und das Lösungsmittel aus dem gewogenen Wägegläschen entfernen. STAHL (1953) verzichtet auf eine Trocknungsoperation, offenbar in der Annahme, daß mit Pentan als Abfang- und Lösungsmittel das ätherische Öl bereits während des Abscheidens dem aromatischen Wasser völlig entzogen und als wasserfrei betrachtet werden könne. Ein Beweis für diese Annahme steht aus. Jedoch wird man SCHIRM (1953) beistimmen müssen, daß die Wirkung der Vorlage von Xylol oder dergleichen vorwiegend unter dem Gesichtswinkel der Verringerung des spez. Gewichtes der Mischung aus ätherischem Öl und Lösungsmittel und nicht genügend unter dem Gesichtswinkel der Verschiebung des Verteilungsgleichgewichts zwischen wäßriger und lipophiler Phase zugunsten der letztgenannten betrachtet wurde. Zum Vertreiben des Lösungsmittels bedient man sich zweckmäßig der Vorschrift STAHLs: das Wägegläschen gelangt in ein vorher auf 45° C gebrachtes Sandbad, wird mit diesem in einen Vakuumexsikkator übergeführt und dieser wird nun auf 100 mm Hg evakuiert, worauf Wägung des ätherischen Öles erfolgen und weitere Untersuchung angeschlossen werden kann. Es dürfte unvermeidlich sein, daß sich bei diesen Operationen Fehlerquellen ergeben, sei es durch Verdunstung des ätherischen Öls, sei es, weil bei der Arbeitsweise STAHLs infolge Nichtberücksichtigung des Duftölgehaltes des aromatischen Wassers und Vernachlässigung des Wassergehaltes des im Pentan gelösten ätherischen Öls nicht der wahre Betrag der Isolationsausbeute ermittelt wird. Jedoch sollte beachtet werden, daß die Einführung des Pentans als Lösungsmittel durch STAHL (1953) auch für die Volumetrie von Bedeutung sein kann. Denn wie oben angeführt, kann in diesem Falle der Rückflußkühler, sofern er nur wirksam genug ist, keine Pentanverluste zuzulassen, bedenkenlos verwendet werden. Man könnte also mit Pentan als Vorlage auf die Kühlung des absteigenden Astes des Dampfrohrs (F in Abb. 6) verzichten, was immerhin zu einer Vereinfachung der Bauart führen würde, ferner die Verluste durch Hängenbleiben von Tröpfchen des ätherischen Öles völlig in Fortfall kommen lassen würde. SCHMERSAHL (1951) hat übrigens darauf hingewiesen, daß die Prüfung einer Apparatur auf diesen Fehler sehr bequem durch Destillation azulenhaltiger Öle (z. B. Kamillenöl) erfolgen kann. Alle außer der Gravimetrie und der Volumetrie verfügbaren Methoden erfordern das Vorliegen von Eichkurven für das betreffende ätherische Öl.

Das gilt zunächst für die oxydimetrische Methode der Bestimmung durch Naßverbrennung, die von verschiedenen Schweizer Autoren (s. oben) verwendet und von FLÜCK, HEGNAUER und HOFFMANN (1949) zusammenfassend und vergleichend behandelt wurde.

Die Arbeitsvorschrift ist zuletzt von FLÜCK und HOFFMANN (1953) modifiziert worden:

Die genau gewogene und in zweckmäßiger Weise zerkleinerte Einwaage an pflanzlichem Material soll etwa einer Menge von 1—20 ml ätherischen Öles entsprechen. Sie wird aus dem in Abb. 1 dargestellten Apparat zusammen mit 25 ml 15%iger NaCl-Lösung über einem Mikrobrenner so destilliert, daß in 40 min etwa 20 ml Destillat übergehen. Das in der Vorlage aufgefangene Destillat wird durch den Kühler hindurch mit einer ausreichenden Menge 0,5 n Kaliumbichromatlösung versetzt. Der Kühler wird mit 50 ml konz. Schwefelsäure gespült und diese dann unter Zuhilfenahme eines langstieligen Trichters der Mischung aus Destillat und Bichromatlösung vorsichtig unterschichtet, wonach der Trichter noch mit 2 ml dest. Wassers in den Vorlagekolben nachgespült wird. Der Kolben, der aus starkwandigem Glas gefertigt sein soll, wird nunmehr verschlossen, in eine von den Autoren angegebene Federklammer eingespannt und während 30 min geschüttelt und anschließend 90 min erkalten gelassen (oder nach der Durchmischung 4—5 Std. stehengelassen). Ungenügender Zusatz von Bichromat würde am Auftreten blaugrüner Farbe erkannt werden und Wiederholung des Versuchs mit reichlicherem Zusatz an Bichromat erforderlich machen. Die erkaltete Mischung wird in einen 2 l-Kolben zu 500 ml Wasser gegeben, der Oxydationskolben mit 500 ml Wasser in den 2 l-Kolben nachgespült, 1 g Kaliumjodid hinzugefügt, die Mischung 30 min im Dunkeln stehengelassen, dann der Überschuß an Bichromat durch Titration des ausgeschiedenen Jods mit 0,1 n Natriumthiosulfat bestimmt (Stärkelösung als Indikator).

In einem Blindversuch ist der Bichromatverbrauch der benutzten Schwefelsäure zu bestimmen. Mindestens drei Parallelversuche werden für erforderlich gehalten. Für jede einzelne Ölart sind durch entsprechende Oxydation Oxydationsfaktoren zu bestimmen.

Nach den Autoren haben verschiedene Handelsmuster des gleichen ätherischen Öles durchweg den gleichen Oxydationsfaktor gezeigt.

Es würde selbstverständlich auch möglich sein, den Oxydationswert nach dieser Methode an dem Destillat einer Rücklaufapparatur zu bestimmen, wobei es zweckmäßig wäre, nach Überführung der ersten Charge aus dem Rücklaufsystem in den Oxydationskolben diese noch mehrfach durch Destillation zu spülen. Infolge der dauernden Kohobation des aromatischen Wassers müßte sich eine sehr befriedigende Erschöpfung des Rohstoffes erreichen lassen.

Der Vorteil dieser Oxydationsmethode liegt in der sehr geringen Menge Rohstoff, die benötigt wird. Durch Verwendung der von Dieterle (1924) und später von Lieb und Krainick (1931) gegebenen Vorschriften für Kohlenstoffbestimmung könnte das Verfahren zu einer Bestimmung des wasserdampfflüchtigen Kohlenstoffs ausgebaut werden, würde dann allerdings etwas umständlicher werden.

Der Nachteil der Oxydationsmethoden liegt in der Unmöglichkeit, das isolierte ätherische Öl für andere Versuche zu verwenden. Endlich besteht gegenüber dem Verfahren das Bedenken, daß es alle mit Wasserdampf flüchtige Stoffe des Pflanzenmaterials erfaßt, also nicht zugleich das Kriterium der Hydrophobie (Un- bzw. Schwerlöslichkeit in Wasser) zur Anwendung bringt.

Beide Kriterien werden verwendet, wenn die Isolationsausbeute in Alkohol, Aceton oder dergleichen Lösungsmittel übergeführt und mit Wasser titriert wird. wie es Burdick und Allen (1948) für *Citrus*-Öle in Aceton vorschlagen. Endpunkt der Titration ist das Auftreten einer Trübung. Jedoch ist es unwahrscheinlich, daß damit geringere Mengen als mit der oxydimetrischen Titration bestimmt werden können. Liegt doch größenordnungsmäßig die Löslichkeit von ätherischem Öl in Wasser etwa bei 200—1000 mg pro Liter Wasser, wenn man die Zahlen von Fölsch (1930) für die industriell durch Kohobation aromatischer Wässer gewinnbaren Mengen an ätherischem Öl zugrunde legt.

Auch Ssolloweitschik (1946) hat die Wassertitration bis zur beginnenden Trübung bei alkoholischen Lösungen verwendet. Zur Bestimmung des Gehalts von aromatischen Wässern bediente er sich jedoch der Interferometrie, wobei er für gesättigte Lösungen bei Pfefferminzöl 1140 mg, für Fenchelöl 760 mg und für Rosenöl 370 mg im Liter fand. Derartige physikalische Methoden sind grundsätzlich für die Bestimmung der Konzentration von Duftölen in verschiedenen Lösungsmitteln anwendbar, wobei Interferometrie, Refraktometrie, Polarimetrie in Frage kommen und also auch zur Bestimmung von Isolationsausbeuten und damit von Duftölgehalten in Pflanzenteilen verwendbar sein würden.

C. Quantitative Methoden zur Bestimmung des Harzgehaltes von Pflanzenteilen.

Die Tatsache, daß der Begriff der Harze im qualitativen Sinne nur sehr undeutlich definiert werden kann, macht es unmöglich, allgemeine Bestimmungsmethoden für den Harzgehalt eines Pflanzenteiles anzugeben. Das beruht u. a.

darauf, daß die Bestandteile von Produkten, die praktisch als „Harze" bezeichnet werden, einer wesentlich größeren Zahl von Körperklassen angehören können, als das z. B. bei den ätherischen Ölen der Fall ist. Diese setzen sich aus Angehörigen der Klassen der Terpenoide, der Phenylpropanderivate, evtl. noch aus geradkettigen Alkoholen, Aldehyden, Ketonen, Säuren und Kohlenwasserstoffen zusammen. Unter den als „Harze" bezeichneten Produkten finden wir zunächst höhermolekulare Stoffe, die sich ebenfalls den Terpenoiden und Phenylpropanderivaten zuordnen lassen, außerdem aber genügen eine ganze Reihe weiterer verbreiteter Pflanzenstoffe der Definition des „harzartigen Zustandes" rein oder vor allem in Gemischen durchaus.

Es sei hier nur an Wachse, Phosphorlipoide, Sterine und an die hochmolekularen Fettsäureglykoside erinnert, welche die medizinisch wichtigsten Bestandteile der Convolvulaceenharze ausmachen. Bestimmungen des „Harzgehaltes" eines Pflanzenteils lohnen sich eigentlich also nur an Objekten, die Harze im praktischen Sinne des Wortes bekanntermaßen enthalten, und werden dann am besten an praktischen Gehaltsbestimmungen oder Darstellungsmethoden zu orientieren sein. Einige Beispiele für solche aus der pharmazeutischen Praxis mögen folgen:

Das Deutsche Arzneibuch, 6. Ausgabe, läßt den Harzgehalt der Knolle von *Exogonium Purga* (Tubera Jalapae) wie folgt bestimmen:

3 g feingepulverte Droge werden mit 30 g Weingeist in verschlossener Flasche 24 Std. lang unter häufigem Schütteln ausgezogen (Zimmertemperatur). 20 g des Filtrats werden dann in gewogener Porzellanschale auf dem Wasserbad vom Weingeist befreit und der verbleibende Rückstand solange mit Wasser von 50° C gewaschen, bis dieses nicht mehr gelblich gefärbt wird, wozu im allgemeinen 3—4 mal je 20 g erforderlich sind. Die Waschwässer sind durch ein Filter zu geben. Harzteilchen auf dem Filter werden mit heißem Weingeist gelöst und die Lösung in die Porzellanschale zurückgegeben. Nach Verdampfen des Weingeistes und 2stündigem Trocknen der Schale bei 100° C wird das nunmehr durch Wägung festzustellende Gewicht des Rückstandes als der Harzgehalt von 2 g Droge angesehen.

Das Harz des Wurzelstockes von *Podophyllum peltatum* wird nach HAGER (1938) folgendermaßen hergestellt: Perkolation der mittelfein gepulverten Wurzel mit 90%igem Weingeist solange, bis 5 ml Perkolat mit 2 ml Wasser keine Trübung mehr zeigt. Abdestillieren des Weingeistes bis auf etwa die Hälfte des Volumens, Eingießen des Extrakts in die 4fache Menge Wasser unter Rühren und in feinem Strahl. Das Wasser enthält dabei 2% Salzsäure. Das als feines Pulver ausgeschiedene Harz abfiltrieren, mit Wasser bis zur neutralen Reaktion waschen, Trocknen bei gewöhnlicher Temperatur, schließlich über CaO.

Das Gummiharz von *Commiphora*-Arten wird nach DAB.6 mit siedendem Weingeist extrahiert zur Bestimmung des alkoholunlöslichen Anteils. Würde die Extraktion erschöpfend ausgeführt und der Alkohol aus dem Extrakt vertrieben, ferner das Extrakt dann einer Wasserdampfdestillation unterworfen, so wäre der Rückstand als „Harzgehalt" des Gummiharzes anzusprechen. Jedenfalls würde solch Vorgehen etwa auch dem Verfahren von HIROSHI EGUCHI und MASAHURA SATO (1951) zur Bestimmung des Harzgehaltes von Coniferenstämmen entsprechen. Über technische Harzgewinnungsmethoden, die evtl. als Modelle für Bestimmungsverfahren dienen können, berichtet SANDERMANN (1943). Für orientierende Vergleichsuntersuchungen des Harzgehaltes verschiedener Proben bekanntermaßen Harzkörper produzierender Pflanzenteile könnte also wahrscheinlich auch die bei den Methoden zur Ermittlung der Isolationsausbeute an ätherischen Ölen erwähnte Titration alkoholischer, acetonischer Lösungen mit Wasser bis zur Trübung herangezogen werden. Auch entsprechendes Arbeiten mit Verdünnung harzhaltiger konz. Chloralhydratlösungen wäre denkbar. Allerdings wäre zu beachten, daß durch die Anreicherung an einer in Wasser besonders schwerlöslichen Fraktion des Harzes unter bestimmten physiologischen Versuchsbedingungen eine Täuschung bezüglich des Gesamtgehaltes an Harz möglich ist. Man würde also eine Bestimmung des „Fällungspunktes" im Sinne von WOLF (1928) vornehmen.

Alle Methoden zur Bestimmung des Harzgehaltes eines Pflanzenteiles sind also ziemlich roh. Bedauerlicherweise entwertet dieser Umstand auch die relativ exakt ausführbaren Bestimmungen des Duftölgehaltes von Pflanzenteilen und alle Vorschläge zu ihrer weiteren Verfeinerung für bestimmte physiologische

Zwecke. Bestandteile von Duftölen können verharzen. Derartige Polymerisationen finden unter Umständen bereits bei der Destillation statt, aber auch im Exkretbehälter der lebenden Pflanze, des trocknenden und des trocknen Pflanzenteils. Ist also beabsichtigt, in Form einer exakten Bilanz festzustellen, welcher Anteil an assimiliertem Kohlenstoff etwa in die Stoffwechselbahn der Terpenkörpersynthese eingegangen ist, so können weder Zuwachsbeträge noch Fehlbeträge als endgültig bestehend angesehen werden, solange sie nur mit den recht bequemen und exakten Methoden der Duftölbestimmung erhalten wurden, und nicht mit gleicher Exaktheit die entsprechende Harzfraktion bestimmt werden kann. Ob es durch Wahl geeigneter Objekte und möglichst wenig zu Verharzungen führender Isolationsmethoden für das ätherische Öl möglich ist, diese Schwierigkeit zu umgehen, muß dahingestellt bleiben.

D. Untersuchung isolierter ätherischer Öle und Harze.

Die weiter oben beschriebenen Methoden zur Isolierung von ätherischen Ölen und Harzen aus Pflanzenteilen zum Zweck der Ermittlung des Gehalts eines Pflanzenteiles an derartigen Produkten können auch grundsätzlich unter geringer Abänderung der Apparatur oder des Arbeitsganges für die Herstellung von ätherischen Ölen und Harzen zum Zweck der weiteren Isolierung ihrer Bestandteile, oder jedenfalls zur Gewinnung eines Überblicks über die Zusammensetzung, verwendet werden. Für ätherisches Öl sei nochmals auf die Arbeit von Kalitzki (1954) verwiesen, die einen für Laboratoriumszwecke geeigneten kleinen Rücklaufapparat beschrieben hat.

Um in die Zusammensetzung von ätherischen Ölen oder Harzen Einblick zu gewinnen, kann man physikalische und chemische Methoden verwenden. Sehr weitgehende Analyse wird nur unter Verwendung der Kombination verschiedener Methoden möglich sein, ohne daß jedoch bisher die restlose Erfassung der Zusammensetzung eines derartigen Produktes schon möglich sein dürfte.

1. Trennung auf Grund von Dampfdruckunterschieden.

Auf Grund verschiedener Dampfdrucke wird man vor allem Bestandteile von ätherischen Ölen in bestimmten Fraktionen anreichern können. Bezüglich der Theorien der hierfür grundsätzlich möglichen Destillationsvorgänge sei auf die Werke von v. Rechenberg (1923), Kirschbaum (1950), Kortüm und Buchholz-Meisenheimer (1952) hingewiesen. Stage (1947) nennt als mögliche Verfahrensformen destillativer Trennung von Stoffgemischen die beiden Hauptformen der Destillation mit Trägerdampf oder ohne einen solchen. Eine Destillation mit Trägerdampf wäre die zur Trennung der ätherischen Öle vom Pflanzenmaterial benutzte Hydrodestillation in ihren verschiedenen Formen. Bei beiden Hauptformen der Destillation kann dann der Trenneffekt unter Umständen sehr verbessert werden, wenn durch Zusätze zur Flüssigkeit in dieser besondere Affinitäten zu bestimmten Stoffen des zu trennenden Gemisches geschaffen werden. Bilden sich dabei ausgezeichnete Lösungen mit Minimum- oder MaximumSiedepunkt, so redet man von azeotroper Destillation, dagegen von extraktiver Destillation, wenn durch Schaffung einer besonderen Affinität ein bestimmter Bestandteil vorzugsweise in der Flüssigkeit zurückgehalten wird.

Die technischen Prozesse aus der Duftölindustrie, die als Modelle für analytische destillative Trennoperationen dienen könnten, sind vorwiegend schlichte Vakuumdestillationen ohne Ausnutzung selektiver Wirkungen eines Trägerdampfes oder eines Fremdzusatzes zur Flüssigkeit mit azeotropischem oder extraktivem Effekt. Bei der Darstellung sog. „terpenfreier" Öle (vorwiegend aus Citrus-Früchten) werden die Hauptträger der spezifischen Geruchseigenschaften (Citral und andere sauerstoffhaltige Körper) durch Vakuumdestillation bei einem Druck von etwa 3—5 mm von den niedriger siedenden Monoterpen-Kohlenwasserstoffen großenteils befreit. Bezüglich der Technik dieses Vorganges sei auf die Veröffentlichungen von LITTLEJOHN (1940), NAVES (1947a), BURGER (1938) u. a. hingewiesen. GÜNTHER (1948) macht ausdrücklich darauf aufmerksam, daß auch unter Verwendung einer sehr guten Fraktionierkolonne und bei mehrfacher Wiederholung der Fraktionierung eine vollständige Trennung der Bestandteile in eine Terpenfraktion und eine terpenfreie Fraktion nicht möglich ist.

Das dürfte in noch höherem Grade von der analytischen Laboratoriumsdestillation gelten. Denn STAGE (1947) macht darauf aufmerksam, daß bei der Verringerung der eingesetzten Flüssigkeitsmenge auf die für Halbmikrokolonnen (5—10 ml) und für Mikrokolonnen (etwa 1 ml) üblichen Beträge der Trenneffekt stark absinken muß, da die Möglichkeit, den für die Fraktionierung erforderlichen Austausch zwischen flüssiger und gasförmiger Phase durch Füllkörper oder Böden in der Kolonne zu bewerkstelligen, schließlich entfällt. Er weist auf die Kolonnen mit rotierendem Band nach LESESNE und LOCHTE (1938) oder nach KOCH, HILBERATH und WEINROTTER (1940) für Halbmikrodimensionen hin. Für Mikrofraktionierung ist weiter möglicherweise die Apparatur von CRAIG

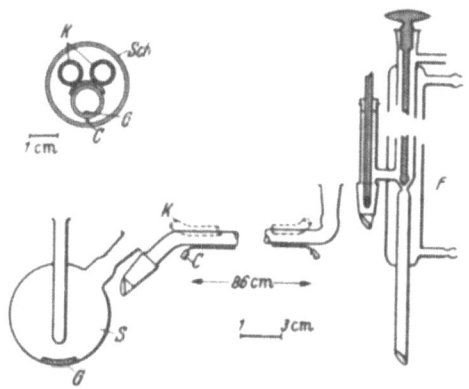

Abb. 7. Fraktionierapparat für kleine Mengen nach ROLLET (1951). S Siedekolben; G Glasfrittenpulver; K Kühleinrichtung aus Kupferrohr; C Heizdrat aus Chromnickel; Fr Fraktionierrohr; Sch Schutzrohr aus Glas; F Abschlußkühler. Querschnitt- und Längsschnittbild.

(1937) anwendbar (vgl. dazu Bd. 1, S. 66). Ferner wird auf Anordnungen von WESTON (1933), SHRADER und RITZER (1939), KLENK (1936) u. a. hingewiesen.

ROLLET (1951) gibt einen Rektifizierapparat an, der ebenfalls für kleine Mengen geeignet sein dürfte. Der Phasenaustausch wird dadurch bewirkt, daß oberhalb eines schräg aufsteigenden Rohres seiner Länge nach eine Kühlvorrichtung angebracht ist, während sich unterhalb eine entsprechend angeordnete Heizvorrichtung befindet, so daß also ohne Füllkörper eine dauernde Kondensation und Wiederverdampfung stattfindet (Abb. 7).

Der Trenneffekt derartiger Mikrokolonnen wird um so besser sein, je langsamer destilliert wird. STAGE weist auf die allgemein bestehende Möglichkeit hin, die Trenneffekte wesentlich durch Einführung von Trägerdämpfen und von azeotrop oder extraktiv wirkenden Komponenten zu verbessern. Eine Art extraktiver Destillation liegt bereits bei Wasserdestillation eines Gemisches vor, wenn eine Komponente eines ätherischen Öls, z. B. ein Phenol, Alkohol oder Aldehyd, bessere Wasserlöslichkeit zeigt als z. B. begleitende Kohlenwasserstoffe, worauf schon v. RECHENBERG (1923) bei Behandlung der fraktionierenden Wirkung der Hydrodestillation hinwies. Hydrodestillation kann dann weiterhin bei der Fraktionierung von ätherischem Öl nützlich sein, wenn selbst bei Anwendung von Hochvakuumdestillation die Verdampfungstemperaturen zugleich Zersetzungstemperaturen sein würden. VON RECHENBERG empfiehlt dann insbesondere die Destillation mit entspanntem überhitztem Dampf bei Unterdruck. Hochvakuumdestillation kommt aus den soeben erwähnten Gründen für Bestandteile von Duftölen wenig in Frage. Auch ist ihr Trenneffekt wegen der Unmöglichkeit, mit fraktionierenden Aufsätzen zu arbeiten, gering. Das gilt auch für die sog. Molekulardestillation, auf deren geringen Trenneffekt Masch (1950) hinweist. Für die Bestandteile von Harzen kommt begreiflicherweise nur Destillation bei sehr niedrigen Drucken in Frage. Die charakteristischen Verdampfungstemperaturen, welche Simonsen und Barton (1952) für diterpenoide Harzbestandteile angeben, gelten durchweg für Drucke der Größenordnung 10^{-1}—10^{-2} mm Hg. Sandermann (1951) beschreibt Laboratoriumsversuche zur Fraktionierung des sog. Tallöles durch Destillation, wobei ihm eine Aluminiumkolonne, die mit heißem Glyzerin als Kühlflüssigkeit beschickt wird, gute Dienste leistet. Bei der Herstellung der Diterpenoxyde und von Diterpenalkoholen aus dem Harz von *Dacrydium*-Arten bedienten sich Hosking und Brandt (1934, 1935) fraktionierender Destillation bei Drucken von 0,3—0,6 mm Hg. Und bei der Isolierung von Diterpen-Kohlenwasserstoffen aus Harzen wird man sich der Destillationsverfahren ganz allgemein mit Vorteil als Hilfsmethoden bedienen können.

2. Trennung von Duftöl- und Harzbestandteilen auf Grund von Löslichkeitsunterschieden.

Für die allgemeinen Grundlagen der Verteilungsanalyse, zu der ja die Fraktionierung von Stoffgemischen auf Grund verschiedener Löslichkeitseigenschaften gehört, sei auf Bd. 1, S. 66 und auf die dort zitierte grundlegende Literatur hingewiesen.

Löslichkeitsunterschiede der Monoterpen- und Sesquiterpenkohlenwasserstoff-Fraktionen der ätherischen Öle gegenüber den sauerstoffhaltigen Bestandteilen können die Grundlage der Untersuchung und zum Teil auch der Herstellung der bereits erwähnten „terpenfreien" Öle bilden. Während die Kohlenwasserstofffraktionen in verdünntem Alkohol oder Methanol relativ wenig löslich sind, sind aliphatische Kohlenwasserstoffe gute Lösungsmittel für diese Anteile der ätherischen Öle. Da die Löslichkeitsverhältnisse für die charakteristischen sauerstoffhaltigen Bestandteile umgekehrt liegen, gelingt durch Verwendung von wäßrigem Methanol und Pentan als Lösungsmittel nach dem Prinzip der Gegenstromverteilung eine weitgehende Trennung der sauerstoffhaltigen von der sauerstofffreien Fraktion. Diesbezüglich sei außer auf die bereits oben erwähnten Arbeiten über terpenfreie Duftöle auf Arbeiten von v. Dijk und Ruys (1937) und von L'Éplattenier (1952) verwiesen. Eine Methode zur analytischen Verteilung des Kohlenwasserstoffgehaltes eines ätherischen Öls nach diesem Prinzip der Löslichkeitsunterschiede hat bereits Böcker (1914) angegeben.

Die Entmischung eines homogenen Gemisches durch Zugabe eines geeigneten anderen Lösungsmittels, wie sie dem klassischen Verfahren der Umkristallisation fester Körper vielfach zugrunde liegt, kann im Gebiet der Duftöle und Harze vielfach angewandt werden. Ein Beispiel für die Gewinnung eines reinen Stoffes aus einem Naturharz auf diesem Wege bietet die Darstellung der Podocarpussäure durch Sherwood und Short (1938). Hier wird entweder das alkoholische Extrakt des Rohharzes im Vakuum fraktioniert und die geeignete Fraktion dann aus verdünntem Alkohol umkristallisiert oder die filtrierte alkoholische Rohharzlösung bis zur beginnenden Trübung mit Wasser versetzt, worauf das Präzipitat gewonnen und aus 55%igem Äthanol umkristallisiert wird.

Für die fraktionierte Fällung (oder Extraktion) kommen die verschiedensten Lösungsmittel zur Anwendung. Di Noia und Montes (1950) benötigen zur Analyse von 23 Harzarten einen Satz von 15 verschiedenen Lösungsmitteln. Curts und Harris (1949) schlagen den Monoäthyläther des Äthylenglykols als geeignetes lipophiles Lösungsmittel, aus dem durch schrittweises Verdünnen mit Wasser fraktioniert werden kann, vor. CANJOLLE und COUTURIER (1948) lösen ätherisches Öl in gesättigten wäßrigen Lösungen von Natriumthymolat und fraktionieren durch allmähliches Versetzen mit Wasser. Trennung von Thymol und Carvacrol soll auf diesem Wege gelingen. An konzentrierte Lösungen von Chloralhydrat und Natriumsalicylat wäre in diesem Zusammenhang weiter zu denken. Außer durch Zusatz eines anderen Lösungsmittels kann durch Herabsetzen der Temperatur Auskristallisieren eines gelösten Stoffes bewirkt werden. Beispiele für die Isolierung von einzelnen Stoffen auf diesem Wege finden wir z. B. bei Verfahren zur Gewinnung von Campher, Borneol, Menthol, Cineol, Bornylacetat angegeben, worüber bei GILDEMEISTER und HOFFMANN (1928) oder GÜNTHER (1948) Näheres nachzulesen wäre.

Zu den Verfahren der Charakterisierung von Stoffen durch ihr Lösungsverhalten gehören dann ferner jene Methoden, welche auf Beobachtung der Temperaturpunkte, bei denen charakteristische Löslichkeitsveränderungen eintreten, beruhen. KOBAYASHI (1949) zieht zur Bestimmung des Mentholgehaltes von Mentha-Ölen die Beobachtung des Temperaturpunktes, bei dem Kristallisation einsetzt, heran. Mit sehr kleinen Mengen, die sogar aus dem Exkretbehälter der Pflanze unmittelbar entnommen werden können, arbeiten FISCHER und RESCH (1952). Zur Carvonbestimmung im nativen Kümmelöl bringen sie dieses zusammen mit Glykol in Capillaren aus Jenaer Glas von 0,1—0,4 mm lichter Weite, schmelzen zu, zentrifugieren und beobachten dann auf der KOFLERschen Heizbank den Temperaturpunkt, bei dem die infolge der Temperaturerhöhung verschwundene Grenzfläche zwischen den beiden Flüssigkeiten wieder sichtbar wird (obere kritische Entmischungstemperatur). Selbstverständlich sind zur Auswertung derartiger Versuche Eichkurven erforderlich. (Weitere Beispiele thermischer Analyse s. weiter unten unter „Reaktionen von Nebenvalenzen.)

3. Trennung durch Adsorptionsanalyse.

Noch in dem Fortschrittsbericht über Chromatographie über die Jahre 1938—1947 von ZECHMEISTER (1951) werden niedere Terpenkörper im Gegensatz zu den Triterpenoiden kaum erwähnt. Dabei hatte bereits recht früh STOCK (1926) die Anwendung der Capillaranalyse auf Harze erprobt. 1938 berichten CARLSOHN und MÜLLER (1938) über Versuche, nach denen Terpenkohlenwasserstoffe weniger stark an wasserhaltige Tone (Frankonit) adsorbiert werden als sauerstoffhaltige Bestandteile von ätherischem Öl. Die am stärksten adsorbierte Fraktion konnte vom Frankonit nicht durch Elution, sondern nur durch Wasserdampfdestillation getrennt werden. Gleichzeitig wird auf die Möglichkeit oberflächenkatalytisch bedingter Umsetzungen von Terpenkörpern bei der Verwendung zu stark aktivierter Adsorbentien hingewiesen. In neuerer Zeit haben dann PLIVA und SORM (1949) ätherisches Öl im Vakuum durch Destillation vorfraktioniert und die weitere Reinigung der Fraktionen für spektroskopische Zwecke (Infrarotspektroskopie) mittels chromatographischer Methoden bewerkstelligt. HEROUT (1950) verwendet als Adsorbens aktivierte Kohle und eluiert die verschiedenen Fraktionen von Duftölen mit Benzylalkohol, Phenylamyläther und Xylol. Bei Verwendung von Aluminiumoxyd als Adsorbens bewährt sich ihm Dimethylanilin als Elutionsmittel. Weitere Beiträge zur Terpenanalyse auf chromatographischem Wege leisten VARMA, BURT und SCHWARTING (1951). KIRCHNER und MILLER (1952) erörtern die Verwendung von Adsorptionsmethoden zur Herstellung terpenfreier Duftöle. Über die Trennung von Reduktionsprodukten des Carvons und über die Reinigung von Linaloolmonoxyd berichten

Miller und Kirchner (1952). Sie verwenden als Adsorptionsmaterial eine Aufschwemmung von Kieselsäure und Stärke. (Einzelheiten über Füllung des Chromatographier-Rohres im Original.)

Papierchromatographische Methoden zur Harzanalyse haben Mills und Werner (1952) geprüft. Sie verwenden ein mit Kerosin getränktes Whatman 1-Papier als ruhende Phase. Das Harz wird in Aceton- oder Chloroformlösung aufgetragen. Als bewegliche Phase dient mit dem gleichen Kerosin gesättigter Isopropylalkohol (mit 25% Wassergehalt). Das Chromatogramm wird sichtbar, wenn es mit Phenol in Tetrachlorkohlenstoff besprüht und dann Bromdämpfen ausgesetzt wird.

Bei der Reinigung von Azulenen bediente sich Treibs (1952) der Adsorption aus Äther- oder Petrolätherlösung an Aluminiumoxyd.

Schenck und Frömming (1953) haben für die Trennung des Azulenanteils des Kamillenöls von den übrigen Bestandteilen papierchromatographische Methoden verwendet (Papier 807 von Macherey und Nagel) durch Eintauchen in eine 2,5%ige Lösung von Paraffinum liquidum in Äther präpariert, Lösungsmittel zur Entwicklung des Chromatogramms: Äthanol 80 Teile Wasser, 15 Teile Liquor ammon.

Die Chromatographie kann ferner in Verbindung mit vorangehender Darstellung von Umwandlungsprodukten (s. unten) zur Trennung von terpenoiden Stoffen verwendet werden. Meigh (1952) trennt 3,5-Dinitrobenzoate von Alkoholen papierchromatographisch. Rice, Keller und Kirchner (1951) bedienen sich ebenfalls derartiger Verfahren (z. B. für Menthol). 2,4-Dinitrophenylhydrazone werden z. B. von White (1948) durch Adsorption an einen speziellen Bentonit getrennt. Strain (1935) behandelt die chromatographische Trennung von entsprechenden Derivaten von Campher und Iononen.

Bisulfitverbindungen von Carbonylverbindungen werden von Gabrielson und Samuelson (1950) an Ionenaustauscher auf Kunstharzbasis adsorbiert. Ketonderivate sind durch Wasser eluierbar, Aldehyddderivate nicht.

4. Optische Trennungsmethoden.

Optische Methoden können zur analytischen Untersuchung ätherischer Öle und ihrer Bestandteile in sehr großem Umfang eingesetzt werden. Eine ins einzelne gehende Darstellung würde aber den Rahmen dieser Darstellung sprengen, z. T. auch mit anderen Abschnitten dieses Werkes kollidieren. Messung des Brechungsindex, der Drehung des polarisierten Lichtstrahls, interferometrische Methoden (s. oben) und absorptionsanalytische Methoden werden angewandt. Insbesondere auf dem Gebiet der Azulenforschung haben kolorimetrische Methoden sich als nützlich erwiesen, worüber z. B. bei Kaiser und Frey (1942), Müller (1939, 1947), Stahl (1953b), Plattner und Heilbronner (1947) u. a. nachzulesen wäre. Weitere Literatur bei Günther (1948) sowie bei Sabetay und Sabetay (1941) und bei Günther und Langenau (1949—1953).

Für die Verwendung der Ramanspektren zur Unterscheidung verschiedener Isomeren des Irons setzte sich Naves (1949) ein. Günthard, Ruzicka, Schinz und Seidel (1949) ziehen dagegen die Bestimmung der Extinktion im Infraroten für diesen Zweck vor. Diagramme über die prozentische Durchlässigkeit von über 1000 Bestandteilen ätherischer Öle für verschiedene Wellenlängen im Infrarot haben nach Guenther und Langenau (1949—1953), Sadtler and Sons, Philadelphia, 2100, Arch Street, herausgebracht. Den Wert von Brechungsindex-Dichte-Diagrammen für die Unterscheidung acyclischer, mono- und polycyclischer Terpenoide behandelt Sutherland (1952).

5. Chemische Reaktionen für die Isolierung, den Nachweis und die Bestimmung niederer Terpenkörper.

Die Terpenkörper sind Stoffe, die durch die Anordnung der Kohlenstoffatome im Molekül charakterisiert sind, also eine strukturchemisch, nicht aber eine analytisch definierte Gruppe bilden. Das heißt, daß es nicht möglich ist, die Zugehörigkeit eines Stoffes zu dieser Gruppe durch einfache analytische Reaktionen nachzuweisen. Die Isolierung und Kennzeichnung eines Terpenkörpers mit chemischen Methoden erfolgt dementsprechend unter Verwendung von Reaktionen, welche auch in anderen entsprechend definierten Stoffklassen zur Charakterisierung einzelner funktioneller Gruppen des Moleküls verwendet werden. Die chemische Analyse der als ätherische Öle oder als Harze bezeichneten Stoffgemische kennzeichnet entweder diese Gemische durch den Gesamtgehalt an bestimmten funktionellen Gruppen, der dann am zweckmäßigsten durch sog. Kennzahlen ausgedrückt wird, oder durch den Gehalt an bestimmten individuellen Stoffen, die dann als solche in irgendeiner Form zu isolieren und der Menge nach zu bestimmen sind. Oder sie kennzeichnet individuelle Stoffe des Gemisches durch die physikalischen Konstanten, indem sie diese in Derivate überführt, die für den Stoff charakteristisch sind und deren physikalische Kennzeichen (Dichte, Brennungsindex, optische Drehung, Lichtabsorption, Schmelzpunkt, Siedepunkt, Kristallform) bekannt und relativ leicht bestimmbar sind. Es ist nun nicht beabsichtigt, im folgenden eine Zusammenstellung der Daten zu geben, die zur Charakterisierung der bekannten und aus Pflanzen isolierten Vertreter der niederen Terpenoide dienen können. Weder hierzu noch für eine detaillierte Darstellung aller angewandten Methoden reicht der verfügbare Raum aus. Es muß genügen, die Grundzüge der einzelnen Methoden zu erwähnen, auf Literatur über ihre Ausführung hinzuweisen und insbesondere neuere Anregungen zu diesen Methoden etwas ausführlicher zu besprechen. Allgemeine Literatur hierzu: außer den bereits mehrfach erwähnten Werken von GÜNTHER (1948), SIMONSEN (1947/1952) noch SABETAY und SABETAY (1941), NAVES (1947, 1950), SIMON und THOMAS (1950), LEIMBACH-BOURNOT (1951), ZEIDLER (1948), HOUBEN-WEYL, Bd. II (1953).

Reaktionen von Restvalenzen. Durch Betätigung sog. Restvalenzen können Derivate von Terpenkörpern hergestellt werden, die zur Isolierung, Reinigung und quantitativen Bestimmung einzelner Bestandteile dienen können.

Als Reagentien zur Darstellung derartiger Derivate können Nitrokörper, Phenole, organische Säuren, wie Essigsäure, anorganische Säuren, wie Phosphorsäure, Schwefelsäure, Ferrocyanwasserstoffsäure, aber auch anorganische Salze, wie Calciumchlorid, dienen.

Verschiedene dieser Reagentien haben bei der Reindarstellung von Azulenen eine Rolle gespielt.

Zur Entziehung von Azulenen aus einer Petrolätherlösung von ätherischen Ölen wird diese mit 85%iger Phosphorsäure unter guter Kühlung geschüttelt. Nach Scheidung der beiden Schichten wird die untere mit Eiswasser verdünnt, worauf die Azulene ausgeäthert werden können (SHERNDAL, 1915).

Beispiele für die Verwendung von Nitrokörpern für die Isolierung von Azulenen finden wir ebenfalls bei SHERNDAL (1915), ferner bei RUZICKA und RUDOLPH (1926), die Pikrinsäure und 2,4,6-Trinitroresorcin mit azulenhaltigen alkoholischen Lösungen erwärmen, wonach die kristallinischen Additionsprodukte beim Kühlen ausfallen und aus Alkohol umkristallisiert werden können. Sie können durch Schmelzpunktbestimmung zur Charakterisierung einzelner Azulene herangezogen werden, aber auch zur Reingewinnung dieser Körper dienen. Denn nach Versetzen mit verdünnten Alkalien werden die Azulene als solche freigemacht. Trinitrobenzolderivate von Azulenen haben PLATTNER und PFAU (1937) aus einer Lösung in Zyklohexan mit Al$_2$O$_3$ als Adsorbens chromatographiert.

Zur Isolierung von Azulenen über die Ferrocyanwasserstoff-Additionsverbindung wird das ätherische Öl nach der Vorschrift von RUHEMANN und LEVY (1927) mit einer gesättigten wäßrigen Lösung der Säure geschüttelt, die bräunliche Additionsverbindung, die in der wäßrigen Phase suspendiert ist, zunächst mit Pentan vom überschüssigen ätherischen Öl befreit, dann durch Filtration vom Überschuß des Reagens befreit und mit 5%iger Sodalösung versetzt, worauf das Azulen ausgeäthert wird. Zur weiteren Reinigung haben sich KAISER und FREY (1942) dann der Adsorption an Al$_2$O$_3$ bedient.

Auch zur Isolierung von Linaloolmonoxyd ist eine Komplexverbindung mit Ferrocyanwasserstoffsäure herangezogen worden [NAVES (1945b)].

Lockere Additionsverbindungen von Phenolen spielen vor allem bei Isolierung, Reinigung, Bestimmung des Cineols eine Rolle.

Bei der Verwendung des o-Kresols als Reagens nach COCKING (1927) wird das zu untersuchende ätherische Öl zunächst getrocknet, am besten über wasserfreiem Natriumsulfat, dann werden 3 g des trockenen Öles mit 2,1 g trockenen reinsten o-Kresols (geschmolzen) versetzt, und die Mischung wird durch Rühren mit dem Thermometer zur Kristallisation gebracht. Nach vorsichtigem Wiederauftauen der Mischung läßt man langsam abkühlen, bis die Kristallisation wieder einsetzt, beobachtet unter Rühren mit dem Thermometer den Temperaturanstieg und betrachtet als den charakteristischen Temperaturpunkt des Erstarrungsvorganges den höchsten erreichten Temperaturgrad. Dessen Lage hängt von dem Gehalt des Öles an Cineol ab. Wegen Einzelheiten der Ausführung und der erforderlichen Tabellen zur Feststellung des Gehalts nach den Ergebnissen der thermischen Analyse sei auf GÜNTHER (Bd. I, S. 297) verwiesen. Bei Cineolgehalten, die niedriger als 50% liegen, soll das Öl vor der Bestimmung mit der gleichen Menge Cineol versetzt werden.

Mit Resorcin gibt Cineol ein Additionsprodukt, das mit verdünnter Lauge zersetzt werden kann. Das ätherische Öl wird mit dem doppelten Volumen konzentrierter wäßriger Resorcinlösung, die 50—60% Resorcin enthalten, nach MELARDI (1950) gesättigt sein soll, verschüttelt. Es bildet sich, evtl. nach Impfung mit der reinen Additionsverbindung, ein Kristallisat, das durch Absaugen von der Flüssigkeit getrennt werden kann. Nach Überführung in einen Kolben mit graduiertem Hals (Cassiakolben) wird mit Alkalilauge versetzt, die Flüssigkeit vorsichtig erwärmt und das abgeschiedene Cineol mit Wasser in den Hals getrieben und nach Erkalten auf Meßtemperatur volumetrisch bestimmt. Hier ist schon bei einem Cineolgehalt, der unter 70% liegt, das ätherische Öl mit reinem Cineol zu versetzen, da sonst die Ergebnisse unsicher werden. Selbstverständlich kann die Anreicherung auf einen ausreichenden Cineolgehalt bei ausreichender Materialmenge auch durch fraktionierte Destillation bewirkt werden.

Mit Essigsäure gibt der Campher ein Additionsprodukt, das bereits durch Wasser wieder gespalten wird. Eines Additionsproduktes aus Schwefelsäure und Campher bediente sich KONOVALOV (1938) zur Extraktion des Camphers aus Fraktionen des Öles von *Ocimum canum*.

Phosphorsäure gibt lockere Verbindungen mit Azulenen (s. oben). Auch zur Bestimmung des Cineols kann Phosphorsäure nach Vorschriften von SCAMMEL (1894) und BAKER und SMITH (1921), die bei GÜNTHER (1948, Bd. I, S. 296) wiedergegeben sind, verwendet werden. Vor den oben erwähnten Methoden der Isolierung oder Bestimmung von Cineol hat diese den Vorzug, daß sie noch bei Proben mit 20% Cineol verwendet werden kann.

Calciumchlorid hat die Neigung, sich mit manchen Alkoholen zu Additionsverbindungen zu vereinigen. Die Additionsverbindung mit Geraniol ist kristallinisch und unlöslich in hydrophoben Lösungsmitteln, kann also zur Reingewinnung
von Geraniol aus ätherischem Öl benutzt werden. Die Regeneration des Alkohols
erfolgt durch Versetzen mit Wasser und Ausäthern oder Hydrodestillation.

Es sollte möglich sein, die sich bei der Bildung solcher Komplexe betätigenden
Restvalenzen auch bei der Fraktionierung durch extraktive Destillation auszu-
nützen.

Bestimmung des aktiven Wasserstoffes. Als aktiver Wasserstoff wird der
gegen die Gruppe —Mg—J des GRIGNARDschen Reagens unter Methanentwick-
lung austauschbare Wasserstoff vieler Verbindungen verstanden. Wasserstoff
der alkoholischen und phenolischen Hydroxylgruppe, der Carboxylgruppe, der
Sulfhydrilgruppe, der Aminogruppe ist u. a. derart austauschbarer, aktiver
Wasserstoff. Die Bestimmung geschieht durch Versetzen der zu prüfenden
Probe in geeignetem Lösungsmittel (Pyridin, Anisol u. a.) mit Methylmagnesium-
jodid und gasvolumetrische Bestimmung des entwickelten Methans. Bezüglich
der im einzelnen verwendeten Apparaturen und Reagentien sei auf HOUBEN-
WEYL (1953, Bd. II) hingewiesen.

Die Bestimmung des Gehalts an aktivem Wasserstoff wird vor allem bei der
Untersuchung des ätherischen Öls sinnvoll sein und entweder andere Methoden
zur Bestimmung des Gehalts einer Probe an phenolischen oder alkoholischen
oder carboxylischen Hydroxylgruppen ersetzen oder mit ihnen zusammen verwendet Hinweise auf weiter in dem betreffenden Objekt sich findende Träger
aktiven Wasserstoffs geben können.

Beispiele für ihre Verwendung im Gebiet der Untersuchung von Terpenkörpern und ein kritischer Vergleich verschiedener Ausführungsformen findet
sich z. B. bei NAVES (1945 b).

Bezüglich der neueren Methode zur Bestimmung aktiven Wasserstoffes mit
Lithium-Aluminiumhydrid sei auf den betreffenden Abschnitt im Bd. 2 von
HOUBEN-WEYL hingewiesen.

Reaktionen der alkoholischen Hydroxylgruppe. Bezüglich der allgemeinen
Darstellung der Analytik der alkoholischen Hydroxylgruppe sei auf HOUBEN-
WEYL (1953, Bd. II) verwiesen. Für die Bestimmung des Gesamtgehalts eines
ätherischen Öls oder Harzes an Hydroxylgruppen wird sich als allgemein anwendbare Methode stets die oben erwähnte Reaktion mit GRIGNARDschem Reagens
eignen, da von wenigen Ausnahmen abgesehen (Aminogruppe des Anthranil-
säuremethylesters in *Citrus*-Ölen, evtl. Sulfhydrilgruppen in Umbelliferenölen)
außer der alkoholischen Hydroxylgruppe nur die Carboxylgruppe und die phenolische Hydroxylgruppe als Träger aktiven Wasserstoffs in Frage kommen.

Die Zahl der Carboxylgruppen läßt sich durch Titration mit Lauge (s. unten:
Säurezahl) bestimmen und dann in Rechnung stellen. Die Phenole können ebenfalls gesondert erfaßt werden (s. nächster Abschnitt), so daß die Bestimmung der
Gesamtkonzentration der vorhandenen alkoholischen Hydroxylgruppen auf diesem Wege möglich ist. Da ferner die im folgenden zu erwähnenden Veresterungs-
reaktionen zum Teil nur von primären und sekundären Alkoholen gegeben werden,
ermöglicht eine Kombination beider Methodentypen unter Umständen die
Differenzierung der tertiären von den primären und sekundären alkoholischen
Hydroxylen. In der von HÖLSCHER (1934) beschriebenen Form als Halbmikromethode oder der von ROTH (1932) angegebenen Form als Mikromethode können
sehr kleine Mengen der Analyse unterworfen werden.

Die gebräuchlichsten Methoden zur Bestimmung des Gehalts eines ätherischen
Öls an alkoholischen Hydroxylgruppen sind jedoch auf der Fähigkeit der Alkohole,

mit Säuren Ester zu bilden, aufgebaut. Dann kann entweder der gebildete Ester wieder verseift und die freiwerdende Säure abgetrennt (Essigsäure und Benzoesäure z. B. durch Hydrodestillation) und bestimmt werden, oder man bestimmt die Menge des bei der Veresterung entstandenen Wassers oder den bei der Esterbildung nicht verbrauchten Überschuß an Säure titrimetrisch. Dieses letzte Verfahren wird auf dem Gebiet der ätherischen Öle überwiegend angewandt. Die zitierten Werke über analytische Methodik geben ausreichende Vorschriften für Standardverfahren. Hier sollen lediglich einige neuere Varianten erwähnt werden, bei denen entweder die Verfahren dem Arbeiten mit möglichst geringen Mengen angepaßt worden sind, oder wo eine Beschleunigung des Vorgangs ermöglicht wurde.

Für das Arbeiten mit kleinen Probemengen ist vor allem das Verfahren der Acetylierung der Probe mit einem Gemisch von Essigsäureanhydrid und Pyridin gebräuchlich. Naves (1946a) hat 1947 eine Arbeitsvorschrift für ätherisches Öl gegeben. Er machte bereits vorher darauf aufmerksam, daß bei einer Arbeitstemperatur von 100° C durch ein derartiges Acetylierungsgemisch primäre Alkohole im allgemeinen nach 15 min, sekundäre Alkohole nach 180 min quantitativ verestert seien. Tertiäre Alkohole werden dagegen nur zu 5—10% erfaßt. Auch auf das kritische Referat des gleichen Autors aus dem Jahre 1945 sei hingewiesen. An die Arbeitsvorschrift von Naves lehnen sich auch Hegnauer (1948), Danielsson (1950) und Kalitzki (1954) an. Der Arbeit von Kalitzki (1954) sei die folgende Arbeitsvorschrift zur Bestimmung des unveresterten Menthols im Pfefferminzöl entnommen:

Etwa 0,1 g ätherisches Öl werden genau in eine 2 ml-Ampulle eingewogen und mit etwa 0,3 g (ebenfalls genau gewogen) Acetylierungsgemisch aus 3 Teilen Pyridin und 1 Teil Essigsäureanhydrid versetzt und nach Zuschmelzen der Ampulle eine halbe Stunde im Xylolbad gekocht. Parallel wird ein Blindversuch (ohne ätherisches Öl, zur Titerbestimmung) geführt. Nach Abkühlen wird die Ampulle in einem dickwandigen Erlenmeyer (Saugflasche) zerstoßen und mit 50 ml dest. Wasser versetzt. Die Menge des unverbraucht gebliebenen Essigsäureanhydrids wird dann mit 0,1 n alkoholischer Kalilauge titriert, wonach bei bekanntem Titer des Acetylierungsgemisches die zur Veresterung des freien Alkohols verbrauchte Menge bekannt ist. Auf die Notwendigkeit der Anstellung eines Blindversuches wiesen bereits Jones und Fang (1946) hin. Mathias (1953) bestimmt den Gehalt an freiem Menthol in sehr ähnlicher Weise, verwendet aber bei einer Einwaage von etwa 70 mg ätherischen Öls 0,4—0,5 ml Acetylierungsgemisch, erhitzt 150 min im Wasserbad. Den Titer des Acetylierungsgemisches bestimmt auch er in einem Parallelversuch ohne ätherisches Öl. Der Forderung nach einem eigentlichen Blindversuch, in dem ein etwaiger Säuregehalt des ätherischen Öls ermittelt und von der zurücktitrierten Essigsäure in Abzug gebracht wird, ist damit allerdings nicht Genüge getan. Jedoch ist der Säuregehalt destillierter ätherischer Öle im allgemeinen verschwindend klein.

Nach Brignall (1941) soll n-Butyläther als Lösungsmittel dem Pyridin vorzuziehen sein, da die Acetylierung schneller erfolgt, ferner keine Acetylierung von Aldehyden oder Ketonen stattfinden soll.

Sabetay (1934) hatte zur Beschleunigung der Esterbildung bei der Alkoholbestimmung in ätherischem Öl den Zusatz von Phosphorsäure oder Schwefelsäure vorgeschlagen. Naves (1944) weist darauf hin, daß bei Gegenwart von Cineol dieses Verfahren zu hohe Werte liefert, da sich aus Cineol dann Terpinylacetate bilden. Bei der Formylierung nach Glichitch (1923, 1933) tritt dieser Fehler nicht auf. [Arbeitsvorschriften für Formylierung nach Glichitch s. die zit. Methodenhandbücher, ferner Sabetay (1951).] Wie oben bereits erwähnt, erfassen diese Acetylierungsmethoden die tertiären Alkohole nicht vollständig, erfassen sie aber zum Teil mit. Sollen die tertiären Alkohole, die bei den meisten Acetylierungsmethoden teilweise unter Wasserabspaltung zersetzt werden, vollständig miterfaßt werden, so muß man sich der Acetylierung nach BOULEZ (1924) unter Verwendung eines Verdünnungsmittels (z. B. Xylol) und bei Zimmertemperatur, der Acetylierung nach FIORE (1943) mit Acetylchlorid in Dimethylanilin, oder der Formylierung nach GLICHITCH (1923, 1933) bedienen. Nach ELVING und WARSHOWSKY (1947) können primäre und sekundäre Alkohole mit Phthalsäureanhydrid in Pyridin bei 100° C im geschlossenen Rohr acetyliert werden, ohne daß tertiäre Alkoholgruppen mitreagieren würden.

HOFFMANN und MAFFEI (1947) haben die Methoden von GLICHITCH, FIORE, BOULEZ miteinander verglichen und finden, daß nur die beiden ersten Methoden bei der Bestimmung von Linalool verläßliche Werte geben. Nach einem Bericht der Ess. Oil Ass. of America (s. GÜNTHER, 1948) wird jedoch die Methode von BOULEZ empfohlen.

Verwendet man zur Acetylierung der Alkoholgruppen die Säurechloride höherer Fettsäuren, wobei die freiwerdende Salzsäure als Maß der vorhandenen OH-Gruppen dient, so reagieren die primären und sekundären Alkohole bereits nach einer Stunde, während tertiäre Alkohole und Phenole erst nach 4 stündiger Reaktionszeit acetyliert sein sollen (RAYMOND und BOUVETIER, 1939).

Die Tendenz der tertiären Alkohole zur Wasserabspaltung kann zu ihrer Bestimmung dienen. Vor Ansatz der Versuche ist das ätherische Öl sorgfältig über wasserfreiem Natriumsulfat zu trocknen. Nach IKEDA und TAKEDA (1936) setzt man der Probemenge etwa 0,5% Zinkchlorid als Katalysator zu. Auch Jod ist für diesen Zweck gut verwendbar. Die Probe wird dann mit Toluol oder Xylol in einem der üblichen Apparate zur Wasserbestimmung durch Destillation erhitzt und das Volumen des abgefangenen Wassers bestimmt. GOTTLIEB (1947) verwendet zur Durchführung der Wasserabspaltung Oxalsäureanhydrid in einer Menge von 6 g auf 30 g ätherischen Öls. Die Bestimmung dürfte auch unter Verwendung wesentlich kleinerer Mengen mit Monobrombenzol als Lösungsmittel und Treibmittel für den Wasserdampf etwa in den oben beschriebenen Apparaten für Bestimmung des Duftölgehaltes in pflanzlichem Material durchführbar sein. Eine weitere Reduzierung der Probemengen sollte bei Durchführung der Wasserabspaltung unter Rückfluß ohne Phasenabtrennung und Verwendung des Reagens von KARL FISCHER zur Bestimmung des entwickelten Wassers möglich sein. Über Wasserbestimmung mit diesem Reagens (Schwefeldioxyd und Jod in Pyridin-Methanol-Lösung) vgl. Bd. I dieses Handbuchs, S. 24 und HOUBEN-WEYL, Bd. II.

Die bisher erwähnten Methoden erfassen freie alkoholische (und phenolische) Hydroxylgruppen. Bei der Bestimmung der in Esterform gebunden vorliegenden Hydroxyle bedient man sich allgemein der Verseifung der Esterbindung durch Alkalien, wobei mit bekannter Alkalimenge verseift und der unverbraucht gebliebene Rest zurücktitriert wird. Als Verseifungszahl ist dann die Anzahl Milligramme an Kaliumhydroxyd definiert, die zur Verseifung der in 1 g Material vorliegenden Ester und zur Neutralisation der in der Probe vorhandenen freien Säure verbraucht wird. Zieht man von der Verseifungszahl die von der freien Säure verbrauchte, durch direkte Titration mit alkoholischer Kalilauge in der Kälte zu ermittelnde Anzahl mg KOH ab, so ergibt sich die Esterzahl, welche ein Ausdruck für die Konzentration der vorhandenen veresterten Alkoholhydroxyle im Material ist. Bestimmung der Säurezahl und der Verseifungszahl ist also die Vorbedingung der Ermittlung des Gehalts einer Probe an Alkohol in Esterform. Bei ätherischem Öl ist für gewöhnlich der Gehalt an freier Säure so gering, daß von einer Bestimmung der Säurezahl zu jeder Esterzahlbestimmung häufig abgesehen wird. Der Nachweis, daß dies überflüssig ist, ist jedoch in jedem Einzelfall erforderlich. Bei Harzen ist die Bestimmung der Säurezahl allgemein unerläßlich.

Bei Verwendung äthanolischer Kalilauge zur Bestimmung der Verseifungszahl werden oft sehr lange Reaktionsdauern erforderlich sein. Die Reaktionszeiten werden gegenüber den klassischen Bestimmungsmethoden (s. zit. Methodenliteratur) verkürzt, wenn nach dem Vorgang von Hall, Holcomb und Griffin (1940) Diäthylenglykol (Dioxan) als Lösungsmittel für das Kaliumhydroxyd verwendet wird. In der bereits erwähnten Arbeit von Kalitzki (1945) wird diese Methode zur Bestimmung des Estermenthols angewandt:

Einwaage etwa 0,1 g ätherisches Öl in 100 ml-Schliffkolben, Neutralisation mit 0,1 n KOH in Diäthylenglykol, Phenolphthalein als Indikator. Anschließend 15 min Erhitzen über offener Flamme unter Rückflußkühlung, Abkühlen, mit 50 ml Wasser versetzen und mit 0,1 n HCl den Alkaliüberschuß zurücktitrieren. Phenolphthalein als Indikator.

Mathias (1953) arbeitet auch bei der Verseifung der Mentholester in geschlossener Ampulle, nimmt auch nicht Diäthylenglykol als Lösungsmittel, sondern n-Propylalkohol, den bereits früher Winkler (1911) für diesen Zweck empfohlen hatte. Erhitzt werden die Ampullen dann bei 100° C im Wasserbad. Einwaage etwa 70 mg ätherisches Öl, Verseifung mit 0,75 ml propylalkoholischer Kalilauge, die aus einer Mikrobürette mit V2A-Stahlspitze in die Ampulle gegeben werden.

Thomas (1932) hat darauf aufmerksam gemacht, daß für die Verseifungsreaktion nur phenol- und aldehydfreie Öle anzuwenden seien, da sonst zu hohe Werte erhalten werden. Diese Verbindungen sind also vor der Bestimmung durch geeignete Maßnahmen zu entfernen.

Veresterung mit bestimmten Säuren ergibt häufig gut kristallisierende Verbindungen, die zur Abtrennung der Alkoholfraktion aus den natürlichen Stoffgemischen der ätherischen Öle und Harze, ferner zur Trennung verschiedener Alkohole durch Chromatographie ihrer Derivate, endlich zur Identifizierung einzelner Alkohole durch die Schmelzpunkte der Ester dienen können.

Hierfür auf dem Gebiet der niederen Terpenkörper häufig verwendete Reagentien sind:

Phthalsäureanhydrid, mit dem die Probe in Benzol gekocht wird zur Darstellung saurer Phthalate, die häufig sehr gut kristallisieren.

3-Nitrophthalsäureanhydrid hat vor dem unsubstituierten Anhydrid den Vorteil, daß seine sauren Ester einen höheren Schmelzpunkt zeigen, was unter Umständen erwünscht sein kann. Diese Ester können aus heißem Wasser umkristallisiert werden. Da es sich bei den Phthalaten und Nitrophthalaten um saure Ester handelt, können sie auch zur titrimetrischen Bestimmung der Menge der isolierten Hydroxylgruppen, damit also auch zur Molekulargewichtsbestimmung des Alkohols eines einheitlichen Esters dienen.

Momose und Torigore (1951) haben 3,6-Dinitrophthalate hergestellt und zur Isolierung und Trennung von Alkoholen benutzt.

Benzoylchlorid ist das übliche Reagens zur Herstellung von Benzoaten. Es wird meist in Pyridinlösung, auch in wäßriger soda-alkalischer Lösung zur Anwendung gebracht. Bei Verwendung von Pyridin zeigt die Abscheidung des Pyridinhydrochlorids die Umsetzung an. Der Benzoylester ist dann durch Lösen des Pyridins und des Pyridinhydrochlorids in Schwefelsäure und Ausschütteln des Ansatzes mit Chloroform zu gewinnen.

Wird 3,5-Dinitrobenzoylchlorid verwendet, so wird zweckmäßig in Benzollösung gearbeitet, wobei ein Zusatz wasserfreien Pyridins besonders bei der Herstellung der Ester tertiärer Alkohole zu erfolgen hat. Nach Erhitzen unter

Rückfluß ergeben sich die meist gut kristallisierenden 3,5-Dinitrobenzoate, die mit α-Naphthylamin charakteristische Anlagerungsprodukte geben.

Urethane werden zur Abscheidung und Identifizierung von Alkoholen der Terpenoidklasse häufig verwendet. Im allgemeinen handelt es sich dabei um Verbindungen des Typus

$$R_1NH-C-O-R_2,$$
$$\|$$
$$O$$

wobei R_1 ein aromatisches Radikal ist, während R_2 das Radikal des nachzuweisenden Alkohols darstellt. Die zu der Herstellung der Urethane dienenden Reagentien sind:

Substituierte Isocyanate, z. B. Phenyl- oder Naphthylisocyanat. Durchweg sind die Isocyanate wasserempfindlich (die Naphthylverbindung relativ wenig). Es ist also unter Wasserausschluß in geeigneten organischen Lösungsmitteln (Petroläthern oder Benzol) zu arbeiten.

Diphenylharnstoffchlorid in Pyridin gelöst reagiert mit Hydroxylgruppen durch Bildung von Diphenylurethanen, die durchweg in Wasser sehr schwer löslich sind. (Eingießen der während einer Stunde erwärmten Mischung aus Reagens und Probe mit etwa 4 Teilen Pyridin in Wasser, Absaugen, Umkristallisieren des Urethans aus Ligroin oder Alkohol.)

Azide, z. B. p-Nitrobenzoylazid, bilden bei mehrstündigem Kochen mit der Probe in Petroläther ebenfalls Urethane, die aus Petroläther nach dem Erkalten ausfallen und aus diesem Lösungsmittel oder anderen umkristallisiert werden können.

$N_1(2,4$-Dinitrophenyl$)$-N_2-methylnitroharnstoff reagiert mit alkoholischen und phenolischen Hydroxylen beim mehrstündigen Kochen in Benzollösung unter Rückfluß ebenfalls unter Bildung von 2,4-Dinitrophenylurethanen, wobei Methylnitramin als Nebenprodukt entsteht.

Durchweg erfolgt die Bildung der Urethane quantitativ, so daß sie auch zur quantitativen Bestimmung der Hydroxylgruppe verwendet werden kann.

Allophanate (Ester der Carbamylcarbaminsäure) entstehen beim Einleiten gasförmiger Cyansäure (HCNO) in alkoholhaltige Proben unter Kühlung. Terpinol und Linalool bilden jedoch dabei keine Allophanate. Auch die Allophanatbildung kann zur quantitativen Bestimmung, außerdem aber auch in vielen Fällen zur Isolierung und Reinigung von Alkoholen dienen. Denn Allophanate zersetzen sich bei der Verseifung mit Alkalien unter Regenerierung des Alkohols (oder Phenols) und Bildung von Kohlendioxyd und Harnstoff.

Xanthogenate entstehen bei der Reaktion von Alkoholen oder Phenolen mit Schwefelkohlenstoff bei Gegenwart von trockenem Alkalihydroxyd, das am zweckmäßigsten zunächst in der alkoholhaltigen Probe gelöst wird.

Alkoholate werden im allgemeinen wenig zur Isolierung von Terpenalkoholen verwendet. Auf die Möglichkeit, Citronellol über das Alkoholat, das bei Behandlung des Citronell-Öls mit alkoholischer Kalilauge in der Hitze entsteht, zu gewinnen, sei aber hingewiesen.

Reaktionen der phenolischen Hydroxylgruppe. Die meisten der oben angeführten Reaktionen der alkoholischen Hydroxylgruppe werden auch von phenolischen Hydroxylen gegeben, so daß die Differenzierung der Phenole von den Alkoholen der ätherischen Öle und Harze wichtig ist.

Im Gegensatz zu allen Alkoholen reagieren die Phenole schon mit verdünnter Lauge und in der Kälte unter Bildung meist wasserlöslicher Phenolate. Ein ätherisches Öl, das Phenole und in Wasser nicht oder schwer lösliche Alkohole nebeneinander enthält, kann also von den Phenolen befreit werden, wenn es mehrfach mit wäßriger verdünnter Lauge durchgeschüttelt wird, wobei die

Phenole in die wäßrige Phase übergehen. Für ätherische Öle, die reichliche Mengen an Phenolen enthalten, läßt sich hierauf eine allerdings etwas rohe Gehaltsbestimmung gründen. Ein gemessenes Volum des Öles wird mit einer reichlichen Menge verdünnter Natron- oder Kalilauge geschüttelt, wonach erneut das Volum festgestellt wird. Der Volumschwund entspricht dem Phenolanteil im Öl (Ausführung im Cassiakölbchen). Die Fehlerquellen der im übrigen sehr einfachen Methode liegen in der Tatsache, daß außer den Phenolaten noch andere wasserlösliche Bestandteile in die wäßrige Phase übergehen werden, ferner darin, daß die Phenolatlösung für manche nichtphenolische Bestandteile ein besseres Lösungsmittel darstellt als reines Wasser.

Zur Reinigung und Isolierung der Phenole kann aber die Bildung wasserlöslicher Phenolate mit verdünnten Alkalilösungen eine wertvolle Reaktion sein. Denn aus der Phenolatlösung kann das Phenol in vielen Fällen quantitativ (Australol, Thymol, Carvacrol) durch mehrfaches Ausschütteln mit Äther gewonnen werden. Beim Diosphenol ist vorheriges Ansäuern Vorbedingung für restlose Rückgewinnung des Phenols.

Eine spezifische Phenolreaktion, die sowohl zum Nachweis der Anwesenheit von Phenolen wie zur quantitativen Bestimmung dienen kann, ist die Kupplung von Phenolen mit diazotierter Sulfanilsäure, mit der alle Phenole, die in Parastellung oder in einer Orthostellung zum Hydroxyl unsubstituiert sind, gefärbte Azokörper geben. Mühlemann (1941) und nach ihm Hegnauer (1948) geben Vorschriften für die Anstellung der Reaktion zur Bestimmung des Phenolgehaltes von *Thymus*-Ölen.

Auch die Farbreaktion mit Ferrichlorid ist eine allgemeine Phenolreaktion und hat auch für terpenoide Phenole Anwendung gefunden. Soloway und Wilen (1952) empfahlen für die Anstellung der Eisenchloridreaktion in organischen Lösungsmitteln den Zusatz von etwas Pyridin.

Eine sehr empfindliche Reaktion von Phenolen mit substituierter Parastellung ist ferner die Bildung von Indolblaukörpern mit Dichlorchinonchlorimid bei Gegenwart von etwas Borax. Verdünnungen von Phenolen bis zu 1:20 Millionen können nachgewiesen werden. Auch sie kann grundsätzlich zur kolorimetrischen Bestimmung von Phenolgehalten verwendet werden.

Eine gravimetrische Phenolbestimmung mit 2,4-Dinitrofluorobenzol als Reagens gaben Zahn und Würz (1951) an.

Bromometrische Bestimmung von Carvacrol und Thymol hat de Keunig (1952) beschrieben.

Reaktionen der Carbonylgruppe. Von den sehr vielen analytisch auswertbaren Reaktionen der Carbonylgruppe sind für das Gebiet der niederen Terpenkörper vorwiegend diejenigen mit neutralem oder saurem Natriumsulfit, mit Hydroxylamin, Hydrazinverbindungen und mit Semicarbazid verwendet worden.

Die Bildung von α-Oxysulfonsäuren bei der Reaktion von Aldehyden oder Ketonen mit neutralem oder saurem Natriumsulfit kann als eine fast allgemein anwendbare Methode zur Isolierung von Carbonylverbindungen aus Gemischen niederer Terpenkörper angesehen werden. Die üblichen Vorschriften sehen die Verwendung von 30—40%iger Bisulfitlösung vor. Günther (1948) weist auf Grund der Erfahrungen in einem Industrielaboratorium darauf hin, daß häufig die Verwendung gesättigter Bisulfitlösung, die allerdings nicht zuviel freies Schwefeldioxyd enthalten darf, vorteilhafter ist, da die Abtrennung des carbonylfreien Anteils des ätherischen Öls dann leichter vollziehbar ist. Nicht mit saurer Bisulfitlösung reagieren Carvon, Menthon, Fenchon. Für die Ketone Carvon, Pulegon und Piperiton ist Reaktion mit neutralem Sulfit eine geeignete Form der Trennung von Begleitstoffen. Die Reaktionsprodukte sind teils nur in überschüssiger Bisulfitlösung, zum Teil in Wasser löslich, zum Teil auch in Wasser unlöslich, wonach sich die Art der Trennung von den Begleitstoffen richtet (Ausäthern der Lösungen, oder Gewinnung durch Filtration und Waschen mit Äther auf dem Filter). Die reinen Carbonylverbindungen erhält man durch Versetzen mit Alkalilösungen und anschließendes Ausäthern oder Wasserdampfdestillation.

Die Bildung der Oxysulfonsäuren kann auch für die überschlägliche Bestimmung des Gehalts an Carbonylverbindungen in ätherischem Öl ausgenutzt werden, wobei ähnlich wie bei der Phenolbestimmung mit Alkalilaugen im Cassiakolben gearbeitet und der Volumschwund des mit konz. Sulfit- oder Bisulfitlösung ausgeschüttelten ätherischen Öls bestimmt wird. Arbeitsvorschriften s. in der zit. Methodenliteratur.

Die Reaktion kann auch so geleitet werden, daß eine kleine genau bekannte Menge der Probe (entsprechend 0,002—0,004 Mol Carbonylverbindung) mit einer bekannten Menge Bisulfit versetzt und nach Beendigung der Reaktion das unverbrauchte Sulfit jodometrisch bestimmt. Arbeitsvorschrift: HOUBEN-WEYL (1953), Bd. II.

Die Reaktion der Carbonylverbindungen mit Hydroxylamin ist zur Abtrennung von Aldehyden und Ketonen aus Gemischen weniger geeignet, da bei der Rückgewinnung der Ausgangsstoffe durch Zersetzung der entstandenen Oxime häufig Umlagerungen stattfinden. Sie kann zur Identifizierung von Ketonen und Aldehyden durch die Konstanten der Oxime mit herangezogen werden. Vor allem bietet die Reaktion mit Hydroxylamin ausgezeichnete Möglichkeiten zur quantitativen Bestimmung der Carbonylverbindungen. Diese wird entweder mit Hydroxylaminhydrochlorid oder mit freiem Hydroxylamin, und zwar zur Bestimmung von Carbonylverbindungen aus der Terpenkörpergruppe stets in alkoholischer Lösung vorgenommen. Die Menge des bei der Oximierung verbrauchten Hydroxylamins wird durch Neutralisierung der freigewordenen Salzsäure unter Rückführung auf die Ausgangsacidität des Ansatzes (Bromphenolblau als Indikator) festgestellt.

Die Anzahl mg KOH, welche erforderlich ist, um die infolge der Oximierung von 1 g Probe frei werdende Salzsäuremenge zu neutralisieren, wird auch als Carbonylzahl (STILMANN-REED) bezeichnet. Im Falle der Oximierung mit freiem Hydroxylamin wird der Überschuß an Reagens mit Salzsäure zurücktitriert (ebenfalls Bromphenolblau als Indikator). Arbeitsvorschriften für das Arbeiten mit größeren Mengen finden sich in der zitierten zusammenfassenden Literatur. Eine Arbeitsvorschrift für Bestimmung kleinerer Mengen haben TROZZOLO und LIEBER (1950) mitgeteilt. Die Vorschrift ist außer in der Originalarbeit bei HOUBEN-WEYL (1953) und in der Angew. Chem. 63, 177 (1951) wiedergegeben.

Bei allen Oximierungsmethoden muß ein Blindversuch neben der Hauptbestimmung laufen. Für Fenchon findet sich bei LEIMBACH-BOURNOT (1951) die Angabe, daß es durch Oximierung nicht bestimmbar sei. Daß es Oxime bildet, ist jedoch bekannt (Lit. s. bei GÜNTHER). Im übrigen sind die Oximierungsmethoden fast allgemein anwendbar, eignen sich jedoch nicht für die Differenzierung von Aldehyden und Ketonen. Bezüglich neuerer Arbeiten, in denen sich Beispiele für die Anwendung und Varianten der Methode finden, sei verwiesen auf HOFFMANN (1947), HALPERN (1949), der potentiometrische Bestimmung des Titrationsendpunktes empfiehlt, PERRET (1951), der einen kritischen Vergleich verschiedener Oximierungsmethoden bringt, ÖZGER (1951). DESSEIGNE (1945) nimmt die Rücktitration der entstandenen Säure mit organischen Aminen vor. Mit der Frage der Störung der Oximierungsreaktion durch organische Säuren beschäftigen sich SMITH und MITCHELL (1950).

Hydrazin kann als solches zur Herstellung von Hydrazonen und dadurch zur Bestimmung von Carbonylverbindungen dienen. Eine Vorschrift findet sich bei Fuchs und Matzke (1949), auch wiedergegeben in Houben-Weyl (1953), Bd. II.

Phenylhydrazin dient als Reagens in einer Mikrobestimmungsmethode für Carbonylverbindungen, die bei Houben-Weyl (1953), Bd. II, wiedergegeben ist, jedoch für alle jene Terpenketone nicht anwendbar sein würde, deren Carbonylgruppe in einem hydroaromatischen Ring steht. Die Ablesung erfolgt gasvolumetrisch durch Bestimmung des Stickstoffvolums, das entwickelt wird, wenn der Überschuß an Phenylhydrazin mit siedender Fehlingscher Lösung zersetzt wird.

Auf dem Gebiete der Terpenkörper hat sich von den substituierten Hydrazinen besonders das 2,4-Dinitrophenylhydrazin in neuerer Zeit eingebürgert. Die bei der Reaktion entstehenden Dinitrophenylhydrazone kristallisieren gut und können zur gravimetrischen Bestimmung der in einem Terpenkörpergemisch vorliegenden Aldehyde und Ketone dienen.

Die Reagenzlösungen werden unter Zusatz von Äthanol oder als wäßrige Lösungen von 2,4-Dinitrophenylhydrazinsulfat hergestellt und sind jeweils vor dem Gebrauch frisch zu bereiten. Esdorn und Bruns-Runge (1949) stellten die Lösung nach dem Vorgang von Kaufmann (1943) wie folgt her:

1,5 g Dinitrophenylhydrazin in einer Mischung von 10 ml Wasser und 18 ml konz. Schwefelsäure in der Wärme lösen, dann nach Abkühlung auf 100 ml mit Wasser auffüllen und vor dem Gebrauch filtrieren. So hergestelltes Reagens hält sich höchstens 2—4 Tage. Zur Bestimmung von Campher in Basilicum-Öl wird eine alkoholische Lösung von ätherischem Öl mit genau bekanntem Ölgehalt in einem 300 ml-Soxhletkolben mit 80 ml Reagenzlösung im Wasserbad unter Rückfluß während 4 Std. erhitzt, anschließend bei offenem Kolben weiter erhitzt, damit der Alkohol, in dem das Reaktionsprodukt etwas löslich sein kann, verdunstet. Nach dem Abkühlen wird mit 200 ml Wasser verdünnt und etwa 12 Std. zur Kristallisation stehengelassen, anschließend durch ein Glasfilter filtriert und das Kristallisat mit möglichst wenig Wasser bis zur neutralen Reaktion gewaschen und das Kristallisat dann bis zur Konstanz des Gewichts bei 100° C getrocknet. Abweichende Vorschriften zur Bereitung des Reagens und zur Anstellung der Reaktion finden sich bei Günther (1948). Scholtens hat die Bestimmung von Carbonylverbindungen als Dinitrophenylhydrazone allgemein empfohlen (1947) und insbesondere für Carvon die Überlegenheit der Methode über die Hydroxylaminmethode festgestellt.

Die 2,4-Dinitrophenylhydrazone sind wegen ihres scharfen Schmelzpunktes bei relativ hoher Temperatur durchweg gut geeignet für die Identifizierung einzelner Carbonylverbindungen. Die Trennung verschiedener Dinitrophenylhydrazone voneinander ist neuerdings häufig mit chromatographischer Methode vorgenommen worden. Über Identifizierung von Carbonylverbindungen nach diesem Verfahren und chromatographischer Trennung berichteten Hucknall (1945), Clark, Kaye und Parks (1946) sowie Roberts und Green (1946), Gordon, Wopat, Burnham und Jones (1951) sowie Rice, Keller und Kirchner (1951).

Eine besonders pflanzenphysiologisch interessante Anwendung des 2,4-Dinitrophenylhydrazins findet sich bei Biale und Shepherd (1940), die Luft, welche über Citrus-Früchte strich, durch Lösungen des Reagens leiteten und so flüchtige Aldehyde (vor allem Acetaldehyd) abfingen.

Nach Treibs und Röhnert (1951) eignen sich die Kondensationsprodukte von aliphatischen und isocyclischen Ketonen mit Phenylhydrazin-p-sulfosäure sehr gut zur Isolierung aus Terpenkörpergemischen. Die Reaktion findet in wäßrig-alkoholischer Lösung, die mit Natriumacetat gepuffert wird, beim

Erhitzen unter Rückfluß statt. Die Reaktionsprodukte sind wasserlöslich, können also durch Ausäthern von Begleitsubstanzen aus den ätherischen Ölen gereinigt werden. Sie sind durch Erhitzen mit verdünnter Schwefelsäure leicht spaltbar und ergeben dann das ursprüngliche Keton, das durch Ausäthern aus dem Spaltungsansatz, Entfernung der Säure mit Natriumbicarbonat und Trocknen über wasserfreiem Natriumsulfat rein erhalten werden kann.

Auch Verbindungen von Carbonylkörpern mit Hydraziden (Acylverbindungen des Hydrazins), die ein quartäres Stickstoffatom tragen, sind häufig wasserlöslich, so daß sie zur Abtrennung von Carbonylverbindungen von wasserunlöslichen Begleitstoffen dienen können. Auf diesem Prinzip beruht die Verwendung der Reagentien „T" und „P" von GIRARD, sowie das Reagens von ALLEN und GATES.

Reagens T ist das Chlorid des Trimethylammoniumacetylhydrazids, Reagens P das Chlorid des Pyridiniumacetylhydrazids. Beide Reagentien sind von GIRARD und SANDULESCO (1936) beschrieben worden.

Ihre Carbonylverbindungen können nicht nur zur Abtrennung der Aldehyde und Ketone aus Gemischen von anderen Terpenkörpern, sondern außerdem zur Gewinnung von aldehydfreien Ketonen dienen, da die Verbindungen mit Ketonen relativ leicht durch verdünnte Mineralsäuren hydrolysiert werden können, während die entsprechenden Aldehydverbindungen hydrolyseresistent sind. Bezüglich näherer Angaben sei auf die zitierte Originalarbeit sowie auf die sehr ausführliche Darlegung von GÜNTHER (1948) verwiesen.

ALLEN und GATES (1941) verwenden als Reagens das p-Toluolsulfonat des Hydrazides der Nicotinsäure (des N-Methyl-pyridinium-β-carbohydrazids). Die Aldehyd- und Ketonverbindungen dieses Stoffes sind wasserlöslich und können also zur Abtrennung der Ketone aus ätherischem Öl usw. dienen. Sowohl Aldehyde wie Ketone können aus diesen Hydrazonen durch Hydrolyse mit verdünnter Schwefelsäure wiedergewonnen werden. Zur Darstellung dieser Derivate werden äquimolare Mengen von Reagens und Carbonylverbindung in absolutem Alkohol unter Rückfluß erhitzt (0,01 Mol auf 15 ml abs. Alkohol), worauf die Hydrazone nach dem Kühlen kristallinisch ausfallen und aus abs. Alkohol, evtl. unter Ätherzusatz, umkristallisiert werden können.

Semicarbazone, die sich bei der Reaktion von Carbonylverbindungen mit Semicarbazid oder substituierten Semicarbaziden bilden, können sowohl zur Isolierung wie zur Charakterisierung von Carbonylverbindungen der Terpenreihe dienen. Das allgemeine Prinzip der Herstellung derartiger Derivate besteht darin, daß die wasserunlöslichen Terpenkörpergemische in Alkohol, der so verdünnt ist, daß gerade noch keine Trübung durch die Probesubstanz eintritt, mit einer wäßrigen Lösung von Natriumacetat und Semicarbazidhydrochlorid versetzt wird. Carbonylkörper, Semicarbazid und Natriumacetat sollen in etwa äquimolarem Verhältnis zur Reaktion gebracht werden. Die sich abscheidenden Semicarbazone können aus Wasser, Alkohol oder Aceton umkristallisiert werden. Bei der Reaktion kann das Acetat auch durch Pyridin zum Abfangen der freiwerdenden Salzsäure ersetzt werden. Näheres über weitere Varianten s. vor allem bei GÜNTHER (1948). Die Semicarbazone können durch Säuren zersetzt werden, so daß die Carbonylverbindung rückgebildet wird. Zur Bestimmung von Campher hat KYOHEI MURAKAMI (1950) die Reaktion mit Semicarbazid verwendet.

Zur Differenzierung von Aldehyden und Ketonen konnten bereits einige der soeben erwähnten Derivate benutzt werden. Allgemein ist eine solche Differenzierung möglich, da Aldehyde sehr viel leichter als Ketone oxydabel sind, wobei Carboxylgruppen entstehen, so daß der Aldehyd durch die entstandene Säure weiter charakterisiert werden kann. Zur quantitativen Bestimmung von Aldehyden neben Ketonen (oder Säuren) mit Dioxan als Lösungsmittel gaben MITCHELL und

Smith (1950) eine Vorschrift, in der Silberoxyd als Oxydationsmittel verwendet wird. Die entstandene Säure wird durch Titration mit 0,5 n Kalilauge bestimmt.

Mit der polarographischen Bestimmung von Carbonylverbindungen befassen sich einige Arbeiten, die dem Verfasser nur im Referat (Schimmels Berichte, 1952/53) zugänglich waren: Bitter (1950), Novikowa und Petrowa (1950), Gerber, Kusnetsowa und Neimann (1949).

Reaktionen der Carboxylgruppe. Reaktionen der Carboxylgruppe sind im Gebiet der niederen Terpenkörper vor allem von Bedeutung für die Isolierung und Charakterisierung von Säuren der Sesqui- und Diterpenreihe. Durchweg ist die Säurezahl von ätherischem Öl nicht durch Terpenkörper, sondern durch Säuren bedingt, die außer den Hauptbestandteilen der ätherischen Öle mit aus dem Pflanzenmaterial destillieren oder die bei dem Destillationsvorgang durch Verseifung von Estern entstehen. Auf die Bedeutung der Ermittlung der Säurezahl auch bei ätherischem Öl wurde schon oben bei Behandlung der Ermittlung des Gehalts an veresterten Alkoholen hingewiesen. Die Esterzahl eines Produkts gibt selbstverständlich auch ein Maß ab für die Menge der vorhandenen gebundenen Säuren.

Bezüglich der allgemeinen analytischen Reaktionen der Carboxylgruppe kann auf den Abschnitt über organische Säuren in diesem Werk und auf den entsprechenden Abschnitt in Houben-Weyl (1953), Bd. II, hingewiesen werden. Für die speziellen Ausführungsformen der Bestimmung der Säure- und der Esterzahl bei Harzgemischen sei auf die zitierten Werke über Harzanalytik hingewiesen, insbesondere auf Dischendorfer (1932), Dieterich (1930), Tschirch und Stock (1933), Wolff (1928), Zeidler (1948).

Hier soll nur auf gewisse neuere Entwicklungen auf dem Gebiet der Harzsäuren hingewiesen werden, die eine Herstellung primärer genuiner Harzsäuren in hohem Reinheitsgrade ermöglichten. Das allgemeine Verfahren zur Trennung von Säuren von begleitenden Kohlenwasserstoffen, Alkoholen usw. aus einem ätherischen Öl oder Harz besteht ja in dem Ausschütteln der in einem hydroxylfreien organischen Lösungsmittel gelösten Probe mit einer wäßrigen Lösung eines Alkalicarbonats. So trennte bereits Tschirch seine „Resinolsäuren" von den übrigen von ihm bezeichneten Harzsubstanzen. Auch von den Phenolen erfolgt so eine Trennung, da diese zwar in Alkalihydroxydlösungen, nicht jedoch in Carbonatlösungen übergehen. Es hat sich nun gezeigt, daß die Salze von Diterpensäuren mit organischen Basen sich zum Teil ausgezeichnet für die Isolierung dieser Säuren eignen. Derartige Isolations- und Reinigungsoperationen sind für Abietinsäure von Balas (1927), Harris und Sanderson (1948), Palkin und Harris (1934) u. a. [weitere Literatur s. bei Simonsen und Barton (1947/52)] beschrieben worden, wobei Butanolamin, Bornylamin und Fenchylamin Verwendung fanden. Auch Laevopimarsäure und Neoabietinsäure sind von Harris und Sanderson über die Butanolaminsalze isoliert worden. Für die Trennung von Laevopimarsäure von Iso-D-Pimarsäure aus Galipotharz geben sie folgende Vorschrift:

Verwendet wird eine Lösung von 125 g Galipotharz in 250 g Aceton, die mit einer Lösung von 37 g Butanolamin in 37 g Aceton versetzt wird. Die beim Kühlen ausfallenden Salze werden aus Methylacetat fraktioniert kristallisiert. Das Kristallisat wird in Äther suspendiert und die Suspension mit konz. Borsäurelösung geschüttelt, bis die Kristalle verschwunden sind. Die noch zweimal mit Borsäurelösung geschüttelte Ätherlösung wird mit Wasser gewaschen, Äther abgedunstet, die erhaltene Laevopimarsäure aus Alkohol durch Versetzen mit Wasser bis zur Trübung umkristallisiert.

Oder eine Balsamlösung in Gasolin wird mit Cyclohexylamin gefällt, die Fällung mit Borsäure zersetzt und dann die Laevopimarsäure als Butanolaminsalz gefällt.

Als Beispiele für die Isolierung einer genuinen Oxysäure aus einem Pinusharz sei der Gang der Gewinnung von Dihydrolaevopimarsäure nach FLECK und PALKIN (1939) angeführt: Ätherlösung des Harzes wird mit 0,25 n NaOH geschüttelt, wäßrige Phase mehrfach mit Äther gewaschen, kongosauer gemacht, mit Äther ausgeschüttelt, Äther verdampft, das erhaltene Säuregemisch in konz. Schwefelsäure von −5° bis −10°C übergeführt. Dabei bildet sich aus der Oxysäure ein Lacton, das nach Eingießen der Säure in Eiswasser und Lösen der Säuren aus dem Präzipitat mit NaOH im Rückstand verbleibt.

Unter Umständen ist aber auch zur Isolation einer nativen Harzsäure nicht der Weg über Salze oder anderer Derivate erforderlich, wie die Darstellung der Podocarpussäure durch SHERWOOD und SHORT (1938) zeigt, die durch reine Lösungsmittelfällung oder durch Vakuumdestillation und folgendes Umkristallisieren die Säure rein gewinnen konnten. Als Beispiel einer quantitativen Bestimmung einer Harzsäure sei endlich auf die Arbeit von SANDERMANN (1942) hingewiesen.

Reaktionen der Lactone. Über die Ausnutzung des Übergangs einer Oxysäure in das zugehörige Lacton und der rückläufigen Reaktion zur Isolierung einer Oxysäure der Diterpenreihe ist weiter oben berichtet. Tatsächlich sind die Öffnung des Lactonringes unter dem Einfluß von Alkalien und seine Schließung unter dem Einfluß von Säuren die einzigen spezifischen Reaktionen der Lactongruppe. Diese Reaktionen können also zur Darstellung von Salzen der betreffenden Oxysäuren, der Säuren selbst, sofern diese bei dem Versuch der Reindarstellung nicht sofort das Lacton bilden, oder von Derivaten der Säure und damit zur Identifizierung des Lactons dienen. Sie können ferner zur Isolierung des Lactons, evtl. auch zu seiner gravimetrischen Bestimmung ausgenutzt werden. Da ferner bei Schluß des Lactonringes für jedes Mol Lacton ein Äquivalent Säure verbraucht wird, für seine Spaltung ein Äquivalent Lauge, kann auch titrimetrische Lactonbestimmung vorgenommen werden. Die verschiedenen Möglichkeiten sind innerhalb der Terpenoidklasse am besten bei dem Santonin, einem Ketolacton der Sesquiterpenreihe, durchgearbeitet. Eine zusammenfassende Darstellung der Literatur gab OELSSNER (1951). Als gravimetrische Methode wird diejenige von MASSAGETOW (1932) empfohlen, als titrimetrische die von BÖHME (1941, 1942). Grundsätzlich kann an Anpassung dieser Methoden auch für die übrigen Terpenlactone (Alantolacton, Marrubiin) gedacht werden. Bezüglich der für diese speziell in Frage kommenden Isolationsmethoden sei auf die Literaturangaben bei SIMONSEN und BARTON (1952) sowie bei GÜNTHER (1948) hingewiesen.

Reaktionen der Oxyde. Zu den Oxyden sollen hier auch die Furanderivate gerechnet werden, von denen einige, wie das Menthofuran, in ätherischen Ölen vorkommen. Insofern die Oxyde als innere Äther von Diolen aufgefaßt werden können, kann eine Reihe von weiter oben behandelten „Restvalenzreaktionen" als Bildung von Oxoniumsalzen betrachtet werden. Zu den oben für Cineol mitgeteilten Adduktbildungen gesellt sich noch die Fähigkeit des Menthofurans, mit Maleinsäureanhydrid ein leichtspaltbares Addukt zu bilden, das EASTMAN (1950) zur Isolierung des Menthofurans aus amerikanischem Pfefferminzöl benutzte. Bildung erfolgt bei 0—5°C, Zersetzung beim Kochen unter Rückfluß in einer Mischung aus Benzol und Phellandren. Die Benzollösung wird dann mit 15% NaOH ebenfalls unter Rückflußbildung extrahiert, getrocknet und das Menthofuran durch Abdestillieren des Lösungsmittels gewonnen.

Im übrigen sind die Oxyde der Terpenoide durch ihre Reaktionsträgheit charakterisiert. Daraus folgt als eine fast allgemeine Möglichkeit ihrer Isolierung und Reingewinnung, die Träger reaktionsfähiger Gruppen (Alkohole, Phenole, Carbonylverbindungen, Säuren) zunächst aus dem vorliegenden Gemisch in Form charakteristischer Derivate zu entfernen, worauf die Oxyde aus dem Rest durch fraktionierte Destillation oder Kristallisation gewonnen werden können. Auch Erhitzen über metallischem Natrium verändert manche Oxyde nicht, so daß diese Maßnahme, z. B. zur Reduktion von Carbonylverbindungen zu Alkoholen, die dann in Esterform entfernt werden, verwendet werden kann, um Terpenoxyde zu isolieren.

Auch polarographisch sind die Terpenoxyde im allgemeinen nicht reduzierbar. Eine Ausnahme macht nach Ohloff (1953) das den Azulenen nahestehende Germacrol.

Eine Methode zur Bestimmung von Menthofuran in Pfefferminzöl haben Krupski und Fischer (1950) angegeben. Wegner (1954) wies nach, daß das Menthofuran des Pfefferminzöles mit dem Reagens von Ehrlich-Müller, das aus einer Lösung von p-Dimethylaminobenzaldehyd besteht und nach Müller (1939, 1944) zum Nachweis von Terpenchromogenen dient, eine Reaktion gibt.

Reaktionen von Peroxyden. Peroxyde, Verbindungen also mit der Gruppierung R—O—O—R bilden sich beim Stehen von ungesättigten Terpenkohlenwasserstoffen an feuchter Luft, worüber besonders beim Terpentinöl Studien vorliegen. Von besonderer Bedeutung ist aber, daß mindestens ein Terpenoxyd auch sich in einigen natürlichen ätherischen Ölen findet, das Ascaridol.

Die charakteristische Gruppierung der Peroxyde macht sie zu wirksamen Oxydationsmitteln, und die Mehrzahl der Methoden zum Nachweis und zur Bestimmung von Peroxyden in Terpenkörpergemischen gründet sich auf diese Eigenschaft.

Von Hydroperoxyden mit der Gruppierung R—O—O—H können Peroxyde am sichersten nach der Methode von Criegee (1939) unterschieden werden, die darauf beruht, daß Bleitetraacetat mit Hydroperoxyden Sauerstoff entwickelt, mit Peroxyden aber nicht. Die von Treibs (1951) untersuchte Unterscheidung mit Grignards Reagens ist dagegen nur in sehr verdünnten Lösungen zuverlässig durchführbar.

Die Untersuchungen über den Nachweis und die Bestimmung von Terpenperoxyden finden sich vor allem im pharmazeutischen Schrifttum und beschäftigen sich vorwiegend mit dem Ascaridol. Genannt seien an neueren Arbeiten die von Beckett und Dombrow (1952), Böhme und v. Emster (1951), Halpern (1948), Kniss (1950), Maruyama (1952, 1953), Preuss (1937), Sanna und Marchi (1950), Wegner (1952). Auf die Ausnutzung der speziellen Eigenschaften des Ascaridols als Oxydationsmittel verzichtet Maruyama, der zur Feststellung des Ascaridolgehalts im Chenopodium-Öl die Extinktion für die Wellenlänge 10,68 mμ im Ultraroten bestimmt. Für den Nachweis des Ascaridols und ungefähre Schätzung des Gehalts bedient sich Wegner der Umsetzung mit Eisen-II-sulfat, wobei das dem Ascaridol entsprechende Glykol entsteht und durch sein Benzoat charakterisiert werden kann. Ferner versucht er die Entwicklung von Propan bei der Reaktion des Ascaridols mit Titan-III-chlorid für diesen Zweck auszunutzen.

Böhme und v. Emster (1951) geben eine kurze kritische Zusammenfassung bestehender Methoden zur Ascaridolbestimmung und haben im Anschluß an die Vorschrift von Cocking und Hymas (1930) ein jodometrisches Halbmikroverfahren ausgearbeitet. Sie weisen aber darauf hin, daß der Umsatz von Ascaridol mit Jod nicht stöchiometrisch verläuft, abgesehen von der Möglichkeit, daß ungesättigte Begleitsubstanzen einen Teil des vom Peroxyd aus der Jodwasserstoffsäure freigesetzten Jods addieren könnten. Die jodometrischen Methoden ergeben also nur bei sehr genauer Einhaltung der Arbeitsvorschriften letztlich konventionelle Werte.

Das Verfahren von BODENDORF (1933) zur katalytischen Hydrierung von Ascaridol ist nach BÖHME nur bei hochprozentigen Ascaridolpräparaten analytisch verwertbar. Im Gegensatz zu der jodometrischen Methode, gibt ein Verfahren, das auf Reduktion des Peroxyds mit Zinn-II-chlorid beruht, meist etwas zu niedrige, aber der Theorie näher kommende Analysenwerte. Eine von BÖHME ausgearbeitete kolorimetrische Bestimmungsmethode mit der Leukobase des Dichlorphenol-indophenols als Redox-Indikator ist für sehr kleine Mengen von Ascaridol geeignet, hat aber eine verhältnismäßig große Fehlerbreite. BECKETT und DOMBROW (1952) endlich beschreiben eine Ascaridolbestimmung auf polarographischem Wege.

Reaktionen der Doppelbindung $(R)_2C = C(R)_2$. Bezüglich der allgemeinen Methoden zum Nachweis und zur Bestimmung ungesättigter Verbindungen durch Reaktionen der Kohlenstoff-Kohlenstoff-Doppelbindung sei auf den 2. Band von HOUBEN-WEYL oder andere Werke über organisch-chemische Analyse verwiesen. Auf dem Gebiet der natürlichen Terpenkörper finden Additionsreaktionen der ungesättigten Verbindungen vor allem zur Identifizierung von Kohlenwasserstoffen Verwendung. Über die Herstellung der hierfür besonders in Frage kommenden Hydrochloride durch Einleiten von trockenem Chlorwasserstoffgas, von Nitroso-Derivaten mit Nitrosylchlorid sei auf Bd. II von GÜNTHER (1948) verwiesen.

Es hat nicht an Bemühungen gefehlt, die in der Fettchemie so fruchtbare Methode der Halogenanlagerung, die zu der als Kennzahl für Fette wertvollen Jodzahl führt, auch auf Terpenkörpergemische, vor allem auf ätherisches Öl, anzuwenden. Jedoch äußert GÜNTHER (1948), daß die Verwendung der Jodzahl zur Wertbestimmung ätherischer Öle niemals praktische Bedeutung erlangt habe, da das Verhalten der in ihnen enthaltenen Stoffe gegenüber den hier zu verwendenden Reagentien völlig unvorhersehbar sei. Es ist möglich, daß dieses Urteil über die Verwendbarkeit der Jodzahl zur Kennzeichnung des Unsättigungsgrades der ätherischen Öle oder ihrer Bestandteile nicht mehr zutrifft nach Bekanntwerden der von ROSENMUND und GRANDJEAN (1953) ausgearbeiteten Methode der Jodzahlbestimmung an ätherischem Öl. Dabei wird Brom aus Pyridinmethyl-bromid-dibromid in mit wasserfreiem Natriumacetat übersättigtem Eisessig an die Doppelbindungen angelagert. Störende Effekte von seiten von Ketonen oder Enolen werden nach den experimentellen Befunden durch die hohe Natriumacetatkonzentration unterdrückt, Hydroxylgruppen können ebenso wie Aminogruppen durch Acetylierung mit Eisessig ausgeschaltet werden. Aldehydgruppen lassen sich durch vorherige Oximierung blockieren.

Die Arbeit enthält eine genaue Arbeitsvorschrift. Die mitgeteilten Befunde sowie die theoretische Begründung lassen die Hoffnung berechtigt erscheinen, daß es in Zukunft möglich sein wird, mit dieser Methode den Unsättigungsgrad in Terpenkörpergemischen einwandfrei zu bestimmen.

Literatur.

a) Veröffentlichungen in Buchform und zusammenfassende Übersichtsreferate in Zeitschriften.

DIEDERICH, K.: Analyse der Harze, Balsame und Gummiharze. 2. Aufl. neubearb. von E. STOCK, Berlin 1930.

DISCHENDORFER, O.: Die Harze. KLEINs Handbuch der Pflanzenanalyse, Bd. III, 1 Wien 1932.

FÖLSCH, M.: Die Fabrikation und Verarbeitung von ätherischen Ölen. Wien und Leipzig 1930.

GILDEMEISTER, E., u. FR. HOFFMANN: Die ätherischen Öle. Miltitz b. Leipzig 1928.

Grignard, V., G. Dupont et R. Locquin: Traité de chimie organique XVI. Cycles complexes homogenes, essences et resins. Paris 1949.

Günther, E.: The essential oils. Toronta, New York, London: Van Nostrand 1948.

Günther, E., and E. Langenau: Essential oils and related products. Analyt. Chem. 21, 202 (1949); 22, 210 (1950); 25, 12 (1953).

Hedley Barry, T.: Natural varnish resins. London 1932.

Houben-Weyl: Methoden der organischen Chemie IV. Aufl., Bd. II, Analytische Methoden. Stuttgart 1953.

Howes. F. N.: Vegetable gums and resins. Waltham, Mass. 1949.

Kirschbaum, E.: Destillier- und Rektifiziertechnik. Berlin-Göttingen-Heidelberg: Springer-Verlag 1950.

Kortüm, G., u. H. Buchholz-Meisenheimer: Die Theorie der Destillation und Extraktion von Flüssigkeiten. Berlin-Göttingen-Heidelberg: Springer-Verlag 1952.

Leimbach, R.: Die ätherischen Öle, eine kurze Darstellung ihrer Gewinnung, Untersuchung usw. 2. Aufl., bearb. von K. Bournot. Halle/S. 1951.

Mantèll, C. L.: The technology of natural resins. New York 1942.

Müller, A.: Internationaler Riechstoff-Codex. Genf 1942.

Naves, Y.-R.: Über einige Forschritte in der Terpenchemie ätherischer Öle. Chimia 4, 227 (1950).

Naves, Y.-R., and B. Angla: Natural perfume materials. (Transl. by E. Sagarin). New York 1947.

v. Rechenberg, C.: Einfache und fraktionierte Destillation in Theorie und Praxis. Miltitz b. Leipzig 1923. — Theorie der Gewinnung und Trennung der ätherischen Öle. Miltitz b. Leipzig 1910.

Sabetay, H., et S. Sabetay: Les travaux récents d'analyse et de synthèse organiques et la chimie des parfums. Paris 1941.

Schimmel u. Co. (VEB Schimduel): Bericht über ätherische Öle, Riechstoffe usw. Miltitz b. Leipzig bis 1952.

Simon, O.: Die Gewinnung ätherischer Öle. In Handbuch der praktischen und wissenschaftlichen Pharmazie II. 1953.

Simon, O., u. K. H. Thomas: Laboratoriumsbuch für die Industrie der Riechstoffe. Halle/S. 1950.

Simonsen, J. L.: The Terpenes. Vol. I. The simpler acyclic and monocyclic Terpenes and their Derivatives. 2nd Ed. revised by J. L. Simonsen and L. N. Owen. Cambridge 1947. — Vol. II. The dicyclic terpenes and their derivatives revised by J. L. Simonsen and L. N. Owen. Cambridge 1949. — Vol. III. Sesquiterpenes, Diterpenes and their derivatives by J. L. Simonsen and D. H. R. Barten. Cambridge 1952.

Smith, E. V., and T. P. G. Shaw: Bibliography on resin analysis. Tappi 34, Nr. 5, 123A (1951).

Thomas, K. H.: Ätherische Öle. In Kleins Handbuch der Pflanzenanalyse III, 1. Wien 1932.

Tschirch, A., u. E. Stock: Die Harze. Berlin 1933.

Tunmann, O.: Pflanzenmikrochemie, bearb. von L. Rosenthaler. Berlin 1931.

Winckelmann: Auskunftsbuch für die chemische Industrie. Berlin 1948.

Wolff, H.: Die natürlichen Harze. Stuttgart 1928.

Zeidler, G.: Laboratoriumsbuch für die Lack- und Farbenindustrie. Halle/S. 1948.

b) Veröffentlichungen in Zeitschriften.

Allen, C. F. H., and J. W. Gates: J. Org. Chem. 6, 596 (1941).

Balas, F.: Casopis Cesk. Lekernitkwa 7, 320 (1927). — Bänninger, A.: Diss. ETH Zürich 1939. — Baker and Smith (nach Günther): Eucalypts and their essential oils. Sidney 1921. — Bauer, K. H., u. L. R. Pohloudek: Pharmaz. Ind. 9, 181 (1942); Pharmaz. Z.halle 84, 221 (1943). — Beckett, A. H., and M. Dombrow: J. Pharmac. Pharmacol. 4, 738 (1952). — Berry, P. A.: J. Pharm. Ass. 165, 358 (1950). — Biale, J. B., and A. D. Shepherd: Proc. Amer. Soc. Hort. Sci. 37, 543 (1940). — Bitter, B.: Coll. Czechosl. Chem. Comm. 15, 677 (1950). — Bodendorf, K.: Arch. Pharmazie 271, 1 (1953). — Böcker, E.: J. prakt. Chem. 89, 199 (1914); 90, 393 (1914). — Böhme, H.: Arch. Pharmazie 279, 282 (1941); 280, 89, 100 (1942). — Böhme, H., u. v. K. Emster: Arch. Pharmazie 284, 171 (1951). — Boulez, V.: Bull. Soc. Chim. (4) 35, 419 (1924). — Bournot, K.: Pharmazie 8, 174 (1953); 8, 611 (1953). — Brignall, Th. W.: Ind. Eng. Chem. Anal Ed. 13, 160 (1941). — Brückner, K.: Pharmazie 8, 69 (1953). — Burdick, E. M., and J. S. Allen: Analyt. Chem. 20, 539 (1948). — Burger, A. M.: Riechstoffind. 13, 217 (1938).

CANJOLLE, T., and P. COUTURIER: Ind. Parfum. **8**, 240 (1948). — CARTWRIGHT, L. C., C. F. SNELL and P. H. KELLEY: Analyt. Chem. **24**, 503 (1952). — CARLSOHN, H., u. G. MÜLLER: Chem. Ber. **71**, 863 (1938). — CLEVENGER, J. F.: J. Amer. Pharm. Ass. **17**, 345 (1928); Am. Perf. **23**, 467 (1928). — CLARK, G. L., W. J. KAYE and F. D. PARKS: Ind. Eng. Chem. Anal. Ed. **18**, 310 (1946). — COCKING, T. T.: Analyst **52**, 276 (1927). — COCKING, T. T., and F. C. HYMAS: Analyst **55**, 180 (1930). — COCKING, T. T., and G. MIDDLETON: Perf. Ess. Oil Recd. **26**, 207 (1935); Quart. J. Pharmacol. **8**, 435 (1935). — CONSTANTINI, G. I.: Perf. Pharmacy a. Ess. Oil Recd. **43**, 449 (1952). — CRAIG, L.: Industr. Eng. Chem. Anal. Ed. **8**, 441 (1937). — CRIEGEE, R., H. PILZ u. H. FLYGARE: Ber. dtsch. chem. Ges. **72**, 1801 (1939). — CURTS, G.D., and L. E. HARRIS: J. Amer. Pharm. Ass. **38**, 468 (1949).

DANIELSSON, B.: Coll. Pharm. Suec. **5**, Nr. 10 (1950). — DESSSEIGNE, G.: Bull. Soc. Chim. Mem. V **12**, 976 (1945). — DIETERLE, H.: Arch. Pharmazie **262**, 35 (1924). — VAN DIJK, W. J., and A. H. RUYS: Perf. Ess. Oil Recd. **28**, 91 (1937). — DODGE, F. D.: Amer. Perfum. **38**, 30 (1939). — DOLL, W., u. K. BOURNOT: Ber. Variochem. VEB Schimmel 1948.

EASTMAN, R. H.: J. Amer. Chem. Soc. **72**, 5313 (1950). — ELVING, P. J., and B. WARSHOWSKY: Analyt. Chem. **19**, 1006 (1947). — L'EPLATTENIER, J. J.: Riv. Ital. Essenze. Profumi etc. **34**, 439 (1952); Ind. Parfum. **7**, 293, 363 (1952). — ESDORN, I., u. G. BRUNS-RUNGE: Pharmazie **4**, 70 (1949).

FIORE (nach GÜNTHER): News Caps. (Ess. Oil Ass. USA) **1**, Nr. 15 (1943); vgl. hierzu Perf. Recd. **38**, 281 (1947). — FISCHER, R., u. H. RESCH: Naturwissenschaften **39**, 404 (1952).— FLECK, E. E., and S. PALKIN: J. Amer. Chem. Soc. **61**, 1230 (1939). — FLÜCK, H., R. HEGNAUER u. F. HOFFMANN: Festschr. f. P. CASPARIS **1949**, 61. — FLÜCK, H., u. F. HOFFMANN: Sci. pharmaceut. (Wien) **21**, 318 (1953). — FUCHS, L., u. O. MATZKE: Sci. pharmaceut. (Wien) **17**, 1 (1949).

GABRIELSON, G., u. O. SAMUELSON: Svensk Kem. Tidskr. **62**, 214 (1950). — GERBER, KUZNETSOWA u. NEIMANN: Žhur. Anal. Khim. **1949**, 103 (nach Schimmels Ber. 1952/53, 162) — GIRARD, A., u. G. SANDULESCO: Helvet. chim. Acta **19**, 1095 (1936). — GLICHITCH, L. S.: C. r. Acad. Sci. (Paris) **177**, 268 (1923); Parf. de France **1923**, Nr. 6. — GORDON, B. E., u. F. WOPAT, H. D. BURNHAM and L. C. JONES JR.: Analyt. Chem. **23**, 1754 (1951). — GOTTLIEB, O. R.: Riv. Quim. Ind. **16**, 5 (1947). — GÜNTHARD, H. H., L. RUZICKA, H. SCHINZ u. C. F. SEIDEL: Helvet. chim. Acta **32**, 2198 (1949).

HAGERS Handbuch der pharmazeutischen Praxis. Herausgeg. von* G. FRERICHS, G. ARENDS u. H. ZÖRNIG. Berlin 1938. — HALL, R. F., I. H. HOLCOMB and D. B. GRIFFIN: Ind. Eng. Chem. Anal. Ed. **12**, 187 (1940). — HALPERN, A.: J. Amer. Pharm. Soc. **37**, 161 (1948). — HALPERN, A.: Amer. J. Pharmac. **121**, 5 (1949). — HARRIS, G. C., and TH. F. SANDERSON: J. Amer. Chem. Soc. **70**, 334 (1948). — HEGNAUER, R.: Ber. schweiz. bot. Ges. **58**, 391 (1948). — HENNING, H.: Der Geruch, Leipzig (1924); Psychol Studien am Geruchssinn. Handb. der biol. Arb.-Meth., Abtlg. VI A S. 7 41, 1927 1926/30. — HEROUT, V.: Coll. Czechosl. Chem. Comm. **15**, 381 (1950). — HIROSHI EGUCHI u. MASAHURA SATE: J. Japan. Techn. Ass. Pulp a. Paper Ind. **5**, 6 (1951). — HÖLSCHER, FR.: Anleitg. z. org. chem. Anal. Chem. Labor d. Staates. München 1934. — HOFFMANN, A.: Inst. Pesquisas Tecnol. São Paulo, Separata **196**, 6 (1947). — HOFFMANN, A., u. F. J. MAFFEI: Inst. Pesquisas Tecnol. São Paulo, Separata **196**, 93 (1947).—HOSKING, J. R., u. G. W. BRANDT: Chem. Ber. **67**, 1173 (1934); **68**, 134 (1935). — HUCKNALL, H.: Qu. J. Pharmac. and Pharmacol. **18**, 84 (1945).

IKEDA, T., and S. TAKEDA: J. Chem. Soc. Jap. **57**, 442 (1936). — JONES, I. S., and S. C. FANG: Ind. Eng. Chem. Anal. Ed. **18**, 130 (1946). — JUD, J.: Ber. schweiz. bot. Ges. **50**, 19 (1940).

KAISER, H., u. H. FREY: Dtsch. Apoth.-Ztg. **57**, 163 (1942). — KAISER, H., u. E. FÜRST: Südd. Apoth.-Ztg. **76**, 265 (1936). — KAISER, H., u. W. LANG: Dtsch. Apoth.-Ztg. **91**, 163 (1951). — KALITZKI, M.: Pharmazie **9**, 153 (1954). — KAUFMANN, E.: Pharm. Acta Helvet. **18**, 170 (1943). — DE KEUNING, I. C.: Pharm. Weekblad **87**, 353 (1952). — KIRCHNER, I. G., and I. M. MILLER: Ind. Eng. Chem. **44**, 318 (1952). — KISS, M.: Ber. Ung. Pharmaz. Ges. **17**, 305 (1941). — KLENK, E.: Hoppe-Seylers Z. **242**, 250 (1936). — KNISS, E.: Südd. Apoth.-Ztg. **90**, 686 (1950). — KOBAYASHI, M.: Koryo (Aromatics) **1949**, Nr. 7, 16. — KOCH, K.: Dtsch. Apoth.-Ztg. **54**, 310 (1939). — KOCH, H., u. F. HILBERATH u. F. WEINROTTER: Chem. Fabr. **14**, 387 (1940). — KOFLER, L., u. G. v. HERRENSCHWAND: Arch. Pharmazie **273**, 388 (1935). — KONOVALOV, W. S.: Farmatsiya Farmakol. **6**, 8 (1938).—KRUPSKI, E., u. L. FISCHER: J. Amer. Pharm. Ass. **39**, 433 (1950). — KUHN, A.: Pharm. Ztg. **79**, 99 (1934). — KYOHEI MURAKAMI: J. Soc. Org. Synth. Chem. Jap. **8**, 89 (1950).

LESESNE, SH. D., and H. L. LOCHTE: Ind. Eng. Chem. Anal. Ed. **10**, 450 (1938). — LANG, W.: Pharmazie **7**, 144 (1952). — LIEB, H., u. H. G. KRAINICK: Mikrochemie **9**, 367 (1931). — LITTLEJOHN, W. R.: Flavours **3**, 7 (1940). — LOCKHART, E. E.: Food Technol. **5**, 428 (1951).

MATHIAS, W.: Züchter **23**, 161 (1953). — MASSAGETOW, P. S.: Arch. Pharmazie **270**, 392 (1932). — MARUYAMA, M.: J. Pharm. Jap. **72**, 927 (1952); Pharmazie **8**, 595 (1953). —

Masch, L.-W.: Chem. Ing. Techn. 22, 141 (1950). — McCord, C. P., and W. N. Witheridge: Odors, Physiology and Control. New York 1949. — Meigh, D. F.: Nature (London) 169, 706 (1952). — Melardi, E. B.: Riv. Quim. Farm. Rio de Janeiro 15, 101 (1950). — Messmer, M. K.: Diss. Zürich 1941. — Miller, J. M., and I. G. Kirchner: Analyt. Chem. 24, 1480 (1952). — Mills, I. S., and A. E. A. Werner: Nature (London) 169, 1064 (1952). — Mitchell, I., and D. M. Smith: Analyt. Chem. 22, 746 (1950). — Momose, T., and M. Torigore: J. Pharm. Soc. Jap. 71, 977 (1951). — Moritz, O.: Arch. Pharmazie 276, 368 (1938); Dtsch. Apoth.-Ztg. 1940, Nr. 67 u. 68; 1941, Nr. 53. u. 54. — Mühlemann, H.: Pharm. Acta Helvet. 16, 127 (1941). — Müller, A.: Ber. schweiz. bot. Ges. 54, 625 (1944); J. prakt. Chem. N. F. 153, 77 (1939). — Naves, Y.-R.: Helvet. chim. Acta 27, 1103, 1626 (1944); Perf. Ess. Oil. Recd. 36, 92 (1945a); Helvet. chim. Acta 28, 278, 1231 (1945b); 29, 796 u. 1450 (1946a); Soap. Perf., Cosm. 19, 38 (1946b); Mfg. Chemist 18, 173 (1947a); Helvet. chim. Acta 30, 796 u. 1613 (1947); Perf. Ess. Oil. Recd. 40, 40 (1949).

Nerdel, F., u. J. Späth: Angew. Chem. 63, 545 (1951). — Nielsen, A.: Chem.-Ztg. 64, 339 (1940). — di Noia, E. M., e A. L. Montes: Anal. Drec. Nac. Quim. Buenos Aires 3, 9 (1950). — Novikova, J. N., u. L. N. Petrowa: J. angew. Chem. (russ.) 23, 1336 (1950).

Ölssner, W.: Pharmazie 6, 515 u. 582 (1951). — Ohloff, G.: Arch. Pharmazie 286, 242 (1953). — Özger, A.: Pharm. Acta Helvet. 26, 177 (1951).

Palkin, S., and G. C. Harris: J. Amer. Chem. Soc. 56, 1935 (1934). — Panzer, H.: Dtsch. Apoth.-Ztg. 54, 1000 (1939). — Perret, J. J.: Helvet. chim. Acta 34, 1531 (1951). — Petersen, E.: Pharmaz. Ztg. 88, 20 (1952). — Plattner, P. A., u. E. Heilbronner: Helvet. chim. Acta 30, 910 (1947). — Plattner, P.A., u. A.St. Pfau: Helvet. chim. Acta 20, 230 (1937). — Pliva, J., u. F. Sorm: Coll. Czechosl. Comm. 14, 274 (1949). — Preuss, R. E. G.: Diss. Marburg 1937.

Raymond, E., et E. Bouvetier: C.r.Acad. Sci. (Paris) 209, 439 (1939). — Rice, R. C., G. J. Keller and I. G. Kirchner: Analyt. Chem. 23, 194 (1951). — Roberts, J. D., and C. Green: Ind. Eng. Chem. Anal. Ed. 18, 335 (1946). — Rollet, A. P.: C. r. Acad Sci. (Paris) 293, 154 (1951). — Rosenmund, K. W., u. H. H. Grandjean: Arch. Pharmazie 286, 531 (1953). — Rosenthaler, L.: Pharmazie 8, 122 (1953). — Roth, H.: Mikrochemie 11, 40 (1932). — Ruhemann, S., u. K. Levy: Chem. Ber. 60, 2459 (1927). — Rucicka, L., u. E. A. Rudolph: Helvet. chim. Acta 9, 118 , 132 (1926).

Sabetay, S.: Ann. Chim. Anal. 21, 173 (1939); C. r. Acad. Sci. (Paris) 198, 276 (1934) Ind. Parf. 6, 66 (1951). — Sanna, G., e A. Marchi: Boll. Chim. Farm. 89, 447 (1950). — Sandermann, W.: Chem. Ber. 75, 174 (1942); Celulosechemie 21, 25 (1943); Holz als Roh- u. Werkstoff 9, 378 (1951). — Scammel: Brit. Pat. 14138, 1894 (nach Günther). — Schenck, G., and K. H. Frömming: Sci. pharmaceut. (Wien) 21, 282 (1953). — Schirm, M.: Dtsch. Apoth.-Ztg. 93, 273 (1953). — Schlemmer, F., u. R. Springer: Pharmaz. Z.halle 79, 777 (1938). — Schmersahl, J.: Pharmaz. Nachr. 1950a, 230; Südd. Apoth.-Ztg. 90, 756 (1950b); Arzneimittel-Forschg. 1, 327 (1951). — Scholtens, C.: Perf. Ess. Oil Recd. 38, 235 (1947); Pharm. Weekbl. 85, 738 (1950). — Schratz, E., u. M. Spaning: Dtsch. Heilpfl. 9, 37 (1943); 10, 1 (1944). — Sherndal, A. E.: J. Amer. Chem. Soc. 38, 167, 1537 (1915). — Sherwood, J. R., and W. F. Short: J. Chem. Soc. 1938, 1006. — Shrader, S. A., and J. E. Ritzer: Ind. Eng. Chem. Anal. Ed. 11, 54 (1939). — Smith, D. M., and J. Mitchell jr.: Analyt. Chem. 22, 378 (1950). — Soloway, S., and S. H. Wilen: Analyt. Chem. 24, 979 (1952). — Ssoloweitchik, S. I.: J. Anal. Chem. (russ.) 1, 158 (1946). — Stage, B. F.: Angew. Chem. 19, 175, 215, 247 (1947). — Stahl, Eg.: Pharm. Ind. 14, 262, 305 (1952); Mikrochemie 40, 366 (1953a); Dtsch. Apoth.-Ztg. 1953b, 197. — Steiner, M., u. I. Hochhausen: Arzneimittelforschg. 2, 535 (1952). Steiner, M., u. I. Hochhausen: Biol. Zbl. 73, 282 (1954). — Stock, E.: Farbenztg. 1926, H. 34—35; H. 37—39. — Strazewicz, W.: Pharmaz. Z.halle 77, 81 (1936). — Strain, H. H.: J. Amer. Chem. Soc. 57, 785 (1935). — Sutherland, M. D.: Perf. Ess. Oil Recd. 43, 453 (1952).

Treibs, W.: Chem. Ber. 84, 433 (1951); Liebigs Ann. 576, 125 (1952). — Treibs, W., u. H. Röhnert: Chem. Ber. 84, 433 (1951). — Trozzolo, A. M., u. E. Lieber: Analyt. Chem. 22, 764 (1950).

Ullrich, H., u. M. Schneider: Hoppe-Seylers Z. 245, 181 (1937).

Varma, K. C., J. B. Burt and A. E. Schwarting: J. Amer. Pharm. Ass. 41, 318 (1951). Wasicky, R., O. Rotter u. T. Alber: Pharmaz. Presse, wiss. prakt. Heft Mai 1931. — Wasicky, R., F. Graf u. St. Bayer: Sci. pharmaceut. (Wien) 6 (1935). — Wegner, E.: Pharmaz. Z.halle 91, 43 (1952); 93, 139 (1954). — Weiling, Fr.: Arch. Pharmazie 284, 185 (1951). — Weston, D. E.: Ind. Eng. Chem. Anal. Ed. 5, 179 (1953). — White, J. W.: Analyt. Chem. 20, 922 (1948). — Wichtl, M.: Sci. pharm. 22, 43 (1954). — Winkler, L. W.: Angew. Chem. 24, 636 (1911).

Zäch, C.: Mitt. d. Lebensmittelunters. u. Hygiene 22, 72 (1931). — Zahn, H., u. A. Würz: Z. Anal. Chem. 134, 183 (1951). — Zechmeister, L.: Progress in Chromatography 1938—1947. London 1951.

Pyrethrins and Allied Compounds.

By

R. F. Phipers.

With 1 Figure.

Knowledge of the value of pyrethrum flowers as an insecticidal material was kept well hidden by the original discoverers and it was not until the nineteenth century that European populations became aware of the disinfesting value of a material known as "Persian Insect Powder". There is a widely accepted legend which tells that an Armenian merchant named DJUMTIKOV obtained the secret from tribesmen when journeying in the Caucasus Mountains and the story ends with a belief that it was DJUMTIKOV's son who first began manufacture on a commercial scale. GNADINGER (1936) quotes another story which relates that a German woman of Dubrovnik in Dalmatia threw away a withered bunch of pyrethrum flowers which had served as a floral decoration. At a later date, this woman observed that these were surrounded by dead insects, a fact she wisely related to some specific property of the flowers themselves. Whether this story is true or not, it is a fact that the commercial development of pyrethrum originated in Dalmatia.

In its infancy, the pyrethrum industry found its principal outlets in dusts prepared from the ground dried flowers; these were employed for the control of household pests such as fleas, bed bugs, etc., and the commercial production of pyrethrum was limited to Dalmatia. The introduction of solvent-prepared extracts and hence flysprays and products for the control of agricultural pests greatly widened the scope of pyrethrum and when the first World War caused cessation of supplies from Dalmatia, the Japanese commenced commercial production. According to GNADINGER (1936), Japanese production comprised over 90% of the United States imports in the third decade of the twentieth century. The Second World War caused a similar break in supplies and planters in Kenya who had been growing pyrethrum on a steadily increasing scale since 1931, became and still are, the principal suppliers.

The economic importance of pyrethrum as an insecticide is still advancing. This is due, firstly, to a greater awareness of the part played by flies etc., in public health and secondly, to the unique and rapid knockdown which is achieved by pyrethrum insecticides. The demand for more and more pyrethrum at as low a cost as possible has also seen the development of synergists for pyrethrum and whilst it is not within the scope of this article to elaborate, it is worthy of note that the various Governments of the world now consider that adequate stocks of pyrethrum are essential for the well-being of their nations.

A. Distribution.

The insecticidal principles of pyrethrum are found in the flowerheads of certain members of the *Chrysanthemum* genus of the *Compositae* family. Only two members are at present considered to be of commercial value, viz., *Chrysanthemum cinerariaefolium* Vis. (synonym, *Pyrethrum cinerariaefolium* Trev.) and *Chrysanthemum coccineum* Willd. (synonyms, *C. carneum* Steud., *C. roseum* Adam) and, of these two, only *C. cinerariaefolium* is cultivated upon a wide scale. Several strains of this herbaceous perennial are known and the potential value of these is now being actively investigated in Kenya.

Investigations by GNADINGER and CORL (1930) showed that the active principles are more or less completely confined to the flower head of the plant and that before formation of the flower bud, the stems, leaves, etc., contain no insecticidal material. In the early days of the industry, closed flower heads were harvested but researches such as those of TATTERSFIELD (1931) and BECKLEY, GNADINGER and IRELAND (1938) showed that the opened flower head presented the best source.

GNADINGER and CORL (1930) examined *C. cinerariaefolium* and showed that the achenes contain over 90% of the insecticidal material, a finding subsequently confirmed by MARTIN and TATTERSFIELD (1934). Present day practice is to harvest by hand-picking; this laborious procedure is unavoidable owing to the plant carrying, at one time, all stages of flower development. The heads are picked when four or five rows of disc florets are opened and then artificially dried and baled.

Losses of active material were observed from the earliest days of the pyrethrum industry and much effort has been, and still is, devoted to reducing these losses to a minimum. BECKLEY and McNAUGHTON (1937) found that the most suitable drying temperatures were between 120 and 130° F. GNADINGER and CORL (1932) studied losses encountered upon storage and observed that these were less severe from baled whole flowers than from the ground material. These losses on storage are, at the present day, greatly exercising the minds of those connected with the pyrethrum industry and many misleading statements have been made which have confused the situation. These misleading statements arise from a mis-interpretation of the results of chemical analyses and, at present, the only completely reliable result is that obtained from a bioassay. As such assays are most time-consuming and liable to vary from test insect to test insect, the analysis of pyrethrum by chemical or physical methods becomes of prime importance.

B. Active Principles.

Before the respective merits of the various proposed analytical methods can be discussed, it is necessary to consider the pure chemistry of the insecticidal materials of pyrethrum.

Many nineteenth century scientists investigated pyrethrum and the first notable discovery was made by TEXTOR (1881) who observed that a resin which was toxic to houseflies could be extracted by benzine. FUJITANI (1909) isolated a toxic extract which he stated to be a mixture of esters and YAMAMOTO (1919 1922) showed that the toxic principle or principles were unsaturated acid esters of a highly unsaturated alcohol. A clearer picture emerged when STAUDINGER and RUZICKA (1924) published a series of papers which showed that there were two principles present, these being esters of a keto-alcohol named pyrethrolone. STAUDINGER and RUZICKA named these two esters, pyrethrin I and pyrethrin II, and they identified the two unsaturated acids, chrysanthemum monocarboxylic acid (synonyms, chrysanthemum acid I, chrysanthemic acid) and chrysanthemum dicarboxylic acid (synonyms, chrysanthemum acid II, pyrethric acid) as the cyclopropane derivatives illustrated as I and II below. In pyrethrin II, the additional carboxylic group occurs as the methyl ester.

I.   II.

It is important here to record that the monocarboxylic acid is volatile in steam whereas the dicarboxylic acid is not; this is a differential behaviour which forms the basis of various analytical procedures. There were numerous speculations during the next 20 years as to true nature of pyrethrolone, then LA FORGE and

BARTHEL (1944, 1945) showed that this was not a single substance but a mixture of two closely related cyclopentenolones which they named pyrethrolone and cinerolone. Thus, for the first time, four insecticidal principles were recognised, the chrysanthemum monocarboxylic acid ester of pyrethrolone being pyrethrin I and of cinerolone, cinerin I. The dicarboxylic acid similarly gives pyrethrin II and cinerin II. The relative positions of the alcoholic and ketone groups and the location of the unsaturated centres existing in pyrethrolone and cinerolone emerged from the work of HARPER (1946), LA FORGE and SOLOWAY (1947) and CROMBIE, ELLIOTT, HARPER and REED (1948). The synthesis of compounds resembling cinerin I was effected by SCHECHTER, GREEN and LA FORGE (1949) and CROMBIE and HARPER (1949, 1950) and of cinerin I itself by LA FORGE and GREEN (1952).

The four insecticidal principles may now be postulated as below.

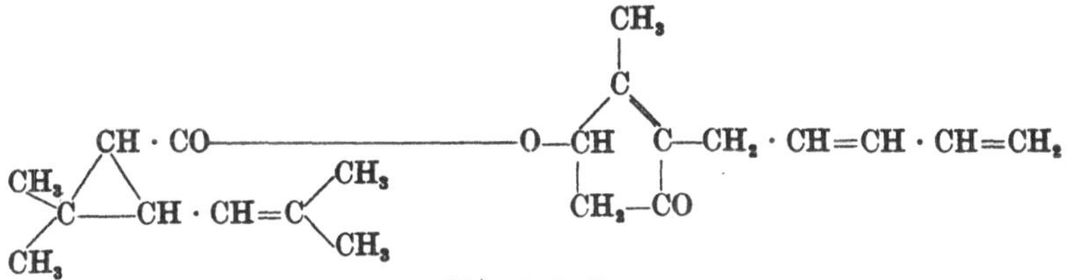

$$CH_3 \cdot CO\text{---}O\text{---}CH \quad C\text{---}CH_2 \cdot CH=CH \cdot CH=CH_2$$

Pyrethrin I

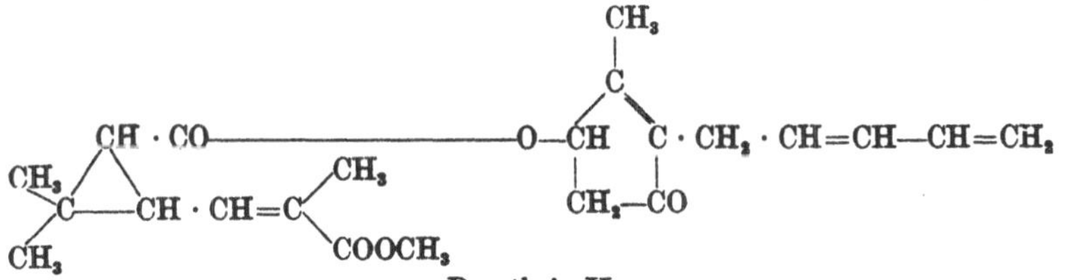

Pyrethrin II

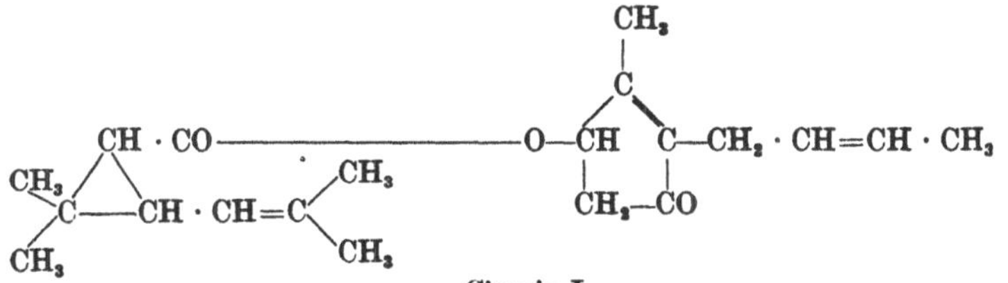

Cinerin I

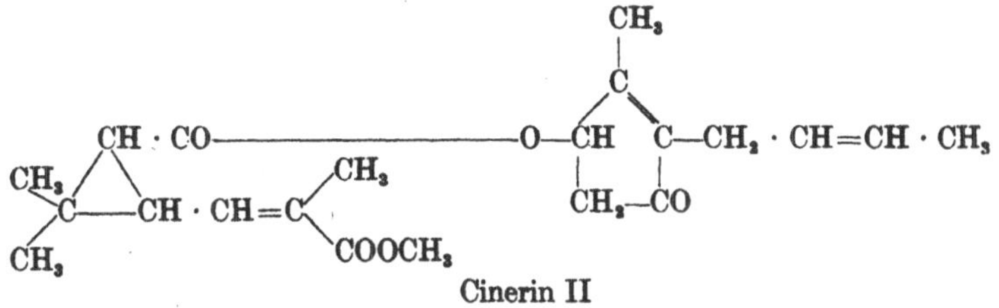

Cinerin II

As is apparent from these formulae, there are complications arising from the optical and geometrical isomerism of these substances. Only one isomer of each insecticidal principle has been detected in extracts from the plant and it is thus unlikely that the methods of analysis need take into account the behaviour of any such individual isomers. Reference to the problems of isomerism can be made in a publication by HARPER (1949) and it is unnecessary to go into further detail here.

C. Analysis.

I. Early Methods, 1929—1939.

The first chemical assay methods were proposed by Staudinger and Harder (1927). One technique consisted of performing the alkaline hydrolysis of a purified petroleum ether extract of pyrethrum flowers, whereafter the chrysanthemum monocarboxylic acid was obtained by steam distillation of the acidified hydrolysis product and the non-volatile dicarboxylic acid by a solvent extraction. The two acids were then titrated and the results expressed as pyrethrins I and II; poor reproducibility of results was obtained. Staudinger and Harder's second method consisted of converting the pyrethrins in the purified extract to their semicarbazones. The reaction mixture, in a suitable solvent, was washed free from semicarbazide hydrochloride and the nitrogen content of the semicarbazones determined. This method also gave unreliable figures.

Attempts were made by Tattersfield, Hobson and Gimingham (1929) to improve upon these methods and they believed that reproducible results could be obtained. The revised methods were tedious and, according to the authors, considerable care and practice were necessary to achieve satisfactory analyses.

Gnadinger and Corl (1929) introduced a new concept by making use of the property of pyrethrolone in effecting the reduction of an alkaline copper solution. Owing to the small amount of cuprous oxide formed, these investigators adopted the Folin colorimetric method whereby the characteristic colour developed by the action of the phosphomolydate reagent upon cuprous oxide is compared with that from a dextrose standard of suitable strength. The flowers were extracted with petroleum ether and this extract freed from impurities by freezing and by treatment with lead acetate. A suitable aliquot was treated with the alkaline copper solution and thereafter Folin's reagent was added. The degree of reduction was measured against a dextrose solution which had been calibrated against known quantities of the most highly purified samples of pyrethrins I and II then available.

Seil (1934) greatly improved the reliability of the acid method and also made it applicable to the analysis of oil solutions. The flowers were extracted with petroleum ether and the extract saponified with alcoholic alkali. The resultant material was purified by precipitation with aqueous barium chloride, it being of significance that the barium salts of the chrysanthemum acids are water-soluble. The filtered solution was acidified and steam-distilled when solvent extraction of the distillate afforded chrysanthemum monocarboxylic acid which was titrated with $N/50$ caustic soda solution. The residue from the steam distillation was purified by rendering alkaline and extracting with a solvent when the chrysanthemum dicarboxylic acid was obtained by extraction of the acidified solution previously saturated with sodium chloride. This acid was similarly titrated giving a pyrethrin II figure. Ripert (1934, 1935) advanced a somewhat similar method which the author claimed avoided errors due to the pressure of free chrysanthemum acids or esters thereof which were not combined with pyrethrolone.

Another approach to the problem of pyrethrum analysis was made by Wilcoxon (1936), who observed that losses of chrysanthemum monocarboxylic acid occurred during the steam distillation. Wilcoxon suggested a method for pyrethrin I based upon the reduction of mercuric compounds (Denige's solution) by chrysanthemum monocarboxylic acid. The reduced mercury was estimated by a titration with aqueous potassium iodate and it was stated that:—

1 ml. 0.01 M KIO$_3$ = 4.4 mg. pyrethrin I.

This method was confirmed and extended by HOLADAY (1938) and in 1939, the WILCOXON-HOLADAY technique, now widely known as the "mercury reduction method" was adopted as "Official" by the Association of Official Agricultural Chemists for pyrethrin I; pyrethrin II was estimated by the SEIL method.

II. Recent Developments: 1939—1951.

During the next decade, three procedures of analysing pyrethrum were concurrently employed, the GNADINGER-CORL copper reduction, the SEIL and the mercury reduction methods. The GNADINGER-CORL method is not applicable to petroleum solutions containing pyrethrins and the technique gradually fell out of use. The other two methods have been extensively employed owing to the greatly increased interest in pyrethrum as an insecticide and it is perhaps more convenient to consider the detail of the two techniques separately.

1. SEIL or Acid Method.

Many minor variations of this method had been suggested and SEIL (1947), with the cooperation of the Chemical Analysis Committee of the American National Association of Insecticide and Disinfectant Manufactures republished the technique.

Extraction. Finely ground (minimum of 90 % through 40 mesh) pyrethrum flowers (12.5 gms.) were placed in an extraction thimble closed with a cotton

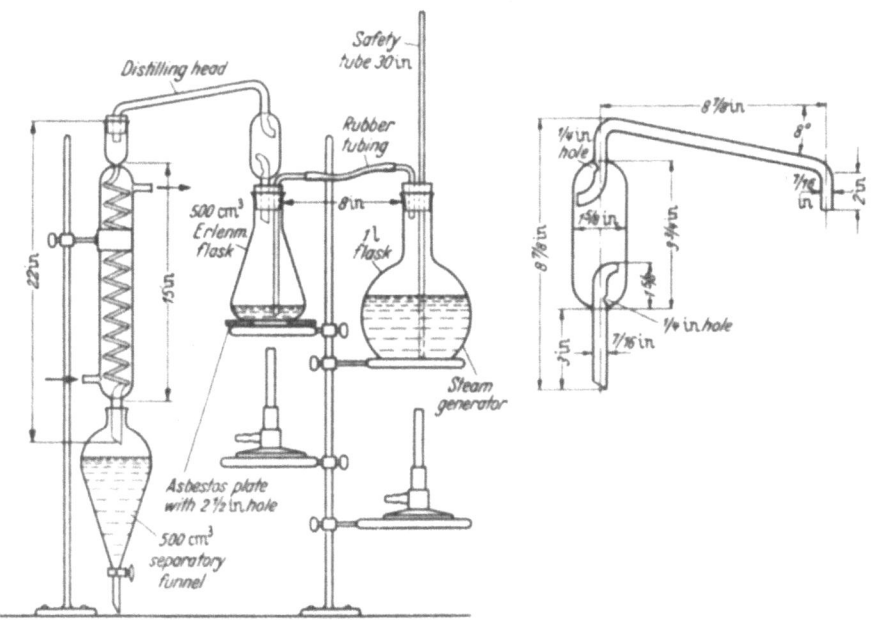

Fig. 1. Apparatus for distillation of pyrethrin I. The second diagram is an enlargement of the distilling head.

wool plug (previously extracted with petroleum ether). The flowers were completely (6—8 hours) extracted with petroleum ether (b. p. 20—40° C) and the extract evaporated to a volume of 40 ml. This concentrate was kept at a temperature of 0 to 5° C for at least two hours (preferably overnight) and then filtered into a 250 ml. conical flask through a small plug of previously-extracted cotton wool. The insoluble residue was titrated with a small quantity (20 ml.) of chilled petroleum ether and this wash liquor filtered into the flask containing the original extract. The washing procedure was repeated twice (using 10 ml. portions).

The solvent was removed from the combined filtrate by heating on a water bath; glass beads were used to prevent "bumping". Immediately the distillation was complete, and this was not prolonged to remove all solvent, alcoholic sodium hydroxide solution (15 ml. of 0.5 N in ethyl alcohol) was added and the whole refluxed for one hour. The saponified mixture was transferred to a 1000 ml. beaker using two portions (each of 25 ml.) of distilled water. The whole was then diluted with distilled water to about 200 ml. and a small quantity (1 ml.) of deodorized kerosene was added. The contents of the beaker were then boiled, in the presence of glass beads, until the volume had been reduced to about 150 ml. whereupon filter aid (1 gm.) was added and the whole transferred quantitatively to a 250 ml. graduated flask. Barium chloride solution (10 ml. of 10%) was added and the whole brought up to volume with distilled water and well mixed. The contents of the flask were filtered and a 200 ml. aliquot transferred to a 500 ml. conical flask and neutralised to phenolphthalein with 1.0 N sulphuric acid. A slight excess (1 ml.) of acid was added and the contents of the flask were steam-distilled in the apparatus depicted in Fig. 1 until the volume within the flask was reduced to approximately 20 ml. Under these conditions the volume of distillate should be 250—350 ml.

Pyrethrin I. Petroleum ether (50 ml.) was added to the distillate in the separatory funnel and the whole shaken for one minute. After separation had occurred, the aqueous layer was drained into a second 500 ml. funnel which contained petroleum ether (50 ml.). The whole was shaken and, after separation, the aqueous layer was run to waste. The petroleum ether solution in the first funnel was washed with water (10 ml.) and this wash water used for washing the petroleum ether solution in the second funnel. These two washing procedures were repeated with a further portion (10 ml.) of water. The petroleum ether extracts were combined in the first funnel and water (15 ml.), which had been neutralised to one drop of phenolphthalein by 0.02 N caustic soda, was added. The mixture was thereupon titrated with 0.02 N caustic soda (standardised daily), with vigorous shaking after each addition, until the aqueous layer just turned to a pink colour. Each ml. of 0.02 N caustic soda solution is equivalent to 0.0066 gms. of pyrethrin I and the amount of pyrethrin I in the sample was given by the equation, 0.066 t_1, where t_1 = the titration figure in mls. of caustic soda solution.

Pyrethrin II. Pyrethrin II was determined by cooling the flask containing the residue from the steam distillation and filtering this residue through a Gooch crucible. The flask was washed with successive portions of water (3 × 10 ml.) and these similarly used for washing the Gooch crucible. The bulked solutions were transferred to a 500 ml. separatory funnel, hydrochloric acid (5 ml. of sp. gr. 1.18) was added and the whole saturated with sodium chloride. This aqueous solution was shaken with ether (50 ml.) for one minute whereafter the aqueous layer was drained into a second similar funnel and again extracted with ether (50 ml.). This extraction was continued using a smaller quantity (25 ml.) of ether for the third and fourth extractions. The ether extracts were washed in succession with distilled water (exactly 10 ml.) and a similar second wash then performed. The combined ether extracts were filtered through a cotton wool plug into a 250 ml. conical flask, washing the separatory funnel and cotton wool plug with ether (10 ml.). The solvent was evaporated on a water bath and the residue dried at 100° C for ten minutes using, on two occasions, a gentle airblast to facilitate removal of vapours. Distilled water (30 ml.) was added and the whole boiled and cooled. A drop of phenolphthalein was added and the whole titrated with the 0.02 N caustic soda solution. Each ml. of 0.02 N caustic soda solution is equivalent to 0.00374 gms. of pyrethrin II and the amount of pyrethrin II in the sample was given by the equation, 0.0374 t_2, where t_2 = the titration figure in mls. of caustic soda solution. Pyrethrum extracts and concentrates may be similarly analysed. A sufficient quantity to give about 0.2 gms. of pyrethrins is taken and saponified as described above.

Discussion. MITCHELL, TRESADERN and WOOD (1948) found that SEIL's revised method gave low results for pyrethrin I and slightly high results for pyrethrin II. These authors noted losses of chrysanthemum monocarboxylic acid during the steam distillation and suggested that these were due to hydration of the unsaturated centre giving rise to a hydroxy-acid existing as its lactone. MITCHELL et al. advanced a method wherein the steam distillation was substituted by an ordinary distillation. The method consisted of the extraction of pyrethrum flowers (12.5 gms. fine ground to 30 mesh) with petroleum ether (b. p. 40—60° C) in a Bolton-Revis continuous extractor for 6 hours. After evaporation of the solvent, the residue was saponified for 30 minutes with a solution of potassium hydroxide in ethyleneglycol monoethyl ether (20 ml. of 0.5 N), cooled and diluted with water (200 ml.). Aqueous barium chloride (1 gm. in 10 ml.) was added and the whole made up to 250 ml. in a graduated flask. After shaking, the mixture was filtered through paper and an aliquot (200 ml.) acidified to Congo Red with hydrochloric acid. After saturation with sodium chloride, the solution was extracted with ether (4 × 40 ml.). Each extract was washed with water (2 × 20 ml.) and the combined extracts evaporated to near dryness. The residue (approximately 20 ml.) was placed in a short-necked flask fitted with a splash-head and connected to a distillation condenser. Water (200 ml.) was added and the mixture vigorously boiled, further water (150 ml.) being added from a tap funnel at a rate approximately equal to that of distillation. Finally, the volume was reduced (to 25 ml.) and the distillate and the residue then analysed for pyrethrins I and II as described by SEIL.

MITCHELL and TRESADERN (1949) claimed that the hot extraction of pyrethrum flowers with petroleum ether gave erroneously high results and they showed that cold extraction removed all the biologically active pyrethrins and that the additional "pyrethrins" extracted by hot percolation possessed no biological efficiency. CAMPBELL and MITCHELL (1950), actually isolated these "false pyrethrins" and showed that on hydrolysis and analysis by the SEIL method, a pyrethrin content of 75—85% was indicated.

2. WILCOXON-HOLADAY or "Mercury Reduction" Method.

This method was adopted by the American Association of Official Agricultural Chemists (A. O. A. C.) (1940) in the form given below.

Pyrethrin I. A quantity of finely-ground pyrethrum flowers (sufficient to give 20—75 mgs. of pyrethrin I, i. e., 12.5 to 20 gms.) was extracted for 7 hours with petroleum benzine in a soxhlet extractor and the solvent evaporated, heating no longer than necessary to remove the solvent. The residue was saponified by refluxing for 1—1$^1/_2$ hours with alcoholic caustic soda (15—20 ml. of 0.5 N). The reaction mixture was washed into a 600 ml. beaker and sufficient water added to bring the volume to 200 ml. After the addition of glass beads, the volume was reduced (to 150 ml.) by boiling and this solution transferred to a 250 ml. graduated flask. Filter aid (1 gm.) and aqueous barium chloride (10 ml. of 10%) were added together with sufficient distilled water to make up to volume. After a thorough mixing, the mixture was filtered and an aliquot (200 ml.) taken. This was neutralised to phenolphthalein with sulphuric acid (20%) and an excess (1 ml.) added. The slightly acid solution was filtered through paper (previously coated with a little filter aid) by means of a Buchner funnel and the funnel washed with water. The united filtrates were successively extracted with petroleum benzine (2 × 50 ml. portions) in a 500 ml. separatory funnel. These extracts were successively washed with three portions (10 ml.) of water and thereafter filtered through cotton wool into a 250 ml. separatory funnel. The cotton wool plug and funnel were washed with petroleum benzine (5 ml.) and the combined petroleum benzine solutions extracted with aqueous caustic soda (5 ml. of 0.1 N). The aqueous layer was drained into a 100 ml. beaker and the petroleum benzine re-extracted (5 ml. of 0.1 N caustic soda); this extract also being drained into the beaker. Denige's reagent, previously tested for freedom of mercurous salts (10 ml.) was added; this reagent was made by slowly adding sulphuric acid (20 ml. of sp. gr. 1.84) to a stirred suspension of yellow mercuric oxide (5 gm.) in water (40 ml.), adding, after this, a further portion of water (40 ml.), stirring until complete solution was obtained. After the analysis mixture had been standing for one hour, alcohol (20 ml.) and sodium chloride (3 ml. of a saturated solution) were added and the whole warmed to 60° C. The precipitated mercurous chloride was filtered, transferring all the precipitate to the filter. This precipitate was washed first with hot alcohol (10 ml.) and then with hot chloroform (2 × 10 ml.). The precipitate and filter paper were placed in a 250 ml. glass-stoppered conical flask and hydrochloric acid (30 ml. of sp. gr. 1.184) and water (20 ml.) added. Chloroform (6 ml.) and iodine monochloride solution (1 ml.) were then added; the iodine monochloride solution was prepared by adding hydrochloric acid (75 ml. of sp. gr. 1.18) and chloroform (5 ml.) to a solution of potassium iodide (10 gm.) and potassium iodate (6.44 gm.) in water (75 ml.) contained in a glass-stoppered bottle. The mixture of the hydrochloric acid solution, iodine monochloride and chloroform was then titrated with 0.01 M potassium iodate solution, shaking vigorously after each addition, until there was no iodine colour in the chloroform layer. The end point was taken when the red colour disappeared; this end point is not permanent and each titration has to be completed quickly with care taken to maintain the vigorous shaking after each addition. The pyrethrin I figure was calculated from Wilcoxon's observation that 1 ml. of 0.01 M potassium iodate solution = 0.0044 g. pyrethrin I.

Pyrethrin II. The pyrethrin II was determined by an adaption of the Seil (1934) method. The aqueous residue and washings from the petroleum benzine extraction of the pyrethrin I were filtered through a Gooch crucible into a 600 ml. beaker, washing the various containers and the Gooch crucible with water. The bulked filtrates were evaporated to a small bulk (50 ml.), transferred to a separating funnel and neutralised with aqueous sodium bicarbonate. The bicarbonate solution was extracted twice with chloroform and these chloroform extracts washed with water (15 ml.) through two separating funnels. The combined aqueous solution and washings were acidified with hydrochloric acid (8 ml. of sp. gr. 1.18), saturated with sodium chloride and extracted with ether (50 ml.). Thereafter the method followed that described for pyrethrin II by Seil (loc. cit.).

Discussion. Green, Pohl, Tresadern and West (1942) observed that the mercury reduction method gave lower values for pyrethrin I than did the Seil method and Graham and La Forge (1943) carefully purified chrysanthemum monocarboxylic acid found that the original Wilcoxon iodate equivalent was incorrect. They established that 1 ml. of 0.01 M potassium iodate solution was equivalent to 5.7 mg. of pyrethrin I and not 4.4 mg. as stated by Wilcoxon.

This change was embodied in the next issue of the A. O. A. C. Methods of Analysis (1945) and the temperature of the mercuric reduction was defined as $25 \pm 2°$ C. Collaborative investigations in Britain (MARTIN and BRIGHTWELL, 1946, and BRAY, HARPER, LORD, MAJOR and TRESADERN, 1947) confirmed these changes and emphasised the importance of careful control of the reduction temperature. MITCHELL, TRESADERN and WOOD (1948) reported that the revised A. O. A. C. method gave slightly low results for pyrethrin II and they suggested that this could be overcome by re-extracting with light petroleum. The alkaline solution normally treated with DENIGE's reagent, was acidified and extracted with petroleum ether (b. p. 40—60° C) and these extracts washed successively with water (2 × 10 ml.). The combined petroleum ether extracts were treated with aqueous caustic soda (5 ml. of 0.1 N) and the mercury reduction step carried out as usual. The acid liquor and the appropriate washings which contained traces of chrysanthemum dicarboxylic acid, were bulked with those from the original petroleum ether extraction and the whole concentrated and analysed for pyrethrin II as in the customary manner.

As mentioned when describing the SEIL method, MITCHELL and TRESADERN (1949) showed that hot extraction of pyrethrin flowers gave rise to the presence of "false" pyrethrins (see also CAMPBELL and MITCHELL, 1950) and they recommended the adoption of a cold extraction. This alternative was not included in the next A. O. A. C. Methods of Analysis (1950) but attention was paid to the presence of these materials by the introduction of a freezing procedure. After extraction of the flowers with petroleum ether, the solution obtained was evaporated to a small bulk (40 ml.) and placed in a refrigerator at 0—5° C for at least two hours, preferably overnight. The solution was then filtered through a funnel containing a petroleum ether-dampened cotton wool plug, this apparatus having also been chilled to 0—5° C. The filtrate was collected in a 250 ml. conical flask subsequently used for the saponification. The residue in the flask was titrated with chilled petroleum ether (20 ml.) and this filtered. The washing of the resinous residue was repeated using further quantities of chilled solvent (2 × 10 ml.). The solvent was then evaporated and the residue saponified as usual.

III. Present Day Position.

In 1950, the British organisation, the Colonial Products Advisory Bureau published the results of a two years investigation planned by its Standing Sub-Committee on Methods of Analysis of Vegetable Insecticides on the World-Wide Collaborative Analysis of Pyrethrum Flowers (1950). Three methods had been investigated, the SEIL, the mercury reduction and the RIPERT method.

The SEIL method was used without modification and as described above (see SEIL, 1947). Several modifications were introduced in the mercury reduction technique. Extraction of the flowers was carried out with normal hexane instead of petroleum ether and, because of fears of adsorption of chrysanthemum monocarboxylic acid on the precipitated barium sulphate, sulphuric acid was replaced by hydrochloric acid (sp. gr. 1.18). The "freezing" of the extract as recommended by MITCHELL and TRESADERN (1949) and as used in the SEIL (1947) technique was not adopted. The saponification of the extract was carried out with 0.5 N alcoholic potassium hydroxide instead of the sodium salt and with the use of hydrochloric acid, the filtration step was omitted. Acetone was used instead of alcohol for the washing of the mercurous precipitate obtained by treatment with DENIGE's reagent.

4*

The pyrethrin II estimation was simplified, the following procedure being adopted. The aqueous solution and washing retained from the pyrethrin I estimation were bulked and evaporated to a small bulk (50 ml.). The cooled concentrate was filtered through a 7 cm. paper into a 500 ml. separating funnel and washed with water (3 × 10 ml.). After acidification with hydrochloric acid (10 ml. of sp. gr. 1.18), the whole was saturated with sodium chloride and successively extracted with portions of ether (2 × 50 ml. then 2 × 35 ml.). The combined ethereal extracts were washed with a saturated solution of sodium chloride (3 × 10 ml.), allowing careful drainage in each case. The washed ethereal extract was freed from solvent by distillation from a 350 ml. conical flask placed on a water bath. The flask was heated at 100° C for ten minutes and any hydrochloric acid fumes removed by a current of air. The residue was dissolved in neutral alcohol (2 ml. of 95%), water (20 ml.) added and the whole warmed to ensure solution. Titration with 0.02 N aqueous caustic soda then followed as in the previous methods.

The third method used was that of RIPERT (1934, 1935) revised by GERHARDSTEIN (1947). The method was as follows. The free acids in an extract, obtained by the use of light petroleum (35—45° C) in a soxhlet extractor, were removed by a preliminary neutralisation. The residue, after saponification with methyl alcoholic potash, was extracted with ether and the aqueous portion precipitated with aqueous barium chloride. After filtration, the aqueous solution of the soluble barium salts was acidified with hydrochloric acid and the liberated acids obtained by ether extraction and subsequent removal of solvent. The total pyrethrin acids were then titrated. This titration solution was acidified with sulphuric acid and the chrysanthemum monocarboxylic acid obtained by steam distillation and extraction with petroleum ether. After titration in petroleum ether solution, the pyrethrin II figure was obtained by difference. Details of this method are given in full in the Colonial Products Advisory Bureau publication but are not given here for reasons which will appear.

Forty-two collaborators from all parts of the world took part in this experiment and were nearly unanimous in expressing preference for either the SEIL or mercury reduction methods. The attached table shows the very wide discrepancies which were obtained and the only conclusions which the collaborators could reach was that the investigation showed that the RIPERT method gave less concordant results than either the SEIL or the mercury reduction method and for this reason, was dismissed by the Sub-Committee from further consideration.

The Sub-Committee stated that the evidence obtained was such that it is impossible for the Sub-Committee to recommend that either the SEIL or the mercury reduction method should be adopted preferentially as a standard method for the analysis of pyrethrum flowers. It was true that for total pyrethrins, the standard error by the SEIL method of a single determination for comparison between laboratories was less than that by the mercury reduction method, but this could not be regarded as significant and, were the experiment to be repeated, it is quite possible that the order of the standard errors might be reversed.

An examination of the collaborators remarks revealed that three definitely preferred the SEIL method and three the mercury reduction method. In addition to these, six found some definite advantage in the SEIL method either as regards time or manipulation of the method, while four stated a similar advantage for the mercury reduction method.

The investigation demonstrated the limits of concordance which could be expected in the assessment of the pyrethrin content of the flowers and, consequently, it clearly defined the practical limits to which flowers can be bought and sold

Table 1. *Comparative Analyses of Recently Harvested Pyrethrum Flowers Using Three Different Methods.*

Collaborator	Mercury Reduction			SEIL			RIPERT		
	P I %	P II %	Total %	P I %	P II %	Total %	P I %	P II %	Total %
Group 1.	0.76	0.68	1.44	0.70	0.54	1.24	0.62	0.53	1.15
A.	0.84	0.62	1.46	0.70	0.54	1.24	0.63	0.52	1.15
2.	0.80	0.55	1.35	0.69	0.59	1.28	0.62	0.69	1.31
	0.78	0.57	1.35	0.57	0.61	1.18	0.58	0.79	1.37
3.	0.78	0.58	1.36	0.55	0.62	1.17	0.51	0.79	1.28
	0.78	0.56	1.34	0.67	0.58	1.25	0.55	0.59	1.14
4.	0.85	0.62	1.47	0.71	0.54	1.25	0.68	0.68	1.36
	0.85	0.59	1.44	0.69	0.54	1.23	0.65	0.70	1.35
5.	0.65	0.66	1.31	0.69	0.60	1.29	0.55	0.71	1.26
	0.87	0.66	1.53	0.70	0.61	1.31	0.63	0.70	1.33
6.	0.83	0.63	1.46	0.66	0.52	1.18			
	0.86	0.64	1.50	0.68	0.49	1.17			
7.	0.81	0.62	1.43	0.68	0.53	1.21	0.57	0.69	1.26
	0.80	0.65	1.45	0.73	0.52	1.25	0.61	0.68	1.29
8.	0.65	0.59	1.24	0.62	0.57	1.19			
				0.62	0.57	1.19			
9.	0.64	0.63	1.27	0.66	0.49	1.15	0.51	0.78	1.29
	0.67	0.66	1.33	0.67	0.53	1.20	0.38	0.78	1.16
10.	0.81	0.63	1.44	0.70	0.58	1.28	0.52	0.71	1.23
	0.76	0.66	1.42	0.66	0.58	1.24	0.61	0.60	1.21
11.	0.87	0.79	1.66	0.67	0.72	1.39			
	0.86	0.76	1.62	0.70	0.73	1.43			
12.	0.65	0.47	1.12	0.69	0.52	1.21	0.40	0.72	1.12
	0.70	0.54	1.24	0.69	0.52	1.21			
13.	0.81	0.70	1.51	0.66	0.47	1.13			
	0.52	0.54	1.06	0.66	0.46	1.12			
14.	0.87	0.72	1.59	0.56	0.62	1.18	0.60	0.74	1.34
	0.88	0.73	1.61	0.56	0.62	1.18	0.57	0.74	1.31
15.	0.64	0.68	1.32	0.62	0.65	1.27			
	0.65	0.68	1.33	0.63	0.67	1.30			
Group 16.	0.83	0.58	1.41	0.65	0.51	1.16	0.34	0.65	0.99
B.	0.79	0.63	1.42	0.67	0.52	1.19	0.57	0.61	1.18
17.	0.70	0.61	1.31	0.60	0.63	1.23	0.50	0.61	1.11
	0.72	0.60	1.32	0.61	0.64	1.25	0.51	0.58	1.09
18.	0.79	0.64	1.43	0.76	0.55	1.31			
	0.79	0.69	1.48	0.72	0.55	1.27			
19.	0.87	0.71	1.58	0.71	0.63	1.34	0.68	0.76	1.44
	0.85	0.70	1.55	0.70	0.62	1.32	0.64	0.79	1.43
20.	0.81	0.59	1.40	0.71	0.54	1.15	0.45	0.75	1.20
	0.75	0.63	1.38	0.83	0.53	1.36	0.35	0.51	0.86
21.	0.86	0.68	1.54	0.69	0.51	1.20	0.69	0.69	1.38
	0.89	0.62	1.51	0.70	0.52	1.22	0.66	0.74	1.40
22.	0.89	0.62	1.51	0.79	0.52	1.31	0.65	0.75	1.40
	0.88	0.65	1.53	0.77	0.53	1.30	0.66	0.63	1.29
23.	0.84	0.58	1.42	0.76	0.54	1.30	0.64	0.55	1.19
	0.84	0.59	1.43	0.75	0.54	1.29	0.60	0.54	1.14
24.	0.83	0.54	1.37	0.81	0.63	1.44	0.62	0.61	1.23
	0.71	0.61	1.32	0.74	0.53	1.27	0.47	0.61	1.08
Group 25.	0.89	0.65	1.54	0.66	0.59	1.25	0.55	0.64	1.19
C.	0.98	0.62	1.60	0.68	0.59	1.27	0.37	0.64	1.01
26.	0.72	0.64	1.36	0.72	0.52	1.24	0.60	0.70	1.30
	0.79	0.58	1.37	0.69	0.61	1.30	0.60	0.60	1.20
27.	0.83	0.68	1.51	0.72	0.63	1.35	0.62	0.56	1.18
	0.77	0.73	1.50	0.69	0.58	1.27	0.65	0.62	1.27
28.	0.68	0.48	1.16	0.70	0.54	1.24	0.65	0.66	1.31
				0.63	0.52	1.15	0.65	0.71	1.36
29.	0.79	0.58	1.37	0.55	0.48	1.03	0.56	0.60	1.16
	0.79	0.59	1.38	0.54	0.48	1.02	0.57	0.61	1.18

Table 1. (Continued.)

Collaborator	Mercury Reduction			Seil			Ripert		
	P I %	P II %	Total %	P I %	P II %	Total %	P I %	P II %	Total %
30.	0.85	0.81	1.66	0.71	0.53	1.24	0.58	0.65	1.23
	0.82	0.76	1.58	0.70	0.52	1.22	0.63	0.59	1.22
Group 31.	0.95	0.62	1.57	0.64	0.52	1.16	0.59	0.69	1.28
D	0.94	0.63	1.57	0.64	0.47	1.11	0.59	0.67	1.26
32.	0.83	0.60	1.43	0.71	0.57	1.28	0.62	0.65	1.27
	0.80	0.59	1.39	0.71	0.56	1.27	0.64	0.62	1.26
33.	0.82	0.67	1.49	0.71	0.51	1.22	0.62	0.63	1.25
	0.86	0.66	1.52	0.74	0.52	1.26	0.58	0.57	1.15
34.	0.88	0.65	1.53	0.65	0.54	1.19			
	0.90	0.61	1.51	0.61	0.52	1.13			
35.	0.67	0.62	1.29	0.66	0.64	1.30	0.60	0.65	1.25
	0.61	0.62	1.23	0.66	0.64	1.30	0.62	0.71	1.33
36.	0.92	0.76	1.68	0.73	0.59	1.32	0.73	0.73	1.46
	0.90	0.76	1.66	0.71	0.61	1.32	0.73	0.75	1.48
37.	0.81	0.61	1.42	0.70	0.52	1.22	0.55	0.51	1.06
	0.77	0.61	1.38	0.73	0.48	1.21	0.69	0.40	1.09
38.	0.78	0.58	1.36	0.72	0.49	1.21	0.62	0.67	1.29
	0.81	0.62	1.43	0.71	0.48	1.19	0.64	0.58	1.22
39.	0.86	0.58	1.44	0.73	0.58	1.31	0.70	0.66	1.36
	0.85	0.58	1.43	0.72	0.56	1.28	0.70	0.64	1.34
40.	0.77	0.55	1.32	0.69	0.58	1.27	0.56	0.73	1.29
	0.74	0.54	1.28	0.67	0.59	1.26	0.56	0.77	1.33
41.	0.85	0.60	1.45	0.63	0.50	1.13	0.50	0.66	1.16
	0.76	0.55	1.31	0.65	0.52	1.17	0.61	0.58	1.19
42.	0.87	0.80	1.67	0.68	0.53	1.21	0.56	0.70	1.26
	0.87	0.74	1.61	0.67	0.56	1.23	0.58	0.70	1.28

with reasonable chance of agreement between buyer and seller. Whether the Seil or the mercury reduction method is used, a difference of 0.3 between the determinations as carried out by two laboratories should not be regarded as significant for flowers containing between 1 and 2 per cent total pyrethrins. This statement assumed the complete absence of errors in sampling a consignment of flowers which the investigation was designed to eliminate.

Since this date, further attempts have been made to improve the mercury reduction method. The A. O. A. C. method (7th Edition, 1950) was modified (Kelsey, 1952) in that hydrochloric acid was used to acidify the barium salts of the chrysanthemum acids and not sulphuric acid as hitherto employed and the simplified treatment for pyrethrin II was adopted. This change brought this method into line with that used in the Colonial Products Advisory Bureau's world-wide collaboration and also with the method defined in the British Pharmaceutical Codex (1949). There is the exception that the saponifying alkali is sodium and not potassium hydroxide. It was intended that the former change would eliminate losses of chrysanthemum monocarboxylic acid due to adsorption on the precipitated barium sulphate. Subsequently, Kelsey (1953) reported that no evidence of adsorbed acids sould be detected on the barium sulphate; he used Denige's reagent as a colour test. This, and the fact that the use of hydrochloric acid in place of sulphuric acid gave higher results, believed by some not to be in accord with biological potencies, led to the modification using hydrochloric acid being rescinded. The A. O. A. C. method (7th Edition, 1950) with the modification described for pyrethrin II (Kelsey, 1952) has been adopted by the World Health Organisation (1953).

Mitchell (1953) also investigated this point and isolated chrysanthemum monocarboxylic acid from the barium sulphate produced in the original method.

He therefore considered that the hydrochloric acid modification to be more accurate and stated it should not be rescinded.

As will be seen, it is difficult at this time to suggest one chemical method of pyrethrum analysis and, until the position becomes more clear, it is desirable to define the method of analysis. The SEIL (1947) method appears relatively straightforward and if a mercury reduction method is used, it is suggested that that described by the Colonial Products Advisory Bureau should be taken; this is in fact the same as the hydrochloric acid modification of the A. O. A. C. (7th) (1950) method with the minor difference between alcoholic sodium and potassium hydroxides.

It is also probable that insufficient attention has been paid to the errors which may accrue from hot extraction (MITCHELL, 1949) and it would appear desirable to include a cold extraction technique. A convenient apparatus for this has recently been advanced by MITCHELL and BARKER (1953). MITCHELL (1953, 2), has recently suggested a method which in effect utilises the more satisfactory aspects of both the SEIL and the mercury reduction methods. This author has stated that the apparent advantages to be gained by a specific determination of chrysanthemum monocarboxylic acid are offset by the empirical nature of the procedure and he has suggested that it should be possible to determine this acid by direct titration after its separation with light petroleum as in the mercury reduction method. By this means, the previously reported losses of the acid due to hydration in the steam distillation stage of the SEIL method would be avoided. This new method will require collaborative investigation.

IV. Absorption Spectroscopy.

GILLAM and WEST (1942, 1944) reported that pyrethrin I and II had maxima in the ultra-violet spectral region at 2270 and 2810 Å respectively. They were unable to reconcile their results with those obtained by SEIL analysis and concluded that absorption spectrophotometory did not contain the basis of any analytical method. BECKLEY (1949, 1950) reported on a spectrophotometric method for the determination of the total pyrethrin content of pyrethrum flowers which showed good reproducibility and accuracy. The material obtained by extraction of ground flowers with light petroleum was dissolved in alcohol and the optical density of a suitable dilute solution was recorded. By a knowledge of the optical density of a sample of purified pyrethrins, BECKLEY was able to arrive at a figure for the pyrethrins content of the flowers. He furthermore showed that there was a linear relationship between the optical density and concentration of a pyrethrin solution.

BECKLEY's findings were developed by SHUKIS, CRISTI and WACHS (1951) who related their findings to those obtained by the SEIL method. These authors found the optical density of "pyrethrin" in alcohol measured at 2270 Å was equal to the amount of total pyrethrins in milligrammes per 100 ml. of solution.

Method. A quantity of finely ground pyrethrum flowers (the quantity should contain 20—40 mgms. of total pyrethrins) was extracted in a soxhlet extractor ($6^1/_2$—7 hours) with light petroleum (b. p. 20—40° C). After allowing to stand overnight, any separated waxes were removed by filtration through paper into a 100 ml. calibrated flask. The extraction flask and filter were washed with a little fresh solvent and the whole made up to volume. An aliquot (2.0 ml.) was transferred to a modified Kjeldahl flask which was calibrated to contain 100 ml. The flask possessed a ground glass joint neck and the solvent and any extraneous volatile material were removed by heating at 40° C in a warm water bath for 15 minutes under a vacuum of 3 mm. mercury, using a ground glass joint adaptor to connect the flask to a source of vacuum. Alcohol (30 ml. of ethyl alcohol so purified that at least 50% of light was transmitted at 2270 Å) was added and the residue dissolved by shaking for 5 minutes. Alcohol (of the grade described) was added to make up to volume and the optical density of this solution measured in a 1 cm. silica cell using a Beckmann-type spectrophotometer. After subtraction of the blank for the solvent, the pyrethrins content was calculated, recognising that the optical density of the solution was equal to the concentration of pyrethrins, expressed as mgs./100 ml.

V. Discussion of Present-Day Methods.

It will be realised that there is no one method for the analysis of pyrethrum products which can be recommended with confidence and a great diversity of minor variations in the Seil and mercury reduction methods are practised. In this unsatisfactory state of affairs, it is desirable that the analyst should define the full details of the procedure employed.

There is at this time (1953), considerable activity throughout the pyrethrum industry upon methods of analysis and the present position is reviewed below.

The spectrophotometric method possesses the unique advantage that reproducible results are obtainable, a feature which is absent from the mercury reduction and Seil methods. It has the theoretical disadvantage that in one measurement, it records four closely related insecticides, viz. pyrethrins I and II and cinerins I and II, which Gersdorff (1947) has shown possess differing toxicities towards houseflies.

Potter and Lord (1952) stressed this point and also noted that similar disadvantages occurred from use of either the Seil or "mercury reduction" (A. O. A. C.) methods. They emphasised that there is at present no chemical test which can give an estimation of the insecticidally-active constituents and which will be valid under all circumstances. It is therefore of considerable interest to note that Lord, Ward, Cornelius and Jarvis (1952) reported a partial separation of "pyrethrins" by chromatography upon alumina. These authors used a "pyrethrins" concentrate and obtained evidence of a separation of "pyrethrin I" (pyrethrin I and cinerin I) from "pyrethrin II" (pyrethrin II and cinerin II). This possibility has been taken further by Ward (1953) who, by use of a displacement chromatogram, obtained strong evidence of a separation of each of the four insecticides. If this finding can be extended quantitatively to extracts obtained from pyrethrum flowers, then a spectrophotometric assay of the four fractions will at last give a complete analytical picture.

In the meantime, the analyst is left with a choice of three arbitrary methods, the Seil method which gives results by separation and titration of the two chrysanthemum acids, the A. O. A. C. method which depends upon the reduction of mercuric salts by chrysanthemum monocarboxylic acid and alkalimetric titration of chrysanthemum dicarboxylic acid and the spectroscopic method which measures all four insecticides in one recording. Brown, Phipers and Singleton (1954) have shown that pyrethrin-containing preparations can be so degraded that either the chemical or physical methods will give erroneous results and they recommend that one of the chemical methods and the spectrophotometric method should be jointly employed when material of unknown or dubious history is being examined.

It should be clearly recognised that any of the present methods has unsatisfactory aspects. The methods depending upon determination of the chrysanthemum acids may be confused by the possible presence of free acids or other esters of these acids or by the existence of other acids; the existence of free chrysanthemum monocarboxylic acid has already been postulated by RIPERT (1934). Similarly, in theory, any material showing an appreciable light absorption at 2270 Å, would give rise to errors in the spectrophotometric method and it is not yet clear that free pyrethrolone or cinerolone or fatty acid esters of these alcohols do not exist under certain circumstances. Furthermore, whilst the present methods usually contain a "freezing" procedure designed to remove "false" or polymerised pyrethrins (see CAMPBELL and MITCHELL, 1950), this removal cannot be complete and MITCHELL and TRESADERN (1949) have shown the existence of these or similar materials in normal pyrethrum flowers.

References.

Association of Official Agricultural Chemists: Methods of Analysis, 5th ed, Washington, p. 66, 1940; 6th ed. p. 76, 1945; 7th ed. p. 72, 1950.

BECKLEY, V. A.: Pyrethrum Post 1, (3), 5 (1949); 2, (1), 23 (1950). — BECKLEY, V.A., C.B. GNADINGER and F. IRELAND: Industr. Engng. Chem. (Industr.) 30, 835 (1938). — BECKLEY, V. A., and F. MCNAUGHTON: E. Afr. Agric. J. 2, 327 (1937). — BRAY, G. T., S. H. HARPER, K. A. LORD, F. MAJOR and F. H. TRESADERN: J. Soc. Chem. Ind. (Lond.) 66, 275 (1947). — British Pharmaceutical Codex: London, Pharm. Soc. of Great Britain, p. 741, 1949. — BROWN, N. C., R. F. PHIPERS and K. G. SINGLETON: (In press) 1954.

CAMPBELL, A., and W. MITCHELL: J. Sci. Food Agric. 1, 137 (1950). — Colonial Products Advisory Bureau (Plant and Animal): Report of the Standing Sub-Committee on Methods of Analysis of Vegetable Insecticides on the World-wide Collaborative Analysis of Pyrethrum Flowers, 1948—1949. London: Colonial Office 1950. — CROMBIE, L., M. ELLIOTT, S. H. HARPER and H. W. B. REED: Nature (London) 162, 222 (1948).

FUJITANI, J.: Arch. exper. Path. u. Pharmakol. 61, 47 (1909).

GERHARDSTEIN, S.: Quoted by Colonial Products Advisory Bureau, 1950. — GERSDORFF, W. A.: J. Econ. Ent. 40, 878 (1949). — GILLAM, A. E., and T. F. WEST: J. Chem. Soc. 1942, 671; J. Soc. Chem. Ind. (Lond.) 63, 23 (1944). — GNADINGER, C. B.: Pyrethrum Flowers : Suppl., 2nd ed. Minneapolis: McLaughlin Gormley King Co. 1945. — GNADINGER, C. B., and C. S. CORL: J. Amer. Chem. Soc. 51, 3054 (1929); 52, 680 (1930); Industr. Engng. Chem. (Industr.) 24, 901 (1932). — GRAHAM, J. J. T., and F. B. LA FORGE: Soap, N. Y. 19, (11), 111 (1943). — GREEN, R. G., W. POHL, F. H. TRESADERN and T. F. WEST: J. Soc. Chem. Ind. (Lond.) 61, 173 (1942).

HARPER, S. H.: J. Chem. Soc. 1946, 892; Pyrethrum Post 1, (3) 9 (1949); (4), 10 (1949). — HOLADAY, D. A.: Industr. Engng. Chem. (Anal.) 10, 5 (1938).

KELSEY, D.: J. Assoc. Off. Agric. Chem. Wash. 35, 368 (1952); 36, 369 (1953).

LA FORGE, F. B., and W. F. BARTHEL: J. Org. Chem. 9, 242 (1944); 10, 106, 114 (1945). — LA FORGE, F. B., and N. GREEN: J. Org. Chem. 17, 1635 (1952). — LA FORGE, F. B., and H. L. HALLER: J. Amer. Chem. Soc. 58, 1777 (1936). — LA FORGE, F. B., and S. B. SOLOWAY: J. Amer. Chem. Soc. 69, 186, 2932 (1947). — LORD, K. A., J. WARD, J. A. CORNELIUS and M. W. JARVIS: J. Sci. Food Agric. 3, 419 (1952).

MARTIN, J. T., and S. T. P. BRIGHTWELL: J. Soc. Chem. Ind. (Lond.) 65, 379 (1946). — MARTIN, J. T., and F. TATTERSFIELD: Ann. Appl. Biol. 21, 670, 682 (1934). — MITCHELL, W.: Pyrethrum Post 1, (3), 7 (1949);(1) J. Sci. Food. Agric. 4, 246 (1953); (2) 4, 278 (1953). — MITCHELL, W., and P. F. BARKER: J. Sci. Food. Agric. 4, 282 (1953). — MITCHELL, W., and F. H. TRESADERN: J. Soc. Chem. Ind. (Lond.) 68, 221 (1949). — MITCHELL, W., F. H. TRESADERN and S. A. WOOD: Analyst 73, 484 (1948).

POTTER, C., and K. A. LORD: Pyrethrum Post 3, (1), 12 (1953).

RIPERT, J.: Ann. Falsif. Paris 27, 580 (1934); 28, 27 (1935).

SCHECHTER, M. S., N. GREEN and F. B. LA FORGE: J. Amer. Chem. Soc. 71, 3165 (1949). — SEIL, H. A.: Soap, N. Y. 10, (5), 89 (1934); 23, (9), 131 (1947). — SHUKIS, A. J., D. CRISTI and H. WACHS: Soap, N. Y. 27, (11), 124 (1951). — STAUDINGER, H., and H. HARDER: Ann. Acad. Sci. fenn. 29, (18), 1 (1927). — STAUDINGER, H., and L. RUZICKA: Helv. Chim. Acta 7, 177, 201, 212, 236, 245, 377, 390, 406, 442, 448 (1924).

TATTERSFIELD, F.: Ann. Appl. Biol. 18, 602 (1931). — TATTERSFIELD, F., R. P. HOBSON and C. T. GIMINGHAM: J. Agric. Sci. 19, 266 (1929). — TEXTOR, O.: Amer. J. Pharm. 53, 491 (1881).

WARD, J.: Chem. and Ind. (Rev.) 1953, 586. — World Health Organisation: Insecticides Manual of Specifications for Insecticides and for spraying and dusting Apparatus, Geneva 1953. — WILCOXON, F.: Contr. Boyce Thompson Inst. 8, (3), 175 (1936).

YAMAMOTO, R.: J. Tokyo Chem. Soc. 40, 126 (1919); J. Chem. Soc. Japan 44, 311, 1070 (1923).

Triterpene und Triterpen-Saponine.

Von

M. Steiner und H. Holtzem.

Mit 1 Abbildung.

A. Einleitung und Übersicht.

Triterpene sind Naturstoffe mit 30 C-Atomen. Der Aufbau ihres Moleküls folgt der „Isoprenregel", d. h. das Kohlenstoffskelet läßt sich in 6-Isoprenreste zerlegen (s. die Formeln I, III, IV, V). Die Mannigfaltigkeit der Körperklasse wird durch die Abänderungen des Kohlenstoffskelets, durch Zahl und Stellung der Doppelbindungen und der Sauerstofffunktionen (—OH, =O, —COOH) bedingt.

Einige Stoffe mit 30 C-Atomen (Lanosterin, Euphol) werden bald zu den Triterpenen, bald zu den Steroiden gerechnet. Wegen des Baues ihres Moleküls, das nicht der Isoprenregel folgt, ist es folgerichtiger, sie in die letztgenannte Stoffklasse zu stellen. Hierher gehören auch Polyporensäure und Eburicosäure mit C_{31} (vgl. RUZICKA, 1953).

Die folgende Einteilung schließt sich im wesentlichen an JEGER (1950) an. Bei der Schreibung der Strukturformeln folgen wir den Vorschlägen von HALSALL, JONES und MEAKINS (1952), denen sich inzwischen auch die Züricher Schule (RUZICKA, 1953) angeschlossen hat.

Squalen (I)   Lanosterin (II)

Oleanan (III)   Ursan (IV)   Lupan (V)

a) *Aliphatische Triterpene*, einziger Vertreter *Squalen* $C_{30}H_{50}$ (Formel I).

b) *Tricyclische Triterpene*, einziger Vertreter *Ambrein* $C_{30}H_{52}O$ in der „Ambra" aus dem Darm des Pottwales. Keine Vertreter unter den Pflanzenstoffen.

c) *Tetracyclische Triterpene.* 1. Gruppe der „Triterpensteroide" Lanosterin (II), Euphol. 2. Gruppe der Elemisäuren.

d) *Pentacyclische Triterpene.* 1. Derivate des „Oleanans" (III) = β-Amyrin-Oleanolsäuregruppe. Die meisten der bisher bekannt gewordenen Triterpene gehören in diese Gruppe (einschließlich Sojasapogenol C, Basseol und Bassiasäure). 2. Derivate des „Ursans" (IV) = α-Amyrin-Ursolsäuregruppe (einschließlich Phyllanthol). 3. Derivate des „Lupans" (V) = Lupeolgruppe.

Da die Anordnung im Hauptteil dieses Beitrages (S. 78 ff.) nicht chemisch-systematischen, sondern methodischen Gesichtspunkten folgt, wird nachstehend eine Übersicht der behandelten Triterpene gegeben, in welcher zugleich Hinweise auf den speziellen Teil enthalten sind (Tab. 1).

Tabelle 1. *Übersicht über die im speziellen Teil dieses Beitrages behandelten Triterpene.*

Name	Summen-formel	Funktionelle Gruppen				Struktur-formel	Hinweis auf d. speziellen Teil (Seite)
		Δ	OH	=O	COOH		
A. Gruppe der aliphatischen Triterpene (Squalen Gruppe)							
Squalen	$C_{30}H_{50}$	6	—	—	—	XXII	78
B. Gruppe der tetracyclischen Triterpene bzw. C_{30}-Steroide (Lanosterin-Euphol-Gruppe)							
Lanosterin	$C_{30}H_{50}O$	2	1	—	—	XXIII	79
Euphol	$C_{30}H_{50}O$	2	1	—	—	XXIV	81
Euphorbol	$C_{30}H_{50}O$	2	1	—	—	—	81
β-Euphol	$C_{30}H_{50}O$	2	1	—	—	—	81
Tirucallol	$C_{30}H_{50}O$	2	1	—	—	—	81
Butyrospermol	$C_{30}H_{50}O$	2	1	—	—	—	95
Cycloartenol	$C_{30}H_{50}O$	2[1]	1	—	—	XXXIII	90
Cycloartenon	$C_{30}H_{48}O$	2[1]	—	1	—	XXXIIIa	90
Polyporensäure A	$C_{31}H_{50}O_4$	2	2	—	1	XXXI	88
Polyporensäure B	$C_{31}H_{50}O_4$	?	?	?	?	—	88
Polyporensäure C	$C_{30}H_{44}O_4$	3	1	1	1	XXXII	88
Eburicosäure	$C_{31}H_{48}O_3$	2	1	—	1	XXX	87
Dehydro-Eburicosäure . .	$C_{31}H_{46}O_3$	3	1	—	1	—	87
α-Elemolsäure	$C_{30}H_{48}O_3$	2	1	—	1	—	91
β-Elemonsäure	$C_{30}H_{46}O_3$	2	—	1	1	—	91
C. Gruppe der pentacyclischen Triterpene							
I. Stoffe mit Oleananskelet (β-Amyrin-Oleanolsäure-Gruppe)							
β-Amyrin	$C_{30}H_{50}O$	1	1	—	—	XXXIV	90
δ-Amyrin	$C_{30}H_{50}O$	1	1	—	—	XXXV	90
Germanicol	$C_{30}H_{50}O$	1	1	—	— ·	XXIX	83
Skimmiol	$C_{30}H_{50}O$	1	1	—	—	—	117
Skimmion	$C_{30}H_{48}O$	1	—	1	—	—	117
Taraxerol	$C_{30}H_{50}O$	1	1	—	—	XXVII	83
Taraxeron	$C_{30}H_{48}O$	1	—	1	—	XXVIII	83
Erythrodiol	$C_{30}H_{50}O_2$	1	2	—	—	XXXIX	94
Maniladiol	$C_{30}H_{50}O_2$	1	2	—	—	XXXVI	91
Gummosogenin	$C_{30}H_{48}O_3$	1	2	1	—	XLIII	100
Sojasapogenol D	$C_{30}H_{50}O_3$	2	2	—[2]	—	XLVIII	101

[1] Mit Cyclopropanring.
[2] Tetracarbocyclisch mit Ätherbrücke.

Tabelle 1. (Fortsetzung.)

Name	Summen-formel	Funktionelle Gruppen				Struktur-formel	Hinweis auf d. speziellen Teil (Seite)
		Δ	CH	=O	COOH		
Sojasapogenol B	$C_{30}H_{50}O_3$	1	3	—	—	XLVI	101
Longispinogenin	$C_{30}H_{50}O_3$	1	3	—	—	XLIV	100
Primulagenin A	$C_{30}H_{50}O_3$	1	3	—	—	XLII	98
Sojasapogenol A	$C_{30}H_{50}O_4$	1	4	—	—	XLIV	101
Gratiogenin	$C_{30}H_{48}O_4$	1	3	1	—	—	103
Oleanolsäure	$C_{30}H_{48}O_3$	1	1	—	1	L	104
α-Boswellinsäure	$C_{30}H_{48}O_3$	1	1	—	1	LIII	109
Morolsäure	$C_{30}H_{48}O_3$	1	1	—	1	LV	111
Echinocystsäure	$C_{30}H_{48}O_4$	1	2	—	1	LVI	112
Hederagenin	$C_{30}H_{48}O_4$	1	2	—	1	LVII	113
Siaresinolsäure	$C_{30}H_{48}O_4$	1	2	—	1	LII	108
Sumaresinolsäure	$C_{30}H_{48}O_4$	1	2	—	1	XLI	108
Glycyrrhetinsäure	$C_{30}H_{46}O_4$	1	1	1	1	LVIII	114
Gypsogenin	$C_{30}H_{46}O_4$	1	1	1	1	LIX	115
Quillajasäure	$C_{30}H_{46}O_5$	1	2	1	1	LX	116
Basseol	$C_{30}H_{50}O$	2	1	—	—	XL	95
Sojasapogenol C	$C_{30}H_{48}O_2$	2	2	—	—	XLVII	101
Bassiasäure	$C_{30}H_{46}O_5$	2	3	—	1	XLI	95

II. Stoffe mit Ursanskelet (α-Amyrin-Ursolsäure-Gruppe)

Name	Summen-formel	Δ	CH	=O	COOH	Struktur-formel	Seite
α-Amyrin	$C_{30}H_{50}O$	1	1	—	—	XXXVII	90
Phyllanthol	$C_{30}H_{50}O$	—[1]	1	—	—	LXIX	125
Aescigenin	$C_{30}H_{48}O_5$	1	4	—[2]	—	XLI	117
Brein	$C_{30}H_{50}O_2$	1	2	—	—	XXXVIII	90
Uvaol	$C_{30}H_{50}O_2$	1	2	—	—	LXIII	118
Ursolsäure	$C_{30}H_{48}O_3$	1	1	—	1	XLII	118
β-Boswellinsäure	$C_{30}H_{48}O_3$	1	1	—	1	LIV	109
Asiatsäure	$C_{30}H_{48}O_3$	1	3	—	1	LXIV	123
Chinovasäure	$C_{30}H_{46}O_5$	1	1	—	2	LXV	123

III. Stoffe mit Lupanskelet (Lupeol-Gruppe)

Name	Summen-formel	Δ	CH	=O	COOH	Struktur-formel	Seite
Lupeol	$C_{30}H_{50}O$	1	1	—	—	XLVI	125
Taraxasterol	$C_{30}H_{50}O$	1	1	—	—	XXV	83
ψ-Taraxasterol	$C_{30}H_{50}O$	1	1	—	—	XXVI	83
Betulin	$C_{30}H_{50}O_2$	1	2	—	—	LXVII	128
Arnidiol	$C_{30}H_{50}O_2$	1	2	—	—	—	127
Faradiol	$C_{30}H_{50}O_2$	1	2	—	—	—	127
Betulinsäure	$C_{30}H_{48}O_3$	1	1	—	1	LXVIII	129

D. Triterpene mit wenig geklärter Konstitution

Name	Summen-formel	Δ	CH	=O	COOH	Struktur-formel	Seite
Zeorin	$C_{30}H_{50}O_2$	1	2	—	—	—	132
Leucotylin	$C_{30}H_{50}O_3$	1	3	—	—	—	132
Onocerin	$C_{30}H_{50}O_2$	1	2	—	—	—	132
Friedelin	$C_{30}H_{50}O$	1	—	1	—	—	131
Cerin	$C_{30}H_{50}O_2$	1	1	1	—	—	131
Castanogenin	$C_{30}H_{46}O_6$	?	2	—	2	—	133
Psidiolsäure	$C_{30}H_{48}O_4$	?	—	—	2	—	134
Senegeninsäure	$C_{30}H_{46}O_6$	?	2	—	2	—	134
Taraxol	$C_{30}H_{46}O$?	?	1	—	—	—	83
Thurberogenin	$C_{30}H_{46}O_3$	?	?	?	?	—	133
Dumortierigenin	$C_{30}H_{46-48}O_4$	1 ?	2	—	[3]	—	135

[1] Hexacarbocyclisch mit Cyclopropanring.
[2] Ätherbrücke.
[3] 1 Lacton-Gruppe.

Über den Ort der Ablagerung der freien (nicht glykosidisch gebundenen) Triterpene im Pflanzenkörper läßt sich folgendes sagen. Die Stoffe finden sich

a) in Peridermen, in der Kutikula und in kutikularen Wachsausscheidungen,

b) in Milchsaftröhren,

c) in den Behältern normaler und pathologischer Exkrete (Harzbehälter, Ölbehälter),

d) als Begleiter von Reservefetten.

Das bedeutet nicht nur einen Hinweis auf ihre extrem lipophile Natur, sondern auch darauf, daß sie selbst im allgemeinen den Exkreten einzuordnen sein dürften.

Im Gegensatz dazu finden sich die Triterpen-Saponine, die durch ihren Zuckeranteil hydrophil geworden sind, in den verschiedensten aktiv lebenstätigen Geweben des Pflanzenkörpers, im allgemeinen wohl als Lösungsbestandteil des Zellsaftes.

Obwohl die meisten (bekannten) Vorkommen von Triterpenen sich auf höhere Pflanzen beziehen, zeigen einige Fälle (Zeorin, Lanosterin, Eburicosäure, Polyporensäuren), daß zumindest auch Pilze zu ihrer Synthese befähigt sind.

Bezüglich der Nomenklatur sei auf RUZICKA (1953) verwiesen, der eine einleuchtende Begründung dafür gibt, daß man wohl von Steroiden, nicht aber von Triterpenoiden, sondern von Triterpenen sprechen sollte. Jene sind eine Gruppe von Verbindungen mit unregelmäßig variierender Zahl der C-Atome, diese, ebenso wie die Mono-, Di-, Sesquiterpene usw., sind durch konstante Zahl der C-Atome und durch das Aufbauprinzip der „Isoprenregel" gekennzeichnet. Als Terpenoide sollten nur Verbindungen mit abweichender Zahl der C-Atome bezeichnet werden: z. B. Santen (C_9), Lupulon (C_{31}). Wenig ratsam erscheint es uns, dem gelegentlich geübten Gebrauch zu folgen, die Triterpene schlechthin als „Sapogenine" zu behandeln. Abgesehen davon, daß die Sapogenine sowohl der Steroidreihe als auch der Triterpenreihe angehören können, sollte diese Kennzeichnung sinngemäß auf die zuckerfreien Spaltprodukte von Saponinen beschränkt bleiben. Es mag noch angehen, die Oleanolsäure als freies „Sapogenin" zu bezeichnen, da sie ja häufig in glykosidischer Bindung als Saponin auftritt. Wo dies nicht zutrifft, z. B. bei Lupeol oder bei den Amyrinen, entbehrt die Einordnung unter die Sapogenine jeder vernünftigen Begründung.

Unter *Saponinen* werden in der üblichen Begriffsfassung glykosidische Pflanzenstoffe, die durch hämolytische Wirkung, Oberflächenaktivität (Schaumbildung in wäßriger Lösung) und Giftigkeit für Fische ausgezeichnet sind. Mit Recht haben aber kürzlich TSCHESCHE und HEESCH (1952) darauf hingewiesen, daß eine präzisere Fassung des Saponinbegriffes dringend erwünscht wäre. Vom chemischen Standpunkt gesehen, sind die Saponine keine einheitliche Gruppe, da sie Stoffe der Steroid- und Triterpenreihe umfassen. Eine rationelle Einteilung müßte zu allererst auf diese Unterschiede Rücksicht nehmen. Die bisher vielfach übliche Einteilung in „saure" und „neutrale" Saponine bleibt ganz an der Oberfläche, da der Säurecharakter eines Saponins im Aglykon (z. B. bei den Oleanolsäureglykosiden der Zuckerrübe) oder aber in den Uronsäuren des „Zuckeranteils" begründet ist (z. B. bei der Primulasäure). Manche „Saponine" zeigen nur schwache Toxicität, mehrere haben nur eine geringe oder gar keine hämolytische Wirkung (Guajacsaponin, Glycyrrhizin, Gratiosid). Die Oberflächenaktivität allein dürfte aber kaum zu einer befriedigenden Kennzeichnung hinreichen.

Es erschien zweckmäßig, im folgenden Beispiel für die pflanzenanalytische Bearbeitung von Saponinen im Zusammenhang mit den Sopogeninen der Triterpenreihe zu geben. Lediglich den allgemeinen Wertbestimmungsmethoden für die Saponine wurde ein gesondertes Kapitel eingeräumt (S. 67ff.).

Bei der Auswahl der Methoden wurde vor allem die Literatur seit 1932 berücksichtigt. Dieser Zeitpunkt kennzeichnet nicht nur das Erscheinen des „Handbuchs der Pflanzenanalyse" (G. KLEIN, 1932), in dem die ältere Methodik eine ausführliche Darstellung gefunden hat. Er fällt auch ziemlich genau mit dem Erscheinen der Arbeit von RUZICKA und VAN VEEN (1929) zusammen, die den eigentlichen Ausgangspunkt der modernen Triterpenchemie darstellt.

Rein chemische Arbeiten zur Konstitutionsaufklärung wurden im allgemeinen nur dann zitiert, wenn sie *nach* der ausführlichen zusammenfassenden Darstellung von Jeger (1950) erschienen sind. Im übrigen wird hiermit ausdrücklich auf den genannten Sammelbericht verwiesen. Zur Ergänzung kann in vieler Hinsicht Ruzicka (1953) dienen.

B. Zur Biogenese und Physiologie der Triterpene.

Über die Entstehung der Triterpene und ihre Rolle im Pflanzenkörper ist so gut wie nichts bekannt. Die hierzu von chemischer Seite entwickelten Vorstellungen können zunächst als Arbeitshypothesen für stoffwechselphysiologische Untersuchungen gelten.

Als experimentelle Grundlage zur Theorie der Triterpenentstehung sind vor allem die Befunde über die Entstehung des Cholesterins im tierischen Organismus zu betrachten, die sich aus Isotopenversuchen ergeben haben. Schon 1937 konnten Sonderhoff und Thomas zeigen, daß Hefe Ergosterin mit 31 Atom-% Deuterium bildet, wenn als Ausgangsmaterial für die Synthese CD_3COOH gefüttert wird. Bloch und Rittenberg (1942) konnten bei Ratten und Mäusen diese Ergebnisse bestätigen und dahingehend erweitern, daß das Deuterium der Essigsäure im Kern *und* in den Seitenketten des Cholesterins auftritt, daß Propion-, Butter-, Brenztrauben- und Bernsteinsäure ebensowenig wie Fettsäuren als Ausgangsmaterial oder Zwischenprodukte der Sterinsynthese in Frage kommen. Auch bei *Neurospora* spielt nach Ottke, Simmonds und Tatum (1950) Essigsäure die Rolle einer Vorstufe für die Fett- und Sterinsynthese. Schritt für Schritt vermochte in den letzten Jahren die Arbeitsgruppe von K. Bloch in Isotopenversuchen mit C^{13} und C^{14} die Rolle verschiedener Verbindungen für die Cholesterinbildung im tierischen Organismus zu analysieren.

Brady und Gurin (1950), Little und Bloch (1950), Wüersch, Huang und Bloch (1952) konnten durch getrennte CH_3- und COOH-Markierung die Verwendung der beiden C-Atome der Essigsäure für die einzelnen C-Atome des Cholesteringerüstes klarstellen. Auch die Isopropylgruppe von Isovaleriansäure wird für die Sterinsynthese verwendet. Bei Darbietung dieses Ausgangsmaterials wird die Assimilation von C^{14} aus $CaC^{14}O_3$ wesentlich verstärkt, was auf $C_3 + C_1$ Kondensation schließen läßt (Zabin und Bloch, 1950, 1951 a u. b).

Ottke, Tatum, Zabin und Bloch (1951) zeigten, daß diese Befunde sich auch auf die Ergosterinsynthese von *Neurospora* übertragen lassen. Die neuesten Arbeiten lassen die Rolle des Squalens, eines aliphatischen *Triterpen*kohlenwasserstoffs, mit Sicherheit erschließen. Squalen wird biologisch aus Acetat gebildet, es wird durch den Darm des Tieres aufgenommen. Sein markierter Kohlenstoff taucht im Cholesterin auf. Die Verwertung von Squalen

Squalen (VI)

Lupeol (VIII)   Euphol (?) (VII)   Lanosterin (IX)

β-Amyrin (X)   α-Amyrin (XI)   Zymosterin (XII)   Cholesterin (XIII) für die Sterinsynthese ist 10—20mal besser als die von Acetat, etwa 3mal besser als die von Isovalerianat. Das Squalen wird direkt und nicht etwa über C_2-Körper zur Sterinbildung verwendet. Auch die Biosynthese des Squalens aus Essigsäure ist sichergestellt (LANGDEN und BLOCH, 1952, 1953a, b, c). Die nach diesen Ergebnissen klarliegende Rolle des Squalens für die Biosynthese der Triterpene und der Sterine wurde von RUZICKA (1953) in einem Schema veranschaulicht, das auf S. 62 in verkürzter Form wiedergegeben wird.

Wegen der Frage der Bedeutung von Isosqualen als Intermediärprodukt der Sterinsynthese vgl. MONDON (1953, 1954) und TSCHESCHE und KORTE (1954).

BRIESKORN, BRINER, SCHLUMPRECHT und EBERHARDT (1952) haben darauf hingewiesen, daß in der Familie der Labiaten Triterpene stets zusammen mit niederen Terpenen (Mono- und Sesquiterpenen) vorkommen. Die jahreszeitlichen Kurven des Gehalts von Triterpenen (Ursolsäure) und ätherischen Ölen waren bei *Salvia officinalis* in etwa gegenläufig, so daß wiederum an biogenetische Beziehungen zwischen Triterpenen und ätherischen Ölen gedacht werden kann. Schon 1933 konnten KARRER und HELFENSTEIN das Squalen durch spiegelbildliche Aneinanderlagerung von 2 Molekülen Farnesylbromid synthetisch darstellen und so rein chemisch die Brücke zwischen den Sesqui -und Triterpenen schlagen. Ähnliche mengenmäßige Beziehungen wie sie BRIESKORN und Mitarbeiter für ätherische Öle und Triterpene angeben, hat PROKOFJEW (1939) für ätherische Öle und Polyterpene der Kautschukgruppe, ABEGG, ELDER und HENDRICKS (1946) für Triterpene und Kautschuk gefunden.

Für wechselseitige Beziehungen der verschiedenen Körper der Triterpenreihe selbst spricht die Tatsache, daß sehr häufig verschiedene Triterpene nebeneinander im gleichen Pflanzenkörper gefunden werden. Das gilt nicht nur für die verschiedenen Oxydationsstufen des gleichen Grundkörpers (einfache-, zweifache Doppelbindung, Alkohol-Keton, Alkohol-Säure), sondern auch für Vertreter verschiedener durch das C-Skelet gekennzeichneter Gruppen (z. B. Lupeol neben α- und β-Amyrin).

DIETRICH und JEGER (1950) haben in einem Schema, welches etwas abgeändert im folgenden wiedergegeben wird, auf die rein chemisch zum Großteil realisierten Beziehungen zwischen Konstitutionstypen der pentacyclischen Triterpene hingewiesen, die auch bei der Biogenese eine Rolle spielen könnten.

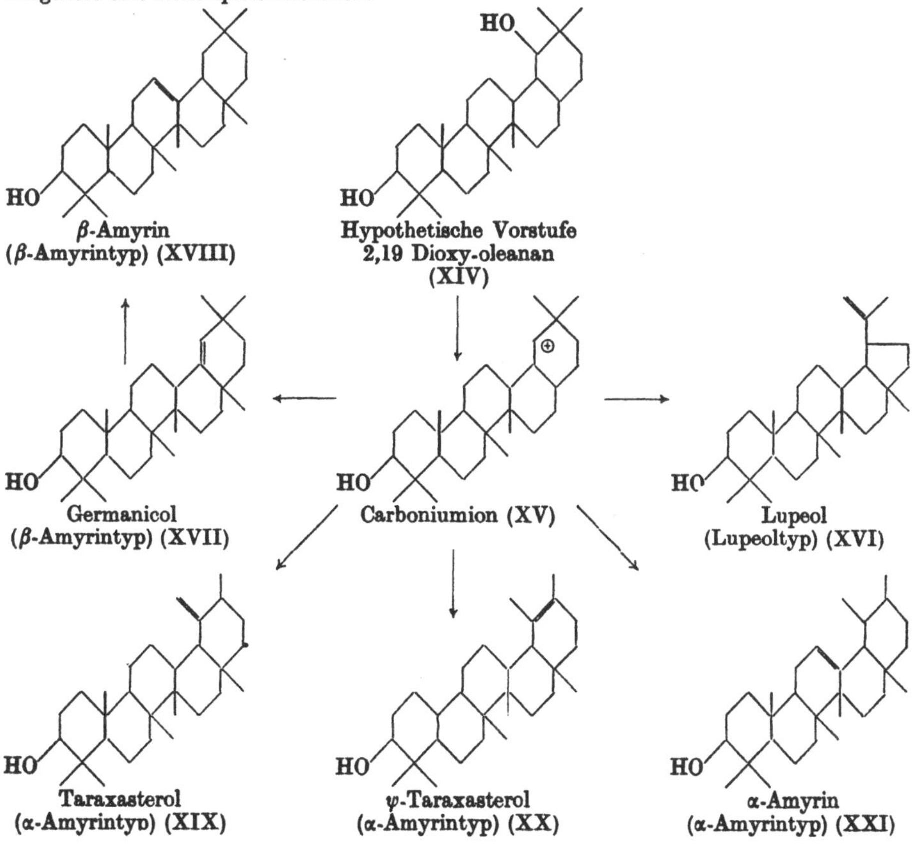

β-Amyrin
(β-Amyrintyp) (XVIII)

Hypothetische Vorstufe
2,19 Dioxy-oleanan
(XIV)

Germanicol
(β-Amyrintyp) (XVII)

Carboniumion (XV)

Lupeol
(Lupeoltyp) (XVI)

Taraxasterol
(α-Amyrintyp) (XIX)

ψ-Taraxasterol
(α-Amyrintyp) (XX)

α-Amyrin
(α-Amyrintyp) (XXI)

Auf eine eigentümliche Regel des gemeinsamen Vorkommens von Triterpenen und Farbstoffen bei Blüten und Früchten hat ZIMMERMANN (1944, 1945, 1946) aufmerksam gemacht. Danach scheint es, daß Carotinoide zusammen mit Triterpendiolen, Farbstoffe der Flavanreihe (Anthocyane, Flavone usw.) zusammen mit Triterpensäuren auftreten, und daß einwertige Triterpenalkohole dann zu erwarten sind, wenn keine der beiden Farbstoffgruppen vorhanden ist. Das von ZIMMERMANN selbst festgestellte Taraxasterol in (vermutlich durch Anthocyan gefärbten) Distelblüten ist allerdings bereits eine Ausnahme von dieser Regel die jedenfalls noch der Bestätigung für eine viel größere Zahl von Fällen bedürfte und die sicherlich noch keinerlei Schlußfolgerungen für die Biogenese der Triterpene zuläßt.

C. Qualitative Nachweismethoden für Triterpene.

I. Farbreaktionen.

Die meisten der hier zu nennenden Reaktionen sind vieldeutig. Viele der Reaktionen fallen sowohl bei Steroiden wie bei Triterpenen positiv aus (vgl. PALASI, 1947).

Reaktion nach SALKOWSKI. (SALKOWSKI, 1908.) Einige mg der Substanz als solche oder in Chloroform-Lösung, dazu konz. H_2SO_4 (spez. Gewicht 1,76). Es entsteht eine *gelbe* Färbung, welche allmählich in tiefrot übergeht.

Reaktion nach LIEBERMANN-BURCHARD bzw. LIEBERMANN-STORCH-MORAWSKI. (LIEBERMANN, 1885; MORAWSKI, 1888.) Einige mg der Substanz werden warm in 1 ml Essigsäureanhydrid gelöst, dazu 1 Tropfen konz. H_2SO_4. Es tritt Grünfärbung ein, entweder unmittelbar, oder über rote und blaue Farbtöne.

BRIESKORN und CAPUANO (1953) haben sich vor kurzem am Beispiel der Ursolsäure mit dem Mechanismus beider Reaktionen befaßt. Sie machen wahrscheinlich, daß zunächst unter dem wasserabspaltenden Einfluß der Schwefelsäure eine $\Delta^{11, 13}$, $\Delta^{13, 18}$-Ursadien-28-carbonsäure entsteht, an die 2 Moleküle H_2SO_4 angelagert werden (Rotfärbung, SALKOWSKI-Reaktion). Wird die Schwefelsäure in geeigneter Weise verdünnt, außer Essigsäureanhydrid kann zu diesem Zweck auch Eisessig, Äthylacetat oder n-Butanol dienen, so wird nur 1 Mol. H_2SO_4 angelagert (Grünfärbung, LIEBERMANN-Reaktion). Eine positive LIEBERMANN-Reaktion zeigten neben cyclischen Verbindungen solche, a) mit zwei konjugierten Doppelbindungen, b) mit zwei isolierten Doppelbindungen, c) mit einer Doppelbindung und einer dazu benachbarten OH- oder OR-Gruppe, d) mit einer Doppelbindung und einer nicht benachbarten OH- oder OR-Gruppe. Beim Typus a) und c) trat die Rotfärbung sofort ein, bei b) und d) langsam, über gelbe Zwischenstufen. Cyclische Verbindungen mit aromatischen Doppelbindungen, mit einer Doppelbindung oder mit einer abspaltbaren OH-Gruppe ohne Doppelbindung waren LIEBERMANN-negativ.

Reaktion nach ROSENTHALER (1902). Mit 1% Vanillin in HCl.

Reaktion nach TSCHUGAJEW (1900). Die Lösung der Substanz in Chloroform mit Acetylchlorid im Überschuß versetzen, dazu ein Stückchen Zinkchlorid, kochen. Es entsteht eine eosinrote Färbung mit grünlich-gelber Fluorescenz.

Reaktion nach LIFSCHÜTZ (1906, 1907, 1908). Substanz in 2—3 ml Eisessig lösen, etwas Benzoylhydroperoxyd zugeben, 1—2mal aufkochen, abkühlen, H_2SO_4 einfließen lassen.

Am Boden zunächst blauviolette oder blaugrüne Töne. Beim Schütteln violett-blau-grün.

Reaktion nach KAHLENBERG (1922, 1925). 0,2 ml Chloroformlösung der Substanz (etwa 1%ig) mit 0,5 ml einer Lösung versetzen, die aus 80 ml Antimonpentachlorid + 80 ml Chloroform besteht, nach 5 Min. mit 10 ml Chloroform verdünnen, tiefpurpurne bis blaue Färbung.

Reaktion nach NOLLER, SMITH, HARRIS und WALKER (1942). Etwa 0,02 g Substanz werden mit 0,5 ml eines Reagens versetzt, das aus reinstem Thionylchlorid + 0,01% reinstem Stannichlorid besteht. Kleines, verschlossenes Reagenzglas. Im Laufe von Stunden wird eine Skala von Farbtönen durchlaufen, unter denen stets Rot enthalten ist. Die Reaktion, deren Deutung noch aussteht, scheint für Triterpene einigermaßen spezifisch zu sein. Oxysäuren müssen wenigstens eine freie OH-Gruppe besitzen, um stark positive Färbung zu' geben. Isomere Substanzen (z. B. α- und β-Amyrin; Echinocystsäure und Hederagenin) geben oft sehr verschiedene Farbtönungen. Das $SnCl_3$ kann durch 0,01% wasserfreies $FeCl_3$, 0,01% $SbCl_3$, 0,01% $POCl_3$ + 0,5% H_2O ersetzt werden.

Reaktion nach BRIESKORN und BRINER (1953). Spur Substanz oder Messerspitze Drogenpulver mit einigen Tropfen Chlorsulfonsäure in Sesolvan NK (7:3 oder 6:4) versetzen. Rotfärbung innerhalb von 5—10 min ist für Triterpene charakteristisch, Braunfärbung ist unspezifisch. Sie deutet auf Sterine hin.

Tetranitromethan-Reaktion. (RUZICKA, 1929.) Substanz in Chloroform gelöst + Tetranitromethan in Chloroform: Gelbfärbung.

Die Reaktion zeigt Doppelbindungen an. Sie wird negativ, wenn die Doppelbindung sich in Konjugation mit einer Carbonylgruppe befindet.

Reaktion nach HIRSCHSOHN. Etwas Substanz mit Trichloressigsäure erwärmen, gelbe bis rote Färbung.

Es erscheint durchaus möglich, einzelne dieser Farbreaktionen für die Ausarbeitung quantitativer kolorimetrischer Bestimmungsmethoden von Triterpenen heranzuziehen. Für die Steroide, insbesondere für das Cholesterin, ist das bekanntlich mehrfach geschehen. So berichtet erst kürzlich KENNY (1952) über ein kolorimetrisches Verfahren zur Cholesterinbestimmung, das auf der LIEBERMANN-BURCHARD-Reaktion aufbaut. Selbstverständlich müßte dabei die Tatsache berücksichtigt werden, daß bei den verschiedenen Triterpensubstanzen Farbe und Intensität der Reaktionen recht verschieden ausfällt. Besondere Komplikationen sind in den häufigen Fällen zu erwarten, in denen mehrere Triterpene nebeneinander vorkommen [2].

II. Mikrochemische und histochemische Verfahren.

1. Methode von BRIESKORN und SCHLUMPRECHT.

Die allgemeinen Farbreaktionen nach LIEBERMANN-STORCH-MORAWSKI oder nach ROSENTHALER sind für den Triterpennachweis in Pflanzenschnitten wenig brauchbar, da durch die konz. Schwefelsäure das Gewebe zerstört und durch die rasch eintretende Dunkelfärbung die eigentlichen Reaktionsfarben verdeckt werden. Über gute Resultate berichten hingegen neuerdings BRIESKORN und BRINER (1953) bei histochemischer Verwendung der von BRIESKORN und SCHLUMPRECHT (1951) für den Triterpennachweis empfohlenen Chlorsulfonsäure.

Die Schnitte — Drogen werden vorher mit Wasser aufgeweicht — kommen zur Aufhellung in 5%ige Natriumhypochloritlösung. Vorsichtiges Erwärmen beschleunigt den Vorgang. Sehr zarte Gewebe können mit Chloralhydrat vorbehandelt werden.

Der aufgehellte Schnitt wird zwischen Filterpapier getrocknet und auf einen Objektträger mit einigen Tropfen des Chlorsulfonsäurereagens (s. unten) versetzt. Es tritt starke Blasenbildung ein. Wenn diese nachläßt, wird ein Deckglas aufgelegt und mikroskopiert. Die triterpenhaltigen Stellen färben sich orange, dann rot und schließlich violett. Höchstens sehr vorsichtig, keinesfalls stark erwärmen, wenn man die Reaktion beschleunigen will. Störende Gasblasen können im Vacuum entfernt werden. Eine Braunfärbung ist uncharakteristisch. Sie deutet auf Steroide hin.

Reagens. Eine Mischung von Chlorsulfonsäure + Sesolvan NK[1] (7:3 oder 6:4).

---

[1] Badische Anilin- und Sodafabrik, Ludwigshafen/Rh.

[2] Wegen quantitativer kolorimetrischer Bestimmung der Oxytriterpensäuren s. Nachtr. S.135.

Mit dem Verfahren wurden eine Anzahl von Pflanzenteilen (Blätter, Stengel, Blütenblätter, Fruchtschalen) untersucht, in denen das Vorkommen von Triterpenen (Ursolsäure, Oleanolsäure, Betulin) bereits bekannt war. In allen Fällen zeigte sich die Reaktion auf die Kutikula bzw. auf die Haare beschränkt.

2. Histochemischer Nachweis von Triterpenen nach Kariyone und Hashimoto.

Kariyone und Hashimoto (1953) bedienen sich zum mikrochemischen Nachweis von Triterpenen in Kutikeln von Laubblättern folgender Verfahren:

a) Ein Tropfen Essigsäureanhydrid wird auf das Blatt aufgetragen und dieses mit einer Mikroflamme einige Sekunden lang von unten her erhitzt, bis die Kutikularsubstanzen in Lösung gehen. Der Lösungstropfen wird in eine Kapillare (1 mm ⌀) aufgenommen und eine kleine Menge konz. H_2SO_4 nachgesaugt. Rotfärbung an der Berührungszone (Liebermann-Burchardsche Reaktion) zeigt die Gegenwart von Triterpenen an.

b) In einem kleinen Reagenzglas wird ein Mikrosublimat des Pflanzenblattes hergestellt und diesem ein Kriställchen Trichloressigsäure zugegeben. Rot- bis Violettfärbung, die beim Erhitzen auf 110° auftritt, zeigt Triterpene an. Steroide geben die Farbreaktion schon bei Raumtemperatur oder beim Erwärmen bis 60°.

Gegen 300 von 600 geprüften Pflanzenarten der japanischen Flora enthielten Triterpene. Besonders hoher Gehalt fand sich in den Familien der *Caprifoliaceae, Scrophulariaceae, Apocynaceae, Gentianaceae, Oleaceae, Pirolaceae, Ericaceae, Araliaceae, Cornaceae, Myrtaceae, Elaeagnaceae, Thymelaeaceae, Theaceae, Ulmaceae, Aquifoliaceae, Rosaceae, Trochodendraceae, Betulaceae, Myrsinaceae.* Melissylalkohol ist ein weitverbreiteter und häufiger Begleiter der Triterpene. Die besonders dicke Kutikula von *Ilex latifolia* wurde isoliert und chemisch eingehender untersucht. Sie enthält 0,68% Ursolsäure.

3. Mikrochemischer Nachweis von Triterpenen durch Papierelektrophorese. (Hashimoto 1953.)

Die in Pflanzenextrakten enthaltenen Triterpene werden zunächst mit dem Reagens nach Sobel, Drekter und Natelson (1936) in Pyridin-TriterpenylSulfate übergeführt, deren Chloroformlösung auf die Startlinie eines Filterstreifens 40 × 1 cm (Tokyo Nr. 50) aufgetüpfelt wird. Als Elektrolyt wird die Epiphase des Gemisches 5 T. Butanol, 4 T. Wasser, 1 T. Eisessig verwendet. Elektrophorese bei konstanter Spannung, z. B. 600 V, 0,03 mA/cm, 5 Std. Nachweis der Triterpene nach Erhitzen des Papierstreifens auf 110° (5—10 min) durch Besprühen mit ges. Lösung von Antimontrichlorid in Chloroform: Purpur- oder Blaufärbung. Auch 9 T. Phenol + 1 T. 0,5% Boraxlösung, 600 V, 0,01 mA/cm, 3 Std. wurden mit Erfolg verwendet. β-Amyrin, Betulinsäure, Betulin, Hederagenin, Lupeol, Morolsäure, Oleanolsäure, Ursolsäure und Cholesterin ließen sich gut nebeneinander nachweisen.

Reagens nach Sobel, Drekter und Natelson (1936).
10 ml Pyridin (über KOH redestilliert) + 20 ml Chloroform (über $CaCl_2$ redestilliert) im Eisbad kühlen, 4 ml Chlorsulfonsäure (aus Ganzglasapparatur redestilliert) *tropfenweise* zugeben (heftige Reaktion, größte Vorsicht, Schutzbrille). Niederschlag unter Wasserausschluß filtrieren, 2mal mit wenig Pyridin chloroformfrei waschen. In dicht verschlossener Weithalsflasche mindestens 4 Monate haltbar.
Ein aliquoter Teil (0,5 ml) des in Benzol aufgenommenen Extraktes wird im Zentrifugenglas (15 ml) mit 0,1 ml Essigsäureanhydrid + Pyridin (1:1) versetzt, geschüttelt, dann mit 10—20 mg Fällungsreagens versetzt. Zum Verschluß und zum Rühren dient ein Gummistopfen mit durchgeführtem Glasstab. Im Trockenschrank auf 45—47° erwärmen, nach 15 min durchrühren, nochmals 10 min bei 45—47°, dann 20 min in Eisschrank, 10 min bei 2000—3000 Touren zentrifugieren, dekantieren oder absaugen, Niederschlag zweimal durch Zentrifugieren mit kaltem Petroläther waschen, in 5 ml Chloroform aufnehmen.
Wegen Papierchromatographie von Squalen vgl. S. 79.

D. Methoden zum Nachweis und zur Gehaltsbestimmung von Saponinen.

I. Qualitativer Nachweis.

Zum qualitativen Nachweis eines Saponins können die Verfahren dienen, deren Verwendung für quantitative Zwecke weiter unten beschrieben wird, insbesondere also die Hämolysewirkung, das Schäumen wäßriger Lösung und die Giftigkeit für Fische.

Um geringe Mengen von Saponinen in verdünnter Lösung neben Begleitstoffen (z. B. in Arzneimitteln oder Lebensmitteln) nachzuweisen, bedienen sich KOFLER, FISCHER und NEWESELY (1929) der Kapillarisation mit Cholesterinschranke. Neuerdings schlägt FISCHER (1952) ein abgewandeltes Verfahren vor, welches rascher und empfindlicher arbeitet. Die Lösung wird durch ein mit Cholesterin imprägniertes Asbestscheibchen filtriert. Dieses wird in einer Glasröhre (10 cm lang, 6 mm weit) durch ein von unten eingeschobenes, mit Gummischlauch fixiertes Glasröhrchen von 5,5—5,8 mm ∅ getragen. Das Asbestscheibchen (6—7 mm ∅, 1,5 mm Dicke) wird mit einem Korkbohrer hergestellt und mit 2—3 Tropfen einer 1%igen Cholesterinlösung in Äther befeuchtet. Nach Abdunsten des Äthers werden äußerlich anhaftende Cholesterinkristalle mit einem Pinsel entfernt. 2—5 ml Prüfflüssigkeit werden langsam (etwa 3 Std.) durch den Asbest filtriert. Dieser wird dann mit 0,5 ml dest. Wasser gewaschen, getrocknet, in Xylol gekocht, durch Spalten halbiert und in Blutgelatine gelegt (Herstellung s. S. 76). Bei Saponingegenwart entsteht ein deutlicher Hämolysehof. Natürlich versagt das Verfahren bei Saponinen, welche kein Cholesterid bilden, z. B. bei den Saponinen der Roßkastanie, der Primel, des Efeus.

II. Gehaltsbestimmung.

Zu einer *annähernd* quantitativen Bestimmung — mit den weiter unten gegebenen Einschränkungen — können 3 Eigenschaften der typischen Saponine verwendet werden.

1. Ihre Giftigkeit für Fische. Obgleich in älteren Arbeiten (s. KOFLER, 1927) offenbar an eine quantitative Saponinbestimmung durch Ermittlung des „Fischindex" gedacht wurde, hat dieses Verfahren kaum aktuelle Bedeutung. Zu den Problemen, die bei den unter 2. und 3. genannten Methoden zu erwarten sein werden, kommt die schwere Reproduzierbarkeit von Tierversuchen, da die Giftigkeit einer Saponinlösung recht wesentlich vom physiologischen Zustand des Versuchstieres abhängig sein wird. Erschwerend ist auch die Kostspieligkeit großer Versuchsreihen.

Der Fischtest wird deshalb heute meist nur als qualitativer Versuch verwendet, um zur Kennzeichnung eines Pflanzenstoffes als typisches Saponin beizutragen. Goldfische oder andere kleine Aquarienfische werden in eine wäßrige Lösung des zu prüfenden Stoffes gebracht. Die Saponinvergiftung äußert sich in einer Phase gesteigerter Erregung, im Schwimmen in Seiten- oder Rückenlage, schließlich in Lähmung und Exitus. Die Giftigkeit von Saponinen für Fische und andere Wassertiere, z. B. Kaulquappen, wird zumeist mit einer Schädigung des Kiemenapparates in Verbindung gebracht (vgl. KOFLER, 1927).

2. Die von KOBERT (1887) entdeckte hämolytische Wirksamkeit der Saponine kann sowohl zum qualitativen, auch histochemischen Nachweis, wie auch zu einer quantitativen Bestimmung verwendet werden. Die Ermittlung des hämolytischen Index ist eines der wichtigsten Verfahren zur annähernd quantitativen Saponinbestimmung.

Schon RANSOM (1901) entdeckte die Tatsache, daß Cholesterin die Saponinhämolyse hemmt. Als dann WINDAUS (1909) mit den unlöslichen Additionsverbindungen zwischen Digitonin, Cyclamin, Solanin und anderen Saponinen und Cholesterin bekannt machte, lag es nahe, daraus eine Bestätigung schon früher geäußerter Ansichten zu sehen, die dem Mechanismus der Saponinhämolyse eine

5*

Veränderung des Erythrocyten-Cholesterins durch das Saponin zugrunde legten. (Als neuere Arbeit über Hämolyse durch Digitonin vgl. Jung und Böhm, 1949, Jung und Wirth, 1950.) Diese Deutung konnte aber kaum mehr, wenigstens nicht in der einfachen ursprünglichen Form, aufrechterhalten werden, nachdem (zuerst durch Kofler und Raum, 1930) gezeigt worden war, daß eine Anzahl von Saponinen mit typischer hämolytischer Wirksamkeit keine Cholesterinfällung geben. Dazu gehören u. a. die Saponine der Roßkastanie, der Quillajarinde, der Seifenwurzel, der Primel, der Senegawurzel, der Zuckerrübe und das Sapindussaponin. Es scheint, daß die meisten, wenn nicht alle Saponine der Triterpenreihe keine schwerlöslichen Digitonide bilden, während die bekanntesten Beispiele der Saponine mit entgegengesetztem Verhalten ein Steroid-Aglykon besitzen.

3. Die Saponine sind stark oberflächenaktive Stoffe. Ihre Lösungen zeigen deshalb gegenüber reinem Wasser eine stark verminderte Oberflächehspannung. Auch diese Eigenschaft läßt sich — unter gewissen Kautelen und Voraussetzungen — zu einer quantitativen Bestimmung der Saponine verwenden. Dies kann wiederum in zweierlei Weise geschehen:

a) Man bestimmt nach einer der gebräuchlichen Methoden *direkt* die *Oberflächenspannung* der Saponinlösung.

b) Man bestimmt das Schaumbildungsvermögen der Lösung, welches in Beziehung zur Oberflächenspannung steht (Bestimmung des *Schaumindex*).

Es erscheint notwendig, einige Vorbemerkungen über Brauchbarkeit und Leistungsgrenzen der genannten Bestimmungsverfahren (Hämolytischer Index, unmittelbare und mittelbare Bestimmung der Oberflächenspannung) zu machen. Auch bei sorgfältig gehaltener Konstanz der Versuchsbedingungen ist sowohl die hämolytische Aktivität von Saponinlösungen als auch die Oberflächenspannung von Lösungsgenossen abhängig. Weiters ist aber sowohl die Hämolysewirksamkeit als auch die Oberflächenaktivität von Saponin zu Saponin zu verschieden. Schließlich besteht keine Parallelität zwischen Oberflächenaktivität und Hämolysewirkung verschiedener Saponine. Darauf hat schon Kofler (1927) hingewiesen. Es ist also unmöglich, etwa durch Messung der Oberflächenspannung oder durch Bestimmung der Hämolysezahl den Saponingehalt eines unbekannten Pflanzenmaterials absolut zu bestimmen oder auch nur zum Saponingehalt einer anderen Pflanze in eine zahlenmäßige Relation zu setzen. Es ist lediglich möglich, qualitativ gleiches (oder annähernd gleiches) Pflanzenmaterial mit verschiedenem Saponingehalt zu vergleichen, d. h. in verschiedenen Proben der gleichen Pflanzen (oder genauer des gleichen Pflanzenteiles) den Saponingehalt zu ermitteln. Die oben unter 2. und 3. genannten Verfahren sind also Methoden der Wertbestimmung. Ihre Bedeutung ist relativ, für viele praktische Zwecke aber recht groß.

Quantitative chemische Methoden der Saponinbestimmung gibt es nicht. Auf chemischem Wege können Saponine nur durch umständliche, wohl nie verlustfreie Reindarstellung gravimetrisch bestimmt werden. Bei der großen Bedeutung, die den Saponinen als Wirkstoffe vieler medizinisch und technisch genutzter pflanzlicher Drogen zukommt, liegt also die große Bedeutung von Methoden auf der Hand, die wenigstens eine angenäherte Gehaltsbestimmung in verschiedenen Proben derselben Drogensorte ermöglichen.

Da die oben genannte Forderung einer Konstanz der qualitativen Zusammensetzung nie ganz erreicht ist, wird mit einer recht beträchtlichen Fehlerbreite der Resultate stets zu rechnen sein. Es erscheint deshalb wenig aussichtsreich, wenn z. B. beim Hämolyseverfahren immer wieder versucht wird, die Präzision zu steigern. Wir halten es für wohlbegründet, wenn von Schweizer Seite, vor allem mit Hinblick auf eine für die Pharmakopoe geeignete Methode auf eine gewisse Standardisierung des Verfahrens hingearbeitet wird.

1. Hämolytischer Index.

Eine Aufschwemmung roter Blutkörperchen wird durch gelöste Saponine hämolysiert. Das Hämoglobin tritt aus den Blutkörperchen aus und geht in die Lösung. Die zuerst durchscheinend „deckfarbige" Blutkörperchenaufschwemmung wird zu einer durchsichtig „lackfarbigen" Hämoglobinlösung. Bei einigem Stehen setzen sich aus der nichthämolysierten Lösung die Blutkörperchen als roter Bodensatz ab, nach vollendeter Hämolyse findet sich am Boden des Gefäßes nur ein kaum sichtbarer Schleier, der aus den entleerten Blutkörperchen-Stromata besteht.

Die Saponinhämolyse hat nicht nur großes theoretisches Interesse gefunden. Sie ist auch vom praktischen Standpunkt wichtig, da sie, wie oben angeführt, die beste Methode zur Wertbestimmung pflanzlicher Saponindrogen darstellt. Das findet in einer sehr umfangreichen Literatur seinen Ausdruck. An Hand einschlägiger Arbeiten wird zunächst auf einige wichtigere Faktoren hingewiesen, die beim Hämolyseversuch zu beachten sind. Im Anschluß daran werden einige Methoden zur Bestimmung des hämolytischen Index zusammenhängend dargestellt. Über die ältere Literatur wurde bereits von KOFLER (1927) erschöpfend referiert.

Die wesentlichen Faktoren beim Hämolyseversuch.

a) Das Blut. Die Blutkörperchen *verschiedener Tierarten* zeigen eine verschiedene Hämolyseresistenz. Einschlägige Versuche, die vor allem von KOFLER und LÁZÁR (1927) durchgeführt wurden, haben gezeigt, daß die Resistenzreihen verschiedener Blutsorten bei verschiedenen Saponinen stark voneinander abweichen. Hammel- und Rinderblut wird vom Saponinum pur. albiss. (Merck) sehr viel leichter hämolysiert als Rattenblut, beim Digitonin ist es umgekehrt. Pferdeblut steht beim Gypsophilasaponin am Anfang, beim Sapotoxin am Mitte, bei Senegin und Roßkastaniensaponin am Ende der Resistenzreihe von 9 Blutsorten. Es ist also zur Erreichung von vergleichbaren quantitativen Ergebnissen notwendig, stets mit Blutkörperchen der gleichen Tierart zu arbeiten. Fast alle neueren Arbeiten empfehlen, das Schlachtblut des gesunden Rindes (z. B. BUTZ, 1945; BÜCHI, HIPPENMEYER und DOLDER, 1950; RUNGE, 1952). Resistenzschwankungen verschiedener Blutproben ein und derselben Tierart können nur durch Bezugnahme auf eine Testsubstanz ausgeglichen werden (s. unten).

SANDBERG (1948) berichtet über besonders gute Erfahrung mit menschlichem Venenblut mit Citratzusatz und durch Zählung kontrollierter Erythrocytenzahl. Der Variationskoeffizient bei Testung mit Desoxycholsäure betrug 2,60%, während bei Verwendung von Rinderblut sich aus den Versuchen von BUTZ (1945) 10,8% aus denen von MÜHLMANN und SCHEIDEGGER (1947) 8,34% berechnen.

KOFLER (1927, 1932) und viele andere Autoren verwenden *defibriniertes Blut*, neuere Bearbeiter meist *Citratblut*; (z. B. BÜCHI, HIPPENMEYER und DOLDER, 1950, RUNGE, 1952). Hinsichtlich des Alters des Blutes fordern die älteren Vorschriften nur, daß „frisches Blut" verwendet werden soll. Eingehende Beachtung hat dieser Faktor erst gefunden, als neuerdings Desoxycholsäure als wohldefinierte Standardsubstanz für die Bestimmung des hämolytischen Index vorgeschlagen wurde (BUTZ, 1945). Schon MÜHLEMANN und SCHEIDEGGER (1947) gaben als Grund für die Unstimmigkeiten zwischen eigenen Ergebnissen und denen von BUTZ einen Einfluß des Alters des verwendeten Blutes an. BÜCHI, HIPPENMEYER und DOLDER (1950) führten eingehende Untersuchungen durch. Sie fanden, daß das Alter der Desoxycholsäure-Lösung ohne Bedeutung ist, daß aber das Alter des Blutes einen beträchtlichen Einfluß auf den hämolytischen Index bei Verwendung der genannten Testsubstanz hat. Sehr frisches Blut gibt viel höhere Indices als einige Tage altes. Außerdem berichten die gleichen Untersucher über Schwierigkeiten bei der Feststellung der hämolytischen Grenzkonzentration von Desoxycholsäurelösungen. RUNGE (1952) konnte diese Schwierigkeiten zwar bestätigen, weiter aber feststellen, daß sie nur bei Verwendung des isotonischen Phosphatpuffers auftreten, der gleichfalls von BUTZ (1945) vorgeschlagen worden war. Sie lassen sich bei Verwendung der von RUNGE angegebenen gepufferten NaCl-Lösung vermeiden. BÜCHI und Mitarbeiter (1950) schreiben Citratblut vor, das höchstens 8 Tage im Eisschrank aufbewahrt sein darf. Die verdünnte Suspension für den Versuch ist auf alle Fälle frisch herzustellen.

Konservierende Zusätze zum Blut scheinen sich in keinem Falle bewährt zu haben. Wohl aber finden solche für die *Blutgelatine* zum histochemischen Saponinnachweis (FISCHER, 1952) Verwendung.

Die *Konzentration* der Erythrocyten-Aufschwemmung ist, wie leicht einzusehen, für den quantitativen Hämolyseversuch von großer Bedeutung. Während KOBERT (1887, 1912) mit hoher Blutkörperchendichte arbeitet, verwenden KOFLER (1927) und seine Schüler sehr viel verdünntere Blutkörperchensuspensionen, z. B. 1 ml 2%ige Suspension + 1 ml Drogenauszug. Mit dem Einfluß der Konzentration der Blutaufschwemmung haben sich neuerdings sowohl CROES und RUYSSEN (1952) als auch FUCHS (1950) beschäftigt. Die ersteren schlagen sogar vor, für exakte Berechnungen Blutaufschwemmungen zu verwenden, deren Erythrocytenzahl nach Zählung in der THOMA-Kammer auf einen festgelegten Standardwert eingestellt wurde. FUCHS findet bei neutralen Saponinen (z. B. Digitonin) eine gute Proportionalität zwischen Erythrocytenzahl und hämolytischer Dosis; bei sauren Saponinen (z. B. Primula-Saponin) besteht keine solche Beziehung. Als Ursache wird die Tatsache angenommen, daß jene sehr rasch, diese relativ langsam hämolysieren.

b) Index haemolyticus totalis und initialis. In fast allen Vorschriften wird als „hämolytischer Index" der Kehrwert derjenigen Konzentration der zu prüfenden Substanz definiert, die unter festgelegten Bedingungen gerade noch *totale* Hämolyse aller roten Blutkörperchen des Ansatzes bewirkt. AWE und HÄUSSERMANN (1950) machen dagegen den Vorschlag, nicht die *Totalhämolyse*, sondern die *Initialhämolyse* zur Bestimmung des Grenzwertes zu verwenden,

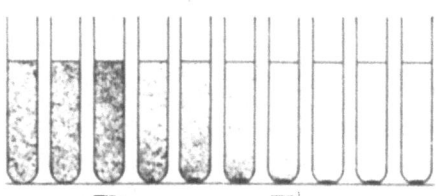

HIt HIi

Abb. 1. Schema eines Versuches zur Bestimmung des hämolytischen Index. Von links nach rechts fallende Saponin-Konzentration. HIi = Index hämolyticus initialis, HIt = Index hämolyticus totalis. (Abgeändert nach AWE und HÄUSSERMANN 1950.)

d. h. diejenige Konzentration zu ermitteln, bei der eben der Beginn eines Hämoglobinaustrittes aus den am Reagenzglasboden liegenden Blutkörperchen wahrnehmbar ist. Zur Veranschaulichung der beiden Begriffe möge Abb. 1 dienen. In ihrer einleuchtenden Begründung weisen die Verfasser darauf hin, daß gerade saponinhaltige Pflanzenauszüge nur schwer blank filtriert werden können. Bei etwas getrübten Lösungen macht aber die Feststellung des Überganges von „noch deckfarben" zu „klarlackfarben" Schwierigkeiten, während auch bei getrübten Medien die Feststellung eines rotgefärbten Diffusionshofes leicht ist. Natürlich hat für ein bestimmtes Saponin der „Index haemolyticus initialis" einen anderen — und zwar einen höheren — Zahlenwert als der „Index haemolyticus totalis". Das Verhältnis beider Indices wurden z. B. für Roßkastaniensaponin (Merck) mit 2,08 ± 0,28, für Sapon. pur. albiss. (Merck) mit 2,46 ± 0,32 bestimmt.

Auf ähnlichen Überlegungen, wie sie zur Empfehlung des Index haemolyticus initialis führten, beruht die von SOLS (1949) empfohlene Methode, bei der der *Hämolysegrad* durch Kolorimetrierung der in der Flüssigkeit gelösten Hämoglobinmenge bestimmt wird.

c) Vorbereitung des Pflanzenmaterials. Dem Hämolyseversuch muß die Herstellung eines Pflanzenauszuges vorangehen, in dem alle im Untersuchungsmaterial vorhandenen Saponine enthalten sind. *Trockene Drogen* — das häufigste Ausgangsmaterial der Praxis — sind zunächst grob zu pulvern. Als Lösungsmittel kommen in allgemeinen nur Wasser, verdünntes Äthanol oder Methanol in Frage. Bei sauren Saponinen muß mit alkalischen Lösungen ausgezogen werden. Um von vornherein der Forderung nach Pufferung und definiertem p$_H$-Wert (s. unten) des Hämolyseansatzes Rechnung zu tragen, wurde vielfach empfohlen, die Extraktion mit gepufferter physiologischer Kochsalzlösung durchzuführen. Bei sauren Saponinen oder in den Fällen, in denen Äthanolextraktion empfehlenswert ist, muß das Extrakt neutralisiert, bzw. nach Eindampfen mit Wasser aufgenommen werden.

Es scheint unmöglich zu sein, eine für jegliches Material gültige Allgemeinvorschrift zu geben. So hielten es BÜCHI und DOLDER (1953) z. B. für notwendig, für die Ergänzungsvorschläge zum Schweizer Arzneibuch für jede officinelle Droge eine besondere Extraktionsvorschrift auszuarbeiten, die zugleich auf die für den Hämolyseversuch günstigste Konzentration des Auszuges Rücksicht nimmt. Senega-Wurzel wird z. B. in der Weise verarbeitet, daß 0,05 g Pulver mit 50 ml Alkohol + 0,01 g NaHCO$_3$ heiß extrahiert wird, das filtrierte Extrakt im Trockenschrank bei 80° eingedampft und der Rückstand mit blutisotonischem Phosphat-Puffergemisch (p$_H$ 7,4) aufgenommen wird.

Bei der Saponinbestimmung in Frischpflanzen ging SCHUMANN (1941) so vor, daß die Pflanzenteile mit Sand verrieben wurden, so daß eine 0,5—2%ige Lösung (auf Frischgewicht bezogen) entstand.

d) Begleitstoffe. Die Saponine sind bekanntlich nicht die einzigen hämolytisch aktiven Substanzen. Unter den Pflanzeninhaltsstoffen teilen mit ihnen z. B. ätherische Öle, Amine, Agaricinsäure, Seifen, ranzige Fette die Hämolysewirksamkeit. Andere Substanzen z. B. Gerbstoffe können hemmend auf die Hämolyse wirken. So berichtet GAISBÖCK (1924), daß ein 2%iges Dekokt von *Primula*-Wurzel Gerbstoffagglutination der Erythrocyten hervorruft, die doppelt verdünnte Lösung aber sofortige Hämolyse bewirkt. Es dürfte kaum einen Weg geben, solche Störeinflüsse von Lösungsgenossen mit Sicherheit auszuschließen. Da der hämolytische Index der Saponine im allgemeinen viel höher ist als der der oben erwähnten Substanzen, dürfte die Störung in der entscheidenden Konzentration nicht allzu groß sein.

Für den sicheren qualitativen Nachweis gewisser Saponine haben KOFLER, FISCHER und NE-WESELY (1929) durch die Cholesterinbindung einen brauchbaren Weg gewiesen (s. unten).

e) p_H. Die Saponinhämolyse ist in hohem Maße von der Wasserstoffionen-Konzentration abhängig. Vor allem KOFLER und LÁZÁR (1929) haben darüber Untersuchungen angestellt. Nach der p_H-Abhängigkeit der hämolytischen Wirksamkeit unterscheiden sie einen Saponin-Typ I (Beispiel *Primula*-Saponin und Digitonin) mit einem Maximum der Hämolyseresistenz um p_H 8,7 und einen Typ II, dessen maximale Hämolyse-wirkung im alkalischen Bereich, knapp unterhalb der reinen Laugenhämolyse, um p_H 10,5 liegt. Typ III, nur durch die saponinähnlichen Steroidalkaloide der Solaningruppe repräsentiert, hat umgekehrt wie Typ II ein Hämolysemaximum im sauren p_H-Bereich. Die sich daraus ergebende Forderung, den Hämolyseversuch bei definiertem p_H, also in gepufferten Lösungen durchzuführen, wurde in der Folge wohl ganz allgemein akzeptiert. Nur HERING (1936) hielt eine p_H-Kontrolle für unnötig und empfahl mit ungepufferter NaCl-Lösung zu arbeiten. Fast alle neueren Arbeitsvorschriften sehen eine Pufferung auf p_H 7,4 vor. Für die Zuweisung eines Saponins zu einer der oben erwähnten Gruppe muß der Hämolyse-versuch, unter sonst gleichen Bedingungen, bei mehreren p_H-Werten, z. B. bei p_H 6, 7,4 und 9, durchgeführt werden. Über den Einfluß einer zu hohen Phosphatkonzentration auf die Hämolyse vgl. RUNGE (1952) (s. oben, S. 69).

f) **Isotonie.** Die Blutkörperchen müssen sich im Hämolyseansatz in blutisotonischer Lösung befinden. Dieser Forderung wurde ursprünglich durch Verwendung physiologischer NaCl-Lösung Rechnung getragen. Nach Einführung der Pufferung wurde sie aber meist etwas vernachlässigt. So weist BUTZ (1945) darauf hin, daß die von KOFLER und LÁZÁR (1927) empfohlene und seither viel verwendete phosphatgepufferte NaCl-Lösung hyper-tonisch ist, während die übliche m/15-Phosphatpufferung nach SÖRENSEN hypotonisch ist. RUNGE (1952) schlägt eine gepufferte NaCl-Lösung vor, die der Isotonieforderung entspricht:

Na$_2$HPO$_4$ + 2 H$_2$O (nach SÖRENSEN) . . . . 3,95 g
KH$_2$PO$_4$ (nach SÖRENSEN) . . . . 0,76 g
NaCl . . . . 7,20 g
Aqua dest. . . . . ad 1000

g) **Testsubstanzen.** Um reproduzierbare Werte für den hämolytischen Index zu erhalten, ist es notwendig, bei jeder Versuchsreihe eine Parallelserie mit einer gleichbleibenden Test-substanz durchzuführen. Nur auf diese Weise lassen sich Resistenzunterschiede verschiedener Blutproben ausgleichen.

Schon 1913 hat WASICKY für diesen Zweck das Saponinum purum albissimum MERCK vorgeschlagen. Dieses Verfahren wurde auch von KOFLER (1927) akzeptiert. In der Folge wurde dann mit Recht darauf hingewiesen, daß das MERCKsche Saponin ein gereinigtes Saponin-Konzentrat aus der levantinischen Seifenwurzel, aber kein wohldefiniertes chemisches Individuum darstellt. Verschiedene Lieferungen der Substanz sind daher, insbe-sondere auch in ihrer Hämolyseaktivität, keineswegs identisch. Das gleiche gilt auch für die anderen Saponinpräparate des Handels. Das Digitonin pro analysi der chemischen Firmen würde zwar der Forderung nach einer definierten Reinsubstanz entsprechen, ist aber für den Zweck zu kostspielig. Verschiedene Autoren waren deshalb bemüht, andere geeignete, hämolytisch wirksame Stoffe als Testsubstanz für den Hämolyseversuch einzuführen. BUTZ (1945) hat die *Desoxycholsäure* für diesen Zweck empfohlen. Er weist darauf hin, daß es sich um eine chemisch einheitlich, gut zu normierende Verbindung handelt, welche leicht auf Identität und Reinheit geprüft werden kann. Als Kriterien für die Brauchbarkeit eines Präparates wird $[\alpha]_D = +53 — +57°$ und ein durch Alkalititration bestimmter Gehalt von $\leqq 99\%$ angegeben. Über die verschiedene Beurteilung, welche die Desoxycholsäure als Standardsubstanz in späteren Arbeiten gefunden hat, wurde bereits oben unter a) berichtet. FISCHER und LANGER (1947) fanden Natriumoleinat und Myristinsäure-methyltaurid als sehr geeignet, CROES und RUYSSEN (1952) prüften Desoxycholsäure, Digitonin, Natriumoleat und Fettalkoholsulfate. Sie halten Desoxycholsäure für wenig brauchbar, für gut geeignet aber z. B. das Natriumsalz des Laurylsulfates. BÜCHI, HIPPENMAYER und DOLDER (1950) wollen wieder ein Saponin als Testsubstanz. Sie schlagen vor, ein getestetes Standardsaponin „Sapoalbin, Standard 1949" für die Wertbestimmung von Saponindrogen anzugeben. Dieser Vorschlag würde auch dem Hinweis von FUCHS (1949) gerecht, daß womöglich diejenige Substanz als Standard genommen wird, auf die geprüft werden soll. In der äußersten Konse-quenz durchgeführt, würde das allerdings bedeuten, daß bei der großen Verschiedenheit der Saponine untereinander für jede Saponindroge ein besonderes Testsaponin genommen werden müßte (RUNGE, 1952).

h) Verdünnungsreihen. In den Hämolyseversuchen wird durch Reihenverdünnung die Grenzkonzentration bestimmt, welche unter Standardbedingungen eben noch Totalhämolyse bewirkt. Fast alle Arbeiten stellen zu diesem Zweck die Verdünnungen in arithmetischen Reihen her, also z. B. 0,1, 0,2, 0,3, 0,4 . . . ml des zu prüfenden Drogenauszuges. Mit Recht weist Runge (1952) darauf hin, daß dieses Verfahren nicht den anerkannten Prinzipien eines Reihenversuches Rechnung trägt. Es ist ohne weiteres klar, daß der mittlere Fehler am Anfang einer Reihe obigen Musters sehr viel größer sein wird als am Ende. Er schlägt daher geometrisch abgestufte Reihen vor, die nicht schwerer herzustellen sind als arithmetische Reihen. Man geht z. B. so vor, daß man in Reagenzglas 1) 1 ml der zu prüfenden Lösung, in die Gläser 2), 3) usw. je 0,5 ml reines Lösungsmittel bringt. Mit einer Pipette wird aus 1) 0,5 ml Flüssigkeit entnommen und in Glas 2) gegeben, von da, nach guter Durchmischung, 0,5 ml in Glas 3) usw. So entsteht eine geometrische Verdünnungsreihe mit dem Faktor 0,5.

i) Nicht hämolysierende Saponine. Verschiedenen, im übrigen „typischen" Saponinen fehlt die hämolytische Aktivität ganz, oder sie ist so gering, daß sie auch zur annähernden Gehaltsbestimmung unbrauchbar ist. Beispiele hierfür sind das Glycyrrhizin und das Guajacsaponin (vgl. z. B. Kofler 1927).

Ausführungsbeispiel.

Nach den vorstehenden Ausführungen dürfte das Prinzip der Bestimmung des hämolytischen Index ebenso klar gemacht sein, wie die Kautelen, die im Einzelfall zu beachten sind. Daraus werden sich auch die methodischen Hinweise ableiten, deren Berücksichtigung sich im einzelnen nach Art des Versuchszweckes und vor allem den Genauigkeitsansprüchen richten wird. Es sollte deshalb genügen, im folgenden eine gut durchgearbeitete Vorschrift zu geben. Wir wählen hierfür in gekürzter Darstellung die Methode, die Büchi, Hippenmeyer und Dolder (1950) für das Supplement des Schweizer Arzneibuches ausgearbeitet haben.

a) Begriffsbestimmung. Der hämolytische Index (H.I.) ist die Anzahl ml Blutkörperchen-Aufschwemmung (2 ml Rinderblut + 98 ml Phosphatpufferlösung), welche von 1 g einer saponinhaltigen Droge oder eines Drogenpräparates vollständig hämolysiert wird. Zur Ausschaltung der unterschiedlichen Resistenz verschiedener Blutsorten wird auf ein Standard-Saponin (H. I. = 25000) bezogen.

b) Vorversuch.

	Reagenzglas		
	1	2	3
Drogenauszug in isotonischem Phosphatpuffer . . ml	0,20	0,50	1,00
Phosphatpuffer p_H etwa 7,4 . . . . ml	0,80	0,50	0,00
Blutkörperchenaufschwemmung . . . . ml	1,00	1,00	1,00

Mischung sofort und nochmals nach 15 min leicht umschwenken, 6 Std. bei Raumtemperatur stehenlassen. Dann wird dasjenige Reagenzglas festgestellt, das in der Reihenfolge der Numerierung als erstes vollständige Hämolyse zeigt, d. h. dessen Inhalt eine klare, durchsichtige rote Lösung ohne Blutkörperchen-Bodensatz darstellt. Wenn bei gewissen Drogen die Auszüge an sich nicht völlig klar oder rein rot werden, so ist der Blutkörperchen-Bodensatz für die Beurteilung maßgebend.

c) Hauptversuch. Es wird eine Verdünnungsreihe mit Intervallen von 0,05 ml desjenigen Konzentrationsbereiches angelegt, in dessen Mitte die im Vorversuch gefundene Hämolysegrenze liegt. War dies z. B. Reagenzglas 2, so nimmt man nachfolgende Versuchsanordnung:

	Reagenzglas									
	1	2	3	4	5	6	7	8	9	10
Drogenauszug in isotonischer Pufferlösung . ml	0,25	0,30	0,35	0,40	0,45	0,50	0,55	0,60	0,65	0,70
Phosphatpufferlösung. . . . ml	0,75	0,70	0,65	0,60	0,55	0,50	0,45	0,40	0,35	0,30
Blutkörperchen-Aufschwemmung . . . . ml	1,00	1,00	1,00	1,00	1,00	1,00	1,00	1,00	1,00	1,00

Gleiche Blutkörperchenaufschwemmung wie im Vorversuch verwenden, Volumina genau messen. Mischung und Beurteilung der Ansätze wie im Vorversuch, Ablesung aber erst nach 24 Std.

d) Eichung des Blutes. Mit Saponin-Standardlösung eine Verdünnungsreihe von 0,05—0,50 ml mit Intervallen von 0,05 ml herstellen. In jedem Glas Saponin-Standard-Lösung mit Phosphatpuffer (p_H etwa 7,4) auf 1 ml ergänzen. Jedes Glas mit 1 ml der gleichen Blutkörperchenaufschwemmung wie oben versetzen. Mischung und Beurteilung wie beim Hauptversuch.

e) Berechnung des hämolytischen Index. In Versuch 3) und 4) wird jeweils für dasjenige Reagenzglas, in welchem als erstes in der Reihenfolge der Numerierung völlige Hämolyse aufgetreten ist, die entsprechende Menge Standardsaponin (a) bzw. Droge oder Drogenpräparat (b) berechnet.

Hämolytischer Index H.I. $= S \cdot \dfrac{a}{b}$

S = Hämolytischer Index des Standardsaponins (25000),

a = Gewichtsmenge des Standardsaponins, welches 1 ml Blutkörperchenaufschwemmung eben noch völlig hämolysiert,

b = Gewicht der Droge oder des Drogenpräparates, welches 1 ml der Blutkörperchenaufschwemmung eben noch völlig hämolysiert.

f) Reagentien.

1. *Blutkörperchenaufschwemmung.* Darstellung: Sterile Glasstopfenflasche mit 1 Volumteil steriler 3,65%iger Natriumphosphatlösung versetzen und innen vollständig benetzen; dazu langsam, unter ständigem Schwenken direkt vom frisch geschlachteten, gesunden Rind 9 Volumteile Blut. Zur Herstellung der Blutkörperchenaufschwemmung wird das Blut-Citrat-Gemisch umgeschwenkt und davon genau (!) 1 ml im Meßkolben mit Phosphatpufferlösung (p_H etwa 7,4) auf 50 ml verdünnt.

Aufbewahrung: Citratblut höchstens (!) 8 Tage im Eisschrank. Blutkörperchenaufschwemmung stets frisch herstellen, innerhalb von 24 Std. verbrauchen.

2. *Blutisotonische Phosphatpufferlösung (pH etwa 7,4).* Etwa 17 g entwässertes Na_2HPO_4 bei 103—105° zur Gewichtskonstanz trocknen. 16 g des getrockneten Na_2HPO_4 + 4,4 g NaH_2PO_4 im Meßkolben ad 1 l in Wasser lösen.

3. *Standard-Saponin.* Standard-Saponin (H.I. = 25000) soll beim eidgenössischen Gesundheitsamt in Bern deponiert werden. Kann von dort in zugeschmolzenen Ampullen bezogen werden.

Etwa 0,01 g Standard-Saponin genau wägen, mit Phosphatpufferlösung (pH etwa 7,4) im Meßkolben ad 50 ml lösen. Im Dunkeln 1 Monat haltbar.

g) Herstellung des Drogenauszuges. Für die Saponindrogen des Schweizer Arzneibuches geben BÜCHI und DOLDER (1953) detaillierte Vorschriften. Im übrigen vgl. oben (S. 70).

Weitere genau ausgearbeitete, im Grundsatz ähnliche Vorschriften findet man z. B. bei FISCHER (1952) (defibriniertes Blut, arithmetrische Reihen, mit oder ohne Verwendung eines Standards), bei RUNGE (1952) (Citratblut, phosphatgepufferte, blutisotonische NaCl-Lösung, geometrische Reihen, Desoxycholsäurestandard) oder bei SANDBERG (1948) (Citratblut vom Menschen, Erythrocytenzählung, Desoxycholsäure als Standard, Phosphatpuffer, Berechnung des H. I. nach einer Formel von PONDER).

2. Oberflächenspannung.

Die Oberflächenspannung einer Saponinlösung steht in funktioneller Abhängigkeit von der Lösungskonzentration. Die Messung der Oberflächenspannung einer Lösung unbekannter Konzentration läßt also — mit den weiter oben dargelegten Einschränkungen — einen Schluß auf die Konzentration zu.

Die Oberflächenspannung von Saponinlösungen ist pH-abhängig. Es ist daher Pufferung notwendig.

Bei den Messungen ist peinliche Sauberkeit erforderlich. Vor allem ist darauf zu achten, daß beim Pipettieren kein Speichel in die Pipette eindringt.

Oberflächenaktivität, hämolytische Aktivität und Toxicität der Saponine sind voneinander unabhängig. Bei der Bestimmung einer Größe kann keinerlei Voraussage über eine der beiden anderen gemacht werden.

Direkte Methoden.

a) *Stalagmometer.* Kofler (1922a, 1927) verwendete wie die Untersucher vor ihm und die meisten nach ihm das Stalagmometer nach Traube. Art und Gebrauch dieses Instrumentes können als bekannt vorausgesetzt werden. Eine Arbeitsvorschrift speziell für Wertbestimmung von Saponinen findet man z. B. bei Fischer (1952).

b) *Stagonometer.* Awe und Häussermann (1950) verwenden das Stagonometer nach Traube (1914) (s. a. H. Häussermann und W. Kangro, 1950). Dieses besteht im wesentlichen aus einer Kapillare von 1,5 mm lichter Weite mit einer Teilung von 0—500 mm. Das Fassungsvermögen beträgt 0,8 ml. Am unteren Ende befindet sich eine sauber gearbeitete Abtropffläche von 10 mm Durchmesser. Der obere Teil des Kapillarrohres kann über Schliff und Dreiwegehahn entweder an ein Schlauchstück zum Aufsaugen der Meßflüssigkeit oder an eine Feinkapillare zum Bremsen der nachströmenden Luft angeschlossen werden. Die Bremsvorrichtung muß so beschaffen sein, daß die Zeit für die Bildung eines Tropfens $\leqq$ 150 sec ist[1]. Auf diese Weise wird, zum Unterschied von der stalagmometrischen Messung, die „statische Oberflächenspannung" erfaßt. Wegen „statischer" und „dynamischer" Oberflächenspannung vgl. die Diskussion zwischen Awe und Häussermann (1950, 1951) und Reitstötter und Schipke (1951).

Nach dem Ansaugen der Flüssigkeit und Umschalten des Dreiwegehahnes auf die Bremskapillare werden die Tropfen gezählt und die Flüssigkeitssäule zu Beginn und Ende des Versuches abgelesen. Aus diesen Werten berechnet sich die Tropfengröße, die der Oberflächenspannung direkt proportional ist. Die Eichung erfolgt mit reinem Wasser, dessen Oberflächenspannung $\sigma = 72,7$ dyn. cm^{-1} (20°) ist. Die Veränderung durch den Zusatz von Pufferlösung (p_H 7,5) kann vernachlässigt werden. Zur Umrechnung auf die Versuchstemperatur dient die Temperaturfunktion der Oberflächenspannung des Wassers.

$$\sigma_{t°} = \sigma_{0°} \, (1 - 0,002 \, t°).$$

Eichkurven, in denen die experimentell berechneten σ (dyn. cm^{-1}) von Saponinlösungen gegen log c abgetragen wurden, zeigen in einem weiteren Bereich einen geradlinigen Verlauf. Daß die Kurven für verschiedene Saponine nicht zusammenfallen, ist selbstverständlich.

Als Kennzahl für den Gehalt einer Saponinlösung kann ihre Oberflächenspannungserniedrigung ($\Delta\sigma$) gegen Wasser verwendet werden.

$$\Delta\sigma = \sigma_{\text{Wasser}} - \sigma_{\text{Lösung}}.$$

Es zeigte sich, daß die Schwankungen der $\Delta\sigma$-Werte bei verschiedenen Bestimmungen geringer sind als die des hämolytischen Index. Als Beispiel diene das Ergebnis von je 17 Bestimmungen mit Roßkastaniensaponin.

Index haemolyticus initialis	46700 ± 6030,	mittlerer Fehler 12,9%,
Index haemolyticus totalis	23600 ± 4040,	mittlerer Fehler 17,1%,
$\Delta\sigma$ ($c = 4{,}10^{-5}$)	$8{,}6 \pm 0{,}14$,	mittlerer Fehler 5 %,
$\Delta\sigma$ ($c = 1{,}10^{-4}$)	$15{,}8 \pm 0{,}13$,	mittlerer Fehler 2,3%.

---

[1] Der Apparat kann von der Firma C. Gerhardt, Bonn, Bornheimer Str. 100, bezogen werden.

An der Brauchbarkeit dieser relativ einfachen Methode zur Wertbestimmung von Saponindrogen dürfte kaum zu zweifeln sein.

c) Zweikapillarenmethode. REITSTÖTTER und SCHIPKE (1951) benutzen zur Bestimmung der Oberflächenspannung von Saponinlösungen die SUGDENsche Zweikapillarenmethode unter Verwendung eines Glockenmanometers (nach WACHS, UMSTÄTTER und REITSTÖTTER, 1949). Ihre Ergebnisse sind grundsätzlich ähnlich denen von AWE und HÄUSSERMANN, deren Apparatur und Arbeitsweise zweifellos einfacher ist. Kritische Bemerkungen über Vor- und Nachteile der beiden Methoden findet man in den zitierten Arbeiten.

d) Tensiometer. SANDBERG (1948) verglich Messungen mit dem Stalagmometer und dem Tensiometer untereinander und mit Bestimmungen des hämolytischen Index. Zwischen den ersteren und letzteren wird keine Parallelität gefunden. Unseres Erachtens mit Recht bemerkt HÄUSSERMANN (1953) hierzu, daß eine brauchbare Wertbestimmung nicht unbedingt mit dem Ergebnis der Hämolyseuntersuchung konform gehen müßte, da bekanntlich eine Parallelität weder zwischen Hämolyseindex und Toxicität noch zwischen Oberflächenaktivität und Toxicität besteht.

Indirekte Methoden.

a) Bestimmung der Schaumzahl. Unter Schaumzahl oder Schaumindex versteht man den Kehrwert derjenigen Saponinkonzentration, die unter festgelegten Bedingungen einen bleibenden Schaum von bestimmter Höhe ergibt.

Zur Ausführung des Versuches wird eine Verdünnungsreihe des Drogenauszuges hergestellt. Je 10 ml kommen in gleich weite Reagenzgläser (16 mm Durchmesser) mit glattem oberem Rand. Jedes Glas wird mit dem Daumen verschlossen und kräftig in der Längsrichtung 15 sec geschüttelt. Nach 15 min wird die Schaumhöhe beobachtet. Eine Höhe von 1 cm gibt die Grenze an. Die Berechnung wird wie beim hämolytischen Index vorgenommen. Wurde Auszug und Verdünnung mit blutisotonischer (evtl. gepufferter) NaCl-Lösung hergestellt, so können die gleichen Lösungen noch für einen Hämolyseversuch verwendet werden (KOFLER, 1927; FISCHER, 1952).

Während manche Autoren die Methode für brauchbar halten (APT, 1921; PFAU, 1925; SEIBERG und BACHMANN, 1921), wird sie von anderen abgelehnt (z. B. KOFLER, 1922b; HEMP, 1930; KOFLER und MARECK, 1933). Als Grund für die Ablehnung wird meist hervorgehoben, daß zwischen den Ergebnissen des Hämolysetests und der Schaumzahlprobe keine Übereinstimmung besteht. Eine solche ist aber gar nicht zu erwarten; sie wird auch mit präziseren Direktmethoden für die Bestimmung der Oberflächenspannung nicht erreicht. Es wäre vielmehr zu untersuchen, inwieweit die Schaumzahlmethode, die ja durch ihre Einfachheit besticht, nicht wenigstens brauchbare Anhaltspunkte für die Oberflächenspannung der Untersuchungsflüssigkeit liefert.

Ob Oberflächenspannung oder Hämolyseaktivität als Kennzahl für die Wertbestimmung einer saponinhaltigen Lösung gewählt werden, ist in erster Linie eine Frage der Zweckmäßigkeit. Für absolute Gehaltsbestimmung oder für den Vergleich verschiedener Pflanzenarten (mit chemisch verschiedenen Saponinen) kommen beide nicht in Frage.

b) Schaum-Inhibitionsverfahren nach WASICKY, FERREIRA und DE CAMARGA FONSECA. Erst durch die Arbeiten von JERMSTAD und WAALER (1953) wurden wir auf die Methode von WASICKY, FERREIRA und DE CAMARGA FONSECA (1944) aufmerksam, die in einer schwer zugänglichen Veröffentlichung bekanntgegeben wurde. Das Verfahren stellt eine interessante Abänderung und Verfeinerung der Schaumzahlbestimmung dar.

Das Prinzip der Methode ist sehr einfach: organische Solventien heben das Schaumbildungsvermögen von Saponinlösungen auf. Setzt man steigende Mengen der ersteren einer

Saponinlösung zu, so erreicht man schließlich einen Punkt, in dem diese nicht mehr schäumt. Es wird also gewissermaßen eine Titration durchgeführt, wobei die Schaumfähigkeit als Indikator dient.

Als Inhibitionsflüssigkeit wird eine Mischung von 1 Vol. Isoamylalkohol + 2 Vol. Aceton benutzt. Zu 4 ml Saponinlösung läßt man tropfenweise aus einer Mikrobürette die Inhibitionslösung zufließen. Nach jedem Zusatz wird 10 sec lang kräftig geschüttelt. Wenn 1 min nach dem Schütteln kein Schaum mehr vorhanden, ist der Endpunkt der Titration erreicht.

Für jeden Versuch sind fünf Verdünnungen notwendig. Zur graphischen Darstellung wird in der Abzisse die Verdünnung, in logarithmischem Maßstab, in der Ordinate die Tropfenzahl der Inhibitionslösung aufgetragen. Mit der Standardkurve wird die Kurve der Versuchslösung verglichen. Die Methode soll innerhalb von 1—2% genaue Werte geben.

Jermstad und Waaler (1953), die die Methode genau beschreiben, weisen auf die zahlreichen Kautelen hin, die zur Erreichung reproduzierbarer Werte eingehalten werden müssen. Ihre eigenen Versuche mit *Gypsophila*-Saponin ergaben einen sehr schönen stetigen Kurvenverlauf, mit Drogenauszügen waren die Resultate etwas weniger befriedigend.

Weiteres über das Verfahren, auf welches nur kurz hingewiesen werden sollte, bleibt abzuwarten.

III. Histochemischer Nachweis der Saponine mit Blutgelatine.

Das von Kofler (1927) angeregte Verfahren wurde vor allem von Fischer (1928, 1930) ausgearbeitet. Es beruht auf der hämolytischen Wirksamkeit der Saponine, die schon Luft (1926) für den histochemischen Nachweis nutzbar machte. In flüssigen Blutkörperchenaufschwemmungen treten aber Konvektionsströmungen auf, die eine Beobachtung schwacher Hämolyse in der Nachbarschaft der Schnitte ebenso wie einen lokalisierten Nachweis unmöglich machen. Stellt man dagegen die Erythrocytenaufschwemmung in Gelatinegallerte her, die man durch Erwärmen verflüssigt und nach Herstellung des Präparates erkalten läßt, so bleibt der Hämolysehof örtlich fixiert.

Ausführung. (Nach Fischer, 1952.)

Herstellung der Blutgelatine. 3—4 g gute Handelsgelatine werden bei 60° in 100 ml 8,5%iger NaCl-Lösung gelöst. Zur Konservierung wird 0,05 g Nipakombin + 0,02 g KCN zugesetzt. Will man gepufferte Blutgelatine, so wird als Lösungsmittel 100 ml 0,7%ige NaCl-Lösung + 0,6 g Na_2HPO_4 verwendet.

Neutrale Gelatine (pH 7,4) wird durch Zusatz von 0,1 n NaOH unter Kontrolle von Indikatorfolien eingestellt.

Saure Gelatine durch Zusatz von H_3PO_4 bis p_H 6, zur Konservierung 0,05 g Nipakombin + 0,01 g KCN.

Alkalische Gelatine mit NaOH auf p_H 9, 0,05 g Nipakombin + 0,03 g KCN. Aufbewahrung in 30—50 g-Steilbrustflaschen.

5 g der Gelatinelösung werden zum Gebrauch in einem Becherglas bei 30—50° verflüssigt und mit 4—6 Tropfen (etwa 1,2 ml) defibriniertem Rinderblut versetzt. Das für diesen Zweck verwendete Blut kann durch Zusatz von 2—3 mg-% Rivanol vor Zersetzung geschützt werden.

Die Hämolysereaktion und ihre Beurteilung. Auf den Objektträger kommt der Pflanzenschnitt, darauf ein Tropfen verflüssigte Blutgelatine. Das Deckglas wird möglichst luftblasenfrei aufgelegt. Der Objektträger wird mit einer Kühlplatte oder mit einer randvollen Schale eiskalten Wassers von unten her gekühlt, um die Gelatine zum raschen Erstarren zu bringen. Nach einiger Zeit tritt an den Stellen, wo Saponin aus dem Objekt herausdiffundiert, ein hyaliner Hämolysehof auf. Aus unverletzten Zellen treten die Saponine nicht aus. Durch entsprechende Schnittführung ist eine weitgehende Lokalisationsermittlung möglich. So konnten Roberg und Marchal (1937) an Querschnitten des Spinatblattes *(Spinacia oleracea, Chenopodiaceae)* zeigen, daß nur die Epidermis Saponin führt. Ein halbierter Querschnitt durch eine *Sarsaparilla*-Wurzel bildet nur an den Rändern der Wurzelrinde, nicht am Zentralzylinder einen Hämolysehof. Geschwindigkeit des Hämolysebeginnes und Umfang des Hämolysenhofes erlauben eine gewisse Mengenschätzung.

Differentialdiagnose gegen andere hämolysierende Pflanzenstoffe. Während die agglutinierende Wirkung oder eine Hemmung der Hämolyse durch Gerbstoffe bei Gegenwart von Gelatine kaum zu befürchten ist, können andere hämolytisch aktive Pflanzeninhaltsstoffe (z. B. ätherische Öle, vor allem aber ranzige Fette) einen Saponingehalt vortäuschen. Die Entscheidung, ob Saponine tatsächlich vorliegen, kann durch den Cholesterinbindungsversuch gefällt werden.

Mehrere Schnitte werden unter Rückfluß 0,5—2 Std. in einer gesättigten Lösung von Cholesterin in Aceton, Methanol, Äthanol oder Propanol gekocht. Viele Saponine werden dabei als Cholesterid gebunden, die meisten anderen hämolytisch wirksamen Stoffe herausgelöst. Auf ihre Abwesenheit wird geprüft, indem ein Schnitt mit Äther oder Pentan abgespült und nach vollständiger (!) Entfernung des Lösungsmittels in Blutgelatine untersucht wird (Probe A). Die anderen Schnitte werden in Xylol übertragen und dann 2 Std. gekocht. Das Cholesterid wird hierbei gespalten. Nach Waschen mit Äther und sorgfältigem Trocknen wird abermals in Blutgelatine untersucht (Probe B). War Probe A negativ, Probe B positiv, so kann mit sehr großer Sicherheit auf Saponine geschlossen werden.

Mit den beschriebenen Verfahren wurde erfolgreich eine große Zahl von Pflanzen auf Vorkommen und Verteilung von Saponinen geprüft, z. B. von KOFLER und STEIDL (1932, 1934), von FISCHER (1928, 1931), FISCHER und SCHROPP (1931), FISCHER und BERTHOLD (1933), SWIRLOWSKY und OKSCH (1931), GILG und SCHÜRHOFF (1932), ROBERG (1937a, b, c, d), ROBERG und MARCHAL (1937) u. a. m.

E. Methoden zur Isolierung und Kennzeichnung der Triterpene und einiger Saponine.

Direkte oder indirekte Methoden für eine quantitative Bestimmung der *Triterpene* oder einzelner Vertreter der Triterpenreihe stehen nicht zur Verfügung. Eine Mengenbestimmung kann nur angenähert über die mehr oder minder verlustreiche präparative Darstellung der Substanzen aus dem Ausgangsmaterial erfolgen. Bei einigermaßen vergleichbarem Analysenmaterial und gleichartiger Arbeitsmethode dürften sich in günstigen Fällen wenigstens brauchbare Vergleichswerte erreichen lassen[1].

Neben den klassischen Methoden der Isolierung auf Grund der Löslichkeitsverhältnisse wurde in neueren Arbeiten die chromatographische Trennung mit gutem Erfolg angewendet.

Wo eine Trennung von genuinen Substanzen schwer möglich ist, gelingt diese oft über funktionelle Derivate (Acetat, Benzoat, Methylester).

Für die Trennung von Alkoholen und Ketonen wurden mehrfach die Ketonreagentien T und P nach GIRARD und SANDULESCU (1936) herangezogen.

Zur Kennzeichnung der Substanzen und ihrer Reinheit dienen außer den klassischen Konstanten wie Schmelzpunkt, Mischschmelzpunkt und Drehwert, die Absorptionsverhältnisse im UV und IR.

Bei der Reindarstellung von Saponinen sind die älteren Methoden der Barium- oder Bleifällung mit Recht fast ganz außer Gebrauch gekommen. Auch hier spielt die Reinigung durch Ausnutzung der Löslichkeitsverhältnisse, insbesondere die Ätherfällung aus äthanolischer oder methanolischer Lösung die Hauptrolle.

---

[1] Wegen quantitativer kolorimetrischer Bestimmung der Oxytriterpensäuren s. Nachtrag S. 135.

Die Kennzeichnung der bei der Hydrolyse der Saponine anfallenden Zucker fällt außerhalb des Rahmens unseres Beitrages. Es genüge der Hinweis, daß auch hier die Papierchromatographie schon wertvolle Dienste geleistet hat (vgl. z. B. Jermstad und Waaler, 1950, 1953a, c; Possolo und Ferreiro, 1949; vgl. dazu auch Bd. 2 dieses Handbuches).

1. Squalen.

$C_{30}H_{50}$.

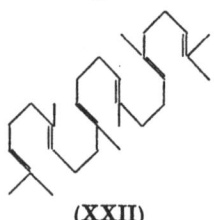

(XXII)

Das Squalen wurde von Tsujimoto (1916, 1920) in den unverseifbaren Anteilen von Haifischleberölen (*Squalus Mitsukurii* u. a.) aufgefunden. Unabhängig davon beschrieb Chapman (1917, 1918) aus ähnlichem Ausgangsmaterial das „Spinacen". Heilbron, Kamm und Owens (1926) und Heilbron, Owens und Simpson (1929) haben sich mit dem Squalen eingehend beschäftigt. Sie konnten seine Identität mit dem „Spinacen" nachweisen und die Aufklärung der Konstitution in die Wege leiten. Karrer und Helfenstein (1931) haben die Synthese aus 2 Molekülen Farnesylbromid durchgeführt. Mit noch besserer Ausbeute konnte Schmitt (1941) die Substanz aus Geranylaceton aufbauen.

Wegen der Identität des natürlichen und des synthetischen Squalens vgl. Dauben und Bradlow (1952) und Karrer (1953).

Die ersten Andeutungen über Squalen im Pflanzenreich machte Marcelet (1936), als er von einer squalenähnlichen Substanz („$C_{28}H_{50}$") in dem Stoffgemisch berichtete, welches bei der Raffinierung des Olivenöls mit überhitztem Wasserdampf entfernt wird. Die Untersuchungen des „Squalenanteils" von Pflanzenölen durch Ermittlung der Halogenbindung im Unverseifbaren ist seitdem zu einer Standardmethode geworden (Fitelson, 1943). Im Olivenöl kann das Squalen auch über das kristallisierte Hexahydrochlorid nachgewiesen werden.

Täufel, Heinisch und Heimann (1940) finden außer dem Olivenöl auch das Unverseifbare des Hefefettes und des Weizenöles sehr reich an Squalen. Viel geringer war der Gehalt in den Ölen der Sojabohne, der Erdnuß und des Leinsamens.

Darstellung des Squalens. Aus dem Unverseifbaren der Fischöle kann das Squalen entweder durch Destillation (240—250°, 3 mm) oder durch Darstellung des Hexahydrochlorids abgetrennt werden (Tsujimoto, 1916, 1920; Heilbron, Kamm und Owens, 1926).

Squalen-hexahydrochlorid. (Heilbron, Kamm und Owens, 1926.) 15 g trockenes Aceton werden bei —5° mit trockenem HCl-Gas gesättigt, dazu kommen 5 g Squalen. Es wird weiter HCl eingeleitet, bis alles fest wird. 6 g Hydrochlorid mit trockenem Aceton farblos waschen. Aus dem Filtrat läßt sich noch eine kleine Menge Hydrochlorid gewinnen.

Ebensogut kann das Hydrochlorid direkt aus squalenhaltigem Öl dargestellt werden.

Squalen-hexahydrochlorid, glänzende, rhombische Plättchen;

2 isomere Formen: a) Fp. 108—110°,
                     b) Fp. 143—145°

in Äther, Petroläther, kaltem Äthanol schwer, in Äthanol (heiß abs.), CCl$_4$ (warm), Eisessig, Chloroform leicht löslich.

Das Reaktionsprodukt (Fp. 103—110°) besteht aus wechselnden Mengen der beiden Isomeren. Karrer und Helfenstein fanden etwa 20—25% b), 75—80% a). Eine Trennung ist durch Fraktionierung mit heißem Aceton möglich, in dem sich die niedrigschmelzende Form viel besser löst, als die hochschmelzende.

Verseifung.

Hexahydrochlorid 4 Std. am Rückfluß im CO_2-Strom mit Pyridin kochen. In verdünnte H_2SO_4 gießen, mit Äther extrahieren, bei 4 mm destillieren. Verseifung auch mit äthanolischer KOH möglich. *Squalen*, Kp, 213° (1 mm), $n_D^{20} = 1,4965$.

DAUBEN, BRADLOW, FREEMAN, KRITCHEVSKY und KIRK (1952) finden auf Grund der IR-Absorption, daß natürliches Squalen nur Trialkyläthylenbindungen, aus dem Hydrochlorid regeneriertes Squalen zu etwa 20—40% Dialkyläthylenbindung aufweist. Diese beiden Isomeren können auch papierchromatographisch getrennt werden.

Papierchromatographischer Nachweis des Squalens und isomerer Squalene. (DAUBEN, BRADLOW, FREEMAN, KRITCHEVSKY und KIRK, 1952.) Absteigende Verfahren, Papier Whatman 1, Streifen 2,5 × 40 cm, imprägniert mit „Quilon" (Stearatochromichlorid der Firma I. I. du Pont de Nemours and Co. Inc., vgl. KRITCHEVSKY und CALVIN, 1950) 10 μg Substanz, Entwicklung mit Methanol. Nachweis von Squalen mit Joddampf, von Cholesterin mit Silicowolframsäure. R_f-Werte: Cholesterin 0,61, Handelssqualen und redestilliertes Squalen 0,71, aus Hexabromid regeneriertes Squalen und synthetisches Squalen (aus Geranylaceton) 0,71 und 0,86.

Quantitative Bestimmung des Squalens in Pflanzenölen. (FITELSON, 1943.) Das Unverseifbare des Öls wird durch Chromatographie gereinigt und der Bromverbrauch aus dem Pyridindibromid-bromhydrat-Reagens nach ROSENMUND und KUHNHENN (1923) ermittelt.

5 g Öl werden am Rückfluß mit 3 ml äthanolischer KOH-Lösung (A) + 20 ml Äthanol (95%) verseift. Seifenlösung mit 50 ml Petroläther (Kp. 63—70°) wiederholt ausschütteln. Extrakt in üblicher Weise waschen, Petroläther auf dem Dampfbad, zum Schluß durch Einblasen von CO_2, sorgfältig entfernen. Rückstand in 5 ml Petroläther lösen, auf Säule von Al_2O_3 (10 × 0,8 cm) aufziehen, nacheinander Portionen von je 10 ml Petroläther nachgießen. Durchlauf soll etwa 1 ml/min betragen. Al_2O_3-Oberfläche soll nicht trocken werden. Wenn 50 ml die Säule passiert haben, Lösungsmittel wie oben abdampfen, Rückstand in 5 ml Chloroform lösen, mit mindestens 50% Überschuß (meist 10 ml) 0,1 n-Pyridinsulfat-Bromid-Reagens (B) versetzen. 5 min im Dunkeln stehenlassen, 5 ml 10% KJ + 40 ml Wasser zugeben, mit 0,05 n-$Na_2S_2O_3$ titrieren. Blindwert abziehen. 1 ml 0,05 n-Thiosulfat = 1,71 mg Squalen.

Reagentien. (A) 60 g KOH in 40 ml Wasser. (B) I. 5,45 ml H_2SO_4 unter Kühlung zu 20 ml Eisessig + 8,15 ml Pyridin. II. 8 g Brom in 20 ml Eisessig, dann mit Eisessig ad 1 l. I + II mischen.

Nach FITELSON (1943) bestehen 25—66% des Unverseifbaren im Olivenöl aus Squalen, das auch als Hexachlorid identifiziert werden konnte. Andere Pflanzenöle geben meist sehr kleine Bromzahlen. Sie enthalten meist kein Squalen. WÖHLERS DE ALMEIDA (1949) hat in 45 vorhandenen Olivenölsorten 309—635 mg/100 g Squalen gefunden, in anderen Pflanzenölen nur 1—51 mg. Ähnliche Unterschiede fanden auch GROSSFELD und TIMM (1939). Altes Olivenöl soll nur wenig Squalen enthalten.

Wegen der Methodik des Nachweises von Squalen im Unverseifbaren von Pflanzenölen vgl. auch die Arbeiten von TÄUFEL, THALER und WIDMANN (1939), TÄUFEL, HEINISCH und HEIMANN (1940) und TÄUFEL und HEIMANN (1940).

2. Lanosterin.

$(C_{30}H_{50}O)$ (Lanostadienol) (= „Kryptosterin").

(XXIII[1])

Das „Kryptosterin" wurde von WIELAND und STANLEY (1931) in der Hefe entdeckt. Als Ausgangsmaterial können die bei der großtechnischen Darstellung

---

[1] In den Strukturformeln wird die sterische Konfiguration, soweit bekannt, berücksichtigt: Substituenten an den mit —•— gekennzeichneten C-Atomen sind nach oben von der Papierebene gezeichnet zu denken (β-Konfiguration). Bei C-Atomen mit * ist die Konfiguration noch unbekannt. (Zur Stereochemie der Gruppen des α- und β-Amyrins vgl auch E. J. COREY und J. J. URSPRUNG, Chem. and Ind. 1954, 1387.)

des Ergosterins anfallenden Rückstände dienen. Die Reinigung geschieht über fraktionierte Hochvacuumdestillation oder durch Chromatographie an Aluminiumoxyd. Schon Wieland und Mitarbeiter erkannten die Beziehungen des Kryptosterins zu den Triterpenalkoholen.

Voser, de White, Heusser, Jeger und Ruzicka (1952) konnten durch Entfernung der geminalen Methylgruppen im Ring A des Lanosteringerüstes einen Übergang von der Triterpenreihe zum Zymosterin, also einer Verbindung der Steroidgruppe herstellen.

Über die konfigurative Verknüpfung des Lanosterins mit cyclischen Diterpenen und mit den Triterpenen der Oleanolsäuregruppen berichten Kyburz, Riniker, Schenk, Heusser und Jeger (1953).

Ruzicka, Denss und Jeger (1945) konnten den Beweis liefern, daß das Kryptosterin identisch ist mit dem von Windaus und Tschesche (1930) beschriebenen Lanosterin, welches mit Agnosterin und Dihydro-Lanosterin und Dihydro-Agnosterin die „Neben-Sterin-Fraktion" des Wollfettes zusammensetzt. Diese war schon früher als „Iso-Cholesterin" beschrieben worden. Morice (1951) konnte Lanosterin auch im Unverseifbaren des Butterfettes nachweisen.

Darstellung. (Wieland, Pasedach und Ballauf, 1937.) 500 g der Rückstände der Ergosterindarstellung werden in 1000 ml Benzol gelöst, durch eine 120 cm lange Säule von 1500 g Al_2O_3 filtriert und mit Benzol nachgewaschen. Das eingedampfte Filtrat wird aus Methanol umkristallisiert. Die ersten Filtratanteile enthalten Rohlanosterin, welches zur weiteren Reinigung nochmals auf Al_2O_3 aufgezogen wird. Zum Teil aus dem Filtrat, z. T. durch Auskochen des Aluminiumoxyds wird Lanosterin erhalten. Umkristallisieren aus 5 T. Aceton + 1 T. Methanol.

Lanosterin, lange Nadeln, Fp. 138—140°, $[\alpha]_D^{20} = +58,7°$ (Chloroform).

Isolierung des „Isocholesterins" aus Wollfett nach der Vorschrift von Lifschütz und Vietmeyer (1926) bzw. von Marker, Whittle und Mixon (1937). Agnosterin und Lanosterin werden aus dem „Isocholesterin" nach Windaus und Tschesche über die Acetylprodukte getrennt, wirksamer aber nach Ruzicka, Denss und Jeger durch schonende Oxydation und Trennung des Ketongemisches.

Lanosterinacetat. (Ruzicka, Denss und Jeger, 1945.)

Lanosterin wird mit Essigsäureanhydrid über Nacht stehen gelassen, das durch Umlösen aus Äthylacetat + Methanol gewonnene Produkt wird in Benzol + Methanol (1:4) gelöst und durch die 30fache Menge von Al_2O_3 (Aktivität I—II) filtriert. Umkristallisieren aus Äthanol + Methanol. Kurze Nadeln, Fp. 130—131°, $[\alpha]_D = +63,3°$ (Chloroform).

Lanosterin-acetat-dibromid. (Wieland, Pasedach und Ballauf, 1937.)

417 mg Acetat in 5 ml Chloroform mit Brom in Chloroformlösung titrieren. Chloroform im Vacuum entfernen, Rückstand aus Äthylacetat umkristallisieren. Blättchen, Fp. 165 bis 167°, $[\alpha]_D^{20} = +32,8°$ (Chloroform).

Lanosterin-benzoat. (Wieland, Pasedach und Ballauf, 1937.)

Zu 2,5 g Lanosterin in 30 ml Pyridin unter Eiskühlung langsam 3,5 ml Benzoylchlorid zugeben. Nach Stehen über Nacht ausgeschiedenes Benzoat absaugen, aus Aceton umkristallisieren. Fp. 190—191°, $[\alpha]_D^{20} = +70,5°$ (Chloroform).

Lanosterin-benzoat-dibromid.

208 mg Benzoat in 10 ml Chloroform unter Eiskühlung mit Brom in Chloroformlösung titrieren. Chloroform abdampfen, aus Äthylacetat umkristallisieren. Nadeln, Fp. 209—210°.

Lanosterin-dinitrobenzoat.

900 ml Lanosterin in 10 ml Pyridin mit 1,5 g Dinitrobenzoylchlorid in 15 ml Pyridin über Nacht stehenlassen, in Wasser gießen, Niederschlag absaugen, mit sehr verdünnter KOH waschen, aus Aceton umkristallisieren. Gelbliche Nadeln, Fp. 211—212°.

Wegen Darstellung der Triterpenalkohole (Isocholesterin) aus Wollfett vgl. McGhie (1947), wegen quantitativer photometrischer Bestimmung des Cholesterins und der Wollfett-Triterpenalkohole mit Hilfe der Liebermann-Burchard-Reaktion vgl. Lederer und Tchen (1945) und Duewell (1953).

3. Euphol und verwandte Verbindungen.

Euphol
(C$_{30}$H$_{50}$O) (Euphadienol) (= „α-Euphol").

β-Euphol
(C$_{30}$H$_{50}$O).

Euphorbol
(C$_{30}$H$_{50}$O) (Euphorbadienol) (= „α-Euphorbol").

Tirucallol
(C$_{30}$H$_{50}$O).

(XXIV)

Schon BAUER und SCHENKEL (1928) konnten zeigen, daß das „Euphorbon", welches aus dem Euphorbium, dem als Droge gehandelten, eingetrockneten Milchsaft der *Euphorbia resinifera* und anderer *Euphorbia*-Species *(Euphorbiaceae)* angegeben wurde, keinen einheitlichen Stoff darstellt. Sie isolierten ein „Euphorbol" vom Fp. 129°; später stellten BAUER und SCHRÖDER (1931) neben diesem „α-Euphorbol" ein „β-Euphorbol" vom Fp. 89—90° dar. NEWBOLD und SPRING (1944) konnten mit der Chromatographie eine eindeutige Auftrennung des „Euphorbons" in die beiden Alkohole Euphol und Euphorbol vornehmen. VOGEL, JEGER und RUZICKA (1952) verbesserten die Isolierung der beiden Alkohole dadurch, daß sie diese in Ketone überführten und nach erfolgter Trennung durch Reduktion mit Lithium-Aluminium-hydrid in reiner Form zurückgewannen.

Während die meisten bisher zitierten Arbeiten mit dem botanisch ungenau definierten Euphorbium-Harz des Handels zu tun hatten, untersuchten KOPACZEWSKI und DUPONT (1947), DUPONT, KOPACZEWSKI und BORODSKI (1947) und DUPONT, DULOU und VILKAS (1949) und VILKAS u. a. (1949) einheitlichen Milchsaft von *Euphorbia resinifera*, McDONALD, WARREN, WILLIAMS (1949) und HAINES und WARREN (1949, 1950) das Harz, das sie aus dem Coagulum des Milchsaftes von *Euphorbia Tirucalli* gewonnen hatten. DUPONT und Mitarbeiter fanden neben dem Euphol von NEWBOLD und SPRING (1944) ein β-Euphol (C$_{30}$H$_{50}$O), das mit dem im Fp. ähnlichen Euphorbol nicht identisch ist. WARREN und Mitarbeiter isolierten aus ihrem Untersuchungsobjekt neben Euphol und Taraxasterol einen gleichfalls neuen tetrazyklischen Triterpenalkohol C$_{30}$H$_{50}$O, das Tirucallol.

Im Milchsaft von *Euphorbia balsamifera* fanden CHAPON und DAVID (1953) neben viel (etwa 12% der Trockensubstanz) Germanicol einen wahrscheinlich neuen Triterpenalkohol Fp. 80—150° (Acetat Fp. 119—120°, Benzoat Fp. 130°). Über das Handianol aus *Euphorbia handiensis* vgl. GONZALEZ, CALERO und CALER (1949), GONZALEZ und CALERO (1950), über seine mögliche Identität mit Cycloartenol BENTLEY, HENRY, IRVINE und SPRING (1953) (s. a. S. 90).

Darstellung des „Euphorbons". (NEWBOLD und SPRING, 1944.) 500 g Euphorbium-Harz werden mit Äther 2 Std. ausgekocht. Die filtrierte Lösung scheidet nach 48 Std. Stehen 37 g wachsartiges „Euphorbon" vom Fp. 105—110°, nach Umkristallisieren aus Petroläther Kristalle mit Kristallpetroläther (Fp. 65—70°).

Isolierung von Euphol und Euphorbol aus „Euphorbon". Eine Trennung durch Umkristallisieren, auch nach Acetylierung ist unmöglich (NEWBOLD und SPRING, 1944).

Trennung durch Chromatographie. (NEWBOLD und SPRING, 1944.) 20 g „Euphorbon" werden im Soxhlet 3 Std. mit 1000 ml Petroläther (Kp. 60—80°) extrahiert. 2,5 g unlöslicher Rückstand wird verworfen, desgleichen 1 g harziger Bodenkörper, der sich aus der Petrolätherlösung nach 24 stündigem Stehen absetzt. Die Lösung wird durch eine Säule von Al$_2$O$_3$ (aktiviert, 40 × 4 cm) filtriert und in folgender Weise durch Auswaschen fraktioniert. Fraktion I: 1000 ml Petroläther, II: 500 ml Petroläther, III—V: 1000 ml Petroläther, VI: 500 ml Petroläther, VII—VIII: 500 ml Benzol, IX: 500 ml Äther.

Euphol. Fraktion III—IV; aus Aceton umkristallisiert, rosettig gruppierte Nadeln, Fp. 116°, $[\alpha]_D^{19.5} = +32°$ (Chloroform).

Euphorbol. Fraktion VII, aus Aceton umkristallisiert. Nadeln, Fp. 126—127°, $[\alpha]_D^{9} = \pm 0°$ (Chloroform).

Trennung über die Ketone. (Vogel, Jeger, Ruzicka, 1952; Christen, Dünnenberger, Roth, Heusser, Jeger, 1952.)

Darstellung der isomeren Ketone Euphadienon und Euphorbadienon. 20 g „Euphorbon" werden in 500 ml Benzol + 200 ml Eisessig gelöst, dazu läßt man unter Kühlung in einem Eis-Kochsalzgemisch unter kräftiger Durchmischung durch einen Vibrator 200 ml Kiliani-Lösung zufließen (Kiliani-Lösung: 60 g Natriumchromat, 270 ml Wasser, 80 g konz. H_2SO_4). Die Temperatur darf nicht über 10° steigen. 25 min Durchrühren, dann Chromsäure-Überschuß mit 20%iger NaHSO$_3$-Lösung zerstören. Drei Ansätze dieser Art gaben zusammen 30,35 g hellgelbes Öl. Dieses wird in 600 ml Petroläther gelöst und durch eine Säule von 400 g Al_2O_3 (Aktivität I—II) filtriert. Daraus wird mit 5,35 l Petroläther 25,5 g eines farblosen Öles eluiert, welches das Ketongemisch enthält.

Euphadienon. Durch viermaliges Umkristallisieren aus Methylenchlorid + Methanol Prismen, Fp. 117,5—118°, $[\alpha]_D = +73°)$ Chloroform). (13,68 g).

Aus den Mutterlaugen des Euphadienons erhält man durch viermaliges Umkristallisieren aus Methylenchlorid + Methanol 4,3 g

Euphorbadienon. Lange Nadeln, Fp. 94,5—95,5°, $[\alpha]_D = +25°$ (Chloroform).

Euphorbadienon-semicarbazon.

85 mg Semicarbazid-hydrochlorid + 200 mg Natriumacetat in Methanol gelöst, dazu 85 mg Euphorbadienon + 5 ml Methanol + wenig Methylenchlorid. Nach Stehen über Nacht Kristallfällung, die mit Äther aufgenommen wird. Viermal aus Methylenchlorid + Methanol umkristallisieren. Fp. 220—231°.

Reduktion der Ketone zu den Alkoholen. 198 mg Euphorbadienon in 10 ml Äther (abs.), dazu vorsichtig eine Suspension von 205 mg Lithium-Aluminium-Hydrid in 25 ml Äther (abs.). 1 Std. bei Raumtemperatur, dann 30 min sieden. Vor der Aufarbeitung mit 40 ml Wasser + 40 ml 2 n-H_2SO_4 versetzen. 190 mg Rohprodukt, viermal aus Methylenchlorid + Methanol umkristallisiert.

Euphorbol. Verfilzte Nadeln, Fp. 124,5—125°, $[\alpha]_D = -2°$ (Chloroform).

Analog das Euphol aus Euphadienon.

Funktionelle Derivate.

Euphol-acetat. (Newbold und Spring, 1944.) 1 T. Euphol, 5 T. Essigsäureanhydrid, 5 T. Pyridin, 1,5 Std. am Wasserbad erhitzen. Aus Äthanol (verlustreich) umkristallisieren. Nadeln Fp. 109°, $[\alpha]_D^{18} = +41°$ (Chloroform).

Euphol-benzoat. (Newbold und Spring, 1944.) 350 mg Euphol in 2 ml Pyridin, dazu 2 ml Benzoylchlorid, 2 Std. auf Dampfbad erhitzen. Umkristallisieren aus Methanol + Aceton Nadeln, Fp. 137—139°, $[\alpha]_D^{18.5} = +59°$ (Chloroform).

Euphorbol-acetat. (Newbold und Spring, 1944.) 1 T. Euphorbol, 3 T. Essigsäureanhydrid, 3 T. Pyridin auf Dampfbad erwärmen. Aus Aceton umkristallisieren. Nadeln Fp. 124—125°, $[\alpha]_D^{16.5} = \pm 0°$.

Euphorbol-benzoat. Mit Benzoylchlorid in Pyridinlösung wie bei Euphol. Umkristallisieren aus Methanol + Aceton. Nadeln, Fp. 133—135°, $[\alpha]_D^{9} = +15°$ (Chloroform).

Tirucallol aus Milchsaft von *Euphorbia Tirucalli.* (Nach McDonald, Warren und Williams, 1949; Haines und Warren, 1949.) Mit Salzen koagulierter Milchsaft, Bodenkörper mit Äthanol extrahiert, Kautschuk bleibt zurück, Extrakt in Petroläther aufgenommen, chromatographische Trennung von Euphol, Taraxasterol und Tirucallol.

Tirucallol. Aus Methanol lange Nadeln, Fp. 133—134,5°, $[\alpha]_D^{20} = +4,5°$ (Benzol).

Tirucallol-acetat. Mit Pyridin und Essigsäureanhydrid, 90', 100°. Aus Aceton. Fp. 162,5 bis 163,5°, $[\alpha]_D^{20} = +16,7°$ (Benzol).

Tirucallol-benzoat. Mit Pyridin und Benzoylchlorid, 100°. Aus Aceton + Methanol, flache Blättchen, Fp. 149—150°, $[\alpha]_D^{20} = +10,8°$ (Benzol).

Trennung von Euphol und β-Euphol aus Harz von *Euphorbia resinifera.* (Dupont, Dulon und Vilkas, 1949.) Harz verseifen, Ätherextrakt in Petroläther überführen, an Al_2O_3 chromatographieren. Eluate mit Petroläther enthalten Euphol, mit Benzol β-Euphol. Gesamtharz enthält 45,6% Euphol, 26,1% β-Euphol, 28,3% unkristallisierbare Anteile.

β-Euphol, Fp. 125°, $[\alpha]_D = +14,3$.

β-Euphol-acetat, Fp. 92°.

β-Euphol-benzoat, Fp. 105—106°, $[\alpha]_D = +37°$.

4. Taraxasterol, Taraxerol, Germanicol und verwandte Verbindungen.

Taraxasterol
($C_{30}H_{50}O$) (Oxy-Taraxasten) (XXV)
(= „Anthesterin" = „α-Lactucerol").

ψ-Taraxasterol
($C_{30}H_{50}O$) (Oxy-Heterolupen) (XXVI).

Taraxerol
($C_{30}H_{50}O$) ($\Delta^{14,15}$-2-oxy-isooleanen)[1] (XXVII)
(= „Alnulin" = „Tiliadin").

Taraxeron
($C_{30}H_{46}O$) ($\Delta^{14,15}$-2-oxo-isooleanen)
(= „Protalnulin"). (XXVIII)

Germanicol
($C_{30}H_{50}O$) (XXIX).

Taraxol
($C_{30}H_{46}O$).

(XXV)　　(XXVI)　　(XXVII) R: HOH　(XXVIII) R: =O　(XXIX)

POWER und BROWNING (1912) fanden im Unverseifbaren des Harzes der Wurzel von *Taraxacum officinale* Taraxasterol und „Homo-Taraxasterol". BURROWS und SIMPSON (1938) konnten durch Anwendung der chromatographischen Adsorptionsanalyse eine sehr viel weitergehende Trennung durchführen. Neben Taraxasterol isolierten sie β-Amyrin und drei weitere Triterpenalkohole, das Taraxol, Taraxerol und ψ-Taraxasterol. Das „Homo-Taraxasterol" der früheren Autoren war also ein komplexes Gemisch.

Das Taraxasterol erwies sich als identisch (POWER und BROWNING, 1912) nicht nur mit dem „Anthesterin", welches KLOBB (1909) in den Blütenköpfen der römischen Kamille *(Anthemis nobilis, Compositae)* gefunden hatte, sondern auch mit dem „α-Lactucerol". Dieses wurde von älteren Autoren (s. DISCHENDORFER, 1932) neben „β-Lactucerol", mit Essigsäure verestert, für das Lactucarium germanicum, den eingetrockneten Milchsaft von *Lactuca virosa (Compositae)* angegeben. HESSE, EILBRECHT und REICHENEDER (1941) fanden α-Lactucerol mit Isovaleriansäure verestert als Bestandteil des *Calotropis*-Harzes *(Apocynaceae)*, eines afrikanischen Pfeilgiftes. ZELLNER (1925b, 1926, 1927) hatte α-Lactucerol in Compositen-Milchsäften *(Sonchus arvensis, S. asper, Taraxacum officinale, Lactuca sativa, Tragopogon arvensis, Cichorium endivia, C. intybus, Scorzonera hispanica)* isoliert. Schon dieser Autor hatte die Vermutung ausgesprochen, daß die Substanz mit dem Taraxasterol von POWER und BROWNING (1912) identisch sei. BAUER und BRUNNER (1938, s. a. BAUER und SCHUB, 1929) fanden im deutschen Lactucarium α-, β- und γ-Lactucerin, die als Essigsäureester von 3 isomeren Alkoholen, dem α-, β- und γ-Lactucerol, angesprochen wurden. Nur in der α-Verbindung scheint eine einheitliche, definierte Substanz vorgelegen zu haben. SIMPSON (1944) unterwarf neuerlich das Lactucarium einer Analyse mit verbesserter Methodik. Neben β-Amyrin wurde Taraxasterol und ein bisher nicht beschriebener Triterpenalkohol, das Germanicol, gefunden. Schließlich konnte ZIMMERMANN (1944, 1946) Taraxasterol in Distelblüten (botanisch uneinheitlich, Compositae) und in den weißen Strahlenblüten von *Chrysanthemum (Compositae)* feststellen. ψ-Taraxasterol ist auch ein Nebenbestandteil des Manila-Elemiharzes (s. S. 91).

---

[1] BEATON, J, M., F. S. SPRING, R. STEVENSON u. J. L. STEWART: Chem. and Ind. **1954**, 1454.

Mit dem Taraxerol haben sich Koller, Hiestand, Dietrich und Jeger (1950) eingehender beschäftigt. Sie erwiesen seine Identität mit Alnulin, welches Zellner (1923, 1925a) (s. a. Feinberg, Hermann, Röglsperger und Zellner, 1923) aus der Rinde von *Alnus incana* und *A. glutinosa (Betulaceae)* dargestellt hatte, sowie mit dem Tiliadin von Gerloff (1936) aus der Rinde von *Tilia cordata (Tiliaceae)*. Die oben genannten Schweizer Autoren fanden weiter, daß das Protalnulin, welches Fröschl u. a. (1930) als Begleiter von Alnulin (= Taraxerol) in der Schwarzerlenrinde gefunden hatten, nichts anderes ist, als das als Oxydationsprodukt des Taraxerols bereits bekannte Keton Taraxeron. Dunston, Hughes und Smithson (1947) begegneten dem Taraxerol in Rinde von *Litzea dealbata*. Da es hier von keinem anderen Triterpen begleitet ist, läßt es sich leicht und mit guter Ausbeute gewinnen. Es fällt beim Einengen des Äthanolextraktes bereits kristallin aus. Über die Triterpene der Schwarzerlenrinde berichten neuerdings auch Chapon und David (1953) In einer im November gesammelten Probe konnten sie die Befunde von Koller u. a. (1950) bestätigen, für eine Aufsammlung vom Februar wurde dagegen neben Lupeol, β-Sitosterin und wenig Taraxeron ein *neues Triterpenketon* ($C_{30}H_{38}O$) (Fp. 247, $[\alpha]_D = +31°$, Chloroform) gefunden. Die Trennung der Bestandteile erfolgte chromatographisch[1].

Über das Taraxol ist außer seinem oben erwähnten Vorkommen in der Löwenzahnwurzel nichts weiter bekannt geworden.

Zur Konstitutionsaufklärung des Taraxasterols und des ψ-Taraxasterols vgl. Jeger (1950).

Das Germanicol konnte David (1950) in die Oleanolsäuregruppe einordnen (s. a. Barton und Brooks, 1951a). Unter den drei von Jeger (1950) zur Diskussion gestellten Strukturformeln konnten Halsall, Jones und Meakins (1952) die Entscheidung treffen. Es gelang ihnen, die Identität des Germanicylacetats mit dem iso-Lupenyl-acetat zu zeigen. Germanicol ist also iso-Lupeol. Anhaltspunkte in dieser Richtung hatte übrigens schon Biedebach (1943) gegeben.

Darstellung und Trennung von Taraxol, Taraxerol, Taraxasterol und ψ-Taraxasterol aus der Löwenzahnwurzel. (Burrows und Simpson, 1938.)

Unverseifbares. Die getrocknete, gepulverte Wurzel wird in Portionen von je 3 kg mit je 15 l CCl_4 extrahiert, nach Verdampfen des Solvens bleibt ein dunkles, zähes Harz (1,8% vom Trockengewicht).

100 g Rohextrakt werden mit 1 l 10%iger äthanolischer KOH 3 Std. am Rückfluß verseift; nach Abdestillieren von 700 ml Äthanol wird in 3 l H_2O gegossen, stehengelassen, kautschukähnlicher Bodensatz, darüber milchige Suspension, 6mal mit Äther extrahiert: 30 g hellbraune, teilweise kristalline Masse.

Chromatographische Trennung. 60 g Unverseifbares in 900 ml Benzol lösen, langsam durch Al_2O_3 (Merck, stand. nach Brockmann, 500 g, in Röhre von 2,8 cm Weite) filtrieren, mit Portionen von je 500 ml Benzol fraktioniert eluieren, bis nichts mehr gelöst wird (6 Fraktionen). Die Säule selbst wird in zwei Portionen geteilt, die getrennt mit heißem Chloroform + Äthanol eluiert werden.

Die 6 Benzol-Fraktionen werden nochmals an Al_2O_3 adsorbieren, Anteile mit ähnlichem Fp. und ähnlicher Liebermann-Burchard-Reaktion werden kombiniert (Fraktion 1—11) und auf die einzelnen Triterpene aufgearbeitet.

Die Fraktionen 3—7 werden, jede für sich, mit Essigsäureanhydrid + Pyridin acetyliert. Die mit Methanol gefällten Acetatgemische werden in Anteile von verschiedener Ätherlöslichkeit zerlegt. Taraxolacetat ist die schwerst lösliche Fraktion.

Taraxolacetat, aus Benzol oder Cyclohexan umkristallisiert, rechtwinklige Platten, Fp. 299—301°, $[\alpha]_D^{14} = +93,9°$ (Chloroform), in heißem Äthanol fast unlöslich.

Taraxol, durch Verseifung des Acetats: 0,8 g in 50 ml Benzol + 50 ml 4% KOH in Äthanol (95%), Benzol abdampfen, zweimal aus Benzol + Äthanol umkristallisieren. Nadeln, sintern bei 280—290°, Fp. >360°, $[\alpha]_D^{14} = +78,6°$ (Chloroform).

Die in Äther löslichen Anteile der Fraktionen 4 und 5 werden aus Äthylacetat + Äthanol umkristallisiert, wobei noch rohes Acetyl-Taraxol erhalten wird. Schließlich aus Äthanol: *β-Amyrin-acetat*. Nadeln, Fp. 237—230,5°, $[\alpha]_D^{14} = +81,0°$ (Chloroform).

---

[1] Wegen des Kohlenwasserstoffs *Taraxeren* s. Nachtrag S. 135.

β-*Amyrin* durch Verseifung des Acetats Fp. 196—197°.

Die nach Kristallisation von Taraxol- und β-Amyrinacetat verbleibenden Mutterlaugen der acetylierten Fraktion 4 werden mit 3%iger äthanolischer KOH 3 Std. am Rückfluß verseift, mit H_2O verdünnt, die freien Alkohole mit Äther extrahiert („Homotaraxasterol" Fp. etwa 140°).

Zur weiteren Trennung wird benzoyliert, das Reaktionsprodukt mit Methanol gefällt, das Benzoatgemisch durch Äther zerlegt: (I) schwachlöslicher Benzoat-Komplex; (II) leichter lösliche Substanz. II liefert beim Eindampfen, umkristallisiert aus Chloroform + Äthanol: *Taraxerol-benzoat.* Feine Nadeln, Fp. 282—284°, $[\alpha]_D^{21} = +35{,}0°$ (Chloroform).

Taraxerol-acetat läßt sich auch direkt aus den Mutterlaugen des Taraxasterol-acetats aus Äthylacetat + Äthanol, dann Äthylacetat, dann Benzol + Äthanol erhalten.

Taraxerol-acetat. Fp. 296—297°, $[\alpha]_D^8 = +8{,}4°$ (Chloroform).

Durch Verseifung des Acetats oder Benzoats in Benzollösung mit 4%iger äthanolischer KOH:

Taraxerol. Fp. 265—270°.

Die Mutterlaugen der Taraxasterol-acetat-Kristallisation von Fraktion 4—6 werden vereinigt und konzentriert. Weiters wird

a) direkt aus Cyclohexan, dann aus Äthylacetat kristallisiert oder

b) die Acetate mit 2% KOH in Benzol + Äthanol verseift, der Alkohol mit p-Nitrobenzoylchlorid in Pyridin bei 100° verestert. Reaktionsgemisch mit Eis + verd. H_2SO_4 behandelt, mit Chloroform extrahiert. Chloroformrückstand mit Äther digeriert, Äther-unlösliches mit Äthanol → Äther → Benzol → Äthylacetat umkristallisiert (Fp. 265—270°), verseift und acetyliert.

ψ-*Taraxasterol-acetat.* Fp. 232—235°, $[\alpha]_D^8 = +53{,}2$ (Chloroform).

c) Der schwerlösliche Benzoatkomplex (I) wird durch 2stündigen Rückfluß mit 5% KOH in Benzol + Äthanol verseift, dann acetyliert. Fraktionierung des Acetatgemisches aus Äthylacetat

weniger löslicher Anteil: Taraxasterol-acetat,

leichter löslicher Anteil: ψ-Taraxasterol-acetat.

Durch alkalische Verseifung des Acetats, umkristallisiert aus Äthanol.

ψ-*Taraxasterol.* Nadeln, Fp. 198—200°, $[\alpha]_D^{21} = +72{,}3°$ (Chloroform).

Durch Benzoylierung mit Benzoylchlorid + Pyridin, umkristallisieren aus Aceton: ψ-*Taraxasterol-benzoat.* Flache Nadeln, Fp. 274—276°, $[\alpha]_D^{21} = +72{,}3°$ (Chloroform).

Schwierige und verlustreiche Isolierung des Taraxasterol-acetats aus den Mutterlaugen des ψ-Taraxasterolacetats. Umkristallisiert aus Äthylacetat:

Taraxasterol-acetat, Platten, Fp. 251—252°, $[\alpha]_D^8 = +100{,}5°$. (Nach LARDELLI und JEGER, 1948, Fp. 256—257°, $[\alpha]_D = +100°$) durch alkalische Verseifung, umkristallisiert aus Äthanol:

Taraxasterol, Nadeln, Fp. 221—222°, $[\alpha]_D^{17} = +95{,}9°$ (Chloroform). (Nach LARDELLI und JEGER, 1948, Fp. 225,5—226°, $[\alpha]_D = +91°$.)

Taraxasterol-benzoat, aus Aceton oder Benzol + Äthanol, flache Nadeln, Fp. 240—241°, $[\alpha]_D^{18} = +106{,}8°$ (Chloroform).

Taraxasterol-p-nitrobenzoat, aus Chloroform + Äthanol, Nadeln, Fp. 277—278°, $[\alpha]_D^{17} = +98{,}3°$ (Chloroform).

Als Ausgangsmaterial für die Darstellung von Taraxasterol sind die Blüten von *Anthemis nobilis* (Flores Chamomillae *Romanae*) sehr viel besser geeignet.

Taraxasterol aus *Anthemis nobilis*. (BURROWS und SIMPSON, 1938.) 1 kg trockene Blüten mit kochendem CCl_4 erschöpft, durch Eindampfen des Solvens 33 g fettartiger Rückstand, mit 500 ml 10%iger äthanolischer KOH verseift, ausgeäthert: 13 g Unverseifbares. Dieses in 300 ml Petroläther (Kp. 80—100°) lösen, auf 50 g Al_2O_3 (Merck) in Röhre von 1,5 cm Weite aufziehen, mit 50 ml Petroläther + 25 ml Chloroform waschen, dann mit Petroläther + Methanol eluieren. Eluat eindampfen, acetylieren, umkristallisieren bis Fp. 239—241° erreicht, verseifen, 5mal aus Äthanol umkristallisieren.

0,5 g *Taraxasterol,* Fp. 220—221° daraus

Taraxasterol-acetat, Fp. 250—252°, $[\alpha]_D^{20} = +101{,}4°$ (Chloroform) [LARDELLI und JEGER (1948)] isolierten aus dem gleichen Objekt durch Chromatographie Taraxasterol und β-Amyrin.

Eines ähnlichen Verfahrens wie BURROWS und SIMPSON bedient sich ZIMMERMANN (1945) zur Darstellung von Taraxasterol aus *Chrysanthemum*-Strahlblüten.

Siehe ferner HESSE, EILBRECHT und REICHENEDER (1941), wegen der Darstellung von Taraxasterol aus *Calotropis*-Pfeilgift.

Taraxerol und Taraxeron aus Schwarzerlenrinde. (KOLLER, HIESTAND, DIEDRICH und JEGER, 1950.) 25 kg trockene gemahlene Rinde von *Alnus glutinosa* 24 Std. mit Petroläther heiß extrahieren; 830 g schwarzes Extrakt, mit 5% methanolischer KOH 5 Std. am Rückfluß verseifen, in Wasser gießen, ausäthern. Aus Äther gelbe Fällung, filtrieren, mit Wasser waschen (40 g). In Chloroform lösen, mit Wasser neutral waschen, Chloroform abdampfen. 20 g Substanz auf 600 g Al_2O_3 (Aktivität I—II) chromatographieren. Insgesamt 26 Eluatfraktionen mit Petroläther + Benzol, Benzol, Benzol + Äther ergaben Anteile von fast gleichem Fp. 237—240°, deshalb alle Eluatfraktionen vereinigt (15,7 g), aus Chloroform + Methanol umkristallisiert:

Taraxeron, Fp. 240—241°, $[\alpha]_D = +11°$ (Chloroform).

Die eluierte Al_2O_3-Säule wird im Soxhlet 24 Std. mit Äthylacetat extrahiert, aus der Lösung fallen Blättchen vom Fp. 280—282°, beim Einengen der Mutterlauge weitere Substanz, aus Chloroform + Methanol umkristallisieren:

Taraxerol, Blättchen, Fp. 282—283°, $[\alpha]_D = 0°$ (Chloroform).

Taraxerol-acetat. 1 g Taraxerol, 50 ml Essigsäureanhydrid, 45 min Rückfluß, beim Erkalten Kristalle, aus Chloroform + Methanol umkristallisieren, Fp. 304—305°, $[\alpha]_D = +9°$, (Chloroform).

Verseifung. 190 mg Taraxerol-acetat, 20 ml Benzol, 10 ml 5% äthanolische KOH, 4 Std. Rückfluß, aus Chloroform + Methanol umkristallisieren:

Taraxerol, Fp. 282—283°, $[\alpha]_D = 0°$ (Chloroform).

Taraxerol-benzoat. 1,0 g Taraxerol, 70 ml Chloroform, 3 ml Pyridin, 2 ml Benzoylchlorid, 2 Std., 20°; auf Wasser gießen, mit Äther aufnehmen, mit verdünnter H_2SO_4 und verdünnter Lauge waschen, Äther abdampfen, mit 200 ml H_2O am Rückfluß kochen, aus Chloroform + Methanol umkristallisieren. Nadeln, Fp. 292—293°, $[\alpha] = +37°$ (Chloroform).

Taraxasterol, Germanicol und β-Amyrin aus *Lactucarium germanicum*. (Simpson, 1944.)

Unverseifbares. 100 g *Lactucarium germanicum* in erbsengroßen Stücken werden 14 Tage mit 1 l Ligroin unter öfterem Schütteln stehengelassen, dekantiert, der Bodenkörper nochmals 10 Tage mit 75 ml Ligroin behandelt. Nach Eindampfen des Ligroins 40 + 3 g Extrakt. Dieses 4 Std. unter Rückfluß mit 5 g KOH in 50 ml H_2O, 700 ml Äthanol, 150 ml Benzol verseift, Lösung abgedampft, Rückstand + 2,5 l H_2O ausgeäthert. Dabei fallen 0,5 g Kristalle, unlöslich in verdünnter KOH, Äther, Chloroform. Ätherextrakt filtriert, zweimal mit H_2O gewaschen, es bildet sich wäßriges Gel, das mit Äther rückextrahiert wird. Alkalische Lösung gibt beim Ansäuern 4 g feste Säure, die vereinigten Ätherschichten beim Abdampfen 33 g weiße Kristallmasse (in Benzol leicht, in Ligroin wenig löslich).

Chromatographische Trennung. Ätherrückstand in 80 ml Benzol + Ligroin (5:3) lösen, durch Al_2O_3 (80 × 2,8 cm) laufen lassen. Säule aus Aufschwemmung von 400 g Al_2O_3 (aktiviert, Merck) in 800 ml Benzol + Ligroin (1:1) hergestellt. Der Durchlauf ist Fraktion 1. Fraktion 2—13 werden durch Eluieren mit je 800 ml Lösungsmittel gewonnen. 2:5 T. Benzol + 3 T. Ligroin, 3—5:6 T. Benzol + 2 T. Ligroin, 6—7: Benzol, 8:3 T. Äther + 5 T. Benzol, 9:1 T. Äther + 1 T. Benzol, 10—12: Äther, 13: Methanol + Äther. Es werden 32,2 g Substanz wiedergewonnen.

Fraktionen 3—5 aus Äthanol umkristallisiert bis Fp. 195—197°. Mit Essigsäureanhydrid + Pyridin acetyliert, aus Äthanol + Benzol, dann aus Äthylacetat umkristallisiert:

Taraxasterol-acetat, Blättchen, Fp. 250—251°, $[\alpha]_D = +96°$.

Verseifung mit 3% KOH in Benzol + Äthanol, aus Äthanol umkristallisieren:

Taraxasterol, Nadeln, Fp. 221—222°, $[\alpha]_D^{17} = +97°$.

Taraxasterol-benzoat, Fp. 242—244°, $[\alpha]_D^{19} = +105°$.

Fraktion 2 (10,5 g, in Äthanol leicht löslich, Fp. 145—150°) mit 15 ml Pyridin + 15 ml Essigsäureanhydrid bei 100° acetyliert, H_2O zufügen, Acetat aus Benzol + Äthanol, dann aus Äthylacetat umkristallisieren:

Germanicol-acetat, lange, dreieckige Blättchen, Fp. 274—276°, $[\alpha]_D^{20} = +18,1°$.

Verseifung mit 4% KOH in Benzol + Äthanol, Rückfluß, mit verdünntem Äthanol umkristallisieren:

Germanicol, Büschel von kleinen Prismennadeln, Fp. 176—177°, $[\alpha]_D^{17} = +5,8°$.

Benzoylierung mit Benzoylchlorid in Pyridin, 100°, aus Benzol + Äthanol umkristallisieren:

Germanicol-benzoat, dünne Blättchen, Fp. 269—270°, $[\alpha]_D^{19} +39,0°$.

Aus den Mutterlaugen des Germanicolacetats wird durch Umkristallisieren noch etwas Germanicolacetat erhalten, schließlich Prismen vom Fp. 225—230°. Ebenso aus den Mutterlaugen der acetylierten Fraktionen 3—5. Zur weiteren Reinigung wird verseift und benzoyliert. Verlustreiches Umkristallisieren aus Äthylacetat gibt nochmals das schwer lösliche Germanicolbenzoat. Im leichter löslichen Anteil:

β-Amyrin-benzoat, Rhomben, Fp. 229—232°, $[\alpha]_D^{19} = +81°$. Verseifung:

β-Amyrin, Fp. 189—192°, $[\alpha]_D^{19} = +81°$.

β-Amyrin-acetat, Stäbchen, Fp. 238—231°, $[\alpha]_D^{19} = +81,5°$.

5. Eburicosäure[1].

Eburico-Säure ($C_{31}H_{48}O_3$) (XXX).   Dehydro-eburico-säure ($C_{31}H_{46}O_3$).

(XXX)

Die Eburicosäure wurde von Kariyone und Kurono (1940) in *Fomes officinalis (Basidiomycetes)* entdeckt und benannt. Gascoigne, Holker, Ralph und Robertson (1950, 1951 a und b) und Lahey und Strasser (1951) fanden gleichzeitig und unabhängig voneinander die gleiche Säure, als sie weißfaules Holz von *Eucalyptus regnans* untersuchten, das von *Polyporus anthracophilus* befallen war. Beide Arbeitsgruppen konnten ferner feststellen, daß der genannte Pilz und etliche andere Basidiomyceten (*Polyporus eucalyptorum, P. sulfureus, Lentinus dactyloides*) auch in Reinkultur die Säure bilden. Im morschen Holz liegt sie als Acetat, in den Kulturmycelien in freier Form vor. Gascoigne, Holker, Ralph und Robertson (1951) schlossen aus Unterschieden in der UV-Absorption sonst anscheinend gleicher Proben, daß z. B. in der Säure aus *Lentinus* noch eine verwandte Substanz mit konjugierten Doppelbindungen vorhanden sein muß. In einem mühsamen chromatographischen Verfahren gelang es, die Dehydro-eburico-säure zu isolieren und in Form ihres Oxydationsproduktes, der Dehydro-eburiconsäure, zu kennzeichnen. Die Konstitutionsaufklärungen ergaben sich aus den Arbeiten von Holker, Powell, Robertson, Simes und Wright (1953), Holker, Powell, Robertson, Simes, Wright und Gascoigne (1953) im Sinne der obigen Formel. Eburicosäure ist mithin, ebenso wie Polyporensäure C (s. S. 88), ein Derivat des Trimethylergostans.

Eburicosäure aus weißfaulem Holz von *Eucalyptus regnans* (mit *Polyporus anthracophilus*). (Gascoigne, Holker, Ralph und Robertson, 1951 b.) Holz mit siedendem Äthanol extrahieren, aus dem eingeengten Extrakt beim Abkühlen Nadeln.

Eburicosäure, Fp. 292°.

Eburicosäure aus kultivierten Pilzen. Die Pilze wurden auf dem Nährboden nach Williams und Sanders kultiviert, der anstelle von Saccharose, Glucose, von Asparagin Glykokoll und außerdem 0,1 g Hefeextrakt (Marmite)/l enthielt.

Das gewaschene Mycel bei 50° trocknen, mahlen, im Soxhlet mit Petroläther entfetten, dann erschöpfend mit Äther extrahieren, eindampfen, Rückstand aus Äthanol umkristallisieren.

Eventuell weitere Reinigung über das Na-Salz und durch Umkristallisieren aus Benzol.

Eburicosäure, aus Äthanol, schlanke Nadeln, Fp. 292—293°, $[\alpha]_D^{19} = +35,9°$ (Pyridin).

Na-Salz der Eburicosäure, mit gleichen Teilen 2 n-NaOH und Äthanol, Wasserzusatz. Glänzende Nadeln, in Wasser unlöslich, in Äthanol leicht löslich.

Acetyl-eburicosäure, mit Essigsäureanhydrid + Pyridin, Wasserbad 3 Std., lange seidige Nadeln, Fp. 256—257°, $[\alpha]_D^D = +33,6°$ (Pyridin).

Eburicosäure-methylester, mit Diazomethan in Ätherlösung, schlanke Nadeln, Fp. 140 — 141°, $[\alpha]_D^{22} = +33,1°$ (Pyridin).

---

[1] Es dürfte sich sehr empfehlen, das englische *"eburicoic acid"*, so wie es in diesem Beitrag geschehen ist, mit „*Eburicosäure*" zu übersetzen, nicht aber mit „Eburiconsäure", wie man es zuweilen schon in deutschen Arbeiten, z. B. bei Brieskorn (1954), findet. Sehr unliebsame Verwechslungen mit der "eburiconic acid" der angelsächsischen Literatur sind sonst kaum zu vermeiden.

Acetyl-eburicosäure-methylester, aus Methanol, seidige Nadeln, Fp. 151—155°, $[\alpha]_D^{18}$ = +30,8° (Pyridin).

Ausbeuten: *Polyporus anthracophilus*   etwa 10%,
           Polyporus eucalyptorum   etwa 20%,
           Polyporus sulfureus   etwa 10%,
           Fomes officinalis   etwa 6%,
           Lentinus dactyloides   etwa 5%.

Wegen der Abtrennung der Dehydro-eburicosäure aus dem Säuregemisch, das aus *Fomes* oder *Lentinus* erhalten wird, durch Chromatographie der Acetate oder der entsprechenden Ketosäuren, vgl. GASCOIGNE, HOLKER, RALPH, ROBERTSON (1951) und GASCOIGNE, ROBERTSON und ŠIMES (1953).
Dehydro-eburicosäure, Fp. 241—242°.
Dehydro-eburicosäure-methylester, Nadeln, Fp. 159—160°, $[\alpha]_D^{18}$ = +28,5°,
λ max 234, 243, 252 mμ
log ε 4,19; 4,25; 9,08.

6. Polyporensäuren.

Polyporensäure A   Polyporensäure C
($C_{31}H_{50}O_4$) (XXXI).   ($C_{30}H_{44}O_4$) (XXXII).

Polyporensäure B
($C_{31}H_{50}O_4$).

(XXXI)   (XXXII)

CROSS, ELIOT, HEILBRON und JONES (1940) fanden in den Fruchtkörpern von *Polyporus betulinus* 3 Polyporensäuren A, B, C. Die ursprüngliche Annahme, daß Polyporensäure C mit Gypsogenin identisch sei, erwies sich als irrig. Vielmehr konnten BOWERS, HALSALL, JONES und LEMIN (1953) zeigen, daß es sich um eine dreifach ungesättigte C_{31}-säure mit einem Hydroxyl und einem Carbonyl in 2-Stellung handelt, die mit der Eburicosäure und damit mit dem Ergosterin nahe verwandt ist (Formel XXXII). Die gleichen Verfasser bewiesen, daß auch eine durch BIRKINSHAW, MORGAN und FINDLAY (1952) aus *Polyporus benzoinus* isolierte Substanz Polyporensäure C ist.

LOCQUIN, LOCQUIN und PREVOT (1948) erkannten die Identität der Polyporensäure A mit der von FRÈREJAQUES (1938) aus *Polyporus betulinus* beschriebenen Ungulinsäure. Sie wurde von CROSS und JONES (1940), CURTIS, HEILBRON, JONES und WOODS (1953), JONES und WOOD (1953), HALSALL, JONES und LEMIN (1953), HALSALL, HODGES und JONES (1953) eingehend studiert. Als Ergebnis konnte in der zuletzt genannten Arbeit die endgültig geklärte Konstitutionsformel (XXXI) mitgeteilt werden. Zum gleichen Ergebnis gelangte die Züricher Arbeitsgruppe (ROTH, SAUCY, AULIKER, JEGER und HEUSSER, 1953).

Über die B-Säure liegen noch keine näheren Untersuchungen vor[1].

Darstellung und Trennung der Polyporensäuren. (Nach CROSS, ELIOT, HEILBRON und JONES, 1940.) 3,4 kg frische Fruchtkörper von *Polyporus betulinus* werden zerkleinert und 3 Tage, Raumtemperatur, mit Äthanol extrahiert. Filtriertes Extrakt gibt bei Wasserzusatz flockige Fällung. Diese mit Äther aufgenommen (a).

Wäßriger Alkohol nach Salzzusatz ausgeäthert, Äther gewaschen, eingedampft (b).

---

[1] Hierzu aber neuerdings: J. M. GUIDER, T. G. HALSALL, R. HODGES u. E. R. H. JONES: J. Chem. Soc. 1954, 3234.

Pilzrückstand in 1,5 l Äther + 1,5 l Aceton 6 Std. Rückfluß, filtriert, mit Wasser gewaschen, getrocknet (c).

Die vereinigten Ätherauszüge (a, b, c) geben 70 g schmierige gelbe Substanz. Diese wird am Rückfluß 5 Std. mit 75 g KOH in 1,5 l Methanol verseift, mit Wasser verdünnt, mit Äther extrahiert (schwierige Phasentrennung).

Aus der Ätherschicht unreines *Ergosterin*, (Fp. 151—153°).

Aus der Wasserschicht K-Salze durch Filtration abtrennen, in heißem Eisessig lösen, beim Kühlen 1 g rohe *Polyporensäure C* (Fp. etwa 295—300°).

Bei Wasserzusatz gallertige Fällung von
2 g *roher Polyporensäure B* (Fp. etwa 240°),
bei weiterem Wasserzusatz
15 g *rohe Polyporensäure A* (Fp. etwa 180°),
bei getrennter Aufarbeitung wird im Äthanolextrakt vor allem Säure A, im Äther-Acetonextrakt vor allem Säure B und C gefunden.

Polyporensäure A, aus verdünnter Essigsäure, verdünntem Methanol oder verdünntem Aceton, Nadeln, Fp. 194°, $[\alpha]_D^{20} = +69°$ (Pyridin). In Pyridin (k) leicht, in Äthanol, Aceton, Äthylacetat, Essigsäure mäßig, in Äther, Chloroform, Benzol wenig löslich.

Polyporensäure A-methylester, mit Diazomethan. Aus Methanol durch Wasserzusatz, Nadeln, Fp. 142°, $[\alpha]_D^{20} = +77°$ (Chloroform).

Acetyl-polyporensäure A-methylester, mit Essigsäureanhydrid + Pyridin. Aus verdünntem Methanol, Nadeln, Fp. 112°, $[\alpha]_D^{20} = +88°$ (Chloroform).

Polyporensäure B. Aus Aceton oder Eisessig, asbestähnliche Masse, 12 Std. im Hochvacuum getrocknet, Fp. 300—310°, mit Kristall-Eisessig, Fp. 275—280°. In Pyridin leicht löslich, in Äthanol, Aceton, Äthylacetat wenig, in Äther, Chloroform, Benzol sehr wenig löslich.

Polyporensäure B-methylester, mit Diazomethan in Acetonlösung, aus Aceton oder verdünntem Methanol, Nadeln, Fp. 160°.

Polyporensäure C (nicht analysenrein), Fp. 270—275° (Methylester, Fp. 192—193°).

Polyporensäure A. (Nach CURTIS, HEILBRON, JONES und WOODS, 1953.)

Die Bearbeitung des Pilzmaterials (304 kg) folgt im wesentlichen der Vorschrift von CROSS u. a. (s. oben). Der Äthanolauszug wird nach Verseifung direkt auf Polyporensäure A verarbeitet. Aus Isopropanol und Nitromethan + Methanol umkristallisiert:

Polyporensäure A, Nadeln, Fp. 199—200° corr., $[\alpha]_D^{20} = +69°$ (Pyridin).

Polyporensäure A-methylester, mit Diazomethan, chromatographisch gereinigt, aus Nitromethan + Methanol umkristallisiert. Nadeln, Fp. 148,5—149,5°, $[\alpha]_D^{20} = +79,5°$ (Chloroform).

ROTH, SAUCY, AULIKER, JEGER und HEUSSER (1953) benutzten folgendes Verfahren zur Darstellung der Polyporensäure A. 2,2 kg getrockneter, fein gemahlener *Polyporus betulinus* wird mit 20 l Äthanol 6 Tage bei 20° digeriert, das auf 1 l eingeengte Filtrat mit 3 l Wasser versetzt, die braune Fällung mit 2 l 10%iger methanolischer KOH am Rückfluß verseift, auf 500 ml eingeengt, mit 2 l Wasser versetzt, das Unverseifbare ausgeäthert. In der Wasserschicht bleiben die K-Salze der Polyporensäuren. Diese werden durch Ansäuern mit 2 n HCl gefällt, abgenutscht, mit 20%iger Essigsäure gewaschen, im Vacuum bei 40° getrocknet (26 g).

Dieses in 1 l.Isopropanol aufgenommene rohe Säurengemisch wird durch Rückfluß mit 3 g Aktivkohle entfärbt, über Celite abgenutscht und durch langsames Eindampfen fraktioniert kristallisiert (9 Kristallisate). Die Endfraktionen 6—9 stellen fast reine Polyporensäure A dar (12 g).

Polyporensäure C. (Nach BOWERS, HALSALL, JONES und LEMIN, 1953.)

Die durch Äthanol erschöpften Rückstände des Pilzes werden mit kochendem Aceton ausgezogen, aus 4 kg Pilz 100 g feste Masse, die sofort methyliert und aus Benzollösung an Al_2O_3 chromatographiert wird. Durch Elution mit Benzol + Äther (9:1) 20 g roher Methylester, seine Reinigung geschieht;

a) chromatographisch, 8 g aus 200 ml Benzol auf 400 ml Al_2O_3, Elution mit 9 l Benzol+ + Äther (9:1), 5,5 g Methylester, aus Methanol umkristallisiert.

Polyporensäure C-methylester, Fp. 198—199°, $[\alpha]_D = +10°$ (Chloroform);

b) Durch Behandlung mit *Girard-Reagens T*, und Chromatographie der Ketonfraktion. *Verseifung* mit methanolischer KOH, aus Äther + Dioxan (7:3) auf Al_2O_3 chromatographieren, mit Äther + Methanol (3:1) eluieren, aus Dioxan, Eisessig oder Isopropanol umkristallisieren.

Polyporensäure C, Fp. 273—274°, $[\alpha]_D = +6°$ (Pyridin).

7. Cycloartenol.

Cycloartenol $C_{30}H_{50}O$ (XXXIII)   Cycloartenon $C_{30}H_{48}O$ (XXXIIIa)

HO   O

(XXXIII)[1]   (XXXIIIa)[1]

Barton (1951) konnte nachweisen, daß das von Balakrishna und Seshadri (Literatur bei Barton) aus dem Unverseifbaren des Milchsaftes der Frucht von *Artocarpus integrifolia (Moraceae)* beschriebene Cycloartenon kein Steroidketon, sondern ein Triterpenketon ist. Daneben wurden in der nichtflüchtigen Alkoholfraktion der dem Cycloartenon entsprechende sekundäre Alkohol Cycloartenol und das aus der Shea-Butter bekannte Butyrospermol aufgefunden.

Cycloartenol wurde weiters von Bentley, Henry, Irvine und Spring (1953) durch Chromatographie des Unverseifbaren des Samenfettes von *Strychnos nux vomica* neben α-Amyrin und Stigmasterin isoliert. Die gleichen Forscher vermuten Identität mit dem von Gonzalez, Calero und Calero (1949) und Gonzalez und Calero (1949) aus *Euphorbia handiensis* angegebenen Handianol.

Darstellung von Cycloartenon, Cycloartenol und Butyrospermol aus *Artocarpus*-Früchten. Das milchsaftführende Fruchtinnere wird mit Chloroform homogenisiert, das Chloroform abfiltriert, der Brei mit Chloroform gewaschen. Die vereinigten Chloroformauszüge geben beim Eindampfen im Vacuum ein Harz. Dieses wird mit 25 g KOH in 250 ml Benzol + 250 ml Methanol durch 2 Std. Rückfluß verseift. Solventien werden im Vacuum entfernt, das Unverseifbare extrahiert: braunes Harz. Chromatographie an Al_2O_3. 15 Eluatfraktionen von je 200 ml [1—8: Benzol + Petroläther (1:1), 9—11: Benzol, 12—14: Benzol + Äthanol, 15: Äthanol + Methanol]. Fraktion 3—8 wird vereinigt, nochmals chromatographiert und eluiert: Fraktion 16—32 (16—22: Petroläther, 23—27: Benzol + Petroläther, 28: Benzol, 29—31 Benzol + Äthanol, 32: Äthanol + Methanol).

Cycloartenon, aus Fraktion 18—24 mit Benzol + Methanol umkristallisiert, Fp. 109°, $[\alpha]_D = +24°$ (Chloroform).

Fraktion 11—14 und 29—32 werden vereinigt, acetyliert, auf Al_2O_3 chromatographiert und in 16 Fraktionen eluiert [1—4: 400 ml Petroläther + Benzol (9:1); 5—7: 100 ml Petroläther + Benzol (4:1); 8: 100 ml Petroläther + Benzol (3:1); 9—10: 200 ml Petroläther + Benzol (2:1); 11: 200 ml Petroläther + Benzol (1:1); 12: 200 ml Benzol; 13—16: 800 ml Benzol]. Fraktion 8—11 liefert aus Chloroform + Methanol.

Cycloartenol-acetat, Fp. 122—123°, $[\alpha]_D = +58°$ (Chloroform).

Cycloartenol, durch Reduktion des Cycloartenons (mit Natrium in Propanollösung) erhaltenes Präparat, aus Chloroform + Methanol, Nadelaggregate, Sintern 80°, Fp. 85—92° Zs., $[\alpha]_D = +48°$ (Chloroform).

Cycloartenol-benzoat, mit Pyridin + Benzoylchlorid, 48 Std. Raumtemperatur, aus Methanol + Chloroform, lange Nadeln, Fp. 129—130°, $[\alpha]_D = +65°$ (Chloroform).

Aus Fraktion 6 + 7, zweimal aus Chloroform + Methanol umkristallisiert:

Butyrospermol-acetat, Nadeln, Fp. 141—143°, $[\alpha]_D = +14°$ (Chloroform).

8. Amyrine, Elemisäuren und andere Triterpene des Elemiharzes.

β-Amyrin ($C_{30}H_{50}O$) ($\Delta^{12,13}$-2-Oxy-oleanen) (XXXIV).

α-Amyrin ($C_{30}H_{50}O$) ($\Delta^{12,13}$-2-oxy-ursen) (XXXVII).

δ-Amyrin ($C_{30}H_{50}O$) ($\Delta^{13,18}$-2-Oxy-oleanen) (XXXV).

Brëin ($C_{30}H_{50}O_2$) ($\Delta^{12,13}$-2,21(oder 22)-dioxy-ursen) (XXXVIII).

---

[1] Barton, D. H. R., J. E. Page u. E. W. Warnhoff: J. Chem. Soc. **1954**, 2715.

Maniladiol
($C_{30}H_{50}O_2$) ($\Delta^{12,13}$-2,16-epi-dioxy-
oleanen) (XXXVI).

α-Elemolsäure
($C_{30}H_{48}O_3$) (Elemadienolsäure).

β-Elemonsäure
($C_{30}H_{46}O_3$) (Elemadienonsäure).

HO•   HO•   HO•   OH

(XXXIV)   (XXXV)   (XXXVI)

HO•   HO•   OH

(XXXVII)   (XXXVIII)

Die als Elemiharze bezeichneten Wundharze verschiedener *Burseraceae* (*Icica*, *Bursera*, *Pachylobus*, *Aucoumea* sp. sp.) enthalten neben flüchtigen Bestandteilen (u. a. Sesquiterpenen) eine Anzahl von Triterpenkörpern. Hierüber vgl. DISCHEN-DORFER (1932). Ihre Isolierung wurde hauptsächlich aus dem Manila-Elemiharz durchgeführt. Der Hauptbestandteil des Harzes ist das schon im Naturprodukt kristallin vorliegende „Amyrin", welches bereits VESTERBERG (1922) über die Benzoylverbindung in zwei isomere einwertige Triterpenalkohole, das α- und β-Amyrin zerlegen konnte. α- und β-Amyrin sind im Pflanzenreich weit ver-breitet. WEHMER, THIES und HADDERS (1932) geben Amyrine für 30 Pflanzenarten aus 10 Familien an. Auch in diesem Beitrag werden die Amyrine als Neben-produkte der Darstellung verschiedener anderer Triterpene mehrfach erwähnt. Mit zahlreichen weiteren Funden ist sicher zu rechnen.

Vielfach fungieren die Amyrine in freier Form oder verestert (mit Essigsäure, seltener mit Capron- oder Zimtsäure) als Milchsaftbestandteile.

MUSGRAVE, STARK und SPRING (1952) entdeckten im Blütenextrakt von *Spartium iunceum* (Papilionaceae) neben Lupeol und α- und β-Amyrin das δ-Amyrin, welches sich vom β-Amyrin nur durch die Lage der Doppelbindung unterscheidet. δ-Amyrin war im Laboratorium durch Isomerisation des Lupenyl-acetates (RUZICKA, JEGER und NORYMBERSKI, 1942) und des β-Amyrenons (AMES, HALSALL und JONES, 1951) bereits bekannt. Bei der Art der Darstellung aus dem Pflanzenmaterial (s. unten, S. 94) ist eine sekundäre Bildung während der Aufarbeitung wenig wahrscheinlich.

Unter den neutralen Triterpenbestandteilen des Manila-Elemi wurden weiter 2 Diole aufgefunden (MORICE und SIMPSON, 1940); das eine hiervon, das Brëin, gehört nach seiner Konstitution in die Gruppe des α-Amyrins, das Maniladiol in die des β-Amyrins. Das Vorkommen der beiden genannten Verbindungen ist, soweit bekannt, auf das Elemiharz beschränkt. Bei dem daneben aufgefundenen ψ-Taraxasterol lassen die Verfasser die Möglichkeit einer Bildung während der Aufarbeitung durch Cyclisierung eines primär vorhandenen tetracyclischen Tri-terpens offen.

Als saure Bestandteile des Harzes werden im älteren Schrifttum 3 Elemi-säuren angeführt (α, β, γ). Durch BILHAM und KON (1942) und RUZICKA, REY und SPILLMANN (1942) wurde gezeigt, daß die α- und β-Säure nahe verwandt sind und sich nur durch den Besitz einer Hydroxyl- bzw. Carbonylgruppe an der gleichen Stelle des Moleküls unterscheiden. Sie sind demnach als Elemadienol-säure (α-Elemolsäure) bzw. Elemadienonsäure (β-Elemonsäure) zu bezeichnen. Über die von MLADENOVIĆ und LIEB (1931) angegebene hochschmelzende γ-Elemi-säure (Fp. 281°, $[\alpha]_D^{20} = +68,76°$, Acetat Fp. 180°, $[\alpha]_D^{20} = +59,17°$) hat man in neuerer Zeit nichts mehr gehört. BILHAM und KON (1942) geben noch an, daß sie „nur selten im Elemi vorhanden ist". RUZICKA, EICHENBERGER, FENTER, GOLDBERG und WAKEMAN (1932) stellen ihre Existenz als Stoffindividuen über-haupt in Frage. Sie geben aber selbst eine „δ-Elemisäure" (Fp. 218—219°, Methylester Fp. 112—113°) an, von der in den späteren Arbeiten der Schule von RUZICKA wiederum keine Rede mehr ist. Als gesichert können zur Zeit offenbar also nur die α-Elemol- und die β-Elemonsäure gelten.

Nach HALSALL, MEAKINS und SWAYNE (1953) werden die α-Elemol- und β-Elemonsäure im Manila-Elemi von kleinen Mengen der entsprechenden Dehydro-Verbindungen begleitet.

Daß die Untersuchungen an Elemi-Sorten noch keineswegs abgeschlossen sind, zeigen die neueren Untersuchungen von BHUVANENDRAM, MANSON und SPRING (1950) mit dem Wundharz von *Canarium Schweinfurthii* (Burseraceae), das nach WIESNER (1927) mit dem Uganda-Elemi identisch sein dürfte. Neben α- und β-Amyrin, Elemadienolsäure und Elemadienonsäure wurden ein neues Triterpendiol $C_{50}H_{48-50}O_2$ gefunden, das vom Maniladiol deutlich verschieden ist.

Trennung von α- und β-Amyrin aus Manila-Elemi. (VESTERBERG, 1922; VESTERBERG und WESTERLIND, 1922; verbessert von RUZICKA, SILBERMANN und FURTER, 1932.)

a) Amyringemisch. 500 g Manila-Elemi auf dem Wasserbad in 600 ml Äthanol (85%) lösen. Die Lösung erstarrt beim Erkalten kristallin; zerteilen, abpressen. Die abgepreßte Mutterlauge enthält wenig Brëin, „Bryoidin", „Elemiol", „Elemisäure" und amorphes Harz. Der zerbrochene Preßkuchen wird mit 200 ml Äthanol (80—85%) unter Rückfluß gekocht, das ungelöste Amyringemisch abgenutscht, mit heißem Äthanol (85%) gewaschen, in Äthanol (96%) gelöst, schnell heiß filtriert, nach 1—2 Std. kristallisiert reines Amyrin: mit kaltem Äthanol (85%) waschen, trocknen.

b) Trennung von α- und β-Amyrin als Benzoate. 92 g Amyrin, 100 ml Benzol, 61 g Benzoylchlorid, 30 g Pyridin, 0,5—1 Std. Wasserbad unter Umschwenken, 2 Std. auf Wasserbad einengen, mit sehr verdünnter H_2SO_4 verreiben, absaugen, mit Wasser, dann mehrmals mit Äthanol (80%) waschen, weiße Kristallmasse, mit kaltem Äther fraktionieren. Der schwerlösliche Anteil (Fp. > 215—216°) wird zuerst 2—3mal aus Benzol kristallisiert. Dabei ziemlich rasch unreines β-Amyrinbenzoat (Fp. 228-230°), 2—3mal aus Ligroin (Kp. 80—120°) umkristallisiert: *β-Amyrinbenzoat*, Fp. 232—233°.

Ätherlösliche Anteile (Fp. < 185°) 2—3mal aus Benzol, ungelöste (Fp. 189—191°), 2—3mal aus Ligroin umkristallisiert: *α-Amyrinbenzoat*, Fp. 193—194°.

Verseifung mit NaOH in Äthanol (abs.), mit Wasser fällen, aus starkem Äthanol umkristalli-sieren.

c) Trennung von α- und β-Amyrin als Anisate. (SPRING, 1933.) 170 g Amyrin-gemisch, in der üblichen Weise (nach a) hergestellt, in Benzol gelöst, mit 70 g Pyridin + 140 g Anisylchlorid 2 Std. Rückfluß. Benzol im Vacuum abdestillieren, abkühlen, mit H_2SO_4-Überschuß versetzen, Fällung mit verdünnter Säure, Wasser, Äthanol (abs.) waschen, 1 Std. mit 1 l Äther unter Rückfluß auskochen, Unlösliches 3mal mit zusammen 750 ml Chloroform ausziehen, Lösung: α-Amyrinanisat; Unlösliches: β-Amyrinanisat.

β-*Amyrinanisat*, aus Methanol (abs.) umkristallisiert, Nadeln, Fp. 251—252°.

Verseifung: 30 g β-Amyrinanisat in 1,5 l Äthanol (abs.) suspendieren, mit 40 g KOH 6 Std. am Rückfluß, 300 ml Wasser zugeben, nochmals 2 Std. Rückfluß, Wasser zugeben, Fällung mit Äthylacetat umkristallisieren.

β-*Amyrin*, lange Nadeln, Fp. 192°.

α-*Amyrinanisat*, beim Eindampfen der Chloroformlösung, aus Äthylacetat umkristalli-siert, Fp. 191°.

Verseifung: α-*Amyrin*, Fp. 176°.

α-Elemolsäure und β-Elemonsäure aus Manila-Elemi. (RUZICKA, HOSKING und WICK, 1931.)

a) *Rohes Säuregemisch.*

Manila-Elemi („weich") wird in Portionen von je 3 kg mit 5 l Äther digeriert, die Lösung vom Ungelösten abgegossen, die Ätherlösung zweimal gegen 300 ml 2%iger NaOH, dann gegen Wasser geschüttelt. Dieses Verfahren wird dreimal wiederholt. Die Laugenauszüge werden absitzen gelassen, nach Dekantieren angesäuert. Der dicke Niederschlag wird abgenutscht, mit Wasser durchgewaschen und abgepreßt. Preßkuchen in Äther lösen, Wasser abtrennen, Äther einengen. „Elemisäure" scheidet sich ab, aus Äthanol (80%) umkristallisieren, Mutterlauge aufarbeiten. Rohe „Elemisäure" (7% des Harzes, Fp. 200°) aus Äthanol (abs.) umkristallisieren.

„*Elemisäure*", Fp. 215—216°, [α]D = —20,5° (Äthanol).

d) Trennung der Säuren. (RUZICKA und HÄUSSERMANN, 1942; RUZICKA, REY und SPILLMANN, 1942.)

Rohsäuregemisch aus Äthanol umkristallisieren (Fp. 210°). 110 g in 1,2 l Methanol lösen, dazu 12 g Girard-Reagens T[1] + 6 ml Eisessig, über Nacht bei Zimmertemperatur stehenlassen, auf etwa 1 kg Eis gießen, welchem 5,6 g wasserfreies Na₂CO₃ und 100 ml Wasser beigefügt waren, in Scheidetrichter mit 5 l Äther extrahieren, zwecks leichterer Phasentrennung Eis zugeben, Ätherlösung mit insgesamt 2 l Eiswasser waschen, mit Na₂SO₄ trocknen, abdampfen: 90 g rohe α-Elemolsäure, zweimal aus Äthanol umkristallisieren.

α-*Elemolsäure*, Fp. 224—225° corr., [α]D = —24,0° (Chloroform).

Acetyl-α-Elemolsäure-methylester. 2 g Elemolsäure in Äther (trocken) gelöst, dazu ätherische Diazomethanlösung im Überschuß, 14 Std. stehenlassen, trocknen: öliger Rückstand.

520 mg davon mit 5 ml Pyridin + 5 ml Essigsäureanhydrid 24 Std. stehenlassen, nach Trocknen mit Äther aufnehmen, mit verdünnter HCl, dann mit Wasser waschen, Ätherrückstand dreimal aus Methanol + Aceton umkristallisieren.

Fp. 113,5—114° corr., [α]D = —43,4° (Chloroform).

Waschwässer der Girard-Trennung mit verdünnter HCl kongosauer machen, 2 Std. stehenlassen: farbloser Niederschlag. Saure Lösung mit 3 l Äther extrahieren, neutral waschen, über Na₂SO₄ trocknen, eindampfen: 15 g rohe β-Elemonsäure, aus Äthanol umkristallisieren:

12,4 g β-*Elemonsäure*, farblose Nadeln, Fp. 224—225° corr., [α]D = +44,9 bis +47,6° (Chloroform).

β-*Elemonsäure-methylester*, mit Diazomethan, Blättchen, Fp. 104—105° corr., [α]D = +35° (Chloroform).

β-*Elemonsäure-oxim.* (Nach BEILHAM und KON, 1942.) Nadeln, Fp. 212—213° corr.

Über die γ-*Elemisäure* und ihre Darstellung aus dem Rohsäuregemisch vgl. MLADENOVIĆ und LIEB (1931) (Fp. 281°, [α]D⁰ = —68,76°, Acetat Fp. 180°, [α]D⁰ = +59,17°).

Maniladiol, Brëin und ψ-Taraxasterol aus Manila-Elemi. (MORICE und SIMPSON, 1940.)

Aus einer Lösung von Elemi in Äthanol (85%) wird nach VESTERBERG (1922) der Amyrinanteil durch Kristallisation entfernt. Der Großteil des Äthanols des Filtrates wird im Vakuum abdestilliert, der viskose und trübe Rückstand in 3 Vol. Äther gelöst. Durch wiederholtes Schütteln gegen 4%ige NaOH werden die Elemisäuren herausgeholt. Äther mit Wasser waschen, einengen, flüchtigen Anteil durch Dampfdestillation vertreiben; Rückstand wieder mit Äther aufnehmen, über Na₂SO₄ trocknen, einengen, es fällt orangegelbes, z. T. kristallines Harz. 150 g hiervon in 1500 ml Benzol lösen, durch Al₂O₃-Säule (Merck, stand. nach BROCKMANN, 120 × 3 cm) filtrieren. Chromatogramm mit je 750 ml Benzol durchspülen, so daß Trockengewichte aufeinanderfolgender Fraktionen einigermaßen konstant sind: Fraktionen I—IX. Die Säule in 3 Teile teilen, mit Chloroform + Äthanol eluieren. Unterste Schicht: Fraktion X.

Fraktion VI und VII.

35 g, 35 ml Pyridin, 35 ml Benzoylchlorid, 2 Std. bei 100°, über Nacht stehenlassen, mit Eis und verdünnter H₂SO₄ behandeln, Benzoate durch Äther isolieren, in Äthanol überführen.

7,5 g Substanz mit 750 ml siedendem Methanol digerieren. Unlösliches: β-*Amyrin-benzoat.*

Filtrate mit ursprünglicher Mutterlauge vereinigen; 2 Std. unter Rückfluß mit 40 Teilen 5%iger äthanolischer KOH verseifen, freie Triterpenalkohole mit Wasser fällen, mit Äther extrahieren einengen.

28 g Substanz 2 Std. mit 140 ml Benzol + 140 ml Ameisensäure kochen, Wasser zufügen, Äther zufügen, Benzol + Ätherschicht mit Na₂CO₃, dann mit Wasser waschen, trocknen, aus wäßrigem Aceton kristallisieren:

5,4 g etwas unreines *Maniladioldiformiat*, in reinem Zustand Fp. 191—192°, [α]D⁰ = +84° (Chloroform).

---

[1] Über die „Girard-Reagentien" P und T zur Abtrennung von Ketonen vgl. GIRARD und SANDULESCU (1936).

Maniladioldiformiat mit siedender äthanolischer KOH (2%) verseifen, benzoylieren, verseifen, aus verdünntem Methanol umkristallisieren.

Maniladiol, Nadel-Rosetten, Fp. 220—221°, $[\alpha]_D^{19} = +68°$ (Chloroform).

Maniladiol-diacetat, mit Pyridin + Essigsäureanhydrid, aus Methanol umkristallisieren, Rosetten, Fp. 193—194°, $[\alpha]_D^{19} = +80°$ (Chloroform).

Maniladiol-dibenzoat, aus Äthanol, Nadelbüschel, Fp. 233—234°, $[\alpha]_D^{17} = +63,5°$ (Chloroform),

Aus den Mutterlaugen des Maniladiol-diformiats ·durch Eindampfen 1,25 g unreines *Brëin-diformiat*.

Mit 2%iger äthanolischer KOH verseifen, aus verdünntem Methanol oder Äthanol:

Brëin, prismatische Nadeln, Fp. 221—222°, $[\alpha]_D^{19} = +63,5°$ (Chloroform).

Brëin-diacetat. Aus verdünntem Äthanol. Prismen, Fp. 197—198°, $[\alpha]_D^{17} = +70°$ (Chloroform).

Brëin-dibenzoat. Aus Äthanol oder wäßrigem Aceton. Fp. 209—210°, $[\alpha]_D^{17} = +58°$ (Chloroform).

Fraktion VIII und *IX*. (zus. 30 g)

Mit 25 T. Ameisensäure + 25 T. Benzol 2 Std. am Rückfluß formyliert, aus wäßrigem Aceton umkristallisiert.

3 g *Brein-diformiat*, Fp. 220—221°, $[\alpha]_D^{21} = +67°$ (Chloroform).

Aus den Mutterlaugen: *Maniladiol-diformiat*.

Fraktion X.

Etwas Elemisäure durch 2 Std. Rückfluß mit 30 Vol.3%iger äthanolischer KOH entfernen. auf Hälfte einengen, Wasser zugeben, ausäthern. 60 g Ätherrückstand, nach obiger Vorschrift formyliert. Lösung des Formiats setzt 5,5 g fast reines ψ-Taraxasterolformiat ab. Umkristallisieren aus Benzol + Äthanol.

ψ-Taraxasterolformiat, Nadeln, Fp. 219—221°, $[\alpha]_D^{17} = +51°$ (Chloroform). Schwerer löslich als Diformiate von Brein und Maniladiol. ·⁺

Formiat mit 2%iger äthanolischer KOH verseift, aus Methanol umkristallisiert.

ψ-Taraxasterol, lange Nadeln, Fp. 218—219°, $[\alpha]_D^{17} = +48°$.

ψ-Taraxasterol-acetat, aus Äthanol, Blättchen, Fp. 237—239°, $[\alpha]_D^{17} = +53°$.

ψ-Taraxasterol-benzoat, aus Benzol + Äthanol, Blättchen, Fp. 280—282°, $[\alpha]_D^{17} = +68°$.

Eine Trennung von ψ-Taraxasterol von Brein und Maniladiol ist auch über die Acetate möglich (Morice und Simpson, 1940).

Aufarbeitung des Wundharzes von *Canarium Schweinfurthii*. (Bhuvanendram, Manson und Spring, 1950.) Harz durch Dampfdestillation von flüchtigen Bestandteilen befreit mit Äther extrahiert, filtriert, mit 18%iger KOH gewaschen: in der Lauge *Säurefraktion A*, im Äther: *Neutralfraktion B*.

Fraktion A gibt mit HCl angesäuert, mit Äther extrahiert Säurengemisch, 80 g davon mit Girard-Reagens P in α-Elemonsäure und β-Elemonsäure zerlegt (32 g).

Fraktion B nach Acetylierung aus Aceton fraktioniert. Spitzenfraktion α- und β-Amyrin (26 g), in üblicher Weise über die Benzoate getrennt, chromatographiert, in dem Mittel-fraktionen der Elutionen (mit Äther) aus Äthylacetat, dann aus Nitromethan umkristallisiert „Diol" $C_{30}H_{48-50}O_2$, Fp. 293—295° (Vac. Zs.). Ausbeute 450 mg aus 500 g Harz.

δ-Amyrin aus *Spartium iunceum*-**Blüten.** (Musgrave, Stark, Spring, 1952.) Petrol-ätherextrakt der Blüten (0,18%), daraus äthanollösliche Fraktion. Aus dieser ätherlösliche Anteile in Benzol übergeführt und chromatographiert. Die ersten Benzoleluate enthalten α-, β- und δ-Amyrin. Trennung durch Chromatographie der gemischten Benzoate, nach-folgende Verseifung, Acetylierung und fraktionierte Kristallisation aus Chloroform + Methanol.

δ-Amyrinacetat, hexagonale Platten, Fp. 206,5—207,5°, $[\alpha]_D = +30°$ (Chloroform).

9. Erythrodiol.

$(C_{30}H_{50}O_2)$ $(\Delta^{12,13}$-2,28-dioxy-oleanen) (XXXIX).

(XXXIX)

Das Erythrodiol wurde von ZIMMERMANN (1932, 1936) in den Früchten von javanischer Coca *(Erythroxylon novogranatense = E. coca var. novogranatense)* entdeckt. Der Alkohol liegt in der Pflanze als Monostearat vor. RUZICKA und SCHELLENBERG (1937) haben die Konstitution des Alkohols aufgeklärt.

DJERASSI, McDONALD und LEMIN (1953) isolierten Erythrodiol neben Oleanolsäure und dem Triterpentriol Longispinogenin aus dem Hydrolysat der Saponine von *Lemairocereus longispinus.*

Isolierung des Erythrodiols aus Coca-Früchten. (ZIMMERMANN, 1932, 1936.)

20 kg frische Früchte liefern bei 70° getrocknet 8 kg Trockensubstanz. Diese wird fein gemahlen und im Soxhlet 4mal mit Petroläther (Kp. 70—80°) extrahiert. Die nach Entfernung des Lösungsmittels bleibende rotbraune Masse wird mit starkem Äthanol ausgekocht. 1,6 l äthanolischer Extrakt scheidet beim Erkalten Farbstoff ab, von dem durch Filtration getrennt wird. Beim Einengen auf 1,2 l bilden sich an der Gefäßwandung weiße Kristallwarzen. Die abgegossene Lösung wird solange weiter konzentriert, bis sich nicht mehr die weißen Warzen, sondern harzige Massen abscheiden. Die Warzen werden aus heißem Äthanol umgelöst. Aus Aceton, dann aus Äthanol (90%) unkristallisiert:

Erythrodiol-monostearat, Blättchen, Fp. 125°, $[\alpha]_D^{16} = +49{,}90°$ (Chloroform).

Aus den Rückständen der Gewinnung des Erythrodiol-Esters kann, nach Verseifung, über das Diacetat direkt Erythrodiol-diacetat gewonnen werden. (3,5 g reines Erythrodiol-monostearat + 13,5 g rohes Erythrodiol-diacetat.)

Verseifung durch 2stündiges Kochen mit 0,35 n-äthanolischer KOH. Es wird mit 0,1 n-HCl zurücktitriert, nachdem mit der 7,5fachen Menge Äthanol verdünnt wurde. Der Ansatz wird wieder schwach alkalisch gemacht, auf dem Wasserbad eingedampft, scharf getrocknet und mit Chloroform extrahiert. Nach Abdampfen des Chloroforms:

Erythrodiol, lange Nadeln, Fp. 231°, $[\alpha]_D^{16} = +75{,}38°$ (Chloroform), in Chloroform sehr leicht, in Petroläther schwer löslich.

Erythrodiol-diacetat. (ZIMMERMANN, 1932.) 2 Std. mit 20facher Menge Essigsäureanhydrid kochen, nach Erkalten filtrieren, beim Stehen Kristalle, absaugen, mit Äthanol (verd.) waschen, 3mal aus starkem Äthanol umkristallisieren, lange Nadeln, Fp. 188°, $[\alpha]_D^{16} = +59{,}41°$.

Erythrodiol-diformiat. (ZIMMERMANN, 1936.) 0,5 g Diol werden mit 25 ml Ameisensäure (90%) auf kleiner Flamme 10 min gekocht, der Ansatz wird in 100 ml Wasser gegossen, der abgeschiedene Ester abfiltriert, mit verdünntem NaHCO₃-Lösung gewaschen, aus Äthanol umkristallisiert, Fp. 195°.

10. Basseol und verwandte Verbindungen.

Basseol   Parkeol   Bassiasäure
$(C_{30}H_{50}O)$ (XL). $(C_{30}H_{50}O)$ $(C_{30}H_{45}O_5)$ (XLI).

Butyrospermol   Bassia-Saponin.
$(C_{30}H_{50}O)$.

(XL)   (XLI)

Die im folgenden behandelten Triterpene stammen aus Früchten von indischen und afrikanischen *Bassia*-Arten *(Sapotaceae)*. Nach der Zusammenstellung von BAUER (1929) liefern folgende *Bassia*-Arten Handelsfette:

1. *Bassia Parkii*   — Shea-Butter (shea-fat);
2. *Bassia butyracea*   — Fulwa-Butter;
3. *Bassia latifolia*   — Mahwa-Butter (= Illipé-Öl);
4. *Bassia longifolia* — Mawrah-Butter.

Die Öle werden durch Auskochen oder Pressen der aus dem Fruchtfleisch isolierten Samen gewonnen. Sie dienen im Ursprungslande · als Speisefette, in Europa zur Kerzen- und Seifenfabrikation. Die Namen dieser Baumfette des Handels sind wenig definiert, oft scheinen Gemische vorzukommen. Daraus dürften sich gewisse Unstimmigkeiten bezüglich der Inhaltsstoffe erklären. Besonders die Shea-Butter ist reich an unverseifbaren Bestandteilen (5—15%).

Heilbron, Moffet und Spring (1934) fanden im Unverseifbaren der Shea-Butter neben β-Amyrin und Lupeol als neuen Triterpenalkohol das Basseol[1]. Beynon, Heilbron und Spring (1937) isolierten dann aus dem Cambium der *Bassia Parkii* Lupeol, α-Amyrin und Basseol, aus der Rinde neben den beiden erstgenannten Triterpenen auch β-Amyrin. Bei Versuchen, neues Basseol für chemische Untersuchungen zu gewinnen, fanden gleichzeitig und unabhängig voneinander zwei Arbeitsgruppen (Heilbron, Jones und Robins, 1949; Seitz und Jeger, 1949) an Stelle des gesuchten Alkohols einen neuen Triterpenalkohol, das Butyrospermol. Dieses wurde später von Barton (1951) auch aus der Frucht von *Artocarpus integrifolia (Moraceae)* isoliert.

Auch Dupont, Dulou und Vilkas (1949) hatten beim Versuch der Basseol-Darstellung aus Shea-Butter keinen Erfolg. Wohl aber gelang diese Coelho (1949), der von den Samen von *Bassia Parkii* selbst ausging.

Die Bassiasäure wurde von Heywood, Kon und Ware (1939) in Preßkuchen von *Bassia*-Samen gefunden, die als giftig bekannt sind und in den Ursprungsländern z. B. zur Vertilgung von Regenwürmern verwendet werden. Es liegen Saponine vor, deren Sapogenin die Bassiasäure ist. Bald darauf konnten Heywood und Kon (1940) Bassiasäure auch in anderen Sapotaceen nachweisen *(Mimusops longifolia, M. djore, Dumoria lucida)* oder wahrscheinlich machen *(Palaquium sp. sp.)*.

Bassiasäure hatte auch van der Haar (1929a, b) bereits in Händen, als er die Sapogenine aus dem Saponin der Samen von *Achras Sapota* und *Mimusops Elengi (Sapotaceae)* isolierte.

Das Basseol gehört in die Gruppe des β-Amyrins, wahrscheinlich auch die Bassiasäure. Über den Stand der Konstitutionsaufklärung vgl. Jeger (1950) und die dort zitierte Literatur.

Bauer und Moll (1939, 1942) isolierten bei der Aufarbeitung von Shea-Fett neben α- und β-Amyrin, Lupeol und Basseol einen weiteren neuen Alkohol der Steroid- oder Triterpenreihe, das Parkeol $(C_{30}H_{50}O)$, der anscheinend in der späteren Literatur keine Beachtung mehr gefunden hat.

Basseol neben β-Amyrin und Lupeol aus Shea-Butter. (Heilbron, Moffet und Spring, 1934.)

Unverseifbares. 200 g weißes "Shea fat" wird 4 Std. unter Rückfluß mit 500 ml 12%iger äthanolischer KOH verseift. An Boden und Wand des Kolbens bleibt ein Harz. Dieses wird mit Äthanol und Benzol gewaschen, dreimal aus heißem Äther umkristallisiert: „Illipen", Fp. 63—64° (vgl. Kobayashi, 1922).

Alkoholische Seifenlösung in viel H_2O gießen, ausäthern, Ätherextrakt mit Wasser waschen, trocknen bis zur völligen Entfernung des Lösungsmittels: braune harzige Masse, Fp. etwa 65—85°. Ausbeute etwa 5%.

Trennung der Bestandteile. 1. Acetate. 50 g Unverseifbares, 250 ml Essigsäureanhydrid, 90 min Rückfluß, über Nacht stehenlassen. Der gebildete Niederschlag mit Äthanol gewaschen, aus Äthanol umkristallisiert. Erste Anteile aus Benzol + Äthanol, dann aus Äthanol umkristallisieren:

β-Amyrin-acetat, Nadeln, Fp. 235—236°, $[\alpha]_D^{20} = +76,0°$ (Chloroform) durch Verseifung mit 5%iger äthanolischer KOH,

β-Amyrin, Nadeln, Fp. 143—144°,

---

[1] Im Unverseifbaren der Shea-Butter kommen auch Kohlenwasserstoffe vor, die u.'a. von Kobayashi (1922) als Illipen $(C_{32}H_{66})$, von Bauer und Umbach (1932) als „Karitin" $(C_5H_8)_{20-21}$ beschrieben wurden.

β-Amyrin-benzoat, aus Benzol, Blättchen, Fp. 230°.

Die Mutterlaugen der Amyrindarstellung liefern beim Stehen über Nacht noch weiteres *β*-Amyrin-acetat, ebenso beim Einengen. Schließlich fällt

Basseol-acetat, Rosetten von Nadeln, Fp. 141°.

In Äther, Benzol, Chloroform leicht, in Äthanol, Äthylacetat wenig löslich.

Verseifung. 1 g Basseol-acetat, 50 ml 3%ige äthanolische KOH, 4 Std. Rückfluß, aus verdünntem Äthanol umkristallisieren:

Basseol, Fp. 109,5°.

Basseol-benzoat, Fp. 130°.

2. Benzoate.

150 g Unverseifbares gepulvert, 150 ml Benzol, 0,5 g Benzoylchlorid, 60 g Pyridin, 6 Std. unter Rühren auf dem Dampfbad, Lösungsmittel im Vacuum abdestillieren. Rückstand braunes Öl, in 1 l Äthylacetat + Äthanol (1:1) gelöst, am Rückfluß gekocht. Nach 30 min fällt reichliche halbkristalline Masse, abfiltriert, mit Äthanol waschen (80 g), Fp. 170 bis 194°). Mehrfach aus Benzol + Äthanol (1:4), dann aus Aceton umkristallisieren:

Lupeol-benzoat. Prismatische Nadeln, Fp. 261°, $[\alpha]_D^{20} = +59,9°$ (Chloroform).

Verseifung. 10 g Benzoat, 750 ml 2,5%ige äthanolische KOH, 3 Std. Rückfluß, mit H_2O fällen, Niederschlag in 25 ml Methanol + Aceton (3:1) heiß lösen, bei Zugabe von Wasser:

Lupeol, lange Nadeln, Fp. 210—211°, $[\alpha]_D^{20} = 26,4°$ (Chloroform).

Lupeol-acetat. Acetylierung in üblicher Weise, aus Äthanol umkristallisieren, Nadelbüschel, Fp. 214°, $[\alpha]_D^{20} = 26,4°$ (Chloroform).

Aus den Mutterlaugen des Lupeolbenzoats läßt sich neben weiterem Lupeolbenzoat das *β*-Amyrin-benzoat gewinnen.

Basseol, α-Amyrin und Lupeol aus dem Cambium von *Bassia Parkii*. (BEYNON, HEILBRON, SPRING, 1937.)

a) Unverseifbares. 3 kg Cambium nacheinander je 3 Std. mit 6 l, 4 l, 4 l, 4 l Äthanol am Rückfluß extrahiert. Vereinigte Extrakte eingeengt, mit 500 g KOH in 200 ml Wasser durch 5 Std. Rückflußkochung verseift. Mit Wasser verdünnen, ausäthern, Äther mit verdünnter HCl und Wasser waschen, eintrocknen: 50 g harzige Masse.

b) Trennung. 50 g Unverseifbares 2,5 Std. mit 150 ml Essigsäureanhydrid + 25 g Natriumacetat (w. frei) am Rückfluß kochen, in 200 ml H_2O gießen, über Nacht stehenlassen, filtrieren: Niederschlag (I), Lösung (II).

Niederschlag (I) aus Äthanol mehrfach umkristallisieren:

α-Amyrin-acetat, Fp. 222°, $[\alpha]_D^{20} = +76°$ (Chloroform).

Lösung (II) einengen, stehenlassen, Niederschlag 2 mal aus Äthylacetat umkristallisieren:

Basseol-acetat, Fp. 141° $[\alpha]_D^{20} = +25°$ (Chloroform).

Mutterlaugen des α-Amyrinacetats eindampfen, durch 6 Std. Rückflußkochung mit 500 ml 7%iger äthanolischer KOH verseifen, mit Wasser verdünnen, kristalline Fällung mit Äther isolieren (19 g). In Benzollösung mit 10 ml Pyridin + 20 ml Benzoylchlorid 5 Std. am Rückfluß benzoylieren, Lösungsmittel entfernen, öligen Rückstand mit Äther extrahieren, mit verdünnter NaOH, verdünnter H_2SO_4, H_2O waschen, eindampfen, Rückstand mehrfach aus Benzol + Äthanol umkristallisieren:

Lupeol-benzoat, Fp. 265°, $[\alpha]_D^{20} = +60,3°$.

In der Mutterlauge noch:

α-Amyrin-benzoat, Fp. 194°.

Butyrospermol aus Shea-Butter. (HEILBRON, JONES, ROBINS, 1949.) Zwei Handelsmuster von "Shea-fat" lieferten kein Basseol, sondern Butyrospermol.

1,4 kg Unverseifbares 4 Std. unter Rückfluß mit 7 kg Essigsäurehydrid acetyliert. Kleiner Niederschlag durch Dekantieren der heißen Lösung entfernt, beim Stehen über Nacht Abscheidung fester, klebriger Substanz, abfiltriert und abgepreßt, mit H_2O gut gewaschen: Rohacetate.

Das Filtrat liefert bei 0° noch weitere feste Substanz. Diese abfiltriert, mit wenig kaltem Äthanol gewaschen, in heißem Äthylacetat gelöst, beim Erkalten weiße Nadeln. 5 mal mit Äthanol + Äthylacetat (10:3) umkristallisiert.

Butyrospermol-acetat. Nadeln, Fp. 146,5—147,5°, $[\alpha]_D^{20} = +112°$ (Chloroform).

Die Rohacetate (2 g) werden auf 130 g Al_2O_3 ("Peter Spence") chromatographiert und durch Elution mit je 100 ml Benzol + Petroläther (40—60°) (1:4) in 11 Fraktionen zerlegt. Fraktion 3 und 4 enthalten das Butyrospermol-Acetat.

Butyrospermol. 0,4 g Acetat, 20 ml 5%ige äthanolische KOH, 2 Std. am Rückfluß, in H_2O gießen, ausäthern. Aus Methanol (verd.) umkristallisieren. Nadeln, Fp. 111—113°, $[\alpha]_D^{20} = -12°$ (Chloroform).

Butyrospermol-benzoat. Benzoylierung mit Pyridin + Benzoylchlorid bei Zimmertemperatur. Aus Benzol + Äthanol umkristallisieren. Blättchen, Fp. 130—133°, $[\alpha]_D^{20} = +33,5°$ (Chloroform).

Seitz und Jeger (1949) erhalten aus 500 g Shea-Butter 15 g Unverseifbares (gelbes Öl). 160 g Unverseifbares geben an siedendem Petroläther 107 g lösliche Substanz ab, 32 g übrigbleibendes Kristallisat (Fp. etwa 150°) blieb unverarbeitet. Das Petroläther-lösliche wird acetyliert. Die Spitzenfraktion aus Alkohol (Fp. > 150°) enthält β-Amyrinacetat und Lupeolacetat, aus den Mutterlaugen wird 1 g *Butyrospermol-acetat* (Fp. 140—142°, [α]D = +10 bis + 11° gewonnen. *Butyrospermol* durch Verseifung aus Methanol + Chloroform: Fp. 108—109°, [α]D = —13°.

Bassia-Saponin und Bassiasäure aus *Bassia*-Arten. (Heywood, Kon und Ware, 1939; Heywood und Kon, 1940.) 156 g zerkleinerte Samenkerne von *Bassia butyracea* 12 Std. im Soxhlet mit Petroläther (Kp. 40—60°) entfettet (90 g hellgelbes Fett). Rückstand (66 g) 36 Std. mit Äthanol ausziehen, farbloses Extrakt in 3 Volumina Äther gießen, Rohsaponin fällt aus, filtrieren, umkristallisieren durch Lösen in wenig heißem Äthanol und Zugabe von 3 Volumina Äther. Fiederige Nadeln, Fp. 235—240° Zs. Mit Cholesterin nur unvollständige Fällung.

Rohsaponin kann auf ähnliche Weise auch aus Samen anderer *Bassia*-Arten gewonnen werden.

Sapogenin (= Bassiasäure). 1700 g Rohsaponin in 10 15% HCl 6 Std. kochen, Sapogenin fällt zuerst gallertig, dann körnig, abfiltrieren, 2mal mit heißem Wasser waschen, im Vacuum-Exsikkator trocknen. Rohsapogenin im Soxhlet 3 Std. mit Äthylacetat extrahieren, Extrakt in Methanol überführen, mit Norit entfärben, Lösung bis zur Kristallisation einengen, aus Dioxan + Petroläther umkristallisieren (19 g).

Bassiasäure, Fp. 316°, [α]D = +82,4° (Pyridin) kristallisiert aus Äthylacetat mit 1 Mol H_2O, aus Methanol mit 1 Mol CH_3OH.

Bassiasäure-Methylester.
Mit Diazomethan 75%, mit Dimethylsulfat + Alkali 50% Ausbeute. 2 Formen, α-Form. Fp. 214—215°, [α]D = +64° (Chloroform),
aus Äthanol (verdünnt) mit 1 C_2H_5OH, Fp. 183—184°,
β-Form. Fp. 220°,   [α]D = +55,5° (Chloroform),
α- und β-Form liefern die gleiche Acetonylverbindung.

Acetonylverbindung des Bassiasäure-methylesters.
0,5 g Methylester (α- oder β-Form) in wenig Aceton (trocken) lösen, 3 Tropfen konz. HCl zugeben. Prismen, Fp. 205°. Daraus durch Umkristallisieren aus Methanol: α-Form, aus Äthanol: β-Form des Methylesters.

Parkeol aus Shea-Butter. (Bauer und Moll, 1942.) Der äthanolische Anteil des Unverseifbaren wird acetyliert und mit Äthanol fraktioniert. Es werden nacheinander die Amyrinacetate, Basseolacetat und, in der niedrigst schmelzenden Fraktion, *Parkeolacetat* (Fp. 161°) erhalten. *Parkeol:* Nadeln, Fp. 164°, *Parkeolbenzoat:* Nadeln, Fp. 197°.

11. Primulagenin und Primulasäure.

Primulagenin A[1]   Primulasäure A.
($C_{30}H_{50}O_3$) ($\Delta^{12,13}$-2,16,28-trioxy-oleanen)
(= „Genin A" = ? „Elatigenin") (XLII).

Primulagenin B
(= „Genin B").

(XLII)

Kofler (1932, dort auch die ältere Literatur) hatte festgestellt, daß die Wurzeln und Rhizome der beiden medizinisch verwendeten *Primula*-Arten verschiedene Saponine enthalten. Aus *Primula veris (= P. officinalis)* konnte er mit Mitarbeitern die „*Primulasäure*" kristallisiert darstellen, für *Primula elatior* gibt er das saure, nicht kristallisierbare „*Elatiorsaponin*" an. Margot und

---

[1] Es wird vorgeschlagen, die wenig bezeichnenden Trivialnamen „Genin A" und „Genin B" durch „Primulagenin A" und „Primulagenin B" zu ersetzen.

REICHSTEIN (1942) gelang es nun, aus beiden *Primula*-Arten wie auch aus der zumeist gemischten Handelsdroge ein saures Saponin als kristallines Natriumsalz zu isolieren (Primulasäure A). Die Ausbeute an dieser Substanz war bei beiden *Primula*-Arten sehr verschieden hoch. Es liegen sicher noch wechselnde Mengen von Nebensaponinen vor. Unentschieden muß zunächst die Frage bleiben, ob die Primulasäure A der genuine Inhaltsstoff ist. Der Darstellungsvorgang von MARGOT und REICHSTEIN schließt z. B. Esterverseifungen nicht mit Sicherheit aus.

Bei der Hydrolyse von „Primulasäure A" wurde neben 1 Mol Glukose, 1 Mol Galaktose und 1 Mol Uronsäure (wahrscheinlich Glukuronsäure) ein neutrales „Genin A" ($C_{30}H_{50}O_3$) gefunden, das sehr wahrscheinlich mit dem von RUHKOPF und MOHS (1936) aus „Elatiorsäure" (von *Primula elatior*) gewonnenen Elatigenin identisch ist. BISCHOF und JEGER (1948) konnten seine Konstitution aufklären.

Darstellung von Primulasäure A aus Primelwurzeln. Die selbst gesammelte, zerkleinerte und getrocknete Droge von *Primula veris* wird gepulvert. 100 g Pulver mit 600 ml Wasser + 12,5 ml 10% NH₃, 24 Std. unter Umrühren, Raumtemperatur. Scharf absaugen, Rückstand noch 1—2mal in gleicher Weise ausziehen.

Filtrat der Auszüge (je etwa 250 ml) mit konz. HCl kongosauer machen, schleimigen Niederschlag nach ½—1 Std. auszentrifugieren, mit dest. Wasser zweimal waschen und zentrifugieren. Sofort in 60 ml Wasser mit der eben nötigen Menge konz. NH₃ lösen, filtrieren, zum Sieden erhitzen, mit 20 ml 2 n-Sodalösung versetzen, 3 Std. kochen, abkühlen, kristallin ausgefallenes Natriumsalz scharf abnutschen, mit wenig kaltem Wasser waschen, trocknen. Der erste NH₃-Auszug liefert, so aufgearbeitet, 4,1 g, der zweite 3,1 g, der dritte 1,7 g kristallisiertes Na-Salz. *Primula elatior* ergab bei zweimaliger Extraktion 2,3 + 0,7 g Na-Salz.

Na-Salz der Primulasäure A, Nadeln
aus *Primula veris,*   Fp. 283—285° Zs., $[\alpha]_D^{18} = -27,3 \pm 2°$ (Methanol)
aus *Primula elatior,*   Fp. 280—281° Zs., $[\alpha]_D^{13} = -27,7 \pm 1,5°$ (Methanol)

Freies Saponin: 3 g Na-Salz in 50 ml Methanol lösen, filtrieren, mit Eisessig deutlich ansäuern, Wasser zugeben, Methanol im Vacuum abdampfen. Saponin fällt als amorpher weißer Niederschlag, abzentrifugieren, 6mal mit schwach essigsaurem Wasser waschen. Im Vacuum trocknen, 2,8 g:

Primulasäure A, amorphes Pulver
aus *Primula veris*   Fp. 235—237° Zs., $[\alpha]_D^{18} = -34,8° \pm 1,5°$ (Methanol),
aus *Primula elatior,*   Fp. 240—241° Zs., $[\alpha]_D^{17} = -31,8° \pm 2°$ (Methanol).

Primulasäure A-methylester.

0,5 g Saponin, 15 ml Methanol, 0°, mit ätherischer Diazomethanlösung. Rückstand aus Methanol + Äther kristallisiert, aus Methanol umkristallisiert, Körnchen.
aus *Primula veris*   Fp. 306—314° Zs., $[\alpha]_D^{14} = -35,2 \pm 2°$ (Methanol).
aus *Primula elatior*   Fp. 306—314° Zs., $[\alpha]_D^{14} = -35,4 \pm 2°$ (Methanol).
Aus 1,5 kg Handelsdroge wurden in gleicher Weise 65 g Natriumsalz bzw. 61 g Primulasäure A gewonnen (Fp. 239—240° Zs.).

Hämolytischer Index der Primulasäure 1:25000—29000.
(Saponin Merck cryst. albiss. als Vergleichssubstanz: 1:12500—17000.)

Die Hydrolyse der Primulasäure A und die Isolierung des Sapogenins wurde mit Saponinpräparaten sowohl aus den reinen Primulaarten wie aus Handelsdroge durchgeführt.

Beispiel. 47 g Saponin aus Handelsdroge, 600 ml Äthanol, 250 ml Wasser, 28 ml konz. H₂SO₄, 7 Std. Rückfluß, 600 ml Wasser zugeben, Äthanol im Vacuum abdampfen, mit Sodalösung und Wasser waschen, unlösliche Zwischenschicht (6,4 g Trockensubstanz) abtrennen. Aus der getrockneten Ätherlösung 14 g rohes Genin. In der Wasserphase wurde die Identifizierung der Zucker durchgeführt.

14 g Genin aus Benzol und Methanol umkristallisieren: 4 g rohes Genin A (Fp. 238 bis 246°). Mit 20 ml Pyridin + 15 ml Essigsäureanhydrid, 16 Std. Raumtemperatur, acetyliert. Eingedampft, mit Äther aufgenommen, mit verdünnter HCl, Wasser, verdünnter Na₂CO₃ gewaschen, getrocknet, eingeengt, mit Pentan versetzt. Umkristallisieren aus Methanol.

Diacetylgenin A (= Primulagenin A-diacetat), Fp. 216—217° (Ausbeute 1,25 g).

100 mg Acetylgenin A in Benzol gelöst, mit methanolischer KOH verseift. Mit Benzol umkristallisiert.

Primulagenin A, Fp. 248—250°, $[\alpha]_D^{15} = +16,6 \pm 1,5°$ (Pyridin). $[\alpha]_D^{13} = +32,8 \pm 2°$ (Äthanol abs.).

Die vereinigten Mutterlaugen des Genins werden durch Chromatographie an Al₂O₃ und Acetylierung weiter getrennt. Neben Primulagenin A und „Acetylgenin A" erhält man „Acetylgenin C", das sich als isomeres Primulagenin A-diacetat erweist, und Acetylgenin B, das bei Verseifung ein „Primulagenin B" liefert. Gesamtausbeute: 3,17 g Primulagenin A (2,25 g als freies Primulagenin A, 0,37 g als Diacetylgenin A und 0,55 g als Diacetylgenin C) sowie 1,43 g Diacetylgenin B.

Diacetylgenin C (= isomeres Primulagenin A-diacetat). Aus Äther + Pentan umkristallisiert, Fp. 267—271°, $[\alpha]_D^{15} = +5,5° \pm 2°$ (Chloroform).

Durch Verseifung: *Primulagenin A.*

Primulagenin A-triacetat.

60 mg Diacetylgenin A, 0,3 ml Pyridin, 0,2 ml Essigsäureanhydrid, 2 Std. 100°. Aus Mathanol umkristallisiert, Täfelchen, Fp. 153—156°, $[\alpha]_D^{23} = -8,4 \pm 2°$ (Aceton).

Dasselbe Triacetat kann durch Nachacetylieren von „Acetyl-Genin C" bei Raumtemperatur oder bei 100° erhalten werden (Fp. 156—158°, $[\alpha]_D^{24} = -6,4 \pm 2°$).

Diacetylgenin B (= Primulagenin B-diacetat). Aus Äther + Pentan, spitze Nadeln, Fp. 216—217°, $[\alpha]_D^{15} = +64,9°$ (Chloroform).

Durch Verseifung: *Primulagenin B*, feine Nädelchen, Fp. 248—255°, $[\alpha]_D^{14} = +47,8° \pm$ $\pm 2°$ (Pyridin), $[\alpha]_D^{15} = +62,4° \pm 2°$ (Äthanol, abs.).

12. Gummosogenin[1].

$(C_{30}H_{48}O_3)$ $(\Delta^{12,13}\text{-}2,16, \text{Dioxy-28 oxo-oleanen})$ (XLIII)

(XLIII)

Der in Mexiko heimische *Machaerocereus gummosus (Cactaceae)* wird wegen seines Saponingehaltes als Fischgift verwendet. Die rohe Saponinfraktion liefert bei der Verseifung zwei Triterpensaponine, das Gummosogenin und das aus *Lemaireocereus longispinus* beschriebene Longispinogenin (s. S. 100). Die Konstitution des erstgenannten konnte gemäß der Formel XLIII festgelegt werden (Djerassi, Geller und Lemin, 1954).

Gummosogenin Fp. 251—252°, $[\alpha]_D^{25°} = +28°$ (Chloroform).
Gummosogenin-diacetat Fp. 219—221°, $[\alpha]_D^{25°} = +66°$ (Chloroform).
Gummosogenin-semicarbazon Fp. 301—302°.

13. Longispinogenin[1].

$(C_{30}H_{50}O_3)$ $(\Delta^{12,13}\text{-}2,16,28\text{-Trioxy-oleanen})$ (XLIV)

(XLIV)

Bei der Aufarbeitung des Hydrolysates der Saponinfraktion von *Lemairocereus longispinus (Cactaceae)* entdeckten Djerassi, McDonald und Lemin (1953 b) neben Erythrodiol und Oleanolsäure einen neuen dreiwertigen Triterpenalkohol, den sie Longispinogenin benannten. Die Konstitution konnte durch die Verknüpfung mit dem Maniladiol im Sinne obiger Formel festgelegt werden. (Djerassi, Geller und Lemin, 1954.)

---

[1] Wegen *Cochalsäure* s. Nachtrag S. 135.

Longispinogenin, Erythrodiol und Oleanolsäure aus *Lemairocereus longispinus* (DJERASSI, MCDONALD und LEMIN, 1953). 4,4 kg Sprosse 3 Tage bei 80—90° getrocknet, gepulvert (812g). 7 Tage mit 4 l Äthanol extrahiert, dunkelbraunes Extrakt im Vacuum eingeengt: 125 g Rückstand. 5 Std. mit Äther extrahiert. Ätherextrakt verworfen (keine Alkaloide!).

Ätherunlösliches dunkelbraun, halbkristallin (103 g), 3 Std. am Rückfluß mit 1,5 l Methanol + 300 ml konz. HCl verseift, dabei feste Abscheidungen. Kühlen, mit Wasser verdünnen, ausäthern, Äther mit 10% KOH, dann mit Wasser waschen, trocknen. 11,4 g neutrale Substanzen. Auf 200 g aktiviertem Al_2O_3 aufziehen.

Erythrodiol durch Elution mit Benzol + Äther (9:1), 2,7 g farblose Kristalle. Aus Aceton Nadeln, Fp. 235—237°, $[\alpha]_D^{25°} = +80°$ (Chloroform).

Erythrodiol-diacetat, mit Essigsäureanhydrid + Pyridin, Raumtemperatur, 20 Std. Aus Methanol Nadeln, Fp. 183—185°, $[\alpha]_D^{25°} = +58°$ (Chloroform).

Longispinogenin, durch weitere Elution des Chromatogrammes mit Benzol + Äther (1:1), 3,3 g Kristalle (Fp. 240—242°). Durch mehrfaches Umkristallisieren aus Äther Nadeln, Fp. 219—221°, $[\alpha]_D^{25°} = +53°$ (Chloroform).

Oleanolsäure, aus der Alkalilösung des Hydrolysates fällt kristallines K-Salz, filtriert, mit Äther aufgenommen, mit HCl gefällt, mit Wasser gewaschen, getrocknet: 22,4 g rohe Oleanolsäure (Fp. 288—292°). Zweimal aus Äthanol umkristallisiert, Fp. 306—308°.

Oleanolsäureacetat Fp. 263—265°.

Oleanolsäuremethylester, aus Methanol + Chloroform Fp. 197—199°.

14. Soja-Sapogenole.

Soja-Sapogenol A
($C_{30}H_{50}O_4$) (XLV).

Soja-Sapogenol C
($C_{30}H_{48}O_2$) (XLVII).

Soja-Sapogenol B
($C_{30}H_{50}O_3$) (XLVI).

Soja-Sapogenol D
($C_{30}H_{50}O_3$) (XLVIII).

Soja-Saponin.

OH ?
OH ?
HO
CH_2OH ?
(XLV)

OH
HO
CH_2OH ?
(XLVI)

HO   ?
CH_2OH
(XLVII)

HO   ?   O
CH_2OH
(XLVIII)

Die japanischen Forscher OCHIAI, TSUDA und KITAGAWA haben sich 1937 eingehender mit dem Saponingemisch des Samens der Soja-Bohne *(Soja hispida, Papilionaceae)* beschäftigt, über welches schon von einer Reihe früherer Untersucher Angaben vorlagen (Literatur bei OCHIAI und Mitarbeiter, 1937a und b). Im Hydrolysat des Saponins wurden 4 Sapogenine festgestellt, welche Soja-Sapogenol A, B, C und D benannt wurden. Gleichzeitig (1937b) konnte auf dem Wege der Selendehydrierung gezeigt werden, daß Triterpensubstanzen vorlagen. Etwas später wurden die Sapogenole von Tsuda und Kitagawa (1938) durch Derivate näher gekennzeichnet. Meyer, Jeger und Ruzicka (1950a, b) konnten die Soja-Sapogenole eindeutig der β-Amyrin-Oleanolsäure-Gruppe zuordnen und wesentliche Beiträge zur Konstitutionsaufklärung liefern, die in den oben mitgeteilten Strukturformeln einen vorläufigen Ausdruck finden.

Sojabohnen-Saponin aus Sojamehl. (Nach Meyer, Jeger und Ruzicka, 1950a.)

Es wurden Sojamehle verschiedener Handelsherkunft verarbeitet. Zum Beispiel: 22,2 kg entöltes Handelssojamehl mit Äther erschöpft. 333 g Ätherextrakt bleiben unverarbeitet. Rückstand 5mal mit 5facher Menge Äthanol heiß extrahieren, Äthanol abdampfen, zum Schluß im Vacuum: 4,37 kg Rohextrakt, welches zur Hydrolyse verwendet wird.

Kristallisiertes Sojasaponin. (Nach Ochiai, Tsuda und Kitagawa, 1937a.)

Das durch Kalkfällung dargestellte Rohcalciumsalz wird mit heißem Methanol (80%) erschöpft. Nach Erkalten aus der Lösung Kristalle. Absaugen, mit Aceton + Äther waschen, mit Methanol behandeln. In Lösung geht Genistein, der Rückstand ist Saponin. Dieses mit Aceton + Äther waschen, aus Äthanol (verdünnt) umkristallisieren.

Reinstes *Ca-Salz des Sojasaponins.* Aus dem Saponin (s. unten) durch Neutralisation mit Ca(OH)₂ über Phenophthalein. Blättchen, Zsp. 272°.

Zur Darstellung des freien Saponins wird das Ca-Salz in 10 Vol. Methanol suspendiert, unter Erwärmen die berechnete Menge HCl zugesetzt. Es erfolgt völlige Lösung. Filtrieren, in Wasser gießen, Kristallabscheidung. Aus Aceton (80%) umkristallisieren:

Soja-Saponin, Blättchen, Zsp. 220—222°.

Hydrolyse des Sojasaponins. Isolierung der Sapogenole A, B, C, D. (Nach Meyer, Jeger und Ruzicka, 1950a, b.)

4,37 kg Rohsaponin (Äthanolextrakt des mit Äther entfetteten Sojamehls, s. oben) werden in Portionen von je 390 g mit 790 ml konz. HCl + 4,7 l Methanol 30 Std. am Rückfluß hydrolysiert, auf 1 l eingeengt, mit NaOH Lackmus-alkalisch gemacht, mit Wasser auf 3—4faches Volumen verdünnt, vereinigte Ansätze mit Benzol im Rührextraktionsapparat 8—10 Tage ausgezogen: aus dem Benzol 412 g neutrale Produkte. Extrahierte Lösung mit HCl kongosauer machen, wieder mit Benzol extrahieren: 123 g Säuren (nicht untersucht). Neutralteil alkalisch verseifen (412 g Substanz, 400 g KOH, 4,5 l Methanol, 1,2 l Benzol, 4 Std. Rückfluß), auf ¹/₂ eindampfen, mit Wasser dreifach verdünnen, im Rührextraktor mit Benzol extrahieren: 78,1 g Neutralteil, helle teilweise kristalline Masse, enthält die *Sapogenine.* Die mit Benzol erschöpfte Seifenlösung gibt nach Ansäuern 242 g einer nicht näher untersuchten Säurefraktion.

Neutralteil an Säule von 2400 g Al₂O₃ (Aktivität II) aufziehen. Daraus durch Elution 240 Fraktionen: 1—14: Benzol, 15—24: Benzol + Äther (10:1), 25—33: Benzol + Äther (7:3), 34—202: Benzol + Äther (1:1), 203—217: Äther, 218—230: Äther + Methanol (10:1), 231—235: Äther + Methanol (1:1), 236—240: Methanol.

Soja-Sapogenol D. Fraktion 78—181, aus Chloroform + Methanol umkristallisiert (15 g). Prismen Fp. 298° (corr. Vac.), [α]ᴅ = —57° (Chloroform).

Die Mutterlaugen enthalten die Sapogenole B und C.

Soja-Sapogenol A. Fraktion 182—222, aus Methanol umkristallisiert (6 g), weitere 6mal umkristallisiert. Blättchen, Fp. 308—312° (corr. Vac.), [α]ᴅ = + 103° (Chloroform).

Soja-Sapogenol C. Die Sapogenole C und B sind von D chromatographisch nicht zu trennen, sie sind aber in Methanol leichter löslich als D. C aus den Mutterlaugen von D durch fraktionierte Kristallisation. Beim Einengen der Lösung fällt zuerst noch D in Form körniger Kristalle, dann erst C in feinen Nadeln (Fp. etwa 230°). Letzte Reinigung über Acetylierung (in Pyridin + Essigsäureanhydrid, 1:1, über Nacht bei Raumtemperatur). 11mal aus Methanol umkristallisiert, im Hochvacuum sublimiert.

Soja-Sapogenol C-diacetat, verfilzte Nadeln, Fp. 199—200° (corr. Vac.), [α]ᴅ = +59° (Chloroform).

Soja-Sapogenol C, 190 mg Diacetat durch 3 Std. Kochen mit 30 ml 3%iger methanolischer KOH verseift, 5mal aus Methanol umkristallisiert. Nadeln, Fp. 239—240° (corr.Vac.), [α]ᴅ = +65°.

Soja-Sapogenol B. Trockensubstanz der Mutterlaugen von C wird acetyliert, 1,5 g Acetylprodukt auf 48 g Al₂O₃ (Aktivität III) chromatographiert. 20 Fraktionen: 1—2: Petroläther + Benzol (10:1), 3—9: Petroläther + Benzol (3:1), 10—12: Petroläther + Benzol (1:1), 13—15: Petroläther + Benzol (2:3), 16—18: Benzol, 19—20: Benzol + Äther (1:1).

Fraktion 3—10, umkristallisiert:

Soja-Sapogenol C-diacetat (s. oben).

Fraktion 11—18, 7mal umkristallisiert:

Soja-Sapogenol B-triacetat, verfilzte Nadeln, Fp. 179—180° (corr. Vac.), $[\alpha]_D = +78°$ (Chloroform). 500 mg Substanz durch 2,5 Std. Rückfluß mit 20 ml 5% methanolischer KOH verseift, 5 mal aus Chloroform + Methanol umkristallisiert:
Soja-Sapogenol B, Nadeln, Fp. 259—260° (corr. Vac.), $[\alpha]_D = +90°$ (Chloroform). Auch der Trennungsgang von OCHIAI, TSUDA und KITAGAWA (1937) benutzt Chromatographie an Al_2O_3. Die Schmelzpunkte der Sapogenole werden von ihnen z. T. um einige Grade niedriger angegeben.

Funktionelle Derivate.

a) *Soja-Sapogenol A-tetraacetat*. (Nach MEYER, JEGER und RUZICKA, 1950a.) 180 mg Sapogenol, 2,5 ml Pyridin, 2,5 ml Essigsäureanhydrid über Nacht bei Raumtemperatur. 6 mal aus Methanol umkristallisieren. Fp. 227—228° (corr. Vac.), $[\alpha]_D = +85°$.

b) *Soja-Sapogenol B-triacetat* s. oben.

Soja-Sapogenol B-tri-p-brombenzoat. (OCHIAI, TSUDA und KITAGAWA, 1937a.) 0,5 g Sapogenol, 1,0 ml Pyridin, 2,5 g p-Brombenzoylchlorid, über Nacht stehenlassen, in Wasser gießen, in Äthylacetat lösen, aus Aceton umkristallisieren. Brotförmige Kristalle, Fp. 255—257°.

Soja-Sapogenol B-tri-acetat-dibromid. (Nach OCHIAI und Mitarbeiter.) 0,2 g Acetat + + 4 ml Eisessig + 0,4 g Brom, 20 Std. stehenlassen, mit H_2O versetzen, durch Na_2SO_3 entfärben, Niederschlag, aus Äther + Methanol umkristallisieren. Nadeln, Fp. 255—257°.

Soja-Sapogenol-B-triformiat. (Nach OCHIAI und Mitarbeiter.) 200 mg Sapogenol, 5 ml Ameisensäure (90%), 20 min kochen, kristalline Fällung aus Äther + Aceton umkristallisieren. Prismen, Fp. 218°.

c) *Soja-Sapogenol-C-diacetat* s. oben.

Soja-Sapogenol-C-dibenzoat. (Nach OCHIAI und Mitarbeiter.) 0,5 g Sapogenol, 8 ml Pyridin, 2 g Benzoylchlorid, 24 Std. Raumtemperatur, mit Wasser fällen, absaugen, aus Aceton + Methanol umkristallisieren. Fp. 188°.

Soja-Sapogenol-C-diacetat-dibromid. Darstellung wie bei B, aus Äther + Aceton umkristallisieren. Fp. 225—227°.

Soja-Sapogenol-C-diformiat. Darstellung wie bei B, aus Äther + Aceton umkristallisieren. Prismen, Fp. 265°.

d) *Soja-Sapogenol-D-diacetat.* (Nach MEYER, JEGER und RUZICKA, 1950a.) 9,58 g Sapogenol, 50 ml Benzol, 50 ml Pyridin, 50 ml Essigsäureanhydrid, 1 Std. Raumtemperatur, 5 mal aus Chloroform + Methanol umkristallisieren, im Hochavacuum getrocknet. Fp. 191° (corr. Vac.), $[\alpha]_D = -45°$ (Chloroform).

Soja-Sapogenol-D-dibenzoat. (Nach OCHIAI und Mitarbeiter.) 200 ml Sapogenol, 1 ml Benzoylchlorid, 10 ml Pyridin, stehenlassen, aus Aceton umkristallisieren. Seidige Nadeln, Fp. 240°.

15. Gratiogenin und Gratiosid.

Gratiogenin
$(C_{30}H_{48}O_4)$ $(\varDelta^{12,13}$-2,19,30-trioxy-21-oxo-oleanen ?) (IL).

Gratiosid
$(C_{42}H_{68}O_{14})$.

(IL)

Im Gegensatz zu früheren Untersuchern fanden TSCHESCHE und HEESCH (1952) im Kraut von *Gratiola officinalis (Scrophulariaceae)* keine Herzgifte vom Digitalis-Typ, sondern ein Saponin-ähnliches Glykosid, das Gratiosid, welches bei der Hydrolyse als Aglykon das *Gratiogenin*, ein Triterpen $C_{30}H_{48}O_4$ mit 3 Hydroxylen und einem Carbonyl liefert. Von den 3 OH-Gruppen ist eine leicht, eine schwer, eine dritte überhaupt nicht acetylierbar. Für die Verbindung wird die obige Strukturformel vorgeschlagen. Der Zuckeranteil besteht aus 2 Mol Glukose. Das Gratiosid zeigt keine Hämolyse-Wirkung.

Gratiosid aus *Gratiola officinalis.* (Tschesche und Heesch, 1952.) 10 kg Droge mit Methanol erschöpft, Extrakt im Vacuum eingeengt, dunkelbrauner Sirup (1,9 kg). In 20 l Äthanol (50%) gelöst, bis zur völligen Fällung mit Bleiacetat versetzt, filtriert, mit H_2SO_4 entbleit, im Vacuum eingeengt: grünliche Schmiére mit hellen Anteilen. Mit Aceton von Harzen befreit, Pulver, aus Äthanol umkristallisiert (0,13% Ausbeute).

Gratiosid. ($C_{42}H_{68}O_{14} + 1\ H_2O$). Fp. 268—274°, $[\alpha]_D^{20} = +75°$ (Äthanol).

Gratiogenin aus Gratiosid. 2 g Gratiosid, 200 ml Methanol, 14 ml konz. HCl, 4 Std. Rückfluß, 50 ml Wasser zufügen, Methanol im Vacuum abdestillieren, Gratiogeninfällung mit Wasser waschen, aus Äthanol oder Methanol umkristallisieren.

Gratiogenin, Nadelbüschel, Fp. 191—196°, $[\alpha]_D^{20} = +168°$ (Chloroform). In Methanol, Äthanol, Chloroform, Aceton, Pyridin leicht löslich, in Petroläther, Äther, Wasser fast unlöslich.

Gratiogenin-monoacetat. 485 mg Gratiogenin, 5 ml Essigsäureanhydrid, 5 ml Pyridin, 20 Std. 37°. Nach Aufarbeitung nochmals acetylieren. Aus Benzol an Al_2O_3 (alkalifrei) chromatographieren, aus Benzol + Petroläther umkristallisieren. Blättchen, Fp. 195—205°.

Gratiogenin-diacetat. Acetylierung bei 100°. Chromatographische Reinigung. Fp. 163 bis 171° $[\alpha]_D^{20}, = +171°$ (Chloroform).

16. Oleanolsäure und deren Saponine.

Oleanolsäure

($C_{30}H_{48}O_3$) ($\Delta^{12,13}$-2-Oxy-oleanen-28-säure) (L)

(= „Caryophyllin" = „Viscumsäure" = „Oleanol" = „Önocarpol" = „Vitin" usw.).

Zuckerrüben-Saponin. Calendula-Saponin. Guajac-Saponin.

(L)

Power und Tutin (1908) haben unter den von Canzoneri (1906) im Äthanolextrakt der Olivenblätter *(Olea europaea, Oleaceae)* gefundenen „wachsähnlichen Substanzen" das „Oleanol" näher gekennzeichnet. Tutin und Naunton (1913) haben diese Verbindung eingehender studiert und auf ihre nahen Beziehungen zu dem von Power und Moore (1910) aus *Prunus*-Blättern gewonnenen „Prunol" (= „Ursolsäure") hingewiesen. Van der Haar (1924) schlug dann den kennzeichnenden Namen „Oleanolsäure" vor. Winterstein und Hämmerle (1931) zeigten, daß sie identisch ist mit dem schon von Baget und Lodibert (1825) entdeckten, von Dodge (1918) rein dargestellten und genauer studierten „Caryophyllin" der Gewürznelken (Blütenknospen von *Eugenia caryophyllata, Myrtaceae*). Als Oleanolsäure erwies sich durch die Untersuchungen von van der Haar (1927 a, b) auch das Sapogenin der Zuckerrübe und die Viscumsäure, die neben β-Amyrin und Lupeol im Blatt der Mistel *(Viscum album, Loranthaceae)* (s. a. Obata, 1941) vorkommt, die aber noch van Itallie (1918) für Ursolsäure gehalten hatte. Auch heute noch stellen entölte Gewürznelken das beste Ausgangsmaterial für die präparative Darstellung der Oleanolsäure dar (Ruzicka und Hofmann, 1936). Über die Aufklärung der Konstitution der Oleanolsäure vgl. Jeger (1950). Eine Übersicht über die Verbreitung freier und gebundener Oleanolsäure im Pflanzenreich haben Hardegger und Robinet (1950) gegeben.

Das Vorkommen freier Oleanolsäure in Gewürznelken, im Kraut von *Viscum album* und in Olivenblättern wurde bereits oben erwähnt. Parisi und de Vito (1931) wiesen sie in den Olivenfrüchten nach. Markley, Sando und Hendricks (1938) isolierten sie aus dem Ätherextrakt von Weintraubenschalen *(Vitis labrusca)*; wahrscheinlich handelt es sich um die gleiche Substanz, die ETARD (1892) als „Oenocarpol", SEIFERT (1893) als „Vitin" bezeichnet hatten. KUWADA und MATSUKAWA (1933) identifizierten die von KARIYONE und MATSUSHIMA (1927) angegebene „Sweertiasäure" aus *Sweertia japonia (Gentianaceae)* mit Oleanolsäure, die in der gleichen Pflanzenfamilie von KARIYONE und KASHIWAGA (1939) auch im Kraut von *Erythraea centaurium* nachgewiesen wurde. SCHINDLER (1951a, b) macht Oleanolsäure als Komponente des uneinheitlichen „Crataegus-Lactons" früherer Autoren wahrscheinlich. BERSIN und MÜLLER (1951, 1952) führen den sicheren Nachweis des Vorkommens von Oleanolsäure und Ursolsäure in den von ihnen untersuchten Blättern von *Crataegus oxyacantha (Rosaceae)*, während TSCHESCHE, HEESCH und FUGMANN (1953) neben Ursolsäure eine „Crataegolsäure" finden. BERSIN und MÜLLER (a. a. O.) zeigen mit Farbreaktionen, daß die Cuticula der Weißdornblätter der Sitz der Oxitriterpensäuren ist. ANSTEE, ARTHUR, BECKWITH, DOUGALL, JEFFERIES, MICHAEL, WATKINS und WHITE (1952) begegnen der Oleanolsäure in mehreren australischen Pflanzen: in den Pericarpien der Apocynaceae *Petalostigma sericea*, zusammen mit Ursolsäure in den Blättern von *Anthocercis littorea, A. Odgersii* und (wahrscheinlich) von *A. intricata (Solanaceae)* sowie von *Nuytsia floribunda (Loranthaceae)* aus niederschlagsreichen Küstengebieten. In den Trockengebieten Australiens enthielt *Nuytsia floribunda* Betulinsäure. ZIMMERMANN (1946) fand Oleanolsäure in den Blütenblättern von *Calendula officinalis (Compositae)*, TAKIZIMA (1949) in *Prunus mume*. Nach ZETSCHE und LÜSCHER (1937) begleitet sie die Triterpene Cerin und Friedelin im Flaschenkork. Schließlich ist zu erwähnen, daß WIELAND und SEIBERT (1939) unter den Nebensäuren der Ochsengalle Ursolsäure, Oleanolsäure und eine mit diesen isomere, noch nicht näher definierte „Sapocholsäure" fanden. Sicher mit Recht wird der Ursprung dieser Triterpensäuren in der pflanzlichen Nahrung des Rindes vermutet.

Oleanolsäure in der Form ihres Essigsäureesters wurde bisher zweimal im Pflanzenreich gefunden: von RUZICKA, FRAME, LEICESTER, LIGOURI und BRÜNGGER (1934) (neben viel Betulin) in der Birkenrinde, von WHITE und ZAMPATTI (1952) in der Rinde von *Eucalyptus calophylla (Myrtaceae)*.

Oleanolsäure spielt schließlich eine wichtige Rolle als Aglykon einer Reihe von Saponinen. Sie ist das Sapogenin des Saponins der Zuckerrübe *(Beta vulgaris, Chenopodiaceae)* (VAN DER HAAR, 1927a, b; REHORST, 1929, WINTERSTEIN und HÄMMERLE, 1931), des Guajacsaponins (Holz und Rinde von *Guajacum officinale, Zygophyllaceae*) (WEDEKIND und SCHICKE, 1931a und b; WINTERSTEIN und STEIN, 1931), des Randia-Saponins (GEDEON, 1952), des Saponins von *Momordica cochinchinensis (Cucurbitaceae)* (KUWADA und FUWA, 1935). Ziemlich verbreitet scheinen Saponine mit Oleanolsäure als Sapogenin in der Familie der *Araliaceae* zu sein. Oleanolsäure ist das „Araligenin" VAN DER HAAR (1922) aus *Aralia montana*, das „Taraligenin" bzw. „Tarigenin" aus *Aralia chinensis* (Rinde) (KUWADA, 1931), und aus *Panax repens* (Wurzel) (AOYAMA, 1930; KOTAKE und KIMOTO, 1931; KITASATO und SONE, 1932). Der Saponinkomplex von *Fatsia japonica* (KOTAKE, TAGUSHI und OKAMOTO, 1933) von *Aralia japonica* (WINTERSTEIN und STEIN, 1932) lieferte bei der Hydrolyse Oleanolsäure und Hederagenin, desgleichen *Akebia quinata* (Lardizabalaceae) (KUWADA und FUWE, 1935). TSCHIWATARI, NAKANO und SHINKAWA (1944) fanden in koreanischer Radix Clematidis die von *Clematis paniculata (Ranunculaceae)* stammte, Hederagenin, bei einer Handelsdroge unbekannter Herkunft hingegen Oleanolsäure als Sapogenin

Aus den Samen von *Entada scandens (Papilionaceae)*, „Mackaybohne") isolierte GEDEON (1954) drei durch ihre Löslichkeit verschiedene Saponine, welche sämtlich als Genin Oleanolsäure enthalten.

Djerassi und Mitarbeiter begegneten der Oleanolsäure mehrfach unter den Hydrolyseprodukten von Cactaceen-Saponinen, bei *Lemaireocereus Thurberi* neben Thurberogenin (Djerassi, Geller und Lemin, 1953a), bei *Lemaireocereus longispinus* neben Erythrodiol und Longispinogenin (Djerassi, Geller und Lemin, 1954).

Darstellung von Oleanolsäure aus Traubenschalen. (Markley, Sando und Hendricks, 1938.) 6 kg "Grape-Pomace" (getrocknete Schalen mit etwas Fruchtfleisch der Beeren von *Vitis labrusca*) werden grob gepulvert (Sieb, Maschenweite 1 mm) und zuerst mit Petroläther (Kp. 40—60°) extrahiert. In 240 g Petrolätherextrakt finden sich nach Verseifung: Glycerin, Fettsäuren, aliphatische Grenzkohlenwasserstoffe und primäre Alkohole (C_{22}—C_{26}). Das Material wird darauf mit Äther erschöpft. Das Ätherextrakt (203 g) wird mit 2 l Wasser + + NaOH ausgekocht, das Unlösliche nochmals mit NaOH ausgekocht, abfiltriert, mit heißem Wasser gewaschen und getrocknet: 109 g rohes Na-oleanat.

Zur Reinigung wird das Na-Salz auf dem Dampfbad mit Äthanol + wenig NaOH behandelt und die heiße Lösung von harzigen Niederschlägen abfiltriert. Der erhitzten Äthanollösung wird unter Rühren eine gleiche Menge Wasser zugegeben. Beim Eindampfen kristalline Ausscheidung des Na-Salzes. Es wird in heißem Äthanol gelöst und mit verdünnter HCl gespalten. Die ausfallende Säure wird auf einem Filter gesammelt, gewaschen und getrocknet: 64 g. Aus den Filtraten können weitere 30 g gewonnen werden.

Nach Umkristallisieren aus Äthanol *Oleanolsäure*, gerade auslöschende Stäbchen, Fp. 310—310,5°.

Darstellung von Oleanolsäure aus Mistelblättern. (Winterstein und Hämmerle, 1931.) 8 kg feingemahlene Blätter von *Viscum album* werden mit 2 l Äther extrahiert. Aus der ätherischen Lösung wird die Oleanolsäure mit sehr verdünntem äthanolischem NaOH ausgeschüttelt. Die dunkel gefärbte Lösung von Na-oleanat wird durch Kochen mit Carboraffin entfärbt, filtriert und mit konz. HCl stark sauer gemacht, dabei bildet sich hellgrüner Niederschlag. Die auf dem Wasserbad erhitzte Lösung wird nach Erkalten mit Äther ausgeschüttelt, der Äther mit Wasser gewaschen. Eine Zwischenschicht mit braunen Harzen wird verworfen. Die Ätherlösung wird mit 6%iger NaOH ausgeschüttelt; das Natriumoleanat fällt in Kristallen, welche abgesaugt und mit verdünnter NaOH gewaschen werden. Das Na-Salz wird in Methanol (70%) gelöst, mit wenig Carboraffin gekocht, filtriert, die heiße Lösung mit Eisessig angesäuert. Beim Erkalten Nadeln (1,8% Ausbeute).

Weitere Reinigung über das Na-Salz und durch Umkristallisieren aus Äthanol (abs.). *Oleanolsäure*, Fp. 308—309°, $[\alpha]_D^{18} = +76,1°$.

Trennung von Oleanolsäure und Ursolsäure. (Anstee, Arthur, Beckwith, Dougall, Jefferies, Michael, Watkins und White, 1952.) Trockene Blätter von *Nuytsia buxifolia* (wegen Herkunft s. oben, S. 105) werden mit Äther extrahiert, daraus die Na-Salze mit NaOH gefällt und diese in Methanol gelöst. Nach Reinigung mit Tierkohle wird die Rohsäure durch Ansäuern gefällt und in siedendem Methanol gelöst. Beim Abkühlen fallen aus der Lösung (A) Kristalle (B) aus.

Aus (A) durch Reinigung mit Tierkohle und Umkristallisieren *Ursolsäure*, aus (B) durch Umkristallisieren *Oleanolsäure*.

Bei *Anthocercis littorea* gewinnen die gleichen Autoren das Rohsäuregemisch durch Eindampfen des Äthanolextraktes. Aufnehmen desselben mit einer 2%igen NaOH-Lösung in Methanol (70%). Entfärben mit Tierkohle und Ansäuern. Die in Methanol gelöste und nochmals mit Tierkohle gereinigte Rohsäure liefert beim langsamen Eindampfen mehrere Kristallfraktionen, die durch Umkristallisation nach dem Dreieckschema in Ursolsäure und Oleanolsäure zerlegt werden.

Trennung von Triterpenalkoholen und Oleanolsäure. (Zimmermann, 1946.) 500 g trockene Ringelblumen mit Hüllkelchen (*Calendula*), werden zweimal mit Äther extrahiert, dann zweimal mit Methanol (60%) ausgekocht. Der Ätherauszug liefert bei der üblichen Aufarbeitung (s. S. 127) die Triterpendiole Faradiol und Arnidiol. Der Methanolauszug wird auf Oleanolsäure aufgearbeitet. 4 l Methanollösung werden nach Zusatz von 50 g H_2SO_4 durch Abdestillieren langsam auf 500 ml eingeengt. Es fällt eine gallertige Masse. Nach Erkalten wird mit Wasser versetzt und mit viel Äther ausgeschüttelt. Aus dem Äther fällt mit KOH schwerlösliches K-oleanat. Dieses wird in Äthanol gelöst und mit HCl gespalten. Umkristallisieren aus Äthanol.

Oleanolsäure. Fp. 304°. 35 g reiner Hüllkelche lieferten 180 mg Oleanolsäure.

Trennung von Ursolsäure, „Ursolsäure (II)" und Oleanolsäure. Nach Brieskorn, Briner, Schlumprecht und Eberhardt (1952) und Brieskorn und Eberhardt (1953)(s. bei Ursolsäure, S. 121) [1].

---

[1] Wegen quantitativer kolorimetrischer Bestimmung der Oxytriterpensäuren s. Nachtrag S. 135.

Über die Darstellung von Oleanolsäure aus dem sog. „Crataeguslacton" vgl. Schindler (1951a u. b) sowie Bersin und Müller (1952).

Darstellung des Zuckerrübensaponins und Abspaltung der Oleanolsäure. (Rehorst 1929 und van der Haar, 1927.)

a) Darstellung des Saponins. 1 kg Zuckerrüben-Trockenschnitzel mit 13,5 l 0,5 % NaOH 24 Std. stehenlassen, abseihen, abpressen. Filtrat mit 340 ml 20 % HCl schwach kongosauer machen. Der fallende flockige Niederschlag wird durch Kolieren gesammelt, nachgewaschen und getrocknet: aus 10 kg Schnitzel 225 g dunkle Blättchen.

Dieses Rohprodukt wird 4 mal mit Äthanol (96 %) ausgekocht. Aus der Äthanollösung 82,5 g Rohsaponin.

Dieses wird in 830 ml kaltem Methanol gelöst und durch Zusatz von 4200 ml Äther ausgefällt. Durch Einengen des Filtrates wird weitere Substanz erhalten, zusammen 67,6 g. Weitere Reinigung durch Dialyse gegen Wasser. Lösen in Methanol und Fällung mit Äther. Schließlich wird im Soxhlet mit Petroläther extrahiert. Das Unlösliche liefert durch langsame Kristallisation aus Wasser 42,5 g fast rein weißes

Zuckerrüben-Saponin. Fp. 214—216°.

b) Saponin-Spaltung. 57 g Saponin werden auf dem Wasserbad mit verdünnter H_2SO_4 (etwa 4 %) erhitzt. Verdunstetes Wasser wird ergänzt. Nach einiger Zeit wird filtriert und mit neuer H_2SO_4 angesetzt. Dies wird wiederholt, bis die langsam verlaufende Spaltung vollkommen ist, was am Fehlen von Glukuronsäure im Filtrat erkannt werden kann (Drehwert). Man erhält 38,12 % Sapogenin (Oleanolsäure), das durch Umlösen aus Äthanol und durch Acetylierung weiter gereinigt werden kann. (*Acetyl-oleanolsäure,* s. unten, Fp. 260—261°).

Oleanolsäure aus Guajacsaponin. (Winterstein und Stein, 1931.)

a) Prosapogenin. 50 g Guajacsaponin (Merck) werden in 250 ml Methanol (70 %) warm gelöst, 20 ml H_2SO_4 (50 %) zugegeben und unter Rückfluß gekocht. Nach 20 min entsteht eine Trübung, nach 2 Std. ein Brei von Prosapogenin. Nach Erkalten wird abgenutscht und mit Methanol (etwa 70 %) gewaschen: 25 g. Aus den Mutterlaugen weitere 4 g.

b) Endsapogenin (Oleanolsäure) 21 g Prosapogenin werden in 500 ml Aceton + 50 ml HCl (35 %) 3 Std. gekocht. Das Ende der Hydrolyse kann hierbei — und überhaupt bei Triterpen-Glykosiden — in folgender Weise ermittelt werden. 1 ml der Acetonlösung wird in Äther übergeführt, dieser in einem Glasröhrchen eingedampft und der Trockenrückstand erhitzt. Es darf kein kohliger Rückstand (Zuckerkohle) zurückbleiben. Nach vollendeter Spaltung wird die Acetonlösung mit 1 l Wasser versetzt und nacheinander mit 500 ml und 200 ml Äther ausgeschüttelt. Die vereinten Ätherauszüge werden mit Wasser gewaschen, hierauf die Oleanolsäure durch n-NaOH ausgefällt. Das weiße Na-Salz wird abgenutscht, mit verdünnter NaOH gewaschen, in Äther + Äthanol (1:1) gelöst, mit HCl angesäuert. Die kristalline *Oleanolsäure* wird zweimal aus Äthanol (abs.) umkristallisiert. Fp. 305—308°.

Die Hydrolyse läßt sich auch durch 24—36 Std. Kochen mit 7 %iger äthanolischer H_2SO_4 durchführen.

Calendulasaponin und seine Spaltung zu Oleanolsäure. (Winterstein und Stein, 1931.)

a) Saponin. 3 kg gemahlene, trockene, durch Ätherextraktion entfärbte Blüten werden mit 9 l Methanol (90 %) über Nacht stehengelassen. Das abgepreßte Extrakt wird bis zur maximalen Fällung mit Äther versetzt. Die weitere Reinigung der ausfallenden braunen Schmiere geschieht durch mehrfaches Umfällen aus Äthanol und Äther. Schließlich Reinigung des Saponins durch Dialyse.

b) Oleanolsäure. 3 kg gemahlene, trockene, entfärbte Blüten werden mit 9 l Methanol (60 %) 3 Std. am Wasserbad auf 60° gehalten, abgepreßt, das Filtrat auf 7 % H_2SO_4 gebracht und 3 Std. gekocht, mit Wasser verdünnt und im Eisschrank über Nacht stehengelassen. Das ausfallende Prosapogenin wird über Quarzsand abgenutscht, in Äthanol gelöst, mit Carboraffin gekocht. Endhydrolyse wie bei Guajacsapogenin (s. oben).

Oleanolsäure-methylester. (Winterstein und Hämmerle, 1931.) Ätherische Suspension der Säure wird mit Diazomethan in Äther versetzt. Umkristallisieren aus Methanol. Fp. 196 bis 198°.

Der Ester ist sehr schwer verseifbar. Nach einstündigem Kochen mit alkoholischer KOH ist die Substanz noch unverändert.

Acetyl-oleanolsäure. (Winterstein und Hämmerle, 1931.) Oleanolsäure in Aceton gibt mit Na-Acetat und Essigsäureanhydrid, aus Essigsäureanhydrid umkristallisiert das *gemischte Anhydrid der Essigsäure und Acetyl-oleanolsäure,* das zuerst bei 212° schmilzt, dann erstarrt und einen zweiten Fp. 306—310° zeigt.

Aus Methanol umkristallisiert *Acetyl-oleanolsäure,* Fp. 258—260°, $[\alpha] = {}_D^{18} +72,8°$.

17. Sumaresinolsäure.

($\Delta^{12,13}$-2,7-Dioxy-oleanen-28-säure) (LI).

COOH

HO

OH

(LI)

Sumaresinolsäure findet sich als Zimtsäureester in der Sumatra-Benzoe (Harz von *Styrax benzoin*, *Styracaceae*). Wegen älterer Literatur vgl. Dischendorfer (1932), wegen der Konstitutionsaufklärung Jeger (1950).

Darstellung aus Sumatra-Benzoe. (Ruzicka, Jeger, Grob und Hösli, 1943.) 1 kg gepulvertes Harz mit 1 l Äthanol kochen, heiß filtrieren, mit 1 l NaOH (40° Be.) rasch verseifen, es fällt ein Brei des Na-Salzes, der mit 5 l H_2O aufgekocht und durch grobes Leinen filtriert wird, CO_2 einleiten, dabei Schaumbildung durch etwas Ätherzusatz dämpfen. Schwach saure Körper fallen aus. In Lösung bleibt Na-Cinnamat. Fällung durch Kochen mit 4 l 4% NaOH, lösen, filtrieren, nach Erkalten mit Äther sättigen. Siaresinolsaures-Na fällt in feinen Nadeln. In Wasser warm lösen, 4% sodaalkalisch machen, erkalten lassen, auf Ätherzusatz Kristalle. So oft wiederholen, bis sich Na-Salz in H_2O farblos löst.

Na-Salz in Äthanol lösen, neutralisieren, kochen, mit H_2O bis zur beginnenden Trübung versetzen. Beim Abkühlen fällt etwa 75% der freien Säure kristallin, der Rest etwas unrein durch nachträglichen weiteren Wasserzusatz. Ausbeute 40—50 g Rohsäure. (Fp. 275—285°.) Reinigung am besten durch Umlösen aus Dioxan.

Sumaresinolsäure. Fp. 288°, $[\alpha]_D = +54,0°$ (Chloroform).

Funktionelle Derivate. (Nach Ruzicka und Mitarbeiter, 1943.)

Sumaresinolsäure-methylester.

a) 500 mg Säure, 10 ml Äther (abs.), Überschuß Diazomethan, 24 Std. im Eisschrank. Aus Methanol (verdünnt) oder Äther + Pentan umkristallisieren. Fp. 220—221° (corr.), $[\alpha]_D = +46,7°$ (Chloroform).

b) 100 g Natriumsalz in 200 ml Methanol heiß lösen, dazu tropfenweise 75 g Dimethylsulfat. Ester scheidet sich kristallin ab. Reagensüberschuß durch Lauge zerstören. Verläuft quantitativ.

c) Verseifung. 1 g Methylester + 10 ml Claisen-Lauge, 12 Std. im Bombenrohr bei 200°.

Sumaresinolsäure-äthylester. Darstellung analog Methylester aus Na-Salz + Diäthylsulfat. Aus heißem Alkohol durch H_2O-Zugabe umkristallisieren. Fp. 212° (corr.), $[\alpha]_D = +44,7°$ (Chloroform).

Acetyl-Sumaresinolsäure-methylester. 2 g Methylester, 100 ml Essigsäureanhydrid, 5 ml Pyridin, heiß lösen, 24 Std. stehenlassen. Zur Reinigung in heißem Chloroform lösen, mit Methanol versetzen, einengen. Kurze Nadeln, Fp. 227° (corr.), $[\alpha]_D = +40,6°$. Milde *Verseifung* durch 1stündiges Kochen mit 20 ml methanolischer KOH: *Sumaresinolsäuremethylester.*

Acetyl-sumaresinolsäure-äthylester. Wie Acetyl-methylester aus dem Äthylester mit Essigsäureanhydrid + Pyridin. Umkristallisieren aus Eisessig. Fp. 231°.

18. Siaresinolsäure.

($\Delta^{12,13}$-2,19-Dioxy-oleanen-28-säure) (LII).

HO

COOH

HO

(LII)

Die Säure kommt, mit Benzoesäure verestert, im Siam-Benzoeharz (von *Styrax tonkinense, Styracaceae*) vor. Wegen der älteren Literatur vgl. DISCHEN-DORFER (1932), wegen der Konstitutionsaufklärung JEGER (1950).

Darstellung aus Siam-Benzoe. (RUZICKA, GROB, EGLI und JEGER, 1943.)
Siaresinolsaures-Na. Je 2 kg gepulvertes Harz werden in 1 l heißem Äthanol gelöst und durch Leinen filtriert. Eine 8 kg Rohharz entsprechende Lösung wird zur Verseifung mit 5 kg NaOH in 72 l H_2O unter Rühren 3 Std. bei 70—80° gehalten. Das flockig ausfallende Na-Salz wird heiß abgenutscht, mit NaOH, dann mit Eiswasser gewaschen, nochmals mit 1 l 10% NaOH erwärmt, heiß filtriert und gewaschen (320 g rohes Na-Salz).
Nasses Na-Salz wird mit 500 ml Aceton (80%) erwärmt, beim Erkalten Kristallbildung, dreimal durch Lösen in heißem Äthanol (95%) und Wasserzusatz umkristallisieren. *Siaresinolsaures-Na.* Fp. 335°.
Siaresinolsäure. Äthanollösung des Na-Salzes mit HCl versetzen, amorphen Niederschlag aus Eisessig umkristallisieren (lange Nadeln von Siaresinolsäure + CH_3COOH). Aus Äthanol umkristallisieren. Fp. 279—280°, $[\alpha]_D = +39{,}2°$.
Funktionelle Derivate. (RUZICKA und Mitarbeiter, 1943.) *Siaresinolsäure-Methylester.* 10 g Siaresinolsäure + 600 ml Äthanol (abs.) + geringen Überschuß von Diazomethan, 6 Std. stehenlassen, aus Methanol umkristallisieren. Fp. 182°, in Chloroform leicht löslich.
Acetyl-Siaresinolsäure. 6 g Siaresinolsäure + 40 ml Essigsäureanhydrid + 40 ml Pyridin, etwas erwärmen, 24 Std. stehenlassen, in H_2O gießen, öliges Produkt erstarrt zu gelbem Pulver, trocknen, aus Äthanol + Chloroform umkristallisieren. Fp. 282—284°, $[\alpha]_D = +48{,}7°$ (Chloroform).
Acetyl-Siaresinolsäure-methylester. 2 g Siaresinolsäure-methylester, 20 ml Essigsäureanhydrid, 20 ml Pyridin, zur Lösung erwärmen, 48 Std. stehenlassen, mit H_2O versetzen, Niederschlag aus Methanol umkristallisieren. Fp. 125—127°, $[\alpha]_D = +47{,}5°$ (Chloroform).
Verseifung der Acetylgruppe. 200 mg Acetyl-methylester + 20 ml n-methanolischer KOH, 2 Std. kochen, aus Methyl-Alkohol umkristallisieren: *Siaresinolsäure-methylester.* Nadeln, Fp. 181—182°.

19. Boswellinsäuren.

α-Boswellinsäure
$(C_{30}H_{48}O_2)$ [$\Delta^{12,13}$-2(epi)-oxy-oleanen-23(oder 24)-säure] (LIII).

β-Boswellinsäure
$(C_{30}H_{48}O_2)$ [$\Delta^{12,13}$-2-oxy-ursen-23(oder 24)-säure] (LIV).

α-Boswellinsäure (LIII)   β-Boswellinsäure (LIV)

TSCHIRCH und HALBEY (1898) entdeckten als sauren Bestandteil des Weihrauchs (Olibanum, *Boswellia Carteri*, u. a. *Boswellia* sp., *Burseraceae*) die „Boswellinsäure". WINTERSTEIN und STEIN (1932a) konnten zeigen, daß im Harz ein Gemisch der Acetylderivate zweier isomerer Säuren, der α- und β-Boswellinsäure vorliegt, die am besten auf Grund der verschiedenen Methanollöslichkeit der Acetylderivate getrennt werden können. Die Einreihung der beiden Boswellinsäuren in die Gruppe des β- und α-Amyrins[1] geschah durch RUZICKA und Mitarbeiter (s. JEGER, 1950).
Die Boswellinsäuren sind bisher nur aus dem Olibanum-Harz bekannt.

Darstellung. (WINTERSTEIN und STEIN, 1932a.)
„*Boswellinsäure*". 2 kg Olibanum wird auf —15° gekühlt und gepulvert, mit 4 l Äther 48 Std. extrahiert und der Rückstand viermal mit je 1 l Äther gewaschen. Das vereinigte

---

[1] Die Vorzeichen sind also bei den Amyrinen und Boswellinsäuren umgekehrt.

Ätherextrakt wird mit 3 l gesättigter Ba(OH)$_2$-Lösung + 100 g Ba(OH)$_2$ 100 Std. geschüttelt. Das feinkörnige Bariumsalz wird abgenutscht. Mit 1 l Äther auswaschen, in 1 l Äther aufschwemmen, 24 Std. schütteln, nochmals gründlich mit Äther waschen. Bei 80° trocknen, pulvern: 350 g Ba-Salz der „Acetylboswellinsäure".

„Acetyl-Boswellinsäure". 50 g Ba-Salz mit verdünnter HCl zerlegen, in Äther überführen, eindampfen, Rückstand mit wenig Methanol aufnehmen. Nach 4 Wochen Kristalle, dreimal aus Methanol umkristallisieren. Fp. 268—270°, [α]$_D$ = +66° (Chloroform) oder präparativ:

300 g Ba-Salz mit 400 ml Essigsäureanhydrid kochen, mehrere Stunden kalt stehenlassen, Kristallbrei abnutschen, mit Essigsäureanhydrid waschen, nochmals mit Essigsäureanhydrid ansäuern, stehenlassen, abnutschen: 120 g. Zur weiteren Reinigung 100 g in 200 ml heißem Chloroform lösen, erkalten lassen, mit 300 ml Methanol versetzen, sofort abnutschen, mit wenig kaltem Methanol rasch waschen, ergibt gemischtes Anhydrid der Essigsäure und der „Acetylboswellinsäure", glänzende Blättchen, 1. Fp. 220—225° → 2. Fp. 260—270° corr. Zs. Anydridverbindung mit 10 Volumina Äthanol + Methanol (1:1) unter Rückfluß kochen, nach Abdampfen Kristalle, aus Methanol + Äther umkristallisieren.

„Acetylboswellinsäure", feine Prismen, Fp. 250—255° corr. (Ausbeute: 5% des Olibanum).

Ruzicka und Wirz (1939) erhielten bei Arbeit nach der obigen Vorschrift aus 2 kg Weihrauch 130 g des Acetylboswellinsäuregemisches, daraus 20 g reine Acetyl-β-boswellinsäure (Fp. 272—273°, corr.) und durch Verseifung β-Boswellinsäure (Fp. 236—238°, corr.).

Trennung der α- und β-Boswellinsäure. (Winterstein und Stein, 1932). Gemisch der Acetate in heißem Methanol lösen, stehenlassen. Es kristallisiert zuerst:

β-Acetyl-Boswellinsäure. Prismen, Fp. 265—270° corr.

Beim Einengen der Mutterlaugen kristallisieren Gemische von α- und β-Acetylboswellinsäure.

„Acetyl-Boswellinsäure" durch 3stündiges Kochen mit 10% methanolischer KOH verseifen, mit Essigsäure ansäuern, mit Wasser fällen, Niederschlag trocknen, aus Methanol öfter umkristallisieren. So erhält man:

α-Boswellinsäure. Sechsseitige Blättchen, Fp. 289°, [α]$_D^{19}$ = +114,0 — +115,0° (Chloroform). 100 ml Methanol (heiß) lösen 1,8 g, in Chloroform, Äther, Aceton, Äthanol leicht löslich.

Die über 265° schmelzenden Fraktionen des Acetyl-Boswellinsäuregemisches nochmals aus Methanol bis zum Fp. 271—273° umkristallisieren, wie oben verseifen, mit Eisessig ansäuern, bis zur beginnenden Trübung mit heißem Methanol (50%) versetzen, beim Erkalten Kristalle, aus Methanol umkristallisieren:

β-Boswellinsäure. Fp. 238—240° corr., [α]$_D^{19}$ = +118,2 — +118,6° (Chloroform), 100 ml Methanol (heiß) lösen 8 g, in Chloroform, Äther, Aceton, Äthanol leicht löslich.

Nach Winterstein und Stein (1932) dürften sich auch die Formylderivate auf Grund ihrer recht verschiedenen Äthanollöslichkeit zur Trennung von α- und β-Boswellinsäure eignen.

Funktionelle Derivate. a) α-Boswellinsäure. (Winterstein und Stein, 1932a.)

α-Boswellinsäure-methylester mit Diazomethan in ätherischer Lösung. Umkristallisieren aus Methanol + Äther, Blättchen, Fp. 214—215°, corr., [α]$_D^{19}$ = +114,7 — +116,0° (Chloroform).

Acetyl-α-Boswellinsäure. Mit 10facher Menge Essigsäureanhydrid 30 min kochen. Nach Erkalten kristallisiert gemischtes Anhydrid. Lange Nadeln, 1. Fp. 229—232° → 2. Fp. 267 bis 270° Zs. Verkochen mit 10facher Menge Äther + Methanol (1:1), Abdestillieren des Äthers, umkristallisieren aus Methanol:

Acetyl-α-Boswellinsäure. Prismen, Fp. 241—243° corr., [α]$_D^{19}$ = +65,0 — +65,5° (Chloroform).

Acetyl-α-Boswellinsäure-methylester. Acetyl-α-Boswellinsäure mit Diazomethan in ätherischer Lösung verestern, umkristallisieren aus Methanol + Äther, Fp. 229—230°, [α]$_D^{19}$ = +67,6 — +68,5° (Chloroform).

Formyl-α-Boswellinsäure. 1 g α-Boswellinsäure + 7 ml Ameisensäure (100%) + 3 ml Benzol, 3 Std. kochen, erkalten, mit H$_2$O versetzen, Benzol im Vacuum abdampfen, aus Äthanol umkristallisieren, Nadeln, Fp. 254—257°, [α]$_D^{19}$ = +65,5° (Chloroform).

b) β-Boswellinsäure. Darstellung der Derivate wie bei α-Boswellinsäure.

β-Boswellinsäure-methylester. Fp. 189—190°, [α]$_D^{19}$ = +116,0 — +116,3° (Chloroform).

Acetyl-β-Boswellinsäure. Gemischtes Anhydrid. 1. Fp. 226—228° → 2. Fp. 277—278°.

Acetyl-β-Boswellinsäure. Fp. 271—273°, [α]$_D^{19}$ = 68,4 — +69,30 (Chloroform).

Acetyl-β-Boswellinsäure-methylester. Fp. 197,5—198,5°, $[\alpha]_D^{20} = +73,7 - +73,8°$ (Chloro-·form).

Formyl-β-Boswellinsäure. 2 g Säure + 12 ml Ameisensäure (100%) + 4 ml Benzol, 1,5 Std. kochen, Kristalle abnutschen, mit viel Äthanol (abs.) umkristallisieren. Nädelchen, $[\alpha]_D^{20} = +91,6°$ (Chloroform).

20. Morolsäure.

($C_{30}H_{48}O_3$) ($\Delta^{18,19}$-2-oxy-oleanen-28-säure) (LV).

Mora-Saponin.

(LII)

FARMER und CAMPBELL (1950) fanden im Kernholz von *Mora excelsa* Benth., einer in Britisch-Guinea und Trinidad heimischen Papilionaceae, sehr viel wasser- und äthanollösliche Substanz, die zu etwa 50% aus Saponinen besteht. Bei der Hydrolyse entsteht neben Oleanolsäure die Morolsäure, die von BARTON und BROOKS (1950, 1951 a, 1951 b) als neue Triterpensäure $C_{30}H_{48}O_3$ erkannt wurde. Über das entsprechende Glykol, das Moradiol, konnte Germanicol erhalten werden. Ebenso gelang die Umwandlung zu Oleanol. Für die Konstitution ergibt sich daher die oben gezeichnete Formel. Auch im Holz von *Mora Gongrijpi* (Kleinh.) Sandwith ist Saponin enthalten (FARMER und CAMPBELL).

Mora-Saponin. (FARMER und CAMPBELL, 1950.) Das Kernholz wird mit heißem Äthanol erschöpft, der filtrierte Auszug fast bis zur Trockne eingedampft, der dunkle Sirup mit viel heißem Aceton verrieben. Die färbenden Verunreinigungen gehen in das Aceton, es bleibt eine helle Masse, die weiter mit Aceton gereinigt wird, Schließlich zu 2,8—9,6% des Ausgangs- materials das Saponin als rosa Pulver. Es gibt stark schäumende Lösungen. Daneben kommt noch ein zweites kristallines Saponin vor.

Hydrolyse, Morolsäure und Oleanolsäure. (Nach BARTON und BROOKS, 1951 a.) Je 1 g Saponin, 10 ml Äthanol + 2 ml konz. HCl, Ölbad, Rückfluß. Zuerst Rotfärbung, bald Kristallfällung. Nach 2 Std. abkühlen, abnutschen, Niederschlag mit Methanol waschen. Rohsapogenin mehrmals aus Dioxan + Methanol umkristallisieren.

Morolsäure. Fp. 273°, $[\alpha]_D^{18} = +16°$ (Dioxan), in Äthylacetat, Chloroform wenig löslich.

Acetylmorolsäure. Mit Essigsäureanhydrid 1 Std. Rückfluß. Aus Methanol + Chloroform oder Äthylacetat + Chloroform umkristallisieren, Fp. 256—257°, $[\alpha]_D = +42$ bis $+44°$ (Chloroform).

Morolsäure-methylester. Mit Diazomethan, aus Äthylacetat + Methanol umkristalli- sieren. Fp. 228—229°, $[\alpha]_D = +37$ bis $+38°$ (Chloroform).

Acetylmorolsäure-methylester. Aus dem Methylester mit Essigsäureanhydrid, Rückfluß 30 min, aus Chloroform + Methanol umkristallisieren. Fp. 263—264°, $[\alpha]_D = +37$ bis $+38°$ (Chloroform).

Benzoyl-morolsäure-methylester. Aus dem Methylester mit Pyridin + Benzoylchlorid, 1,5 Std. 100°. Aus Äthylacetat + Methanol umkristallisieren. Fp. 194—195°, $[\alpha]_D = +52°$ (Chloroform).

Wird das Rohsapogenin nach Äthanollöslichkeit in 4 Fraktionen zerlegt, so findet man in der schwerstlöslichen Spitzenfraktion (1) Morolsäure, in der leichtlöslichen Fraktion (4) reine Oleanolsäure, in den Mittelfraktionen (2) und (3) ein Gemisch beider. Dieses wird am besten durch Dreiecksfraktionierung der methylierten Acetate getrennt.

Im Filtrat des Aglykons konnte papierchromatographisch die Anwesenheit von Glukose und Xylose sehr wahrscheinlich gemacht werden.

21. Echinocystsäure.

($C_{30}H_{48}O_4$) ($\Delta^{12,13}$-2,16-Dioxy-oleanen-28-säure) (LV).
Echinocystus-Saponin.

(LV)

Die bis zu 50 kg schweren Speicherwurzeln von *Echinocystus*-Arten, speziell von *Echinocystus fabacea (Cucurbitaceae)*, sind als Fischgifte der Indianer des pazifischen Nordamerikas bekannt geworden. BERGSTEINSSON und NOLLER (1934) haben daraus ein Saponin isoliert, das bei der Hydrolyse eine Dioxytriterpensäure, die Echinocystsäure, lieferte. Im freien Zustand ist diese bisher noch nicht im Pflanzenreiche gefunden worden. Die Arbeiten von FRAZIER und NOLLER (1944), von JEGER, BISCHOF und RUZICKA (1947) sowie von BISCHOF, JEGER und RUZICKA (1949) liefern den Konstitutionsbeweis für die Verbindung.

Darstellung des Echinocystus-Saponins und der Echinocystsäure. (BERGSTEINSSON und NOLLER, 1934.)

Echinocystus-Saponin. 1 kg trockenes Wurzelpulver von *Echinocystus fabacea* wird zuerst 2 Std. mit 1,5 l reinem Methanol, dann gleichlange mit Methanol (50%) und schließlich nochmals mit reinem Methanol unter Rückfluß extrahiert. Die vereinigten Extrakte werden auf 2 l eingedampft. 1 l hiervon gibt beim Trocknen bei 90° 45 g Rohsaponin. Dieses ist durch Niesreiz, bitteren Geschmack, Schaumbildung, hämolytische Aktivität und Giftigkeit für Goldfische gekennzeichnet.

Echinocystsäure. 45 g Rohsaponin werden mit 890 ml Wasser, 1200 ml Methanol und 400 ml konz. HCl bei 60° hydrolysiert. Nach 1 Std. fällt gallertiges Prosapogenin, nach 60 Std. weißes körniges Endsapogenin. Aus den Mutterlaugen läßt sich weiteres Sapogenin gewinnen. Gesamtausbeute 4,8 g.

Das Sapogenin ist in kaltem und heißem Benzol, in Ligroin und CCl₄ unlöslich, in heißem Chloroform wenig löslich, in kaltem Äther löslich. Zum Umkristallisieren sind Äther, Essigsäure, Äthylacetat und Alkohole brauchbar.

Kristallalkohol beim Umkristallisieren aus Isopropanol verschwindet im Vacuum bei 110°.

Echinocystsäure. Fp. 305—315°, $[\alpha]_{546}^{22}$ = +40,6° (Chloroform).

Echinocystsäure-Methylester. (BERGSTEINSSON und NOLLER, 1934.) 6 g Echinocystsäure in Äther wird solange ätherische Lösung von Diazomethan zugesetzt, bis gelbe Farbe bleibt. Man läßt über Nacht stehen und dampft den Äther ab. Der Rückstand wird 6mal aus Methanol umkristallisiert. Fp. 213—215°, $[\alpha]_{546}^{22}$ = +37,08° (Äthanol).

Echinocystsäure-diacetat. 25 g Echinocystsäure in 400 ml Eisessig + 50 ml Essigsäureanhydrid + 2 g Natriumacetat (geschmolzen) 2 Std. mit Rückfluß erhitzen, bei 20 mm Druck auf 75 ml einengen, Essigsäureanhydridüberschuß durch Kochen mit 100 ml Methanol (Rückfluß) entfernen, einengen, Acetylprodukt abfiltrieren: 23 g. 5mal aus Methanol umkristallisieren. Fp. 272—275°, $[\alpha]_{546}^{27}$ = — 14,6° (Chloroform) in Benzol, CCl₄, Äther, Aceton, Äthanol löslich, in Ligroin wenig löslich, in Chloroform leicht löslich.

Die Verseifung des Acetylproduktes verläuft sehr langsam: 66,3% nach 48 Std.

22. Hederagenin.

($C_{30}H_{48}O_4$) ($\Delta^{12,13}$-2,23(oder 24)-dioxy-oleanen-28-säure) (LVII)
(= „α-Hederagenin").

α-Hederin. Sapindussaponin.

HO

COOH

CH₂OH

(LVII)

Das schon lange bekannte Saponin der Efeublätter *(Hedera helix, Araliaceae)* wurde durch VAN DER HAAR (1913) in mehrere Fraktionen aufgeteilt. Er unterschied die wasserlöslichen Δ-Glykoside und die durch Äthanol (96%) extrahierbaren α-, β- und γ-Hederine. Die drei letzten zumindest unterscheiden sich nur durch ihre Zuckerkomponente; bei der Hydrolyse liefern alle das gleiche α-Hederagenin. α-Hederin wurde in kristallisiertem Reinzustand dargestellt.

Das Sapogenin des Saponins der Seifennüsse (Samen von *Sapindus*-Arten, speziell *S. saponaria, S. Mukorossi* und *S. Rarak, Sapindaceae*) wurde von JACOBS (1925a, b) gleichfalls als Hederagenin identifiziert. VAN DER HAAR (1927) und WINTERSTEIN und MEYER (1931) schlossen sich dieser Auffassung an. Der Arbeit letzterer Autoren ist zu entnehmen, daß das Glykosid ausschließlich in der Samenschale lokalisiert ist. Das Saponin der Blätter von *Polyscias nodosa (Araliaceae)* gibt nach VAN DER HAAR (1912) ein Saponin, welches mit dem Hederagenin „verwandt" ist. Die Konstanten beider Substanzen liegen nahe beieinander. Über Hederagenin neben Oleanolsäure im Sapogeningemisch von *Akebia, Fatsia japonica, Aralia japonica* und *Clematis*-Wurzel vgl. S. 105. MITRA und KARRER (1953) erhielten bei der Spaltung des Saponins aus den Stengeln von *Holboellia latifolia* und *H. angustifolia (Lardizabalaceae)* gleichfalls Hederagenin als Aglykon.

Hederagenin aus *Sapindus*-Samen. (WINTERSTEIN und MEYER, 1931.)

Rohsaponin. 2,5 kg Samenschalen von Seifennüssen (*Sapindus Mukorossi* und *S. Rarak*) in 10 l-Kolben mit 7,5 l Äthanol (60%) 5 Std. kochen, abdekantieren, abpressen, dunkelbraune Lösung, 1 Std. mit Carboraffin kochen.

Reines α-Hederin. Aus dem farblosen Glykosidgemisch wird α-Hederin durch Umkristallisieren aus Äther, Äthanol, Äthanol (abs.) + Petroläther rein dargestellt. Fp. 256—257°, $[\alpha]_D^{20}$ = +9,68° (Äthanol).

Hederagenin. (WINTERSTEIN und MEYER, 1931.) Alkoholischen Auszug mit H_2SO_4 ad 5% versetzen, 4 Std. kochen, kristalline Hederagenin-Abscheidung, auf 50° abkühlen, abnutschen, mit Methanol (60%), dann mit wenig Äthanol waschen, in schwach alkalischem Äthanol (70%) lösen, falls gefärbt, mit Tierkohle kochen, filtrieren, durch tropfenweise Zugabe von 1% äthanolischer HCl fällen.

115 g *Hederagenin.* Aus Äthanol umkristallisiert, Fp. 327—329°, $[\alpha]_D^{20}$ = +81,2° (Pyridin) (nach VAN DER HAAR, 1912).

Alkalisalze des Hederagenins. Hederagenin, in Äthanol (70%) + Alkali gelöst, fällt bei Wasserzugabe zur heißen Lösung beim Erkalten in Form langer Nadeln, die sich durch das CO_2 der Luft zersetzen.

Brom-Hederagenin. 27 g reines Hederagenin mit 600 ml Methanol (acetonfrei) übergießen; 2,6 ml Brom, in 100 ml Methanol unter Kühlung gelöst, langsam (3 Std.) unter Schütteln zufügen. Reaktionsansatz in 5 l H₂O gießen, Bromderivat fällt aus, etwas H₂SO₄ zugeben, Niederschlag wird beim Stehen kristallin (30,5 g). Aus Äthanol umkristallisieren. Fp. 226—228°.

Hederagenin-formiat. 20 g Hederagenin mit 280 ml Ameisensäure (wasserfrei) im Wasserbad 24 Std. kochen, in 2 l Wasser gießen, nach Stehen über Nacht kristalline Fällung. Mit Wasser waschen, mit Aceton anrühren, allfälligen Rest von freiem Hederagenin aus ätherischer Lösung durch Ausschütteln mit Na₂CO₃ entfernen. Aus Äthanol umkristallisieren. Nadeln, Fp. 258—259°.

23. Glycyrrhetinsäure.

Glycyrrhetinsäure

$(C_{30}H_{46}O_4)$ $(\varDelta^{12,13}\text{-}2\text{-Oxy-}11\text{-oxo-oleanen-}30\text{-säure})$ (LVIII).

Glycyrrhizinsäure.

(LVIII)

Die Glycyrrhetinsäure kommt glykosisch gebunden im Glycyrrhizin, dem Ca-K-Salz der Glycyrrhizinsäure, in der Süßholzwurzel (*Glycyrrhiza glabra* und anderen *Glycyrrhiza*-Arten, *Papilionaceae*) vor.

Darstellung von Glycyrrhizinsäure und Glycyrrhetinsäure. (Ruzicka und Leuenberger, 1936.)

Glycyrrhizinsäure. 5 kg gehacktes Süßholz wird zweimal 5 Std. mit 5 l siedendem Wasser ausgezogen, die Lösung aufgekocht und Schlamm absitzen gelassen. Filtrierte Lösung auf 4 l eindampfen, 250 ml konz. H₂SO₄ zusetzen, Glycyrrhizinsäure fällt als braune Masse. Dekantieren, mit viel Wasser durchkneten, stehenlassen, abpressen, zweimal mit 1,8 l Äthanol auskochen, filtrieren, K-Salz aus der Lösung mit KOH ausfällen: Hellbraune zähe Masse. Dekantieren, abfiltrieren. Aus heißem Eisessig umlösen: K-Salz der Glycyrrhizinsäure als hellgelbes Pulver (Ausbeute etwa 200 g).

Glycyrrhetinsäure. Glycyrrhizinsäure 5 Std. mit 100facher Menge 3% H₂SO₄ kochen oder 2 Std. mit konz. HCl erwärmen. Glycyrrhetinsäure fällt aus. Umkristallisieren aus Methanol, weitere Reinigung über das Acetylprodukt.

Acetyl-Glycyrrhetinsäure. 2 g rohe Säure, 30 ml Essigsäureanhydrid, 3 Std. kochen, mit Chloroform + Methanol aufnehmen, mit Tierkohle kochen, durch Einengen fällen, dreimal umkristallisieren (Fp. 295—325°).

Bei fraktionierter Kristallisation Hauptfraktion aus Methanol. Fp. 309—313°, $[\alpha]_D = 145^c$ (Chloroform).

Verseifung. 1 g Acetyl-Glycyrrhetinsäure (Fp. 309—313°) 1 Std. mit 5% methanolischem KOH kochen, ansäuern. Fällung abfiltrieren, aus Methanol umkristallisieren:

Glycyrrhetinsäure, bei schneller Kristallisation Nadelbüschel, Fp. 300—309°, bei langsamer Kristallisation Blättchen, Fp. 287—293°, $[\alpha]_D = +161°$ (Chloroform).

Funktionelle Derivate. (Ruzicka und Leuenberger, 1936.)

Glycyrrhetinsäure-methylester. Beide Modifikationen der Säure liefern mit Diazomethan den gleichen Ester. Umkristallisieren aus Chloroform + Methanol. Nadeln, Fp. 259°, in Äther unlöslich.

Bilham, Kon und Ross (1942) erhielten bei Darstellung des Methylesters aus dem "Glycyrrhizinum ammoniacale" der Britischen Pharmakopoe ein Produkt, welches aus Methanol + Wasser umkristallisiert bei 222—224° schmolz.

Acetyl-Glycyrrhetinsäure (s. oben).

Acetyl-Glycyrrhetinsäure-methylester, aus dem Acetylderivat mit Diazomethan, Blättchen, Fp. 299—300°.

24. Gypsogenin.

($C_{30}H_{46}O_4$) ($\Delta^{12,13}$-2-oxy-23(oder 24)-oxo-oleanen-28-säure) (LIX)
(= „Albsapogenin").

Gypsophila-Saponin (= „Albsaponin"). Saporubin.

(LIX)

Die levantinische Seifenwurzel (Radix Saponariae magnalbae, von *Gypsophila paniculata, G. Arrostii* und anderen Arten, *Caryophyllaceae*) ist ein wichtiges Ausgangsmaterial technischer Saponinpräparate z. B. des Saponinum purum albiss., Merck. Eingehender haben sich KARRER, FIORINI, WIDMER und LIER (1924) und VAN DER HAAR (1927) mit dem Gypsophila-Saponin und seinem Aglykon beschäftigt. KON und SOPER studierten 1940 das „Saporubin", das Saponin der roten Seifenwurzel *(Saponaria officinalis, Caryophyllaceae).* Das erhaltene Aglykon erwies sich identisch mit dem „Gypsogenin" VAN DER HAARs, möglicherweise auch mit dem „Githagenin", welches bei der Spaltung des „Githaginglykosids" aus dem Kornrade-Samen *(Agrostemma githago, Caryophyllaceae)* erhalten wird. Damit würde sich die Vermutung von WEDEKIND und KRECKE (1926) und WEDEKIND und SCHICKE (1929) bestätigen, die das Githagin [und das Thea-Saponin AOYAMAs (1931)] in die nähere chemische Verwandtschaft der Quillajasäure stellten. Über die Strukturaufklärung des Gypsogenins vgl. JEGER (1950).

Darstellung von Saporubin und Gypsogenin aus der Wurzel von *Saponaria officinalis.* (KON und SOPER, 1940.)

Saporubin. 500 g Pulver trockener Wurzel, 1,5 l Methanol, 3 Std. Rückfluß, durch Leinen filtrieren (Extrakt I), Rückstand abpressen, mit 250 ml Methanol waschen, 2 weitere Male mit je 1 l Methanol extrahieren (Extrakt II und III), Extrakt I läßt beim Stehen über Nacht 19 g Substanz ausfallen, Extrakt II liefert beim Eindampfen 30 g, Extrakt III desgleichen 27 g braune harzige Masse: zusammen 76 g Roh-Saporubin.

Roh-Gypsogenin. 160 g Rohsaponin in 460 ml heißem Wasser lösen, dazu 334 ml konz. HCl, auf Ölbad mit mechanischer Rührung 7 Std. kochen. Schwarzen Bodenkörper mit heißem Wasser waschen bis Wasser farblos, trocknen, pulvern. Im Soxhlet 3 Std., 3 Std., 10 Std. mit je 500 ml Äther extrahieren, beim Einengen der Ätherlösung *Roh-Gypsogenin* (Fp. 267—277°).

Das Gypsogenin kann direkt aus dem Wasserextrakt von 1 kg Wurzeln, auf 1 l eingeengt, dazu 340 ml konz. HCl, Hydrolyse wie oben, gewonnen werden, etwa 14,5 g farbloses Gypsogenin, daneben 1,5 g dunkler Substanz; diese in etwa 100 ml Äther lösen, mit 10 ml n-KOH schütteln, halbfestes K-Salz, durch Dekantieren abtrennen, mit Äther waschen, mit Äther bedecken und mit verdünnter HCl schütteln. Das freie Gypsogenin geht in den Äther, der mit Na_2SO_4 getrocknet und mit Norit entfärbt wird.

Rein-Gypsogenin. Weitere Reinigung durch Acetylierung (s. unten). Acetat in Methanol mit etwas KOH-Überschuß über Nacht stehen lassen, es fallen lange Nadeln des K-Salzes. Freies Sapogenin durch Schütteln mit Äther + verdünnter HCl. Endreinigung durch Sublimation im Hochvacuum (etwa 180°). Aus Äthanol umkristallisieren: *Gypsogenin,* verfilzte Nadeln, Fp. 269—270°.

Gypsogenin-acetat. Aus dem Rohsapogenin mit Essigsäureanhydrid + Pyridin in der Kälte. Nadeln, Sintern 173°, Fp. 188—189° (Zs.), $[\alpha]_D = +79°$ (Chloroform).

Gypsogenin-acetat-methylester. Mit Diazomethan. Lange Nadeln, Fp. 191°, $[\alpha]_D = +80°$ (Chloroform).

25. Quillajasäure.

($C_{30}H_{46}O_5$) ($\Delta^{12,13}$-2,16-dioxy-23(oder 24)-oxo-oleanen-28-säure) (LX).

Quillaja-Saponin.

(LX)

Von den zwei Saponinen, Quillajasapotoxin und Quillajasäure, welche Kobert (s. a. Kofler, 1927) für die Seifenrinde *(Quillaja Saponaria, Rosaceae)* angab, hat nur die letztgenannte eine eingehende Bearbeitung gefunden. Ob das Quilla-jatoxin überhaupt eine definierte Substanz ist, erscheint fraglich; schon Kofler (1932) berichtet von Schwierigkeiten, als er nach Koberts Vorschrift die beiden Saponine der Quillajarinde zu trennen versuchte. Es dürfte sich empfehlen, dem Ge-brauch der neuen Literatur (z.B. Elliot und Kon, 1939) zu folgen und als Quilla-jasäure das Sapogenin zu bezeichnen, welches man bei der Spaltung des Quillajasapo-nins erhält. Das im Handel erhältliche „Saponin Sthamer" ist gereinigtes Quillaja-saponin. Es diente Windaus, Hampe und Rabe (1926) zur Darstellung des Sapogenins. Über die Versuche zur Aufklärung seiner Struktur, die vor allem von Kon und Mitarbeitern durchgeführt wurden, vgl. Jeger (1950).

Darstellung von Quillajasäure aus Handelssaponin. (Elliot und Kon, 1939.) 50 g Handelssaponin in 234 ml Wasser unter Rühren erwärmen, 167 ml konz. HCl zugeben, 7 Std. kochen. Nach 1 Std. beginnt das Prosapogenin in schleimiger Form zu fallen. Es geht schließ-lich unter Dunkelfärbung in eine körnige, filtrierbare Masse über. Abfiltrieren, mehrmals mit je 200 ml Wasser bis zur Entfernung dunkler Verunreinigungen auskochen, dann bei 100° und schließlich im Vacuum trocknen („Solid A"). Im Soxhlet mit Äther extrahieren, beim Ein-dampfen gallertige Substanz, die beim Waschen mit etwas Äther sandig wird („Solid B", Fp. 275°), 4mal aus Äthylacetat umkristallisieren: unreine *Quillajasäure*, Fp. 290°.

6 kg Saponin liefern 900 g „Solid A" und 397 g „Solid B". Rohes Sapogenin wird am besten durch Soxhletextraktion mit Äthylacetat und Umkristallisieren aus dem gleichen Lösungsmittel analysenrein gemacht.

Quillajasäure. Fp. 292—293°, [α]$_D$ = +56,1° (Pyridin).

Nach Windaus, Hampe und Rabe (1926) wird das Prosapogenin durch H_2SO_4-Hydro-lyse gewonnen, durch Fällung des K-Salzes gereinigt. Das Endsaponin kann aus dem Sa-ponin auch direkt durch Autoklavierung mit verdünnter H_2SO_4 (3 Std., 140—145°) erhalten werden. Reinigung über das K-Salz.

Quillajasäure. Nadeln, Fp. 294° (Zs.), in Äthanol, Eisessig. Äthylacetat löslich.

Funktionelle Derivate. (Nach Windaus, Hampe und Rabe, 1926.)

Quillajasäure-methylester. Mit Diazomethan in ätherischer Lösung, aus Methanol um-kristallisieren. Nadeln, Fp. 225° [Elliot und Kon, 1939: Fp. 222—223°, [α]$_D$ = +56,1° (Pyridin)].

Quillajasäure-diacetat. 1 g Säure, 6 ml Pyridin, 1,5 g Essigsäureanhydrid, 16 Std. stehen-lassen, mit viel Wasser versetzen, Niederschlag absaugen, auswaschen, aus Eisessig um-kristallisieren. Nadeln, Fp. 250° (Elliot und Kon, a. a. O. geben als Produkt der Acetylierung ein Diacetyllacton an: Fp. 260°, [α]$_D$ = —21,5°).

Quillajasäure-oxim. 1 g Säure in Methanol, 1 g Hydroxylaminchlorhydrat, 1,2 g Natrium-acetat (wasserfrei), 1 Std. Rückfluß, NaCl wegfiltrieren, einengen, aus Methanol umkristal-lisieren. Nadeln, Fp. 282°.

Quillajasäure-semicarbazon. Nadeln, Fp. 288°.

Quillajasäure-methylester-oxim. Nadelrosetten, Fp. 238°.

26. Skimmiol und Skimmion.

<table>
<tr><td>Skimmiol</td><td>Skimmion</td></tr>
<tr><td>(C$_{30}$H$_{50}$O)</td><td>(C$_{30}$H$_{48}$O).</td></tr>
</table>

TAKEDA (1941, 1942, 1943a und b) fand in der Triterpenfraktion von *Skimmia japonica (Rutaceae)* die beiden genannten Substanzen. Nach den zitierten Arbeiten und nach TAKEDA und YOSHIKI (1941) handelt es sich um einen pentacyclischen Alkohol der β-Amyrinreihe und das entsprechende Keton[1].

Trennung der beiden Substanzen aus dem Äthanolextrakt durch Chromatographie.
Skimmiol. Fp. 279—281°, $[\alpha]_D^{19} = +3,1°$ (Chloroform).
Skimmiol-acetat. Fp. 288—289°.
Skimmiol-benzoat. Fp. 287—289°.
Skimmiol-formiat. Fp. 247—249°.
Skimmion. Fp. 241—243°, $[\alpha]_D^{19} = +12,2°$.
Skimmion-oxim. Fp. 292—294° (Zs.).

27. Aescigenin und Aescin.

Aescigenin
(C$_{30}$H$_{48}$O$_5$). (LXI)
Aescin

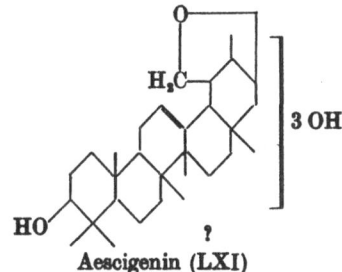

Aescigenin (LXI)

Über die ältere Literatur und Synonymik betreffend das Aescin, das Saponin der Roßkastanie *(Aesculus Hippocastanum, Hippocastanaceae)* vgl. KOFLER (1927).

Das Aglukon, Aescigenin, wurde durch WINTERSTEIN (1931) rein dargestellt und näher gekennzeichnet. Über die noch nicht abgeschlossene Aufklärung der Konstitution vgl. RUZICKA, BAUMGARTNER und PRELOG (1949a, b) und JEGER (1950). Nach WEIL (1901) liegt das Saponin in den Cotyledonen der Samen in einer Menge von etwa 10% der Trockensubstanz vor.

Aesculus-Saponin (Aescin) und Aescigenin aus dem Samen der Roßkastanie. (WINTERSTEIN, 1931; RUZICKA, BAUMGARTNER und PRELOG, 1949a, b.)
Rohsaponin. 100 kg getrocknete Samen werden grob entschält: 70 kg Sameninneres fein gemahlen, mit 100 l Benzol fettfrei extrahiert, abgepreßt, Substanz mit 190 l Äthanol (90%) extrahiert, abgepreßt, Äthanol abdestilliert: 20 kg braune honigartige Substanz mit etwa 50% Saponin.
Reinsaponin.
1. 1 kg entschälte, fein gepulverte Samen mit Äther entfetten, mit kaltem Äthanol (80%) stehenlassen, abpressen, Äthanol im Vacuum abdestillieren, honigartigen Rückstand mit Aceton (wasserfrei) behandeln, bis körnige Konsistenz: 60 g weiße, gut pulverisierbare Masse.
2. 50 g Rohsaponin nach a) in 0,5 l Wasser lösen, 30 Std. im Schnelldialysator dialysieren, im Vacuum eindampfen, mit Aceton entwässern: 25 g rein weißes Aescin.
Prosapogenin. Aus Aescigenin mit H$_2$O$_2$, HCl oder H$_2$SO$_4$.
Säurehydrolyse (1). 240 g Rohsapogenin, 500 ml Wasser, auf 80° erwärmen, HCl ad 5% zufügen, nach 5' abkühlen, Prosapogeninfällung (Ausbeute 17%) [braune Substanz in kaltem Wasser schwer, in Äthanol (verdünnt) leicht, in Äther, Benzol nicht löslich].

---
[1] Skimmiol = Taraxerol, Skimmion = Taraxeron (BEATON u. Mitarb., s. Fußnote S. 83).

Reinigung. In verdünnter äthanolischer NaOH lösen, eindampfen, erkalten lassen, Natriumsalz fällt aus. Mehrmals wiederholen, dabei alkalische Lösung 1—2mal mit Carboraffin kochen; weißes Prosapogenin.

(2). 250 g Roh-Prosapogenin in 600 ml Äthanol (60%) + 2% H_2SO_4, 2 Std. Rückfluß, in Wasser gießen, Niederschlag abnutschen, zur Entfernung brauner Harze mit verdünnter NaOH waschen, in verdünntem alkalischem Äthanol lösen, mit Carboraffin kochen, eindampfen, in Äthanol lösen, mit Äther fällen. Fällung in Äthanol (70%) lösen, stehenlassen. Bisweilen erhält man kristallisiertes *Prosapogenin B*, Nadeln, Fp. 220—230° (Zs.).

Aescigenin. 20 g gereinigtes Prosapogenin 48 Std. mit Äthanol (60%) + 5% H_2SO_4 hydrolysieren, braune Lösung mit Carboraffin entfärben. Beim Erkalten 5 g *Aescigenin*. Die Endhydrolyse kann durch die Glührohrprobe (s. S. 107) festgestellt werden. Umkristallisieren mit verdünntem, schwach alkalischem Äthanol, dann in wenig siedendem Methanol lösen, Chloroform bis zur Trübung zusetzen, die durch einige Tropfen Methanol wieder gelöst wird. Beim Stehen nach einigen Tagen Nadelbüschel. Umkristallisieren aus Benzol + Äthanol (8:1), zweimal aus Chloroform + Äthanol, zweimal aus Äthanol (85%), aus Methanol (abs.). Im Vacuum (130°) trocknen. Fp. 309°, $[\alpha]_D^{27} = +26{,}8°$.

Ruzicka, Baumgartner und Prelog (1949a) reinigen über das Acetylprodukt, das der Sublimation im Hochvacuum unterworfen wird. Nach Verseifung wird aus Äthanol umkristallisiert.

Aescigenin. Feine Nadeln, Fp. 317—318° corr., $[\alpha]_D^{20} = +46 \pm 2°$ (Äthanol).

Aescigenin-tetraacetat. (Ruzicka, Baumgartner und Prelog, 1949a.) Flache Nadeln, Fp. 207—208° corr., $[\alpha]_D^{20} = +56{,}7 \pm 1°$, in fast allen Solventien leicht, in Petroläther schwer löslich, sublimiert umgesetzt.

Papierchromatographie von Aescin und Aescigenin. Fiedler (1953) konnte in Auszügen der *Aesculus*-Samen Aescin und Aescigenin papierchromatographisch trennen. Lösungsmittel: 60 T. Butanol, 15 T. Eisessig, 30 T. Wasser, R_f-Werte 0,60—0,70 bzw. 0,90. Nachweis des Saponins und seines Aglykons durch Besprühen mit Antimontrichlorid (ges. Lösung in Chloroform), rosa, violette Färbung, des Aescins durch Auflegen des Papierstreifens auf Blutgelatine oder durch Besprühen mit defibriniertem oder Citratblut (1:8 verdünnt).

28. Ursolsäuren und Uvaol.

Ursolsäure
($C_{30}H_{48}O_3$) ($\Delta^{12,13}$-2-Oxy-Ursen-28-säure) (LXII)   „Ursolsäure II"
(= „Urson" = „Prunol" = „Malol").   ($C_{30}H_{48}O_3$).

Uvaol   „Crataegolsäure"
($C_{30}H_{48}O$) ($\Delta^{12,13}$-2,28-Dioxy-ursen) (LXIII).   ($C_{30}H_{48}O_3$).

(LXII)   (LXIII)

Die Ursolsäure wurde zuerst von Trommsdorff (1854) als „Urson" aus den Blättern von *Arctostaphylos uva ursi (Ericaceae)* beschrieben. Wegen des älteren Schrifttums vgl. Dodge (1918). Dodge (1918) und van der Haar (1924) konnten nachweisen, daß das von Power und Moore (1910) aus den Blättern von *Prunus serotina (Rosaceae)* gewonnene „Prunol" ebenso mit Ursolsäure identisch ist wie das durch Sando (1923) dargestellte „Malol", das den Wachsüberzug der Äpfel (*Pyrus malus, Rosaceae*) bildet. Van der Haar (1928) hat auch als erster den Säurecharakter der Verbindung festgestellt und den Namen „Ursolsäure" an Stelle des bis dahin üblichen „Urson" vorgeschlagen.

Phytochemische Arbeiten der letzten Jahrzehnte haben über immer neue Vorkommen der Ursolsäure berichtet. Nach unseren gegenwärtigen Kenntnissen ist sie der im Pflanzenreich am weitesten verbreitete Stoff aus der Triterpenreihe. Besonders zahlreiche Angaben liegen über die Familie der Ericaceen vor. Schon NOOYEN (1920) fand sie in sämtlichen untersuchten Arten dieser Familie vor. Sie wird weiter angegeben für die Blätter von *Rhododendron hymenanthes* (KUWADA und MATSUKAWA, 1933), für die Fruchtschalen von *Oxycoccus macrocarpa* (MARKLEY und SANDO, 1934), für *Epigaea asiatica* (FUJII, SHIMADA und SASAKI, 1935), *Kalmia angustifolia* (JACOBS und LLOYD, 1939), Blätter von *Arbutus unedo* (SOSA, 1950). Auch bei Labiaten ist sie häufig gefunden worden. ROWE, ORR, UHL und PARKS (1949) geben sie für *Thymus vulgaris* an, BRIESKORN und SCHLUMPRECHT (1951) für *Salvia officinalis*. BRIESKORN, BRINER, SCHLUMPRECHT und EBERHARDT (1952) untersuchten dann eine große Reihe von Labiatendrogen. Sie fanden Ursolsäure in allen Pflanzenteilen, welche gleichzeitig auch ätherische Öle enthalten: Kraut von *Hyssopus officinalis*, Blüten von *Lavandula spica*, Kraut von *Marrubium vulgare*, Stengel und Blätter von *Mentha piperita*, Kraut von *Origanum majorana*, Blätter von *Rosmarinus officinalis*, Kraut von *Satureja hortensis*, Blätter von *Thymus vulgaris*. In ölfreien Labiatendrogen verlief die Prüfung auf Ursolsäure negativ (Kraut von *Galeopsis ochroleuca* und *Leonurus cardiaca*, Blüten von *Lamium album*).

Spätere Angaben von BRIESKORN, EBERHARDT und BRINER (1953) berichten aber auch von Vorkommen im Leonurus-Kraut. Ursolsäure bildet die Wachsüberzüge von Rosaceen-Früchten: des Apfels *(Pirus malus)* (SANDO, 1923), der Birne *(Pirus communis)* (MARKLEY, HENDRICKS und SANDO, 1935), der Kirsche *(Prunus avium)* (MARKLEY und SANDO, 1937), und von *Crataegus* sp. (ZIMMERMANN, 1944). Sie kommt auch in den Blättern und Blüten von *Crataegus oxyacantha* vor (SCHINDLER, 1951 b; BERSIN und MÜLLER, 1951, 1952; TSCHESCHE, HEESCH und FUGMANN, 1953), ebenso in den Blättern von *Prunus serotina* („Prunol", POWER und MOORE, 1910). NOOYEN (1920) fand sie in 4 *Ilex*-Arten, KARIYONE, HASHIMOTO und KIGUCHI (1939) in Blättern von *Ilex latifolia*. Nach KARIYONE und HASHIMOTO (1953) besteht die Cuticula dieser Blätter zu 0,78% aus Ursolsäure. Weitere Angaben beziehen sich auf Solanaceen: *Duboisia* (TRAUTNER und NEUFELD, 1947; BOTTOMLEY und WHITE, 1950), *Anthocercis*-Arten (ANSTEE, ARTHUR, BECKWITH, DOUGALL, JEFFERIES, MICHAEL, WATKINS und WHITE, 1952); auf eine Oleacee, *Osmanthus fragrans* (KARIYONE, HASHIMOTO, KIGUCHI, 1939); auf eine Saxifragacee, *Escallonia tortuosa* (GOODSON, 1938); auf eine Apocynacee, *Cryptostegia*-Blätter (WHITE und SENTI, 1945). POURRAT, LE MEN und BOUSTANY (1954) fanden in 13 von 14 geprüften Oleaceen-Arten Ursolsäure, in *Fraxinus ornus*-Blättern daneben noch Ornol ($C_{30}H_{48-50}O_2$, Fp. 220°), nach den Verff. vermutlich ein pentacyclisches Triterpendiol. Die Angaben von VAN ITALLIE (1920) über Ursolsäure in der Mistel beruhen offensichtlich auf einer Verwechslung mit Oleanolsäure (s. S. 105). Über Ursolsäure in Rindergalle s. S. 105.

Die genannten Vorkommen beziehen sich sowohl auf Blätter und Stengel wie auch auf Früchte. Soweit untersucht ist die Ursolsäure aber stets in der Cuticula bzw. in Exkreten der Epidermis und ihrer Anhangsgebilde lokalisiert.

In den meisten Fällen scheint die Ursolsäure frei im Pflanzenkörper vorzukommen. Jedenfalls wurde sie bisher zum Unterschied von der isomeren Oleanolsäure niemals in glykosidischer Bindung in einem Saponin aufgefunden.

Die Ursolsäure kommt allein oder mit anderen Triterpenverbindungen vor. In *Arctostaphylos uva ursi* ist sie vom Uvaol (s. unten) begleitet. Neben Oleanolsäure wurde sie in den australischen *Anthocercis*-Arten und in der Küstenform von *Alyxia buxifolia* (ANSTEE und Mitarbeiter, 1952, s. oben) gefunden. BERSIN und

MÜLLER (1951, 1952) geben die gleichen Säuren als die beiden einzigen Triterpene der Blätter von *Crataegus oxyacantha* an.

Über die Aufklärung der Konstitution der Ursolsäure, bei der nur noch die Stellung des Carboxyls an C-Atom 28 mit einer gewissen Unsicherheit belastet ist, vgl. JEGER (1950) und die dort zitierte Speziallteratur.

Trotz der intensiven und extensiven Bearbeitung, welche die Ursolsäure erfahren hat, bestehen noch etliche Fragen, die der Klärung bedürfen.

1. Die Oxy-triterpensäuren-Fraktion des *Crataegus*-Blattes ist wohl noch immer nicht endgültig aufgeklärt. Wohl können die älteren Angaben von BAECHLER (1927) über die „Crataegussäure" und von DIETERLE und DORNER (1937) über das „Crataeguslacton" als überholt betrachtet werden, nachdem die Untersuchungen von ULLSPERGER (1951) und von SCHINDLER (1951) die Uneinheitlichkeit dieser Produkte dargetan haben. Während aber BERSIN und MÜLLER (1951, 1952) nur Ursolsäure und Oleanolsäure in der Droge vorfinden, machen TSCHESCHE, HEESCH und FUGMANN (1953) wieder sehr präzise Angaben über eine „Crataegolsäure" — ($C_{30}H_{48}O_3$), die neben der Ursolsäure in den Weißdornblättern enthalten ist. Es ist nicht ausgeschlossen, daß diese Widersprüche auf botanisch verschiedenartiges Ausgangsmaterial zurückzuführen sind.

2. BRIESKORN und EBERHARDT (1953) geben jüngst für das Blatt von *Salvia officinalis* neben Ursolsäure (= „Ursolsäure I") eine isomere „Ursolsäure II" an, die sich bei gleichem Fp. (auch des Methylesters und des Acetylderivates) durch einen höheren Drehwert[1] und durch verschiedene Löslichkeit in Äthanol und in Chloroform unterscheiden soll. Fast die gleichen Unterschiede gegenüber typischer Ursolsäure geben PLOUVIER und SOSA (1953) für eine „ursolsäure-ähnliche Substanz" an, die sie im Unverseifbaren von *Forsythia*-Blüten auffanden. In diesem Zusammenhang sei daran erinnert, daß auch KUWADA und MATSUKAWA (1933) schon von „α-Ursolsäure" (Fp. 284—285°) und „β-Ursolsäure" (Fp. 290—291°) berichtet haben, wobei die α-Säure durch mehrstündiges Erwärmen mit 5% äthanolischer KOH in die β-Form übergehen soll.

Neuerdings geben BRIESKORN, EBERHARDT und BRINER (1953) das gleichzeitige Vorkommen von Ursolsäure I, II und Oleanolsäure für 14 untersuchte Labiaten an.

3. LAAKSO (1952) hat die „Rohursolsäure" näher untersucht, die als Nebenprodukt der Verwertung von *Oxycoccus macrocarpa*-Früchten in den USA in den Handel kommt. Er fand darin überhaupt *keine* Ursolsäure, sondern 4 isomere Oxytriterpensäuren ($C_{30}H_{48}O_3$), die er als „α-, β-, γ- und δ-cranberry-acid" (Fp. 283—285°, 302—304°, 274—276°, 268—272°) bezeichnet. Demgegenüber konnten WU und PARKS (1953) aus dem gleichen Ausgangsmaterial 22—30% reine Ursolsäure und daneben 2% Oleanolsäure gewinnen.

Uvaol ($C_{30}H_{50}O_2$), das Diol, welches an Stelle der COOH-Gruppe der Ursolsäure ein primäres Hydroxyl besitzt, wurde von FUJII und OOSUMA (1939, 1940) aus *Leucothoe Keiskii* Miq. *(Ericaceae)* und aus *Crataegus ameotis (Rosaceae)* beschrieben. Sie fanden ihre Substanz identisch mit einem aus Ursolsäure durch Reduktion gewonnenen Diol. Auch RUZICKA und MARXER (1940) hatten den Alkohol bereits aus Ursolsäure dargestellt. Schon vorher hatte aber PARKS (1938) das Uvaol selbst aus Bärentraubenblättern gewonnen. Über seine Abtrennung von der Ursolsäure und den Konstitutionsbeweis berichteten ORR, PARKS, DUNKER und UHL (1945).

Darstellung von Ursolsäure aus Blättern von *Arctostaphylos uva ursi*. (VAN DER HAAR, 1924.) Einige kg trockenes Blattpulver werden kalt mit alkalischem Methanol ausgezogen, das Extrakt mit HCl angesäuert, die entstehende Fällung von Rohursolsäure abgenutscht.

---

[1] Die von BRIESKORN und EBERHARDT (1953) für ihre Ursolsäure II beobachtete Mutarotation war übrigens schon SANDO (1923) bei seinem "Malol" (=Ursolsäure) aus Apfelschalen aufgefallen.

Aus dem eingeengten Filtrat wird weitere Substanz gewonnen. Die Rohursolsäure wird mit Äthanol und mit Wasser gewaschen, getrocknet und mehrmals aus Äthanol umkristallisiert. Fp. 279—280°.

Darstellung von Ursolsäure aus Apfelschalen. (SANDO, 1923.) Die im Warmluftstrom getrockneten Schalen werden grob gemahlen, mit Aceton extrahiert. Der eingedampfte Auszug gibt einen hellgrünen Rückstand, der mit kaltem 80%igem Aceton von Farbstoffen befreit wird. Der Rückstand wird zunächst mit Petroläther, dann mit Äther erschöpft. Im Petrolätherextrakt finden sich Triakontan und Heptakosanol, das Ätherextrakt, ein amorphes gelbes Pulver, wird auf Ursolsäure weiter verarbeitet. Es wird in siedendem Äthanol (95%) gelöst, heiß filtriert. Beim Abkühlen fällt voluminöser Niederschlag, der auf Filtern gesammelt, gewaschen und mit äthanolischer KOH erwärmt wird. Es fallen dunkle Verunreinigungen, welche wegfiltriert werden. Das Solvens wird abdestilliert, der Rückstand mit Petroläther gewaschen, in schwach alkalischem Äthanol (96%) gelöst, filtriert, bis zur beginnenden Trübung mit Wasser versetzt, das Äthanol abdestilliert. Es kristallisiert ursolsaures Na, das mit Wasser gewaschen und aus verdünntem Äthanol + wenig NaOH mehrmals umkristallisiert wird. Reines Na-Salz wird in heißem Äthanol gelöst und mit verdünnter HCl gespalten. Der gewaschene Niederschlag wird aus Äthanol (abs.) umkristallisiert.

Ursolsäure. Prismatische Nadeln, Fp. 284—285°, aus verdünntem Alkohol kristallisiert ein Hydrat. In Wasser und Petroläther unlöslich, in Äther, Aceton, Chloroform, Äthylacetat, Eisessig, kaltem Äthanol wenig löslich, in siedendem Äthanol (96% oder abs.) leicht löslich.

Trennung von Ursolsäure I, Ursolsäure II und Oleanolsäure aus *Salvia*-Blättern. **Gravimetrische Bestimmung der Ursolsäure**[1]. (BRIESKORN, BRINER, SCHLUMPRECHT und EBERHARDT, 1952; BRIESKORN und EBERHARDT, 1953.)

a) 50 g der feingepulverten, bei 105° getrockneten Droge werden 4 mal je 15 min mit 500 ml Äthanol (96%) oder Methanol am Rückfluß extrahiert und heiß dekantiert. Die beim Erkalten fallenden Wachse werden verworfen. Die vereinigten Auszüge werden auf 500 ml eingeengt, die beim Erkalten ausgeschiedene dunkle Substanz abgenutscht, mit Chloroform, dann mit heißem Wasser gewaschen, die nun gelblich bis grünlich weiße *Rohursolsäure I* wird bei 105° getrocknet und gewogen.

Bei harzreichen Drogen wird der Äthanolauszug im Vacuum völlig zur Trockne eingedampft, der Rückstand in 50 ml Chloroform aufgeschwemmt, das Unlösliche wie oben weiterbehandelt.

b) Die Chloroform-Waschflüssigkeit nach a) wird am Wasserbad, dann bei 80° im Trockenschrank bis zum Verschwinden des Chloroformgeruches getrocknet, mit dreimal 50 ml Äther gewaschen, wobei die gefärbten Anteile in Lösung gehen. Das Unlösliche wird mit 2%iger methanolischer KOH 30 min unter Rückfluß gekocht, heiß filtriert, mit 10% H_2SO_4 gefällt, die Fällung durch 500 ml H_2O verstärkt, abgenutscht, bei 105° getrocknet, aus Äthanol (96%) umkristallisiert:

Ursolsäure II. Fp. 284,5—285°,

sofort	nach 15′	nach 30′
$[\alpha]_D^{21} = +62,5°,$	$+68,0°,$	$+69,1°$ (Methanol).

c) Die dunkelgrüne Ätherlösung nach b) wird 5 mal mit 20 ml 1,5% KOH geschüttelt. Die vereinigten KOH-Lösungen werden nach Stehen über Nacht filtriert, der Rückstand mit 5% H_2SO_4, dann mit H_2O gewaschen. Trocknen, mit heißem Petroläther waschen. Umkristallisieren aus heißem Äthanol unter H_2O-Zusatz bis zur beginnenden Trübung: *Oleanolsäure*, feine Nadeln, Fp. 306—308°.

Aufarbeitung der „Crataegussäure".

a) Nach BERSIN und MÜLLER (1951, 1952).

450 g getrocknetes Äthanol-Extrakt von *Crataegus oxyacantha* werden im Soxhlet mit 1,5 l Äther (abs.) 25—30 Std. ausgezogen, das Lösungsmittel abgedampft, der harzige graue Rückstand 30 Std. mit Petroläther (Kp. 30—60°) am Rückfluß ausgekocht, filtriert. Auf dem Filter bleibt grüne, körnige Substanz, in 1,5 l siedendem Äthylacetat gelöst, mit Aktivkohle behandelt, beim Abkochen fällt gelbliche, nach Umkristallisation aus Äthylacetat weiße rohe „*Crataegussäure*", Fp. 264—265° (Ausbeute 21 g).

50 g „Crataegussäure" (Fp. 264—265°) werden mit Wasser aufgekocht, der Rückstand zweimal je 1 Std. mit je 500 ml Äthanol (50%) am Rückfluß gekocht, abgekühlt, filtriert. Rückstand (A) weißes Pulver, Fp. etwa 267—269°, etwa 45,8 g. Im Filtrat (B) beim Eindampfen 4,162 g Säuren.

Rückstand A (45,8 g) mit 2,5 l heißem Äthanol (90%) gelöst, mit Aktivkohle entfärbt, heiß filtriert. Es kristallisieren 15,2 g *Ursolsäure*, Fp. 284—285°.

Aus den eingedampften Mutterlaugen durch Umkristallisieren aus Äthanol schließlich *Oleanolsäure*, Fp. 305—306°, $[\alpha]_D^{15} = +78° \pm 3°$ (Chloroform) (1,06 g).

---

[1] Wegen quantitativer kolorimetrischer Bestimmung der Oxytriterpensäure s. Nachtrag S. 135.

Der Abdampfrückstand vom Filtrat B, 4,162 g weißes Pulver (Fp. 209—213°) in 1 l Äther gelöst, 6 mal mit zusammen 720 ml 2 n KOH ausgeschüttelt; die KOH-Lösung mit dem darin suspendierten K-Salz wird mit H_2SO_4 kongosauer gemacht, mit Äther extrahiert, neutral gewaschen, mit Na_2SO_4 getrocknet, eingedampft, in Äthanol gelöst, mit Aktivkohle entfärbt abgedampft: 3,6 g weißes Pulver, Fp. 220—223°. In Benzol am Rückfluß gekocht.

Benzollösung auf Al_2O_3 chromatographiert, mit Benzol eluiert, 170 mg Öl von Säure-charakter, nicht weiter untersucht.

Benzol-Unlösliches (Fp. 261—263°) liefert bei Acetylierung *Acetyl-Oleanolsäure*. Aus den gelben Mutterlaugen der Rohcrataegussäure wurde in üblicher Weise *β-Sitosterin* isoliert.

b) Nach Tschesche, Heesch und Fugmann (1953).

5 g Ätherextrakt von *Crataegus*-Blättern in 2 l Methanol lösen, mit 2 g Carboraffin 15 min am Rückfluß kochen, heiß filtrieren, noch dreimal mit je 1 g Kohle kochen, Kohle mit Methanol waschen, gesammelte Filtrate zur Trockne eindampfen: 3 g blaßgelbe Substanz. In Äther-lösung mit Diazomethan methylieren, Überschuß des Reagens mit verdünnter HCl zerstören, Ätherlösung mit 2 n NaOH, dann mit Wasser waschen, eindampfen: farbloser Schaum. In 250 ml Benzol lösen, auf 100 g Al_2O_3 (alkalifrei, Woelm) chromatographieren. Fraktionierte Eluierung: Fraktion 1—5: Benzol, 6—14: 9 T. Benzol + 1 T. Chloroform, 15—19: 4 T. Benzol + 1 T. Chloroform, 20—23: 3 T. Benzol + 1 T. Chloroform, 24—27: 2 T. Benzol + 1 T. Chloroform, 28—37: 1 T. Benzol + 1 T. Chloroform, 33—37: Chloroform, 38—42: Chloroform + 1% Methanol.

Fraktion 9—14: *Ursolsäure-Methylester*.

Fraktion 34—41: *Crataegolsäure-Methylester*. Nadeln, Fp. 217—219°, $[\alpha]_D^{20} = +18°$ (Chloroform), organisches Lösungsmittel: ziemlich leicht löslich, Petroläther: schwer löslich.

Funktionelle Derivate.

Ursolsäure-methylester. (Bersin und Müller, 1951.) In Äther (abs.) gelöste Ursol-säure + 1,8 Mol Diazomethan über Nacht stehenlassen. Aus Cyclohexan oder Petroläther umkristallisieren. Farblose Nadeln, Fp. 169°.

Acetyl-ursolsäure. (Sando, 1923; van der Haar, 1924, 1928.) Mehrstündiges Erhitzen mit Essigsäureanhydrid, Reagens abdestillieren, mit 70% Äthanol waschen, trocknen. Aus Petroläther umkristallisieren:

Di-acetylursolsäure-anhydrid + Essigsäureanhydrid. (Vgl. auch van der Haar, 1928.) Lange Nadeln, 1. Fp. 199—201°, 2. Fp. 320—322°, beim Kochen (2 Std.) mit 70% Äthanol: *Acetyl-ursolsäure*. Fp. 279—281°. Aus Methanol (nach Bersin und Müller, 1951) Fp. 293—294°, $[\alpha]_D^{20} = +68° \pm 3°$ Chloroform).

Verseifung. (Bersin und Müller, 1951.) 250 mg Acetyl-ursolsäure in 20 ml 5%iges methanolisches KOH, 6 Std. Rückfluß, abkühlen, K-Salz fällt, filtrieren, mit Säure zerlegen, 210 mg Rohsäure, aus Äthanol umkristallisieren. Nadeln mit 1 Mol C_2H_5OH scharf getrocknet.

Ursolsäure. Fp. 283—284°, $[\alpha]_D^{19} = +67,2° \pm 3°$ (Äthanol).

Acetyl-ursolsäure-methylester. (Bersin und Müller, 1951.) 250 mg Acetylursolsäure in 10 ml Äther (abs.), eisgekühlt + 1,8 Mol Diazomethan in Äther, über Nacht stehen lassen, ein-dampfen, dreimal aus Methanol umkristallisieren, glänzende Nadeln, Fp. 245°, $[\alpha]_D^{15} = +66° \pm 3°$ (Chloroform).

Mikro-Nachweis der Ursolsäure. Nach Fischer und Linser (1930). 1,0—1,5 g feines Pulver von Bärentraubenblättern mit 20 ml schwach salzsaurem Wasser 15' auf dem Wasser-bad extrahieren, filtrieren, trocknen. Trockenextrakt 2—3 mal mit je 100 ml Äther in der Wärme extrahieren, Äther trocknen, auf 3 ml eindampfen, mit Kapillartrichter auf den Boden eines Sublimationsröhrchens tropfen und verdampfen lassen, dann auf 210° erhitzen, Deckglas auflegen, Sublimat bei 210—230°, neues Deckglas, Sublimat 230—235°, Sublimat prismatische Nadeln, mit H_2O waschen, im Exsikkator trocknen. Mikro-Fp. 262—280°. Sublimat in Tropfen Äther lösen, vom Rande kleines Tröpfchen 15% KOH zugeben. An der Berührungs-zone feinste Nadeln von ursolsaurem K.

Sublimat mit Essigsäureanhydrid + H_2SO_4: tiefrot-rotviolett.

Sublimat mit heißer Trichloressigsäure: violett.

In ähnlicher Weise kann Oleanolsäure (Caryophyllin) aus Gewürznelken nachgewiesen werden (Fischer, 1952).

Trennung von Uvaol und Ursolsäure aus Bärentraubenblättern. Das rohe Petroläther-extrakt der Blätter von *Arctostaphylos uva ursi* wird von Ursolsäure durch Ausfällung ihres in Wasser und Äther unlöslichen Na-Salzes befreit und mehrfach aus Methanol umkristallisiert (Nadeln von rohem Uvaol, Fp. 222—223°). Letzte Reinigung durch Acetylierung (176,5 mg Rohuvaol, 16 ml Pyridin, 2 ml Essigsäureanhydrid). Acetylprodukt aus Äthanol und Aceton umkristallisiert: 93 mg (Orr, Parks, Dunker und Uhl, 1945).

Uvaol-diacetat. Nadeln, Fp. 150,4—151,4° corr., $[\alpha]_D^{24} = +53,36°$ (Benzol).

Verseifung durch 24stündigen Rückfluß mit äthanolischer KOH, aus Äthanol und Methanol umkristallisiert:

Uvaol. Feine Nadeln, Fp. 225,5—226,5° corr., $[\alpha]_D^{22} = +70,88°$ (Chloroform).

29. Asiatsäure und Asiaticosid.

Asiatsäure ($C_{30}H_{48}O_5$) ($\Delta^{12, 13}$-2,3,23-trioxy-ursen-28-säure) (LXIV).
Asiaticosid ($C_{54}H_{88}O_{23}$); Centellosid.

HO

HO

COOH

HOH₂C

(LXIV)

BONTEMS (1942) isolierte aus *Centella (Hydrocotyle) asiatica (Umbelliferae)*, die in Indien und Madagaskar als Lepramittel verwendet wird, ein kristallisierbares Glykosid, das Asiaticosid. DEVANNE und RAZAFIMAHÉRY (1942), BOITEAU, BUZAS, LEDERER und POLONSKY (1949) führten die Spaltung durch. Sie fanden als Hydrolyseprodukte die Asiatsäure ($C_{30}H_{48}O_5$), eine Triterpendiolsäure, und d-Glucose und l-Rhamnose. Die Zuckerkomponente ist vermutlich an der Carboxylgruppe gebunden[1]. POLONSKY (1949, 1950, 1952) schlägt die obige Konstitutionsformel vor. BOITEAU und Mitarbeiter (1949) hatten an eine Verbindung der β-Amyrinreihe gedacht. LYTHGOE und TRIPPET (1949) und LYTHGOE und BHATTACHARYYAS (1949) fanden aus ceylanischen Exemplaren der gleichen Art Centellosid, das schon beim Trocknen spontan spaltet. Dabei entsteht ein Aglykon, welches mit der Asiatsäure isomer, aber nicht identisch sein soll.

Asiaticosid (BOITEAU, BUZAS, LEDERER und POLONSKY, 1949), dreimal aus Äthanol umkristallisiert, farblose Kristalle Fp. 230—233°. Bei Hydrolyse mit 5% H_2SO_4 entstehen 2 Mol d-Glucose und 2 Mol l-Rhamnose (papierchromatographische Identifizierung) und

Asiatsäure (BOITEAU und Mitarbeiter, 1949; POLONSKY, 1949) schwer kristallisierbar, Fp. 240—244°, Natriumsalz Fp. 310°.

Asiatsäure-Methylester, mit Diazomethan oder Dimethylsulfat, aus Äthanol oder Methanol feine Nadeln, Fp. 225° corr. $[\alpha]_D = +52°$ (Äthanol).

Asiatsäure-diacetat, chromatographisch über Al_2O_3 gereinigt, aus verdünntem Methanol, Fp. 168—170°, $[\alpha]_D^{30°} = +35,2°$ (Chloroform).

30. Chinovasäure und Chinovin.

Chinovasäure
($C_{30}H_{46}O_5$) ($\Delta^{12,13}$-2-oxy-ursen-27,28-dicarbonsäure) (LXV).
α-Chinovin. β-Chinovin.

COOH

COOH

HO

(LXV)

PELLETIER und CAVENTOU (1821) bezeichneten als «Acide Quinovique» einen „sauren Bitterstoff", den sie als Inhaltsstoff der Chinarinde entdeckten. HLASIWETZ konnte dann 1859 seine Glykosidnatur zeigen. Unter der Einwirkung von alkoholischem HCl spaltet das Chinovin in Chinovasäure und Chinovose. Während

---

[1] Weitere Mitteilung: J. POLONSKY, Bull. Soc. Chim. France **20**, 173 (1953).

α-Chinovin für die Chinarinden der Gattungen *Cinchona* und andere Gattungen der Unterfamilie *Cinchonoideae (Rubiaceen)* charakteristisch ist, kommt das isomere, nur durch die Zuckerkomponente verschiedene β-Chinovin in den sogenannten Cuprea-Rinden der Gattung *Remija* vor. α-Chinovin wird außerdem für Rhizoma Tormentillae, den Wurzelstock von *Potentilla silvestris (Rosaceae)* angegeben. Die Brutto-Formel der Chinovasäure wurde von Wieland und Erlenbach (1927) endgültig festgelegt. Die Arbeitsgruppen von Wieland und von Ruzicka bemühten sich um die Aufklärung der Konstitution. Die von Jeger (1950) mitgeteilte obige Formel wurde jüngst (Barton und de Mayo, 1953) sichergestellt. Die Chinovose aus α-Chinovin wurde durch Fischer und Liebermann (1893) als D-Epi-Rhamnose aufgeklärt. 1939 wurde Chinovasäure durch Soliman auch in *Zygophyllum coccineum (Zygophyllaceae)*, 1950 von Badger, Cook und Ongley in der Rinde von *Mitragyne inermis* nachgewiesen. Bei diesen beiden Vorkommen liegt die Säure in freier Form vor.

Darstellung von Chinovin und Chinovasäure. (Liebermann und Giesel, 1883.)

α-Chinovin. Als Ausgangsmaterial der präparativen Darstellung dienen Nebenprodukte der Chininfabrikation. Die Rinden werden mit Äthanol erschöpft. Nach Abdestillieren des Lösungsmittels wird angesäuert. Die Basen gehen als Salze in die wäßrige Lösung, eine harzige braune Masse bleibt als Bodenkörper (M) zurück. Dieser wird mit Kalkmilch bei mäßiger Wärme digeriert, das Filtrat mit HCl gefällt, der getrocknete Niederschlag mit Äthanol ausgezogen. Hierbei bleibt etwas freie Chinovasäure ungelöst.

Die äthanolische Lösung wird bis zur beginnenden Fällung mit Wasser versetzt. Beim Stehen scheiden sich Kriställchen von α-Chinovin ab. Umkristallisieren aus verdünntem Äthanol: α-*Chinovin*, weißes, aus Schüppchen bestehendes kristallines Pulver, $[\alpha]_D = +56{,}6°$. In kaltem Wasser unlöslich, in heißem fast unlöslich, in Äthanol (96%) leicht löslich, löslich auch in Alkalien, in Äther (abs.) und in Äthylacetat.

β-Chinovin. Die Darstellung verläuft ähnlich. Aus der äthanolischen Lösung von (M) entsteht bei Wasserzusatz aber keine Fällung. Dagegen ist die Abtrennung über das Ammoniumsalz leicht möglich. Die Äthanollösung wird in der Wärme mit der notwendigen Menge konz. NH₃ versetzt. Der entstehende Kristallbrei wird abgepreßt, mit Essigsäure gewaschen, in Äthanol gelöst, abermals mit NH₃ gefällt, und schließlich aus Äthanol mit Wasserzugabe — wie bei α-Chinovin — zur Kristallisation gebracht. β-Chinovin ist in Äther (abs.) und Äthylacetat unlöslich, in kaltem 39%igem Äthanol zum Unterschied von α-Chinovin leicht löslich. Aus Äthanol Kristalle mit Kristall-Alkohol; diese schmelzen bei 70—80°, werden um 120° wieder fest und schmelzen abermals bei etwa 235° unter Zersetzung.

Chinovasäure. 10—50 g Chinovin werden in einem Minimum von Äthanol aufgenommen, die Lösung mit HCl-Gas gesättigt und 30 Std. in verschlossenem Gefäß aufgestellt. Chinovasäure fällt aus. Sie wird mit Äthanol gewaschen, in NH₃ gelöst und durch HCl wieder ausgefällt.

Man kann auch direkt von (M) ausgehen. Die harzige Substanz wird in Äthanol gelöst und auf dem Wasserbad mit viel konz. HCl erhitzt. Fällung der Säure aus der Äthanollösung durch NH₃ wie oben. Ausbeute etwa 60% von (M).

Chinovasäure ist in Wasser, in kaltem Äthanol und in den meisten organischen Lösungsmitteln schwer oder nicht löslich, in Pyridin leicht löslich. Alkalien geben schäumende Lösungen der entsprechenden Salze. Die Chinovasäure fällt daraus bei Säurezusatz meist in Form einer Gallerte, die in Äther und Äthanol löslich ist. Auf diese Weise kann man umkristallisieren. Die letzte Reinigung erfolgt nach Wieland und Erlenbach (1927) über den Dimethylester (s. unten), weiße Nadeln, Fp. 298°.

Funktionelle Derivate.

Chinovasäure-dimethylester. Fein gepulverte Säure wird in ätherischer Diazomethanlösung unter öfterem Umschütteln 24 Std. stehengelassen. Dann mit verdünnter Lauge ausschütteln, Rückstand aus Petroläther umkristallisieren, Nadeln, Fp. 173—174°, in fast allen organischen Solventen (in Petroläther wenig löslich.

Verseifung. 1 g Ester + 15 ml 30%ige methanolische KOH 4 Std. im Bombenrohr bei 150°. Abkühlen, mit Wasser verdünnen, ansäuern, ausäthern, Äther mit Wasser waschen, mit CaCl₂ trocknen. Beim Einengen des Äthers kristallisiert Chinovasäure. Sie wird durch Lösen in Äthanol + wenig NH₃ und Fällen mit Eisessig weiter gereinigt.

Chinovasäure-triacetat. 5 g Säure + 25 ml Essigsäureanhydrid am Rückfluß kochen. Nach 10 min tritt Lösung ein, beim Erkalten und Einengen im Vacuum Kristallisation. Aus Aceton umkristallisieren, Fp. 180°. Beim Kochen mit Methanol unter Rückfluß bildet sich schwerlösliches

Chinovasäure-monoacetat, Nadeln, Fp. 284° (Zs.).

Chinovasäure-tribenzoat. 5 g Chinovasäure in 25 ml Pyridin (wasserfrei) lösen, dazu unter Kühlung 12 ml Benzoylchlorid. Unter sofortiger Reaktion bildet sich ein Kristallbrei. Nach einigem Stehen absaugen, in Äther suspendieren, mit verdünnter HCl durchschütteln. Aus viel Äthylacetat umkristallisieren, feine Nadeln, Fp. 234°. Durch Kochen mit wasserhaltigem Pyridin bildet sich daraus das *Monobenzoat.* Mit Äther fällen, über NH$_4$-Salz umkristallisieren: *Chinovasäure-monobenzoat,* Fp. 284°.

31. Phyllanthol.

(C$_{30}$H$_{50}$O)[1].

ALTERMANN und KIPPING (1951) konnten aus der Wurzelrinde von *Phyllanthus Engleri (Euphorbiaceae)* diesen Triterpenalkohol isolieren. BARTON und DE MAYO (1953) erkannten im Phyllanthol einen hexacarbocyclischen sekundären Alkohol der α-Amyrinreihe. Der sicher vorhandene Cyclopropanring kommt nicht durch eine Brücke zwischen den C-Atomen 10—12 oder 11—13 des Ringes C zustande.

Darstellung des Phyllanthols. 2,3 kg gemahlene Wurzelrinde im Soxhlet mit 10 l Aceton, 10 Std. extrahiert. Aus der tiefroten Acetonlösung beim Erkalten 6 g farblose, amorphe Substanz, die an Petroläther (Kp. 40—60°) 3,8 g Phyllanthol abgibt. Weiteres Phyllanthol (9 g) aus dem eingeengten Acetonextrakt. Umkristallisieren aus Chloroform + Petroläther:

Phyllanthol. Nadelbüschel, Fp. 233—234° corr., $[\alpha]_D^{16} = +43°$ (Chloroform).

Phyllanthol-acetat. Mit Essigsäureanhydrid, 1 Std. Rückfluß. Aus Chloroform + Methanol umkristallisiert. Nadeln, Fp. 271° corr., $[\alpha]_D^{14} = +50°$ (Chloroform).

Phyllanthol-benzoat. Aus Chloroform + Methanol, glänzende Nadeln, Fp. 263—264° corr., $[\alpha]_D^{6,5} = +57°$ (Chloroform).

Phyllanthol-p-nitrobenzoat. Aus Chloroform + Methanol, glänzeden Blättchen, Fp. 262° corr.

32. Lupeol.

Lupeol (C$_{30}$H$_{50}$O) (LXVI) (= „β-Viscol").

(LXVI)

LIKIERNIK (1891) stellte als erster das Lupeol als neues „Sterin" aus dem Unverseifbaren des Ätherextraktes der Samenschalen von *Lupinus luteus (Papilionaceae)* dar. SCHULZE (1904) machte dann ergänzende Mitteilungen, in denen er eine Anzahl von Schmelzpunktangaben LIKIERNIKs richtigstellte und Lupeol auch für die Samenschalen von *Lupinus albus* angab. COHÉN (1909) konnte bereits über vier weitere Arbeiten referieren, in denen Lupeol bei mehreren Pflanzenfamilien aufgefunden wurde. Er selbst konnte Lupeol (neben α- und β-Amyrin) aus dem „Bresk", einem Kautschuk- bzw. Guttapercha-ähnlichen Produkt aus *Alstonia costulata (Apocynaceae)* mit guter Ausbeute herstellen. Auch in der Rinde von *Alstonia verticillosa* liegt nach MUSGRAVE und WAGNER (1952) Lupeol im Gemisch mit den beiden Amyrinen vor. Im Dammarharz, Benzoe und Parakautschuk fand er kein Lupeol, seine Annahme, daß es mit KLOBBs Anthesterin identisch sei, erwies sich in der Folge als unrichtig. Es bleibt abzuwarten, wie viele von den Angaben über Lupeolvorkommen — 20 Arten in 10 Familien — die WEHMER, THIES und HADDERS nach dem Stande von 1932 anführen, einer kritischen Überprüfung standhalten. Die damals noch fraglichen Angaben für die „Sheabutter" *(Butyrospermum Parkii, Sapotaceae)* haben durch

---

[1] Wegen der Strukturformel s. Nachtrag S. 135.

Heilbron, Moffet und Spring (1934) ihre Bestätigung erfahren. Meyer und Jeger (1948) zeigten, daß das aus Blatt und Stengel von *Viscum album (Loranthaceae)* durch Bauer und Gerloff (1936) beschriebene „α-Viscol" mit β-Amyrin. das „β-Viscol" mit Lupeol identisch ist.

Im Unverseifbaren des Petrolätherauszuges der Frucht von *Maclura aurantiaca (Moraceae)* (1,84% der Trockensubstanz) fanden Wagner und Harris (1952) neben Lupeol einen neuen Triterpenalkohol Lurenol ($C_{30}H_{49}OH$).

In fast allen natürlichen Vorkommen tritt Lupeol, allein oder mit anderem Triterpenalkoholen zusammen, als Begleiter von Polyterpenen auf. In den meisten dieser Fälle scheint es verestert (mit Essig-, Capron-, Palmitin-, Zimtsäure) vorzuliegen. Das zuerst beschriebene Vorkommen in Samenschalen ist also eher als „untypisch" zu bezeichnen.

Die Unterlagen für die Erkenntnis der stereochemischen Konfiguration des Lupeols lieferten die Arbeiten von Ames, Halsall und Jones (1951) und von Halsall, Jones und Meakins (1952).

Lupeol aus Bresk. (Cohén, 1909a.) Bresk wird mit siedendem Äthanol extrahiert, beim Erkalten fallende weiße Flocken, mit äthanolischer KOH gekocht, in Wasser gegossen, Niederschlag getrocknet, in Benzol gelöst, mit Benzoylchlorid + Pyridin benzoyliert.

Aus dem Benzoatgemisch werden durch Auskochen mit Aceton die leichter löslichen Bestandteile herausgeholt. Sie können auf α- und β-Amyrin aufgearbeitet werden (Cohén, 1909b). Aus der schwerlöslichen Fraktion:

Lupeol-Benzoat. Flache Nadeln, Fp. 273—274° corr., $[\alpha]_D = +60,03 — +61,2°$ (Chloroform).

Durch Verseifung, aus Äthanol oder Aceton umkristallisiert:
Lupeol. Lange Nadeln, Fp. 211° corr., $[\alpha]_D = +27,2°$ (Chloroform).

Lupeol und β-Amyrin aus *Viscum album.* (Meyer und Jeger, 1948.)

a) „Rohviscol". 3260 g Mehl von Blättern und Zweigen der Mistel werden mit Äther extrahiert, die Säuren (s. Oleanolsäure, S. 106) aus dem Extrakt durch NH_3 gefällt. Der filtrierte Äther wird abgedampft: 180 g Extrakt. Dieses 4 Std. mit 1,5 l siedender 4%iger äthanolischer KOH verseift, mit 3 Volumina H_2O verdünnt, mit Petroläther erschöpft: Neutralteil 93 g. Die Petrolätherlösung wird auf eine Säule von 2400 g Al_2O_3 aufgezogen. Durch Elution mit Petroläther, Petroläther + Benzol, Benzol, Benzol + Äther, Äther, Äther + Methanol werden insgesamt 112 Fraktionen abgenommen. Die Mittelfraktionen 45—65 [Benzol + Äther (10:1)] enthalten das „Rohviscol" (15,7 g Kristalle, Fp. 162—165°).

b) Trennung. 15,7 g Rohviscol durch Stehen über Nacht mit 30 ml Benzol, 30 ml Pyridin, 30 ml Essigsäureanhydrid acetyliert, wie üblich aufgearbeitet, Acetatgemisch Fp. 187—189°.

Zur Trennung der Acetate werden Anteile von je 5,0 g mit 100 ml Äthylacetat 2 min geschüttelt und rasch filtriert: schwerlöslicher Anteil, aus Chloroform + Methanol umkristallisiert:

β-Amyrin-acetat. Fp. 238—239°, $[\alpha]_D = +81°$ (Chloroform).
Verseifung: 500 g Acetylprodukt, 20 ml 5%ige methanolische KOH, drei Stunden kochen. 6mal aus Chloroform + Methanol umkristallisieren.

β-Amyrin. Fp. 196—198°, $[\alpha]_D = +86°$ (Chloroform).
Im Äthylacetat leicht löslicher Anteil des Acetatgemisches in Äthylacetatlösung mit Methanol bis zur beginnenden Trübung versetzen, es fallen Nadeln. 4mal in gleicher Weise getrennt: Fp. 194—204°, 4mal aus Äthylacetat + Methanol, 2mal aus Chloroform + Methanol umkristallisiert:

Lupeol-Acetat. Fp. 211—213°, $[\alpha]_D = +42°$ (Chloroform).
Verseifung: 310 mg Lupeol-acetat 3 Std. mit 15 ml 5%iger methanolischer KOH kochen. 5mal aus Methanol + Chloroform umkristallisieren.

Lupeol. Fp. 212,5—213,5°, $[\alpha]_D = +29°$ (Chloroform).
Über Darstellung von *Lupeol* aus *Shea-Butter* und *Bassia*-Cambium vgl. S. 96 u. 97.

Funktionelle Derivate.

Lupeol-benzoat. (Meyer und Jeger, 1948.) 80 mg Lupeol, 2 ml Pyridin, 0,5 ml Benzoylchlorid über Nacht stehenlassen, 5mal aus Chloroform + Methanol umkristallisieren. Fp. 267,5—268,5°, $[\alpha]_D = +58°$ (Chloroform).

Lupeol-cinnamat. (Cohén, 1909) (= „Cristalban"; Tschirch, 1903.) Lupeol in Benzol + Pyridin + Cinnamylchlorid, aus Aceton umkristallisieren. Blättchen, Fp. 249—250° corr., $[\alpha]_D = +45,5°$ (Chloroform).

Trennung von Lupeol und Lurenol (WAGNER und HARRIS, 1952) durch fraktionierte Kristallisation der Acetate aus absolutem Äthanol oder Äthanol + Aceton.

Lurenol: Fp. 156,5—158,5° (corr.), $[\alpha]_D^{22} = +15,8°$.

Lurenolacetat: Fp. 132,5—133,5° (corr.), $[\alpha]_D^{28,5} + 19,9°$.

Lurenolbenzoat: Fp. 125,5—126,5° (corr.), $[\alpha]_D^{27,5} +43,7°$.

Chromatographische Trennung von Lupeol, α- und β-Amyrin. (MUSGRAVE und WAGNER, 1952.) Das Petroläther-Extrakt der Rinde von *Alstonia verticillosa* wird verseift und benzoyliert. Die gemischten Benzoate werden aus Petroläther an einer Al_2O_3-Säule adsorbiert. Die ersten Eluatfraktionen mit Petroläther + Benzol (20:1) enthalten die Amyrinbenzoate, welche auf Grund der schwereren Löslichkeit des β-Amyrinbenzoates in Benzol + Äthanol getrennt werden. *Lupeol-benzoat* ist am stärksten adsorbiert.

33. Arnidiol und Faradiol.

Arnidiol

$(C_{30}H_{50}O_2)$ (Dioxy-Heterolupen) (= „Arnisterin" = „Arnidendiol").

Faradiol

$(C_{30}H_{50}O_2)$ (Dioxy-Heterolupen) (= „Iso-Arnidendiol").

Beide einfach ungesättigten Triterpendiole wurden von KLOBB entdeckt. Jenes wurde (1904) als „Arnisterin" aus den Blüten von *Arnica montana (Compositae)* beschrieben, dieses (1909) unter der auch heute noch gebräuchlichen Bezeichnung aus den Blüten von *Tussilago farfara*. DIETERLE und ENGELHARDT (1940) und DIETERLE und SCHREIBER (1941), vor allem aber ZIMMERMANN (1941, 1943, 1944, 1945, 1946) haben sich mit dieser Stoffgruppe beschäftigt. Über die „ZIMMERMANN-Regel" vgl. S. 64. Faradiol und Arnidiol wurden bisher ausschließlich in gelb gefärbten Compositen-Blüten gefunden: *Tussilago farfara, Helianthus annuus, Taraxacum officinale, Arnica montana, Calendula officinalis, Senecio alpinus.* Für *Arnica* gibt ZIMMERMANN etwa gleiche Mengen von Faradiol und Arnidiol an, während in *Tussilago* und *Helianthus* das erstere an Menge wesentlich überwiegt. ZIMMERMANN hat gezeigt, daß sich die beiden isomeren Alkohole nicht nur durch die Lage der Doppelbindung, sondern auch durch Epimerie der Hydroxyle unterscheiden.

Trennung und Isolierung von Arnidiol und Faradiol. (ZIMMERMANN, 1943.) Die getrockneten, gepulverten Blüten *(Tussilago, Arnica, Helianthus)* werden zweimal mit Benzol ausgekocht, der Rückstand nach Abdampfen des Benzols 3 Std. mit 10% äthanolischem KOH gekocht, nach Abdampfen des Äthanols auf dem Wasserbad unter Umschwenken mit H_2O erhitzt, nach Abkühlen angesäuert, mit viel Äther ausgeschüttelt, von ausfallenden Sterolinen durch Filtration getrennt. Aus der Ätherlösung werden saure Produkte durch Schütteln mit verdünntem Alkali entfernt, der Äther abdestilliert, der Rückstand mit etwas Benzol versetzt und dieses abdestilliert. In Benzol lösen, durch Al_2O_3-Säule filtrieren, mit Benzol waschen, bis Filtrat nur noch schwach gelb gefärbt ist. Dabei werden Paraffine entfernt. Das an Al_2O_3 absorbierte Gemisch von Triterpendiolen und Sterinen wird mit Benzol + Äther (1:1) eluiert. Das eingedampfte Eluat wird mehrfach mit Petroläther ausgezogen: die Sterine gehen in Lösung.

Die Diolfraktion wird durch Kochen mit Essigsäureanhydrid acetyliert. Rohazetate in Äther aufnehmen, mit $NaHCO_3$-Lösung säurefrei waschen, trocknen, in siedendem Methanol lösen. Beim Erkalten fällt eine Gallerte, die in nadelige Kristalle übergeht. Wiederholt durch mäßiges Erwärmen in der Mutterlauge lösen und beim Erkalten auskristallisieren lassen.

Arnidiol-diacetat. Säulen, Fp. 193°, $[\alpha]_D = +78,9 — +80,4°$ (Chloroform). Verseifung liefert das freie

Arnidiol, aus Äthanol + Äthylacetat, dann aus Aceton umkristallisieren, Fp. 257° (Vac.), $[\alpha]_D = +81,2 — +82,7°$ (Chloroform).

Aus den Mutterlaugen des Arnidioldiacetats durch freiwillige Kristallisation, aus Alkohol + wenig Äthylacetat umkristallisiert:

Faradiol-diacetat. Nadeln, Fp. 163—167°, $[\alpha]_D = +54,5 — +55,5°$ (Chloroform), durch Verseifung

Faradiol. Fp. 236—237°. $[\alpha]_D = +43,1—44,5°$ (Chloroform).

Trennung der Triterpendiole von Oxytriterpensäuren. Nach ZIMMERMANN (1946) wird das Material zuerst zweimal mit Äther, dann zweimal mit Methanol extrahiert. Der Ätherauszug wird auf Arnidiol und Faradiol verarbeitet (s. oben), der Äthanolauszug auf Oxytriterpensäuren (Beispiel: *Calendula*-Blüten mit Arnidiol, Faradiol und Oleanolsäure).

34. Betulin.

$(C_{30}H_{50}O_2)$. (LXVII).

(LXVII)

Betulin ist als die weiße Substanz der Birkenrinde schon seit LOWITZ (1788) bekannt. Über die ältere Literatur vgl. DISCHENDORFER (1932), der sich selbst (1923, 1926, 1929), ebenso wie VESTERBERG (1923) und SCHULZE und PIEROH (1922), mit dem Studium des Betulins und seiner Derivate beschäftigt hat. Wie DISCHENDORFER (1923) gezeigt hat, kommt das Betulin im Periderm der Birkenrinde vor, näherhin im Lumen der dickwandigen Zellen des Spätkorkes. STEINER (1936) konnte es mikrochemisch in zahlreichen, auch nicht weißgefärbten, Birkenrinden nachweisen. Auch in der Rinde anderer Betulaceen wurde es gefunden: von BRUNNER und WIEDEMANN (1934) bei *Carpinus betulus*, von BRUNNER und WÖHRL (1934) bei *Corylus avellana*. DIETERLE, LEONHARD und DORNER (1932) geben es für die Rinde von *Lophopetalum toxicum (Celastraceae)* an, KAWAGUCHI und KIM (1940) für die Samen von *Zizyphus spinosa (Rhamnaceae)*, ZIMMERMANN (1944) für die Schalen der Hagebutte (*Rosa* sp., *Rosaceae*) (12 g reines Betulindiacetat aus 130 g Trockensubstanz). DISCHENDORFER (1923) hat aus guter Birkenrinde eine Ausbeute von etwa 23% Rohbetulin. Einige Literaturangaben beweisen die große Resistenz des Betulins gegenüber äußeren Einflüssen. STEINER (1936) konnte es in prähistorischer und subfossiler Birkenrinde, nachweisen. RUHEMANN und RAUD (1932) isolierten Betulin neben Allobetulin und Oxy-allobetulin aus dem Harzbitumen mitteldeutscher Braunkohlen. Die beiden letzteren Substanzen, als native Pflanzenstoffe bisher unbekannt, stellen zweifellos Umwandlungsprodukte von Triterpenen der Lupeolreihe dar.

Zur Stereochemie von Betulin und Betulinsäure vgl. DAVY, HALSALL und JONES (1951) und GUIDER, HALSALL und JONES (1953).

Darstellung des Betulins aus Birkenrinde. (DISCHENDORFER, 1923.) Man verwendet mit Vorteil die Rinde glätter Stämme von 15—25 cm Durchmesser, welche in dünne Lamellen zerlegt wird, die dann in der Längsrichtung des Stammes zu feinen Streifen zerschnitten werden. Das trockene Material wird durch Kochen mit 2% Na_2CO_3, dann zweimal mit heißem Wasser von Gerbstoffen und anderen Beimengungen befreit und getrocknet. Es folgt die Extraktion, die am besten mit Chloroform oder Benzol, billiger mit Äthanol durchgeführt wird. Das Material wird bis zur Bedeckung mit dem Lösungsmittel versetzt, 3 Std. gekocht, ausgepreßt und die Extraktion wiederholt. Die Korkteilchen werden hierbei braun und durchscheinend.

Die vereinigten Extrakte werden zur Hälfte eingedampft, abgekühlt, von ausgeschiedenen Flocken abfiltriert. Beim völligen Eindampfen auf dem Wasserbad fällt das Rohbetulin in weißlichen Krusten (150 g Rinde liefern 35 g = etwa 23% Rohprodukt).

Zur Verseifung von Betulinestern wird aus der 25fachen Menge 1% äthanolischer KOH umkristallisiert. Beim Stehen über Nacht Nadeln, filtrieren, trocknen, aus Benzol umkristallisieren.

Kristallisate aus Äthanol enthalten 1 Mol C_2H_5OH, das erst bei 120° im Vacuum entfernt werden kann.

Betulin. Nadeln, Fp. 251—252°, $[\alpha]_D^{15} = +19,96°$.

Funktionelle Derivate. (DISCHENDORFER, 1923.)

Betulin-diacetat. 1 T. Betulin, 8 T. Essigsäureanhydrid, 45 min Rückfluß, erkalten, Kristallisat aus Äthanol umkristallisieren. Prismatische Nadeln, Fp. 214°, in Chloroform und Pyridin leicht löslich, in kaltem Benzol ziemlich löslich, in Äthanol, Eisessig, Äthylacetat, Aceton, Äther, Ligroin (kalt) unlöslich, in Ligroin heiß löslich.

Betulin-dibenzoat. 4,5 g Betulin, 3,2 g Pyridin, 100 ml Benzol, heiß lösen, erkalten, dazu langsam 5,6 g Benzoylchlorid, 1 Std. am Wasserbad, Benzol abdestillieren, amorphen Rückstand mit verdünnter Sodalösung, Wasser, Äthanol waschen, aus Äthanol heiß, dann aus Äthanol + Pyridin umkristallisieren. Fp. 181°.

Allobetulin. 2 g Betulin in Chloroform, 5 ml HBr (spez. Gewicht 1,39), 1 Std. Rückfluß, Chloroform abdestillieren, dunkles Reaktionsprodukt mit Äthanol erhitzen, Wasser bis zur Trübung zugeben, abkühlen, beim Eindampfen schwarze, durch Lösen in Äthanol und Fällung mit Wasser hellere Produkte. Umkristallisieren aus Äthanol. Dreieckige Täfelchen, Fp. 260—261°, $[\alpha]_D^{15} = +48,25°$ $(C_{30}H_{50}O_2)$.

Die Allobetulin-Umlagerung geht auch beim Kochen des Betulins mit Ameisensäure vonstatten.

Allobetulin-diacetat. 1 g Allobetulin + 10 g Essigsäureanhydrid, über Nacht stehenlassen, Kristalle abfiltrieren, aus Äthanol umkristallisieren. Blättchen, Fp. 275—276°, $[\alpha]_D^{15} = +54,16°$.

Allobetulin-diacetat. Fp. 275—276°, $[\alpha]_D^{15} = +70,26°$.

Mikrochemischer Nachweis. Betulin läßt sich in Pflanzenteilen durch Mikrosublimation sehr leicht nachweisen. Bei etwa 230° erhält man durch jedes der gebräuchlichen Sublimationsverfahren Sublimate, welche aus Nadeln bestehen, die häufig zu dendritischen Formen vereinigt sind. Diese Sublimate sind sehr rein. Sie geben auf dem Mikroskop-Heiztisch nach KOFLER sofort einen scharfen Schmelzpunkt von 152°.

35. Betulinsäure.

$(C_{30}H_{48}O_2)$. (LXVIII).

(LXVIII)

Die als Oxydationsprodukt des Betulins von RUZICKA, LAMBERTON und CHRISTIE (1938) im Laboratorium dargestellte Betulinsäure wurde als Naturstoff zuerst von ROBERTSON, SOLIMAN und OWEN (1939) in der Rinde von *Cornus florida (Cornaceae)* entdeckt. KAWAGUCHI und KIM (1940a und b) geben sie neben Betulin als Inhaltsstoff des Samens von *Zizyphus spinosus (Rhamnaceae)* an, BRUCKNER, KOVACS und KOCZKA (1948) machen sie für die Rinde mehrerer Platanus-Arten *(Platanaceae)* wahrscheinlich [1]. Die von BARTON und JONES (1944) geäußerte Vermutung, daß das von RETZLAFF (1902) aus dem Kraut von *Gratiola officinalis (Scrophulariaceae)* beschriebene Gratiolon mit Betulinsäure identisch sei, ist nach den neuesten Untersuchungen von TSCHESCHE und HEESCH (1952) sehr unwahrscheinlich geworden. ANSTEE, ARTHUR, BECKWITH, DOUGALL, JEFFERIES, MICHAEL, WATKINS und WHITE (1952) (vgl. auch S. 105) fanden die Säure in den blätterigen Peridermen von *Melaleuca*-Arten (*Melaleuca rhaphiophylla, M. cuticularis, M. viminea, M. leucadendron, M. parviflora* und *M. pubescens,*

---

[1] Auch im Kernholz von *Platanus vulgaris* wurde Betulinsäure vor kurzem festgestellt. [PACHECO, H., u. C. MENTZER: C. r. Acad. Sci. (Paris) **238**, 1160 (1954).]

Myrtaceae), ferner in *Alyxia buxifolia* *(Apocynaceae)* von Standorten des regen-
armen australischen Binnenlandes, und, neben Betulin, in *Nuytsia floribunda*
(Loranthaceae). Die Verfasser halten auch das von Isii und Oshima (1939) aus
Melaleuca beschriebene „Melaleucin" für Betulinsäure. Sie kommt außerdem
neben viel Saponin im Rhizom von *Menyanthes trifoliata* vor (Stabursvik, 1953).

Isolierung der Betulinsäure aus Rinde von *Cornus florida*. (Robertson, Soliman und
Owen, 1939.) 1 kg trockene, gepulverte Rinde wird dreimal mit 1 l Wasser bei Raumtemperatur ausgezogen und einmal mit 1,5 l Äthanol (96%) gewaschen, hierauf viermal mit je 2 l
Äthanol (96%) je 5—7 Std. siedend extrahiert. Die vereinigten Alkoholextrakte werden bei
vermindertem Druck eingeengt, bis ein orangegelber Niederschlag ausfällt. Dieser wird nach
mehrstündigem Stehen bei 0° abfiltriert, das Filtrat wieder bis zur Niederschlagsbildung
eingeengt usw.

Die vereinigten Niederschläge werden mit Wasser gewaschen und zur Entfernung von
Lipoiden mit viel Petroläther (Kp. 40—60°) verrieben, gelber Farbstoff mit Äther weg-
gewaschen. Es bleibt Betulinsäure als rötliches amorphes Pulver zurück. Aus dem Wasch-
äther kann weitere Säure, am besten durch Ausschütteln mit 1% NaOH als Na-Salz gewonnen
werden. 15 kg Rinde lieferten 300 g Rohsäure. Reinigung durch Umkristallisieren aus
Äthanol über Tierkohle.

Betulinsäure. Blättchen oder Nadeln mit Kristall-Lösungsmittel. Fp. 316—318°, $[\alpha]_{546}^{22}$
= +7,89° (Pyridin). In Pyridin leicht, in Äthanol, Äther, Äthylacetat, Chloroform, Benzol
wenig löslich.

Natriumbetulinat. Aus Äthanol (70%) rechtwinklige Blättchen (mit Kristallalkohol). In
Wasser fast unlöslich.

Die Gewinnung der Betulinsäure aus Alkohol ist verlustreich. Mit Vorteil wird der eingedampfte Alkohol-Extrakt mit 3 T. Wasser + 7 T. Äthanol + 5% KOH gelöst, über Tierkohle filtriert und mit HCl angesäuert. Die als Flocken fallende Betulinsäure kann ohne viel
Verlust gereinigt werden.

Darstellung von Betulinsäure aus *Alyxia buxifolia*. (Anstee und Mitarbeiter, 1953.) Der
äthanolische Extrakt der Blätter wird zur Trockne eingedampft, mit Äther aufgenommen und
die ätherische Lösung mit NaOH behandelt. Das ausfallende Natriumbetulinat wird in
Äthanol (50%) gelöst, mit Tierkohle gereinigt, die freie Rohsäure wird durch Ansäuern ausgefällt. 7mal aus Methanol und dreimal aus Äthanol umkristallisieren.

Betulinsäure. Fp. 308—310°.

Darstellung von Betulinsäure aus *Melaleuca*-**Borken.** (Anstee und Mitarbeiter, 1953.)
Die Borke der oben genannten Arten wird direkt mit Äther ausgezogen. Aus der Ätherlösung
wird die Betulinsäure über das Na-Salz, wie oben beschrieben, rein dargestellt.

Darstellung von Betulinsäure und Betulin aus *Nuytsia floribunda*. (Anstee und Mitarbeiter, 1953.) Das trockene Kraut wird, wie bei *Alyxia buxifolia* beschrieben, aufgearbeitet.
Aus der Ätherlösung wird die Betulinsäure als Na-Salz gefällt. In Lösung bleibt das Betulin,
das in üblicher Weise (s. S. 128 f.) gereinigt wird.

Funktionelle Derivate.

Betulinsäure-Methylester. (Robertson, Soliman und Owen, 1939.) 15 g Betulinsäure
in 200 ml Äthanol + 20 g KOH in 15 ml Wasser, dazu langsam 20 ml Dimethylsulfat, bei 40°
halten, weiteres Alkali und Dimethylsulfat zugeben. Nach zwei Stunden wird der ausgeschiedene Ester abfiltriert, gewaschen, aus Methanol umkristallisiert. Nadeln, Fp. 223—224°,
$[\alpha]_{546}^{22}$ = +8,01° (Chloroform). In Äther, Benzol, Chloroform löslich, in Petroläther schwer
löslich.

Acetyl-Betulinsäure. (Robertson, Soliman und Owen, 1939.)

a) 1 g Betulinsäure, 6 ml Essigsäureanhydrid, 4 ml Pyridin, 2—3 Tage bei Raumtemperatur stehenlassen, Lösungsmittel im Vacuum abdestillieren, aus Petroläther umkristallisieren, *gemischtes Anhydrid von Acetylbetulinsäure und Essigsäure:* Prismenbüschel,
Fp. 194—196°.

b) 1 g Betulinsäure, 8 ml Essigsäureanhydrid, 2 g Natriumacetat (wasserfrei), 1 Std. am
Rückfluß kochen, Wasser zufügen, Fällung aus Äthanol (70%), umkristallisieren.

Betulinsäure-acetat. Fp. 289—291°, $[\alpha]_{D461}^{22}$ = +7,70° (Chloroform), mit Essigsäureanhydrid + Pyridin wird daraus wieder das gemischte Anhydrid vom Fp. 194° erhalten.

Acetyl-Betulinsäure-Methylester. (Robertson, Soliman und Owen, 1939.) Methylester + Essigsäureanhydrid + Pyridin, 3 Std. bei Zimmertemperatur, aus Alkohol umkristallisieren. Prismen, Fp. 201—202°, $[\alpha]_{546}^{22}$ = +18,06° (Chloroform).

Betulinsäure-p-nitrobenzoat. 2 g Betulinsäure, 4 g p-Nitrobenzoylchlorid, in Pyridin, 4 Std.
bei 40—50°, dann auf Eis gießen, Niederschlag mit verdünnter NaHCO$_3$-Lösung verreiben,
filtrieren, waschen, trocknen, mehrmals aus Chloroform + Äthanol umkristallisieren. Fp.
154—155°.

36. Friedelin und Cerin.

Friedelin   Cerin

($C_{30}H_{50}O$)   ($C_{30}H_{50}O_2$).

Istrati und Ostrogovich (1899) machten die Beobachtung, daß Korkstopfen an Chloroform Substanzen in Lösung geben, die sich in gallertiger Form absetzen. Das genauere Studium zeigte, daß zwei kristallisierbare Stoffe vorliegen; der eine, in Chloroform leichter lösliche, war bereits 1815 Chevreul bekannt und von ihm als *Cerin* bezeichnet worden. Die andere, in Chloroform schwerer lösliche Substanz, erhielt den Namen „Friedelin" (nach dem französischen Chemiker M. C. Friedel). Drake und Mitarbeiter haben 1935—1936 das Studium der beiden Substanzen mit dem Ziel der Konstitutionsaufklärung aufgenommen. Diese Untersuchungen haben ebensowenig wie diejenigen von Ruzicka, Jeger und Ringnes (1944) zu einem abschließenden Ergebnis geführt.

Auch Zetsche und Lüscher (1938) sind bei der Analyse des Korkwachses, das durch Äthanol-Benzol-Extraktion aus Flaschenkork gewonnen wurde, dem Friedelin-Cerin-Gemisch begegnet. Als weiteres Terpen fanden sie im petroläther-unlöslichen Anteil der Säurefraktion die Oleanolsäure.

Cerin ist das Monoxy-Derivat des Ketons Friedelin. Beide Substanzen sind bisher nur aus dem Flaschenkork *(Quercus suber, Fagaceae)* bekannt. Zur Darstellung und Trennung benutzen auch die neueren Bearbeiter die von Istrati und Ostrogovich beschriebenen Unterschiede in der Chloroformlöslichkeit.

Friedelin und Cerin können leicht als Verunreinigungen auftreten, wenn organische Lösungsmittel längere Zeit mit Korkstopfen in Berührung standen.

Darstellung von Friedelin und Cerin aus Flaschenkork. (Drake und Jacobsen, 1935).
23 kg gemahlener Kork werden mit Äthylacetat erschöpfend extrahiert. Beim Abdampfen des Lösungsmittels bleibt ein trockenes, fast weißes Gemisch von Friedelin und Cerin. Ausbeute etwa 1,5%. Aus der verseiften Rohsubstanz wird außerdem ein Sterin erhalten.
Nach zweimaligem Umlösen aus Chloroform ist fast alles Friedelin in Lösung. Das schwerer lösliche Cerin bleibt zurück.
Cerin durch Umkristallisieren aus Benzol, dann aus Chloroform. Feine Nadeln, Fp. 247 bis 251°, Zs., $[\alpha]_D^{15} = -44,5°$ (Chloroform).
Friedelin aus den Mutterlaugen der Cerindarstellung. Diese werden bis zur beginnenden Niederschlagsbildung eingeengt, dann eine gleiche Menge Aceton zugesetzt. Friedelin fällt als kristallines Pulver. Um reinste Substanz zu erhalten sind mehrere Umkristallisationen notwendig. Flache Nadeln, Fp. 250—256° Zs., $[\alpha]_D^{20} = -29,4°$ (Chloroform). Nach Ruzicka, Jeger und Ringnes: Fp. 242—250° Zs. (corr., offene Kapillare), Fp. 264—265° (corr., vac.), $[\alpha]_D = -27,8°$ (Chloroform).
Reines Friedelin kann aus Rohfriedelin nach Drake und Jacobsen (1935) leicht auch durch Darstellung des Benzoates, Phenylacetates oder Phenylpropionates und nachfolgende Verseifung erhalten werden.
Friedelinbenzoat. (Nach Drake und Jacobsen, 1935.) 10 g Rohfriedelin mit 22 ml Benzoylchlorid 45 min auf 150—185° erhitzen, etwas abkühlen, vorsichtig 150 ml Äthanol (95%) zugeben, Klumpenbildung, 10—15' auf dem Dampfbad digerieren, warme Suspension filtrieren, Rückstand wieder mit 100 ml Äthanol behandeln, filtrieren. Aus Äthylacetat + + Benzol umkristallisieren: 7 g glänzende flache Blättchen. Fp. 244—251°, $[\alpha]_D^{15} = +66,2°$ (Chloroform).
In ähnlicher Weise Darstellung von
Friedelinphenylacetat, Fp. 244—251°, $[\alpha]_D^{20} = +57,1°$ (Chloroform) und von
Friedelinphenylpropionat, Fp. 229—233°, $[\alpha]_D^{15} = +52,8°$ (Chloroform).
Verseifung von Friedelinphenylacetat. 10 g Friedelinphenylacetat, 500 ml Propanol + 0,6 g NaOH, 1 Std. Rückfluß. Nach 10 min beginnt Kristallabscheidung. Kühlen, filtrieren; 6,4 g weiße Substanz, aus Filtrat weitere 0,5 g. Umkristallisieren aus Äthylacetat:
Friedelin. Flache Nadeln, Fp. 255—261°.
Weitere funktionelle Derivate. (Drake und Shrader, 1935.)
a) Friedelin.
Friedelin-oxim. 10 g Friedelin in 200 ml Benzol + 50 ml Äthanol, dazu 3,5 g Hydroxylamin-hydrochlorid in 25 ml Äthanol. Durch den Rückflußkühler 3 g KOH in 25 ml Äthanol

9*

zugeben. 1 Std. am Rückfluß kochen, kühlen, in 400 ml Wasser gießen, mit H_2SO_4 ansäuern, filtrieren. Niederschlag waschen, aus 2 T. Benzol + 1 T. Äthylacetat umkristallisieren: 7,9 g *Friedelinoxim*, hexagonale Plättchen, Fp. 290—294°.

Verseifung. 0,5 g Friedelinoxim in 90 ml n-Amylalkohol, dazu 6 ml H_3PO_4 (50%), 7 Std. Rückfluß, 50 ml Amylalkohol abdestillieren. Über Nacht Kristallbildung, filtrieren, aus Äthylacetat + Benzol umkristallisieren. *Friedelin*: Fp. 257—262°.

Friedelin-oxim-acetat. 0,6 g Friedelin-oxim, 20 ml Essigsäureanhydrid, 30 min Rückfluß, abkühlen, Kristallbildung. Umkristallisieren aus Äthylacetat. Hexagonale Platten, Fp. 237 bis 239°.

Friedelin-2,4-dinitrophenylhydrazon. 0,5 g Friedelin, 60 ml Methylcellosolve, 3 g 2,4-Dinitro-phenylhydrazin, erwärmen, 2 Tropfen konz. H_2SO_4 zufügen, 5—10 min kochen, abkühlen, aus Benzol umkristallisieren. Fp. 297—299° Zs.

Friedelin-p-nitrophenylhydrazon. Darstellung wie voriges. Fp. 277—279°.

b) Cerin.

Cerin-oxim. 1,9 g Cerin in 150 ml Benzol + 100 ml Äthanol, 0,8 g Hydroxylamin-hydro-chlorid, 1 g KOH, 3 Std. Rückfluß, Wasser zugeben, kongosauer machen, Benzol durch Wasserdampfdestillation entfernen, Rohprodukt aus Äthylacetat, dann aus Äthanol um-kristallisieren. Blättchen, Fp. 266—267°.

Cerin-acetat. Kochen mit Essigsäureanhydrid oder mit Essigsäureanhydrid + H_2SO_4 liefert schlechte Ergebnisse. Besser ist Acetylierung bei Raumtemperatur: 1 g Cerin, 80 ml trockenes Pyridin, dazu langsam 10 ml Essigsäureanhydrid, über Nacht bei 25° stehenlassen, mit Wasser verdünnen, Fällung nacheinander aus Benzol + Äthylacetat, Äthylacetat, Benzol, Äthylacetat + Eisessig, Äthylacetat umkristallisieren. Fp. 256—259° Zs.

Cerin-2,4-dinitrophenylhydrazon. Darstellung wie bei Friedelin. Sphaerokristalle, Fp. 253—255°.

Cerin-methyläther. 10 g Cerin, 500 ml trockenes Dioxan, 50 g Methyljodid, 4 g Silberoxyd, 9 Std. Rückfluß, alle 2 Std. je 1 g neues Silberoxyd zugeben, filtrieren, auf 50 ml einengen. Aus Benzol + Aceton umkristallisieren. Fp. 265—270°, $[\alpha]_D^{19} = -58,9°$ (Chloroform).

Oxim des Cerin-methyläthers. 0,5 g Cerin-methyläther, in Benzol + Äthanol (2:1) gelöst, 0,5 g Hydroxylamin-hydrochlorid + 0,5 g KOH. Fp. 258—262°.

2,4-Dinitrophenylhydrazon des Cerin-methyläthers. Darstellung wie bei Friedelin. Nädel-chen, Fp. 284—285° Zs.

37. Onocerin.

$(C_{30}H_{50}O_2 =$ Onocol)

Das „Onocol" $C_{30}H_{48}(OH)_2$ wurde durch v. Hemmelmeyer (1906, 1907) in der Wurzel von *Ononis spinosa (Papilionaceae)* entdeckt. Schulze (1936) und Zimmermann (1938, 1941) haben sich eingehender mit dem Onocerin beschäftigt. Ersterer Verfasser hat es als zweiwertigen Alkohol der Triterpenreihe erkannt.

Darstellung des Onocerins aus Hauhechelwurzel. (Hemmelmeyer, 1906, 1907 und Schulze, 1936.) 500 g gepulverte *Oninis*-Wurzel, 3 l Äthanol, Wasserbad, Rückfluß, Rück-stand abnutschen, nochmals mit Äthanol auskochen. Äthanolauszüge abnutschen, im Vacuum bis zur dickflüssigen Konsistenz einengen, 1 Std. Eisschrank, ausfallende Kristalle ab-filtrieren, mit Äthanol (60%) waschen: 8—11 g. Fp. 215—226°.

Rohprodukt 3 Std. mit 1% KOH in Methanol kochen, filtrieren, Rückstand mit H_2O waschen, über Tierkohle dreimal aus Eisessig umkristallisieren.

Onocerin. Fp. 232°, $[\alpha]_D^{21} = +5,04°$ (Pyridin).

Funktionelle Derivate.

Onocerin-diacetat. 850 mg Onocerin, 3 ml Essigsäureanhydrid, 2 Std. 45 min kochen, schon nach 30 min beginnt Kristallfällung, abkühlen, aus Chloroform + Aceton umkristalli-sieren. Nadeln, Fp. 224°, $[\alpha]_D^{18} = +28,3°$ (Chloroform).

Verseifung gibt eine Substanz mit Fp. 202°.

Onocerin-3,5-dinitrobenzol. 200 mg Onocerin, 15 ml Pyridin (abs.), 0,5 g 3,5-Dinitrobenzoyl-chlorid, nach 24 Std. Bicarbonatlösung zufügen, nach 3 Std. Stehen wird ausgeschiedenes braunes Öl fest, mit 10 ml Aceton auskochen, mit Aceton farblos waschen, aus Chloroform + + Aceton über Tierkohle umkristallisieren. Fp. 290—291° Zs.

38. Zeorin und Leucotylin.

Zeorin $(C_{30}H_{52}O_2)$ Leucotylin $(C_{30}H_{52}O_3)$.

Das Zeorin ist ein bereits seit langem bekannter Flechtenstoff. Zopf (1909) zählt ihn zu den Flechtensäuren der „aliphatischen Reihe". Thies (1932) führt 22 Flechtenarten aus 5 Familien auf, in denen Zeorin, meist als Begleiter anderer

Flechtensäuren, gefunden wurde. Erst 1938 nahmen sich ASAHINA und AKAGI dieses Stoffes wieder an, den sie neben dem neuen „Leucotylin" in der japanischen *Parmelia leucotyliza* Nyl. gefunden hatten. Die genannten Forscher und ASAHINA und YOSIOKA (1940) stellten fest, daß die richtige Formel wie oben zu lauten hat und daß es sich um ein pentacyclisches, sekundär-tertiäres Diol der Triterpenreihe handelt. Das Leucotylin ($C_{30}H_{52}O_3$) ist nach den gleichen Verfassern wahrscheinlich ein Oxy-Zeorin. BARTON und BRUNN (1952) haben jüngst weitere Untersuchungen über das Zeorin durchgeführt. Das bei der Hydrierung entstehende Zeorinan ist dem Heterolupan (aus Taraxasterol) ähnlich, damit aber sicher nicht identisch. Das Zeorin ist nach Auffassung der beiden Forscher sehr wahrscheinlich das Derivat eines neuen Grundkohlenwasserstoffes der Triterpenreihe.

Darstellung von Zeorin aus *Nephroma arcticum (Peltigeraceae).* (BARTON und BRUNN, 1952.) 2554 g der trockenen Flechte (aus Norwegen) werden im Soxhlet 24 Std. mit Äther extrahiert. Im Kolben setzt sich ein Bodenkörper (A) von der Ätherlösung (B) ab. A (72,3 g) wird dreimal mit 150 ml Aceton· am Rückfluß gekocht, 40,3 g Usninsäure bleiben als unlöslicher Rückstand. Beim Abkühlen fallen 3,0 g Kristalle, von denen nach Extraktion 1,2 g Rohzeorin bleiben. Die restliche Acetonlösung bleibt unberücksichtigt. B wird eingedampft: 95,5 g fester Rückstand. Dieser wird mit 100 ml Äther am Rückfluß gekocht. Die Ätherlösung wurde nicht untersucht, 29,8 g Unlösliches werden durch Rückflußkochung mit 350 ml Aceton fraktioniert. Als Rückstand bleiben 10 g Rohzeorin, beim Erkalten fallen 14,6 g Kristalle, die an Na_2CO_3 Usninsäure abgeben. Rückstand 1,2 g Rohzeorin (Gesamtausbeute 12,4 g Rohzeorin). Da Umkristallisation des Roh-Zeorins aus Äthanol Fraktionen mit sehr schwankenden Konstanten (Fp. 228—253°, $[\alpha]_D = +48$—55°) lieferte, wurde nach Acetylierung, bzw. Benzoylierung chromatographiert. Das Zeorin erwies sich aber als im wesentlichen homogen.

Funktionelle Derivate. (BARTON und BRUNN, 1952.)

Zeorindiacetat. 10 g Rohzeorin, in Pyridin (trocken), Essigsäureanhydrid im Überschuß, über Nacht stehen, bei üblicher Aufarbeitung rohes Zeorinacetat (Fp. 223—230°, $[\alpha]_D$ +54° Chloroform). Aus Chloroform + Methanol umkristallisiert: Fp. 225—230°, $[\alpha]_D = +78°$ (Chloroform).

Zeorin. Verseifung des Acetats durch Rückfluß mit 20%iger methanolischer KOH, aus Aceton umkristallisieren. Fp. 223—227°, $[\alpha]_D = +54°$ (Chloroform).

Zeorin-dibenzoat. 1 g Zeorin, Pyridin, Benzoylchlorid, über Nacht stehenlassen. Nach üblicher Aufarbeitung aus Benzol + Aceton umkristallisieren. Fp. 236—246°, $[\alpha]_D = +73°$ (Chloroform).

39. Thurberogenin.
($C_{30}H_{46}O_3$)

Thurberogenin und Oleanolsäure sind nach DJERASSI, GELLER und LEMIN (1953a) die Aglykone der Saponine von *Lemaireocereus Thurberi (Cactaceae)*. Nach FARKAS (siehe DJERASSI, FARKAS u. a., 1954) ist die erstgenannte Substanz ein Lacton der Lupeolreihe.

Thurberogenin aus Lemaireocereus Thurberi. (DJERASSI, GELLER und LEMIN, 1953a.) 2 kg Stammstücke werden bei 80—90° getrocknet. Sie geben bei Äthanolextraktion im SOXHLET (2 Tg.) 65 g Extrakt. Dieses wird mit Äther fraktioniert. Die Ätherlösung enthält keine Alkaloide. Das Ätherunlösliche (36 g) wird 3,5 Std. mit 125 ml Methanol + 31 ml konz. HCl am Rückfluß verseift. Nach Zugabe von 10% NaOH wird ausgeäthert. Der Rückstand gibt, aus Methanol umkristallisiert:

Thurberogenin, farblose Nadeln, Fp. 283—285°, $[\alpha]_D^{23} = +11°$.

Thurberogenin-acetat, mit Essigsäureanhydrid + Pyridin bei Raumtemperatur, aus Methanol + Chloroform Nadeln, Fp. 249—252°, $[\alpha]_D^{23} = +45°$.

Aus der alkalischen Lösung des Hydrolysates fällt kristalline *Oleanolsäure,* die in üblicher Weise gereinigt und identifiziert wird (vgl. S. 104 ff.).

40. Castanogenin und Castanospermum-Saponin.
($C_{30}H_{46}O_6$).

Im Holz des in Neu-Süd-Wales und Queensland einheimischen Bohnenbaumes *Castanospermum australe* Cunn. et Fras. *(Papilionaceae)* fand SIMES (1950) ein neues Saponin, dessen Aglykon, Castanogenin, als eine bisher unbekannte Dioxytriterpendicarbonsäure $C_{28}H_{42}(OH)_2(COOH)_2$ beschrieben wird.

Saponin aus dem Holz von *Castanospermum australe.* 25 kg feines Sägemehl 7 mal mit Äthanol extrahiert, Auszug eingedampft, schwarze zähe Masse, mit Äther fällt eine körnige Substanz, die zuerst hygroskopisch ist, diese Eigenschaft nach Trocknung bei 105° aber verliert. 700 g Rohsaponin. In Äthanol und Wasser leicht löslich, wäßrige Lösungen schäumen stark. 1:20000 in physiol. NaCl-Lösung bewirkt in 5 min Totalhämolyse von 1%igem Hammelblut.

Castanogenin. 50 g in 1,5 l Wasser heiß gelöst, über Kieselgur filtriert, zum Kochen erhitzt, auf 1 n-HCl gebracht, 30 min unter Rühren gekocht, gallertige Fällung filtriert, getrocknet. Rohsapogenin mit Wasser extrahiert, bis alle Stoffe mit positiver FeCl$_3$-Reaktion entfernt sind, dunkelbraunes Pulver, amorph, in Wasser und Äthanol unlöslich, in NaOH löslich.

Trennung nach folgendem Schema:

300 g Rohsapogenin

↓ 200 Std. Soxhletextraktion mit Äther

75 g extrahiert

↙   ↘

55 g fallen   20 g bleiben in
in Äther aus   Äther gelöst
(Fraktion A)

Fraktion A: 1 Std. Rückfluß mit 300 ml Methanol, heiß filtriert, farbloser Rückstand. Filtrat eingeengt, Castanogenin kristallisiert aus Methanol, wird dann aus Dioxan umkristallisiert. 3 g aus 300 g Rohsapogenin.

Castanogenin. Aus Methanol Prismen, aus Äthanol, Dioxan, Aceton Nadeln. Fp. 380 bis 383° Zs., $[\alpha]_D^{20} = +107°$ (Äthanol, abs.). Mit NaOH gallertige Fällung des Na-Salzes, die aus Äthanol kristallisiert.

Castanogenin-diacetat. 2,5 g Substanz, 30 ml Essigsäurehydrid, 2 g Na-acetat (w.-frei), 2 Std. Rückfluß, aus Methanol. Platten, Fp. 239—240° nach Sintern, $[\alpha]_D^{22} = +75° \pm 2°$ (Chloroform).

Castanogenin-dimethylester. Mit Diazomethan, aus Methanol (verd.). Platten, Fp. 224 bis 225°, $[\alpha]_D^{27} = +80° \pm 4°$ (Chloroform).

Castanogenin-diacetat-dimethylester aus Methanol. Platten, Fp. 238,5—239°, $[\alpha]_D^{27} = 90° \pm \pm 3°$ (Chloroform).

41. Psidiolsäure.

$(C_{30}H_{48}O_4)$.

Diese Säure unbekannter Konstitution wurde von Soliman und Farid (1952) aus den Blättern von *Psidium Guayava* L. *(Myrtaceae)* beschrieben. Nach Arthur und Hui (1954) ist die Psidiolsäure von Soliman und Farid (1952) ein Gemenge von Ursol-, Oleanol-, Crataegolsäure und „Guajavolsäure", einer neuen Dioxy-Triterpensäure $(C_{30}H_{48}O_4,$ Fp. 290° vac.).

Darstellung. (Nach Soliman und Farid, 1952.) 4 kg mit Petroläther entfettete Blätter werden durch viermalige Äthanolextraktion erschöpft. Die getrockneten Äthanolauszüge geben an Äther ein grünes Harz ab, das mit kaltem Aceton gewaschen aus Alkohol über Tierkohle kristallisiert wird. 40 g farbloses Produkt wird mit Aceton und Äther gewaschen, aus Äthanol umkristallisiert.

Psidiolsäure, Sphaerite, Fp. 212—254°, $[\alpha]_D^{19} = +39,9°$ (Pyridin).

Psidiolsäure-diacetat mit Pyridin und Essigsäureanhydrid, aus Petroläther hexagonale Prismen, Fp. 198—200°.

Psidiolsäure-dipropionat, aus Petroläther Prismen, Fp. 225—226°.

Psidiolsäure-dibenzoat mit Pyridin und Benzoylchlorid, aus Benzol + Äthanol, Prismen, Fp. 248—250°.

Psidiolsäure-diacetat-methylester mit Methylsulfat + NaOH, aus verdünntem Methanol, dann aus Benzol + Petroläther umkristallisiert. Nadeln, Fp. 213—215°, $[\alpha]_D^{19°} = +52,1°$.

42. Senegeninsäure und Senegin.

Die Senegeninsäure (= Senegenin) $C_{28}H_{48}(OH)_2(COOH)_2$ (?) wurde von Wedekind und Krecke (1924) bei der völligen Hydrolyse des Senegins, eines Saponins aus der Wurzel von *Polygala Senega (Polygalaceae)* erhalten. Die Substanz, sicherlich der Triterpenreihe zugehörig, hat nach diesen Autoren 2 OH- und 2 COOH-Gruppen.

Senegeninsäure aus Senegin (Merck). 10 g Senegin (Merck) mit 250 ml 5% H_2SO_4 am Rückfluß kochen. Nach 1 Std. gallertige Fällung eines Prosapogenins. Dieses wird abfiltriert und gewaschen, mit 300 ml Perchlorsäure (3%) 2 Std. bei 140° autoklaviert. Das Endsapogenin wird durch Filtration gewonnen, in heißem Äthanol gelöst, mit Tierkohle entfärbt, beim Einengen Kristalle, aus Eisessig umkristallisieren (3% des Senegins).

Senegeninsäure. Nadelbüschel, Fp. 272°, $[\alpha]_D = +38,2°$ (Äthanol). Äthanol, Aceton, Eiseessig, Äther: leicht, Äthanol (verdünnt), Eisessig (verdünnt) schwerlöslich, Wasser unlöslich.

Senegeninsäure-diacetat. Durch Kochen mit Essigsäureanhydrid + Na-acetat, aus Äthanol (verdünnt) umkristallisieren. Spieße. Fp. 214°.

Senegeninsäure-dimethylester. Mit Diazomethan, Nadeln, Fp. 206—208°, $[\alpha]_D = +32,09°$ (Methanol).

43. Dumortierigenin.

$C_{30}H_{46-48}O_4$.

Nach Djerassi, Farkas, Lemin, Collins und Walls (1954) liefert die Glykosidfraktion von *Lemaireocereus Dumortieri (Cactaceae)* bei der Säurespaltung als Aglykon Dumortierigenin, vermutlich ein Dioxy-triterpen-lacton.

Dumortierigenin aus Lemaireocereus Dumortieri.

Der eingedampfte, mit Benzol in Äther extrahierte Methanolauszug der zerkleinerten Stammteile wird mit methanolischer HCl hydrolisiert, in Wasser gegossen und ausgeäthert, im Ätherrückstand rohes Dumortierigenin (21 g aus 10 kg frischer Pflanze). Umkristallisieren aus Äthanol.

Dumortierigenin Fp. 292—295°, $[\alpha]_D^{19} = -18,6°$ (Chloroform).

Dumortierigenin-diacetat aus Benzol, Nadeln, Fp. 318—321°, $[\alpha]_D^{30} = -10°$ (Chloroform).

Dumortierigenin-dibenzoat, chromatographische Reinigung; aus Methanol-Chloroform umkristallisiert, Fp. 288—291°, $[\alpha]_D^{19} = +4,4°$ (Chloroform).

Nachträge während der 2. Korrektur.

(Zu S. 65, 77, 106, 121) C. H. Brieskorn u. M. Briner [Arch. d. Pharmaz. **287**, 429, (1954)] haben die Chlorsulfonsäurereaktion zu einem kolorimetrischen Bestimmungsverfahren für Oxytriterpensäuren (*Ursol-* und *Oleanolsäure*) entwickelt.

(Zu S. 83) T. Bruun [Act. chem. scand. **8**, 1291, (1954)] isolierte aus der Flechte *Cladonia deformis* den dem *Taraxerol* entsprechenden Kohlenwasserstoff: *Taraxeren,* Fp. 237—238°, $[\alpha]_D = +1°$ (Chloroform).

(Zu S. 100) C. Djerassi u. C. H. Thomas (Chem. a. Ind. **1954**, 1354) fanden als Aglykon der Glykoside von *Myrtillocactus cochal (Cactaceae)* die dem *Gummosogenin* entsprechende Carbonsäure: *Cochalsäure*, $C_3H_{48}O_4$, Fp. 303—306°, $[\alpha]_D = +58°$ (Dioxan).

(Zu S. 140) H. D. R. Barton, J. E. Page u. E. W. Warnhoff (J. Chem. Soc. **1954**, 1715) konnten kürzlich folgende Strukturformel für das *Phyllanthol* sicherstellen.

HO (LXIX)

Literatur.

Abegg, F. A., J. A. Elder and S. B. Hendricks: Arch. Biochemistry **10**, 141 (1946). — Altermann, K. B., and F. B. Kipping: J. Chem. Soc. **1951**, 2296. — Ames, T. R., T. G. Halsall and E. R. H. Jones: J. Chem. Soc. **1951**, 450. — Anstee, J. R., H. R. Arthur, A. L. Beckwith, D. K. Dougall, P. R. Jefferies, M. Michael, J. C. Watkins and D. E. White: J. Chem. Soc. **1952**, 4067. — Aoyama, S.: J. Pharm. Soc. Japan **50**, 153 (1930). — Aoyama, S.: J. Pharm. Soc. Japan **51**, 367 (1931); Ref. Chem. Abstr. **25**, 5431 (1931). — Apt, W.: Arch. Pharmaz. **259**, 155 (1921). — Arthur, H. R., u. W. H. Hui: J. Chem. Soc.

1954, 1403. — Asahina, Y., and H. Akagi: Ber. dtsch. chem. Ges. 71, 980 (1938). —
Asahina, Y., and I. Yosioka: Ber. dtsch. chem. Ges. 73, 742 (1940). — Aumüller, W., W.
Schicke u. F. Wedekind: Liebigs Ann. 517, 211 (1935). — Awe, W., u. H. Häussermann:
Arch. Pharmaz. 283, 7 (1950); 284, 106 (1951).
    Badger, C. W., J. W. Cook and P. A. Ongley: J. Chem. Soc. 1950, 867. — Baechler, L.:
Diss. Basel 1927. — Baget u. Lodibert: J. physik. Chem. 11, 101 (1825) (nach Dodge.
1918) bzw. J. Pharm. 11, 101 (1825) [nach van der Haar (1927d)]. — Balakrishna, K. J.,
u. T. R. Seshadri: Proc. Indian Acad. Sci. A 26, 46, 203 (1947); A 27, 409 (1948). —
Barton, D. H. R.: J. Chem. Soc. 1951, 1444. — Barton, D. H. R., and C. J. W. Brooks: J.
Amer. Chem. Soc. 72, 3314 (1950); (a) J. Chem. Soc. 1951, 257; (b) J. Chem. Soc. 1951, 278 —
Barton, D. H. R., and T. Brunn: J. Chem. Soc. 1952, 1683.—Barton, D. H. R., and E. R. H.
Jones: J. Chem, Soc. 1944, 659. — Barton, D. H. R., and P. de Mayo: J. Chem. Soc. 1953.
2178. — Bauer. K. H.: Pflanzenfette, in V. Gafe, Handbuch der organischen Warenkunde
3/II, 311 (1929). — Bauer, K. H., u. K. Brunner: Arch. Pharmaz. 276, 605 (1938).— Bauer,
K. H., u. U. Gerloff: Arch. Pharmaz. 274, 473 (1936). — Bauer, K. H., u. H. Moll: Fette
u. Seifen 46, 560 (1939); Arch. Pharmaz. 280, 37 (1942). — Bauer, K. H., u. P. Schenkel:
Arch. Pharmaz. 266, 633 (1928). — Bauer, K. H., u. E. Schröder: Arch. Pharmaz.
269, 209 (1931). — Bauer, K. H., u. E. Schub: Arch. Pharmaz. 267, 413 (1929). — Bauer,
K. H., u. G. Umbach: Ber. dtsch. chem. Ges. 65, 859 (1932). — Bentley, H. R., J. A. Henry,
D. S. Irvine and F. S. Spring: J. Chem. Soc. 1953, 3673. — Bergsteinsson, I., and C. R.
Noller: J. Amer. Chem. Soc. 56, 1402 (1934). — Bersin, Th., u. A. Müller: Helvet. Chim.
Acta 34/II, 1868 (1951); 35, 1891 (1952). — Beynon, J. M., I. M. Heilbron and F. S. Spring:
J. Chem. Soc. 1937, 989. — Bhuvanendram, R., W. Manson and F. S. Spring: J. Chem. Soc.
1950, 3472. — Bilham, P., and G. A. R. Kon: J. Chem. Soc. 1942, 544. — Bilham, P., G. A. R.
Kon and W. C. J. Ross: J. Chem. Soc. 1942, 535. — Birkinshaw, J. H., E. N. Morgan and
W. P. K. Findley: Biochemic. J. 50. 509 (1952). — Bischof, B., u. O. Jeger: Helvet.
Chim. Acta 31, 1760 (1948). — Bischof, B., O. Jeger u. L. Ruzicka: Helvet. Chim. Acta
32, 1911 (1949). — Bloch, K., and D. Rittenberg: J. Biol. Chem. 145, 623 (1942); 159,
45 (1945). — Boiteau, P., A. Buzas, E. Lederer u. J. Polonsky: Nature 163, 218 (1949). —
Bontems, J. E.: Gaz. Méd. Madagaskar 5, 29 (1942). — Bottomley, W., and D. E. White:
Austral. J. Sci. Res. A 3, 516 (1950). — Bowers, A., T. G. alsall, E. R. H. Jones and A. J.
Lemin: J. Chem. Soc. 1953, 2548. — Brady, R.O., and S. Gurin: J. Biol. Chem. 187, 588
(1950). — Biedebach, F.: Arch. Pharmaz. 281, 49 (1943). — Brieskorn, C. H.: Planta
Medica 2, 35 (1954). — Brieskorn, C. H., u. M. Briner: Pharm. Acta Helvet. 28, 139 (1953). —
Brieskorn, C. H., M. Briner, L. Schlumprecht u. K. H. Eberhardt: Arch. Pharmaz.
285. 290 (1952). — Brieskorn, C. H., u. L. Capuano: Chem. Ber. 86, 866 (1953). — Bries-
korn, C. H., u. K. H. Eberhardt: Arch. Pharmaz. 286, 124 (1953). — Brieskorn, C. H.,
K. H. Eberhardt u. M. Briner: Arch. Pharmaz. 286, 501 (1953). — Brieskorn, C. H.,
u. L. Schlumprecht: Arch. Pharmaz. 284, 239 (1951). — Bruckner, V., J. Kovàcs and
J. Koczka: J. Chem. Soc. 1948, 948. — Brunner, O., u. G. Wiedemann: Mh. Chem. 63,
368 (1934). — Brunner, O., u. R. Wöhrl: Mh. Chem. 64, 21 (1934). — Büchi, J., u. R.
Dolder: Pharm. Acta Helvet. 25, 179 (1953). — Büchi, J., F. Hippenmeyer u. R. Dolder:
Pharm. Acta Helvet. 25, 143 (1950). — Burchard, H.: Diss. Rostock 1889. — Burrows, S.,
and J. C. E. Simpson: J. Chem. Soc. 1938, 2042. — Butz, W.: Pharm. Acta Helvet. 20,
296 (1945).
    Canzoneri, F.: Gazetta chimica 36, 372 (1906). — Chapmann, A. C.: J. Chem. Soc. 111,
56 (1947); Ref. Chem. Zbl. 1917 II, 153; 113, 458 (1917); Ref. Chem. Zbl. 1919 I, 631. —
Chapon, S., et S. David: Bull. Soc. chim. France 1952, 333; 1953, 456. — Christen, K.,
M. Dünnenberger, C. B. Roth, R. Heusser u. O. Jeger: Helvet. Chim. Acta 35 II, 1756
(1952). – Coelho, P. P.: Rev. faculdad. cienc. Univ. Coimbra 18, 71 (1949); Ref. Chem. Abstr. 45,
5129 (1951). — Cohen, N. H.: Arch. Pharm. 246, 520 (1908); Rec. trav. chim. Pays-Bas 28,
368 (1909a); 28, 390 (1909b). — Croes, R., et R. Ruyssen: J. Pharm. Belg. (N. S.) 7, 28
(1952). — Cross, L. C., C. G. Eliot, J. M. Heilbron and E. R. H. Jones: J. Chem. Soc. 1940,
632. — Cross, L. C., and E. R. H. Jones: J. Chem. Soc. 1940, 1491. — Curtis, R. G., J. M.
Heilbron, E. R. H. Jones and G. F. Woods: J. Chem. Soc. 1953, 457.
    Dauben, W. G., and H. L. Bradlow: J. Amer. Chem. Soc. 74, 5204 (1952). — Dauben,
W. G., H. L. Bradlow, N. K. Freeman, D. Kritschevsky and M. Kirk: J. Amer. Chem.
Soc. 74, 4321 (1952). — David, S.: Bull. Soc. chim. France 17, 169 (1950). — Davy, G. S.,
T. G. Halsall and E. R. H. Jones: J. Chem. Soc. 1951, 2696. — Devanne, J., u. R. Razafi-
mahéry: Gaz. Méd. Madagaskar 5, 34 (1942). — Dieterle, H., u. O. Dorner: Arch. Phar-
maz. 275, 428 (1937). — Dieterle, H., u. K. Engelhardt: Arch. Pharmaz. 278, 225
(1940). — Dieterle, H., H. Leonhardt u. K. Dorner: Arch. Pharmaz. 271, 264 (1932). —
Dieterle, H., u. J. Schreiber: Arch. Pharmaz. 279, 312 (1941). — Dietrich, P., u. O. Jeger:
Helvet. Chim. Acta 33, 711 (1950). — Dischendorfer, O.: Mh. Chemie. 44, 123 (1923); Die
Harze. In G. Klein: Handbuch der Pflanzenanalyse 3/II, 694 (1932). — Dischendorfer, O.,.

u. H. GRILLMEYER: Mh. Chem. 47, 241 (1926). — DJERASSI, C., L. E. GELLER and A.J. LEMIN: Chem. a. Ind. 161—162 (1954). — DJERASSI, C., R. M. McDONALD u. A. J. LEMIN: J. Amer. Chem. Soc. 75, 2254 (1953a). — DJERASSI, C., R. N. McDONALD u. A. J. LEMIN: J. Amer. Chem. Soc. 75, 5940 (1953b). — DJERASSI, C,. E. FARKAS, J. LEMIN; J. C. COLLINS and F. WALLS: J. Amer. Chem. Soc. 76, 2969 (1954) — DODGE, F. D.: J. Amer. Chem. Soc. 40, 1917 (1918). — DRAKE, N. L., and W. P. CAMPBELL: J. Amer. Chem. Soc. 58, 1681 (1936). — DRAKE, N. L., and W. T. HASKINS: J. Amer. Chem. Soc. 58, 1684 (1936). — DRAKE, N. L., and R. P. JACOBSEN: J. Amer. Chem. Soc. 57, 1570 (1935). — DRAKE, N. L., and S. A. SHRADER: J. Amer. Chem. Soc. 57, 1854 (1935). — DUEWELL, H.: Analyt. Chemistry 25, 1548 (1953). — DUNSTAN, W. J., G. K. HUGHES and N. L. SMITHSON: Nature (London) 160, 577 (1947). — DUPONT, G., R. DULOU et M. VILKAS: Bull. Soc. Chim. France 16, 809 (1949). — DUPONT, G., W. KOPACZEWSKI et BRODSKI: Bull. Soc. chim. France 14, 1068 (1947).

ELLIOT, D. F., and A. R. KON: J. Chem. Soc. 1939, 1, 30. — ETARD, A.: C. r. Acad. Sci. (Paris) 114, 231, 364 (1892). —

FARMER, R. H., and W. G. CAMPBELL: Nature (London) 165, 237 (1950). — FEINBERG, CH., J. HERMANN, L. RÖGLSPERGER u. J. ZELLNER: Mh. Chem. 44, 272 (1923). — FIEDLER, U.: Arzneimittelforschg. 4, 213 (1953). — FISCHER, E., u. C. LIEBERMANN: Ber. dtsch. Chem. Ges. 26, 2415 (1893). — FISCHER, R.: Pharmaz. Mh. 9, 1 (1928); Biochem. Z. 209, 319 (1929); Sitz.-Ber. Akad. Wiss. Wien Math. Naturwiss. KL., Abt. I, 139, 321 (1930); Praktikum der Pharmakognosie, 3. Aufl. Wien: Springer 1952. — FISCHER, R.: Sitzb. Akad. Wiss. Wien, Math.-naturw. Kl., Abt. I, 269, 157 (1931). — FISCHER, R., u. L. BERTHOLD: Pharm. Presse (wiss. prakt. Heft) 38, 113 (1933). — FISCHER, R., u. E. LANGER: Pharmaz. Zentralhalle 86, 41 (1947). — FISCHER, R., u. C. LINSER: Arch. Pharmaz. 268, 1 (1930). — FISCHER, R., u. H. SCHROPP: Arch. Pharmaz. 269, 157 (1931). — FITELSON, J.: J. Assoc. Official Agric. Chem. 26, 499 (1943); Ref. Chem. Abstr. 38, 802 (1944). — FRAZIER, D., and C. R. NOLLER: J. Amer. Chem. Soc. 66, 1267 (1944). — FRÈREJACQUES, M.: Revue Mycologique 3, 95 (1938). — FRÖSCHL, N., J. ZELLNER u. E. ZIKMUNDA: Mh. Chem. 56, 474 (1930). — FUCHS, L.: Scientia pharmac. 18, 85 (1950); Pharmaz. Zentralhalle 88, 65 (1949). — FUJII, K., N. SHIMADA and F. SASAKI: J. Pharm. Soc. Japan 55, 650 (1935).

GAISBÖCK, F.: Klin. Wschr. 3, 474 (1924); Ref. Chem. Zbl. 1924 I, 2385. — GASCOIGNE, R. M., J. S. E. HOLKER, B. J. RALPH and A. ROBERTSON: Nature (London) 166, 652 (1950); 167, 570 (1951a); J. Chem. Soc. 1951 (b), 2346. — GASCOIGNE, R. M., A. ROBERTSON and J. J. H. SIMES: J. Chem. Soc. 1953, 1830. — GEDEON, J.: Arch. Pharmaz. 285, 127 (1952). 287, 131 (1954). — GERLOFF, M.: Planta (Berlin) 25, 667 (1936). — GILG, E., u. P. N. SCHÜRHOFF: Arch. Pharmaz. 270, 217 (1932). — GIRARD, A., u. G. SANDULESCU: Helvet. Chim. Acta 19, 1095 (1936). — GONZALEZ, A. G., y A. CALERO: Anales real. soc. españ. fis. y quim. 46 B, 175 (1950). — GONZALEZ, A. G., A. CALERO y R. CALERO: Anales real. soc. españ. fis. y quim. 45 B, 1441 (1949). — GOODSON, J. A.: J. Chem. Soc. (London) 1938 II, 999. — GROSSFELD, J., u. H. TIMM: Z. Unters. Lebensm. 77, 249 (1939); Ref. Chem. Abstr. 33, 4446 (1939). — GUIDER, J. M., T. G HALSALL and E. R. H. JONES: J. Chem. Soc. 1953, 3024.

VAN DER HAAR, A. W.: Arch. Pharmaz. 250, 424 (1912); Diss. Bern 1913; Ber. dtsch. chem. Ges. 55, 1054 (1922a); Rec. trav. chim. Pays-Bas 19, 277 (1922b); 43, 367 (1924a); 43, 542 (1924b); 43, 546 (1924 c); 46, 28 (1927a); 46, 85 (1927b); 46, 775 (1927c); 46, 793 (1927d); 47, 585 (1928); 48, 1155 (1929a); 48, 1166 (1929b). — HAINES, D. W., and F. L. WARREN: J. Chem. Soc. 1949, 2554; 1950, 1562. — HALSALL, T. G., R. HODGES and E. R. H. JONES: J. Chem. Soc. 1953, 3019. — HALSALL, T. G., E. R. H. JONES and A. J. LEMIN: J. Chem. Soc. 1953, 468. — HALSALL, T. G., E. R. H. JONES and G. D. MEAKINS: J. Chem. Soc. 1952, 2862. — HALSALL, T. G., O. D. MEAKINS and R. E. H. SWAYNE: J. Chem. Soc. 1953, 4139. — HARDEGGER, E., u. F. C. ROBINET: Helvet. Chim. Acta 33, 1871 (1950). — HASHIMOTO, Y.: Experientia (Basel) 9, 194 (193). — HÄUSSERMANN, H.: 1953 briefl. Mitt. an M. STEINER. — HÄUSSERMANN, H., u. W. KANGRO: Z. physik. Chem. 195, 1 (1950). — HEILBRON, J. M., E. R. H. JONES and P. A. ROBINS: J. Chem. Soc. 1949, 444. — HEILBRON, J. M., E. D. KAMM and W. M. OWENS: J. Chem. Soc. 1926, 1630. — HEILBRON, J. M., G. L. MOFFET and F. S. SPRING: J. Chem. Soc. 1934, 1683. — HEILBRON, J. M., W. H. OWENS and J. A. SIMPSON: J. Chem. Soc. 1929, 873, 883. — v. HEMMELMEYER, F.: Mh. Chem. 27, 181 (1906); 28, 1385 (1907). — HEMP, K.: Arch. Pharmaz. 268, 24 (1930). — HERING, K.: Pharmaz. Zentralhalle 77, 777 (1936). — HESSE, G., H. EILBRECHT u. F. REICHENEDER: Liebigs Ann. 546, 233 (1941). — HESSE, O.,: Liebigs Ann. 211, 273 (1878); J. prakt. Chem. 73, 113 (1906). — HEYWOOD, B. J., and G. A. R. KON: J. Chem. Soc. 1940, 713. — HEYWOOD, B. J., G. A. R. KON and L. L. WARE: J. Chem. Soc. 1939, 1124. — HOLKER, J. S. E., A. D. G. POWELL, A. ROBERTSON, J. J. H. SIMES and R. S. WRIGHT: J. Chem. Soc. 1953, 2414. — HUPPERT, E., H. SWIATKOWSKI u. J. ZELLNER: Mh. Chem. 48, 491 (1927). — HUZII, K., and S. OSUMI: J. Pharm. Soc. Japan 59, 176 (1939). — HUZII, K., and S. OSUMI: J. Pharm. Soc. Japan 60, 178 (1940).

Ishiwatari, K., K. Nakano and F. Shinkawa: J. Pharm. Chem. Soc. Japan 64, 34 (1944); Ref. Chem. Abstr. 45, 3562 (1951). — Isii, M., and Y. Oshima: J. Agric. Chem. Soc. Japan 15, 841 (1939). — Istrati, C., et A. Ostrogovich: C. r. Acad. Sci. (Paris) 128, 1581 (1899). — van Itallie, E. I.: Pharm. Weekblad 55, 701 (1918); 58, 824 (1920); Ref. Chem. Zbl. 1921 III, 848.

Jacobs, W. A.: J. Biol. Chem. 63, 621 (1925a); 63, 631 (1925b). — Jacobs, M. L., und W. R. Lloyd: J. Biol. Chem. 92, 487 (1931). — Jeger, O.: Fortschr. d. Chem. organ. Naturstoffe 7, 1 (1950). — Jeger, O., B. Bischof u. L. Ruzicka: Helvet. Chim. Acta 30, 1853 (1947). — Jermstad, A., u. T. Waaler: Pharm. Acta Helvet. 25, 209 (1950); 28, 120 (1953a); 28, 223 (1953b). 28, 265 (1953c); — Jones, E. R. H., and G. F. Wood: J. Chem. Soc. 1953, 464. — Jung, E., u. K. Böhm: Arch. exper. Pathol. u. Pharmakol. 207, 144 (1949). — Jung, E., u. L. Wirth: Arch. exper. Pathol. u. Pharmakol. 210, 328 (1950).

Kahlenberg, L.: J. Biol. Chem. 52, 228 (1922). — Kahlenberg, L., u. J. V. Steinlein: J. Biol. Chem. 67, 425 (1925). — Kariyone, T., u. Y. Hashimoto: Experientia (Basel) 9, 136 (1953). — Kariyone, T., Y. Hashimoto and T. Kiguchi: J. Pharm. Soc. Japan 60, 314 (1939); Ref. Chem. Abstr. 44, 2086 (1950). — Kariyone, T., and K. Kashigawa: J. Pharm. Soc. Japan 53, 680 (1933); Ref. Chem. Zbl. 1935 I, 3293. — Kariyone, T., and K. Kurono: J. Pharm. Soc. Japan 60, 110, 318 (1940); (nach Lahey und Strasser, 1951.) — Karrer, P.: Helvet. Chim. Acta 56, 130 (1953). — Karrer, P., W. Fiorini, R. Widmer u. H. Lier: Helvet. Chim. Acta 7, 781 (1924). — Karrer, P., u. A. Helfenstein: Helvet. Chim. Acta 14, 78 (1931). — Karrer, P., u. H. Lier: Helvet. Chim. Acta 9, 26 (1926). — Kawaguchi, R., and R. W. Kim: J. Pharm. Soc. Japan 51, 57 (1931); Ref. chem. Zbl. 1931 I, 3184. — Kawaguchi, R., and K. W. Kim: J. Pharm. Soc. Japan 60, 171 (1940a); Ref. Chem. Zbl. 1941 II, 492; J. Pharm. Soc. Japan 60, 236 (1940b); Ref. Chem. Zbl. 1941 II, 492; J. Pharm. Soc. Japan 60, 343 (1940c); Ref. Chem. Zbl. 1940 II, 3041. — Kenny, A.P.: Biochem. J. 52, 611 (1952). — Kitasato, J., and C. Sone: Acta Phytochim. (Tokyo) 6, 179 (1932). — Klein, G.: Handbuch der Pflanzenanalyse. Wien 1932. — Klobb, T.: Bull. Soc. chim. France 27, 1229 (1902); C.r. Acad. Sci. (Paris) 138, 763 (1904); 149, 999 (1909). — Kobayashi, C.: J. Chem. Ind. Japan 25, 1188 (1922). — Kobert, R.: Arch. exp. Pathol. u. Pharmakol. 22, 259 (1887); Ber. dtsch. pharm. Ges. 22, 205 (1912). — Kofler, L.: Biochem. Z. 129, 64 (1922a); Pharmaz. Mh. 3, 117 (1922b); Die Saponine. Wien: Springer 1927. — Kofler, L., R. Fischer u. M. Newesely: Arch. Pharmaz. 267, 685 (1929). — Kofler, L., u. Z. Lazar: Arch. Pharmaz. 265, 610 (1927). — Kofler, L., u. M. Mareck: Pharm. Mh. 14, 126 (1933). — Kofler, L., u. H. Raum: Biochem. Z. 219, 335 (1930). — Kofler, L., u. G. Steidl: Arch. Pharmaz. 270, 398 (1932); 272, 300 (1934). — Koller, E., A. Hiestand, P. Dietrich u. O. Jeger, Helvet. Chim. Acta 33, 1050 (1950). — Kon, G. A. R., and H. R. Soper: J. Chem. Soc. 1940, 617. — Kopaczewski, W., et G. Dupont: Bull. Soc. chim. France 14, 909 (1947). — Kotake, M., and Y. Kimoto: Sci. Papers Inst. Physic. Chem. Res. (Japan) 18, 83 (1932); Ref. Chem. Zbl. 1932 I, 3184. — Kotake, M., K. Taguchi and T. Okamoto: Sci. Papers Inst. Physic. Chem. Res. (Japan) 21, 99 (1933); Ref. Zbl. 1933 II, 1879. — Kritchevsky, D., and M. Calom: J. Amer. Chem. Soc. 72, 4330 (1950). — Kuwada, S.: J. Pharm. Soc. Japan 51, 57 (1931); Ref. Chem. Zbl. 1931 II, 2352. — Kuwada, S., and Y. Fuwa: J. Pharm. Chem. Japan 55, 87 (1935); Ref. Chem. Zbl. 1935 II, 1719. — Kuwada, S., and T. Matsukawa: J. Pharm. Soc. Japan 53, 55 (1933a); 53, 129 (1933b); Ref. Chem. Zbl. 1933 II, 2142. — Kyburz, E., B. Riniker, H. R. Schenk, H. Heusser u. O. Jeger: Helvet. Chim. Acta 36, 1891 (1953).

Laakso, P. V.: Soumen Kemistil. Ser. B 25, 59 (1952). — Lahey, F. N., and P. H. A. Strasser: J. Chem. Soc. 1951, 873. — Langden, R. G., and K. Bloch: J. Amer. Chem. Soc. 74, 1869 (1952); J. Biol. Chem. 200, 129 (1953a); 200, 135 (1953b); J. Biol. Chem. 202, 77 (1953c). — Lardelli, G., u. O. Jeger: Helvet. Chim. Acta 31 I, 813 (1948). — Lederer, E., et P. K. Tchen: Bull. Soc. Chim. biol. 27, 419 (1945). — Liebermann, C.: Ber. dtsch. chem. Ges. 18, 1804 (1885). — Liebermann, C., u. F. Giessel: Ber. dtsch. chem. Ges. 16 I, 926 (1883). — Lifschütz, J.: Hoppe-Seylers Z. 50, 436 (1906); 53, 140 (1907); Ber. dtsch. chem. Ges. 41, 252 (1908). — Lifschütz, J., u. O. Vietmeyer: Hoppe-Seylers Z. 155, 240 (1926). — Likiernik, M.: Hoppe-Seylers Z. 15, 415 (1891). — Little, H. N., and K. Bloch: J. Biol. Chem. 183. 33 (1950). — Locquin, M., L. Locquin et A. R. Prevot: Revue Mycologique 13, 3 (1948). — Lowitz u. Crells: Ann. 3, 12 (1788/I). — Luft, G.: Sitzb. Akad. Wiss. Wien, Math.-naturw. Kl., Abt. I, 135, 259 (1926). — Lythgoe, B., and S. C. Bhattacharyyas: Nature (London) 163, 259 (1949). — Lythgoe, B., and S. Trippet: Nature (London) 163, 259 (1949).

MacDonald, A. D., F. L. Warren and J. M. Williams: J. Chem. Soc. 1949, 155. — Marcelet, H.: C. r. Acad. Sci. (Paris) 202, 867 (1936). — Margot, A., u. T. Reichstein: Pharm. Acta Helvet. 17, 113 (1942). — Marker, R. E., E. L. Whittle and L. W. Mixon: J. Amer. Chem. Soc. 59, 1368 (1937). — Markley, K. S., S. B. Hendricks and C. E. Sando: J. Biol. Chem. 111, 133 (1935). — Markley, K. S., and C. E. Sando: J. Biol. Chem. 105,

642 (1934); 116, 641 (1937).—McGHIE, F. J.: Contributions to the Chemistry of the sterols. Thesis, Univ. of London 1947. — MARKLEY, K. S., E. S. SANDO and S. B. HENDRICKS: J. Biol, Chem. 123, 641 (1938).— MEYER, A., u. O. JEGER: Helvet. Chim. Acta 31 II, 1868 (1948). — MEYER, A., O. JEGER u. L. RUZICKA: Helvet. Chim. Acta 33, 672 (1950a). 33, 687 (1950b). — MITRA, A. K., u. P. KARRER: Helvet. Chim. Acta 36, 1401 (1953). — MLADENOVIC, M., u. H. LIEB: Mh. Chem. 58, 59 (1931). — MONDON, A.: Angew. Chem. 65, 333 (1953); 66, 33 (1954). — MORICE, J. M.: J. Chem. Soc. 1951, 1200. — MORICE, J. M., and C. E. SIMPSON: J. Chem. Soc. 1940, 795. — MORAWSKI, TH.: Mitt. k. k. Technolog. Gewerbemuseum Wien, Sekt. f. chem. Gewerbe (N.F.) 2, 13 (1888); Ref. Z. anal. Chem. 28, 123 (1889). —MÜHLEMANN, H., u. W. SCHEIDEGGER: Pharm. Acta Helvet. 22, 84 (1947). — MUSGRAVE, O. C., J. STARK and F. S. SPRING: J. Chem. Soc. 1952, 4393. — MUSGRAVE, O. C., and H. M. WAGNER: J. Chem. Soc. 1952, 2937.

NEWBOLD, G. T., and F. S. SPRING: J. Chem. Soc. 1944, 249. — NOLLER, C. R., R. A. SMITH, G. H. HARRIS and J. W. WALKER: J. Amer. Chem. Soc. 64, 3047 (1942). — NOOYEN, A. M.: Diss. Leyden 1920; Pharm. Weekbl. 57, 1128 (1920); Ref. Chem. Zbl. 1920 II, 932. — OBATA, Y.: J. Agr. Chem. Soc. Japan 17, 222 (1941a); Ref. chem. Zbl. 1945, 2912; 17, 784 (1941b); Ref. Chem. Zbl. 1945, 3915. — OCHIAI, E., K. TSUDA u. S. KITAGAWA: Ber. dtsch. chem. Ges. 70, 2083 (1937a); 70, 2093 (1937b). — ORR, J. E., L. H. PARKS, M. F. W. DUNKER and A. H. UHL: J. Amer. Chem. Soc. 34, 39 (1945). — OTTKE, R. C., S. SIMMONDS and E. L. TATUM: J. Biol. Chem. 186, 581 (1950). — OTTKE, R. C., E. L. TATUM, J. ZABIN and K. BLOCH: J. Biol. Chem. 189, 429 (1951).

PALASI, V. V.: Anales fis. y quim. (Madrid) 43, 483 (1947). — PARISI, J., e G. DE VITO: Ann. chim. appl. 21, 323 (1931); Ref. chem. Zbl. 1931 II, 2342. — PARKS, L. M.: Diss. Univ. of Wisconsin (1938) nach ORR, PARKS, DUNKER u. UHL (1945). — PFAU, E.: Dtsch. Apoth.-Ztg. 1925, 1330. — PLOUVIER, V., et A. SOSA: Bull. Soc. Chim. biol. (Paris) 35, 477 (1953). — POLONSKY, J.: C. r. Acad. Sci. Paris 228, 1450 (1949). — POLONSKY, J.: C. r. Acad. Sci. Paris 230, 458 (1950). — POLONSKY, J.: Bull. Soc. chim. France 19, 649 (1952). — POSSOLO, H., y C. FERREIRA: Anais Fac. Farm. Odont. Univ. Sao Paulo 7, 361 (1949). — POURRAT, H., J. LE MEN et N. BOUSTANY: Ann. pharm. franç. 12, 59 (1954). — POWER, F. B., and F. BROWNING: J. Chem. Soc. 1912, 2411—2429. — POWER, F. B., and C. W. MOORE: J. Chem. Soc. 97, 1104 (1910a); 97, 1099 (1910b). — POWER, F. B., and F. TUTIN: J. Chem. Soc. 93, 891 (1908). — PROKOFJEW, A. A.: Bull. Acad. Sci. URSS, Séct. biol. 1939, 908; Ref. Chem. Zbl. 1940 II, 964.

RANSOM, F.: Dtsch. med. Wschr. 27, 194 (1901). — REHORST, K.: Ber. dtsch. chem. Ges. 62, 519 (1929). — REITSTÖTTER, J., u. F. SCHIPKE: Arch. Pharmaz. 284, 101 (1951). — RETZLAFF, F.: Arch. Pharmaz. 240, 561 (1902). — RITTENBERG, D., and K. BLOCH: J. Biol. Chem. 160, 147 (1940). — ROBERG, M.: Arch. Pharmaz. 275, 84 (1937a); 275, 145 (1937b); 275, 328 (1937c); Ber. dtsch. bot. Ges. 55, 299 (1937d). — ROBERG, M., u. E. MARCHAL: Jb. wiss. Bot. 84, 710 (1937). — ROBERTSON, A., G. SOLIMAN and E. C. OWEN: J. Chem. Soc. 1939, 1267. — ROSENMUND, K. W., u. W. KUHNHENN: Ber. dtsch. chem. Ges. 56, 1262 (1923). — ROSENTHALER, L.: Z. anal. Chem. 44, 292 (1902). — ROTH, M., G. SAUCY, R. AULIKER, O. JEGER u. H. HEUSSER: Helvet. Chim. Acta. 36, 1908 (1953).— ROWE, E. J., J. E. ORR, A. H. UHL and L. M. PARKS: J. Amer. Pharm. Assoc. 38, 122 (1949). — RUHEMANN, S., u. H. RAUD: Brennstoffchemie 13, 341 (1932); Ref. chem. Zbl. 1932 II, 2398. — RUHKOPF, H., u. P. MOHS: Ber. dtsch. chem. Ges. 69, 1922 (1936). — RUNGE, P. A.: Pharm. Acta Helvet. 72, 315 (1952).— RUZICKA, L.: Liebigs. Ann. Chem. 471, 25 (1929); Experientia (Basel) 9, 357 (1953). — RUZICKA, L., W. BAUMGARTNER u. V. PRELOG: Helvet. Chim. Acta 32, 2057, 2069 (1949). — RUZICKA, L., R. DENSS u. O. JEGER: Helvet. Chim. Acta 28, 759 (1945). — RUZICKA, L., E. EICHENBERGER, H. FENTER, M. W. GOLDBERG u. R. C. WAKEMAN: Helvet. Chim. Acta 15, 681 (1932). — RUZICKA, L., G. F. FRAME, H. M. LEICESTER, M. LIGOURI u. H. BRÜNGGER: Helvet. Chim. Acta 17, 426 (1934). — RUZICKA, L., L. GROB, R. EGLI u. O. JEGER: Helvet. Chim. Acta 26, 1218 (1943). — RUZICKA, L., u. H. HÄUSSERMANN: Helvet. Chim. Acta 25, 439 (1942). — RUZICKA, L., u. K. HOFMANN: Helvet. Chim. Acta 19, 122 (1936). — RUZICKA, L., J. R. HOSKING u. A. WICK: Helvet. Chim. Acta 14, 811 (1931). — RUZICKA, L., O. JEGER, A. GROB u. H. HÖSLI: Helvet. Chim. Acta 26, 2283 (1943). — RUZICKA, L., O. JEGER u. J. NORYMBERSKI: Helvet. Chim. Acta 25, 457 (1942). — RUZICKA, L., O. JEGER u. P. RINGNESS: Helvet. Chim. Acta 27, 972 (1944). — RUZICKA, L., A. H. LAMBERTON u. E. W. CHRISTIE: Helvet. Chim. Acta 21, 1706 (1938). — RUZICKA, L., u. H. LEUENBERGER: Helvet. Chim. Acta 19, 1402 (1936). — RUZICKA, L., u. R. MARXER: Helvet. Chim. Acta 23, 144 (1940). — RUZICKA, J., E. REY u. M. SPILLMANN: Helvet. Chim. Acta 25, 1375 (1942). — RUZICKA, L., u. H. SCHELLENBERG: Helvet. Chim. Acta 30, 1940 (1937). — RUZICKA, L., H. SILBERMANN u. M. FURTER: Helvet. Chim. Acta 15, 482 (1932). — RUZICKA, L., u. A. G. VAN VEEN: Hoppe-Seylers Z. 184, 69 (1929).

SALKOWSKI, E.: Hoppe-Seylers Z. 57, 521 (1908). — SANDBERG, F.: Svensk Farm. Tidskr. 12, (1948). — SANDO, C. E.: J. Biol. Chem. 56, 456 (1923). — SCHINDLER, H.: Arch. Pharmaz. 284, 35 (1951a); 284, 132 (1951b). — SCHMITT, J.: Liebigs Ann. 547, 115 (1941). —

SCHULZE, E.: Hoppe-Seylers Z. 41, 474 (1904); 238, 35 (1936). — SCHULZE, H., u. K. PIEROH: Ber. dtsch. chem. Ges. 55, 2332 (1922). — SCHUMANN, G.: Arch. Pharmaz. 279, 67 (1941). — SEIBERG, E., u. F. BACHMANN: Biochem. Z. 126, 130 (1921). — SEIFERT, W.: Mh. Chem. 14, 719 (1893). — SEITZ, K., u. O. JEGER: Helvet. Chim. Acta 32, 1626 (1949). — SIMES, J. J. H.: J. Chem. Soc. 1950, 2868. — SIMPSON, J. C. E.: J. Chem. Soc. 1944, 283. — SIMPSON, C. E., and N. E. WILLIAMS: J. Chem. Soc. 1938, 686. — SOBEL, A. E., I. J. DREKTER and S. NATELSON: J. Biol. Chem. 115, 381 (1936). — SOLIMAN, G.: J. Chem. Soc. 1939, 1760. — SOLIMAN, G., and M. K. FARID: J. Chem. Soc. 1952, 134. — SOLS, A.: Nature (London) 164, 111 (1949).— SOSA, A.: Bull. Soc. chim. biol. (Paris) 32, 344 (1950). — SPRING, F. S.: J. chem. Soc. 1933, 1345.— STABURSVIK, A.: Acta chem. scand. 7, 446 (1953). — STEINER, M.: Mikrochemie, Molisch-Festschr. 405 (1936). — v. STEINLE, J., and L. KAHLENBERG: J. Biol. Chem. 67, 425 (1925).— SONDERHOFF, R., u. H. THOMAS: Liebigs Ann. 530, 195 (1937).— SWIRLOWSKI, E., u. I. OKSCH: Acta Soc. biol. Latviae 2, 27 (1931). —

TAKEDA, K.: J. Pharm. Soc. Japan 61, 117 (1941); Ref. Chem. Abstr. 36, 444 (1942); 62, 390 (1942); (a) 63, 193 (1943); Ref. Chem. Abstr. 45, 586 (1951); (b) 63, 197 (1943); Ref. chem. Abstr. 45, 586 (1951). — TAKEDA, K., and S. YOSHIKI: J. Pharm. Soc. Japan 61, 506 (1941); Ref. Chem. Abstr. 44, 9384. — TAKIZIMA, Y.: J. Agr. Chem. Soc. Japan 23, 8 (1949). — TÄUFEL, K., H. HEINISCH u. W. HEIMANN: Bioch. Zschr. 303, 324 (1940). — TÄUFEL, K., u. W. HEIMANN: Bioch. Zschr. 306, 123 (1940). — TÄUFEL, K., H. THALER u. G. WIDMANN: Bioch. Zschr. 300, 354 (1939). — THIES, W.: In G. KLEIN, Handbuch der Pflanzenanalyse III/2. Wien 1932. — TRAUBE, J.: Internat. Z. physik. chem. Biol. 1, 485 (1914). — TRAUTNER, E. M., u. O. E. NEUFELD: Austral. Chem. Inst. J. and Proc. 14, 17 (1947). — TROMMSDORFF, H.: Arch. Parmaz. 130, 273 (1854). — TSCHESCHE, R., u. R. FUGMANN: Chem. Ber. 84, 810 (1951). — TSCHESCHE, R., u. A. HEESCH: Chem. Ber. 85, 1067 (1952). — TSCHESCHE, R., A. HEESCH u. R. FUGMANN: Chem. Ber. 86, 826 (1953). — TSCHESCHE, R., u. F. KORTE: Angew. Chem. 66, 32 (1954). — TSCHIRCH, M.: Arch. Pharmaz. 241, 653 (1903). — TSCHIRCH, A., u. HALBEY: Arch. Pharmaz. 236, 487 (1898). — TSCHUGAJEW: Ref. Chem.-Ztg. 24, 542 (1900). — TSUDA, K., and S. KITAGAWA: Ber. dtsch. chem. Ges. 71, 790 (1938a). — TSUJIMOTO, M.: J. Ind. a. Eng. Chem. 8, 889 (1916); Ref. Chem. Zbl. 1920 I, 862.; J. Ind. a. Eng. Chem. 12, 63 (1920); Ref. Chem. Zbl. 1920 I, 862. — TUTIN, F., and W. J. S. NAUNTON: J. Chem. Soc. 103, 2050 (1913).

ULLSPERGER, R.: Pharmazie 6, 141 (1951).

VESTERBERG, K. A.: Liebigs Ann. 248, 243 (1922); Ber. dtsch. chem. Ges. 56, 854 (1923). — VESTERBERG, K. A., u. S. WESTERLIND: Liebigs Ann. 248, 247 (1922). — VILKAS, M., G. DUPONT et R. DULOU: Bull. Soc. Chem. France 16, 813 (1949). — VOGEL, CH., O. JEGER u. L. RUZICKA: Helvet. Chim. Acta 35, 510 (1952). — VOSER, W., D. E. WHITE, H. HEUSSER, O. JEGER u. L. RUZICKA: Helvet. Chim. Acta 35, 830 (1952).

WACHS, W., H. UMSTÄTTER u. J. REITSTÖTTER: Kolloid-Z. 114, 14 (1949). — WAGNER, J. G., and L. E. HARRIS: J. Amer. Pharmaceut. Assoc. Scient. Ed. 41, 494—496, 497—499 (1952). — WASICKY, R.: Pharm. Post 46, 989 (1913). — WASICKY, R., C. FERREIRA u. E. DE CAMARGA FONSECA: Anais Fac. Farm. Odont, Univ. Sao Paulo 4, 230 (1944). — WEDEKIND, E., u. R. KRECKE: Ber. dtsch. chem. Ges. 57, 1118 (1924); Hoppe-Seylers Z. 155, 122 (1926). — WEDEKIND, E., u. W. SCHICKE: Hoppe-Seylers Z. 182, 72 (1929); 195, 132 (1931a); 198, 181 (1931b). — WEHMER, C., W. THIES u. M. HADDERS: In G. KLEIN, Handbuch der Pflanzenanalyse 2, 757 (1932). — WEIL, L.: Diss. Straßburg 1901. — WHITE, D. E., u. L. S. ZAMPATTI: J. Chem. Soc. 1952, 5040. — WHITE, J. W., and F. R. SENTI: J. Amer. Chem. Soc. 67, 881 (1945). — WIELAND, H., u. M. ERLENBACH: Liebigs Ann. 453, 83(1927). — WIELAND, H., H. PASEDACH u. A. BALLAUF: Liebigs Ann. 529, 68 (1937). — WIELAND, H., u. W. SEIBERT: Hoppe-Seylers Z. 262, 1 (1939). — WIELAND, H., u. W. M. STANLEY: Liebigs Ann. 489, 31 (1931). — v. WIESNER, J.: Rohstoffe des Pflanzenreichs, 4. Aufl., Leipzig 1927. — WINDAUS, A.: Ber. dtsch. chem. Ges. 42, 238 (1909). — WINDAUS, A., F. HAMPE u. H. RABE: Hoppe-Seylers Z. 160, 301 (1926). — WINDAUS, A., u. R. TSCHESCHE: Hoppe-Seylers Z. 140, 51 (1930). — WINTERSTEIN, A.: Hoppe-Seylers Z. 199, 25 (1931). — WINTERSTEIN, A., u. H. BLAU: Hoppe-Seylers Z. 75, 410 (1911). — WINTERSTEIN, A., u. W. HÄMMERLE: Hoppe-Seylers Z. 199, 56 (1931). — WINTERSTEIN, A., u. J. MEYER: Hoppe-Seylers Z. 199, 37 (1931). — WINTERSTEIN, A., u. G. STEIN: Hoppe-Seylers Z. 199, 64 (1931); 208, 9 (1932a); 211, 5 (1932b). — WÖHLERS, DE ALMEIDA, M. E.: Rev. Inst. Adolfo Lutz 9, 123 (1949); Ref. Chem. Abstr. 46, 3302. — WU, B. Y. T., and L. M. PARKS: J. Americ. Pharm. Assoc., Scient. Ed. 42, 602 (1953). — WÜERSCH, J., R. L. HUANG and K. BLOCH: J. Biol. Chem. 195, 43 (1952). —

ZABIN, J., and K. BLOCH: J. Biol. Chem. 185, 131 (1950); 192, 260 (1951a); 192, 267 (1951b). — ZELLNER, J.: Mh. Chem. 44, 261 (1923); 46, 309 (1925a); 46, 459 (1925b); 47, 681 (1926); 48, 491 (1927) — ZETSCHE, F., u. E. LÜSCHER: J. prakt. Chem. 150, 68 (1938). — ZIMMERMANN, J.: Rec. trav. chim. Pays-Bas 51, 1200 (1932); Helvet. Chim. Acta 19, 247 (1936); 21, 853 (1938); 23, 1110 (1940); 24, 393 (1941); 26, 642 (1943); 27, 332 (1944); 28, 127 (1945); 29, 1455 (1946). — ZOPF, W.: Liebigs Ann. 346, 273 (1909).

Phytosterine, Steroidsaponine und Herzglykoside.

Von

A. Stoll und E. Jucker.

Mit 5 Abbildungen.

A. Phytosterine[1].

I. Definition, Geschichtliches und Vorkommen.

Unter Phytosterinen werden neutrale, stickstofffreie Verbindungen verstanden, die praktisch in allen pflanzlichen Organismen vorkommen und als Derivate des Cyclopentano-perhydrophenanthrens der großen Klasse der Steroide angehören. Die Phytosterine besitzen im chemischen Aufbau große Ähnlichkeit mit den Zoosterinen, und es ist in einzelnen Fällen sogar gelungen, durch chemische Umwandlungen aus der einen Reihe in die andere zu gelangen. Als Beispiel dafür sei die Hydrierung des Chalinasterins aus *Chalina artuscula* und *Tetilla laminaris* in Campesterin aus *Brassica campestris* usw. angeführt (FIESER und FIESER, 1949a). In der Pflanze liegen die Phytosterine mit Lipoiden zusammen entweder als freie Alkohole oder als Fettsäureester, seltener aber auch als Glykoside (Steroline) vor.

Die Phytosterine wurden in der zweiten Hälfte des 19. Jahrhunderts entdeckt: HUSEMANN (1861), BENEKE (1862), BRIMMER (1876), HESSE (1878), TANRET (1888); diese Autoren haben Phytosterinpräparate dargestellt, die sich später jedoch als Gemische wechselnder Zusammensetzung von Sitosterin und z. B. Stigmasterin erwiesen. Chemische Untersuchungen haben frühzeitig Zusammenhänge zwischen Phytosterinen und Cholesterin bzw. Gallensäuren aufgedeckt. Die Möglichkeit, einzelne Phytosterine, z. B. Ergosterin, in Vitamin D überzuführen, hat das Interesse für diese Körperklasse besonders geweckt. In der Folgezeit sind praktisch alle Kulturpflanzen und unzählige Wildpflanzen, sowie auch Pilze und gewisse Bakterien auf das Vorkommen von Phytosterinen untersucht worden. Im Rahmen dieser Arbeit ist es nicht möglich, eine vollständige Übersicht dieser Untersuchungen zu geben. Diesbezüglich sei auf die Dissertation von SCHWAB (1941) hingewiesen; in der Tab. 1 werden nur die wichtigsten Vorkommen zusammengestellt.

II. Chemische Konstitution.

Wie bereits eingangs erwähnt, leiten sich die Phytosterine vom Cyclopentano-perhydro-phenanthren ab:

---

[1] Die Literaturzusammenstellung für diesen Abschnitt befindet sich auf S. 172.

Tabelle 1. *Übersicht über die wichtigsten Vorkommen von Phytosterinen.*

Pflanze	Phytosterin	Autor
Acacia confusa Merrill	Sitosterin	KAFUKU und HATA, 1934
Adenanthera pavonina L.	Sitosterin	MUDBIDRI, AYYAR und WATSON, 1928
Adlumia fungosa Greene	Adlumiasterin	MARION, 1934
Agaricus campestris	Ergosterin	HOFMANN, 1901
Alaria crassifolia Kjellm.	Pelvesterin	SHIRAHAMA, 1938
Alfalfa (s. *Medicago sativa*)		
Althaea off. J.	Sitosterin	VON FRIEDRICHS 1919
Amanita muscaria L.	Ergosterin-Gemisch	ZELLNER, 1905, 1911a
Amanita phalloides	Cerevisterin, Fungisterin	WIELAND und COUTELLE, 1941
Anacardium occidentale L.	Sitosterin	PATEL, SUDBOROUGH und WATSON, 1923
Andropogon Sorghum var. vulg. Hach.	Sitosterin	UENO und YAMASAKI, 1935
Angelica Archangelica L. (*A. off.* Hoffm.)	Sitosterin, Angelicin	SPÄTH und PESTA, 1934
Anona muricata L.	Anonol	CALLAN und TUTIN, 1911
Anthemis nobilis L.	Taraxasterin, „Anthesterin" ist unreines Taraxasterin	BURROWS und SIMPSON, 1938
Arbutus Unedo L.	Arbusterin	SANI, 1920
Arctium minus Schuk.	Gobosterin	SHINODA und KAWASAKI, 1931
Armillaria edodes	Mycosterin	IKEGUCHI, 1919
Armillaria Matsutake Ito et Imai	Ergosterin	MURAHASHI, 1936
Armillaria mellea Vahl.	Ergosterin	ZELLNER, 1913
Artocarpus integrifolia	Artostenon	NATH, 1937a)
Bassia spec.	Bassisterin	TSUJIMOTO, 1929
Bauhinia purpurea L.	Sitosterin	KAFUKU und HATA, 1934
Bauhinia variegata L.	Sitosterin	PUNTAMBEKAR und KRISHNA, 1940
Beta vulgaris var. Rapa	Sitosterin	VON LIPPMANN, 1927
Boletus edulis Bull.	Ergosterin	HOFMANN, 1901
Boletus granulatus	Mycosterin	MARSTON, 1924
Brassica campestris L.	Campesterin	FERNHOLZ und MACPHILLAMY, 1941
Brassica Rapa L.	Brassicasterin	SCHMID und WASCHKAU, 1927 ·
Bryonia dioica Jacq. (L.)	Bryonol (Sterolin)	POWER und MOORE, 1911; POWER und SALWAY, 1913b; ANGELETTI, 1938
Butea frondosa Roxb.	Sitosterin	KATTI und MANJUNATH, 1939
Butyrospermum Parkii Kts.h.	Karitesterin A und B	BAUER und UMBACH, 1937
Caesalpinia Bonducella Flem.	Sitosterin, Ipuranol	KATTI, 1930; KATTI und PUNTAMBEKAR, 1930; KATTI, 1930
Calotropis gigantea R. Br.	Stigmasterin	MATTHES und STREICHER, 1913
Calotropis gigantea R. Br.	Calosterin	BASU und NATH, 1934
Calycanthus floridus	β-Sitosterin	COOK und PAIGE, 1944
Camellia theifera L. (*Thea sinensis* L.)	Dihydro-ergosterin	TSUJIMURA, 1932
Cantharellus cibarius Fr.	Ergosterin	HOFMANN, 1901
Carpinus Betulus L.	Sitosterin	BRUNNER und WIEDEMANN, 1933
Casimiroa edulis Lallave et Lejarza	Sitosterin, Ipuranol	POWER und CALLAN, 1911
Catalpa ovata G. Don.	Sitosterin	HIRAMOTO und WATANABE, 1939
Caulophyllum thalictroides Michx.	Citrullol	POWER und SALWAY, 1913a
Cerbera Odollam Gaertn.	Sitosterin	GHANEKAR und AYYAR, 1927
Cinchona-Rinden	Cinchol (id. mit β-Sitosterin)	LIEBERMANN, 1885

Tabelle 1. (Fortsetzung.)

Pflanze	Phytosterin	Autor
Cinchona-Rinden	Cupreol-Cinchol (id. mit β-Sitosterin)	HESSE, 1885
Citrullus Colocynthis Schrad.	Citrullol	POWER und MOORE, 1910a; POWER und SALWAY, 1913b
Cladophora sauteri	Sitosterin, Fucosterin	HEILBRON, PARRY und PHIPERS, 1935
Claviceps purpurea	Ergosterin	TANRET, 1888, 1889
Claviceps purpurea	Ergosterin, Fungisterin	TANRET, 1908
Claviceps purpurea	Ergosterin, Fungisterin	HART und HEYL. 1930
Claviceps purpurea	α-Dihydro-ergosterin, α-Ergostenol	HEYL und SWOAP, 1930
Claviceps purpurea	Cerevisterin	WIELAND und COUTELLE, 1941
Clematis angustifolia Jacq.	Sitosterin	TANG und CHAO, 1940
Cluytia similis Müll.	Cluytiasterin, Cluytianol	POWER und MOORE, 1910a
Coffea arabica L.	Sitosterin	BENGIS und ANDERSON, 1932
Coffea arabica L.	γ-Sitosterin, Cafesterin	SLOTTA und NEISSER, 1938a, b
Colchicum autumnale L.	Sitosterin	PASCHKIS, 1884
Collybia shiitake s. a. unter Armillaria edodes	Mycosterin	IKEGUCHI, 1919
Convolvulus Scammonia L.	Ipuranol	POWER und ROGERSON, 1912b
Cortinellus shiitake P. Henn.	Ergosterin, Fungisterin	SUMI, 1934
Corylus avellana L.	Sitosterin	BRUNNER und WÖHRL, 1933
Coscinium fenestratum Colebr.	Sitosterin	KATTI und SHINTRE, 1930
Crataegus oxyacantha L.	β-Sitosterin	BERSIN und MÜLLER, 1952
Cucurbita citrullus L.	Cucurbitol	POWER und SALWAY, 1910b
Cucurbita Pepo L.	Cucurbitasterin	LENDLE, 1938
Cystophyllum hakodatense Yendo	Pelvesterin	SHIRAHAMA, 1938
Cystophyllum fusiforme Harv.	Sitosterin, Ergosterin	SUMI, 1929
Dactylis glomerata	Sitosterin, 1% Ergosterin	POLLARD, 1936
Daphne genkwa S. et Zuck.	Sitosterin	NAKANO, 1932; NAKAO und TSENG, 1933
Datura Stramonium L.	Sitosterin	GISVOLD, 1934a
Daucus Carota L.	Daucosterin (ident. mit Sitosterin-D-glucosid)	v. EULER und NORDENSON, 1908; ZECHMEISTER und TUZSON, 1936
Digenea simplex C.	Sitosterin und Ergosterin	SUMI, 1929
Digitalis purpurea L.	Sitosterin	SCHWARZ, 1932a, b
Echinacea angustifolia DC.	Stigmasterin	GISVOLD, 1934b
Echinochloa crusgalli Beauv. Subsp. edulis Honda var. typica Honda.	Ergosterin	ITO, 1934a, 1934b
Enteromorpha compressa	Sitosterin und Ergosterin	SUMI, 1929
Eruca sativa Lam.	Sitosterin	SUDBUROUGH, WATSON und AYYAR, 1926
Eruca sativa Lam.	Sitosterin	KAUFMANN und FIEDLER, 1938
Erythrina Hypaphorus subumbrans	Sitosterin	COHEN, 1909
Euphorbia cyparissias L.	Stigmasterin	HUPPERT, SWIATKOWSKI und ZELLNER, 1927
Euphorbia lathyris	Euphorbiosterin	DUBLJANSKAJA, 1937b
Euphorbia pilulifera L.	Euphosterin	POWER und BROWNING, 1913
Evonymus atropurpureus Jacq.	Citrullol	ROGERSON, 1912
Exidia auricula Judae FR.	Ergosterin-Fungisterin-Gemisch	ZELLNER, 1917

Tabelle 1. (Fortsetzung.)

Pflanze	Phytosterin	Autor
Ficus bengalensis	Ficosterin	Nath und Debnath, 1947
Ficus Carica L.	Sitosterin-Stigmasterin-Gemisch	Schmid und Bilowitzki, 1928
Fraxinus excelsior L.	Sitosterin-Stigmasterin-Gemisch	Bisko und Zellner, 1933
Fucus evanescens Ag. s. unter Pelvetia Wrightii Yendo	Pervesterin (vermutlich Pelvesterin)	Shirahama, 1935
Fucus vesiculosus	Fucosterin	Heilbron, Phipers und Wright, 1934; Heilbron, Parry und Phipers, 1935
Ganoderma lucidum Leisz.	Ergosterin	Lukacs und Zellner, 1933
Geaster fimbricatus Fr.	Ergosterin-Fungisterin-Gemisch	Ruthner und Zellner, 1935
Gelsemium sempervirens Ait.	Ipuranol	Moore, 1910
Gentiana lutea L.	Gentiosterin	Binaghi und Falqui, 1925
Ginkgo biloba L.	Sitosterin, Ergosterin	Sumi, 1929
Ginkgo biloba L.	Sitosterin, Ipuranol (= Sitosterin-D-glucosid ?)	Furukawa, 1932
Gloriosa superba L.	Stigmasterin	Clewer, Green und Tutin, 1915
Gloriosa superba L.	Gloriosol	Clewer, Green und Tutin, 1915; Nakamura und Ichiba, 1931
Glycine Soja Sieb.	Stigmasterin	Matthes und Dahle, 1911
Glycine Soja Sieb.	γ-Sitosterin	Bonstedt, 1928; Bengtsson, 1935
Glycine Soja Sieb.	Sitosterolin	Jantzen und Gohdes, 1934
Glycine Soja Sieb.	Stigmasterin	Thornton, Kraybill und Mitchell, 1940
Glycine Soja Sieb.	Campesterin	Fernholz und MacPhillamy, 1941
Gossypium spec.	Sitosterin	Anderson und Moore, 1923
Gossypium spec.	β-Sitosterin	Wallis und Chakravorty, 1937; Bernstein und Wallis, 1937
Gossypium spec.	Ipurganol	Power und Chesnut, 1926
Grindelia camporum Greene	Grindelol	Power und Salway, 1910a, b
Helianthus annuus	Helisterin	Zechmeister und Tuzson, 1936
Hemidesmus indicus	Hemidesmol, Hemidosterin	Dutta, Gosh und Chopra, 1938
Hevea brasiliensis	Ergosterin	Naegeli, 1868; Windaus und Grosskopf, 1923; Reindel, Walter und Rauch, 1927; Reindel und Walter, 1928; Heiduschka und Lindner, 1929; Bills, Massengale und Prickett, 1930
Higikia fusiformis Harv. Okam (s. unter Pelvetia Wrightii Yendo)	Pelvesterin	Shirahama, 1936
Hordeum sativum Jess. (Hordeum vulgare L.)	Ergosterin	Schittenhelm und Eisler, 1929
Hordeum vulgare L.	Sitosterin, Dihydro-sitosterin, Sitosterin-palmitat	Täufel und Gamperl, 1931
Hydnum asparatum (s.a.unter Armillaria edodes)	Mycosterin	Ikeguchi, 1919
Hydnum ferrugineum Fr.	Fungisterin-Ergosterin-Gemisch	Zellner, 1915
Hydnum imbricatum L.	Fungisterin-Ergosterin-Gemisch	Zellner, 1915

Tabelle 1. (Fortsetzung.)

Pflanze	Phytosterin	Autor
Hydnum imbricatum L.	Ergosterin	LUKACS und ZELLNER, 1933
Hydrocotyle asiatica	Sitosterin	WALI und KATTI, 1937
Hygrophila spinosa And.	Hygrosterin	GHATAK und DUTT, 1931
Hypholoma fasciculare Huds.	Mycosterin	ZELLNER, 1911 b
Illipébutter(vermutlich von *Bassia*-Pflanzen)	Bassisterin	TSUJIMOTO, 1929
Ipomoea orizabensis Led.	Ipuranol	POWER und ROGERSON, 1912a
Ipomoea Purga Hayne (*Exogonium purga* Benth.)	Ipurganol	POWER und ROGERSON, 1910; POWER und SALWAY, 1910b
Ipomoea purpurea L.	„Ipuranol"	POWER und TUTIN, 1908c
Iris versicolor L.	„Ipuranol"	POWER und SALWAY, 1911a
Lactuarius piperatus Scop. (L.)	Fungisterin-Ergosterin-Gemisch	GÉRARD, 1888, 1890; ZELLNER, 1913
Lactuarius scrobiculatus Scop.	Fungisterin-Ergosterin-Gemisch	ZELLNER, 1915
Lactuarius vellereus	Ergosterin	GÉRARD, 1888, 1890
Laminaria digitata	Fucosterin	HEILBRON, PARRY und PHIPERS, 1935
Laminaria longissima Miyabe. (s. unter *Pelvetia Wrightii* Yendo)	Pervesterin (vermutlich Pelvesterin)	SHIRAHAMA, 1935
Lenzites sepiaria Sw.	Ergosterin-Fungisterin-Gemisch	ZELLNER, 1917
Leptandra virginica Nutt. (*Veronica virginica* L.)	Verosterin	POWER und ROGERSON, 1910b
Leucaena glauca (L.) Benth.	Sitosterin	KAFUKU und HATA, 1934
Lilium candidum L.	Liliosterin	MIRANDE. 1923, 1924a, 1924b, 1936
Lippia scaberrima Sond.	Lippianol	POWER und TUTIN, 1907
Lupinus luteus L.	Caulosterin	SCHULZE und BARBIERI, 1882
Lycoperdon Bovista L.	Ergosterin	BAMBERGER und LANDSIEDL, 1905a
Lycoperdon gemmatum Batsch.	Mycosterin	IKEGUCHI, 1919
Lycopodium clavatum	Sitosterin	SUMI, 1929
„Maté"	Matésterin	HAUSCHILD, 1935
Matricaria Chamomilla L.	Taraxasterin und Pseudo-taraxasterin	BURROWS und SIMPSON, 1938
Medicago sativa L. (Alfalfa)	α-Spinasterin	FERNHOLZ und MOORE, 1939; KING und BALL, 1939, 1942
Medicago sativa L.	β-Spinasterin	KING und BALL, 1942
Medicago sativa L.	δ-Spinasterin	KING und BALL, 1942
Medicago sativa L.	Medicagosterine I und II	DAM, GEIGER, GLAVIND, KARRER, KARRER, ROTSCHILD und SALOMON, 1939
Medicago sativa L.	Medicagosterin II = wahrscheinlich Spinasterin	FERNHOLZ und RUIGH, 1940a
Momordica Cochinchinensis Spreng	Bessisterin (id. m. α-Spinasterin ?)	KUWADA und YOSIKI, 1937
Myristica fragrans Houtt.	Ipuranol	POWER und SALWAY, 1908
Narthecium ossifragum	22-Oxy-cholesterin	STABURSVIK, 1953
Nerium Oleander L.	Sitosterin	MATTHES und SCHÜTZ, 1926
Nicotiana tabacum L.	Sitosterin	ROBERTS und SCHUETTE, 1934
Nitella opaca Agh.	Fucosterin	HEILBRON, PHIPERS und WRIGHT, 1934; HEILBRON, PARRY und PHIPERS, 1935
Nyctanthes arbortristis L.	Nycosterin	VASISTHA, 1938

Tabelle 1. (Fortsetzung.)

Pflanze	Phytosterin	Autor
Oenanthe crocata L.	Ipuranol	Tutin, 1911
Olea europaea L.	Sitosterin	Gill und Tufts, 1903c
Olea europaea L.	Oleasterin	Power und Tutin, 1908a
Olea europaea L.	Ipuranol	Power und Tutin, 1908b
Oryza sativa L.	Sitosterin	Weinhagen, 1917
Oryza sativa L.	Dihydro-sitosterin, Stigmasterin	Nabenhauer und Anderson, 1926
Oryza sativa L.	Sitosterin u. Ergosterin	Sumi, 1929
Oryza sativa L.	Ergosterin	Tanaka, 1933b
Oryza sativa L.	β-Sitosterin, γ-Sitosterin, Stigmasterin	Tanaka, 1933a
Oryza sativa L.	Ergosterin, Stigmasterin, γ-Sitosterin, Dihydro-sitosterin	Kimm und Noguchi, 1933
Oryza sativa L.	Satisterin	Kimm, 1938
Osmunda regalis L.	Sitosterin und Ergosterin ?	Sumi, 1929
Panicum miliaceum L.	Sitosterin ?, Ergosterin und Sterin-Gemische	Ito, 1934a
Panus stypticus Bull.	Fungisterin-Ergosterin-Gemisch	Zellner, 1917
Papaver somniferum L.	Papaveristerin	Bureš und Fučik, 1935
Pelvetia caniculata	Fucosterin	Heilbron, Phipers und Wright, 1934a, b
Pelvetia caniculata	Fucosterin	Heilbron, Parry und Phipers, 1935
Pelvetia Wrightii Yendo. (Laminaria Longissima Miyabe)	Pervesterin (vermutlich Pelvesterin)	Shirahama, 1935
Pettuöl	β-Sitosterin	Pajari, 1932
Phaeophyceae	Fucosterin	Carter, Heilbron und Lythgoe, 1940
Phaseolus vulgaris	Stigmasterin, β-Sitosterin	Ott und Ball, 1944
Physostigma venenosum Balf.	Stigmasterin und Sitosterin	Windaus und Hauth, 1906, 1907; Heiduschka und Gloth, 1915
Physostigma venenosum Balf.	Sitosterin	Jäger, 1907
Picea excelsea Lk.	Sitosterin und Dihydro-sitosterin	Sandqvist und Hök, 1930
Pinus caribaea Morelet.	Sitosterin	Hall und Gisvold, 1936
Pinus Thunbergii Parl.	Matsusterin	Sakurai, 1933
Polyporus applanatus Wallr.	Fungisterin-Ergosterin-Gemisch	Zellner, 1915
Polyporus hispidus Fr.	Fungisterin-Ergosterin-Gemisch	Zellner, 1920
Polyporus igniarius	Gemisch ergosterinartiger Stoffe	Zellner, 1908
Polyporus betulinus Fr.	Gemisch ergosterinartiger Stoffe	Zellner, 1913
Polyporus betulinus Fr.	Ergosterin u. Fungisterin	Taylor, 1918b
Polyporus pinicola Fr.	Ergosterin u. Fungisterin	Hartmann und Zellner, 1928
Polyporus sulfureus Bull.	Ergosterin u. Fungisterin	Zellner und Zikmunda, 1930
Polysiphonia nigrescens	Fucosterin	Carter, Heilbron und Lythgoe, 1940
Polystictus velutinus Pers.	Ergosterin	Ruthner und Zellner, 1935
Prunus Serotina Ehrhart	Ipuranol	Power und Moore, 1910b
Putranjiva Roxburghii Wall.	Sitosterin	Krishna und Puntambekar, 1931
Radix Bardanae	Sitosterin	Schmid und Bilowitzki, 1928
Raphanus Raphanistrum L.	Raphanisterin	Bureš und Sedlař, 1934
Rauwolfia serpentina Benth.	Serposterin	Siddiqui und Siddiqui, 1931
Rhizopus japonicus Vuillemin	Fungisterin u. Ergosterin	Lim, 1935

Tabelle 1. (Fortsetzung.)

Pflanze	Phytosterin	Autor
Rhodymenia palmata	Fucosterin	HEILBRON, PARRY und PHIPERS, 1935
Robinia Pseudacacia L.	Stigmasterin-Sitosterin-Gemisch	ZELLNER, 1927
Rohkautschuk	β-Sitosterin	HEILBRON, JONES, ROBERTS und WILKINSON, 1941
Rübenöl	Brassicasterin	WINDAUS und WELSCH, 1909
Rumex Ecklonianus Meissn.	Ipuranol	TUTIN und CLEWER, 1910
Saccharomyces-Arten	Zymosterin	SMEDLEY-MACLEAN, 1928
Saccharomyces-Arten	Episterin, „Anasterin", Hyposterine	WIELAND und GOUGH, 1930
Saccharomyces-Arten	Ascosterin, Faecosterin	WIELAND und ASANO, 1929
Saccharomyces-Arten,	Cerevisterin	BILLS und HONEYWELL, 1928
Saccharum officinarum L.	Stigmasterin	TAKEI und IMAKI, 1936
Saccharum officinarum L.	Sitosterin u. Stigmasterin	MITUI, 1937
Saccharum officinarum L.	Stigmasterin	MITUI, 1938
Saccharum officinarum L.	α-Saccharostandiol	MITUI, 1939b
Saccharum officinarum L.	Zuckerrohrsitosterin = 22-Dihydrostigmasterin, vermutl. ident. mit β-Sitosterin	MITUI, 1939a
Saccharum officinarum L.	Sitosterin, Brassicasterin, Stigmasterin	VIDYARTHI und NARASINGARAO, 1939
Salvadora oleoides Decne. (*S. persica* L.)	Sitosterin	PATEL, IYER, SUDBOROUGH und WATSON, 1926
Sargassum-Arten	Fucosterin	DARBY und CLARKE, 1937
Sarsaparilla spec.	Sitosterin, Stigmasterin	POWER und SALWAY, 1914
Sarsaparilla spec.	Spinasterin	SIMPSON, 1937
Secale cereale L.	Sitosterin u. Dihydrositosterin	ANDERSON, NABENHAUER und SHRINER, 1926
Senega	α-Spinasterin	SIMPSON, 1937; FERNHOLZ und RUIGH, 1940a
Soja (s. *Glycine soja*)		
Solanum xanthocarpum Schard et Wendle	Carpesterin	SAIYED und KANGA, 1936; GUPTA und DUTT, 1938
Spinacia oleracea L.	α-Spinasterin	HART und HEYL, 1932
Spinacia oleracea L.	β-Spinasterin	HEYL und LARSEN, 1933
Spinacia oleracea L.	γ-Spinasterin	POWER und SALWAY, 1913b
Spinacia oleracea L.	γ-Spinasterin-glucosid	HEYL und LARSEN, 1934
Sterculia diversifolia G. Don. (*Brachychiton populneum* R. Br.)	Sitosterin	MORRISON, 1926
Tabernaemontana coronaria R. Br.	Sitosterin, Coronasterin	KAFUKU und HATA, 1936
Tallöl	β-Sitosterin	SANDQVIST und BENGTSSON, 1931
Taraxacum off. Wigg.	Taraxasterin	POWER und BROWNING, 1912; BURROWS und SIMPSON, 1938; ZELLNER, 1926
Taraxacum off. Wigg.	Cluytianol	POWER und SALWAY, 1913b
Thea sinensis (s. *Camellia theifera*)		
Theobroma Cacao L.	Sitosterin, Stigmasterin	MATTHES und ROHDICH, 1908
Theobroma Cacao L.	Stigmasterin, Sitosterin-Isomere	BAUER und SEBER, 1939
Theobroma Cacao L.	α-Theosterin	BAUER und SEBER, 1939
Theobroma Cacao L.	α-Theosterin	BAUER und SEBER, 1938
Thevetia neriifolia Juss.	Sitosterin	BHATTACHARYA und AYYAR, 1927
Trifolium incarnatum L.	Trifolianol	ROGERSON, 1910

Tabelle 1. (Fortsetzung.)

Pflanze	Phytosterin	Autor
Trifolium pratense L.	Isotrifolin (ev. Triter-pendiol) Trifolin Trifolitin Trifolianol	Power und Salway, 1910c
	Trifolitin	Kuwada und Yosiki, 1938
Triticum sativum LMK.	Sitosterin	Taylor, 1918a
Triticum sativum LMK.	β-Sitosterin, γ-Sitosterin	Anderson, Shriner und Burr, 1926
Triticum sativum LMK.	Sitosterin-palmitat	Dangoumau, 1933
Triticum sativum LMK.	α-Sitosterin, β-Sitosterin	Spielman, 1933
Triticum sativum LMK.	α-Sitosterin, β-Sitosterin, γ-Sitosterin, δ-Sito-sterin, Dihydro-sito-sterin	Ichiba, 1935a
Triticum sativum LMK.	β-Sitosterin, γ-Sitosterin	Ichiba, 1935b
Triticum sativum LMK.	Sitosterin, Dihydro-sito-sterin	Drummond, Singer und Mac-Walter, 1935
Triticum sativum LMK.	Sitosterin, Ergosterin, Dihydro-sitosterin	Sullivan und Bailey, 1936
Triticum sativum LMK.	Ergosterin	Dangoumau, 1936
Triticum sativum LMK.	α-Tritisterin, β-Tritisterin	Karrer und Salomon, 1937
Triticum sativum LMK.	α-Tritisterin	Ichiba, 1937
Triticum sativum LMK.	Campesterin	Fernholz und MacPhillamy, 1941
Triticum Spelta L.	Sitosterin, Dihydro-sito-sterin	Anderson. 1924
Triticum Spelta L.	Sitosterin, Dihydro-sito-sterin, α-Sitosterin, Dihydro-α-sitosterin, β-Sitosterin, Dihydro-β-sitosterin, γ-Sitosterin Dihydro-γ-sitosterin Stigmasterin	Anderson und Shriner, 1926
Typha angustata Bory et Thaub.	α-Typhasterin	Kimura, 1930a, 1930b; Kuwada und Morimoto, 1937
Typha Japonica Miq.	Sitosterin, Ergosterin ?	Sumi, 1929
Urtica urens L.	Sitosterin	Zechmeister und Tuzson, 1929
Urtica urens L.	Sitosterin	Tuzson, 1937; Wagner-Jauregg, 1933
Vateria Indica L.	Sitosterin	Puntambekar und Krishna,1933
Verbascum Thapsus L.	Verbasterin	Klobb, 1911
Vicia Faba L.	Viciosterin	Binaghi und Falconi, 1930
Withania somnifera Dun.	Ipuranol	Power und Salway, 1911b
Xanthoxylum Budrunga D.C.	Xanthosterin	Dieterle, 1919
Zea Mays L.	Sitosterin	Gill und Tufts, 1903a, b; Winterstein und Wünsche, 1915
Zea Mays L.	Sitosterin, Dihydro-sito-sterin	Anderson, 1924

Das Vorliegen mehrerer asymmetrischer C-Atome in ihrem Ringgerüst bietet zahlreiche Möglichkeiten von Stereoisomerie. Trotzdem sind die meisten Phytosterine nach einem einheitlichen konfigurativen Prinzip aufgebaut. Es lassen sich zwei Grundtypen unterscheiden, der eine mit 28, der andere mit 29 C-Atomen, die sich auf die beiden Grundkohlenwasserstoffe, Ergostan und Stigmastan (= Sitostan), zurückführen lassen.

Ergostan   Stigmastan

Die beiden wichtigsten Phytosterine, die sich davon ableiten, sind das Ergosterin und das Stigmasterin.

Die meisten bekannten Phytosterine sind Δ^5-ungesättigte Verbindungen; einige wenige besitzen eine Doppelbindung zwischen C 7—8 oder C 8—9, vielleicht auch zwischen C 9—11. Ergosterin und Stigmasterin stimmen in der Konfiguration an den C-Atomen 20 und 24 überein. Abmachungsgemäß wird diese räumliche Anordnung als „normal" oder „b" (ausgezogener Valenzstrich zwischen C 20 und C 21 resp. C 24 und C 28) bezeichnet. Für die entgegengesetzte Konfiguration hat man die Bezeichnung „a" eingeführt und verwendet dafür punktierte Valenzstriche.

In jahrelangen Untersuchungen konnten die Struktur der wichtigsten Phytosterine und ihre verwandtschaftlichen Beziehungen zu den Zoosterinen einerseits und zu gewissen Sexualhormonen anderseits festgelegt werden. Die Beschreibung der zu diesem Zweck durchgeführten Versuche gehört nicht in diese Zusammenfassung; weiter unten werden jedoch die wichtigsten Angaben über den Molekülbau der einzelnen Phytosterine gemacht. In der Monographie "Natural Products Related to Phenanthrene" von FIESER und FIESER (1949a) findet sich eine ausgezeichnete Übersicht über die Ableitungen dieser konstitutionellen Zusammenhänge.

III. Die Darstellung von Phytosterinen.

Da die Darstellung einzelner Phytosterine im speziellen Teil dieser Zusammenfassung beschrieben wird, seien hier lediglich die Grundzüge der gebräuchlichen Isolierungsmethoden aufgeführt.

Bei der Extraktion des pflanzlichen Materials findet man die Phytosterine, zusammen mit Fetten, Lecithinen und ähnlichen Stoffen in der Lipoidfraktion. Dementsprechend wird mit unpolaren organischen Lösungsmitteln, wie z. B. Äther, Benzol, Petroläther, Chloroform usw., extrahiert. Zur Abtrennung der Phytosterine von den übrigen mitextrahierten Stoffen wird der Extrakt alkalisch verseift, wobei die Phytosterine im neutralen Anteil anfallen. Beim Abdestillieren des Lösungsmittels bleiben manche Phytosterine in kristalliner Form zurück, doch bereitet ihre Reindarstellung aus diesen Rohkristallisaten oft größere Schwierigkeiten, da sich die Phytosterine in ihren physikalischen Eigenschaften häufig nur wenig voneinander unterscheiden. In vielen Fällen bilden die einzelnen Repräsentanten Molekularverbindungen oder Mischkristalle, was die Trennung der einzelnen Komponenten erschwert. Die Fällung mit Digitonin besitzt eine überragende Bedeutung für die Isolierung und Reinigung von Phytosterinen. Sie ist charakteristisch für Verbindungen mit freier β-ständiger OH-Gruppe an C 3. Hingegen muß beim Vorliegen einer solchen Gruppe nicht unbedingt eine Fällung eintreten. Es sei hier gleich eine Vorschrift zur Isolierung und Bestimmung der Sterine eines pflanzlichen Fettes mit Hilfe der Digitoninfällung angegeben:

50 g Fett werden in einem mit Uhrglas bedeckten Jenaer Becherglas von 500—600 ml Inhalt mit 100 ml alkoholischer Kalilauge (100 g Ätzkali in 100 ml Wasser gelöst und mit 350 ml 96%igem Alkohol verdünnt) auf dem siedenden Wasserbad 10 min unter öfterem Umschwenken erhitzt. Die klare Seifenlösung wird mit 150 ml heißem Wasser verdünnt und sofort mit 50 ml Salzsäure (1,124) zersetzt. Die klar abgeschiedenen Fettsäuren werden heiß durch ein angefeuchtetes, großes, glattes Papierfilter von der Chlorkalium-Glycerinlauge möglichst getrennt und nach Durchstoßen des Filters mit einem dünnen Glasstab durch ein großes trockenes, am besten gehärtetes Faltenfilter filtriert. Nun gibt man 25 ml einer Lösung von 1 g Digitonin (Merck) in 100 ml 96%igen (nicht abs.!) Alkohol zu den noch warmen flüssigen Fettsäuren, rührt gut um und stellt das Reaktionsgemisch unbedeckt auf ein siedendes Wasserbad. Es beginnt nun entweder sofort die Abscheidung des Digitonids, oder es zeigt sich zunächst eine opalisierende Trübung, die allmählich in den Niederschlag übergeht. Durch Zusatz einiger Tropfen Wasser kann man nötigenfalls diesen Vorgang beschleunigen. Während des Erwärmens auf dem Wasserbad rührt man öfter um. Nach $^1/_2$—1 Std. ist die Abscheidung des Niederschlags in der Regel beendet. Man filtriert nun im Wassertrockenschrank durch ein glattes quantitatives Filter von den klar gelösten Fettsäuren. Das Filtrat prüft man durch Digitoninzusatz auf Vollständigkeit der Fällung und filtriert bei noch auftretender Trübung noch einmal durch dasselbe Filter. Den Rückstand und das Filter wäscht man mit heißem Chloroform, dann mit Äther vollkommen fettsäurefrei und trocknet bei 90—100°. Man kann den Niederschlag dann meist leicht und ohne merklichen Verlust vom Filter ablösen. Um aus dem so erhaltenen Sterindigitonid das Sterin selbst zu gewinnen, nimmt man zunächst die Spaltung und Acetylierung mit Essigsäureanhydrid vor. Die im angeführten Beispiel erhaltene Digitonidmenge wird nach dem Trocknen etwa 5—10 min lang mit etwa 3—5 ml Essigsäureanhydrid erhitzt. In der Regel ist die Reaktion nach 5 min langem Kochen beendet, und das Digitonid hat sich dann klar gelöst. Eine zuweilen auch bei längerem Kochen nicht verschwindende Trübung ist ohne Belang. Man versetzt die etwas abgekühlte Anhydridlösung tropfenweise mit dem vierfachen Volumen 50%igen Alkohols, kühlt mit kaltem Wasser ab und filtriert nach 5—10 min das ausgeschiedene Acetat durch ein kleines Papierfilter. Nach mehrmaligem Auswaschen des Niederschlags mit kaltem 50%igem Alkohol spült man das vom Alkohol befreite Acetat mittels einiger Kubikzentimeter Äther direkt durch das Filter in ein Kristallisiergefäß, in dem man nach vorsichtigem Entfernen des Äthers das Acetat aus abs. Alkohol umkristallisiert. Gegebenenfalls wird das Umlösen aus abs. Alkohol noch mehrmals wiederholt.

Wie bereits erwähnt, lassen sich ähnlich gebaute Sterine durch fraktionierte Kristallisation nur schwer voneinander trennen. In der chromatographischen Adsorption besitzt man indessen eine Methode, die auf Grund feinster konstitutioneller Unterschiede eine saubere Trennung gestattet. Winterstein und Stein haben schon 1933 berichtet, daß Steroide mit Hilfe der Chromatographie an Aluminiumoxyd gereinigt werden können. Wenige Jahre später haben Windaus und Stange (1936) diese Methode verfeinert und bei ihren Untersuchungen über Vitamin D angewandt. Die Hauptschwierigkeit bei der Adsorptionsanalyse besteht darin, daß die Lage der farblosen Sterine im Chromatogramm bei gewöhnlichem Licht nicht erkannt werden kann. KARRER und NIELSEN (1935) haben dann die Lage der Steroide im Chromatogramm mit Hilfe ihrer Fluoreszenz im ultravioletten Licht bestimmt. Diese Methode hat indessen den Nachteil, daß gewisse Phytosterine durch das UV-Licht konstitutionelle Veränderungen erleiden können. BROCKMANN (1936) hat die Methode noch geringfügig verändert.

LADENBURG, FERNHOLZ und WALLIS (1939) haben bei ihren Untersuchungen über die Auftrennung von Sterinen die Anwendung des UV-Lichtes umgangen, indem sie die farblosen Sterine in die Ester der Azobenzolmonocarbonsäure $\left(\langle\!\!\!\rangle\!\!-\!\!N\!\!=\!\!N\!\!-\!\!\langle\!\!\!\rangle\!\!-\!\!COOR\right)$ überführten und diese der chromatographischen Adsorptionsanalyse unterwarfen. Da diese Ester gefärbt sind, kann ihre Lage im Chromatogramm auch im sichtbaren Licht erkannt werden. Nach dieser Methode wurden Trennungen von Cholesterin, β-Sitosterin, Stigmasterin und Ergosterin vorgenommen. Folgende kurze Angaben mögen die Ausführung dieses Verfahrens illustrieren: Die Herstellung der Steroidester der Azobenzolmonocarbonsäure erfolgt durch Umsatz des Sterins mit Azobenzolmonocarbonsäurechlorid in trockenem Pyridin. Diese gelb gefärbten Ester werden zur Trennung in einem Gemisch von Benzol und Petroläther (1:1) an Aluminiumoxyd chromatographiert. Die Entwicklung des Chromatogramms wird auf übliche Weise vorgenommen, wobei die Anzahl der Doppelbindungen im Steroid für dessen Lage im Chromatogramm verantwortlich ist. Von Wichtigkeit für die erfolgreiche Durchführung dieser Versuche ist die Anwendung langer, enger Chromatogrammröhren.

IV. Nachweis und Bestimmung von Phytosterinen.

Der Nachweis und die quantitative Erfassung der Phytosterine wurden im Verlauf der letzten 40 Jahre eingehend studiert; die Ergebnisse dieser Arbeiten sind in zahlreichen Publikationen niedergelegt. Es fällt auf, daß seit etwa 1930 das Interesse für dieses Gebiet stark zugenommen hat, was wohl damit zusammenhängt, daß einzelne Phytosterine als Ausgangsmaterialien für die Darstellung von Sexualhormonen bzw. von Vitamin D auch praktische Bedeutung gewonnen haben. In der folgenden Übersicht sollen die wichtigsten Nachweis- und Bestimmungsreaktionen, z. T. anhand von praktischen Beispielen, angegeben und kritisch beleuchtet werden. Darüber hinaus berichten wir bei den wichtigsten Phytosterinen, namentlich bei solchen, die praktische Bedeutung erlangt haben, noch über spezifische Nachweis- und Bestimmungsmethoden.

Zum schnellen Nachweis der Phytosterine dienen hauptsächlich Farbreaktionen, die durch Wasserabspaltung im Steroidmolekül bedingt sind. Anderseits können typische Derivate von Sterinen, wie z. B. die Acetate, die Benzoate, die p-Nitro-benzoate, die Bromanlagerungsprodukte und die Digitonide, für den Nachweis und die Charakterisierung herangezogen werden. Diese Derivate besitzen oft Eigenschaften, die sie voneinander leichter und eindeutiger unterscheiden lassen, als dies bei den Ausgangs-Phytosterinen der Fall ist. Außerdem geben auch die optischen Drehungen oft gute Anhaltspunkte.

Die quantitative Bestimmung der Phytosterine kann auf verschiedene Weise erfolgen: Kolorimetrische Auswertung der für den Nachweis benutzten Farbreaktionen, gravimetrische Bestimmung mit Hilfe des Digitonid-Niederschlags und die titrimetrische Bestimmung, die auf der Oxydation der Phytosterine mit Chromsäure beruht.

1. Nachweis der Phytosterine.

Die von Liebermann (1885) entdeckte und von Burchard (1889) erweiterte Reaktion mit kaltem Essigsäureanhydrid und konz. Schwefelsäure ist wohl die bekannteste und wichtigste Farbreaktion auf Steroide.

Eine Variante dieser Reaktion besteht darin, daß das Sterin zuerst in Chloroform gelöst und dann mit Acetanhydrid und konz. Schwefelsäure (einige Tropfen) behandelt wird. Anderson und Nabenhauer (1924) haben die Liebermannsche Farbreaktion modifiziert: Das zu untersuchende Sterin wird in Tetrachlorkohlenstoff gelöst, mit einem Gemisch von Acetanhydrid und Schwefelsäure geschüttelt und mit Wasser versetzt, bis sich die als Begleitstoffe vorhandenen ungesättigten Steroide als dicke Schicht von der klaren Lösung abscheiden.

Kürzlich ist der Chemismus der Liebermann- und Salkowski-Reaktion (vgl. weiter unten) von Brieskorn und Capuano (1953) eingehend untersucht worden. Die Verfasser gelangten dabei zur Erkenntnis, daß unter dem Einfluß der wasserabspaltenden und isomerisierenden Wirkung der konz. Schwefelsäure zunächst aus dem Sterin ein Dien mit zwei konjugierten Doppelbindungen gebildet wird. Liegt nun dieses Dien (bei der Ausführung der Reaktion nach Liebermann) in verdünnter Lösung vor, z. B. in Tetrachlorkohlenstoff, Chloroform oder Acetanhydrid, so wird an die beiden Doppelbindungen nur 1 Mol Schwefelsäure addiert, und es bildet sich die bekannte grüne Färbung der Liebermannschen Reaktion. Liegt das Dien jedoch in einer konzentrierten Lösung vor, wie bei der Ausführung der Reaktion nach Salkowski, dann addieren sich 2 Mol Schwefelsäure an die beiden Doppelbindungen. Ferner ist es den Autoren gelungen, zu beweisen, daß die beiden erwähnten Farbreaktionen immer dann positiv ausfallen, wenn ein Sterin bereits zwei Doppelbindungen in Konjugation enthält oder wenn sich zwei konjugierte Doppelbindungen unter dem wasserabspaltenden Einfluß der konz. Schwefelsäure bilden können.

Oppel und Grigor'eva (1938) zeigten, daß Intensität und Nuance der grünen, auf der Liebermann-Burchard-Reaktion beruhenden Färbung vom verwendeten Lösungsmittel abhängig sind. Sie schlugen deshalb vor, mit Chloroform zu arbeiten, da die grünen Färbungen darin am beständigsten sind.

Bei der Ausführung der Rosenheim-Reaktion (Rosenheim, 1929) wird die zu prüfende Verbindung in Chloroform gelöst und mit einigen Tropfen einer wäßrigen Trichloressigsäure-Lösung versetzt. Verbindungen, die ein Diensystem enthalten oder ein solches bei Wasserentzug unter dem Einfluß von Trichloressigsäure zu bilden vermögen, lassen sich mit der Rosenheim-Reaktion erfassen (Schoenheimer und Evans, 1936), was von Miescher (1946) bestätigt wurde.

Nach Christiani und Anger (1939a) lassen sich mit der Reaktion nach Rosenheim nur 100 γ Ergosterin noch deutlich nachweisen; durch Behandlung mit Blei-tetra-acetat ist es möglich, noch Spuren von Ergosterin und seinen Estern zu erfassen.

Die von Christiani und Anger abgeänderte Rosenheim-Reaktion wird folgendermaßen ausgeführt: „Die auf Ergosterin zu prüfende Probe wird in einem Reagenzglas in einigen Tropfen Chloroform gelöst, 1 ml Trichloressigsäure zugesetzt und mit einem Tropfen Bleitetraacetatlösung in Eisessig versetzt. Bei Ergosterin tritt eine bald verblassende rosa-violette Färbung auf.“

Für die Salkowski-Reaktion (Salkowski, 1908) wird eine Lösung des Sterins in Chloroform mit konz. Schwefelsäure ausgeschüttelt (Auftreten einer Färbung in beiden Schichten). Brieskorn und Capuano (1953) haben vor kurzem versucht, die Entstehung der Farbstoffe bei der Salkowski-Reaktion theoretisch zu deuten. Darnach soll die Färbung auf der wasserabspaltenden und isomerisierenden Wirkung der Schwefelsäure beruhen.

Vor kurzem wurde die SALKOWSKI-Reaktion von PETERSEN und HARVEY (1944) zu einer quantitativen Bestimmungsmethode für Ergosterin ausgearbeitet, worüber bei der Besprechung dieses Sterins ausführlich berichtet wird.

Neuerdings haben DHÉRÉ und LASZT (1949) die SALKOWSKI-Reaktion erneut gründlich untersucht und festgestellt, daß z. B. Sitosterin und Stigmasterin in Chloroformlösung auf Zusatz von Schwefelsäure etwa die gleiche Färbung wie Cholesterin geben. Von großem Einfluß auf die Farbintensität ist die Konzentration der Schwefelsäure. Interessant ist, daß bei diesem Versuch schon 91%ige Schwefelsäure die normale Farbreaktion hervorruft, während bei anderen Phytosterinen, wie z. B. beim Ergosterin und beim Zymosterin, selbst bei Verwendung von 96%iger Schwefelsäure eine Färbung noch ausbleibt.

PETERSEN und HARVEY (1944) schlagen eine Modifikation der SALKOWSKI-Reaktion für die Bestimmung von Sterinen vor: Eine Ergosterinlösung in CCl_4 wird mit 90%iger Schwefelsäure in einer gelbbraunen Flasche viermal innerhalb 30 min kräftig durchgeschüttelt, die gefärbte untere Schicht abpipettiert und mit einem Coleman-Spektrophotometer bei $\lambda/550$ mμ untersucht. Aus der ermittelten prozentualen Durchlässigkeit und einer Standardkurve wird die Menge Ergosterin in der unbekannten Lösung errechnet.

Nach TSCHUGAEFF (1900) wird eine Lösung der Substanz in Eisessig zuerst mit Zinkchlorid und dann mit Acetylchlorid versetzt und zum Kochen gebracht, wobei spezifische Färbungen auftreten.

Der TORTELLI-JAFFÉ-Test wird so durchgeführt, daß man das Sterin in Essigsäure löst und mit einer 2%igen Lösung von Brom in Chloroform unterschichtet. Beim Vorhandensein eines Sterins bildet sich eine grüne Färbung zwischen den Schichten (TORTELLI-JAFFÉ, 1915; HEILBRON und SPRING, 1930; HÄUSSLER und BRAUCHLI, 1929; WESTPHAL, 1939).

2. Bestimmung der Phytosterine.

Die Bestimmung von Phytosterinen gelingt nach verschiedenen Methoden; wohl die wichtigste ist die Ausfällung mit Digitonin, die alle Phytosterine, die an C 3 eine freie β-ständige OH-Gruppe enthalten, erfaßt. Sie wurde bereits weiter oben bei der Darstellung von Phytosterinen eingehend beschrieben, so daß an dieser Stelle auf die ausführliche Wiedergabe der Methodik verzichtet werden, und man sich damit begnügen kann, auf einige Literaturstellen, die in diesem Zusammenhang von Interesse sind, hinzuweisen. So berichtet WINDAUS (1909) „Über die Entgiftung der Saponine durch Cholesterin", wo er die Digitonin-Fällung eingehend beschreibt. WALL und KELLY (1947) führten gründliche Untersuchungen über die Bestimmung und die Natur von Blatt-Steroiden durch und geben für gesättigte Steroide gravimetrische Bestimmungsmethoden, für ungesättigte kolorimetrische Methoden an. 1935 hat FERNHOLZ „Das Verhalten von Steroidderivaten gegen Digitonin" studiert und Beziehungen zwischen Konstitution und Bestimmungsmöglichkeit als Digitonid aufgeklärt. Ferner haben HADORN und JUNGKUNZ (1951) die gravimetrische Digitonin-Methode durch Verfeinerung der Technik noch weiter ausgebaut und genauer gestaltet. Vgl. diesbezüglich auch die Arbeit von BILGER, HALDEN und ZACHERL (1934).

In neuerer Zeit sind noch andersartige Bestimmungsmethoden von Phytosterinen hinzugekommen, die in erster Linie auf der spektrophotometrischen und kolorimetrischen Auswertung der verschiedenen, zum Teil im Abschnitt „Nachweis" beschriebenen Farbreaktionen basieren. Im folgenden soll eine knappe Übersicht der gebräuchlichsten Bestimmungsmethoden gegeben, in bezug auf eine ausführliche Beschreibung jedoch hauptsächlich auf die Originalliteratur verwiesen werden.

Die im Abschnitt „Nachweis" (s. S. 152) beschriebene Reaktion von Lieber-mann-Burchard wird oft zur quantitativen Bestimmung von Phytosterinen verwendet. Zu diesem Zweck haben z. B. Bilger, Halden und Zacherl (1934) aus dem zu untersuchenden Pflanzenmaterial die Gesamtsterine extrahiert, davon eine genau eingewogene Menge in Chloroform und Essigsäureanhydrid gelöst und mit Schwefelsäure versetzt. Die beim Umschütteln entstehende Färbung wurde mit dem Kolorimeter oder mit dem Pulfrich-Photometer gemessen. Literaturzusammenstellung siehe dort. Schoenheimer und Sperry (1934) haben vorgeschlagen, Sterin-Digitonide auf diese Weise im Pulfrich-Photometer zu bestimmen. Nach diesen Autoren soll Digitonin im untersuchten Gebiet des Spektrums keine Absorption aufweisen. Nach Latarjet und Husson (1937) ist die Färbung der Liebermann-Burchard-Reaktion in der Zeitspanne zwischen 30 und 45 min nach dem Zusammenmischen der Reagenzien beständig; die Messungen haben deshalb in dieser Zeit zu erfolgen. Wall und Kelly (1947) geben für Blatt-Steroide kombinierte gravimetrische und kolorimetrische Be-stimmungsmethoden an. Die Steroide werden z. B. in Digitonide übergeführt (vgl. z. B. Kelsey, 1939), die dann mit der Liebermann-Burchard-Reaktion im Elektro-Kolorimeter erfaßt werden. Nachdem die gesättigten Steroide gesondert gravimetrisch bestimmt werden können, erlaubt diese Methode Schlüsse über den Gehalt des Steroidgemisches an gesättigten und ungesättigten Ver-bindungen.

Auch die Reaktion von Tschugaeff (Zinkchlorid und Acetylchlorid) ist wiederholt für die quantitative Bestimmung von Phytosterinen herangezogen worden. Vgl. diesbezüglich z. B. Bernoulli (1932), ferner Cox und Spencer (1951).

Die Tschugaeff-Reaktion ist in modifizierter Form wiederholt für Sterin-Bestimmungen benutzt worden, so z. B. von Pesez und Herbain (1949) für Ergosterin. Als Reagens dient eine Lösung von Zinkchlorid in Aceton, die mit der zu bestimmenden Lösung von Ergosterin in Aceton, Chloroform, Acetanhydrid und wasserfreiem Kupfersulfat versetzt wird. Die von Rosenheim modifizierte Tschugaeff-Reaktion wurde in den letzten Jahren wiederholt auf ihre Eignung zur quantitativen Phytosterin-Bestimmung untersucht. Page (1930) benutzte für diese Reaktion Chloroform und Trichloressigsäure oder Dichloräthylen und Trichloressigsäure. Nach Bilger, Halden und Zacherl (1934) liefert diese Bestimmungsmethode jedoch nur annähernde Resultate. Auch Schoenheimer und Sperry (1934) lehnen sie ab.

Der große Aufschwung, den die Papierchromatographie in den letzten Jahren genommen hat, kam auch dem Sterin-Gebiet zugute. McMahon, Davis und Kalnitsky (1950) benutzten die papierchromatographische Adsorptionsanalyse nach Zaffaroni (1949, 1950), um Ergosterin, Cholesterin, 7-Dehydro-cholesterin und die Vitamine D$_2$ und D$_3$ nachzuweisen und zu trennen. Für die experimentel-len Einzelheiten muß auf die Originalarbeiten verwiesen werden. Auch Neher und Wettstein (1952) haben interessante Beiträge zur papierchromatographi-schen Trennung von schwach polaren Steroiden geliefert.

Wir ergänzen im folgenden diese Ausführungen durch eine Zusammenstellung der neueren Literatur über Nachweis und Bestimmung von Phytosterinen:

Quantitative Determination of Ergosterol, Cholesterol and 7-Dehydrocholesterol. Antimony Trichloride Method. Lamb, Mueller und Beach (1946).

Chromatographic Separation of Yeast Sterins and their Determination with Digitonin. Reinartz, Lafos und Wetzel (1951).

Über einen empfindlichen Nachweis von Ergosterin und über eine Unterscheidung von Ergosterin und Ergosterinester. Christiani und Anger (1939a, b).

ROSENHEIM's Color Reaction for Ergosterol. OPPEL und MARKAR'YAN (1936).

Farbreaktionen von Steroiden im Zusammenhang mit deren Struktur. NATH und CHAKRABORTY (1942).

A Specific Color Reaction for Ergosterol. ROSENHEIM (1929).

Determination of Sterols. II. Digitonin Micromethod of RAPPAPORT and KLAPHOLZ. GRIGOR'EVÁ (1938).

Semimicro Method for the Determination of Plant Sterols. WAGHORNE und BALL (1952).

Color Reactions of Sterols with Nitric Acid. ROSENHEIM und CALLOW (1931).

Zur Bestimmung der Sterine. SCHRAMME (1939).

Photometric Determination of the Rapidity of Ergosterol Transformation on Irradiation with Ultraviolet Light. MARKAR'YAN (1940).

Das Verhalten von Scilliglaucosidin und anderen ungesättigten Steroiden bei der ROSENHEIM-Reaktion. STOLL, V. WARTBURG und RENZ (1953).

V. Vorkommen und Eigenschaften einzelner Phytosterine.

1. Adlumiasterin $C_{39}H_{68}O_2$.

Es wurde aus den Blättern und Wurzeln von *Adlumia fungosa* Greene von MARION (1934) isoliert. Schuppen aus Methanol. Smp. 151—152°.

Adlumiasterinacetat, Smp. 136—137°.

2. Artostenon $C_{30}H_{50}O$.

Es wurde aus *Artocarpus integrifolia*, einer indischen Frucht mit angeblicher medizinischer Wirkung, isoliert (NATH, 1937a). Die Darstellung erfolgte aus dem Unverseifbaren des Ätherextraktes von getrocknetem Latex (NATH, 1937). Artostenon, seiner chemischen Natur nach ein Keton, kristallisiert in durchsichtigen Kristallen vom Smp. 109°, die in Äther, Chloroform, Benzol, Alkohol, Aceton usw. leicht löslich sind. $[\alpha]_D^{19} = +19,86°$ (abs. Alkohol), $[\alpha]_D^{19} = +23,44°$ (Chloroform). Artostenon bildet ein schön kristallisiertes Oxim vom Smp. 175° und ein Semicarbazon vom Smp. 203—204°. Nach NATH und Mitarbeitern (1937a, b, 1946) soll die Verbindung folgende Struktur haben:

3. Ascosterin $C_{28}H_{46}O$,

von WIELAND und ASANO (1929) und WIELAND und KANAOKA (1937) neben dem weiter unten angeführten Faecosterin und Zymosterin aus Hefe isoliert. Farblose Blättchen aus Methanol vom Smp. 146—147°, $[\alpha]_D^{22} = +45,1°$ (Chloroform). WIELAND, RATH und HESSE (1941) gelang es, Ascosterin durch Einwirkung von Platin-Katalysator in Essigester zum Faecosterin zu isomerisieren. Ascosterin und Faecosterin sind mit Zymosterin nahe verwandt, unterscheiden sich aber von diesem in ihren Konstanten und durch die LIEBERMANN-BURCHARD-Reaktion. Über weitere Farbreaktionen (SALKOWSKI, TORTELLI-JAFFÉ, ROSENHEIM) vgl. WIELAND und ASANO (1929).

Ascosterin-benzoat. Aus Aceton, Smp. 130—131°.

Ascosterin-acetat. Aus Aceton, Smp. 152—153°.

Fieser und Fieser (1949a) vermuten, daß bei der Isomerisation von Ascosterin zu Faecosterin eine Wanderung der Δ-Bindung C 23—C 24 nach C 24—C 25 stattgefunden hat. Für Ascosterin wird folgende Strukturformel vorgeschlagen:

4. Brassicasterin $C_{28}H_{46}O \cdot H_2O$

= 7,8-Dihydro-ergosterin „Dehydro-α-ergostenol".

Es wurde erstmals aus *Oleum brassicae* (Rüböl) von Windaus und Welsch (1909), später aus *Brassica Rapa* L. (Schmid und Waschkau) und aus *Saccharum officinarum* L. (Vidyarthi und Narasingarao, 1939) isoliert.

Die Phytosterine des Rüböls, der Calabarbohne, des Cacaofettes und des Kokosöls bestehen aus einem Gemisch eines stigmasterinartigen und eines sitosterinartigen Körpers. Zur Aufteilung in die Komponenten haben Windaus und Welsch (1909) 50 g rohes Rüböl-Phytosterin acetyliert. Dann lösten sie die Acetylverbindung in 440 ml Äther und versetzten mit einer Lösung von 33 g Brom in 600 ml Eisessig. Nach einer Stunde saugte man von den abgeschiedenen Kristallen ab, trocknete sie und kristallisierte aus einem Gemisch von Chloroform und Äthanol wiederholt um: Rhombische Tafeln, Smp. 209° (Zers.). Ausbeute 9 g. Brassicasterin-acetat-tetrabromid ist in Methanol, Äthanol und Eisessig sehr wenig, in Aceton und Äther etwas besser löslich.

Brassicasterin-acetat. 10 g Tetrabromid kochte man mit 10 g Zinkstaub in 400 ml Eisessig während 2 Std. am Rückfluß. Nach Filtration wurde die heiße Lösung bis zur Trübung mit Wasser versetzt. Die abgeschiedenen Kristalle wurden wiederholt aus Äthanol umkristallisiert: Dünne, sechsseitige Blättchen vom Smp. 157—158°.

Brassicasterin. Zur Herstellung des Phytosterins selbst kochte man 5 g des Acetats mit 300 ml 95%igem Alkohol und 25 ml 50%igem KOH während 2 Std. am Rückfluß. Brassicasterin: Hexagonale Blättchen (mit 1 Mol Kristallwasser) vom Smp. 148°, $[\alpha]_D^{18} = -64,25°$ (Chloroform).

Brassicasterin gibt mit alkoholischer Digitoninlösung ein unlösliches Additionsprodukt und zeigt die typischen Farbreaktionen der Sterine.

Weitere Derivate:

Brassicasterin-propionat. Kristallisiert aus Chloroform-Alkohol in rhombischen Tafeln vom Smp. 206° (Zers.).

Brassicasterin-benzoat. Wird durch Erhitzen von Brassicasterin mit Benzoylchlorid erhalten. Bei 167° schmilzt es zu einer trüben Flüssigkeit, die bei 169 bis 170° klar wird; beim Abkühlen zeigt sie eine schöne blaugrüne Farberscheinung. Aus heißem Alkohol umkristallisiertes Benzoat bildet 1—2 cm lange seidenglänzende Nadeln. Fernholz und Stavely (1940a, b) konnten die Konstitution des Brassicasterins aufklären:

Brassicasterin

5. Campesterin $C_{28}H_{48}O$

konnte von FERNHOLZ und MACPHILLAMY (1941) aus *Brassica campestris* L., aus *Glycine Soya* Sieb. und aus *Triticum sativum* LMK isoliert werden. Smp. 157 bis 158°, $[\alpha]_D^{22} = -33°$ (Chloroform).

Zur Isolierung von Campesterin z. B. aus Soyabohnenöl werden die gesamten Phytosterine auf übliche Weise extrahiert. Aus diesem Gemisch wird Stigmasterinacetat als Tetrabromid entfernt, und der Rückstand mit alkoholischem Kali verseift. So erhält man eine Sterinfraktion vom Smp. 136—138°, die nach wiederholtem Umkristallisieren aus Hexan und dann aus Aceton zu reinem Campesterin führt.

Campesterin kann auch aus Weizenkeimöl (*Triticum sativum* LMK) auf ähnliche Weise gewonnen werden. Genaue Vorschriften für die Isolierung von Campesterin aus *Brassica campestris* L., *Glycine Soya* Sieb. und aus *Triticum sativum* LMK finden sich in der Arbeit von FERNHOLZ und MACPHILLAMY (1941).

Campesterin-acetat. Smp. 137—138°, $[\alpha]_D^{22} = -35°$ (Chloroform).

Campesterin-benzoat. Smp. 158—160°, $[\alpha]_D^{22} = -8,6°$ (Chloroform).

Campesterin ist ein 24 a-Sterin und somit isomer mit dem 22,23-Dihydroderivat von Brassicasterin (FERNHOLZ und RUIGH, 1940 b), das ein 24 b-Sterin ist.

Campesterin

6. Cerevisterin $C_{28}H_{46}O_3$.

Es konnte von BILLS und HONEYWELL (1928, 1932) in geringer Menge aus Hefe (10 g aus 4500 kg trockener Hefe) und später auch aus *Amanita phalloides* und aus Mutterkorn (WIELAND und COUTELLE, 1941) isoliert werden. HONEYWELL und BILLS (1933) schlagen dafür die Bruttoformel $C_{28}H_{46}O_3$ vor. Smp. 265,3°, $[\alpha]_{5461} = -57,4°$ (Chloroform) (HONEYWELL und BILLS, 1932). Hexagonale Blättchen vom Smp. 254°, $[\alpha]_D^{22} = -79°$ (Pyridin) (WIELAND und COUTELLE, 1941).

Cerevisterin wird durch Digitonin nicht gefällt, gibt jedoch charakteristische Färbungen nach Liebermann-Burchard (rot, blauviolett, dunkelgrün, in langsamem Wechsel) und nach Rosenheim (rubinrot-blau) (Wieland und Coutelle, 1941). Nach Alt und Barton (1952) ist Cerevisterin identisch mit $3\,\beta,5\,\alpha,6\,\beta$-Trioxy-7,22-ergostadien.

7. 5-Dihydro-ergosterin

(α-Dihydro-ergosterin) $C_{28}H_{46}O$.

Es wurde bei der Ergosterin-Isolierung (Callow, 1931b; Wieland, Rath und Hesse, 1941) gewonnen. Die Verbindung kristallisiert aus einem Gemisch von Alkohol/Benzol in Blättchen vom Smp. 172—174°, die $^1/_2$ Mol Kristall-Alkohol enthalten (Callow, 1931b) und außerdem noch von 0,25% Ergosterin begleitet sind. Das Lösungsmittel-freie 5-Dihydro-ergosterin zeigt eine spez. Drehung von $[\alpha]_{5461}^{20} = -23,8°$ (Callow, 1931b). Ein Gemisch von Ergosterin und 5-Dihydro-ergosterin (Barton und Cox, 1948) erwies sich als identisch mit dem von Wieland und Asano (1929) isolierten „Neosterin".

α-*Dihydro-ergosterin-benzoat* (Wieland, Rath und Hesse, 1941) kristallisiert aus Aceton in kurzen, dünnen Nadeln vom Smp. 190—192°, $[\alpha]_D = -12,5°$ (Chloroform).

8. Episterin $C_{28}H_{46}O$

wurde von Wieland und Gough (1930) in der Hefe entdeckt. Lange Nadeln aus Methanol, Smp. 150—151°, $[\alpha]_D = -5°$ (Chloroform). Die Darstellung erfolgt am besten nach Wieland, Rath und Hesse (1941). Episterin ist mit Faecosterin isomer.

Farbreaktionen: Salkowski: gelb-orange;

Liebermann-Burchard: rot, rasch blau, dann über olive sehr langsam nach kirschrot;

Tortelli-Jaffé: hellgelb, dann rein grün.

Nach Barton (1945, 1946) und anderen kommt dem Episterin die folgende Formel zu:

Episterin

9. Ergosterin $C_{28}H_{44}O$

wurde aus *Secale cornutum* (franz. Ergot) von Tanret (1888, 1889, 1908) erstmals rein dargestellt (vgl. auch Hart und Heyl, 1930). Später gelang es, das Ergosterin auch aus zahlreichen anderen Pflanzen zu isolieren. Es ist das am weitesten verbreitete Sterin im Pflanzenreich. Hinsichtlich seines Vorkommens sei auf die Zusammenstellung von Schwab (1941) verwiesen; hier seien nur einige Pflanzen erwähnt:

Amanita muscaria L.   Zellner (1905, 1911a)
Polyporus applanatus Wallr. Zellner (1915)
Polyporus sulfureus L.   Zellner und Zikmunda (1930)

Triticum sativum LMK	SULLIVAN und BAILEY (1936); DANGOUMAU (1936)
Hevea brasiliensis	NAEGELI (1878); WINDAUS und GROSSKOPF (1923); REINDEL (1927, 1928); HEIDUSCHKA und LINDNER (1929); BILLS, MASSENGALE und PRICKETT (1930)

Penicillium notatum (Mycel) SAVARD und GRANT (1946).

Ergosterin ist auch das Hauptsterin der Hefe. Da ihm als Provitamin von Vitamin D große praktische Bedeutung zukommt, wurde es eingehend untersucht.

Zur Darstellung von Ergosterin geht man am besten von Preßhefe aus, oder man benutzt dafür das sog. Hefefett; das ist ein Extrakt, der aus Hefe mit Hilfe von Alkohol gewonnen wird. In beiden Fällen wird das Ausgangsmaterial zunächst durch Kochen mit alkoholischem Ätzkali verseift. Das Ungelöste wird von der alkoholischen Lauge abgetrennt und nun mehrmals mit heißem Alkohol extrahiert. Die vereinigten alkoholischen Auszüge dampft man ein und digeriert den Rückstand zur Extraktion des Unverseifbaren mit Petroläther oder Äther. Infolge seiner besonderen Schwerlöslichkeit in Äther läßt sich Ergosterin durch Kristallisieren aus diesem Lösungsmittel gut reinigen. Zur vollständigen Reinigung wird es zweckmäßig in die Acetylverbindung übergeführt.

Ergosterin kristallisiert aus verdünntem Alkohol in großen Blättchen, die 1 Mol Kristallwasser enthalten, Smp. 95°. Aus Äther kristallisiert es wasserfrei in feinen Nadeln, Smp. 165°. $[\alpha]_D = -133°$ (wasserfrei, in Chloroform). [CALLOW (1931a) gab für Ergosterin die Bruttoformel $C_{27}H_{42}O \cdot H_2O$ an. Smp. 160—162°.] Ergosterin ist schwerlöslich in Alkohol, Äther, Petroläther, Essigester und fetten Ölen; leichter löst es sich in Benzol und Chloroform, doch zersetzt es sich in letzterem leicht. Unbeständigkeit und Zersetzlichkeit, charakteristische Eigenschaften des Ergosterins, sind durch seine Doppelbindungen bedingt. Ergosterin ist auch in absolut reinem Zustand gegenüber Licht und Luft empfindlich. Halogene oder Oxydationsmittel, z. B. Permanganat, führen zu sofortiger Zerstörung des Moleküls. Die praktisch wichtigste Umwandlung von Ergosterin ist seine Umwandlung in Vitamin D durch Bestrahlung mit UV-Licht.

Farbreaktionen. 1. Reaktion nach SALKOWSKI: Während man beim Versetzen von Cholesterin und Sitosterin in Chloroformlösung mit konz. Schwefelsäure eine intensive Rotfärbung der Chloroformschicht beobachtet, tritt bei der entsprechenden Probe mit Ergosterin Rotfärbung der Schwefelsäureschicht ein („Umgekehrte SALKOWSKIsche Reaktion"). Zur Ausführung der Reaktion löst man wenig Ergosterin in Chloroform und versetzt mit dem gleichen Volumen konz. Schwefelsäure. Bei vorsichtigem Schütteln färbt sich die Säure tiefrot, während das darüber befindliche Chloroform farblos bleibt.

2. Löst man eine sehr kleine Menge Ergosterin in Eisessig und unterschichtet die Lösung mit konz. Schwefelsäure, so zeigt die Eisessigschicht eine deutliche grüne Fluoreszenz.

3. Eine Lösung von etwa 1 mg Ergosterin in 1 ml Chloroform wird mit einigen Tropfen Eisessig und dann mit 1 Tropfen einer 10%igen Bromlösung in Chloroform versetzt. Es tritt zunächst gelblichgrüne, dann dunkelgrüne Färbung ein.

4. Reaktion nach LIEBERMANN-BURCHARD: Man suspendiert etwa 0,5 mg Ergosterin in 1 ml Essigsäureanhydrid und fügt dazu eine kalte Lösung von 2 Tropfen konz. Schwefelsäure in 0,5 ml Essigsäureanhydrid. Es tritt eine rote Färbung ein, die sich rasch in Karmin verwandelt und dann über Blau in Grün übergeht.

5. Die Reaktion nach ROSENHEIM mit Trichloressigsäure gibt eine rosenrote, allmählich blau werdende Färbung.

6. Ergosterin in alkoholischer Lösung in Mischung mit aromatischen Aldehyden gibt beim Unterschichten mit konz. Schwefelsäure lebhafte Farbreaktionen. Versetzt man 2 ml einer 0,125%igen alkoholischen Ergosterinlösung mit 4 Tropfen einer 1%igen alkoholischen Lösung von Furfurol, Saccharose, Anisaldehyd, Salicylaldehyd, Vanillin, Zimtaldehyd oder Piperonal und unterschichtet mit 2 ml konz. Schwefelsäure, so beobachtet man an der Berührungszone der beiden Schichten lebhafte Farbreaktionen.

7. Farbreaktion von Tortelli und Jaffé (modifiziert von Häussler und Brauchli, 1929): 5 ml reines Olivenöl werden mit einer Auflösung des Ergosterins in 10 ml Chloroform und 1 ml Eisessig gemischt. Fügt man hierzu 2,5 ml einer Lösung von 10% Brom in Chloroform und schüttelt durch, so tritt eine starke Grünfärbung auf. Die Beurteilung der Farbe des Gemisches erfolgt ungefähr 10 min nach dem Schütteln. 1 mg Ergosterin gibt noch eine deutliche, 0,5 mg eine undeutliche Grünfärbung. Diese ist nur erkennbar gegenüber einem Blindversuch. Auch bei Ergosterinestern erhält man bei Anwendung von 1 mg noch eine deutlich positive Reaktion. Ergosterin-digitonid reagiert mit 4 mg deutlich positiv. Da außer dem Ergosterin alle anderen bisher untersuchten Sterine diese Farbreaktion nicht geben, ist sie als eine spezifische Reaktion anzusehen, mit deren Hilfe sich unter anderem die Anwesenheit kleiner Ergosterinmengen in Rohsteringemischen nachweisen läßt. Verschiedene Umwandlungsprodukte des Ergosterins, wie Iso-ergosterin, Dehydro-ergosterin und das erste Ultraviolettbestrahlungsprodukt des Ergosterins, geben gleichfalls eine positive Reaktion.

Einen empfindlichen Nachweis von Ergosterin und eine Methode zur Unterscheidung von Ergosterin und Ergosterinestern haben Christiani und Anger (1939a) angegeben. Zu dem in Chloroform gelösten Ergosterin werden Trichloressigsäure und einige Tropfen Bleitetraacetatlösung zugesetzt. Bei Anwesenheit von freiem Ergosterin tritt eine bald verblassende rosa-violette Färbung auf, während Ergosterinester diese Farbreaktion nicht geben.

Quantitative Bestimmung des Ergosterins.

1. *UV-Spektrum.* Zur quantitativen Bestimmung kleinster Mengen dient in erster Linie die Messung des Absorptionsspektrums im UV-Licht. Aus dem Vergleich der dabei gewonnenen Werte mit den Werten aus einer Eichkurve, die durch Messungen der Absorption von Ergosterinlösungen bekannten Gehalts gewonnen ist, lassen sich Ergosterinkonzentrationen ziemlich genau bestimmen und noch Spuren nachweisen, die chemisch nicht mehr feststellbar sind.

Über ein photometrisches Verfahren zur Bestimmung von Ergosterin berichten z. B. Pesez und Herbain (1949), die das Verfahren von Brückner (1934) modifizierten.

2. *Fällung mit Digitonin.* Ergosterin läßt sich wie die meisten natürlich vorkommenden Sterine mit Digitonin praktisch quantitativ ausfällen. Auf dieser Reaktion baut sich wie beim Cholesterin und Sitosterin die zuverlässigste Bestimmungsmethode auf.

Da Ergosterin in der Natur stets von anderen Sterinen begleitet wird, die durch Digitonin ebenfalls gefällt werden, erhält man bei der Anwendung der Digitoninmethode zur Ergosterinbestimmung in Rohextrakten oder in Rohsterinen nicht Werte für reines Ergosterin, sondern Gewichte, wie sie der Gesamtheit der mit Digitonin fällbaren Sterine entsprechen. Zur praktischen Ausführung der Methode wird Ergosterin in alkoholischer Lösung oder in einem anderen organischen Lösungsmittel mit einer 0,5—1%igen Lösung von Digitonin in 90%igem Alkohol ausgefällt. Um den Niederschlag schnell und quantitativ abzuscheiden, erwärmt man zweckmäßig die Lösung auf dem Wasserbade und läßt dann mindestens eine Stunde bei Zimmertemperatur stehen. Das Ergosterin-digitonid wird auf einer kleinen Glasnutsche mit Filter aus gesintertem Glas oder in einem Röhrchen mit Asbestfilter abgesaugt und nach gründlichem Waschen getrocknet und gewogen. Der Faktor, mit dem das Gewicht des Ergosterin-digitonids zu multiplizieren ist, um die entsprechende Ergosterinmenge zu er-rechnen, beträgt 0,24—0,25.

Beim Fehlen einer Mikrowaage, die zur gravimetrischen Bestimmung kleiner Mengen unerläßlich ist, läßt sich der Digitonidniederschlag auch in gleicher Weise titrieren wie das Digitonid des Cholesterins oder eines Phytosterins, d. h. durch Bestimmung der zur Oxydation benötigten Menge Chromsäure (SZENT-GYÖRGYI, 1923).

3. *Kolorimetrische Bestimmungsmethode.* Die LIEBERMANN-BURCHARDsche Reaktion läßt sich als quantitative Bestimmungsmethode verwenden: 2 g Sub-stanz verreibt man mit Sand und erhitzt im kochenden Wasserbad mit 40 ml wäßriger 25%iger Kalilauge eine Stunde lang. Nach dem Erkalten schüttelt man fünfmal mit je 75 ml Äther aus, dann wird der Äther abgedampft und der Rück-stand mit 50 ml Benzol aufgenommen. Diese Benzollösung wird auf eine Tem-peratur von 18° gebracht und 5 ml davon mit einem ebenfalls 18° warmen Gemisch von 2 ml Essigsäureanhydrid und 6 Tropfen konz. Schwefelsäure vermischt. Das Ganze wird sofort in einen Thermostaten von 18° gebracht; nach 2 min vergleicht man bei monochromatischem Licht die Färbungen mit wäßrigen Lösungen von Naphtholgrün B.

Den Ergosterinwert der Naphtholgrün B-Lösungen bestimmt man zunächst durch Vergleich mit den Farbintensitäten, welche Benzollösungen mit bekanntem Ergosteringehalt unter denselben Bedingungen zeigen.

Ergosterin-palmitat. Blättchen, Smp. 107—108°, in Alkohol sehr schwer, in Essigester ziemlich schwer löslich.

Ergosterin-benzoat. Smp. 168°, in Alkohol ziemlich schwer löslich, leichter in Essigester und Äther.

Von WINDAUS und LÜTTRINGHAUS (1932) wurde die Zusammensetzung von Ergosterin zu $C_{28}H_{44}O$ bestimmt. Zahlreiche andere Forscher haben sich an der Konstitutionsaufklärung mitbeteiligt. Vgl. z. B. REINDEL und KIPPHAN (1932); GUITERAS (1932); CHUANG (1933); FERNHOLZ und CHAKRAVORTY (1934); INHOFFEN (1932); WINDAUS und INHOFFEN (1934); INHOFFEN (1934, 1935); DUNN und Mitarbeiter (1934) u. a. Vgl. auch FIESER und FIESER (1949a).

Ergosterin

10. Faecosterin $C_{28}H_{46}O$.

Es ist von WIELAND und ASANO (1929) aus Hefe isoliert worden. Lange breite Nadeln aus Aceton, Smp. 161—163°, $[\alpha]_D^{15} = +41,1°$ (Chloroform). Faecosterin ist leicht löslich in Äther, Benzol, Chloroform, Essigester und Petroläther, jedoch schwer löslich in Aceton, Methanol und Äthanol.

Faecosterin entsteht aus Ascosterin (s. dort) durch Isomerisation (Wieland, Rath und Hesse, 1941). Faecosterin und Ascosterin sind mit Zymosterin nahe verwandt, doch unterscheiden sie sich von diesem in ihren Konstanten und durch die Liebermann-Burchard-Reaktion. Vgl. Wieland und Asano (1929).

Fieser und Fieser (1949a) schlagen für Faecosterin folgende Konstitution vor:

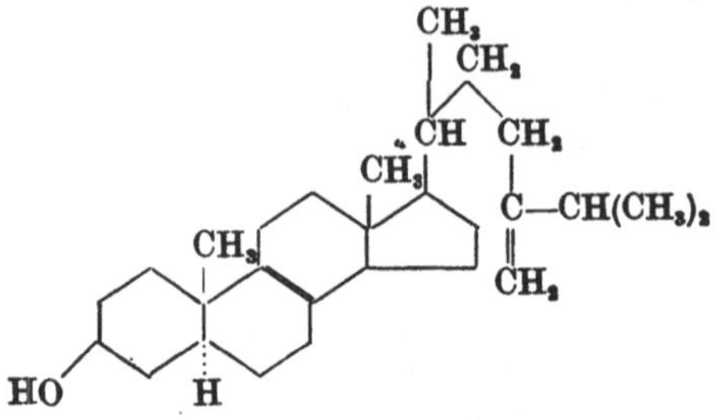

CH₃
CH₂
CH   CH₂
CH₃
C—CH(CH₃)₂
CH₃
CH₂
CH₃

HO   H

Faecosterin

11. Fucosterin C₂₉H₄₈O.

Es ist das typische Sterin der Braunalgen (Montignie, 1935; Carter, Heilbron und Lythgoe, 1940), besonders in *Fucus vesiculosus* (Heilbron, Phipers und Wright, 1934; Heilbron, Parry und Phipers, 1935) und in *Pelvetia caniculata* (Heilbron, Phipers und Wright, 1934). Es kommt außerdem in *Cladophora sauteri* (Heilbron, Parry und Phipers, 1935) vor. Hinsichtlich weiterer Vorkommen sei auf die Dissertation von Schwab (1941) verwiesen.

Fucosterin ist ein doppelt ungesättigter Alkohol der Zusammensetzung C₂₉H₄₈O (Heilbron, Phipers und Wright, 1934) mit einer Doppelbindung im Ring B und einer zweiten in der Seitenkette; $[\alpha]_D = -38{,}42°$ (Chloroform).

Farbreaktionen: Salkowski: rot;
  Liebermann-Burchard: purpurviolett;
  Tortelli-Jaffé: negativ.

Fucosterin-acetat: Smp. 118—119°, $[\alpha]_D^{20} = -43{,}8°$ (Chloroform).
Fucosterin-propionat: Smp. 105—106°.
Fucosterin-benzoat: Smp. 120°.

MacPhillamy (1942) schlägt für Fucosterin die folgende Strukturformel vor:

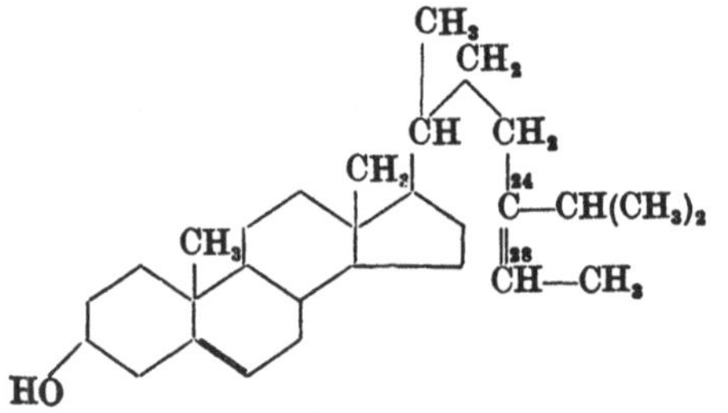

CH₃
CH₂
CH   CH₂
CH₂
C—CH(CH₃)₂
CH₃
24
28
CH—CH₃

HO

Fucosterin

12. Fungisterin C₂₈H₄₈O.

Es wurde von Tanret (1908) als Begleiter des Ergosterins im Mutterkorn in nicht ganz einheitlicher Form isoliert. Das reine Sterin wurde von Wieland und Coutelle (1941) aus Amanita phalloides isoliert und als identisch mit Δ^7-Ergostenol erkannt. Smp. 148—149°. Blättchen aus Aceton, $[\alpha]_D^{13} = -0{,}21°$ (Chloroform).

Die folgende Tabelle (entnommen aus WIELAND und COUTELLE, 1941) zeigt die annähernde Übereinstimmung einiger Daten von Fungisterin und Δ^7-Ergostenol und entsprechenden Derivaten.

Tabelle 2.

	Sterin Smp.	$[\alpha]_D$	Acetat Smp.	$[\alpha]_D$	Benzoat Smp.	$[\alpha]_D$
Δ^7-Ergostenol (γ-Ergostenol) . .	145—146°	0°	157°	− 5,3°	179°	0°
Fungisterin	148—149°	−0,2°	160—161°	−15,9°	179°	+2,7°

WIELAND und COUTELLE (1941) schlagen für Fungisterin folgende Konstitution vor:

Fungisterin

13. Hyposterin

von WIELAND und GOUGH (1930) aus Hefe isoliert. Smp. 102°, $[\alpha]_D^{20} = +12,5°$ (Chloroform).

Farbreaktionen: SALKOWSKI: rubinrot;

                  LIEBERMANN-BURCHARD: karminrot, rasch violett, dann in olivgrün übergehend;

                  TORTELLI-JAFFÉ: gelb-orange bis gelb.

Hyposterin-benzoat: Smp. 119—121°, $[\alpha]_D^{25} = +19,1°$ (Chloroform).

14. Medicagosterin I und Medicagosterin II.

DAM, KARRER et al. (1939) konnten diese beiden Sterine aus Alfalfa *(Medicago sativa)* isolieren. Sie besitzen vermutlich die Zusammensetzung $C_{29}H_{48}O$ und enthalten $^1/_2$ Mol Kristallwasser.

Medicagosterin I schmilzt bei 113°, $[\alpha]_D^{18} = -22,5°$ (Chloroform). Acetat: Smp. 120—121°.

Medicagosterin II schmilzt bei 164°, $[\alpha]_D^{18} = -2,4°$ (Chloroform). Acetat: Smp. 173°.

15. Nycosterin $C_{27}H_{44}O_2$.

Es wurde von VASISTHA (1928) aus *Nyctanthes arbortristis* L. isoliert. Smp. 222°.

16. Pelvesterin.

Es wurde von SHIRAHAMA aus den unverseifbaren Anteilen des Algenfettes aus *Pelvetia wrightii* Yendo (1935) und aus *Higikia fusiformis* (Harv.) Okam (1936) isoliert, und später noch in *Fucus evanescens* Ag. und *Laminaria longissima* Miyabe (SHIRAHAMA, 1935) aufgefunden. Smp. 122°, $[\alpha]_D = -39,0°$ (Chloroform) Gibt mit $SbCl_3$ in Chloroform keine Farbreaktion.

11*

Pelvesterin-acetat: Farblose hexagonale Platten, Smp. 118°, $[\alpha]_D = -44,1°$ (Chloroform).

Pelvesterin-propionat: Farblose Platten, Smp. 104° (105,6°), $[\alpha]_D = -43,1°$.

Pelvesterin-benzoat: Farblose rechteckige Platten, Smp. 114°.

17. α-Spinasterin $C_{29}H_{48}O$

wurde von Hart und Heyl (1932) aus *Spinacia oleracea* L. (Spinat), von Simpson (1937) aus Senegawurzeln, und von Fernholz und Moore (1939) sowie von King und Ball (1939, 1942) aus Luzerne-(Alfalfa-)Samenöl, von Hamilton und Kormack (1952) aus *Citrullus colocynthis* und von Takeda, Hamamoto und Kubota (1953) aus *Bubpleurum falcatum* L. isoliert. α-Spinasterin ist ein doppelt ungesättigtes Sterin vom Smp. 172,5°, $[\alpha]_D^{27} = -2,7°$ (Chloroform).

King und Ball (1942) isolierten α-Spinasterin auf folgende Weise: 150 g des unverseifbaren Anteils von „Hardigan" Luzerne-(Alfalfa-)Samenöl wurden in genügend Äther gelöst und mit Wasserdampf behandelt, wobei 26 kristalline, von gefärbten Verunreinigungen fast freie Fraktionen erhalten wurden (total 47 g), die man in zwei Portionen zusammenfaßte:

Portion A enthielt die Fraktionen mit Smp. oberhalb 120°;

Portion B enthielt die Fraktionen mit Smp. unterhalb 120°.

Portion A wurde in Acetanhydrid 1 Std. erhitzt. Nach dem Stehen über Nacht wurden die kristallinen Sterin-acetate, die zur Hauptsache aus α-Spinasterin- und β-Spinasterin-acetaten bestanden, abfiltriert. Ausbeute 24,5 g, Smp. 152—157°.

Die rohen Acetate wurden nun durch einstündiges Kochen mit 5%iger alkoholischer Kalilauge verseift, worauf man das Reaktionsgemisch in Wasser goß und mit Äther extrahierte. Nach dem Waschen der ätherischen Lösung mit Wasser und Verdampfen des Lösungsmittels wurde der Rückstand wiederholt aus siedendem 85%igem Äthanol und dann aus Methanol und einem Gemisch von Chloroform und Methanol umkristallisiert.

α-*Spinasterin-acetat:* Smp. 180—182°, $[\alpha]_D^{21} = -6,4°$ (Chloroform).

α-*Spinasterin-benzoat:* Smp. 196—199°, $[\alpha]_D^{19} = +2,1°$ (Chloroform).

Fieser, Fieser und Chakravarti (1949b) stellten auf partialsynthetischem Weg α-Spinasterin durch Hydrierung von 7-Dehydro-stigmasterin unter nicht isomerisierenden Bedingungen her:

7-Dehydro-stigmasterin   α-Spinasterin

Die Formel des 7-Dehydro-stigmasterins wurde von Fernholz und Ruigh (1940a) aufgestellt.

18. β-Spinasterin $C_{29}H_{48}O$ (Iso-spinasterin)

wurde von King und Ball (1942) aus den Mutterlaugen der α-Spinasterin-Isolierung aus Alfalfa-Samenöl (s. dort) dargestellt; schon früher hatten Heyl und Larsen (1933) dieses Sterin auch aus *Spinacia oleracea* L. (Spinat) gewonnen.

β-Spinasterin kristallisiert aus 95%igem Äthanol; Smp. 148—150°, $[\alpha]_D^{20}$ $=+5,9°$ (Chloroform). Zur Gewinnung von wasserfreiem β-Spinasterin wird die wasserhaltige Verbindung im Vakuum während 7 Tagen auf 50° erhitzt.

β-*Spinasterin-acetat* aus 95%igem Äthanol, Smp. 153—155°, $[\alpha]_D^{19} =+ 5,1°$ (Chloroform).

β-*Spinasterin-benzoat* aus einem Gemisch von Äther und Äthanol, Smp. 181 bis 183°, $[\alpha]_D^{19} = +7,5°$ (Chloroform).

19. γ-Spinasterin.

HEYL und LARSEN (1934) haben aus Spinat (*Spinacia oleracea* L.) durch Extraktion mit Äther und Alkohol ein Phytosterolin erhalten, das nach mehrmaligem Umkristallisieren aus Pyridin-Alkohol den Smp. 275—280° (Zers.), $[\alpha]_{5461}^{22} = -33,0°$ (Pyridin) zeigte. Die Hydrolyse des Glucosids nach der Methode von POWER und SALWAY (1913 b) lieferte das optisch inaktive γ-Spinasterin vom Smp. 159—160°.

γ-*Spinasterin-acetat:* Smp. 139,5—140°, $[\alpha]_{5461} = -14,1°$ (Chloroform).

γ-*Spinasterin-benzoat:* Smp. 118—119°, $[\alpha]_{5461} = -10,3°$ (Chloroform).

20. δ-Spinasterin $C_{29}H_{48}O$.

Bei der Isolierung von α- und β-Spinasterin gelang es KING und BALL (1942), aus Luzerne-(Alfalfa-)Samenöl über die Acetate auch δ-Spinasterin zu isolieren. Nach wiederholter Kristallisation aus Methanol stieg der Schmelzpunkt auf 143—144°, $[\alpha]_D^{19} = +6,2°$ (Chloroform). δ-Spinasterin bildet eine unlösliche Fällung mit Digitonin und gibt eine positive LIEBERMANN-BURCHARD-Reaktion.

δ-*Spinasterin-acetat* aus 95%igem Äthanol, Smp. 132—133,5°, $[\alpha]_D^{19} = +0,8°$ (Chloroform).

δ-*Spinasterin-benzoat* aus Äthanol, Smp. 165—168°, $[\alpha]_D^{19} = +11,1°$ (Chloroform).

In der folgenden Tabelle (aus FIESER und FIESER, 1949a, S. 285 entnommen) sind die Schmelzpunkte und spezifischen Drehungen der isomeren Spinasterine und ihrer Acetate zusammengestellt.

Tabelle 3.

Bezeichnung	Sterine		Acetate	
	Smp.	$[\alpha]_D$	Smp.	$[\alpha]_D$
α-Spinasterin	168°	—2,7°	187°	—5°
β-Spinasterin	148 —150°	+5,9°	153 —155°	+5,1°
γ-Spinasterin	159,5—160°	0°[1]	139,5—140°	—14,1°[1]
δ-Spinasterin	143 —144°	+6,2°	132 —133,5°	+0,8°

21. Sitosterin $C_{29}H_{48}O$; $C_{29}H_{50}O$.

Es ist als Hauptsterin der höheren Pflanzen außerordentlich verbreitet und nimmt unter den Phytosterinen die gleiche Stellung ein, wie sie dem Cholesterin bei den Zoosterinen zukommt. ANDERSON et al. (1924, 1926, 1927) zeigten, daß Sitosterin keine einheitliche Verbindung ist, sondern aus mindestens drei ungesättigten Verbindungen, die man als α-, β- und γ-Sitosterin bezeichnet, und einem Dihydro-„β"-sitosterin zusammengesetzt ist (vgl. auch FIESER und FIESER, 1949a).

---

[1] $[\alpha]_{5461}$-Werte.

Im allgemeinen wird die Darstellung der vier „Sitosterine" so durchgeführt, daß zunächst die Gesamtheit der Sitosterine isoliert und diese anschließend in die einzelnen Komponenten getrennt wird.

In größerer Menge kann Sitosterin auf folgende Weise aus Weizenkeimöl oder Sojabohnenöl gewonnen werden (Dalmer, 1932):

2 kg rohes Getreideöl wird in Portionen von je 300 g durch Kochen mit je 600 ml wäßriger Kaliumhydroxydlösung verseift. Darauf wird die Seifenlösung weitgehend verdünnt und dreimal mit Äther extrahiert. Die ätherische Lösung wird mit verdünnter Kaliumhydroxydlösung und mit Wasser gewaschen, dann filtriert und eingedampft. Der gelbbraun gefärbte Rückstand enthält noch ölige Beimengungen und wird nochmals mit 300 ml alkoholischer Kalilauge $^1/_2$ Std. lang gekocht. Beim Abkühlen und Stehen der Lösung kristallisiert nun der größte Teil der Sitosterine aus. Sie werden abfiltriert, mit verdünntem Alkohol gewaschen und im Vakuum getrocknet. Aus den Mutterlaugen kann man durch Verdünnen mit Wasser und Ausziehen mit Äther noch eine kleine Menge Sterin gewinnen, das nach mehrmaligem Umkristallisieren Kristalle vom Smp. 137,5° bildet. Die im Vakuum getrocknete Hauptmenge wird dreimal aus Alkohol umkristallisiert; man erhält dann beim langsamen Abkühlen das Sitosterin als kompakte langgestreckte Platten oder bei schnellem Abkühlen in sehr großen dünnen Platten. Sein Schmelzpunkt liegt bei 137,5°.

Sitosterin wird oft von Stigmasterin begleitet, dessen Abtrennung am besten folgendermaßen vorgenommen wird (Dalmer, 1932):

Das Steringemisch wird zuerst durch Kochen mit Essigsäureanhydrid acetyliert, worauf man die Acetate in ätherischer Lösung mit Brom-Eisessig versetzt und 12 Std. stehenläßt. Nach dieser Zeit hat sich das schwerlösliche Tetrabromstigmasterin-acetat abgeschieden. Im Filtrat bleibt das Sitosterin-acetatdibromid gelöst. Es geht durch eine energische Entbromung mit Natriumamalgam und Kochen mit Zinkstaub in Sitosterin-acetat über, das sich durch zweistündiges Kochen mit 10%iger alkoholischer Kalilauge zum freien Sitosterin verseifen läßt.

Die Auftrennung des Sitosterinkomplexes in die einzelnen oben erwähnten Isomeren ist schwierig. γ-Sitosterin ist in den üblichen organischen Lösungsmitteln am schlechtesten löslich und kann in ziemlich reiner Form als Acetatdibromid durch Umkristallisation erhalten werden. β-Sitosterin und α-Sitosterin bereiten bei der Reindarstellung bedeutend größere Mühe (vgl. Anderson u. a., 1924, 1926, 1927).

α-Sitosterin konnte bei der fraktionierten Kristallisation des Dinitrobenzoats in α_1-, α_2- und α_3-Sitosterin aufgeteilt werden (Wallis und Fernholz, 1936; Gloyer und Schuette, 1939). Die Struktur der α-Sterine ist noch nicht restlos aufgeklärt. α-Sitosterin kristallisiert in unregelmäßigen Platten vom Smp. 135—136°. Acetat: Smp. 127—128°.

β-Sitosterin wurde aus Baumwollsamenöl (Wallis und Chakravorty, 1937) und aus Calycanthus floridus (Cook und Paige, 1944) isoliert. Folgende Vorkommen sind außerdem noch beschrieben worden: Tallöl (Sandqvist und Bengtsson, 1931); Weizenkeimöl u. dgl. (Anderson und Shriner, 1926; Anderson, Shriner und Burr, 1926) und Rohkautschuk (Heilbron u. a., 1941). Das aus Chinarinde (Liebermann, 1884, 1885) und -wachs (Hesse, 1885) isolierte „Cinchol" ist mit β-Sitosterin identisch (Windaus und Deppe, 1933; Dirscherl, 1938; Dirscherl und Nahm, 1944, 1947). Aus Phaseolus vulgaris isolierten Ott und Ball (1944) dieses Sterin, und neuerdings wurde es von Bersin und Müller (1952) aus Crataegus oxyacantha L. isoliert. β-Sitosterin konnte außerdem noch von Chapon und David (1953) aus Alnus glutinosa und

von GANGULY und BAGCHI (1953) aus *Holarrhena antidysenteria* Wall. isoliert
werden. Als D-Glucosid wurde es von SWIFT (1952) aus *Citrus sinensis* L. und
von KRISHNAMURTI und SESHADRI (1949) aus *Solanum torvum* erhalten. β-Sito-
sterin, $C_{29}H_{50}O$ (SANDQVIST und BENGTSSON, 1931; WINDAUS, V. WERDER und
GSCHAIDER, 1932) ist ein einfach ungesättigter Alkohol und besitzt folgenden
Aufbau:

β-Sitosterin

Smp. 136—137°; 139—140°, farblose Blättchen aus Methanol, $[\alpha]_D^{14} = -34°$
(Chloroform) (BERSIN und MÜLLER, 1952). Acetat: Aus Methanol, Smp. 120—121°.

Farbreaktionen. LIEBERMANN-BURCHARD: sehr kurz intensiv violette, dann
blaugrüne und beständige smaragdgrüne Farbe.

γ-Sitosterin ist in verhältnismäßig größerer Menge im Sojabohnenöl enthalten
(BONSTEDT, 1928; BENGTSSON, 1935), begleitet aber, wie bereits weiter oben
erwähnt, die andern Sitosterine, z. B. im Weizenöl (ANDERSON, SHRINER und
BURR, 1926) und im Roggenkeimöl (GLOYER und SCHUETTE, 1939). Die Isolierung
ist verhältnismäßig einfach (vgl. weiter oben), indem das Sitosterin-Gemisch
wiederholt umkristallisiert wird, und die Mutterlaugen des am schlechtesten
löslichen Dihydro-β-sitosterins auf γ-Sitosterin aufgearbeitet werden. Zu diesem
Zweck werden sie eingedampft, und der Rückstand durch Kochen mit Acetanhydrid acetyliert. Die Acetate werden etwa 30 mal umkristallisiert, wobei das
zuletzt anfallende Produkt nach Verseifung mit alkoholischer Kalilauge γ-Sito-
sterin liefert. Dieses wird aus Äthanol umkristallisiert. Nadeln vom Smp. 142°.
Nach ANDERSON und SHRINER (1926) sind diese Daten: Smp. 145—146°,
$[\alpha]_D = -42,43°$ (Chloroform).

γ-Sitosterin-acetat: Farblose Blättchen vom Smp. 143—144°.

Obwohl γ-Sitosterin das am leichtesten zugängliche Sitosterin ist, konnte
seine Konstitution noch nicht völlig aufgeklärt werden. Sehr wahrscheinlich
entspricht es der folgenden Formel:

γ-Sitosterin

Dihydro-β-sitosterin ist ein häufiger Begleiter der anderen Sitosterine, kommt
in der Natur allerdings nur in ganz geringen Mengen vor. So ließ es sich z. B.
aus den Sterinen des Reiskleiefettes nur in einer Menge von 1,6% isoliert.

Die wichtigsten Vorkommen sind: Weizenkeimöl, Weizenkleie, Weizen-Endosperm, Reiskleiefett, Maisöl, Maiskleber, Sojabohnenöl und Rüböl. Seine Gewinnung erfolgt, wie weiter oben erwähnt, durch wiederholte Umkristallisation des „Sitosterins", wobei es sich in den schwerstlöslichen Anteilen findet. Die Reindarstellung erfolgt durch Acetylierung dieser Fraktion (in Tetrachlorkohlenstoff-Lösung mit Essigsäureanhydrid und Schwefelsäure), Verseifung des Acetats und Umkristallisieren des so gereinigten Sterins.

Dihydro-β-sitosterin (Anderson, 1924; Nabenhauer und Anderson, 1926; Anderson, Shriner und Burr, 1926): Farblose, hexagonale Platten, Smp. 140 bis 141°; 143—144°; 141—146°; [α]$_D$ = +22—24° (Chloroform).

Dihydro-β-sitosterin-acetat: Smp. 137—141°, [α]$_D$ = +13—14° (Chloroform).

22. Stigmasterin C$_{29}$H$_{48}$O.

Smp. 170°, [α]$_D^{21}$ = —45,1° (Chloroform).

Stigmasterin ist im Pflanzenreich sehr weit verbreitet. Seine Erstdarstellung aus *Physostigma venenosum* Balf. (Calabarbohne) gelang 1906 Windaus und Hauth. Jäger (1907) bestätigte bald darauf die Befunde dieser Forscher. Das Vorkommen von Stigmasterin konnte ferner noch festgestellt werden in: *Glycine Soja* Sieb. (Sojabohne), aus der es auf einfache Weise herzustellen ist (Matthes und Dahle, 1911; Thornton et al., 1940), *Calotropis gigantea* R. Br. (Matthes und Streicher, 1913), *Echinacea angustifolia* DC (Gisvold, 1934 b), *Sarsaparilla* (Power und Salway, 1914), *Phaseolus vulgaris* (Ott und Ball, 1944) und *Gleditschia horrida* Makino (Kitasawa, 1953). Eine ausführliche Zusammenstellung über das Vorkommen von Stigmasterin findet sich bei Schwab (1941).

Stigmasterin besitzt zwei Doppelbindungen, die durch vier Atome Brom unter Bildung eines charakteristischen Tetrabromids abgesättigt werden können. Auf dieser Eigenschaft beruht auch das von Windaus und Hauth (1906) zur Isolierung des Sterins beschriebene Verfahren.

Die aus der Calabarbohne nach den üblichen Verfahren extrahierbaren Roh-Phytosterine werden durch Kochen mit Acetanhydrid acetyliert. 20 g der Acetylverbindungen werden in 200 ml Äther gelöst. Dazu fügt man 250 ml einer Brom-Eisessig-Lösung, die 5 Gewichtsteile Brom auf 100 Raumteile Eisessig enthält. Das schwerlösliche Stigmasterin-acetat-tetrabromid (Smp. 211 bis 212°) fällt in kleinen Kristallen aus und kann nach etwa 2 Std. abfiltriert werden. In Lösung bleibt das viel leichter lösliche Acetat-dibromid des Sitosterins. Durch Kochen mit Zinkstaub in Eisessig wird die Verbindung entbromt. Das Sterin-acetat kann nun in üblicher Weise mit alkoholischer Kalilauge zum Stigmasterin verseift werden.

Farbreaktionen.

Salkowski-*Reaktion:* Die Chloroformschicht färbt sich beim Schütteln blutrot und allmählich purpurrot.

Liebermann-Burchard-*Reaktion:* Zunächst rot, dann blau und schließlich intensiv grün.

Beim Versetzen mit einer alkoholischen Digitonin-Lösung entsteht ein schwerlöslicher Niederschlag.

Die quantitative Bestimmung erfolgt durch Bromaddition. Nach dieser Methode wurde die Stigmasterin-Menge in den Calabarbohnensterinen zu etwa 20% ermittelt.

Zur Bestimmung von Stigmasterin-Phytosterin-Gemischen vgl. Neu und Ehrbächer (1950).

Stigmasterin-acetat: Rechteckige Blättchen aus Äthanol, Smp. 141°.

Stigmasterin-propionat: Schön ausgebildete Prismen aus Äthanol, Smp. 122°.

Stigmasterin-benzoat: Rechteckige Tafeln aus Chloroform/Alkohol, Smp. 160°, in Alkohol schwer löslich, selbst in der Wärme.

Die empirische Formel $C_{29}H_{48}O$ zeigt, daß das Sterin zwei C-Atome mehr enthält als Cholesterin (SANDQVIST und GORTON, 1930; WINDAUS, V. WERDER und GSCHAIDER, 1932); der durch Ozonisierung erhaltene Äthyl-isopropylacetaldehyd

$$(CH_3)_2CH—CH—CHO$$
$$|$$
$$C_2H_5$$

(GUITERAS, 1933) deutet auf das Vorhandensein einer Äthylgruppe an C_{24} und einer Doppelbindung zwischen C_{22} und C_{23} hin. An der Strukturaufklärung dieses Sterins haben verschiedene Forscher gearbeitet. Es seien die folgenden erwähnt: FERNHOLZ (1933, 1934); FERNHOLZ und CHAKRAVORTY (1934); MARKER et al. (1937, 1938).

Stigmasterin

23. Zymosterin $C_{27}H_{44}O$.

Formel nach SMEDLEY-MACLEAN (1928): $C_{27}H_{42}O$, wurde von SMEDLEY-MACLEAN (1928) neben Ergosterin aus der Hefe isoliert. Es kristallisiert in Platten oder in zu radialen Büscheln vereinigten Blättchen mit 0,5 Mol H_2O, Smp. 107 bis 110°. Zymosterin ist in organischen Lösungsmitteln leichter löslich als Ergosterin.

Es kann entweder durch fraktionierte Kristallisation, Chromatographie, Reinigung über das Benzoat (WIELAND und KANAOKA, 1937) oder über sein Dibromid (HEATH-BROWN, HEILBRON und JONES, 1940) isoliert werden.

Zymosterin wird durch Digitonin quantitativ gefällt. Bei einer modifizierten SALKOWSKI-Reaktion entsteht eine gelb-orange Färbung (bei Ergosterin ist die Färbung rotbraun), während bei der LIEBERMANN-BURCHARD-Reaktion eine Blaufärbung auftritt, die in ein beständiges Grün übergeht.

Zymosterin-acetat: Smp. 102—104°.

Zymosterin-benzoat kristallisiert aus Essigester-Methanol, Smp. 125—127°, klar bei 130°.

Die Untersuchungen zahlreicher Forscher (REINDEL und WEICKMANN, 1929, 1930; HEATH-BROWN, HEILBRON und JONES, 1940; WIELAND, RATH und BENEND, 1941; WIELAND und BENEND, 1942; BARTON und COX, 1949) führten zur Aufstellung folgender Zymosterinformel:

Zymosterin

Tabelle 4. *Übersicht über die selteneren Phytosterine*[1].

Verbindung	Smp.	Spez. Drehung	Vorkommen	Literatur
Anonol (ident. mit Grindelol aus Grindelia camporum Greene	294—298°		*Anona muricata* L.	Callan und Tutin, 1911
Arbusterin	129°	$[\alpha]_D^{15} = -15,20°$	*Arbutus Unedo* L.	Sani, 1920
Bassisterin	210—211°	$[\alpha]_D^{14} = +26,4°$	Illipébutter (vermutl. v. *Bassia*-Pflanzen)	Tsujimoto, 1929
Bessisterin (ident. mit α-Spinasterin ?)	175°	$[\alpha]_D^{17} = -8,5°$ $[\alpha]_D^{23} = -13,5°$	*Momordica Cochinchinensis* Spreng	Kuwada und Yosiki, 1937 Kuwada und Yosiki, 1938
Bryonol	210—212°		*Bryonia dioica* L.	Power und Salway, 1913 b
Cafesterin	155—157°	$[\alpha]_D^{20} = -137,9°$ (in Chloroform)	Kaffee-Öl	Slotta und Neisser, 1938b
Calosterin	202—203°	$[\alpha]_{5461}^{24} = +100,6°$ (in Chloroform)	*Calotropis gigantea*	Basu und Nath, 1934
Carpesterin	248°	$[\alpha]_D^{20} = -80°$	*Solanum xanthocarpum* Schard. et Wendle	Saiyed und Kanga, 1936; Gupta und Dutt, 1938
Cinchol (ident. mit β-Sitosterin)	136—137°	$[\alpha]_D^{16} = -34,5°$ (in Chloroform)	Chinarinde	Hesse, 1885, 1886; Windaus und Deppe, 1933
Citrullol	285—290°		*Citrullus Colocynthis* Schrader	Power und Moore, 1910a; Power und Salway, 1913b
	275—280°		*Caulophyllum thalictroides* Michx.	Power und Salway, 1913a
Cluytianol	297°		*Taraxacum off.* Wigg.	Power und Salway, 1913 b
Coronasterin	158—160°	$[\alpha]_D^{15} = +44,5°$	*Tabernae montana coronaria* R. Br.	Kafuku und Hata, 1936
Cucurbitasterin	163—164°		*Cucurbita Pepo* L.	Lendle, 1938
Cucurbitol	260°(Zers.)		*Cucurbita citrullus* L.	Power und Salway, 1910a
Cupreol	140°	$[\alpha]_D = -37,5°$ (in Chloroform	Chinarinde	Hesse, 1885
Daucosterin = Sitosterin-D-glucosid	305°(Zers.)	$[\alpha]_D^{20} = -49,6°$ (in Pyridin)	*Daucus Carota* L.	v. Euler und Nordenson. 1908; Zechmeister und Tuzson, 1936
Euphorbiosterin	199,7°		*Euphorbia lathyris*	Dubljanskaja, 1937a
Ficosterin	135°	$[\alpha]_D = +63,59°$ (in Chloroform)	*Ficus bengalensis*	Nath und Debnath, 1947
Gloriosol	285—290°; 293°		*Gloriosa superba*	Clewer, Green und Tutin, 1915; Nakamura und Ichiba, 1931
Gobosterin	128—129°		*Arctium minus* Schuk.	Shinoda und Kawasaki, 1931
Grindelol	256—257°		*Grindelia camporum* Greene	Power und Salway, 1910a
Hemidesmol	161°	$[\alpha]_D^{20} = +57,0°$ (in Chloroform)	*Hemidesmus indicus*	Dutta, Gosh und Chopra. 1938
Ipurganol	222—225°		*Ipomea purga* Hayne	Power und Salway, 1910b
Isotrifolin	250°		*Trifolium pratense* L.	Power und Salway, 1910 c

[1] In dieser Tabelle werden die selteneren und weniger untersuchten Phytosterine zusammengefaßt, die im speziellen Teil nicht erwähnt wurden.

Tabelle 4. (Fortsetzung.)

Verbindung	Smp.	Spez. Drehung	Vorkommen	Literatur
Helisterin	242°	$[\alpha]_D^{20} = +45,4°$ (in Chloroform)	*Helianthus annuus*	ZECHMEISTER und TUZSON, 1936
Hemidosterin	182,4°	$[\alpha]_D^{20} = +83,0°$ (in Chloroform)	*Hemidesmus Indicus*	DUTTA, GOSH und CHOPRA, 1938
Hygrosterin	194°	$[\alpha]_D^{18} + 27,8°$ (in Chloroform)	*Hygrophila Spinosa*	GHATAK und DUTT, 1931
Ipuranol (ident. mit Sitosterin-D-gluco-sid)	285—296° (Zers.)		*Caesalpinia Bonducella* Flem.	KATTI, 1930
			Casimiroa edulis, La Llave et Lejarza	POWER und CALLAN, 1911
			Convolvulus Scammonia L.	POWER und ROGERSON, 1912b
			Ginkgo biloba L.	FURUKAWA, 1932
			Ipomea orizabensis Led.	POWER und ROGERSON, 1912a
Lippianol	300—308° (Zers.)	$[\alpha]_D = +64,9°$ (in abs. Alkoh.)	*Lippia scaberrima* Sond.	POWER und TUTIN, 1907
Matésterin	276°	$[\alpha]_D^{20} = +65°$ (in Pyridin)	„Maté"	HAUSCHILD, 1935
Mycosterin	159—160°	$[\alpha]_D^{20} = $ etwa —129,4° (in Chloroform)	*Collybia shiitake*, *Armillaria edodes*, *Hydnum asparatum*, *Lycoperdon gemmatum* Batsch,	IKEGUCHI, 1919
			Boletus granulatus, *Hypholoma fasciculare* Huds.,	MARSTON, 1924; ZELLNER, 1911b
Oleasterin	174°		*Olea Europaea* L.	POWER und TUTIN, 1908a; POWER und TUTIN, 1908c
22-Oxy-cholesterin	186°	$[\alpha]_D^{20} = -39°$ (in Chloroform)	*Narthecium ossifragum* Huds.	STABURSVIK, 1953
Papaveristerin	134–134,5°	$[\alpha]_D^{20} = -39,88°$ (in Chloroform)	*Papaver somniferum* L.	BUREŠ und FUČIK, 1935
Raphanisterin	136°	$[\alpha]_D^{20} = -32,26°$ (in Chloroform)	*Raphanus Raphinastrum*	BUREŠ und SEDLAŘ, 1935, 1934
Satisterin	156°	$[\alpha]_D^{23} = -14,48°$	*Oryza sativa* L.	KIMM und NOGUCHI, 1933a, b; KIMM, 1938
Serposterin	159—160°	$[\alpha]_D^{23} = -68,5°$ (in Chloroform)	*Rauwolfia serpentina* Benth.	SIDDIQUI und SIDDIQUI, 1931
α-Theosterin	113—114°		*Theobroma Cacao* L.	BAUER und SEBER, 1938
Trifolianol	295° (Zers.) 295—300°	$[\alpha]_D = -44,1°$ (in Pyridin)	*Trifolium pratense* L. *Trifolium incarnatum* L.	POWER und SALWAY, 1910c; ROGERSON, 1910
Trifolin	260° (Zers.)		*Trifolium pratense* L.	POWER und SALWAY, 1910c
Trifolitin	275° (Zers.)		*Trifolium pratense* L.	POWER und SALWAY, 1910c
α-Tritisterin	114—115°	$[\alpha]_D = +54,3°$ (in Alkohol)	*Triticum sativum* LMK.	KARRER und SALOMON, 1937
β-Tritisterin	97°	$[\alpha]_D = +49,2°$ (in Alkohol)	*Triticum sativum* LMK.	KARRER und SALOMON, 1937
α-Typhasterin (evtl. ident. m. Sitosterin vom Smp. 138,7—139,7°	133—134°; 160°	$[\alpha]_D^{15} = -59,83°$	*Typha angustata* Bory et Taub.	KIMURA, 1930a, b; KUWADA und MORIMOTO, 1937
Vincetoxin	95—194° (Zers.)		*Cynanchum vincetoxicum ?*	GAGER und ZECHNER, 1938

Literatur.

(zum Kapitel Phytosterine.)

Alt, G. H., and D. H. R. Barton: Chem. and Ind. 1952, 1103. — Anderson, R. J.: J. Amer. Chem. Soc. 46, 1450 (1924). — Anderson, R. J., and M. G. Moore: J. Amer. Chem. Soc. 45, 1944 (1923). — Anderson, R. J., and F. P. Nabenhauer: J. Amer. Chem. Soc. 46, 1957 (1924); 48, 2972 (1926). — Anderson, R. J., F. P. Nabenhauer and R. L. Shriner: Proc. Soc. Exp. Biol. Med. 24, 63 (1926); Chem. Zbl. 1927 II, 838; J. Biol. Chem. 71, 389 (1927). — Anderson, R. J., and R. L. Shriner: J. Amer. Chem. Soc. 48, 2976 (1926); J. Biol. Chem. 71, 401 (1927). — Anderson, R. J., R. L. Shriner and G. O. Burr: J. Amer. Chem. Soc. 48, 2987 (1926). — Angeletti, A.: Boll. Sed. Acad. Gioenia Sci. naturali Catan. [3] 1938, Nr. 9; Chem. Zbl. 1939 I, 2004.

Bamberger, M., u. A. Landsiedl: Mh. Chem. 26, 1109 (1905). — Barton, D. H. R.: J. Chem. Soc. 1945, 813; 1946, 512. — Barton, D. H. R., and J. D. Cox: J. Chem. Soc. 1948, 1354; 1949, 214. — Basu, K. P., and M. Ch. Nath: Biochem. J. 28, 1561 (1934); Chem. Zbl. 1934 II, 3633. — Bauer, K. H., u. L. Seber: Ber. dtsch. chem. Ges. 71, 2223 (1938); Fette u. Seifen 46, 13 (1939). — Bauer, K. H., u. G. Umbach: Fette u. Seifen 44, 283 (1937). — Beneke, G. M. R.: Liebigs Ann. 122, 249 (1862). — Bengis, R. O., and R. J. Anderson: J. Biol. Chem. 97, 99 (1932). — Bengtsson, B. E.: Hoppe-Seylers Z. 237, 46 (1935). — Bernoulli, A. L.: Helv. Chim. Acta 15, 274 (1932). — Bernstein, S., and E. S. Wallis: J. Org. Chem. 2, 341 (1937). — Bersin, Th., u. A. M. Müller: Helv. Chim. Acta 35, 1891 (1952). — Bhattacharya, R., and P. R. Ayyar: J. Ind. Inst. Sci. Ser. A 10, 15 (1927); Chem. Zbl. 1927 II, 1354. — Bilger, F., W. Halden u. M. K. Zacherl: Mikrochemie 15, 119 (1934). — Bills, Ch. E., and E. M. Honeywell: J. Biol. Chem. 80, 15 (1928). — Bills, Ch. E., O. N. Massengale and P. S. Prickett: J. Biol. Chem. 87, 259 (1930). — Binaghi, R., e G. Falconi: Ann. chim. appl. 20, 547 (1930); Chem. Zbl. 1931 II, 84. — Binaghi, R., e P. Falqui: Ann. chim. appl. 15, 386 (1925); Chem. Zbl. 1926 II, 44. — Bisko, J., u. J. Zellner: Sitzungsber. Akad. Wiss. Wien 142, 666 (1933). — Bonstedt, K.: Hoppe-Seylers Z. 176, 269 (1928). — Brieskorn, C. H., u. L. Capuano: Ber. dtsch. chem. Ges. 86, 866 (1953). — Brimmer, C.: Liebigs Ann. 180, 269 (1876). — Brockmann, H.: Hoppe-Seylers Z. 241, 104 (1936). — Brückner, J.: Biochem. Z. 270, 346 (1934); 274, 465 (1934); Z. anal. Chem. 102, 158 (1935). — Brunner, O., u. G. Wiedemann: Sitzungsber. Akad. Wiss. Wien 142, 578 (1933). — Brunner, O., u. R. Wöhrl: Sitzungsber. Akad. Wiss. Wien 142, 675 (1933). — Burchard: Inaug. Diss. Rostock 1889; Chem. Zbl. 1890 I, 25. — Bureš, E., u. St. Fučik: Časopis českoslov. Lékárnictva 15, 159 (1935); Chem. Zbl. 1935 II, 3926. — Bureš, E., u. E. Sedlař: Alamanah Kongr. Slov. Apot. II. Kongr. Beograd-Zagreb-Spalato 1934, 221; Chem. Zbl. 1937 I, 2380; III. Kongres slovenskih Aptekara u Jugoslaviji 1935, 221; Chem. Zbl. 1937 I, 2380. — Burrows, S., and J. C. E. Simpson: J. Chem. Soc. 1938, 2042.

Callan, Th., and F. Tutin: Pharmaceutical J. [4] 33, 743 (1911); Chem. Zbl. 1912 I, 268. — Callow, R. K.: (a) Biochem. J. 25, 79 (1931); (b) Biochem. J. 25, 87 (1931). — Carter, P. W., I. M. Heilbron and B. Lythgoe: Proc. Roy. Soc. 128 B, 82 (1940). — Chapon, S., et S. David: Bull. Soc. Chim. France [5] 20, 333 (1953). — Von Christiani, A., u. V. Anger: (a) Ber. dtsch. chem. Ges. 72, 1124 (1939); (b) Ber. dtsch. chem. Ges. 72, 1482 (1939). — Chuang, C. K.: Liebigs Ann. 500, 270 (1933). — Clewer, H. W. B., St. J. Green and F. Tutin: J. Chem. Soc. 1915, 835. — Cohen, N. H.: Chem. Weekbl. 6, 777 (1909); Chem. Zbl. 1909 II, 1576. — Cook, J. W., and M. F. C. Paige: J. Chem. Soc. 1944, 336. — Cox, R. H., and E. Y. Spencer: Canad. J. Chem. 29, 217 (1951).

Dalmer, O.: Phytosterine. In Kleins Handb. d. Pflanzenanalyse, Bd. II, 1. Teil, S. 712. Wien: Springer-Verlag 1932. — Dam, H., A. Geiger, J. Glavind, P. Karrer, W. Karrer, W. Rotschild u. H. Salomon: Helv. Chim. Acta 22, 310 (1939). — Dangoumau, M. A.: Bull. Soc. Chim. biol. 15, 1083 (1933); Chem. Zbl. 1934 II, 454; Bull. Soc. Chim. France [5] 3, 988 (1936). — Darby, H. H., and H. T. Clarke: Science (Lancaster, Pa.) 85, 318 (1937). — Dhéré, Ch., et L. Laszt: C. r. Soc. Biol. (Paris) 143, 444 (1949). — Dieterle, H.: Arch. Pharm. 257, 260 (1919). — Dirscherl, W.: Hoppe-Seylers Z. 257, 329 (1938). — Dirscherl, W., u. H. Nahm: Liebigs Ann. 555, 57 (1944); 558, 231 (1947). — Drummond, J. C., E. Singer and R. J. Macwalter: Biochem. J. 29, 456 (1935). — Dubljanskaja, N. F.: (a) Biochimija 2, 521 (1937); Chem. Zbl. 1938 II, 2208; (b) Farmazija i Farmakol. 1937, Nr. 8, 9, 10; Chem. Zbl. 1938 I, 3926. — Dunn, J. L., I. M. Heilbron, R. F. Phipers, K. M. Samant and F. S. Spring: J. Chem. Soc. 1934, 1576. — Dutta, A. T., S. Gosh and R. N. Chopra: Arch. Pharm. 276, 333 (1938).

Von Euler, H., u. E. Nordenson: Hoppe-Seylers Z. 56, 223 (1908). — Fernholz, E.: Liebigs Ann. 507, 128 (1933); 508, 215 (1934); Hoppe-Seylers Z. 232, 97 (1935). — Fernholz, E., u. P. N. Chakravorty: Ber. dtsch. chem. Ges. 67, 2021 (1934). — Fernholz, E., and H. B. MacPhillamy: J. Amer. Chem. Soc. 63, 1155 (1941). — Fernholz, E., and M. L. Moore: J. Amer. Chem. Soc. 61, 2467 (1939). — Fernholz, E., and

W. L. Ruigh: (a) J. Amer. Chem. Soc. 62, 2341 (1940); (b) J. Amer. Chem. Soc. 62, 3346 (1940). — Fernholz, E., and H. E. Stavely: (a) J. Amer. Chem. Soc. 62, 428 (1940); (b) J. Amer. Chem. Soc. 62, 1875 (1940). — Fieser, L. F., and M. Fieser: (a) Natural Products Related to Phenanthrene, 3rd Ed., Reinhold Publ. Corp., New York 1949. — Fieser, L. F., M. Fieser and R. N. Chakravarti: (b) J. Amer. Chem. Soc. 71, 2226 (1949). — Von Friedrichs, O.: Arch. Pharm. 257, 289 (1919). — Furukawa, S.: Scient. Papers Inst. Phys. Chem. Res. (Tokyo) 19, 27 (1932); Chem. Zbl. 1932 II, 3901.

Gager, R., u. L. Zechner: Arch. Pharm. 276, 431 (1938). — Ganguly, N. C., and T. C. Bagchi: J. Proc. Inst. Chemists (India) 25, 46 (1953); Chem. Abstr. 48, 4573 g (1954). — Gérard, J.: J. Pharm. Chim. [5] 21, 408 (1888); 23, 7 (1890); Chem. Zbl. 1891 I, 363. — Ghanekar, R. V., and P. R. Ayyar: J. Ind. Inst. Sci. Ser. A 10, 20 (1927); Chem. Zbl. 1927 II, 1355. — Ghatak, N. N., and S. Dutt: J. Ind. Chem. Soc. 8, 23 (1931). — Gill, A. H., and Ch. G. Tufts: (a) J. Amer. Chem. Soc. 25, 251 (1903); (b) J. Amer. Chem. Soc. 25, 254 (1903); (c) J. Amer. Chem. Soc. 25, 498 (1903). — Gisvold, O.: (a) J. Amer. Pharm. Assoc. 23,106 (1934); Chem. Abstr. 28,6522⁸ (1934); (b) J. Amer. Pharm. Assoc. 23,402 (1934); Chem. Zbl. 1934 II, 1933. — Gloyer, St. W., and H. A. Schuette: J. Amer. Chem. Soc. 61, 1901 (1939). — Grigoreva, A. A.: Biokhimija 3, 654 (1938); Chem. Abstr. 33, 2927⁹ (1939). — Guiteras, A.: Liebigs Ann. 494, 116 (1932); Hoppe-Seylers Z. 214, 89 (1933). — Gupta, M. P., and S. Dutt: J. Indian Chem. Soc. 15, 95 (1938); Chem. Zbl. 1938 II, 3102.

Hadorn, H., u. R. Jungkunz: Mitt. Lebensmittelunters. Hyg. 42, 452 (1951). — Hall, J. A., and O. Gisvold: J. Biol. Chem. 113, 487 (1936). — Hamilton, B., and W. O. Kermack: J. Chem. Soc. 1952, 5051. — Hart, M. C., and F. W. Heyl: J. Amer. Chem. Soc. 52, 2013 (1930); J. Biol. Chem. 95, 311 (1932). — Hartmann, E., u. J. Zellner: Mh. Chem. 50, 193 (1928). — Hauschild, W.: Mitt. Lebensmittelunters. Hyg. 26, 329 (1935); Chem. Abstr. 30, 3537⁷ (1936). — Häussler, E. P., u. E. Brauchli: Helv. Chim. Acta 12, 187 (1929). — Heath-Brown, B., I. M. Heilbron and E. R. H. Jones: J. Chem. Soc. 1940, 1482. — Heiduschka, A., u. H. W. Gloth: Arch. Pharm. 253, 415 (1915). — Heiduschka, A., u. H. Lindner: Hoppe-Seylers Z. 181, 15 (1929). — Heilbron, I. M., E. R. H. Jones, K. C. Roberts and P. A. Wilkinson: J. Chem. Soc. 1941, 344. — Heilbron, I. M., E. G. Parry and R. F. Phipers: Biochem. J. 29, 1376 (1935). — Heilbron, I. M., R. F. Phipers and H. R. Wright: (a) J. Chem. Soc. 1934, 1572; (b) Nature (London) 133, 419 (1934). — Heilbron, I. M., and F. St. Spring: Biochem. J. 24, 133 (1930). — Hesse, O.: Liebigs Ann. 192, 175 (1878); 228, 288 (1885); 234, 375 (1886). — Heyl, F. W., and D. Larsen: J. Amer. Pharm. Assoc. 22, 510 (1933); J. Amer. Chem. Soc. 56, 942 (1934). — Heyl, F. W., and O. F. Swoap: J. Amer. Chem. Soc. 52, 3688 (1930). — Hiramoto, M., and K. Watanabe: J. Pharm. Soc. Jap. 59, 261 (1939); Chem. Zbl. 1940 I, 1515. — Hofmann, J.: Inaug.-Diss. Zürich 1901; zit. in M. Bamberger u. A. Landsiedl: Mh. Chem. 26, 1113 (1905). — Honeywell, E. M., and Ch. E. Bills: J. Biol. Chem. 99, 71 (1932); 103, 515 (1933). — Huppert, E., H. Swiatkowski u. J. Zellner: Mh. Chem. 48, 491 (1927). — Husemann, A.: Liebigs Ann. 117, 200 (1861).

Ichiba, A.: (a) Sci. Papers Inst. Chem. Res. (Tokyo) 28, 112 (1935); Chem. Abstr. 30, 1063⁹ (1936); (b) Sci. Papers Inst. Phys. Chem. Res. (Tokyo) 28, 124 (1935); Chem. Abstr. 30,1063⁸ (1936); Sci. Papers Inst. Phys. Chem. Res. (Tokyo) 34, 116 (1937). — Ikeguchi, T.: J. Biol. Chem. 40, 175 (1919); Chem. Zbl. 1920 III, 668. — Inhoffen, H. H.: Liebigs Ann. 494, 122 (1932); 508, 81 (1934); Ber. dtsch. chem. Ges. 68, 973 (1935). — Ito, H.: (a) Res. Bull. Gifu Imp. Coll. Agric. Jap. Nr. 31 (1934); Chem. Zbl. 1935 I, 2912; (b) J. Fac. Agric. Hokkaido Imp. Univ. 37, 1 (1934); Chem. Zbl. 1935 II, 2149.

Jäger, M. F. M.: Rec. Trav. Chim. Pays-Bas 26, 311 (1907). — Jantzen, E., u. W. Gohdes: Biochem. Z. 272, 167 (1934).

Kafuku, K., and Ch. Hata: J. Chem. Soc. Jap. 55, 369 (1934); Chem. Abstr. 28, 5265⁹ (1934); J. Chem. Soc. Jap. 57, 723 (1936); Chem. Abstr. 30, 7370² (1936). — Karrer, P., u. N. Nielsen: Ber. Ges. Physiol. exp. Pharmakol. 86, 529 (1935). — Karrer, P., u. H. Salomon: Helv. Chim. Acta 20, 424 (1937). — Katti, M. C. T.: J. Indian Chem. Soc. 7, 207 (1930); Chem. Zbl. 1930 II, 73. — Katti, M. C. T., and B. L. Manjunath: J. Indian Chem. Soc. 6, 839 (1929); Chem. Zbl. 1930 I, 2265. — Katti, M. C. T., and S. V. Puntambekar: J. Indian Chem. Soc. 7, 221 (1930); Chem. Zbl. 1930 II, 74. — Katti, M. C. T., and V. P. Shintre: Arch. Pharm. 268, 314 (1930). — Kaufmann, H. P., u. H. Fiedler: Fette u. Seifen 45, 299 (1938); Chem. Zbl. 1938 II, 4142. — Kelsey, F. E.: J. Biol. Chem. 127, 15 (1939). — Kimm, R. H.: Sci. Papers Inst. Phys. Chem. Res. (Tokyo) 34, 627 (1938); Chem. Zbl. 1938 II, 3256. — Kimm, R. H., and T. Noguchi: (a) Bull. Inst. Phys. Chem. Res. (Tokyo) 12, 271 (1933); Chem. Abstr. 27, 2690 (1933) (b) Sci. Papers Inst. Phys. Chem. Res. (Tokyo) 21, 1 (1933); Chem. Abstr. 27, 3480 (1933). — Kimura Y.: (a) J. Pharm. Soc. Japan 50,111 (1930) Chem. Zbl. 1931 I, 110; (b) J. Pharm. Soc. Japan 50, 843 (1930); Chem. Abstr. 25, 172 (1931). — King, L. C., and Ch. D. Ball: J. Amer. Chem. Soc. 61, 2910 (1939); 64, 2488 (1942). — Kitasawa, T.: J. Pharm. Soc. Jap. 73, 658 (1933); Chem. Abstr. 48, 5071d (1954). — Klobb, T.: Ann.

Chim. Phys. [8] 24, 410 (1911); Chem. Zbl. 1912 I, 87. — Krishna, S., and S. V. Puntambe-kar: J. Indian Chem. Soc. 8, 301 (1931). — Krishnamurti, G. V., and T. R. Seshadri: J. Sci. Ind. Research (India) 8 B, 97 (1949); Chem. Abstr. 43, 8617h (1949). — Kuwada, S., and S. Morimoto: J. Pharm. Soc. Japan 57, 62 (1937); Chem. Zbl. 1937 II, 1825. — Kuwada, S., and S. Yosiki: J. Pharm. Soc. Japan 57, 155 (1937); Chem. Zbl. 1938 II, 81; J. Pharm. Soc. Japan 59, 282 (1938); Chem. Zbl. 1940 I, 2316.

Ladenburg, K., E. Fernholz u. E. S. Wallis: J. Org. Chem. 8, 294 (1939). — Lamb, F. W., A. Mueller and G. W. Beach: Ind. Eng. Chem. (Anal. Ed.) 18,187(1946).— Latar-jet, R., et A. Husson: C. r. Soc. Biol. (Paris) 125, 683 (1937). — Lendle, A.: Arch. Pharm. 276, 45 (1938). — Liebermann, C.: Ber. dtsch. chem. Ges. 17, 868 (1884); 18, 1803 (1885). — Lim, H.: J. Fac. Agric. Hokkaido Imp. Univ. 37, 165 (1935); Chem. Zbl. 1936 I, 365. — Von Lippmann, E. O.: Ber. dtsch. chem. Ges. 60, 161 (1927). — Lukacs, L., u. J. Zellner: Sitzungsber. Akad. Wiss. Wien 142, 20 (1933).

MacPhillamy, H. B.: J. Amer. Chem. Soc. 64, 1732 (1942). — Marion, L.: Canad. J. Res. 10, 759 (1934); Chem. Zbl. 1934 II, 2993. — Markar'yan, E. A.: Biokhimija 5, 321 (1940). — Marker, R. E., and E. Rohrmann: J. Amer. Chem. Soc. 60, 1073 (1938). — Marker, R. E., and E. L. Wittle: J. Amer. Chem. Soc. 59, 2704 (1937). — Marston, H. R.: Austral. J. Exp. Biol. a. Med. Sci. 1, 53 (1924); Chem. Zbl. 1927 I, 112. — Matthes, H., u. A. Dahle: Arch. Pharm. 249, 436 (1911). — Matthes, H., u. O. Rohdich: Ber. dtsch. chem. Ges. 41, 19 (1908). — Matthes, H., u. P. Schütz: Festschrift Alexander Tschirch 1926, S. 162; Chem. Zbl. 1927 I, 2753. — Matthes, H., u. L. Streicher: Arch. Pharm. 251, 438 (1913). — McMahon, J. M., R. B. Davis and G. Kalnitsky: Proc. Soc. Exp. Biol. a. Med. 75, 799 (1950). — Miescher, K.: Helv. Chim. Acta 29, 743 (1946). — Mirande, M.: C. r. Acad. Sci. (Paris) 176, 769 (1923); Chem. Zbl. 1923 III, 1091; (a) C. r. Acad. Sci. (Paris) 179, 638 (1924); Chem. Zbl. 1925 I, 101; (b) C. r. Acad. Sci. (Paris) 179, 986 (1924); Chem. Zbl. 1925 I, 974. C. r. Acad. Sci. (Paris) 202, 238 (1936); Mitui, T.: Bull. Agric. Chem. Soc. Jap. 13, 55 (1937); Chem. Zbl. 1938 I, 2454; J. Agric. Chem. Soc. Jap. 14, 342 (1938); Chem. Abstr. 32, 6254[8] (1938); (a) J. Agric. Chem. Soc. Jap. 15, 125, 126 (1939); Chem. Zbl. 1940 I, 714; (b) Bull. Agric. Chem. Soc. Jap. 15, 526 (1939); Chem. Abstr. 34, 383[7] (1940). — Montignie, E.: Bull. Soc. Chim. France [5] 2, 194 (1935). — Moore, Ch. W.: J. Chem. Soc. 1910, 2223. — Morrison, F. R.: J. Proc. Roy. Soc. New South Wales 59, 267 (1926); Chem. Zbl. 1927 II, 760. — Mudbidri, M., P. R. Ayyar and H. E. Watson: J. Ind. Inst. Sci. Ser. A 11, 173 (1928); Chem. Zbl. 1929 I, 1358. — Murahashi, S.: Sci. Papers Inst. Phys. Chem. Res. (Tokyo) 30, 263 (1936); Chem. Zbl. 1937 I, 1958.

Nabenhauer, F. P., and R. J. Anderson: J. Amer. Chem. Soc. 48, 2972 (1926). — Naegeli: J. prakt. Chem. 17, 403 (1878). — Nakamura, N., and A. Ichiba: Sci. Papers Inst. Phys. Chem. Res. (Tokyo) 15, 137 (1931); Chem. Zbl. 1931 I, 3015. — Nakano, M.: J. Pharm. Soc. Jap. 52, 341 (1932); Chem. Abstr. 26, 4334 (1932). — Nakao, M., and K. F. Tseng: J. Shanghai Sci. Inst. 1, 1 (1933); Chem. Abstr. 29, 2196[6] (1935). — Nath, M. C.: (a) Hoppe-Seylers Z. 247, 9 (1937); (b) Hoppe-Seylers Z. 249, 71 (1937). — Nath, M. C., and M. K. Chakraborty: Ann. Biochem. Exp. Med. 2, 73 (1942). — Nath, M. C., S. R. Chowdhury and M. Uddin: J. Ind. Chem. Soc. 23, 245 (1946). — Nath, M. C., and G. R. Debnath: Science and Culture 12, 599 (1947); Chem. Abstr. 42, 5170d (1948). — Nath Ghatak, N., and S. Dutt: J. Indian Chem. Soc. 8, 23 (1931). — Neher, R., u. A. Wettstein: Helv. Chim. Acta 35, 276 (1952). — Neu, R., u. P. Ehrbächer: Arch. Pharm. 283, 227 (1950).

Oppel, V. V., u. A. A. Grigoreva: Biochimija 3, 175 (1938); Chimie et Industrie 41, 527 (1939). — Oppel, V. V., u. E. A. Markar'yan: Proc. Sci. Inst. Vitamin Res. U.S.S.R. 1, Nr. 2, 173 (1936). — Ott, A. C., and Ch. Ball: J. Amer. Chem. Soc. 66, 489 (1944).

Page, J. H.: Biochem. Z. 220, 420 (1930). — Pajari, K.: Suomen Kemistilehti (Acta Chem. Fenn.) 5, 40 B (1932); Chem. Zbl. 1933 I, 527. — Paschkis, H.: Hoppe-Seylers Z. 8, 356 (1884). — Patel, C. K., S. Narayana Iyer, J. J. Sudborough and H. E. Watson: J. Ind. Inst. Sci. Ser. A 9, 117 (1926); Chem. Zbl. 1927 I, 465. — Patel, C. K., J. J. Sud-borough and H. E. Watson: J. Ind. Inst. Sci. Ser. A 6, 111 (1923); Chem. Zbl. 1923 III, 1577.— Pesez, M., et M. Herbain: Bull. Soc. Chim. France [5] 16, 760 (1949); Z. anal. Chem. 131, 458 (1950). — Petersen, R. B., and E. H. Harvey: Ind. Eng. Chem. (Anal. Ed.) 16, 495 (1944). — Pollard, A.: Biochem. J. 30, 382 (1936). — Power, F. B., and H. Browning jr.: J. Chem. Soc. 1912, 2411; Pharm. J. [4] 36, 506 (1913); Chem. Zbl. 1913 I, 1824. — Power, F. B., and Th. Callan: J. Chem. Soc. 1911, 1993. — Power, F. B., and V. K. Chesnut: J. Amer. Chem. Soc. 48, 2721 (1926). — Power, F. B., and Ch. W. Moore: (a) J. Chem. Soc. 1910, 99; (b) J. Chem. Soc. 1910, 1099; 1911, 937. — Power, F. B., and H. Rogerson: (a) J. Amer. Chem. Soc. 1910, 80; (b) J. Chem. Soc. 1910, 1944; (a) J. Chem. Soc. 1912, 1; (b) J. Chem. Soc. 1912, 398. — Power, F. B., and A. H. Salway: Amer. J. Pharm. 80, 563 (1908); Chem. Zbl. 1909 I, 1102; (a) J. Amer. Chem. Soc. 32, 360 (1910); (b) J. Amer.

Chem. Soc. **32**, 367 (1910); (c) J. Chem. Soc. **1910**, 231; (a) Amer. J. Pharm. **83**, 1 (1911); Chem. Zbl. **1911** I, 744; (b) J. Chem. Soc. **1911**, 490; (a) J. Chem. Soc. **1913**, 191; (b) J. Chem. Soc. **1913**, 399; **1914**, 201. — POWER, F. B., and F. TUTIN: Arch. Pharm. **245**, 337 (1907); (a) J. Chem. Soc. **1908**, 891; (b) J. Chem. Soc. **1908**, 904; (c) Proc. Chem. Soc. **24**, 117 (1908); Chem. Zbl. **1908** II, 256. — PUNTAMBEKAR, S. V., and S. KRISHNA: J. Ind. Chem. Soc. **10**, 203 (1933); **17**, 96 (1940); Chem. Abstr. **34**, 5305⁶ (1940).

REINARTZ, F., H. LAFOS u. W. WETZEL: Mikrochemie **38**, 581 (1951). — REINDEL, F., u. H. KIPPHAN: Liebigs Ann. **493**, 181 (1932). — REINDEL, F., u. E. WALTER: Liebigs Ann. **460**, 212 (1928). — REINDEL, F., E. WALTER u. H. RAUCH: Liebigs Ann. **452**, 34 (1927). — REINDEL, F., u. A. WEICKMANN: Liebigs Ann. **475**, 86 (1929); **482**, 120 (1930). — ROBERTS, W. L., and H. A. SCHUETTE: J. Amer. Chem. Soc. **56**, 207 (1934). — ROGERSON, H.: J. Chem. Soc. **1910**, 1004; **1912**, 1040. — ROSENHEIM, O.: Biochem. J. **23**, 47 (1929). — ROSENHEIM, O., and R. K. CALLOW: Biochem. J. **25**, 74 (1931). — RUTHNER, O., u. J. ZELLNER: Sitzungsber. Akad. Wiss. Wien 144, 208 (1935).

SAIYED, I. Z., and D. D. KANGA: Proc. Indian Acad. Sci. Sect. A **4**, 255 (1936); Chem. Zbl. **1937** I, 2181. — SAKURAI, Z.: J. Pharm. Soc. Jap. **53**, 144 (1933); Chem. Zbl. **1933** II, 3146. — SALKOWSKI, E.: Hoppe-Seylers Z. **57**, 523 (1908). — SANDQVIST, H., u. E. BENGTSSON: Ber. dtsch. chem. Ges. **64**, 2167 (1931). — SANDQVIST, H., u. J. GORTON: Ber. dtsch. chem. Ges. **63**, 1935 (1930). — SANDQVIST, H., og W. HÖK: Svensk. chem. Tidskr. **42**, 106 (1903); Chem. Zbl. **1931** I, 3015. — SANI, G.: Atti R. Acad. Lincei [5] **29**, I, 59 (1920); Chem. Zbl. **1921** I, 814. — SAVARD, K., and G. A. GRANT: Science (Lancaster, Pa.) **104**, 459 (1946). — SCHITTENHELM, A., u. B. EISLER: Klin. Wschr. 8, 1911 (1929); Chem. Zbl. **1930** I, 704. — SCHMID, L., u. G. BILOWITZKI: Mh. Chem. **49**, 98 (1928). — SCHMID, L., u. A. WASCHKAU: Mh. Chem. **48**, 139 (1927). — SCHOENHEIMER, R., and E. A. EVANS: J. Biol. Chem. **114**, 567 (1936). — SCHOENHEIMER, R., and W. M. SPERRY: J. Biol. Chem. **106**, 745 (1934). — SCHRAMME, A.: Fette u. Seifen **46**, 443 (1939). — SCHULZE, E., u. J. BARBIERI: J. prakt. Chem. [2] **25**, 159 (1882). — SCHWAB, C. E.: Überblick über die Chemie der Sterine und ihre Verbreitung in der Natur. Diss. Zürich 1941. — SCHWARZ, A. J.: (a) J. Amer. Pharm. Ass. **21**, 856 (1932); Chem. Zbl. **1933** I, 3331; (b) J. Amer. Pharm. Ass. **21**, 994 (1932); Chem. Zbl. **1933** I, 3331. — SHINODA, J., and CH. KAWASAKI: J. Pharm. Soc. Japan **51**, 132 (1931); Chem. Zbl. **1932** I, 2400. — SHIRAHAMA, K.: J. Agr. Chem. Soc. Jap. **11**, 980 (1935); Chem. Abstr. **30**, 1416¹ (1936), J. Agr. Chem. Soc. Jap. **12**, 521 (1936); Chem. Abstr. **30**, 6786¹ (1936); Bull. Agr. Chem. Soc. Jap. **14**, 33 (1938); Chem. Zbl. **1938** II, 3826. — SIDDIQUI, S., and R. H. SIDDIQUI: J. Ind. Chem. Soc. **8**, 667 (1931); Chem. Zbl. **1932** I, 244. — SIMPSON, J. C. E.: J. Chem. Soc. **1937**, 730. — SLOTTA, K. H., u. K. NEISSER: (a) Ber. dtsch. chem. Ges. **71**, 1991 (1938); (b) Ber. dtsch. chem. Ges. **71**, 2342 (1938). — SMEDLEY-MACLEAN, I.: Biochem. J. **22**, 22 (1928). — SPÄTH, E., u. O. PESTA: Ber. dtsch. chem. Ges. **67**, 853 (1934). — SPIELMAN, M. A.: Cereal Chemistry **10**, 239 (1933); Chem. Zbl. **1933** II, 953. — STABURSVIK, A.: Acta chem. scand. **7**, 1220 (1953). — STOLL, A., A. v. WARTBURG u. J. RENZ: Helv. Chim. Acta **36**, 1565 (1953). — SUDBOROUGH, J. J., H. E. WATSON u. M. R. AYYAR: J. Ind. Sci. Ser. A **9**, 25 (1926); Chem. Zbl. **1926** II, 2729. — SULLIVAN, B., and C. H. BAILLEY: J. Amer. Chem. Soc. **58**, 390 (1936). — SUMI, M.: Bull. Inst. Phys. Chem. Res. (Abstr.) Tokyo **2**, 30. März 1929; Chem. Zbl. **1929** II, 177. — SUMI, M.: J. Agr. Soc. Jap. **10**, 1104 (1934); Chem. Abstr. **29**, 1667 (1935). — SWIFT, L. J.: J. Amer. Chem. Soc. **74**, 1099 (1952). — VON SZENT-GYÖRGYI, A.: Biochem. Z. **136**, 107 (1923). —

TAKEDA, K., K. HAMAMOTO and T. KUBOTA: J. Pharm. Soc. Jap. **73**, 272 (1953); Chem. Abstr. 48, 2079a (1954). — TAKEI, S., and T. IMAKI: Bull. Inst. Phys. Chem. Res. (Abstr.) Tokyo 15, 1055 (1936); Chem. Abstr. **31**, 6043⁶ (1937). — TANAKA, K.: (a) J. Biochem. **17**, 483 (1933); Chem. Zbl. **1934** I, 1198; (b) J. Biochem. **18**, 1 (1933); Chem. Zbl. **1934** I, 1213. — TANG, T. H., and S. Y. S. CHAO: Pharm. Arch. 11, 60 (1940); Chem. Abstr. **84**, 6013³ (1940). — TANRET, CH.: J. Pharm. Chim. [5] **19**, 225 (1888); C. r. Acad. Sci. (Paris) **108**, 98 (1889); **147**, 75 (1908). — TÄUFEL, K., u. G. GAMPERL: Biochem. Z. **235**, 353 (1931). — TAYLOR ELLIS, M.: (a) Biochem. J. **12**, 160 (1918); (b) Biochem. J. **12**, 173 (1918). — THORNTON, M. H., H. R. KRAYBILL u. Y. M. MITCHELL JR.: J. Amer. Chem. Soc. **62**, 2006 (1940). — TORTELLI, M., u. E. JAFFÉ: Chem. Z. **39**, 14 (1915). — TSCHUGAJEFF, L.: Chem. Z. **24**, 542 (1900). — TSUJIMOTO, M.: J. Soc. Chem. Ind. Japan (Suppl.) **32**, 365 B (1929); Chem. Zbl. **1930** I, 1398. — TSUJIMURA, M.: Sci. Papers Inst. Phys. Chem. Res. (Tokyo) **18**, 13 (1932); Chem. Zbl. **1932** I, 2061. — TUTIN, F. B.: Pharmac. J. [4] **33**, 296 (1911); Chem. Zbl. **1911** II, 1042. — TUTIN, F. B., and H. B. CLEWER: J. Chem. Soc. **1910**, 1. — TUZSON, P.: Magyar Folyóriat **43**, 47 (1937); Chem. Zbl. **1937** II, 1002.

UENO, S., and R. YAMASAKI: J. Soc. Chem. Ind. Jap. **38**, 113 B (1935); Chem. Zbl. **1936** I, 5006.

VASISTHA, S. K.: J. Benares Hindu Univ. **2**, 343 (1938); Chem. Abstr. **33**, 4447² (1939). — VIDYARTHI, N. L., and M. NARASINGARAO: J. Ind. Chem. Soc. **16**, 135 (1939); Chem. Zbl. **1939** II, 1591.

Waghorne, D., and Ch. D. Ball: Anal. Chem. **24**, 560 (1952). — Wagner-Jauregg, Th.: Hoppe-Seylers Z. **222**, 21 (1933). — Wali, M. A., and M. C. T. Katti: Proc. Ind. Acad. Sci. **5** A, 109 (1937); Chem. Abstr. **31**, 7942² (1937). — Wall, M. E., and E. G. Kelly: Ind. Eng. Chem. Anal. Ed. **19**, 677 (1947). — Wallis, E. S., and P. N. Chakravorty: J. Org. Chem. **2**, 335 (1937). — Wallis, E. S., and E. Fernholz: J. Amer. Chem. Soc. **58**, 2446 (1936). — Weinhagen, A. B.: Hoppe-Seylers Z. **100**, 159 (1917). — Westphal, U.: Ber. dtsch. chem. Ges. **72**, 1243 (1939). — Wieland, H., u. M. Asano: Liebigs Ann. **473**, 300 (1929). — Wieland, H., u. W. Benend: Ber. dtsch. chem. Ges. **75**, 1708 (1942). — Wieland, H., u. G. Coutelle: Liebigs Ann. **548**, 270 (1941). — Wieland, H., u. G. A. C. Gough: Liebigs Ann. **482**, 36 (1930). — Wieland, H., u. Y. Kanaoka: Liebigs Ann. **530**, 146(1937).— Wieland, H., F. Rath u. W. Benend: Liebigs Ann. **548**, 19 (1941). — Wieland, H., F. Rath u. H. Hesse: Liebigs Ann. **548**, 34 (1941). — Windaus, A.: Ber. dtsch. chem. Ges. **42**, 238 (1909). — Windaus, A., u. M. Deppe: Ber. dtsch. chem. Ges. **66**, 1689 (1933). — Windaus, A., u. W. Grosskopf: Hoppe-Seylers Z. **124**, 8 (1923). — Windaus, A., u. A. Hauth: Ber. dtsch. chem. Ges. **39**, 4378 (1906); **40**, 3681 (1907).— Windaus, A., u. H. H. Inhoffen: Liebigs Ann. **510**, 260 (1934). — Windaus, A., u. A. Lüttringhaus: Nachr. Ges. Wiss. Göttingen **1932**, 4. — Windaus, A., u. O. Stange: Hoppe-Seylers Z. **244**, 218 (1936). — Windaus, A., u. A. Welsch: Ber. dtsch. chem. Ges. **42**, 612 (1909). — Windaus, A., F. von Werder u. B. Gschaider: Ber. dtsch. chem. Ges. **65**, 1006 (1932). — Winterstein, A., u. G. Stein: Hoppe-Seylers Z. **220**, 247 (1933). — Winterstein, E., u. F. Wünsche: Hoppe-Seylers Z. **95**, 310 (1915).

Zaffaroni, A., R. B. Burton and E. H. Keutmann: J. Biol. Chem. **177**, 109 (1949); Science (Lancaster, Pa.) **111**, 6 (1950). — Zechmeister, L., u. P. Tuzson: Hoppe-Seylers Z. **183**, 74 (1929); **238**, 204 (1936). — Zellner, J.: Mh. Chem. **26**, 727 (1905); **29**, 1171 (1908); (a) Mh. Chem. **32**, 133 (1911); (b) Mh. Chem. **32**, 1057 (1911); **34**, 321 (1913); **36**, 611 (1915); **38**, 319 (1917); **41**, 443 (1920); **47**, 681 (1926); **48**, 479 (1927). — Zellner, J., u. E. Zikmunda: Mh. Chem. **56**, 200 (1930).

B. Steroidsaponine [1].

I. Geschichtliches, Definition und Vorkommen.

Die Bezeichnung *Saponine* findet sich erstmals im 1819 erschienenen Gmelin-schen „Handbuch der theoretischen Chemie" (Kofler, 1927). Es steht jedoch fest, daß Saponine seit Jahrhunderten für praktische Zwecke, z. B. als Wasch-mittel, Fischgifte usw. verwendet wurden. In Anlehnung an die lateinische Bezeichnung „Principium saponaceum" wurden früher Naturstoffe, deren wäßerige Lösungen schäumende Eigenschaften aufweisen, als Saponine bezeichnet, und erst die Arbeiten von Kobert (1904, 1913, 1916, 1917, 1924); Windaus (1925); Rosenthaler (1902, 1908, 1914); Sieburg (1921) und Kofler und Mitarbeitern (1927) haben die moderne Grundlage für die exakte Untersuchung der Saponine geschaffen und schließlich zu der heute üblichen Definition geführt. Unter Saponinen werden dementsprechend pflanzliche stickstofffreie Glykoside verstanden, die in Wasser gelöst ähnlich wie Seife einen haltbaren Schaum ergeben, Öl in Wasser emulgieren und eine durch Cholesterin und z. T. auch andere Sterine aufhebbare hämolytische Wirkung besitzen. Nach Møller (1953) werden die Saponine vom Verdauungskanal praktisch nicht resorbiert, so daß bei oraler Verabreichung keine Giftwirkungen auftreten. Die Schleimhaut des Verdauungskanals wird indessen lokal gereizt, höhere Dosen bewirken Erbrechen. Die große Capillar-Aktivität der Saponine bewirkt eine Veränderung der Permeabilität von tierischen Membranen.

Die Saponine lassen sich durch Mineralsäuren in einen Zuckerrest und ein Aglykon spalten; dieses bezeichnet man als Sapogenin. In dem vorliegenden Kapitel werden lediglich die Saponine, deren Sapogenine Steroidstruktur besitzen, behandelt; über die triterpenoiden Saponine wird auf S. 67 dieses Bandes berichtet.

---

[1] Die Literaturzusammenstellung für diesen Abschnitt befindet sich auf S. 203.

Tabelle 5. *Übersicht über die wichtigsten Saponine und Sapogenine* [1].

Saponin	Sapogenin	Zucker-Komponente	Vorkommen	Literatur
Amolonin $C_{63}H_{104}O_{31}$	Tigogenin $C_{27}H_{44}O_3$	1 D-Galaktose 3 D-Glucose 2 L-Rhamnose	*Chlorogalum pomeridianum* Kunth.	JURS und NOLLER, 1936
Chloronin	Chlorogenin $C_{27}H_{44}O_4$	6 Zucker	*Trillium erectum* Engelm. *Chlorogalum pomeridianum* Kunth. *Agave utahensis* Engelm. *Maguey cacaya*	LIEBERMAN et al., 1942 LIANG und NOLLER, 1935; MARKER et al., 1947c MARKER, 1943c
Digitonin $C_{56}H_{92}O_{29}$	Digitogenin $C_{27}H_{44}O_5$	4 Galaktose 1 Xylose	*Digitalis purpurea*; *Dig. lanata* *D. lanata*	SCHMIEDEBERG, 1875; KILIANI, 1891a, 1910, 1916, 1918 SZÁHLENDER, 1936
Dioscin $(C_{30}H_{34}O_5)x$	Diosgenin $C_{27}H_{42}O_3$	Methyl-pentose Rhamnose?	*Dioscorea Tokoro* Makino	TSUKAMOTO und UENO, 1936
Dioscorea-sapotoxin	Diosgenin $C_{27}H_{42}O_3$	Glucose Rhamnose	*Dioscorea Tokoro* Makino	TSUKAMOTO und UENO, 1936
Gitonin $C_{50}H_{82}O_{23}$	Gitogenin $C_{27}H_{44}O_4$	4 Galaktose 1 Xylose	*Digitalis purpurea* *Digitalis purpurea*; *D. lanata* (Digitonin Merck)	WINDAUS und BRUNKEN,1925a KILIANI, 1916, 1918; WINDAUS und SCHNECKENBURGER,1913
Jegosaponin $C_{55}H_{86}O_{25}$	Jegosapo-genin	Glucose Glucuron-säure	*Styrax japonica* Siebold et Zuccarini	ASAHINA und MOMOYA, 1914; SOUE, 1934
Kammonin $C_{63}H_{104}O_{37}$	Kammogenin $C_{27}H_{40}O_5$	6 Zucker	*Yucca Schottii* Engelm. *Y. brevifolia* Engelm. *Y. harrimanii* Trel. *Samuela carnerosana*	MARKER et al., 1943c; MARKER und LOPEZ, 1917c
Nolonin	Nologenin $C_{27}H_{44}O_5$		*Trillium erectum* Engelm. *Dioscorea mexicana*	MARKER et al., 1943c, 1943b; MARKER und LOPEZ, 1947b
Sarsasaponin (Parillin) $C_{45}H_{74}O_{17}$	Sarsasapoge-nin $C_{27}H_{44}O_3$	2 Glucose 1 Rhamnose	Radix sarsaparillae *Yucca Schottii* Engelm.	MARKER et al.,1940a; VAN DER HAAR, 1929 MARKER und LOPEZ, 1947c
Smilonin $C_{57}H_{96}O_{29}$	Smilagenin $C_{27}H_{44}O_3$	5 Zucker	*Smilax ornata* Hook. *Yucca Schottii* *Agave lophantha* *A. funkiana*	ASKEW, FARMER und KON, 1936; MARKER et al., 1943c, 1947e
Tigonin $C_{56}H_{92}O_{27}$	Tigogenin $C_{27}O_{44}O_3$	2 Glucose 2 Galaktose 1 Rhamnose	*Digitalis lanata*	TSCHESCHE, 1936
Trillarin $C_{39}H_{64}O_{13}$	Diosgenin $C_{27}H_{42}O_3$	2 Glucose	*Trillium erectum* Engelm.	MARKER und KRUEGER, 1940
Trillin $C_{33}H_{52}O_8$	Diosgenin $C_{27}H_{42}O_3$	1 Glucose	*Trillium erectum* Engelm.	MARKER und KRUEGER, 1940
Yucconin $C_{51}H_{84}O_{25}$	Yuccagenin $C_{27}H_{42}O_4$	4 Zucker	*Yucca flaccida* Harv. u. a. *Yucca Schottii* Engelm. *Y. elata* Engelm. *Agave huachucensis* Baker	MARKER et al., 1943c MARKER und LOPEZ, 1947c MARKER et al., 1943c MARKER et al., 1943
	Agavogenin $C_{27}H_{44}O_5$			
	Bethogenin $C_{28}H_{44}O_4$		*Trillium erectum* Engelm.	LIEBERMAN et al., 1942
	Botogenin $C_{27}H_{40}O_4$		*Dioscorea mexicana*	MARKER und LOPEZ, 1947d
	Cacogenin $C_{27}H_{42}O_6$		*Maguey cacaya*	MARKER und LOPEZ, 1947a
	9-Dehydrohe-cogenin $C_{27}H_{40}O_4$		*Agave deserti* Engelm. *Agave huachucensis* Baker	WAGNER et al., 1951

[1] Es sind hier nur die wichtigsten Vorkommen angegeben; über weitere Vorkommen s. spezieller Teil, sowie WEHMER: Die Pflanzenstoffe 1929, 1931, 1935.

Tabelle 5. (Fortsetzung.)

Saponin	Sapogenin	Zucker-Komponente	Vorkommen	Literatur
	9-Dehydro-manogenin $C_{27}H_{40}O_5$		*Agave deserti* Engelm. *Agave huachucensis* Baker	WAGNER et al., 1951
	Fesogenin $C_{27}H_{40}O_3$		*Trillium erectum* Engelm.	MARKER et al., 1943b
	Furcogenin $C_{27}H_{42}O_4$		*Furcraea selloa* *Yucca flaccida* Haw.	MARKER et al., 1943c
	Hecogenin		*Hechtia texensis* S. Wats. ferner in verschiedenen Agavenarten	MARKER et al., 1943c
			Agave vera cruz	GEDEON und KINCL, 1953
	Kappogenin $C_{27}H_{44}O_4$		*Trillium erectum* Engelm.	MARKER et al., 1943c
	Kryptogenin $C_{27}H_{42}O_4$		*Trillium erectum* Engelm.	MARKER et al., 1943a
	Lilagenin $C_{27}H_{42}O_4$		*Lilium rubrum magnificum* *Lilium Humboldtii* Roezl. u. Leichtl.	MARKER et al.,.1940a, 1947e
	Magogenin $C_{27}H_{44}O_5$		*Maguey cacaya*	MARKER, 1947b
	Manogenin $C_{27}H_{42}O_5$		*Manfreda maculosa* Hook. und versch. Agavenarten	MARKER et al., 1943c
	Markogenin $C_{27}H_{44}O_4$		*Y. faxoniana* *Y. Schidigera*	WALL et al., 1953
	Mexogenin $C_{27}H_{42}O_5$		*Samuela carnerosana* Trel. *Yucca Schottii* Engelm.	MARKER et al., 1943c MARKER et al., 1943c
	Pennogenin $C_{27}H_{42}O_4$		*Trillium erectum* Engelm.	MARKER et al., 1943b
	Rockogenin $C_{27}H_{44}O_4$		*Agave gracilipes* Trel.	MARKER et al., 1943c, 1947e
	Samogenin $C_{27}H_{44}O_4$		*Samuela carnerosana* Trel. *Yucca Schottii* Engelm.	MARKER et al., 1943c
	Texogenin $C_{27}H_{44}O_4$		*Yucca Schottii* Engelm.	MARKER et al., 1943c
	Trillogenin $C_{27}H_{48}O_4$		*Trillium erectum* Engelm.	LIEBERMAN, CHANG, BARUSCH und NOLLER, 1942
	Yamogenin $C_{27}H_{42}O_3$		*Dioscorea testudinaria*	MARKER et al., 1943c

Eine ganz besondere Bedeutung hat die Beobachtung SCHMIEDEBERGS (1875) erlangt, daß nämlich Saponine neben den herzwirksamen Glykosiden in den Blättern von *Digitalis purpurea* vorkommen. Er isolierte daraus eine Saponinfraktion, die er als Digitonin bezeichnete, die indessen später von WINDAUS und SCHNECKENBURGER (1913) als Gemisch erkannt wurde. Der Name Digitonin wurde schließlich für den Hauptbestandteil des SCHMIEDEBERGschen Präparates beibehalten.

In den letzten Jahren wurde gefunden (MARKER u. a., 1947e), daß verschiedene Sapogenine verhältnismäßig leicht in Sexualhormone und andere wichtige Steroide übergeführt werden können. So hat man in der mexikanischen Sisalpflanze (*Agave sisalana* Perrine) eine ausgezeichnete Quelle zur Gewinnung von Hecogenin gefunden, das nun als Ausgangsmaterial für eine Partialsynthese des Cortisons dient [vgl. dazu CALLOW, CORNFORTH und SPENSLEY (1951)]. Diese Befunde haben zu einer Intensivierung der Saponin-Forschung geführt, die einerseits pharmakognostisch gerichtet ist, wobei viele Pflanzen auf das Vorkommen von Saponinen untersucht werden; zur Zeit sind Arten aus mehr als

80 Pflanzenfamilien als saponinbildend bekannt. Anderseits bewegen sich die Untersuchungen in chemischer Richtung, indem die für die Isolierung und Charakterisierung der Saponine unentbehrlichen Nachweis- und Bestimmungsmethoden verbessert und erweitert werden, und die Struktur der Sapogenine und der Zuckerkomponenten in ihren Einzelheiten weiter erforscht wird.

Die verhältnismäßig großen Schwierigkeiten, die bei der Isolierung der reinen Saponine auftraten, haben zur Folge gehabt, daß man zahlreiche Drogen direkt auf die zuckerfreien Spaltlinge, die Sapogenine, verarbeitete. So haben MAR-KER et al. (1947e) total 40000 kg Pflanzenmaterial aus etwa 400 Species hauptsächlich mexikanischen Ursprungs auf Sapogenine untersucht und darin die meisten bekannten Vertreter dieser Klasse aufgefunden und darüber hinaus noch 12 bisher unbekannte Sapogenine entdeckt.

Weitere eingehende Untersuchungen über das Vorkommen und die Verteilung von Saponinen in Samen- und in Kräuterdrogen stammen von ROBERG (1937), während sich die Arbeiten von HUMMEL und KRAATZ (1952) mit den Zusammenhängen zwischen Organentwicklung und Saponinbildung befassen.

Die Frage der Koinzidenz mit andern Stoffen ist wiederholt aufgeworfen worden (LUFT, 1926); vgl. auch HEINE (1953). Untersuchungen in dieser Richtung haben bisher noch keine befriedigende Abklärung gebracht. LUFT (1926) bezeichnet als häufigsten Sitz von Saponinen das Grundgewebsparenchym, wobei aber bei vielen Pflanzen auch in anderen Geweben der Blätter, Früchte, Samen und Wurzeln Saponine vorkommen.

In der Tab. 5. sind die wichtigsten Saponine mit den dazugehörigen Sapogeninen und Zuckern, soweit sie bekannt sind, und zugleich die hauptsächlichsten Vorkommen zusammengestellt. Es fällt auf, daß Saponine besonders innerhalb der Familien der Liliaceen (z. B. *Yucca*), der Amaryllidaceen (z. B. *Agave*) und der Dioscoreaceen (z. B. *Dioscorea*) außerordentlich verbreitet sind.

II. Chemische Konstitution der Saponine.

Die Aufklärung der Saponinkonstitution gehört zu den kompliziertesten Problemen der organischen Chemie; schon bei der Aufstellung der Bruttoformeln stieß man wegen der relativ hohen Molekulargewichte (Digitonin 1229, Amolonin 1357,5) auf Schwierigkeiten. Der erste Eingriff in das Molekül ist die hydrolytische Spaltung der Saponine in die Zuckerkomponente (Glucose, Galaktose, Rhamnose, Xylose und Glucuronsäure) und das Sapogenin, worauf die beiden Fraktionen gesondert untersucht werden. Die empirische Formel konnte dann in manchen Fällen rückschließend aus der Zusammensetzung und dem Bau der Spaltprodukte abgeleitet werden, so daß die Struktur der meisten Saponine heute bekannt ist. In bezug auf den Feinbau des Moleküls, vor allem was die Haftstelle der Zucker im Sapogeningerüst anbetrifft, fehlen in manchen Fällen noch eindeutige Beweise.

Aus den Untersuchungen von MARKER und LOPEZ (1947 b, c) wurde anfänglich geschlossen, daß die Struktur der Sapogenine je nach den Extraktions- und Aufarbeitungsmethoden gewisse Veränderungen erleidet. Neueste Arbeiten von KRIDER und WALL (1952), in deren Verlauf Sapogenine durch fermentativen Abbau aus Saponinen gewonnen wurden, haben jedoch gezeigt, daß die so schonend hergestellten Sapogenine in ihrer Struktur mit denjenigen, die MARKER und LOPEZ 1947 b, c vorher isoliert haben, übereinstimmen. Deshalb ist die oben zitierte Ansicht von MARKER entsprechend zu revidieren. In Übereinstimmung damit stehen auch die Untersuchungen von ROTHMAN, WALL und EDDY (1952), die mit Hilfe der Infrarot-Spektren die Struktur einzelner Saponine und der zugehörigen Sapogenine verglichen. Es ergab sich, daß die typischen Gruppierungen, wie z. B. der

Spiroketoacetalring, bereits bei den Saponinen ausgebildet sind, und daß die Genine somit keine bei der Hydrolyse der Saponine gebildeten Kunstprodukte darstellen.

Da Windaus und Schneckenburger (1913) für Gitogenin zunächst die Zusammensetzung $C_{26}H_{42(44)}O_4$ in Erwägung gezogen hatten, galten die damals bekannten Sapogenine während längerer Zeit als Verbindungen mit 26 C-Atomen. Erst die grundlegenden Untersuchungen von Simpson und Jacobs (1935) führten zur Erkenntnis, daß das Grundgerüst der Sapogenine durchweg aus 27 C-Atomen zusammengesetzt ist.

Nachdem schon Ruzicka und van Veen (1929) die Vermutung ausgesprochen hatten, daß zwischen Sarsasapogenin und Cholesterin eine enge verwandtschaftliche Beziehung bestehe, gelang es Jacobs und Simpson (1934a, b), bei der Selen-Dehydrierung von Sarsasapogenin und Gitogenin den Dielsschen Kohlenwasserstoff (17-Methyl-cyclopentenophenanthren) und ein C_8-Keton, das bei der Abspaltung der Seitenkette entsteht, zu isolieren und damit die Zugehörigkeit dieser Sapogenine zu den Steroiden zu beweisen:

17-Methyl-cyclopenteno-phenanthren

Ein weiterer wichtiger Befund basiert auf den Untersuchungen von Tschesche und Hagedorn (1935a, 1936), denen die Überführung von Tigogenin in die Ätio-allobiliansäure gelang. Nach der gleichen Methode konnte dann auch Sarsasapogenin zur Ätio-biliansäure abgebaut werden (Farmer und Kon, 1937):

Ätio-biliansäure

Recht schwierig war es indessen, die Konstitution der an C_{17} haftenden Seitenkette aufzuklären. An diesen Forschungen sind Fieser (1938, 1939), Kon (1939), Marker (1939c, 1941, 1942, 1947f), Tschesche und Hagedorn (1935a, b) und ihre Mitarbeiter maßgebend beteiligt. Die Formulierung dieser Seitenkette als ein Keto-spiro-acetal stammt von Marker und Rohrmann (1939b). Daß der Kohlenstoff in der 25-Stellung ein weiteres Asymmetriezentrum darstellt, wurde lange Zeit vernachlässigt. Vergleiche dazu Scheer, Kostic und Mosettig (1953) und James (1953). Das folgende Schema zeigt die normale Keto-spiro-acetal-Form eines Sapogenins; die nebenstehende Formel illustriert die daraus durch Einwirkung von alkoholischer Salzsäure entstehende Iso-Form:

Sarsasapogenin   Iso-Form

Für ein normales Sapogenin findet sich in der Literatur auch die Bezeichnung Neosapogenin, oder Sapogenin der b-Reihe, während die Isosapogenine auch als Sapogenine der a-Reihe bezeichnet werden.

Von erheblicher Bedeutung für die Aufklärung der Sapogeninkonstitution ist auch der Befund von MARKER (1947a), dem es gelang, aus der normalen Form eines Sapogenins durch Behandlung mit Essigsäureanhydrid bei höherer Temperatur die „Pseudo-Form" herzustellen und diese durch Einwirkung von Salzsäure in die normale und in die Iso-Form zurückzuverwandeln:

normale Form   Pseudo-Form

Die oben erwähnte, MARKER (1947a) und Mitarbeitern (1947f, 1949) sowie DJERASSI und Mitarbeitern (1951) gelungene Überführung von Sapogeninen in Sexualhormone wie z. B. Testosteron und Progesteron sowie in Desoxy-corticosteron wird durch das folgende Formelschema veranschaulicht:

Wie bereits angedeutet, erfolgt durch Einwirkung von Säuren Abspaltung des Zuckerrestes aus dem Saponin-Molekül. MARKER und LOPEZ (1947b, c) waren der Ansicht, daß diese Reaktion unter Umständen mit einer Veränderung der

Sapogeninstruktur einhergehen könnte, was aber von ROTHMAN, WALL und EDDY (1952) durch Untersuchungen mit Hilfe von Infrarot-Spektren widerlegt werden konnte; vgl. Seite 179.

Yucconin

R = Zuckerrest

Yuccagenin

III. Darstellung von Saponinen.

Da viele Saponine andere pflanzliche Begleitstoffe und anorganische Substanzen einschließen und hartnäckig zurückhalten und z. T. nur in amorphem Zustand vorliegen, ist ihre Reindarstellung und Charakterisierung zeitraubend und schwierig. Namentlich die Reinigung der Saponine ist vorsichtig durchzuführen, da energischere Eingriffe leicht zur Veränderung der genuinen Struktur führen können. Unter allen Umständen ist es vorteilhaft, den Verlauf der Saponin-Extraktion und -Reinigung mit Hilfe von analytischen Nachweis- und Bestimmungs-Reaktionen zu kontrollieren.

Die Darstellung zahlreicher natürlicher Saponine ist indessen bis heute noch nicht gelungen; man hat sich damit begnügt, an ihrer Stelle die entsprechenden Sapogenine zu fassen und zu untersuchen.

Im allgemeinen lassen sich die Saponine mit siedendem Äthanol oder Methanol aus dem pflanzlichen Material herauslösen, wobei beim Erkalten des Lösungsmittels häufig ein Teil des Gelösten ausfällt. Vor dem Extrahieren mit Äthanol ist Ausziehen des Ausgangsmaterials mit Äther oder Petroläther empfehlenswert, da auf diese Weise harzige und ölige Bestandteile entfernt werden.

Die durch anschließende Alkohol-Extrahierung und Eindampfen des Lösungsmittels zur Trockne gewonnenen Rohsaponine werden mit Äther gewaschen oder ausgekocht oder durch Verteilen zwischen Chloroform und Wasser und Dialyse der wäßrigen Lösung vorgereinigt; sie sind aber in diesem Stadium noch stark verunreinigt und stets amorph. Infolge der schmierigen Beschaffenheit dieser Präparate macht das Abfiltrieren große Mühe; oft ist es daher vorteilhaft, das Lösungsmittel einfach abzudekantieren, den Rückstand wiederholt in Alkohol zu lösen und mit Äther fraktioniert auszufällen. Eine weitere Möglichkeit der Fraktionierung besteht in der Extraktion der Saponine durch wäßrigen, z. B. 50—70%igen Alkohol und Ausfällen mit absolutem Alkohol.

Die bisher beschriebenen Verfahren führen zu Saponin-Präparaten, die außer organischen Begleitsubstanzen noch größere Mengen anorganischer Stoffe enthalten können. Die Entfernung dieser Verunreinigungen geschieht am besten durch Elektrodialyse, was in wenigen Stunden zu praktisch aschefreien Saponin-Präparaten führt. KOFLER und BRAUNER, 1925; PAULI, 1924; ADOLF und PAULI. 1924; KOFLER und DAFERT, 1923; KOFLER und WOLKENBERG, 1925.

Eine spezifische Reinigungsoperation für Saponine beruht auf ihrer Fällbarkeit mit Cholesterin. Zu diesem Zweck wird eine heiße äthanolische Cholesterin-Lösung zu einer ebensolchen Saponin-Lösung gegeben, worauf man das Gemisch mehrere Stunden stehenläßt. Der ausgefallene Niederschlag wird abfiltriert und mit Äthanol gewaschen. Durch mehrstündiges (bis zu 20 Std.) Kochen mit Xylol wird die Cholesterin-Saponin-Verbindung gespalten, und man erhält häufig sehr reine, farblose Saponin-Fraktionen.

Eine andere gute Methode, die allgemein zur Isolierung von Saponinen dienen kann, beschreiben ROTHMAN, WALL und EDDY (1952); sie führt über das Acetat des Rohsaponins und fraktioniert das Acetylierungsprodukt mit Hilfe der Chromatographie. Diese Vorschrift lautet in deutscher Übersetzung:

„Man extrahiert 6350 g (14 lb.) Blätter von Agave Nelsoni mit heißem 95%igem Äthanol. Der eingedampfte Extrakt wird entfettet, das Saponin in n-Butanol aufgenommen und die Lösung unter vermindertem Druck auf 200 ml eingedampft. Der zurückbleibende Sirup liefert beim Verreiben mit Aceton 59 g eines bräunlichen körnigen Pulvers, das mehrfach mit frischem Aceton gewaschen und zuerst an der Luft, dann bei 95° im Vakuum getrocknet wird.

Man versetzt die Lösung des Pulvers in 100 ml Pyridin mit 100 ml Essigsäureanhydrid und erhitzt die Mischung während 2 Std. am Rückfluß. Die Lösung wird nach dem Abkühlen in 2 l Wasser gegossen und gerührt, bis der Niederschlag pulverig geworden ist. Das Produkt wird abfiltriert, mit Wasser gewaschen, über Nacht an der Luft und während 1 Std. bei 95° im Vakuum getrocknet. Die Ausbeute an acetyliertem Rohprodukt beträgt 70 g. Das Rohprodukt wird in 300 ml Benzol gelöst und auf eine Säule von schwach aktiviertem Aluminiumoxyd (33 cm lang, 7 cm Durchmesser) gebracht. Elution mit 4 l Benzol entfernt geringe Mengen grünlicher gelartiger Verunreinigungen. Darauf eluiert man mit einem Benzol-Chloroform-Gemisch, dessen Chloroformgehalt bis zu 100% ansteigt, wobei 44 g nahezu farbloses, gereinigtes Saponin-Acetat anfällt. Weitere Elution mit Chloroform, das zunehmende Mengen Äthanol enthält, liefert Fraktionen, die wahrscheinlich aus unvollständig acetyliertem Material bestehen.

Man versetzt die Lösung von 11,6 g des gereinigten Acetats in 200 ml 75%igem Methanol mit 30 ml gesättigter methanolischer Kalilauge und erhitzt die Mischung während 2 Std. am Rückfluß. Die Lösung wird abgekühlt, mit Wasser verdünnt, das Methanol verdampft, und die mit Salzsäure leicht angesäuerte (pH 6,5) wäßrige Lösung dreimal mit je 100 ml wassergesättigtem n-Butanol extrahiert. Die Butanollösung liefert nach zweimaligem Waschen mit je 50 ml butanolgesättigtem Wasser beim Eindampfen 8 g Saponin, das fast ganz aus Hecogenin-Glykosiden und ihren 9-Dehydro-Derivaten besteht."

Die Steroid-Saponine aus Agaven- und Yucca-Arten werden neuerdings enzymatisch in Zucker und Sapogenine gespalten, da nur letztere für die Weiterverarbeitung auf Hormone gebraucht werden. Eine praktische Vorschrift zur Herstellung eines Enzympräparates und zur enzymatischen Spaltung wird von KRIDER und WALL (1952) beschrieben:

2 kg gefrorene Agave toumeyana-Blätter werden gemahlen und mit Wasser bei 10° extrahiert. Der filtrierte Extrakt wird mit Benzol ausgeschüttelt und die wäßrige, enzymhaltige Schicht bei 4° aufbewahrt. Das bei der Extraktion mit Wasser hinterbleibende Pflanzenmaterial wird zur Gewinnung der Saponine mit 95%igem Äthanol behandelt, die äthanolische Lösung eingeengt, mit Wasser verdünnt, mit Benzol extrahiert, und das in der wäßrigen Lösung vorhandene Äthanol auf dem Wasserbad abgedampft. Nun werden die Enzymlösung und die wäßrige Saponin-Lösung vereinigt, auf ein pH von 5,25 eingestellt und während 9 Std. bei 37° gehalten. Die entstandene Sapogenin-Suspension wird zuerst mit einem Gemisch aus 90% Benzol und 10% Äthanol ausgeschüttelt, um die Sapogenine aufzunehmen. Darauf werden mit Butanol die nicht oder nur partiell gespaltenen Saponine extrahiert und gegebenenfalls erneut einer enzymatischen

Spaltung unterworfen. Der mit Benzol/Äthanol extrahierte Anteil wird eingeengt und an Aluminiumoxyd chromatographiert. Auf diese Weise konnten Hecogenin und Manogenin rein erhalten werden.

IV. Allgemeine Nachweis- und Bestimmungsmethoden.

Der qualitative Nachweis und die quantitativen Bestimmungsmethoden werden auf S. 67 dieses Bandes bei den terpenoiden Saponinen eingehend beschrieben. Hier soll lediglich eine orientierende Zusammenstellung der gebräuchlichsten Reaktionen gegeben werden.

Die durch Saponine bewirkte Hämolyse kann sowohl für den Nachweis als auch für die Bestimmung herangezogen werden. Der positive Ausfall der Reaktion spricht indessen nicht eindeutig für das Vorliegen eines Saponins. Nur wenn ein Zusatz von Cholesterin die hämolytische Wirkung aufhebt, und diese nach Aufspaltung des Cholesterids wieder eintritt, darf auf ein Steroid-Sapogenin geschlossen werden. Über die quantitative Bestimmung von Sapogeninen durch Messung der Hämolyse berichten Fischer und Langer (1947); Fuchs (1942); Fuchs und Koch (1950); Jung und Wirth (1950) und besonders ausführlich Mazurek (1952).

Tabelle 6. *Farbreaktionen mit konz. Schwefelsäure nach* Djerassi (1952).

Nr.	Sapogenin		Farbe mit H_2SO_4	Absorptionsspektrum in H_2SO_4 (320—600 mμ)	
	Alte Nomenklatur	Neue Nomenklatur		Max (log ε) mμ	Min (log ε) mμ
1.	Tigogenin	22-Isoallospirostan-3β-ol	gelb	394 (3,50)	375 (3,44)
2.	Epismilagenin	22-Isospirostan-3α-ol	hellgelb	390 (3,52)	383 (3,50)
3.	Sarsasapogenin	Spirostan-3β-ol	gelb	398 (3,44)	380 (3,39)
4.	Yamogenin	Δ^5-Spirosten-3β-ol	orange	412 (4,13), 512 (3,40)	364 (3,78), 457 (3,28)
5.	Diosgenin	Δ^5-22-Isospirosten-3β-ol	orange	334 (3,86), 412 (4,11), 512 (3,52)	366 (3,77), 458 (3,36)
6.	Gitogenin	22-Isoallospirostan-2α,3β-diol	purpurrot	399 (3,09)	386 (3,07)
7.	Chlorogenin	22-Isoallospirostan-2β,6α-diol	gelb	330 (3,98), 400 (3,56), 470 (3,11)	320 (3,95), 378 (3,50), 456 (3,07)
8.	Yuccagenin	Δ^5-22-Isopirosten-2α,3β-diol	purpurrot	345 (3,67), 404 (3,91)	321 (3,60), 362 (3,55)
9.	Samogenin	22-Isospirostan-2,3-diol (?)	farblos	342 (3,10), 398 (2,83), 494 (2,14)	320 (3,07), 385 (2,82), 452 (2,06)
10.	Hecogenin	22-Isoallospirostan-3β-ol-12-on	gelb	351 (3,86), 396 (4,20)	335 (3,83), 358 (3,85)
11.	Mexogenin	22-Isospirostan-2,3-diol-12-on (?)	farblos	347 (3,62), 394 (3,31), 468 (2,82)	320 (3,34), 378 (3,28), 440 (2,81)
12.	Manogenin	22-Isoallospirostan-2α,3β-diol-12-on	hell-purpurrot	346 (3,77), 470 (2,78)	320 (3,58), 440 (2,72)
13.	Kammogenin	Δ^5-22-Isospirosten-2α,3β-diol-12-on	purpurrot	346 (3,65), 474 (2,82), 554 (2,81)	320 (3,41), 428 (2,72), 530 (2,75)
14.	Dihydrokryptogenin	Cholestan-3β,26-diol-16,22-dion	gelb	380 (4,00)	352 (3,75)
15.	Kryptogenin	Δ^5-Cholesten-3β,26-diol-16,22-dion	orange	384 (4,02), 484 (2,89)	338 (3,88), 462 (2,87)
16.	Fesogenin	$\Delta^{5,16(22)}$-Fesadien-3β,26-diol-22-on	orange	363 (3,95), 414 (4,07)	320 (3,61), 382 (3,80)

Auch mit Hilfe der Papier-Chromatographie lassen sich Saponine nachweisen (SANNIÉ, HEITZ und LAPIN, 1951). Nach den Angaben der Literatur ist diese Methode allerdings noch nicht für alle Saponine ausgearbeitet.

Eine biologische Wertbestimmung von Saponinen kann nach MÜHLEMANN und SCHEIDEGGER (1947) mit *Tubifex*-Würmern durchgeführt werden.

Die augenfälligste Eigenschaft der Saponine, in wäßriger Lösung stark zu schäumen, wurde wiederholt für den Nachweis und die Bestimmung derselben herangezogen (vgl. diesbezüglich REITSTÖTTER und SCHIPKE, 1951, 1950; AWE und HÄUSSERMANN, 1951).

In neuester Zeit ist ein wichtiger Beitrag zum Nachweis und zur Identifizierung von Steroid-Sapogeninen von DJERASSI u. a. (1952) geliefert worden. Diese Methode beruht auf der Bildung von spezifischen Färbungen bei der Behandlung von Sapogeninen mit konz. Schwefelsäure. Die Färbungen lassen sich mit einem Spektrophotometer auswerten und zeigen charakteristische Maxima und Minima im Gebiet von etwa 600 bis etwa 300 mμ. Die Angaben der Tab. 6. basieren auf der Publikation von DJERASSI (1952).

Schließlich sei auch noch auf eine ausführliche Arbeit von JONES, KATZENELLENBOGEN und DOBRINER (1953) hingewiesen, worin die Infrarot-Spektren von 35 Steroid-Sapogeninen und ihren Derivaten wiedergegeben und diskutiert werden.

V. Vorkommen, Darstellung und Eigenschaften einzelner Saponine und Sapogenine.

1. Amolonin $C_{63}H_{104}O_{31}$.

Es wurde von JURS und NOLLER (1936) aus *Chlorogalum pomeridianum* Kunth. isoliert: Mikroskopische Nadeln aus Äthanol oder Methanol, $[\alpha]_{5461}^{23} = -67,5°$ (Dioxan); —75,5° (Pyridin).

Darstellung. a) Die im Frühling gesammelten Knollen der kalifornischen „Seifenpflanze" werden fein zerrieben, der Brei wird abgepreßt, der Preßkuchen wird zweimal mit kaltem Wasser und zweimal mit kaltem Methanol gewaschen und dann erschöpfend mit kochendem Methanol extrahiert. Beim Abkühlen scheidet sich eine gelatinöse Masse ab, die vom Methanolextrakt abfiltriert und im Vakuum getrocknet wird. Das auf diese Weise gewonnene rohe Amolonin wird aus Methanol oder Äthanol wiederholt umkristallisiert.

Außer dem kristallinen Amolonin wurde nach diesem Verfahren noch ein weiteres, amorphes Saponin erhalten, das bei der Hydrolyse ebenfalls Tigogenin lieferte. JURS und NOLLER (1936) stellten fest, daß das Amolonin und das amorphe Saponin sich in bezug auf die Löslichkeit in tert. Butanol stark unterscheiden. Auf dieser Beobachtung beruht das folgende Herstellungsverfahren für Amolonin.

b) Das nach dem unter a) beschriebenen Verfahren hergestellte rohe Saponingemisch wird gemahlen, getrocknet und zehnmal mit kochendem tert. Butanol extrahiert. Der Rückstand besteht in der Hauptsache aus Amolonin, das wiederholt aus Äthanol und dann aus Methanol umkristallisiert und so in reinem Zustand erhalten wird. Beim Trocknen geht Amolonin unter Verlust des Kristall-Lösungsmittels in eine amorphe Form über.

Bei der Hydrolyse wird Amolonin unter Aufnahme von 6 Mol Wasser in 1 Mol Tigogenin, 3 Mol D-Glucose, 1 Mol D-Galaktose und 2 Mol L-Rhamnose gespalten (Jurs und Noller, 1936, l. c.), was in der folgenden schematischen Formel zum Ausdruck kommt:

+ 3 Mol d-Glucose
+ 1 Mol d-Galaktose
+ 2 Mol l-Rhamnose
— 6 Mol H_2O

Tigogenin

2. Digitonin $C_{56}H_{92}O_{29}$.

Es wurde in reinem Zustand erstmals aus *Digitalis purpurea* isoliert (Kiliani, 1891a), Smp. 235°, $[\alpha]_D = -54°$ (Äthanol).

Extraktion und Reindarstellung (Kiliani, 1916; vgl. auch Kiliani, 1891a und Schneckenburger, 1914).

Der erste Teil des Verfahrens besteht in der Herstellung des rohen Digitonins, wobei entweder von *Digitalis purpurea, D. lanata* oder Digitalinum germanicum ausgegangen wird. Das letztere Ausgangsmaterial löst man in Wasser, versetzt mit Alkohol und anschließend mit Amylalkohol, wobei die Kristallisation des Rohdigitonins einsetzt; sie ist nach etwa 24 Std. beendet. Berechnet auf Digitalinum germanicum wurde eine Ausbeute an Roh-Digitonin von 44—45% erhalten. Das Präparat löst man nun in 5 Teilen kochendem 85%igem Äthanol und läßt diese Lösung erkalten. Die erste Kristallisation wird nach zwei Tagen abgesaugt und aus 50%igem kochendem Äthanol umkristallisiert, wobei die erste Kristallfraktion, die aus gallertartiger Kruste besteht, verworfen wird. Die Mutterlauge liefert nach 2—3tägigem Stehen eine zweite Fraktion, die aus reinem Digitonin besteht.

Schon bei der ersten Hydrolyse des Digitonins konnte Kiliani (1890) relativ große Mengen von d-Galaktose und d-Glucose isolieren. Später konnte dann gezeigt werden, daß Digitonin in 2 Mol d-Glucose, 2 Mol d-Galaktose, 1 Mol Xylose und das Sapogenin Digitogenin zerfällt.

Digitogenin $C_{27}H_{44}O_5$ (Smp. 283°). Es kann durch saure Hydrolyse sowohl aus rohem amorphem, wie aus kristallisiertem Digitonin erhalten werden (Kiliani. 1890, 1891a). Obwohl dieses Aglykon schon lange bekannt und das am häufigsten untersuchte Sapogenin ist, konnte seine Struktur bis heute noch nicht erschöpfend aufgeklärt werden (Windaus u. a., 1925, 1925, 1926; Tschesche, 1935 und Tschesche und Hagedorn, 1936; Marker u. a., 1947e).

3. Dioscin $(C_{20}H_{34}O_8)_x$.

Es wurde in unreinem Zustand erstmals von Honda (1904) isoliert, und von Tsukamoto und Ueno (1936) in reiner Form aus *Dioscorea Tokoro* Makino [weiße Kristalle vom Smp. 288° (Zers.) und $[\alpha]_D^{25} = -94,60°$ (Alkohol)] gewonnen. Dioscin ist geruchlos, leicht löslich in Alkohol, unlöslich in Wasser und Alkalien.

Bei der Hydrolyse mit 5—6% Schwefelsäure oder 12%iger Salzsäure zerfällt Dioscin in Diosgenin, und zwei Methylpentosen, von denen die eine vermutlich Rhamnose ist.

Diosgenin $C_{27}H_{42}O_3$. Es kristallisiert aus Alkohol, Essigsäure oder Aceton in farblosen, geruchlosen Nadeln oder Platten vom Smp. 204—207°; es ist in Alkohol. Benzol und anderen organischen Lösungsmitteln leicht löslich. Außer durch

Hydrolyse von Dioscin kann Diosgenin auch durch Hydrolyse von Dioscorea-
sapotoxin mit 5%iger Schwefelsäure (TSUKAMOTO und UENO, 1936) und durch
Hydrolyse von Trillarin und Trillin (MARKER und KRUEGER, 1940a) erhalten
werden. Es findet sich ferner in den Wurzeln von *Aletris farinosa* L. (MARKER
et al., 1940), in *Dioscorea villosa* L. und *Trillium erectum* Engelm. (MARKER
u. a., 1940b), in *Trigonella Foenum Graecum* (MARKER u. a., 1943) sowie in zahlreichen *Trillium*- und *Dioscorea*-Arten u. a. (MARKER u. a., 1942, 1943c, 1947h).
Kürzlich konnten SATO und LATHAM (1953) das Sapogenin aus *Solanum xantho-
carpum* isolieren. Vermutlich kommt es nicht zuckerfrei in den Pflanzen vor,
sondern entsteht bei der Aufarbeitung ihrer alkoholischen Extrakte.

Diosgenin entsteht auch, wenn man eine Lösung von Kryptogenin-diacetat
mit Isopropanol und Natrium (MARKER u. a., 1947e), oder Botogenin nach
WOLFF-KISHNER behandelt (MARKER und LOPEZ, 1947d). Ferner liefert Yamogenin durch Isomerisierung an C_{22} Diosgenin (MARKER u. a., 1943c).

Yamogenin C_2H_5OH/HCl, 24 Std.   Diosgenin

Diosgenin kann über verschiedene Zwischenstufen in Progesteron übergeführt
werden (MARKER et al., 1947g).

Tabelle 7. *Vorkommen von Diosgenin.*

Balanites aegyptica Wall.	*Dioscorea plumifera*
Dioscorea bulbifera	*Dioscorea pringlei*
Dioscorea capillaris	*Dioscorea remotiflora*
Dioscorea composita	*Dioscorea subtomentosa*
Dioscorea cyphocarpa	*Dioscorea testudinaria*
Dioscorea dugessi	*Dioscorea ulinei*
Dioscorea floridiana Bartlett	*Dioscorea urceolata*
Dioscorea galeottiana	*Nolina erumpens*
Dioscorea glauca Muhl.	*Nolina greeni*
Dioscorea grandifolia	*Smilacena stellata*
Dioscorea hirsuta	*Trillium Catesbaei* E.
Dioscorea hirsuticaulis	*Trillium declinatum* Gleason
Dioscorea jaliscana	*Trillium erectum* L.
Dioscorea lobata	*Trillium Hugeri* Small
Dioscorea macrostachya	*Trillium ludovicianum* Harbison
Dioscorea mexicana	*Trillium recurvatum* Beck
Dioscorea militaris	*Trillium sessile californicum*
Dioscorea minima	*Trillium simile* Gleason
Dioscorea multinervis	*Trillium stylosum*
Dioscorea platycalpata	*Trillium Vaseyi* Harbison

4. Dioscoreasapotoxin.

TSUKAMOTO und UENO (1936) isolierten dieses Saponin aus *Dioscorea Tokoro*
Makino (vgl. dazu HONDA, 1904), Smp. 215—220° (Zers.). Die Verbindung ist
sehr hygroskopisch, von bitterem Geschmack, unlöslich in Äther und Aceton,
leicht löslich in Alkohol und in Wasser.

Hydrolyse mit 5%iger Schwefelsäure zerlegt das Glykosid in Diosgenin,
Glucose und Rhamnose.

5. Gitonin $C_{50}H_{82}O_{23}$.

Es wurde von WINDAUS und SCHNECKENBURGER (1913) bei der Untersuchung von Digitonin des Handels (Digitonin Merck) isoliert. Es läßt sich aus Methanol kristallisieren (dichte Wärzchen und derbe Säulchen vom Smp. 282° (Zers.)), $[\alpha]_D^{20} = -50,69°$ (Pyridin). Die Löslichkeit von Gitonin in Wasser, Methanol und Äthanol ist gering; in Aceton und Äther ist es praktisch unlöslich. Zur Darstellung (WINDAUS und SCHNECKENBURGER, 1913) wird Digitonin des Handels in 95%igem Äthanol heiß gelöst und verschlossen stehengelassen. Nach mehreren Wochen scheidet sich eine größere Menge amorphen Materials ab, das aus heißem 50%igem Äthanol umgefällt wird. Da nach diesem Verfahren Gitonin in amorphen Aggregaten anfällt, war man über seine Einheitlichkeit im ungewissen. was KILIANI (1916) zu erneuter Untersuchung veranlaßte. Er löste Digitalinum germanicum in wenig Wasser, rührte mit 95%igem Äthanol aus, versetzte mit wenig Amylalkohol und ließ stehen, worauf nach kurzer Zeit die Kristallisation des rohen Digitonins einsetzte, die nach etwa 24 Std. beendet war. Dieses Roh-Digitonin wurde alsdann durch fraktionierte Kristallisation in Digitonin und Gitonin getrennt, wobei sich letzteres aus 60%igem oder aus reinem Methanol kristallisieren ließ (vgl. auch WINDAUS und BRUNKEN, 1925b).

Bei der sauren Hydrolyse zerfällt Gitonin in 3 Mol Galaktose und 1 Mol Xylose und Gitogenin, dessen Struktur aufgeklärt werden konnte (WINDAUS und BRUNKEN, 1925a).

$+ 3$ Mol Galaktose
$+ 1$ Mol Xylose
$- 4 H_2O$

Gitogenin

MARKER und LOPEZ (1947c) hydrierten Yucconin in alkoholischer Lösung in Gegenwart von Platinoxyd unter Druck zu Gitonin.

Gitogenin $C_{27}H_{44}O_4$. Es wurde von WINDAUS und SCHNECKENBURGER(1913), später von MARKER und LOPEZ (1947c) bei der Hydrolyse von Gitonin erhalten. WINDAUS und BRUNKEN (1925a) konnten es direkt aus Digitalis purpurea isolieren. Aus Benzol oder Alkohol kristallisiert Gitogenin in reinweißen, schmalen Blättchen vom Smp. 271—272°.

MARKER et al. (1943c) konnten aus verschiedenen Agaven- und Yucca-Arten, sowie aus Manfreda gigantea var., M. virginica L., Gitogenin isolieren, das in diesen Pflanzen wahrscheinlich aus komplizierter aufgebauten Saponinen entsteht. So konnte MARKER (1947b) Gitogenin sowie Chlorogenin und Tigogenin in alten Pflanzen von Maguey cacaya auffinden, in jungen Pflanzen hingegen nur Cacogenin und Magogenin. Agave cantala enthält im Jugendstadium und während der Blütezeit im wesentlichen Gitogenin, während Agave vera-cruz während der Blütezeit nur geringe Mengen des Sapogenins enthält (GEDEON und KINCL, 1953).

6. Jegosaponin $C_{55}H_{80}O_{25}$.

Es wurde von ASAHINA und MOMOYA (1914) aus den Fruchtschalen von Styrax japonica isoliert. Es kristallisiert aus heißem Methanol in reinweißen, glänzenden Nadeln vom Smp. 238°, $[\alpha]_D = -39,15°$ (Alkohol). Das Saponin löst sich in Methanol und Äthanol leicht; in Äther, Chloroform und Benzol ist es praktisch unlöslich. Zur Darstellung (ASAHINA und MOMOYA, 1914) werden die lufttrockenen Fruchtschalen von *Styrax japonica* in 95%igem Methanol ausgekocht, worauf man die Auszüge einengt und erkalten läßt. Die dabei anfallenden Kristalle bestehen im wesentlichen aus rohem Jegosaponin. Dieses wird zur weiteren Reinigung während längerer Zeit mit Äther extrahiert, anschließend aus Methanol umkristallisiert und zur Entfernung von anorganischem Material mit 0,5%iger wäßriger Salzsäure bei Zimmertemperatur ausgerührt. Der ungelöste Anteil wird wiederum aus Methanol umkristallisiert und liefert nun reines Jegosaponin. Charakteristisch ist sein Cholesterid vom Smp. 260°.

Bei der Hydrolyse zerfällt Jegosaponin in Jegosapogenin, D-Glucose und Glucuronsäure.

Jegosapogenin ist von SOUE (1934) nach Modifikation der Methode von ASAHINA und MOMOYA (1914) aus den Fruchtschalen von *Styrax japonica* isoliert worden: 1,5 kg lufttrockene Schalen von nicht ganz reifen Früchten werden in einem Autoklaven während 4 Std. mit 6 l 95%igem Methanol auf 80° erhitzt. Man filtriert ab, extrahiert die Fruchtschalen noch einmal mit dem gleichen Volumen 95%igem Methanol 3 Std. bei 80° und dampft die vereinigten Filtrate auf dem Wasserbad zu einem dicken Sirup ein. Diesen versetzt man mit 500 ml 60%igem Äthanol und 80 g konz. Salzsäure und erhitzt während 3 Std. auf dem Wasserbad. Nach beendeter Hydrolyse und nach dem Erkalten werden die ausgeschiedenen schwach gelbgefärbten Kristalle auf einer Nutsche gesammelt. Die Ausbeute an Jegosapogenin beträgt etwa 20 g.

Dieses rohe Jegosapogenin wird zunächst aus Methanol, dann aus Äthanol umkristallisiert. In reinem Zustand ist es ein farbloses Kristallpulver (Prismen) vom Smp. 268° (Zers.). Jegosapogenin löst sich in Eisessig und Chloroform gut, schwer in Methanol, Äthanol und Äther und ist in Wasser unlöslich. Jegosapogenin reagiert neutral. Durch Zusatz von konz. Schwefelsäure entsteht eine Gelbfärbung, die beim Erwärmen in rot-braun übergeht.

Über die Struktur des Jegosapogenins ist man noch im unklaren: Bei der Titration erweist es sich als Monoester einer einbasischen Säure. Der nach Abspaltung dieser Säure verbleibende Alkohol wird von SOUE (1934) als Jegosapogenol bezeichnet; die Säure konnte als Tiglinsäure identifiziert werden.

7. Kammonin $C_{63}H_{104}O_{37}$.

Es wurde von MARKER u. LOPEZ (1947c) aus den Blättern von *Yucca schottii* Engelm. isoliert; Smp. 310—315° (Zers.). Der alkoholische Extrakt der Blätter wird eingedampft, und der Rückstand zur Entfernung von Fetten sorgfältig mit Äther digeriert. Durch Lösen in 80%igem Äthanol und Stehenlassen wird das Kammonin kristallisiert erhalten. Zur weiteren Reinigung kristallisiert man aus Methanol um.

Bei der Hydrolyse zerfällt Kammonin in Kammogenin und sechs Hexosen (vgl. weiter unten).

Kammogenin $C_{27}H_{40}O_5$, Smp. 242°, wurde von MARKER et al. (1943c) aus *Yucca schottii* Engelm., aus *Samuela carnerosana* Trel., aus *Yucca brevifolia* Engelm. und aus *Y. Harrimanii* Trel. isoliert (MARKER et al., 1947e).

Kammogenin wird nach MARKER und LOPEZ (1947c) durch zweistündiges Kochen am Rückfluß von Kammonin in konz. alkoholischer Salzsäure hydrolysiert. Anschließend entfernt man das Lösungsmittel im Vakuum, setzt Wasser zu und nutscht das Sapogenin ab. Zur Reinigung kristallisiert man es aus Äther um.

Kammogenin kann nach Wolff-Kishner zu Yuccagenin reduziert werden. Katalytische Reduktion von Kammogenin-diacetat in Äther in Gegenwart von einigen Tropfen Essigsäure führt zu Manogenin-diacetat (Marker et al., 1943c). Aus diesen Reaktionen wurde folgende Formel für Kammogenin abgeleitet:

Kammogenin

8. Nolonin.

(Smp. 280—285°, Zers.)

Es wurde von Marker und Lopez (1947b) aus *Dioscorea mexicana* isoliert: Die Droge wird nach dem Trocknen und Mahlen mit Äthanol extrahiert, worauf man den Extrakt weitgehend einengt und zu einer kochenden Lösung von Cholesterin in Äthanol gibt. Nach Zusatz von Wasser und Stehenlassen während längerer Zeit bei Zimmertemperatur wird das ausgefallene Cholesterid abzentrifugiert, getrocknet, gepulvert und schließlich durch Auflösen in Pyridin und Erhitzen auf dem Wasserbad zerlegt. Auf Zusatz von Äther scheiden sich die Saponine ab. Zur Reinigung löst man den getrockneten und gewaschenen Niederschlag in Äthanol und fällt durch Wasserzusatz fraktioniert aus. Durch Umkristallisieren aus wenig 95%igem Äthanol erhält man reines Nolonin.

Sowohl Nolonin als auch Nologenin können durch Einwirkung von methanolischer Salzsäure in Bethogenin umgewandelt werden (Marker et al., 1947e).

Nologenin $C_{27}H_{44}O_5$ konnte von Marker et al. (1943b) aus der Steroid-Fraktion von *Trillium erectum* Engelm. neben größeren Mengen von Diosgenin und Kryptogenin in kleiner Menge isoliert werden. Es besitzt den Smp. 265 bis 267° und kristallisiert aus Äther oder Aceton.

Aus Nolonin läßt sich Nologenin durch Erhitzen mit wäßriger Natriumhydroxydlösung unter Druck auf 250° gewinnen (Marker und Lopez, 1947b).

Nologenin besitzt vermutlich folgende Struktur (Marker et al., 1943c):

Nologenin

Über seine Überführung in Progesteron s. Marker (1947a). Durch milde einstündige Behandlung von Nologenin mit äthanolischer Salzsäure wird Pennogenin, nach längerer Behandlung Kryptogenin erhalten.

Über verschiedene Umwandlungen von Nolonin und Nologenin vgl. Marker et al., 1947e. Diese Umwandlungsprodukte wurden auch aus Pflanzen isoliert, kommen aber vermutlich nicht als solche darin vor, sondern entstehen im Lauf der Aufarbeitung.

9. Sarsasaponin $C_{45}H_{74}O_{17}$.

Es wurde erstmals von VAN DER HAAR (1929) aus Radix sarsaparillae isoliert und als Parillin bezeichnet. Später haben sich JACOBS und SIMPSON (1934a, b) mit Sarsasaponin beschäftigt. Es kristallisiert aus 80%igem Alkohol, Smp. 241—245°. Zur Darstellung werden nach MARKER und LOPEZ (1947c) getrocknete Früchte der *Yucca schottii* Engelm. gemahlen und mit Äthanol erschöpfend extrahiert. Das Lösungsmittel wird durch Destillation entfernt, und der Rückstand zur Entfernung von Fetten mehrmals mit Äther digeriert. Das Ungelöste nimmt man unter Erwärmen auf dem Wasserbad in Äthanol auf, destilliert das Lösungsmittel nach $^1/_2$ Std. ab, und versetzt mit wenig Wasser. Beim Stehen in einem offenen Gefäß während 2 Monaten kristallisiert rohes Sarsasaponin aus. Zur Reinigung wird es aus 80%igem Äthanol umkristallisiert.

Bei der Hydrolyse zerfällt Sarsasaponin in Sarsasapogenin, 2 Mol Glucose und 1 Mol Rhamnose:

+ 2 Mol Glucose
+ 1 Mol Rhamnose
— 3 H_2O

Sarsasapogenin

Sarsasapogenin $C_{27}H_{44}O_3$ kristallisiert aus Äther, Smp. 198—200°. Zu seiner Darstellung werden nach MARKER und LOPEZ (1947) 18 g Sarsasaponin (0,02 Mol) in 500 ml Äthanol gelöst, mit 100 ml konz. Salzsäure versetzt und während 2 Std. am Rückfluß gekocht. Dann wird das Lösungsmittel im Vakuum bis auf 100 ml abdestilliert, mit 1 l Wasser versetzt, worauf man das niedergeschlagene Sapogenin abfiltriert. Nach dem Waschen mit Wasser und Trocknen beträgt die Ausbeute 8 g Sarsasapogenin. Zur weiteren Reinigung wird es aus Äther umkristallisiert und besitzt dann die in der Literatur beschriebenen Eigenschaften. Vergleiche auch JACOBS und SIMPSON (1934b).

Tabelle 8. *Vorkommen von Sarsasapogenin.*

Asparagus officinalis L.	*Yucca decipiens* Trel.
Agave attentua Baker	*Yucca endlichiana* Trel.
Agave roezliana Baker	*Yucca elata* Engelm.
Lechuguilla espadilla morado	*Yucca elata* junge Pflanze
Maguey de la pena od. estrella	*Yucca glauca* Nutt.
Sarsaparilla mexicana = Radix	*Yucca harrimanii* Trel.
Sarsaparillae	*Yucca jalicensis* Trel.
Smilax lancelata L.	*Yucca rigida*
Smilax ornata	*Yucca schidigera* Roezl.
Smilax rotundifolia	*Yucca schottii* Engelm. Früchte
Yucca angustissima	*Yucca thornberi* McKel.
Yucca arizonica McKel.	*Yucca torreyi* Shafer
Yucca baccata Torr.	*Yucca treculeana* succ.
Yucca baleyi Woot-Standl.	*Yucca treculeana* can. Hook.
Yucca confinis McKel.	*Yucca valida*

Sarsasapogenin wurde in den Wurzeln der mexikanischen *Sarsaparilla* = Radix Sarsaparillae, in *Smilax ornata* und *Yucca schottii* Engelm., ferner in den Wurzeln von *Asparagus officinalis* L. von MARKER u. a. (1940a) aufgefunden. Die Intensivierung, welche die Erforschung von Sapogeninen wegen ihrer nahen Verwandtschaft zu Sexualhormonen erfahren hat, veranlaßte MARKER et al. (1943c), zahlreiche Drogen auf Sapogenine zu untersuchen, wobei sie außer den genannten auf 26 neue Quellen von Sarsasapogenin gestoßen sind.

Die Konstitution des Sarsasapogenins wurde in der Hauptsache von Marker, Fieser, Tschesche, Jacobs und ihren Mitarbeitern aufgeklärt und führte zu der oben wiedergegebenen Formel.

Bei der Behandlung von Sarsasapogenin mit äthanolischer Salzsäure entsteht das an C_{22} isomere Smilagenin (vgl. weiter unten) (Marker u. a., 1943c).

10. Smilonin $C_{57}H_{96}O_{29}$.

Es wurde von Marker und Lopez (1947c) aus *Yucca schottii* Engelm. isoliert Nach dem Umkristallisieren aus Äthanol schmilzt Smilonin bei 235—237° (Zers.) Weitere Vorkommen: *Agave funkiana* und *Agavel ophanta* (alte Pflanzen).

Smilonin wird folgendermaßen gewonnen (Marker und Lopez, 1947c): Der alkoholische Extrakt der Blüten von *Yucca schottii* wird vollständig eingedampft, der Rückstand zur Entfernung von Fetten sorgfältig gewaschen, worauf man ihn in 80%igem Äthanol löst und im Eisschrank zur Kristallisation stehenläßt. Das rohe Smilonin wird aus Äthanol umkristallisiert. Hydrolyse mit Salzsäure liefert Smilagenin.

Smilagenin $C_{27}H_{44}O_3$, Smp. 184—186°. Smilagenin erhält man nach Marker und Lopez (1947c) durch Hydrolyse von Smilonin in alkoholischer Lösung mit konz. Salzsäure bei zweistündigem Kochen am Rückfluß. Das Lösungsmittel wird daraufhin im Vakuum größtenteils abdestilliert, worauf man nach Zugabe von Wasser das ausgeschiedene Sapogenin abfiltriert. Nach dem Waschen mit Wasser und Trocknen beträgt die Ausbeute 7,9 g Smilagenin aus 25,3 g Smilonin.

Smilagenin wurde erstmals von Askew, Farmer und Kon (1936) aus *Smilax ornata* Hook. isoliert. Marker et al. (1943c) entdeckten zahlreiche weitere Vorkommen des Smilagenins (vgl. Tab. 9).

Smilagenin kann außerdem durch Umlagerung von Sarsasapogenin mit äthanolischer Salzsäure hergestellt werden (Marker et al., 1943c). Folgende Formel wurde für Smilagenin vorgeschlagen:

Smilagenin

Tabelle 9. *Vorkommen von Smilagenin.*

Agave funkiana Koch-Bouche	*Yucca gloriosa* L.
Agave funkiana var. Koch-Bouche	*Yucca jalicensis* Trel.
Agave heterocantha Zucc.	*Yucca louisianensis* Trel.
Agave lechuguilla Torr.	*Yucca recurvifolia* Salisb.
Agave lophantha	*Yucca reverchoni* Trel.
Dracena australis	*Yucca rostrata* Engelm.
Yucca aloifolia L.	*Yucca rupicola* Scheele
Yucca aloifolia var. Nandin	*Yucca schottii* Engelm. (Blüten)
Yucca arkansana Trel.	*Yucca tenuistyla* Trel.
Yucca australis Engelm.	*Yucca treleaseana* MacBride
Yucca brevifolia Engelm.	*Samuela carnerosana* Trel.
Yucca elephantipes Regel	*Samuela faxoniana* Trel.
Yucca filifera Chaband	*Zygadenus glaberrimus* Mich.
Yucca flaccida Haw.	*Zygadenus nuttallii* Gray

11. Tigonin $C_{56}H_{92}O_{27}$.

Es wurde erstmals von TSCHESCHE (1936) aus den Mutterlaugen, die bei der Gewinnung der Herzglykoside aus den Blättern von *Digitalis lanata* anfallen, über die Cholesterin-Tigonin-Additionsverbindung isoliert. Es bildet eine amorphe weiße, flockige Masse, die bei 220° zu sintern anfängt und bei 260° schmilzt. Zur Darstellung des Tigogenins wird die Cholesterin-Tigonin-Additionsverbindung mit Pyridin gespalten, und das Tigonin durch Zusatz von Äther ausgefällt. Nach nochmaligem Lösen des Tigonins in Pyridin und Ausfällen mit Äther trocknet man im Vakuum und zieht darauf mit 95%igem Äthanol aus. Aus diesem Extrakt fällt Tigonin nach und nach als flockige, amorphe Masse aus. Die hydrolytische Spaltung des Tigogenins liefert Tigogenin, 2 Mol Glucose, 2 Mol Galaktose und 1 Mol Xylose.

Tigogenin $C_{27}H_{44}O_3$ wurde erstmals von JACOBS und FLECK (1930) aus *Digitalis*-Blättern unter hydrolysierenden Bedingungen isoliert. Später wurde Tigogenin durch hydrolytische Spaltung des Tigonins von TSCHESCHE (1936) und des Amolonins von JURS und NOLLER (1936) dargestellt. Tigogenin läßt sich aus Isopropylalkohol umkristallisieren: Smp. 206,5—210°, $[\alpha]_D^{26} = -49{,}8°$ (Pyridin) (LIANG und NOLLER, 1935).

Die Struktur wurde eingehend untersucht (vgl. z. B. TSCHESCHE, 1935; WINDAUS, 1935; TSCHESCHE und HAGEDORN, 1935a). Folgende Formel wurde vorgeschlagen.

Tigogenin

Tigogenin besitzt an C_{22} Iso-Anordnung; die Ringe A und B sind transständig verknüpft.

Tigogenin wurde auch in alten Pflanzen von *Maguey cacaya* gefunden, wo es durch Biogenese aus Cacogenin und Magogenin (s. dort) entstanden ist (MARKER et al., 1947b). Ferner kann es aus Hecogenin nach WOLFF-KISHNER (MARKER et al., 1943c) gewonnen werden. Katalytische Hydrierung von Kryptogenin führt ebenfalls zu Tigogenin (MARKER et al., 1947e).

Pflanzen mittleren Alters der indischen Agaven-Art *Agave vera-cruz* enthalten in den Früchten Tigogenin neben Hecogenin (GEDEON und KINCL, 1953).

Im Zuge ihrer großangelegten Untersuchungen über das Vorkommen von Saponinen und Sapogeninen fanden MARKER et al. (1943c) zahlreiche weitere Vorkommen von Tigogenin:

Tabelle 10. *Weitere Vorkommen von Tigogenin.* (Nach MARKER u. a.)

Agave lophantha	*Solanum dulcamara* L.
Agave stricta purpurea	*Yucca whipplei intermedia* Torr.
Agave schottii Engelm.	*Yucca whipplei parishii*
Allium tricocum	*Yucca whipplei typica*
Hesperaloe parviflora Torr.	

12. Trillarin $C_{39}H_{64}O_{13}$.

Es wurde von Marker und Krueger (1940) aus *Trillium erectum* Engelm. isoliert und ist identisch mit der von Grove u. a. (1938) aufgefundenen Verbindung. Farblose Kristalle aus Methanol, Smp. 197—200°. Der entfettete alkoholische Extrakt von 17 kg *Trillium erectum* (Handelsware) wird eingedampft, der Rückstand in einem Gemisch von 1 l Alkohol und 9 l Wasser gelöst, mit 500 ml konz. Salzsäure versetzt und 30 min lang bei 80° gehalten. Beim Verdünnen mit Wasser fällt ein brauner Niederschlag aus, der aus 3 l Äthanol umkristallisiert wird. Ausbeute 220 g. Durch fraktionierte Kristallisation aus Methanol erhält man reines Trillarin und das um einen Glucose-Rest ärmere Monoglucosid Trillin vom Smp. 275—280°

Bei der Hydrolyse unter milden Bedingungen wird aus Trillarin 1 Mol Glucose abgespalten, wobei Trillin entsteht, während energischere Hydrolyse unter Bildung von Diosgenin 2 Mol Glucose abspaltet.

13. Trillin $C_{33}H_{52}O_8 \cdot {}^{1}/_{2} H_2O$.

Farblose Kristalle aus Methanol, Smp. 275—280°. Trillin wurde aus Trillarin durch Abspaltung eines Glucoserestes auf folgende Weise hergestellt (Marker und Krueger, 1940).

Zu einer Lösung von 3 g Trillarin in 150 ml Äthanol wurden 3 ml konz. Salzsäure zugefügt und die Mischung während 1 Std. am Rückfluß gekocht. Darauf wurde in 500 ml Wasser gegossen, filtriert und mit wenig Alkohol und Äther gewaschen. Zur Reinigung wurde aus Methanol umkristallisiert.

14. Yucconin $C_{51}H_{84}O_{25}$.

Es konnte von Marker und Lopez (1947c) aus den Wurzeln von *Yucca schottii* Engelm. isoliert werden; Smp. 275—278° (Zers.). Zu seiner Darstellung werden die Wurzeln von *Y. schottii* mit Äthanol extrahiert; das Lösungsmittel wird abdestilliert, der Rückstand zur Entfernung von Fetten mit Äther gewaschen, in 80%igem Alkohol gelöst, wonach in der Kälte Yucconin auskristallisiert. Katalytische Hydrierung führt Yucconin in Gitonin über (Marker und Lopez, 1947c).

Yuccagenin $C_{27}H_{42}O_4$, Smp. 248—250°. Marker und Lopez (1947c) erhielten die Verbindung, indem sie eine alkoholische Lösung von Yucconin mit konz. Salzsäure versetzten und während 2 Std. am Rückfluß erwärmten. Alsdann wurde die Lösung im Vakuum weitgehend eingeengt, mit Wasser versetzt, und das ausgefallene Sapogenin abfiltriert. Nach dem Waschen mit Wasser und Trocknen betrug die Ausbeute 8,3 g Yuccagenin aus 22 g Yucconin. Zur Reinigung wird Yuccagenin aus Äther umkristallisiert.

Yuccagenin wurde von Marker et al. (1943c) auch noch aus *Yucca elata* Engelm. und *Y. flaccida* Haw. isoliert. Es läßt sich katalytisch zu Gitogenin hydrieren (Marker et al., 1943c, 1947c, e). Yuccagenin ist an C_{22} mit Lilagenin stereoisomer und kann daraus durch Umlagerung mit alkoholischer Salzsäure dargestellt werden (Marker et al., 1947e). Die Konstitution wurde von Marker et al. wie folgt festgelegt:

Yuccagenin

15. Agavogenin C_{27}H_{44}O_5.

Smp. 242°, wurde neben Manogenin, Gitogenin und Hecogenin aus *Agave huachucensis* Baker isoliert (MARKER u. a., 1943c). Wie MARKER et al. nachweisen konnten, ist Agavogenin mit 12-Dihydromanogenin identisch. MARKER u. a. (1943) schlagen für Agavogenin folgende Struktur vor:

Agavogenin

16. Bethogenin C_{28}H_{44}O_4.

[Smp. 191—193°, $[\alpha]_D^{24} = -98,4°$ (Dioxan)].

Es wurde von LIEBERMAN et al. (1942) aus *Trillium erectum* Engelm. isoliert. Es entsteht ferner aus Nologenin und Kryptogenin durch Umsatz mit methanolischer Salzsäure (s. unter Nolonin). Bethogenin gibt mit Tetranitromethan eine gelbe Färbung und wird durch alkoholische Digitonin-Lösung gefällt. Ferrichlorid-Reaktion auf Enol; LEGAL-, ROSENHEIM- und ZIMMERMANN-JAFFÉ-Reaktion waren alle negativ. Bei der LIEBERMANN-Reaktion entsteht eine Rotfärbung, die langsam in ein dunkles Grün übergeht (LIEBERMAN u. a., 1942). MARKER und LOPEZ (1947b) schlugen für Bethogenin folgende Formel vor:

Bethogenin

17. Botogenin C_{27}H_{40}O_4.

(Smp. 262°.)

Das Saponingemisch eines alkoholischen Extraktes von frisch getrockneter *Dioscorea mexicana* lieferte bei der Hydrolyse das Botogenin. MARKER und LOPEZ (1947d) klärten dessen Struktur auf:

Botogenin

18. Cacogenin $C_{27}H_{42}O_6$.

(Smp. 278°.)

Aus jungen Exemplaren von *Maguey cacaya* wurden die beiden Sapogenine Cacogenin und Magogenin isoliert (Marker et al., 1947 b). Während des Wachstums verwandelt sie die Pflanze in Chlorogenin, Manogenin, Gitogenin und Tigogenin, so daß in älteren Exemplaren Cacogenin und Magogenin nicht mehr anzutreffen sind.

Zur Isolierung von Cacogenin wurde das getrocknete Material aus jungen Pflanzen mit Alkohol extrahiert. Den zur Trockne eingedampften Extrakt erhitzt man mit konz. Salzsäure am Rückfluß, worauf man das rohe Cacogenin mit Äther aufnimmt. Das Rohprodukt enthält neben Cacogenin auch etwas Magogenin und wird deshalb mit überschüssigem Girard-Reagens in eine Ketonfraktion und eine nicht ketonische Fraktion zerlegt. Die Aufarbeitung der Ketonfraktion nach üblichem Verfahren liefert Cacogenin, das zur weiteren Reinigung aus Äther umkristallisiert wird. Marker (1947 b) schlägt für Cacogenin folgende Formel vor:

Cacogenin

19. Chlorogenin $C_{27}H_{44}O_4$.

Es wurde von Liang und Noller (1935) aus den Knollen von *Chlorogalum pomeridianum* gewonnen, Smp. 273—276° (Marker et al., 1943 c), 276—278°, $[\alpha]_{546}^{24} = -52°$ (Chloroform oder Isopropanol). Außerdem wurde es noch in *Agave utahensis* Engelm. und in älteren Exemplaren von *Maguey cacaya* aufgefunden (Marker et al., 1943 c).

Lieberman et al. (1942) isolierten aus *Trillium erectum* Engelm. neben Diosgenin, Bethogenin und Trillogenin eine kleine Menge eines weiteren Sapogenins, das mit Chlorogenin identisch zu sein scheint. Die Konstitution des Chlorogenins ist größtenteils aufgeklärt:

Chlorogenin

Chlorogenin entsteht auch durch Biogenese in alten Pflanzen von *Maguey cacaya* aus Cacogenin und Magogenin (Marker, 1947 b).

20. Fesogenin $C_{27}H_{40}O_3$.

Es wurde aus der Mutterlauge der rohen kristallinen Pennogenin-Fraktion von *Trillium erectum* Engelm. gewonnen (MARKER et al., 1943b). Es kommt vermutlich nicht als solches in der Pflanze vor. Fesogenin kann aus Nologenin über Pennogenin und Kryptogenin (MARKER und LOPEZ, 1943b) hergestellt werden (s. unter Nologenin).

Fesogenin

21. Furcogenin $C_{27}H_{42}O_4$.

(Smp. 225°.)

Es wurde als Hauptbestandteil der Steroid-Fraktion von *Furcraea sellou* isoliert (MARKER et al., 1943c). In der Steroid-Fraktion von *Yucca flaccida* Haw. kommt es mit viel Smilagenin und einer kleinen Menge Yuccagenin vergesellschaftet vor. Mit alkoholischer Digitonin-Lösung liefert es eine Fällung. Furcogenin wird bei der Reduktion nach WOLFF-KISHNER in Smilagenin verwandelt. MARKER et al. (1943c) schlagen für Furcogenin folgende Struktur vor:

Furcogenin

22. Hecogenin $C_{27}H_{42}O_4$.

Es tritt in drei polymorphen Formen vom Smp. 245°, 253°, 268°, sein Acetat in zwei Formen vom Smp. 243° bzw. 252° auf.

Hecogenin wurde zum ersten Mal von MARKER u. a. (1943c) aus *Hechtia texensis* S. Wats. isoliert und in den folgenden Pflanzen aufgefunden:

Tabelle 11. *Vorkommen von Hecogenin.*

Agave americana L.	*Agave huachucensis* Baker
Agave americana var.	*Agave murpheyi* Gibson
Agave asperrima Jacobi	*Agave palmeri* Engelm.
Agave crysantha Peebles	*Agave parviflora* Torr.
Agave deserti Engelm.	*Agave shawii* Engelm.
Agave deserti var.	*Agave toumeyana* Trel.
Agave endlichiana Trel.	*Hechtia texensis* S. Wats.
Agave expansa	*Hesperaloe funifera* Koch
Agave furcroides Baker	*Manfreda maculosa* Hook.
Agave gracilipes Trel.	

Pflanzen mittleren Alters der indischen *Agave vera-cruz* enthalten in den Früchten Tigogenin neben Hecogenin (Gedeon und Kincl, 1953).

Auch die mexikanische Sisalpflanze (*Agave sisalana* Perrine) hat sich als gute Quelle zur Gewinnung von Hecogenin erwiesen (Callow, Cornforth und Spensley, 1951). Hecogenin kann nach Djerassi u. a. (1951) als Ausgangsmaterial zur Herstellung von Cortison dienen.

Hecogenin kommt nach Marker et al. (1947e) folgende Struktur zu:

Hecogenin

Die Carbonylgruppe im Hecogenin kann durch eine modifizierte Wolff-Kishner-Reduktion leicht entfernt werden, wobei Tigogenin gebildet wird. Somit ist Hecogenin als 12-Keto-tigogenin anzusehen.

Hecogenin läßt sich durch katalytische Hydrierung auch aus Botogenin herstellen (Marker und Lopez, 1947d).

23. Kappogenin $C_{27}H_{44}O_4$.
(Smp. 230°.)

Es konnte von Marker et al. (1943c) aus der bei der Nologenin-Isolierung aus *Trillium erectum* Engelm. anfallenden Mutterlauge isoliert werden. Kappogenin wird bei der Hydrolyse mit 2 n äthanolischer Salzsäure in Diosgenin übergeführt. Folgende, allerdings nicht restlos bewiesene Strukturformel wurde für Kappogenin vorgeschlagen:

Kappogenin

Milde Oxydation von Kappogenin und nachfolgende Hydrolyse des intermediär gebildeten Esters gibt 5,16-Pregnadien-3β-ol-20-on, das als Acetat isoliert wurde (Marker et al., 1943c).

24. Kryptogenin $C_{27}H_{42}O_4$.
(Smp. 187—189°.)

Es wurde zuerst in *Trillium erectum* von Marker et al. (1943a) aufgefunden, entsteht aber auch aus Nologenin, wie aus dem Schema (unter Nologenin) ersichtlich ist. Wie Marker et al. (1947h) zeigen konnten, kommt dieses Sapogenin auch in zahlreichen anderen *Trillium*-Arten und in anderen Pflanzen vor, wie die folgende Tabelle zeigt. Es wird angenommen, daß Kryptogenin nicht als solches in der Pflanze vorliegt.

Tabelle 12. *Vorkommen von Kryptogenin.*

Balanites aegyptica Wall.	*Dioscorea ulinei*
Dioscorea bulbifera	*Dioscorea urceolata*
Dioscorea cyphocarpa	*Trillium Catesbaei* Ell.
Dioscorea dugessi	*Trillium cernum* L.
Dioscorea grandifolia	*Trillium declinatum* Gleason
Dioscorea hirsuticaulis	*Trillium decumbens* Harbison
Dioscorea militaris	*Trillium erectum* L.
Dioscorea minima	*Trillium recurvatum* Beck
Dioscorea multinervis	*Trillium stamineum* Harbison
Dioscorea platycalpata	*Trillium viride* Beck
Dioscorea remotiflora	

Folgende Formel ist für Kryptogenin vorgeschlagen worden:

Kryptogenin

25. Lilagenin $C_{27}H_{42}O_4$.

(Smp. 245—246°.)

Es wurde von MARKER et al. (1940a) aus Knollen von *Lilium rubrum magnificum* erhalten. Später (1947e) fanden MARKER et al. in *Lilium Humboldtii* Roezl. und Leichtl. eine bessere Quelle zur Gewinnung von Lilagenin. Da Lilagenin durch Kochen seiner alkoholischen Lösung mit konz. Salzsäure in Yuccagenin umgelagert wird, sind die beiden Sapogenine stereoisomer und unterscheiden sich nur durch die Konfiguration an C_{22}. Folgende Formel ist für Lilagenin vorgeschlagen worden:

Lilagenin

26. Magogenin $C_{27}H_{44}O_5$.

(Smp. 284°.)

Es konnte neben Cacogenin (s. dort) aus jungen Exemplaren von *Maguey cacaya* (MARKER, 1947b) aus der Fraktion, die keine Ketone enthält, isoliert werden. Magogenin kann durch Reduktion nach Wolff-Kishner aus Cacogenin hergestellt werden. Folgende Formel wurde vorgeschlagen:

Magogenin

27. Manogenin $C_{27}H_{42}O_5$.

Es kommt in drei polymorphen Formen vom Smp. 243°, 254° und 264° vor und wurde zuerst in *Manfreda maculosa* Hook. (Marker et al., 1943c), später aber auch noch in vielen weiteren Pflanzen aufgefunden:

Tabelle 13. *Vorkommen von Manogenin.*

Agave atrovirens Otto	*Agave parassana* Trel.
Agave bracteosa Wats.	*Agave quiotefera* Trel.
Agave chisoensis	*Agave salmiana* Otto
Agave crassispina Trel.	*Agave scabra*
Agave ferox Koch	*Agave striata* Zucc.
Agave gracilipes Engelm.	*Agave utahensis* Engelm.
Agave havardiana Trel.	*Maguey cacaya*
Agave huachucensis Baker	*Maguey canasto*
Agave lehmanii	*Maguey ceniso*
Agave lophantha	*Maguey Cimmarron*
Agave mirabilis Trel.	*Maguey cuchacamba*
Agave mitraeformis Trel.	*Manfreda tigrina* Engelm.

Manogenin entsteht durch Biogenese auch in alten Pflanzen von *Maguey cacaya* aus Cacogenin und Magogenin (Marker, 1947b). Es läßt sich nach Wolff-Kishner in Gitogenin überführen, und in ätherischer Lösung in Gegenwart einiger Tropfen Eisessig katalytisch zu Agavogenin hydrieren. Es besitzt vermutlich folgende Struktur (Marker u. a., 1943c, 1947c):

Manogenin

28. Markogenin $C_{27}H_{44}O_4$.
(Smp. 256—257° aus Methanol.)

Es wurde von Wall, Eddy, Seroto und Mininger (1953) aus den Blättern von *Yucca faxoniana* und *Y. schidigera* isoliert. Es wurde immer zusammen mit Sarsasapogenin gefunden. Chemische Untersuchungen sowie Infrarot-Spektren haben gezeigt, daß das Sapogenin dieselbe Struktur besitzen muß wie das von MARKER et al. (1943c, 1947e) isolierte und beschriebene Texogenin. Nach MARKER ist jedoch Texogenin im Gegensatz zu Markogenin nie von Sarsasapogenin begleitet. Außerdem unterscheiden sich Texogenin und Markogenin in ihren Schmelzpunkten und geben verschiedene Derivate.

Die Konstitution ist bis auf die Konfiguration der Hydroxylgruppe an C_2 sichergestellt:

Markogenin

29. Mexogenin $C_{27}H_{42}O_5$.
(Smp. 246°.)

Dieses Sapogenin konnte von MARKER et al. (1943c) aus den bei der Samogenin Isolierung aus *Samuela carnerosana* Trel. anfallenden Mutterlaugen erhalten werden. Es wurde außerdem in der Steroid-Fraktion von *Yucca schottii* Engelm. aufgefunden. Durch die WOLFF-KISHNER-Reduktion wird die Carbonylgruppe entfernt, wobei Samogenin entsteht (MARKER et al., 1943c), was auf folgende Struktur schließen läßt:

Mexogenin

30. Pennogenin $C_{27}H_{42}O_4$.
(Smp. 247°.)

Es wurde aus *Trillium erectum* Engelm. isoliert (MARKER u. a., 1943b). Pennogenin kommt vermutlich nicht als solches in der Pflanze vor (s. unter Nologenin). Es gibt mit äthanolischer Salzsäure Kryptogenin. Folgende Formel ist vorgeschlagen worden:

Pennogenin

31. Rockogenin $C_{27}H_{44}O_4$.

(Smp. 221°.)

Es wurde aus der Steroid-Fraktion von *Agave gracilipes* Trel. neben großen Mengen Hecogenin isoliert (Marker et al., 1943c, 1947e). Beide Sapogenine sind nahe verwandt. Rockogenin-acetat kann entweder durch katalytische Reduktion (Adams-Katal.) oder durch Reduktion mit Natriumalkoholat aus Hecogenin-acetat erhalten werden. Milde Oxydation von Rockogenin mit CrO_3 in Eisessig führt zu Hecogenin. Für Rockogenin wurde von Marker et al. (1943c) folgende Formel vorgeschlagen:

Rockogenin

32. Samogenin $C_{27}H_{44}O_4$.

(Smp. 210—212°.)

Die Steroid-Fraktion von *Samuela carnerosana* Trel. enthält als Hauptbestandteil ein Sapogenin, das Samogenin, das sich als mit Gitogenin stereoisomer erwiesen hat (Marker et al., 1943c). Es wurde außerdem in *Yucca schottii* Engelm. aufgefunden. Samogenin wird durch Kochen mit Salzsäure in Äthanol nicht verändert, was auf Iso-Konfiguration der Seitenkette schließen läßt. Marker et al. (1947e) schlagen folgende Formel vor:

Samogenin

33. Texogenin $C_{27}H_{44}O_4$.

(Smp. 171—172°.)

Die Sapogenin-Fraktion von *Yucca schottii* Engelm. lieferte als Hauptbestandteil Yuccagenin (59% der gesamten kristallinen Fraktion). Aus der Mutterlauge wurden Smilagenin (13%), Kammogenin (13%), Samogenin (8%), Gitogenin (2%), Mexogenin (1%) erhalten sowie ein bisher noch unbekanntes Steroid-Sapogenin (Texogenin) (4%), das sich in bezug auf die Seitenkette an C_{22} mit Samogenin als isomer erwies (Marker et al., 1943c). Es geht nämlich beim Kochen mit äthanolischer Salzsäure durch Isomerisierung an C_{22} in Samogenin über. Für Texogenin wird folgende Struktur angenommen:

Texogenin

34. Trillogenin $C_{27}H_{48}O_4$.

[Smp. 206—210°, $[\alpha]_D^{14} = -41{,}6°$ (Dioxan).]

Es wurde in sehr kleiner Menge aus den Hydrolysierungsprodukten von *Trillium erectum* Engelm. von LIEBERMAN et al. (1942) isoliert. Die Konstitution ist noch nicht aufgeklärt.

35. Yamogenin $C_{27}H_{42}O_3$.

(Smp. 200—201°.)

Es wurde von MARKER et al. (1943 c) aus *Dioscorea testudinaria* neben dem isomeren Diosgenin isoliert. Die folgende Tabelle gibt über weitere Yamogenin-Vorkommen Aufschluß.

Tabelle 14. *Vorkommen von Yamogenin.*

Dioscorea bulbifera	*Dioscorea minima*
Dioscorea cyphocarpa	*Dioscorea platycalpata*
Dioscorea dugessi	*Dioscorea remotiflora*
Dioscorea grandifolia	*Dioscorea ulinei*
Dioscorea hirsuticaulis	*Dioscorea urceolata*
Dioscorea militaris	

Yamogenin konnte mit Salzsäure in Äthanol durch Isomerisierung an C_{22} leicht in Diosgenin, das die Isoform darstellt, übergeführt werden (MARKER u. a., 1943 c). Folgende Formel wurde von MARKER u. a. (1943 c) in Vorschlag gebracht:

Yamogenin

Literatur

(zum Kapitel Steroidsaponine).

ADOLF, M., u. W. PAULI: Biochem. Z. **152**, 360 (1924). — ASAHINA, Y., and M. MOMOYA: Arch. Pharm. **252**, 56 (1914). — ASKEW, F. A., S. N. FARMER and G. A. R. KON: J. Chem. Soc. **1936**, 1399. — AWE, W., u. H. HÄUSSERMANN: Arch. Pharm. **284**, 106 (1951). CALLOW, R. K., J. W. CORNFORTH and P. C. SPENSLEY: Chem. and Ind. **1951**, 699. DIAZ, G., A. ZAFFARONI, G. ROSENKRANZ and C. DJERASSI: J. Org. Chem. **17**, 747 (1952).— DJERASSI, C., H. W. RINGOLD and G. ROSENKRANZ: J. Amer. Chem. Soc. **73**, 5513 (1951). FARMER, ST. N., and G. A. R. KON: J. Chem. Soc. **1937**, 414. — FIESER, L. F., E. M. FRY and R. N. JONES: J. Amer. Chem. Soc. **61**, 1849 (1939). — FIESER, L. F., and R. P. JACOBSEN:

J. Amer. Chem. Soc. **60**, 28, 2753, 2761 (1938). — Fischer, R., u. E. Langer: Pharm. Zentralhalle **86**, 41, 65 (1947). — Fuchs, L.: Pharm. Zentralhalle **83**, 121 (1942). — Fuchs, L., u. J. Koch: Sci. Pharm. **18**, 37, 85 (1950).

Gedeon, J., and F. A. Kincl: Arch. Pharm. **286**, 317 (1953). — Grove, D. C., G. L. Jenkins and M. R. Thompson: J. Amer. Pharm. Assoc. **27**, 457 (1938).

van der Haar, W.: Rec. Trav. Chim. **48**, 726 (1929). — Heine, E. W.: Pharmazie **8**, 467 (1953). — Honda, J.: Arch. exper. Path. u. Pharm. **51**, 211 (1904). — Hummel, K., u. H. Kraatz: Arzneimittelforschg. **2**, 543 (1952).

Jacobs, W. A., and E. E. Fleck: J. Biol. Chem. **88**, 545 (1930). — Jacobs, W. A., and J. C. E. Simpson: (a) J. Amer. Chem. Soc. **56**, 1424 (1934); (b) J. Biol. Chem. **105**, 501 (1934).— James, V. H. T.: Chem. and Ind. **1953**, 1388. — Jones, R. N., E. Katzenellenbogen and K. Dobriner: J. Amer. Chem. Soc. **75**, 158 (1953). — Jung, F., u. L. Wirth: Arch. exper. Path. u. Pharm. **210**, 328 (1950). — Jurs, P. C., and C. R. Noller: J. Amer. Chem. Soc. **58**, 1251 (1936).

Kiliani, H.: Ber. dtsch. chem. Ges. **23**, 1555 (1890); (a) Ber. dtsch. chem. Ges. **24**, 339 (1891); (b) Ber. dtsch. chem. Ges. **24**, 3951 (1891); **43**, 3562 (1910); **49**, 701 (1916); **51**, 1613 (1918). — Kobert, R.: Beiträge zur Kenntnis der Saponinsubstanzen (Stuttgart 1904) in E. Abderhaldens Biochem. Handlexikon, Bd. VII, S. 144, 168. Berlin: Julius Springer 1912. — Kobert, R.: Saponinsubstanzen. In „Real-Enzykl. d. ges. Heilkunde". Herausg. v. A. Eulenburg, 4. Aufl., Bd. XIII. Berlin u. Wien: Urban u. Schwarzenberg 1913. — Kobert, R.: Neue Beiträge zur Kenntnis der Saponinsubstanzen. Stuttgart 1916 und 1917.— Kobert, R.: Die Saponingruppe. In A. Hefftters Handb. exp. Pharmakol., Bd. II, S. 2, 1476. Berlin: Julius Springer 1924. — Kofler, L.: „Die Saponine". Wien: Springer-Verlag 1927. — Kofler, L., u. M. Brauner: Arch. Pharm. **263**, 424 (1925). — Kofler, L., u. O. Dafert: Ber. dtsch. Pharm. Ges. **33**, 215 (1923). — Kofler, L., u. A. Wolkenberg: Biochem. Z. **160**, 398 (1925). — Kon, G. A. R., and A. M. Woolman: J. Chem. Soc. **1939**, 794. — Krider, M. M., and M. E. Wall: J. Amer. Chem. Soc. **74**, 3201 (1952).

Liang, P., and C. R. Noller: J. Amer. Chem. Soc. **57**, 525 (1935). — Lieberman, S., F. C. Chang, M. R. Barusch and C. R. Noller: J. Amer. Chem. Soc. **64**, 2581 (1942). — Luft, G.: Sitzungsber. Akad. Wiss. Wien, Math.-Nat. Kl., Abt. I, **135**, 259 (1926).

Marker, R. E.: (a) J. Amer. Chem. Soc. **69**, 2395 (1947); (b) J. Amer. Chem. Soc. **69**, 2399 (1947). — Marker, R. E., and N. Applezweig: Chem. Eng. News **27**, 3348 (1949). — Marker, R. E., and J. Krueger: J. Amer. Chem. Soc. **62**, 2548 (1940). — Marker, R. E., and J. Lopez: (a) J. Amer. Chem. Soc. **69**, 2373 (1947); (b) J. Amer. Chem. Soc. **69**, 2386 (1947); (c) J. Amer. Chem. Soc. **69**, 2389 (1947); (d) J. Amer. Chem. Soc. **69**, 2397 (1947). — Marker, R. E., and E. Rohrmann: (a) J. Amer. Chem. Soc. **61**, 846 (1939); (b) J. Amer. Chem. Soc. **61**, 3477 (1939). — Marker, R. E., and A. C. Shabica: J. Amer. Chem. Soc. **64**, 721 (1942). — Marker, R. E., A. C. Shabica and D. L. Turner: J. Amer. Chem. Soc. **63**, 2274 (1941). — Marker, R. E., D. L. Turner, A. C. Shabica, E. M. Jones, J. Krueger and J. D. Surmatis: (a) J. Amer. Chem. Soc. **62**, 2620 (1940). — Marker, R. E., D. L. Turner and P. R. Ulshafer: (b) J. Amer. Chem. Soc. **62**, 2542 (1940). — Marker, R. E., R. B. Wagner, D. P. J. Goldsmith, P. R. Ulshafer and C. H. Ruof: (a) J. Amer. Chem. Soc. **65**, 739 (1943); (b) J. Amer. Chem. Soc. **65**, 1248 (1943). — Marker, R. E., R. B. Wagner and P. R. Ulshafer: J. Amer. Chem. Soc. **64**, 1283 (1942). — Marker, R. E., R. B. Wagner, P. R. Ulshafer, E. L. Wittbecker, D. P. J. Goldsmith and C. H. Ruof: (c) J. Amer. Chem. Soc. **65**, 1199 (1943). — Marker, R. E., R. B. Wagner, P. R. Ulshafer, D. P. J. Goldsmith and C. H. Ruof: (d) J. Amer. Chem. Soc. **65**, 1247 (1943). — Marker, R. E., R. B. Wagner, P. R. Ulshafer, E. L. Wittbecker, D. P. J. Goldsmith and C. H. Ruof: (e) J. Amer. Chem. Soc. **69**, 2167 (1947); (f) J. Amer. Chem. Soc. **69**, 2172 (1947); (g) J. Amer. Chem. Soc. **69**, 2174 (1947); (h) J. Amer. Chem. Soc. **69**, 2242 (1947). — Mazurek, I.: Pharmazie **7**, 747 (1952). — Møller, K. O.: Pharmakologie. 2. Aufl., S. 395. Basel: Benno Schwabe u. Co. 1953. — Mühlemann, H., u. W. Scheidegger: Pharm. Acta Helv. **22**, 147 (1947).

Pauli, W.: Biochem. Z. **152**, 355 (1924).

Reitstötter, J., u. F. Schipke: Arch. Pharm. **284**, 101 (1951); Angew. Chem. **62**, 459 (1950). — Roberg, M.: Arch. Pharm. **275**, 84, 328 (1937). — Rosenthaler, L.: Arch. Pharm. **240**, 59 (1902). — Rosenthaler, L.: In „Real-Enz. d. gesamten Pharmazie". Herausgeg. v. J. Moeller u. H. Thoms, Bd. XI. Berlin: Urban u. Schwarzenberg 1908 und 1. Erg.-Bd. Berlin-Wien: Urban u. Schwarzenberg 1914. — Rothman, E. S., M. E. Wall and C. R. Eddy: J. Amer. Chem. Soc. **74**, 4013 (1952). — Ruzicka, L., u. A. G. van Veen: Hoppe-Seylers Z. **184**, 69 (1929).

Sannié, Ch., S. Heitz et H. Lapin: C. r. Acad. Sci. (Paris) **233**, 1670 (1951). — Sato, Y., and H. G. Latham jr.: J. Amer. Chem. Soc. **75**, 6067 (1953). — Scheer, I., R. Kostic and E. Mosettig: J. Amer. Chem. Soc. **75**, 4871 (1953). — Schmiedeberg, O.: Arch. exper. Path. u. Pharm. **3**, 16 (1875). — Schneckenburger, A.: Diss. Freiburg i. B. 1914, S. 10.—

Sieburg, E.: Isolierung, Nachweis und Abbaustudien auf dem Gebiete der Saponine. In E. Abderhaldens Handbuch biologischer Arbeitsmethoden, Abt. I, Teil 10, S. 545. Berlin-Wien: Urban u. Schwarzenberg 1921. — Simpson, J. C. E., and W. A. Jacobs: J. Biol. Chem. 109, 573 (1935). — Soue, Ch.: Acta Phytochim. 8, 23 (1934). — Száhlender, K.: Arch. Pharm. 274, 446 (1936).

Tschesche, R.: Ber. dtsch. chem. Ges. 68, 1090 (1935); 69, 1665 (1936). — Tschesche, R.. u. A. Hagedorn: (a) Ber. dtsch. chem. Ges. 68, 1412 (1935); (b) Ber. dtsch. chem. Ges. 68, 2247 (1935); 69, 797 (1936). — Tsukamoto, T., and Y. Ueno: J. Pharm. Soc. Japan 56, 802 (1936); Chem. Abstr. 32, 7470 (1938).

Wagner, R. B., R. F. Forker and P. F. Spitzer jr.: J. Amer. Chem. Soc. 73, 2494 (1951). — Wall, M. E., C. R. Eddy, S. Serota and R. F. Mininger: J. Amer. Chem. Soc. 75, 4437 (1953). — Wehmer, C.: Die Pflanzenstoffe, Bd. 1, 1929; Bd. 2, 1931; Erg.-Bd. 1935. Jena: G. Fischer. — Windaus, A.: Hoppe-Seylers Z. 150, 205 (1925); Nachr. Ges. Wiss. Göttingen, Math.-phys. Kl. 1935, 89. — (a) Windaus, A., u. J. Brunken: Hoppe-Seylers Z. 145, 37 (1925); (b) 147, 275 (1925). — Windaus, A., u. O. Linsert: Hoppe-Seylers Z. 147, 275 (1925). — Windaus, A., u. A. Schneckenburger: Ber. dtsch. chem. Ges. 46, 2628 (1913). — Windaus, A., u. S. V. Shah: Hoppe-Seylers Z. 151, 86 (1926). — Windaus, A., u. U. Willerding: Hoppe-Seylers Z. 143, 33 (1925).

C. Herzglykoside[1].

I. Definition, Geschichtliches und Vorkommen.

Unter Herzglykosiden werden Steroidglykoside verstanden, die sich durch eine spezifische Herzwirksamkeit auszeichnen und als gemeinsames charakteristisches Merkmal in ihrem Kohlenstoffgerüst einen einfach ungesättigten fünfgliedrigen oder einen doppelt ungesättigten sechsgliedrigen Laktonring besitzen.

Die Verwendung der Herzglykoside zu Heilzwecken ist uralt; die *Scilla maritima* diente schon 1500 v. Chr. zur Bekämpfung der Wassersucht und wurde bereits im Papyrus Ebers erwähnt (Stoll, 1937). Die zu den wichtigsten Arzneipflanzen gehörenden *Digitalis*-Arten finden schon seit Jahrhunderten in der Volksmedizin Verwendung; doch geht der eigentliche Ursprung der Digitalistherapie auf William Withering zurück, der in seiner berühmten Monographie Ende des 18. Jahrhunderts eine genaue Beschreibung der Wirkungsweise der *Digitalis purpurea* gibt. Es ist interessant, daß seine Angaben auch heute noch Gültigkeit besitzen. Andere Glykoside, z. B. solche aus *Strophanthus*- oder aus *Convallaria*-Arten, fanden ihren Weg in die Heilkunde erst in neuerer Zeit.

Nativelle (1869, 1872, 1874) hat dann insofern einen bedeutenden Beitrag zur Kenntnis der herzwirksamen Glykoside geleistet, als es ihm als erstem gelang, aus *Digitalis purpurea*-Blättern ein hochaktives Präparat, das Digitaline cristallisée, zu gewinnen, das in der Folge ausgedehnte klinische Verwendung fand. Später zeigten Stoll und Kreis (1935), daß fast alle bis dahin als genuin betrachteten Herzglykoside durch fermentativen Abbau entstandene Spaltprodukte sind. Durch Ausschaltung des enzymatischen Einflusses isolierten sie als erste verschiedene genuine Wirkstoffe aus *Digitalis lanata* und *D. purpurea*, ferner aus *Scilla maritima* und aus *Strophanthus kombé* und schufen so die Methoden zur Isolierung der herzwirksamen Glykoside in ihrem ursprünglichen Zustand.

Einzelne Krötenarten (vgl. Fieser und Fieser, 1949) sondern in ihren Giftdrüsen digitalisartig wirkende Steroide ab, die chemisch den Aglykonen der Scillaglykoside nahestehen. Der Hauptlieferant für Herzglykoside ist hingegen das Pflanzenreich, wo sie sich auf sehr verschiedene Familien verteilt vorfinden. Besonders reich sind die Apocynaceen und die Asclepiadaceen. Bei jenen sind es z. B. die Gattungen *Acokanthera* und auch *Carissa*, *Adenium*, *Apocynum*,

---

[1] Die Literaturzusammenstellung für diesen Abschnitt befindet sich auf S. 268.

Cerbera, Nerium, Strophanthus, Thevetia und *Urechites*, bei den Asclepiadaceen z. B. die Gattungen *Asclepias, Calotropis, Cryptostegia, Cynanchum, Daemia, Dregea, Gomphocarpus, Menabea, Morrenia, Pachycarpus, Periploca, Schizoglossum* und *Xysmalobium*, die sich durch Glykosidgehalt auszeichnen. Herzglykoside finden sich aber auch in Arten zahlreicher anderer Familien, von denen im folgenden die wichtigsten erwähnt seien: Ranunculaceen, Moraceen, Liliaceen, Cruciferen, Tiliaceen, Papilionaceen, Scrophulariaceen, Celastraceen, Sterculiaceen.

II. Darstellung der Herzglykoside.

Zur Isolierung der herzaktiven Glykoside sind zwei prinzipiell verschiedene Methoden verwendet worden. Handelt es sich darum, die aktiven Substanzen in unverändertem, d. h. genuinem Zustand darzustellen, dann muß das schonende, sog. enzymhindernde Extraktionsverfahren angewandt werden. Damit die in den aufzuarbeitenden Pflanzenteilen — Blättern, Samen, Zwiebeln — enthaltenen Glykoside durch die sie begleitenden Enzyme nicht vor oder während der Extraktion abgebaut werden, wird das Material in möglichst frischem Zustand unter Bedingungen verarbeitet, bei denen enzymatische Hydrolysierungsprozesse ausgeschaltet sind. Das Material wird unter Kühlung zusammen mit einem neutralen Salz, z. B. Ammoniumsulfat, fein zermahlen. Dadurch werden sowohl die Enzyme, als auch die Glykoside ausgesalzen und jeglicher enzymatischer Einwirkung entzogen. Das Material wird dann mit einem mit Wasser nicht mischbaren Lösungsmittel, z. B. Essigester, Chloroform oder alkoholhaltigem Chloroform, extrahiert, der Extrakt unter vermindertem Druck bei niedriger Temperatur eingedampft, worauf man den Rückstand mit Petroläther oder Äther extrahiert. Hierbei gehen Verunreinigungen, wie z. B. Chlorophyll bei krautigem Ausgangsmaterial, Fett, wenn Samen verarbeitet werden, in Lösung, während die Glykoside, meist an Gerbstoffe gebunden, ungelöst bleiben. Die Gerbstoffe entfernt man durch eine Behandlung mit Bleisalzen in wäßrig-alkoholischer Lösung und gewinnt die Glykoside aus dem Filtrat, z. B. durch Eindampfen und Umkristallisieren, wobei zunächst meistens ein rohes, aber in manchen Fällen bereits kristallines Gemisch erhalten wird. Die weiteren Reinigungs- und Trennungsoperationen haben sich der Natur der Glykoside anzupassen und sind verschieden, je nachdem, ob das Ausgangsmaterial, wie z. B. *Digitalis*-Blätter, ein Gemisch analog gebauter Glykoside verschiedener Aglykone enthält, oder ob, wie z. B. bei *Strophanthus*-Samen, verschiedene Zuckerreste zur Hauptsache mit demselben Aglykon verbunden sind.

Im folgenden wird das schonende Extraktionsverfahren am Beispiel der Isolierung des Digilanids, des aus den isomorph kristallisierenden Lanatosiden A, B und C zusammengesetzten Gesamtpräparates der genuinen Glykoside aus den Blättern von Digitalis lanata erläutert (Stoll und Kreis, 1933a):

5 kg frische Lanatablätter werden, zweckmäßig im Kühlraum, gemeinsam mit 4 kg fein gemahlenem Ammoniumsulfat zu einem Brei zerstampft. Nach dem Passieren einer Walzenmühle wird der homogene Brei in Tücher verpackt und hydraulisch abgepreßt. Der Preßsaft enthält nur geringe Glykosidmengen. Der feste Preßkuchen wird nun zerteilt und mit 15 l Essigester mehere Stunden lang gerührt. Der vom Blattmehl abgesaugte und nötigenfalls durch Filtrieren geklärte Extrakt enthält praktisch alles Digilanid, doch wird das Blattmehl durch Rühren mit 5 l Essigester nachextrahiert, und dieser Nachextrakt mit dem ersten Extrakt vereinigt. Die klare Lösung wird im Vakuum bei höchstens 35° eingedampft, bis kein Essigester mehr übergeht. Der Rückstand, eine durch Chlorophyll dunkelgrün gefärbte, zähflüssige Masse, wird zur ersten Reinigung

mit 500 ml Äther solange verrieben, bis sie größtenteils fest geworden ist, und der Äther, der das Chlorophyll und andere Begleitstoffe enthält, abgegossen werden kann. Der ungelöste Rückstand wird bei niederer Temperatur im Vakuum scharf getrocknet, und die Extraktion mit Äther wird mehrmals wiederholt, bis der Äther, der die Glykoside bis auf Spuren ungelöst läßt, keine Begleitstoffe mehr aufnimmt.

Das so erhaltene gelbgrüne Pulver ist ein von unwirksamen Verunreinigungen weitgehend befreites Präparat, in dem die aktiven Glykoside an gerbstoffartige Substanzen gebunden sind; es wird als „Lanata-Reintannoid" bezeichnet.

Zur Entfernung der Gerbstoffe wird das Pulver in 500 ml Methanol gelöst und mit einer fein verteilten Suspension von 15 g frisch dargestelltem, alkalifreiem Bleihydroxyd in 500 ml Wasser versetzt. Bei allfälliger saurer Reaktion neutralisiert man das Lösungsmittel mit verdünnter Natriumbicarbonatlösung, rührt 2 Std. kräftig durch und filtriert, worauf man das Filtrat mit wenig Gerbstoffällungsmittel nachbehandelt. Die klar filtrierte Lösung wird im Vakuum bei niederer Temperatur auf etwa 100 ml eingedampft, wobei sich der in Wasser schwer lösliche Teil des Glykosidgemisches, etwa zwei Drittel der Gesamtdigilanidmenge, abscheidet. Er wird abfiltriert, in wenig Methanol gelöst und mit etwas Wasser versetzt, worauf sich das Produkt kristallin abzuscheiden beginnt. Durch wiederholtes Umkristallisieren aus Methanol allein bis zur Konstanz der Eigenschaften wird das Digilanid vollständig rein erhalten. Aus dem mit Kochsalz oder Ammoniumsulfat gesättigten wäßrigen Filtrat des Rohdigilanids kann durch Extraktion mit Essigester noch eine weitere Menge Digilanid gewonnen werden.

Die Trennung des Digilanids in die einheitlichen Komponenten, die Lanatoside A, B und C, ist wegen ihres Kristallisomorphismus durch fraktionierte Kristallisation nicht möglich. Sie gelang erstmals mittels eines langwierigen Entmischungsverfahrens, das auf den verschiedenen Verteilungsverhältnissen der drei Glykoside zwischen einem alkoholisch-wäßrigen und einem mit Wasser nicht mischbaren Lösungsmittel beruht. In den letzten Jahren wurde ein Trennungsverfahren auf der Basis der Verteilungschromatographie an Silicagelsäulen ausgearbeitet, auf das weiter unten im Kapitel „Nachweis und Bestimmung" näher eingegangen wird.

Das geschilderte schonende Extraktionsverfahren ermöglichte auch die Isolierung der genuinen Glykoside aus weißen und roten Zwiebeln von *Scilla maritima* (STOLL u. a., 1933, STOLL u. RENZ, 1942), aus Blättern von *Digitalis purpurea* (STOLL u. KREIS, 1935) und aus Samen von *Strophanthus kombé* (STOLL, RENZ u. KREIS, 1937).

Wie am Beispiel der Glykoside von *Digitalis lanata* ausgeführt, besitzen die glucosehaltigen genuinen Glykoside Löslichkeits- und Kristallisationseigenschaften, die ihre Trennung, wenn sie als Gemisch vorliegen, sehr mühsam machen. Dies gilt auch für die Glykoside anderer Drogen, speziell der Samen verschiedener *Strophanthus*-Arten, die sich besonders in quantitativer Hinsicht durch großen Glykosidreichtum auszeichnen. Da die enzymatisch abgebauten Glykoside mit verkürzter Zuckerkette, insbesondere Monoglykoside, bessere Kristallisationseigenschaften besitzen als die zuckerreichen genuinen Glykoside, wendet man in Fällen, wo es sich in erster Linie darum handelt, im Glykosidkomplex einer Droge die Unterschiede im Aglykonanteil möglichst vollständig zu erfassen, ein Extraktionsverfahren an, bei dem die genuinen Glykoside enzymatisch abgebaut werden. Die dabei entstehenden Glykoside enthalten keine Glucose mehr, sind im allgemeinen in Wasser schwer löslich und deshalb mit organischen Lösungsmitteln gut extrahierbar und zeigen gute Kristallisationseigenschaften, die ihre

Trennung nnd Reindarstellung erleichtern. Der enzymatische Abbau der Glykoside kann z. B. verwirklicht werden, indem man die zerkleinerten Drogen mit
Wasser bei 30—35° stehenläßt, wobei die begleitenden Enzyme den Glykosid-
abbau besorgen. Gewisse Samen, besonders *Strophanthus*-Samen, enthalten
allerdings neben den diastatischen noch sog. allomerisierende Enzyme, deren
Einwirkung auf die Herzglykoside eine Veränderung im Aglykonteil zur Folge
hat, auf die wir weiter unten noch zurückkommen werden. Um diese Kompli-
kation auszuschalten, sind Reichstein und Mitarbeiter (v. Euw und Reichstein,
1948; Buzas, v. Euw und Reichstein, 1950; v. Euw, Hess, Speiser und
Reichstein, 1951) so vorgegangen, daß sie die zerkleinerten und entfetteten
Samen zuerst bei 0° mit Wasser extrahierten. Hierbei gehen die diastatischen
Enzyme und ein Teil der Glykoside in Lösung. Die allomerisierenden Enzyme
sind fest an die Zellsubstanz gebunden und werden deshalb durch Wasser nicht
gelöst. Ihre Wirkung bleibt während der Vorextraktion durch tiefe Temperatur
unterbunden. Der wäßrige Vorextrakt wird bei tiefer Temperatur aufgehoben,
und der mit Wasser extrahierte Samenbrei wird nun bei 70° mehrmals mit
wäßrigem Alkohol, dessen Wassergehalt von der ersten bis zur letzten Extraktion
von 50 auf 20% absinkt, extrahiert, worauf man die Alkoholextrakte im Vakuum
bei höchstens 50° eindampft, bis die Alkoholkonzentration 50% beträgt. Nun
wird die Flüssigkeit mit Petroläther ausgeschüttelt, dann mit dem Vorextrakt,
der die diastatischen Enzyme enthält, vereinigt und bleibt 40—50 Std. bei
30—35° stehen. Aus dieser Lösung werden nach Versetzen mit dem gleichen
Volumen Alkohol die Gerbstoffe mit frisch bereitetem Bleihydroxyd gefällt.
Das Filtrat enthält die abgebauten Glykoside und wird nach dem Eindampfen
im Vakuum zuerst mit Äther, dann mit Chloroform und zuletzt mit Chloroform-
Alkohol (2:1) extrahiert. Diese Auszüge enthalten die gesamten Glykoside frei
von Alloformen und werden nach verschiedenen Methoden, z. B. durch fraktionierte Kristallisation oder durch Chromatographie, auf reine und einheitliche
Substanzen verarbeitet.

Die Darstellung der Aglykone durch hydrolytische Spaltung der Herzglykoside
wird im Kapitel über die Konstitution der Herzglykoside besprochen.

III. Chemischer Aufbau.

Die Konstitutionsaufklärung der Herzglykoside ist die Frucht jahrzehnte-
langer Forschungsarbeit zahlreicher Laboratorien. Schon die Reindarstellung
dieser relativ hochmolekularen und empfindlichen Verbindungen erheischte,
wie wir sahen, die Schaffung besonderer Methoden. Auch die physikalische und
chemische Charakterisierung der reinen Herzglykoside bereitete Mühe.

Es war schon seit langem bekannt, daß die Herzglykoside durch Säuren in
ein sog. Aglykon und einen Zuckerrest gespalten werden können, und 1915 schon
sprach Windaus die Vermutung aus, daß die Herzgift-Aglykone und die Sterine
den Gallensäuren nahestehen. Dementsprechend bewegte sich die konstitutions-
klärende Forschung hauptsächlich nach zwei Richtungen:

1. Die Konstitutionsaufklärung der Aglykone,
2. Die Konstitutionsaufklärung der Zuckerreste,

die bei keiner anderen Gruppe von Naturstoffen so große Variationen aufweisen.
wie bei den Herzglykosiden.

Es würde über den Rahmen dieses Artikels über Herzglykoside weit hinaus-
reichen, wollte man auch nur annäherungsweise über die chemischen Untersuchungen berichten, die über diese wichtigen Naturstoffe in vielen Hunderten
von Originalarbeiten niedergelegt sind. Wir fassen demnach im folgenden nur
die wichtigsten Ergebnisse der Chemie der Herzglykoside kurz zusammen.

1. Der Zuckeranteil der Herzglykoside.

Die bis jetzt bekannt gewordenen Herzglykoside sind nach folgenden allgemeinen Schemata aufgebaut:

1. $R-O-(D-O-)_{1-3}-(Glucoserest-O-)_{1-2}-H$
2. $R-O-(D-O-)_{1 \text{ oder } 3}-H$
3. $R-O-(Glucoserest-O-)_{1-2}-H$

R = Aglykon
D = Desoxyzuckerrest

Alle in Herzglykosiden bis jetzt aufgefundenen Desoxyzucker sind Hexomethylosen (6-Desoxyzucker, Methylpentosen) oder leiten sich von solchen ab, sei es durch Methylierung der Hydroxylgruppe an C_3, sei es dadurch, daß auch C_2 in reduzierter Form vorliegt (2-Desoxy-hexo-methylosen, 2,6-Desoxyzucker, 2-Desoxy-methylpentosen), wobei beide Variierungen auch simultan auftreten können. Wenn in einem Herzglykosid Desoxyzucker und Glucose zusammen vorkommen, ist der Desoxyzucker immer direkt mit dem Aglykon verbunden.

Die Herzgifte von *Calotropis procera* enthalten anstelle des Zuckers Methylreduktinsäure oder Oxymethylreduktinsäure.

Methylreduktinsäure.
(HESSE und BÖCKMANN, 1949.)

Oxymethylreduktinsäure
(HESSE, REICHENEDER und EYSENBACH, 1939.)

Ferner wurde in mehreren Herzglykosiden eine Acetylgruppe nachgewiesen, die am Aglykon oder an der Zuckerkette haften kann.

Wie schon erwähnt, enthalten viele herzglykosidhaltige Pflanzen spezifische glykosidspaltende Fermente, welche die Glykoside begleiten. Sie können in vitro die endständigen D-Glucoserestе der Herzglykoside abspalten, was bei älteren Extraktionsverfahren, z. B. bei der Herstellung des Digitoxins, regelmäßig geschah. Nur wenn diese enzymatische Hydrolyse verhindert wird, können die Glykoside im ursprünglichen, d. h. im genuinen Zustand gewonnen werden, wie an einer Reihe pflanzlicher Drogen — *Scilla maritima* (STOLL u. a., 1933), *Digitalis lanata* (STOLL und KREIS, 1933), *Digitalis purpurea* (STOLL und KREIS, 1935), *Strophanthus kombé* (STOLL, RENZ und KREIS, 1937) — gezeigt wurde. Andererseits ist es gelungen, die genuinen Herzglykoside mit Hilfe der spezifischen Begleitenzyme stufenweise abzubauen, z. B. k-Strophanthosid über k-Strophanthin-β zum Cymarin oder Glucoscillaren A (STOLL, KREIS und v. WARTBURG, 1952) über Scillaren A zum Proscillaridin A. Durch solche stufenweise Spaltung konnte der Aufbau der Zuckerkette in vielen Fällen abgeleitet werden. Die Hydrolyse der gleichzeitig Desoxyzucker und Glucose enthaltenden Herzglykoside (Typus 1) mit spezifischen Enzymen macht halt, wenn der letzte D-Glucoserest vom Substrat abgespalten ist, d. h. wenn der Abspaltungsprozeß so weit gediehen ist, daß das Herzglykosid nur noch reduzierte Zucker enthält. Die spezifischen Enzyme versagen auch, wenn das Aglykon direkt mit D-Glucose verknüpft ist. Doch wurden im *Coronilla*-Samen (STOLL, PEREIRA und RENZ, 1949) und später im Luzernesamen (STOLL und RENZ, 1950) Enzyme gefunden, die auch die Bindung Aglykon-Glucose, z. B. im Scillirosid, zu spalten vermögen. Neuerdings konnten in gewissen tierischen Organen (STOLL und RENZ, 1951), wie Niere, Leber, Milz und Herzmuskel, sowie in einigen niederen Pilzen (STOLL, RENZ und BRACK, 1951, a) Enzymsysteme aufgefunden werden, die aus Herzglykosiden ebenfalls Glucose abzuspalten vermögen.

Während die bis jetzt erwähnten Enzyme einzig D-Glucose abspalten können, produziert der *Penicillium*-Stamm 889 bei längerer Züchtung in einem Medium das als einzige Kohlenstoffquelle L-Rhamnose enthält, ein adaptives Enzym (STOLL, RENZ und BRACK, 1951, b), das z. B. das L-Rhamnosid Proscillaridin A in L-Rhamnose und das Aglykon Scillarenin zerlegt.

Tabelle 15. *Die in Herzglykosiden aufgefundenen Zucker.*

CHO	CHO	CHO	CHO
	CH₃O—	—OCH₃	
CH₂OH	CH₃	CH₃	CH₃
D-*Glucose*	D-*Thevetose*[1]	L-*Thevetose*[2]	L-*Rhamnose*
	(3-Methyläther der D-Glucomethylose oder der D-Chinovose)		(L-Mannomethylose)

COH	CHO	CHO	·CHO
—OCH₃			CH₃O—
CH₃	CH₃	CH₃	CH₃
Acofriose[3]	D-*Gulomethylose*[4]	D-*Fucose*[5]	D-*Digitalose*[6]
(3-Methyläther der L-Rhamnose [?])		(Rhodeose, D-Galaktomethylose)	(3-Methyläther der D-Fucose)

CHO	CHO	CHO	CHO
		CH₂	CH₂
		—OCH₃	
CH₃	CH₃	CH₃	CH₃
L-*Talo-methylose*[7]	D-*Allo-methylose*[8]	L-*Oleandrose*[9]	D-*Boivinose*[10]
		(3-Methyläther der 2-Desoxy-L-rhamnose oder der 2-Desoxy-L-gluco- bzw. -mannomethylose)	(3-Methyläther der 2-Desoxy-D-gulo- bzw. -ido methylose)

---

[1] FRÈREJACQUE (1950).
[2] BLINDENBACHER und REICHSTEIN (1948).
[3] MUHR, HUNGER und REICHSTEIN (1954).
[4] DOEBEL, SCHLITTLER und REICHSTEIN (1948).
[5] SHAH, MEYER und REICHSTEIN (1949).
[6] TAMM (1949).
[7] SCHMUTZ (1948).
[8] KELLER und REICHSTEIN (1949).
[9] BLINDENBACHER und REICHSTEIN (1948).
[10] BOLLIGER und REICHSTEIN (1953).

Tabelle 15. (Fortsetzung).

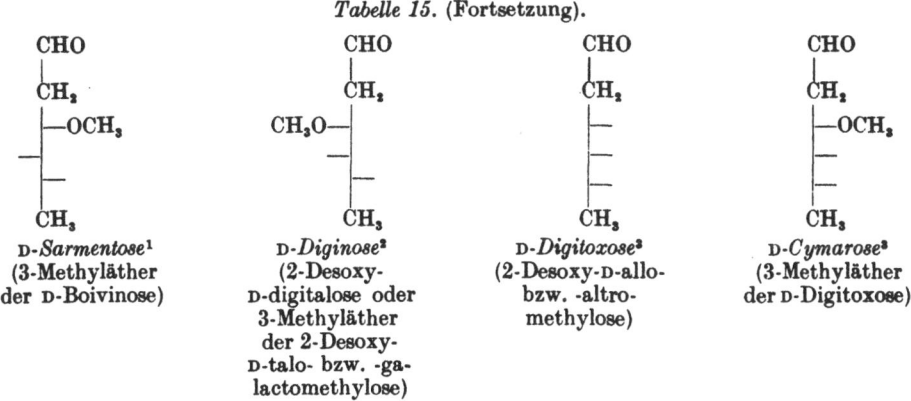

D-*Sarmentose*[1] (3-Methyläther der D-Boivinose)	D-*Diginose*[2] (2-Desoxy- D-digitalose oder 3-Methyläther der 2-Desoxy- D-talo- bzw. -ga- lactomethylose)	D-*Digitoxose*[3] (2-Desoxy-D-allo- bzw. -altro- methylose)	D-*Cymarose*[3] (3-Methyläther der D-Digitoxose)

Nicht aufgeklärt: Acovenose, $C_7H_{14}O_5$ (Methyläther einer Methylpentose[4]); „Corchsularose", ein Desoxyzucker[5].

Wie wir gesehen haben, führt der enzymatische Abbau von Herzglykosiden nicht in allen Fällen zur totalen Abspaltung des Zuckerrestes. Aufschluß über die integrale Zusammensetzung der Herzglykoside gibt ihre Hydrolyse mit Säure, die in den meisten Fällen zur Trennung in Aglykon und Zucker führt. In Tab. 15 sind alle Monosaccharide zusammengestellt, die bis jetzt in Herzglykosiden gefunden worden sind. Mit Ausnahme der D-Glucose, der L-Rhamnose und der D-Fucose, die sich in der Natur allgemeiner Verbreitung erfreuen, sind die in der Tab. 15 aufgeführten Zucker bisher nur als Bestandteile von Herzglykosiden aufgefunden worden.

Bezüglich ihrer Hydrolysierbarkeit mit Säure können die Herzglykoside in zwei Gruppen eingeteilt werden.

Die erste Gruppe umfaßt solche, deren Aglykon mit einem 2-Desoxyzucker verbunden ist, und die infolgedessen eine positive KELLER-KILIANI-Reaktion zeigen. Diese sind leicht hydrolysierbar, wobei das Aglykon intakt gefaßt werden kann. Bei Herzglykosiden, deren Zuckerrest aus Oligosacchariden besteht, ist in diesem Fall die Bindung zwischen Aglykon und Zucker mitunter leichter spaltbar, als die Bindung zwischen den einzelnen Zuckern, so daß der Zuckerrest als ganzes oder in größeren Bruchstücken in Form von Oligosacchariden anfallen kann. Als solche wurden z. B. gefunden, Strophanthotriose (D-Cymarose + 2 D-Glucose), Strophanthobiose und die mit ihr isomere Periplobiose (D-Cymarose + 1 D-Glucose) und Digilanidobiose (D-Digitoxose + 1 D-Glucose).

Die zweite Gruppe besteht aus Glykosiden mit negativer KELLER-KILIANI-Reaktion; diese tragen am Aglykon eine Methylpentose (6-Desoxyzucker) oder Glucose. Sie sind mit Säure schwer spaltbar. Das Aglykon erleidet dann mitunter eine Veränderung bei der Hydrolyse, wenn nicht z. T. ganz besondere Hydrolysebedingungen eingehalten werden. Eine Ausnahme bilden z. B. die Glykoside der weißen Meerzwiebel, die sich vom Scillarenin ableiten (STOLL, KREIS und v. WARTBURG, 1952), bei denen ein Strukturdetail im Aglykon die Abspaltung der Zuckerkette außerordentlich erleichtert. Zwar wird das Aglykon auch in diesem Fall nicht unverändert erhalten. Hingegen kann der Zuckerrest als ganzes gefaßt werden: Scillatriose (L-Rhamnose + 2 D-Glucose), und Scillabiose (L-Rhamnose + 1 D-Glucose).

[1] HAUENSTEIN und REICHSTEIN (1950).
[2] TAMM und REICHSTEIN (1948).
[3] BOLLIGER und ULRICH (1952).
[4] v. EUW und REICHSTEIN (1950).
[5] KHALIQUE und AHMED (1952).

2. Die Aglykone der Herzglykoside.

Bei den Aglykonen der Herzglykoside sind zwei Gruppen zu unterscheiden, solche mit 24 C-Atomen (*Scilla*-Typ, Scilladienolide) und solche mit 23 C-Atomen (*Digitalis-Strophanthus*-Typ, Cardenolide). Alle Aglykone sind Lactone und lassen sich mit Lauge titrieren. Die Öffnung des Lactonrings mit Alkalien ist bei beiden Aglykontypen von Sekundärreaktionen und dem völligen Verlust der Herzwirksamkeit begleitet.

Die Aglykone vom *Digitalis-Strophanthus*-Typ besitzen einen 5-gliedrigen, α,β-ungesättigten Lactonring der Formel 1:

I   II   III   IV, R = CH₃ oder C₂H₅

Der Lactonring der Aglykone vom *Scilla*-Typ wird durch alkoholische Alkalien so geöffnet, daß gleichzeitig die freiwerdende Carboxylgruppe verestert wird, ein Verhalten, wie es vom Cumarin schon bekannt war (STOLL, HOFMANN und HELFENSTEIN, 1934). Demnach tragen diese Substanzen einen doppelt ungesättigten sechsgliedrigen Lactonring vom Cumalin-Typus (Formel II), der das charakteristische Merkmal dieser Glykosidklasse darstellt und durch STOLL und Mitarbeiter am Scillaren A erstmals festgestellt worden ist. Nach der Öffnung des Lactonrings mit Lauge findet leicht eine irreversible Isomerisierung statt. Unter dem Einfluß von Säure schließt die aus der Lactongruppierung freigewordene Enol-hydroxylgruppe einen Oxydring mit der Hydroxylgruppe an C_{14}, wobei die pharmakologisch unwirksamen Isoformen entstehen (Formel IV).

Auch die Aglykone mit fünfgliedrigem, einfach ungesättigtem Lactonring (Cardenolide) erleiden unter dem Einfluß alkoholischer Lauge eine irreversible Umlagerung zu den unwirksamen Isoformen. Doch ist hier der Mechanismus anders, indem primär nicht der Lactonring geöffnet wird, sondern die Doppelbindung verschiebt sich aus α-$\beta(C_{20}$—$C_{22})$-Stellung in β-$\gamma(C_{20}$—$C_{21})$-Stellung. Dann lagert sich die Hydroxylgruppe an C_{14} an die Doppelbindung an, so daß ebenfalls ein Oxydring entsteht (Formel III). Daß hier die Isomerisierung ohne Verseifung des Lactonrings erfolgt, geht daraus hervor, daß die isomerisierten Lactone (III) direkt aus der alkalischen Lösung ohne Ansäuern erhalten werden können (JACOBS und HOFFMANN, 1924).

Alle Cardenolide liefern, wenn man vorhandene Doppelbindungen hydriert und alle außerhalb des Lactonrings stehenden Sauerstofffunktionen eliminiert — Hydroxylgruppen durch Abspaltung und Hydrierung der entstandenen Doppelbindungen, oder, sofern sie sekundärer Natur sind, durch Oxydation zur CO-Gruppe und Reduktion zur Methylengruppe, eine Aldehydgruppe wie im Strophanthidin ebenfalls durch Reduktion — das gleiche gesättigte Desoxylacton

V   VI

$C_{23}H_{36}O_2$ und unterscheiden sich demnach voneinander nur durch Zahl und Stellung der Sauerstoff-Funktionen, evtl. noch durch zusätzliche Kerndoppelbindungen. Die Bruttoformel des Desoxylactons zeigt, daß es neben dem Lactonring vier Kohlenstoffringe wie die Steroide besitzen muß. Ebenso wie diese liefern die Aglykone der Herzglykoside bei der Selendehydrierung den DIELSschen Kohlenwasserstoff $C_{18}H_{16}$ (V), was JACOBS beim Strophanthidin und TSCHESCHE beim Anhydrouzarigenin gezeigt haben (JACOBS und FLECK, 1931; TSCHESCHE und KNICK, 1933).

Das Schema I zeigt den Weg, auf welchem JACOBS und ELDERFIELD (1934, 1935, b) Digitoxigenin zur Ätiocholansäure abgebaut und damit eindeutig das Steroidskelett der Herzgiftgenine bewiesen haben. Mit ganz ähnlicher Reaktionsfolge gelangte TSCHESCHE vom Anhydrouzarigenin zur Ätioallocholansäure (VI), was bewies, daß das Aglykon des sehr schwach wirksamen Uzarins mit Digitoxigenin stereoisomer ist.

Schema I.

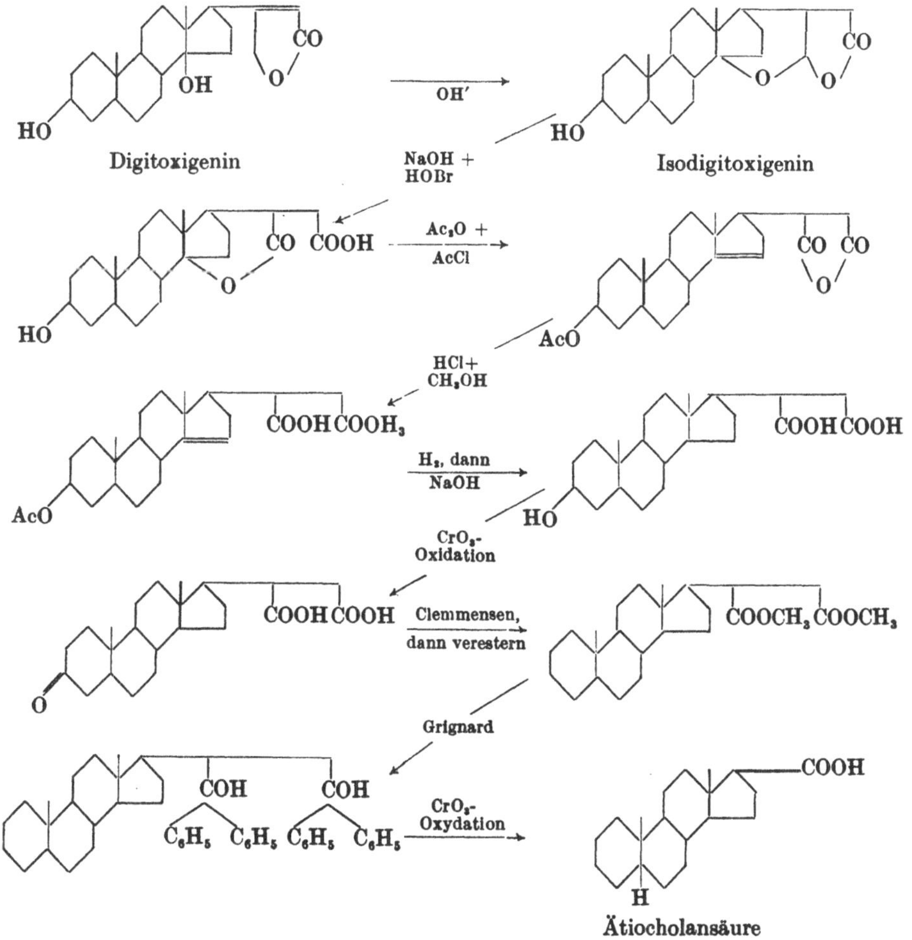

Nachdem so das Kohlenstoffskelet der Aglykone festgestellt worden war, erforderte die vollständige Aufklärung ihrer Konstition noch die Bestimmung von Zahl, Art und Stellung der Sauerstoff-Funktionen sowie allfälliger Doppelbindungen, was in umfangreichen Arbeiten bei fast allen Aglykonen gelungen ist.

Einen besonders eleganten und übersichtlichen Übergang von einem Herzglykosid zu den Steroiden haben STOLL und Mitarbeiter (1935, 1941) gefunden, indem sie Scillaren A zu Allocholansäure und Epi-allo-lithocholsäure abbauten. Das Schema II zeigt die Reaktionsfolge.

Schema II.

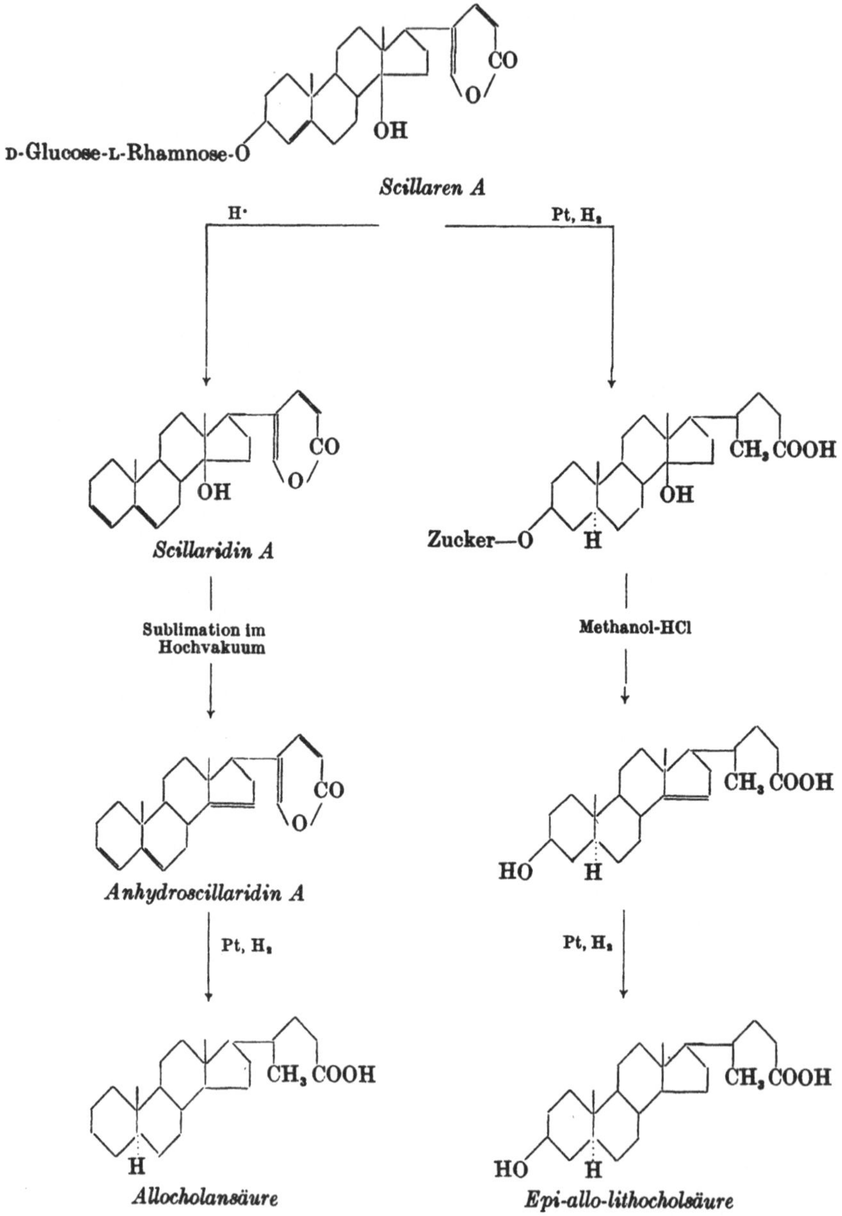

Scillaren A

Scillaridin A

Anhydroscillaridin A

Allocholansäure

Epi-allo-lithocholsäure

Dieser Abbau hat nicht nur den bis dahin nur aus dem positiven Ausfall der LIEBERMANNschen Cholesterinreaktion zu schließenden steroidartigen Aufbau des Scillarens A, sondern, da er ohne Verlust eines C-Atoms erfolgte, auch die Länge der Seitenkette und damit die Größe des Lactonrings bewiesen.

MEYER und REICHSTEIN (1947) und LARDON (1949) haben den Abbau digitaloider Aglykone zu Ketolen vom Typus der Nebennierensteroide beschrieben. Das Schema III zeigt den Abbau von Periplogenin zu Desoxycorticosteron und zu Progesteron.

Schema III.

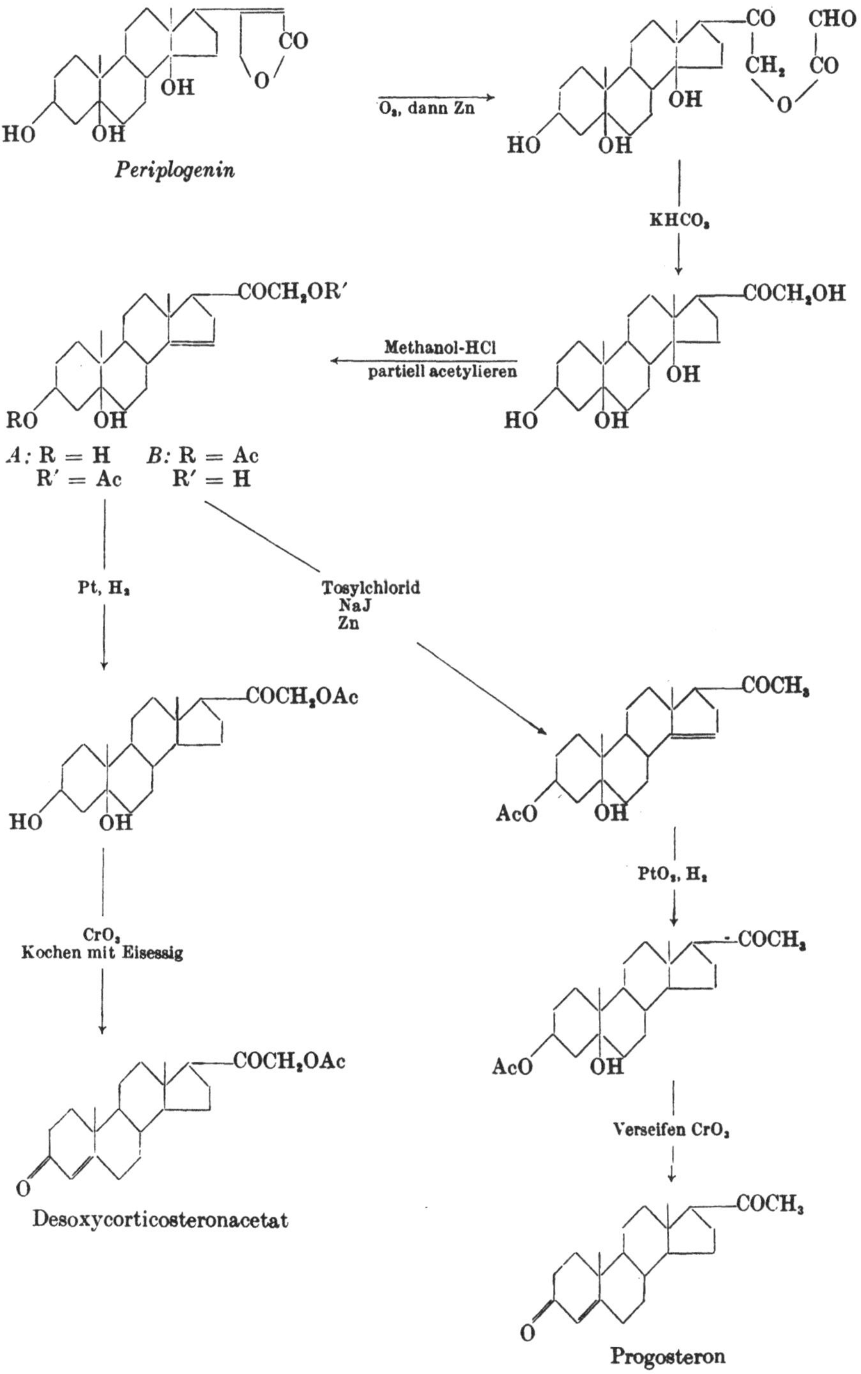
CO
OH
O
HO
OH
Periplogenin
O₃, dann Zn
CO CHO
CH₂ CO
OH
O
HO
OH
KHCO₃
COCH₂OH
OH
HO
OH
Methanol-HCl
partiell acetylieren
COCH₂OR′
RO
OH
A: R = H
R′ = Ac
B: R = Ac
R′ = H
Pt, H₂
Tosylchlorid
NaJ
Zn
COCH₂OAc
HO
OH
CrO₃
Kochen mit Eisessig
COCH₂OAc
O
Desoxycorticosteronacetat
COCH₃
AcO
OH
PtO₂, H₂
COCH₃
AcO
OH
Verseifen CrO₃
COCH₃
O
Progosteron

Die Samen vieler Arten von *Strophanthus* und anderer Pflanzen enthalten neben den glykosidspaltenden noch Fermente, die nicht Spaltung, sondern Umlagerung der Herzglykoside in isomere, pharmakodynamisch unwirksame Formen bewirken; man hat für diese die Bezeichnung „Alloformen" geprägt. Die Alloglykoside liefern bei der Hydrolyse mit Säure die gleichen Zucker wie die entsprechenden normalen Glykoside, aber andere Aglykone. Charakteristisch für diese ist, daß sie unter dem Einfluß von Hydroxylionen keine Isomerisierung erleiden. Speiser und Reichenstein (1948) haben auf übersichtlichem Weg Alloperiplogenin zu einer 3,5,14-Trioxy-ätiocholansäure abgebaut, deren Carboxylgruppe zur Hydroxylgruppe an C_{14} trans-ständig angeordnet ist. Demnach unterscheiden sich die Allo-Aglykone von den normalen Aglykonen durch die Konfiguration an C_{17}. Die Isomerisierung der normalen Aglykone erfordert cis-Stellung von Lactonring und Hydroxylgruppe an C_{14} und kann wegen der trans-Stellung dieser beiden Funktionen bei den Allo-Formen nicht eintreten.

IV. Nachweis und Bestimmung.

In den vorhergehenden Abschnitten wurde auf die Schwierigkeiten hingewiesen, die bei der Aufteilung von Herzglykosid-Gemischen in ihre Komponenten zu überwinden sind. Die Herzglykoside besitzen weder basische noch saure Eigenschaften, die eine Trennung auf chemischem Wege durch Bildung aus Salzen ermöglichen würden. Sie sind andererseits gegen chemische Agentien wie Säuren und Basen und gegenüber Enzymen empfindlich und müssen daher auf Grund von Unterschieden in ihren physikalischen Eigenschaften, wie solchen in der Löslichkeit und der Verteilung zwischen nicht mischbaren Lösungsmitteln von Begleitstoffen und voneinander getrennt werden.

Aus der weiter oben angegebenen Literaturübersicht geht hervor, daß die Arbeiten zur Trennung und Isolierung von Herzglykosiden sehr zahlreich sind, und daß ihre Zahl in den letzten Jahren stark zugenommen hat. Dies ist einerseits durch rein wissenschaftliche Interessen bedingt, andererseits aber auch durch die ausgedehnte und ständig zunehmende praktische Bedeutung der Herzglykoside für die Medizin. Gerade die therapeutische Verwendung der Herzglykoside setzt Methoden voraus, die gestatten, diese hochwirksamen Naturstoffe qualitativ und quantitativ einwandfrei zu erfassen.

1. Qualitativer Nachweis der Herzglykoside.

Für den qualitativen Nachweis werden in erster Linie Farbreaktionen benutzt, die z. T. auch bei den Phytosterinen und den Saponinen verwendet werden, wie z. B. die Liebermann- und die Rosenheim-Reaktion. Andere Farbreaktionen wiederum werden durch gewisse, für die Herzglykoside charakteristische funktionelle Gruppen oder durch spezifische Zucker hervorgerufen und sind deshalb geeignet, die Herzglykoside besonders zu kennzeichnen und von anderen Steroiden zu differenzieren. Sie sind deshalb für die Herzglykoside als Stoffgruppe unter den Steroiden spezifisch, gestatten aber nur in wenigen Fällen, die einzelnen Individuen voneinander zu unterscheiden.

Die wichtigsten bei den Herzglykosiden verwendeten Reaktionen sind die folgenden:

a) Nachweis nach Keller-Kiliani (Keller, 1895; Kiliani, 1898).

b) Baljet-Reaktion (Baljet, 1918).

c) Legal-Reaktion (Legal, 1883; Jacobs und Hoffmann, 1926, a).

d) Raymond-Reaktion (Raymond, 1936, 1938, 1939).

e) Tollens-Reaktion (Tollens, 1881; Jacobs und Hoffmann, 1926, a).

f) Farbreaktion mit konzentrierter Schwefelsäure.

g) LIEBERMANNsche Farbreaktion (LIEBERMANN, 1885).

h) ROSENHEIM-Reaktion (ROSENHEIM, 1929).

i) SCHALTEGGER-Reaktion (SCHALTEGGER, 1946, a, b).

a) KELLER-KILIANI-Farbreaktion. Nach der Originalvorschrift wird für die Ausführung der Reaktion zu 100 ml Eisessig 1 ml 5%iger Ferrichloridlösung gegeben. Man löst einige mg der zu prüfenden Substanz in 3—4 ml des eisenhaltigen Eisessigs und unterschichtet mit dem gleichen Volumen konz. Schwefelsäure, die ebenfalls 1 ml 5%iger Ferrichloridlösung pro 100 ml enthält. 2-Desoxyzuckerhaltige Glykoside sowie die 2-Desoxyzucker selbst, ergeben nach und nach im Eisessig eine schöne kornblumenblaue, ziemlich beständige Färbung. Sie ist für 2-Desoxyzucker charakteristisch und kann daher zum Vergleich mit einer Testsubstanz, deren Gehalt an Desoxyzucker bekannt ist, schätzungsweise herangezogen werden, vorausgesetzt, daß man die Reaktion mit dem Versuchs- und dem Vergleichspräparat unter standardisierten Bedingungen ausführt. Zu diesem Zweck haben STOLL und KREIS (1933, a) folgende Modifikation der KELLER-KILIANI-Reaktion ausgearbeitet: 5 mg Substanz werden in 10 ml Eisessig gelöst und mit 2 Tropfen einer wäßrigen 5%igen Ferrichloridlösung versetzt. 5 ml dieser Lösung werden hierauf in einem schräggestellten Reagenzglas mit 5 ml konz. Schwefelsäure sorgfältig unterschichtet und in aufrechter Lage nach 1—2 Std. beobachtet. Auf gleiche Weise wird die Reaktion mit einer bekannten Testsubstanz, z. B. Digitoxin, ausgeführt. Reines Lanatosid A ergibt wie Digitoxin bei der KELLER-KILIANI-Reaktion eine braune Zone an der Grenzfläche von Eisessig und Schwefelsäure und eine schöne blaue Farbe der Eisessigschicht. Diese ist beim Lanatosid A allerdings bedeutend weniger intensiv als bei einem Vergleichsversuch mit Digitoxin, was davon herrührt, daß bei den Lanatosiden die Reaktion nur durch zwei Digitoxosemoleküle hervorgerufen wird gegenüber dreien beim Digitoxin. Das dritte Digitoxosemolekül des Lanatosids wird unter den Bedingungen der KELLER-KILIANI-Reaktion als Bestandteil des Disaccharids Digilanidobiose abgespalten, die ihrerseits keine Reaktion gibt. Die Lanatoside B und C verhalten sich in bezug auf die blaue Färbung der Eisessigschicht genau wie Lanatosid A, da die Zuckerketten der drei Lanatoside identisch sind. Bei Lanatosid C entsteht wie bei A eine braune Zone in der Schwefelsäure, während Lanatosid B eine intensiv karminrote Zone in der Schwefelsäure liefert.

Die Beständigkeit der blauen Farbe hängt stark von der Temperatur und von der Beleuchtung ab. Vor starkem Licht geschützt und an kühlem Ort kann sie stundenlang bestehen bleiben; in der Wärme und im Sonnenlicht schlägt sie bald nach blaugrün und olivgrün um. Bei reiner Digitoxose ist die Farbintensität natürlich besonders intensiv. Die Blaufärbung und noch mehr die Geschwindigkeit, mit der sich die blaue Zone von der Grenzschicht an ausbreitet, geht der Digitoxosekonzentration parallel.

Schärfer als die Glykoside lassen sich die Aglykone durch eine zuerst von CLOETTA (1920), vgl. auch STOLL u. KREIS (1933, a) vorgeschlagene Modifikation der KELLER-KILIANI-Reaktion unterscheiden: 5 ml Eisessig mit 1 mg Substanz werden unter Zusatz von einem Tropfen 20%iger Ferrichloridlösung mit 5 ml Schwefelsäure unterschichtet, worauf man die beiden Flüssigkeiten durchschüttelt. So ausgeführt ist die Reaktion für die Aglykone der Digitalisglykoside spezifisch: Digitoxigenin, das Aglykon von Lanatosid A und Digitoxin, gibt eine grasgrüne, Gitoxigenin, das Aglykon von Lanatosid B und Gitoxin, die charakteristische tiefkarminrote Färbung, während Digoxigenin, das Aglykon von Lanatosid C und

Digoxin, eine goldgelbe bis goldbraune Farbe der Lösung aufweist. Wird diese Reaktion mit den Glykosiden selbst ausgeführt, so werden die charakteristischen Färbungen durch die Verkohlung der Zuckerkomponenten so überdeckt, daß fast momentan dunkle Mißfarben entstehen.

Seifert (1941) hat die Keller-Kiliani-Reaktion auf die Untersuchung von Drogen übertragen: 0,3 g der gepulverten Droge werden mit 3 ml verdünntem Alkohol in der Wärme extrahiert und abzentrifugiert, worauf man das Zentrifugat abkühlt und nach Verdünnen mit Wasser und Behandeln mit Bleiacetat mit Chloroform auszieht. Nach dem Verdampfen des Chloroforms zur Trockne werden die Glykoside zur Entfernung von Fetten und Sterinen mit Petroläther verrieben und schließlich in Eisessig, der wenig Ferrichlorid enthält, gelöst. Beim Eintropfen dieser Lösung in konz. Schwefelsäure geben die Glykoside aus *Nerium Oleander, Digitalis, Gratiola* und *Scilla* eine rote Färbung. Beim Mischen mit Schwefelsäure zeigen Glykoside aus *Digitalis, Adonis vernalis,* Radix apocyni cannabini *(Apocynum cannabinum)* und Cortex Condurango *(Marsdenia Condurango)* eine weniger charakteristische blaue bis grünlichblaue Färbung, während *Nerium Oleander-* und Cortex aurantii-Glykoside eine grüne Färbung aufweisen.

v. Euw und Reichstein (1948) haben die Keller-Kiliani-Reaktion so weitgehend verfeinert, daß sie auch mit sehr kleinen Substanzmengen den Nachweis eines Desoxyzuckers in einem steroidartigen Glykosid gestattet. Folgende Lösungen werden dafür bereitet:

Lösung   I: 1 ml 5%iger wäßriger Ferrisulfatlösung,
              99 ml Eisessig.
Lösung II: 1 ml 5%iger Ferrisulfatlösung,
              99 ml konz. Schwefelsäure.

In Glasröhrchen von etwa 5 mm lichter Weite werden 0,05—0,1 mg Substanz in 20 kleinen Tröpfchen der Lösung I durch Schütteln oder Drehen gelöst, worauf man ein kleines Tröpfchen der Lösung II durch Schütteln zumischt. Bei Anwesenheit von 2-Desoxy-zuckern färbt sich die Mischung nach 5 min bei 20° blau oder blaugrün. Sogar mit 0,01 mg Glykosid lassen sich noch gute Resultate erzielen, wenn man 20 Teile der Lösung I mit 1 Teil der Lösung II unter Kühlung vermischt, die Glykosidprobe in 1 Tropfen des frisch bereiteten Gemisches löst und 5—10 min bei 20° stehenläßt. Die Beobachtung erfolgt über weißer Unterlage bei Tageslicht.

b) Baljet-Reaktion. Baljet (1918) fand eine Reaktion, die typisch ist für alle Glykoside und Aglykone mit fünfgliedrigem, einfach ungesättigtem Laktonring. Die Reaktion wird folgendermaßen ausgeführt:

Lösung   I: . 1,0 g Pikrinsäure in 100 ml 95%igem Alkohol,
Lösung II: 10,0 g Natriumhydroxyd in 100 ml Wasser.

Gleiche Teile der Lösungen I und II werden vermischt. Einige Tropfen dieser Mischung färben sich in Gegenwart von Glykosiden oder Aglykonen der *Digitalis-Strophanthus*-Gruppe je nach Menge hellorange bis dunkelrot. Für Vergleichsreaktionen gießt man in eine Reihe Reagenzgläser mit flachem Boden je 5 ml Reagens, fügt die zu prüfende Substanz bei und vergleicht die Farbtiefe. Die Reaktion fällt bei Zimmertemperatur nur bei Glykosiden der *Digitalis-Strophantus*-Gruppe positiv aus. 1 mg Digitoxin oder k-Strophanthin geben eine sehr deutliche positive Reaktion. Die Empfindlichkeitsgrenze liegt bei 0,03 mg krist. k-Strophanthin oder bei 0,05 mg krist. Digitoxin. Aceton stört die Reaktion, während sie Aldosen nur beim Erwärmen geben.

c) Legal-Test. Der Legal-Test, Rotfärbung mit Nitroprussid-natrium und Alkali, ist ursprünglich (Legal, 1883) als Reaktion auf Aceton aufgefunden worden. v. Bittó (1892) hat genauere Untersuchungen über den Legal-Test ausgeführt und festgestellt, daß diese Reaktion bei allen Substanzen positiv ausfällt, welche die Gruppe =CH—CO— enthalten. Sie ist demnach spezifisch für aktivierte Methylengruppen. Jacobs und Hoffmann (1926, a) haben gefunden, daß diese Reaktion bei den Glykosiden und Aglykonen der *Digitalis-Strophanthus*-Gruppe ebenfalls positiv ausfällt, woraus sie auf das Vorliegen der Gruppierung =CH—CO— im einfach ungesättigten Laktonring dieser Verbindungen schlossen. Jacobs und Hoffmann geben folgende Vorschrift an:

10—20 mg der zu prüfenden Substanz werden in 1 ml reinem Pyridin gelöst, worauf man die Lösung mit dem gleichen Volumen Wasser verdünnt. Man gibt einige Tropfen 10%ige wäßrige Natronlauge zu und versetzt mit 1 ml 0,3%iger Nitroprussidnatriumlösung. Die Lösung färbt sich bei positivem Ausfall der Reaktion tiefrot.

Nach Shoppee (1944) kann die Empfindlichkeit der Legal-Reaktion gesteigert werden, wenn man 1—2 mg Substanz in 2—3 Tropfen reinstem Pyridin löst, mit 1 Tropfen wäßriger Nitroprussidnatriumlösung versetzt und mit 1 bis 4 Tropfen 2 n-Kalilauge vermischt.

Wie die Baljet-Reaktion, so ist auch der Legal-Test nur für den einfach ungesättigten Butenolidring spezifisch und erlaubt sonst keine Differenzierung der Herzglykoside oder ihrer Aglykone.

d) **Raymond-Reaktion (Zimmermannsche Reaktion).** Von Bittó (1892, b) hat seine Untersuchungen über den Legal-Test auch auf Farbreaktionen ausgedehnt, die Substanzen mit der Gruppierung =CH—CO— auf Zusatz von aromatischen Nitrokörpern in alkalischer Lösung geben. Hierbei fand er als besonders empfindliche Reaktion, daß m-Dinitrobenzol mit solchen Verbindungen in alkoholischer Lösung auf Zusatz einiger Tropfen Kalilauge eine violettrote bis rote Färbung ergibt. Nachdem Zimmermann (1935) diese Reaktion zur colorimetrischen Bestimmung von Steroidketonen ausgearbeitet hatte, fand Raymond (1936, 1938, 1939), daß sie auch zum Nachweis digitaloider Glykoside und Aglykone herangezogen werden kann.

Ausführung: 1 mg einer Lösung der zu prüfenden Substanz in 20%igem Äthanol wird unter Eiskühlung mit 0,1 ml absolut-äthanolischer 1%iger m-Dinitrobenzollösung versetzt und bleibt 10 min bei 0° stehen. Dann gibt man 0,2 ml 20%iger Natronlauge zu. Bei Anwesenheit eines Glykosids mit einfach ungesättigtem γ-Laktonring färbt sich die Lösung innerhalb 5 min indigoblau.

Shoppee (1944) zitiert diese Reaktion unter dem Namen Zimmermannsche Reaktion. Er führt sie wie folgt aus: 1—2 mg Substanz werden in 2 Tropfen Äthanol gelöst und mit 2 Tropfen 1%iger alkoholischer m-Dinitrobenzollösung, sowie 2—3 Tropfen 5%iger Kalilauge versetzt. Rotfärbung zeigt den positiven Ausfall an.

e) **Tollens-Reaktion.** Daß die Glykoside und Aglykone der *Digitalis-Strophanthus*-Gruppe die Silberspiegel-Reaktion nach Tollens geben, haben Jacobs und Collins (1925) gefunden. Obwohl diese Reaktion heute eigentlich nur noch historisches Interesse besitzt, sei ihre Ausführung (Jacobs und Hoffmann, 1926 a,) mitgeteilt:

Bereitung der Reagenzlösung (Tollens, 1881): Man mischt gleiche Volumina 10%iger Silbernitratlösung und 10%iger Natronlauge und versetzt tropfenweise mit Ammoniak (d = 0,923), bis sich das Silberoxyd gerade löst. Ausführung der Reaktion: 10—20 mg der zu prüfenden Substanz werden in 1 ml reinem Pyridin gelöst und mit dem gleichen Volumen Wasser verdünnt. Diese Lösung versetzt man nun mit 0,5 ml Tollens-Reagens und läßt bei Zimmertemperatur stehen, wobei der Silberspiegel sichtbar wird.

f) Farbreaktion mit starker Schwefelsäure. Den bisher beschriebenen Nachweisreaktionen haftet gemeinsam der Nachteil an, daß sie die Differenzierung einzelner Glykoside nicht ermöglichen, da sie mit wenigen Ausnahmen ähnlich ausfallen. Reichstein und Mitarbeiter haben in ihren sehr zahlreichen Arbeiten über herzwirksame Glykoside und Aglykone jeweils Farbreaktionen beschrieben, die diese Substanzen mit 84%iger Schwefelsäure geben. Diese sind für manche Glykoside und Aglykone typisch und erlauben in vielen Fällen, zumal wenn zum Vergleich authentisches Material zur Verfügung steht, eine Identifizierung. In der Tab. 21 (S. 251) sowie in der systematischen Beschreibung der Herzglykoside haben wir den Ausfall ihrer Reaktion mit 84%iger Schwefelsäure auf Grund der Originalliteratur angegeben.

Eine Modifikation dieser Reaktion nach Reichstein wird von Tattje (1954, a) vorgeschlagen. Sie gestattet, Gitoxigenin in Gegenwart von Digitoxigenin colorimetrisch zu bestimmen. Zusammensetzung der Reagenslösung: 37,5 g konz. Schwefelsäure, 62,5 g 85%iger Phosphorsäure, 0,05 g Ferrichlorid. Gitoxigenin gibt mit diesem Reagens eine Rotfärbung, deren Intensität etwa 2 Std. lang stabil ist. Sie wird bei 5750 Å gemessen und ergibt Extinktionswerte, die für das Gitoxigenin etwa 80 mal größer sind als für die gleiche Menge Digitoxigenin. Die Verwendung von Ferrichlorid sowie der Ausfall der Reaktion charakterisieren diese als Kombination der Keller-Kiliani-Reaktion mit der Reaktion nach Reichstein.

g) Liebermannsche Farbreaktion. Die unter 1—5 beschriebenen Farbreaktionen versagen bei Substanzen mit Cumalinring, dem Charakteristikum der Scilla-Glykoside, die sich indessen durch den positiven Ausfall der Liebermannschen Cholesterinreaktion (Liebermann, 1885; Burchard, 1889) zu erkennen geben. Ablauf und Endstadium dieser Farbreaktion sind so charakteristisch, daß es sogar möglich ist, die einzelnen Scillaglykoside voneinander zu unterscheiden, wenigstens soweit sie sich von verschiedenen Aglykonen ableiten. Ausführung der Liebermann-Reaktion (Stoll, Suter et al., 1933): Ungefähr 1 mg der Substanz wird im Reagenzglas in ein paar Tropfen Eisessig gelöst und dann mit 3 ml einer Mischung von 50 Teilen Essigsäureanhydrid und 1 Teil konz. Schwefelsäure versetzt.

Tabelle 16. *Die Liebermann-Reaktion der Meerzwiebelglykoside[1].*

Glucoscillaren A Scillaren A Proscillaridin A Scillarenin Scillaridin A Anhydroscillaridin A	rosa (flüchtig) ⟶		grün
Scilliphäosid Glucoscilliphäosid	rosarot ⟶ (flüchtig)	kupferrot ⟶	braungelb-olive
Scilliglaucosid	rosarot ⟶ (flüchtig)		blaugrün
Scillicyanosid	intensiv blau		
Scillicoelosid	himmelblau		
Scillazurosid	intensiv blau		
Scillikryptosid	Anfänglich keine Farbreaktion. Nach längerem Stehen schwach bläulich		
Scillirosid	intensiv violett ⟶ blau ⟶ blaugrün		

---

[1] Stoll, Suter u.a. (1933); Stoll, Renz und Brack (1951); Stoll und Kreis (1951, b).

h) Rosenheim-Reaktion. Rosenheim (1929) hat eine Farbreaktion mit Trichloressigsäure angegeben, die als charakteristisch anzusehen ist für Steroide, die in ihrem Ringgerüst ein Diensystem aufweisen, wie z. B. Ergosterin, oder die ein solches leicht zu bilden vermögen, wie z. B. Scillarenin und die Glykoside und Derivate, die sich von diesem primären Aglykon ableiten. Ausführung: 2 mg Substanz werden bei 20° in 1 ml 90%iger Trichloressigsäure gelöst (Stoll und Hofmann, 1935, b).

Tabelle 17. *Die Rosenheim-Reaktion mit Scillaren A und Anhydroderivaten von Scillarenin.*

Substanz	Färbung nach				
	0 min	1 min	4 min	20 min	4 Std.
Scillaren A	farblos	schwach rosa	violett	intensiv blau	tiefblau
Scillaridin A	farblos	rosa	violett	intensiv blau	tiefblau
Anhydroscillaridin A	farblos	violett	intensiv violett	tiefviolett	tiefblau

Die Rosenheim-Reaktion fällt unter den oben beschriebenen Bedingungen beim Scilliglaucosidin negativ aus, obwohl dieses Aglykon die gleiche Verteilung der Doppelbindungen besitzt wie Scillarenin. Der positive Ausfall wird durch die Aldehydgruppe des Scilliglaucosidins an C_{10} verhindert. Erst bei Verwendung höher konzentrierter Trichloressigsäure (95—99%) und bei kurzem Erwärmen auf 80° tritt eine Farbreaktion ein, die durch Zugabe aromatischer Aldehyde, wie Vanillin verstärkt werden kann.

Ausführung der modifizierten Rosenheim-Reaktion (Stoll, v. Wartburg und Renz, 1953,c): 2 mg Substanz (bei Aldehydzusatz: + 2 mg Vanillin) werden mit 1 ml geschmolzener Trichloressigsäure (Merck) im Wasserbad auf 80° erwärmt; nach 2—30 min wird die Färbung notiert. Die Schnelligkeit ihres Eintritts ist auch noch innerhalb der Grenzen von 95—99% abhängig vom Wassergehalt der Trichloressigsäure.

Tabelle 18. *Modifizierte Rosenheim-Reaktion mit Scilliglaucosidin und Scillarenin[1].*

Substanz	ohne Vanillin	mit Vanillin
Scilliglaucosidin	(10) rötlich braun (30) violett-weinrot	(10) rötlich braun (30) intensiv violett-weinrot
Scillarenin	(2) intensiv blau mit roter Fluoreszenz	(2) intensiv blau mit roter Fluoreszenz

i) Schaltegger-Reaktion. Eine ähnliche Reaktion für ungesättigte Steroide wie die Rosenheim-Reaktion wurde von Schaltegger (1946,a,b) für die Bestimmung von Ergosterin und Vitamin D_2 ausgearbeitet, die sich auch auf gewisse Aglykone von Meerzwiebelglykosiden übertragen ließ. Ausführung: 2 mg Substanz (bei Aldehydzusatz: + 2 mg Vanillin) werden in 1 ml Eisessig gelöst, mit 2 Tropfen Perchlorsäure-Reagens versetzt und im Wasserbad auf 80° erwärmt, worauf man die auftretende Färbung nach 2—30 min notiert. Perchlorsäure-Reagens: Man versetzt eine Mischung von 2 ml Essigsäureanhydrid und 2,5 ml Eisessig langsam und unter Schütteln mit 0,5 ml 70%iger Perchlorsäure und

[1] Die Zahlen in Klammern vor den Farbbezeichnungen bedeuten die Zeit in Minuten nach Zugabe der Reagentien. Der Vergleich zeigt, wie viel schneller die Farbreaktion beim Scillarenin eintritt als beim Scilliglaucosidin.

erwärmt dann die schwach gelbliche Lösung unter Ausschluß von Feuchtigkeit eine ½ Std. im Ölbad auf 95—100°. Das Reagens ist braun gefärbt und raucht anfangs an der Luft. Man füllt es noch warm in eine kleine Pipettenflasche. Das verjüngte Ende der Pipette ist so bemessen, daß 2 Tropfen des Reagens etwa 39 mg wiegen. Der Eisessig muß durch Ausfrieren gereinigt werden. Man verwendet frisch destilliertes, technisches Essigsäureanhydrid, da erfahrungsgemäß bei Verwendung eines analysenreinen Präparates die bei einigen Substanzen auftretende charakteristische grünliche Fluoreszenz nicht zu beobachten ist.

Tabelle 19. SCHALTEGGER-*Reaktion mit Scilliglaucosidin und Scillarenin*[1].

Substanz	ohne Vanillin	mit Vanillin
Scilliglaucosidin	(2—5) rosa mit grüner Fluoreszenz	(2) violett mit grüner Fluoreszenz
Scillarenin	(2—5) rosa-violett	(2) intensiv violett blaugraustichig

2. Trennung und Bestimmung der Herzglykoside.

a) **Papierchromatographische Trennung.** Die bis jetzt beschriebenen Farbreaktionen versagen, wenn die zu untersuchenden Präparate Gemische sind, oder wenn auf Einheitlichkeit einer Substanz geprüft werden soll. Ebensowenig gestatten sie zu beurteilen, wie viele und welche Herzglykoside in einer Droge oder einem Extrakt enthalten sind. Eine Methode, die dafür brauchbare Anhaltspunkte liefert, wurde in den letzten Jahren u. a. von SVENDSEN und JENSEN (1950), SCHINDLER und REICHSTEIN (1951,a); MITCHELL und HASKINS (1949) sowie HASSALL und MARTIN (1951) und TSCHESCHE, GRIMMER und SEEHOFER (1953) auf der Grundlage der Papierchromatographie ausgearbeitet. Diese hat sich bekanntlich auf den verschiedensten Gebieten als äußerst nützlich erwiesen, da sie bei geringstem Aufwand an Substanz ein rasches Arbeiten ermöglicht und an die technische Ausrüstung des Laboratoriums keine großen Anforderungen stellt. Da die Methode sich innerhalb weiter Grenzen variieren läßt, ist sie äußerst anpassungsfähig. Dies betrifft sowohl die Wahl der Lösungsmittel, der Temperatur usw., als auch die Art, wie die Chromatogramme sichtbar gemacht und ausgewertet werden. Diese Variabilität bedingt andererseits, daß die besten Bedingungen für eine Trennung in Vorversuchen ausfindig gemacht werden müssen. Aus diesem Grund ist es auch nicht möglich, allgemein gültige Arbeitsvorschriften anzugeben. Wir beschränken uns deshalb darauf, die Grundzüge der Methode zu beschreiben (vgl. dazu Bd. 1 dieses Handbuches).

Im Prinzip handelt es sich dabei um eine fortlaufende Verteilung der Substanz zwischen zwei flüssigen Phasen, von denen die eine, mengenmäßig viel kleinere, auf einem Papierbogen fixiert ist („stationäre Phase"), und die andere durch Capillarwirkung sich langsam über das Papier bewegt („mobile Phase"). Stationäre Phase war bei der ursprünglichen Ausführungsform die an jedem nicht besonders getrockneten Papier adsorbierte Feuchtigkeit; man kann dieses aber auch mit anderen hydrophilen Stoffen, wie Formamid oder Glykol, behandeln. Als mobile Phasen kommen die verschiedensten hydrophoben Lösungsmittel oder Gemische von solchen in Betracht; und schließlich kann man auch mit „umgekehrten Phasen" arbeiten, wie im Falle der Herzglykoside TSCHESCHE, GRIMMER und SEEHOFER (1953) dies taten, d. h. man behandelt das Papier mit einer hydrophoben Flüssigkeit und wendet als bewegliche Phase Wasser oder ein wasserhaltiges Lösungsmittel an.

---

[1] Die Zahl vor den Färbungen bedeutet die Zeit in Minuten nach Zugabe der Reagentien.

Für die praktische Durchführung des Chromatogramms bestehen zwei Möglichkeiten, nämlich das aufsteigende und das absteigende Verfahren. Im ersteren Falle taucht das an seinem oberen Ende befestigte Papier mit seinem unteren Ende in eine Schale mit der mobilen Phase, die nun auf dem Papier emporsteigt; bei der zweiten Ausführungsform hängt der oberste, zu diesem Zweck über einen Träger umgebogene Teil des Papiers in ein in der Höhe befestigtes Gefäß mit dem beweglichen Lösungsmittel, das sich auf dem Papier in diesem Falle abwärts bewegt. Die erste Methode hat den Vorzug der einfacheren apparativen Anordnung, die zweite denjenigen des schnelleren Vorwärtsschreitens der Lösungsmittelfront. In allen Fällen muß die chromatographische Trennung in einer abgeschlossenen Atmosphäre vorgenommen werden, in welcher vor dem Beginn des Prozesses die Sättigungsgleichgewichte der Dämpfe aller anwesenden Lösungsmittel sich bei einer konstanten Temperatur einstellen können.

Wenn man geeignete Arbeitsbedingungen wählt, werden sich die vorher nahe dem unteren bzw. oberen Rand des Papiers als Gemisch aufgetragenen Substanzen nach Beendigung des Chromatogramms in verschiedener Distanz von ihrem Startpunkt auffinden lassen. Die im allgemeinen farblosen Substanzen müssen, um erkennbar zu sein, mit einem sie färbenden Reagens behandelt werden. Die Lage der Substanz auf dem Chromatogramm wird durch den sog. R_F-Wert charakterisiert

$$\left(\frac{\text{Laufstrecke der Substanz}}{\text{Laufstrecke der mobilen Flüssigkeit}} = R_F = \text{„Retentionsfaktor“} \right).$$

Unter identischen Versuchsbedingungen ist dieser Wert eine charakteristische Größe der Substanz. Indessen sind bei den vielen variablen Faktoren die Versuchsbedingungen oft nur schwer reproduzierbar, so daß es empfehlenswert ist, neben der zu identifizierenden Substanz eine authentische Probe auf dem gleichen Bogen von der gleichen Startlinie aus mitwandern zu lassen.

Das geschilderte „eindimensionale“ Verfahren kann dadurch zu einem „zweidimensionalen“ gestaltet werden, daß man den Papierbogen, nachdem er in einer Richtung „entwickelt“ und getrocknet worden ist, um 90° dreht und mit einem anderen Lösungsmittel in gleicher Weise verfährt, wobei die Möglichkeit besteht, daß Verbindungen getrennt werden, bei denen dies nach der eindimensionalen Entwicklung nicht gelang. Die Substanzen findet man in diesem Fall natürlich nicht auf einer Geraden angeordnet, sondern auf der ganzen Papierfläche verteilt. Ein Nachteil der „zweidimensionalen“ Technik besteht darin, daß ein paralleles Wandernlassen authentischer Substanzen zum Zwecke der Identifizierung nicht möglich ist.

Für weitere Einzelheiten der chromatographischen Trennungsmethode sei auf Bd. 1 dieses Handbuches hingewiesen.

SVENDSEN und JENSEN (1950) benutzten zur Untersuchung verschiedener Digitalis-Glykoside und -Aglykone, Filtrierpapier Whatman Nr. 1 und als mobile Phase, Gemische von Chloroform, Methanol und Wasser in verschiedenen Mengenverhältnissen. Zum Sichtbarmachen der Flecke besprühten sie das Chromatogramm mit einer 25%igen Lösung von Trichloressigsäure in Chloroform und erwärmten den Papierstreifen während 2 min auf 100° C, worauf sich die untersuchten Stoffe durch eine im UV-Licht deutlich sichtbare Fluoreszenz erkennen ließen. Die Autoren bestimmten so die R_F-Werte unter Verwendung der oben erwähnten Lösungsmittelgemische in verschiedenen Mengenverhältnissen für die Purpureaglykoside A und B, die Lanatoside A, B und C, für Desacetyllanatosid C, Digitoxin, Gitoxin, Digoxin und die zugehörigen Aglykone. Anhand der ermittelten Konstanten prüften sie reine, kristallisierte Digitoxinpräparate auf Einheitlichkeit und konnten z. B. Verunreinigungen mit Gitoxin und Gitoxigenin feststellen. Ferner untersuchten sie Blätter von *Digitalis purpurea*, die nach verschiedenen Methoden getrocknet worden waren, auf ihren Glykosidgehalt und auf den Zustand der Glykoside.

Schindler und Reichstein(1951,a) verwenden als stationäre Phase Formamid, mit welchem Filtrierpapier Whatman Nr. 1 unmittelbar vor dem Versuch getränkt wird, und als mobile Phase mit Formamid gesättigte Gemische von Benzol und Chloroform. Da viele digitaloide Glykoside und Aglykone in diesen Lösungsmitteln relativ langsam wandern, wird auf die Messung der R_F-Werte verzichtet, und der Versuch jeweils erst nach 24 Std. abgebrochen, wobei das Lösungsmittel unten abtropft. Die von den einzelnen Substanzen durchlaufenen Strecken sind der Zeit proportional. Für Identitätsprüfungen läßt man die reine Vergleichssubstanz auf dem gleichen Streifen nebenher laufen. Stehen Gemische mehrerer, sehr verschieden rasch wandernder Komponenten zur Untersuchung, so müssen zwei Versuche angesetzt werden; der erste wird abgebrochen, sobald die Lösungsmittelfront das Ende des Streifens erreicht hat, damit keine Komponente verlorengeht. Rasch wandernde Stoffe sind dann meist schon aufgetrennt. Den zweiten Versuch läßt man länger laufen, um so die Trennung der langsam wandernden Substanzen zu erreichen, wobei allerdings die rasch wandernden meistens schon aus dem Chromatogramm herausgewaschen sind.

Zum Sichtbarmachen der Flecke verwenden Schindler und Reichstein (1951, a) die Raymond-Reaktion in folgender Ausführung: Die Papierstreifen werden nach dem Trocknen in der Wärme mit 10%iger Lösung von m-Dinitrobenzol in Benzol besprüht, nochmals getrocknet und dann mit einer Lösung von 6 g Natriumhydroxyd in 25 ml Wasser und 45 ml Methanol bespritzt. Nach etwa 2 min färben sich die glykosid- oder aglykon-haltigen Flecke violett und nach einer weiteren halben bis ganzen Minute blau. Da die Flecke nach 5—10 min verblassen, müssen sie sofort mit Farbstift markiert werden. Mit Hilfe dieser Methode ist es sogar möglich, die Glykoside eines einzigen *Strophanthus*-Samens aufzutrennen und zu identifizieren.

Tschesche, Grimmer und Seehofer (1953) beladen das Chromatographiepapier je nach der Art der zu trennenden herzaktiven Substanz mit Gemischen von höheren aliphatischen Alkoholen oder mit Malon- oder Oxalsäurediäthylester, während als bewegliche Phase formamidhaltiges Wasser dient; die beiden Lösungsmittel sind vorher durch Schütteln gegenseitig gesättigt worden.

Der Nachweis der Substanzen erfolgt entweder durch ihre Fluoreszenz nach Behandlung mit Trichloressigsäure in Chloroform bei 100°, mit Antimontrichlorid in Chloroform, mit Dinitrobenzoesäure und Alkali (Reagens nach Kedde) oder mit Xanthydrol. Das letztere Reagens gestattet auch eine quantitative Auswertung, wobei nach den genannten Autoren wie folgt vorzugehen ist: 10 mg Xanthydrol (Merck) werden in 100 ml Eisessig gelöst und mit 1 ml konz. Salzsäure versetzt. Das Reagens wird am besten stets frisch bereitet. Das Filtrierpapier mit dem Substanzfleck bleibt zusammen mit einem Papierstück gleicher Größe (Blindwert) in je 4 ml Reagenzlösung 10 min bei 40° stehen. Dann wird bei jeder Probe das Papier mit einem Glasstab herausgenommen und abgespritzt, worauf man sie in einem siedenden Wasserbad 3 min erhitzt. Anschließend werden die Lösungen sofort mit kaltem Wasser abgekühlt und colorimetriert. Das zur Bestimmung des Blindwertes verwendete Papierstück soll nicht gefärbt sein. Die entstandene Färbung ist über Stunden haltbar und klingt erst nach 24 Std. ab.

Da es nicht möglich ist, allgemein anwendbare Arbeitsvorschriften zu geben, möchten wir noch speziell auf folgende Literaturstellen hinweisen. So haben Hassall und Martin (1951) ebenfalls eine Methode zur papierchromatographischen Charakterisierung und Trennung von Herzklykosiden unter Verwendung der RAYMOND-Reaktion zur Sichtbarmachung der Flecke ausgearbeitet. HEFT-MANN und LEVANT (1952) arbeiteten ähnlich wie SCHINDLER und REICHSTEIN (1951, a), machten die Flecke aber entweder nach SVENDSEN und JENSEN (1950) oder mit Hilfe der TOLLENS-Reaktion sichtbar. Weitere Literaturangaben: LANG (1951); GÜNZEL und WEISS (1953); MESNARD und DEVÈZE (1950, a, b 1951); HABERMANN, MÜLLER und SCHREGLMANN (1953), SILBERMAN und THORP (1953); JENSEN (1953); VASTAGH und TUZSON (1953); FRÈREJACQUE und DURGEAT (1953); FRUYTIER und VAN PINXTEREN (1954) MESNARD und LAFARGUE (1954); GREGG und GISVOLD (1954); LAWDAY (1952); OKADA, YAMADA und KOMETANI (1952); OKADA und YAMADA (1952); NEUWALD und DIEKMANN (1952).

b) Quantitative Bestimmung der Herzglykoside. Die Aufgabe einer quanti-tativen Bestimmung der Herzglykoside ist, wie eingangs erwähnt, wegen ihrer neutralen Natur und ihrer Empfindlichkeit recht schwierig. Früher suchte man sich mit dem Tierversuch zu behelfen, d. h. man bestimmte die Toxicität einer Droge oder eines Extraktes. Als sich aber die Erkenntnis durchzusetzen begann, daß die Toxicität von Herzglykosiden beim Tier mit der therapeutischen Wirkung am Menschen nicht immer parallel geht, suchte man Wege zur Bestimmung der aktiven Substanzen auf chemischem Wege. Das Problem hat für die therapeu-tische Anwendung der herzglykosidhaltigen Drogen eine eminente praktische Bedeutung. Die Reihe der publizierten Arbeiten in analytischer Richtung ist denn auch sehr lang, und auch heute noch nicht abgeschlossen. Man kann daraus den Schluß ziehen, daß keines der bis jetzt angegebenen analytischen Verfahren befriedigende Resultate ergibt. Dies geht auch aus den immer wiederkehrenden Mitteilungen hervor, wonach die Toxicität einer Droge nicht mit ihrem auf analytischem Wege ermittelten Glykosidgehalt übereinstimmt. Alle oben zitierten Farbreaktionen zum qualitativen Nachweis der Herzglykoside sind auch für ihre colorimetrische Bestimmung herangezogen worden. Aus der neueren Literatur zitieren wir die folgenden Arbeiten:

The Chemical Estimation of Digitalis and Strophanthus Glycosides (CANBÄCK, 1947, 1949).

The Chemical Investigation of Digitalis Preparations (KEDDE, 1947).

Quantitative Colorimetric Method for Some Cardioactive Glycosides with 1,3,5-Tri-nitrobenzene (KIMURA, 1951).

Sur une reaction colorée des digitaliques (FRÈREJACQUE, 1951).

A Chemical Evaluation of Digitalis (BELL und KRANTZ, 1945).

The Relationship between the Potency and BALJET Reaction of the Glycosides of Digitalis (BELL und KRANTZ, 1946, a).

The Collaborative Study of the Assay of Digitalis and its Preparations by the Chemical and Cat Methods (BELL und KRANTZ, 1946, b).

The Effect of Various Alkalies on the Sensitivity of the BALJET Reaction for Digitoxin (BELL und KRANTZ, 1948).

The BALJET Reaction, Digitoxin and Digitoxigenin (BELL und KRANTZ, 1949).

A Spectroscopic Study of the BALJET Reaction for Digitoxin and Digitoxigenin (BELL und KRANTZ, 1950).

Photometrische Bestimmung von herzwirksamen Glykosiden (SANTA-PAU VOTÁ und COSTA NOVELLA und PRIMO YUFERA, 1948).

Zur Methodik der photometrischen Bestimmung der herzwirksamen Glykoside der Digitalis-blätter unter besonderer Berücksichtigung fermentchemischer Vorgänge (WEGNER, 1952).

Colorimetric Method for Estimation of Digitoxin (PRATT, 1952).

Beiträge zur chemischen Bestimmung der herzwirksamen Substanzen der Digitalisdroge (VASTAGH und TUZSON, 1951).

Contribution to the Chemistry and Pharmacology of the Digitalis purpurea glycosides (McCHESNEY, NACHOD, AUERBACH und LAQUER, 1948).

Sur le Digitoxoside pur (PETIT, PESEZ, BELLET und AMIARD, 1950).

Dosage fluorométrique du gitoxoside (PESEZ, 1950).

Contribution a l'étude de la composition chimique de Digitalis purpurea (ULRIX, 1948).

Reaction of Cardiotonic Heterosides Utilizing FRIEDEL-CRAFT Catalysts (JAMINET, 1951).

Colorimetric Assay of Digitoxin (WARREN, HOWLAND und GREEN, 1948).

Chemical Analysis of Digitalis Leaves (Soos, 1948, a, b).

A Photoelectric Colorimetric Assay for Digitoxin by Comparison with a Standard Powder (James, Laquer und McIntyre, 1947).

Kolorimetrische Bestimmung von Strophanthidin und Glykosiden des k-Strophanthins (Goldschmidt, Koerber und Helmreich, 1952).

Kolorimetrische Bestimmung des Verhältnisses von Digitoxin und Gitoxin (Sato und Ishii, 1952).

Die kolorimetrische Bestimmung herzwirksamer Glykoside (Hassall und Lippman, 1953).

Spezifische Reaktion auf Digitalis-Glykoside und -Aglykone (Mesnard und Lafargue, 1953).

Digitoxinebepaling met Pesez-Reactie (Dequeker, 1953).

Colorimetric Determination of Ouabain (Yamagishi, 1953).

Beitrag zur photometrischen Wertbestimmung von Digitalis-Infusen mit Hilfe der Baljet-Reaktion (Richter, 1954).

Die chemische Wertbestimmung von Digitalis lanata nach der kombinierten Genin-Digitoxose-Methode (Wegner, 1954).

De Betekenis van de Anthron-Reactie von het Aantonen van Genuine Glykosiden (Voute, 1953).

De Fluorimetrische Gitoxinebepaling (Fruytier und van Pinxteren, 1954).

Die fluorometrische Bestimmung von Gitoxigenin (Jensen, 1952).

The Assay of Digoxin Preparations (Banes, 1954).

Détermination des glucosides cardiotoniques à l'aide d'un réactif composé de chlorure ferrique, d'acide sulfurique et d'acide acétique cristallisé (Tattje, 1954, b).

Verwendung der Dial-Reaktion (Orcin + HCl) zur Bestimmung der digitoxosehaltigen Glykoside (Langejan, 1951).

Chemical Estimation of Digitalis (Rowson, 1954).

Auch polarographische Bestimmungsmethoden sind ausgearbeitet worden:

Polarographic Determination of Certain Natural Products (Hershberg, Wolfe und Fieser, 1940).

A Polarographic Determination of Digitoxin (Hilton, 1949, 1950).

Polarographische Bestimmung von k-Strophanthin (Mayer, Jansch und Machata, 1951).

Über die polarographische Bestimmung herzwirksamer Glykoside (Machata, Mayer und Jansch, 1952).

Polarography on Heart Poisons with Lactone Rings (Šantavý, Čapka und Malinský, 1950).

Determination of Cardiac Glycosides by Polarography (Shostenko und Uralova, 1949).

Polarography of Heart Glycosides Containing an Aldehyde Group (Zuman und Šantavý, 1952).

Polarography of Cardiac Glycosides bearing Aldehyde Groups (Zuman und Šantavý, 1953).

Viele dieser Methoden geben brauchbare und reproduzierbare Werte, wenn es sich darum handelt, den Gehalt eines pharmazeutischen Präparates an einem einzigen bekannten Glykosid, z. B. in Tabletten oder Lösungen, zu bestimmen. Auf Kombinationen oder gar auf galenische Zubereitungen oder Drogen selbst angewandt, versagen sie meistens. Bis jetzt ist das Problem einer zuverlässigen Erfassung von Herzglykosiden nur auf präparativem Wege lösbar, d. h. durch Isolierung der reinen Glykoside, bzw. Trennung ihrer Mischungen in die einheitlichen Komponenten, worüber wir weiter oben berichtet haben und wozu der folgende 3. Abschnitt eine wertvolle Ergänzung aus neuester Zeit darstellt.

c) Trennung und Bestimmung von Herzglykosiden durch Verteilungschromatographie an Silicagelsäulen. Diese Methode eignet sich sowohl für den qualitativen Nachweis als auch für die quantitative Bestimmung von Glykosiden und Aglykonen des Scilla- und des Digitalis-Strophanthus-Typs. Sie beruht im Grunde genommen ebenfalls auf dem Prinzip der Verteilung zwischen Wasser und einem damit nicht mischbaren Lösungsmittel, wobei als Trägermaterial für die wäßrige Phase Silicagel verwendet wird. Damit besteht die Möglichkeit, eine Versuchsanordnung aufzubauen, welche der Chromatographie entspricht. Man kann mit der Silicagelsäule sowohl komplizierte Gemische von Herzglykosiden in ihre Komponenten aufteilen, als auch einzelne Verbindungen auf ihre Reinheit und

Einheitlichkeit prüfen (STOLL, ANGLIKER u. a., 1951). Die Methode hat gegenüber dem papierchromatographischen Verfahren u.a. den Vorteil, daß sie weniger Fehlerquellen besitzt, und daß sie sich auch für die präparative Reindarstellung von Glykosiden in kleineren Mengen eignet. Ferner erlaubt sie die quantitative Bestimmung einzelner Glykoside, und zwar sowohl als solcher, als auch in Gemischen.

Herstellung des Silicagels. 1 l käufliches Wasserglas (d = 1,35—1,40) wird mit 2 l dest. Wasser verdünnt. Zu der durch Filtration geklärten Lösung läßt man unter gutem Rühren in 2—3 min 200—300 ml einer 18%igen Salzsäure (1 Teil konz. Säure + 1 Teil Wasser) zufließen. Es entsteht dabei eine feste Gallerte, die durch Kneten in einen gleichmäßigen Brei, der noch stark alkalisch reagiert, übergeführt wird. Unter intensivem Rühren wird nun weiter 18%ige Salzsäure (300—400 ml) hinzugefügt, bis die Aufschlämmung schwach sauer reagiert. Die Säurezugabe wird so reguliert, daß der Brei Kongopapier nie blau färbt. Nachdem sich das p_H auf etwa 6 eingestellt hat, wird noch während einer Stunde gut gerührt, und wenn nötig, noch etwas Säure zugetropft. Dann wird das Gel abfiltriert und durch mehrfaches Aufschlämmen in Wasser weitgehend vom Kochsalz befreit. Nach zweitägigem Trocknen bei 100—120° (ohne Vakuum) und Passieren durch ein Sieb (lichte Maschenweite 0,3—0,4 mm) erhält man ein neutrales, feinsandiges Pulver, das 100—200% seines Gewichtes an Wasser aufzunehmen vermag, ohne zusammenzubacken.

Es ist bis jetzt noch nicht gelungen, die Herstellung des Silicagels zu standardisieren. Die Silicagele variieren meist etwas in ihrer Fähigkeit, Wasser aufzunehmen. Aber auch bei gleicher Aufnahmefähigkeit für Wasser sind noch Unterschiede, die sich im Trennungseffekt auswirken, vorhanden. Es empfiehlt sich daher, einzelne Silicagelchargen mit bekannten Substanzen auszutesten und die optimalen Bedingungen für die Wasserzugabe zum Gel einerseits und für die Alkoholzugabe zum Lösungsmittel andererseits von Fall zu Fall auszuprobieren. Das bei 100—120° getrocknete Silicagel wurde bisher immer als trockenes Silicagel bezeichnet, obwohl es beim Erhitzen im Hochvakuum auf 150—200° noch 3—5% Wasser abgibt.

Ausführung der Chromatographie. Die Versuche werden mit Einwaagen von 5—100 mg Substanz ausgeführt. Es hat sich als zweckmäßig erwiesen, für diese Substanzmengen Säulen aus 36 g Silicagel zu bereiten. Zur Herstellung einer mit Wasser gesättigten Silicagelsäule wird das trockene Silicagel in einem Becherglas mit der entsprechenden Menge Wasser, wozu bei einer Wasseraufnahmefähigkeit von beispielsweise 150% 54 ml Wasser nötig sind, innig vermischt. Das so erhaltene homogene, noch etwas stäubende Pulver wird mit dem Eluierungsmittel, z. B. wassergesättigtem Essigester mit 0,5% Methanolgehalt, zu einem dünnen Brei angerührt und in eine gewöhnliche Chromatographierröhre (innerer Durchmesser 2,2—2,3 cm, Hahnröhre), die an ihrem unteren Ende mit etwas Watte abgedichtet ist, eingefüllt. Durch vorsichtiges Rühren mit einem Glasstab läßt man evtl. vorhandene Luftblasen entweichen und das überschüssige Lösungsmittel abtropfen. Dann wird die Substanz sofort, entweder in fester Form (vermischt mit etwas Silicagel) oder gelöst in 0,5—1 ml Pyridin, Methanol oder Chloroform, auf die Säule gegeben. Wenn sich das Eluierungsmittel zur Lösung der Substanz eignet, wird dieses verwendet. Während Scillaglykoside im allgemeinen trocken auf die Säule gebracht werden können, ist es für Digitalisglykoside vorteilhafter, sie gelöst zu verwenden. Durch teilweises Schließen des Hahns oder durch geringen Überdruck wird die Abflußgeschwindigkeit so reguliert, daß 25 ml des Eluierungsmittels in 3—5 min aus der Säule abtropfen. Anzahl und Volumen der einzelnen Fraktionen richten sich nach der zu untersuchenden Substanz. Die einzelnen Fraktionen werden eingedampft, getrocknet und gewogen.

Da die Möglichkeit besteht, das Silicagel mit ganz kleinen Zusätzen von Wasser oder sogar wasserfrei bis zur vollständigen Sättigung mit Wasser zu verwenden, so können durch Variation des Wassergehalts die verschiedensten Trenneffekte erzielt werden. Außer dieser Anpassung können je nach den Löslichkeitseigenschaften der zu trennenden Glykoside oder Aglykone verschiedene Lösungsmittel, wie Essigester oder Chloroform mit Zusätzen bis zu 5% Methanol, zur Elution verwendet werden.

Bei Einhaltung standardisierter Bedingungen sind die von den einzelnen Glykosiden in der Säule zurückgelegten Strecken relativ konstant, d. h. ein bestimmtes Glykosid wird immer in den gleichen Fraktionen gefunden. Für Identitätsprüfungen ist es daher zweckmäßig, die reine Vergleichssubstanz unter den gleichen Bedingungen zu chromatographieren. Zur Trennung von komplizierten Gemischen reicht eine einzige Säule oft nicht aus. In einem solchen Fall ist in einem ersten Versuch das Gemisch grob aufzuteilen, wonach an einer zweiten' Säule die einzelnen Fraktionen unter veränderten Bedingungen weiter auseinandergezogen werden.

Einige Beispiele mögen die Trennung und Bestimmung von Herzglykosiden mit Hilfe der Silicagelsäule illustrieren: Zur Trennung eines gereinigten Glykosidgemisches aus der weißen Meerzwiebel eignet sich z. B. wassergesättigtes Silicagel, und zur Elution wassergesättigter Essigester, der 0,5% Methanol enthält. Werden auf der Abszisse die ml des abgelaufenen Lösungsmittels, auf der Ordinate die Glykosidkonzentration der einzelnen Fraktionen eines Versuches in einem Diagramm aufgetragen, so erhält man das in Abb. 1 wiedergegebene Bild.

Daß es sich tatsächlich bei den einzelnen Maxima um die Glykoside Proscillaridin A, Scillaren A, Scilliglaucosid und Scillicyanosid handelt, kann nicht

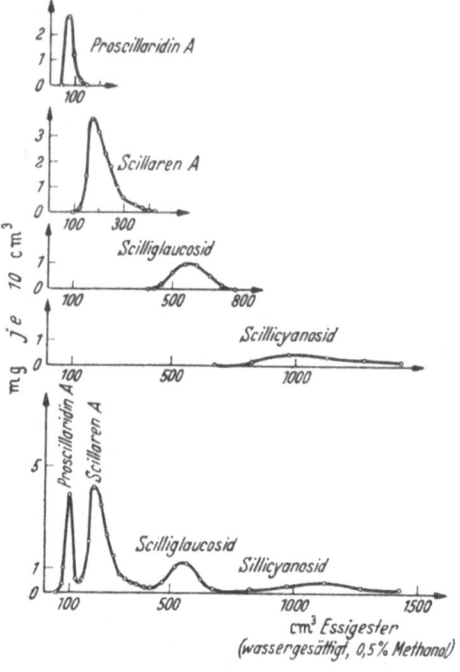

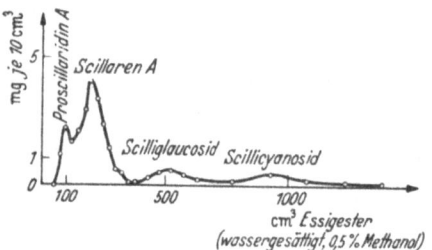

Abb. 1. Aufteilung eines Glykosidgemisches aus der weißen Meerzwiebel.

Abb. 2. Prüfung einzelner Glykoside und eines künstlichen Glykosidgemisches.

nur aus dem Ausfall der Liebermannschen Farbreaktion und aus anderen Eigenschaften (z. B. Drehwert der einzelnen Fraktionen) geschlossen werden. In Abb. 2 ist nämlich das Ergebnis der Analyse der einzelnen Komponenten und eines künstlichen Gemisches wiedergegeben. Aus der guten Übereinstimmung der Lage der Maxima in den einzelnen Diagrammen von Abb. 1 und 2 darf ebenfalls auf die Identität der einzelnen Komponenten geschlossen werden.

Sehr exakt lassen sich z. B. auch die im Lanatosid miteinander isomorph kristallisierenden Glykoside Lanatosid A, B und C trennen und bestimmen. Für diese Analyse können die gleichen Bedingungen wie bei der Trennung der Scillaglykoside eingehalten werden. Das Ergebnis dieses Trennungsversuchs ist in Abb. 3 wiedergegeben.

Dieses Beispiel zeigt, daß sich die Methode ausgezeichnet zur quantitativen Bestimmung der Glykoside eines Lanatosidpräparates eignet.

Da die einzelnen Digitalisglykoside je nach ihrem Aglykon sich in ihrer Farbreaktion nach Keller-Kiliani z. T. deutlich unterscheiden, kann die Einheitlichkeit eines kristallisierten Digitalisglykosides unter Umständen eindeutig mit der Silicagelsäule ermittelt werden. Prüft man z. B. ein Digitoxinpräparat, das sich nur schwer ganz einheitlich gewinnen läßt, an einer trockenen Silicagelsäule, so lassen sich mit der Keller-Kiliani-Reaktion im Nachlauf der

Digitoxinfraktion noch geringste Spuren von Gitoxin durch eine schwach rötliche Farbe nachweisen, wie aus der Abb. 4 hervorgeht.

Bei der Interpretation der Versuchsergebnisse ist besonders zu beachten, daß die Anzahl und die Lage der Konzentrationsmaxima in einem Versuch sichere

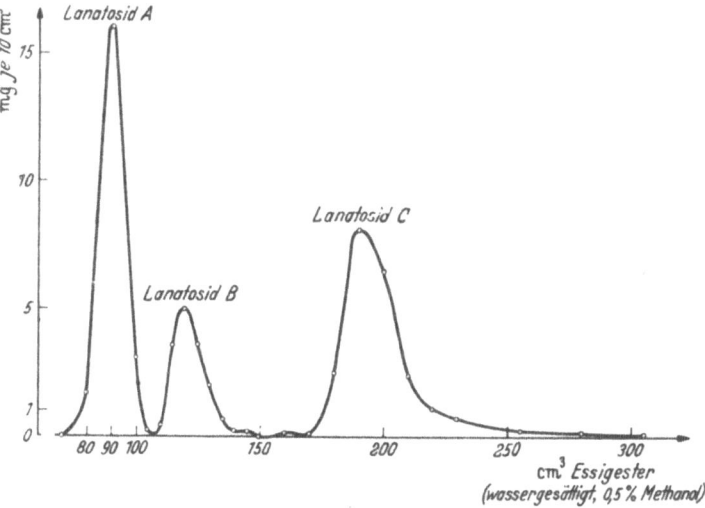

Abb. 3. Trennung eines Gemisches von Lanatosid A, B und C an wassergesättigtem Silicagel.

Anhaltspunkte über die Zusammensetzung eines Präparates geben, da die Maxima für jede Substanz bei Einhaltung konstanter Bedingungen immer am gleichen Ort liegen. Das Fehlen eines Maximums an einer bestimmten Stelle schließt das Vorliegen der entsprechenden Substanz aus, während das Auftreten eines Maximums die Anwesenheit dieser Verbindung wohl wahrscheinlich macht, aber noch nicht beweist, da sich unter einem Maximum zwei oder mehrere Verbindungen verbergen können. In diesem Falle muß ein weiterer Versuch unter veränderten Bedingungen die Entscheidung bringen. Nach Möglichkeit sind die einzelnen Fraktionen noch durch Kristallform, Farbreaktion, Schmelzpunkt und optische Drehung zu charakterisieren.

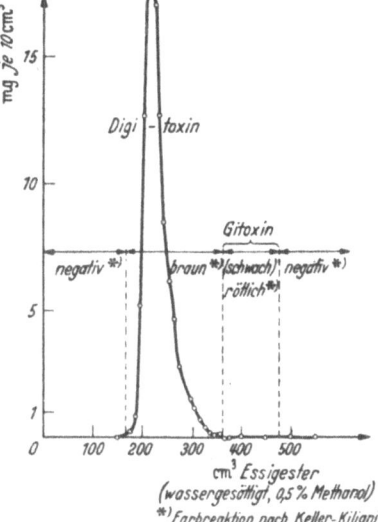

Abb. 4. Prüfung eines reinen Digitoxinpräparates an trockenem Silicagel.

Zur quantitativen Bestimmung der einzelnen Komponenten muß die Kurve integriert werden; die Summe der gewogenen Eindampfrückstände der zusammengehörigen Fraktionen gibt die Menge der Komponenten an.

Angaben über eine präparative Methode in größerem Maßstab finden sich in einer Arbeit über die Trennung der Scillaglykoside aus der weißen Meerzwiebel (STOLL und KREIS, 1951).

Wir beschreiben im folgenden kurz eine Versuchsanordnung, die die Vorteile der Papierchromatographie—Arbeiten mit geringen Substanzmengen, Nachweis der getrennten Komponenten auf der stationären Phase selbst, gleichmäßige und relativ leicht reproduzierbare stationäre Phase — mit den Vorzügen der Verteilungschromatographie an Adsorptionssäulen — quantitatives Arbeiten, Trennmöglichkeiten in präparativem Maßstab — vereinigt. Die Apparatur wurde von Mitchell und Haskins (1949) angegeben.

Die Adsorptionssäule besteht aus mehreren hundert sorgfältig aufeinandergeschichteten runden Filtrierpapierblättern (Whatman Nr. 1), die durch zwei Platten aus rostfreiem Stahl zusammengepreßt werden. Die obere Platte ist perforiert. Auf ihr liegt ein Gummiring, und darauf eine weitere Platte, so daß sich zwischen der perforierten und der obersten Platte ein Hohlraum ergibt, dessen Seitenwände der Gummiring bildet. Die Chromatographie wird folgendermaßen ausgeführt: Man tränkt so viele runde, gleichgroße Filtrierpapierblätter (Whatman Nr. 1) mit der Lösung der zu trennenden Substanzen, wie nötig sind zur Aufnahme der gesamten Lösungsmenge, und läßt trocknen. Alsdann legt man auf die perforierte Platte (Hohlraum nach unten) etwa 40 unvorbehandelte Filtrierpapierblätter, und darauf die das zu trennende Gemisch enthaltenden Blätter. Hierauf wird die eigentliche Chromatographie-säule in Form von mehreren hundert Blättern aufgeschichtet. Die so entstandene Säule, deren Gesamthöhe der zu lösenden Aufgabe anzupassen und durch einen Vorversuch mit eindimensionaler Papierchromatographie zu ermitteln ist, preßt man mittels Schrauben zwischen den beiden Platten zusammen, dreht die ganze Apparatur um 180°, so daß die perforierte Stahlplatte nach oben zu liegen kommt, stellt sie in einen temperaturkonstanten Raum, dessen Atmosphäre mit dem Dampf der mobilen Phase gesättigt ist, füllt den Hohl-raum oberhalb der perforierten Platte mit der mobilen Phase und verbindet ihn mittels eines Hebers mit einem Vorratsgefäß. Dieses enthält ebenfalls mobile Phase, wobei ein geeignetes Dispositiv ihr Niveau auf der Höhe der obersten Papierschicht der Säule hält. Hat die Front der mobilen Phase die ganze Säule durchwandert, dann bricht man den Versuch ab und nimmt die Säule auseinander. Da der Vorversuch mit der gleichen mobilen Phase die R_F-Werte der Komponenten ergeben hat, läßt sich voraussagen, in welchen Schichten der Säule die getrennten Komponenten aufzufinden sind, was überdies durch die bei den papierchro-matographischen Methoden üblichen Farbreaktionen an Segmenten einzelner Blätter zu kontrollieren ist. Die Komponenten können durch Extraktion aus den Filtrierpapierblättern zurückgewonnen, bestimmt und durch Umkristallisieren gereinigt werden. Hassall und Martin (1951) beschreiben in einem Beispiel die Trennung eines Gemisches von Digitoxin, Gitoxin und Digoxin nach dieser Methode.

V. Beschreibung der einzelnen Glykoside.

1. Glykoside von *Digitalis lanata* und *Digitalis purpurea*.

Stoll und Kreis (1933, a) gelang es, durch zahlreiche Entmischungen zwischen Chloroform und methanolischem Wasser das zunächst isomorph kristallisierende Glykosidgesamtpräparat aus *Digitalis lanata* L., das Digilanid, in die einheit-lichen Lanatoside A, B und C aufzulösen. Später konnten aus *Digitalis ferru-ginea* L. die Lanatoside A und B sowie Acetyldigitoxin β isoliert werden (Stoll und Renz, 1952). Über die Zusammensetzung und die stufenweise Hydrolyse der genuinen Glykoside von *Digitalis lanata* und *purpurea* orientiert das folgende Schema (Abb. 5).

Die schonende Hydrolyse der genuinen Digitalisglykoside mit Säure (Stoll und Kreis, 1933, a, b, 1935) liefert je 1 Molekül Aglykon (Digitoxigenin, Gitoxigenin Digoxigenin), 2 Moleküle Digitoxose, 1 Molekül Digilanidobiose (bestehend aus Digitoxose und Glucose) und 1 Molekül Essigsäure. Den genuinen Purpurea-glykosiden fehlt die Acetylgruppe; ferner konnte aus Purpurea-Blättern kein Digoxigenin-Glykosid gewonnen werden.

Wie weiter oben schon angedeutet, enthalten die Digitalisblätter spezifische glykosid-spaltende Enzyme (Stoll, Hofmann und Kreis, 1935). Über den enzymatischen Abbau der genuinen Digitalisglykoside mit Blattenzymen s. Stoll und Kreis (1933, b, 1934, 1935), Stoll, Hofmann und Kreis (1935), mit Pilz-enzymen s. Stoll, Renz und Brack (1951, a) und mit Enzympräparaten aus tierischen Organen s. Stoll und Renz (1951).

Die Lanatoside A, B und C lassen sich aus einem isomorphen Gemisch auch chromatographisch an Silicagel voneinander trennen (STOLL, ANGLIKER u.a., 1951).

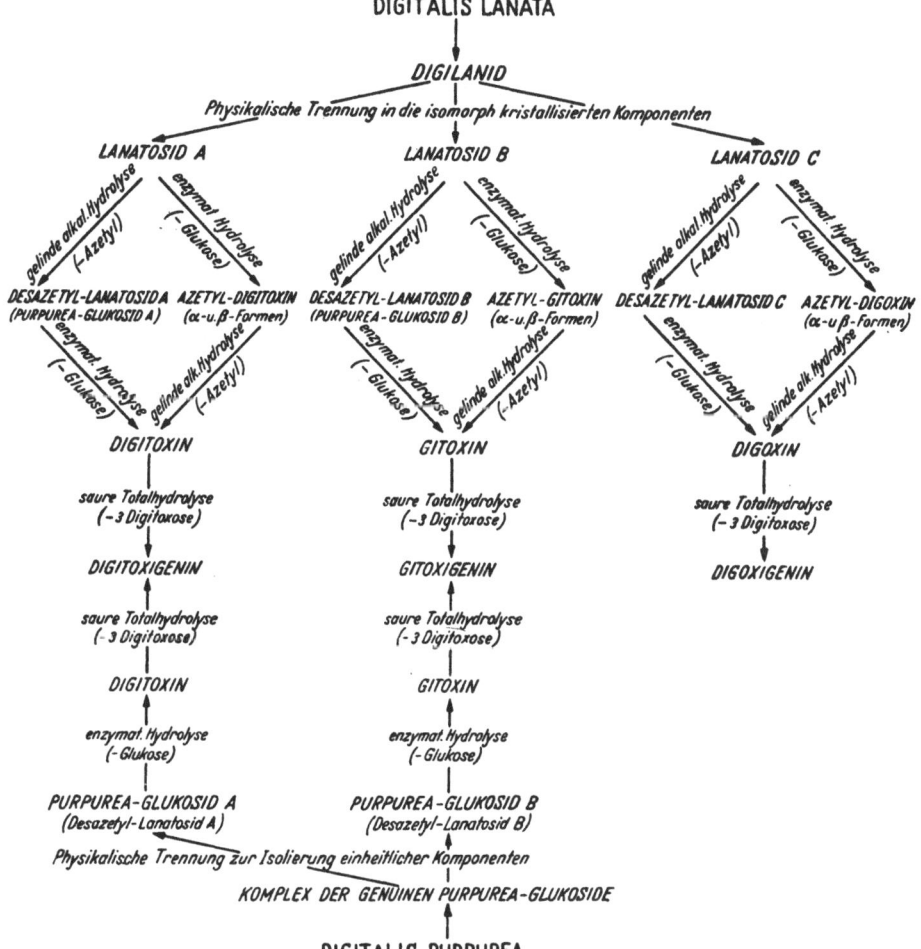

DIGITALIS LANATA

DIGILANID

Physikalische Trennung in die isomorph kristallisierten Komponenten

LANATOSID A   *LANATOSID B*   *LANATOSID C*

gelinde alkal. Hydrolyse (-Azetyl)   *enzymat. Hydrolyse (- Glukose)*

DESAZETYL-LANATOSID A (PURPUREA-GLUKOSID A)   *AZETYL-DIGITOXIN (α-u.β-Formen)*   *DESAZETYL-LANATOSID B (PURPUREA-GLUKOSID B)*   *AZETYL-GITOXIN (α-u.β-Formen)*   *DESAZETYL-LANATOSID C*   *AZETYL-DIGOXIN (α-u.β-Formen)*

enzymat. Hydrolyse (- Glukose)   *gelinde alk.Hydrolyse (-Azetyl)*

DIGITOXIN   *GITOXIN*   *DIGOXIN*

saure Totalhydrolyse (- 3 Digitoxose)   *saure Totalhydrolyse (- 3 Digitoxose)*   *saure Totalhydrolyse (- 3 Digitoxose)*

DIGITOXIGENIN   *GITOXIGENIN*   *DIGOXIGENIN*

saure Totalhydrolyse (- 3 Digitoxose)   *saure Totalhydrolyse (- 3 Digitoxose)*

DIGITOXIN   *GITOXIN*

enzymat. Hydrolyse (- Glukose)   *enzymat. Hydrolyse (- Glukose)*

PURPUREA-GLUKOSID A (Desazetyl-Lanatosid A)   *PURPUREA-GLUKOSID B (Desazetyl-Lanatosid B)*

Physikalische Trennung zur Isolierung einheitlicher Komponenten

KOMPLEX DER GENUINEN PURPUREA-GLUKOSIDE

DIGITALIS PURPUREA

Abb. 5. Beziehungen zwischen den Glykosiden von *Digitalis lanata* und *Digitalis purpurea*.

Lanatosid A $C_{49}H_{76}O_{19}$, lange, flache, prachtvoll glänzende Prismen aus Methanol, Smp. 245—248° (Zers.), $[\alpha]_D^{20} = +31{,}1°$ (95% Alkohol); $[\alpha]_D^{20} = +23{,}2°$ (Dioxan) (STOLL und KREIS, 1933, a).

CH₃
CH₃   CO
OH   O

H

O-Digitoxose-Digitoxose-Digitoxose-Glucose

Acetyl

Stufenweiser Abbau s. Abb. 5.

Desacetyl-lanatosid A $C_{47}H_{74}O_{18}$, erwies sich als identisch mit Purpurea-glykosid A, das von STOLL und KREIS (1935) aus frischen Blättern von *Digitalis* *purpurea* über das Purpureareintannoid isoliert wurde.   Zum erstenmal konnte das bis anhin nur amorph erhaltene Präparat von Stoll, Kreis und v. Wartᵼ burg (1954) kristallisiert dargestellt werden; Smp. 280° (korr.) (Zers.), $[\alpha]_D^{20} = +10,8°$ (75%iger Alkohol).   Keller-Kiliani-Reaktion: Schwefelsäureschicht rein braun, Eisessig kornblumenblau.

Digitoxin $C_{41}H_{64}O_{13}$, Smp. 252° (korr.), $[\alpha]_D^{20} = +4,8°$ (Dioxan) (Stoll und Kreis, 1934). Zu seiner Bestimmung und Trennung von anderen Glykosiden eignet sich die Chromatographie an Silicagel (Stoll, Angliker u. a., 1951).

Acetyldigitoxin-α und -β $C_{43}H_{66}O_{14} \cdot H_2O$. Ihre Eigenschaften und die gegenseitige Umwandlung wurden von Stoll und Kreis (1952) ausführlich beschrieben.

Acetyldigitoxin-α. Smp. 217—221°, Plättchen aus wäßrigem Methanol, $[\alpha]_D^{20} = +4,8°$ (Pyridin).

Acetyldigitoxin-β. Smp. 218—240°, lange, dünne Prismen aus wäßrigem Methanol, $[\alpha]_D^{20} = +16,2°$ (Pyridin). Acetyldigitoxin-β, das früher nur durch enzymatischen Abbau aus Lanatosid A zugänglich war, ist in den Blättern von *Digitalis ferruginea* L. als genuines Glykosid vorhanden (Stoll und Renz, 1952).

Lanatosid B $C_{49}H_{76}O_{20}$, setzt sich aus dem Aglykon Gitoxigenin (s. dort) und der gleichen monoacetylierten Zuckerkette wie Lanatosid A (s. dort) zusammen. Es kristallisiert in prachtvoll glänzenden, langen, flachen, geraden Prismen, die an der Luft leicht verwittern, aber 1 Mol Wasser zurückhalten, das sie nur im Hochvakuum bei höherer Temperatur langsam abgeben (Stoll und Kreis, 1933).   Smp. 245—248° (korr.) (Zers.), $[\alpha]_D^{20} = +36,7°$ (95%iger Alkohol); $[\alpha]_D^{20} = +31,8°$ (Dioxan).

O-Digitoxose-Digitoxose-Digitoxose-Glucose
|
Acetyl

Stufenweiser Abbau s. Abb. 5.

Desacetyl-lanatosid B $C_{47}H_{74}O_{19}$, Smp. 240—242° (korr.) (Zers.). $[\alpha]_D^{20} = +15,6°$ (75%iger Alkohol), wurde von Stoll, Kreis und v. Wartburg (1954) erst kürzlich kristallisiert erhalten. Es erwies sich als identisch mit Purpureaglykosid B, das von Stoll und Kreis (1935) aus frischen Blättern von *Digitalis purpurea* (vgl. die Vorschrift über die Gewinnung des Lanata-Reintannoids bei Stoll und Kreis, 1933, a) über das Purpurea-Reintannoid isoliert wurde.

Keller-Kiliani-Reaktion: In der Schwefelsäure intensive Rotzone, in Eisessig blaue, später blaugrüne Färbung, ähnlich wie Gitoxin.

Gitoxin $C_{14}H_{64}O_{14}$, Smp. 280°, $[\alpha]_{5461}^{20} = +3,5°$ (Pyridin) (Stoll und Kreis, 1934). Zu seiner Bestimmung und Trennung von anderen Glykosiden eignet sich die Chromatographie an Silicagel (Stoll, Angliker u. a., 1951).

Acetyl-gitoxin-α und -β, $C_{43}H_{66}O_{15}$. Das bei der enzymatischen Hydrolyse von Lanatosid B erhaltene Acetylgitoxin kommt in zwei isomeren Formen vor (Stoll und Kreis, 1934). Über die Isolierung, Eigenschaften und gegenseitige Umlagerung von Acetylgitoxin-α und -β; vgl. Stoll, v. Wartburg und Kreis (1952).

Acetyl-gitoxin-α. Rechteckige Platten aus Aceton/Äther. Smp. 203—204°, $[\alpha]_D^{20} = +16,0°$ (Pyridin).

Acetyl-gitoxin-β. Zu Büscheln vereinigte, längliche Prismen aus Aceton, Smp. 275—276°, $[\alpha]_D^{20} = +26,9°$ (Pyridin).

Lanatosid C $C_{49}H_{76}O_{20}$, setzt sich aus dem Aglykon Digoxigenin (s. dort) und der gleichen monoacetylierten Zuckerkette wie Lanatosid A (s. dort) zusammen. Smp. 245—248° (Zers.), $[\alpha]_D^{20} = +33,4°$ (95%iger Alkohol); $[\alpha]_D^{20} = +22,6°$ (Dioxan).

Lanatosid C wurde von STOLL und KREIS (1933, a) aus dem Gesamtpräparat Digilanid isoliert. Es kristallisiert wie Lanatosid A und B.

O-Digitoxose-Digitoxose-Digitoxose-Glucose
|
Acetyl

Stufenweiser Abbau s. Abb. 5.

Desacetyl-lanatosid C $C_{47}H_{74}O_{19}$, Smp. 265—268° (Zers.), unter vorherigem Sintern bei 255°, $[\alpha]_D^{20} = +12,0°$ (75%iger Alkohol) (STOLL und KREIS, 1933, b).

Digoxin $C_{41}H_{64}O_{14}$, Smp. 265°, $[\alpha]_{5461}^{20} = +13,3°$ (Pyridin) (STOLL und KREIS, 1934).

Acetyl-digoxin-α und -β $C_{43}H_{66}O_{15}$.

Acetyl-digoxin-α. Kristallisiert aus verdünntem Alkohol in schönen flachen Prismen, Smp. 230° (korr.) (Zers.). $[\alpha]_D^{20} = +18,0°$ (Pyridin) (STOLL und KREIS, 1934).

Acetyl-digoxin-β. Kristallisiert aus Methanol/Wasser, Smp. 258° (korr.) (Zers.), $[\alpha]_D^{20} = +29,2°$ (Pyridin) (STOLL und KREIS, 1934).

Bei der KELLER-KILIANIschen Reaktion verhalten sich Acetyldigoxin α und β wie Digoxin; Tiefblaue Zone in Eisessig, braune Zone in Schwefelsäure.

Zur qualitativen und quantitativen Bestimmung der Lanatoside dient am besten die Chromatographie an Silicagel (STOLL, ANGLIKER u. a., 1951).

Digitoxigenin $C_{23}H_{34}O_4$ ist das Aglykon von Lanatosid A, Purpureaglykosid A (Desacetyl-lanatosid A), Digitoxin, Thevetin, Thevebiosid, Neriifolin, Cerberin (Acetyl-neriifolin), Odorosid A und Somalin A. Smp. 250°· (korr.), $[\alpha]_D^{20} = +18,1°$ (Methanol) (STOLL und KREIS, 1933, a).

An der Konstitutionsaufklärung des Digitoxigenins haben sich viele Autoren beteiligt, so z.B. JACOBS und ELDERFIELD (1935, a); HUNZIKER und REICHSTEIN (1945, 1947); RUZICKA, PLATTNER, HEUSSER und MEYER (1947).

Digitoxigenin

Gitoxigenin $C_{23}H_{34}O_5$ ist das Aglykon von Lanatosid B, Purpureaglykosid B (Desacetyl-lanatosid B), Gitoxin, Digitalinum verum, Origidin, Desacetyl-oleandrin und Rhodexin B. Smp. 232° (korr.) aus abs. Alkohol, $[\alpha]_D^{20} = +36,1°$ (Methanol) (STOLL und KREIS, 1933, a).

Zur Konstitutionsaufklärung vgl. z. B. die Arbeiten von Jacobs und Gustus (1928, 1929, 1930, a, b) und von Meyer (1946, a, b).

Gitoxigenin

Digoxigenin $C_{23}H_{34}O_5$ ist das Aglykon von Lanatosid C, Desacetyl-lanatosid C und Digoxin. Digoxigenin löst sich leicht in Alkohol und Methanol, ist aber auffallend schwer löslich in Chloroform, zum Unterschied von Gitoxigenin und besonders Digitoxigenin, das in Chloroform spielend löslich ist. Smp. 220° (korr.) aus Methanol/H_2O, verdünntem Alkohol oder Essigester, dicke Kristallprismen, $[\alpha]_D^{20} = +23,2°$ (Methanol) (Stoll und Kreis, 1933, a).

Zur Strukturaufklärung vgl. u. a. Mason und Hoehn (1938, 1939), Wenner und Reichstein (1944); Pataki, Meyer und Reichstein (1953); Tschesche und Bohle (1936); Steiger und Reichstein (1938).

Digoxigenin

Digitalinum verum $C_{36}H_{56}O_{14}$ kann aus Methanol/Äther und aus Methanol/Wasser nur in Form von gallertigen, gequollenen Körnern vom Smp. 241—244°, $[\alpha]_D^{19} = +1,5° \pm 2°$ (Methanol) erhalten werden. Es wurde erstmals von Kiliani (1892, 1914) und dann von Windaus, Bohne und Schwieger (1924) aus Samen von *Digitalis purpurea* gewonnen, später aber von Mohr und Reichstein (1949) auch in den Samen von *Digitalis lanata* gefunden. Es kommt ferner vor in Stengeln von *Adenium Honghel* (Hunger und Reichstein, 1950) in Blättern von *Cryptostegia grandiflora* (Roxb) R. Br. (Aebi und Reichstein, 1950) sowie in der Rinde von *Nerium odorum* Sol. (Rittel, Hunger und Reichstein, 1952). Aus dieser Pflanze konnte es allerdings nur nach der Reinigung über das Hexaacetat gefaßt werden, so daß es möglicherweise ursprünglich in partiell acetylierter Form vorliegt. Digitalinum verum liefert bei energischer Hydrolyse mit Säure Dianhydrogitoxigenin, Digitalose und Glucose (Windaus und Schwarte, 1925) und wird durch das Enzym der Samen von *Adenium multiflorum* in Desglucodigitalinum verum (Strospesid) und Glucose gespalten.

Legal-Reaktion: Positiv, rot. Reaktion mit 84%iger Schwefelsäure: Grüngelb → orange → rot-orange → beige-rosa.

Digitalinum-verum-hexaacetat. Farblose Nadeln aus Aceton/Benzol mit Doppelsmp. 164—168°/225—230°, $[\alpha]_D^{18} = -13,9° \pm 2°$ (Chloroform). Wird durch Kaliumbicarbonat zu Digitalinum-verum-monoacetat verseift (Rittel, Hunger und Reichstein, 1952).

Digitalinum-verum-monoacetat. Zu Drusen vereinigte Blättchen aus Methanol/Wasser und aus Methanol/Äther, Smp. 257—262°, $[\alpha]_D^{19} = -2,9° \pm 3°$ (Methanol).

Gitorin $C_{29}H_{44}O_{10}$ aus Methanol/Wasser farbloses Pulver ohne erkennbare Kristallstruktur, Smp. 205—212°, $[\alpha]_D^{20} = +7°$ (Methanol). Die Schwefelsäure-Reaktion gibt zunächst eine gelbe, dann eine karminrote Färbung.

Gitorin wurde von TSCHESCHE, GRIMMER und NEUWALD (1952) aus den Blättern von *Digitalis lanata* und neuerdings von ISHIDATE (1954) auch aus den Blättern von *Digitalis purpurea* isoliert. Es läßt sich nur schwer von „Digitalinum verum" (MAUSS, 1930) abtrennen.

Gitorin-pentaacetat. Smp. 185—190° aus Methanol, $[\alpha]_D^{20} = +5°$ (Methanol). Spaltung des Acetats mit einem Enzympräparat aus *Aspergillus oryzae* („Festal" der Farbwerke Hoechst) lieferte Gitoxigenin und Glucose. Mikrospaltung mit n-H_2SO_4 ergab Dianhydrogitoxigenin.

TSCHESCHE, GRIMMER und NEUWALD (1952) stellten für Gitorin folgende Konstitutionsformel auf:

Gitorin

2. Glykoside der weißen und roten Meerzwiebel, Scilla maritima L.

a) Das Hauptglykosid der weißen Meerzwiebel.

Scillaren A $C_{36}H_{52}O_{13}$, feine Nädelchen aus 85%igem Methanol, Smp. 270° (korr.), $[\alpha]_D^{20} = -73,4°$ (75%iger Alkohol). Es wurde von STOLL, SUTER u. a. (1933) durch schonende Extraktion wie folgt isoliert: Frische zerschnittene Meerzwiebeln werden mit Ammoniumsulfat zerstampft, der dicke Brei gut abgepreßt und das zurückgebliebene Zwiebel-Salz-Gemisch mit Essigester erschöpfend extrahiert. Die vereinigten Essigesterlösungen dampft man im Vakuum bei 25—30° zur Trockne ein und wäscht den Rückstand mit Äther nach. Der zurückgebliebene Rückstand ist ein Komplex der Meerzwiebelglykoside mit Gerbstoffen und wird als Scilla-Reintannoid bezeichnet. Zur Entfernung der Gerbstoffe wird anschließend eine Behandlung mit Bleihydroxyd durchgeführt. Aus dem gereinigten oder gerbstoff-freien Glykosidgemisch läßt sich dann das Scillaren A durch Behandeln mit Methanol/Wasser als weißes Pulver abtrennen und aus Methanol umkristallisieren.

Bei der sauren Hydrolyse wird Scillaren A in Scillaridin A und Scillabiose (Rhamnose + Glucose) gespalten (STOLL, SUTER u. a., 1933). Scillaridin A ist jedoch nicht das primäre Aglykon von Scillaren A, sondern ein um 1 Mol H_2O ärmeres Umwandlungsprodukt. Es gelang erst kürzlich, mittels eines adaptiven Enzyms Proscillaridin A in das Aglykon Scillarenin und L-Rhamnose zu spalten (STOLL, RENZ und BRACK, 1951, b).

Die enzymatische Spaltung von Scillaren A mit dem spezifischen Begleitenzym Scillarenase (STOLL, KREIS und HOFMANN, 1933) und anderen Enzympräparaten (STOLL, KREIS und v. WARTBURG, 1952) führt zu einem um einen Glucoserest ärmeren Produkt, dem Proscillaridin A. Die Spaltung von Scillaren A gelingt auch mit Enzympräparaten aus tierischen Organen (STOLL und RENZ, 1951).

Die über viele Jahre dauernde Konstitutionsaufklärung STOLL, HOFMANN und HELFENSTEIN (1934); STOLL, HOFMANN und KREIS (1934); STOLL und

Hofmann (1935, a, b); Stoll, Hofmann und Helfenstein (1935, b); Stoll, Hofmann und Peyer (1935); Stoll und Renz (1941); Stoll, Renz und Brack (1952) führte zu folgendem Formelbild:

Scillaren A

Das aus den Zwiebeln von *Urginea burkei* Bkr. von Louw (1949) isolierte Transvaalín erwies sich als identisch mit Scillaren A (Zoller und Tamm, 1953).

Proscillaridin A $C_{30}H_{42}O_8$, kristallisiert aus Methanol in prächtigen 4—6 seitigen farblosen Tafeln, die 2 Mol Kristallmethanol enthalten. Smp. 213° (korr.) unter Gelbfärbung, $[\alpha]_D^{20} = -82,6°$ (3—5 %iges Methanol). Proscillaridin A entsteht aus Scillaren A durch enzymatische Abspaltung von 1 Mol Glucose (s. bei Scillaren A).

Proscillaridin A liefert schon bei gelinder saurer Hydrolyse Scillaridin A und Rhamnose (Stoll, Suter et al., 1933).

Proscillaridin A

Proscillaridin A ist mit Desgluco-transvaalin identisch (Zoller und Tamm, 1953). Über die Trennung von Proscillaridin A von anderen Herzglykosiden vgl. Stoll, Angliker u. a. (1951).

Scillaridin A (Anhydroscillarenin) $C_{24}H_{30}O_3$, derbe kleine Prismen aus abs. Alkohol, Smp. 245—250°, $[\alpha]_D^{20} = -62,7°$ (Chloroform/Methanol).

Durch saure hydrolytische Spaltung von Scillaren A mit 1 %iger Schwefelsäure in 50 %igem Methanol entsteht Scillaridin A neben Scillabiose (Stoll, Suter u. a., 1933), die aus 1 Mol Rhamnose und 1 Mol Glucose zusammengesetzt ist. Scillaridin A entsteht ferner auch neben der aus 2 Mol Glucose und 1 Mol Rhamnose zusammengesetzten Scillatriose bei der sauren Hydrolyse von Glucoscillaren A (Stoll, Kreis und v. Wartburg, 1952).

Scillaridin A

Scillarenin $C_{24}H_{32}O_4$, charakteristische, durchsichtige, dachförmig abge-schnittene Prismen aus Alkohol, Smp. 214—234° unscharf. $[\alpha]_D^{20} = +13,5°$ (Chloroform); $[\alpha]_D^{20} = -16,5°$ (Methanol).

Mittels eines adaptiven Enzyms, das durch Kultur eines Penicilliumstammes auf einer Nährlösung, die als Kohlenstoffquelle ausschließlich Rhamnose enthielt, gewonnen wurde, gelang es, aus Proscillaridin A das primäre Aglucon Scillarenin zu erhalten (STOLL, RENZ und BRACK, 1951, b, 1952).

Aus den Zwiebeln von *Urginea burkei* Bkr. wurde von ZOLLER und TAMM (1953) ebenfalls Scillarenin isoliert.

Die LIEBERMANN-Reaktion zeigt die gleiche Farbfolge von rosa-violett nach dunkelgrün wie bei Scillaren A und Proscillaridin A.

Scillarenin

b) Die Nebenglykoside der weißen Meerzwiebel.

Die bei der Isolierung von Scillaren A aus *Scilla maritima* L. hinterbleibende Mutterlauge enthält ein kompliziertes Gemisch herzaktiver Glykoside, das durch Verteilungschromatographie an Säulen von Baumwoll-Linters, oder von Diatomit-stein in die einheitlichen Glykoside Glucoscillaren A, Scilliphäosid, Gluco-scilliphäosid, Scilliglaucosid, Scillicyanosid, Scillicoelosid, Scillazurosid und Scillikryptosid zerlegt werden konnte (STOLL und KREIS, 1951). Es dürften weitere Glykoside in kleinen Mengen von der weißen Meerzwiebel gebildet werden, die bis jetzt noch nicht gefaßt werden konnten.

Glucoscillaren A $C_{42}H_{62}O_{18}$ kristallisiert aus Methanol in rhomboedrischen Täfelchen, Smp. 228—232° (Zers.), $[\alpha]_D^{20} = -65,1°$ (Methanol).

LIEBERMANNsche Reaktion: Anfänglich flüchtig rosa, allmählich in grün übergehend; die Farben treten im Vergleich zu Scillaren A in etwas geringerer Intensität auf.

Glucoscillaren A ist das glucosereichste Glykosid der weißen Meerzwiebel; es enthält einen Glucoserest mehr als Scillaren A und geht durch Spaltung mit β-Glucosidase (Emulsin) in dieses über (STOLL, KREIS und v. WARTBURG, 1952).

Rhamnose—Glucose—Glucose

Glucoscillaren A

Scilliphäosid $C_{30}H_{42}O_9$, Prismen aus Methanol, Smp. 246—249° (Zers.), $[\alpha]_D^{20} = -73,9°$ (Methanol). LIEBERMANNsche Reaktion: Flüchtige rosarote

Anfärbung, die in eine beständigere, für dieses Glykosid charakteristische kupfer-
rote Farbe übergeht und schließlich nach braun-oliv umschlägt.

Glucoscilliphäosid $C_{36}H_{52}O_{14}$, Smp. 269—270° (Zers.), $[\alpha]_D^{20} = -68,0°$ (Methanol). Liebermannsche Reaktion: Dieselbe Farbfolge wie bei Scilliphäosid.
Die Farbintensität ist entsprechend schwächer.

Glucoscilliphäosid enthält 1 Mol Glucose mehr als Scilliphäosid und wird
durch Strophanthobiase zu diesem abgebaut.

Scilliglaucosid $C_{30}H_{40}O_{10}$ kristallisiert aus Methanol in langen Prismen, die
an den Enden gerade oder schräg abgeschnitten sind. Smp. 164—166°,
$[\alpha]_D^{20} = +106,0°$ (Methanol). Bei der Liebermannschen Reaktion entsteht
zuerst eine flüchtige Rosarotfärbung, die rasch in eine beständigere blaugrüne
Färbung übergeht.

Scilliglaucosidin $C_{24}H_{30}O_5$ kristallisiert aus Aceton/Äther in charakteristischen
farblosen Polyedern. Smp. 245—248° unter Aufschäumen und Braunfärbung;
$[\alpha]_D^{20} = +49,5°$ (Methanol). Rosenheimsche Reaktion: Schwache oder gar
keine Färbungen (Stoll, v. Wartburg und Renz, 1953, c). Durch Abbauversuche
und Vergleich mit Scillarenin und gewissen Strophanthidinderivaten konnte für
das Scilliglaucosidin, das durch Abspaltung von Glucose aus Scilliglaucosid
entsteht, die folgende Formel aufgestellt werden (Stoll, v. Wartburg und
Renz, 1953, a):

Scilliglaucosidin

Scillicyanosid $C_{32}H_{42-44}O_{12}$ kristallisiert aus Methanol in schön ausgebildeten
4—6seitigen, radial angeordneten Prismen, die an den Enden z. T. gerade abgeschnitten, z. T. abgedacht sind. Smp. 221—223°, $[\alpha]_D^{20} = +103,2°$ (Methanol).
Scillicyanosid gibt bei der Liebermannschen Reaktion sofort eine Blaufärbung,
die schon nach kurzer Zeit sehr intensiv ist. Das beim Scillaren A und beim
Scilliglaucosid anfänglich flüchtig auftretende rosarot fehlt beim Scillicyanosid.
Gegen eine künstliche Lichtquelle erscheint die blaue Färbung in einem tiefen,
warmen rotvioletten Ton.

Scillicoelosid $C_{30}H_{40-42}O_{11}$, dünne, längliche Prismen aus Methanol, Smp. 165
bis 167°, $[\alpha]_D^{20} = +97,2°$ (Methanol). Scillicoelosid gibt bei der Liebermann-
Reaktion eine himmelblaue Farbe. Eine anfängliche Rosafärbung tritt nicht auf.

Scillazurosid $C_{30}H_{40}O_{11} \cdot 1/2\,CH_3OH$, kristallisiert aus Methanol in schön
ausgebildeten, länglichen Prismen, Smp. 179—182°, $[\alpha]_D^{20} = +131°$ (Methanol).
Liebermann-Reaktion: Ohne vorausgehende Rosafärbung eine sehr intensiv
blaue Färbung, gegen Lichtquelle violettrot. Durch diese Farbreaktion unterscheidet sich das Scillazurosid deutlich vom Scillicoelosid; denn letzteres liefert
bei gleicher Konzentration einen wesentlich helleren blauen Farbton.

Scillikryptosid kristallisiert aus Wasser in feinen undeutlichen Formen,
Smp. 202—205°, $[\alpha]_D^{20} = -47,8°$ (Methanol). Die Liebermann-Reaktion bleibt
bei Scillikryptosid aus; erst nach längerem Stehen kann eine minimale bläuliche
Nuance beobachtet werden. Dies erschwerte das Auffinden und die Reinigung
dieses Glykosids, da es im Gemisch der übrigen Glykoside, die alle durch eine
intensive Liebermann-Reaktion ausgezeichnet sind, verborgen blieb.

Eine Zusammenstellung über die saure und die enzymatische Spaltung der bisher aus der weißen Meerzwiebel isolierten Glykoside vermittelt folgende Tabelle:

Tabelle 20. *Saure und enzymatische Spaltungen von herzwirksamen Glykosiden der weißen Meerzwiebel.*

$$\text{Glucoscillaren A} \xrightarrow{\text{H·}} \text{Anhydro-scillarenin} + \text{Scillatriose}$$

Glucoscillaren A $\xrightarrow{\text{H·}}$ Anhydro-scillarenin + Scillatriose
$C_{42}H_{62}O_{18}$ = Scillaridin A (L-Rhamnose +
$C_{24}H_{30}O_3$ 2 D-Glucose)

—D-Glucose | β-Glucosidase

Scillaren A $\xrightarrow{\text{H·}}$ Anhydro-scillarenin + Scillabiose
$C_{36}H_{52}O_{13}$ (L-Rhamnose +
| Strophanthobiase D-Glucose)
| Scillarenase
—D-Glucose | Pilzenzyme
| Coronilla-Enzyme
| Enzyme im Herzmuskel

Proscillaridin A $\xrightarrow{\text{H·}}$ Anhydro-scillarenin + L-Rhamnose
$C_{30}H_{42}O_8$

—L-Rhamnose | adaptives Enzym aus Pilz

Scillarenin
$C_{24}H_{32}O_4$

Glucoscilliphäosid $\xrightarrow{\text{H·}}$ Anhydro-scilliphäosidin + Scillabiose
$C_{36}H_{52}O_{14}$ $C_{24}H_{30}O_4$

—D-Glucose | Strophanthobiase

Scilliphäosid $\xrightarrow{\text{H·}}$ Anhydro-scilliphäosidin + L-Rhamnose
$C_{30}H_{42}O_9$

Scilliglaucosid $\xrightarrow{\text{H·}}$ Scilliglaucosidin + D-Glucose
$C_{30}H_{40}O_{10}$ $C_{24}H_{30}O_5$
$\xrightarrow[\text{in der Wärme}]{\text{H·}}$ Anhydro-scillglaucosidin + D-Glucose
$C_{24}H_{28}O_4$

Scillicyanosid $\xrightarrow{\text{H·}}$ Anhydro-scillicyanosidin + D-Glucose
$C_{32}H_{42-44}O_{12}$ $C_{26}H_{30-32}O_6$

Scillicoelosid $\xrightarrow{\text{H·}}$ Scillicoelosidin + D-Glucose
$C_{30}H_{40-42}O_{11}$ $C_{24}H_{30-32}O_6$

c) Das Hauptglykosid der roten Meerzwiebel.

Scillirosid $C_{32}H_{46}O_{12}$, Smp. unscharf bei 168—170°, bei 200° Zersetzung, $[\alpha]_D^{20} = -59°$ (Methanol).

Scillirosid ist das Hauptglykosid (STOLL und RENZ, 1942,a) der roten Varietät von *Scilla maritima* L. [*Urginea maritima* (Baker)], begleitet von wenig Scillaren A und „Scillaren F" (Scilliglaucosid). Obwohl die weiße und die rote Varietät morphologisch nicht unterschieden werden können, bestehen in ihrem Glykosidgehalt und in ihrer physiologischen Wirkung bemerkenswerte Unterschiede. Die rote Varietät besitzt nämlich eine hohe spezifische Toxizität gegenüber Ratten, die im wesentlichen ihrem Gehalt an Scillirosid zuzuschreiben ist. Die mittlere letale Dosis nach KÄRBER beträgt für männliche Ratten 0,7 mg/kg, für weibliche 0,43 mg/kg, während von Ratten die 200fache Menge von Scillaren A noch vertragen wird. Gepulverte Meerzwiebelpräparate sind daher schon von alters her als Rattengift verwendet worden. Wie bei allen zersetzlichen Drogen, so ist es auch bei der Verarbeitung der roten Meerzwiebel wichtig, daß man

entweder möglichst frisch geerntete Droge oder schonend getrocknete und sorgfältig aufbewahrte Meerzwiebelschnitzel verwendet, um eine befriedigende
Ausbeute an Reinglykosid zu erreichen.

Scillirosid kristallisiert aus wäßrigem Methanol in daclfförmig abgeschrägten
Prismen oder in bis 1 cm langen Spießen. Es ist leicht löslich in niederen Alko-
holen, Dioxan, Eisessig, schwerer in Aceton, sehr wenig löslich in Wasser, Chloro-
form und Essigester, praktisch unlöslich in Kohlenwasserstoffen und Äther. Die
Kristalle enthalten Lösungsmittel, das sich beim scharfen Trocknen im HV zum
Teil verflüchtigt.

Din LEGAL-Reaktion ist negativ. Die KELLER-KILIANI-Reaktion zeigt einen
nicht charakteristischen, schwach bräunlichen Ring an der Grenzfläche zwischen
der konz. Schwefelsäure und Eisessig; der überstehende Eisessig färbt sich an der
Grenzfläche grasgrün. Die LIEBERMANNsche Reaktion zeigt einen Farbübergang
von violett über blau nach blaugrün. Die BALJETsche Pikrinsäure-Probe ist negativ.
Die ROSENHEIMsche Ergosterin-Reaktion mit Trichloressigsäure ist negativ.

Tetraacetylscillirosid: kristallisiert aus Methanol in charakteristischen lang-
gestreckten, gebündelten Prismen. Smp. unscharf bei 199°. $[\alpha]_D^{20} = -48,1°$
(Methanol).

Bei der sauren Hydrolyse in wäßrigem oder alkoholischem Medium gelang es
nicht, ein kristallisiertes Aglykon zu fassen. Es konnte nur der Zucker als 1 Mol
Glucose identifiziert werden (STOLL und RENZ, 1942, a).

Durch enzymatischen Abbau des Scillirosids mit Hilfe von Enzymen der
Coronilla- und der Luzernesamen, die die Bindung zwischen Aglykon und Glucose
angreifen, gelang es STOLL und RENZ (1950), das Aglykon, Scillirosidin, zu fassen.
Enzympräparate aus zahlreichen Stämmen niederer Pilze, z. B. *Claviceps purpurea,* vermögen aus glucosehaltigen Herzglykosiden die Glucose abzuspalten.
Das Scillirosid, das als Zuckerkomponente nur 1 Mol Glucose enthält, wird bis
zu seinem Aglykon, Scillirosidin, abgebaut (STOLL, RENZ und BRACK, 1951, a).
Über die Spaltung von Scillirosid durch Enzympräparate aus verschiedenen
tierischen Organen, vgl. STOLL und RENZ (1951). Das Scillirosid läßt sich mit
einer wassergesättigten Silicagelsäule bestimmen (STOLL, ANGLIKER et al., 1951).
Untersuchungen über die Konstitution des Scillirosids vgl. STOLL und RENZ
(1942, b) sowie STOLL, RENZ und HELFENSTEIN (1943).

Scillirosidin $C_{26}H_{34}O_7$, Blättchen aus Methanol/Wasser, Smp. 173—175°,
$[\alpha]_D^{20} = -22,6°$ (Methanol). Die LIEBERMANN-Reaktion ist positiv.

Scillirosidin entsteht durch enzymatische Spaltung des Scillirosids mit
Enzympräparaten aus Coronilla oder Luzernesamen (STOLL und RENZ, 1950).

Acetylderivat. Glasklare Blättchen aus Methanol, Smp. 256°, $[\alpha]_D^{20} = -61,0°$
(Methanol).

3. Glykoside aus *Strophanthus*-Arten.

k-Strophanthosid $C_{42}H_{64}O_{19}$, zu Büscheln vereinigte Nadeln aus Methanol-
Chloroform. Smp. 199—200° (Zers.), $[\alpha]_D^{20} = +13,8°$ (in Methanol).

LIEBERMANN-Reaktion: Übergang von rot nach grün. KELLER-KILIANI-
Reaktion: Orange-brauner Ring und grünliche Färbung des Eisessigs.

k-Strophanthosid wurde von STOLL, RENZ und KREIS (1937) aus den Samen
von *Strophanthus kombé* über die Heptacetylverbindung isoliert. k-Strophanthosid hält Wasser hartnäckig zurück und ist selbst im HV bei höherer Temperatur schwer von Wasser zu befreien. Es ist in Wasser spielend löslich zu einer
farblosen neutralen Lösung. Leicht löslich zu einer farblosen neutralen Lösung.
Leicht löslich ist es in Methanol und abs. Äthanol, hingegen fast unlöslich in
Chloroform, Äther, Benzol, Aceton und Essigester.

Das *Heptacetyl-k-strophanthosid* kristallisiert aus Äthanol, Methanol oder Aceton/Wasser in charakteristisch zu Büscheln vereinigten Nadeln vom Smp. 229 bis 230°. In Aceton, Benzol und Chloroform ist es leicht löslich, $[\alpha]_D^{20} = +11,2°$ (Alkohol).

Die milde saure Hydrolyse des k-Strophanthosids mit 0,1 n-H_2SO_4 ergibt Strophanthidin und das aus 1 Mol Cymarose und 2 Mol Glucose bestehende Trisaccharid Strophanthotriose. Die enzymatische Hydrolyse mit Strophanthobiase (JACOBS und HOFFMANN, 1926c), die aus den Samen von Strophanthus Courmontii hergestellt war, ergab Cymarin. Die fermentative Spaltung mit α-Glucosidase aus autolysierter gereinigter Brauereihefe liefert k-Strophanthin-β. Auf Grund eingehender Konstitutionsbeweise kann für k-Strophanthosid die untenstehende Formel als bewiesen betrachtet werden.

k-Strophanthin-β $C_{36}H_{54}O_{14}$, aus Wasser von 70° in langen Nadeln, Smp. 195°, $[\alpha]_D^{20} = +31,8°$ (Methanol). Entsteht nach STOLL und RENZ (1949); STOLL, RENZ und KREIS (1937) bei Einwirkung von α-Glucosidase auf k-Strophanthosid, wobei die endständige Glucose abgespalten wird.

k-Strophanthin-β ist in Wasser gut, in Chloroform schwer löslich. Zur Konstitution vgl. die Formel unten.

Cymarin $C_{30}H_{44}O_9 \cdot CH_3OH$ (aus wäßrigem Methanol), Smp. 148° (Sintern ab 138°); $C_{30}H_{44}O_9 \cdot 1,5 H_2O$ (aus wäßrigem Äthanol), Smp. 185—187°; $C_{30}H_{44}O_9$, Smp. 204—205° (aus wäßrigem Äthanol) (JACOBS und HOFFMANN, 1926b). Cymarin entsteht aus k-Strophanthosid unter Abspaltung von zwei Glucoseresten durch enzymatischen Abbau mit Strophanthobiase (STOLL, RENZ und KREIS, 1937). Ferner kann es auch durch enzymatische Spaltung aus k-Strophanthin-β gewonnen werden (JACOBS und HOFFMANN, 1926b).

Cymarin wurde aus den Samen folgender Pflanzen isoliert: *Strophanthus Eminii* Asch et Pax. (LARDON, 1950; LAMB und SMITH, 1951); *Periploca graeca* (JACOBS und HOFFMANN, 1928a); *Strophanthus Nicholsonii* Holm. (v. EUW, KATZ und REICHSTEIN, 1946); *Strophanthus hypoleucus* (v. EUW und REICHSTEIN, 1950c); *Strophanthus mirabilis* Gilg. (BALLY, SCHINDLER und REICHSTEIN, 1952); *Strophanthus hispidus* P. DC (JACOBS und HOFFMANN, 1928b; v. EUW und REICHSTEIN, 1950f), ferner aus den Blättern und Stengeln von *Adonis amurensis* (ŠANTAVÝ und REICHSTEIN, 1948a, b) und *Adonis vernalis* (REICHSTEIN und ROSENMUND, 1950). Schon früher wurde Cymarin aus den Wurzeln von *Apocynum cannabium, A. androsaemifolium* und *A. venetum* von TAUB und FICKEWIRTH (1913) isoliert und von WINDAUS und HERMANNS (1915) untersucht.

Das folgende Formelschema zeigt die chemische Zusammensetzung und den stufenweisen Abbau von k-Strophanthosid.

Sarmentoside.

Sarmentosid A $C_{29}H_{42}O_{11}$, farblose Nadeln aus Methanol/Äther, Smp. 267—271° (Zers.), $[\alpha]_D = -40,5°$ (in 95% Dioxan). Es wurde von SCHMUTZ und REICH-STEIN (1947, a, 1951) und von RICHTER, MOHR und REICHSTEIN (1953) aus den Samen von *Strophanthus sarmentosus* A. P. DC. isoliert.

Das Aglykon von Sarmentosid A, das Sarmentosigenin A, ist mit Strophan-thidin isomer; es ist im Glykosid mit L-Talomethylose verbunden (SCHMUTZ, 1948).

„Sarmentosid B" kristallisiert aus Aceton/Äther in farblosen Prismen, Smp. 263—269° (Zers.), $[\alpha]_D^{20} = -4,5°$ (Aceton). Sarmentosid B gibt mit konz. H_2SO_4 eine gelbbraune Färbung, die nach 5 min über braun mit violettem Rand in violett (nach 40 min) übergeht. KELLER-KILIANI-Reaktion negativ, LEGAL-Reaktion positiv (rot).

Sarmentosid B wurde von SCHMUTZ und REICHSTEIN (1947a) aus den Samen von *Strophanthus sarmentosus* A. P. DC. isoliert. Bei der Hydrolyse von Sar-mentosid B entsteht das Aglykon Sarmentosigenin B, das mit Strophanthidol isomer ist. Als Zuckerkomponente wurde 1 Mol D-Glucose und 1 Mol D-Digitalose erhalten. Wie v. EUW und REICHSTEIN (1952) später zeigen konnten, ist das als „Sarmentosid B" bezeichnete Glykosid

Sargenosid-diacetat ($C_{40}H_{60}O_{16}$).

Sarmentosid-C-acetat $C_{35}H_{50}O_{14}$, farblose Blättchen aus Methanol, Doppel-schmelzpunkt bei 167—170/248°, $[\alpha]_D^{18} = +4,8°$ (Chloroform). Es wurde von RICHTER, MOHR und REICHSTEIN (1953) aus den Samen von *Strophanthus sarmen-tosus* dargestellt; vgl. auch v. EUW und REICHSTEIN (1952).

Sarmentosid-E-acetat $C_{37}H_{50}O_{15}$, farblose Nadeln aus feuchtem Methanol, Smp. 288—304° (Zers.), $[\alpha]_D^{19} = -21,5°$ (Chloroform). RICHTER, MOHR und REICHSTEIN (1953) isolierten es aus den Samen von *Strophanthus sarmentosus*: vgl. auch v. EUW und REICHSTEIN (1952). Zur Trennung der Sarmentoside A,C,D und E vgl. REBER und REICHSTEIN (1953).

Sarmentocymarin $C_{30}H_{46}O_8$, kristallisiert aus feuchtem Methanol/Äther als Dihydrat in dicken farblosen Prismen, Smp. 206—208°, bei 129—132° zähflüssig, $[\alpha]_D^{23} = -13,2°$ (Methanol).

LEGAL-Reaktion positiv (weinrot). KELLER-KILIANI-Reaktion positiv (blau). H_2SO_4-Reaktion schwarzbraun → oliv → grünlichgrau.

Sarmentocymarin wurde aus den Samen von *Strophanthus Petersianus* Klotzsch, *Strophanthus grandiflorus* (N. E. Br.) Gilg und einer vermutlichen Kreuzung von *Str. Petersianus* und *Str. Courmontii* von v. EUW und REICHSTEIN (1950g), früher schon aus den Samen von nicht genau definiertem *Strophanthus sarmentosus* P. DC. von JACOBS und HEIDELBERGER (1929) und dann von BUZAS, v. EUW und REICHSTEIN (1950), aus den Samen von *Str. Gerrardii* Stapf von v. EUW und REICHSTEIN (1950 b), aus den Samen von *Str. Courmontii* Sacl. von v. EUW und REICHSTEIN (1950 e), aus den Samen von *Strophanthus spec. var. sarmentogenifera* Nr. MPD 50 von v. EUW, REBER und REICHSTEIN (1951) isoliert.

Saure Hydrolyse ergab Sarmentogenin vom Smp. 270—275° (Zers.), $[\alpha]_D^{19} = +18,9°$ (Aceton) und als Zuckerkomponente Sarmentose (v. EUW und REICH-STEIN, 1950g, 1952; JACOBS und HEIDELBERGER, 1929).

Sarmentocymarin-benzoat aus Aceton/Äther farblose dünne Blättchen vom Smp. 263—266° (Zers.), $[\alpha]_D^{21} = -12,2°$ (Aceton).

Sarmentocymarin-diacetat aus Methanol/Wasser feine Prismen vom Smp. 221 bis 222°, $[\alpha]_D^{19} = -12,0°$ (Aceton) (v. EUW und REICHSTEIN, 1952).

KELLER-KILIANI-Reaktion positiv (blau), H_2SO_4-Reaktion violett → violett-braun → braun → grau.

Sarmentose

Sarmentocymarin

Sarmentogenin $C_{23}H_{34}O_5$, aus Methanol/Aceton farblose, glänzende Prismen vom Smp. 272—274° (Zers.), $[\alpha]_D^{19} = +18,9°$ (Aceton) (v. Euw und Reichstein, 1950 g; Jacobs und Heidelberger, 1929). H_2SO_4-Reaktion hellgelb → blau.

Sarmentogenin wird durch Hydrolyse von Sarmentocymarin und Sarnovid (Reber und Reichstein, 1951) erhalten. Es ist auch das Aglykon von Rhodexin A.; vgl. dazu Papierchromatographie der Extrakte von Strophanthusvarianten von Schindler und Reichstein (1951 b).

Sarmentogenin hat wegen seiner OH-Gruppe am Kohlenstoffatom 11 als Ausgangsmaterial für die Darstellung von Cortison Bedeutung erlangt.

Ouabain (g-Strophanthin) $C_{29}H_{44}O_{12}$ wurde aus der Rinde des Ouabaio-Baums von Arnaud (1888), aus den Samen von *Strophanthus gratus* von Arnaud (1898) und von Muhr, Hunger und Reichstein (1954) aus *Acokanthera friesiorum* isoliert, Smp. 200°, $[\alpha]_D = -34°$ (in Wasser) (Muhr, Hunger und Reichstein, 1954). Obwohl Oubain keine Glucose enthält, ist es doch als genuines Glykosid der Samen von *Strophanthus gratus* anzusehen, da das enzymhindernde Extraktionsverfahren fast den gesamten Glykosidgehalt dieser Droge in Form von Ouabain liefert (Stoll, Renz und Kreis, 1937).

Das Glykosid ist sehr schwer hydrolytisch zu spalten. Es gelang Mannich und Siewert (1942) erstmals, das intakte Aglykon Ouabagenin durch Hydrolyse mit HCl in Aceton herzustellen. Als Zuckerkomponente wurde 1 Mol L-Rhamnose gefunden. Bei der Hydrolyse mit HCl in Aceton entstanden neben Ouabagenin ein Monoaceton-ouabagenin und ein Anhydro-ouabagenin (Meyrat und Reichstein, 1948 a; Raffauf und Reichstein, 1948).

Ouabagenin $C_{23}H_{34}O_8$ schmilzt bei 255°, $[\alpha]_D = +11°$. Die Legal-Reaktion ist positiv.

Für Ouabagenin wird vorläufig folgende Konstitutionsformel vorgeschlagen:

Es besitzt am meisten Hydroxylgruppen von allen bisher bekannten Aglykonen von Herzglykosiden.

Sneeden und Turner (1954) schlagen folgende Sauerstoffverteilung im Steroidgerüst vor:

Sarverosid $C_{30}H_{44}O_{10}$, Smp. 126/145°, $[\alpha]_D^{15} = +12,1°$ (Aceton). Legal-Reaktion positiv (rot), Keller-Kiliani-Reaktion positiv (blau).

Sarverosid wurde aus den Samen von *Strophanthus sarmentosus* P. DC. von Reichstein et al. (v. Euw, Katz, Schmutz und Reichstein, 1949; Buzas, v. Euw und Reichstein, 1954) isoliert und stellt das Hauptglykosid dieser Samen dar. Seitdem wurde es auch aus den Samen von *Strophanthus amboensis* E. et Pax von Salmon, Foppiano und Bywater (1952) gewonnen. Sarverosid ist von Sarmentosid A und zuweilen auch von Sarmentocymarin begleitet. Von Euw und Reichstein (1950 b) isolierten Sarverosid als Hauptglykosid ebenfalls aus den Samen von *Strophanthus Gerrardi* Stapf.

Bei der Spaltung von Sarverosid wird als Aglykon Sarverogenin und als Zuckerrest D-Sarmentose erhalten.

Sarverogenin $C_{23}H_{32}O_7$ oder $C_{23}H_{30}O_7$, Smp. bei 130—150° (glänzende Prismen aus Dioxan-Aceton) und bei 223—225° (klare Prismen aus Wasser), $[\alpha]_D^{15} = +44,5°$ (Methanol) (Buzas, v. Euw und Reichstein, 1950).

Sarverogenin ist durch Hydrolyse auch von Panstrosid neben der Zuckerkomponente Digitalose gewonnen worden (Rosselet, Hunger und Reichstein, 1951). Für Sarverogenin wurde folgende Konstitution vorgeschlagen (Taylor, 1953):

Sarverogenin

Strophanthidin $C_{23}H_{32}O_6$ ist das Aglykon von zahlreichen Herzglykosiden, wie k-Strophanthosid, Convallosid, Cheirotoxin u. a. m.

Als leicht zugängliches Material aus k-Strophanthin ist es in chemischer Hinsicht schon früh viel bearbeitet worden. Grundlegende Arbeiten stammen z. B. von Jacobs und Elderfield (1935 a und Elderfield 1936). Eine ausgezeichnete Zusammenfassung über die Konstitutionsermittlung ist in Fieser und Fieser (1949) gegeben worden. Strophanthidin ist mit Periplogenin sehr nahe verwandt. Dies geht aus folgendem hervor. Wird Strophanthidin einer milden katalytischen Hydrierung unterworfen, so entsteht Dihydro-strophanthidin (Jacobs und Heidelberger, 1922), das durch Reduktion nach Wolf-Kishner in Dihydroperiplogenin übergeht (Plattner, Segre und Ernst, 1947), das seinerseits durch einfache katalytische Hydrierung von Periplogenin zugänglich ist (Jacobs und Bigelow, 1932; Jacobs und Hoffmann, 1928 a).

Strophanthidin schmilzt bei 235°, $[\alpha]_D = +41°$. Seine Konstitution ist folgende:

Strophanthidin

Cymarol $C_{30}H_{46}O_9$, aus Methanol/Äther in Nadeln, Smp. 200—237°, aus Aceton kurze Prismen, Smp. 236—238°, $[\alpha]_D^{22} = +30,7°$ (Methanol).

Cymarol wurde aus den Samen von *Strophanthus kombé* von Katz und Reichstein (1944) und von Blome, Katz und Reichstein (1946), aus *Strophanthus Nicholsonii* Holm von v. Euw und Reichstein (1948), aus *Strophanthus hypoleucus* Stapf. von v. EUW und REICHSTEIN (1950 c), aus *Strophanthus Eminii* Asch et Pax. von LARDON (1950), aus *Strophanthus hispidus* P. DC. von v. EUW und REICHSTEIN (1950 f), aus *Strophanthus mirabilis* Gilg. von BALLY, SCHINDLER und REICHSTEIN (1952) und von PRIMO und TAMM (1954) isoliert.

Die KELLER-KILIANI-Reaktion von Cymarol ist blau, die LEGAL-Reaktion rot, H_2SO_4-Reaktion kastanienbraun → braun → grau.

Saure Hydrolyse liefert D-Cymarose und Strophanthidol, das bereits schon früher von RABALD und KRAUS (1940) durch Reduktion von Strophanthidin mit Aluminium-isopropylat und Aluminiumamalgam erhalten worden war. Dadurch ist die Konstitution des Strophanthidols, des Aglykons von Cymarol, gesichert.

Strophanthidol $C_{23}H_{34}O_5$, aus Methanol/Wasser, rechteckige Plättchen vom Smp. 138—142°, $[\alpha]_D^{17} = +36,9°$ (Methanol). LEGAL-Reaktion positiv (rot). H_2SO_4-Reaktion: rostbraun, dann ziegelrot mit eosinrotem Rand, schließlich matt ziegelrot.

Periplocin $C_{36}H_{56}O_{13}$, kristallisiert aus Aceton/Äther in dünnen Blättchen, Smp. 224° (Zers.), $[\alpha]_D^{20} = +22,9°$ (Methanol).

Die Isolierung und Reindarstellung des Periplocins aus *Periploca graeca* gelang STOLL und RENZ (1939 b), nachdem LEHMANN (1928) aus dem Milchsaft der Rinde bereits eine kristallisierte Substanz mit der angeblichen Zusammensetzung $C_{30}H_{48}O_{12}$ isoliert hatte. Es zeigte sich, daß das von LEHMANN als Periplocin bezeichnete Glykosid trotz dem großen Unterschied in den Angaben über die Zusammensetzung dem von STOLL und RENZ rein hergestellten sehr ähnlich, wenn nicht damit identisch war. Der Name Periplocin ist denn auch von STOLL und RENZ für das reine Glykosid übernommen worden.

Periplocin ist in Alkohol leicht, in Wasser schwerer und in Äther und Chloroform fast gar nicht löslich.

Tetraacetyl-periplocin, aus abs. Alkohol gerade abgeschnittene Prismen, Smp. 195°, $[\alpha]_D^{20} = +20,0°$ (abs. Alkohol).

Periplocin wie auch seine Tetraacetylverbindung zeigen bei der LIEBERMANN-Reaktion eine schön rote Farbe. Die KELLER-KILIANI-Reaktion zeigt trotz Anwesenheit eines 2-Desoxyzuckers keine charakteristische Färbung des Eisessigs.

Durch saure Hydrolyse von Periplocin in Äthanol mit 0,1 n-H_2SO_4 werden Periplogenin und Periplobiose, die aus 1 Mol Cymarose und 1 Mol Glucose besteht, erhalten. Dieser Zucker ist nicht identisch mit der Strophanthobiose aus k-Strophanthin-β.

Die enzymatische Hydrolyse des Periplocins mit Strophanthobiase (hergestellt nach JACOBS und HOFFMANN, 1926 c aus *Strophanthus Courmontii*) liefert Periplocymarin, ein um 1 Mol Glucose ärmeres Glykosid. JACOBS und HOFFMANN (1928 a) haben dieses Glykosid durch Einwirkung von Strophanthobiase auf ein mit Periplocin bezeichnetes amorphes Präparat schon früher erhalten.

Periplocin

Periplogenin $C_{23}H_{34}O_5$. Lange Spieße aus Methanol/Wasser; es schmilzt bei 232°, nach sintern bei 165—170°, $[\alpha]_D^{20} = +29,8°$ (Methanol). Farbreaktion mit konz. H_2SO_4: Rot-orange → orange → gelb → blau.

Periplogenin ist das Aglykon von Emicymarin, Periplocin und Periplocymarin.

Periplogenin-acetat. Smp. 235—242°, sintern bei 225°, $[\alpha]_D^{13} = +49,4°$ (Chloroform).

Emicymarin $C_{30}H_{46}O_9$, farblose Nadeln aus Methanol/Äther, Smp. 160—162°, $[\alpha]_D^{15} = +12,3°$ (Methanol). Reaktion mit 84% H_2SO_4: Orange → graublau → blau.

Emicymarin wurde aus den Samen von Strophanthus kombé von Katz und Reichstein (1944), aus den Samen von *Strophanthus Eminii* Asch. u. Pax. von Lamb und Smith (1936) und von Lardon (1950), aus den Samen von *Strophanthus hypoleucus* Stapf. von v. Euw und Reichstein (1950 c), und aus den Samen von *Strophanthus mirabilis* Gilg. von Bally, Schindler und Reichstein (1952) isoliert.

Emicymarin-acetat. Sechseckige, rhombische Blättchen aus Aceton/Äther, Smp. 283—285° (Zers.), $[\alpha]_D^{17} = +28,2°$ (Chloroform). Spaltung von Emicymarin nach Mannich und Siewert (1942) führt zu Periplogenin und D-Digitalose (Katz und Reichstein, 1945).

Emicymarin

Periplocymarin $C_{30}H_{46}O_8$, aus Methanol/Äther, Doppelschmelzpunkt 135 bis 140/205°; aus Aceton/Äther farblose Körnchen vom Smp. 203—207°: aus Aceton, Smp. 210—212°, $[\alpha]_D^{15} = +27,9°$ (Methanol).

Legal-Reaktion positiv, rot. Keller-Kiliani-Reaktion positiv, blau. H_2SO_4-Reaktion braun → schmutziggrün → grüngrau → grau.

Periplocymarin wurde aus den Samen von *Strophanthus kombé* von Blome, Katz und Reichstein (1946), von *Strophanthus Eminii* Asch. et Pax. von Lardon (1950), von *Strophanthus hypoleucus* Stapf. von v. Euw und Reichstein (1950,c), aus *Periploca graeca* von Jacobs und Hoffmann (1928a), aus *Strophanthus mirabilis* Gilg. von Bally, Schindler und Reichstein (1952) und von Primo und Tamm (1954), aus *Strophanthus Nicholsonii* Holm. von v. Euw, Katz und Reichstein (1946) und von v. Euw und Reichstein (1948) isoliert.

Periplocymarin-acetat. Aus Methanol/Wasser, Smp. 127—140/190°. Periplocymarin wird durch saure Hydrolyse in das Aglykon Periplogenin und in D-Cymarose gespalten (Jacobs und Hoffmann, 1928a).

Periplocymarin wird auch aus Periplocin durch enzymatische Hydrolyse mit Strophanthobiase erhalten (Stoll und Renz, 1939 b). Es kommt ihm somit die folgende Konstitution zu:

Periplocymarin

4. Herzglykoside anderer Herkunft.

Cheirotoxin $C_{36}H_{50}O_{15}$, als Trihydrat feines Kristallpulver, Smp. 210—211° aus Wasser. $[\alpha]_D^{13} = -17,2°$ (Methanol).

Cheirotoxin ist in Alkohol, Methanol und heißem Wasser sehr leicht, in kaltem Wasser mäßig, in Aceton, Chloroform, Aceton schwer, in Benzol und Äther praktisch unlöslich. Es wurde von SCHWARZ, KATZ und REICHSTEIN (1946) aus den Samen von *Cheiranthus Cheiri* dargestellt. Vgl. auch SHAH, MEYER und REICHSTEIN (1949).

Cheirotoxin-acetat. Aus Aceton/Äther oder besser aus Methanol, Nadeln, Smp. 219—221°, $[\alpha]_D^{18} = -1,3°$ (Chloroform). LEGAL-Reaktion positiv (rot), KELLER-KILIANI-Reaktion negativ.

Die hydrolytische Spaltung von Cheirotoxin wird nach der für die Spaltung von Ouabain von MANNICH und SIEWERT (1942) ausgearbeiteten Methode ausgeführt und führt zum Aglykon Strophanthidin und den beiden Zuckern D-Gulomethylose und D-Glucose (MOORE, TAMM und REICHSTEIN, 1954).

Convallatoxin $C_{29}H_{42}O_{10}$, Nadeln aus 20%igem Äthanol, Smp. 212—213°, Smp. 247°, $[\alpha]_D = \pm 0°$; wurde von KARRER (1929) aus den Blüten und Blättern von *Convallaria majalis* L. isoliert.

Convallatoxin ist in Wasser schwerlöslich, ziemlich schwer in Chloroform und Essigester, leichter in Alkohol und Aceton, unlöslich in Äther und Petroläther. LEGAL-Reaktion positiv. LIEBERMANN-Reaktion: Momentane Rotfärbung, geht aber rasch in prachtvolles Grün über.

Die ersten Versuche zur Konstitutions-Ermittlung sind von TSCHESCHE und HAUPT (1936a) unternommen worden, die durch saure Hydrolyse als Zuckerkomponente L-Rhamnose identifizieren konnten. Nach FIESER und NEWMAN (1936) und FIESER und JACOBSEN (1937) besitzt das Glykosid untenstehende Formel und stellt somit das L-Rhamnosid des Strophanthidins dar, was von REICHSTEIN und KATZ (1943) bestätigt wurde. Die Partialsynthese des Convallatoxins wurde von REYLE, MEYER und REICHSTEIN (1950) ausgeführt.

Convallatoxin

Convallosid $C_{35}H_{52}O_{15}$. Nadeln aus Methanol/Äther, Smp. 201—204°, $[\alpha]_D^{15} = -10,4°$ (80%iger Alkohol).

Dieses Glykosid wurde von SCHMUTZ und REICHSTEIN (1947b) aus den Samen von *Convallaria majalis* L. über das Hexa-acetylderivat isoliert. LEGAL-Reaktion rot.

Hexa-acetylderivat (Convallosidacetat). Farblose, zu Drusen vereinigte stumpfe Nadeln aus Aceton/Äther, Smp. 157—159°, $[\alpha]_D^{18} = -25,9°$ (Chloroform). LEGAL-Reaktion positiv, rot.

Convallosid läßt sich durch Strophanthobiase glatt in D-Glucose und Convallatoxin spalten, welches seinerseits durch saure Hydrolyse nach MANNICH und SIEWERT (1942) in Strophanthidin und L-Rhamnose aufgespalten wird. Convallosid ist daher ein 3-[D-Glucosido-L-rhamnosido]-strophanthidin, und es kommt ihm folgende Konstitutionsformel zu (SCHMUTZ und REICHSTEIN, 1947b):

Convallosid

Hellebrin $C_{36}H_{52}O_{15}$, Smp. 283°, $[\alpha]_D = -23°$ (Methanol), wurde zuerst von KARRER (1943) in reiner Form aus dem Rhizom von *Helleborus niger* L. isoliert. Mit Strophanthobiase läßt sich Hellebrin enzymatisch in D-Glucose und Desgluco-hellebrin spalten, welch letzteres bei der Hydrolyse nach MANNICH und SIEWERT (1942) in L-Rhamnose und scheinbar zwei isomere Aglykone, die als Hellebri-genin A und B bezeichnet wurden, zerlegt wird. Es hat sich aber erwiesen, daß die als Hellebrigenin A (Platten, Smp. 150°) und Hellebrigenin B (Nadeln, Smp. 250°) bezeichneten Substanzen nur Kristallmodifikationen eines und desselben Stoffes darstellen, der nun einfach als Hellebrigenin bezeichnet wird (SCHMUTZ, 1949b).

Hellebrin besitzt folgende Konstitutionsformel:

O—Rhamnose—Glucose   Hellebrin

Hellebrigenin $C_{24}H_{32}O_6$, aus Aceton/Äther, Doppelschmelzpunkt 155/249 bis 253°, meistens 237—240° (Zers.), $[\alpha]_D^{17} = +17,8°$ (Aceton).

Hellebrigenin wird aus Hellebrin auf folgende Weise erhalten: Durch enzy-matische Spaltung von Hellebrin mit Strophanthobiase entsteht D-Glucose und Desglucohellebrin, Smp. 269°, $[\alpha]_D = -25°$ (Methanol). Diese um einen Glucose-rest ärmere Verbindung wird nun der hydrolytischen Spaltung nach der Methode von MANNICH und SIEWERT (1942) unterworfen, wobei L-Rhamnose abgespalten wird und Hellebrigenin entsteht; vgl. unter Hellebrin (SCHMUTZ, 1949b).

Hellebrigenin-acetat. Nadeln aus Aceton/Äther, Smp. 242—247° (Zers.), $[\alpha]_D^{15} = +33,7°$ (CHCl₃).

Bei der Mannich-Spaltung von Desglucohellebrin konnte neben Hellebrigenin noch in kleiner Menge Monoanhydro-hellebrigenin isoliert werden, das als Acetat charakterisiert wurde.

Monoanhydro-hellebrigenin, $C_{24}H_{30}O_5$. Farblose Nadeln aus Aceton/Äther, Smp. 206—209°, $[\alpha]_D^{20} = +25,7°$ (Aceton).

Monoanhydro-hellebrigenin-acetat, $C_{26}H_{32}O_6$. Nadeln aus Aceton/Äther, Smp. 108—112°, $[\alpha]_D^{18} = +25,6°$ (Chloroform); vgl. SCHMUTZ (1949b).

Für Hellebrigenin ergibt sich folgende Konstitution:

HO   OH   Hellebrigenin

Neriifolin $C_{30}H_{46}O_8$, Smp. 225°, $[\alpha]_D = -50°$, wurde von FRÈREJACQUE (1945, 1947) und von HELFENBERGER und REICHSTEIN (1948) aus Thevetia neriifolia isoliert. Neriifolin ist als Thevetosid des Digitoxigenins erkannt worden:

O—Thevetose   Neriifolin

Acetyl-neriifolin (Cerberin) $C_{32}H_{68}O_9$, Smp. 240°, $[\alpha]_D = -72,5°$, wurde von HELFENBERGER und REICHSTEIN (1948) und von FRÈREJACQUE (1945, 1947) aus *Thevetia neriifolia* isoliert.

Durch Hydrolyse mit $KHCO_3$ wird Neriifolin gebildet, das durch Spaltung nach MANNICH und SIEWERT (1942) in „β'-Anhydro-digitoxigenin" übergeht (HELFENBERGER und REICHSTEIN, 1948).

Oleandrin $C_{32}H_{48}O_9$. Prachtvolle, schlanke Prismen aus Äthanol, Smp. 250° unter Schäumen. $[\alpha]_D^{15} = -52,1°$ (Methanol).

Oleandrin wurde als Hauptglykosid aus *Nerium oleander* isoliert (NEUMANN, 1937; TSCHESCHE, 1937; HESSE, 1937). Hydrolyse mit verdünntem HCl spaltet die Glykosidbindung unter Bildung von Oleandrigenin und 1 Mol L-Oleandrose. Dieser Zucker wurde als ein Methyläther einer 2-Desoxy-methylpentose identifiziert (NEUMANN, 1937). Synthese und Konfiguration, vgl. BLINDENBACHER und REICHSTEIN (1948 b).

Durch partielle Verseifung von Oleandrin in Alkohol mit NaOH wird die Acetylgruppe abgespalten und Desacetyl-oleandrin gebildet. Aus diesem entsteht durch milde saure Hydrolyse unter Abspaltung der L-Oleandrose Gitoxigenin.

Durch verschiedene Untersuchungen (vgl. TSCHESCHE, 1937) wurde die Konstitution des Oleandrins folgendermaßen festgelegt:

Oleandrin

Oleandrigenin (16-Acetyl-gitoxigenin) $C_{25}H_{36}O_6$, lange, flache Nadeln aus Alkohol, Doppelschmelzpunkt 110—115/223°, $[\alpha]_D^{18} = -8,5°$ (Methanol).

Oleandrigenin läßt sich durch milde alkalische Hydrolyse unter Verlust von 1 Mol Essigsäure zu Gitoxigenin verseifen (NEUMANN, 1937). Somit ist seine Natur als Monoacetyl-gitoxigenin bewiesen. Die Haftstelle der Acetylgruppe an C_{16} wurde durch verschiedene Umsetzungen festgelegt (TSCHESCHE, 1937). Die Acetylierung von Oleandrigenin liefert Diacetylgitoxigenin (NEUMANN, 1937). Dem Oleandrigenin kommt somit folgende Struktur zu:

Oleandrigenin

Somalin $C_{30}H_{46}O_7$, Nadeln oder Tafeln aus Methanol, Smp. 197—198°, $[\alpha]_D^{18} = +9,0°$ (Äthanol).

HARTMANN und SCHLITTLER (1940) konnten dieses Glykosid aus den Wurzeln von *Adenium somalense* Balf., fil., einer afrikanischen Pfeilgiftpflanze, isolieren. Dieselbe Substanz wurde von HESS, HUNGER und REICHSTEIN (1952) aus *Adenium Boehmianum* Schinz isoliert. Wie HESS und HUNGER (1933) zeigen konnten, ist Somalin mit Honghelosid G, das sie aus Adenium Honghel isolierten, identisch.

Die LEGAL-Reaktion ist stark positiv. Die KELLER-KILIANI-Reaktion zeigt in Eisessig eine prachtvoll tiefblaue Färbung, in der Schwefelsäure bildet sich ein brauner Ring von nur geringer Farbstärke.

Die saure Hydrolyse von Somalin liefert Digitoxigenin und D-Cymarose:

$$CH_3$$

O—Cymarose

Somalin

Thevebiosid $C_{36}H_{56}O_{13}$, Smp. 208—210°, $[\alpha]_D^{17} = -62{,}5°$ (Methanol). Durch enzymatische Spaltung mittels Strophanthobiase gelang es Helfenberger und Reichstein (1948), aus Thevetin (s. unten) unter Eliminierung von 1 Mol Glucose das Thevebiosid herzustellen. Das Aglykon von Thevebiosid ist Digitoxigenin.

Thevetin $C_{62}H_{66}O_{18}$, Smp. 193°, $[\alpha]_D = -62°$, wurde zuerst von Chen und Chen (1933, 1934a, b) aus den Früchten von *Thevetia neriifolia* isoliert. Helfenberger und Reichstein (1948) konnten dann beweisen, daß das Aglykon des Thevetins identisch ist mit Digitoxigenin. Dieses ist im Thevetin mit Thevetose (6-Desoxy-L-glucose-3-methyläther) und 2 Mol Glucose verknüpft.

Durch enzymatische Spaltung von Thevetin mit Strophanthobiase unter Abspaltung von 1 Mol Glucose entsteht Thevebiosid, während durch Abspaltung von 2 Mol Glucose Neriifolin erhalten wird:

$$CH_3$$

H

O—Thevetose—Glucose—Glucose
Gentiobiose

Uzarin $C_{35}H_{56}O_{14}$, farblose Prismen, Smp. 268—270°, $[\alpha]_D = -27°$ (Pyridin). Uzarin wurde aus der Uzara-Wurzel einer *Gomphocarpus*-Art isoliert (Hennig 1917; Windaus und Haack, 1930).

Bei energischer Hydrolyse werden unter gleichzeitiger Abspaltung des Hydroxyls an C_{14} 2 Mol Glucose und zwei isomere Anhydrogenine, das α-Anhydrouzarigenin und als Hauptprodukt der Reaktion das β-Anhydro-uzarigenin gebildet (Tschesche, 1933; Tschesche und Bohle, 1935; Windaus und Haack, 1930).

Das primäre Aglykon des Uzarins, das Uzarigenin, wurde erst in neuerer Zeit von Rangaswami und Reichstein (1949a) durch saure Hydrolyse von Odorosid B, das aus Nerium odorum Sol. isoliert worden war, erhalten.

$$CH_3$$

H

O—D-Glucose—D-Glucose
Uzarin

Uzarigenin $C_{23}H_{34}O_4$, Smp. 230—236°, $[\alpha]_D = +14°$. Uzarigenin ist das Aglykon folgender Glykoside: Uzarin, Odorosid B und Cheirosid A. Wie Reichstein zeigen konnte, ist es mit 5-Allo-digitoxigenin identisch. Abbau des Uzarigenins zu Ätio-allo-cholansäure vgl. Tschesche (1934, 1935).

Tabelle 21. *Übersicht über die selteneren Herzglykoside* [1].

Glykosid Bruttoformel	Smp.	Spez. Drehung	Farbreaktionen	Vorkommen	Aglykon	Zucker	Literatur
Abobioid $C_{34}H_{54(56)}O_{14}$	244—249°	$[\alpha]_D^{24} = -26,2°$ (MeOH)	rot[b]); negativ[a]); gelbbraun—braun—graubraun m. Violettstich[c])	*Adenium Boehmianum* Schinz	Abogenin + Anhydroabogenin	D-Cymarose + D-Glucose	Hess, J. C., A. Hunger u. T. Reichstein: Helv. Chim.Acta **35**, 2202 (1952).
Abomonosid $C_{30(32)}H_{46(48)}O_{8(9)}$	128—131°	$[\alpha]_D^{16} = -18,0°$ (CHCl₃)	rot[b]); blau[a]); braun-orange—gelbbraun—braun—dunkelbraun[c])	*Adenium Boehmianum* Schinz	Abogenin + Anhydroabogenin	D-Cymarose	Hess, J. C., A. Hunger u. T. Reichstein: Helv. Chim.Acta **35**, 2202 (1952).
Acofriosid L. $C_{30}H_{44}O_8$	248—253°	$[\alpha]_D^{17} = -54,1°$ (MeOH)	negativ[a]); lilarot-lila—violett—blaugrau[c])	*Acokanthera friesiorum* Markgr.		L-Acofriose	Muhr, H., A. Hunger u. T. Reichstein: Helv. Chim.Acta **37**, 403 (1954).
Acolongiflorosid E $C_{30}H_{44}O_8$	257—260; 261—264°	$[\alpha]_D^{16} = -34,7°$ (MeOH)	gelb[b]); gelb—blaßgelb[c])	*Acokanthera longiflora* Stapf. *Acokanthera friesiorum* Markgr.			Bally, P. R. O., K. Mohr. u. T. Reichstein: Helv Chim.Acta **34**,1740(1951).
Acolongiflorosid G $C_{30}H_{44}O_9$	265—268°	$[\alpha]_D^{18} = -19,8°$ (MeOH)	orangerot[b]); blaß-rotbraun—rotbraun—blaß-braun[c])	*Acokanthera longiflora* Stapf. *Acokanthera friesiorum* Markgr.			Muhr, H., A. Hunger u. T. Reichstein: Helv. Chim.Acta **37**, 403 (1954).
Acolongiflorosid H $C_{30}H_{44}O_9$	230—235; 249—255°	$[\alpha]_D^{25} = -67,2°$ (MeOH); $[\alpha]_D^{20} = -42,8°$ (MeOH)	rot[b]); blau[a]); tief-violett—blau-violett—blau[c])	*Acokanthera longiflora* Stapf. *Acokanthera friesiorum* Markgr.		L-Acofriose	Bally, P. R. O., K. Mohr u. T. Reichstein: Helv. Chim.Acta **34**,1740(1951).
Acolongiflorosid J $C_{30}H_{44}O_{10}$	158—160; 260—280°	$[\alpha]_D^{16} = -69,7°$ (MeOH)	rot[b])	*Acokanthera longiflora* Stapf.			Bally, P. R. O., K. Mohr u. T. Reichstein: Helv. Chim.Acta **34**,1740(1951).

[1] In dieser Tabelle werden die weniger untersuchten Herzglykoside zusammengefaßt, die im speziellen Teil nicht erwähnt wurden.

Tabelle 21. (Fortsetzung.)

Glykosid Bruttoformel	Smp.	Spez. Drehung	Farbreaktionen	Vorkommen	Aglykon	Zucker	Literatur
Acolongifloroid-K-acetat $C_{41}H_6O_{18}$	293—295° (Zers.)	$[\alpha]_D^{18} = -40.5°$ (CHCl₃)	orange^b); völlig farblos^c)	Acokanthera longiflora Stapf. Acokanthera friesiorum Markgr.			BALLY, P. R. O., K. MOHR u. T. REICHSTEIN: Helv. Chim. Acta 34, 1740 (1951). MUHR, H., A. HUNGER u. T. REICHSTEIN: Helv. Chim. Acta 37, 403 (1954).
Acovenosid A $C_{30}H_{46}O_9$	160—163; 230—232°	$[\alpha]_D^{18} = -64.8°$ (Diox.)	orangerot^b) negativ^a) zitronengelb bis violett^c)	Acokanthera venenata G. Don Acokanthera friesiorum Markgr.	Acovenosigenin A $C_{23}H_{34}O_5$	Acovenose	v. EUW, J., u. T. REICHSTEIN: Helv. Chim. Acta 33, 485 (1950). BALLY, P. R. O., K. MOHR u. T. REICHSTEIN: Helv. Chim. Acta 35, 45 (1952).
Acovenosid B $C_{29}H_{46-48}O_{9-10}$	251—253°	$[\alpha]_D^{18} = -71.4°$ (Diox.)	rot^b) negativ^a) zitronenf. — hellgrün — blaugr. — blau^c)	Acokanthera venenata G. Don			v. EUW, J., u. T. REICHSTEIN: Helv. Chim. Acta 33, 485 (1950).
Acovenosid C $C_{43}H_6O_{19}$	188—190°	$[\alpha]_D^{18} = -63.0°$ (MeOH)	rotorange^b) zitr.gelb — helloliv-braun — hellbraun-lila^c)	Acokanthera venenata G. Don		2 D-Glucose + ?	MOHR, K., u. T. REICHSTEIN: Helv. Chim. Acta 34, 1239 (1951).
Adonitoxin $C_{29}H_{42}O_{10}$	262—265° (Zers.)	$[\alpha]_D^{18} = -25.7°$ (50% EtOH)		Adonis vernalis	Adonitoxigenin $C_{23}H_{32}O_7$	L-Rhamnose	KATZ, A., u. T. REICHSTEIN: Pharm. Acta Helv. Chim. Acta 22, 437 (1947).
Adynerin $C_{29}H_{44(40)}O_7$	234°	$[\alpha]_D^{18} = +7.5°$ (Pyr.)	brauner Ring^a) positiv^{b,g)}	Nerium Oleander Coronilla glauca	Adynerigenin $C_{23}H_{32(34)}O_4$ Alloglaucotoxigenin $C_{23}H_{32}O_6$	L-Oleandrose	NEUMANN, W.: Ber. dtsch. chem. Ges. 70, 1547 (1937). STOLL, A., A. PEREIRA u. J. RENZ: Helv. Chim. Acta 32, 293 (1949).
16-Anhydrostrospesid $C_{30}H_{44}O_8$	246—248°	$[\alpha]_D^{18} = +70.6°$ (MeOH)	rot^b) negativ^a)	Strophanthus Boivinii Baill.	16-Anhydrogitoxigenin $C_{23}H_{32}O_4$	D-Digitoxose	SCHINDLER, O., u. T. REICHSTEIN: Helv. Chim. Acta 35, 673 (1952).

Tabelle 21. (Fortsetzung.)

Glykosid Bruttoformel	Smp.	Spez. Drehung	Farbreaktionen	Vorkommen	Aglykon	Zucker	Literatur
α-Antiarin $C_{29}H_{42}O_{11}$	242°	$[\alpha]_D = -4°$	positiv[b])	*Antiaris toxicana*	Antiarigenin $C_{23}H_{32}O_7$	D-Gulomethylose	KILIANI, H.: Arch. Pharm. 234, 439 (1896); Ber.dtsch. chem. Ges. 43, 3574 (1910); 46, 2179 (1913).
β-Antiarin $C_{29}H_{42}O_{11}$	225° (unsch.)	$[\alpha]_D = 0°$		*Antiaris toxicana*	Antiarigenin $C_{23}H_{32}O_7$	L-Rhamnose	KILIANI, H.: Arch. Pharm. 234, 439 (1896); Ber.dtsch. chem. Ges. 43, 3574(1910); 46, 2179 (1913); TSCHESCHE u. HAUPT (1936).
Boistrosid $C_{29}H_{42}O_8$	213—219° (unsch.)	$[\alpha]_D^{20} = +5,1°$ (MeOH)	rot[b]) blau[d]) gelbbraun — braun blaust. — schmutzigbraun — graugrün — blaugrau[c])	*Strophanthus Boivinii* Baill.	Corotoxigenin	D-Digitoxose	SCHINDLER, O., u. T.REICHSTEIN: Helv. Chim. Acta 85, 673 (1952).
Bovosid A $C_{31}H_{44}O_9$	240—255 / 200—230 / 205—235° (Zers.)	$[\alpha]_D^{18} = +73,3°$ (MeOH)	grüngelb — ocker — sepia — mauve[d]) gelb — gelbgrün — ocker[c])	*Bowiea volubilis* Harvey	Bovogenin A	L-Thevetose	KATZ, A.: Helv. Chim. Acta 33, 1420 (1950); 36, 1344 (1953).
Bovosid B $C_{31}H_{42(44)}O_{12}$	297—300°	$[\alpha]_D^{18} = +18,0°$ (MeOH)		*Bowiea volubilis* Harvey			KATZ, A.: Helv. Chim. Acta 37, 833 (1954).
Bovosid C $C_{31}H_{42(44)}O_{11}$	262—266° (Zers.)	$[\alpha]_D^{18} = +30,9°$ (Diox.)		*Bowiea volubilis* Harvey			KATZ, A.: Helv. Chim. Acta 33, 1420 (1950).
Bovosid D $C_{31}H_{44}O_{10}$	288—296°	$[\alpha]_D^{18} = -67,5°$ (MeOH)	zitronengelb — indischgelb — braun — braunrot — kirschrot[d])	*Bowiea volubilis* Harvey		Thevetose	TSCHESCHE, R., u. K. SELLHORN: Ber. dtsch. chem. Ges. 86, 54 (1953).
				Bowiea volubilis Harvey	Bovogenin E $C_{24-28}H_{34-38}O_{9-11}$		KATZ, A.: Helv. Chim. Acta 36, 1343 (1953) TSCHESCHE, R., u. K. SELLHORN: Ber. dtsch. chem. Ges. 86, 54 (1953).

Tabelle 21. (Fortsetzung.)

Glykosid Bruttoformel	Smp.	Spez. Drehung	Farbreaktionen	Vorkommen	Aglykon	Zucker	Literatur
Caudosid $C_{29}H_{44}O_9$	249—252° 248—253°	$[\alpha]_D^{18} = -99,8°$ (MeOH)	rot[b] blau[e] hlau[a]	Strophanthus divaricatus (Lour.) Hook et Arn.	Caudogenin $C_{24-28}H_{34-38}O_{9-11}$	L-Oleandrose	SCHINDLER, O., u. T. REICHSTEIN: Helv. Chim. Acta 36, 1007 (1953); O. SCHINDLER u. T. REICHSTEIN Helv. Chim. Acta 37, 103, 667 (1954).
		$[\alpha]_D^{33} = -100,5°$ (MeOH)		Str. wightianus Wall.			RANGASWAMI, S., T. REICHSTEIN, O. SCHINDLER u. T. R. SESHADRI: Helv. Chim. Acta 36, 1282 (1953)
				Str. caudatus (Burm. ex L.) Kurz			SCHINDLER, O., u. T. REICHSTEIN: Helv. Chim. Acta 37, 103 (1954).
Calotoxin $C_{29}H_{40}O_{10}$	244°	$[\alpha]_D = +74°$		Calotropis procera	Anhydrocalotropagenin		HESSE, G., R. REICHENEDER u. H. EYSENBACH: Liebigs Ann. 537, 67 (1936)
Calotropin $C_{29}H_{40}O_9$	221° (Zers.)	$[\alpha]_D = +56°$ (MeOH)		Calotropis procera			HESSE, G., u. F. REICHENEDER: Liebigs Ann. 526, 252 (1936).
Cheirosid A $C_{35}H_{54}O_{13}$	293—295°	$[\alpha]_D^{18} = -23,8°$ (Pyr.)	gelbrot — gelbbraun — braunrot — dunkelviolett[d]	Cheiranthus Cheiri L.	Uzarigenin	D-Fucose + D-Glucose	SHAH, N. M., K. MEYER u. T. REICHSTEIN: Pharm. Acta Helv. 24, 113 (1949); J. A. MOORE, CH. TAMM u. T. REICHSTEIN: Helv. Chim. Acta 37, 755 (1954).
Cheirosid H $C_{35}H_{54}O_{13}$, identisch mit Cheirosid A							

Tabelle 21. (Fortsetzung.)

Glykosid Bruttoformel	Smp.	Spez. Drehung	Farbreaktionen	Vorkommen	Aglykon	Zucker	Literatur
Christyosid (Subst. No. 764) $C_{29}H_{44(46)}O_9$	213—214°	$[\alpha]_D^{20} = -13,8°$ (MeOH)	rot[b]) negativ[a]) grünlich — zitronen- gelb — orange — rosa — grau — farbl.[c])	Strophanthus specio- sus (Ward et Harv.) [Christya speciosi]	Corotoxigenin	D-Digitalose	SCHINDLER, O., u. T. REICH- STEIN: Helv. Chim. Acta 36, 370 (1953); J. v. EUW u. T. REICHSTEIN: Helv. Chim. Acta 33, 666 (1950).
Corchorosid A $C_{29}H_{42}O_9$	188—190°	$[\alpha]_D^{20} = +11°$ (Methanol)		Corchorus ≃ pseu- laris L. Corchorus olitorius	Strophan- thidin		FRÈRE JAQUE, M., u. M. DURGEAT: C. r. Acad. Sci. (Paris) 238, 507 (1954).
Corchorosid B $C_{29}H_{44}O_8$	222—224°	$[\alpha]_D^{20} = -68°$		Corchorus capsu- laris L. Corchorus olitorius			FRÈRE JAQUE, M., u. M. DURGEAT: C. r. Acad. Sci. (Paris) 238, 507 (1954).
Corchortoxin $C_{23}H_{32}O_6$	247°	$[\alpha]_D^{20} = +67,9°$ (Alk.)	positiv[b]) positiv[a,h])	Corchorus capsu- laris L.			KARRER, P., u. P. BANER- JEA: Helv. Chim. Acta 32, 2385 (1949).
Corchsularin $C_{30}H_{57}O_9$	157°			Corchorus capsu- laris L.		Corchsularose	KHALIQUE, M. A., u. M. AHMED: Nature (London) 170, 1019 (1952).
Courmontosid-A- acetat $C_{35(36)}H_{48(50)}O_{14}$	278—280° (Zers.)	$[\alpha]_D^{20} = +16,8°$ (Aceton)	rot[b]); negativ[g]); farblos — blaßvio- lett — grau — grau- blau — verblaßt[c])	Strophanthus cour- montii Sacl.			SCHINDLER, O., u. T. REICH- STEIN: Helv. Chim. Acta 34, 1732 (1951).
Courmontosid-B- acetat $C_{35(37)}H_{50(52)}O_{12\,13}$	227—229°	$[\alpha]_D^{20} = +0,52°$ (Aceton)	rot[b]); negativ[g]); farbl. — gelb — gelbgrün — graugr. — grasgrün[c])	Strophanthus cour- montii Sacl.			SCHINDLER, O., u. T. REICH- STEIN: Helv. Chim. Acta 34, 1732 (1951).
Courmontosid C $C_{29}H_{44}O_9$	283° (Zers.)	$[\alpha]_D^{20} = -47,6°$ (Pyr.)	rot[b]); negativ[g]); farblos — rosa — violett[c])	Strophanthus cour- montii Sacl.			SCHINDLER, O., u. T. REICH- STEIN: Helv. Chim. Acta 34, 1732 (1951).

Tabelle 21. (Fortsetzung.)

Glykosid Bruttoformel	Smp.	Spez. Drehung	Farbreaktionen	Vorkommen	Aglykon	Zucker	Literatur
Cryptograndosid A $C_{33}H_{48}O_9$	122—124°	$[\alpha]_D^{17,5} = -32,9°$ (MeOH)	rot^b); blau^a); gelb — braungelb — braunrot — rot-braun — dunkelrot — graugrün^c)	*Cryptostegia grandiflora* (Roxb.) R.Br.	Oleandrigenin	Sarmentose	AEBI, A., u. T. REICHSTEIN: Helv. Chim. Acta **33**, 1013 (1950).
Cryptograndosid B $C_{38}H_{58}O_{14}$	amorph	$[\alpha]_D^{17} = -34,0°$ (MeOH)	rot^b); farblos^a); gelborange-orange — rot — braunrot — grauschwarz^c)	*Cryptostegia grandiflora* (Roxb.) R.Br.		Glucose + Sarmentose	AEBI, A., u. T. REICHSTEIN: Helv. Chim. Acta **33**, 1013 (1950).
Desacetyltanghinin $C_{30}H_{44}O_9$	195°	$[\alpha]_D = -56°$ (EtOH)	positiv^b); positiv^g)	*Tanghinia venenifera* Poir. = *T. madagascariensis* Pet. = *Cerbera Tanghinia* Hook		L-Thevetose	FRÈREJACQUE, M., u. V. HASENFRATZ: C. r. Acad. Sci. (Paris) **222**, 149, 815 (1946); **226**, 268 (1948).
Desacetyl-veneniferin $C_{30}H_{46}O_8$	209°	$[\alpha]_D = -53°$ (EtOH)		*Tanghinia venenifera* Poir. = *T. madagascariensis* Pet. = *Cerbera Tanghinia* Hook	Veneniferigenin	L-Thevetose	FRÈREJACQUE, M., u. V. HASENFRATZ: C. r. Acad. Sci. (Paris) **222**, 815 (1946).
Desglucocheirotoxin $C_{28}H_{40}O_{10}$	188—189°	$[\alpha]_D = +1,3°$ (EtOH)	hellrot — braunrot — dunkelbraun — graubraun — gelb^a)	*Cheiranthus Cheiri* L. (Samen).	Strophanthidin	d-Gulomethylose	SHAH, N. M., K. MEYER u. T. REICHSTEIN: Pharm. Acta Helv. **24**, 113 (1949). MOORE. J. A., CH. TAMM u. T. REICHSTEIN: Helv. Chim. Acta **37**, 755 (1954).
Desglucodigitalinum verum s. Strospesid							
Digorid A $C_{43}H_{66}O_{15}$ = β-Acetyldigoxin	über 240° (Zers.) (Sintern geg. 160°)	$[\alpha]_D^{20} = +30,4°$ (EtOH)	H_2SO_4-Schicht braun, Eisessigschicht blau^a); positiv^b), ^g), braun (viol.-stich.)^d)	*Digitalis orientalis* L.	Digoxigenin	3 Digitoxose	MANNICH, C., u. W. SCHNEIDER: Arch. Pharm. **279**, 223 (1941).

Tabelle 21. (Fortsetzung.)

Glykosid Bruttoformel	Smp.	Spez. Drehung	Farbreaktionen	Vorkommen	Aglykon	Zucker	Literatur
Digorid B $C_{43}H_{66}O_{15}$ = α-Acetyldigoxin	geg. 225° (Zers.)	$[\alpha]_D^{20} = +18,9°$ (Pyr.)	H_2SO_4-Schicht braun, Eisessigsch. blau[a]; positiv[b, g]; tiefbraun[d]	*Digitalis orientalis* L.	Digoxigenin	3 Digitoxose	MANNICH, C., u. W. SCHNEIDER: Arch. Pharm. **279**, 223 (1941).
Divaricosid $C_{30}H_{46}O_8$	220—223; 218—220°	$[\alpha]_D^{20} = -46,0°$ (MeOH); $[\alpha]_D^{18} = -41,0°$ (MeOH)	rot[b]; blau[e]; blau[a]; gelbbraun — gelbbraun m. leicht. Grünstich[c]	*Strophanthus divaricatus* (Lour.) Hook et Arn. *Str. wightianus* Wall.	Sarmentogenin $C_{23}H_{34}O_5$.	L-Oleandrose	SCHINDLER, O., u. T. REICHSTEIN: Helv. Chim. Acta **36**, 1007 (1953). RANGASWAMI, S., T. REICHSTEIN, O. SCHINDLER u. T. SESHADRI: Helv. Chim. Acta **36**, 1282 (1953).
				Str. caudatus (Burm. ex L.) Kurz			SCHINDLER, O., u. T. REICHSTEIN: Helv. Chim. Acta **37**, 103 (1954).
Drevosid A $C_{48}H_{76}O_{16}$ (Triglykosid) $C_{44}H_{66}O_{12}$ (Diglykosid)	amorph od. Harz	$[\alpha]_D^{18} = +34,2°$ (MeOH)	blau[a]; rot[b]; braun — braunschwarz — violett-schwarz[c]	*Dregea volubilis* (L. Benth. ex Hook.)	Drevogenin A	D-Cymarose	WINKLER, R. E., u. T. REICHSTEIN: Helv. Chim. Acta **37**, 721 (1954).
Drevosid B $C_{48}H_{76}O_{16}$	amorph od. farbl. Harz	$[\alpha]_D^{17} = +4,3°$ (MeOH)	positiv[a], [b]; braun — braunschwarz[c]	*Dregea volubilis* (L. Benth. ex Hook.)	Drevogenin B		WINKLER, R. E., u. T. REICHSTEIN: Helv. Chim. Acta **37**, 721 (1954).
Drevosid C $C_{48}H_{76}O_{16}$	amorph od. farbl. Harz		positiv[a]; negativ[b]; braun — dunkelbraun[c]	*Dregea volubilis* (L. Benth. ex. Hook.)	Drevogenin C		WINKLER, R. E., u. T. REICHSTEIN: Helv. Chim. Acta **37**, 721 (1954).
Drevosid D $C_{43}H_{70}O_{15}$	amorph. od. farbl. Harz		positiv[a]; negativ[b]; gelbbraun — dunkelbraun — braunschwarz[c]	*Dregea volubilis* (L. Benth. ex. Hook.)	Drevogenin D		WINKLER, R. E., u. T. REICHSTEIN: Helv. Chim. Acta **37**, 721 (1954).
Echujin $C_{42}H_{66}O_{17}$	165—172[c] (Sint. b. 130 bis 140°)	$[\alpha]_D^{24} = -9,8°$ (H_2O)	rot[b]; blau[e]; neg.[a] gelbbraun — braun — graubraun — grau[c]	*Adenium Boehmianum* Schinz	Digitoxigenin	Strophanthotriose	HESS, J. C., A. HUNGER u. T. REICHSTEIN: Helv. Chim. Acta **35**, 2202 (1952).

Tabelle 21. (Fortsetzung.)

Glykosid Bruttoformel	Smp.	Spez. Drehung	Farbreaktionen	Vorkommen	Aglykon	Zucker	Literatur
Evobiosid $C_{35}H_{54}O_{13(14)}$	202—206°	$[\alpha]_D^{16} = -28{,}2°$ (MeOH)		*Evonymus europaea* L.	Evonogenin	L-Rhamnose + D-Glucose	ŠANTAVY F., u. T. REICHSTEIN: Helv. Chim. Acta **31**, 1655 (1948).
Evomonosid $C_{29}H_{44}O_{8(9)}$	238—240°	$[\alpha]_D^{19} = -30{,}6°$ (MeOH)		*Evonymus europaea* L.	Digitoxigenin	L-Rhamnose	HAUENSTEIN, H., A. HUNGER u. T. REICHSTEIN: Helv. Chim. Acta **36**, 87 (1953); F. ŠANTAVY u. T. REICHSTEIN: Helv. Chim. Acta **31**,1655 (1948); TAMM, CH., u. J. P. ROSSELET: Helv. Chim. Acta **36**, 1309 (1953).
Evonosid $C_{41}H_{64}O_{19}$	202—208°	$[\alpha]_D^{19} = -35{,}1°$ (MeOH)	neg.ᶜ); rotᵇ); orangebraun — grüngelb — viol.ᵈ)	*Evonymus europaea* L.	Evonogenin	L-Rhamnose + 2 D-Glucose	MEYRAT, A., u. T. REICHSTEIN: Pharm. Acta Helv. **23**, 135 (1948).
Frugosid $C_{29}H_{44}O_9$	160—170/ 237—242°	$[\alpha]_D^{19} = -17{,}4°$ (MeOH)	pos.ᵇ); neg.ᶜ); blaß-gelb — orange — orangebraun — lilaᵈ)	*Gomphocarpus fructicosus*(L.)R.Br.			HUNGER, A., u. T. REICHSTEIN: Helv. Chim. Acta **35**, 429 (1952).
				Coronilla glauca	Coroglauci-genin $C_{23}H_{34}O_5$		STOLL, A., A. PEREIRA u. J. RENZ: Helv. Chim. Acta **32**, 293 (1949).
				Coronilla glauca	Glaucori-genin $C_{23}H_{32}O_6$		STOLL, A., A. PEREIRA u. J. RENZ: Helv. Chim. Acta **32**, 293 (1949).
				Coronilla glauca	Corotoxi-genin $C_{23}H_{32}O_5$		STOLL, A., A. PEREIRA u. J. RENZ: Helv. Chim. Acta **32**, 293 (1949).
Gofrusid $C_{35}H_{52(54)}O_9$	250—257°	$[\alpha]_D^{17} = -5{,}1°$ (MeOH)	orangerotᵇ),negativᵃ) zitronengelb — rosa — farbl.ᶜ)	*Gomphocarpus fructicosus* (L.) R.Br.	Corotoxi-genin $C_{23}H_{32}O_5$	d-Allomethy-lose	KELLER, M., u. T. REICHSTEIN: Helv. Chim. Acta **32**, 1607 (1949) HUNGER, A., u. T. REICHSTEIN: Helv. Chim. Acta **35**, 1073 (1952).
Graciosid s. Odorosid F							

Tabelle 21. (Fortsetzung.)

Glykosid Bruttoformel	Smp.	Spez. Drehung	Farbreaktionen	Vorkommen	Aglykon	Zucker	Literatur
Honghelin $C_{30}H_{46}O_8$	130—136°	$[\alpha]_D^{20} = -11{,}2°$ (MeOH)	rot[b]); violett[e]); orange[g]); rosa, dann grün[b]); neg[a].)	*Adenium Honghel* A.DC.	Digitoxigenin	D-Thevetose	FRÈREJACQUE, M., u. V. HASENFRATZ; C. r. Acad. Sci. (Paris) **229**, 848 (1949); **230**, 127 (1950).
Honghelosid A $C_{35}H_{54}O_9$	208—211°	$[\alpha]_D^{17} = -14{,}0°$ (MeOH)	rot[b]); blau[d]); gelbgrün — gelbbraun — grünbraun[c])	*Adenium Honghel* A.DC.	Oleandrigenin $C_{25}H_{36}O_6$	Cymarose	HUNGER, A., u. T. REICHSTEIN: Helv. Chim. Acta **33**, 76 (1950).
Honghelosid C $C_{35}H_{58}O_{14}$	155—158°	$[\alpha]_D^{18} = -9{,}6°$ (MeOH)	rot[b]); negativ[a]); grüngelb-orange — braun-orange — grünbraun[c])	*Adenium Honghel* A.DC.	Oleandrigenin	D-Glucose + D-Cymarose	HUNGER, A., u. T. REICHSTEIN: Helv. Chim. Acta **33**, 76 (1950).
Honghelosid E $C_{35}H_{48}O_{10}$	202—204°	$[\alpha]_D^{17} = -28{,}6°$ (MeOH)	negativ[a]); rot[b]); grüngelb — orange — beige-orange[c])	*Adenium Honghel* A.DC.			HUNGER, A., u. T. REICHSTEIN: Helv. Chim. Acta **33**, 76 (1950).
Honghelosid D $C_{35}H_{48}O_{10}$	138—140°	$[\alpha]_D^{18} = -34{,}2°$ (MeOH)	negativ[a]); rot[b]); grüngelb — orange beige — orange[c])—	*Adenium Honghel* A.DC.			HUNGER, A., u. T. REICHSTEIN: Helv. Chim. Acta **33**, 76 (1950).
Honghelosid F	234—236°	$[\alpha]_D^{15} = +84{,}7°$ (MeOH)	negativ[a]); rot[b])	*Adenium Honghel* A.DC.			HUNGER, A., u. T. REICHSTEIN: Helv. Chim. Acta **33**, 76 (1950).
Honghelosid G s. Somalin							
Inertosid $C_{29}H_{44}O_{10}$	150—153°	$[\alpha]_D^{20} = -45{,}8°$ (MeOH)	graublau[a]); orange-rot[b]); schmutzig gelbbraun — olive-gelbbraun — sepia — kastanienbraun[c])	*Strophanthus sarmentosus* var. *glabriflorus* Monach.			SCHINDLER, O., u. T. REICHSTEIN: Helv. Chim. Acta **36**, 921 (1953).
	155—168/ 227—244°			*Str. intermedius* Pax			HEGEDÜS, H., CH. TAMM u. T. REICHSTEIN:Helv.Chim. Acta **36**, 357 (1953).

Tabelle 21. (Fortsetzung.)

Gl kosid Bruttofo. mel	Smp.	Spez. Drehung	Farbreaktionen	Vorkommen	Aglykon	Zucker	Literatur
Intermediosid $C_{29}H_{44}O_{10}$	200—203° Doppel-smp. 125—140/ 194—198°	$[\alpha]_D^{22} = +16,3°$ (Aceton)	blauᵃ); blau — violettᵇ)	*Strophanthus velwischii* (Baill.) K. Schum.	Sarverogenin $C_{23}H_{32}O_7$	Diginose	v. Euw, J., G. A. O. Hertz, H. Hess, P. Speiser u. T. Reichstein: Helv. Chim. Acta 35, 152 (1952).
				Str. sarmentosus var. *glabriflorus* Monach.			Schindler, O., u. T. Reichstein: Helv. Chim. Acta 36, 921 (1953).
				Str. intermedius Pax			Hegedüs, H., Ch. Tamm u. T. Reichstein: Helv. Chim. Acta 36, 357 (1953); Rosselet, J. P., u. A. Hunger: Helv. Chim. Acta 34, 1036 (1951); v. Euw, J., H. Hess, P. Speiser u. T. Reichstein: Helv. Chim. Acta 34, 1821 (1951).
				Str. Schuchardti Pax			Foppiano, R., M. R. Salmon u. W. G. Bywater: J. Am. Chem. Soc. 74, 4537 (1952).
				Str. amboensis E. et Pax			Salmon, M. R., R. Foppiano u. W. G. Bywater: J. Am. Chem. Soc. 74, 4536 (1952).
				Bowiea Kilimandscharica Mildbread	Kilimandscharogenin A $C_{24}H_{34}O_5$		Tschesche, R., u. K. Sellhorn: Ber. dtsch. chem. Ges. 86, 54 (1953).
				Bowiea Kilimandscharica Mildbread	Kilimandscharogenin B $C_{24-28}H_{30-34}O_{9-11}$		Tschesche, R., u. K. Sellhorn: Ber. dtsch. chem. Ges. 86, 54 (1953).

Tabelle 21. (Fortsetzung.)

Glykosid Bruttoformel	Smp.	Spez. Drehung	Farbreaktionen	Vorkommen	Aglykon	Zucker	Literatur
Leptosid $C_{30}H_{44}O_{10}$ (isomer m. Intermediosid)	199—202; 201—203°	$[\alpha]_D^{17} = +19{,}9°$ (MeOH)	blau[a]; orangerot[b]; gelb — graugelb — olivegelbbraun — grauviolett[c]	*Strophanthus sarmentosus* var. *glabriflorus* Monach. *Str. intermedius* Pax			SCHINDLER, O., u. T. REICHSTEIN: Helv. Chim. Acta 36, 921 (1953). HEGEDÜS, H., CH. TAMM u. T. REICHSTEIN: Helv. Chim. Acta 36, 357 (1953).
Millosid $C_{30}H_{44(46)}O_8$	142—146°	$[\alpha]_D^{17} = -1{,}4°$ (MeOH)	blau[a]; rot[b]; gelb — graubraun — grauviolett — graublau[c]	*Strophanthus Boivinii* (Baill.)	Corotoxigenin $C_{23}H_{32}O_5$	D-Cymarose	SCHINDLER, O., u. T. REICHSTEIN: Helv. Chim. Acta 35, 673, 730 (1953).
Musarosid $C_{30}H_{44}O_{10}$	etwa 215—223; 229—232°	$[\alpha]_D^{18} = +29{,}0°$ (MeOH)	negativ[a]; rot[b]; blau[e]	*Strophanthus sarmentosus* A.P.DC.	Sarmutogenin	D-Digitalose	RICHTER, R., K. MOHR u. T. REICHSTEIN: Helv. Chim. Acta 36, 1073(1953); R. RICHTER, O. SCHINDLER u. T. REICHSTEIN: Helv. Chim. Acta 37, 76 (1954).
Neriantin $C_{29}H_{42}O_9$	206—208°	$[\alpha]_D = 0°$	rot[a]	*Nerium Oleander*	Neriantogenin	Glucose	SCHMIEDEBERG, O.: Ber. dtsch. chem. Ges. 16, 253 (1883). TSCHESCHE, R., K. BOHLE u. W. NEUMANN: Ber. dtsch. chem. Ges. 71, 1927 (1938).
Odorosid A $C_{30}H_{46}O_7$	183—184° u. 200—204°	$[\alpha]_D^{17} = -5{,}0°$ (CHCl₃); $[\alpha]_D^{20} = -7{,}0°$ (CHCl₃)	blau[a]; sepia — dunkelolive — graubraun — grauviolettst.[c]	*Nerium odorum* Sol.	Digitoxigenin	Diginose	RANGASWAMI, S., T. REICHSTEIN: Pharm. Acta Helv. 24, 159 (1949).
Odorosid B $C_{30}H_{46}O_7$	150/200 bis 201°	$[\alpha]_D^{20} = -19{,}5°$ (CHCl₃)	blau[a]; sepia — dunkelolive — olive — braun — graubraun — grauviolett[c]	*Nerium odorum* L.	5-Allo-digitoxigenin (Uzarigenin)	Diginose	RANGASWAMI, S., u. T. REICHSTEIN: Pharm. Acta Helv. 24, 159 (1949).

Tabelle 21. (Fortsetzung.)

Glykosid Bruttoformel	Smp.	Spez. Drehung	Farbreaktionen.	Vorkommen.	Aglykon.	Zucker	Literatur
Odorosid C $C_{29}H_{46}O_{11}$ oder $C_{29}H_{46}O_{12}$	244—246°	$[\alpha]_D^{20} = -35{,}8°$ (MeOH/CHCl₃)	negativ^[a]); positiv^[b]); rot — violettbraun — braun — olivegrau — hellgrau (braunstichig)^[c]	*Nerium odorum* Sol.			Rangaswami, S., u. T. Reichstein: Pharm. Acta Helv. 24, 159 (1949).
Odorosid D $C_{29}H_{46}O_{12}$	254—262°	$[\alpha]_D^{18} = -19{,}2°$ (Diox.)	negativ^[a]); oranger.^[b] rötl.-bräunl. — braunrötlich — bräunlich^[c]	*Nerium odorum* Sol.	Digitoxigenin	D-Glucose + D-Diginose	Rangaswami, S., u. T. Reichstein: Pharm. Acta Helv. 24, 159 (1949); W. Rittel; u. T. Reichstein Helv. Chim. Acta 36, 554 (1953).
Odorosid-E-acetat $C_{48}H_{68}O_{20}$	153—156°	$[\alpha]_D^{18} = -0{,}4°$ (CHCl₃)	hellrot^[b]); gelb — rötlichgelb — helles rötl.-gelb^[c]	*Nerium odorum* Sol.	Gitoxigenin	D-Digitalose + D-Glucose	Rittel, W., A. Hunger u. T. Reichstein: Helv.Chim. Acta 36, 434 (1953).
Odorosid F (ident. mit Gracilosid) $C_{29}H_{56}O_{12}$	281—285°	$[\alpha]_D^{17} = -24{,}5°$ (MeOH)	negativ^[a]); braunrot — violett — grau-violett — violett^[c]	*Nerium odorum* Sol.	Digitoxigenin	D-Digitalose + D-Glucose	Rittel, W., u. T. Reichstein: Helv. Chim. Acta 36, 554 (1953).
							Rangaswami, S., u. T. Reichstein: Pharm. Acta Helv. 24, 159 (1949).
				Strophanthus gracilis K. Schum. et Pax			Aebi, A., u. T. Reichstein: Helv. Chim. Acta 34, 1277 (1951)
Odorosid G = Odorotriosid-G-mono-acetat $C_{44}H_{68}O_{19}$	282—284° (Zers.), Sintern ab 279°	$[\alpha]_D^{24} = -17{,}0°$ (MeOH)	hellgelb — rötlich-gelb — graurosa^[d]	*Nerium odorum* Sol.	Digitoxigenin	D-Digitalose + 2 D-Glucose	Rangaswami, S., u. T. Reichstein: Pharm. Acta Helv. 24, 159 (1949). Rheiner, A., A. Hunger u. T. Reichstein: Helv. Chim. Acta 35, 687 (1952).

Tabelle 21. (Fortsetzung.)

Glykosid Bruttoformel	Smp.	Spez. Drehung	Farbreaktionen	Vorkommen	Aglykon	Zucker	Literatur
Odorosid H $C_{30}H_{46}O_8$	231—238°	$[\alpha]_D^{18} = +7,8°$ (MeOH)	negativ[a]; weinrot[b]	Strophanthus gracilis K. Schum. et Pax	Digitoxigenin	D-Digitalose	ROSSELET, J. P., u. T. REICHSTEIN: Helv. Chim. Acta 36, 787 (1953); A. AEBI u. T. REICHSTEIN: Helv. Chim. Acta 34, 1277 (1951).
				Nerium odorum Sol.			RITTEL, W., A. HUNGER u. T. REICHSTEIN: Helv.Chim. Acta 36, 434 (1953).
				Carissa ovata (R.Br.) var. stolonifera F. M. Bailey, C. lanceolata R. Br.			MOHR, K., O. SCHINDLER u. T. REICHSTEIN: Helv. Chim. Acta 37, 462 (1954).
Odorosid-K-acetat $C_{35}H_{50}O_{9;4}$	178—188°	$[\alpha]_D^{18} = -35,4°$ (CHCl₃)	schwach orangerot[b]	Nerium odorum Sol.	Uzarigenin	D-Diginose + 2 D-Glucose	RITTEL, W., A. HUNGER u. T. REICHSTEIN: Helv. Chim. Acta 36, 434 (1953).
Odorosid-L-acetat $C_{34-35}H_{48-50}O_{10-11}$	178—183°	$[\alpha]_D^{18} = +74,0°$ (CHCl₃)	negativ[a]; hell orangerot[b]; intens. orangerot — intens. orangegelb — rot-stichig,gelborange[c]	Nerium odorum Sol.		D-Digitalose	RITTEL, W., A. HUNGER u. T. REICHSTEIN: Helv. Chim. Acta 36, 434 (1953).
Odorosid-M-acetat $C_{36(34)}H_{48(50)}O_{10(11)}$	219—224/230—240°	$[\alpha]_D^{20} = -31,9°$ (CHCl₃)	negativ[a]; hellrot[b]	Nerium odorum Sol.			RITTEL, W., A. HUNGER u. T. REICHSTEIN: Helv. Chim. Acta 36, 434 (1953).
Oridigin $C_{35}H_{54}O_{13}$	255° (Zers.)	$[\alpha]_D^{20} = +12,5°$ (MeOH)	karminrot (H₂SO₄)[a]; farblos (Eisessig)[a]; positiv[b]; orangerot — blutrot (violett-stichig)[d]	Digitalis orientalis L.	Gitoxigenin	Glucose + Digitoxose ?	MANNICH, C., u. W. SCHNEIDER: Arch. Pharm. 279, 223 (1941).

Tabelle 21. (Fortsetzung.)

Glykosid Bruttoformel	Smp.	Spez. Drehung	Farbreaktionen	Vorkommen	Aglykon	Zucker	Literatur
Panstrosid $C_{30}H_{44}O_{11}$	212—216; 213—217; 230—235;	$[\alpha]_D^{16} = +30,4°$ (MeOH)	blau[a]); orangerot[b]); gelbbraun — grau[c])	*Strophanthus sarmentosus var. gla-briflorus* Monach.	Sarverogenin $C_{23}H_{32}O_7$	Digitalose	SCHINDLER, O., u. T. REICHSTEIN: Helv. Chim. Acta **36**, 921 (1953).
	235—244°	$[\alpha]_D^{16} = +27,0°$ (MeOH)		*Str. intermedius* Pax			v. EUW, J., H. HESS, P. SPEISER u. T. REICHSTEIN: Helv. Chim. Acta **34**, 1821 (1951); HEGEDÜS, H., CH. TAMM u. T. REICHSTEIN: Helv. Chim. Acta **36**, 357 (1953).
				Str. Gerrardii Stapf.			ROSSELET, J.P., A. HUNGER u. T. REICHSTEIN: Helv. Chim. Acta **34**, 2143 (1951).
				Str. Courmontii Sacl.			
				Str. sarmentosus A.P.DC			
				Str. velutischii (Baill.), K. Schum. [*Str. ecaudatus* Rolfe]			
				Str. Schuchardii Pax			FOPPIANO, R., M. R. SALMON u. W. G. BYWATER: J. Am. Chem. Soc. **74**, 4537 (1952).
				Str. amboensis E. et Pax			FOPPIANO, R., u. M. R. SALMON: J. Am. Chem. Soc. **74**, 4709 (1952).
				Str. petersianus Klotzsch			FOPPIANO, R., u. W. G. BYWATER: J. Am. Chem. Soc. **74**, 4536 (1952).

Tabelle 21. (Fortsetzung.)

Glykosid Bruttoformel	Smp.	Spez. Drehung	Farbreaktionen	Vorkommen	Aglykon	Zucker	Literatur
Pauliosid $C_{30}H_{44}O_8$	203—205°	$[\alpha]_D^{18} = +10,1°$ (MeOH)	blauᵃ); rotᵇ); gelbbraun — bräunlich — graubraun — graublauᶜ)	*Strophanthus Boivinii* Baill.	Corotoxigenin	D-Sarmentose	SCHINDLER, O., u. T.REICHSTEIN: Helv. Chim. Acta 35, 673 (1952).
Protanghinin $C_{38}H_{58}O_{15}$	162°	$[\alpha]_D = -86°$ (MeOH)	positivᵇ, ᵍ	*Tanghinia venenifera* Poir. = *Tanghinia madagascariensis* Pet. = *Cerbera Tanghinia* Hook	Tanghinigenin	L-Thevetose + D-Glucose	FRÈREJAQUE, M., u. V. HASENFRATZ: C. r. Acad. Sci. (Paris) 226, 268 (1948).
Rhodexin A $C_{29}H_{44}O_9$	250°	$[\alpha]_D = -20°$ (Alk.)		*Rhodea japonica*	vermutlich Sarmentogenin	Rhamnose	NAWA, H.: Proc. Jap.Acad. 27, 436 (1951); Chem. Abstr. 46, 8668b (1952).
Rhodexin B $C_{29}H_{44}O_9$	282°	$[\alpha]_D = -39,5°$ (Alk.)		*Rhodea japonica*	vermutlich Gitoxigenin	Rhamnose	NAWA, H.: Proc. Jap.Acad. 27, 436 (1951); Chem. Abstr. 46, 8668b (1952).
Rubellin $C_{36}H_{46}O_{16}$	265—268°		negativᵇ); rot — rosa — braunᶠ); positivⁱ	*Urginea rubella*	$C_{24}H_{38}O_5$	2 Glucose	LOUW, P. G. J.: J. Afr. Ind. Chem. 3,109 (1949); Chem. Zbl. 1950 I, 875.
Sarmutosid $C_{30}H_{44}O_9$	132—135/ 233—244/ 250—252°	$[\alpha]_D^{18} = +11,4°$ (MeOH)	rotᵇ); blauᵉ); blauᵃ); farblos — blaßgelbl. — blaßbeige — farblosᶜ)	*Strophanthus sarmentosus* A.P.DC.	Sarmutogenin $C_{23}H_{32}O_6$	D-Sarmentose	RICHTER, R., K. MOHR u. T. REICHSTEIN: Helv. Chim. Acta 36, 1073 (1953). RICHTER, R., O. SCHINDLER u. T. REICHSTEIN: Helv. Chim. Acta 37, 76 (1954).
Sarnovid $C_{30}H_{46}O_9$	223—225°	$[\alpha]_D^{18} = +6,9°$ (MeOH)	negativᵃ); orangeᵇ)	*Strophanthus spec. var. sarmentogenifera* Nr. MPD 50	Sarmentogenin	D-Digitalose	v. EUW, J., F. REBER u. T. REICHSTEIN: Helv. Chim. Acta 34, 413 (1951).
Strobosid $C_{29}H_{42}O_8$	204—206°	$[\alpha]_D^{18} = -13,5°$ (MeOH)	blauᵃ); rotᵇ); gelbbraun — bräunlich — graubraun — blaugrünᶜ)	*Strophanthus Boivinii* Baill.	Corotoxigenin	vermutlich Boivinose	SCHINDLER, O., u. T.REICHSTEIN: Helv. Chim. Acta 35, 673 (1952).

Tabelle 21. (Fortsetzung.)

Glykosid Bruttoformel	Smp.	Spez. Drehung	Farbreaktionen	Vorkommen	Aglykon	Zucker	Literatur
Stromedosid $C_{30}H_{44}O_{10}$	202—203°	$[\alpha]_D = +36,4°$ (MeOH)		*Strophanthus intermedius* Pax	$C_{23}H_{32}O_7$	L-Cymarose?	WATTIEZ, M. N.: Bull. Acad. Roy. Méd. Belg. [6], 16, 194 (1951); Chem. Zbl. 1953, 703.
Strospesid $C_{30}H_{46}O_9$ (Desglucodigitalinum verum)	248—252; 252—259; 257—259°	$[\alpha]_D^{18} = +15,9°$ (MeOH); $[\alpha]_D^{18} = -18,8°$ (MeOH)	negativ[a]; rot[b]; grüngelb — gelborange rötlich — gelbrot[c]	*Strophanthus speciosus* (Ward et Harv.) *Strophanthus Boivinii* (Baill.)	Gitoxigenin, Dianhydrogitoxigenin	D-Digitalose	RITTEL, W., A. HUNGER u. T. REICHSTEIN: Helv. Chim. Acta 35, 434 (1952); O. SCHINDLER u. T. REICHSTEIN: Helv. Chim. Acta 35, 442, 673 (1952).
Tanghiferin $C_{32}H_{46-48}O_9$	245—250°	$[\alpha]_D^{18} = -62°$ (MeOH)	rot[b]; grün — grün-gelb — blaßgrün enzianblau[d]	*Tanghinia veneni-fera* Poir = *T. madagascariensis* Pet. = *Cerbera Tanghinia* Hook		L-Thevetose	FRÈREJACQUE, M., u. V. HASENFRATZ: C. r. Acad. Sci. (Paris) 223, 642(1946); H. HELFENBERGER u. T. REICHSTEIN: Helv. Chim. Acta 35, 1503 (1952).
Tanghinin $C_{32}H_{46-48}O_{10}$	127—129; 130°	$[\alpha]_D = -79°$ (Alk.); $[\alpha]_D^{18} = -84°$ (MeOH)	negativ[a]; rot[b]; orangebraun — braun — violett[d]	*Tanghinia veneni-fera* Poir = *T. madagascariensis* Pet. = *Cerbera Tanghinia* Hook		L-Thevetose	ARNAUD, A.: C. r. Acad. Sci. (Paris) 108, 1255 (1889); 109, 701 (1889); HASENFRATZ, V.: C. r. Acad. Sci. (Paris) 213, 404 (1941); M. FRÈREJACQUE u. V. HASENFRATZ: C. r. Acad. Sci. (Paris) 222, 149, 815 (1946); 223, 642 (1946); HELFENBERGER, H., u. T. REICHSTEIN: Helv. Chim. Acta 35, 1503 (1952).
Tanghinosid $C_{44}H_{66}O_{20}$	amorph.	$[\alpha]_D =$ etwa —70° (MeOH)	pos.[b, g]	*Tanghinia veneni-fera* Poir = *T. madagascariensis* Pet. = *Cerbera Tanghinia* Hook	Tanghinigenin $C_{23}H_{32}O_5$	L-Thevetose + 2 D-Glucose	FRÈREJACQUE, M., V. HASENFRATZ: C. r. Acad. Sci. (Paris) 226, 268 (1948).

Tabelle 21. (Fortsetzung.)

Glykosid Bruttoformel	Smp.	Spez. Drehung	Farbreaktionen	Vorkommen	Aglykon	Zucker	Literatur
Urechitoxin $C_{38}H_{58}O_{14}$	157—159°	$[\alpha]_D = -58,4°$ (MeOH)	negativ[a]; rot[b]; blau[e]; gelb —karminrot — grau[c]	*Urechites suberecta* Muell. Arg.	Oleandrigenin	Oleandrose Glucose	HASSALL, C. H.: J. Chem. Soc. 1951, 3183.
Urezin $C_{35}H_{54}O_{14}$	185—192°	$[\alpha]_D^{20} = -4,8°$ (Alk.)	positiv[b]; gelb — schmutzigviolett[c]	Uzaron (Uzara-Wurzel-Extrakt)	Urezigenin (3-epi-Uzarigenin)	2 Glucose	TSCHESCHE, R., u. K.-H. BRATHGE: Ber. dtsch. chem. Ges. 85, 1042 (1952).
Uscharin $C_{31}H_{41}O_8NS$	265° (Zers.)	$[\alpha]_D = +29,0°$ (CHCl₃)		*Calotropis procera* R. Br. *C. gigantea*			HESSE, G., F. REICHENEDER u. H. EYSENBACH: Liebigs Ann. 537, 67(1939). HESSE, G., u. H. W. GAMPP: Ber. dtsch. chem. Ges. 85, 933 (1952).
Uzarosid $C_{41}H_{64}O_{19}$	unbest.	$[\alpha]_D^{16} = -10°$ (EtOH)	positiv[b]	Uzaron (Uzara-Wurzel-Extrakt)	Uzarigenin	3 Glucose	TSCHESCHE, R., u. K.-H. BRATHGE: Ber. dtsch. chem. Ges. 85, 1042(1952).
Veneniferin $C_{33}H_{48}O_9$	213—214°c	$[\alpha]_D = -84°$ (EtOH)	positiv[b]	*Tanghinia venenifera* Poir. = *T. madagascariensis* Pet. = *Cerbera Tanghinia* Hook	Veneniferigenin $C_{23}H_{34}O_4$	L-Thevetose	FRÈREJACQUE, M., u. V. HASENFRATZ: C. r. Acad. Sci. (Paris) 222, 815(1946).
Xysmalobin $C_{35}H_{54}O_{14}$ isomer oder identisch mit Uzarin	186—188/ 260—270° (Zers.)	$[\alpha]_D^{17} = -28,0°$ (Pyridin)	negativ[a]; rot[b]; orange — gelborange — gelbblau — blau[c]	*Xysmalobium undulatum* R.Br. (Wurzeln)	Uzarigenin	2 d-Glucose	HUBER, H., F. BLINDENBACHER, K. MOHR, P. SPEISER u. T. REICHSTEIN: Helv. Chim. Acta 34, 46 (1951).
Xysmalorin $C_{35}H_{54}O_{14}$	220—224°	$[\alpha]_D = -17,8°$ (Pyr.)	positiv[b]; rotbraun — grünblau[c]	Uzaron (Uzara-Wurzel-Extrakt)	Xysmalogenin $C_{23}H_{34}O_4$	2 Glucose	TSCHESCHE, R., u. K.-H. BRATHGE: Ber. dtsch. chem. Ges. 85, 1042(1952).

Farbreaktionen: [a] KELLER-KILIANI; [b] LEGAL; [c] 84%ige Schwefelsäure; [d] Konz. Schwefelsäure; [e] RAYMOND; [f] LIEBERMANN; [g] BALJET; [h] ROSENHEIM; [i] MOLISCH.

Literatur

(zum Kapitel Herzglykoside).

AEBI, A., u. T. REICHSTEIN: Helv. Chim. Acta **33**, 1013 (1950); **34**, 1277 (1951). — ARNAUD, M.: C. r. Acad. Sci. (Paris) **106**, 1011 (1888); (a) **108**, 1255 (1889); (b) **109**, 701 (1889); **126**, 346 (1898).

BALJET, H.: Pharm. Weekbl. **55**, 457 (1918); vgl. Z. Anal. Chem. **113**, 378 (1938). — BALLY, P. R. O., K. MOHR u. T. REICHSTEIN: Helv. Chim. Acta **34**, 1740 (1951); **35**, 45 (1952). — BALLY, P. R. O., O. SCHINDLER u. T. REICHSTEIN: Helv. Chim. Acta **35**, 138 (1952). — BANES, D.: J. Pharm. Assoc. **43**, 1355 (1954). — BELL, F. K., and J. C. KRANTZ JR.: J. Pharmacol. Expt. Therap. **88**, 213 (1945); (a) **88**, 14 (1946); (b) J. Am. Pharm. Assoc. Sci. Ed. **35**, 260 (1946); **37**, 297 (1948); **38**, 107 (1949); **39**, 319 (1950). — v. BITTÓ, B.: (a) Liebigs Ann. **267**, 372 (1892); (b) **269**, 377 (1892). — BLINDENBACHER, F., u. T. REICHSTEIN: (a) Helv. Chim. Acta **31**, 1669 (1948); (b) **31**, 2061 (1948). — BLOME, W., A. KATZ u. T. REICHSTEIN: Pharm. Acta Helv. **21**, 325 (1946). — BOLLIGER, H. R., u. T. REICHSTEIN: Helv. Chim. Acta **36**, 302 (1953). — BOLLIGER, H. R., u. P. ULRICH: Helv. Chim. Acta **35**, 93 (1952). — BURCHARD: Inaug.-Diss. Rostock 1889; Chem. Zbl. 1, 25 (1890). — BUZAS, A., J. v. EUW u. T. REICHSTEIN: Helv. Chim. Acta **33**, 465 (1950).

CANBÄCK, T.: Svensk. Farm. Tid. **51**, 261 (1947); Chem. Abstr. **41**, 5259f (1947); J. Pharmacy Pharmacol. **1**, 201 (1949); Chem. Abstr. **43**, 4811a (1949). — CHEN, K. K., and A. L. CHEN: J. Pharmacol. **49**, 461 (1933); (a) **51**, 23 (1934); (b) J. Biol. Chem. **105**, 231 (1934). — CLOETTA, M.: Arch. exper. Path. u. Pharmakol. **88**, 132 (1920). — CRAMER, F.: Papierchromatographie, 2. Aufl., Weinheim 1953.

DEQUEKER, R.: Verh. van de Koninkl. Vlaamse Acad. vor Geneeskunde van Belgie **15**, 335 (1953). — DOEBEL, K., E. SCHLITTLER u. T. REICHSTEIN: Helv. Chim. Acta **31**, 688 (1948).

ELDERFIELD, R. C.: J. Biol. Chem. **113**, 631 (1936). — v. EUW, J., G. A. O. HEITZ, H. HESS, P. SPEISER u. T. REICHSTEIN: Helv. Chim. Acta **35**, 152 (1952). — v. EUW, J., H. HESS, P. SPEISER u. T. REICHSTEIN: Helv. Chim. Acta **34**, 1821 (1951). — v. EUW, J., A. KATZ u. T. REICHSTEIN: Pharm. Acta Helv. **21**, 325 (1946). — v. EUW, J., A. KATZ, J. SCHMUTZ u. T. REICHSTEIN: Festschrift P. Casparis. Zürich 1949. — v. EUW, J., F. REBER u. T. REICHSTEIN: Helv. Chim. Acta **34**, 413 (1951). — v. EUW, J., u. T. REICHSTEIN: Helv. Chim. Acta **31**, 883 (1948); (a) **33**, 485 (1950); (b) **33**, 522 (1950); (c) **33**, 544 (1950); (d) **33**, 666 (1950); (e) **33**, 1006 (1950); (f) **33**, 1546 (1950); (g) **33**, 1551 (1950); **35**, 1560 (1952).

FIESER, L. F., and M. FIESER: Natural Products Related to Phenanthrene, 3rd Ed. New York: Reinhold Publ. Corp. 1949. — FIESER, L. F., and R. P. JACOBSEN: J. Am. Chem. Soc. **59**, 2335 (1937). — FIESER, L. R., and M. S. NEWMAN: J. Biol. Chem. **114**, 705 (1936). — FOPPIANO, R., and W. G. BYWATER: J. Am. Chem. Soc. **74**, 4536 (1952). — FOPPIANO, R., M. R. SALMON and W. G. BYWATER: J. Am. Chem. Soc. **74**, 4537 (1952). — FOPPIANO, R., and M. R. SALMON: J. Am. Chem. Soc. **74**, 4709 (1952). — FRÈREJACQUE, M.: C. r. Acad. Sci. (Paris) **221**, 645 (1945); **225**, 965 (1947); **230**, 127 (1950); **232**, 2369 (1951). — FRÈREJACQUE, M., et M. DURGEAT: C. r. Acad. Sci. (Paris) **238**, 507 (1953). — FRÈREJACQUE, M., et V. HASENFRATZ: (a) C. r. Acad. Sci. (Paris) **222**, 149 (1946); (b) **222**, 815 (1946); (c) **223**, 642 (1946); **226**, 268 (1948); **229**, 848 (1949); **230**, 127 (1950). — FRUYTIER, J. F. A., et J. A. C. VAN PINXTEREN: Pharm. Weekbl. **89**, 99 (1954).

GOLDSCHMIDT, ST., B. KOERBER u. E. HELMREICH: Hoppe-Seylers Z. **290**, 106 (1952). — GREGG, D. H., and O. GISVOLD: J. Am. Pharm. Assoc. Sci. Ed. **43**, 106 (1954). — GÜNZEL, C., u. F. WEISS: Z. anal. Chem. **140**, 89 (1953).

HABERMANN, E., W. MÜLLER u. A. SCHREGLMANN: Arzneimittelf. **3**, 30 (1953). — HARTMANN, M., u. E. SCHLITTLER: Helv. Chim. Acta **23**, 548 (1940). — HASENFRATZ, V.: C. r. Acad. Sci. (Paris) **213**, 404 (1941). — HASSALL, C. H.: J. Chem. Soc. **1951**, 3193. — HASSALL, C. H., and A. E. LIPPMAN: Analyst (London) **78**, 126 (1953); Z. anal. Chem. **140**, 457 (1953). — HASSALL, C. H., and S. L. MARTIN: J. Chem. Soc. **1951**, 2766. — HAUENSTEIN, H., A. HUNGER u. T. REICHSTEIN: Helv. Chim. Acta **36**, 87 (1953); **33**, 446 (1950). — HEFTMANN, E., and A. J. LEVANT: J. Biol. Chem. **194**, 703 (1952). — HEGEDÜS, H., CH. TAMM u. T. REICHSTEIN: Helv. Chim. Acta **36**, 357 (1953). — HELFENBERGER, H., u. T. REICHSTEIN: Helv. Chim. Acta **31**, 1470 (1948); **35**, 1503 (1952). — HENNIG, W.: Arch. Pharm. **255**, 382 (1917). — HERSHBERG, E. B., J. K. WOLFE and L. F. FIESER: J. Am. Chem. Soc. **62**, 3516 (1940). — HESS, J. C., u. A. HUNGER: Helv. Chim. Acta **36**, 85 (1953). — HESS, J. C., A. HUNGER u. T. REICHSTEIN: Helv. Chim. Acta **35**, 2202 (1952). — HESSE, G.: Ber. dtsch. chem. Ges. **70**, 2264 (1937). — HESSE, G., u. K. W. F. BÖCKMANN: Liebigs Ann. **563**, 37 (1949). — HESSE, G., u. H. W. GAMPP: Ber. dtsch. chem. Ges. **85**, 933 (1952). — HESSE, G., u. F. REICHENEDER: Liebigs Ann. **526**, 252 (1936). — HESSE, G., F. REICHENEDER u. H. EYSENBACH: Liebigs Ann. **537**, 67 (1939). — HILTON, J. G.: Science (Lancaster, Pa.) **110**, 526 (1949); J. Pharm. Exp.

Ther. 100, 258 (1950). — HUBER, H., F. BLINDENBACHER, K. MOHR, P. SPEISER u. T. REICH-
STEIN: Helv. Chim. Acta 34, 46 (1951). — HUNGER, A., u. T. REICHSTEIN: Helv. Chim. Acta
33, 76 (1950); (a) 35, 429 (1952); (b) 35, 1073 (1952). — HUNZIKER, F.. u. T. REICHSTEIN:
Helv. Chim. Acta 28, 1472 (1945); 30, 1947 (1947).

ISHIDATE, M.: Die Pharmazie 9, 589 (1954).

JACOBS, W. A., and N. M. BIGELOW: J. Biol. Chem. 99, 521 (1932). — JACOBS, W. A.,
and A. M. COLLINS: J. Biol. Chem. 65, 491 (1925). — JACOBS, W. A., and R. C. ELDERFIELD:
Science (Lancaster, Pa.) 80, 434 (1934); (a) J. Biol. Chem. 108, 497 (1935); (b) 108, 693
(1935). — JACOBS, W. A., and E. E. FLECK: Science (Lancaster, Pa.) 73, 133 (1931). —
JACOBS, W. A., and E. L. GUSTUS: J. Biol. Chem. 79, 553 (1928); 82, 403 (1929); (a) 86, 199
(1930); (b) 88, 531 (1930). — JACOBS, W. A., and M. HEIDELBERGER: J. Biol. Chem. 54,
253 (1922); 81, 765 (1929). — JACOBS, W. A., and A. HOFFMANN: J. Biol. Chem. 61, 387
(1924). — (a) 67, 333 (1926); (b) 69, 153 (1926); (c) 69, 157 (1926); (a) 79, 519 (1928); (b) 79,
531 (1928). — JAMES, A. E., F. O. LAQUER and J. D. MCINTYRE: J. Am. Pharm. Assoc.
Sci. Ed. 36, 1 (1947). — JAMINET, F.: J. Pharm. Belg. 6, 90 (1951); Chem. Abstr. 45, 9802
(1951).— JENSEN, K. B.: Acta Pharmacol. Toxicol. (København) 8, 101 (1952); 9, 99, 275 (1953).

KHALIQUE, M. A., and M. AHMED: Nature (London) 170, 1019 (1952). — KARRER, P., u.
B. BANERJEA: Helv. Chim. Acta 32, 2385 (1949). — KARRER, W.: Helv. Chim. Acta 12, 506
(1929); 26, 1353 (1943). — KATZ, A.: Helv. Chim. Acta 33, 1420 (1950); 36, 1344 (1953);
37, 833 (1954). — KATZ, A., u. T. REICHSTEIN: Pharm. Acta Helv. 19, 231 (1944); 22, 437
(1947); Helv. Chim. Acta 28, 476 (1945). — KEDDE, D. L.: Pharm. Weekblad 82, 741 (1947);
Chem. Abstr. 42, 3139i (1948). — KELLER, C. C.: Ber. dtsch. pharmaz. Ges. 5, 275 (1895). —
KELLER, M., u. T. REICHSTEIN: Helv. Chim. Acta 32, 1607 (1949). — KILIANI, H.: Arch.
Pharm. 230, 250 (1892); (a) 234, 273 (1896); (b) 234, 439 (1896); Ber. dtsch. chem. Ges.
43, 3574 (1910); 46, 2179 (1913); Arch. Pharm. 252, 26 (1914). — KIMURA, M.: J. Pharm.
Soc. Jap. 71, 991 (1951); Chem. Abstr. 46, 6325f (1952).

LAMB, J. D., and S. SMITH: J. Chem. Soc. 1936, 442; 1951, 442. — LANG, W.: Dtsch.
Apoth. Ztg. 91, 125 (1951).— LANGEJAN, M.: Pharm. Weekbl. 86, 593 (1951). — LARDON, A.:
Helv. Chim. Acta 32, 1517 (1949); 33, 639 (1950). — LAWDAY, D.: Nature (London) 170,
415 (1952). — LEGAL, E.: Jahresber. Fortschr. Chemie 1883, 1648. — LEHMANN, E.: J. Biol.
Chem. 79, 519 (1928). — LIEBERMANN, C.: Ber. dtsch. chem. Ges. 18, 1803 (1885). — LOUW,
P. G. J.: (a) J. South African Ind. Chem. 3, 109 (1949); Chem. Z. 1950 I, 875; (b) Nature
(London) 163, 30 (1949).

MACHATA, G., F. X. MAYER u. H. JANSCH: Oest. Chem. Ztg. 53, 108 (1952). — MANNICH, C.,
u. W. SCHNEIDER: Arch. Pharm. 279, 223 (1941). — MANNICH, C., u. G. SIEWERT: Ber.
dtsch. chem. Ges. 75, 737 (1942). — MASON, H. L., and W. M. HOEHN: J. Am. Chem. Soc.
60, 2566, 2824 (1938); 61, 1614 (1939). — MAUSS, W.: Inaug.-Diss. Berlin 1930. — MAYER,
F. X., H. JANSCH u. G. MACHATA: Mikrochemie 38, 59 (1951). — MCCHESNEY, E. W., F. C.
NACHOD, M. E. AUERBACH and F. O. LAQUER: J. Am. Pharm. Assoc. Sci. Ed. 37, 364 (1948). —
MESNARD, P., et J. DEVÈZE: (a) Bull. Trav. Soc. Pharm. Bordeaux 88, 109 (1950); (b) 88, 114
(1950); 89, 85 (1951). — MESNARD, P., et A. LAFARGUE: Bull. Soc. Pharm. Bordeaux 92,
160 (1953); Ann. Pharm. Franç. 12, 285 (1954). — MEYER, K.: (a) Helv. Chim. Acta 29, 718
(1946); (b) 29, 1580 (1946). — MEYER, K., u. T. REICHSTEIN: Helv. Chim. Acta 30, 1508
(1947). — MEYRAT, A., u. T. REICHSTEIN: (a) Helv. Chim. Acta 31, 2104 (1948); (b) Pharm.
Acta Helv. 23, 135 (1948). — MILES, A. A., and W. L. M. PERRY: Bull. World Health Organi-
zation 2, 655 (1950). — MILLER, L. C.: J. Assoc. Official Agr. Chem. 24, 283 (1941); J. Am.
Pharm. Assoc. 33, 245 (1944). — MILLER, L. C., C. J. BLISS and H. A. BRAUN: J. Am. Pharm.
Assoc. 28, 644 (1939). — MITCHELL, H. K., and F. A. HASKINS: Science (Lancaster, Pa.)
110, 278 (1949). — MOHR, K., u. T. REICHSTEIN: Pharm. Acta Helv. 24, 246 (1949); Helv.
Chim. Acta 34, 1239 (1951). — MOHR, K., O. SCHINDLER u. T. REICHSTEIN: Helv. Chim. Acta
37, 462 (1954). — MOORE, J. A., CH. TAMM u. T. REICHSTEIN: Helv. Chim. Acta 37, 755
(1954). — MUHR, M., A. HUNGER u. T. REICHSTEIN: Helv. Chim. Acta 37, 403 (1954).

NATIVELLE, C. A.: J. Pharm. Chim. [4] 255 (1869); 16, 430 (1872); 20, 81 (1874). —
NAWA, H.: Proc. Jap. Acad. 27, 436 (1951); Chem. Abstr. 46, 8668 b (1952). — NEUMANN,
W.: Ber. dtsch. Chem. Ges. 70, 1547 (1937). — NEUWALD, F., u. A. DIEKMANN: Arch. Pharm.
285, 19 (1952). — NEUWALD, F., u. G. ZÖLLNER: Arch. Pharm. 283, 2d (1950). —

OKADA, M., and A. YAMADA: J. Pharm. Soc. Japan 72, 933 (1952). — OKADA, M., A.
YAMADA and K. KOMETANI: J. Pharm. Soc. Japan 72, 930 (1952).

PAFF, G. H.: J. Pharm. Exp. Ther. 69, 311 (1940). — PATAKI, S., K. MEYER u. T. REICH-
STEIN: Helv. Chim. Acta 36, 1295 (1953). — PEREIRA, J. R.: Anais Faculdade Med. Univ.
S. Paulo 16, 299 (1940). — PESEZ, M.: Ann. Pharm. Franç. 8, 846 (1950); 10, 104 (1952). —
PETIT, A., M. PESEZ, P. BELLET et G. AMIARD: Bull. Soc. Chim. France [5] 17, 288 (1950). —
PLATTNER, PL. A., A. SEGRE u. O. ERNST: Helv. Chim. Acta 30, 1432 (1947). — PRATT, E. L.:
Anal. Chem. 24, 1324 (1952). — PRIMO, E., u. CH. TAMM: Helv. Chim. Acta 37, 141 (1954).

Rabald, E., u. J. Kraus: Hoppe-Seylers Z. 265, 39 (1940). — Raffauf, R. F., u. T. Reichstein: Helv. Chim. Acta 31, 2111 (1948). — Rangaswami, S., u. T. Reichstein: (a) Helv. Chim. Acta 32, 939 (1949); (b) Pharm. Acta Helv. 24, 159 (1949). — Rangaswami, S., T. Reichstein, O. Schindler u. T. R. Seshadri: Helv. Chim. Acta 36, 1282 (1953). — Raymond, W. D.: Analyst 61, 100 (1936); Chem. Zbl. 1936 I, 4950; Analyst 63, 478 (1938); Chem. Zbl. 1938 II, 4105; Analyst 64, 113 (1939); Chem. Zbl. 1939 II, 182. — Reber, F., u. T. Reichstein: Helv. Chim. Acta 34, 1477 (1951); Pharm. Acta Helv. 28, 1 (1953). — Reichstein, T., u. A. Katz: Pharm. Acta Helv. 18, 521 (1943). — Reichstein, T., u. H. Rosenmund: Pharm. Acta Helv. 15, 150 (1940). — Reyle, K., K. Meyer u. T. Reichstein: Helv. Chim. Acta 33, 1541 (1950). — Rheiner, A., A. Hunger u. T. Reichstein: Helv. Chim. Acta 35, 687 (1952). — Richter, J.: Pharmazie 9, 390 (1954). — Richter, R., K. Mohr u. T. Reichstein: Helv. Chim. Acta 36, 1073 (1953). — Richter, R., O. Schindler u. T. Reichstein: Helv. Chim. Acta 37, 76 (1954). — Rittel, W., A. Hunger u. T. Reichstein: Helv. Chim. Acta 35, 434 (1952); 36, 434 (1953). — Rittel, W., u. T. Reichstein: Helv. Chim. Acta 36, 554 (1953). — Rosenheim, O.: Biochem. J. 23, 47 (1929). — Rosselet, J. P., u. A. Hunger: Helv. Chim. Acta 34, 1036 (1951). — Rosselet, J. P., A. Hunger u. T. Reichstein: Helv. Chim. Acta 34, 2143 (1951). — Rosselet, J. P., u. T. Reichstein: Helv. Chim. Acta 36, 787 (1953). — Rowson, J. M.: Pharmaceut. J. 1954, 71, 88. — Ruzicka, L., Pl. A. Plattner, H. Heusser u. K. Meyer: Helv. Chim. Acta 30, 1342 (1947).

Salkowski, E.: Hoppe-Seylers Z. 57, 523 (1908). — Salmon, M. R., R. Foppiano u. W. G. Bywater: J. Am. Chem. Soc. 74, 4536 (1952). — Santa-Pau Votá, A., E. Costa Novella y E. Primo Yufera: Farmacognosia (Madrid), 7, 161 (1948); Chem. Abstr. 43, 2735 b (1949). — Šantavý, F., O. Čapka u. J. Malinský: Collection Czechoslov. Chem. Communs. 15, 953 (1950); Chem. Abstr. 46, 4120c (1952). — Šantavý, F., u. T. Reichstein: (a) Helv. Chim. Acta 31, 1655 (1948); (b) Pharm. Acta Helv. 23, 153 (1948). — Sato, D., and H. Ishii: Ann. Rep. Shiogoni Res. Lab. (Osaka) 1952, 129; Chem. Zbl. 1954, 2671. — Schaltegger, H.: (a) Experientia (Basel) 2, 27 (1946); (b) Helv. Chim. Acta 29, 285 (1946). — Schindler, O., u. T. Reichstein: (a) Helv. Chim. Acta 34, 108 (1951); (b) 34, 608 (1951); (c) 34, 1732 (1951); (a) 35, 442 (1952); (b) 35, 673 (1952); (c) 35, 730 (1952); (a) 36, 370 (1953); (b) 36, 921 (1953); (c) 36, 1007 (1953); (a) 37, 103 (1954); (b) 37, 667 (1954). — Schmiedeberg, O.: Ber. dtsch. chem. Ges. 16, 253 (1883). — Schmutz, J.: Helv. Chim. Acta 31, 1719 (1948); (a) 32, 163 (1949); (b) 32, 1442 (1949). — Schmutz, J., u. T. Reichstein: (a) Pharm. Acta Helv. 22, 167 (1947); (b) 22, 359 (1947); Helv. Chim. Acta 34, 1264 (1951). — Schwarz, H., A. Katz u. T. Reichstein: Pharm. Acta Helv. 21, 250 (1946). — Seifert, R.: Südd. Apoth. Ztg. 81, 443 (1941). — Shah, N. M., K. Meyer u. T. Reichstein: Pharm. Acta Helv. 24, 113 (1949). — Shoppee, C. W.: Helv. Chim. Acta 27, 426 (1944). — Shostenko, Yu. V., u. J. Ya. Uralova: Med. Prom. SSSR. 1949, No. 6, 21. — Silbermann, H., and R. H. Thorp: J. Pharm. and Pharmacol 5, 438 (1953). — Sneeden, R. P. A., and R. B. Turner: Chem. and Ind. 1954, 1235. — Soos, E.: (a) Scient. Pharmac. 16, 1 (1948); (b) 16, 29 (1948). — Speiser, P., u. T. Reichstein: Helv. Chim. Acta 31, 622 (1948). — Stasiak: A.: Arch. exper. Path. u. Pharmakol. 200, 211 (1942). — Stoll, A.: The Cardiac Glycosides. London: The Pharmaceutical Press 1937. — Steiger, M., u. T. Reichstein: Helv. Chim. Acta 21, 828 (1938). — Stoll, A., E. Angliker, F. Barfuss, W. Kussmaul u. J. Renz: Helv. Chim. Acta 34, 1460 (1951). — Stoll, A., u. A. Hofmann: (a) Helv. Chim. Acta 18, 82 (1935); (b) 18, 401 (1935). — Stoll, A., A. Hofmann u. A. Helfenstein: Helv. Chim. Acta 17, 641 (1934); 18, 644 (1935). — Stoll, A., A. Hofmann u. W. Kreis: Helv. Chim. Acta 17, 1334 (1934); Hoppe-Seylers Z. 235, 249 (1935). — Stoll, A., A. Hofmann u. J. Peyer: Helv. Chim. Acta 18, 1247 (1935). — Stoll, A., u. W. Kreis: (a) Helv. Chim. Acta 16, 1049 (1933); (b) 16, 1390 (1934); 17, 592 (1934); 18, 120 (1935); 34, 1431 (1951); 35, 1318 (1952). — Stoll, A., W. Kreis u. A. Hofmann: Hoppe-Seylers Z. 222, 24 (1933). — Stoll, A., W. Kreis u. A. von Wartburg: Helv. Chim. Acta 35, 2495 (1952); Helv. Chim. Acta 37, 1134 (1954). — Stoll, A., A. Pereira u. J. Renz: Helv. Chim. Acta 32, 293 (1949). — Stoll, A., u. J. Renz: (a) Enzymologia 7, 362 (1939); (b) Helv. Chim. Acta 22, 1193 (1939); 24, 1380 (1941); (a) 25, 43 (1942); (b) 25, 377 (1942); Enzymologia 7, 362 (1949); Helv. Chim. Acta 33, 286 (1950); 34, 782 (1951); 35, 1310 (1952). — Stoll, A., J. Renz u. A. Brack:(a) Helv. Chim. Acta 34, 397 (1951); (b) 34, 2301 (1951); 35, 1934 (1952). — Stoll, A., J. Renz u. A. Helfenstein: Helv. Chim. Acta 26, 648 (1943). — Stoll, A., J. Renz u. W. Kreis: Helv. Chim. Acta 20, 1484 (1937). — Stoll, A., E. Suter, W. Kreis, B. B. Bussemaker u. A. Hofmann: Helv. Chim. Acta 16, 703 (1933). — Stoll, A., A. von Wartburg u. W. Kreis: Helv. Chim. Acta 35, 1324 (1952). — Stoll, A., A. von Wartburg u. J. Renz: (a) Helv. Chim. Acta 36, 1531 (1953); (b) 36, 1557 (1953); (c) 36, 1565 (1935). — Straub, W., Z. Kanda u. F. Zinnitz: Arch. exper. Path. u. Pharmakol. 194, 1 (1939). — Svendsen, A. B., u. K. B. Jensen: Pharm. Acta Helv. 25, 241 (1950).

Tamm, Ch.: Helv. Chim. Acta 32, 163 (1949). — Tamm, Ch., u. T. Reichstein: Helv. Chim. Acta 31, 1630 (1948). — Tamm, Ch., u. J. P. Rosselet: Helv. Chim. Acta 36, 1309

(1953). — TATTJE, D. H. E.: Pharm. Pharmakol. 6, 7, 467 (1954); ref. Pharmaz. Ztg. 90, 840 (1954); Ann. Pharm. Franç. 12, 267 (1954). — TAUB, L., u. FICKEWIRTH: Farbenfabriken vorm. F. Bayer u. Co., Elberfeld, D.R.P. 255 537 (1913). — TAYLOR, D. A. H.: Chem. and Ind. 1953, 62. — TOLLENS, B.: Ber. dtsch. chem. Ges. 14, 1950 (1881). — TSCHESCHE, R.: Hoppe-Seylers Z. 222, 50 (1933); 229, 219 (1934); Ber. dtsch. chem. Ges. 68, 7 (1935); 70, 1554 (1937). — TSCHESCHE, R., u. K. BOHLE: Ber. dtsch. chem. Ges. 68, 2252 (1935); 69, 793 (1936). — TSCHESCHE, R., K. BOHLE u. W. NEUMANN: Ber. dtsch. chem. Ges. 71, 1927 (1938). — TSCHESCHE, R., u. K.-H. BRATHGE: Ber. dtsch. chem. Ges. 85, 1042 (1952). — TSCHESCHE, R., G. GRIMMER u. F. NEUWALD: Ber. dtsch. chem. Ges. 85, 1103 (1952). — TSCHESCHE, R., G. GRIMMER u. F. SEEHOFER: Ber. dtsch. chem. Ges. 86, 1235 (1953). — TSCHESCHE, R., u. W. HAUPT: (a) Ber. dtsch. chem. Ges. 69, 459 (1936); (b) 69, 1377 (1936). — TSCHESCHE, R., u. H. KNICK: Hoppe-Seylers Z. 222, 58 (1933). — TSCHESCHE, R., u. K. SELLHORN: Ber. dtsch. chem Ges. 86, 54 (1953). —

ULRIX, F.: J. Pharm. Belg. N. S. 3, 2 (1948); Chem. Abstr. 42, 3909f (1948).

VASTAGH, G., u. J. TUZSON: Acta pharmac. int. (Kopenhagen) 2, 235 (1951); Chem. Abstr. 47, 9560f (1951). — VOUTE, E.: Pharm. Weekbl. 88, 144 (1953).

WALKER, J. M.: J. Pharm. Exp. Ther. 70, 239 (1940). — WARREN, A. T., F. O. HOWLAND and L. W. GREEN: J. Am. Pharm. Assoc. 37, 186 (1948). — WASICKY, R.: Scientia Pharm. 15, 29 (1947). — WATTIEZ, M. N.: Bull. Acad. Roy. Méd. Belg. [6] 16, 194 (1951); Chem. Zbl. 1953, 703. — WEGNER, E.: Arzneimittelforschg. 2, 382 (1952). 4, 456 (1954). — WENNER, V., u. T. REICHSTEIN: Helv. Chim. Acta 27, 965 (1944). — WINDAUS, A.: Ber. dtsch. chem. Ges. 48, 202 (1915). — WINDAUS, A., A. BOHNE u. A. SCHWIEGER: Ber. dtsch. chem. Ges. 57, 1388 (1924). — WINDAUS, A., u. E. HAACK: Ber. dtsch. chem. Ges. 63, 1377 (1930). — WINDAUS, A., u. L. HERMANNS: Ber. dtsch. chem. Ges. 48, 979, 993 (1915). — WINDAUS, A., u. G. SCHWARTE: Ber. dtsch. chem. Ges. 58, 1515 (1925). — WINKLER, R. E., u. T. REICHSTEIN: Helv. Chim. Acta 37, 721 (1954). — WITHERING, W.: An Account of the Foxglove, and some of its Medical Uses, with Practical Remarks on Dropsy and Other Diseases (Birmingham 1785). — WRIGHT, H. N.: J. Am. Pharm. Assoc. 30, 177 (1941).

YAMAGISHI, M.: Ann. Rep. Takeda Research Lab. 12, 70 (1953).

ZIMMERMANN, W.: Hoppe-Seylers Z. 233, 257 (1935). — ZOLLER, P., u. CH. TAMM: Helv. Chim. Acta 36, 1744 (1953). — ŽUMAN, P., u. FR. ŠANTAVÝ: Chem. Listy 46, 393 (1952). — ZUMAN, P., u. F. ŠANTAVÝ: Czechosl. Chem. Commun. 18, 24 (1953).

Carotenoids.

By

T. W. Goodwin.

With 6 Figures.

Carotenoids are fat-soluble unsaponifiable pigments widely distributed in plant tissues; they are characterized by the fact that they are composed of isoprene residues (usually 8; i. e. C_{40} carotenoids) so arranged that in the middle of the molecule the two lateral methyl groups are in the relative positions 1, 6, whilst in all other cases the relative positions are 1, 5, thus:—

Centre of molecule

The complete structure of β-carotene (perhaps the most important carotenoid from the analytical point of view) is given here, together with the now accepted numbering for carotenoids:

In a molecule containing only one β-ionone residue, the ticked numerals are allocated to the half of the molecule not containing this residue. In almost all the naturally-occurring C_{40} carotenoids, the central chain (from carbons 7 to 7') is the same as in β-carotene, variations occurring only in positions 1—6 and 1'—6'. In indicating the various structures of the plant carotenoids only the substituents in these atoms will be indicated. The exceptions will be dealt with in full at the appropriate place.

Recently, colourless substances which are partly hydrogenated carotenoids have been obtained from plants; as these substances are becoming increasingly important in carotenoid biochemistry they will also be dealt with in this chapter. As the word "carotenoid" connotes colour, these substances will be termed colourless polyenes.

Carotenoids can be divided into two main groups:— (a) hydrocarbons, which are termed "carotenes", and (b) oxygen containing derivatives which are termed "xanthophylls"; the oxygen can occur in hydroxy-, methoxy-, epoxy-, carboxy- or carbonyl groupings. The hydroxy derivatives can exist in the free state or esterified with fatty acids such as palmitic acid.

A glance at the structure of carotenoids will reveal the considerable possibilities for *cis* → *trans* isomerization. ZECHMEISTER and his school have investigated this problem in detail (see ZECHMEISTER, 1944, for a review) and their work has revealed the presence of *cis*-isomers in nature although the predominant form of a pigment is generally the all-*trans* form.

A. General Distribution of C_{40} Carotenoids[1].

I. Higher Plants.

Green Tissues. All green tissues of plants contain carotenoids; these are located mainly in the grana of the chloroplasts, probably attached to a protein (see STRAUS, 1953 for a review). As far as can be judged the qualitative distribution is very similar in all species of angiosperms; the quantitative differences, at least in β-carotene content, are, however, considerable (see GOODWIN, 1952a for relevant tables). The β-carotene content of leaves varies between the broad limits 5—150 p. p. m. wet wt. (20—900 p. p. m. dry wt.). Little quantitative work has been carried out on leaf xanthophylls, but they are usually between 3 and 10 times more abundant than β-carotene. The leaves of gymnosperms are characterized by the presence of rhodoxanthin (see Table 1), a pigment otherwise occurring only in some fruit.

The mixture of carotenes in green tissues is a relatively simple one; β-carotene is the major component and it may or may not be accompanied by smaller amounts of *cis*-isomers and by α-carotene. Recently, however, very small amounts of the colourless polyenes phytoene and phytofluene have been detected in some green tissues (RABOURN and QUACKENBUSH, 1953; ZECHMEISTER and KARMAKAR, 1953; ENY, 1953).

The xanthophylls of green leaves are, on the other hand, complex (Table 1); they exist mostly unesterified and are extremely difficult to resolve completely.

Fruit. Not all fruit contain carotenoids, but in those species that do, the great majority have a carotenoid distribution quite different from that found in green leaves. A limited number of berries which contain chlorophyll as well as carotenoids (e. g. deadly nightshade) appear to have a carotenoid make-up very similar to that of leaves (GOODWIN, 1953). In fruit, the pigments can occur in both the epidermal cells and inner chromoplasts as in the tomato, or only in the inner chromoplasts as in the rowan berry (KYLIN, 1927).

Lycopene makes its appearance in fruit together with pigments of similar structure but with a greater degree of saturation (ζ-carotene, tetrahydrolycopene); γ-carotene is also often present. These pigments, together with various *cis*-isomers, make the carotene fraction of berries more complex than that of green tissues. Furthermore, the mixture varies from species to species.

Xanthophylls are quite often absent from fruit or only present in small amounts, even in fruit producing considerable amounts of carotenes. On the other hand, as will be seen from Table 1, some fruit produce characteristic xanthophylls, pigments which have never been observed in green tissues. Xanthophylls in fruit are almost always esterified.

On the whole, the β-carotene content of carotenoid-containing fruit is of the same order but somewhat lower than that of leaves. Lycopene can, however, reach comparatively enormous concentrations, e. g. 8.340 p. p. m. in ripe rose hips (JACOBY and WOKES, 1944). Ripening of fruit can increase their carotenoid content by up to 30 times.

Roots. The only important species from the carotenoid point of view are carrots, some varieties of sweet potatoes and, to a lesser extent, turnips. These resemble fruit very much more than green leaves.

Flowers. Most of the flower species which contain carotenoids are characterized by the presence of considerable amounts of carotenoid epoxides. Both 5,6- and 5,8 epoxides are found.

a 5,6-epoxide   a 5,8-epoxide

---

[1] The small number of carotenoids containing less than 40 carbon atoms are dealt with in a separate section (p. 308).

Table 1. *The structure and distribution of all-trans carotenoids in higher plants.* (References are not given in this table; they are given in later tables dealing with more specific properties of the carotenoids.)

Name	Structure	Green tissues	Fruit and Seeds	Flowers	Anthers, pollen	Roots
1. Hydrocarbons						
α-Carotene	Me Me Me Me / Me Me	+	+	+	+	+
β-Carotene	Me Me Me Me / Me Me	+	+	+	+	+
γ-Carotene	Me Me Me Me / Me Me	+[1]	+	+		+
δ-Carotene[2]	Me Me Me Me / Me Me		+			
Lycopene	Me Me Me Me / Me Me		+	+	+	+
ζ-Carotene	5,6,7,8,5′,6′,7′8′-octahydroly-copene[2]		+			
Tetrahydrolycopene	(= ? Neurosporene)		+			
All-*trans*-Phytofluene[3,4]	dodecahydrolycopene[2]		+			
Pigment x[5]	—					+
Phytoene[3]	eicosadecahydrolycopene[2]	+	+			
2. Xanthophylls						
(a) Hydroxy derivatives						
Cryptoxanthin	3-hydroxy-β-carotene	+	+	+		
Zeaxanthin	3,3′-dihydroxy-β-carotene	+	+	+		
Lutein	3,3′-dihydroxy-α-carotene	+	+	+	+	+
Rubixanthin	3-hydroxy-γ-carotene		+	+		
Gazaniaxanthin	1′,2′-dihydrorubixanthin[2]			+		
Eschscholtzxanthin	3,3′-dihydroxydehydro-β-carotene			+		
Phytofluenol[3]	hydroxyphytofluene		+			

[1] Only reported once in green tissues *(Cuscuta salina)* (Mackinney, 1935).

[2] Not firmly established [see Goodwin (1955)].

[3] Colourless polyenes.

[4] The predominating natural form of this polyenes is a *cis*-isomer (Petracek and Zechmeister, 1952) (see Table 2, p. 276).

[5] Very similar to flavacin (p. 289).

Table 1. (Continued.)

Name	Structure	Green tissues	Fruit and Seeds	Flowers	Anthers, pollen	Roots
Lycoxanthin	3-hydroxylycopene		+			
Lycophyll	3,3'-dihydroxylycopene		+			
Celaxanthin	3',4'-dehydrorubixanthin[1]		+			
(b) Epoxides[2]						
α-Carotene-5,6-epoxide	—			+		
Flavochrome	5,8-epoxy-α-carotene			+		
Violaxanthin	5,6,5',6'-diepoxyzeaxanthin	+	+	+		
Antheraxanthin (= ? petaloxanthin)	5,6-epoxyzeaxanthin		+		+	
Mutatochrome (= citroxanthin)	5,8-epoxy-β-carotene		+			
Chrysanthemaxanthin / Flavoxanthin	5,8-epoxylutein[3]	+	+	+	+	+
Rubichrome	5,8-epoxyrubixanthin		+			
Lutein-5:6-epoxide	(? = isolutein)	+		+	+	
Auroxanthin	5,8,5',8'-diepoxyzeaxanthin		+	+		+
Trollixanthin	A derivative of lutein 5,6-epoxide		+	+		
Trollichrome	The 5:8-epoxide of trollixanthin		+	+		
(c) Ketocarotenoids						
Capsorubin	(structure)		+			
Capsanthin	(structure)			+	+	
Rhodoxanthin	3,3'-diketo-dehydro-β-carotene		+			
(d) Unknown structure						
Isolutein	(? = lutein 5,6-epoxide)	+				
Neoxanthin	$C_{40} H_{56} O_4$	+				
Taraxanthin	$C_{40} H_{56} O_4$			+		
Petaloxanthin	(? = antheraxanthin)				+	

[1] Not firmly established.
[2] See CURL and BAILEY (1954) for new fruit epoxides.
[3] Spatial isomers.

An outstanding exception is the flowers of the silky oak *(Grevillea robusta)* in which β-carotene is the predominant pigment (ZECHMEISTER and POLGAR, 1941).

Anthers and Pollen. Various carotenoids have been found in these tissues, but insufficient species have been examined to make generalizations.

In Table 1 will be found a list of all the all-*trans* carotenoids known to occur in higher plants and also their distribution in the various organs. The distribution of the various *cis*-isomers is given in Table 2. For full details of the distribution of carotenoids in higher plants see KARRER and JUCKER (1948) and GOODWIN (1952a).

18*

Table 2. *The distribution of cis-isomers of carotenoids in higher plants.*

Name	Structure (probable)	Green tissues	Fruits and Seeds	Flowers	Reproductive tissues	Roots
			Occurrence			
Neo-β-carotene U.	*3-monocis* [1]	+	+			
Neo-β-carotene B.	*3,6-dicis-*	+	+			
Prolycopene	*1,3,5,7,9,11-hexa-cis-lycopene*	+	+			+
Pro-γ-carotene	*3,5,7,9,11-penta-cis-γ-carotene*		+	+		
Protetrahydroly-copene	a poly*cis*-derivative		+			
Poly*cis*-lycopene I [3]						
Poly*cis*-lycopene II			+			
Poly*cis*-lycopene III			+			
Poly*cis*-lycopene IV			+			
Poly*cis*-lycopene V			+			
Poly*cis*-lycopene VI			+			
Phytofluene [2]			+			
Cis-antheraxanthin			+	+		

[1] For an explanation of the designation of *cis*-derivatives see p. 303.

[2] The usual naturally occuring form of this polyene has a *cis* configuration it is however suggested that the name phytofluene be retained for this form (PETRACEK and ZECHMEISTER, 1952). The *trans* isomer, which may possibly occur naturally, will then be termed all-*trans*-phytofluene.

[3] Other poly*cis*-lycopenes may also exist (JOYCE, 1954).

II. Cryptogams.

Bryophyta and Pteridophyta. Very little is known about the carotenoids in the *Bryophyta*; KOHL (1902) in his pioneer investigations, reports their presence in a number of species.

In the Pteridophyta, bracken *(Pteridium aquilinum)* contains the same carotenoids as green leaves, although there may be quantitative differences (FUJITA and AJISAKA, 1941). In *Equisetum* spp. and *Selaginella*, however, rhodoxanthin is also present (MONTEVERDE and LUBIMENKO, 1913; PRAT, 1924; LIPPMA, 1926).

Carotenoids are also present in the spores of the Pteridophyta (SEYBOLD and EGLE, 1941).

Lichens. Compared with the other subgroups of the Thallophyta very little is known about carotenoids in lichens. KOHL (1902) reported their presence in *Baeomyces roseus* and as a number of short lichens were vitamin A-active, they must contain β-carotene (and/or other active carotenoids, see Table 22, p. 302) (ELLIS, PALMER and BARNUM, 1933). β-Carotene and cryptoxanthin (in traces) are present in *Roccela montagnei* (SESHADRY and SUBRAMANIAN, 1949) and β-carotene, lutein and neoxanthin in *Ramelia reticulata* (STRAIN, 1950); the latter species thus resembles some green algae.

Algae. The carotenoid distribution in algae tends to resemble that in green leaves; that is, there exists relatively small amounts of β-carotene in association with a mixture of xanthophylls. Differences are that the xanthophyll mixture is often esterified, that it varies from class to class and that it is frequently less complex than in green leaves; furthermore, there often appears a pigment characteristic of the class. Table 3 gives the distribution of carotenoids in each class of algae; for a full list of distribution in species see GOODWIN (1952a) and STRAIN (1950). Of the pigments occurring in algae but not in higher plants (Section B in Table 3) only two have well-authenticated structures:

Astaxanthin   Echinenone (= Aphanin, = (?) Myxoxanthin)

It should be borne in mind in examining algae, that one should look for a differential distribution of carotenoids in the two sexual forms; e. g. in *Fucus* spp. and *Ascophyllum nodosum* the bright yellow of the male gametes is due to β-carotene whilst the olive-green of the ova is caused by a mixture of fucoxanthin and chlorophyll (HEILBRON, 1942).

Table 3. *The distribution of carotenoids in algae.*

	Chloro-phyceae	Xantho-phyceae	Di-atoms	Chryso-phyceae	Phaeo-phyceae	Crypto-phyceae and Chloro-mon-adineae	Rhodo-phyceae	Dino-phyceae	Cyano-phyceae	Eugle-nineae
(A) Pigments also found in higher plants										
α-Carotene	+						+			
β-Carotene	+	+	+	+	+		+	+	+	+
γ-Carotene	+									
Cryptoxanthin										
Zeaxanthin									+	+
Lutein	+		+	+			+	+		+
Violaxanthin	+		+							
Lutein 5:6-epoxide						classes				
Flavoxanthin										
Isolutein			+							
Taraxanthin							+			
Neoxanthin	+									
(B) Pigments not found in higher plants										
Aphanin (= echinenone, ? = myxo-xanthin)									+	
Aphanicin									+	
Aphanizophyll (= ? myxo-xanthophyll)										
Astaxanthin	+									+
Diadinoxanthin[1]			+			no information on these		+		
Diatoxanthin			+							
Dinoxanthin										
ε-Carotene	+		+					+		
Flavacin									+	
Fucoxanthin[1]			+	+	+					
Myxoxanthin (? = echinenone)			.						+	
Myxoxantho-phyll (= ? Aphanizophyll)									+	
Oscillaxanthin									+	
Peridinin[1] (= sul-catoxanthin)								+		
Siphonaxanthin	+									

[1] Also reported to exist as *cis*-isomers, viz: — neofucoxanthins A and B; neoperidinin, neodiadinoxanthin and neodinoxanthin.

Fungi and Bacteria. Unlike the green tissue of higher plants and also unlike algae, by no means all species of fungi and bacteria synthesize carotenoids. Those organisms that are carotenogenic often produce pigments already described in Tables 1—3. New and characteristic carotenoids especially xanthophylls have, however, often been observed. Those which have been reasonably well characterized are listed in Table 4.

Table 4. *Characteristic carotenoids of fungi and bacteria.*

Pigment	Structure
(a) Fungi	
Canthaxanthin	
Neurosporene	probably tetrahydrolycopene
Rhodopurpurene[1]	may be identical with lycopene
Spirilloxanthin[1]	
Torularhodin	
Torulin	
(b) Bacteria	
Bacteriopurpurin	(?) demethylated spirilloxanthin
Chrysophlein	a ketonic carotenoid
Corynexanthin	a polyhydroxy carotenoid
Flavorhodene	may be identified with neurosporene
Leprotene	dehydro-β-carotene
Rhodovibrin	—
Rhodopin	probably lycoxanthin
Sarcinaxanthin	a monohydroxy carotenoid
Sarcenene	—

[1] Also present in bacteria.

The previously mentioned carotenoids found in fungi are α-, β-, γ-, δ-, and ζ-carotenes, phytofluene, phytoene, lycopene, rubixanthin and cryptoxanthin; and in bacteria: β-, δ and γ-carotenes, lycopene, ? lutein and zeaxanthin. It will be noticed that fruit carotenes are well represented, but that the xanthophylls typical of the higher plants are conspicuous by their absence.

B. Separation and Identification.

The carotenoids are first extracted from the tissues with a suitable fat-solvent and then separated into three fractions, carotenes, xanthophylls, and xanthophyll esters either by a combination of phase-partition and. column chromatography or entirely by column chromatography. These crude fractions are then purified by further chromatography and examined spectroscopically in the visible and near ultra-violet regions of the spectrum. The absorption spectrum of a pigment together with its adsorptive power generally gives a good indication of its identity; this is then confirmed by isolation of the pure crystalline material and the formation of derivatives (if sufficient material is available) and/or by various special tests to be described later.

Figure 1. *Outline of Schemes for the Separation of Plant Carotenoids.*

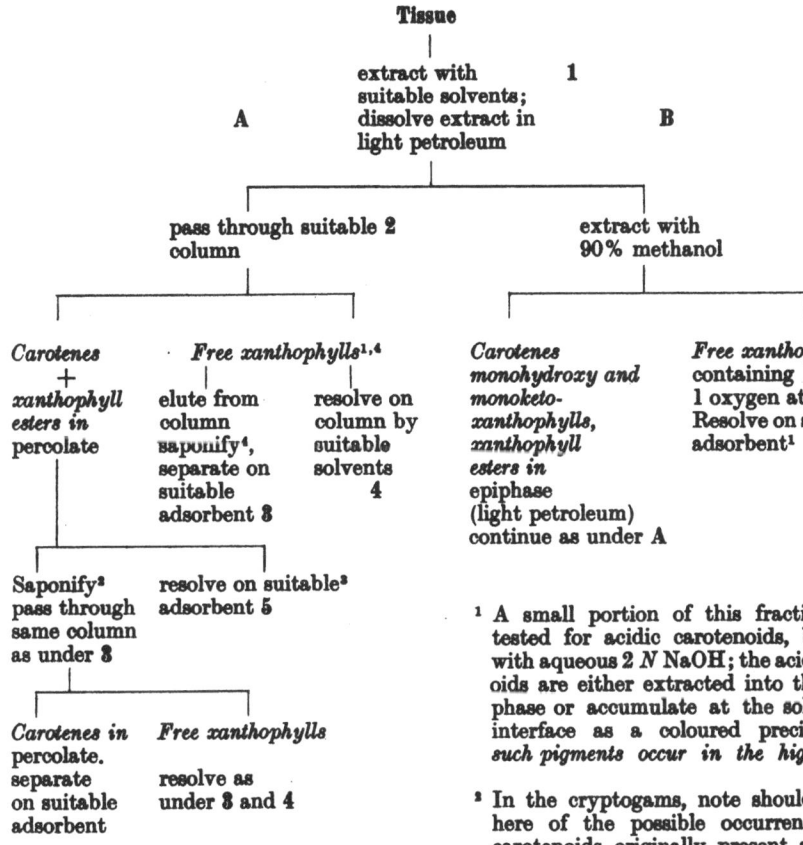

Tissue

extract with   1
suitable solvents;
A   dissolve extract in   B
light petroleum

pass through suitable 2   extract with
column   90% methanol

Carotenes   *Free xanthophylls*[1,4]   *Carotenes*   *Free xanthophylls*[1,4]
+ | | *monohydroxy and*   containing more than
xanthophyll   elute from   resolve on   *monoketo-*   1 oxygen atom.
esters in   column   column by   *xanthophyll,*   Resolve on suitable
percolate   saponify[4],   suitable   *xanthophyll*   adsorbent[1]
separate on   solvents   *esters in*   3 and 4
suitable   4   epiphase
adsorbent 3   (light petroleum)
continue as under A

Saponify[2]   resolve on suitable[3]
pass through   adsorbent 5
same column
as under 3   [1] A small portion of this fraction can be
tested for acidic carotenoids, by shaking
with aqueous 2 N NaOH; the acidic carotenoids are either extracted into the aqueous
Carotenes in   *Free xanthophylls*   phase or accumulate at the solvent/water
percolate.   interface as a coloured precipitate. *No*
separate   resolve as   *such pigments occur in the higher plants.*
on suitable   under 3 and 4
adsorbent   [2] In the cryptogams, note should be taken
here of the possible occurrence of acid
[4] It is probably better to saponify this   carotenoids originally present as esters.
fraction before proceeding with the
separation; it is not, however, always   [3] This allows separation and identification
essential.   of xanthophyll esters.

The basic steps in the procedures are given in outline in the scheme outlined in Fig. 1. The various steps indicated in heavy numerals will be dealt with in detail. There are, however, many variants on these basic steps and not all can be discussed here. Methods which, from personal experience, have been found suitable and those which have found favour in many different laboratories will form the basis of the descriptions.

I. Extraction of the Tissues.

Green Tissues. The tissues to be used should be as fresh as possible and undamaged. If it is not possible to use them immediately, they should be stored at 0° preferably after blanching for 1 min. with boiling water. The tissues are extracted with a fat solvent after dehydration. Dehydration can be brought about either (a) by the solvent itself (e. g. acetone, methanol) or (b) by anhydrous Na_2SO_4 or (less easily) plaster of Paris.

Method (a): In the first method the leaves and solvent are placed in a suitable electric blender (e. g. Waring) and extracted for one or two minutes; the solvent is filtered off under pressure and the residue returned to the blendor for further extraction. This process is continued until all the pigment is extracted (3—4 times). The combined extracts are concentrated under reduced pressure to about one-fifth their volume (this can be omitted if the volume of extract is not too bulky), diluted with an equal volume of diethyl ether (freshly distilled over reduced iron to remove peroxides) or light petroleum; water is then cautiously added until two layers are formed. The lower aqueous layer is removed and extracted once with diethyl ether (or light petroleum) to remove any traces of pigment remaining; this extract is added to the main fraction which is washed free from methanol (or acetone) with water, reduced to small bulk and dried by allowing to stand over anhydrous Na_2SO_4. If the extract is ethereal, the solvent is removed under reduced pressure and the dry residue made up in light petroleum for treatment by one of the procedures described in Fig. 1. It is possible to dispense with the Na_2SO_4 treatment and to dry the residue by adding 2—5 ml. of a solvent such as ethanol and removing it under nitrogen. This is repeated until the residue is completely dry. If the extract is in light petroleum, then it is reduced directly to the required volume.

If it is not possible to examine the extracts immediately they should be kept either with the solvent removed or in light petroleum (ether, methanol, ethanol and acetone are not recommended) under nitrogen at 0° or below.

If a blendor is not available a variant such as that described by Strain (1943) is satisfactory:

Fresh leaves (about 25 g.) are cut into small pieces with a pair of shears and placed in a tall beaker (400—500 ml.) to which methanol (250 ml. 99%) is added. The mixture is then allowed to stand at 15—20° for 2 hr. and the extract then separated from the leaf material by decantation through cotton. The leaves are washed with methanol (50 ml.) which is combined with the first extract.

Using a method of this type it is important (a) to place the leaves immediately in the methanol in order to prevent oxidation which occurs very rapidly when the cells are ruptured (Mitchell and Hauge, 1946), (b) to stand the beakers in the dark and (c) if the work is to be quantitative, to make certain that all the pigments are extracted.

Method (b): The leaves are quickly cut up and ground in a glass mortar to a fine powder with anhydrous Na_2SO_4 and acid-washed silver sand (it is a common fault to use insufficient Na_2SO_4 and the resulting damp powder is not efficiently extracted). The powder is now transferred to a deep walled sintered glass crucible (G × 4), ethyl ether added and the mixture stirred with a small spatula for 1—2 minutes. The ether is then filtered off and the process repeated with successive portions of ethyl ether until all the pigment has been extracted. The combined ether extract is then treated as described under method (a).

Another way to deal with the powder is to extract as above using a Buchner instead of a sintered funnel or to use a continuous extractor such as a Soxhlet involving boiling solvents. Although this latter method is part of the official A. O. A. C. method for the determination of β-carotene (see p. 305) the use of heat is not recommended because of the danger of *cis* → *trans* isomerisation; although this might be negligible with β-carotene, other carotenoids (e. g. lycopene) are more labile. Furthermore, if an exact picture of the naturally-occurring pigments is required, it is best to eschew even moderate heat. If, on the other hand, the aim of an experiment is to obtain a large quantity of a fairly stable pigment such as β-carotene, then the convenience of dealing with large amounts of material in a soxhlet or similar continuous extractor far outweighs the loss of 5—10% of the required pigment as *cis*-isomers. In conclusion it is probably true to say that method (a) is the best for green tissues.

Fruit and Roots. In general it is difficult to deal with these tissues in a blendor, and resort is generally made to the second method described in the proceding section, i. e. dehydration with Na_2SO_4 followed by extraction with a suitable solvent, usually diethyl ether. It is possible, however, to dehydrate with a solvent such as ethanol, before extracting with ether, as in the method described by Zechmeister and Cholnoky (1936): —

Fresh berries (200 g.) of the woody nightshade *(Solanum dulcamara)* were ground into a paste with sand, placed on a suction filter, washed twice with ethanol and then with peroxide-free ether until the percolate was colourless. The combined percolates were washed with water to remove ethanol and the ether removed in an atmosphere of nitrogen under reduced pressure. The residue was dried by evaporating a small volume of benzene from it once or twice, and finally dissolved in a small amount of benzene.

Flower Petals. The carotenoids can be extracted from flower petals by any of the methods just described.

Algae. The cell mass of a culture of a unicellular alga is collected by centrifugation. Reduction to a dry powder with anhydrous Na_2SO_4 followed by extraction of the pigments has proved, in the writer's experience, not very satisfactory but the following method which combines saponification (see next section) with extraction, has been found to give good results (GOODWIN and JAMIKORN, 1954).

Aqueous KOH (1 ml. of 60% w/v) and then ethanol (10 ml.) are added to the cell mass in a centrifuge tube; the tube is then placed in a water bath at 40—50° and the mixture constantly stirred and ground with a flattened glass rod. After 5 min. the residue is allowed to settle and the supernatant decanted. The procedure is repeated twice with ethanol (10 ml.) only when all the pigments are extracted. The pigments are transferred to ether by adding an equal vol. of this solvent and water until two layers form. An effective preliminary with marine diatoms is to disrupt the cells by placing them in distilled water.

Bacteria. The carotenoid pigments can often be extracted from chromogenic bacteria by the conventional methods of dehydrating with Na_2SO_4 and extracting with a solvent such as diethylether or acetone. It is important, however, not to assume that carotenoids are absent because a coloured Na_2SO_4-powder does not yield its pigment to a fat solvent. Recently it has been found that certain marine coryneform organisms contain carotenoids with such strong adsorptive power (e. g. corynexanthin) that no solvent (even ethanol/glacial acetic acid) will extract them from the Na_2SO_4 powder (GOODWIN and JAMIKORN, 1953). In these cases a satisfactory procedure is as follows:

The bacterial cells are scraped of the agar and shaken with methanol in a 50—60° water bath for 2—3 min. After allowing the residue to settle, the methanol is decanted and the process repeated until the methanol extract is no longer coloured. To the combined methanol extracts is added an equal volume of diethylether, followed by water until two layers form. The upper ethereal layer containing the pigments, is separated and washed free from methanol by shaking 3 times with small volumes of water.

The pigment, spirilloxanthin, is best extracted from the photosynthetic bacterium *Rhodospirillum rubrum* with benzene, after the cells have first been dehydrated with methanol (POLGAR, VAN NIEL and ZECHMEISTER, 1944). STARR and SAPERSTEIN (1953) used a mixture of benzene and ethanol with *Corynebact. poinsettiae*.

Fungi. Carotenoids can be extracted from many fungi, e. g. *Phycomyces blakesleeanus*, by the Na_2SO_4-solvent technique (see p. 280) (GARTON, GOODWIN and LIJINSKY, 1951) but difficulties have been encountered in extracting all the carotenoid from some species e. g. *Lycogola epidendron* (LEDERER, 1938), and procedures such as those described for bacteria will probably be shown to be necessary when further work on fungi is carried out. Meanwhile, MRAK, PHAFF and MACKINNEY (1949) have described a simple method for screening yeasts for carotenoids:

Yeast growth on a heavily inoculated plate is removed with the end of a glass slide. Care must be taken not to remove any of the agar substrate. The yeast on the slide is transferred with the aid of a spatula to a small beaker, or test tube and suspended evenly in 8—10 ml. of 5 N HCl. The mixture is heated to boiling and then promptly cooled. 10—15 ml. acetone and 5 ml. light petroleum or benzene are then added and the mixture shaken gently in a 50 ml. glass stoppered ERLENMEYER flask. Water 15—20 ml. is then added until two layers are clearly formed. If carotenoids are present the epiphase is coloured[1].

II. Saponification of the Extracts.

There are two main reasons why the carotenoid extracts, especially the xanthophyll fractions, after preliminary separations, should be saponified: —
(1) Saponification removes the chlorophylls, the presence of which often makes

---

[1] It is almost impossible to avoid some alteration of the pigments with HCl treatment (PETERSON et al., 1954).

it difficult to follow the resolution of the xanthophylls and (2) it removes all the neutral fat which might interfere with the chromatographic separation of the pigments and also with the isolation and crystallization of individual pigments.

The following method for saponification has been found satisfactory in the author's laboratory (although it must be emphasized there are very many slight variants published):

Sufficient ethanol (but not less than 10 ml.) is added to the dry residue to dissolve it completely and then 60% (w/v) aqueous potash (1 ml./10 ml. ethanol) is added with shaking. This mixture is covered with nitrogen and left for 12—16 hr. (preferably overnight) in the dark at room temperature. The solution is then diluted with 3—4 times its volume of water and extracted with an equal volume of peroxide-free ethyl ether. The extractions are continued until all the pigment is extracted (2—3 times). The combined ether extracts are washed with about one-half their volume of tepid water; this is repeated (usually 3—4 times) until all the soaps are washed from the ethereal layer, i. e. until the water washings no longer turn phenolphthalein pink. The ether extract is dried with Na₂SO₄ and treated as required.

Only one carotenoid, astaxanthin, is unstable to alkali. It is never encountered in the higher plants and in the numerous algae so far examined, it occurs only in *Haematococcus pluvialis* and *Euglena sanguinea* (Tischer, 1941). Some pigments rather similar to astaxanthin have been observed occasionally in fungi.

When treated with alkali, astaxanthin forms a salt which, in the presence of air, is rapidly oxidized to astacin (3,4,3′,4′-tetraketo-β-carotene). In the presence of alkali astacin is insoluble in ether and accumulates at the ether/water interface as a reddish-brown flocculent precipitate. It is best collected by removing most of the aqueous layer, collecting the precipitate and adding to it some ether and a small volume of 5 N H₂SO₄ or glacial acetic acid and shaking. The pigment is extracted from the acid solution into the ether. This is washed free from acid with successive small volumes of water, and then treated as described later (p. 283).

The removal of the bulk of the aqueous layer before adding the acid, effects a considerable preliminary purification of the pigment; if the whole aqueous layer is extracted, then after acidification the fatty acids are extracted by ether together with the pigment.

It is obvious that if astaxanthin itself is required, no alkali must be used during the extraction process.

III. Phase Separation (Partition between Immiscible Solvents).

The usual solvents used are (a) light petroleum (sometimes containing a little ether) which forms the upper or *epiphase* and (b) methanol (90% v/v aqueous), the lower or *hypophase*.

If the light petroleum extract is shaken with the 90% methanol, then all the xanthophylls containing 2 or more free hydroxy-or keto-groups are extracted. The carotenes, their epoxides, monoketo- or monohydroxy-derivatives, or xanthophylls with their hydroxy-group esterified or methylated, remain in the epiphase. The procedure can be made quantitative by repeating the extraction until no further pigments are extracted (usually 3—4 times). The epiphase is washed free from methanol (this is extremely important from the point of view of chromatography), dried with Na₂SO₄ and kept for further examination.

The pigments present in the methanol phase are recovered by adding an equal volume of ethyl ether and then water until two layers form. The ether layer is washed free from methanol, dried and examined as required.

If a qualitative phase test is carried out, it is important not to miss traces of xanthophylls present in the methanol layer. Re-extraction into ether will reveal the presence of traces which might have been missed in the methanol.

Other phase separations are possible: —

e. g. (1) If a light petroleum extract which has already been treated with 90% methanol, is then further extracted with 95% (v/v) methanol, then the monohydroxy- and monoketonie carotenoids are extracted. There appears to be no information as to the behaviour of epoxides to 95% methanol; one would suspect that they would remain epiphasic.

(2) If a mixture of lutein and fucoxanthin in mixture (1.1) of light petroleum and ether is shaken three times with 70% (v/v) aqueous methanol, then all the fucoxanthin but only traces of lutein are extracted by the methanol (WILLSTÄTTER and PAGE, quoted by ZECH-MEISTER and CHOLNOKY, 1943).

(3) If a mixture of lutein and violaxanthin is dissolved in a 1:1 mixture of ether and light petroleum and the resulting solution shaken with portions of 70% aqueous methanol, then twice as much violaxanthin as lutein passes into the methanol. If this solution is now shaken with 5 ml. of a 1:1 ethyl ether-light petroleum mixture then almost all the lutein, but only traces of the violaxanthin, passes into the upper layer (KUHN and WINTERSTEIN, 1931).

WHITE and ZSCHEILE (1942) have investigated the partition behaviour of carotenoids between hexane and alcohols other than methanol.

IV. Chromatographic Separation.

Carotenoids are separated by column chromatography and the general methods of this technique are fully described Vol. I, p. 95 and by various monographs by experts in the field (ZECHMEISTER and CHOLNOKY, 1943; ZECHMEISTER, 1950; STRAIN, 1943, and LEDERER, 1949). Full details of techniques will not be given here. A few attempts have been made to separate carotenoids on paper (see e. g. BAUER, 1952, STRAIN, 1953), but as yet at no completely satisfactory method has appeared, and it is not possible to envisage at the moment, the replacement of column chromatography by chromatography on paper. Countercurrent separation of carotenoids has recently been reported (CURL, 1953).

In separating carotenoids chromatographically, a "zone" or a "flowing" chromatogram can be utilized. In the former case the pigments are separated by a suitable developer into zones, the column is then extruded and the various zones removed mechanically and the pigment eluted with an appropriate solvent.

Table 5. A list of adsorbents in general use for separating carotenoids. [Arranged in order of increasing adsorptive power (see STRAIN, 1943, for a complete list).]	Table 6. The solvents usually employed in separating carotenoids chromatographically; arranged in order of increasing eluting power[3].
Starch	Light Petroleum[4]
Sucrose	Ether
$CaCO_3$[1]	Acetone
$Ca_3(PO_4)_2$	Benzene
$ZnCO_3$	Chloroform
Bone meal	1,2-dichloroethane
$MgCO_3$	Ethanol
Al_2O_3 (deactivated)[2]	Methanol
MgO (Merck)	Water + acetic acid[5]
$Ca(OH)_2$	Glacial acetic acid[5]
CaO	
MgO (Micron)	
Al_2O_3 (Merck, Spence; activated)	

[1] STRAIN (1943) lists $CaCO_3$ as less active than $Ca_3(PO_4)_2$, whilst KARRER and JUCKER (1948) consider it more active.

[2] Weakened by standing over methanol for 2 hrs., filtering off the methanol under pressure, and drying at a temperature not above 60° (GOODWIN and SRISUKH, 1949).

[3] For other solvents see STRAIN (1943) p. 66.

[4] The low boiling fractions are slightly less strong than the higher boiling fractions.

[5] Used only for astaxanthin.

In the latter method, the strength of the developing solvent is gradually increased so that each pigment is sequentially removed from the column and collected as a filtrate. In general, the former is probably the more desirable technique, especially when dealing with xanthophylls; the latter is most suitable for carotenes, but sometimes a combination of both methods can be used with convenience and success.

Many attempts have been made to relate the structure of carotenoids to their adsorptive power. With the discovery of new types of carotenoids (e. g. epoxides, partly saturated polyenes, etc.), it is probably wise to make only one generalization, viz: — that carotenes are adsorbed much less strongly than xanthophylls. (There is, under certain circumstances, even one exception to this statement.) The usual adsorbents and solvents used in separating carotenoids are listed in Tables 5 and 6.

Size of Columns. It is difficult to make definite recommendations, but it is probably best to use the same length of column (12—25 cm.) and vary the diameter according to the amount of pigment to be dealt with. This is illustrated in Table 7, which gives some examples drawn at random from the literature.

Table 7. *The size of column required to separate various amounts of carotenoids.*

Adsorbent	Size of column (cm.)	Amount of pigments (mg.)	Reference
CaCO₃	15 × 10.0	40	Kuhn and Lederer (1931)
MgCO₃	15 × 1.0	0.075—0.50	A.O.A.C. method (see Zechmeister, 1950)
Alumina	10 × 1.0	0.07	Willstaedt and With (1938)
MgO	(?) 10 × 0.1	0.0015	Strain (1938a)
MgO + Hyflo	25 × 3.0	0.41	Strain (1943)
Ca(OH)₂	24 × 4.8	6.0	Zechmeister and Polgar (1944)
Ca(OH)₂	28 × 7.0	25.0	Polgar and Zechmeister (1942)

Describing a Chromatogram. The usual way of describing a developed chromatogram is illustrated in Table 8. The zones are listed in order of decreasing adsorptive power and also recorded are (a) the depth of each zone (a rough quantitative measure) (b) the depth of the colourless interzones (an indication of the degree of separation), (c) the colour of the zones, (d) the absorption spectra of the zones and (e) the probable identification.

Table 8. *The method usually adopted in describing a chromatogram.* (Adapted from Haxo, 1949.) (Pigments developed with 1.5% acetone in benzene; zones in order of decreasing adsorption.)

Zone No.	Depth (mm.)	Description	Absorption Spectrum maxima (mμ.) in benzene
A	30	Almost colourless	-------------
B	10	Colourless interzone	-------------
C	40	Dark rose-red	549, 511 479
D	40	Pale red	545 500.5, 474.5
E	20	Colourless interzone	-------------
F	10	Orange	520.4, 486, 455.5

Bickoff (1948) has published an ingenious graphical means of describing a chromatogram.

V. Separation of Carotenes from Xanthophylls.

To separate carotenes from xanthophylls is a relatively simple matter. The pigment extract is dissolved in a non-polar solvent, such as light petroleum, and poured on to a column of a weak adsorbent, one that will adsorb the xanthophylls firmly but which will allow the carotenes to run straight through, using as developer light petroleum either alone or contain a small amount of ethyl ether or other polar solvent.

Another important consideration in choosing an adsorbent for the preliminary separation of carotenes from xanthophylls is that it should not be so strong that the xanthophylls cannot eventually be eluted. A list of suitable adsorbents and solvents which can be used for this preliminary separation is given in Table 9.

Table 9. *Adsorbents and solvents used to separate carotenes from xanthophylls.*

Adsorbent	Solvent	Reference
Magnesia	Hexane and acetone (1—10%)	PORTER and ZSCHEILE (1946)
Alumina (deactivated)	Light petroleum + ether (5—15%)	GOODWIN (1952b)
Alumina	Hexane and acetone (1—10%)	KARRER, FATZER, FAVARGER and JUCKER (1943)
Fibrous alumina	Benzene	ZECHMEISTER and CHOLNOKY (1936)
Soda Ash	Light petroleum	KERNOHAN (1939)
Ca₃HPO₄	Light petroleum	MOORE (1942)
Magnesia + Hyflo Supercel	Dichloroethane	STRAIN (1938a)
Calcium hydroxide	Light petroleum + acetone (0—3%)	ZECHMEISTER (1950)
Calcium hydroxide + Hyflo Supercel	Hexane and acetone (0—4%)	ZECHMEISTER and PINCKARD (1947)
Calcium Carbonate	Light petroleum	REIMANN and EKLUND (1941)
Bone Meal	Light petroleum + acetone (0—5%)	MANN (1943)
Kieselguhr (Hyflo etc.)	Light petroleum	WILKES (1946)

1. Resolution of Carotenes.

Carotene mixtures can be separated by chromatography on an active adsorbent. In green tissues the only carotene normally present is β-carotene together with traces of its *cis*-isomers and α-carotene. The colourless polyenes, phytoene and phytofluene are also probably present in minute traces, but very large amounts of materials and special precautions have to be taken to demonstrate their presence (RAYBOURN and QUACKENBUSH, 1953; ZECHMEISTER and KARMAKAR, 1953; ENY, 1953).

Separation of α- from β-carotene is easily achieved using a MgO:siliceous earth (1:1) mixture and developing with hexane containing 2% (v/v) acetone (ZECHMEISTER and CHOLNOKY, 1943).

The *cis*-isomers of β-carotene most frequently encountered are neo-β-carotene B and neo-β-carotene U (see p. 303 for a discussion of *cis* carotenoids); these are separable on hydrated lime (325 mesh). In the original method, POLGAR and ZECHMEISTER (1942) used light petroleum containing 2% (v/v) acetone as developer, but BICKOFF (1948) has found that 1.5% (v/v) of p-cresylmethyl ether was more effective than acetone.

Examples of the separation of the complex mixture of polyenes usually extracted from fruit can be obtained from the work of ZECHMEISTER and SCHROEDER (1942a, b) on *Butia capitata* and PORTER and ZSCHEILE (1946) and TROMBLY and PORTER (1953) on tomatoes. In all cases resolution was carried out on a MgO-Supercel (Siliceous earth) (1:1) mixture using light petroleum containing acetone as developer. Resolution is also possible on alumina (active) using light petroleum containing 5—20% (v/v) ethylether as developer (GOODWIN, 1952b).

Table 10. *The sequence of carotenes (and colourless polyenes) on an adsorption column* (MgO + Hyflo supercel 1:1). [Mainly after Porter and Zscheile (1946); Trombly and Porter (1953).] (Pigments listed in order of decreasing adsorption.]

Lycopene	Pro-γ-Carotene
Neolycopene A	ζ-Carotene
Tetrahydrolycopene (? = Neurosporene)	Pigment x
Polycis lycopene I	Neo-β-carotene B
Polycis lycopene II [1]	β-Carotene
Polycis lycopene III	Neo-β-Carotene U
γ-Carotene [2]	α-Carotene
δ-Carotene	ε-Carotene [5]
Prolycopene	η-Carotene
Polycis-lycopene IV	All *trans*-Phytofluene [6]
Polycis-lycopene V [3]	Phytofluene
Polycis-lycopene VI	Phytoene Colourless Polyenes
Leprotene [4]	Tetrahydrophytoene [7]
Protetrahydrolycopene	

[1] These isomers were found in extracts of *Pyracantha angustifolia* berries just above γ-carotene when Ca(OH)$_2$ was the adsorbent (Zechmeister and Sandoval, 1945). It is assumed that they occupy the same place on MgO/Celite (siliceous earth). It is uncertain at the moment whether they are adsorbed above or below tetrahydrolycopene.

[2] Two closely located "γ-carotene" zones are often observed (Zechmeister and Schroeder, 1942a).

[3] These pigments are adsorbed below prolycopene on Ca(OH)$_2$; it is assumed that this holds for a MgO-celite column. Their position in relation to protetrahydrolycopene is not known. Trombly and Porter (1953) have noticed other unidentified pigments adsorbed near protetrahydrolycopene and obviously care must be taken in dealing with this region of the chromatographic spectrum.

[4] Leprotene is adsorbed above ζ-carotene and below γ-carotene (Goodwin and Jamikorn, 1953); its position relative to the pigments adsorbed between ζ-carotene and γ-carotene is unknown.

[5] The position of ε-carotene in relation to phytofluene is unknown, but it is adsorbed below α-carotene (Strain and Manning, 1943).

[6] (a) This polyene was first obtained by chemical isomerization of phytofluene (Petracek and Zechmeister, 1952) but may also occur naturally.

(b) Trombly and Porter (1953) have found in tomatoes an all *trans*-compound which is very similar to phytofluene but which is adsorbed above α-carotene.

[7] The existence of this polyene is still not yet fully accepted (Mackinney, 1952).

Table 10 gives a list of most of the naturally occurring carotenes[8], in the order in which they are usually adsorbed on a chromatographic column. Although this order is not normally found to vary, changes can occur, especially with the more strongly adsorbing pigments. Strain (1939, 1948) has examined this problem in some detail and his observations are summarized in Tables 11 and 12.

Table 11. *The relative positions of certain carotenoids on different adsorbents.* [Solvent, light petroleum containing 4—25% (v/v) acetone; pigments in order of decreasing adsorptive power.] (After Strain, 1948.)

Sugar	Celite	Magnesia
Zeaxanthin	Zeaxanthin	Rhodoxanthin
Lutein	Lutein	Lycopene
Cryptoxanthin	Rhodoxanthin	Zeaxanthin
Rhodoxanthin	Cryptoxanthin	Lutein
Lycopene [9]	Lycopene [9]	Cryptoxanthin
β-Carotene	β-Carotene	β-Carotene
α-Carotene	α-Carotene	α-Carotene

[8] See Goodwin, 1955 for recently described carotenes.

[9] Not separable.

Table 12. *The effect of varying adsorbent and solvent on the relative positions of certain carotenoids and chlorophylls.* (STRAIN, 1939.)

Ad-sorbent	Sucrose				Magnesia-Celite (1:1)		Celite
Solvents	Light petroleum +				Light petroleum +		Light petroleum +
	1 % (v/v) ethanol	5,0 % (v/v) acetone + 0,75 % (v/v) ethanol	5 % (v/v) acetone + 0,5% (v/v) ethanol		3 % (v/v) ethanol	25 % (v/v) acetone	5 % (v/v) acetone + 0,5 % (v/v) ethanol
Pigments	fucoxanthin chlorophyll b zeaxanthin chlorophyll a	fucoxanthin chlorophyll b chlorophyll a zeaxanthin	chlorophyll b fucoxanthin chlorophyll a zeaxanthin		chlorophyll b chlorophyll a fucoxanthin zeaxanthin	chlorophyll b chlorophyll a zeaxanthin fucoxanthin	chlorophyll b fucoxanthin zeaxanthin chlorophyll a

Collection of the Colourless Components. Phytoene and phytofluene are colourless polyenes, so recourse has to be made to techniques other than visual inspection for locating them on the column.

Phytofluene. Phytofluene is easily located because in ultra-violet light it fluoresces with a bright green fluorescence (ZECHMEISTER and SANDOVAL, 1945).

PETRACEK & ZECHMEISTER (1952) have isomerized naturally occurring phytofluene and obtained a substance differing from the natural polyene by having a higher adsorptive power, an absorption spectrum in the same position but with greater persistence and only a rudimentary *cis*-peak (see p. 304). It seems that the naturally-occurring compound is the *cis*-form but PETRACEK and ZECHMEISTER recommend that it shall retain the name phytofluene and that the new isomer be known as all-*trans* phytofluene. The phytofluene isomers are best resolved on a column of strong alumina using as developer either a 3:2 hexane benzene mixture (PETRACEK and ZECHMEISTER, 1952) or light petroleum containing 10—15% ether (GOODWIN, 1953). The system alumina-calcium hydroxide can be used with hexane containing 1.5% acetone developer; if α-carotene is present, however, it is mixed with all-trans phytofluene. MgO-(hexane-3% acetone) is a combination not suitable for resolving these isomers (PETRACEK and ZECHMEISTER, 1952). To detect phytofluene in tissues such as green leaves, where it occurs only in minute traces, the special technique of ZECHMEISTER and KARMAKAR (1953) using magnesia, must be employed.

Phytoene. Crude phytoene is perhaps best obtained employing a flowing chromatogram on active alumina (GOODWIN, 1952b). Using light petroleum containing 5—10% (v/v) ethyl ether, the fraction running before phytofluene is collected in aliquots by an automatic fraction collector. These are then examined for phytoene by measuring their absorption spectra in the region 265—295 mμ. RABOURN and QUACKENBUSH (1953) have recently described a method using MgO as adsorbent; this is useful when only traces of the polyene are being investigated.

2. Xanthophylls.

The separation of leaf xanthophylls was studied in great detail by STRAIN (1938a) and this work remains the standard reference[1]. STRAIN's method can be briefly described:—

Dissolve a xanthophyll mixture (1 g.) in dichloroethane (30—40 ml.) and pass through a column (42 × 6.5 cm.) of a mixture of magnesia and siliceous earth (1:1, 180 g.). The column is washed with dichloroethane for 12—14 hr. using a vacuum (26 cm. Hg. pressure) to draw the solvent through. At the end of this time the chromatogram described in Table 13 is obtained.

---

[1] See BICKOFF, et al. (1954) for a recent method.

Table 13. *The xanthophylls of green leaves.* [In order of decreasing adsorptive power; adsorbent MgO-celite (1:1): developer dichloroethane, from Strain (1938a).]

Zone No.	Description	Identification	Relative Amounts
1	orange-yellow	mixture[1]	13.25
2	orange-yellow	mixture[2]	5
3	orange-yellow	mixture[3]	1
4	Yellow	Neoxanthin	20
5	Light yellow	Flavoxanthin c[4]	4.5
6	Light yellow	Flavoxanthin b[4]	4.75
7	Yellow	Violaxanthin[5]	6.5
8	Orange	Zeaxanthin	2
9	Yellow	Isolutein[6]	1.25
10	Orange yellow	Lutein	62.5
11	Orange	Cryptoxanthin	trace

[1] Separated into 5 unidentified pigments.
[2] Separated into 2 unidentified pigments.
[3] Several inseparable pigments present.
[4] Flavoxanthins b and c differ only in their optical rotations. Flavoxanthin b is given this suffix because it has a higher optical rotation and m. p. (see p. 299) than the flavoxanthin originally obtained from flower petals by Kuhn and Brockmann (1932b). Karrer, Krause-Voith and Steinlin (1948) suggest that the flavoxanthin of leaves may often be an artefact, produced by the action of traces of HCl on lutein-5,6-epoxide (see also p. 302).
[5] Strain (1954) has recently shown that leaf violaxanthin (violaxanthin a) and flower violaxanthin (Kuhn and Winterstein, 1931) are identical.
[6] It is possible that isolutein is lutein-5,6-epoxide for Karrer, Krause-Voith and Steinlin, 1948) have found that this epoxide is a constant component of many green leaves.

When xanthophyll mixtures from different tissues (fruit[7], leaves, etc.) are examined they must, in general, each be dealt with on their merits. Table 14 indicates the adsorbents and solvents used by different investigators to isolate the "non-leaf" xanthophylls and in Table 15 an attempt has been made to give the relative positions of these pigments on a chromatographic column. As emphasized previously, however, the exact relative position of these xanthophylls must be accepted with reservation.

Table 14. *The adsorbents and solvents used to isolate xanthophylls not occurring in green leaves.*

Name	Adsorbent	Solvent	Reference
Antheraxanthin (= ? petaloxanthin) Cis-antheraxanthin	ZnCO$_3$	Benzene	Tappi and Karrer (1949)
Aphanicin	Al$_2$O$_3$	L. P.[8]	Tischer (1939)
Aphanin = echinenone = ? myxoxanthin)	Al$_2$O$_3$ Al$_2$O$_3$ Ca(OH)$_2$CaCO$_3$	L. P. + ether	Tischer (1939), Goodwin and Taha (1950) Fox and Scheer (1941)
Aphanizophyll	Al$_2$O$_3$	L. P.	Tischer (1939)
Astaxanthin	MgO + Hyflo	L. P.	Haas, Bushnell and Peterson (1942)
	CaCO$_3$	L. P.	Kuhn and Sörensen (1938)
Auroxanthin	ZnCO$_3$	Benzene	Karrer and Rutschmann (1942)
Canthaxanthin	MgO + Hyflo	L. P. + acetone	Haxo (1950)

[7] See Curl and Bailey (1954) for full separation of orange xanthophylls.
[8] L. P. = Light petroleum.

Table 14. (Continued.)

Name	Adsorbent	Solvent	Reference
Capsanthin	Ca(OH)₂ + CaCO₃	L. P.	CHOLNOKY (1939)
	CaCO₃	Benzene + ether	ZECHMEISTER and CHOLNOKY (1934a)
Capsorubin	Ca(OH)₂ + CaCO₃	L. P.	CHOLNOKY (1939)
	CaCO₃	Benzene + ether	ZECHMEISTER and CHOLNOKY (1934b)
α-Carotene-5,6-epoxide	ZnCO₃	Benzene	KARRER and JUCKER (1945a)
Celaxanthin	Ca(OH)₂	L. P. + acetone	LE ROSEN and ZECHMEISTER (1943)
Chrysanthema-xanthin	ZnCO₃	Benzene	KARRER and JUCKER(1949a)
	CaCO₃	Benzene panol + 0.5% di-methylaniline	KARRER and JUCKER (1943) HARDIN (1944)
Corynexanthin	CaCO₃; poudered cellulose	L. P. + ethanol	HODGKISS, LISTON, GOODWIN and JAMIKORN (1954b)
Diadinoxanthin	Powdered sucrose	L. P. + 0,5% pro-panol + 0.5% di-methylanilin	STRAIN, MANNING and HARDIN (1944)
Diatoxanthin	Powdered sucrose	L.P. + 0.5% pro-panol + 0.5% di-methylaniline	STRAIN, MANNING and HARDIN (1944)
Dinoxanthin	Sucrose	L.P. + propanol	STRAIN, MANNING and HARDIN (1944)
Eschscholtzxanthin	MgCO₃	Dichloroethane	STRAIN (1938b)
Flavacin	Al₂O₃	L. P.	TISCHER (1939)
Flavochrome	ZnCO₃	Benzene	KARRER, JUCKER, RUTSCHMANN and STEINLIN (1945)
Neofucoxanthin	Powdered sucrose	L.P. + 0.5% pro-panol + 0.5% di-methylaniline	STRAIN, MANNING and HARDIN (1944)
Fucoxanthin	Powdered sucrose	L.P. + 0.5% pro-panol + 0.5% di-methylaniline	STRAIN, MANNING and HARDIN (1944)
Gazaniaxanthin	Al₂O₃	L. P. + benzene	SCHÖN (1938)
	Ca(OH)₂	L. P. + acetone	ZECHMEISTER and SCHROEDER (1943)
Lycophyll	Ca(OH)₂	Benzene	ZECHMEISTER and CHOLNOKY (1936)
Lycoxanthin	Ca(OH)₂	Benzene	ZECHMEISTER and CHOLNOKY (1936)
Mutatochrome (= Citroxanthin)			KARRER and JUCKER (1944b)
Myxoxanthophyll	CaCO₃	Chloroform	HEILBRON and LYTHGOE (1936)
Oscillaxanthin	ZnCO₃	Chloroform	KARRER and RUTSCHMANN (1944a)
Peridinin	Sucrose	L. P. + propanol	STRAIN, MANNING and HARDIN (1944)
Phytofluenol	MgO + Hyflo	L. P. + acetone	ZECHMEISTER and PINCKARD (1948)
Rhodopin	Ca(OH)₂	L. P. + benzene	KARRER and SOLMSSEN (1935)
Rhodoxanthin	CaCO₃	L. P.	REIMANN and EKLUND (1944)
Rubichrome	ZnCO₃	Benzene + ether	KARRER, JUCKER and STEINLIN (1947)

Table 14. (Continued.)

Name	Adsorbent	Solvent	Reference
Rubixanthin	Al_2O_3	L. P. + benzene	Kuhn and Grundmann (1934)
	$CaCO_3$	L. P.	Reimann and Eklund (1941)
Sarcinaxanthin	Al_2O_3	L. P.	Taketa and Ohta (1941)
Spirilloxanthin (=Rhodoviolascin)	$Ca(OH)_2 + CaCO_3$ (1:2)	Benzene + 0.5 to 2.0% acetone	Polgar, van Niel and Zechmeister (1944)
Taraxanthin	$CaCO_3$	L. P. + benzene	Kuhn and Lederer (1931)
Tareoxanthin	MgO and Hyflo	L. P. + 25% acetone	Strain, Manning and Hardin (1943)
Torularhodin	Al_2O_3	L. P.	Karrer and Rutschmann (1943)
Torulin	Al_2O_3	L. P.	Lederer (1938); Fromageot and Tchang (1938)
Trollichrome	$ZnCO_3$	Benzene	Karrer, Leumann and Eichenberger (1951)
Trollixanthin	$ZnCO_3$	Benzene + ether	Karrer and Jucker (1946)
Violeoxanthin	Sucrose	L.P. + 1% propanol	Strain, Manning and Hardin (1943)

Table 15. *The usual adsorption sequence of plant xanthophylls*[1]. (In order of decreasing adsorptive power.)

Myxoxanthophyll[2, 8]
Aphanizophyll[2, 8]
Neofucoxanthins
Fucoxanthin
Peridinin[3]
Dinoxanthin[3]
Diadinoxanthin[3]
Diatoxanthin[3]
Capsorubin
Capsanthin
Auroxanthin
Violaxanthin[4]
Taraxanthin
Antheraxanthin
    (= ? petaloxanthin)
Cis-antheraxanthin
Lycophyll[5]
Eschscholtzxanthin
Flavoxanthin[4]
Chrysanthemaxanthin

Lutein-5,6-epoxide
    (= eloxanthin, = ? isolutein)
Zeaxanthin
Lutein[6]
Rubichrome
Celaxanthin
Spirilloxanthin
Torulin
Lycoxanthin   [7]
Sarcinaxanthin
Gazaniaxanthin
Rubixanthin
Cryptoxanthin
Canthaxanthin
Rhodoxanthin
Echinenone
    (= aphanin = ? myxoxanthin)
Mutatochrome
Flavochrome
α-Carotene-5,6-epoxide

[1] The position of some leaf xanthophylls already given in Table 13 are repeated here as "reference points".

[2] These pigments may be identical.

[3] The position of these pigments relative to capsorubin is not known, but they are all adsorbed below fucoxanthin.

[4] For comments on the relative positions of these two pigments see Table 13.

[5] The exact positions of lycophyll is not known.

[6] There is a very big decrease in adsorptive power in passing from lutein to those pigments listed below it.

[7] The adsorptive properties of these pigments are very similar and it is difficult to state with certainty their relative positions. It is known however (a) that gazaniaxanthin is adsorbed above cryptoxanthin. (b) that celaxanthin is adsorbed above torulene.

[8] The recently observed corynexanthin has an adsorptive power similar to these pigments (Hodgkiss, Liston, Goodwin and Jamikorn, 1954).

Xanthophyll Esters.

The xanthophylls occurring esterified in plant tissues are cryptoxanthin, zeaxanthin, lutein, and taraxanthin; celaxanthin and capsanthin in fruit, and astaxanthin in algae.

In the case of fruit esters those of zeaxanthin and lutein appear to be the best known. Both are esterified with palmitic acid, zeaxanthin dipalmitate being physalien (KUHN and WEIGAND, 1929) and lutein dipalmitate being helenien (KUHN, LEDERER and WINTERSTEIN, 1931). These are normally adsorbed below cryptoxanthin but above lycopene and in the same relative order as the parent compounds. Cryptoxanthin and taraxanthin appear also to be esterified with only one fatty acid. Cryptoxanthin ester is adsorbed below lutein esters and above γ-carotene (and also probably lycopene) (CHOLNOKY, 1938). The positions of taraxanthin and celaxanthin esters do not appear to have been determined, but celaxanthin ester is adsorbed slightly above torulin (LE ROSEN and ZECH-MEISTER, 1943). Capsanthin appears to form a number of "coloured waxes" for saponification of the crude crystals of the red pigment from the skin of ripe paprika yielded a mixture of fatty acids including oleic, carnambic, myristic and palmitic acids. This suggests that capsanthin forms a number of esters (ZECH-MEISTER and CHOLNOKY, 1931). The chromatographic separation of these esters does not appear to have been completely achieved but ZECHMEISTER and CHOLNOKY (1931) have reported a partial separation.

The dihydroxy carotenoids do not appear to form mono-esters in fruit, but these have been found in various animal tissue, e. g., frogs. An adequate method of separating mono- and di-esters has been described by MORTON and ROSEN (1949).

C. Isolation and Identification of Pigments.

I. Crystallization.

As carotenoids occur in plant tissues in only small amounts (ca. 50—150 p. p. m., in the best sources), it is not often that experiments are carried out on a scale sufficiently large to allow the isolation of the pigments in crystalline form. In many investigations, however, it is not necessary to isolate the pigments in crystalline form in order to identify them unequivocally. There is such a vast amount of basic information available concerning the properties of these pigments that critical application of the tests to be described in the following section will allow the identification of most carotenoids.

If crystallization is contemplated then the classical chemical work of KUHN, KARRER and ZECHMEISTER and their colleagues should be consulted in the original, for as KARRER and JUCKER (1948) state:— "The crystallization of carotenoids requires considerable practice, especially if small amounts of material are involved."

Briefly, the pigment zone obtained by chromatography is eluted, generally using the developing solvent containing 1—10% ethanol. The solvent is then removed under nitrogen at low pressure. If the residue contains a carotene, it is generally dissolved in the minimal amount of benzene; methanol (3—4 vols.) is then added and the mixture placed at —30° for some hours. If the pigment is a xanthophyll, crystallization is generally obtained by dissolving in the minimal amount of methanol and cautiously adding a few drops of water. Other solvents have been used and these are given in Table 16, which also records the melting points of the carotenoids which have been obtained in crystalline form.

Table 16. *The melting points of plant carotenoids and the solvents used for their crystallization.*
(The pigments are arranged in order of increasing adsorptive power.)

Pigment	m. p.	Solvents	Reference
A. Carotenes			
α-Carotene	187—188°	Benzene + methanol; light petroleum	BICKOFF, WHITE, BEVENUE WILLIAMS (1948); KARRER and WALKER (1933)
Neo-β-carotene	122—123°	Benzene + methanol	BICKOFF et al. (1948); POLGAR and ZECHMEISTER (1942)
β-Carotene	182°	Benzene + methanol	BICKOFF et al. (1948); KUHN and BROCKMANN (1933a)
Pro-γ-Carotene	135° [1]	Benzene + methanol	ZECHMEISTER and SCHROEDER (1942a); HAAGEN-SMIT, PINCKARD and ZECHMEISTER (1952)
Prolycopene	112°	Light petroleum + ethanol	ZECHMEISTER and SCHROEDER (1942b)
Polycis-lycopene I	93—95°	benzene + methanol	ZECHMEISTER and PINCKARD (1947)
Polycis-lycopene II	85—87°	light petroleum +	
Polycis-lycopene III	105—106°	benzene + methanol	
γ-Carotene	131—178° [2]	Benzene + methanol (2:1)	KUHN and BROCKMANN (1933a); ZECHMEISTER and SCHROEDER (1943)
Tetrahydrolycopene [3] (= ? neurosporene)	123.8°	Benzene + methanol (CS$_2$ + ethanol in low yield)	HAXO (1949)
Lycopene	173°	Benzene + methanol	HAXO (1949); HAAGEN-SMIT et al. (1950)
B. Xanthophylls			
α-Carotene-5,6-epoxide	175°	Benzene + methanol	KARRER and JUCKER (1945c)
Flavochrome	189°	Benzene + methanol	KARRER et al. (1945)
Mutatochrome	163—164°	Benzene + methanol	KARRER and JUCKER (1947)
Echinenone (= aphanin = ? myxoxanthin)	178—179°	Benzene + methanol	LEDERER (1935)
Rhodoxanthin	219°	Benzene + methanol (1:4)	KUHN and BROCKMANN (1933b)
Canthaxanthin	218°		HAXO (1950)
Gazaniaxanthin	133—134°	Benzene + methanol	ZECHMEISTER and SCHROEDER (1943)
Cryptoxanthin	169°	Benzene + methanol	KUHN and GRUNDMANN (1933)
Rubixanthin	160°	Benzene + light petroleum	KUHN and GRUNDMANN (1934)
Sarcinaxanthin	150°	Benzene + light petroleum	TAKEDA and OHTA (1941)
Lycoxanthin	168°	Benzene + light petroleum	ZECHMEISTER and CHOLNOKY (1936)
Torulin	185°	Light petroleum	LEDERER (1938)
Spirilloxanthin	218°	Benzene	KARRER and SOLMSSEN (1935)
Celaxanthin	209—210°	Light petroleum + ethanol	LE ROSEN and ZECHMEISTER (1943)
Rubichrome	199°	Benzene + methanol	KARRER, JUCKER and STEINLIN (1947)
Lutein	193°	Methanol	KUHN, WINTERSTEIN and LEDERER (1931b)

[1] Originally the m. p. was given as 118—119° (ZECHMEISTER and SCHROEDER, 1942a).
[2] The reasons for this wide variation is discussed by HAAGEN-SMIT et al. (1950).
[3] The m. p. quoted is that for neurosporene. Tetrahydrolycopene (which may possibly be different from neurosporene) has not yet been obtained crystalline.

Table 16. (Continued.)

Pigment	m. p.	Solvents	Reference
Zeaxanthin	215.5°	Methanol	KARRER and SOLMSSEN (1938)
Lutein-5,6-epoxide	184—185°	Benzene + methanol	KARRER and JUCKER(1945b)
Chrysanthemaxanthin	194—5°	Benzene + methanol	KARRER and JUCKER(1945b)
Flavoxanthin	194°	Methanol	KARRER and JUCKER(1945b)
Eschscholtzxanthin	185—6°	Acetone	STRAIN (1938b)
Lycophyll	179°	Benzene + methanol	ZECHMEISTER and CHOLNOKY (1936)
Cis-antheraxanthin	110°	Methanol	TAPPI and KARRER (1949)
Antheraxanthin	206°	Methanol; Benzene + methanol	KARRER and JUCKER(1945b)
Taraxanthin	184—5°	Methanol	KUHN and BROCKMANN (1932a)
Violaxanthin	200°	Methanol; CS_2	KUHN and WINTERSTEIN (1931)
Auroxanthin	203°	Methanol	KARRER and RUTSCHMANN (1942)
Capsanthin	175—6°	petroleum; methanol; CS_2	ZECHMEISTER and CHOLNOKY (1934b)
Capsorubin	201°	benzene + light petroleum	ZECHMEISTER and CHOLNOKY (1934a)
Peridinin (= Sulca-toxanthin)	125—130°	Ether + light petroleum	HEILBRON, JACKSON and JONES (1935)
Fucoxanthin	166—8°	Methanol	HEILBRON and PHIPERS (1935)
Aphanizophyll (? = myxoxantho-phyll)	172—30° 172—30° 182	Methanol; Pyridine + acetone	TISCHER (1938); HEILBRON and LYTHGOE (1936)
Astaxanthin	215—216°	Pyridine	KUHN and SÖRENSEN (1938)
Astacin	240—243°	Pyridine + water	KUHN and LEDERER (1933)

II. General Properties.

1. Absorption Spectra.

One of the most important properties of carotenoids is the possession of characteristic absorption spectra. The techniques for measuring absorption spectra are described by GLOVER (Vol. I, p. 149).

The position of the long wave absorption bands (usually 3) of the carotenoids is a function of the number of conjugated double bonds present in the molecule. Increasing and decreasing the number of conjugated double bonds increases and decreases, respectively, the wavelengths of maximal absorption. This is demonstrated in Table 17 in which the absorption maxima of plant carotenoids are collected. It will be seen also that the position of the absorption maxima depends on the solvent used, increasing from their lowest values in light petroleum to their highest values in carbon disulphide. The maxima can also vary in various fractions of the same solvent, for example, in light petroleum b. p. 30—60°, $\lambda_{max.}$ for β-carotene is at 449 mμ. In light petroleum b. p. 88—99°, it is at 453 mμ. (BICKOFF et al., 1948); this is an important point when attempts are being made to characterize a compound. The extinction coefficients can also vary from solvent to solvent (Table 18).

The use of $E_{1\,cm.}^{1\%}$ values in quantitative determinations is best illustrated by an example:

The E value in a d cm. cell of an ether extract (z ml.) of pigment A obtained from w g. of tissue is y.

$E_{1\,cm.}^{1\%}$ value for tissue is $\dfrac{y \times z}{100 \times w \times d}$.

Table 17. *The absorption spectrum maxima (mμ.) of plant carotenoids in various solvents[1].*

Polyene	Hexane	Carbon disulphide	Chloroform	Benzene
Tetrahydrophytoene	(?) 220			
Phytoene	275, 285, 296			
Phytofluene	332, 348, 367.5			374, 355, 338
Trans-Phytofluene	331.5, 348.5, 368			
ε-Carotene	418, 442, 471			
(? = Flavorhodene)	(in ethanol)			
α-Carotene	420, 445, 475	477, 509	454, 485	
Neo-β-carotene U	450, 481[3]	478.5, 512.5	461, 493.5	461, 494
β-Carotene	~425, 451, 482	~450, 485, 520[3]	466, 497	
Neo-β-carotene B	443.5, 475.5[3]			
Pigment x [4]	421, 452			
ζ-Carotene	378, 400, 425			
Pro-γ-carotene	435, 464[3]	460,5, 493.5	444, 473	447.5, 477
Protetrahydrolycopene	407, 430			
Polycis-lycopene VI	432			
Polycis-lycopene V	412, 431			
Polycis-lycopene IV	408, 422			
Prolycopene	443.5, 470[3]	469.5, 500.5	453.5, 484	455.5, 485
δ-Carotene	428, 458, 490	457, 490, 526	440, 470, 503	
γ-Carotene	431, 462, 495[3]	463, 496, 533	447, 475, 508	447, 477, 510
Leprotene	425, 452, 484	477, 499, 517	428, 460, 495	
Polycis-lycopene III	448, 472			
Polycis-lycopene II	440, 466			
Polycis-lycopene I	447, 443			
Tetrahydrolycopene	410, 433			
Neolycopene A	439, 468, 499.5	466, 498, 536	447.5, 478, 512	450, 479, 512
Lycopene	446, 474, 506[3]	477, 507, 547	456, 485, 520	455, 487, 522
α-Carotene-5,6-epoxide	442, 471	471, 503	454, 483	455, 484
Flavochrome	422, 450	454, 482	433, 461	434, 462
Mutatochrome				
(= citroxanthin)	427, 456	459, 489.5	435, 469	440, 470
Echinenone (=aphanin,	453	488—494	473	
? = myxoxanthin)				
Rhodoxanthin	458, 489, 524	491, 525, 464	482, 510, 546	474, 503,5 542.
Canthaxanthin		500	462	
Gazaniaxanthin	434.5, 462.5, 494.5	461, 494.5, 531		447.5, 476, 509
Cryptoxanthin	425, 451, 483	453, 483, 518	433, 463, 497	
Rubixanthin	432, 462, 494	461, 494, 533	439, 474, 509	
Sarcinaxanthin	415, 440, 469	469, 494	423, 451, 480	
Lycoxanthin	443, 472, 503[3]	473, 507, 547		
Torulin		488, 522, 563	469, 501, 539	456, 487, 521
Spirilloxanthin		496.5, 534, 573.5	476, 507, 544	482, 511, 548
Celaxanthin	456, 486.5, 520	487, 521, 562		
Rubichrome		472, 501		
Lutein	420, 447, 477	445, 475, 508	428, 456, 487	
Zeaxanthin	~ 423, 451, 483	450, 483, 518	429, 462, 494	
Lutein-5,6-epoxide				
(=eloxanthin;				
? = isolutein)	442, 471	472, 502		453, 482
Chrysanthemaxanthin	421, 450	451, 480.5	430, 459	
Phytofluenol	332, 348, 368			
Flavoxanthin	421, 450	449, 479	430, 459	432, 481
Eschscholtzxanthin		474, 501, 542	456, 488, 520	458, 485, 516
Lycophyll	447, 473, 504	472, 506, 546		456, 487, 521

[1] The pigments (except for the last 7) are in approximate order of increasing adsorptive powers.

[2] Actually in light petroleum.

[3] ~ indicates an inflexion.

[4] Recently observed by GOODWIN and OSMAN (1953); the old K-carotene of FRAPS and KEMMERER (1941) is probably a mixture of pigment x and ζ-Carotene.

Table 17. (Continued.)

Polyene	Hexane	Carbon disulphide	Chloroform	Benzene
Cis-Antheraxanthin		376, 506		457, 487
Antheraxanthin		478, 510	460.5, 490.5	
(? = Petaloxanthin)				
Taraxanthin	443, 472	441, 469, 501		
Violaxanthin	443, 472	440, 470, 501	424, 451.5, 482	454, 484
Neoxanthin	437, 466	463, 493	447, 476	447, 477
Auroxanthin		423, 454		
Capsanthin	474.5, 504²	503, 542		
Capsorubin	444, 474, 506	470, 503.5, 541.5		455, 486, 520
Diatoxanthin	453, 481			
	(in ethanol)			
Diadinoxanthin	448, 478			
	(in ethanol)			
Dinoxanthin	441, 471			
	(in ethanol)			
Peridinin		450, 482, 516		
Fucoxanthin		445, 477, 510	457, 492	
Neo-fucoxanthin A	445			
Aphanizophyll	445, 471, 503	454, 484, 518		
(? = myxoxantho-	(in ethanol)			
phyll				
Aphanicin	462, 494	494, 533	474, 504	
Astaxanthin		502		
Oscillaxanthin		494, 528, 568		
Astacin		500		
Torularhodin	467, 501, 537	500, 541, 582	483, 515, 554	485, 519, 557
Siphonaxanthin	455 (in ethanol)			
Rhodopin	440, 470, 501	475, 508, 547	453, 486, 521	
Trollixanthin		473, 501	455, 482	457, 483
Rhodovibrin		517, 556		
Trollichrome		450, 479	430, 458	432, 458
Corynexanthin	415, 437, 467	435, 466, 495	423, 447, 478	
	(in ethanol)			

Table 18. *The* $E_{1\ cm.}^{1\%}$ *values of carotenoids at the wavelength of maximal absorption.*

Carotenoid	$E_{1\ cm.}^{1\%}$	Solvent	Reference
Phytoene[1]	1220	*Iso*-octane	PORTER and ZSCHEILE (1946)
Phytofluene[1,2]	1350	Hexane	KOE and ZECHMEISTER (1953)
α-Carotene	2710	Hexane	ZECHMEISTER (1944)
	2670	*Iso*-octane	BICKOFF, WHITE, BEVENUE and WILLIAMS (1948)
	2735	Hexane	ZSCHEILE, WHITE, BEADLE and ROACH (1942)
	2700	Hexane	SMAKULA (1934)
	2730	Hexane	KUHN [quoted by ZECHMEISTER (1934)]
	2630	80% ethanol-20% ether	SMITH (1936)
	2580	80% ethanol-20% ether	MILLER (1937)
	2710	80% ethanol-20% ether	WHITE [quoted by ZSCHEILE et al. (1942)]
	2020	CS₂	SMITH (1936)
	2180	CS₂	KUHN [quoted by ZECHMEISTER (1934)]
Neo-β-carotene U	2520	Hexane	ZECHMEISTER [quoted by DEUEL (1952)]
	2380	*Iso*-octane	BICKOFF et al. (1948)

[1] Obtained with uncrystallized preparations.
[2] The best $E_{1\ cm.}^{1\%}$ value for all*trans*-phytofluene is 1540 (KOE and ZECHMEISTER, 1952, 1953).

Table 18. (Continued.)

Carotenoid	$E_{1\,cm.}^{1\,\%}$	Solvent	Reference
β-Carotene	2650	Hexane	Zechmeister (1934)
	2450	Hexane	Smakula (1934)
	2580	Hexane	Zscheile et al. (1934)
	2510	*Iso*-octane	Bickoff et al. (1948)
	2490	80% ethanol-20% ether	Miller (1937)
	2510	80% ethanol-20% ether	Smith (1936)
	2550	80% ethanol-20% ether	White [quoted by Zscheile et al. (1942)]
	1940	CS$_2$	Smith (1936)
	1940	CS$_2$	Mackinney (1935b)
	2200	CHCl$_3$	Gillam (1935)
	1892	CHCl$_3$	Loofbourow (1943)
	2080	Ethylether	Kar (1937)
Neo-β-carotene B[1]	1920	*Iso*-octane	Bickoff, White, Bevenue, Williams (1948)
ζ-Carotene[1]	2270	Hexane	Porter and Zcheile (1946)
Pro-γ-carotene	2090	Hexane	Zechmeister [quoted by Deuel (1952)]
Polycis lycopene VI	1490		
Polycis lycopene V	1660	Hexane	Zechmeister and Pinckard (1947)
Polycis lycopene IV	1940		
Prolycopene	1920	Hexane	Zechmeister (1944)
δ-Carotene[1]	2800	Hexane	Porter and Zscheile (1946)
γ-Carotene	2720	Hexane	Zechmeister (1944)
Polycis-lycopene III	2050		
Polycis-lycopene II	2180	Hexane	Zechmeister and Pinckard (1947)
Polycis-lycopene I	2230		
Tetrahydrolycopene (= ? neurosporene)	3000	Hexane	Haxo (1949)
	1950	CS$_2$	
Neolycopene A	2260	Hexane	Zechmeister (1944)
Lycopene	3470	Hexane	Zechmeister (1944)
Mutatochrome	1900	Ethanol	Karrer and Jucker (1947)
Rhodoxanthin	1900	Hexane	Kuhn and Brockmann (1933b)
Gazaniaxanthin	2600	Hexane	Zechmeister (1944)
Cryptoxanthin	2430	Benzene	Zechmeister and Lemmon (1944)
	2460	Hexane	Zscheile, White, Beadle and Roach (1942)
	2040	CS$_2$	Strain (1938a)
	2470	Ethanol	Strain (1938a)
Spirilloxanthin	2600	Hexane	
	2470	Benzene	Polgar, van Niel and Zechmeister (1944)
	1965	CS$_2$	
Lutein	2580	80% ethanol-20% diethyl-ether	Strain (1938a)
	2160	CS$_2$	Kuhn and Smakula (1931);
	1910		Strain (1938a)
	2380	CHCl$_3$	Strain (1938a)
	2480	Ether	Kar (1937);
	2600		Strain (1938a)
	2540	Ethanol	Zscheile, White, Beadle and Roach (1942)
	2550		Strain (1938a);
Zeaxanthin	2230	CS$_2$	Kuhn and Smakula (1931)
	2000		Smakula (1934);
	1850		Strain (1938a)
	2490	Ethanol	Strain (1938a)
	2360		Smakula (1934);
	2480		Zscheile, White, Beadle and Roach (1942)
	2110	Benzene	Zechmeister and Lemmon (1944)

[1] Obtained with uncrystallized preparations.

Table 18. (Continued.)

Carotenoid	$E_{1\,cm.}^{1\%}$	Solvent	Reference
Isolutein (? = lutein-5,6-epoxide)	2400	Ethanol	STRAIN (1938a)
Chrysanthemaxanthin	2100	Ethanol	KARRER and JUCKER (1943)
Flavoxanthin	2550	Benzene	KUHN and BROCKMANN (1932b)
Flavoxanthin c and b	2280	Ethanol	STRAIN (1938a)
Eschscholtzxanthin	2820	Ethanol	STRAIN (1938b)
Taraxanthin	2800	Ethanol	KUHN and LEDERER (1931)
Violaxanthin	2550	Ethanol	KARRER and JUCKER (1943)
	2250	Ethanol	STRAIN (1938a)
Neoxanthin	2270	Ethanol	STRAIN (1938a)
Auroxanthin	1850	Ethanol	KARRER and RUTSCHMANN (1942)
Capsanthin	1790	Benzene	} POLGAR and ZECHMEISTER (1944)
	1760	Ethanol	
Fucoxanthin	1100	Hexane	KARRER and WÜRGLER (1943)

If $E_{1\,cm.}^{1\%}$ for pure pigment A is b, then 1 g. tissue contains $\frac{y \times z}{100 \times w \times d \times b}$ g. of pigment.

As amounts of carotenoids are small, they are usually expressed in μg. i. e. 1 g. tissue contains $\frac{y \times z \times 10^{6}}{100 \times w \times d \times b}$ μg. of pigment.

The general effects of alterations in the conjugated system on the position of the absorption maxima have been discussed by KARRER and JUCKER (1948). The essentials are summarized here:—

1. Addition of a conjugated double bond increases the absorption maxima (in CS_2) by 20—22 mμ. and *vice versa*.

2. If the double bond in a β-ionone residue is moved out of conjugation (i. e. converted into an α-ionone residue) then the maxima are displaced to lower wavelength by about 9—11 mμ. If the ring system is opened (i. e. the β-ionone residue is converted to a ψ-ionone residue) then there is a displacement to higher wavelengths of about the same amount.

3. If the terminal double bond (in a β-ionone residue) is replaced by an epoxide group (5, 6-epoxide) then there is a lowering of the maxima by 6—9 mμ. The conversion of the 5, 6-epoxide to the 5,8 epoxide results in a shift of a further 19—22 mμ. to shorter wavelengths.

4. The introduction of a hydroxyl group has little effect in the position of the maxima; this is also true of the introduction of a keto group not conjugated to the polyene system; if it is conjugated then the absorption maxima are shifted 3—5 mμ. to higher wavelengths.

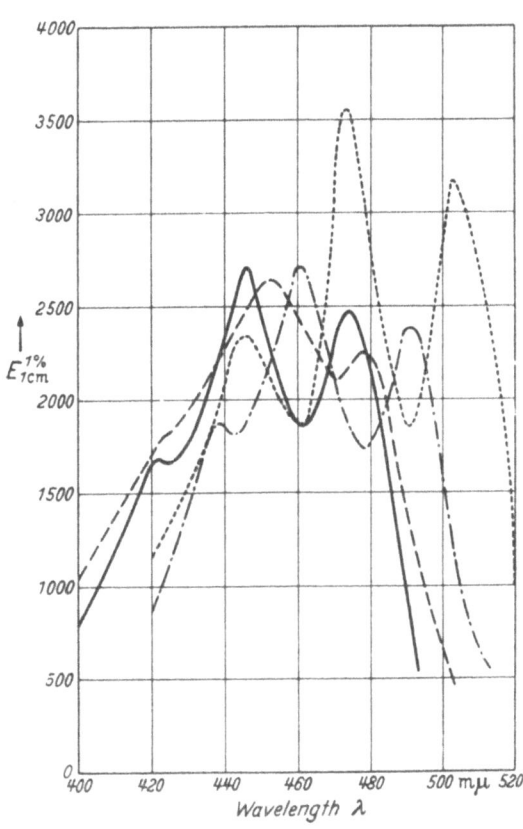

Fig. 2. The absorption spectrum (in light petroleum) of (a) α-Carotene ——————; (b) β-Carotene — — — — — (c) γ-Carotene —·——·——·; (d) Lycopene · · · · · · · · · · · ·

5. *Cis-trans* isomerism has a profound effect on the absorption spectra of carotenoids; this is dealt with in a separate section.

The structural variations just discussed not only affect the position of the absorption maxima but also have a profound effect on the shape of the curves. These effects can be summarized as follows:—

1. Carotenoids with an acyclic structure have a much greater persistence (ratio $E_{max.}/E_{min.}$) than those containing a mono- or bi-alicyclic residue (compare lycopene and β-carotene, Fig. 2).

2. In compounds containing two β-ionone residues the short wave band is reduced to a weak inflexion; whilst in carotenoids containing either only one or no such residue then this band is quite marked. This can be seen by comparing the spectra of α- and β-carotene and lycopene (Fig. 2).

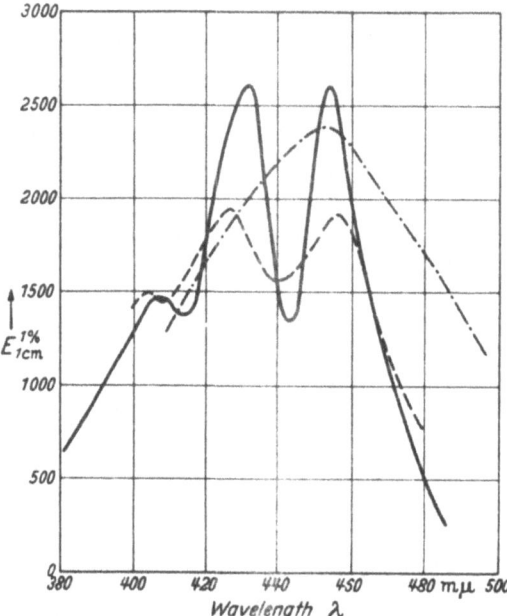

Fig. 3. The absorption spectra of (a) Flavoxanthin in benzene ———— ; (b) Mutatochrome in ethanol ———— (c) Echinenone in light petroleum —·—··—·— (Note: the ε scale does not apply to echinenone).

3. The furanoid epoxides generally have their two long wave bands of equal intensity and well defined; the short wave band is present but much less defined and less intense. This is illustrated by flavoxanthin (Fig. 3). Mutatochrome (Fig. 3) is exceptional in that the persistence of its spectrum is slight.

4. In the keto-carotenoids, the typical three-banded spectrum disappears and one obtains either an almost completely symmetrical single band as in astaxanthin or a single main band with very slight inflexions on either side of it as in rhodoxanthin (Fig. 3).

Recently recorded absorption curves in the visible region of other carotenoids are not given here, but may be obtained from the various reviews and monographs especially those of Zechmeister (1944), Goodwin (1952) and Deuel (1952).

Recording of Absorption Spectra. Absorption spectra are generally recorded in figures similar to those used in this chapter. For exact reference purposes, these are less accurate than tables recording the actually measured E values at the different wavelengths used, but they are accurate enough for all normal purposes.

2. Optical Rotation.

All carotenoids which contain an α-ionone residue are optically active, because of the asymmetric C atom in position 6. Other compounds such as furanoid epoxides (C^5 is asymmetrical) are also optically active. Measurement of rotations are made difficult by the colour of the solutions. The usual techniques can, however, be employed utilizing the 656.3 mμ. line of the Hg arc (Zechmeister and Tuzson, 1929) or a quartz cadmium lamp (643.8 mμ.) which is claimed to be a more powerful source (Kuhn, Winterstein and Lederer, 1931a). The known rotations of carotenoids are given in Table 19.

Table 19. *The optical rotation of some carotenoids.*

Pigment	Reference	[α]	Temp.	Wave-length	Solvent
α-Carotene	KARRER and WALKER (1933)	+385±5°	18	643.5	Benzene
		+315±7°	18	C ·	Benzene
Lutein	KARRER and JUCKER (1948)	+145°	20	643.5	Ethyl acetate
		+160°	20	643.5	Chloroform
Zeaxanthin[1]	ZECHMEISTER, CHOLNOKY and POLGAR (1939)	− 40—50°	P	C	Chloroform
	STRAIN (1938a)	− 41±12°	19	667.8	Chloroform
Lutein-5,6-epoxide (= eloxanthin)	HEY (1937)	+225°	18	645.5	Benzene
Flavoxanthin[2]	KARRER and JUCKER (1945b)	+190°	20	C	Benzene
Chrysanthema-xanthin	KARRER and JUCKER (1945b)	+180—190°	20	C	Benzene
Eschscholtz-xanthin	STRAIN (1938b)	+225±12°	18	667.8	Chloroform
Taraxanthin	KARRER and JUCKER (1948)	+200°	22	643.5	Ethyl acetate
Violaxanthin	KARRER and JUCKER (1948)	+ 35°	20	643.5	Chloroform
Neoxanthin	STRAIN (1938a)	+ 34°	20	667.8	Chloroform
Capsanthin	ZECHMEISTER and CHOLNOKY (1931)	+ 36°	?	643.5	Chloroform
Fucoxanthin[3]	KARRER, HELFENSTEIN, WHERLI, PIEPER and MORF (1931)	+ 72.5±9°	18	D	Chloroform
Myxo-xanthophyll	HEILBRON and LYTHGOE (1936)	−255°	?	643.5	Ethanol

3. Colour Reactions.

(a) **With SbCl₃.** A solution of vitamin A in anhydrous, ethanol free, chloroform when treated with excess of a saturated solution of $SbCl_3$ in anhydrous chloroform produces an intense but transitory blue colour ($\lambda_{max.}$ 617 mμ., $\varepsilon_{max.}$ 180,000); similar tests with carotenoids show that they also give a colour with $SbCl_3$ in the same spectral region but with a much reduced ε value, e. g. β-carotene, $\lambda_{max.}$ 585 mμ., $\varepsilon_{max.}$ 22,000 (MORTON, 1942). As they all give similar colours and as there is little reference information concerning the exact position of $\lambda_{max.}$ for the various pigments, the $SbCl_3$ test is at the moment of no great value in carotenoid analysis. The behaviour of phytofluene with $SbCl_3$ is atypical. It first gives a blue colour with two absorption bands (615 and 570 mμ.); this soon fades to purple with a single band at 585 mμ. (ZECHMEISTER and SANDOVAL, 1948).

A recent development which, when fully considered, may be of considerable analytical importance, is the observation of COLLINS (1950) who found that the absorption band at 550—700 mμ. produced by carotenoids with $SbCl_3$ is not the main band. The main band, with an $\varepsilon_{max.}$ of the same order as that produced by vitamin A, is in the near infrared; for example, for β-carotene $\lambda_{max.}$ is about 1020 mμ. and $\varepsilon_{max.}$ 115,000. It should be noted that GRANGAUD (1951) found a similar long wave band (at 1750 mμ.) with astaxanthin, but this was less intense than the lower wave band (710 mμ.).

---

[1] Most workers have found zeaxanthin optically inactive.

[2] Flavoxanthins b and c obtained by STRAIN (1938a) from leaves have $[\alpha]_{667.8}^{20}$ (chloroform) + 63° and −56°, respectively.

[3] HEILBRON and PHIPERS (1935) found fucoxanthin to be inactive.

(b) **With conc. H_2SO_4.** All carotenoids give a green-blue colour. For the same reasons as given for the $SbCl_3$ test, this reaction is of no great analytical value.

(c) **With conc. HCl.** Ethereal solutions of 5,6-monoepoxides when shaken up with concentrated aqueous HCl give a pale greenish-blue coloration, which occasionally takes some time to develop. The 5,8-epoxides generally give a much deeper blue colour. Chrysanthemaxanthin (an isomer of flavoxanthin, see Table 1) is an exception. Carotenes and hydroxyxanthophylls do not react under these conditions. (See KARRER and JUCKER, 1948 and STRAIN, 1938a, for full details.)

Caution must, however, be exercised in interpreting this test for the reaction is not always reproducible. A very pure specimen of neoxanthin, for example, was identical with the original product (STRAIN, 1938a) with the exception that it did not react with concentrated HCl (STRAIN, MANNING and HARDIN, 1944). Similarly different specimens of flavoxanthin from orange juice reacted positively and negatively with HCl (MACKINNEY, 1952).

(d) **With Boron Trifluoride.** STRAIN (1941) noted a dark blue coloration when carotenoids react with BF_3. Very recently WALLCAVE, LEEMAN and ZECHMEISTER (1953), and WALLCAVE and ZECHMEISTER (1953) have examined this reaction in detail especially in relation to β-carotene and dehydro-β-carotene. Further investigations may show that the BF_3 reaction can be used to identify specific carotenoid rather than merely to detect carotenoids in general.

4. Solubility.

The variations in the solubility of carotenoids cannot be used to identify individual pigments, but they are of some value in assigning a pigment to a class.

Generally it can be said that all carotenoids are easily soluble in such solvents as chloroform, benzene, acetone, carbon disulphide. The carotenes are reasonably soluble in light petroleum and hexane but almost insoluble in ethanol and methanol. In the xanthophyll group, as the number of oxygen atoms present increases, the solubility in light petroleum drops whilst that in the alcohols increases.

5. Derivatives.

Carotenes. There is only one simple derivative that can be made from carotenes, this is the crystalline adduct produced by reaction with iodine in light petroleum (KUHN and LEDERER, 1932) and from which the original pigment or a close derivative can be regenerated. Xanthophylls also form similar products. The technique is as follows: —

A solution of 500 mg. carotene in 500 ml. petrol is cooled to $-10°$ and 400 mg. iodine in 250 ml. petrol at $-10°$ is run in over 1 min. with vigorous shaking. After shaking for further 2 min. the precipitated dark iodide is filtered as quickly as possible, washed with petrol and dissolved in 1.5 l. acetone at room temp. The dark brown liquid is left to stand 10—15 min.

A solution of 5 g. $Na_2S_2O_3$ in 200 ml. of water is added and the dark coloured compound lightens and becomes red. The pigment is extracted by shaking with 200 ml. petrol and 800 ml. water. The petrol layer, which contains the pigment, is washed with water and evaporated *in vacuo*.

GLOVER and REDFEARN (1953a) have found in the case of β-carotene (a) that it is more satisfactory to use freshly prepared iodine solutions, (b) that the adduct is decomposed by acetone, treatment with $Na_2S_2O_3$ not being necessary and (c) chromatography is necessary to produce pure regenerated pigments.

This reaction has recently found a new and important use in work on the production of radioactive β-carotene (GROB, PORETTI, VON MURALT and SCHOPFER, 1951; GLOVER and REDFEARN, 1953b; FRIEND and GOODWIN 1954).

In work with isotopes the isolation of the chromatographically pure pigment is not a sufficient criterion of purity. Although the amount of β-carotene available may be insufficient for crystallization, the addition of iodine produces a crystalline precipitate insoluble in light petroleum which can thus be used to wash the precipitate free from traces of colourless non-carotenoid contaminants. GLOVER and REDFEARN (1953 b) and FRIEND and GOODWIN (1954) using this technique have demonstrated the presence of traces of a highly radioactive non-carotenoid material in the chromatographically pure β-carotene obtained from leaves exposed to radioactive CO_2 and from *Phycomyces blakesleeanus* grown on labelled acetate.

The decomposition of the iodine adduct does not necessarily regenerate the original pigment; for example, dehydro-β-carotene (*isocarotene*) ($\lambda\lambda_{max.}$ 447, 475, 504 mμ.) in light petroleum is obtained from β-carotene (KUHN and LEDERER, 1932) and a pigment with $\lambda\lambda_{max.}$ 450, 475 mμ. from leprotene (GOODWIN and JAMIKORN, 1953). On the other hand, lutein (KARRER and WALKER, 1934) and physalein (KARRER and JUCKER, 1948) are regenerated unchanged from their iodine adducts.

Xanthophylls. The hydroxyxanthophylls readily form esters, using conventional techniques, e. g. acetates are synthesized by treatment with acetyl chloride in pyridine. The absorption spectrum of an ester differs little, if at all, from that of the parent compounds. The m. p.'s of the acetates of all the xanthophylls which have been acetylated are recorded in Table 20. Violaxanthin is the only pigment from which esters have been obtained, which has not been converted into its acetate; its di-p-nitrobenzoate, however, melts at 208° (decomp.) and its dibenzoate at 217° (KARRER and RUTSCHMANN, 1940 b).

Table 20. *The m. p.'s of various xanthophyll acetates* [1].

Mono-acetates	Di-acetates
Gazaniaxanthin 83— 85°	Lutein 170°
Cryptoxanthin 117—118°	Zeaxanthin 154—155°
Lycoxanthin　137°	Lutein-5,6-epoxide 184—185°
	Flavoxanthin 157°
	Eschscholtzxanthin
Tetra-acetate	200—240° (decomp.)
Myxoxanthophyll 132°	Capsanthin 146—5°
	Capsorubin 179°
	Astaxanthin 203—205°
	Astacin 235° (decomp.)

The methyl ester of the carboxylic acid torularhodin can be prepared by treating the pigment with diazomethane in benzene. It melts at 172—173°.

Only three methyl ethers have been recorded: the mono- (m. p. 153°) and di- (m. p. 176°) methyl ethers of zeaxanthin (KARRER and TAKAHASHI, 1933), and the mono-methyl ether of lutein (m. p. 150°) (KARRER and JIRGENSONS, 1930).

They are synthesized by treating the xanthophyll with the potassium salt of *ter*-amyl-alcohol and methyl iodide. The mono- and di-derivatives of zeaxanthin can be separated utilizing the observation that the dimethyl ether is almost completely insoluble in methanol.

The keto-carotenoids will form crystalline oximes when treated with hydroxyl-amine in the conventional manner. The properties of these derivatives are given in Table 21.

---

[1] Taken from KARRER and JUCKER (1948).

Table 21. *Properties of the oximes of the keto-carotenoids.*

Pigment	m. p.	Absorption spectra maxima		
		Light petroleum	Carbon disulphide	Benzene
Capsanthin	184°	452, 483		
Echinenone		450—452	484	463
(=aphanin, ? =	195—6°			
myxoxanthin)	208°			
Aphanicin	241°	461, 493	492, 529	472, 505
Rhodoxanthin	227—8°	450, 477, 510	453, 483, 516[1]	457, 490, 527

It will be seen that the positions of the absorption bands of the oximes of rhodoxanthin and echinenone are shifted to shorter wavelengths. This indicates that in the original molecule the carbonyl group was conjugated to the main conjugated polyene chain. If the spectrum of an oxime is not shifted compared with the parent compound, then the carbonyl group must have been originally isolated. This is of considerable value in deciding the structures of ketocarotenoids (Goodwin and Taha, 1951).

6. Vitamin A Activity.

If a carotenoid contains one unsubstituted β-ionone residue or if the β-ionone residue contains an epoxy substituent in positions 5,6- then the pigment will exhibit vitamin A activity. A biological test for vitamin A activity will often clinch the identification of a compound or point to a possible structure of a new compound. It is not possible to describe the technique of the biological test here but reference should be made to one of the many papers by Deuel and Zechmeister and their collaborators on this subject (see e. g. Zechmeister, 1949). A list of the carotenoids known, at the time of writing, to be vitamin A active is given in Table 22.

Table 22. *The naturally-occurring vitamin A active carotenoids[2].*

Aphanicin	α-Carotene
Cryptoxanthin	β-Carotene and 5,6-epoxides
Echinenone	γ-Carotene
(= Aphanin, ? =	α-Carotene, 5:6-epoxide
myxoxanthin)	Mutatochrome
Torularhodin.	

7. Special Tests.

(a) **For 5,6-Epoxides.** If a 5,6-epoxide is dissolved in chloroform containing a trace of hydrogen chloride it rapidly isomerizes to the 5,8- (furanoid) epoxide. This is accompanied by a large shift (ca. 20—25 mμ.) of the absorption maxima to shorter wavelengths (Karrer, 1946); Strain (1954) has recently examined this in detail.

(b) **For Eschscholtzxanthin.** This pigment very characteristically loses 2 molecules of water when dissolved in chloroform containing hydrogen chloride in traces[3]. The resulting anhydroeschscholtzxanthin contains two more conjugated double bonds than the parent and consequently has its absorption spectrum maxima at much higher wavelengths (e. g. 500, 531 mμ. in light petroleum) (Karrer and Leumann, 1951).

(c) **Reaction with N-Bromosuccinimide.** Zechmeister and Koe (1952) and Zechmeister and Wallcave (1953) have recently reported on the conversion of polyenes such as phytofluene and β-carotene into other carotenoids by the action of N-bromosuccinimide. In the future, this reaction may become valuable in identifying and characterizing unknown carotenoids.

---

[1] These appear anomalous values.

[2] The *cis*-isomers of these pigments are also active.

[3] This reaction occurs with carotenoids containing the —CH(OH)CH=CH— grouping (Zechmeister and Wallcave, 1953).

III. Determination of Constitution of Carotenoids.

It is not appropriate here to consider the chemical methods for the determination of the structure of carotenoids: they have all been adequately and authoritatively discussed by KARRER and JUCKER (1948). It might only be added that the oxidative degradation involving osmium tetroxide (WENDLER, ROSENBLUM and TISHLER, 1950) will probably be found more useful in the future than the older methods using O_3 and permanganate.

GILLAM and EL RIDI (1936) first noted stereochemical isomerism in β-carotene. The importance of this observation was soon apparent when ZECHMEISTER and his school undertook a thorough investigation of the problem. The situation has been adequately reviewed by ZECHMEISTER (1944, 1954) and by DEUEL (1952) and will be discussed here only in outline. The importance of this work in the present context is twofold: — (a) cis-carotenoids have now been shown to occur in nature (Table 2) and (b) a study of the cis → trans changes often helps to identify a compound.

Isomerisation. All-trans compounds can undergo isomerisation producing a mixture of cis-isomers. The isomerisation can be produced in a number of ways:—

(a) melting crystals in sealed tube   (c) iodine catalysis at room temperature.
    in an atmosphere of CO_2 for 5—10 mins.   (d) acid catalysis.
(b) heating a solution of the pigment.   (e) photochemical action.

The most generally useful is (c) and this is the only method to be discussed.

To the pigment in light petroleum (0.1 mg./ml.) is added 1—3% of its wt. of I_2 and the mixture allowed to stand at 25° in diffuse light, then the reaction (attainment of an equilibrium mixture) is complete within 15—60 min. The completion of the reaction can be followed by measuring the E value of the solution at a definite wavelength: when the E value reaches a temporarily[1] constant value then the reaction is completed.

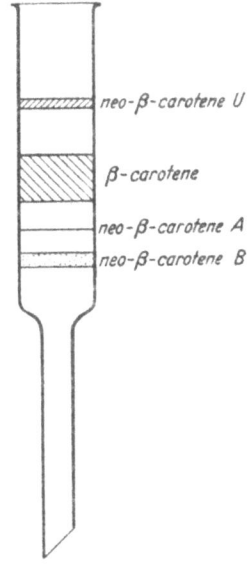

The isomerized pigment can then be separated by the usual chromatographic procedure and the isomers isolated and examined.

The isomers may be adsorbed above or below the parent all-trans compound and they are named according to the position they occupy in relation to the parent compound. A cis-isomer is named by prefixing "neo" to the name of the pigment and adding the letters "T", "U", "V", etc. or "A", "B", "C", etc. according to their chromatographic position, "T", etc. if adsorbed above the parent and "A", etc. if adsorbed below as illustrated in Figure 4. This rule has not however, been rigorously applied in the case of isomers of lutein, zeaxanthin and capsanthin. Some naturally occurring cis-carotenoids are also designated with the prefix "pro", e. g. pro-γ-carotene.

Because of steric hindrance, not all the double bonds in a carotenoid molecule can undergo cis→trans rotation[2]; for example, in β-carotene rotation can only take place around 5 double bonds, thus:—

Fig. 4.
The designation of cis-isomers.

All trans-β-carotene: rotation can occur only around double bonds 3, 5, 6, 7, 9,

[1] There is a gradual destruction as well as isomerization.
[2] "Hindered" cis-isomers have recently been synthesized and the prolycopenes may be of this type (ZECHMEISTER, 1954).

It will be noted that the double bonds are denoted by italicized numerals, e. g. neo-β-carotene U is *3*-mono*cis*-β-carotene.

A very important observation is that, no matter which member of a stereo-isomeric set is used as the starting material, after iodine treatment the final mixture of isomers is always the same; that is, an equilibrium mixture is produced. The same situation obtains when isomerization is carried out by one of the other possible methods, but the equilibrium mixture obtained is not necessarily the same with each method. The most important exception to the "equilibrium rule" is that iodine isomerization of lycopene does not result in the production of detectable amounts of poly*cis*-lycopenes (Table 2) (Zechmeister and Petracek, 1952).

Properties of cis-Compounds. Compared with the parent pigments *cis*-carotenoids show the following differences[1]: —

(a) in adsorptive power.
(b) in spectral properties.
(c) in m. p.'s (usually lower).
(d) in optical rotation (sometimes).
(e) generally less readily crystallized.

They are also usually less readily crystallizable.

From the present point of view (a) and (b) are the most important and (a) has already been dealt with. When an all-*trans* compound is converted into a *cis*-isomer, four changes take place in the absorption spectrum of the compound,

(a) the positions of the maxima shift to lower wavelengths.
(b) the E values drops.
(c) the definition (persistence) of the bands decreases.
(d) there appears at a wavelength $142 \mp 2\,m\mu$. (in hexane) shorter than that of the maximum of the longest wave band a *cis*-peak. This peak is about 5—8 times less intense than the peaks in the visible region of the spectrum.

These changes are well illustrated in Fig. 5 in the case of γ-carotene.

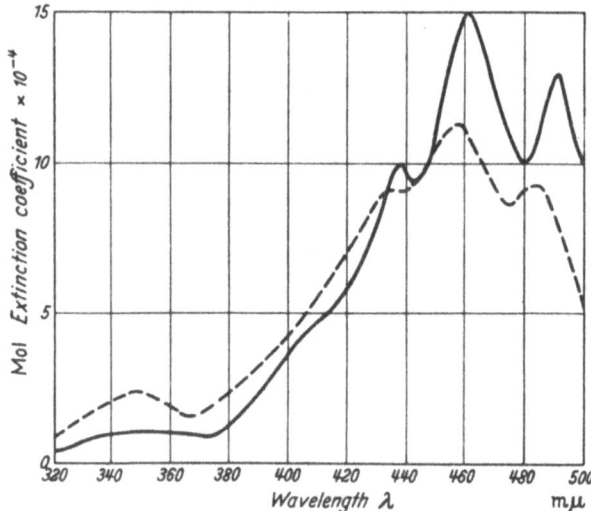

Fig. 5. The absorption spectrum (in hexane) of γ-carotene (a) —— all *trans*-form. (b) — — — equilibrium mixture of isomers after iodine catalyses of all *trans*-form at room temperature in light. [After Zechmeister (1944).]

The most pronounced *cis*-peak is obtained when the greatest "bending" of the molecule occurs, i. e., in a mono-*cis*-compound in which the central double bond has the *cis*-configuration. Some poly-*cis* compounds, which are nearly "straight" exhibit only ill-defined *cis*-peaks.

[1] Infrared studies will also help to differentiate *cis*-isomers (Zechmeister, 1954).

Identification of *cis*-Compounds. A *cis*-carotenoid can generally be identified by the existence of a cis-peak and the fact that on isomerization the resulting equilibrium mixture will have its visible absorption maxima at higher wavelengths. A polycis-compound, such as prolycopene (ZECHMEISTER, LE ROSEN, SCHROEDER, POLGAR and PAULING, 1943), will exhibit no *cis*-peak; on isomerization one will appear but the visible absorption maxima will shift to *longer* wavelengths. This would differentiate it from an all-trans compound which would also have no *cis*-peak until treated with I_2; in this case, however, the visible absorption maxima would shift to *shorter* wavelengths.

Once a pigment has been identified as a *cis*-compound, its parent all-*trans* compound can generally be determined. If the unknown *cis*-compound (Y) is an isomer of the all-*trans*, X, then iodine isomerization of both X and Y will give the same equilibrium mixture, i. e. solutions with identical absorption spectra.

Criteria for Identification of Carotenoids. As stated previously, in biochemical experiments it is generally not feasible to obtain sufficient amounts of a carotenoid to crystallize it. A specimen of a pigment (chromatographically homogeneous) can, however, be identified with a reasonable degree of certainty if the following tests are carried out, observing the precautions and limitations discussed previously: —

(1) Its position on a column relative to other known pigments.

(2) The failure to separate it from an authentic specimen on chromatography of a mixture of the two on at least two adsorbents.

(3) The position and shape of its absorption spectrum in at least two solvents.

(4) Isomerization to the same equilibrium *cis → trans* mixture as that obtained with an authentic specimen of the pigment.

(5) Certain special tests can occasionally be applied, e. g. (a) preparation of an oxime, (b) action of concn. HCl, (c) preparation and breakdown of an I_2 adduct, etc.

D. Quantitative Determination of Carotenoids.

I. β-Carotene.

The most important carotenoid from the quantitative point of view is β-carotene. Of the many methods reported only three will be described here: — (a) the official A. O. A. C. method, (b) that accepted by the (British) Society of Public Analysts and (c) a well-authenticated and accurate rapid method.

(a) A. O. A. C. Method (1952).

Extraction: Hays and Dried Plants: Grind sample to pass 40-mesh sieve. Weigh accurately 2 g. sample (1 g. if carotene content is high, 4 g. if low) and place in flask of extractor (Gold-fisch, Bailey-Walker, or ASTM is suitable if no thimble is used). Add 30 ml. of acetone-commercial hexane (3+7) to flask and (a) reflux contents at rate of 1—3 drops/sec. for 1 hr., then cool to room temperature; or (b) stopper and place in dark at room temp. to extract overnight (at least 15 hours). Decant or filter ext. into 100 ml. volumetric flask, wash residue with hexane, and dilute solution to volume. (This solution now contains 9% acetone.)

Separation of Pigments: Prep. chromatographic column with 1:1 mixt. of activated magnesia (Micron brand No. 2642, Westvaco Chlorine Products Company, Newark, Calif.) and diatomaceous earth (Hyflo Supercel, Johns-Manville Co., Chicago, Ill.). [Suitable chromatographic tube can be made from Pyrex test tube 22 mm. O. D. and 175 mm. long by sealing smaller tube (ca. 10 mm. O. D.) in bottom.] To prepare chromatogram, place small plug of glass wool or cotton inside tube, add loose adsorbent to depth of 15 cm., attach tube to suction flask, and apply full vacuum of water pump. Use flat instrument (such as inverted cork, mounted on rod) to press gently adsorbent and flatten surface (packed column should be ca. 10 cm. deep). Place 1 cm. layer of anhydrous Na_2SO_4 above adsorbent.

With vacuum continuously applied to flask, pour extract into chromatographic column and use 50 ml., or slightly more, if necessary, of acetone-hexane (1+9) to wash carotene into adsorbent, develop chromatogram, and wash the visible carotene band through the adsorbent. Keep top of column covered with layer of solvent during entire operation (conveniently done by clamping inverted volumetric flask full of solvent above column with neck 1—2 cm., above surface of adsorbent).

Collect entire eluate. (Carotene passes rapidly through column; bands of xanthophylls, carotene oxidation products, and chlorophylls should be present in column when operation is complete.) Transfer eluate, which has been reduced in volume by loss of vapour through water pump, to 100 ml. volumetric flask, and dilute to volume with acetone-hexane (1 + 9). Determine carotene content of this solution photometrically.

Determination: Determine density of solution as soon as possible, with spectrophotometer at 436 mμ. or with some other instrument provided with suitable filter system, such as Klett photometer with No. 44 filter, or Evelyn photoelectric colorimeter with 440 filter. First calibrate these instruments (colorimeters) with solutions of β-carotene of high purity as shown by characteristic absorption curve. Prepare calibration chart and convert density of solution to be determined to carotene concentration by referring to chart.

When determinations are made with Beckman spectrophotometer at 436 mμ. calc. from formula

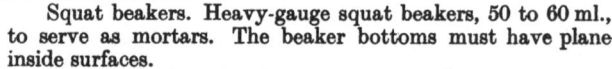

$$C = \frac{\log \dfrac{I_0}{I} \times V \times 454}{196 \times L \times W}, \text{ where}$$

C = concentration of carotene (mg./lb.) contained in original sample, V = final volume of eluate at time of reading, L = length of cell in cm. and W = wt. of sample. Report results as mg. of β-carotene per pound. (Multiply by 2.2 to give p. p. m. or by 1.667 to give International Units per pound.)

(b). Society of Public Analysts' Method. (Carotene panel, 1950, 1952).

Apparatus. Pestles. Pestles 12 cm. long, made from 8 mm. glass rod flattened at one end, and provided with handles made from corks.

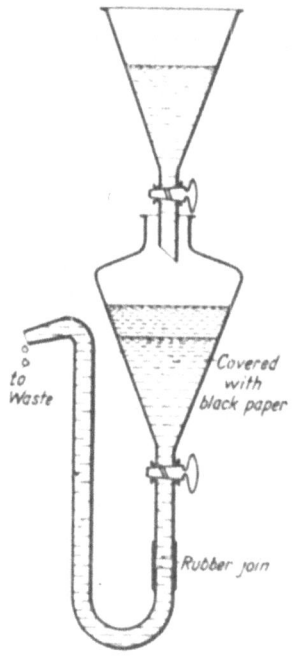

Fig. 6. An automatic washing device.

Squat beakers. Heavy-gauge squat beakers, 50 to 60 ml., to serve as mortars. The beaker bottoms must have plane inside surfaces.

Separating funnels. About 250 ml. capacity of narrow conical type with outlet tubes 7 cm. long. The taps should be ungreased or lubricated with a non-fatty compound. It is wise to cover the sides with opaque paper.

Continuous washing device (see Fig. 6). The glass drip tube is sleeve-joined with heavygauge rubber tubing — clamps being thereby obviated — to the outlet tube of a separating funnel. A bigger separator, or other suitable reservoir, steadily releases large drops of water.

Chromatograph tubes. For bone meal 15 × 2.5 cm., for alumina, 15 × 1.3 cm.

Water pump, Buchner Flask, measuring cylinder, etc. A spectrophotometer or absorptiometer or colorimeter.

Reagents, etc.: Light petroleum. Boiling range 40° to 60°. Acetone. Redistilled.

Quartz powder. "Medium fine", average particle size 0.17 mm.

Quinol.

Sodium sulphate. Anhydrous.

β-Carotene standard. For calibration of absorptiometer or colorimeter. For routine purposes commercial crystalline carotene is satisfactory.

Bone-meal. Bone-meal specially prepared for carotene chromatography can now be purchased. It is advisable to ensure that bought material contains nothing that will pass a 120-mesh sieve, because "fines" retard the flow of carotene.

Preparation, from steamer bone flour (synonyms, sterilised bone-meal, feeding bone flour) passing 80-mesh, but retained by 120-mesh sieves, is not difficult. Extract by boiling under reflux about 100 g. of the sieved meal in a Tate tube for about 24 hours with a 3+1+1 mixture of light petroleum, acetone and ether (ether meth. sp. gr. 0.720); dry overnight at 100°; immediately before use wash with light petroleum to remove any traces of the mixed solvents.

Alumina and sodium sulphate. This mixture is an alternative to the bone-meal.

Mix equal weights of alumina (as sold for chromatography; 200 mesh) and anhydrous sodium sulphate (100 mesh) and dry in 1 to 1^1/$_2$ cm. layers, at 150° for 12 to 16 hours. The heating conditions may have to be altered for particular materials — brands differ in adsorptive properties. A good preparation should (a) allow light petroleum to percolate evenly down a standard column at a rate of about 1 cm. per second — slower flow is usually due to the presence of too many fines, and faster or uneven flow to too much coarse material (which grinding will remedy), and (b) adsorb as a band at the top of a standard column all the pigment from a light-petroleum extract of 0.5 g. of green leaves; from this band the carotene should be elutable with 15 ml. of a 2 + 98 mixture of acetone and light petroleum as well-defined evenly descending orange zone. The drier the adsorbent, the poorer and slower will elution be. Slight overdryness can be compensated by the use of more acetone, e. g., a 3 + 97 mixture, but a considerably over-dry adsorbent will have to be diluted with unheated sodium sulphate and alumina. The wetter the adsorbent the greater the likelihood of elution of non-carotene pigments with the carotene as a thin sharp line; over-wet material must be further heated. Once prepared and tested, a batch of the adsorbent can be stored in tightly stoppered bottles and used at any time without further treatment.

Sampling and Preparation: Quantities of the order of 1 to 2 g. are required for one determination. Not less than two, and preferably three, simultaneous samples should be taken and assayed independently. Care should be taken to minimise leaf damage.

Weigh a grinding beaker. If the leaves are wet, gently press them between blotting- or filter-paper to remove extraneous moisture, quickly cut off pieces or strips from various parts or bunches, drop them into the beaker, and weigh. Add approximately the same weight of quartz, and at once cover with 5 to 8 ml. of a mixture consisting of equal parts of acetone and light petroleum and containing 0.1 per cent of quinol.

Extraction: Firmly grind the mixture in the solvent for a minute or so, allow to settle, and then decant into separator containing water. Add fresh solvent to the grist, regrind, settle, and decant as before. Repeat until no more colour can be extracted. Not less than five, and sometimes up to ten, extractions will be required. If in doubt about completion, decant the last extract into a small separator half-full of water and shake gently; any pigment will then easily be visible through the width of the thin layer.

If any pigment collects below the spout of the beaker it can be recovered on a scrap of filter-paper, which is subsequently placed in the beaker. If the grist becomes dehydrated during extraction, the efficiency of extraction and settlement of the particles will be impaired; a drop or two of water should therefore be added.

Removal of Acetone: The separator containing the extract, over water, now takes its place as the lower, paper-covered separator in the washing apparatus shown in Fig. 6. Adjust the tap of the upper and larger "water reservoir" separator to deliver 100 to 200 large drops of ordinary tap water per minute, directly on to the solution surface; if the water runs down the inside of the funnel the washing action is lessened. Open the lower tap fully and slowly oscillate the separator in the plane of the S-tube (whose top should reach just over half-way up the separator bowl) until the tube is full of water. Surplus water will overflow, taking with it acetone, quinol and other water-soluble substances. About 1.5 litres of water will be needed to remove all the acetone, any trace of which will interfere with the subsequent chromatography. The depth of water below the solvent level must at all times be sufficient to prevent mechanical loss of pigmented layer; about 6 to 8 cm. is usually necessary.

Chromatography: Either a bone-meal column or an alumina-Na_2SO_4 column may be employed.

With bone-meal, use a "straight-through" method, i. e., pass the light petroleum solution of the pigments through the column (previously moistened with light petroleum) by gentle suction; the carotene will elute directly, leaving all other fractions in a zone at the top. Colourlessness of the eluate indicates completion; in case of difficulty of decision on the end-point, a test tube placed in the collecting flask, after most of the carotene has obviously come through, can be used to collect fractionally; bulkiness of the final solution can thus be avoided. The column can be used many times without cleaning. When the adsorbed chlorophylls and irrelevant carotenoids eventually choke the column its useful life may be extended as follows: wash out with acetone and remove the acetone with light petroleum; the column is then ready for further use.

With the alumina column use an adsorption-elution procedure. Moisten the column with light petroleum, pour the solution of the pigments on top, rinse with small amounts of the same solvent, applying suction as required. All the pigments should adsorb at the top of the column. Suck through 10 to 25 ml. of a solution of 2 per cent of acetone in light petroleum; carotene will be seen to free itself from the other pigments and to descend the column. The trailing edge should be fairly clear; a diffuse band indicates that the adsorbent is too strong (possibly having caused isomerization[1], and that satisfactory elution of the carotene cannot be ensured. If the adsorbent is too moist, or if the acetone has been incompletely removed, elution will be too rapid and unspecific. To keep down the bulk of the final solution do not begin to collect the eluate until the leading edge of the descending carotene zone is near the bottom of the column.

---

[1] This comment is open to criticism (T. W. G.).

Estimation: If a spectrophotometer is used, work on the basis of $\lambda_{max.} = 450$ mμ., at which $E_{1\ cm.}^{1\ \%} \times 400 = $ p. p. m. If a light filter absorptiometer or a colorimeter is used, calibrate with a solution of the carotene standard in light petroleum.

The publications of the Carotene Panel (1950, 1952) also contain reasonably complete bibliographies on the determination of carotene in plant materials.

(c) **Rapid Accurate Method.** (Thompson and Kon, 1950.) A sample of grass is cut into 0.5 cm. lengths and a representative 1 g. portion is accurately weighed and ground in a glass mortar with 1 g. of crushed quartz, and 6 g. of a mixture of equal weights of anhydrous sodium sulphate and alumina (mixture A). Strong pressure is exerted in grinding. The resulting powder is transferred directly onto a 1.5×1 cm. column made of mixture A, and 100 ml. of 2% acetone in n-hexane are poured through with moderate suction. This extracts 95% of the active carotenes present in the grass, mostly β-carotene with a trace of α-carotene, which are then measured in the usual way. The whole estimation can be done within 20 min.

II. Other Carotenoids.

Methods have not been fully standardized for other carotenoids, especially as regards to possible destruction during chromatography. Accepting this limitation, reproducible quantitative determinations can be obtained by making up the pigment fractions (obtained by chromatographic separation) in a known volume and comparing the $E_{max.}$ values of the solutions with the known $E_{1\ cm.}^{1\ \%}$ values of the pure pigments (Table 18; Goodwin, 1952b).

The total xanthophyll content of green leaves is sometimes required. This is probably best determined by partition of the saponified extract between light petroleum and 90% (v/v) aqueous methanol). The methanol extract is returned to a known volume of light petroleum and the E value at 445 mμ. measured. The amount of xanthophylls present is given to a fine approximation by assuming that $E_{1\ cm.}^{1\ \%}$ for the "mixed xanthophylls" is 2500 [2].

A chromatographic method for the determination of total xanthophylls in plants has been described by Griffith and Jeffrey (1944).

E. Carotenoids Containing Less than 40 Carbon Atoms.

Although most plant carotenoids contain the C_{40} (octaisoprenic) skeleton, there are some which are smaller. From the general analytical problem of carotenoid determinations they are of minor importance because of their very limited occurrence. It is, therefore, not possible to deal with these in detail here, but for the sake of completeness, Table 23 has been compiled which gives their important properties. Their structures are given below: —

Labile Bixin

Stable Crocetin

Azafrin

---

[1] The configuration around this bond is *cis*; around all others it is *trans*.
[2] See Bickoff et al. (1954) for a method for plant xanthophylls.

β-Citraurin

Table 23. *Some properties of plant carotenoids containing less than 40 carbon atoms*[1].

	Bixin[2]	Crocetin[4,5]	Azafrin	β-Citraurin
Occurrence	*Bixa orellana*	*Crocus sativus*	*Escobedia scabrifolia E. linearis*	*Citrus aurantium*
m. p.	196°	285°	212—214°	147°
Absorption spectrum				
maxima (mμ.) CS₂	457, 489, 523.5	426, 453, 482		457, 490, 525
CHCl₃	439, 469.5, 503	434.5, 463	428, 458	459, 488 (light petroleum)
Solubility	s. s. in CHCl₃; i. s. in ethanol v. s. in boiling acetic acid, pyridine	s. s. in most org. solvents. s. in pyridine and dil. alkali.	s. in CHCl₃, C₂H₅OH, dil. Na₂CO₃, NaOH i. s. ether	v.s. acetone, ethanol, ether, benzene, CS₂; i. s. light petroleum
Optical activity [α]	—	—	—75° ethanol (643.8 mμ., 20°)	—
Partition test	—	—	hypophasic	hypophasic
Adsorptive pro- properties			strongly adsorbed	above crypto- xanthin below zeaxanthin
Some Derivatives	Stable bixin m. p. 216—217° 443, 475, 509.5mμ (CHCl₃) Labile norbixin[3] m. p. 254—255° 440, 469.5, 503mμ (CHCl₃)	dimethyl ester (γ-crocetin) m. p. 222.5° 434.5, 463 mμ. (CHCl₃) Monomethyl ester (β-crocetin) m. p. 218°	Azafrinone m. p. 191° 440, 472 mμ. (CHCl₃) Azafrin methyl ester m. p. 191° 428, 458 mμ. (CHCl₃)	Oxime m. p. 188° 444, 474 mμ. (light petroleum)

[1] For further details see KARRER and JUCKER (1948).

[2] The naturally-occurring form is now known as labile bixin and is a *cis*-form; I₂ isomerization converts it into *stable* bixin.

[3] Obtained by saponification of labile bixin.

[4] Occurs in *cis* (labile crocetin) and *trans* (stable crocetin) forms. The latter is the usual form isolated and the data given are for this compound.

[5] Occurs naturally as the water soluble gentiobiose esters of crocetin (m. p. 186°).

References.

A. O. A. C. Official method for carotene determination: J. Assn. Off. Agric. Chem. **35**, 738 (1952).

BAUER, R.: Naturwiss. **39**, 88 (1952). — BICKOFF, E. M.: Anal. Chem. **2a**, 51 (1948). — BICKOFF, E. M., L. M. WHITE, A. BEVENUE and K. T. WILLIAMS: J. Assn. Off. Agric. Chem. **31**, 633 (1948). — BICKOFF, E. M., et al.: J. Agric. Food Chem. **2**, 563 (1954). — BONNER, J., A. SANDOVAL, Y. W. TANG and L. ZECHMEISTER: Arch Biochem. **10**, 113 (1946).

Carotene panel of Sub-Committee on Vitamin Estimations: Analyst **75**, 568 (1950); **77**, 913 (1952). — CHOLNOKY, L. V.: Kisérletugyi Kozlemenyek, **40** (1938); Z. Untersuch. Lebensm. **78**, 157 (1939). — COLLINS, F. D.: Nature **165**, 817 (1950). CURL, A. L.: J. Agric. Food Chem., **1**, 456 (1953). — CURL, A. L., and G. F. BAILEY: J. Agric. Food Chem. **2**, 685 (1954). DEUEL, H. J.: The Lipids, Vol. 1. New York: Interscience 1952.

ELLIS, N. R., Z. J. PALMER and G. L. BARNUM: J. Nutrit. 6, 443 (1933). — ENY, D. M.: Arch. Biochem. Biophys. 46, 18 (1953).

FOX, D. L., and B. T. SCHEER: Biol. Bull. 80, 441 (1941). — FRAPS, G. S., and A. R. KEMMERER: Ind. Eng. Chem. Anal. Ed. 13, 906 (1941). — FRIEND, J., and T. W. GOODWIN: Unpublished observations 1954. — FROMAGEOT, C., and J. L. TCHANG: Arch. Mikrobiol. 9, 424 (1938). — FUJITA, A., and M. AJISAKA: Biochem. Z. 308, 430 (1941).

GARTON, G. A., T. W. GOODWIN and W. LIJINSKY: Biochem. J. 48, 154 (1951). — GILLAM, A. E.: Biochem. J. 29, 1831 (1935). — GILLAM, A. E., and M. S. EL RIDI: Biochem. J. 30, 1735 (1936). — GLOVER, J., and E. R. REDFEARN: (a) Unpublished observations 1953; (b) Biochem. J. 54, 8 (1953). — GOODWIN, T. W.: (a) The Comparative Biochemistry of the Carotenoids. London: Chapman & Hall 1952; (b) Biochem. J. 50, 550 (1952); Unpublished work (1953); Biochem. J. 54, 376 (1954): Ann. Rev. Biochem. 24 (1955). — GOODWIN, T. W., and M. JAMIKORN: Unpublished observations 1953. — GOODWIN, T. W., and H. G. OSMAN: Arch. Biochem. Biophys. 47, 215 (1953). — GOODWIN, T. W., and S. SRISUKH: Biochem. J. 45, 263 (1949). — GOODWIN, T. W., and M. M. TAHA: Biochem. J. 47, 244 (1950); 48, 513 (1951). — GRANGAUD, R.: Actualités Biochemiques No. 15. Paris: Masson 1951. — GRIFFITH, R. B., and R. N. JEFFREY: Ind. Engng. Chem. Anal. Ed. 16, 438 (1944). — GROB, E. C., G. G. PORETTI, A. v. MURALT and W. H. SCHOPFER: Experientia 7, 218 (1951).

HAAGEN-SMIT, A. J., J. H. PINCKARD and L. ZECHMEISTER: Arch. Biochem. 26, 358 (1950). — HAAS, H. F., L. D. BUSHNELL and W. J. PETERSON: Science 95, 631 (1942). — HAXO, F.: Arch. Biochem. 20, 400 (1949); Botan. Gaz. 112, 228 (1950). — HEILBRON, I. M.: J. Chem. Soc. 1942, 79. — HEILBRON, I. M., H. JACKSON and R. N. JONES: Biochem. J. 29, 1384 (1935). — HEILBRON, I. M., and B. LYTHGOE: J. Chem. Soc. 1936, 1376. — HEILBRON, I. M., and R. F. PHIPERS: Biochem. J. 29, 1369 (1935). — HEY, D.: Biochem. J. 31, 532 (1937). — HODGKISS, W., J. LISTON, T. W. GOODWIN and M. JAMIKORN: J. Gen. Microbiol. 11, 438 (1954).

JACOBY, F. C., and F. WOKES: Biochem. J. 38, 279 (1944). — JOYCE, A. E.: Nature 173, 311 (1954).

KAR, B. K.: Planta 26, 420 (1937). — KARRER, P., W. FATZER, M. FAVARGER and E. JUCKER: Helv. Chim. Acta 26, 2121 (1943). — KARRER, P.: Bull. Soc. chim. Biol. 28, 688 (1946). — KARRER, P., A. HELFENSTEIN, H. WEHRLI, B. PIEPER and R. MORF: Helv. Chim Acta 14, 614 (1931). — KARRER, P., and B. JIRGENSONS: Helv. Chim. Acta 13, 1103 (1930). — KARRER, P.. and E. JUCKER: Helv. Chim. Acta 26, 626 (1943); (a) Helv. Chim. Acta 27, 1585 (1944); (b) Helv. Chim. Acta 27, 1695 (1944); (a) Helv. Chim. Acta 28, 1143 (1945); (b) Helv. Chim. Acta 28, 300 (1945); (c) Helv. Chim. Acta 28, 471 (1945); 29, 1539 (1946); 30, 536 (1947); Carotinoide. Basel: Birkhäuser (1948) [also in English Ed. (trs. E. A. BRAUDE), London: Elsevier 1950]. — KARRER, P., E. JUCKER, J. RUTSCHMANN and K. STEINLIN: Helv. Chim. Acta 28, 1146 (1945). — KARRER, P., E. JUCKER and K. STEINLIN: Helv. Chim. Acta 30, 531 (1947). — KARRER, P., E. KRAUSE-VOITH and K. STEINLIN: Helv. Chim. Acta 31, 113 (1948). — KARRER, P., and E. LEUMANN: Helv. Chim. Acta 34, 445 (1951). — KARRER, P., E. LEUMANN and W. EICHENBERGER: Helv. Chim. Acta 33, 2213 (1951). — KARRER, P., and J. RUTSCHMANN: Helv. Chim. Acta 25, 1624 (1942); 26, 2109 (1943); (a) Helv. Chim. Acta 27, 1691 (1944); (b) Helv. Chim. Acta 27, 1684 (1944). — KARRER, P., and U. SOLMSSEN: Helv. Chim. Acta 18, 25, 1306 (1935); 21, 448 (1938). — KARRER, P., and T. TAKAHASHI: Helv. Chim. Acta 16, 1163 (1933). — KARRER, P., and O. WALKER: Helv. Chim. Acta 16, 642 (1933); 17, 43 (1934). — KARRER, P., and E. WURGLER: Helv. Chim. Acta 26, 117 (1943). — KERNOHAN, G.: Science 90, 623 (1939). — KOE, B. K., and L. ZECHMEISTER: Arch. Biochem. Biophys. 41, 236 (1952); 46, 160 (1953); 46, 100 (1953). — KOHL, F. G.: Untersuchungen über das Carotin. Leipzig 1902. — KUHN, R., and H. BROCKMANN: (a) Hoppe-Seylers Z. 206, 41 (1932); (b) Hoppe-Seylers Z. 213, 192 (1932); (a) Ber. dtsch. chem. Ges. 66, 408 (1933); (b) Ber. dtsch. chem. Ges. 66, 828 (1933). — KUHN, R., and C. GRUNDMANN: Ber. dtsch. chem. Ges. 66, 1746 (1933); 67, 339, 1133 (1934). — KUHN, R., and E. LEDERER: Hoppe-Seylers Z. 200, 108 (1931); Ber. dtsch. chem. Ges. 65, 639 (1932); 66, 488 (1933). — KUHN, R., E. LEDERER and A. WINTERSTEIN: Hoppe-Seylers Z. 197, 147 (1931). — KUHN, R., and A. SMAKULA: Hoppe-Seylers Z. 197, 161 (1931). — KUHN, R., and N. A. SÖRENSEN: Ber. dtsch. chem. Ges. 71, 1879 (1938). — KUHN, R., and W. WIEGAND: Helv. Chim. Acta 12, 499 (1929). — KUHN, R., and A. WINTERSTEIN: Ber. dtsch. chem. Ges. 64, 326 (19). — KUHN, R., A. WINTERSTEIN and E. LEDERER: (a) Hoppe-Seylers Z. 197, 141 (1931); (b) Hoppe-Seylers Z. 197, 153 (1931). — KYLIN, H.: Hoppe-Seylers Z. 163, 229 (1927).

LEDERER, E.: C. r. Acad. Sci. 201, 300 (1935); Bull. Soc. chim. Biol. 20, 554 (1938); Progrès récents de la chromatographie. Paris: Hermann 1949. — LE ROSEN, A. L., and L. ZECHMEISTER: Arch. Biochem. 1, 17 (1943). — LIPPMA, T.: Ber. dtsch. Botan. Ges. 44, 643 (1926). — LOOFBOUROW, J. R.: Vitamins and Hormones 1, 109 (1943).

MACKINNEY, G.: (a) J. Biol. Chem. 112, 421 (1935); (b) J. Biol. Chem. 111, 75 (1935); Ann. Rev. Biochem. 21, 473 (1952). — MANN, T. B.: Analyst 68, 233 (1943). — MILLER, E. S.: Plant Physiol. 12, 667 (1937). — MITCHELL, H. A., and S. M. HAUGE: J. Biol. Chem. 163, 7

(1946). — MONTEVERDE, N. A., and V. N. LUBIMENKO: Bull. Acad. Sci. Petrograd 7 II, 1105 (1913). — MOORE, L. A.: Ind. Engng. Chem. Anal. Ed. 14, 707 (1942). — MORTON, R. A.: Absorption Spectra Applied to Vitamins and Hormones. London: A. Hilger 1942. — MORTON, R. A., and G. D. ROSEN: Biochem. J. 45, 612 (1949). MRAK, E. M., H. J. PHAFF and G. MACKINNEY: J. Bact. 57, 407 (1949).

PETERSON, W. J., T. A. BELL, J. L. ETCHELLS and W. W. G. SMART: J. Bact. 67, 708 (1954). — PETRACEK, F. J., and L. ZECHMEISTER: J. Amer. Chem. Soc. 74, 184 (1952). — POLGAR, A., C. B. VAN NIEL and L. ZECHMEISTER: Arch. Biochem. 5, 243 (1944). — POLGAR, A., and L. ZECHMEISTER: J. Amer. Chem. Soc. 64, 1856 (1942); 66, 186 (1944). — PORTER, J. W., and F. P. ZSCHEILE: Arch. Biochem. 10, 537 (1946). — PRAT, S.: Biochem. Z. 152, 495 (1924). RABOURN, W. J., and F. W. QUACKENBUSH: Arch. Biochem. Biophys. 44, 159 (1953). — REIMANN, H. A., and C. M. EKLUND: J. Bact. 42, 605 (1941).

SCHÖN, K.: Biochem. J. 32, 1566 (1938). — SESHADRY, T. R., and S. S. SUBRAMANIAN: Proc. Indian Acad. Sci. 30 A, 15 (1949). — SEYBOLD, A., and K. EGLE: Botan. Arch. 43, 78 (1941). — SMAKULA, A.: Z. angew. Chem. 47, 657 (1934). — SMITH, J. H. C.: J. Amer. Chem. Soc. 58, 247 (1936). — STARR, M. P., and S. SAPERSTEIN: Arch. Biochem. Biophys. 43, 157 (1953). — STRAIN, H. H.: (a) Leaf Xanthophylls. Washington Carnegie Institute 1938; (b) J. Biol. Chem. 123, 425 (1938); J. Amer. Chem. Soc. 61, 1292 (1939); 63, 3448 (1941); Chromatographic Analysis. New York: Interscience 1943; J. Amer. Chem. Soc. 70, 588 (1948); In A Manual of Phycology. Chronica Botanica Waltham 1951. J. Phys. Chem. 57, 638 (1953); Arch. Biochem. Biophys. 48, 458 (1954). — STRAIN, H. H., and W. M. MANNING: J. Amer. Chem. Soc. 65, 2259 (1943). — STRAIN, H. H., W. M. MANNING and G. J. HARDIN: J. Biol. Chem. 146, 275 (1943); Biol. Bull. 86, 169 (1944). — STRAUS, W.: Botan. Rev. 19, 147 (1953).

TAKEDA, Y., and T. OHTA: Hoppe-Seylers Z. 268, 1 (1941). — TAPPI, G., and P. KARRER: Helv. Chim. Acta 32, 50 (1949). — TISCHER, J.: Hoppe-Seylers Z. 250, 147 (1937); 260, 269 (1938); 260, 257 (1939); 267, 281 (1941). — TROMBLY, H. H., and J. W. PORTER: Arch. Biochem. Biophys. 43, 443 (1953).

WALLCAVE, L., J. LEEMAN and L. ZECHMEISTER: Proc. Nat. Acad. Sci., N. Y. 39, 604 (1953). — WALLCAVE, L., and L. ZECHMEISTER: J. Amer. Chem. Soc. 75, 4495 (1953). — WENDLER, N. L., C. ROSENBLUM and M. TISHLER: J. Amer. Chem. Soc. 72, 234 (1950). — WHITE, J. W., and F. P. ZSCHEILE: J. Amer. Chem. Soc. 64, 1440 (1942). — WILKES, J. B.: Ind. Eng. Chem. Anal. Ed. 18, 702 (1946). — WILLSTAEDT, H., and T. K. WITH: Hoppe-Seylers Z. 253, 40 (1938). — WINTERSTEIN, A.: In G. KLEIN, Handbuch der Pflanzenanalyse, Bd. 4, Zweite Hälfte. Wien: Springer 1933.

ZECHMEISTER, L.: Chem. Rev. 34, 267 (1944); Vitamins and Hormones 7, 59 (1949); Progress in Chromatography. London: Chapman & Hall 1950; Experientia 10, 1 (1954). — ZECHMEISTER, L., and L. v. CHOLNOKY: Liebigs Ann. 487, 197 (1931); (a) Liebigs Ann. 509, 269 (1934); (b) Liebigs Ann. 509, 287 (1934); Ber. dtsch. chem. Ges. 69, 422 (1936); Principles and Practice of Chromatography (translated by A. L. BACHARACH and F. A. ROBINSON). London: Chapman and Hall 1943. — ZECHMEISTER, L., L. v. CHOLNOKY and A. POLGÁR: Ber. dtsch. chem. Ges. 72, 1678 (1939). — ZECHMEISTER, L., and G. KARMAKAR: Arch. Biochem. Biophys. 47, 160 (1953). — ZECHMEISTER, L., and R. M. LEMMON: J. Amer. Chem. Soc. 66, 317 (1944). — ZECHMEISTER, L., A. L. LE ROSEN, W. A. SCHROEDER, A. POLGÁR and L. PAULING: J. Amer. Chem. Soc. 65, 1940 (1943). — ZECHMEISTER, L., and F. J. PETRACEK: J. Amer. Chem. Soc. 74, 282 (1952). — ZECHMEISTER, L., and J. H. PINCKARD J. Amer. Chem. Soc. 69, 1930 (1947); Experientia 4, 471 (1948). — ZECHMEISTER, L., and A. POLGÁR: J. Biol. Chem. 140, 1 (1941); J. Amer. Chem. Soc. 66, 137 (1944). — ZECHMEISTER, L., and A. SANDOVAL: Arch. Biochem. 8, 425 (1945). — ZECHMEISTER, L., and W. A. SCHROEDER: (a) J. Amer. Chem. Soc. 64, 1173 (1942); (b) Science 94, 609 (1942); (c) Arch. Biochem. 1, 231 (1942); J. Amer. Chem. Soc. 65, 1535 (1943). — ZECHMEISTER, L., and P. TUZSON: Ber. dtsch. Chem. Ges. 62, 2226 (1929). — ZECHMEISTER, L., and L. WALLCAVE: J. Amer. Chem. Soc. 75, 5341 (1953). — ZSCHEILE, F. P., J. W. WHITE, B. N. BEADLE and J. R. ROACH: Plant Physiol. 17, 331 (1942).

The Determination of Rubber and Gutta in Plants.

By

Harris M. Benedict.

With 1 Figure.

A. Chemical and Physical Properties.

Rubber and gutta are both polymers of isoprene and have the empirical formula $(C_5H_8)_n$. There is one double bond for each unit. The rubber hydrocarbon possesses the *cis* configuration and gutta hydrocarbon the *trans* configuration (MEYER, 1950, p. 186; DAVIS and BLAKE, 1937, p. 119; SAUNDERS and SMITH, 1949). Balata or balata gutta has been shown to possess the *trans* configuration also (HENDRICKS, WILDMAN and JONES, 1947) and future references to gutta in this chapter will include balata. Both hydrocarbons react with halogens form compounds which in many respects are indistinguishalbe from each other. As is true of rubber, gutta is readily oxidized and this oxidation occurs rapidly in solution if the solvent readily absorbs oxygen. In contrast to rubber, gutta is very resistent to ozone (DAVIS and BLAKE, 1937). Violet and ultra-violet light catalyze the oxidation of both hydrocarbons.

Rubber is pliable and readily extensible at room temperatures while gutta is solid and only slightly extensible. Gutta is completely soluble in aromatic hydrocarbons as benzene whereas a certain portion of rubber hydrocarbon will swell but not dissolve in such solvents. This insoluble portion is referred to as gel rubber in contrast to the *sol* or soluble portion of the rubber (MEYER, 1950, p. 187). Rubber and gutta are generally considered insoluble in acetone and methyl or ethyl alcohol as these solvents are used to extract impurities from the crude hydrocarbons (MEYER, 1950; DAVIS and BLAKE, 1937). However, there is some evidence that low molecular weight fractions of rubber may be soluble in acetone (MEEKS, BANNIGAN and PLANCK, 1950). The molecular weight of rubber has been shown to be higher than that of gutta (MEYER, 1950; DAVIS and BLAKE, 1937). It is possible to fractionate both into portions of different molecular weights (BENEDICT, BROOKS and PUCKETT, 1950; SKAU et al., 1945). The refractive index of rubber is 1.519, of gutta 1.557. Rubber has an absorption band in the infra red at 12 mμ. which gutta does not have (HENDRICKS, WILDMAN and JONES, 1946).

The above are the chemical and physical characteristics of rubber and gutta mostly utilized in their determination in plants. For additional details various references may be consulted (MEYER, 1950; DAVIS and BLAKE, 1937).

B. Occurrence.

I. Rubber.

Because of its economic value and importance in industry, extensive searches have been made for plants producing large quantities of this material. These surveys have shown that rubber occurs widely throughout the plant kingdom and is not limited to a few species of a few families. However, the quantities contained in most plants are usually very small. For example, BUEHRER and BENSON (1945) carried out rubber determinations on plants of 93 genera representing about 120 species native to the desert region of southwestern United States. Of these species, only six were found which, according to the method of analysis used, contained no rubber at all. All the other species contained small amounts usually less than 1% on a dry weight basis. Ten species contained 2% or more of rubber. MARTIN (1943) reports that 237 Indian and 137 African plants are known to contain this hydrocarbon. Only a very few of these contain sufficient quantities to be of economic interest. Some of the more important rubber bearing plants are listed in table 1 (HENDRICKS, WILDMAN and JONES, 1946; BUEHRER and BENSON, 1945; BARRON, 1948).

Table 1. *Plants Containing Relatively High Percentages of Rubber.*

Species	Common Name	Where Native
Hevea brasiliensis	hevea	Amazon valley
Castilloa ulei	castilloa	Northern Amazon valley, Andes, Central America, and Mexico
Manihot glaziovii		Amazon valley
Hancornia speciosa		Southern Brazil
Parthenium argentatum	guayule	Mexico and Texas
Asclepias syriaca	milkweed	United States
Asclepias erosa	milkweed	United States
Solidago leavenworthii	goldenrod	United States
Landolphia spp.		Africa
Kicksia elastica		Africa
Funtumia elastica		Africa
Cryptostegia grandiflora	rubber vine	Madagascar
Ficus elastica	rubber plant	Eastern Asia
Scorzonera tausaghyz	Russian dandelion	Turkestan
Taraxacum koksaghyz	Russian dandelion	Russia
Taraxacum krimsaghyz	Russian dendelion	Crimea
Jatropha sp.	Chilte	Central America
Sapodilla sp.	Chicle	Mexico

These plants are native all over the world and occur in moist, humid areas *(Hevea brasiliensis)*, in dry desert regions *(Parthenium argentatum)*, in the tropical zone *(Funtumia elastica)*, and in temperate zones *(Asclepias syriaca)*. The list does not at present include a strictly arctic plant but it seems likely that with further testing such a plant may be found.

Rubber is found principally in the roots of *Scorzonera* in the stems of *Hevea*, and in the leaves of *Solidago*. It is found in latex vessels of *Hevea* and will drain out of the stems with the latex on tapping. It is found in individual cells in *Parthenium* and may not be obtained by tapping but each cell has to be crushed and broken.

Briefly, rubber occurs generally throughout the plant kingdom in either roots, stems, or leaves and is produced in large or small quantities by plants occurring throughout the world in almost all types of climates. In other words, rubber is a common product of plant metabolism and its formation is primarily related to species characteristics and not to climate or location.

II. Gutta.

The extensive surveys made for rubber bearing plants have not been made for those bearing gutta, consequently not as much is known about the occurrance of this compound as that of rubber in the plant kingdom. The following plants are a few which contain fairly large quantities of gutta: *Palaquium oblongifoliom*, *Dichopsis polyantha, D. pustulata*, and *Payena leerii* all from the East Indies; *Mimusops globosa* from the northern part of·South America, *Eucommia ulmoides* and *Euonymus japonicus* from the United States and another species of *Euonymus* from Russia (DAVIS and BLAKE, 1937; HENDRICKS, WILDMAN and JONES, 1946; BARRON, 1948). The occurrence of these species is widespread and while the gutta is usually found in the bark, it is also obtained in commercial quantities from the leaves of Palaquium. Thus it is apparent that gutta is also a common product of plant metabolism.

HENDRICKS et al. investigated the possibility of finding both rubber and gutta hydrocarbons in the same plant. They found rubber in many species of the following families, *Asclepiadaceae, Moraceae, Euphorbiaceae*, and *Compositae*, and gutta in various species of the *Celastraceae* and *Sapotaceae*. Some species of the *Apocyanaceae* contained rubber and some gutta. In no case did they find evidence indicating that both types of hydrocarbons are produced in the same plant. A recent article (SCHLESINGER and LEPER, 1951) has published evidence indicating the occurrence of both *cis* and *trans* polyisoprenes in chicle.

C. Methods of Analysis.

An accurate estimate of the rubber content of plants is essential not only for determining the economic possibilities of various rubber or gutta bearing species but also for studies on the basic metabolism of plants producing these hydrocarbons. Both qualitative and quantitative methods of analyses have been developed but they all involve three important stages:

1. Preparation of the sample.
2. Separation of the hydrocarbon from the remainder of the plant materials.
3. Determination of the amount of hydrocarbon in the sample.

Several methods have been published involving these different steps and the investigator, depending on his particular problem, may combine the sample preparation of one procedure with the extraction method of a second and these with the hydrocarbon estimation procedure of a third, although, in general, the method of extraction has been developed for the specific method of hydrocarbon determination to be used. A quantitative method specific for rubber or gutta is not known. Likewise, dyes used in staining these hydrocarbons for qualitative tests also stain other compounds such as fats, unless they are first removed (HOLMES and ROBBINS, 1947).

In general, when rubber or gutta contents of plants are mentioned, reference is made to those compounds insoluble in certain solvents and soluble in others and which then may show certain chemical or physical characteristics. For example, according to the best known method of rubber analysis (SPENCE and CALDWELL, 1933) the plants, after certain preparatory steps, are extracted with water, then with acetone, and finally with benzene. Following the last extraction, the benzene is evaporated and the residue weighed as rubber. Other methods precipitate the hydrocarbon from the benzene with halogens such as bromine, weigh the precipitate and then calculate the hydrocarbon present (WILLITS, SWAIN and OGG, 1946).

I. Qualitative Methods.

1. Plant Tissues.

These rapid qualitative tests have been developed primarily for the purpose of detecting the presence of rubber or gutta hydrocarbons in plant tissues. These habe been based on the coloration of the hydrocarbon by various dyes or other compounds. Dyes that stain non-hydrocarbon materials a contrasting colour are sometimes used in addition. Materials used as rubber stains are alkanet (LLOYD, 1911), Sudan III (ARTSCHWAGER, 1943; HALL and GOOD-SPEED, 1919), Sudan IV, Sudan black B (HAASIS, 1944) and Calco oil blue NA (WHITTEN-BERGER, 1944; ADDICOTT, 1944). These dyes will stain gutta but iodine dissolved in alcohol has also been used (SHATERNIKOVA and BERG, 1947).

The various methods developed for the detection of rubber or gutta in plant samples are essentially alike, usually differing only in the choice of the dye used. All these dyes stain other compounds such as fats and resins and they must first be removed. Because of the similarity of these techniques, only the method described by WHITTENBERGER (1944) for rubber and SHATERNIKOVA and BERG (1947) for gutta will be described in any detail.

a) Rubber.

1. The plant parts to be studied are cut into small portions and placed in a 5% solution of warm gelatin under suction to allow this solution to impregnate the tissues.

2. The impregnated tissues are mounted on a freezing microtome and sections sliced 50 to 100 μ thick. (Preparation treatments which dissolve rubber such as embedding in paraffin should be avoided.)

3. The sections are then bleached in 5—10 ml. of an NaOCl solution (containing 5% available chlorine) for five minutes at 25° C in a closed container.

4. Ten to 20 ml. of a 9% solution of KOH in 95% ethanol is added and allowed to act for 30—40 minutes at 25° C.

5. The sections are removed from the solutions, washed several times with water, and finally with 95% ethanol.

6. The sections are then stained for approximately one hour in a 0.05% solution of oil blue NA in 70% ethanol in a closed container. (Oil blue NA is reported to be 1.4- bis amylamino anthroquinone and may be obtained from Calco Chemical Division of the American Cyanamid Company, Bound Brook, New Jersey.)

7. The stained sections are washed for a few seconds in 50% ethanol, placed in 40% glycerin in water for a few minutes to clear, then mounted in glycerin jelly.

With this procedure, the rubber stains a deep blue. Steps "3", "4", and "5" above are followed to remove the various compounds which would also stain blue with this dye. The NaOC, destroys the protoplasts, clears the cells, and heightens the color of the stained rubber. The alcoholic KOH dissolves or saponifies suberin, cutin, oils, fats, resins and waxes. The reliability of this method is based on the almost complete removal of all compounds, but rubber, which are stained by the dye. If there is any doubt as to this removal, some of the sections should be extracted with hot acetone before staining. To accomplish this, ADDICOTT (1944) includes a five minute extraction of the sections with acetone.

The method described above is used on sections of whole plant organs. The staining of rubber in ground or milled tissues is carried out in much the same way. However, better results have been obtained if the bleaching time in NaOCl is increased from five minutes to 30 to 60 minutes and the tissues are dyed in a weaker solution, 0.02% oil blue NA in 55% ethanol, and for a period of 18 to 24 hours, instead of one hour.

This technique has been used successfully in detecting rubber in *Parthenium argentatum, Taraxacum koksaghyz, Cryptostegia grandiflora, Landolphia Thallonii* and others. It has proven effective in demonstrating whether methods of commercial extraction or of quantitative analyses have recovered all the rubber in the plant tissues. Attempts to make this and other methods roughly quantitative have not been successful.

b) Gutta.

The following is a brief account of a method described by SHATERNIKOVA and BERG (1947) for the qualitative determination of gutta in species of *Euonymus*.

1. Thin sections of the plant tissues are sliced, or the plant material ist ground.

2. The plant tissues are heated in a 2.5—3.0% solution of sulfuric acid for 3—4 minutes at about 90° C.

3. Following this, they are treated with an aqueous solution of iodine, upon which the gutta takes on a yellow color.

The sulfuric acid treatment converts the starch to sugar. This eliminates the formation of the blue color by the reaction of the starch with the iodine which often masks the yellow colour of the stained gutta.

In all determinations of rubber and gutta, final examination of the stained material is made under the microscope.

2. Rubber Products.

This subject is somewhat beyond the scope of this chapter, so detailed procedures need not be given. Techniques have been developed, however, for the identification of natural and synthetic rubber and the determination of one in the presence of others (Burchfield, 1944; 1945).

II. Quantitative Methods.

The methods and procedures described under this section will not distinguish between gutta and rubber hydrocarbons (Holmes and Robbins, 1947; Hendricks, Wildman and Jones, 1946). However, as indicated earlier mixtures of these two compounds do not often occur in plant tissues.

1. Preparation of the Samples of Plant Tissues.

Almost all methods of rubber and gutta determinations involve the extraction of the hydrocarbon from the plant tissues, then the determination by various methods of the amount of hydrocarbon that was extracted. The different procedures of sample preparation have been designed to facilitate as much as possible the extraction of the hydrocarbon without changing its nature or amount.

Except where the hydrocarbon in latex is to be determined, sample preparation of plant material usually involves the following steps:

1. Harvesting.
2. Separation into various organs as roots, stems, and leaves.
3. Grinding and sampling.
4. Special treatments.

Other treatments have been imposed upon the above schedules, depending on the nature of the studies being conducted and the species under consideration. Hydrocarbon determination in latex represents a special problem and will be considered separately.

a) Harvesting.

The care with which this is carried out depends on the purpose of the determinations and the nature of the plant. If it is desired to obtain an estimate of the yield of rubber that might be expected from a field of guayule, kogsaghyz, or other species, it is first essential that an adequate sampling of the field be obtained and then that the plants be harvested in a manner comparable to that in which the actural harvest would be made. This is especially true of plants whose roots are important hydrocarbon-producing organs. Methods of underground cutting or digging for samples often differ markedly from those used in large-scale harvesting operation, so that more or less of the rubber-bearing tissue may be taken for analysis. The moisture content of the soil is also important as in a wet soil more root tissue is liable to be obtained than from a dry soil. The need to completely remove adhering soil from the roots is obvious. The same general precautions should be taken in regard to comparable plant parts when above-ground organs are involved, such as the leaves of goldenrod and *Palaquium*, although the problem is not as difficult because soil adherence and so on is not a factor.

Plants that have been harvested should not be exposed to the sun any longer than necessary, as high light intensity hastens the oxidation of the hydrocarbon (DAVIS and BLAKE, 1937; BUEHRER and BENSON, 1945). It might well be mentioned here that guayule plants which have been killed by frost or freezing, very quickly lose their rubber if allowed to stand in the field (BENEDICT, unpublished). Thus, if in field experiments, such an accident occurs and it is desired to salvage as much information as possible, the plants should be analyzed for rubber immediately, i. e., in a day or two following the frost. This may also be true of other frost sensitive rubber-bearing plants.

For experiments in which the basic physiology of the plant in relation to rubber constituents is concerned, great care must be taken in harvesting the plants. Thus, if roots are to be analyzed, the plants should be grown in containers so that all the roots may be recovered. If the leaves are of interest, it is necessary to insure their complete recovery for analysis.

b) Separation into Different Plant Parts.

This may or may not be necessary, depending on the investigation in progress, or the plant being worked with. For studies on the basic physiology of plants this will probably be done by hand, severing the roots from the tops on an individual-plant basis and also plucking off the leaves. It has been found that leaves may be readily removed from guayule shrub by immersing the whole plant in boiling water for eight to ten minutes, then giving the plants a quick shake. The leaves all drop off. The effects of this so-called parboiling on leaf abscission have been described by ADDICOTT (1945). The leaves of guayule contain various amounts of materials that lower the quality of the rubber when milled with the rest of the plant, and also contain very little rubber themselves. For these reasons, the commercial process for the production of guayule rubber includes the parboiling of the plants and the shaking off of the leaves. When analyses are carried out for determining yields from fields, this parboiling process may be included, but BENEDICT (unpublished) has shown that parboiling has other effects which will be discussed later and for studies on the physiology of rubber plants, parboiling should not be employed but the leaves plucked off by hand.

c) Grinding and Sampling.

After the plants have been separated into the organs to be analyzed, they are next dried and ground. The steps involved in carrying out the grinding procedures vary with the types of tissues to be analyzed.

Leaf tissues of high hydrocarbon content such as goldenrod, *Palaquium* or *Cryptostegia* (WILLITS, OGG, PORTER and SWAIN, 1946) or of low hydrocarbon content as guayule (BENEDICT, unpublished) are first dried to about 5% moisture in a ventilated oven at 65° C, then ground in a WILEY mill using a screen with 3 mm. pores. This dried leaf material may be ground finer with a hammer mill; however, this is not desirable as the tissue is reduced to an impalpable powder which is difficult to handle with the various solvents which will be used later.

Root tissues such as tausaghyz and koksaghyz are first washed to remove any adhering soil, then dried to about 5% moisture in a ventilated oven at 65° C. The partially dried roots are then sectioned by hand or ground in a BALL and JEWELL cutter, then through a WILEY mill to pass a screen with $1/4''$ openings. This material is then reduced to a convenient size (about 50 to 100 grams) by means of a BOERNER sampler or JONES riffler (WILLITS, OGG, PORTER and SWAIN, 1946). This smaller sample is then allowed to stand overnight with an equal amount of solid carbon dioxide in a refrigerator also cooled with solid carbon dioxide. The whole sample, plant plus solid carbon dioxide, is then ground in a specially modified RAYMOND hammer mill (ROSS and HARDESTY, 1942). Grinding of the samples in the WILEY mill only, though frozen as described above, results in a nonuniform sample. With the hammer mill a better material is obtained by freezing (BENEDICT, unpublished).

Fresh stems and roots of such plants as guayule are first ground in a BALL and JEWELL cutter or cut up by hand to pass a screen with $1/2''$ openings. The material is next dried in a ventilated oven at 65° C to about 5% moisture then ground in a WILEY mill through a screen with 5 mm. openings (HOLMES and ROBBINS, 1947; TRAUB, 1946). If the plants are small enough, the BALL and JEWELL cutter may be bypassed. The sample is then reduced to a convenient size by means of JONES riffler or by quartering. The small sample is then ground in the RAYMOND hammer mill (ROSS and HARDESTY, 1942). Parboiled guayule plants are dried overnight in the 65° C oven, then ground in the BALL and JEWELL cutter and so on. For samples low in rubber, a screen with 1.5 mm. openings could be used in the hammer mill; for other samples, a screen with 3 mm. openings is required because the high hydrocarbon and resin content of the tissues tend to cause balling up in the mill (HOLMES and ROBBINS, 1947; MEEKS et al., 1953).

As mentioned earlier, rubber is found in special ducts in plants where it will easily drain out and in individual cells from which it can only be obtained by crushing each cell. Thus, for the latter type of tissues which are the ones discussed so far (with the partial exception of *Cryptostegia*), it is essential that the individual cells of the tissues be broken as far as possible to insure complete extraction of the hydrocarbon. SPENCE and CALDWELL (1933) believed that the fineness of grind required to do this was not practical and substituted a treatment in which fairly coursely ground tissues (14 mesh) were boiled in 1% sulfuric acid for 3 hours then steamed in an autoclave for 3 hours at 30 pounds per square inch. HOLMES and ROBBINS (1947), with improved grinding techniques available, were able to extract as much rubber from guayule tissues following grinding in the RAYMOND hammer mill alone as by pretreating the shrub with sulfuric acid and autoclaving. As a result of their study, this pretreatment is now omitted from sample preparation procedures. However, if fine grinding equiment is not available, this acid treatment may be substituted. WILLITS et al. (1946) and TRAUB (1946) have given considerable attention to the effect on the final results of the degree of fineness to which the tissue is ground. Finally, MEEKS et al. (1953) suggest that hammer-milling may be replaced by crushing the course ground tissue 10 times between two $6'' \times 12''$ power-driven corrugated rolls turning at a backroll to front-roll ratio of 1.3 to 1., then sheeting the tissue 10 times between smooth rolls of the same size but operating at a back-roll to front-roll ratio of 1.4 to 1. On the basis of the data they offer, more work is needed to demonstrate a distinct advantage of this treatment over the hammer mill treatment, as far as amount of hydrocarbon recovery is concerned.

d) Special Treatments.

Parboiling of guayule shrub has been mentioned as a treatment which aids in the removal of the leaves. Further studies on the effects of this treatment have shown that it results in an increase in the amount of rubber recovered from the guayule plant. On a percentage dry weight basis alone it could be argued that the boiling removes some of the soluble materials, hence resulting in a relative increase in the amount of rubber. However, this increase is more than can be accounted for by the loss in dry weight (TRAUB, 1946). Parboiling decreases the resin recovered from the shrub and makes for easier grinding in the hammer mill.

It may be that this increase in rubber recovery from parboiled shrub is an apparent one and in reality is the result of no or little loss on grinding. Some evidence was obtained that parboiling actually increased the weight of rubber in the plant (BENEDICT, unpublished), but further work is needed to substantiate this. In any one experiment involving rubber analysis of guayule, the method of leaf removal should not be varied.

The grinding procedures mentioned above were designed to rapidly comminute the tissues so that more of the cell walls would be broken and the hydrocarbon more easily extracted. Another method of breaking down the cell walls is by fermentation with micro-organisms. This technique has been used to hasten the large-scale recovery of rubber from guayule (ALLEN and EMERSON, 1949) and non latex rubber from *Cryptostegia* (HOOVER, DIETZ, DAGHSKI and WHITE, 1945).

e) General Considerations of Sample Preparation.

SPENCE and CALDWELL (1933) early pointed out how essential it is that as little time as possible elapse between harvesting and the drying of the plant material so that no changes in the tissues or in the rubber may occur. Thus, a loss of 15 per cent in dry weight of plant tissues in a few days by harvested but undried plants has been noted. In some plants, notably the Russian dandelions, an increase in amount of rubber may occur in harvested plants if carbohydrates are available (McGAVACK and FAULKS, 1945). It is also known that gel rubber is formed when the hydrocarbon is exposed to oxygen. This material is very insoluble in benzene, ι common hydrocarbon solvent, and thus its formation may cause an error in ιny rubber determinations (DAVIS and BLAKE, 1937).

In many experiments it is as essential to determine the actual weight of the hydrocarbon produced by each plant or plant part in the various treatments as well as the percentage of the dry weight of the hydrocarbon. This means that in such experiments the number of plants and the total fresh weight of the plants in each treatment, or each replication of each treatment, is recorded. At the same time, an aliquot of the fresh material at the time of weighing is taken, dried to constant weight at 105° C, and the percentage dry weight calculated. From these values, the dry weight per plant may be calculated. A convenient time to determine the fresh weight and remove an aliquot for dry weight or moisture determination is immediately following the first grinding in the preparation of the sample. By multiplying the dry weight per plant by the percentage of the hydrocarbon on a dry weight basis, the yield of rubber per plant is obtained.

When guayule plants are parboiled, a loss of approximately 2% of the dry material occurs (TRAUB, 1946). This results in some error of the estimated total dry weight or growth of the plants. This is another reason why all or none of the plants should receive the parboiling treatment in particular studies with guayule.

2. Storage of the Samples of Ground Plant Tissues.

After the plant samples are dried and ground, they may be stored for several months under proper conditions before the hydrocarbon analysis is completed. Guayule shrub and koksaghyz roots were stored for a year in sealed containers with only a very slight loss of rubber (BENEDICT, unpublished). If it is desired to store ground plant samples for many months, certain, precautions should be taken. The storage containers should be as nearly full as possible to reduce the amount of air left inside. MAHER (1947) stored various amounts of dried and ground guayule plant sample material in screw capped jars with a capacity of 275 ml. The caps were paper-lined to provide an excellent seal. After eight weeks of storage it was found that the percentage of the original rubber content of the sample was directly correlated with the size of the sample stored, or the percentage loss was correlated with the size of the air space remaining in the jar; the correlation coefficient $r = 0.738$ with 0.700 required for significance at the 1% level. When the ground samples of guayule were exposed to the air in open containers for three days, as much as 8% of the rubber was lost, and after eight days, 42% was lost (MAHER, 1947). Because it is known that rubber and gutta hydrocarbons are readily oxidized, it seems likely that this loss of rubber was the result of oxidation. Because of the possible loss of hydrocarbon under certain storage conditions, it is recommended that prepared plant samples be analyzed as quickly as possible. However, the samples may be stored for several weeks in full air-tight containers with little or no loss in hydrocarbon.

Samples of rubber and gutta precipitated from latex or extracted from non latex producing plants have been stored without loss or change for periods of several months in evacuated containers at temperatures of about 0° C. This without the addition of an antioxidant (BENEDICT, unpublished, TRAUB, 1946). Various antioxidants have been used to preserve rubber samples, including phenyl-α-naphthylamine (HOLMES and ROBBINS, 1947) and dimethyl-p-phenylenediamine (SPENCE and CALDWELL, 1933).

3. Extraction of the Hydrocarbon from the Sample.

All of the methods of rubber or gutta analyses extract the plant material with one or several solvents to obtain the hydrocarbon in solution, either alone or with other plant constituents which will not interfere with the final determination. The solvent or solvents used for extraction are many and vary with the method to be used for the quantitative estimation of the hydrocarbon. It is impossible to describe all the methods that have been used, but a few may be described in detail; modification or improvements will be discussed and described where pertinent.

The great majority of analytical procedures are based on the method which was first described in 1933 by SPENCE and CALDWELL and consist of three important steps:

1. Extraction of water soluble materials.
2. Extraction of resins.
3. Extraction of hydrocarbons.

a) Extraction of Water Soluble Materials.

(1) The ground sample is thoroughly mixed, then an aliquot is taken which contains approximately 300 mgs. of hydrocarbon; 3—5 grams of material containing less than 10% hydrocarbon, 2—3 grams for material containing a higher percentage. During the process of handling and storage, there is a tendency for the finer particles to settle to the bottom of the storage container, hence the mixing prior to the taking of an aliquot is essential.

(2) The aliquots are weighed on an analytical balance, then transferred to porcelain extraction filters, 22 mm. in diameter by 70 mm. high with 2 mm. performations in the bottom. Glass wool is placed above and below the sampel to prevent loss.

HOLMES and ROBBINS (1947) recommend a thimble 28 mm. in diameter by 78 mm. in height and 1 mm. perforations. WILLITS et al. (1946) recommend a heavy walled glass testtube of about the same size with a perforated bottom.

The plug of glass wool at the bottom of the container must be of the proper thickness; if too thick there is danger of plugging; if too thin, fine particles may be lost. The glass wool plug on top of the material must be open enough to allow escape of trapped air and free access of the solvent and at the same time fit snugly enough to prevent the sample particles from floating out of the top of the thimble (HOLMES and ROBBINS, 1947).

(3) The samples in the thimbles are boiled for 3 hours in 1% solution of sulfuric acid. This is done in a monel metal bath with a water-sealed lid and water-cooled condenser outlet to maintain the concentration of the acid. A punched plate serves to hold the thimbles upright on a monel metal screen. At the end of three hours, the thimbles are transferred, without washing out the acid, to an autoclave where they are treated with steam at 30 lbs. pressure for three hours (SPENCE and CALDWELL, 1933).

This treatment with acid and steam may be omitted if the material has been ground to the fineness attained with the hammer mill described earlier (HOLMES and ROBBINS, 1947). However, if equipment is not available for this fine grinding, then the above steps are important and should not be left out. This treatment is believed to aid in the breakdown and later extraction of materials that interfere with the final hydrocarbon extraction.

(4a) The samples in the thimbles are next leached with water at a temperature of 60° C for three hours. The thimbles are held upright by placing them through holes in the lid of a copper water bath and supporting them on a wire screen a few centimeters above the bottom. The water is then run through each thimble individually in a slow stream. There have been modifications of this leaching procedure. The time has been shortened to one hour but at a temperature of 80—90° C instead of 60° C (HOLMES and ROBBINS). The thimble is placed in a continuous extractor (to be described later) and extracted with 100 ml. of water for four hours (Anonymous).

(4b) It was mentioned earlier that with material ground in the hammer mill the acid boiling and autoclave treatment may be omitted. However, it has been found with koksaghyz roots, *Cryptostegia* leaves (WILLITS et al., 1946) or other plant materials which have a high pectin content, treatment with oxalic acid prior to leaching with water or removal of resins is necessary to produce consistent results. The presence of high pectin content is usually indicated by the occurrence of a white gelatinous material in the thimbles during the extraction of the resin. This pectinaceous material may surround the hydrocarbon (rubber or gutta) with a coating impervious to the hydrocarbon solvent thus reduce the amount extracted. If pectins are present in large quantities, the hammer milled material is weighed into a 250 ml. beaker and 100 ml. of 0.8% oxalic acid is added for each 1.5 grams of sample. This is heated in a water bath at 80° C for two hours. The sample is then transferred to the extraction thimble containing a glass wool plug. The sample is then washed with 200 ml. of a 2% oxalic acid with gentle suction. Finally, the material is washed with 500 ml. of water at 80° C (Anonymous).

b) Extraction of Resins.

The previous steps described were for the purpose of removing various water soluble or digested materials which are also extracted by the resin or rubber and gutta solvents. If quantitative determinations of the resins are not to be made, the previous treatments may be omitted for non-pectinaceous plant samples. The resins (a group of compounds of indeterminate composition) are soluble in rubber or gutta solvents and in most methods their extraction is carried out with compounds which do not dissolve the hydrocarbons.

(1) After leaching with water, the samples are placed in siphon cups, similar to those described in American Society of Testing Materials, Method D 297 (Am. Soc. of Testing Materials, Standards, Part 6, D 297—50 T. p. 47, 1952), and extracted with acetone for 12 hours in a continous extractor type of apparatus Fig. 1.) on a hot plate. The extraction is carried out with 150 ml. of acetone (SPENCE and CALDWELL, 1933). Technical acetone is satisfactory for this step, provided it leaves no residue on evaporation (HOLMES and ROBBINS, 1947). The resin extracted may be determined by using tared flasks, evaporating off the acetone over a steam bath, drying at 80° C in an oven for one hour and weighing.

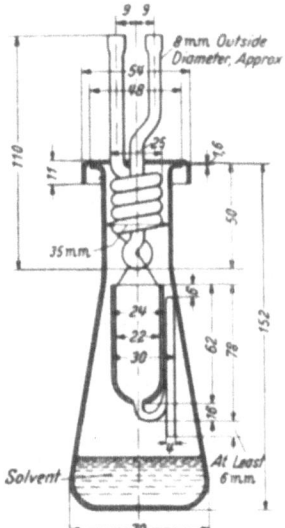

Fig. 1. Diagram of Extraction Apparatus. (From Am. Soc. Test. Mat. Standards, Part 6, D 297 50 T, p. 49, 1952.)

Variations of this method of extracting the resins are in use. An extraction time of eight hours instead of 16 is used for low hydrocarbon content material, (HOLMES and ROBBINS, 1947). Acetone is known to extract some low molecular weight rubber (MEEKS et al., 1950) so 95% ethyl alcohol has been substituted for the acetone with a 16 hour extraction time (Anonymous; FENDLER, 1904). Later work indicates that ethyl alcohol also extracts some low molecular weight hydrocarbons (MEEKS et al., 1953).

(2) Following extraction, the resin solvent must be removed from the sample, otherwise it will cause bubbling in the siphon cups and this will interfere with the hydrocarbon extraction. SPENCE and CALDWELL (1933) recommend a one-half hour drying of the thimbles in a vacuum oven. HOLMES and ROBBINS (1947) state that following acetone extraction, the rubber remaining in a guayule sample is very sensitive to temperatures of 80° C or above. For this reason, they and others (WILLITS et al., 1946) recommend removing the acetone by simply sucking air through the samples until the resin solvent is completely evaporated. This mass of air flowing through the sample was not found to oxidize rubber that was present (HOLMES and ROBBINS, 1947).

c) Isolation of the Hydrocarbon.

(1) Following extraction of the resins, the hydrocarbon is finally removed from the sample by extracting with 150 ml. of benzene for 16 hours in the same apparatus used for the acetone extraction. The extracted rubber accumulates in the flask with the boiling solvent and various means are then used to detetmine how much is present.

A great deal of work has been carried out on the length of time the benzene extraction should continue (HOLMES and ROBBINS, 1947; SPENCE and CALDWELL, 1933) and 16 hours seems to be optimum. In all these extractions, siphon cups are preferred to the percolation type because there is no danger of channeling and more consistent results are obtained.

Benzene is the hydrocarbon solvent most commonly used, but others, including petroleum ether (FENDLER, 1904) and carbon tetrachloride (WHITTELSEY, 1909) have been used. These solvents are no longer recommended because the former often includes impurities and the latter often results in the chlorination of the hydrocarbon (SPENCE and CALDWELL, 1933).

It is recognized that this triple extraction procedure is very time-consuming and other methods have been devised to more quickly procure the rubber or gutta in a solution from which the amount present can be determined. Because most of this time was spent in removing impurities which would interfere with the final determination of the hydrocarbon, methods were sought which would permit the determination of the rubber and gutta in the presence of these impurities. Several such methods have been developed. One of the most successful is the so-called bromination procedure. The principle of this method will be discussed in the next section. Using this procedure with non pectinaceous plant materials, it is possible to eliminate the resin extraction step. Following water extraction, the material is extracted directly with benzene in the manner described above (MEEKS et al., 1953). In the same paper a procedure is described for guayule whereby 1.5 grams of tissue is placed in a 250 ml. centrifuge bottle with 100 grams of 5—10 mesh pebbles and exactly 150 ml. of 1% solution of trichloracetic in benzene. The bottle is tightly stoppered and mechanically shaken for 10 minutes, then centrifuged for 15 minutes at 2000 rpm.

Trichloroacetic acid is added to assist in the solution of the crude rubber for analysis. It is especially effective in dissolving any gel rubber that is present. It also reduces the viscocity of the hydrocarbon solution so that the non-soluble material is more readily thrown down by centrifuging (GOWANS and CLARK, 1952).

Another rapid method for determining rubber is the turbidimetric method of TRAUB (1946). The solution on which the rubber determination is made is obtained by extracting approximately 0.2 grams of the finely ground plant material, weighed to an accuracy of 0.2 mg., in 20 ml. of methyl-isobutyl-ketone contained in a 25 ml. volumetric flask. The flasks are placed in an oil bath at 115° C for 30 minutes to bring about the extraction. The flasks are then removed, wiped free of oil, cooled to 25° C in a constant temperature bath and made up to volume with the solvent and shaken. After the plant material has settled to the bottom, the liquid is decanted into 40 ml. centrifuge tubes and clarified by centrifuging for 10 minutes at 2000 rpm. The clarified liquid is then poured into 20 ml. volumetric flasks with glass stoppers and held until ready for use. This method eliminates the water and acetone or alcohol extraction, and accomplishes in a few minutes what requires almost two days with some other procedures.

BONNER and ARREGUIN (1949) also describe a method of analysis which requires less time but includes the extraction of resin with acetone before extraction with benzene. A 100 mg. sample of material ground to 40 mesh in a WILEY mill is extracted for $2^1/_2$ hours at 36° C with 10 ml. of acetone in a 15 ml. centrifuge tube. Following extraction, the whole is centrifuged, the acetone decanted off, and the residue dried at 80° C. This dried residue is then extracted with 10 ml. of benzene for one hour at room temperature. The whole again centrifuged and the benzene solution decanted off and used for the determinations.

4. Isolation of Rubber or Gutta from Latex.

So far no mention has been made of sample preparation and isolation of these hydrocarbons in latex, whether from *Hevea* or from other species. Latex is found in tausaghyz, kogsaghyz, *Cryptostegia*, *Mimusops*, *Hevea* and other species. If the entire plant structure is to be analyzed, methods of sampling and hydrocarbon isolation described for guayule, koksaghyz, etc. may be used. However, in most cases the rubber content of the latex is desired without reference to that of the whole plant. In these cases, two steps are usually involved:

1. The determination of the quantity of latex yielded by the individual plant, or by a unit area of such plants;

2. The determination of the hydrocarbon content of the latex.

The latex yield of a plant is determined by tapping, collecting the liquid as it flows from the wound, and weighing. There are many ways of tapping latex bearing trees and other plants and these also vary from one species to another. When yields of latex are being determined, it is essential that the same method of tapping be employed for all treatments in a single investigation.

The determination of the hydrocarbon content of the latex usually involves the coagulation of the crude rubber or gutta, the removal of interfering compounds such as resins, and, finally, the dissolving of the hydrocarbon in some solvent.

(a) The coagulation of the hydrocarbon.

The latex to be used for hydrocarbon analysis should be as fresh as possible and kept away from light and high temperatures. On standing, some of the hydrocarbon may be oxidized to the gel state which is difficult to dissolve. Ammonia is often added as a preservative but this also interferes with the solubility of the rubber or gutta (KEMP and PETERS, 1941).

The unammoniated latex is evaporated to dryness at 60° C with *Cryptostegia* latex (STEWART and HUMMER, 1944) and at 35° C or lower for *Hevea* and gutta containing latices (KEMP and PETERS, 1941; GERKE et al., 1939). It is often desired to evaporate latices down into thin films. To do this, the latex is poured onto a glass plate or other horizontal surface at the rate of 1 ml. per square inch. A stream of air, heated to the desired temperature, is blown across the latex until the film is dry. The length of time will vary with the composition of the materia (GERKE et al., 1939).

The hydrocarbon may also be coagulated by adding glacial acetic acid to the latex, warming the mixture on a steam bath for one-half hour, decanting off the liquid, washing the precipitate with water, then drying at 100° C (DAVIS and BLAKE, 1937).

Isolation of the Hydrocarbon. The coagulated or dried rubber or gutta is then brought into solution, using the method described by SPENCE and CALDWELL (1933) for plant tissue samples involving extraction, first with acetone to remove impurities, and then with benzene to dissolve the hydrocarbon.

The following method also seems to be very useful: (GOWANS and CLARK, 1952)

1. About 0.5 grams of the dried hydrocarbon is weighed analytically into a 70 ml. centrifuge tube.

2. To this is added 50 ml. of a 1% solution of trichloroacetic acid in benzene.

3. The mixture is allowed to stand for 48 hours at room temperature with occasional stirring.

4. It is then warmed in hot water and centrifuged for 20 minutes at 2000 rpm

5. The supernatant liquid is decanted into a 250 ml. volumetric flask.

6. The residue is washed with benzene two or three times and centrifuged between washings.

7. The washings are added to the flasks, which are then made up to volume with benzene.

5. Quantitative Determination of the Hydrocarbon.

By following the previous steps, the rubber or gutta hydrocarbons from plant tissues or latex are obtained in solutions from which it is possible to quantitatively determine the amount present. The methods of doing this are of three general types.

1. Evaporating off the solvent and weighing the residue.

2. Adding a reagent which forms a precipitate by reacting with the hydrocarbon. but does not react with other materials which may be present in the solution, and then isolating and weighing the precipitate.

3. Precipitating the hydrocarbon by adding excess of liquids in which the rubber or gutta is not soluble and measuring the turbidity which develops.

4. Determining the refractive index of the hydrocarbon in special solvents.

a) Evaporating of the Solvent and Weighing the Residue.

When a plant tissue or a dried latex sample has been extracted with water and resin solvents such as acetone or ethyl alcohol prior to extraction with the rubber solvent such as benzene, chloroform, and so forth, the weight of the residue remaining following the evaporation of the hydrocarbon solvent may be used as the estimate of the amount of hydrocarbon present in the original sample.

In the SPENCE and CALDWELL (1933) procedure, 0.5 ml. of a 0.1% solution of dimethyl-p-phenylenediamine (an antioxidant)in benzene is added to the benzene solution of hydrocarbon in the tared extraction flasks. The benzene is evaporated off over a steam bath and the residue dried overnight at 105° C. The flask and its contents are then weighed to three decimal places, the weight of the residue or hydrocarbon determined and the percentage this represents of the original dry weight of the sample calculated. According to one modification (HOLMES and ROBBINS, 1947) the benzene extract is evaporated to dryness on a steam bath, then dried in an oven at 80° C for one hour. Under these conditions, as accurate results were obtained and no anti-oxidant was necessary.

b) The Precipitation of the Hydrocarbon by a Reagent, and the Determination of the Amount of the Precipitate.

The method described under (a) automatically defines rubber or gutta as any compound soluble in benzene or other solvents, but insoluble in water and acetone or other resin solvents. It seems possible that with this method, some materials which are not hydrocarbons of the $(C_5H_8)_n$ type will be included in the final determination. In order to eliminate this criticism, investigations were conducted to discover reagents which would react only with the rubber and gutta hydrocarbons and not with impurities that might be present in the solution. As a result of these studies, several methods have been developed. Of these, the gravimetric bromide method has proved the most satisfactory and is the one which will be discussed here.

It is known that these hydrocarbons form addition products with bromine of the theoretical composition $(C_5H_8Br_2)_n$. WILLITS, SWAIN and OGG (1946) developed a procedure for determining rubber in benzene extracts of plant tissues, rubber crudes, and latices which took advantage of this reaction. GOWANS and CLARK (1952) have suggested certain changes and the procedure is as outlined below.

1. An aliquot of the benzene extract containing 30—50 mg. of the hydrocarbon is placed in a 250 ml. beaker.

2. To this is added 9 ml. of chloroform (A. C. S. purity) and 2.5 ml. of the brominating solution.

3. The beaker is placed in a water bath at 25° C for 100 minutes to allow the bromination to proceed. Direct sunlight is avoided.

4. At the end of this time, 200 ml. of ethyl alcohol is added to precipitate the hydrocarbon bromide. This is allowed to settle for two hours.

5. The bromide is then filtered through a tared abestos Gooch crucible and the precipitate washed carefully with ethyl alcohol.

6. The crucible is dried to constant weight in a vacuum oven at 65° C. This requires about one hour.

7. The crucible is cooled in a desiccator and weighed.

8. The weight of the bromide is then multiplied by the conversion factor and converted to hydrocarbon. The percentage of the hydrocarbon is then determined by dividing by the moisture-free weight of the original sample and multiplying by 100.

The theoretical conversion factor for bromide to hydrocarbon, assuming a composition of $(C_5H_8Br)_n$ is 0.299. WILLITS, SWAIN and OGG (1946) determined factors of 0.291 for guayule, koksaghyz, and *Hevea* rubber and 0.303 for *Cryptostegia* rubber. These values were obtained by analyzing the hydrocarbon bromide for the percentages of bromine, carbon, and hydrogen and totalling the percentages of the carbon and hydrogen. With the method of GOWANS and CLARK (1952), described above, factors of 0.301 for guayule and 0.298 for *Hevea* rubber were obtained. Other hydrocarbons were not studied. These values more nearly approach the theoretical than the earlier ones. These results do show that for accurate hydrocarbon determinations, a conversion factor for each type of hydrocarbon may have to be determined by experiment.

The brominating solution is prepared by dissolving 2 grams of C. P. iodine in 100 ml. of carbon tetrachloride, filtering, and adding 5 ml. of C. P. bromine to the filtrate. The iodine is added because it speeds up the reaction between bromine and the hydrocarbon (GOWANS and CLARK, 1952).

When the bromination method was first offered, some investigators were concerned that substitution of bromine for hydrogen as well as addition at the double bond might occur. It has been found that the presence of chloroform apparently inhibits the substutition reaction and also has a solubilizing effect on the hydrocarbon bromide (GOWANS and CLARK, 1952). This is indicated in that the conversion factor for guayule rubber has been determined as 0.292 without (WILLITS et al., 1946), and 0.301 with the addition of chloroform (GOWANS and CLARK, 1952).

The effects of temperature on the results of this method have not been carefully studied, but unless otherwise stated, all reactions should be carried out at 25° C. The light conditions should also be standardized (GOWANS and CLARK, 1952).

This bromination method of determining hydrocarbons in benzene solution also gives satisfactory results in the presence of resins and other compounds that are removed by acetone or other resin extracting solvents. This means that the resin extraction step may be omitted in these hydrocarbon determinations if it is not desired to determine the resin content. Evidence has also been published showing that the water extraction step may be omitted (MEEKS et al., 1953).

In order to determine accurately the moisture content of the ground sample taken at the start of the analyses, a 10 gram aliquot, which contains approximately 5% moisture to begin with, is dried at 115° C in a ventilated oven or in a Braebender moisture tester for one hour and 15 minutes.

c) Determining the Turbidity of Precipitating Rubber Solutions.

Some procedures have been proposed in which the hydrocarbon is precipitated from the resin-free solution by the addition of alcohol; the precipitate is then dried and weighed (FENDLER, 1904; FOX, 1909; SPENCE, 1908). These methods were not as satisfactory as desired and now are not commonly used.

Because the bromination procedure and the preliminary extractions were time-consuming, methods were looked for which would be accurate and rapid. Two of these involve the measurement of the turbidity produced when the hydrocarbon is precipitated from the solvent.

In the method of Bonner and Arreguin, 2 ml. aliquots of the benzene solution of the hydrocarbon are pippetted into 5 ml. of methyl alcohol. The turbidity is then determined in a KLETT-SUMMERSON colorimeter, using a green filter to minimize the absorption due to the residual chlorophyll in the extract. The results are standardized against the same procedure, using vaying amount of purified hydrocarbon (BONNER and ARREGUIN, 1949). This procedure, designed specifically for studies on young guayule seedlings, has been found to be satisfactory in the presence of resins. In fact, such acetone extraction removes hydrocarbons which are soluble in benzene and form an addition product with bromine, indicating that they are rubber rather than resins (BONNER and ARREGUIN, 1949).

The photometric method of TRAUB (1946) was designed to determine the hydrocarbon in plant tissues and crude rubber products. This method is very rapid and is outlined below.

1. The methyl-isobutyl-ketone extract of the material is cooled and made up to volume.

2. Three 5 ml. aliquots are transferred to 25 ml. volumetric flasks.

3. One of these is made up to volume with acidified ethyl alcohol and allowed to stand for four minutes.

4. The percentage of light transmitted by a selected thickness of the mixture is determined with an EVELYN or KLETT-SUMMERSON colorimeter, provided with filters to transmit wave lengths between 720 and 750 mμ.

5. The reading of the per cent transmission is then referred to a table of equivalents previously prepared on the basis of readings taken after the solutions have stood for four minutes, for the range of concentrations of hydrocarbons which will probably be encountered. From this table, the standing time is estimated, after which the hydrocarbon content of the two remaining aliquots is to be determined.

6. The two remaining aliquots are made up to volume with acified ethyl alcohol and allowed to stand for the time estimated in step 5.

7. After standing for the indicated time, the per cent transmissions of the solutions are determined with the colorimeter.

8. The amount of hydrocarbon present is read from a table, giving equivalents of per cent transmission and hydrocarbon content. This table is prepared from data obtained using known concentrations of pure hydrocarbon.

The percentage of light transmitted through acidified liquids with precipitated hydrocarbons in suspension is not stable; the time required after precipitation of rubber or resins to reach a comparatively stable period for transmitted light and the duration of this period vary inversely with the concentration of the hydrocarbon suspended in the liquids. For this reason, the standing time before a reading is taken is important and must be determined if this method is employed. In general, the lower the concentration the longer the standing time. For transmissions of less than 60%, the standing time is less than ten minutes (TRAUB, 1946).

The 720—750 mμ wave length is desirable for use because it eliminates any effect of residual chlorophyll or other plant pigments on the transmission.

The rubber solvent methyl-isobutyl-ketone may be of technical grade. The precipitating agent is a 0.5 per cent H_2SO_4 (C. P. grade) solution in 95% ethyl alcohol.

This method has been used with success on guayule, koksaghyz, *Cryptostegia* and *Hevea* rubbers. The results are usually higher than those obtained with the SPENCE and CALDWELL (1933) extraction method, whether the hydrocarbon was determined by weighing or bromination. Three persons can make 100 determinations a day including the extractions, rubber determinations, cleaning of glassware, and so on.

d) Determining the Refractive Index.

This method (Fanning and Bekkedahl, 1951) has just recently appeared in print and may have value in the determination of rubber in dried latex films.

(1) The crude rubber sample containing about 1.1 grams of natural rubber is extracted with acetone according to A. S. T. M. (Am. Soc. of Testing Materials, Standards, Part 6, D 297—50 T, 1952) then dried in a vacuum oven for one hour at 100° C and weighed again.

(2) The dried rubber sample is then cut up and placed in a tared 30 ml. beaker containing a stirring rod.

(3) Three ml. of 1-bromo-naphthalene are then added. A second beaker, but containing no rubber, is also prepared for comparisons.

(4) The index of refraction of the solvent is determined and the temperature recorded.

(5) The two beakers are placed in a 140° C oven for about one hour and one-half, being removed and stirred first after 30 minutes, then every ten or fifteen minutes.

(6) Following solution of the rubber, the beakers are cooled and weighed. Stirring continuously during the cooling process.

(7) The refractive indeces are then determined by means of an Abbé type refractometer.

All measurements of density and refractive index are converted to values at 25° C before they can be applied to the equation for calculating the final results. Adjustment of the density of the 1-bromo-naphthalene is made by applying the density coefficient (lp) (dp) (dT) of -673×10^{-6} per degree C. Coefficients for adjusting the refractive indeces are -462×10^{-6} for 1-bromo-naphthaline and -434×10^{-6} for the mixture of rubber and the solvent. The percentage hydrocarbon

$$= \left(\frac{M - E}{D}\right)\left(\frac{N_s - N_m}{N_m - 1.5190}\right)\left(\frac{90 \cdot 6}{R}\right)$$

M = weight of mixture of extracted rubber and solvent.
E = weight of extracted rubber in the solvent.
D = density of the solvent g/ml. at 25° C.
R = weight of rubber sample before extraction with acetone.
N_s = refractive index of solvent at 25° C.
N_m = refractive index of mixture of rubber and solvent at 25° C.

The density of purified rubber is 0.9060 and the refractive index is 1.5190 for the D line at 25° C. The density of the solvent must be determined for each new batch used. The refractive index at 25° C varied between 1.6547 and 1.6567.

The precision of the refractive index and bromination methods appears to be the same (Fanning and Bekkedahl, 1951).

6. Methods of Distinguishing between Rubber and Gutta Hydrocarbons.

The methods described above have, for the most part, been developed for rubber determinations as contrasted with gutta. Those involving the extraction of plants with acetone and benzene and the determination of the hydrocarbon by evaporation of the solvent and weighing, or the bromination techniques which are by far the most common ones used, work equally well for rubber as for gutta (Davis and Blake, 1937; Holmes and Robbins, 1947). Gutta has a refractive index of 1.557 as compared with the 1.5190 of rubber (Hendricks, Wildman and Jones, 1946) and perhaps the refractive index method can be used for determining gutta after it has been extracted from the plant and put into solution.

If, following the solvent extraction of a hydrocarbon from a plant, it is not known whether it is one or the other, a method of distinguishing the two is described by HENDRICKS, WILDMAN and JONES (1946). The technique involves the infra-red absorption spectra of the two isomers. At about 12 mμ the relative absorption coefficient of rubber is 42% greater than for gutta.

SCHLESINGER and LEPER (1951) describe two procedures for separation of the rubber and gutta hydrocarbons from large quantities of crude chicle. In one, the chicle is extracted with benzene which dissolves both isomers. An excess absolute ethyl acetate is added and the mixture stored at 5° C overnight. The gutta precipitates out and the rubber remains in solution. The other method is as follows:

(1) Ten grams of chicle are extracted with acetone for 24 hours in a Soxhlet extraction apparatus.

(2) The insoluble material in the thimble is allowed to air dry, then immersed in 150 ml. of cold Skellysolve B in a refrigerator at 10° C and allowed to stand for 48 hours with occasional agitation.

(3) The thimble is then removed from the solvent and the enclosed residue washed several times with fresh, cold Skellysolve B.

(4) An excess of acetone and a few drops of a concentrated aqueous solution of sodium iodide are added to the combined Skellysolve B extract and washings and allowed to stand overnight in a refrigerator.

(5) The supernatant liquid is decanted off and the coagulated rubber is washed with acetone several times and dried for 16 hours or so in a vacuum desiccator.

(6) The Soxhlet thimble containing the material insoluble in cold Skellysolve B is placed in 150 ml. of benzene in an Erlenmeyer flask and held for 48 hours with occasional stirring at a temperature between 25° C and 35° C.

(7) The gutta solution is clarified by centrifugation, if necessary, and the hydrocarbon precipitated by the addition of an excess of acetone or methyl alcohol.

(8) After standing overnight, the solvent is filtered off and the gutta dried at room temperature.

D. Summary.

This chapter is perhaps best summarized by giving in detail the procedure which appears to be used most commonly for determining rubber and gutta hydrocarbons in various types of plants and plant tissues.

Ground Plant Tissues.

Preparation of the Sample.

1. The plant tissue is dried to about 5% moisture in a ventilated oven at 65° C.

2. Then ground in a Wiley mill, using a screen with 3 mm. diameter holes for leaves and about 5 mm. holes for other tissues.

3. The amount of material is reduced to about 100 grams by passing through a Boerner sampler or Jones riffler.

4. The stem and root tissues are ground through a Raymond hammer mill using 1.5 mm. screen opening for samples low in rubber and 3 mm. screen opening for samples high in rubber. (Leaf tissues are not ground in the hammer mill because a powder is formed which is difficult to satisfactorily extract.)

5. At this stage, the ground tissues may be stored in air-tight bottles for several months if necessary.

Extraction of the Hydrocarbon.

6. Two to three grams of the ground material is weighed analytically into extraction thimbles as described in A. S. T. M. (cf.p.320). For samples containing less than 10% hydrocarbon, 3—5 grams are used.

7. At the same time, 10 grams of the ground tissue are dried to a constant weight at 105° C in a ventilated oven, or at 115° C in a Braebender moisture tester, to determine the dry matter content of the sample.

8. The sample in the thimble is leached for one hour at a temperature of 80° C—90° C with water. (If the sample is high in pectin, it is treated with oxalic acid prior to leaching.)

9. The excess water is removed by suction and the sample is placed in siphon cups in a continuous extractor described in A. S. T. M., Standards Part 6, D 29750 T.

10. The sample is extracted with 150 ml. of acetone for 8 hours to remove the resins. (If the resin content is desired, tared flasks may be used for the acetone extraction.)

11. The acetone remaining in the sample is removed by drawing air through it.

12. The samples are finally extracted in the same type of apparatus described in step 9, with 150 ml. of benzene. (If the resin content is not desired, the leaching and acetone extraction steps may be omitted for materials which are low in pectin. The benzene extracts both the hydrocarbon and the resins, but the latter will not interfere with the hydrocarbon determination.)

Determination of the Hydrocarbon.

13. An aliquot of the benzene extract containing 30—50 mg. of the hydrocarbon is placed in a 250 ml. beaker, along with 9 ml. of chloroform and 2.5 ml. of a brominating solution. (This solution is prepared as follows: 2 grams of C. P. iodine is dissolved in 100 ml. of carbon tetrachloride, the solution filtered, and 5 ml. of C. P. bromine is added to the filtrate.)

14. The beaker is placed in a water bath at 25° C for 100 minutes.

15. To this is added 200 ml. of 95% ethyl alcohol and the mixture allowed to stand for two hours to precipitate the bromide.

16. The bromide is filtered through a tared, asbestos Gooch crucible and the precipitate thoroughly washed with ethyl alcohol.

17. The crucible is dried to constant weight in a vacuum oven at 65° C. (About one hour.)

18. It is then cooled in a desiccator, weighed, and the weight of the bromide determined.

19. This is multiplied by a previously determined factor to obtain the weight of the hydrocarbon. (This factor is theoretically 0.299, but has been found to vary slightly with hydrocarbons from different sources.)

20. The weight of the hydrocarbon in the entire benzene extract (step 12) is calculated and this value divided by the dry weight of the original sample to obtain the hydrocarbon percentage.

Latex.

Preparation of the Sample.

1. The latex is poured out into a thin layer and evaporated to dryness in a stream of air at about 35° C.

Isolation of the Hydrocarbon.

2. About 0.5 grams of the dried material is weighed analytically into a 70 ml. centrifuge tube.

3. To this is added 50 ml. of a 1% solution of trichloroacetic acid in benzene.

4. The mixture allowed to stand for 48 hours at room temperature, then warmed in hot water and centrifuged for 20 minutes at 2000 rpm.

5. The supernatant liquid is decanted into a 250 ml. volumetric flask. The residue is washed with benzene two or three times and the washings added to the supernatant liquid. The solution is then made up to the 250 ml. volume with benzene.

Determination of the Rubber.

6. The same procedure is followed as outlined for the ground plant tissues.

References.

ADDICOTT, F. T.: Stain Technology 19, 99—102 (1944).; Am. J. of Bot. 32, 520—6 (1945).— ALLEN, P. J., and R. EMERSON: Ind. and Engng. Chem. 41, 346—65 (1949). — American Society of Testing Materials, Standards, Part 6, D 297—50 T. p. 47—82 (1952). — Anonymous. United States Department of Agriculture, Natural Rubber Research Station, Salinas, California. Procedures for the analysis of rubber bearing plants and related materials. — ABTSCHWEGER, E.: United States Department of Agriculture, Tech. Bull. 842, 1—33 (1943). Contribution to the morphology and anatomy of guayule *(Parthenium argentatum)*.

BARRON, H.: Modern Rubber Chemistry, New York: D. van Nostrand Co. 1948. — BENEDICT, H. M., P. M. BROOKS and R. F. PUCKETT: Plant Physiol. 25, 120—34 (1950). — BONNER, J., and B. ARREGUIN: Arch. of Biochem. 21, 109—24 (1949). — BUEHRER, T. F., and L. BENSON: University of Arizona, College of Agriculture, Tech. Bull. 108 (1945). Rubber content of native plants of the Southwestern Desert. — BURCHFIELD, H. P.: Ind. and Engng. Chem. Analyt. Ed. 16, 424—6 (1944); 17, 806—810 (1945).

DAVIS, C. C., and J. T. BLAKE: The Chemistry and Technology of Rubber, New York: Reinhold Publishing Co. 1937.

FANNING, R. J., and N. BEKKEDAHL: Analyt. Chem. 23, 1653—6 (1951). — FENDLER, G.: Ber. Deutsch. Pharm. Ges. 14, 208 (1904). — Fox, C. P.: Ind. and Engng. Chem. 1, 735—6 (1909).

GERKE, H. R., et al.: Ind. and Engng. Chem. Analyt. Ed. 11, 593—7 (1939). — GOWANS, W. J., and F. E. CLARK: Analyt. Chem. 24, 529—533 (1952).

HAASIS, F. W.: Ind. and Engng. Chem. Analyt. Ed. 16, 480—1 (1944). — HALL, H. M., and T. H. GOODSPEED: University of California Publications in Botany 7, 159—278 (1919). A rubber plant survey of western North America. — HENDRICKS, S. B., S. G. WILDMAN and E. J. JONES: Rubber Chem. and Technol. 19, 501—9 (1946). — HOLMES, R. L., and H. W. ROBBINS: Analyt. Chem. 19, 313—7 (1947). — HOOVER, S. R., T. J. DIETZ, J. NAGHSKI and J. W. WHITE: Ind. and Engng. Chem. 37, 803—9 (1945).

KEMP, A. R., and H. PETERS: Ind. and Engng. Chem. 33, 1391—8 (1941).

LLOYD, F. E.: Carnegie Institute of Washington, Publication No. 139, 1—213 (1911). Guayule *(Parthenium argentatum* Gray*)* a rubber plant of the Chihuahuan desert.

MAHER, W. C.: Stanford Research Institute, July 1947. Report of Natural Rubber Research Project. — MARTIN, G.: India Rubber Journ. 108, 1 (1943). — McGAVACK, J., and P. FAULKS: Rubber Age 58, 204—6 (1945). — MEEKS, J. W., T. F. BANNIGAN jr. and R. W. PLANCK: India Rubber World 122, 301—4 (1950). — MEEKS, J. W., R. V. CROOK, C. E. PARDO and F. E. CLARK: Paper presented at meeting of the Rubber Division of the American Chemical Society, Los Angeles, March 1953. — MEYER, K. H.: Natural and Synthetic High Polymers, 2nd edition. New York: Interscience Publishers Inc. 1950.

ROSS, W. H., and J. O. HARDESTY: Journ. Ass. Off. Agric. Chem. 25, 238—46 (1942). SAUNDERS, R. A., and D. C. SMITH: J. Appl. Physics 20, 953—65 (1949). — SCHLESINGER, W., and H. M. LEPER: Ind. and Engng. Chem. 43, 398—402 (1951). — SHATERNIKOVA, A. N., and I. V. BERG: Soviet Botan. 15, 161—3 (1947). — SKAU, E., et al.: J. of Physical Chem. 49, 304—15 (1945). — SPENCE, D.: Gummi Ztg. 22, 188 (1908). — SPENCE, D., and M. L. CALDWELL: Ind. and Engng. Chem. Analyt. Ed. 5, 371—5 (1933).— STEWART, W. S., and R. W. HUMMER: Bot. Gaz. 106, 333—40 (1944).

TRAUB, H. P.: United States Department of Agriculture, Tech. Bull. 920, 1—37 (1946). Rapid photometric methods for determining rubber and resins in guayule tissue and rubber in crude rubber products.

WHITTELSEY, T.: J. Ind. Engng. Chem. 1, 245—9 (1909). — WHITTENBERGER, R. T.: Stain Technology 19, 93—8 (1944). — WILLITS, C. O., C. L. OGG, W. L. PORTER and M. L. SWAIN: J. Ass. Off. Agric. Chem. 29, 370—87 (1946). — WILLITS, C. O., M. L. SWAIN and C. L. OGG: Ind. and Engng. Chem. Analyt. Ed. 18, 439—42 (1946).

Simple Benzene Derivatives.

By

D. D. Clarke and F. F. Nord[1].

A. Distribution and Properties of Phenols.

Phenols, i. e., aromatic compounds with hydroxyl groups directly attached to the nucleus, are widely distributed in plants. Many naturally occurring phenols contain, in addition, other functional groups attached directly to the nucleus or to side chains, e. g. —COOH, —COOR, —CHO, alcoholic —OH, etc.

Thus salicylic acid [structure: benzene ring with OH and COOH], vanillin [structure: benzene ring with CHO, OCH₃, OH] and saligenin [structure: benzene ring with OH and CH₂OH]

are well known phenolic compounds found in certain plants.

Despite their frequency of occurrence, the origin and biological significance of phenols in plants is not known. In essential oils, which frequently contain phenols, they were believed to be waste products which have no more importance for the direct metabolism of the plant (GILDEMEISTER and HOFFMANN, 1931). The same authors state, however, that these oils may serve a useful purpose as insect bait and as protective agents. Other phenols, however, were thought to have a function in metabolism, especially with relation to proteolysis products on the one hand and to sugars on the other. Thus phloroglucinol might conceivably be formed by dehydration of inositol, which in turn may be formed from carbohydrate. In a similar manner the structural similarities among quinic, shikimic and gallic acids are striking and their possible relationship in the plant are discussed by FISCHER and DANGSCHAT (1934, 1937) and by FISCHER (1944). Furthermore, KLEIN, SIERSCH and LINSER (1931) established that free phenols could occur in living plant materials (e. g. catechol, resorcinol, hydroquinone, pyrogallol and phloroglucinol). These were discovered on many occasions as degradation products of high molecular weight plant materials. This certainly indicates that at very least many phenols cannot be considered as end products of metabolism.

The most distinctive property of phenols is their weakly acidic character (pKa ~ 10). They form salts with strong bases but not with the corresponding carbonates. Many substituents are found in naturally occurring phenols which modify the phenolic character more or less. In this chapter we are primarily interested in those compounds, in which the phenolic character dominates. Even with this limitation the number of phenolic plant constituents is very large. Thus we may find phenols in certain plant secretions, or localized in certain parts of the plant or to some extent without any limitation to a particular part of the plant organism.

The separation of phenols from plant materials is based on their weak acidity and solubility in organic solvents immiscible with water. Thus phenols and acids are extracted from ethereal solution with water solutions of alkali hydroxides. The phenolates may then be decomposed by bubbling in CO_2 and the phenols

[1] Contribution No. 300 from the Department of Organic Chemistry and Enzymology, Fordham University, New York, N. Y.

reextracted into ether. An alternative method is to extract the original ethereal solution first with 2% $NaHCO_3$ to remove carboxylic acids and then with dilute (5%) NaOH to remove phenols. By use of buffers of different p_H, separation of various individual phenols may sometimes be achieved, but sharp separations are not attained unless multiple extractions are employed, e. g. countercurrent distribution (GOLUMBIC, 1949, 1951).

The phenols are colourless and some of the lower members are liquids with characteristic odour. The higher members are solid and can frequently be sublimed by heating at atmospheric pressure or, when decomposition near the melting point becomes appreciable, under reduced pressure. Phenols are not as a rule volatile with steam, especially when there are polar substituents other than the hydroxyl group on the ring. Salicylaldehyde, however, is volatile with steam as the polar character is diminished by chelation.

While monohydric phenols, especially those of low molecular weight, are quite stable, polyhydric phenols can be oxidized to a greater or lesser extent quite easily. Thus many of them reduce FEHLING's solution and ammoniacal silver nitrate, while their alkaline solutions absorb oxygen from the air with the production of dark coloured liquids. This aerial oxidation is more marked with phenols, in which two or more hydroxyl groups are in the ortho or para positions with respect to each other. It is also noteworthy that *meta* di- and tri-hydroxy compounds can react in tautomeric form; thus phloroglucinol can form a trioxime.

The phenolic hydroxyl group can be esterified with the aid of acid halides or anhydrides and etherified by the action of alkyl halides or sulfates on the phenol or phenolate. While the phenol esters are easily saponified, their ethers, like aliphatic ethers, usually require strong acids; in most cases hydriodic acid is used and this is the basis of the ZEISEL alkoxy determination (1885).

B. Qualitative Tests for Phenols.

There is a large variety of reactions recorded in the literature for the detection of phenols. Most of these are colour tests. They all suffer from the disadvantage of relative non-specificity. There is no reaction, which may be carried out on the extract of a plant, which conclusively establishes the presence or absence of phenols. The possibility of the presence of free phenolic OH groups cannot be excluded, because a negative test was obtained, as several causes may prohibit a given reaction.

A microscopic reaction is not reliable unless there is a large quantity of free phenol as in essential oils, where the plant has already to a certain extent carried out the isolation necessary for identification. In fact the essential oils are important sources of the free or etherified phenols in the plant organism. The phenols and phenol ethers present in essential oils are volatile with steam.

After the phenolic fraction of a plant extract is concentrated as described earlier, the various tests for phenols may be applied.

Usually at this stage of the process a mixture of phenols is obtained. Separation by fractional distillation or recrystallization of the free phenols or of suitable derivatives is a rather arduous task, and components present in small proportions are likely to be missed. However, the recent extensive application of chromatographic methods has rather considerably simplified the solution of this problem.

BIELENBERG and FISCHER (1942) coupled the mixture of phenols with diazotized p-nitroaniline and chromatographed the resulting coloured products on alumina. More recently CHANG, HOSSFELD and SANDSTROM (1952) separated the coupled products of various phenols with diazotized sulphanilic acid by paper partition chromatography. This method has the disadvantage that carbonyl functions para to a phenolic hydroxyl group may be displaced by the entering azo group. Furthermore, catechols and other polyphenols, because of their sensitivity to oxidation under the alkaline conditions encountered are not suitable for separation by this method.

Mixtures of phenols may be separated directly by paper partition chromatography, and numerous reports applying to this method have been described in the literature recently (Evans, Parr and Evans, 1949; Bate-Smith and Westall, 1950; Riley, 1950; Mraz, 1950; Long, Quayle and Stedman, 1951; Roux, 1951; Wachtmeister, 1951; Durant, 1952; Le Rosen, Movarek and Carlton, 1952). The spots due to these colourless compounds may be made visible by observation under ultraviolet light or by the use of sprays, which develop a colour with the various phenols separated (Le Rosen et al., 1952). The volatility of some of the lower molecular weight phenols presents certain difficulties, when this method is applied. However, the greater differences in mobility between individual uncoupled phenols allow better separation by this method. The experimental procedures are many and varied. It is indispensable to consult the original literature for particulars as to choice of solvents etc.

The various phenols separated by this method can be characterized by their R_f values (cf. vol. 1 of this treatise, Hellmann) as well as by formation of suitable crystalline derivatives. Urethanes, acetates and aryloxyacetic acids are usually suitable derivatives.

Phenols of unknown constitution must, of course, be submitted to elementary analysis (C and H etc.) as well as functional group analysis. The number of hydroxyl groups may be determined by methylation followed by determination of the methoxyl content by Zeisel's method (Niederl and Niederl, 1942). Acetylation, followed by determination of the acetyl content may also be used for determining the number of OH groups. The ultimate structure is determined by oxidation or other degradation to products of known constitution and finally by synthesis. In addition ultra-violet and infra-red spectrophotometric data are also very useful aids to the determination of the structure of new compounds.

Phenol ethers, which do not also contain free phenolic groups, cannot be isolated by extraction into base. This is also true of highly hindered phenols. Phenol ethers can be hydrolyzed with HI and then treated as in the procedure for the isolation of free phenols.

I. Colour Reactions.

There are a very large number of colour reactions described in the literature many of which are very similar. These will be arranged in ten sections for convenience of discussion.

1. Reaction with Ferric Chloride. The majority of phenols in neutral aqueous solution give colourations with ferric chloride (1% aqueous solution). These are usually blue, green, violet or red. The reaction, however, is not limited to phenols, but is given by hydroxy pyridines and quinolines as well as by enols, oximes and some carboxylic acids. The reaction will be negative, if the solubility in water is too low; in these cases an alcoholic solution of the compound is tested.

Wesp and Brode (1934) noted that colour changes were obtained for many phenols in oxygenated or nitrogenated solvents but not in hydrocarbon solvents or their halogenated derivatives. However, if a trace of pyridine be added to solutions of anhydrous ferric chloride and the phenol in chloroform or diethylene glycol diethyl ether, a positive test may frequently be obtained. This is the basis for the modified ferric chloride test suggested by Soloway and Wilen (1952).

RASCHIG (1907) believed the colour produced in this test to be due to salt formation. However, as a result of spectrophotometric studies (WESP and BRODE, 1934; HERBST, CLOSE, MAZZACUA and DWYER, 1952; BROUMAND and SMITH, 1952) it has been suggested that the coloured complexes may be formulated as $[Fe(H_2O)_5\varphi-O-]^{++}$, etc.

In carrying out this test one drop of ferric chloride solution is added to the neutral solution to be tested and the resulting·colour observed. It is sometimes helpful to let the drop of ferric chloride run down the side of the test tube so as not to mix with the test solution. The colour formation at the interface is then observed. This procedure is particularly useful in cases where the colour formed fades rapidly as with hydroquinones or similar substances, which are easily oxidized by ferric chloride.

Another reaction of similar nature is that with ferrous sulphate which is given by catechol, pyrogallol and in general by phenols containing two hydroxyl groups ortho "to each other" (MITCHELL, 1923). The test solution contains 0.1% ferrous sulphate and 0.5% sodium potassium tartrate. Another test in this group is based on the formation of coloured pentacyano phenol ferroate complexes (EKKERT, 1926; OHKUMA, 1952). As described by EKKERT 20 to 50 mg. of the substance to be tested is dissolved in water or alcohol (0.5 ml.) and underlayered with 4 ml. H_2SO_4. Twenty mg. of sodium nitroprusside is added, and the colour is formed on mixing; any change of colour which occurs on dilution and after neutralization is noted. The test described by CANDUSSIO (1900) in which a 1% solution of potassium ferricyanide containing 10 to 20% of ammonia is added to the substance being tested is similar.

2. Indophenol Reaction. Many phenols form p-nitrose derivatives with nitrous acid and these give indophenols by condensation with excess phenol in the presence of concentrated sulphuric acid (LIEBERMANN, 1874). p-Substituted phenols do not react, but phenol ethers and thiophene derivatives give a positive reaction. The substance to be tested is treated with a few drops of concentrated sulphuric acid to which a few crystals of sodium nitrite have been added, swirled, and then left for a few minutes. The sample is then cautiously diluted with water. Sometimes the colour deepens. After cooling, the mixture is made alkaline with 5% NaOH, when a further colour change often results. EYKMAN (1882) suggested that a solution of ethyl nitrite be used instead of sodium nitrite, but there is no advantage to be gained by this modification. An alternative method is to use a p-nitroso compound directly as the reagent. A 1% solution of 5-nitroso-8-hydroxy-quinoline in concentrated sulphuric acid has proved suitable (FEIGL, 1946).

There is also another variety of this reaction in which one mole of a phenol and one mole of an amino-phenol are condensed in the presence of an oxidizing agent to give an indophenol. NH_4OH and NaOCl may be used in this test. These reagents probably form monochloramine which in turn reacts with the phenol to form an aminophenol and finally an indophenol. A similar scheme may be used to explain the test which makes use of aniline and hydrogen peroxide or NaOCl. The colour test given by certain phenols in the presence of chloramines also seems to be of this type.

The most sensitive test of this kind is that popularized by GIBBS (1927b) in which a substituted quinone-chloroimide is reacted with the phenol in the presence of a suitable buffer. The test is usually carried out by adding a few drops of a freshly prepared methanol solution of 2,6-dibromoquinone-chloroimide (about 0.1%) to the solution to be tested followed by an excess of borate buffer (19 g. borax in 1 l. of water). A blue colour develops within a few minutes at a rate depending on the concentration of the phenol present in the sample. This test is extremely sensitive, and a blank must always be carried out on the reagent. Aromatic amines also give a positive test, but these should not be present in the phenolic products isolated by extraction procedures or otherwise. Negative groups attached to the aromatic nucleus such as the carboxyl group inhibit this reaction. It must also be remembered that these indophenols are not only acid-base indicators, but also oxidation-reduction indicators, and so reducing agents should not be present in the test solution.

A more recent test that bears some relationship to the indophenol test is that in which 4-aminoantipyrine is coupled with a phenol in the presence of an oxidizing agent (EMERSON, BEECHAM and BEEGLE, 1943). To 2 ml. of the test solution — about 0.01% — is added 1 drop of alkaline potassium ferricyanide [8.67 g. $K_3Fe(CN)_6$ plus 1.8 ml. conc. NH_4OH and water to 100 ml.]. After 5 minutes the colour of the solution is noted, 0.5 ml. of chloroform added, the mixture shaken and the colour of the chloroform layer noted. Blue, green or red colours are usually obtained, depending on the structure of the phenol.

p-Amino-dimethylaniline, p-phenylenediamine and p-aminophenol react in a similar manner but do not give as well defined positive reactions as aminoanti-pyrine, or keep as well (EMERSON and KELLY, 1948).

MILLON's test (1849) is also classified under this heading, as it involves the introduction of a nitroso group into the phenol molecule with mercury acting as the catalyst (GIBBS, 1927a). The reagent consists of a nitrous acid solution containing mercuric nitrate, and it reacts with phenols, either in the cold or on slight warming, to produce red colours or yellow precipitates which dissolve in nitric acid to form red solutions. Di-o- and di-m-substituted phenols do not react. This reagent is especially recommended for p-substituted phenols which fail to respond to most of the usual phenol tests.

The reagent is prepared by dissolving one part of mercury in one part of concentrated nitric acid (in the hood) and diluting with two parts of water. If there is any precipitate remaining undissolved, a few drops of nitric acid may be added to give complete solution.

3. Colour Test with Diazonium Salts. Phenols couple with diazonium salts in the presence of a base to form highly coloured azophenol dyes. Diazotized sulfanilic acid or p-nitroaniline are the reagents which have been most frequently used. Substitution occurs predominantly in the p-position with phenols in which the p-position is not occupied. When the p-position is occupied, substitution occurs in the o-position, or else expulsion of the group in the p-position may take place, especially if it be a carboxyl group.

The reagent is prepared by adding about 50 mg. of sulfanilic acid to 2 ml. conc. HCl and adding ice to give a final volume of 10 ml. A freshly prepared solution of sodium nitrite (20 mg. in 2.5 ml.) is added slowly with swirling. If excess nitrous acid be present, it may be decomposed by adding urea. A few mg. of the sample is dissolved in 1 ml. of 10% NaOH and a few drops of the reagent added. A yellow to red colour usually constitutes a positive test.

Under the same conditions many aldehydes and ketones also give more or less pronounced colourations.

4. Triphenylmethane Dyes. There are a variety of colour tests for phenols described in the literature which are based on the condensation of an aldehyde with an excess of phenol in the presence of acid or base to form highly coloured triphenylmethane dyes. In GUARESCHI's test KOH and chloroform are used. The phenolic aldehyde is probably formed by the REIMER-TIEMANN reaction and this in turn condenses with excess phenol to form the triphenylmethane dye. Formaldehyde in concentrated H_2SO_4 has also been used as a reagent for carrying out this test. Usually resinous materials are obtained which give a violet colour with alkali. This test is not, however, specific for phenols as many other substances give colours with the reagent. Many other aldehydes have been used in this reaction. Thus MELZER (1898) used the following test: 1 ml. of the test solution is mixed with 2 ml. conc. H_2SO_4 and several drops of benzaldehyde and heated to boiling for a short time. A resinous material which gives a violet colour with alkali usually separates. A very sensitive reagent, which has been used in this test, is vanillin in hydrochloric acid. With meta-dihydric and trihydric phenols a red colour is formed within a few minutes. These colours are believed to be due to the formation of phenopyrilium salts (WENZEL, 1913). Thus the product obtained from phloroglucinol has been assigned the following formula:

On standing solutions of resorcinol or phloroglucinol give precipitates. The test is carried out by adding a few drops of the reagent to a few crystals of the solid sample or to a concentrated solution in water. If no colour is formed in five minutes, heat the solution to boiling. A yellow to red colour is usually obtained.

The limitations and specificity of this test have not been investigated thoroughly.

5. Phthalein Fusion Test. Phenols with a free p-position may be treated with phthalic anhydride in the presence of a condensing agent to give phenolphthaleins (BAEYER, 1876). m-Dihydric phenols give fluorescines. This test is best carried out on a semimicro scale. A melting point capillary is filled with a few crystals of the phenol and an equal amount of phthalic anhydride, moistened with a droplet of H_2SO_4 and sealed. This capillary is then heated in a paraffin bath at 160° C for five minutes. After cooling, the end of the capillary is crushed on a watch glass, moistened with two or three drops of water and made alkaline with 5% NaOH. The bright and characteristic colours of the phthaleins are obtained. The absorption spectra of some of these phenolphthaleins have been recorded (GIBBS and SHAPIRO, 1929; RAMART-LUCAS, 1945).

6. Molisch Reaction. This is a well known test for carbohydrates in which the reagent is α-naphthol. It may be reversed and used as a test for phenols. The application of this test is, however, far from general (BOLLIGER and McDONALD, 1947).

7. Colour Tests with Heteropoly Acids. A mixture of phosphotungstic and phosphomolybdic acids is known as the FOLIN and DENIS (1915) reagent. In these heteropoly acids the above metals have an enhanced oxidizing power toward many inorganic and organic compounds which are only slightly oxidized by free molybdic or tungstic acids. This test is not, therefore, specific for phenols, unless interfering reducing substances are absent (LEVINE and BURNS, 1922).

The reagent is prepared as described by FOLIN and CIOCALTEU (1927).

8. Microchemical Detection. ROSENTHALER (1931) has suggested a scheme for the microchemical detection of phenols based on a combination of colour tests and precipitation reactions with mercuric acetate, iodine tetrachloride and benzotrichloride. Mercuric acetate gives either colours due to oxidation reactions or precipitates of mercurated derivatives containing mercury directly attached to the aromatic ring. Iodine tetrachloride gives characteristic precipitates and benzotrichloride forms triphenylmethane dyes which are p_H indicators. However paper chromatography gives a much more sensitive method for the study of mixtures of phenols such as are found in plant extracts, characterization by R_f value being simpler while at the same time allowing quantitative determination of as little as 20 micrograms of sample.

9. **Enzyme Test.** Mono- and polyphenol oxidase, usually referred to as tyrosinase, is known to occur in a number of plants. The individual enzymes were separated and purified by MALLETTE, LEWIS, AMES, NELSON and DAWSON (1948). These enzymes give coloured products with a large number of phenols.

10. **Colour Reactions with Metal Salts other than Iron.** There are a large number of metal salts which have been proposed as reagents for the detection of phenols besides the more common ones already mentioned. Thus titanium trichloride is known to form stable coloured complexes with phenols which have two —OH groups in o-position to each other. A number of the compounds entering into the reagents produce coloured derivatives on reduction. In most cases the colour of the test is due to the reducing action of the phenol on the reagent. Thus in very few cases can these tests be made specific for phenols as a class, since many other reducing agents will frequently produce colours with the reagents. The review of GIBBS (1926) should be consulted for a discussion of these tests.

II. Precipitation Reactions.

The reactions of phenols with bromine water to form white to yellow precipitates are the best known of this class. Phenol forms tribromophenol (white). Tetrabromophenol is formed with excess bromine water. Many phenols can be characterized by reference to their bromination products. The test is carried out by adding bromine water drop by drop to a 1% solution of the test substance, until the bromine colour is no longer discharged. Care must be taken to avoid false positive reactions. Free alkalis will cause decolourization of the bromine water and must not be present in the test solution.

Iodine, like bromine, will give precipitates with phenols, but the constitution of the products is more complex. The microchemical precipitation reaction for phenols with iodine tetrachloride is of this type (ROSENTHALER, 1931).

Many monohydric phenols can form characteristic coloured phenoquinones which contain two moles of phenol to one of quinone. With polyhydric phenols one mole of phenol combines with one of quinone. The quinhydrones formed by partial oxidation of hydroquinones are of the same type.

Certain metal salts have been used to precipitate some phenols from concentrated solutions. Lead acetate and basic lead acetate are the most well known reagents of this type. They are, however, not specific polyphenol precipitants.

III. Histochemical Detection of Free Phenols in Plants.

KLEIN et al. (1931) showed that while free phenols cannot be detected directly in plant tissues, they can be isolated and identified by microsublimation and by extraction under such mild conditions as to preclude degradation of high molecular-weight components to free phenols. By microsublimation under reduced pressure at 70 to 90° C they isolated catechol, resorcinol, hydroquinone and pyrogallol; at

110 to 130° C phloroglucinol was obtained. This method, however, was not sufficient to exclude the possibility that the phenols may be artefacts. This they did by extracting fresh plant material taken directly from a living plant and after grinding it very finely, placing it under liquid nitrogen for $1/_2$ hour. After thorough drying in a vacuum desiccator the meal was extracted with ether in a Soxhlet apparatus. The ether extract was flash dried at room temperature. The sirupy residue was triturated with a little warm water, frozen (dry ice), thawed out slowly and filtered. The solution was mixed with some "hide powder" to remove tannins which interfere with the phenol tests (FRANKENBURG, 1946). The remaining solution was then tested for phenols. As individual phenols could not be identified with the ether extract, alcoholic extracts were prepared. After evaporating the alcohol the solid residue was triturated with cold water, extracted with carbon tetrachloride until colourless, then extracted with ether to remove the phenols. The residue from evaporation of the ether was taken up in alcohol-water mixture and tested for phenols. By this means KLEIN et al. (1931) were able to show the presence of free phenols in bark, wood, seeds and leaves. Chromatographic separation of the individual phenols is now the method of choice for researches patterned after the above type.

C. Identification of Phenols.

I. Derivatives.

When individual phenols are separated, they are identified by preparation of derivatives which crystallize well and have sharp melting points. The classical derivatives are the urethanes, esters of the hypothetical carbamic acid H_2N—COOH. The phenyl and α-naphthyl urethanes are usually prepared from the corresponding isocyanates. The reaction is catalyzed by the addition of a few drops of pyridine. The diphenyl-urethanes prepared from diphenylcarbamyl chloride are also useful derivatives. Urethanes may also be obtained by treating the phenol with acid azides, which decompose into nitrogen and isocyanate on heating. SAH and co-workers (1939) have prepared α-naphthyl, p-chloro-, p-bromo-, p-nitro-, 3,5-dinitro- and 3,5-dinitro-4-methyl phenylurethanes by this means.

The derivatives are prepared by heating approximately 0.1 g. of the phenol with a slight excess of the appropriate isocyanate and one drop of pyridine on the steam bath for 15 minutes. The flask is plugged with a wad of cotton to prevent entrance of moisture. Cool, and if crystals do not appear, scratch the walls of the flask to induce crystallization. If no crystallization takes place, reheat the solution until crystals appear on cooling. The derivative is purified by recrystallization from petroleum ether. If any water be present s-diphenyl-urea (m. p. 238° C) will be formed, and it may be removed by extraction with carbon tetrachloride, in which it is insoluble.

Acetates and benzoates or similar esters of phenols are frequently suitable derivatives for characterization (CHATTAWAY, 1931). These are usually prepared from the corresponding acid anhydrides with a drop of pyridine or conc. H_2SO_4 as catalyst, or from the corresponding acid chlorides in the presence of base to remove the HCl formed. The best known procedure of the latter type is the SCHOTTEN-BAUMANN reaction, in which sodium hydroxide is the base. For more reactive acid chlorides, which are very rapidly decomposed by water, e. g. acetyl chloride, pyridine is usually used. Approximately 0.1 g. of a sample is used with an excess of reagent. The reaction frequently is carried out at room temperature, but on occasion it may be necessary to heat the mixture on a steam bath. The cooled reaction mixture is next poured with stirring into about 10 ml. of water, the precipitated derivative filtered and washed, then recrystallized from alcohol.

Phenol ethers are sometimes used as derivatives for characterization. The p-nitrobenzyl (REID, 1917, 1920) and 2,4-dinitrophenyl (BOST and NICHOLSON, 1935) ethers are the most frequently used. The reagents are heated in the presence of dilute alkali and react as shown in the following equations:

1) $RONa + BrCH_2$—⟨ ⟩—NO_2 ⟶ $ROCH_2$—⟨ ⟩$NO_2 + NaBr.$

2) $RONa + Cl$—⟨ ⟩—NO_2 ⟶ RO—⟨ ⟩—$NO_2 + NaCl.$
     NO_2 NO_2

The products are recrystallized from alcohol.

Another very useful type of derivative is the aryloxyacetic acid, which can be compared not only by melting point determinations but also by reference to their neutralization equivalents. Approximately 0.2 g. of the phenol, 1 ml. of 33% sodium hydroxide and 0.3 g. of chloroacetic acid are mixed, a few drops of water added to dissolve the sodium salt of the phenol and the whole heated in a beaker of boiling water for an hour. Cool, dilute with an equal volume of water, acidify to Congo red with dilute HCl and extract with 10 ml. of ether. The ether is washed with 2 ml. cold water, then with 5 ml. 5% Na_2CO_3 solution. The sodium carbonate solution is acidified with dilute HCl and the aryloxyacetic acid filtered and recrystallized from hot water.

Other derivatives, which have been suggested for the characterization of phenols are picrates (BARIL and HUBER, 1931), sulfonic acid esters (SEKERA, 1933) and O-alkylsaccharin derivatives (MEADOW and REID, 1943). The picrates are usually formed by heating a mixture of the solid phenol with picric acid in an oil bath until melting occurs. The melt is then cooled. These picrates are frequently decomposed by water or other solvents. Another type of derivative suggested recently by NIEDERL and BOTHNERBY (1947) is that formed from the condensation of chloral with a phenol in the presence of concentrated sulphuric acid diluted with one third its volume of glacial acetic acid. These derivatives have been suggested as useful for the identification of phenol ethers.

II. Methods of Determining the Structure of Phenols.

When a phenol cannot be identified by reference to suitable derivatives, oxidative degradation is usually the next step tried. Because of the sensitivity of the phenols themselves to oxidation the corresponding ethers are usually first formed. The methyl ethers are the most frequently used. These may be prepared by a variety of methods. For the small quantities of material usually available in investigations of this type methylation with diazomethane is very useful. While this reagent methylates many phenols, there are some, which do not react with it. Diazomethane reagent is usually prepared by adding in portions 1 g. of nitroso-methylurea to a cooled mixture of 2 ml. 45% KOH and 15 ml. absolute ether, shaking the solution after each addition. The yellow ether layer is decanted into an Erlenmeyer flask containing a few pellets of solid KOH and left to dry in the ice box for about 8 hours. A portion of this solution is then added to the phenol dissolved in dry ether. Reaction is usually indicated by evolution of bubbles of nitrogen, and the derivative frequently separates from the ether solution.

Methanolic HCl, a reagent used with much success for the methylation of alcohols is not a good methylating agent for phenols, though phloroglucinol and some naphthols can be etherified by applying this reagent. The replacement of HCl by H_2SO_4 often gives better results in the phenol series.

The most frequently used methylating agents are the alkyl halides or sulphates in alkaline medium. Methyl iodide and methyl sulphate are the most commonly employed reagents. Alkali is usually added in portions, shaking until each portion reacts before the next is added. Sometimes heating is necessary to complete the reaction. Under these conditions only one methyl group of dimethyl sulphate is utilized for methylation. It is not advisable to attempt to use both methyl groups of dimethyl sulphate, as higher temperatures are required and lower yields are obtained.

An alternative procedure is to reflux the phenol and methyl iodide or dimethyl sulphate in acetone solution with powdered K_2CO_3. Nuclear substitution sometimes occurs with polyhydroxy phenols, especially when hydroxyl groups are meta- to one another, if methyl iodide be used. With dimethyl sulphate only the normal derivative is obtained.

When the phenol is affected by alkali, the reaction must be run as rapidly as possible, and working under an atmosphere of nitrogen is sometimes useful.

Some phenols with negative groups are not methylated by the above methods. For these it is recommended that the dry sodium salt in toluene suspension be heated with methyl sulphate in an oil bath at 110—120° C.

The product is isolated in all cases by pouring the reaction mixture into water and extracting the alkaline solution with ether or other suitable immiscible solvent.

Potassium permanganate oxidizes these derivatives to the ethers of the corresponding hydroxy carboxylic acids in which the alkyl substituents are degraded to carboxyl groups.

Determination of the methoxyl content also gives the number of phenolic hydroxyl groups present in the molecule (taking into account any methoxyl groups present, before methylation was carried out), if the molecular weight is known.

The oxydation of phenolic compounds by hydrogen peroxide is a tool applicable to structure determination in certain cases where methylation and oxidation are not successful. This method has not been well investigated, but it seems most useful for polyhydroxyphenols which are not easily completely methylated. The nature of the oxidation products to be expected is not well established, and the original literature must be consulted for specific applications (WEITY, SCHOBBERT and SIEBERT, 1935).

A difficulty, that has frequently hampered the application of this method, is the lack of suitable methods for isolation of the oxidation products. The alkaline reaction mixture is acidified with HCl, whereupon there is usually copious evolution of CO_2. The solution is now evaporated to dryness under reduced pressure, the distillate being condensed to detect the presence of acids volatile with steam. Formic or acetic acids are most commonly found in this distillate and may be identified by well known methods after concentrating the neutralized distillate. The solid residue may now be sublimed *in vacuo* to detect higher molecular-weight acids, which are frequently useful for determination of the constitution of new products. Alternately the nonvolatile acids may be isolated by precipitation as barium or lead salts.

Alkali Fusion. Phenols with substituents on the side chain are transformed to phenolic acids by alkali fusion. Under these drastic conditions rearrangements may occur, and additional hydroxyl groups are known to be introduced into the aromatic ring under certain conditions. Though this reactions has not been popular in structural studies, it was recently applied with spectacular success in determining the structure of the antibiotic, terramycin (PASTERNACK, BAVLEY, BAVNEY, WAGNER, HOCHSTEIN, REGNA and BRUNINGS, 1952).

The reaction is carried out in a nickel crucible supported on a tripod by a pipe-clay triangle. About 12 g. of KOH is placed in the crucible, moistened with 10 drops of water and heated to 250° C (N. B. Goggles and cotton gloves must be worn). The melt is stirred with a copper or nickel tube which acts as the thermometer well. The sample (about 1 g.) is added in portions with stirring. The temperature of fusion must be found from observation of the melt (FIESER, 1941). The cooled melt is dissolved in water, acidified and extracted with ether. The phenolic acids are removed by shaking the ether extract with $NaHCO_3$ or Na_2CO_3 solution. These acids may then be identified by previously described methods.

Reducing Properties. In contrast to monohydric phenols the polyhydric phenols are reducing agents. This property is most pronounced, when hydroxyl groups are in ortho- or para-positions. Thus catechol reduces FEHLING's and TOLLENS' solutions easily. Aldehydes will also reduce these reagents, thus in the presence of the carbonyl group this test is not conclusive for the detection of polyhydric phenols.

D. Quantitative Determination of Phenols.

There is a large variety of methods which have been suggested for the quantitative determination of phenols. When single compounds are to be determined, the procedure is very straight forward and colorimetric or titrimetric methods are usually employed. The complex mixtures of phenols often encountered in plant products must first be separated, if individual phenols are to be determined.

Alkaline Extraction. In most pharmacopeias the method used for determining the phenol content of essential oils is the extraction of the oil with 3 to 5% KOH in a Cassia flask, whereby the decrease in volume of the oil layer is used to calculate the phenol content. This tells nothing of the number and type of phenols present and is also subject to numerous errors. Esterified phenols are not soluble in alkali and must first be saponified.

A Cassia flask is a 100 ml. volumetric flask with graduated neck. Seventy ml. of KOH (3 to 5%) and 10 ml. of the phenol containing oil are placed in the Cassia flask. 3% KOH is more useful for eugenol containing oils. The flask is stoppered and inverted repeatedly to extract the phenols (BARBY, SATO and CRAIG, 1948). The flask is filled with KOH to the zero mark and after allowing enough time for all the oil droplets to coalesce the volume of undissolved oil is measured.

Clove oils, which are rich in acetyl eugenol, must be heated 10—15 minutes on the steam bath and cooled before being diluted to the mark.

Acetylation. In the absence of alcohols the phenol content may be determined by acetylation. This method was subjected to a detailed review by OLLEMAN (1952). The sample, containing 0.1 to 1 milliequivalent of acetylatable hydrogen, is treated with 1 ml. of the reagent (5 vols. acetic anhydride and 12 vols. pyridine) heated to boiling and kept in a constant temp. bath (118° C) for 5 minutes. Cool, wash into a 250 ml. Erlenmeyer flask with 40 ml. of water and titrate with standard base using phenol-phthalein as indicator (DEWALT and GLENN, 1952). A blank is prepared, but not heated, and titrated in the same manner as the sample. The difference between the titrations gives the quantity of acetic acid equivalent to the phenol. One mole of acetic acid is equivalent to one hydroxyl group.

Titrimetry. Conventional alkali extraction fails, when the sample is small as the change in volume cannot be measured accurately. In addition many of the phenols are too weakly acidic to permit potentiometric titration of aqueous alkaline extracts. Potentiometric titration in non-aqueous medium may, however, be applied (Moss, Elliott and Hall, 1948). Sodium aminoethoxide was used as titrant and ethylene diamine as solvent for the titration. This method has been further investigated by Katz and Glenn (1952), and these papers should be consulted for experimental details. Fritz and Keen (1953) suggested the use of azo-violet (p-nitrobenzeneazoresorcinol) as visual indicator and dimethyl formamide as solvent for such titrations.

Lithium aluminium hydride in tetrahydrofuran as solvent has also been suggested as a titrant for phenols and other weak acids. This reagent is, however, a strong reducing agent and will react also with aldehydes, ketones, esters, etc. Lithium aluminum amides were found to be suitable basic reagents for the titration of weak acids, and as these are not strong reducing agents other reactive groups may be present in the molecule (Higuchi, Concha and Kuramoto, 1952). Many ketones were, however, observed to act as weak acids toward this type of reagent. Substituted p-aminoazobenzenes, especially N-phenyl-p-aminoazobenzene, have been suggested as visual indicators for these titrations (Higuchi and Zuck, 1951). Further development of this method may permit routine titration of substances as weakly acidic as the phenols.

Bromide-Bromate Method. The classical titrimetric methods for the determination of phenols is Koppeschaar's bromide-bromate method (1876). Although this method has been the subject of numerous investigations, there is much about the reaction which is still not clear. The method is based upon the general assumption that nascent bromine will replace quantitatively only those hydrogen atoms ortho or para to the hydroxyl group of phenols. However, under certain conditions groups other than hydrogen in ortho or para position may be split off, e. g. —COOH, —CHO and —CH₂OH, and lead to anomalous results (Ruderman, 1946). Time, temperature and acidity have varying effects in different cases and so no universal bromination procedure can be recommended for the quantitative analysis of complex mixtures of phenols.

The most general procedure consists of pipetting a certain volume of phenol solution (usually 25 ml.) into a glass stoppered flask and adding to this sufficient water to make up the volume to 50 ml. Five ml. of concentrated HCl is then added. Enough 0.1 N bromide-bromate solution is run in from a buret to give a slight excess of bromine. Shake intermittently for 5 minutes, then add 10 ml. of 10% KI solution, care being taken to avoid escape of bromine. After shaking for a few minutes titrate with 0.1 N sodium thiosulphate using starch solution as indicator.

Colorimetric Methods. In recent years numerous papers have appeared in the literature in which colorimetric methods for the determination of phenols have been described. The method based on the formation of indophenol type of compounds has received much attention. This reaction has already been mentioned in the section on the qualitative detection of phenols. Gibbs' (1927b) method has been applied in many recent investigations (Ettinger and Ruchhoft, 1948, Singer and Stern, 1951). The reagent, 2,6-dibromo-quinonechloroimide is now commercially available. As it decomposes rapidly in solution but not when dry, stock solutions must be prepared frequently. The aminoantipyrine reagent of Emerson et al. (1948) is quite stable and sensitive and has also been employed in many recent papers (Ettinger, Ruchhoft and Lishka, 1951; Shaw, 1951).

The colour formed by coupling phenols with diazotized .sulphanilic acid has also been used frequently for the determination of phenols (HANKE and KOESSLER, 1922). The blue colour formed with a mixture of phosphotungstic and phospho-molybdic acids is also used for the determination of phenols (FOLIN and DENIS, 1915). The procedures for these tests are described by SNELL (1937).

In general most of the colorimetric methods for the qualitative detection of phenols can be rendered quantitative, if standards are available. MELLON (1950) discusses the theoretical foundations of these methods.

A colorimetric procedure described by WILLARD and WOOTEN (1950) is based on the formation of insoluble dark coloured precipitates by mixtures of ortho and meta dihydroxy phenols in the presence of iodine. The precipitate, after the excess iodine is destroyed, is dissolved in acetone and estimated colorimetrically. The intensity of colour is proportional to either o- or m-dihydroxy phenol depending on which is present in lesser quantity.

Most of the colorimetric methods for the determination of phenols are applicable only to certain types of phenols as described in the section on qualitative tests. A more general method is that devised by STOUGHTON (1936), which depends on the treatment of the phenol with nitric and sulphuric acids at 100° C to form nitrosophenol which rearranges in the presence of excess alcoholic ammonium hydroxide to form the highly coloured quinoid radical. The resulting coloured solutions are compared with those from standard phenols in a colorimeter.

LYKKEN, TRESDER and ZAHN (1946) have modified the method by using sodium nitrite in place of nitric acid as a source of nitrous acid by carrying out the reaction at room temperature. Very few non-phenolic materials interfere with this method according to these authors.

Gravimetric Methods are also available for the determination of phenols, but these are usually not as rapid as colorimetric methods. The classical method of this type is the formation of insoluble bromination products by the action of bromine water on the phenol (AUTENRIETH and BEUTTEL, 1910). While this method may be satisfactory for concentrated solutions, it cannot be applied to very dilute solutions. However, the method has been extended to dilute solutions by measuring the turbidity of phenol solutions treated with bromine water (SHAW, 1929, 1931).

Many phenols with hydroxyl groups in meta position form insoluble precipitates with aldehydes in acid solution. Furfural in acid solution was used in this way by VOTOCEK (1916). However, it is necessary to employ an empirical correction factor.

More recently ZAHN and WURZ (1951) have suggested the application of 2,4-dinitro-fluorobenzene as a precipitant for the quantitative determination of phenols. The 2,4-dinitrophenyl ethers are filtered off and weighed.

Polarographic Methods. Very recently polarographic methods have been suggested for the determination of phenol (GAYLOR, ELVING and CONRAD, 1953). DOSKOČIL (1950) described the determination of orthodihydric phenols by a polarographic method.

Spectrophotometric Methods. The fact that all simple phenols absorb ultraviolet light strongly with principal absorption maxima in the 270 to 280 mμ wave length region has been utilized for the determination of phenolic compounds separated by paper chromatography. The paper containing a given phenol is extracted with alcohol in a micro Soxhlet extractor and the concentration determined spectrophotometrically (STONE and BLUNDELL, 1951). Many simple phenols show in alkaline solution a strong, broad absorption maximum near 290 mμ.

Extraction of the phenols with 10% alkali, followed by dilution and spectro-photometric estimation may therefore be used for determining mixtures of certain phenols (MURRAY, 1949).

Quantitative analysis of phenols by infra-red spectrophotometry has been studied by COGGESHALL (1947) and by FRIEDEL (1951). SIMARD, HOSEGAWA, BANDARUK and HEADINGTON (1951) devised a method for the detection of phenol and measured the infra-red absorption of the resulting tribromophenol at 2.84 microns.

E. Aromatic Acids.

I. Properties and Isolation.

The aromatic carboxylic acids are much stronger acids than the phenols. Thus benzoic acid has a pK of 4.17 and most of the common substituents increase the acidic strength, especially when in the ortho position. This is the basis for the separation of these acids from phenols by extraction into suitable buffers. Sodium bicarbonate is frequently used for this separation.

Besides the typical properties of acids these substances show the reactions of the aromatic nucleus. This is the basis for certain tests used in the detection and determination of aromatic acids. While they occur most frequently in the essential oils and resins, they are also found alone or together with the fruit acids. They occur in plants not only as the free acids but also as their esters and salts. In addition they are frequently added to plant products as preservatives, and therefore many methods for the detection and determination of benzoic and salicylic acids were investigated as the chemistry of food products developed.

In order to isolate the free fatty acids from plant tissues 50 to 100 g. of finely divided plant material is extracted in a Soxhlet apparatus or percolator, first with low boiling petroleum ether to remove fats, oils, waxes, ethereal oils etc. The solid residue is freed of petroleum ether and now extraction with ether is begun. The aromatic acids are found chiefly in this extract and may be separated by extraction of the ether solution with 10% KOH in a separatory funnel. Sodium carbonate or bicarbonate solutions may be used in place of KOH. Chloroform or alcohol may be used to replace ether for the extraction.

Benzoic acid and its analogues are volatile with steam and this is the basis of an alternative method for the separation of these acids in plant products. Certain phenols are also volatile with steam, but these may be separated, if the steam distillation is first carried out in the presence of sodium carbonate to remove phenols volatile with steam.

The alkali and alkaline earth metal salts of the aromatic acids are soluble, while the heavy metal salts are very sparingly or not at all soluble in water. These acids may therefore be separated as their silver, lead or barium salts. In order to recover the acids the silver or lead ions may be removed as their insoluble sulphides, while barium salts are decomposed by dilute sulphuric acid to give the insoluble barium sulphate.

Fractional distillation or crystallization of esters or other suitable derivatives may also be used for the separation of the aromatic carboxylic acids. However, chromatographic methods are much more effective for this purpose and have been frequently applied in recent years (BROWN and HALL, 1950; BATE-SMITH and WESTALL, 1951; LONG, QUAYLE and STEDMAN, 1951). Numerous indicators have been suggested for detecting the colorless acid zones.

Another suitable method for the separation of these acids is fractional sublimation. They form characteristic crystals which are frequently useful for their microchemical detection (Rosenthaler, 1950; Gettler, Umberger and Goldbaum, 1950; Fischer and Stauder, 1930). A suitable description of the microscopic appearance of the salts of these acids is given by Behrens-Kley (1922). The behaviour of some of these salts in melting is recorded by Vorlaender (1910).

II. Detection of Aromatic Acids.

The presence of the carboxyl group in aromatic acids may be detected by the hydroxamic acid test (Feigl, Anger and Frehden, 1934; Davidson, 1940). About ten mg. of the sample is treated with 2 or 3 drops of thionyl chloride and the mixture evaporated almost to dryness. Two drops of alcoholic hydroxylamine followed by two drops of alcoholic KOH are then added and the mixture heated to boiling. Cool, acidify with dilute HCl (2 N) and add a drop of ferric chloride solution (1%). A red to violet colour constitutes a positive test. Compounds with the CCl_3 group e. g. choral hydrate will also give this test (Buckles and Thelen, 1950).

The nitration test for the detection of benzoic acid and its analogues depends on the presence of an aromatic ring. Benzoic acid itself gives 2,5-dinitrobenzoic acid (Rosenthaler and Capuano, 1951), which on the addition of base gives a yellow colour. A few milligrams of the sample are dissolved in 1 ml. conc. H_2SO_4 and a few crystals of KNO_3 added. Heat for 10 to 15 minutes on the steam bath, cool, pour into 5 ml. water and make alkaline with NH_4OH. The colour may be intensified by reduction of the nitrobenzoic acid with the aid of potassium nitrite or hydroxylamine sulphate.

In Denigès' test a drop of 0.5% $FeCl_3$ is added to the solution so that mixing does not take place. With benzoic acid a flesh coloured precipitate of basic ferric benzoate appears at the interface. This test is not very specific.

The fact that benzoic acid is oxidized to salicylic acid by hydrogen peroxide is the basis of another test for the detection of this acid. The salicylic acid formed is detected by the ferric chloride test for phenols. A violet colour constitutes a positive test.

When benzoic acid is present in a mixture with other aromatic acids, it may be separated by oxidation of the remaining acids with potassium permanganate. However, it must be remembered that cinnamic acid is oxidized to benzoic acid by this procedure, and the test for cinnamic acid must be carried out separately. This acid readily absorbs bromine from carbon tetrachloride solution.

It has also been suggested that the nitrated bezoic acid formed in the Mohler test be reduced to the amino derivative, which in turn is diazotized and coupled to form an azo dye (Schoorl, 1940).

The copper-pyridine complex is also recommended for the colorimetric detection of aromatic acids (Huijsse, 1944; LaPierre, 1948).

III. Identification of Aromatic Acids.

Suitable crystalline derivatives for the characterization of aromatic acids are their salts, esters and amides. In order to prepare the heavy metal salts, the acid is first neutralized by addition of silica-free ammonia and boiling off the excess. A solution of the metal nitrate is then added, the precipitated salt filtered, washed free of excess reagents, then dried. The metal content of the salt may then be determined by ashing a sample in a platinum boat (Niederl and Niederl, 1942). Denigès (1938) has suggested that these salts be identified under the microscope.

Salts derived from organic acids and strongly basic amines such as benzylamine, α-phenylethylamine, or piperazine are also good derivatives (BUEHLER, CARSON and EDDS, 1935; POLLARD, ADELSON and BAIN, 1934). The benzylpseudothiuronium salts may be prepared from the sodium or potassium salt of the acid and the appropriately substituted benzyl pseudothiuronium bromide (DONLEAVY, 1936; DEWEY and SHASKY, 1941).

A large variety of esters has been suggested as suitable for the characterization of aromatic acids. The p-nitrobenzyl and substituted phenacyl esters are often employed for this purpose (HAHN, REID and JAMIESON, 1930). A solution of the acid (0.5 g.) is carefully neutralized with 5% sodium carbonate, then made slightly acid to litmus. Five ml. of alcohol and 0.5 g. of the p-nitrobenzyl or substituted phenacyl bromide is added and the mixture refluxed for one hour, if the acid is monobasic, or two hours, if dibasic. It must be remembered that the phenacyl halides are lachrymatory. More alcohol is added, if a solid separates during refluxing. The solution is allowed to cool and the precipitated ester recrystallized from alcohol.

Amides and substituted amides may be prepared from the acid chlorides. The acid chloride may be obtained with thionyl chloride as described under the hydroxamic acid test. To prepare the amide the reaction mixture is poured into cold conc. ammonia or the amine in benzene (MITCHELL and REID, 1931). Aniline, p-toluidine or p-bromoaniline are most commonly used (KUEHN and McELVAIN, 1931; BRYANT and MITCHELL, 1938).

The phenylhydrazides and phenylhydrazonium salts are also suitable derivatives for the identification of aromatic acids (STEMPEL and SCHAFFEL, 1942). The acid is dissolved in a little phenylhydrazine and the solution boiled gently for half an hour. If no crystalline product separates on cooling, benzene or ether are added, until the derivative precipitates. It may be recrystallized from an alcohol-water mixture.

IV. Quantitative Determination of Aromatic Acids.

Aromatic acids are easily determined by titration methods in aqueous solution. Visual indicators or potentiometric methods may be used to detect the equivalence point. More recently a method has been described for the determination of the salts of these acids by non-aqueous titration (MARKUNAS and RIDDICK, 1951). Glacial acetic acid is used as solvent and perchloric acid as titrant. The titrant is 0.1 N HClO$_4$ and is prepared by adding 14.5 g. of 70 to 72 percent perchloric acid to approximately 900 ml. glacial acetic acid in a one litre volumetric flask. Acetic anhydride sufficient to react with the water introduced with the HClO$_4$ is added slowly and with constant swirling. The solution is then diluted to the mark with acetic acid, let stand for 24 hrs., then standardized with potassium acid phthalate either with crystal violet as indicator or potentiometrically. The indicator solution is prepared by dissolving 1 g. crystal violet in 100 ml. glacial acetic acid.

3.5 to 4 milliequivalents of the salt are weighed into a beaker and dissolved in 30 ml. acetic acid and titrated with 0.1 N HClO$_4$ in the same manner as for a titration in aqueous solution.

SCHMALL, PIFER and WOLLISH (1952) have devised an extractor for the isolation of the acid prior to titration with HClO$_4$.

An alternate and more rapid method for the analysis of the salts of organic acids consists in passing the solution of the salt through a cation exchange resin in the acid form and titrating the effluent which contains acid equivalent to the salt content of initial solution (VAN ETTEN and WIELE, 1953).

The most common micromethod for the determination of salts of organic acids is, however, to weigh the ash from the compound as sulphate, oxide or free metal (Niederl and Niederl, 1942). The above titrimetric methods are much more suitable for routine determinations.

Numerous colorimetric methods have been described in the literature for the determination of aromatic acids. One of these methods is based on the oxidation of benzoic acid to salicylic acid and measuring the violet colour produced with ferric chloride. The reaction is not quantitative but only proceeds to about 10 percent of completion and therefore the reagent concentrations must be rigidly controlled.

A more suitable determination is based on a modification of Mohler's test (Mohler, 1890) in which benzoic acid is nitrated to dinitrobenzoic acid with potassium nitrate in sulphuric acid. Reduction of this compound with ammonium sulphide or hydroxylamine gives diaminobenzoic acid, the ammonium salt of which is reddish brown.

The nitrating mixture is prepared by dissolving 1 g. of KNO_3 in 10 ml. of conc. H_2SO_4. One ml. of this reagent is added to the solid sample, which contains approximately 1 mg. of benzoic acid, and heated on the steam bath for 20 minutes. After cooling, 2 ml. of a solution containing 200 mg. hydroxylamine hydrochloride per 10 ml., and 10 ml. of 1:1 NH_4OH are added. Heat on the water bath at 60° C for 5 minutes, cool and compare with a standard. The use of an artificial standard is described by Snell and Snell (1937).

In cases where nitration at elevated temperature will affect impurities present in the sample a method based on nitration at room temperature has been devised by Dickens and Pearson (1951). The mononitrobenzoic acid formed is reduced to the amino derivative with $TiCl_3$, which in turn is diazotized and coupled with a colour forming base. The colour of the resulting dye is then estimated. From 0.05 to 10 mg. of benzoic acid may be determined in this way.

Mixtures of acids and esters may be separated by $NaHCO_3$ extraction, prior to colorimetric determination (Diemair, Riffard and Schmelk, 1938). Very recently a micro determination of aromatic acids based on decarboxylation has been employed by Beroza (1953).

Ultraviolet and infra-red spectrophotometric methods may also be applied to the determination of these acids (Kempter, 1940; Berman, Ruof and Howard, 1951; Flett, 1951).

Polarographic methods for the determination of organic acids have also been suggested in the recent literature but have not been extensively investigated (Bobrova and Sokolov, 1951; Korshunov, Kuznetsova and Shchennikova, 1951).

Certain of the naturally occurring aromatic acids contain phenolic groups, and the methods described in the section on phenols must be consulted for methods of determining these compounds.

References.

Autenrieth and Beuttel: Arch. Pharm. 248, 112 (1910).
Baeyer: Liebigs Ann. 183, 1 (1876). — Baril and Huber: J. Amer. Chem. Soc. 53, 1087 (1931). — Barry, Sato and Craig: J. Biol. Chem. 174, 209 (1948). — Bate-Smith and Westall: Biochim. et Biophys. Acta 4, 427 (1950). — Behrens-Kley: „Organische microchemische Analyse", p. 311. Leipzig: Leopold Voss 1922. — Berman, Ruof and Howard: Anal. Chem. 23, 1882 (1951). — Beroza: Anal. Chem. 25, 177 (1953). — Bielenberg and Fischer: Brennstoff-Chem. 23, 283 (1942). — Bobrova and Sokolov: Zhur. Obshchei Khim. 21, 1774 (1951). — Bollinger and McDonald: Australian J. Sci. 9, 189 (1947). — Bost and Nicholson: J. Amer. Chem. Soc. 57, 2368 (1935). — Broumand and Smith: J. Amer.

Chem. Soc. 74, 1013 (1952). — BROWN and HALL: Nature (London) 166, 66 (1950). — BRYANT and MITCHELL: J. Amer. Chem. Soc. 60, 2748 (1938). — BUCKLES and THELEN: Anal. Chem. 22, 676 (1950). — BUEHLER, CARSON and EDDS: J. Amer. Chem. Soc. 57, 2181 (1935).
CANDUSSIO: Chem. Ztg. 24, 299 (1900). — CHANG, HOSSFELD and SANDSTROM: J. Amer. Chem. Soc. 74, 5766 (1952). — CHATTAWAY: J. Chem. Soc. 1981, 2495. — COGGESHALL: J. Amer. Chem. Soc. 69, 1620 (1947).
DAVIDSON: J. Chem. Education 17, 81 (1940). — DENIGÈS: Bull. trav. soc. pharm. (Bordeaux) 76, 173 (1938). — DEWEY and SHASKY: J. Amer. Chem. Soc. 63, 3526 (1941). — DE WALT and GLENN: Anal. Chem. 24, 1789 (1952). — DICKENS and PEARSON: Biochem. J. 48, 216 (1951). — DIEMAIR, RIFFARD and SCHMELK: Mikrochemie 25, 247 (1938). — DONLEAVY J. Amer. Chem. Soc. 58, 1004 (1936). — DOSKOČIL: Coll. Czechoslov. Chem. Communs. 15, 599 (1950). — DURANT: Nature (London) 169, 1062 (1952).
EKKERT: Pharm. Zentralhalle 68, 563, 577, 593 (1927). — EMERSON, BEECHAM and BEEGLE: J. Org. Chem. 8, 417 (1943). — EMERSON and KELLY: J. Org. Chem. 13, 532 (1948).— VAN ETTEN and WIELE: Anal. Chem. 25, 1109 (1953). — ETTINGER and RUCHHOFT: Anal. Chem. 20, 1191 (1948). — ETTINGER, RUCHHOFT and LISHKA: Anal. Chem. 23, 1783 (1951). — EVANS, PARR and EVANS: Nature (London) 164, 674 (1949). — EYKMANN: Z. anal. Chem. 22, 576 (1883).
FEIGL, ANGER and FREHDEN: Mikrochemie 15, 18 (1934), — FEIGL: "Qualitative Analysis by Spot Tests", 3rd ed. New York: Elsevier 1946. — FIESER: "Experiments in Organic Chemistry", 2nd ed. 171. New York: Heath 1941. — FISCHER, H. O. L.: The Harvey Lectures, Series XL, 156 (1944). — FISCHER, H. O. L., and DANGSCHAT: Helv. Chim. Acta 17, 1200 (1934); 20, 705 (1937). — FISCHER, R., and STAUDER: Mikrochemie 8, 330 (1930). — FLETT: J. Chem. Soc. 1951, 962 — FOLIN and CIOCALTEU: J. Biol. Chem. 73, 627 (1927). — FOLIN and DENIS: J. Biol. Chem. 22, 305 (1915). — FRANKENBURG: Adv. Enzym. 6, 309 (1946). — FRIEDEL: J. Amer. Chem. Soc. 73, 2281 (1951). — FRITZ and KEEN: Anal. Chem. 25, 179 (1953).
GAYLOR, ELVING and CONRAD: Anal. Chem. 25, 1078 (1953). — GETTLER, UMBERGER and GOLDBAUM: Anal. Chem. 22, 600 (1950). — GIBBS: Chem. Revs. 3, 291 (1926); (a) J. Biol. Chem. 71, 445 (1927); (b) J. Biol. Chem. 72, 649 (1927). — GIBBS and SHAPIRO: J. Amer. Chem. Soc. 51, 1755 (1929). — GILDEMEISTER and HOFFMANN: „Die ätherischen Öle", 3rd ed. Leipzig 1931. — GOLUMBIC: J. Amer. Chem. Soc. 71, 2627 (1949); Anal. Chem. 23, 1210 (1951).
HAHN, REID and JAMIESON: J. Amer. Chem. Soc. 52, 818 (1930). — HANKE and KOESSLER: J. Biol. Chem. 50, 235 (1922). — HERBST, CLOSE, MAZZACUA and DWYER: J. Amer. Chem. Soc. 74, 269 (1952). — HIGUCHI, CONCHA and KURAMOTO: Anal. Chem. 24, 685 (1952). — HIGUCHI and ZUCK: J. Amer. Chem. Soc. 73, 2676 (1951). – HUIJSSE: Chem. Abs. 38, 4212 (1944).
KATZ and GLENN: Anal. Chem. 24, 1157 (1952). — KEMPTER: Z. Physik 116, 1 (1940). — KLEIN, SIERSCH and LINSER: Österr. Bot. Z. 80, 223 (1931). — KOPPESCHAAR: Z. anal. Chem. 15, 232 (1876). — KORSHUNOV, KUZNETSOVA and SHCHENNIKOVA: Zhur. Anal. Khim. 6, 96 (1951). — KUEHN and MCELVAIN: J. Amer. Chem. Soc. 53, 1173 (1931).
LAPIÈRE: J. Pharm. Soc. Belg. (N. S.) 3, 123 (1948). — LEROSEN, MOVAREK and CARLTON: Anal. Chem. 24, 1335 (1952). — LEVINE and BURNS: J. Biol. Chem. 50, LIV (1922). — LIEBERMANN: Ber. dtsch. chem. Ges. 7, 248, 806, 1098 (1874). — LONG, QUAYLE and STEDMAN: J. Chem. Soc. 1951, 2197. — LYKKEN, TRESDER and ZAHN: Ind. Eng. Chem. Anal. Ed. 18, 103 (1946). — LYMAN and REID: J. Amer. Chem. Soc. 42, 615 (1920).
MALLETTE, LEWIS, AMES, NELSON and DAWSON: Arch. Biochem. 16, 283 (1948). — MARKUNAS and RIDDICK: Anal. Chem. 23, 337 (1951). — MEADOW and REID: J. Amer. Chem. Soc. 65, 457 (1943). — MELLON: "Analytical Absorption Spectroscopy". New York: John Wiley & Sons, Inc. 1950. — MELZER: Z. Anal. Chem. 37, 345 (1898). — MITCHELL: Analyst 48, 2 (1923). — MITCHELL and REID: J. Amer. Chem. Soc. 53, 1879 (1931). — MILLON: Compt. rend. Acad Sci. (Paris) 28, 40 (1849). — MOHLER: Bull. soc. chim. (3) 3, 414 (1890). — MOSS, ELLIOTT and HALL: Anal. Chem. 20, 784 (1948). — MRAZ: Chem. Listy 44, 259 (1950). — MURRAY: Anal. Chem. 21, 941 (1949).
NIEDERL and BOTHNERBY: J. Amer. Chem. Soc. 69, 1172 (1947). — NIEDERL and NIEDERL Organic Quantitative Microanalysis, 2nd. ed. New York: John Wiley & Sons, Inc. 1942.
OHKUMA: Chem. Abs. 46, 9473 (1952). — OLLEMAN: Anal. Chem. 24, 1425 (1952).
PASTERNACK, BAVLEY, WAGNER, HOCHSTEIN, REGNA and BRUNINGS: J. Amer. Chem. Soc. 74, 1926 (1952). — POLLARD, ADELSON and BAIN: J. Amer. Chem. Soc. 56, 1759 (1934).
RAMART-LUCAS: Bull. soc. chim. (France) (5) 12, 477 (1945). — RASCHIG: Z. angew. Chem. 20, 2065 (1907). — REID: J. Amer. Chem. Soc. 39, 124 (1917). — RILEY: J. Amer. Chem. Soc. 72, 5782 (1950). — ROSENTHALER: Mikrochemie ver. Mikrochim. Acta 35, 164 (1950); Pharm. Ztg. 1931, 888. — ROSENTHALER and CAPUANO: Z. Lebensm. Untersuch. u. Forschg. 92, 13 (1951). — ROUX: Nature (London) 168, 1041 (1951). — RUDERMAN: Ind. Eng. Chem. (Anal. Ed.) 18, 753 (1946).

Sah: Rec. trav. chim. 58, 453, 582 (1939). — Sah and Cheng: Rec. trav. chim. 58, 591 (1939). — Sah and Chiao: Rec. trav. chim. 58, 595 (1939). — Sah and Yin: Rec. trav. chim. 59, 238 (1940). — Schmall, Pifer and Wollish: Anal. Chem. 24, 1446 (1952). — Schoorl: Pharm. Weekblad 77, 425 (1940). — Sekera: J. Amer. Chem. Soc. 55, 421 (1933). — Shaw: Ind. Eng. Chem. (Anal. Ed.) 1, 118 (1929); 3, 273 (1931); Anal. Chem. 23, 1788 (1951).— Simard, Hosegawa, Bandaruk and Headington: Anal. Chem. 23, 1384 (1951). — Singer and Stern: Anal. Chem. 23, 1511 (1951). — Snell and Snell: Colorimetric Methods of Analysis. New York: Van Nostrand 1937. — Soloway and Wilen: Anal. Chem. 24, 959 (1952). — Stempel and Schaffel: J. Amer. Chem. Soc. 64, 470 (1942). — Stone and Blundell: Anal. Chem. 23, 771 (1951). — Stoughton: J. Biol. Chem. 115, 293 (1936).

Vorlaender: Ber. dtsch. chem. Ges. 43, 3120 (1910). — Votocek: Ber. dtsch. chem. Ges. 49, 2546 (1916).

Wachtmeister: Acta chem. scand. 5, 976 (1951). — Weity, Schobbert and Siebert: Ber. dtsch. chem. Ges. 68, 1163 (1935). — Wenzel: Monatsh. Chem. 34, 1943 (1913). — Wesp and Brode: J. Amer. Chem. Soc. 56, 1037 (1934). — Willard and Wooten: Anal. Chem. 22, 670 (1950).

Zahn and Wurz: Z. anal. Chem. 134, 183 (1951). — Zeisel: Monatsh. Chem. 6, 989 (1885).

Natural Tropolones.

By

H. Erdtman.

With 1 Figure.

A small group of natural compounds has been shown to contain the novel and highly interesting tropolone nucleus (I).

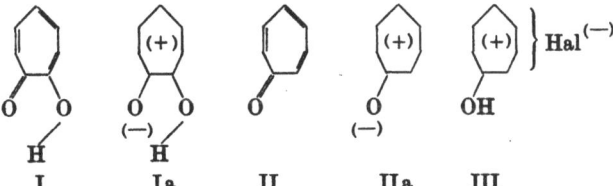

I   Ia   II   IIa   III

The tropolone concept is due to DEWAR (1945a) and was developed following attempts to explain the unusual properties of the mould metabolite, stipitatic acid. Tropolone and tropone (II) were later synthesised and shown to possess several properties predicted by DEWAR. Tropone and tropolone are derivatives of cycloheptatriene but their properties indicate a high degree of aromaticity and the ionic symbols IIa and Ia, with resonance stabilised seven membered nuclei, are to be preferred. Hence tropolone may be regarded as a tropone phenol. The acidity of tropolone (pK about 7) is intermediate between phenols (pK about 10) and carboxylic acids (pK about 5). The hydroxyl group is easily methylated by diazomethane. Unsymmetrical tropolones generally give mixtures of isomeric methyl ethers indicating a prototropic equilibrium in solution. The relatively high acidity of tropolones sometimes causes difficulties in their acylations and a corresponding instability of the esters.

The dipolar character of these compounds is shown by their relatively high solubility in water and in acids. Tropone is soluble in water in all proportions and gives tropylium salts (III) with hydrogen halides, some of which may be sublimed without decomposition.

The carbonyl function resembles that of carboxylic acids and does not respond to ordinary carbonyl reagents. The infrared (IR) spectra show that both the carbonyl and the hydroxyl bands are considerably lower in frequency than normal.

The UV absorption of tropolones is characteristic (Fig. 1) and occurs in two wave-length regions. Tropolone itself has a strong band below 250 mμ and a double band in the region 290—375 mμ. All these bands show a strong bathochromic shift in alkaline solution. The high absorption at long wave-lengths indicates a large planar chromophore and the fine structure of the bands points to a great rigidity of the ring. These conclusions have been confirmed by X-ray studies.

Like normal aromatic compounds, tropolone undergoes various substitution reactions, e.g. bromination, nitration and coupling with diazotized amines. Amino-tropolones may be diazotized and subjected to the Sandmeyer reaction etc. Many tropolones are only hydrogenated very slowly. The lower resonance energy of the tropolone system compared with normal aromatic substances, however, causes a certain instability of the tropolone ring, and many tropolone derivatives easily undergo ring contraction with formation of true aromatic compounds. Tropolone, for example, is isomerised by strong alkali to benzoic acid. Similar "aromatisations" have been observed with nitrotropolones and frequently cause complications on nitrosation or diazotisation of tropolone derivatives.

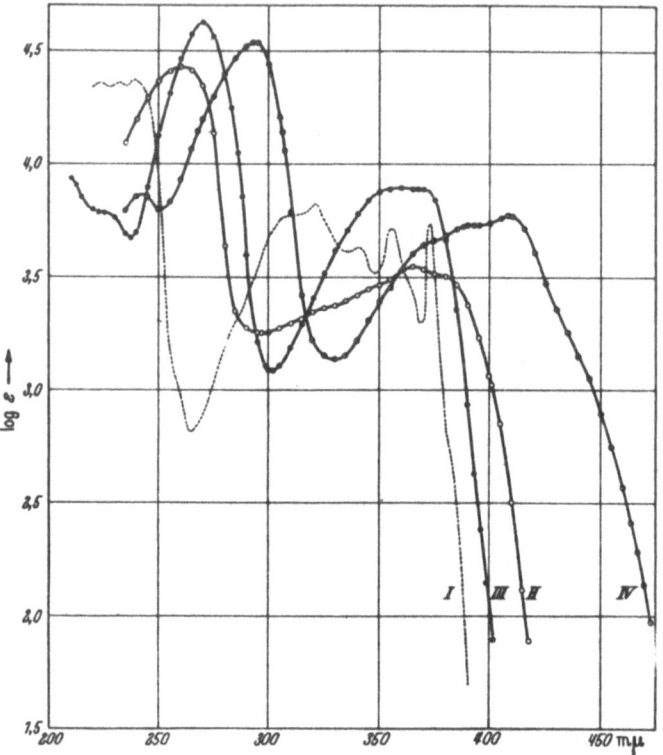

Fig. 1. UV Absorption of various tropolones. *I* Tropolone in *cyclo*hexane; *II* Stipitatic acid in dioxan; *III* Puberulic acid in ethanol; *IV* Puberulonic acid in dioxan.

The ol-one group gives rise to characteristic colour reactions, e.g. with ferric chloride, and to the formation of coordination compounds with ions of heavy atoms, e.g. copper, nickel and uranium. Tropolone and many tropolone derivatives exhibit great toxicity. It is not known whether this is due to their ability to form coordination complexes or is a parallel to the well known toxicity of many phenols. Some of the known naturally occurring tropolones appear to be structurally related to terpenes (α-, β- and γ-thujaplicin and nootkatin), others are carboxylic acids or acid anhydrides (stipitatic, puberulic and puberulonic acid). Colchicine and some other closely related alkaloids are also tropolone derivatives, but they will be dealt with elsewhere. Finally, the dehydrogenation product of pyrogallol, purpurogallin, has been shown to be a benztropolone and it has been claimed (Nierenstein, 1919; Nierenstein and Swanton, 1944) that glucosides of purpurogallin, e.g. dryophantin occur in certain air dried galls. It is uncertain whether these compounds are natural products or artefacts and in unpublished work by the author it has been shown that *fresh* galls, caused by insects closely related to *Dryophanta* on oak leaves (*Quercus robur* L), entirely lack purpurogallin glucosides.

Stipitatic Acid, $C_8H_6O_5$ (IV) m.p. 302—304° (decomp.) has been isolated from the culture medium from the mould *Penicillium stipitatum* Thom, by evaporation in a vacuum of about 95 per cent of the liquid. After a few days in the cold, crude magnesium stipitate separates. It is decomposed with $2 N$ hydrochloric acid and the acid recrystallised from water (norite). Yield 0.3—0.6 g per litre. Stipitatic acid is optically inactive and is a dibasic acid containing three active hydrogen atoms (ZEREWITINOFF). It is soluble in concentrated hydrochloric acid from which it may be recovered unchanged upon dilution. Stipitatic acid does not exhibit any carbonyl function. In alcoholic solution it gives a red colour with ferric chloride (green with excess).

Acetylation gives two diacetyl derivatives $C_{12}H_{10}O_7$, one (m.p. 172.5°) is obtained with acetic anhydride and sodium acetate and the other (m.p. 176—178°) with acetic anhydride and sulphuric acid. Both acetates are monobasic acids.

Similarly, diazomethane gives two different trimethylethers m.p. 126—128° and 189—190°. Methylation with dimethyl sulphate and excess alkali gives a dibasic monomethylether m.p. 273° which exhibits the characteristic ferric chloride reaction. Methanolic hydrogen chloride gives a dimethylderivative m.p. 163 to 165° also obtained from the disilver salt of stipitatic acid by treatment with methyl iodide. It is insoluble in sodium hydrogen carbonate solution and gives a deep red colour with ferric chloride.

Bromine in water gives a loose bromine addition product but bromination in acetic acid in the presence of water gives a pale yellow substitution product $C_8H_5O_5Br$, methylated with diazomethane to a trimethylderivative m.p. 175°.

Heated with quinoline and a copper chromite catalyst one mole of carbon dioxide is evolved and a compound $C_7H_6O_3$ m.p. 227—228° (after sublimation in a high vacuum), is obtained. In alcoholic solution the cream yellow substance (β-hydroxy tropolone) gives a blood red precipitate with ferric chloride and, like stipitatic acid, dissolves in alkali giving a bright yellow coloration.

On fusion with potassium hydroxide stipitatic acid and its monomethyl derivative affords 5-hydroxy-*iso*-phthalic acid (V) in good yield. Catalytic hydrogenation proceeds but slowly and zinc and acetic acid gives products exhibiting ketonic properties. With hypoiodite much iodoform is obtained.

The puzzling properties of stipitatic acid led the discoverers of this acid (BIRKINSHAW, CHAMBERS and RAISTRICK, 1942) to believe that it belongs to "a class of compounds not previously encountered among mould metabolic products, except possibly for puberulic acid"[1].

The structural problem was solved by the deductions of DEWAR (1945a). The crucial point in the chemistry of stipitatic acid is its conversion into 5-hydroxy*iso*phthalic acid which was interpreted as being due to a benzilic change:

VI   IV   V

[1] A tropolone structure had been discussed in Professor RAISTRICK's laboratory but was considered too "unusual" (RAISTRICK private communication). The correct structure for purpurogallin was suggested to the author by Sir ROBERT ROBINSON in April 1930 (compare ERDTMAN and GRIPENBERG, 1948b — not in 1929 as there stated) but the structure appeared — to the author — to be too revolutionary. (ERDTMAN, mentioned at the tropolone symposium, London, November 2nd 1950. Compare also a forthcoming paper in the transactions of Det 8. Nordiske Kjemikermöte, Oslo 1953.)

CORBETT, JOHNSON and TODD (1950b) confirmed the proposed structure by degrading stipitatic acid to aconitic (VI) and malonic acid by alkaline hydrogen peroxide. Synthesis of stipitatic acid from hydroxy hydroquinone trimethylether and diazoacetic ester, compare BARTHELS-KEITH, JOHNSON and TAYLOR (1951).

Puberulic Acid, $C_8H_6O_6$ (VII) m.p. 316° has been isolated together with puberulonic acid from the culture media from the moulds *Penicillium puberulum* Bainier (BIRKINSHAW and RAISTRICK, 1932), *P. aurantio-virens* Biourge, *P. Johannioli* Zaleski and *P. cyclopium-viridicatum* (OXFORD, RAISTRICK and SMITH, 1942). The solution was neutralised and precipitated with nickel sulphate. The brick red precipitate was decomposed with hydrochloric acid, the solution extracted with ether and the ether soluble material dissolved in little methyl alcohol and left to crystallise, yielding a mixture of puberulic and puberulonic acids. This was acetylated with sodium acetate and acetic anhydride and the solution poured into water. The sodium salt of puberulonic acid soon crystallised. The crude diacetate of puberulic acid was obtained by adding sulphuric acid to the filtrate. It was recrystallised to m.p. 212° from ethanol. Puberulic acid is obtained by hydrolysis of the acetate with warm sodium hydroxide solution and precipitation with acid and is purified by sublimation. In alcoholic solution ferric chloride first gives a yellow-brown then amethyst and finally a deep red colour. Puberulic acid titrates as a dibasic acid.

Dimethyl sulphate, followed by an excess of alkali, gives a dimethyl derivative m.p. 271—272°. Diazomethane affords a tetramethyl derivative m.p. 112—113° together with an oil. It is easily soluble in most solvents, even in water. Methylation of the diacetyl derivative with diazomethane gives a dimethyl-diacetyl puberulic acid m.p. 102° hydrolysed by alkali to a monomethyl ether of puberulic acid m.p. 272—276° (BIRKINSHAW and RAISTRICK, 1932). The authors arrived at the conclusion that although the reactions of puberulic acid indicates a dihydroxy benzene dicarboxylic acid structure "it is improbable that puberulic acid is a compound of this type". DEWAR (1945b) suggested that puberulic acid is a hydroxy stipitatic acid and CORBETT, JOHNSON and TODD (1950a) advanced the structure (VII) for it to account for the production of aconitic acid on oxidation with hydrogen peroxide in alkali.

VII   VIII

Puberulonic Acid, $C_9H_4O_7$, (VIII), m.p. 286°. The crude sodium salt (compare puberulic acid) is dissolved in methanol and ether added to precipitate impurities. The solution is evaporated and the residue recrystallised from ethanol. The orange sodium salt is dissolved in hot water and decomposed with hydrochloric acid. On cooling puberulonic acid separates as shining yellow plates m.p. 286° (decomp.). It shares with puberulic acid the deep red ferric chloride reaction. The substance was originally considered to have the composition $C_8H_4O_6$ but CORBETT, HASSALL, JOHNSON and TODD (1950a) established the formula $C_9H_4O_7$ and found that puberulonic acid when heated with water is decarboxylated with formation of puberulic acid.

The intricate structural problem was solved by AULIN-ERDTMAN (1950a, b, 1951) by a comparative study of the UV absorption of tropolone, the thujaplicins, stipitatic, puberulic and puberulonic acids in solutions of varying pH. The tropolone structure of stipitatic and puberulic acid was confirmed and puberulonic acid was shown to be a tropolone dicarboxylic acid anhydride (VIII). In aqueous solution similar amounts of the acid and the anhydride are present in an equilibrium mixture. The anhydride formula was confirmed by the IR absorption which exhibits the typical peaks at 1770 and 1830 cm.$^{-1}$ characteristic of acid anhydrides [AULIN-ERDTMAN and THEORELL (1950); JOHNSON, SHEPPARD and TODD (1951)].

α-Thujaplicin, $C_{10}H_{12}O_2$, (IX), m.p. 34° has been isolated from the heartwood of *Thuja* species [ERDTMAN and GRIPENBERG (1948a, b); GRIPENBERG (1948, 1949a)] and *Thujopsis dolobrata* [NOZOE, YASUE and YAMANE (1951)].

The acetone extract of the wood of Swedish grown *Thuja plicata* was poured into a large volume of ether. The ether was shaken with a saturated solution of sodium hydrogen carbonate to remove thujic acid (X, ERDTMAN and GRIPEN-BERG, 1949; GRIPENBERG, 1949a, b)] and then with 2 *N* sodium hydroxide solution. This was acidified with sulphuric acid and shaken with ether. The ether soluble material was distilled with steam, extracted by ether and dissolved in 2 *N* sodium hydroxide. Carbon dioxide was passed into the alkaline solution. Between pH 9 and 8 an oil separated which was extracted by ether and stored in a refrigerator where it partially crystallised. The crystals, α-thujaplicin, were distilled *in vacuo* and recrystallised from light petroleum. The passage of carbon dioxide was continued until the solution was saturated, whereupon a precipitate of γ-thujaplicin was obtained. This was collected by filtration and the mother liquor extracted with ether yielding an oil consisting of a mixture of α- and γ-thujaplicin. This was dissolved in 2 *N* sodium hydroxide and the fractionation process with carbon dioxide repeated.

α-Thujaplicin gives a green ferric chloride reaction and a chloroform solution of the substance, on shaking with cupric acetate solution, is coloured green due to the formation of a chloroform soluble copper complex (m.p. 235°). The structure follows from the permanganate oxidation of the mixture of diastereoisomeric diols obtained by catalytic hydrogenation which affords α-*iso*propylpimelic acid. Toxicity, see RENNERFELT (1948).

Synthesis: NOZOE, KITAHARA and ITO (1950); COOK, RAPHAEL and SCOTT (1951).

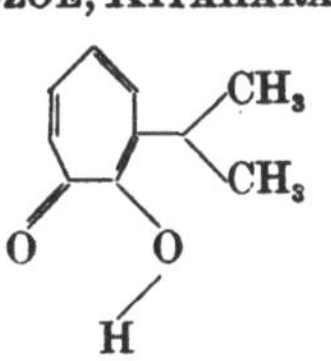

IX 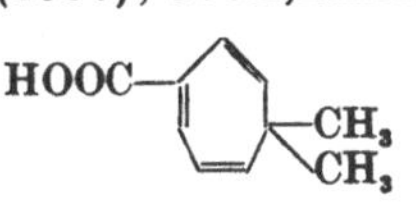   X

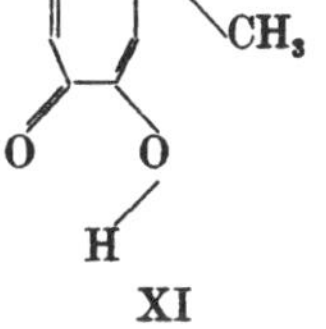

XI 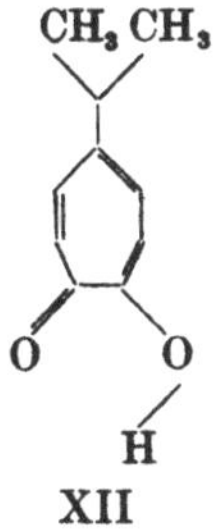   XII

Hinokitiol (β-**Thujaplicin**) $C_{10}H_{12}O_2$ (XI), m.p. 52—52.5°. For several decades Japanese workers have been studying the steam volatile components of conifer woods belonging to the family *Cupressaceae*, especially the *Chamaecyparis*

23*

species and *Thujopsis dolobrata*, and apart from neutral constituents, acids (e.g. citronellic acid) and phenols, products were obtained capable of forming characteristic metal complexes. As early as 1926, HIRAO obtained a red pigment called "hinokitin" of m.p. 250—251° (supposed to have the composition $C_{30}H_{34}O_{10}$) with ferric chloride. Much confusion has been caused by insufficient characterisations of the wood material, but it now appears that hinokitin is most readily isolated from "Taiwan Hinoki" *(Chamaecyparis taiwanensis,* Masamune et Suzuki = *Ch. obtusa* Sieb. et Zucc. f. *Formosana* Hayata).

NOZOE (1936) reinvestigated HIRAO's hinokitin and found that, in fact, it is an iron complex $C_{30}H_{33}O_6Fe$ of an acidic compound $C_{10}H_{12}O_2$ obtained in the form of an oil and called hinokitiol. In a later paper (NOZOE and KATSURA, 1944) available in Europe only long after the war, however, it was reported that hinokitiol had crystallised, m.p. 50°. Due to the results of degradation experiments with hydrogen peroxide (later reinterpreted in the basis of the tropolone structure) the composition $C_{10}H_{12}O_2$ unfortunately was abandoned in favour of $C_{10}H_{14}O_2$ and cycloheptendione structures were discussed. The pioneering work of the Japanese chemists was severely hampered by the war (NOZOE, 1950, 1952).

Following publication of the Swedish work on the structure of the thujaplicins, contact was made with the Japanese colleagues, as it was felt that the "liquid hinokitiol" referred to above might be a mixture of thujaplicins. It now transpired that hinokitiol was probably identical with β-thujaplicin, and one of the compounds from *Thujopsis dolobrata* with α-thujaplicin and this was confirmed by mixed m.p.'s with samples provided by Professor NOZOE.

The material employed for the determination of the structure of β-thujaplicin was obtained by Dr. A. B. ANDERSON from the heartwood of American grown *Thuja plicata.* The steam distillate was made alkaline with barium hydroxide and concentrated to a small volume. The precipitate was collected and decomposed with acid and the oil dissolved in ether and repeatedly shaken with a five per cent sodium hydroxide solution. The alkaline extract was saturated with carbon dioxide and the liberated thujaplicins distilled (b.p. 145—147°/12 mm.). The distillate soon partly solidified (γ-thujaplicin) and in the course of many years the oily material also partly solidified. This material was sent to Stockholm and on recrystallisation from light petroleum yielded pure β-thujaplicin (hinokitiol). The elucidation of the structure followed the lines described for α-thujaplicin: hydrogenation to a mixture of diastereoisomeric octahydro-β-thujaplicins and oxidation to β-*iso*propyl pimelic acid identified with a synthetic specimen (ERDTMAN and GRIPENBERG, 1948b; GRIPENBERG and ANDERSON, 1948). Synthesis see NOZOE, SETO, KIKUCHI, MUKAI, MATSUMOTO and MURASE (1950); COOK, RAPHAEL and SCOTT (1951). A great number of substitution derivatives of hinokitiol had been described by Nozoe and his collaborators in the years following 1950.

The copper complex of hinokitiol melts at 178°. Hinikitiol is a strong fungicide (RENNERFELT, 1948).

γ-**Thujaplicin,** $C_{10}H_{12}O_2$, (XII) m.p. 82°. This tropolone has been isolated from the heartwood of *Thuja occidentalis* and *Th. plicata,* GRIPENBERG (1949a), ANDERSSON and SHERRARD (1933), ERDTMAN and GRIPENBERG (1948a, b). It is a strong fungicide (RENNERFELT, 1948) and is also toxic to animals (ERDTMAN and GRIPENBERG, 1948b). γ-Thujaplicin in alcoholic solution gives a green ferric chloride reaction, couples with diazotised amines to give red dyes and yields a copper complex m.p. 259—260° soluble in chloroform.

Oxidation with chromic acid yields *iso*butyric acid and catalytic hydrogenation gives a mixture of octahydro-derivatives, one of which may be obtained in a crystalline state m.p. 194—195°. The mixture was oxidized with permanganate to γ-*iso*propylpimelic acid m.p. 65—66°, also prepared from the pure diol and by an unambiguous synthesis. Via its barium salt it was converted into the known 4-*iso*propyl-cyclohexanone. The latter compound on oxidation with nitric acid affords 4-*iso*propyl-adipic acid. Fusion of γ-thujaplicin with potassium hydroxide at 230° gives rise to cuminic acid. These reactions settle the question of the structure of γ-thujaplicin, the first naturally occurring tropolone the structure of which was elucidated beyond doubt. COOK, RAPHAEL and SCOTT (1951) and NOZOE, SETO, KIKUCHI and TAKEDA (1951) have synthesized the compound.

Nootkatin, $C_{15}H_{20}O_2$ (XIV) m.p. 95°. Steam distillation of the heartwood of the conifer *Chamaecyparis nootkatensis* gives an oil followed by a crystalline compound, nootkatin, also obtained by steam distillation of the acidic portion of the acetone or ether extract of the wood. Other steam volatile products include two acids $C_{10}H_{14}O_2$, chamic and chaminic acids (CARLSSON, ERDTMAN, FRANK and HARVEY, 1952). Recently, CORBETT and WRIGHT (1953) have found nootkatin in *Cupressus macrocarpa*.

Nootkatin is best recrystallised from ligroin and gives a copper complex m.p. 234—235° (decomp.), soluble in chloroform. The UV and IR spectra (AULIN-ERDTMAN, 1950; AULIN-ERDTMAN and THEORELL, 1950) show that nootkatin is a simple tropolone. The UV spectrum and the empirical composition together prove that there is one double bond in a side chain not conjugated with the tropolone ring. On hydrogenation, five molecules of hydrogen are invariably consumed; no dihydro-nootkatin could be obtained. The hydrogenation product is an oil which readily reacts with per-iodic acid and obviously consists of a mixture of diastereoisomeric α-glycols.

Hydrogen peroxide in formic acid afforded a monoformate (m.p. 170—171°) of a glycol (m.p. 118—119°) readily yielding acetone with periodic acid. Chromic acid affords acetone and *iso*butyric acid. Nootkatin methylether m.p. 71° is obtained on methylation with diazomethane together with an oil containing the isomeric methylether. When heated with sodium methoxide both the crystalline and the oily methylethers are rearranged to a benzenoid carboxylic acid $C_{15}H_{20}O_2$ m.p. 114°, in which, according to the UV spectrum, the nootkatin side chain double bond is still isolated (XV). Isomerisation to an acid (m.p. 108°, XVI) in which the side chain double bond is conjugated with the aromatic ring is brought about with alkali and both acids are hydrogenated to an acid $C_{15}H_{22}O_2$ m.p. 124° (XVII). All these acids are oxidised by nitric acid to a lactone $C_{11}H_{10}O_4$ (XVIII) m.p.265° (methyl ester m.p. 143°). Further oxidation of this lactonic acid with nitric acid furnishes trimellitic acid (XIX). These results show that nootkatin contains two side chains of which one must be an isopropyl group and the other a 3-methylbut- 2-enyl group and they eliminate all but two formulae (XIII) and (XIV). (ERDTMAN and HARVEY, 1952; DUFF and ERDTMAN unpublished)[1].

CAMPBELL and ROBERTSON (1952) examined copper nootkatin by X-ray methods and concluded that structure (XIV) is correct. Hence nootkatin is a derivative of hinokitiol. The thujaplicins are probably related to the terpenes and nootkatin may therefore be regarded as a sesquiterpene tropolone (compare ERDTMAN, 1949, 1952).

The chemical evidence, interpreted on the basis of structure (XIV) for nootkatin, may be summarised in the following way.

---

[1] Formula XIII has recently been excluded since acid XVII on decarboxylation followed by oxidation of the resulting hydrocarbon yielded phthalic acid.

XIII   XIV   XV: R= CH$_2$—CH=C(CH$_3$)$_2$ XVIII   XIX
XVI: R= CH=CH—CH(CH$_3$)$_2$
XVII: R= (CH$_2$)$_2$ CH(CH$_3$)$_2$

Nootkatin is very toxic to fungi (RENNERFELT, unpublished observations). The durability of the wood is also due to the strongly fungicidic acids, chamic and chaminic acids (XX) and (XXI). Alkali converts chamic acid into *iso*chamic acid, the antipode of chaminic acid (ERDTMAN and HARVEY unpublished). These acids are highly interesting in relation to the structure of thujic acid (X).

XX   XXI

References.

ANDERSON, A., and J. GRIPENBERG: Acta Chem. Scand. **2**, 644 (1948). — ANDERSON, A., and E. SHERRARD: J. Am. Chem. Soc. **55**, 3813 (1933). — AULIN-ERDTMAN, G.: (a) Acta Chem. Scand. **4**, 1031 (1950); (b) Acta Chem. Scand. **4** 1325 (1950); Acta Chem. Scand. **5**, 301 (1951). — AULIN-ERDTMAN, G., and H. THEORELL: Acta Chem. Scand. **4**, 1490 (1950). BARTHELS-KEITH, J., A. JOHNSON and W. TAYLOR: J. Chem. Soc. **1951**, 2352. — BIRKINSHAW, J., A. CHAMBERS and H. RAISTRICK: Biochemic. J. **36**, 242 (1942). — BIRKINSHAW, J., and H. RAISTRICK: Biochemic. J. **26**, 441 (1932).
CAMPBELL, R., and M. ROBERTSON: Chem. and Ind. **46**, 1266 (1952). — CARLSSON, B., H. ERDTMAN, A. FRANK and W. HARVEY: Acta Chem. Scand. **6**, 690 (1952). — COOK, J., R. RAPHAEL and A. SCOTT: J. Chem. Soc. **1951**, 695. — CORBETT, R., C. HASSALL, A. JOHNSON and A. TODD: J. Chem. Soc. **1950**, 1. — CORBETT, R., A. JOHNSON and A. TODD: (a) J. Chem. Soc. **1950**, 6; (b) J. Chem. Soc. **1950**, 147. — CORBETT, R., and D. WRIGHT: Chem. and Ind. **47**, 1258 (1953).
DEWAR, M.: (a) Nature **155**, 50 (1945); (b) Nature **155**, 479 (1945).
ERDTMAN, H.: Tappi **32**, 305 (1949). — ERDTMAN, H.: In J. W. COOK, Progr. in Org. Chem., p. 22 (48). London: Butterworth 1952. — ERDTMAN, H., and J. GRIPENBERG: (a) Nature **161**, 719 (1948); (b) Acta Chem. Scand. **2**, 625 (1948); Nature **164**, 316 (1949). — ERDTMAN, H., and W. HARVEY: Chem. and Ind. **46**, 1267 (1952).
GRIPENBERG, J.: Acta Chem. Scand. **2**, 639 (1948); (a) Acta Chem. Scand. **3**, 782 (1949); (b) Acta Chem. Scand. **3**, 1137 (1949).
HIRAO, N.: J. Chem. Soc. Jap. **47**, 666, 743 (1926).
JOHNSON, A., N. SHEPPARD and A. TODD: J. Chem. Soc. **1951**, 1139.
NIERENSTEIN, M.: J. Chem. Soc. **115**, 1328 (1919). — NIERENSTEIN, M., and A. SWANTON: Biochemic. J. **38**, 373 (1944). — NOZOE, T.: Bull. Chem. Soc. Jap. **11**, 295 (1936); Sci. Rep. Tohoku Univ. Ser. I **34**, 199 (1950); **36**, 82 (1952). — NOZOE, T., and S. KATSURA: J. Pharm. Soc. Japan **64**, 181 (1944). — NOZOE, T., Y. KITAHARA and S. ITO: Proc. Jap. Acad. **26**, (7), 47 (1950). — NOZOE, T., S. SETO, K. KIKUCHI, T. MUKAI, S. MATSUMOTO and M. MURASE: Proc. Jap. Acad. **26**, (7), 43 (1950). — NOZOE, T., S. SETO, K. KIKUCHI and H. TAKEDA: Proc. Jap. Acad. **27**, 146 (1951). — NOZOE, T., A. YASUE and K. YAMANE: Proc. Jap. Acad. **27**, 15 (1951).
OXFORD, A., H. RAISTRICK and G. SMITH: Chem. and Ind. **61**, 485 (1942).
RENNERFELT, E.: Physiologia Plantarum **1**, 245 (1948).

Ein- und zweikernige Chinone.

Von

O. Hoffmann-Ostenhof.

Mit 3 Abbildungen.

Als Chinone werden Substanzen bezeichnet, die sich von Ortho- oder Para-
diphenolen derart ableiten, daß sie zwei Wasserstoffatome der Hydroxyle und
damit eine Doppelbindung zwischen zwei Kohlenstoffatomen weniger enthalten
als diese und aus ihnen durch Oxydation entstehen. Wir können demnach zwischen
Ortho- und Parachinonen unterscheiden; als Beispiel seien hier die einfachsten,
vorstellbaren Chinone, *p*-Benzochinon und *o*-Benzochinon, mit den entsprechenden
Diphenolen, aus denen sie durch Oxydation bzw. Wasserstoffentzug entstehen
können, angeführt.

| Hydrochinon | *p*-Benzochinon | Brenzcatechin | *o*-Benzochinon |

Metachinone sind bisher noch nicht bekannt geworden; es ist kaum vorstellbar,
daß solche Verbindungen existieren können.

Chinone sind häufig vorkommende Naturstoffe, die sowohl im Pflanzenreich
als auch in tierischen Organismen zu finden sind. Sie sind — entsprechend ihrer
ungesättigten Natur und den beiden Carbonylgruppen — sehr reaktionsfähige
Substanzen, welche in dieser Hinsicht den ihnen nahe verwandten offenkettigen
α,β-ungesättigten Diketonen nahestehen, aber noch reaktionsfreudiger sind als
diese. Es handelt sich durchwegs um farbige Substanzen, und zwar sind die
einfachen *o*-Chinone meist rot gefärbt, während die einfachen *p*-Chinone gelb sind.
Bei höher kondensierten oder substituierten Chinonen finden sich aber auch
tiefere Farben, so ist z. B. die Polyporsäure, welche ein mit je zwei paraständigen
Hydroxylgruppen und Phenylgruppen substituiertes *p*-Benzochinon darstellt
(vgl. S. 375), braunviolett.

Über das Vorkommen und das biochemische Verhalten der Chinone hat der
Verfasser vor einiger Zeit referiert (HOFFMANN-OSTENHOF, 1950); diese Darstellung muß allerdings heute bereits in manchen Teilen als überholt angesehen
werden. Die allgemeine Analytik der Chinone wurde kürzlich von HEUSER (1953)
behandelt.

A. Vorkommen und Verteilung ein- und zweikerniger Chinone in Pflanzen.

Ein- und zweikernige Chinone, welche speziell in diesem Kapitel besprochen
werden, finden sich weitverbreitet in den verschiedensten Pflanzenfamilien. Eine
größere Anzahl von Chinonen wird von Schimmelpilzen produziert, aber auch

höhere Pflanzen sind häufig reich an derartigen Substanzen. So wird berichtet, daß das sog. Vitamin K_1, ein Derivat des α-Naphthochinons, in sämtlichen grünen Pflanzen vorkommt; soweit es dem Referenten bekannt ist, gibt es keinen negativen Befund in dieser Richtung. Eine Zusammenstellung aller Pflanzen, in welchen ein- und zweikernige Chinone bisher mit Sicherheit nachgewiesen wurden, findet sich in Tab. 1.

Tabelle 1. *Systematische Zusammenstellung der Pflanzenarten, aus denen bisher ein- und zweikernige Chinone isoliert wurden.*

THALLOPHYTEN

Aspergillaceae
Penicillium urticae: Gentisinchinon
Aspergillus fumigatus: Fumigatin, Spinulosin
Penicillium spinulosum: Spinulosin
Penicillium cinerascens: Spinulosin
Penicillium phoeniceum: Phoenicin
Oospora colorans: Oosporein
Aspergillus citricus: Flaviolin

Agaricaceae
Marasmus graminum: 6-Methyl-1,4-naphtho-chinon

Paxillus atromentosus: Atromentin
Amanita muscaria: Muscaruffin

Polyporaceae
Polyporus nidulans: Polyporsäure

Fungi imperfecti
Fusarium solani: Solanion, Fusarubin
Fusarium javanicum: Javanicin, Oxyjava-nicin (mit Fusarubin identisch ?)

SPERMATOPHYTEN

GYMNOSPERMAE

Cupressaceae
Thuja articulata: Thymochinon (?)

ANGIOSPERMAE

Ranunculaceae
Adonis vernalis: 2,6-Dimethoxybenzochinon

Lythraceae
Lawsonia alba: Lawson

Droseraceae
Drosera Whittackeri: Droseron, Oxydroseron
Drosera rotundifolia: Plumbagin

Oxalidaceae
Oxalis purpurata: Rapanon

Balsaminaceae
Impatiens balsamina: 2-Methoxy-1,4-naph-thochinon

Celastraceae
Celastrus scandens: Celastrol

Proteaceae
Lomatia ilicifolia und andere *Lomatia*-Arten: Lomatiol

Juglandaceae
Juglans regia und andere *Juglandaceae:* Juglon

Myrsinaceae
Embelia ribes: Embelin
Rapanea Maximowiczii: Rapanon
Maesa japonica: Maesachinon

Plumbaginaceae
Verschiedene *Plumbago*-Arten: Plumbagin

Ebenaceae
Verschiedene *Diosparos*-Arten: Plumbagin

Borraginaceae
Alkanna tinctoria: Alkannin, Alkannan
Lithospermon erythrorhizon: Shikonin

Labiatae
Monarda fistulosa: Thymochinon (?)

Verbenaceae
Avicennia tomentosa: Lapachol

Bignoniaceae
Verschiedene *Tecoma*-Arten: Lapachol

Gesneriaceae
Streptocarpus Dunnii: Dunnion

Compositae
Trixis pipitzahuac und *Perezia*-Arten: Perezon

Iridaceae
Eleutherine bulbosa: Eleutherin, Isoleutherin

Anmerkung: Außer den hier genannten Substanzen soll sich in *allen* grünen Pflanzen Vitamin K_1 nachweisen lassen.

Nicht in die Tabelle aufgenommen sind diejenigen Chinone, von denen manche Autoren (vgl. dazu z. B. das Übersichtsreferat von Nelson, 1950) annehmen, daß sie bei der Atmung mancher Pflanzen eine Überträgerfunktion innehaben. Da verschiedene kupferhaltige Enzyme, die sog. Polyphenol-oxydasen vom Tyrosinase- und Laccasetypus (zur Nomenklatur und Bedeutung, vgl. HOFFMANN-OSTENHOF, 1953, 1954), die aerobe Oxydation von *o*-Diphenolen zu den entsprechenden *o*-Chinonen katalysieren, liegt es nahe, diesen Enzymen eine Rolle als terminale Oxydasen der Atmung zuzuschreiben. Als physiologische Substrate werden bei dieser Funktion vor allem 3,4-Dioxyphenylalanin, Protocatechusäure und Chlorogensäure diskutiert; die entsprechenden Chinone müßten somit — zumindest in kleinen Konzentrationen — in denjenigen Pflanzen, bei welchen dieser Weg der Atmung vorkommt, zu finden sein. Die geschilderten Vorstellungen sind aber auch heute noch sehr umstritten und es scheint bisher noch niemals geglückt zu sein, das tatsächliche Vorkommen dieser *o*-Chinone im lebenden Pflanzengewebe eindeutig nachzuweisen.

Die Chinone scheinen manchmal in freier Form und manchmal an verschiedene Verbindungen gebunden in der Pflanze vorzukommen. Auf Grund der vorliegenden Daten wäre wohl anzunehmen, daß die meisten bisher aus Pflanzen isolierten Chinone in den Zellen als solche vorliegen; in vielen Fällen wäre aber eine genaue Überprüfung dieser Verhältnisse erforderlich, da es durchaus vorstellbar ist, daß die Chinone im Ausgangsmaterial tatsächlich als Ester oder Glykoside ihrer reduzierten Formen vorkommen und erst durch die häufig nicht sehr schonenden Methoden der Isolierung und insbesondere beim Luftzutritt in die freie Form übergeführt werden (vgl. dazu den Beitrag ,,Allgemeine Maßnahmen bei der Aufarbeitung von Pflanzenmaterial" in Bd. 1 dieses Handbuchs).

Als Beispiel für ein derartiges Vorkommen in gebundener Form mag das Juglon erwähnt werden, das in verschiedenen Arten der *Juglandaceae* in der Form eines Glykosids seines Dihydroderivats vorliegt; ähnliche Verhältnisse sind ja auch von manchen Anthrachinonderivaten bekannt (vgl. z. B. STOLL und BECKER, 1950). Auch das Muscaruffin, der Farbstoff der roten Haut des Fliegenpilzes, soll nach KÖGL und ERXLEBEN (1930) im Pilz als Glykosid gebunden vorliegen; hier ist es allerdings wahrscheinlich, daß die Glykosidbindung an der freien Hydroxylgruppe angreift und das native Produkt ein Glykosid der chinoiden Form des Muscaruffins darstellt.

Das Fusarubin aus verschiedenen Varianten von *Fusarium solani* wird von einer Variante als freies Chinon in die Kulturflüssigkeit sezerniert, während eine andere Variante desselben Organismus seinen reduzierten Monoschwefelsäureester, das sog. Fusarubinogen, produziert (RUELIUS und GAUHE, 1950a, 1950b). Manche pilzliche Chinone (Gentisinchinon und Fumigatin) werden gemeinsam mit den entsprechenden Hydrochinonen ausgeschieden; im Falle des Gentisinchinons liegt bei *Penicillium urticae* sogar eine chinhydron-artige Molekülverbindung von 1 Mol Gentisinchinon und 3 Mol Gentisinalkohol vor (ENGEL und BRZESKI, 1947). Schließlich konnten BRAND und LOHMANN zeigen, daß das Alkannin in der Wurzel von *Alkanna tinctoria* mit Angelicasäure verestert ist; hier ist es die Hydroxylgruppe der Seitenkette, an welcher die Esterbindung ansetzt.

B. Isolierung von Chinonen aus biologischen Materialien.

Zur Charakterisierung eines Chinons aus pflanzlichen Materialien ist es wohl immer erforderlich, dieses zu isolieren und in gereinigtem Zustand darzustellen. Chinone sind nun meist in verschiedenen organischen Lösungsmitteln leicht löslich und können auf diese Weise von anderen Bestandteilen der Pflanze abgetrennt werden.

Die Verschiedenheit der einzelnen hier besprochenen Substanzen macht es aber unmöglich, eine allgemeine Vorschrift für ihre Isolierung und Reinigung zu geben. Die besten Bedingungen für diese Operationen müssen vielmehr in jedem Einzelfall durch Versuchsreihen gefunden werden. Es mag aber nützlich sein, hier einige Beispiele für die Isolierung und Reinigung bestimmter Chinone aus verschiedenen Typen von pflanzlichen Materialien wiederzugeben, welche natürlich nur bis zu einem gewissen Grad als Muster dienen können.

Weiss und Nord (1949) beschreiben die Isolierung des Solanions, eines Chinons aus dem Mycel von *Fusarium solani* D_2 violett *(var. rosa)*, in folgender Weise: Das Mycel wird von der Kulturflüssigkeit abfiltriert und darauf in einer entsprechenden Mühle zerkleinert. Das Material wird dann in einem Soxhlet-Extraktionsapparat eine Woche lang mit Petroläther (Siedepunkt 30—60°) extrahiert und darauf das Rohprodukt, das sich in dieser Zeit im Lösungsmittel abgeschieden hatte, abfiltriert und der Rekristallisation aus Aceton oder Äthanol (95%) unterzogen. Es werden Kristalle von Solanion erhalten, die entweder hellrot (aus Aceton) oder orangefarbig (aus Äthanol) sind; das Produkt ist analysenrein und schmilzt bei 208—210° unter Zersetzung.

Nach Ruelius und Gauhe (1950a) läßt sich Fusarubin, ein Derivat des 1,4-Naphthochinons, aus der Kulturflüssigkeit von *Fusarium solani* (Mart.) App. et Wr. nach Ansäuern dieser mit Äther extrahieren. Zur Entfernung verschiedener Beimengungen wird der Ätherauszug mehrmals mit gesättigter Bicarbonatlösung gewaschen. Die vom bicarbonatlöslichen Anteil befreite Ätherlösung wird dann mehrmals mit 1 n-Sodalösung ausgezogen, wobei fast die gesamte Menge des Fusarubins mit rotvioletter Farbe in die wäßrige Phase geht. Durch Ansäuern wird der Farbstoff ausgefällt, darauf wiederum in Äther gelöst und dann aus der Ätherlösung mit der dazu notwendigen Menge 0,1 n-Natronlauge ausgeschüttelt. Beim Ansäuern der alkalischen Lösungen durch tropfenweise Zugabe von 6 n-H_2SO_4 fällt Fusarubin als hellrotes kristallines Pulver aus. Durch Umkristallisieren aus Benzol erhält man meist zu Büscheln vereinigte rote kupferglänzende Prismen, die im vorgewärmten Maquenne-Block bei 218° unter Zersetzung und Violettfärbung schmelzen.

Little, Sproston und Foote (1948) isolierten 2-Methoxy-1,4-naphthochinon, den Methyläther des Lawsons, aus den Blüten von *Impatiens balsamina* auf folgende Weise: 675 g der getrockneten und zermahlenen Blüten wurden 30 min lang mit 4000 ml absolutem Äther verrührt. Die Mischung wurde abfiltriert und der Filterkuchen nochmals mit 4000 ml Äther extrahiert. Die Filtrate, welche orangegelb gefärbt waren, wurden vereinigt und auf 1800 ml konzentriert. Die so erhaltene Lösung ließ man durch eine Chromatographiesäule aus Al_2O_3 (standardisiert nach Brockmann) laufen, wobei Verunreinigungen adsorbiert wurden. Die durchgelaufene Flüssigkeit wurde im Vakuum zur Trockene eingedampft und dann mit 900 ml Petroläther (Siedepunkt zwischen 35 und 45°) aufgenommen. Nach 20 min Rühren wurde abfiltriert und der Niederschlag mit Petroläther gewaschen. Zur weiteren Reinigung wurde aus absolutem Äthanol mit Tierkohle (Norit) umkristallisiert; man erhielt etwa 0,5 g hellgelber Nadeln, die scharf bei 183,5° schmolzen.

Die Isolierung von 2,6-Dimethoxybenzochinon aus der Droge Herba adonidis vernalis, den getrockneten Blättern von *Adonis vernalis*, wurde von W. Karrer (1930) in folgender Weise durchgeführt: Die Droge wurde mit 40%igem Äthanol bei gewöhnlicher Temperatur verrührt und der filtrierte Auszug mit Adsorptionskohle behandelt. Das Kohleadsorbat wurde bei 30—35° getrocknet und dann mit heißem Chloroform extrahiert. Der auf diese Weise erhaltene Chloroformauszug wurde vom Lösungsmittel befreit (zum Schluß im Vakuum) und das zurückbleibende Öl mit Wasser und Äther behandelt. Die wäßrige Lösung wurde im Vakuum bei höchstens 40° stark eingeengt, mit dem gleichen Volumen Äther versetzt und über Nacht in den Eisschrank gestellt. Bis zum nächsten Morgen hatte sich das 2,6-Dimethoxybenzochinon in Form eines goldgelben kristallinen Pulvers abgeschieden. Das Produkt kann aus Äthanol umkristallisiert werden: im gereinigten Zustand schmilzt es bei 250° und gibt in Mischung mit synthetisch dargestelltem 2,6-Dimethoxybenzochinon (Graebe und Hess, 1905) keine

Schmelzpunktsdepression. Da 2,6-Dimethoxybenzochinon anscheinend nur in sehr geringer Konzentration in der Droge vorkommt, muß von relativ großen Mengen ausgegangen werden. Bei der Verarbeitung von 200 kg Herba adonidis vernalis erhält man durchschnittlich nur 1,3 g des Chinons.

Zum Abschluß soll hier noch die Isolierung des Muscaruffins, des Farbstoffs der roten Haut des Fliegenpilzes *(Amanita muscaria)*, beschrieben werden (KÖGL und ERXLEBEN, 1930): Von ungefähr 500 kg Fliegenpilzen wurden die roten Häute abgezogen, in 30 l Äthanol eingelegt und in einem dunklen Kühlraum bei 0° aufbewahrt. (Der Farbstoff ist sowohl gegen Licht als auch gegen Wärme sehr empfindlich.) Der von den Pilzresten befreite Extrakt wurde in hohen schmalen Filtrierstutzen mit konz. Silbernitratlösung (2 g Silbernitrat auf 1 l Extrakt) versetzt, wobei der Farbstoff gemeinsam mit vielen Begleitsubstanzen als brauner Niederschlag ausfiel. Nach mehrstündigem Stehen ließ sich die schwachgelbe Lösung vom Bodensatz abheben; dieser wurde zunächst mit Wasser und dann mehrmals mit Methanol gewaschen. Das methanolfeuchte Silbersalz wurde darauf bei 0° unter Lichtausschluß mit 300 ml Methanol versetzt, das mit HCl gesättigt war. Nach Entfernung des Silberchlorids wurde das Filtrat rasch durch einen CO_2-Strom von der Hauptmenge der Salzsäure befreit. Nun wurde bei Zimmertemperatur im Vakuum zu einem Sirup eingeengt; dieser war bis auf einen farblosen anorganischen Rückstand in Äthanol löslich. Nach Abdampfen des Äthanols verblieb wiederum ein sirupartiger Rückstand, der sich in wenig Wasser aufnehmen ließ. Zur Entfernung von Beimengungen wurde 2 Tage lang in der KUTSCHER-STREUDEL-Apparatur mit Äther extrahiert und der Ätherextrakt verworfen. Weitere ungefärbte Körper wurden dem Extrakt durch zehnmaliges Ausschütteln mit Chloroform entzogen.

Der rohe Farbstoff wurde mit 3 Volumteilen Aceton aus der wäßrigen Lösung zunächst als Sirup abgeschieden. Nach mehrfachem Umfällen in derselben Weise erhielt man ein gut filtrierbares amorphes Produkt wobei die Löslichkeit in Wasser immer mehr abnahm. Die amorphe Fällung wurde nun mit wenig Äthanol angerieben, wobei sie im Laufe weniger Tage zum größten Teil kristallisierte. Das Rohprodukt, das noch einen farblosen kristallisierten Stoff enthielt, ließ sich aus 80%igem Äthanol umkristallisieren; der schwerer lösliche Farbstoff wurde in orangeroten Nadeln erhalten, das farblose Produkt blieb in den Mutterlaugen. Ausbeute 0,85 g Muscaruffin vom Schmelzpunkt 275,5°.

C. Allgemeine Analytik chinoider Stoffe.

I. Qualitativer Nachweis.

Es sind bis heute keine spezifischen Reaktionen bekannt, welche eindeutig das Vorliegen von Chinonen beweisen. Es ist deshalb bei der Untersuchung natürlicher Materialien, wie bereits erwähnt wurde, fast immer erforderlich, Stoffe, von denen man annimmt, daß es sich um Chinone handelt, zu isolieren und zu reinigen. Erst dann ist eine Charakterisierung möglich.

Diese kann nun auf Grund folgender Eigenschaften erfolgen: Chinone sind meist sehr empfindlich gegen Alkalien, hingegen recht beständig gegenüber Säuren. Sie lassen sich fast durchwegs verhältnismäßig leicht reduzieren; als Reduktionsmittel können z. B. Jodwasserstoff, schwefelige Säure, alkoholisches Ammoniumsulfid, „naszierender" Wasserstoff und Zinkstaub in Eisessig verwendet werden. Bei der Reduktion kann man häufig die intermediäre Entstehung von lebhaft gefärbten Chinhydronen beobachten. Manche Chinone — insbesondere diejenigen der Benzolreihe — zeigen ein beträchtliches Oxydationsvermögen.

Die in der Literatur beschriebenen Reaktionen der Chinone mit verschiedenen Reagentien (vgl. z. B. Heuser, 1953) haben für den qualitativen Nachweis der Verbindungen aus Naturstoffen nur geringen Wert, was besonders für die Reaktionen mit Hydroxylamin und mit Phenylhydrazin gilt. Zur Charakterisierung ist oftmals die Reaktion mit Phenolen von Wert: verschiedene Chinone können Phenole addieren und dabei lebhaft gefärbte Verbindungen, die sog. Phenochinone, bilden, wobei im allgemeinen ein Molekül Chinon sich mit zwei Molekülen eines einwertigen Phenols oder mit einem Molekül eines zweiwertigen Phenols verbindet. Ebenfalls zur Charakterisierung kann die von Hinsberg (1894, 1895) gefundene Reaktion der Chinone mit Benzolsulfinsäure benutzt werden. Sowohl o- als auch p-Chinone, die entweder in o- oder in p-Stellung zu einer Carbonylgruppe ein Wasserstoffatom enthalten, addieren Benzolsulfinsäure unter Bildung eines Sulfons nach der Gleichung

$$\text{(Chinon)} + C_6H_5SO_2H \rightarrow \text{(Sulfon)}$$

und diese Sulfone geben häufig gut kristallisierende Benzoylverbindungen.

Wie bereits berichtet wurde, sind Chinone meist deutlich gefärbte Verbindungen; dazu kommt noch, daß sie häufig sehr intensive Farbreaktionen zeigen, die ebenfalls zur Charakterisierung der Substanzen dienen können. So geben viele Chinone mit konz. H_2SO_4 tiefe Färbungen, die von Fall zu Fall verschieden sind. Andere Farbreaktionen finden wir bei Behandlung mit Alkalien. Beispiele für Farbreaktionen mit Schwefelsäure und mit Alkalien finden sich in Tab. 2 und 3 (S. 373, 377).

Unter den Farbreaktionen, die für das Vorliegen bestimmter Gruppierungen im Chinonmolekül charakteristisch sind, ist vor allem die Reaktion mit Cyanessigester und Ammoniak zu erwähnen. Alle Chinone, die ein einer Carbonylgruppe benachbartes aktives Wasserstoffatom oder Halogenatom besitzen, geben bei Zusatz von 2—3 Tropfen Cyanessigester und 2—3 ml alkoholischem Ammoniak (bestehend aus gleichen Teilen abs. Äthanol und konz. Ammoniak) eine sehr deutliche bläulichviolette Färbung (Craven, 1931; Kesting, 1929). Die Färbung ist nicht sehr beständig; sie geht meist langsam über Blau und Grün in Braun über. Die Reaktion ist stark vom p_H der Lösung abhängig, so daß es unter Umständen möglich ist, mit ihrer Hilfe verschiedene Chinone zu unterscheiden.

Eine Reaktion auf o-Chinone, die allerdings auch auf 1,2-Diketone anspricht, wurde seinerzeit von Bamberger (1884, 1885) gefunden. Wenn man eine geringe Menge einer heißen alkoholischen Lösung eines o-Chinons unter Luftausschluß mit einem Tropfen Alkalilauge versetzt, so tritt eine dunkelrote bis schwarze Färbung auf, die aber beim Schütteln mit Luft wieder verschwindet. Bei der Ausführung dieser Farbreaktion muß jedoch berücksichtigt werden, daß manche o-Chinone gegenüber Alkali derartig empfindlich sind, daß sie unter den Bedingungen der Umsetzung zerstört werden und daß deshalb diese Farbreaktion nicht auftritt. Ein negativer Ausfall darf deshalb nicht als Beweis für das Nichtvorliegen eines o-Chinons angesehen werden.

II. Quantitative Bestimmungsmethoden.

In der Literatur finden sich zahlreiche Beschreibungen von Methoden, welche zur quantitativen Bestimmung von Chinonen dienen können; von diesen sind allerdings durchaus nicht alle für die Analyse von Naturprodukten gleich gut geeignet. Für eine ausführlichere Zusammenstellung muß auf das Referat von HEUSER (1953) verwiesen werden.

Im folgenden werden einige wenige Methoden beschrieben, welche nach der Erfahrung des Autors allgemeinere Verwendung finden können; die wohl exakteste Bestimmungsmethode für die Chinone in Naturstoffen dürfte diejenige von SCUDI und BUHS (1911) sein, die aber bisher vor allem zur Bestimmung von Vitamin-K-aktiven Substanzen angewandt wurde. Eine entsprechende Modifizierung für andere Chinone ist aber leicht zu bewerkstelligen. Die Methode erfordert allerdings einen nicht unbeträchtlichen apparativen Aufwand.

Es mag hier erwähnt werden, daß manche der in den Tab. 2 und 3 erwähnten Farbreaktionen einzelner Chinone — insbesondere diejenigen mit konz. H_2SO_4 und mit Alkalien — durchaus dazu geeignet erscheinen, nach entsprechender Modifizierung als kolorimetrische Teste für die betreffenden Chinone zu dienen. Andererseits ist es auch bemerkenswert, daß anscheinend alle Versuche, bestimmte Chinone, wie z. B. das Vitamin K_1 spektrophotometrisch zu bestimmen, wenig erfolgreich waren, was eigentlich bei so intensiv gefärbten Körpern wie den Chinonen verwunderlich ist.

1. Bestimmung chinoider Gruppen mit Hilfe von Phenylhydrazincarbamat (phenylcarbazinsaurem Phenylhydrazin) nach WILLSTÄTTER und CRAMER (1910).

Dieses Verfahren, das eine Modifikation einer älteren Methode von CLAUSER (1901) bzw. CLAUSER und SCHWEITZER (1902) darstellt, beruht darauf, daß die chinoiden Gruppen durch Phenylhydrazin bzw. Phenylhydrazincarbamat reduziert werden, wobei für jedes Mol verbrauchten Wasserstoffs ein Mol Stickstoff freigesetzt wird, das im Azotometer gemessen wird. Außer chinoiden Gruppen lassen sich auch Nitroso- und Azogruppen auf dieselbe Weise bestimmen.

Das als Reduktionsmittel dienende Phenylhydrazincarbamat, welches von E. FISCHER (1877) zuerst beschrieben wurde, ist an der Luft zersetzlich, hält sich aber wochenlang in einem gut verschlossenen, mit CO_2 gefüllten Gefäß, wenn man jedesmal nach dem Öffnen die Luft wiederum verdrängt. Es sintert und schmilzt bei etwa 78° unter CO_2-Entwicklung, kann aber schon bei weitaus niedrigeren Temperaturen mit manchen reduzierbaren Stoffen reagieren. Gegenüber dem Phenylhydrazin selbst hat das Carbamat den Vorzug, daß die Reaktion im allgemeinen nicht zu früh und nicht zu heftig erfolgt.

Die Reduktion wird in einem 25 ml-Gläschen (A in Abb. 1) ausgeführt. Zuerst wird etwa 1 g Phenylhydrazincarbamat eingefüllt, darauf die gewogene Substanz und sodann wiederum etwa 1 g des Carbamats. Durch Bewegen des Glases wird die Substanz mit dem Reagens vermischt, dann wird noch mehr der Phenylhydrazinverbindung zugegeben und das Gemisch mit einem Glasstopfen festgestampft. Darauf verbindet man den Aufsatz, dessen Schliff mit einer kleinen Menge Phenylhydrazin gedichtet werden kann, auf der einen Seite mit einer CO_2-Quelle (Bombe oder Kipp) und auf der anderen mit dem Absorptionsgefäß B. Dieses dient zum Zurückhalten von Benzol; es enthält konz. H_2SO_4 mit einem Gehalt von 2,5 Vol.-% HNO_3. Das Ansatzrohr I des Absorptionsgefäßes ist mit wasserfreier Oxalsäure gefüllt, um Phenylhydrazindämpfe zu binden, das Ansatzrohr II wird mit einem Absorptionsmittel für saure Dämpfe, wie z. B. mit einem Gemisch von Eisenoxyd und Glaswolle, beschickt. An Ansatzrohr II wird ein Azotometer angeschlossen.

Die Durchführung der Analyse erfolgt in der Weise, daß zuerst 3—4 min lang die Luft durch Durchspülen mit CO_2 aus der Apparatur verdrängt wird, worauf man den Quetschhahn b schließt und das Azotometer mit Kalilauge anfüllen läßt. Dann wird durch Schließen von Quetschhahn a die CO_2-Zufuhr abgestellt und b wiederum geöffnet. Durch Anheizen eines Paraffinbades wird das Reaktionsgefäß auf die entsprechende Temperatur gebracht und der Gang der Gasblasen im Azotometer beobachtet. Nach Beendigung der Gasentwicklung wird wiederum bis zum Verschwinden der Gasblasen mit CO_2 durchgespült. Die ganze Bestimmung dauert im Durchschnitt 20—40 min.

Die Methode ist in allen Fällen bis zu Temperaturen von etwa 160° brauchbar: bei dieser Temperatur beginnt in erheblichem Ausmaß die Selbstzersetzung des Phenylhydrazins. In Einzelfällen (Stilbenchinon) werden auch noch bei höheren Temperaturen (bis 200°) brauchbare Ergebnisse erhalten. Da sich Phenylhydrazin im Temperaturbereich zwischen 100 und 150° bereits in einem kleinen und konstanten Ausmaß zersetzt, schlagen die Autoren der Methode vor, dies durch Subtraktion von 0,6 ml vom abgelesenen Stickstoffvolumen zu korrigieren.

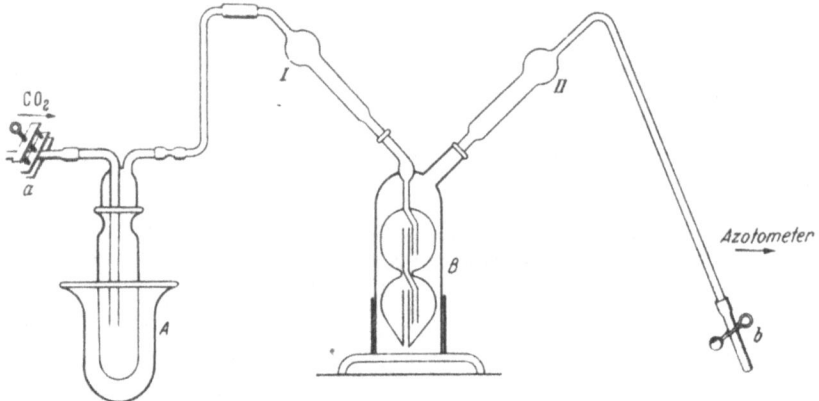

Abb. 1. Apparatur zur Bestimmung chinoider Gruppen nach Willstätter und Cramer (1910).

Berechnung: Eine chinoide Gruppe ergibt ein Mol Stickstoff, das sind 28 g. Als Resultat wird der gefundene Stickstoff in Gewichtsprozenten der Substanz angegeben und der Wert als Stickstoffzahl bezeichnet.

$$\text{Stickstoffzahl} = \frac{\text{Stickstoff in g} \times 100}{\text{Substanz in g}}$$

Beispiel: Stilbenchinon. Bei 70—80° erfolgt die Reduktion zur Chinhydronstufe; die zweite Phase, die Reduktion zum Dioxystilben, erfolgt bei 180°. Man kann die beiden Stufen getrennt bestimmen.

Versuch I: Einwaage 0,1124 g
   Reaktionstemperatur 110°
   Reduktionsstufe: Chinhydron
   Stickstoff in Vol.-%: 7,4
   $t = 18°$, $p = 728$ mm
   Stickstoffzahl: ber. 6,66; gef. 6,65.

Versuch II: Einwaage 0,0827 g
   Reaktionstemperatur 180°
   Reduktionsstufe: Dioxystilben
   Stickstoff in Vol.-%: 10,4
   $t = 16°$, $p = 734$ mm
   Stickstoffzahl: ber. 13,32; gef. 13,26.

Bei manchen chinoiden Verbindungen, die zu leicht, d. h. schon beim Vermischen, mit dem Phenylhydrazincarbamat reagieren, wird mit Phenylhydrazin selbst gearbeitet. Dieses läßt man nach dem Füllen der Apparatur mit Kohlensäure durch einen in den Aufsatz von A eingesetzten Tropftrichter zufließen, dessen Rohr vom Hahn abwärts mit Xylol gefüllt ist.

2. Jodometrische Methoden.

Zur quantitativen Bestimmung zahlreicher Chinone können jodometrische Methoden verwendet werden, da allgemein parachinoide Stoffe durch Jodwasserstoffsäure nach der Gleichung

$$2\,HJ + \underset{\substack{\|\\O}}{\overset{\substack{O\\\|}}{\bigcirc}} \rightarrow \underset{OH}{\overset{OH}{\bigcirc}} + J_2$$

zu Hydrochinonen reduziert werden, während Jod in schwach alkalischem Medium (Natriumhydrogencarbonat) Hydrochinone quantitativ zu den entsprechenden Chinonen oxydiert.

Die bisher vorgeschlagenen Methoden sind allerdings in ihrer Anwendbarkeit dadurch beschränkt, daß sie in Anwesenheit von gefärbten Verunreinigungen und auch von Substanzen, welche ebenfalls mit Jodwasserstoffsäure bzw. Jod reagieren, ungenaue Ergebnisse liefern. Sie kommen damit vor allem zur Bestimmung von Lösungen reiner Chinone in Frage, haben aber kaum einen Wert zur Ermittlung der Konzentration von Chinonen in Naturstoffen bzw. in unreinen Extrakten aus natürlichen Materialien.

Unter den in der Literatur beschriebenen Verfahren scheint das von WILLSTÄTTER und MAJIMA dasjenige zu sein, welches am besten ausgearbeitet ist und die genauesten Ergebnisse liefert.

Die Methode von WILLSTÄTTER und MAJIMA (1910). Eine Lösung von Chinon in reinem peroxydfreien Äther, die etwa 0,2—0,4 Vol.-% Chinon enthält, wird in einem Scheidetrichter mit 2 ml 30%iger Kaliumjodidlösung und 1 ml 30%iger H_2SO_4 für je 0,2 g Chinon versetzt. Man schüttelt damit etwa 2 min lang, bis die wäßrige Schicht sich während einiger Sekunden nicht mehr trübt. Dann fügt man *ohne durchzuschütteln* 50—60 ml Wasser hinzu und versetzt sofort mit 0,1 n-Thiosulfat in Portionen von je etwa 10 ml, wobei nach jedem Zusatz kurz geschüttelt wird. Ist die Farbe der Ätherschichten hell rotbraun geworden, so erfolgt der Zusatz in kleineren Portionen (etwa 2 ml). Wenn der Äther farblos wird, so kommt man nicht in Gefahr, einen zu großen Überschuß von Thiosulfat anzuwenden. Wenn der Äther aber durch Beimischungen gefärbt ist, so muß man zum Ende der Titration Thiosulfat vorsichtig hinzufügen, bis keine Aufhellung mehr wahrzunehmen ist; bewirkt ein Zusatz von 0,5 ml Thiosulfat keine deutliche Aufhellung, so ist das Thiosulfat bereits im Überschuß. In Zweifelsfällen kann man einige Tropfen der wäßrigen Schicht ablassen und mit Jod prüfen. Auf diese Weise vermeidet man es, mehr als 2 ml Thiosulfat im Überschuß zu bekommen. Die wäßrige Schicht wird ohne nachzuwaschen abgelassen und mit 0,1 n-Jodlösung gegen Stärke zurücktitriert.

Bei manchen Chinonen, so z. B. bei Thymochinon und bei Xylochinon, geht die Reaktion mit dem angesäuerten Jodkalium viel langsamer vor sich und erfordert länger dauerndes Schütteln, ohne unter den beschriebenen Bedingungen komplett zu verlaufen. In diesen Fällen muß man die Jodwasserstoffkonzentration erhöhen und arbeitet deshalb mit 6 ml Kaliumjodidlösung und 3 ml 30%iger H_2SO_4. Außerdem muß man unter diesen Bedingungen zur Verhütung der sonst beträchtlichen Oxydation der ätherischen Jodwasserstoffsäure mit CO_2-gesättigtem Äther und in CO_2-Atmosphäre arbeiten.

Weitere jodometrische Bestimmungsmethoden für Chinone wurden von VALEUR (1899) und WIELAND (1910) ausgearbeitet; diese leiden aber noch mehr unter den Beschränkungen der jodometrischen Chinonbestimmungsverfahren als die referierte Methode von WILLSTÄTTER und MAJIMA (1910) und sind deshalb für die Analyse von Naturstoffen kaum zu empfehlen. (Vgl. dazu HEUSER, 1953.)

3. Die kolorimetrische Redoxmethode von Trenner und Bacher (1941) zur Bestimmung von Vitamin K und anderen Chinonen (Modifikation von Scudi und Buhs, 1941)[1].

Die Methode beruht im wesentlichen darauf, daß das in Butanol gelöste Chinon in Anwesenheit von Phenosafranin als Indikator katalytisch reduziert wird und dann die entstandene Lösung des Hydrochinons mit einem Überschuß von 2,6-Dichlorindophenol gelöst in Butanol unter Luftausschluß versetzt wird: die Verringerung der Farbe des Indophenols ist ein Maß für die ursprünglich vorhandene Chinonmenge.

Apparatur. Die von Scudi und Buhs (1941) verwendete Apparatur ist in Abb. 2 dargestellt. Sie besteht aus zwei Teilen: einer unteren Kammer *A*, in welcher die katalytische Hydrierung vor sich geht und einer oberen Kammer *B*, in der das Hydrochinon das standardisierte Indophenolreagens partiell reduziert. Die Maße der Apparatur können innerhalb bestimmter Grenzen verändert werden; Scudi und Buhs (1941) benutzen eine Apparatur, die es erlaubt, daß 7 ml Lösung in der unteren Kammer bequem reduziert werden können. Von der reduzierten Lösung können dann 5 ml in die obere Kammer gepumpt werden. Die obere Kammer *B*, die im wesentlichen aus einer Glasröhre mit einem äußeren Durchmesser von 12 mm besteht, ist bei 15 ml kalibriert. Eine Verkleinerung dieser Maßstäbe ist aber ohne Zweifel möglich.

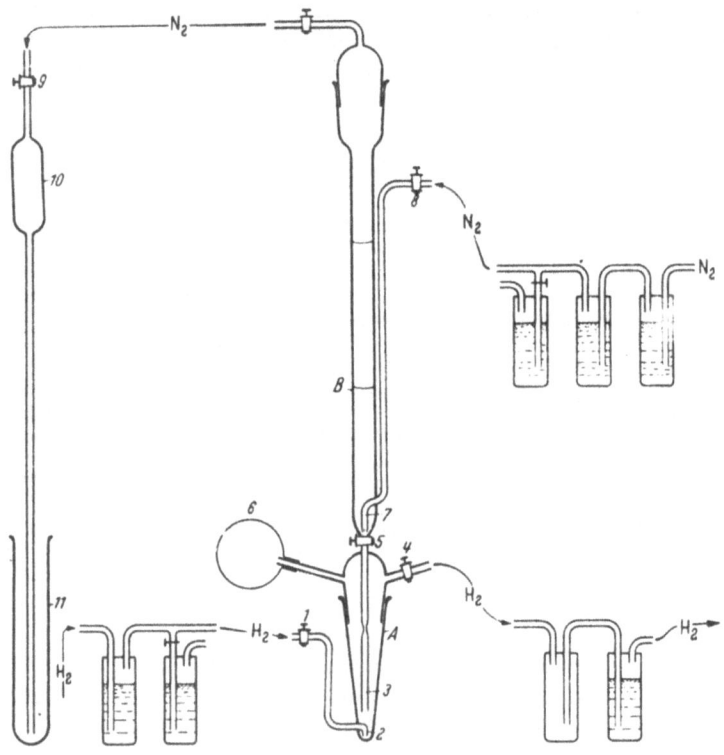

Abb. 2. Apparatur zur Bestimmung von Vitamin K nach Scudi und Buhs (1941).

Reagentien. Butanol-Acetatlösung: 0,5 g Kaliumacetat p. A. werden in 50 ml Wasser gelöst und diese Lösung mit 1 l säurefreiem *n*-Butanol verdünnt.

Raney-Nickel. Dieses wird in der üblichen Weise (vgl. z. B. Adkins und Covert, 1932) hergestellt, nur wird besonders darauf geachtet, daß auch die geringsten Spuren von freiem

---

[1] An dieser Stelle wird die genannte Modifikation ausführlicher beschrieben, weil sie die einzige ist, mit welcher der Referent gearbeitet hat und weil sie allgemein als sehr exakt beurteilt wird; eine andere Modifikation wird von Bosecke und Laves (1943) vorgeschlagen.

Alkali durch Waschen entfernt wurden, da sowohl Phenosafranin als auch Vitamin K_1 und viele andere Chinone durch Alkali zerstört werden. Die letzte Waschung wird mit 95%igem Äthanol, das etwas Essigsäure enthält, durchgeführt. Die Waschflüssigkeit soll auch nach Stehen mit Bromthymolblau eine neutrale Reaktion geben. Schließlich müssen auch alle Krusten entfernt werden, was durch mehrfaches Waschen mit größeren Mengen 95%igem Äthanol und Dekantieren erreicht wird. Das Waschen muß so oft wiederholt werden, bis die flüssige Phase keine wesentliche Trübung mehr aufweist. Der Katalysator wird dann noch auf einem 400-Maschensieb mit Äthanol gewaschen, dann in ein Reagensglas gespült und bis zum Gebrauch unter Äthanol aufbewahrt.

2,6-Dichlorindophenol: Man geht von einer Vorratslösung aus, die man sich durch Auflösen von 50 mg kommerziell erhältlichem 2,6-Dichlorindophenol in 100 ml n-Butanol (15 bis 20 min Schütteln) und folgendem Filtrieren herstellt. Die Vorratslösung ist, wenn man sie in einer dunklen Flasche im Kühlschrank aufbewahrt, mindestens 3 Monate haltbar. 1 ml der Vorratslösung wird mit etwa 50 ml Butanol-Acetatlösung verdünnt. 10 ml dieser Verdünnung plus 5 ml Butanol-Acetatlösung geben im EVELYN-Kolorimeter, das SCUDI und BUHS verwenden, mit Filter 660 eine 85%ige Absorption, wenn reines n-Butanol zum Vergleich für die 100%ige Durchlässigkeit herangezogen wird.

Da das im Handel erhältliche 2,6-Dichlorindophenol wechselnde Mengen von Verunreinigungen enthält, ist es bei der Herstellung einer neuen Vorratslösung immer notwendig, das Reagens zu standardisieren, wobei man auf eine 85%ige Absorption einstellt.

Phenosafranin: käuflich erhältliches Phenosafranin wird in soviel Wasser gelöst, daß 1 ml Lösung 1 mg Phenosafranin enthält. 1 ml dieser Vorratslösung werden mit n-Butanol auf 100 ml verdünnt.

Ausführung der Bestimmung. Nachdem die Apparatur gründlich mit Aceton gereinigt und dann im Vakuum getrocknet wurde, führt man eine kleine Menge (etwa die halbe Größe einer Erbse) des Katalysators in die untere Kammer ein. Die zu untersuchende Probe wird in Butanol-Acetatlösung gelöst und mit der Phenosafraninlösung versetzt (0,5 ml auf 9,5 ml Butanol-Acetat). Diese Mischung wird in die untere Kammer zum Katalysator zugegeben. Ein Wattepfopfen wird in die verengte Röhre 3 eingeführt und der Apparat wird in der Weise, wie in Abb. 2 gezeigt, zusammengestellt. Während die Hähne 8, 5 und 4 geöffnet und der Hahn 1 geschlossen sind, ersetzt man die Luft in der Röhre 3 durch Stickstoff. Dann werden die Hähne 8 und 5 geschlossen und 1 und 4 geöffnet.

Man läßt nun über das Einleitungsrohr 2 Wasserstoff, der vorher zur Verhinderung von Verdampfungsverlusten eine Waschflasche mit Butanol passiert hat, in die Apparatur einströmen. Der Wasserstoffstrom muß so stark sein, daß der Katalysator dauernd in Bewegung bleibt. Während die Reduktion abläuft, quetscht man von Zeit zu Zeit den Gummiballon 6, um aus ihm die Luft auszutreiben. Wenn das gesamte Chinon reduziert ist, erfolgt die Reduktion des Phenosafranins, dessen rosa Farbe verschwindet, wodurch die komplette Umsetzung angezeigt wird. Zur Sicherheit läßt man aber den Wasserstoffstrom noch 10 min nach diesem Zeitpunkt angeschaltet.

Schon während die Reduktion stattfindet, pipettiert man 10 ml der standardisierten Indophenollösung in die obere Kammer und verdrängt dann die Luft in der Lösung durch Durchleiten von Stickstoff, welcher vorher je eine Waschflasche mit alkalischem Hydrosulfit (zur Entfernung von Sauerstoffspuren) und eine Waschflasche mit Butanol passiert hat. Den Stickstoff, der über Hahn 8 und Einleitungsrohr 7 in die Apparatur gelangt, läßt man 10 min durch die Indophenollösung durchperlen; er gelangt dann über die unkalibrierte Pipette 10 in die Kolorimeterküvette 11.

Wenn die Reduktion beendet ist, werden die Hähne 1, 4 und 8 geschlossen und der Hahn 5 geöffnet. Mit Hilfe des Gummiballons 6 drückt man den Inhalt der unteren Kammer durch das Wattefilter in Röhre 3 in die obere Kammer, bis die 15 ml-Marke erreicht ist, worauf der Hahn 5 geschlossen wird und man durch Hahn 8 1—2 min zur Durchmischung Stickstoff durchperlen läßt. Darauf schließt man die Hähne 8 und 9.

Man setzt nun auf das obere Ende der Pipette 10 einen zusammengepreßten Gummiballon auf, führt die mit Stickstoff gefüllte Pipette in die obere Kammer ein und überführt den Inhalt der Kammer durch langsames Öffnen von Hahn 9 in die Pipette. Danach schließt man Hahn 9, entfernt den Gummiballon und läßt nun den Inhalt der Pipette ohne Spritzen in die stickstoffgefüllte Kolorimeter-küvette einfließen. Die Messung wird genau 3 min nach dem Zeitpunkt des Mischens von Hydrochinon und Indophenol vorgenommen. Unter diesen Be-dingungen erfolgt keine Reoxydation des Leukoindophenols.

Die Methode ist anwendbar für Lösungen, die 2—10 μg Naphthochinon bzw. die entsprechenden Mengen von Vitamin K_1 oder anderer Chinone enthalten.

Für die Genauigkeit der Bestimmung ist das p_H der zu untersuchenden Lösung von Bedeutung, da die Anwesenheit von organischen Säuren störend wirkt. Dieser Fehler kann dadurch vermieden werden, daß man die Probe vor der Bestimmung in 10 ml Petroläther löst und mit einem gleichen Volumen kalter halbgesättigter Barytlösung schüttelt. Die Petrolätherschicht wird dann zuerst mit 5 ml Wasser und dann mit 5 ml 50%igem Äthanol gewaschen; die beiden Waschflüssigkeiten werden darauf mit 10 ml Petroläther extrahiert und die vereinigten Petrolätherextrakte über Natriumsulfat getrocknet. Man fügt dann Butanol hinzu und entfernt den Petroläther durch Vakuumdestillation.

Spezifität der Methode. Jede Substanz, deren Redoxpotential höher ist als dasjenige von Phenosafranin und um mindestens 150 mV niedriger ist als das-jenige des 2,6-Dichlorindophenols kann mit der beschriebenen Methode quantitativ bestimmt werden. Im allgemeinen wird aber bereits durch die Art der Extraktion eine Abtrennung des Vitamins K_1 und der anderen Chinone von anderen natürlich vorkommenden Substanzen, welche unter die genannten Bedingungen fallen, erreicht werden; in dem für diese Zwecke am meisten verwendeten Petroläther sind z. B. Zucker, Sulfhydrylverbindungen, Ascorbinsäure usw. nicht löslich.

Eine weitere Eingrenzung der Spezifität der Methode wurde von Scudi und Buhs (1941) dadurch erreicht, daß sie die Reduktion in einer Methanol-Petroläthermischung durchführten und die Hydrochinone mit der sog. Claisen-Lauge extrahierten. Durch Zugabe von Wasser zu dem äther-gewaschenen alkalischen Extrakt hydrolisiert das Kaliumsalz des Vitamin K_1-hydrochinons und kann dann mit Petroläther ausgeschüttelt werden, während die Salze ver-schiedener anderer Hydrochinone, wie z. B. sämtlicher Benzohydrochinone und auch diejenigen von Dihydrolapachol, Dihydrolomatiol und Dihydrophthiocol, in der alkalischen Lösung bleiben. Der Petrolätherextrakt, welcher das Dihydro-vitamin K_1 enthält, kann dann der beschriebenen Prozedur unterzogen werden; er enthält außer dem Dihydrovitamin K_1 nur noch die Dihydrotocopherylchinone, die aber durch das Indophenol weitaus langsamer oxydiert werden als das Di-hydrovitamin K_1, so daß auf diese Weise auch eine Abtrennung jener Substanzen erreicht wird.

Diese Extraktionsmethode wird vor allem dann von Vorteil sein, wenn in der Probe noch andere Substanzen zu vermuten sind, welche den Bedingungen der kolorimetrischen Redoxbestimmung entsprechen. Sie ist aber — zur Bestimmung von Vitamin K_1 — auch dann von Vorteil, wenn die Extrakte gefärbt sind, so daß die kolorimetrische Bestimmung auf Schwierigkeiten stößt.

Es scheint bisher noch nicht versucht worden zu sein, mit Hilfe der Claisen-Lauge-Extraktion andere natürlich vorkommende Chinone neben Vitamin K_1 zu bestimmen, was an sich ohne große Schwierigkeiten möglich sein müßte. Hierzu wäre erforderlich, daß man die nach der Entfernung des Dihydrovitamins K_1 in der alkalischen Lösung verbliebenen Hydrochinone nach Ansäuern ausäthert, die ätherische Lösung in Butanol überführt und dann wie geschildert zuerst mit Raney-Nickel reduziert, darauf mit Indophenol behandelt und kolorimetriert.

Trennung des Vitamins K₁ von anderen Chinonen und von gefärbten Stoffen.
Für diese Operation ist eine Apparatur erforderlich, die in Abb. 3 gezeigt wird.
Die Autoren der Methode, SCUDI und BUHS (1941), verwenden eine Apparatur,
die ein Totalvolumen von 100 ml faßt.

Die zu untersuchende Probe, die neutral reagieren soll, besteht aus 1—2 g
Flüssigkeit oder fester Substanz. Sie wird in einer Mischung von 5 ml Methanol
und 10 ml Petroläther gelöst, worauf man 10—15 mg fein-
gepulvertes Phenosafranin hinzufügt. Die Lösung wird in die
untere Kammer C eingeführt und eine kleine Portion RANEY-
Nickel (etwa Erbsengröße oder etwas mehr) hinzugefügt. Durch
Hahn 12 und Einleitungsrohr 13 wird Wasserstoff, der vorher
eine Waschflasche mit Methanol passiert hat, in die Apparatur
geleitet. Der Wasserstoffstrom muß so stark sein, daß der
Katalysator dauernd in Bewegung bleibt. Durch die große
Menge des hinzugefügten Phenosafranins kann man die Reduktion auch in stark gefärbten Lösungen gut erkennen;
außerdem schützt das Phenosafranin Dihydrovitamin K₁ vor
Oxydation und zeigt durch Verfärbung eine etwaige Undichtig-
keit der Apparatur an.

Wenn die Reduktion komplett ist, werden 15 ml CLAISEN-
Lauge (50 g KOH in 25 ml Wasser, auf 100 ml mit Methanol
verdünnt) in die obere Kammer D eingeführt, die Luft aus
der Lösung durch Einleiten von Stickstoff durch das Rohr 17
verdrängt (Dauer etwa 10 min) und dann Hahn 15 geöffnet,
wodurch der Inhalt der oberen Kammer in die untere fließt.
Die Mischung wird durch weiteres Durchleiten von Wasserstoff durch die untere Kammer gut durchgemischt; dabei
bilden sich die Kaliumsalze des Dihydrovitamins K₁ und der
etwa vorhandenen anderen Hydrochinone und gehen in die
alkalische Phase.

Hierauf stoppt man den Wasserstoffstrom durch Schließen
des Hahns 12 ab, läßt aber Hahn 14, der in ähnlicher Weise
wie Hahn 4 in Abb. 2 mit Waschflaschen versehen ist, offen.
Darauf trennen sich die beiden Phasen. Man hebt nunmehr
die obere Kammer etwas ab und hebert mit Hilfe eines an ihrem
oberen Ende angebrachten Aspirators die Petrolätherphase,
welche Neutralfette, Vitamin E und Petroläther-lösliche Farbstoffe enthält, ab. Diese Waschprozedur kann, wenn notwendig,
wiederholt werden.

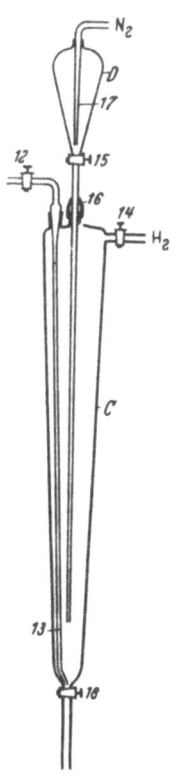

Abb. 3.
Apparatur zur Tren-
nung von Vitamin K₁
von anderen Chino-
nen und gefärbten
Stoffen.

Darauf werden über Hahn 15 30 ml völlig gasfreies Wasser in die Reaktions-
mischung eingeführt. Durch 5 min Wasserstoffeinleiten wird wieder durchgemischt, dann fügt man auf dem gleichen Wege 30 ml gasfreien Petroläther
hinzu. Nach 10 min Durchmischen mit Wasserstoff läßt man die Phasen sepa-
rieren, worauf die wäßrig-alkalische untere Schicht, die meist stark gefärbt ist,
durch Hahn 18 abgelassen wird. Die Petrolätherschicht, welche das Dihydro-
vitamin K₁ enthält, wird dann im Apparat mit weiteren 30 ml gasfreiem Wasser
gewaschen, das wiederum über Hahn 18 abgelassen wird. Man läßt dann die
Petrolätherlösung in einen Meßzylinder ab und bestimmt ihr Volumen; sie wird
dann über Natriumsulfat getrocknet. Dies ist der erste Zeitpunkt, bei welchem
die Lösung dem Einfluß des atmosphärischen Sauerstoffs ausgesetzt wird;
hierbei färbt sich die geringe Menge Phenosafranin, welche sich in der Lösung
befindet, rosa, wird aber von Natriumsulfat adsorbiert, so daß die Lösung farblos

bleibt. Man überführt dann das Vitamin K_1 in Butanollösung und analysiert in gleicher Weise, wie das oben (S. 369) beschrieben wurde.

Auf Grund von Kontrollversuchen mit zugegebenem Vitamin K_1 konnte festgestellt werden, daß mit Hilfe der geschilderten Extraktionsmethode immer genau 83% des Vitamins erfaßt werden, was vermutlich einem Verteilungsfaktor entspricht. Die auf diese Weise erhaltenen Werte müssen somit durch den Faktor 0,83 dividiert werden.

In der zuletzt beschriebenen Modifikation, d. h. mit der Vorbehandlung mit Claisen-Lauge, ist die Methode praktisch absolut spezifisch für Vitamin K_1. Wohl finden sich in der Petrolätherlösung neben dem Vitamin K_1 auch noch die Tocopherolchinone, doch reduzieren diese Substanzen 2,6-Dichlorindophenol nur sehr langsam, so daß sie bei einer raschen Ablesung (nach 3 min) auf die Meßergebnisse überhaupt keinen Einfluß haben. Ihre Konzentration kann aber mit Hilfe der gleichen Methode bestimmt werden, wenn man die Ablesung etwa 1 Std. nach dem Vermischen von Probelösung und Indophenollösung vornimmt.

D. Die einzelnen bisher aus Pflanzen isolierten ein- und zweikernigen Chinone und ihre wichtigsten analytischen Daten.

In den Tab. 2 und 3 findet sich eine Zusammenstellung sämtlicher ein- und zweikerniger Chinone, welche bisher aus Pflanzen isoliert wurden. Tab. 2 umfaßt alle Abkömmlinge des Benzochinons; es handelt sich hier durchwegs um p-Chinone, denn natürliche Produkte, welche sich vom o-Benzochinon ableiten lassen, konnten bisher noch nicht eindeutig nachgewiesen werden. Damit soll aber nicht behauptet werden, daß solche Substanzen in den Pflanzen nicht vorkommen; wenn wir die eingangs (S. 360) erwähnte Theorie der Atmung mancher Pflanzen über o-Diphenole in Betracht ziehen, so müßten Derivate des o-Benzochinons zumindest in kleinen Mengen in denjenigen Pflanzen vorhanden sein, in welchen die Atmung über diesen Weg verläuft. Die Schwierigkeit, derartige Stoffe zu isolieren, dürfte aber in deren großer Unbeständigkeit liegen.

In Tab. 3 finden sich die Abkömmlinge der Naphthochinone, unter welchen sich die meisten vom 1,4-Naphthochinon ableiten lassen; nur zwei von ihnen, nämlich Dunnion und das in seiner Konstitution noch nicht eindeutig bestimmte Celastrol, sind Derivate des 1,2-Naphthochinons, also o-Chinone.

E. Vitamin K₁.

I. Allgemeines.

(Vgl. dazu die Übersichtsreferate von Dam, 1942, 1948.)

Als Vitamine K werden Substanzen bezeichnet, welche für die Blutgerinnung des Menschen und anderer Tiere, wahrscheinlich aber auch für andere Stoffwechselfunktionen, unbedingt erforderlich sind. Der Mensch und die meisten Tiere sind nicht imstande, ein Vitamin K zu produzieren, so daß sie auf die Zufuhr derartiger Stoffe mit der Nahrung angewiesen sind; in manchen Fällen kann allerdings die Darmflora ausreichende Mengen von Vitamin K synthetisieren, so daß bei den betreffenden Organismen anscheinend kein Bedarf für Vitamin K besteht.

Tabelle 2. *Die bisher aus pflanzlichen Materialien isolierten Substanzen, die mit Sicherheit als Abkömmlinge des Benzochinoms erkannt wurden, mit Angabe der wichtigsten analytischen Daten.*

Nr.	Name, Brutto- und Konstitutionsformel	Vorkommen	Schmelzpunkt, Eigenschaften und Reaktionen	Löslichkeitsverhalten	Synthese (Literaturzitat)
1	Gentisinchinon $C_7H_6O_3$ (Struktur: p-Benzochinon mit CH$_2$OH)	als chinhydronartige violette Molekülverbindung (F. 86 bis 89°) mit dem entsprechenden Hydrochinon Gentisinalkohol (1 Mol Gentisinchinon + 3 Mole Gentisinalkohol) im Kulturfiltrat von *Penicillium urticae* BARTER (ENGEL und BRZESKI, 1947)	75—76° feine gelbe Nadeln; die Molekülverbindung gibt mit Eisen(III)-chlorid in Wasser eine unbeständige grünblaue Färbung; durch Behandlung von Gentisinchinon mit Essigsäureanhydrid wird Acetoxymethyl-*p*-benzochinon (F. 128°) erhalten	Die Molekülverbindung löst sich in organischen Lösungsmitteln mit gelber Farbe	BRACK (1947)
2	2,6-Dimethoxy-*p*-benzochinon $C_8H_8O_4$ (Struktur: p-Benzochinon mit H$_3$CO und OCH$_3$)	*Adonis vernalis;* aus etwa 5000 kg der trockenen Pflanze (Droge Herba adonidis vernalis) kann man 30 g gewinnen (W. KARRER, 1930)	250° gelbe Prismen, leicht sublimierbar; das entsprechende Hydrochinon schmilzt bei 160°	schwer löslich in Wasser, Äther und Äthanol, leicht löslich in heißem Eisessig; löst sich in Alkali mit roter Farbe	HOFMANN (1878) GRAEBE und HESS (1905)
3	Fumigatin $C_8H_8O_4$ (Struktur: p-Benzochinon mit OH, H$_3$C, OCH$_3$)	in Gemeinschaft mit dem entsprechenden Hydrochinon, das aber unbeständig ist, in *Aspergillus fumigatus* FRESENIUS (ANSLOW und RAISTRICK, 1938)	116° kastanienbraune Nadeln; im Hochvakuum sublimierbar; gibt eine Acetylverbindung vom F. 96—97°; eine alkoholische Lösung von Fumigatin gibt mit Eisen(III)-chlorid eine intensiv dunkelviolette Färbung	schwer löslich in Petroläther, leicht löslich in Äther, Chloroform und Äthanol, weniger leicht löslich in Wasser; löst sich in verdünntem Alkali und in Bicarbonat mit blauvioletter Farbe; in konz. H_2SO_4 braun, später kirschrot	POSTERNAK, JACOB u. RUELIUS (1941); BAKER und RAISTRICK (1941)
4	Spinulosin $C_8H_8O_5$ (Struktur: p-Benzochinon mit OH, H$_3$C, OCH$_3$, HO)	in der Kulturflüssigkeit von *Penicillium spinulosum* THOM, von einem Stamm von *Aspergillus fumigatus* (ANSLOW und RAISTRICK, 1938a, 1938c), von *Penicillium cinerascens* BIOURGE (BRACKEN und RAISTRICK, 1947)	203° dunkelpurpurne Kristalle, im Hochvakuum sublimierbar; durch Reduktion m. $Na_2S_2O_4$ entsteht Dihydrospinulosin, F. 167°; eine alkoholische Lösung von Spinulosin gibt mit Eisen(III)-chlorid eine tiefbraune Färbung	löst sich in verdünntem Alkali mit blauvioletter Farbe, die blaustichiger ist als die des Permanganates; in konzentr. H_2SO_4 mit rein blauer Farbe löslich	ANSLOW und RAISTRICK (1938b)

Tabelle 2. (Fortsetzung.)

Nr.	Name, Brutto- und Konstitutionsformel	Vorkommen	Schmelzpunkt, Eigenschaften und Reaktionen	Loeslichkeitsverhalten	Synthese (Literaturzitat)
5	Thymochinon $C_{10}H_{12}O_2$	in ätherischen Ölen aus *Monarda fistulosa* und *Thuja articulata* (GRIMAL, 1904); entsteht in den ätherischen Ölen möglicherweise erst bei der Herstellung durch Oxydation von Terpenkörpern wie z. B. α-Phellandren	48° gelbe Tafeln	leicht löslich in kaltem Alkohol und Äther, löslich in Chloroform und Benzol, sehr wenig löslich in Wasser	LALLEMAND (1857), im Handel erhältlich
6	Phoenicin $C_{14}H_{10}O_6$	*Penicillium phoeniceum* VAN BEYMA (FRIEDHEIM, 1938) *Penicillium rubrum* GRASSBERGER (KÖGL und VAN WESSEM, 1944)	230—231° (Zers.), bräunliche Kristalle; das entsprechende Hydrochinon (Leukophoenicin, F. 247° unter Zers.) kann durch katalytische Reduktion erhalten werden; Phoenicin gibt in alkoholischer Lösung mit Eisen(III)-chlorid intensiv violette Farbreaktion	gut löslich in Eiseessig und Chloroform, löslich in heißem Äthanol, in Wasser sehr schwer löslich; in stark saurer Lösung gelb, zwischen P_H 1,65 und 3,55 rot, ab P_H 3,55 violett	POSTERNAK (1938)
7	Oosporein $C_{14}H_{10}O_8$	*Oospora colorans* VAN BEYMA (KÖGL und VAN WESSEM, 1944)	kein Schmelzpunkt; mennigefarbene Kristalle; das entsprechende Hydrochinon (Leuko-oosporein, F. 271°) kann durch katalytische Reduktion erhalten werden; Oosporein gibt mit Eisen(III)-chlorid in alkoholischer Lösung einen braungrünen Niederschlag	ziemlich gut löslich in Dioxan, mäßig löslich in Methanol, Äthanol und Eiseessig (mit gelbroter Farbe), schwerlöslich in Wasser (mit blauvioletter Farbe), unlöslich in Chloroform, Benzol und Ligroin; Farbe in wäßriger Lösung P_H-abhängig: P_H 1,5 bis 2,4 gelb bis gelborange, ab P_H 3 rosa, hellrot, karminrot, violett, schmutzigblau (P_H 8)	KÖGL und VAN WESSEM (1944)
8	Perezon (Pipitzahoinsäure) $C_{15}H_{20}O_3$ (KÖGL und BOER, 1935)	in den Wurzeln verschiedener mexikanischer Arten von *Perezonia*, besonders in *Trixis pipitzahuac* (Droge Radix perziae); aus der Droge können bis zu 5% des Trockengewichtes mit kaltem Äthanol aus Perezon erhalten werden (REMFRY,1913; FICHTER, JETZER und LEEFIN, 1913)	102—103° orangefarbige Blättchen; $[\alpha]_D^{18}$ $=-17°$ (in Äther); gibt ein dunkelviolettes Silbersalz; durch $\frac{1}{2}$stündiges Kochen mit Anilin in äthanolischer Lösung entsteht Anilidoperezon, F. 138—139° (MYLIUS, 1885); zeigt purgative Wirkung	leicht löslich in Äther, Äthanol, Chloroform, Eiseessig u. Benzol, weniger gut löslich in Petroläther, fast unlöslich in Wasser; löst sich in Alkalien mit intensiv purpurner Färbung	

Tabelle 2. (Fortsetzung.)

Nr.	Name, Brutto- und Konstitutionsformel	Vorkommen	Schmelzpunkt, Eigenschaften und Reaktionen	Löslichkeitsverhalten	Synthese (Literaturzitat)
9	Embelin (Embelsäure) $C_{12}H_{16}O_4$ (KÖGL und BECKER, 1928)	in den Beeren von *Embelia ribes* BURM. (HEFFTER und FEUERSTEIN, 1900)	143—144° goldgelbe Blättchen; das Dibenzoylderivat schmilzt bei 97°, das Dihydroembelin bei 124°; Embelin wirkt als Anthelminthicum	in Wasser unlöslich, in Ligroin schwer löslich, in den meisten anderen organischen Lösungsmitteln in der Hitze leicht löslich; in verdünntem Alkali allmählich mit violetter Farbe löslich, in verdünntem Ammoniak mit hellroter Farbe löslich	ASANO und YAMAGUTI (1940a)
10	Polyporsäure $C_{18}H_{12}O_4$ (KÖGL, 1925)	in *Polyporus nidulans* PERS. (bis zu 18% des Trockengewichts) (STAHLSCHMIDT, 1877, 1879; KÖGL, 1925)	schmilzt und sublimiert nicht bis 305° (SHILDNECK und ADAMS, 1931); braunviolette Plättchen; gibt charakteristische Alkali- und Erdalkalisalze (STAHLSCHMIDT, 1877, 1879)	unlöslich in Wasser, Äther, Benzol, Schwefelkohlenstoff und Eisessig, schwer löslich in Chloroform, Äthanol und *i*-Amylalkohol	FICHTER (1908); SHILDNECK u. ADAMS (1931)
11	Atromentin $C_{18}H_{12}O_6$	in *Paxillus atromentosus* BATSCH (etwa 2% des Trockengewichtes); in jüngeren Pilzen liegt vorwiegend die Dihydroform vor (KÖGL und BECKER, 1928)	kein Schmelzpunkt; braune metallisch glänzende Plättchen; mit warmer Sodalösung entsteht ein violettes, mit Natriummethylat ein grünes Natriumsalz	unlöslich in Aceton, Chloroform, Benzol und Schwefelkohlenstoff, schwer löslich in warmem Äther u. Essigester, löslich in Pyridin, Äthanol und Eisessig; in konzentr. H_2SO_4 mit brauner Farbe löslich, Lösung wird bei Zusatz von Borsäure grün; die rote alkoholische Lösung wird bei Borsäurezusatz violett.	KÖGL (1928)

Tabelle 2. (Fortsetzung.)

Nr.	Name, Brutto- und Konstitutionsformel	Vorkommen	Schmelzpunkt, Eigenschaften und Reaktionen	Löslichkeitsverhalten	Synthese (Literaturzitat)
12	Rapanon $C_{18}H_{30}O_4$ — OH, $(CH_2)_{11}CH_3$ (ASANO und YAMAGUTI, 1940b)	in Rinde und Holz von *Rapanea Maximowiczii* und in *Oxalis purpurata* JACQ	140° orangegelbe Plättchen (aus 95%igem Äthanol; das Dibenzoylderivat (hellgelbe Nadeln) schmilzt bei 88—90°; Rapanon wirkt als Antihelminthicum	stimmt völlig mit Embelin überein	ASANO und YAMAGUTI (1940b)
13	Muscaruffin $C_{25}H_{16}O_9$ — COOH, $(CH=CH)_2COOH$, HOOC (KÖGL und ERXLEBEN, 1930)	in der roten Haut von *Amanita muscaria* (Fliegenpilz) (ZELLNER, 1906); liegt vermutlich nativ in glykosidisch gebundener Form vor; Ausbeute aus 500 kg frischen Pilzen 0,85 g Muscaruffin (KÖGL und ERXLEBEN, 1930)	275,5° orangerote rhombische Kristalle (aus Wasser)	in Wasser, Äthanol und Eisessig in der Hitze ziemlich löslich; in Äther, Chloroform und Benzol fast unlöslich; alkoholische Lösungen sind orangegelb gefärbt, das leicht lösliche Natriumsalz tiefrot; in konz. H_2SO_4 löst sich Muscaruffin mit purpurroter Farbe	—
14	Maesachinon $C_{26}H_{42}O_4$ — OH, $C_{20}H_{39}$ (HIRAMOTO, 1939); über die Konstitution der anscheinend ungesättigten Seitenkette ist noch nichts bekannt	Früchte von *Maesa japonica* Moritzi (Ausbeute etwa 1,5%)	122° orangerote Kristalle	in verdünntem Alkali mit violetter Farbe löslich	—

Tabelle 3. *Die bisher aus pflanzlichen Materialien isolierten Substanzen, die mit Sicherheit als Abkömmlinge der Naphthochinone erkannt wurden, mit Angabe der analytischen Daten.*

Nr.	Name, Brutto- und Konstitutionsformel	Vorkommen	Schmelzpunkt, Eigenschaften und Reaktionen	Löslichkeitsverhalten	Synthese (Literaturzitat)
1	Juglon $C_{10}H_6O_3$ (BERNTHSEN, 1884)	in allen grünen Teilen des Walnußbaums und anderer Juglandaceen; Konzentration in der Pflanze bis zu 7% („Kätzchen") (DAGLISH, 1950b) liegt in der Pflanze als Dihydrojuglon-5-glucosid vor (RUELIUS und GAUHE, 1951; DAGLISH und WOKES, 1948; DAGLISH, 1950a)	154° gelbrote Nadeln; alkoholische Lösungen geben mit Nickelacetat einen intensiv violett gefärbten Niederschlag (CIUSA, 1926); insektizid wirksam	leicht löslich in Chloroform und Eisessig, weniger löslich in kaltem Äthanol und Äther, schwer löslich in Ligroin, fast unlöslich in Wasser; löst sich in verdünntem Alkali mit Purpurfarbe, die bald braun wird, in konz. H_2SO_4 blutrot	BERNTHSEN und SEMPER (1887)
2	Lawson $C_{10}H_6O_3$ (TOMMASI, 1920)	in den Blättern von *Lawsonia alba* (Henna) (TOMMASI, 1920; LAL, 1933; CONDELLI, 1934; COX, 1938)	192° (Zers.) gelbe Nadeln	leicht löslich in Äthanol, Methanol, Äther und Aceton, ziemlich löslich in Chloroform, Eisessig und Essigester, unlöslich in Petroläther, Benzol, CCl_4 und CS_2; löst sich in wäßriger Lauge, in Ammoniak und in konz. H_2SO_4 mit orangeroter Farbe	THIELE und WINTER (1900)
3	Flaviolin $C_{10}H_6O_5$ oder (ASTILL und ROBERTS. 1953)	in Kulturflüssigkeiten von *Aspergillus citricus*; aus 500 l kann man 2 g gewinnen	250° rote Rhomben	leicht löslich in Äther, Äthanol, Eisessig, Chloroform u. warmem Dioxan, schwer löslich in Benzol und Wasser, unlöslich in Petroläther; Farbe der wäßrigen Lösung p_H-abhängig: unter p_H 2,8 gelb, im neutralen Medium rot, oberhalb p_H 10 tief violett	

Tabelle 3. (Fortsetzung.)

Nr.	Name, Brutto- und Konstitutionsformel	Vorkommen	Schmelzpunkt, Eigenschaften und Reaktionen	Löslichkeitsverhalten	Synthese (Literaturzitat)
4	6-Methyl-1,4-naphthochinon $C_{11}H_8O_2$	in der Kulturflüssigkeit von *Marasmus graminum*; wird von einem roten Pigment (Oxynaphthochinon?) begleitet (Melin, Wikén und Öblom, 1947; Bendz, 1948)	90—91° goldgelbe Kristalle; gegenüber *Staphylococcus aureus* antibiotisch wirksam	wenig löslich in Wasser und Ligroin, gut löslich in den meisten organischen Lösungsmitteln; löst in verdünntem Alkali mit Violettfärbung	Fieser, Hartwell und Seligman, (1936)
5	2-Methoxy-1,4-naphthochinon (Bendz, 1951 a, b)	in den Blüten von *Impatiens balsamina* (Little, Sproston und Foote, 1948)	183,5° hellgelbe Nadeln; fungizid wirksam	leicht löslich in Chloroform und Benzol, weniger löslich in Äthanol und Äther, unlöslich in Wasser und Petroläther; löst sich in Alkalien mit dunkelroter Farbe	Fieser (1926)
6	Plumbagin $C_{11}H_8O_3$ (Madinavettia und Gallego, 1929)	Wurzeln von *Plumbago*-Arten (Madinavettia und Gallego, 1929); *Drosera rotundifolia* (Dieterle und Kruta, 1936); *Diospyros*-Arten (Paris und Moyse-Mignon, 1949)	78—79° orangegelbe Nadeln (aus verdünntem Äthanol); aktives Prinzip von „Chita", einem indischen Volksheilmittel; gibt mit Kupferacetat in Äthanol einen violetten Niederschlag	leicht löslich in Chloroform, Benzol, CS_2, Eisessig und Essigester, weniger löslich in Äthanol, Äther und Petroläther, sehr schwer löslich in Wasser; löst sich in verdünntem Alkali, in Sodalösung u. in Ammoniak mit violetter Farbe	De Bubuga und Verdú (1934); Fieser und Dunn (1936); Thomson (1951)

Tabelle 3. (Fortsetzung.)

Nr.	Name, Brutto- und Konstitutionsformel	Vorkommen	Schmelzpunkt, Eigenschaften und Reaktionen	Löslichkeitsverhalten	Synthese (Literaturzitat)
7	Droseron $C_{11}H_8O_4$ (Thomson, 1949)	neben größeren Mengen von Oxydroseron unter der äußeren Haut der Knollenwurzeln von *Drosera Whittackeri* (Rennie, 1887, 1893; Macbeth, Price und Winzor, 1935)	178° gelbe Kristalle; gibt mit einem Überschuß von Essigsäureanhydrid und etwas Zinkchlorid ein Diacetat, gelbe Nadeln, F. 119°; gibt ein orangefarbiges Pyridinsalz	in verd. Alkali löslich, daraus mit Säure wieder ausfällbar	Thomson (1949)
8	Oxydroseron $C_{11}H_8O_5$	neben kleineren Mengen von Droseron unter der äußeren Haut der Knollenwurzeln von *Drosera Whittackeri* (Rennie, 1887, 1893); Macbeth, Price und Winzor, 1935)	193° rote Tafeln; gibt mit einem Überschuß von Essigsäureanhydrid und etwas Zinkchlorid ein Triacetat, gelbe Kristalle, F. 153—154°; gibt ein rotes Pyridinsalz	löslich in Äther, siedendem Äthanol und Eisessig, weniger löslich in Benzol und CS_2, sehr wenig löslich in Wasser; in verdünntem Alkali und in Ammoniak mit tiefer violettroter Farbe löslich	Winzor (1935); Kuroda (1939)
9	Dunnion $C_{15}H_{16}O_3$ (Price und Robinson, 1938)	in den Blättern von *Streptocarpus Dunnii* Mast. (0,5 bis 2 g pro etwa 60 cm langes Blatt)	99° orangerote Nadeln; $[\alpha]_D = +310°$	in verd. Alkali löslich	Cooke (1948, 1950)

Tabelle 3. (Fortsetzung.)

Nr.	Name, Brutto- und Konstitutionsformel	Vorkommen	Schmelzpunkt, Eigenschaften und Reaktionen	Löslichkeitsverhalten	Synthese (Literaturzitat)
10	Lapachol $C_{15}H_{14}O_3$ (Hooker, 1892, 1896a)	in Taigu- und Lapachoholz (*Bignoniaceae*), im Bethabarraholz, im Grünherzholz, im Holz von *Avicennia tomentosa*	142—143° gelbe Nadeln oder Blättchen; Nachweis im Holz durch Betupfen mit 0,1 n-alkoholischer KOH (rote Pünktchen) (Mathes und Schreiber, 1914); mikrochemischer Nachweis: Rotfärbung mit Ammoniak (Tunmann (1915)	leicht löslich in kochendem Äthanol, heißem Benzol, Chloroform und Eisessig, weniger löslich in Äther, fast unlöslich in Wasser; löst sich in verdünntem Alkali und in Ammoniak mit intensiv roter Farbe	Fieser (1927)
11	Lomatiol $C_{15}H_{14}O_4$ (Hooker, 1896b)	Samen von *Lomatia ilicifolia* und anderen *Lomatia*-Arten (Rennie, 1895)	127° gelbe Nadeln; Silbersalz kastanienbraun, Kupfersalz fast schwarz, Bariumsalz orangefarbig	löst sich leicht in Äthanol, Äther und Alkalien	
12	Javanicin $C_{15}H_{14}O_6$ oder (Arnstein und Cook, 1947)	in *Fusarium javanicum* (Arnstein, Cook und Lacey, 1946)	207,5—208° (Zers.), rote kupferglänzende Kristalle; gegen *Staphylococcus aureus*, *Mycobacterium phlei* und Tuberkelbazillen antibiotisch wirksam	löslich in Äther, Alkohol, Chloroform und Aceton; löst sich in 10%iger NaOH mit tiefvioletter Farbe, in konzentr. Ammoniak oder 2 n-Sodalösung mit purpurroter Farbe	

Tabelle 3. (Fortsetzung.)

Nr.	Name, Brutto- und Konstitutionsformel	Vorkommen	Schmelzpunkt, Eigenschaften und Reaktionen	Löslichkeitsverhalten	Synthese (Literaturzitat)
13	Solanion $C_{15}H_{14}O_6$ oder trotz der anscheinenden Übereinstimmung der Konstitution und vieler Eigenschaften mit Javanicin wird eine Identität der beiden Pigmente für unwahrscheinlich gehalten (vgl. WEISS und NORD, 1949)	in *Fusarium solani* D$_2$ violett (WEISS und NORD, 1949; WEISS, FIORE und NORD, 1947)	208—210° orangerote Kristalle	in den meisten organischen Lösungsmitteln löslich; löst sich in verdünntem Alkali mit violetter Farbe	—
14	Fusarubin $C_{15}H_{14}O_7$ oder	in *Fusarium solani* (verschiedene Stämme) (RUELIUS u. GAUHE, 1950a); kommt in manchen Varianten desselben Pilzes als reduzierter phenolischer Schwefelsäureester („Fusarubinogen") vor (RUELIUS undGAUHE,1950b)	218° (Zers.) rote zu Büscheln vereinte Prismen (aus Benzol); läßt sich durch Reduktion in Javanicin überführen	fast unlöslich in CS, schwer löslich in Benzin und kaltem Benzol, leichter löslich in kaltem Chloroform, kaltem Äthanol und Äther, gut löslich in kaltem Eisessig, Aceton, Dioxan und Pyridin; löst sich in Natronlauge mit violetter Farbe, in Sodalösung mit roststichig violetter Farbe, in Natriumbicarbonatlösung unlöslich	—

Tabelle 3. (Fortsetzung.)

Nr.	Name, Brutto- und Konstitutionsformel	Vorkommen	Schmelzpunkt, Eigenschaften und Reaktionen	Löslichkeitsverhalten	Synthese (Literaturzitat)
14a	Oxyjavanicin $C_{15}H_{14}O_7$ höchstwahrscheinlich mit Fusarubin identisch (RUELIUS und GAUHE, 1950a)	in *Fusarium javanicum* (ARNSTEIN, COOK und LACEY, 1946; ARNSTEIN und COOK, 1947)			—
15	Eleutherin $C_{16}H_{16}O_4$	Knollen von *Eleutherine bulbosa* (SCHMID, EBNÖTHER und MEIJER, 1950)	175° gelbe Stäbchen $[\alpha]_D^{18} = +346°$ (Chloroform)	leicht löslich in Benzol, Aceton, Chloroform und Eisessig, mäßig löslich in Methanol, Äthanol u. Äther, sehr schwer löslich in Petroläther und Wasser; löst sich in konz. H_2SO_4 mit intensiv rotoranger Farbe	—
16	Isoeleutherin $C_{16}H_{16}O_4$ Stereoisomeres von Eleutherin (SCHMID und EBNÖTHER 1951a, b)	in geringen Mengen in den Knollen von *Eleutherine bulbosa* (SCHMID und EBNÖTHER, 1951a)	177° $[\alpha]_D^{18} = -46°$ (Chloroform); unterscheidet sich in seinen Eigenschaften sehr wenig vom Eleutherin	gleichartig wie beim Eleutherin, gibt ebenfalls die orangerote H_2SO_4-Reaktion	—
17	Alkannan $C_{16}H_{18}O_4$ (BROCKMANN, 1935)	in sehr geringen Mengen neben Alkannin in der Wurzel von *Alkanna tinctoria*	99° rote glänzende Blättchen	löst sich in den meisten organischen Lösungsmitteln; löst sich in verdünntem Alkali mit tiefblauer Farbe	BROCKMANN und MÜLLER (1939)

Tabelle 3. (Fortsetzung.)

Nr.	Name, Brutto- und Konstitutionsformel	Vorkommen	Schmelzpunkt, Eigenschaften und Reaktionen	Löslichkeitsverhalten	Synthese (Literaturzitat)
18	Shikonin $C_{16}H_{16}O_5$ $CHCH_2CH:C(CH_3)_2$ — OH OH O O OH O (MAJIMA und KURODA, 1922)	in der Shikonwurzel (Lithospermon erythrorhizon)	149° braunrote Kristalle; $[\alpha]_{Cd}^{16} = +167°$ (Benzol); das aus der Pflanze isolierte Shikonin anscheinend etwas Alkannin, weshalb niedrigere Drehungswerte berichtet werden (+137°, BROCKMANN,1935); das Racemgemisch aus der Pflanze wird auch „Shikalkin" genannt	in den meisten organischen Lösungsmitteln außer Petroläther und Ligroin löslich; löst sich in konz. H_2SO_4 mit roter Farbe (KURODA und WADA, 1938), in Sodalösung mit bläulicher und in verdünnter Natronlauge mit tiefblauer Farbe	—
19	Alkannin $C_{16}H_{16}O_5$ Spiegelbildisomeres des Shikonins (BROCKMANN und ROTH, 1935; BROCKMANN, 1935)	in der Wurzel von *Alkanna tinctoria* in veresterter Form, die OH-Gruppe der Seitenkette ist mit Angelicasäure verestert (BRAND und LOHMANN, 1935)	149° braunrote kupferglänzende Kristalle $[\alpha]_{Cd}^{16} = 167°$ (Benzol); stimmt in seinen Eigenschaften sonst völlig mit Shikonin überein	gleichartig wie bei Shikonin	—
20	Celastrol $C_{21}H_{30}O_3$ (?) Derivat des 8-Oxy-1,2-naphthochinons, das wahrscheinlich in 3- und in 4-Stellung durch Alkylgruppen substituiert ist, von denen eine eine verzweigteKette enthält (GISVOLD, 1940a, b; 1942; FIESER und JONES, 1942)	in der Außenrinde der Wurzel von *Celastrus scandens* (GISVOLD, 1939)	205° (Zers.) rubinrote Würfel, optisch inaktiv; bildet in Methanol unlösliches Bariumsalz, mit Eisen(III)-chlorid grüne Färbung	löst sich in Äthanol, Methanol, Lipoidlösungsmitteln, Alkali, Sodalösung, nicht aber in Bicarbonatlösung	—
21	Vitamin K, $C_{31}H_{46}O_2$ s. Text (S. 384)	vermutlich in allen grünen Pflanzen und dort vorwiegend in den grünen Teilen (zur Konzentration in den verschiedenen Pflanzen, vgl. Tab. 4)	—20° bei Zimmertemperatur gelbes sehr viskoses Öl; Kp. 2.10^{-4} mm 115—145°; $[\alpha]_D^{20}$ —0,4° (Benzol); gegen Licht sehr empfindlich; durch reduzierende Acetylierung wird Diacetyldihydrovitamin K_1 (F. 59°) gebildet	in allen Lipoidlösungsmitteln, wie Äthanol, Äther und Petroläther, leicht löslich, schwer löslich in Methanol und unlöslich in Wasser	BINKLEY, CHENEY, HOLCOMB, McKEE, THAYER, MACCORQUODALE und DOISY (1939); FIESER (1939)

Die wichtigste Quelle für Vitamin K sind die Pflanzen; es wird heute angenommen, daß zumindest alle grünen Pflanzen Vitamin K-aktive Substanzen
enthalten. Ebenso sind verschiedene Bakterienarten imstande, einen Stoff der
gleichen Wirkung zu produzieren; im Gegensatz dazu dürften alle Berichte über
den Vitamin K-Gehalt tierischer Gewebe darauf beruhen, daß diese Organismen
das mit der Nahrung aufgenommene Vitamin K in bestimmten Organen zu
speichern vermögen.

In den Pflanzen konnte bisher nur ein einziger Körper mit Sicherheit nachgewiesen werden, der als Vitamin K fungieren kann. Es ist dies das sog. Vitamin K_1,
ein Derivat des Naphthochinons, das zuerst von Dam, Geiger, Glavind, Karrer,
Karrer, Rothschild und Salomon (1939) aus Luzernenheu isoliert wurde
und dem die untenstehende Konstitution zukommt, welche durch Abbaureak-
tionen und auch durch die Synthese bestätigt wurde.

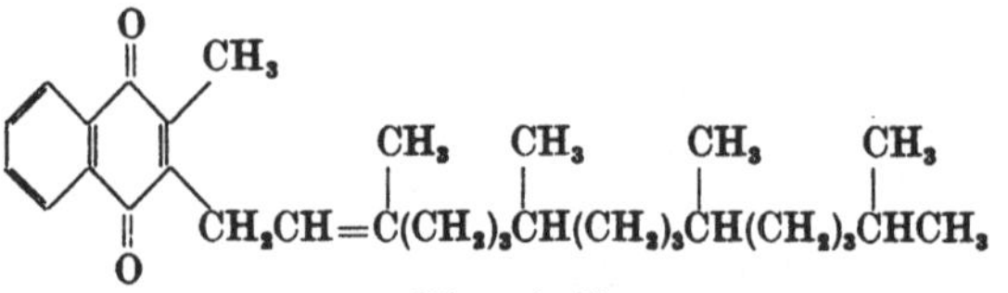

Vitamin K_1

Die wichtigsten chemischen Eigenschaften von Vitamin K_1 wurden bereits
in Tab. 3 zusammengefaßt.

Nach vereinzelten Berichten (Mikhlin, 1942, 1943; Babuk, 1943) soll in den Maisblüten
eine Vitamin K-aktive Substanz nachweisbar sein, die nicht mit Vitamin K_1 identisch ist.
Die Verbindung, die von Mikhlin als Vitamin K_3 bezeichnet wird, soll in Wasser unlöslich,
in Äthanol hingegen löslich sein; genauere Angaben über ihre Konstitution liegen aber nicht
vor, so scheint es auch nicht klar zu sein, ob es sich hier ebenfalls um ein Derivat des 1,4-Naph-
thochinons handelt.

Die Vitamin K-aktive Substanz, welche von verschiedenen Bakterienarten
produziert wird, ist nicht mit Vitamin K_1 identisch. Sie wird als Vitamin K_2
bezeichnet und hat die Struktur eines 2-Methyl-3-difarnesyl-1,4-naphthochinons;
die Seitenkette in der 3-Stellung ist also beträchtlich länger als diejenige des
Vitamins K_1 und enthält anstelle von einer einzigen Doppelbindung deren sechs.

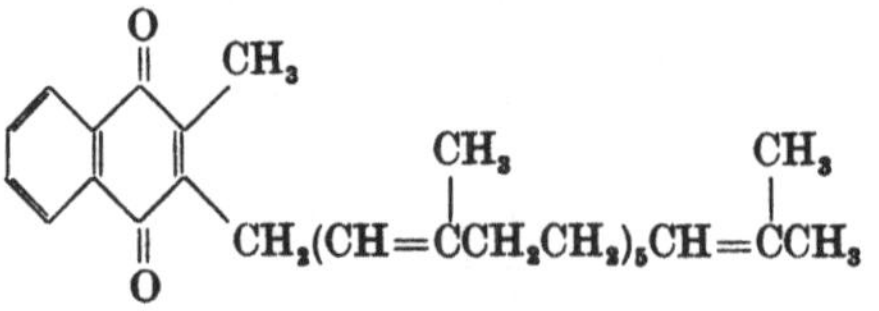

Vitamin K_2

Ein Vorkommen von Vitamin K_2 in pflanzlichem Material wurde bisher noch
nie festgestellt; es muß allerdings darauf hingewiesen werden, daß bei den ver-
schiedensten vorliegenden Analysen in den seltensten Fällen auch die Natur der
Vitamin K-aktiven Substanzen näher untersucht wurde, so daß es durchaus im
Bereich der Möglichkeit stünde, daß Vitamin K_2 oder auch andere nahe verwandte
Substanzen mit Vitamin K-Wirkung in Pflanzen vorkommen.

II. Vorkommen von Vitamin K_1 in den Pflanzen.

Nach den Angaben verschiedener Autoren findet sich Vitamin K_1 in reichlicher Menge in allen grünen Pflanzenteilen, und zwar lokalisiert in den Chloro-
plasten (Dam, Hjorth und Kruse, 1948), während die unterirdischen Organe
grüner Pflanzen, die Wurzeln und Knollen, nur spärliche Mengen Vitamin K-
aktiver Substanzen enthalten. Obwohl bisher noch kein Zusammenhang zwischen

der Synthese des Chlorophylls und derjenigen von Vitamin K_1 offenbar wurde, zeigt es sich, daß anscheinend nur dann Vitamin K_1 gebildet wird, wenn gleichzeitig Chlorophyll entsteht. So findet bei Erbsen, die im Dunkeln gewachsen sind, keine Chlorophyllsynthese und auch keine Bildung von Vitamin K_1 statt, während in den grünen Teilen von Nadelbäumen *(Picea canadensis)*, in welchen auch bei Dunkelheit Chlorophyll entsteht, unter den gleichen Bedingungen auch Vitamin K_1 nachgewiesen werden kann (DAM, GLAVIND und NIELSEN, 1940).

In Tab. 4 findet sich eine Zusammenstellung der Vitamin K-Konzentrationen in verschiedenen pflanzlichen Materialien.

Tabelle 4. *Vitamin K-Gehalt verschiedener pflanzlicher Materialien in* DAM-GLAVIND-*Einheiten*[1]. (Nach DAM, 1938.)

Material	Einheiten pro g Trockensubstanz	Material	Einheiten pro g Trockensubstanz
Petrolätherextrakt aus Luzerne	20000—30000	Sojabohne	25
Roßkastanienblätter	800	Erbsen	15
Spinatblätter	500	Erdbeeren	15
Brennesselblätter	400	Karotten	10
Weißkohl	400	Hagebutten	10
Luzerne	200—400	Hafer	10
Blumenkohl	400	Weizenkleie	10
Gras	200	Kartoffel	8
Kiefernnadeln	200	Weizenkeimlinge	5
Tomaten	50	Mais	3
Hanf	40	Runkelrübe	3

III. Bestimmung von Vitamin K₁.

Für die quantitative Bestimmung von Vitamin K_1 wurden zahlreiche Methoden vorgeschlagen, von denen aber die chemischen Teste meist unter dem Übel leiden, wenig spezifisch zu sein oder einen verhältnismäßig großen apparativen Aufwand zu erfordern. Als wesentlich einfacher und im allgemeinen auch verläßlicher erweisen sich die biologischen Methoden, für deren Ausführung allerdings wiederum besondere Einrichtungen erforderlich sind.

Extraktion. Die Extraktion von Vitamin K_1 kann mit Lipoidlösungsmitteln durchgeführt werden, wobei besonders darauf zu achten ist, daß möglichst wenig erhitzt wird, unter Lichtausschluß gearbeitet und auch der Luftsauerstoff ausgeschaltet wird.

Nach FIESER (1939a, 1939b) ist es von Vorteil, den Extrakt bei der Reinigung mit Natriumhydrosulfit zu behandeln, wodurch das Vitamin zur weniger empfindlichen Hydrochinonstufe reduziert wird. Unter diesen Umständen ist eine Verseifung des Extrakts ohne gleichzeitige Zerstörung des Vitamins möglich.

1. Farbreaktionen.

Die Farbreaktion mit Natriumäthylat oder Natriummethylat. Vitamin K_1 und auch Vitamin K_2 sowie alle 1,4-Naphthochinonderivate, welche in der Seitenkette in 3-Stellung zwischen den β- und γ-Kohlenstoffatomen eine Doppelbindung haben, geben mit Natriumäthylat eine tiefviolette Färbung, die aber unbeständig ist und nach rot und braun umschlägt. Die beständigere rotbraune Färbung, welche dem Abspalten einer Seitenkette unter Bildung von Phthiocol entspricht, kann zur quantitativen kolorimetrischen Bestimmung herangezogen werden (ALMQUIST und KLOSE, 1939); dabei müssen Carotinoide, welche die Reaktion beeinflussen, durch Extraktion mit Petroläther entfernt werden.

---

[1] Vergl. S. 389.

Die Benutzung der rotbraunen Färbung für die quantitative Bestimmung von Vitamin K_1 erfordert eine genaue Untersuchung, inwieweit die letzte Stufe der Reaktion, der Farbumschlag von Rot nach Rotbraun quantitativ und reproduzierbar verläuft.

Die Farbreaktion mit Natriumdiäthyldithiocarbamat. Irrevere und Sullivan (1941) beschrieben einen kolorimetrischen Test auf Vitamin K_1, der aber auch von allen anderen 2,3-substituierten Naphthochinonen gegeben wird und darauf beruht, daß die Verbindungen in alkalisch-alkoholischer Lösung mit Natriumdiäthyldithiocarbamat eine allerdings auch nur kurze Zeit beständige tiefblaue Färbung geben.

Der Test wird in folgender Weise durchgeführt: 2 ml einer 95%igen alkoholischen Lösung der Probe werden mit 2 ml einer 5%igen Lösung von Natriumdiäthyldithiocarbamat in 95%igem Äthanol und mit 1 ml alkoholischem Alkali (2 g NaOH in 100 ml 95%igem Äthanol) gemischt, wobei eine Farbreaktion auftritt, die genau 5 min nach der Mischung am stärksten wird, weshalb zu diesem Zeitpunkt die Messung vorgenommen werden muß. Nach Angabe der Autoren sollen noch 5 μg mit Hilfe dieser Methode bestimmbar sein.

2. Titrationsmethoden.

Die kolorimetrische Redoxmethode von Trenner und Bacher (1941) in der Modifikation von Scudi und Buhs (1941) wurde schon an anderer Stelle (S. 368) beschrieben; sie kann durch entsprechende Maßnahmen sehr spezifisch und genau gestaltet werden, erfordert aber einen ziemlich großen apparativen Aufwand.

Nach Pinder und Singer (1940) lassen sich Naphthochinone, darunter auch Vitamin K_1 mit Titan(III)-chlorid unter Verwendung von indigosulfonsaurem Kalium als Indikator titrieren.

3. Physikalisch-chemische Methoden.

Die Bestimmung von Vitamin K_1 durch Messung des Absorptionsspektrums (Pinder und Singer, 1940; Ewing, Tomkins und Kamm, 1943) eignet sich kaum für die Analyse von pflanzlichen Produkten, da schon geringe Mengen verschiedener Begleitstoffe erhebliche Störungen verursachen.

Ebenso dürfte auch die von Hershberg, Wolfe und Fieser (1940) ausgearbeitete polarographische Methode für die Bestimmung von Vitamin K in Naturstoffen nur von geringem Nutzen sein, da auch hier Fremdstoffe leicht störend wirken.

4. Biologische Methoden.

Wie bei allen Vitaminen ist es auch bei Vitamin K möglich, die biologische Bestimmung nach zwei verschiedenen Grundsätzen durchzuführen: Man kann einerseits eine *kurative Methode* verwenden, d. h. die Versuchstiere werden zuerst mit einer Vitaminmangelkost ernährt; wenn die ersten Anzeichen der entsprechenden Avitaminose manifest werden, kann man feststellen, welche Dosis des zu untersuchenden Präparats oder Extrakts imstande ist, die Symptome des Vitaminmangels zum Verschwinden zu bringen. Andererseits kann man eine *prophylaktische Methode* anwenden: Die Tiere werden gleichzeitig mit einer Mangelkost und mit dem zu untersuchenden Präparat gefüttert; aus dem Fehlen bzw. aus der Stärke der auftretenden Vitaminmangelsymptome läßt sich der Gehalt des Wirkstoffs im Präparat ermitteln.

Bei der Untersuchung auf Vitamin K-Wirkung wird fast ausschließlich mit kurativen Methoden gearbeitet. Als Versuchstiere werden im allgemeinen Küken verwendet; der Dickdarm des Huhns ist verhältnismäßig kurz, weshalb nur geringe Mengen Vitamin K durch die Darmbakterien gebildet werden können.

Durch eine entsprechende Vorbehandlung ist es aber auch möglich, bei verschiedenen Säugetieren die Vitamin K-Synthese durch die Darmbakterien zu unterdrücken; so kann man nach RAOUL und RAGHEB-HANNA (1948) bei jungen Ratten durch Sulfonamidgaben den Darm praktisch bakterienfrei machen, wodurch natürlich die Vitamin K-Synthese unterbunden wird; derart vorbehandelte Ratten können dann zur Vitamin K-Bestimmung verwendet werden.

Die eigentliche Testung kann entweder dadurch erfolgen, daß man den Prothrombingehalt des Blutes ermittelt, der bei K-Avitaminose vermindert ist, oder daß man die Blutgerinnungszeit bestimmt, die bei Vitamin K-Mangel — allerdings nicht streng umgekehrt proportional zur Prothrombinkonzentration im Blut — verlängert ist. Die Methoden, die auf der Bestimmung des Prothrombingehaltes im Blute beruhen, sind wohl umständlicher aber naturgemäß exakter und geben besser reproduzierbare Werte als diejenigen, die sich auf die Bestimmung der Blutgerinnungszeit beschränken.

Im folgenden wird nur eine kürzere Besprechung der biologischen Teste auf Vitamin K-Aktivität gegeben, da derartige Untersuchungen wohl nur in den seltensten Fällen in denjenigen Laboratorien durchgeführt werden dürften, welche sich mit der Analyse pflanzlicher Naturstoffe beschäftigen, und auch meist Speziallaboratorien für Vitaminanalysen zur Verfügung stehen. Immerhin soll aber versucht werden, die wichtigste Originalliteratur über die biologische Vitamin K-Bestimmung anzuführen und zu besprechen.

Die Vitamin K-Mangeldiät. Als Vitaminmangeldiät wurden verschiedene Mischungen angegeben (vgl. z. B. ALMQUIST und KLOSE, 1939; DAM, GLAVIND und KARRER, 1940). Die wahrscheinlich einfachste brauchbare Rezeptur stammt von QUICK und STEFANINI (1948); diese Autoren benutzen die folgende Diät:

20 Teile vitaminfreies Casein,
12 Teile Bierhefe,
67 Teile gemahlener Reis,
1 Teil einer Salzmischung.

Die Salzmischung besteht aus 48 Teilen $CaCO_3$, 48 Teilen NaCl, 0,2 Teilen $CuSO_4$, 1,4 Teilen $FeSO_4$, 1 Teil $MnSO_4$ und 1,4 Teilen KCl. Zu 100 g dieser Mischung wird vor der Fütterung 1 ml Lebertran hinzugefügt. Die Tiere (frisch ausgeschlüpfte Küken beliebiger Rasse) dürfen von dieser Mischung ad libitum fressen. Sie werden in elektrisch geheizten Käfigen mit Drahtnetzgittern zur Verhinderung der Koprophagie gehalten. Zur Verhinderung des Bakterienwachstums wird dem Trinkwasser 0,1 % Benzoesäure zugesetzt.

Mit Hilfe der Diät von QUICK und STEFANINI (1948) wird innerhalb von 10 Tagen ein beträchtlicher und jedenfalls zur Testung ausreichender Grad der Hypothrombinämie erreicht, ohne daß die Entwicklung der Tiere eingeschränkt wird.

Anstelle einer Vitaminmangeldiät kann man auch nach VINCKE und SCHMIDT (1942) (vgl. auch VINCKE, 1946) Neodymsalze zur Erzeugung von Prothrombinmangel verwenden. Auch gegen die von Neodymsalzen verursachte Verlängerung der Blutgerinnungszeit bzw. Verringerung des Prothrombingehalts wirkt Vitamin K antagonistisch, was zur Ausarbeitung einer Bestimmungsmethode benutzt wurde. In jüngster Zeit wurde gezeigt, daß mit Hilfe von Terramycin und Arsonsäuren ebenfalls eine Verlängerung der Blutgerinnungszeit hervorgebracht wird, die durch Vitamin K reversibel ist (GRIMINGER, FISHER, MORRISON, SNYDER und SCOTT, 1953).

Bestimmung der Blutgerinnungszeit. Für diese Methode wird allgemein (vgl. z. B. ALMQUIST, MECCHI und KLOSE, 1938; ANSBACHER, 1939, 1940; DANN, 1939) das Spontangerinnungsvermögen von Blut aus einer Flügelvene des Kükens verwendet. Das Ergebnis für eine bestimmte Dosis einer zu prüfenden Substanz kann ausgedrückt werden durch den Prozentsatz der Tiere, welche eine größere bzw. kleinere Blutgerinnungszeit haben als die Norm. Eine graphische Auswertung derartig erhaltener Ergebnisse wird von LEE, SOLMSSEN, STEYERMARK und FOSTER (1940) angegeben.

Bestimmung der Prothrombinkonzentration im Blut. Wir können hier grundsätzlich zwischen zwei verschiedenen Typen von Methoden unterscheiden:

a) Die sog. Zweiphasenverfahren, bei welchen der erste Schritt die Überführung von Prothrombin in Thrombin ist und im zweiten Schritt das entstandene Thrombin durch seine Wirkung auf eine Fibrinogenlösung gemessen wird (Smith, Warner und Brinkhouse, 1937). Hierbei ist natürlich erforderlich, daß vor der Ausführung des ersten Schrittes das gesamte Fibrinogen aus dem Plasma entfernt wird, was durch Zusatz einer kleinen Menge von gereinigtem Thrombin erreicht wird. Der Überschuß des zugesetzten Thrombins wird dann dadurch entfernt, daß man das Serum einige Zeit vor der Ausführung des zweiten Schrittes stehenläßt. Im zweiten Schritt werden dann verschiedene Verdünnungen des Plasmas mit einer Fibrinogenlösung auf ihren Thrombingehalt geprüft und diejenige Verdünnung festgestellt, welche das Fibrinogen unter Standardbedingungen innerhalb von 15 sec zur Gerinnung bringt. Durch einen Kontrollversuch mit normalem Plasma läßt sich das Resultat in Prozenten des normalen Prothrombingehaltes ausdrücken: % Prothrombin = Verdünnung der Probe/Verdünnung des normalen Plasmas.

Die hier beschriebene Methode (vgl. auch Stamler, Tidrick und Warner, 1943) soll sich durch besondere Genauigkeit auszeichnen, wenn der Prothrombingehalt nicht allzu stark gegenüber der Norm verringert ist. Gegenüber den im folgenden zu besprechenden Einphasenverfahren haben die Zweiphasenverfahren den Vorteil, daß die Geschwindigkeit der Überführung von Prothrombin in Thrombin keine mögliche Fehlerquelle darstellt.

b) Die Einphasenverfahren. Unter diesen Methoden beruht diejenige von Quick (1937) darauf, daß ein Überschuß von Thrombokinase zum Plasma hinzugesetzt wird; unter diesen Bedingungen soll der Prothrombingehalt des Plasmas der einzige Faktor sein, welcher für die Gerinnungszeit — die sog. Prothrombinzeit — maßgeblich ist. Mit Hilfe einer Eichkurve, welche mit Mischungen aus normalem Plasma und prothrombinfreiem Plasma erhalten wird, läßt sich die Beziehung zwischen Prothrombinzeit und Prothrombinkonzentration feststellen. Kleinere Modifikationen dieser Methode wurden von Quick (1940), Quick und Stefanini (1948) und Halse (1947) vorgeschlagen.

Eine andere Art der Einphasenverfahren wurde von Schønheyder (1936) eingeführt und von Dam und Glavind (1938a, 1938b) modifiziert. Hier wird die Gerinnung des Plasmas dadurch herbeigeführt, daß wechselnde Verdünnungen von Thrombokinase zugesetzt werden. Auf diese Weise wird die Konzentration K derjenigen Thrombokinaselösung, welche unter Standardbedingungen das Plasma innerhalb 3 min zur Gerinnung bringt, bestimmt. Gleichartige Versuche werden mit Normalplasma durchgeführt, wodurch die Konzentration K_n an Thrombokinase, welche das Normalplasma in gleicher Zeit zur Gerinnung bringt, festgestellt wird. Das Verhältnis $R = \dfrac{K}{K_n}$ kann als die Gerinnungsanomalie bezeichnet werden; sein reziproker Wert $\dfrac{1}{R} = \dfrac{K_n}{K}$ ist das Gerinnungsvermögen und soll, wenn alle übrigen Faktoren konstant gehalten werden, dem Prothrombingehalt des Plasmas weitgehend proportional sein.

Wenn die Methode mit Säugetierblut angewandt wird, ist es notwendig, das Blut mit einer kleinen genau bestimmten Menge Heparinlösung zu vermischen, um eine Spontangerinnung durch Zersetzung der Blutplättchen zu verhindern. Solange der Prothrombingehalt des Plasmas höher ist als 1% des Normalplasmas, soll der Einfluß des Heparins auf die Meßergebnisse ohne Bedeutung sein.

Die wahrscheinlich exakteste Einphasenmethode zur Bestimmung von Vitamin K wurde kürzlich von Dam, Kruse und Sondergaard (1951) ausgearbeitet. Die Autoren verfüttern nur eine einzige Dosis der zu testenden Substanz an

Vitaminmangel-Küken und vergleichen die Prothrombinzeit im Citratblut aus dem Caroticus dieser Küken 20—22 Std. nach der Verfütterung mit derjenigen von Küken, welche eine Standard-Öllösung von Menadion (2-Methyl-1,4-naphthochinon) erhalten haben. Dabei werden entsprechende Verdünnungen von Thrombokinaselösung aus dem Gehirn von Vitamin K-defizienten Küken verwendet.

Der Vorteil der Einphasenverfahren gegenüber den Zweiphasenmethoden besteht vor allem in der weitaus rascheren Durchführbarkeit.

5. Einheiten der Vitamin K-Wirkung.

Bisher scheint noch keine internationale Einheit der Vitamin K-Wirkung festgelegt worden zu sein. Man ist deshalb gezwungen, mit empirisch festgelegten Einheiten zu arbeiten.

Die zur Zeit am häufigsten verwendete Einheit dürfte diejenige nach DAM und GLAVIND (1938 b) sein, die durch die Vitamin K-Wirkung von 2 mg eines getrockneten Spinatpulvers, welches in der Form von Tabletten aufbewahrt wird, definiert ist. Eine DAM-GLAVIND-Einheit (DGE) pro g Körpergewicht normalisiert innerhalb von 3 Tagen die Gerinnungszeit.

Die anderen von verschiedenen Autoren vorgeschlagenen Maßeinheiten der Vitamin K-Wirkung werden in Tab. 5 angeführt und in Beziehung zur DAM-GLAVIND-Einheit und zu 2-Methylnaphthochinon und Vitamin K₁ gebracht.

Tabelle 5. *Die verschiedenen vorgeschlagenen Einheiten der Vitamin K-Wirkung und ihre Äquivalente in* DAM-GLAVIND-*Einheiten, in Vitamin K₁ und in 2-Methyl-1,4-naphthochinon.* (Nach DAM, 1942.)

Definition der Einheit	Äquivalent		
	in DAM-GLAVIND-Einheiten	in Mikrogramm Vitamin K₁	in Mikrogramm 2-Methyl-1,4-naphthochinon
Einheit von ALMQUIST und KLOSE (1939): als Bezugsstandard gilt 1 ml eines Hexanextrakts aus getrocknetem Alfalfa entsprechend 1 g getrocknetem Alfalfa	100	16	4,2
Einheit von ANSBACHER (1939): die Mindestmenge, welche notwendig ist, um innerhalb von 6 Std. die Gerinnungszeit von K-defizienten Küken zu normalisieren (weniger als 6 min)	12,5		0,5
Einheit von DAM und GLAVIND (1939 b): Definition s. Text		0,083	0,04
Einheit von DANN (1939): ein Konzentrat aus Alfalfa	10	1	0,4
Einheit von SCHØNHEYDER (1936): diejenige Menge pro Gramm Körpergewicht, welche in 3 Tagen die Gerinnungszeit normalisiert	identisch mit der Einheit von DAM und GLAVIND		
Einheit von THAYER, McKEE, BINKLEY, MACCORQUODALE und DOISY (1939): diejenige Menge, welche, wenn sie 24 Std. alten K-defizienten Küken an drei folgenden Tagen gegeben wird, die Gerinnungszeit normalisiert	24—28	~2	0,95

6. Die Vitamin K-Aktivität anderer pflanzlicher Chinone.

Unter den in Tab. 3 (S. 377) angeführten Derivaten des 1,4-Naphthochinons zeigen das Juglon, das Lawson, das Lapachol und das Lomatiol im biologischen Test eine geringe Vitamin K-Aktivität, welche aber um mehrere Zehnerpotenzen geringer ist als diejenige von Vitamin K_1, so daß die Anwesenheit der genannten Stoffe bei der Bestimmung von Vitamin K_1 kaum einen Einfluß ausüben kann. Ebenso weist auch das aus Tuberkelbazillen isolierbare Phthiocol, das 2-Methyl-3-oxy-1,4-naphthochinon geringe Vitamin K-Aktivität auf.

Hingegen ist das — allerdings in der Natur noch niemals vorgefundene — 2-Methyl-1,4-naphthochinon fast ebenso aktiv wie Vitamin K_1.

Literatur.

ADKINS, H., and L. W. COVERT: J. Amer. Chem. Soc. 54, 4116 (1932). — ALMQUIST, H. J., and A. A. KLOSE: (a) J. Amer. Chem. Soc. 61, 1610 (1939); (b) Biochem. J. 33, 1035 (1939);— ALMQUIST, H. J., E. MECCHI and A. A. KLOSE: Biochem. J. 32, 1897 (1938). — ANSBACHER, S.: J. Nutrition 17, 303 (1939); Proc. Soc. Exp. Biol. Med. 44, 248 (1940). — ANSLOW, W. K., and H. RAISTRICK: (a) Biochem. J. 32, 687 (1938); (b) 32, 803 (1938); (c) 32, 2288 (1938). — ARNSTEIN, H. R. V., and A. H. COOK: J. Chem. Soc. 1947, 1021. — ARNSTEIN, H. R. V., A. H. COOK and M. S. LACEY: Nature 157, 133 (1946). — ASANO, M., and K. YAMA-GUTI: (a) J. Pharmaceut. Soc. Japan 60, 34 (1940); (b) 60, 237 (1940). — ASTILL, B. D., and J. C. ROBERTS: J. Chem. Soc. 1953, 3302.

BABUK, V. V.: Doklady Akad. Nauk S. S. S. R. 39, 277 (1943). — BAKER, W., and H. RAISTRICK: J. Chem. Soc. 1941, 670. — BAMBERGER, E.: Ber. dtsch. chem. Ges. 17, 455 (1884); 18, 865 (1885). — BENDZ, G.: Acta chem. scand. 2, 192 (1948); (a) 5, 489 (1951); (b) Ark. Kemi 3, 495 (1951). — BERNTHSEN, A.: Ber. dtsch. chem. Ges. 17, 1945 (1884). — BERNTHSEN, A., u. A. SEMPER: Ber. dtsch. chem. Ges. 20, 934 (1887). — BINKLEY, S. B., L. C. CHENEY, W. F. HOLCOMP, R. W. McKEE, S. A. THAYER, D. W. MacCORQUODALE and E. A. DOISY: J. Amer. chem. Soc. 61, 2558 (1939). — BOSECKE, W., u. W. LAVES: Biochem. Z. 314, 285 (1943). — BRACK, A.: Helv. chim. Acta 30, 1 (1947). — BRACKEN, A., and H. RAISTRICK: Biochem. J. 41, 569 (1947). — BRAND, K., u. A. LOHMANN: Ber. dtsch. chem. Ges. 68, 1487 (1935). — BROCKMANN, H.: Liebigs Ann. 521, 1 (1935). — BROCKMANN, H., u. K. MÜLLER: Liebigs Ann. 540, 51 (1939). — BROCKMANN, H., u. H. ROTH: Naturwissenschaften 23, 246 (1935). — DE BURUAGA, J. S., y F. VERDÚ: An. Soc. españ. Fisica Quim. 32, 830 (1934); Zit. Chem. Zbl. 1935 I, 3146.

CIUSA, R.: Ann. chim. appl. 16, 127 (1926). — CLAUSER, R.: Ber. dtsch. chem. Ges. 34, 889 (1901). — CLAUSER, R., u. G. SCHWEIZER: Ber. dtsch. chem. Ges. 35, 4280 (1902). — CONDELLI, F.: Boll. chim. farm. 13, 85 (1934). — COOKE, R. G.: Nature 162, 178 (1948); Austral. J. Sci. Res. A 3, 481 (1950). — COX, G.: Analyst 63, 397 (1938). — CRAVEN, R.: J. Chem. Soc. 1931, 1605 (1931).

DAGLISH, C.: (a) Biochem. J. 47, 452 (1950); (b) 47, 458 (1950). — DAGLISH, C., and F. WOKES: Nature 162, 179 (1948). — DAM, H.: Z. Vitaminforschg. 8, 248 (1938); Adv. Enzymology 2, 285 (1942); Vitamins and Hormones 6, 27 (1948). — DAM, H., A. GEIGER, J. GLAVIND, P. KARRER, W. KARRER, E. ROTHSCHILD u. H. SALOMON: Helv. chim. Acta 22, 310 (1939). — DAM, H., and J. GLAVIND: (a) Biochem. J. 32, 485 (1938); (b) 32, 1018 (1938). — DAM, H., J. GLAVIND u. P. KARRER: Helv. chim. Acta 23, 224 (1940). — DAM, H., J. GLAVIND u. N. NIELSEN: Hoppe-Seylers Z. 265, 80 (1940). — DAM, H., E. HJORTH u. I. KRUSE: Physiol. Plantarum 1, 379 (1948). — DAM, H., I. KRUSE u. E. SONDERGAARD: Acta physiol. scand. 22, 238 (1951). — DANN, P. F.: Proc. Soc. Exp. Biol. Med. 42, 663 (1939). — DIETERLE, H., u. E. KRUTA: Arch. Pharmaz. Ber. dtsch. pharmaz. Ges. 247, 457 (1936).

ENGEL, B. G., u. W. BRZESKI: Helv. chim. Acta 30, 1472 (1947). — EWING, D. T., F. S. TOMKINS and O. KAMM: J. Biol. Chem. 147, 233 (1943).

FICHTER, F.: Liebigs Ann. 361, 363 (1908). — FICHTER, F., M. JETZER u. R. LEEPIN: Liebigs Ann. 395, 1 (1913). — FIESER, L. F.: J. Amer. Chem. Soc. 48, 2922 (1926); 49, 857 (1927); (a) 61, 2559 (1939); (b) 61, 2561 (1939); (c) 61, 3467 (1939). — FIESER, L. F., and J. T. DUNN: J. Amer. chem. Soc. 58, 572 (1936). — FIESER, L. F., and R. N. JONES: J. Amer. Pharmaceut. Assoc. 31, 315 (1942). — FIESER, L. F., J. L. HARTWELL and A. M. SELIGMAN: J. Amer. Chem. Soc. 58, 1223 (1936). — FRIEDHEIM, E. A. H.: Helv. Chim. Acta 21, 1464 (1938).

GISVOLD, O.: J. Amer. Pharmaceut. Assoc. 28, 440 (1939); (a) 29, 12 (1940); (b) 29, 432 (1940); 31, 529 (1941). — GRAEBE, C., u. H. HESS: Liebigs Ann. 340, 232 (1905). — GRIMAL, E.: C. r. Acad. Sci. (Paris) 139, 927 (1904). — GRIMINGER, P., H. FISHER, W. D. MORRISON, J. M. SNYDER and H. M. SCOTT: Science 118, 379 (1953).

HALSE, T. JR.: Med. Klinik 42, 20 (1947). — HEFFTER, A., u. W. FEUERSTEIN: Arch. Pharmaz. 238, 15 (1900). — HERSHBERG, E. B., J. K. WOLFE and L. F. FIESER: J. Amer.

Chem. Soc. **62**, 3516 (1940). — Heuser, E.: In „Methoden der organischen Chemie" (Houben-Weyl), Bd. II, S. 473. Stuttgart: Georg Thieme 1953. — Hiramoto, M.: Proc. Imp. Acad. Tokyo **15**, 220 (1939). — Hoffmann-Ostenhof, O.: Fortschr. Chem. organ. Naturstoffe **6**, 154 (1950); Adv. Enzymology **14**, 219 (1953); „Enzymologie". Wien: Springer 1954. — Hofman, A. W.: Ber. dtsch. chem. Ges. **11**, 329 (1878). — Hooker, S. C.: J. Chem. Soc. **61**, 611 (1892); (a) **69**, 1355 (1896); (b) **69**, 1381 (1896).

Irrevere, F., and M. X. Sullivan: Science **94**, 497 (1941).

Karrer, W.: Helv. chim. Acta **13**, 1424 (1930). — Kesting, W.: Ber. dtsch. chem. Ges. **62**, 1422 (1929). — Kögl, F.: Liebigs Ann. **447**, 78 (1925); Liebigs Ann. **465**, 243 (1928). — Kögl, F., u. H. Becker: Liebigs Ann. **465**, 211 (1928). — Kögl, F.. et A. G. Boer: Rec. Trav. chim. Pays-Bas **54**, 16 (1935). — Kögl, F., u. H. Erxleben: Liebigs Ann. **479**, 11 (1930). — Kögl, F., et G. C. van Wessem: Rec. Trav. chim. Pays-Bas **63**, 5 (1944). — Kofler, M.: Helv. chim. Acta **28**, 702 (1945). — Kuroda, C.: Proc. Imp. Acad. Tokyo **15**, 226 (1939). — Kuroda, C., and M. Wada: Sci. Pap. Inst. phys. chem. Res. **34**, 1470 (1938).

Lal, J. B., and S. Dutt: J. Indian Chem. Soc. **10**, 577 (1933). — Lallemand, A.: Liebigs Ann. **101**, 119 (1857). — Lee, J., U. V. Solmssen, A. Steyermark and R. H. K. Foster: Proc. Soc. Exp. Biol. a. Med. **45**, 407 (1940). — Little, J. E., T. J. Sproston u. M. W. Foote: J. Biol. Chem. **174**, 335 (1948).

Macbeth, A. K., J. R. Price and F. L. Winzor: J. Chem. Soc. **1935**, 325. — Madinaveitia, A., y M. Gallego: An. Soc. españ. Fisica Quim. **26**, 273 (1928); Zit. Chem. Zbl. **1929** I, 662. — Majima, R., and C. Kuroda: Acta Phytochim. (Tokyo) **1**, 43 (1922). — Matthes, H., u. E. Schreiber: Ber. dtsch. chem. Ges. **24**, 385 (1914). — Melin, E., T. Wiken and E. Öblom: Nature **159**, 840 (1947). — Mikhlin, D. M.: Doklady Akad. Nauk S. S. S. R. **37**, 191 (1942); Biochimija **8**, 158 (1943). — Mylius, F.: Ber. dtsch. chem. Ges. **18**, 936 (1885).

Nelson, J. M.: In „Copper Metabolism", herausgegeben von W. D. McElroy u. B. Glass, S. 76. Baltimore: John Hopkins Press 1950.

Paris, R., et A. Moyse-Mignon: C. r. Acad. Sci. (Paris) **228**, 2063 (1949). — Pinder, J. L., and J. H. Zinger: Analyst **65**, 7 (1940). — Posternak, T.: Helv. chim. Acta **21**, 1326 (1938). — Posternak, T., J.-P. Jacob et H. Ruelius: C. r. hebd. Séances Soc. physique Hist. natur. Genève **58**, 223 (1941). — Price, J. R., and R. Robinson: Nature **142**, 147 (1938).

Quick, A. J.: Amer. J. Physiol. **118**, 260 (1937); Amer. J. Clin. Path. **10**, 222 (1940). — Quick, A. J., and M. Stefanini: J. Biol Chem. **175**, 945 (1948).

Raoul, Y. et N. Ragheb-Hanna: Bull. Soc. chim. biol. **30**, 648 (1948). — Remfry, E. H.: J. Chem. Soc. **103**, 1076 (1913). — Rennie, E. H.: J. Chem. Soc. **51**, 371 (1887); J. Chem. Soc. **63**, 1083 (1893); J. Chem. Soc. **67**, 784 (1895). — Ruelius, H. W., u. A. Gauhe: (a) Liebigs Ann. **569**, 38 (1950); (b) **570**, 121 (1950); **571**, 69 (1951).

Schmid, H., u. A. Ebnöther: (a) Helv. chim. Acta **34**, 561 (1951); (b) **34**, 1041 (1951).— Schmid, H., A. Ebnöther u. T. M. Meijer: Helv. chim. Acta **33**, 1751 (1950). — Schønheyder, F.: Biochem. J. **30**, 890 (1936). — Scudi, J. V., and R. P. Buhs: J. Biol. Chem. **141**, 451 (1941). — Shildneck, P. R., and R. Adams: J. Amer. Chem. Soc. **53**, 2373 (1931). — Smith, H. P., E. D. Warner and K. M. Brinkhouse: J. Exp. Med. **66**, 801 (1937). — Stahlschmidt, C.: Liebigs Ann. **187**, 77 (1877); **195**, 365 (1879). — Stamler, F. W., R. T. Tidrick and E. D. Warner: J. Nutrition **26**, 95 (1943).— Stoll, A., u. B. Becker: Fortschr. Chem. organ. Naturstoffe **7**, 248 (1950).

Thayer, S. A., R. W. McKee, S. B. Binkley, D. W. MacCorquodale and E. A. Doisy: Proc. Soc. Exp. Biol. Med. **40**, 478 (1939). — Thiele, J., u. E. Winter: Liebigs Ann. **311**, 341 (1900). — Thomson, R. H.: J. Chem. Soc. **1949**, 1277; J. Chem. Soc. **1951**, 1237. — Tommasi, G.: Gazz. chim. ital. **50**,I 263 (1920). — Trenner, N. R., and F. A. Bacher: J. Biol. Chem. **137**, 745 (1941). — Tunmann, O.: Apoth.-Ztg. **30**, 50 (1915).

Valeur, A.: C. r. Acad. Sci. (Paris) **129**, 552 (1899). — Vincke, E.: Z. Naturforschg. **1**, 458 (1946). — Vincke, E., u. E. Schmidt: Hoppe-Seylers Z. **273**, 39 (1942).

Weiss, S., J. V. Fiore and F. F. Nord: Arch. Biochem. **14**, 237 (1947). — Weiss, S., and F. F. Nord: Arch. Biochem. **22**, 288 (1949). — Wieland, H.: Ber. dtsch. chem. Ges. **43**, 712 (1910). — Willstätter, R., u. C. Cramér: Ber. dtsch. chem. Ges. **43**, 2976 (1910). — Willstätter, R., u. R. Majima: Ber. dtsch. chem. Ges. **43**, 1171 (1910). — Winzor, F. L.: J. Chem. Soc. **1935**, 336.

Zellner, J.: Mh. Chem. **27**, 282 (1906).

Natural Phenylpropane Derivatives[1].

By

George de Stevens and F. F. Nord.

A. Introduction.

Phenylpropane compounds and derivatives therefrom represent a class of substances which occur extensively in nature. Interest in these plant constituents is not only prevalent in industry, but also in the sphere of academic research.

Many of the compounds described in this chapter fall under the genus of substances commonly called *volatile* or *essential oils*. Their commercial and economic importance dates to the early days of civilization and subsequently found importance and significance in the Phoenician marine traffic. The geographical position of Phoenicia in the Syrian strait made it an ideal commercial agent between the nations of the orient, where the essential oils had been used for centuries, and the occident. Thenceforth, these oils have been discovered, transported and utilized in every part of the globe.

With the advent of chemical analysis and the classical methods of synthesis and structural studies of organic compounds, the chemistry of these valuable substances began to be elucidated.

In recent times the role of phenylpropane derivatives in the living plant has become of interest to the chemist, physicist, botanist and a legion of investigators in scientific fields having their roots on the periphery of the above cited sciences. Of particular interest to the authors is the role of phenylpropane derivatives in the formation of lignin in the growing plant. Over 50 years ago, KLASON hypothesized that coniferyl alcohol or coniferyl aldehyde was the primary lignin progenitor for soft wood lignins. In recent years, this speculation has been given considerable impetus by the investigations of ERDTMAN (1933), FREUDENBERG (1949) and several other workers in the field. FREUDENBERG states that coniferyl alcohol is formed in the cambial zone of the plant and thus lignin is obtained. However, that a methoxylated aromatic compound is produced *directly* from carbohydrates seems, from a biochemical point of view, rather unlikely. He further reported that the syringyl unit present in hardwood lignins is derived from coniferyl alcohol. Thus, the following query immediately poses itself:

If an aromatic unit, the syringyl group, is formed from another aromatic unit, the coniferyl compound, then why cannot the latter have its genesis in a simpler aromatic system ?

In 1947 NORD and VITUCCI found that methyl-p-methoxy-cinnamate was formed by the action of *Lentinus lepideus* on glucose or xylose, the hydrolysis products of cellulose and hemicellulose. In consideration of previous work, this finding established that this methoxylated phenylpropane derivative is formed from the carbohydrate portion of wood rather than from lignin.

Recent investigations by EBERHARDT and NORD (1955) have demonstrated that *Lentinus lepideus* produces p-hydroxyphenylpyruvic acid when grown on

---

[1] Contribution Nr. 301 from the Department of Organic Chemistry and Enzymology, Fordham University, New York.

a culture medium containing glucose or alcohol or glucose and 2-C^{14}-sodium acetate. In culture media of this mold, in which ethanol served as sole carbon source, the formation of glucose and ribose could be established. The presence of heptulose could also be ascertained. These results indicate that methyl p-methoxycinnamate is derived more directly from glucose and that in distinction to earlier considerations C$_2$ units are not obligatory intermediates in the synthesis of this compound.

Thus, in the light of the investigations of DAVIS (1951) and GILVARG and BLOCH (1952) on the biosynthesis of tyrosine and phenylalanine, and the recent demonstration by DE BUSK (1953) that tyrosine is derived from p-hydroxyphenylpyruvic acid, it follows that p-hydroxyphenylpyruvic acid, believed to be derived from shikimic acid, should be considered as a direct precursor of methyl p-methoxycinnamate.

The significance of a p-hydroxyphenylpropane derivative in the mechanism of lignification now comes into focus. The investigations of NORD, SCHUBERT, KUDZIN, DeBAUN and DE STEVENS (1950—1952) have shown the identity of the native and enzymatically liberated lignins from softwoods, hardwoods, and bagasse. Moreover, DE STEVENS and NORD have demonstrated that the native and enzymatically liberated lignins from bagasse yielded not only vanillin and syringaldehyde upon oxidation, but also *p-hydroxybenzaldehyde*. The lignin from the softwood, white Scots pine, also yielded the latter aldehyde. This finding, coupled with the results obtained by EBERHARDT and NORD and MASON and CRONYN (1955), invalidates FREUDENBERG's hypothesis concerning lignin formation *directly* from coniferyl alcohol.

Thus the Fordham school has established that a non-methoxylated aromatic unit, i. e., p-hydroxyphenylpropane unit, is the *prime* lignin progenitor in woody tissues. As a result it is established that the mechanism of lignification proceeds according to the following scheme:

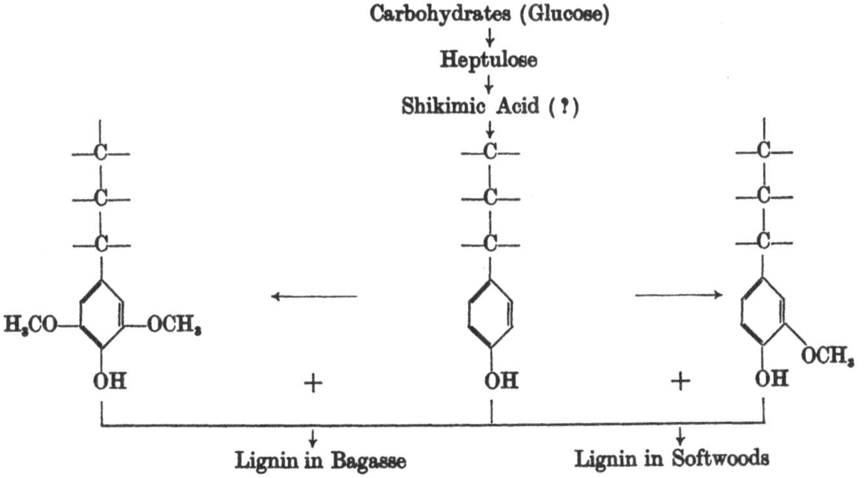

Carbohydrates (Glucose)
↓
Heptulose
↓
Shikimic Acid (?)
↓

Lignin in Bagasse   Lignin in Softwoods

B. Hydrocarbons.

1. Styrene.

C$_8$H$_8$. Styrol, Styrolene, Vinylbenzene, Phenylethylene.

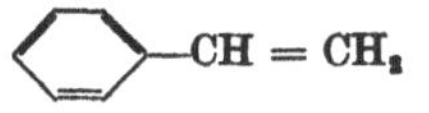

—CH = CH$_2$

Properties. Styrene is a colorless, strongly refractive liquid possessing a characteristic odor, reminiscent of illuminating gas. Under the influence of light, heat or acids, styrene polymerizes to metastyrene $(C_8H_8)_n$, a transparent, colorless mass (201)[1]. The following physical constants have been given by WATERMAN and DE KOK (1934):

m. p. $+33°$	$d_{20}°$ 0.9090
b. p. $+145°—145.8°$	
b. p._{20} $+48°$	$n_D^{25°}$ 1.54633

Occurrence. This hydrocarbon occurs in various styrax oils and in Honduras balsam. It is believed to originate by the degradation of cinnamic acid.

Isolation. By fractional distillation *in vacuo* of styrax oil.

Identification. 1. The dibromide $C_6H_5CH \cdot Br \cdot CH_2Br$, m. p. 74—75° is prepared according to the EVANS and MORGAN (1913) modification of the ZINCKE method:

To a solution of 48.5 g. (1 mol.) of freshly distilled styrene in 400 cc. of absolute ether were added 126.8 g. of bromine dissolved in 600 cc. of ether. The solution of styrene was placed in an open beaker surrounded by ice water and it was kept in constant motion by a mechanical stirrer. The rate of flow of bromine solution was regulated by the discharge of color, from red to a very light yellow. The whole operation is carried out in sunlight. The crude product obtained by distilling off the ether is purified by recrystallization from 80% alcohol. 2. Oxidation of styrene with dilute nitric acid, or with sodium dichromate-sulfuric acid solution gives rise to benzoic acid, m. p. 122° (34). 3. STEINKOPF and KÜHNEL (1942) prepared the pseudonitrosite (m. p. 133°) by the action of nitrosyl chloride on styrene. 4. The condensation of styrene with the dimethyl ester of acetylene dicarboxylic acid results in the formation of a tetramethyl ester, m. p. 107—108°, and a dianhydride, m. p. 260° (6).

2. p-Cymene.

$C_{10}H_{14}$. 1-methyl-4-isopropyl benzene, "Cymol".

CH₃

CH

CH₃ CH₃

Properties. The properties of p-cymene differ to some extent with the source of the material. Pure p-cymene prepared from pure thymol has the following properties (23):

b. p.   175°—176°
d_4^{20} 0.857
n_D^{20} 1.4917

It is a colorless liquid, optically inactive, possessing an odor typical of the aromatic hydrocarbons.

Occurrence. p-Cymene is found in Swedish and Russian turpentine oil, in oil of lemon, sage, origanum, nutmeg, cinnamon to mention a few (219).

Isolation. First the terpene fractions of similar boiling point (175°) are oxidized with dilute potassium permanganate solution in the cold. p-Cymene is resistant to oxidation under these reaction conditions. The cineole present in the same fraction is removed through its hydrobromide. p-Cymene is then obtained by fractional distillation.

---

[1] The numbers in brackets without a name refer to the corresponding numbers of the references at the end of this contribution.

Identification. 1. The oxidation method of WALLACH (1891) yielding p-hydroxy isopropyl benzoic acid, m. p. 155—156°, is recommended.

2 g. of the pure hydrocarbon is refluxed on the steam bath with a solution of 12 g. of potassium permanganate in 330 g. of water with frequent shaking. Upon completion of the oxidation, filter off the MnO_2, evaporate the filtrate to dryness, and extract the residue with boiling ethanol. The solution is acidified with dilute aqueous sulfuric acid whereupon the p-hydroxy isopropyl alcohol separates out. It is recrystallized from alcohol. 2. On treatment with dilute nitric acid or chromic acid mixture, p-cymene is oxidized to p-toluic acid and finally to terephthalic acid (*114*). 3. It has been reported (*183*) that 1,2,4- and 1,3,4-cymene sulfonic acids are obtained when p-cymene is treated with fuming sulfuric acid.

C. Alcohols.

1. β-Phenylethyl Alcohol.

$C_8H_{10}O$. 2-phenylethanol, Benzylcarbinol.

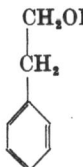

CH$_2$OH

CH$_2$

Properties. b. p. 217.5—218.5° (*126*), b. p.(25 mm.) 116—118° (*128*), b. p.(14 mm.) 104—105° (*82*), d_4^{25} 1.018, d_{15}^{15} 1.024, n_D^{20} 1.531 (*126*).

β-Phenyl ethyl alcohol is a colorless liquid, possessing a characteristic rose-like odor, which on standing exposed to air is oxidized slowly to phenylacetaldehyde and phenylacetic acid. It is soluble in 2 volumes of 50% alcohol and in 60 volumes of water.

Occurrence. Bourbon geranium oil, Aleppo pine oil, rose oil, dried rose petals.

Isolation. By fractionation of rose oil. Also boric, phthalic, maleic, fumaric, succinic or oxalic acid will react with β-phenylethyl alcohol to give stable non-volatile esters, impurities are removed by vacuum distillation and the pure aromatic alcohol is recovered by hydrolysis of the ester (*117*).

Identification. Many derivatives of β-phenylethyl alcohol can be prepared by well known methods. Phenylurethan, m. p. 80° (*92*); diphenylurethan, m. p. 99—100° (*92*); 3,5-dinitrobenzoate, m. p. 108° (*11*); 2,4-dinitrophenyl carbonate, m. p. 111° (*224*). Oxidation with chromic acid mixture yields phenylacetaldehyde and phenylacetic acid, m. p. 76.5° (*186*). Oxidation with dilute potassium permanganate gives rise to benzoic acid, m. p. 121° (*236*).

2. Phenylpropyl Alcohol.

$C_9H_{13}O$. Hydrocinnamyl alcohol, γ-phenyl-n-propyl alcohol, 3-phenyl-1-propanol.

CH$_2$—CH$_2$—CH$_2$OH

Properties. b. p.(750 mm.) 236—237° (*127*); b. p.(12 mm.) 120° (*225*); d_4^{24} 1.006 (*98*); n_D^{20} 1.53565 (*40*). γ-phenylpropyl alcohol is soluble in about 3 vol. of 50% alcohol; in 1.5 vol. of 60% alcohol; miscible in all proportions with 70% alcohol; soluble only in more than 300 vol. of water. It is a colorless, viscid oil.

Occurrence. This alcohol occurs in Asiatic and American styrax esterified with cinnamic acid.

Isolation. Phenylpropyl cinnamate is fractionally distilled and then saponified. The alcohol mixture (phenylpropyl alcohol plus some cinnamyl alcohol) is heated with an equal amount of concentrated formic acid, whereby cinnamyl alcohol resinifies, while phenylpropyl alcohol is converted into the formate. Pure phenylpropyl alcohol is then obtained by steam distillation and saponification.

CARRÉ and LIEBERMANN (1934) found it possible to recover 50% of the alcohol from the sulfate $(C_6H_5C_3H_6O)_2SO$, b. p. 248—254°, which decomposes smoothly at 310° to give an equimolecular mixture of 3-phenyl propene and 3-phenyl-1-propanol.

Identification. Derivatives are easily prepared (97). Phenylurethan, m. p. 45—46°; p-nitrobenzoic acid ester, m. p. 45—46°; 3,5-dinitrobenzoate, m. p. 92°; 3-nitrophthalate, m. p. 117°. Oxidation with chromium trioxide in acetic acid yields hydrocinnamic acid, m. p. 49° (177).

3. Cinnamyl Alcohol.

$C_9H_{10}O$. Cinnamic alcohol, γ-phenylallyl alcohol, 3-phenyl-2-propen-1-ol.

$$CH=CH—CH_2OH$$

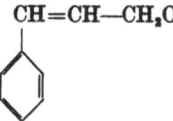

Properties. m. p. 33° (81); b. p.$_{(758°)}$ 257.5° (158); b. p.$_{(17 mm.)}$ 142° (81); b. p.$_{(5 mm.)}$ 117° (115); d_4^{20} 1.0440 (39); n_D^{20} 1.58190 (39). Cinnamyl alcohol, which can exist in two geometrical isomers, *cis* and *trans*, crystallizes in long, white needles. It has an odor reminiscent of hyacinths. It dissolves in 4—5 volumes 50% alcohol at 15° and in 3 volumes of 50% alcohol at 25° (126).

Occurrence. Cinnamyl cinnamate (styracine) is a constituent of styrax, balsam peru, and other balsams and resins, whereas the acetate of cinnamyl alcohol is present in cassia oil.

Isolation. Cinnamyl cinnamate in styrax is saponified, then treated with calcium chloride to give the addition compound (m. p. 157°) which is subsequently hydrolyzed (58).

Identification. 1. 3,5-dinitrobenzoate, m. p. 121° (96). 2. Phenylurethane, m. p. 91° (150). 3. Dibromide, m. p. 74° (115). 4. p-Nitrobenzoic acid ester, m. p. 78° (115). 5. α-Naphthylurethane, m. p. 119—120° (28). BÖHME (1937) reports a quantitative determination of cinnamyl alcohol by oxidation with phthalic monoperacid. The material in question is treated with 2 to 3 times the amount of monoperacid (cooled to —15°) and allowed to stand at 10—15° for 24 hours. The volume is then made up to 20 cc. and a 5 cc. aliquot is treated with 30 cc. of 20% potassium iodide solution. After swirling for 10 minutes, the mixture is titrated with 0.05 N sodium thiosulfate. The author reports an experimental error of not more than 1%.

4. Coniferyl Alcohol.

$C_{10}H_{13}O_3$.

$$CH=CH—CH_2OH$$

OCH_3

OH

Properties. m. p. 73—74°. Coniferyl alcohol is very soluble in ether, and in boiling ethanol, but insoluble in cold water. It dissolves in alkali (*212*).

Occurrence. This alcohol is present in nature in the cambial zone of conifers as the glycoside, coniferin.

Isolation. 50 grams of coniferin are suspended in ten times the amount of water and thus treated with 0.2—0.3 g. of dry emulsin for 6 to 8 days at 25° to 36°. The solution is extracted with ether and the ether evaporated. Coniferyl alcohol is obtained as prisms (*212*).

Identification. 1. Oxidation of coniferyl alcohol with chromic acid mixture yields vanillin, m. p. 80°, and acetaldehyde (*212*). 2. Phenylurethan, m. p. 108° (*149*). 3. Reduction with sodium amalgam leads to the formation of eugenol (*212*).

5. Cuminyl Alcohol.

$C_{10}H_{14}O$. Cuminic alcohol, p-isopropylbenzyl alcohol.

Properties. b. p. 246° (*122*); b. p.$_{(20\text{ mm.})}$ 140° (*23*); b. p.$_{(11\text{ mm.})}$ 120—121° (*187*); $d_4^{18.4}$ 0.9818 (*132*); $n_D^{19.5}$ 1.5210 (*132*). Cuminyl alcohol is a colorless to yellowish oil.

Occurrence. PENFOLD (1927) observed the presence of the ester of this alcohol in the volatile oil derived from the leaves of *Eucalyptus Bakeri* Maiden. Small quantities of cuminyl alcohol were derived from French lavender oil by SEIDEL, SCHINZ and MULLER (1944).

Isolation. By fractional distillation in vacuo (*154*).

Identification. 3,5-Dinitrobenzoate, m. p. 95—96° (after two recrystallizations from cyclohexane-petroleum ether); phenylurethane, m. p. 55° (after three recrystallizations from methyl alcohol); allophanate, m. p. 184—185° (after four recrystallizations from cyclohexane-petroleum ether) (*187*).

D. Acids.

1. Phenylacetic Acid.

$C_8H_8O_2$.

⟨⟩—CH$_2$—COOH

Properties. m. p. 76.5° (*75*); b. p. 265.5° (*139*); Phenylacetic acid is easily soluble in hot water, sparingly soluble in cold water and very soluble in alcohol or ether. It sublimes readily (*139*).

Occurrence. Present as free acid and ester in *Mentha arvensis*.

Isolation. After extraction with sodium bicarbonate, the extract is made acidic with 10% HCl and extracted with ether. The ether is removed and the residue is recrystallized from water.

Identification. 1. On warming with dilute sulfuric acid and manganese dioxide, phenyl acetic acid develops an odor of benzaldehyde. 2. p-Nitrobenzyl phenyl acetate, m. p. 65° (*129*); phenylacetanilide, m. p. 117—118° (*173*); amide from dodecylamine, m. p. 79° (*95*).

2. Cinnamic Acid.

$C_9H_8O_2$.

Properties. The *trans* isomer has a melting point of 136.5°, whereas that of the *cis* form is 68° (*52*). The acid is insoluble in cold water, somewhat soluble in hot water, readily soluble in ether, and insoluble in petroleum ether (*84*).

Occurrence. Found in the buds of *Populus balsamifera* (*78*) and also in *Globularia alypum* (*227*).

Isolation. Same procedure as for phenylacetic acid.

Identification. p-Nitrobenzylcinnamate, m. p. 116.8° (*129*); phenacyl-cinnamate, 140.5° (*172*).

3. p-Coumaric Acid.

CH = CH — COOH

OH

Properties. m. p. 210—213°. Crystallizes out of hot water free from water of crystallization. In cold water a monohydrate is formed (*164*).

Occurrence. HIRAMOTO and WATANABE (1939) have isolated this acid from the leaves and the bark of the trunk of *Catalpa ovata*. It is found in *Prunus serotina* (*164*) and Norway spruce. SHRINER (1928) reports that this acid in nature is bound with the coloring matter of the grapes, *Vitus labrusca*.

Isolation. About 0.8 g. of the leaves was extracted with boiling sodium bicarbonate solution. The extract was made acidic with 10% HCl and then extracted with ether. After evaporation of the solvent the residue was recrystallized from hot water. Yield: 0.15 g. (*91*).

Identification. p-Coumaric acid gives a brownish gold color with ferric chloride (*90*). It is sometimes characterized as the benzoyl derivative of methyl p-coumaric acid (C_6H_5—CO—C_6H_5—CH =CH—$COOCH_3$). Recrystallized from alcohol, m. p. 129°. The methyl ether of p-coumaric acid melts 185° (*165*).

4. p-Methoxycinnamic Acid.

$C_{10}H_{10}O_3$.

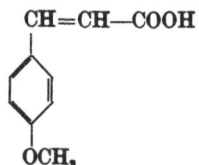

p-Coumaric acid methyl ether.

Properties. Several authors (*119, 165, 235*) reported that this acid displays liquid-crystalline properties, melting first to an opalescent fluid near 170°, finally to a translucent liquid at about 185°.

However, a careful study of the heating curve of the two transformations of this acid led SKAU and MEIER (1935) to observe the temperatures corresponding to the passage from solid to liquid crystals and from liquid crystals to liquid as 172.1° and 187.3°, respectively. The *trans* form is usually isolated. The *cis* form melts at 65°. This acid is moderately soluble in hot water and alcohol and also in hot acetic acid.

Occurrence. POWER and ROGERSON (1910) identified the acid in the hydrolyzed alcoholic extract from the roots of *Veronica virginica* L. It is also believed to exist in extracts from sassflower and kava root.

Isolation. The roots are extracted with chloroform. This extract is in turn shaken with alkaline carbonates and then successively with a 10% solution of sodium hydroxide. Acidification of these extracts gives rise to a resin which again is extracted with chloroform. The extract is again shaken with sodium bicarbonate solution and this solution was acidified. A crystalline material is obtained which on fractional crystallization from ethyl acetate, yields p-methoxy cinnamic acid and 3,4-dimethoxy cinnamic acid (*165*).

Identification. 1. Methyl p-methoxy cinnamate is readily prepared from p-coumaric acid methyl ether and methyl alcohol in the presence of a small amount of sulfuric acid (*165*). 2. The dibromide of the free acid melts at 149° (*88*). 3. The guaiacol ester melts at 102—103°, the α-naphthyl ester at 102°, and the phenyl ester at 76—77° (*67*).

5. Caffeic Acid.

$C_9H_8O_4$.

CH=CH—COOH

OH
OH

Properties. m. p. 194—195°. This acid is very soluble in alcohol and in hot water, but difficultly soluble in cold water and ether. A yellow colored solution is obtained when caffeic acid is dissolved in concentrated sulfuric acid. This solution turns dark brown on heating (*79*).

Occurrence. Caffeic acid has been found to be present in black Scots pine (*Pinus laricio* Poir), and in larch (*18*), and in the bark of *Cinchona cuprea* (*120*) and branches of *Clematis vitalba* L. (*221*).

Isolation. About 18 kg. of dried, ground branches of *Clematis vitalba* L. are extracted with hot ethyl alcohol, when, after the removal of the greater part of the solvent, about 4 kg. of the nearly black extract are obtained. This extract is then treated for several hours with steam, whereupon the dark aqueous liquid is extracted six times with ether. The combined ethereal extracts are washed and then shaken successively with aqueous ammonium carbonate, sodium carbonate and potassium carbonate, the alkaline extracts being immediately acidified.

The total liquid is again extracted with ether, and the ethereal liquid fractionally extracted with many small successive portions of aqueous ammonium carbonate, whereupon crystals are obtained. These are recrystallized from alcohol-ethyl acetate mixture (*221*).

Identification. 1. Reaction between caffeic acid and caustic alkali and methyl iodide in methanol leads to the formation of caffeic acid dimethyl ether (3,4-dimethoxy-cinnamic acid), m. p. 180°. 2. Acetylation with acetic anhydride yields diacetyl caffeic acid. Recrystallized from alcohol, m. p. 190—191° (*213*). 3. A very sensitive test for caffeic acid is a green precipitate immediately obtained upon its treatment with Ba(OH)$_2$ (*174*).

6. Ferulic Acid.

$C_{10}H_{10}O_4$.

3-Methoxy-4-hydroxy-cinnamic acid.

CH=CH—COOH

OCH₃
OCH₃

Properties. m. p. 168—169°. It exists as quadrilateral rhombic needles. Ferulic acid is soluble in water, in ether and in alcohol (*167*).

Occurrence. BAMBERGER (1891) isolated this compound from black scots pine (*Pinus laricio* Poir). BARTH and HLASIWETZ (1866) reported its isolation from the resin of *Asa foetida*. More recently it has been extracted from the bark of the trunk of *Catalpa ovata* (*91*).

Isolation. About 3 kg. of the bark of the trunk of *Catalpa ovata* is extracted with methanol. The extract is evaporated and the residual fluid is extracted with ether. The ether extract is evaporated to dryness and the residual material is extracted with hot water. The crystals which separate from the cooled aqueous solution are p-coumaric acid. The solution is filtered and the aqueous filtrate is heated with 10% hydrochloric acid and then extracted with ether. The ether solution is shaken with sodium bicarbonate solution and the ether solution is again made acidic. After evaporating the solvent the residue is recrystallized from hot water. Colorless needles of ferulic acid, m. p. 170°, are obtained (*91*).

Identification. 1. Vanillin, m. p. 80°, is obtained when ferulic acid is oxidized with permanganate. 2. Heating ferulic acid with acetic acid in an alkaline solution yields 3-methoxy-4-acetoxy ferulic acid, m. p. 196—197°. 3. Methylation with methyl iodide gives rise to 3,4-dimethoxy cinnamic acid, m. p. 180° (*213*).

7. 3,4-Dimethoxy Cinnamic Acid.

$C_{11}H_{12}O_4$.

CH=CH—COOH

OCH₃
OCH₃

Properties. m. p. 180—181°. This derivative of cinnamic acid is rather insoluble in water, but easily soluble in alcohol and ether (*165*).

Occurrence. 3,4-Dimethoxy cinnamic acid is isolated from the rhizome and roots of *Veronica virginica* L. (*165*).

Isolation. The roots of *Veronica virginica* L. are extracted thoroughly in a Soxhlet apparatus with hot ethanol, after which this extract is mixed with water and steam distilled. The aqueous liquid remaining in the flask after distillation is repeatedly extracted with ether, and the combined ethereal extracts evaporated to a small volume. On cooling, a crystalline substance separates which after several recrystallizations from absolute ethyl alcohol yields pure 3,4-dimethoxy cinnamic acid, m. p. 180—181° (*165*).

Identification. Treatment of the acid with an excess sodium amalgam in aqueous or alkaline solution gives rise to 3,4-dimethoxy-dihydrocinnamic acid, which is recrystallized from water, m. p. 96—97° (*213*).

E. Esters.

1. Methyl Cinnamate.

$C_{10}H_{10}O_2$. Cinnamic acid methyl ester.

$$CH=CH-\overset{\overset{\displaystyle O}{\|}}{C}-O-CH_3$$

Properties. Two isomers of methyl cinnamate are possible, the *trans* stereo-isomer usually being called methyl cinnamate and the *cis* form methyl *allo*-cinnamate. The properties of the natural isomer, i. e., *trans*, are: m. p. 36° (*105*); b. p. 254—255°; d_4^{35} 1.0700; n_D^{20} 1.56704; the compound possesses a strong, lasting rather peculiar odor. It is soluble in 7 volumes of 70% alcohol at 20°; in 2—4 volumes at 30—40° (*170*).

Occurrence. Methyl cinnamate has been reported in the ethereal oil from the rhizome of *Alpinia malaccensis* (*181*). It is present to the extent of 48% in the root oil of *Alpinia galanga* and also in *Ocimum canum* oil (*170*). BIRKINSHAW and FINDLAY (1940) have reported the isolation of this ester after the action of *Lentinus lepideus* on Scots pine.

Isolation. After cooling the corresponding fraction of the oil to a low temperature, the resulting precipitate is recrystallized (*30*).

Identification. 1. Saponification of methyl cinnamate with 5 N NaOH and recrystallization with light petroleum ether of the precipitate obtained after acidification yields cinnamic acid, m. p. 136° (*30*). 2. On treating methyl cinnamate with chlorine in carbon tetrachloride in the presence of sunlight, BRÜHL (1896) observed almost a complete conversion into methyl cinnamate dichloride, m. p. 101°. 3. The dibromide, m. p. 116—118°, is prepared in similar fashion (*30*).

2. Ethyl Cinnamate.

$C_{11}H_{12}O_4$. Cinnamic acid ethyl ester.

$$CH=CH-\overset{\overset{\displaystyle O}{\|}}{C}-O-C_2H_5$$

Properties. m. p. 12°; b. p. 271° (*55*); b. p.$_{(22\ mm.)}$ 149° (*131*); b. p.$_{(15\ mm.)}$ 144° (*175*); d_4^{20} 1.0490; n_D^{20} 1.55982 (*39*). Ethyl cinnamate is a colorless liquid possessing a pleasant and somewhat fruity odor. It is soluble in 4—7 volumes of 70 % ethyl alcohol at 20%.

Occurrence. Oil of Styrax and *Campheria galanga*.

Isolation. This ester is usually isolated from natural oils by fractional distillation *in vacuo*.

Identification. 1. The ester is saponified and the products of the reaction, i. e., cinnamic acid and ethyl alcohol, are identified. 2. Bromination of ethyl cinnamate yields the α,β-dibromo derivative of ethyl cinnamate as monoclinic crystals, m. p. 74—75° (*55*). 3. DIELS and HERNTZEL (1905) prepared the cinnamoyl urethane, m. p. 110—111°, directly from the ester and sodium urethane. 4. Ethyl cinnamate, urea and sodium ethoxide give the ureide, m. p. 207—209°, in 24% yield (*106*).

3. Benzyl Cinnamate.

$C_{16}H_{14}O_2$.

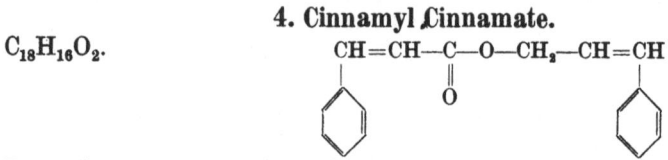

Properties. m. p. 39°; b. p.$_{(5 mm.)}$ 195—196°; d$_{15}^{25}$ 1.1066 (*131*). Benzyl cinnamate consists of white shiny crystals with a strong aromatic odor. It easily decomposes when heated at temperatures above 200° and atmospheric pressure. Consequently, it must be distilled *in vacuo*. It is soluble in 4—7 volumes of 90% ethyl alcohol at 30°.

Occurrence. This ester is an important constituent of styrax, tolu balsam, and Peru balsam. Recently, MACHADO et al. (1941) found benzyl cinnamate to be a constituent (54.3%) of capaiba-jacare balsam.

Isolation. The extract is cooled to sub-zero temperature, whereupon the ester crystallizes (*131*).

Identification. 1. Saponification of this compound yields two identifiable products, benzyl alcohol and cinnamic acid. 2. DUQUENOIS reported that benzyl dibromohydrocinnamate melts at 95° (1938).

4. Cinnamyl Cinnamate.

$C_{18}H_{16}O_2$.

Properties. m. p. 44° (*217*); d$_4$ 1.1565 (*184*). This ester is a white crystalline mass of very weak odor. It is quite soluble in alcohol but very insoluble in water.

Occurrence. Cinnamyl cinnamate is an essential constituent of styrax, balsam Peru, and Honduras balsam (*138*).

Isolation. The styrax is triturated with ligroin, filtered and the filtrate reduced to half its volume. The oil residue is poured off and on standing cinnamyl cinnamate crystallizes. It is recrystallized from alcohol (*138*).

Identification. 1. On adding bromine to an ethereal solution of cinnamyl cinnamate until the solution is no longer decolorized, the ester forms a dibromide, which separates after 24 hours as a white powder. This powder is filtered off, washed with ether, and recrystallized from hot ethanol, m. p. 151° (*138*).

5. Methyl p-methoxy Cinnamate.

$C_{11}H_{12}O_3$.

Properties. m. p. 88—89°; b. p.$_{(755 mm.)}$ 314—315° (*30*).

Occurrence. Methyl p-methoxy cinnamate was identified by BIRKINSHAW and FINDLAY (1940) as one of the metabolic products of *Lentinus lepideus* when it grew on a white scots pine. Since that time, NORD and co-workers (*198, 232*) have studied, in detail, the microbiological activity of this organism. Their experimental data demonstrated that this ester is derived from the carbohydrate portion of the wood rather than from lignin. More recently, EBERHARDT and NORD (1955) have discovered that *Lentinus lepideus* gives rise to the formation of p-hydroxy-phenylpyruvic acid from carbohydrates through the phase sequence:

glucose → heptulose → shikimic acid → *p*-hydroxyphenylpyruvic acid. This α-keto acid is, in turn, converted to methyl *p*-methoxycinnamate.

Isolation. Two liters of nutrient medium of the following composition were made up and sterilized:

Carbohydrate[1]	20 g.
KH_2PO_4	1.5 g.
Neopeptone	1.0 g.
Mg. SO_4.7 H_2O	0.5 g.
Thiamine HCl	2 mg.
Tap water to	1 liter.

After sterilization, this medium is sown with a spore-mycelial suspension of *Lentinus lepideus* and incubated for a period of 40 days. At the end of this period the medium containing the crystalline product and mycelium is filtered, washed with cold water and dried. The dried mycelium is ground and thoroughly extracted overnight with 300 ml. of carbon tetrachloride. On evaporating the solvent, 100 mg. of crude product is obtained. This is purified by sublimation *in vacuo*. A white crystalline product is obtained, m. p. 88° (*232*).

Identification. 1. One gram of methyl p-methoxy cinnamate is dissolved in 100 ml. of pure acetone and about 3 g. of finely powdered $KMnO_4$ added in small portions with shaking and cooling under the water tap. The solution is then filtered and the precipitate washed with acetone and dried. The dried material is extracted with water and the clear colorless filtrate acidified with hydrochloric acid. The crystals are filtered, washed with cold water and dried. One half gram of the crude material (anisic acid) was recrystallized from water, m. p. 183° (*232*). 2. Methyl-p-methoxy cinnamate can also be identified by saponification, the products being methyl alcohol and p-methoxy cinnamic acid, m. p. 173° (*30, 232*).

6. Ethyl p-methoxy Cinnamate.

$C_{12}H_{14}O_3$.

Properties. m.p. 49—49.5°; b.p.$_{(120\ mm)}$ 245° (*234*); b.p.$_{(15\ mm.)}$ 186.5—187°(*144*).

Occurrence. Ethyl-p-methoxy cinnamate has been reported to be present in camphor oil. NAKAO and SHIBUYE (1924) isolated this ester from the rhizome of *Hedychium spicatum* Ham. in 2% yield.

Isolation. Fractional distillation of the crude oil obtained by steam distillation gives a fraction boiling at 170→180° at 8 mm. This oil solidifies and is recrystallized from alcohol (*144*).

Identification. Saponification of this ester yields p-methoxy cinnamic acid and ethyl alcohol.

7. Sinapine Iodide.

$C_{10}H_{24}O_5NI$.

Properties. m. p. 186.2°. Its aqueous solution turns yellow in alkali and gi es a deep red color with strong nitric acid (*125*).

---

[1] Glucose, xylose.

26*

Occurrence. Gadamer (1897) isolated sinapine iodide from mustard seed, *Sinapis alba*. Later, Kung and Huang (1949) obtained this compound from the Chinese drug, *Draba nemorosa*.

Isolation. The 95% hot ethanol axtract of 1 kg. of ground seeds of *Draba nemorosa* is concentrated and then defatted by repeated extraction with ether. A 95% alcoholic solution of the fat free residue after decolorization by activated alumina is concentrated to a syrupy residue, and an equal volume of aqueous (15%) hydroiodic acid is added. On standing, sinapine iodide trihydrate separates in clusters of needles which is recrystallized from water and dried over $CaCl_2$, m. p. 186° (*125*).

Identification. 1. A mixture of 415 mg. of sinapine iodide, 3.6 g. of potassium hydroxide, and 10 ml. of water was refluxed for 15 minutes, and distilled into a 1% hydrochloric acid solution in an atmosphere of N_2 gas. The amine in the distillate is identified as trimethyl amine through its picrate, m. p. 215°. On cooling, the alkaline solution was acidified and sinapic acid was obtained which was recrystallized from acetone, m. p. 193—195° (*125*).

8. Chlorogenic Acid[1].

$C_{16}H_{19}O_9$

Occurrence. Chlorogenic acid occurs mostly in coffee beans (*69a, 79a*).

Properties. m. p. 208° $[\alpha]_D^{25}$ —33.5° (in water). It is very soluble in alcohol and acetone, somewhat soluble in ethyl acetate but insoluble in chloroform, ether, carbon disulfide and cold water. In potassium hydroxide solution chlorogenic acid gives a bright red color.

Isolation. The coffee beans are dried under reduced pressure over P_2O_5 at 100° C for two hours. The beans are then reduced to a powder which is then thoroughly extracted with cold water containing a few milliliters of toluene. The extract is concentrated under reduced pressure, filtered, and the remaining viscous oil is treated with absolute alcohol. After standing at room temperature for twenty-four hours, the mixture is chilled and diluted with water to a 50% alcohol solution. The potassium salt of this preparation is collected on a filter, pressed tightly to remove most of the solvent and then dissolved in a minimum of 50% alcohol containing charcoal and recrystallized. For final purification the salt is dissolved in a small amount of warm water and extracted with chloroform. The aqueous solution is then acidified with dilute sulfuric acid. Chlorogenic acid immediately separates out. It can be recrystallized from hot water. The yield of pure acid is about 1% of the air dried coffee beans (*79a*).

Identification. 1. Color Reactions. If chlorogenic acid is heated with hydrochloric acid for one hour, a reddish violet color is obtained which gives a blue fluorescence. Extraction of the product with ether gives rise to a bright yellow color with blue fluorescence. A water solution of the acid gives a very strong green color when treated with ferric chloride. On addition of a few drops of sodium bicarbonate solution, the green color is changed to blue (*69a, 79a*).

---

[1] Cf. addendum on p. 426

2. Pentaacetyl chlorogenic acid. Refluxing chlorogenic acid and acidic anhydride gives rise to the pentaacetate which is recrystallized from alcohol, yielding bitter tasting needles, m. p. 181° C.

3. Triacetyl chlorogenic acid. Refluxing pentaacetyl chlorogenic acid with aniline or potassium acetate in alcohol or with 20% acetic acid, one obtains the triacetate, which after recrystallization from methanol, melts at 150—152°. It gives a green color when treated with ferric chloride solution.

F. Aldehydes.

1. Cumaldehyde.

$C_{10}H_{12}O$. p-Isopropyl benzaldehyde.

$$
\begin{array}{c}
H \\
| \\
C{=}O
\end{array}
$$

CH

CH$_3$ CH$_3$

Properties. b. p.(760 mm.) 235.5°; b. p.(13 mm.) 109.5° (*158*); d$_{20}$ 0.9775; d$_{15}^{15}$ 0.9818 (*77*); n$_D^{20}$ 1.5301 (*158*). Cumaldehyde possesses a disagreeable odor characteristic of cumin seed and it is quite volatile with steam. It is optically inactive.

Occurrence. Cumaldehyde is the main constituent of cumin seed oil. It is also present in eucalyptus and Ceylon cinnamon oil.

Isolation. Cumin seed oil is shaken with a saturated aqueous solution of sodium bisulfite. A solid addition compound is formed from which the aldehyde is regenerated by treatment with alkali.

Identification. Cumaldehyde is identified by preparation of the following derivatives: 1. Oxidation with alkaline potassium permanganate yields cumic acid which is recrystallized from ethyl alcohol, m. p. 117° (*135*). 2. 2,4-Dinitrophenylhydrazone, m. p. 243°, recrystallized from glacial acetic acid (*43*). 3. Semicarbazone, m. p. 210—211° (*241*).

2. Cinnamaldehyde.

C_9H_8O. Phenyl acrolein.

$$
\begin{array}{c}
O \\
\| \\
CH{=}CH{-}C{-}H
\end{array}
$$

Properties. f. p. —7.5° (*10*); b. p.(760 mm.) 252° (partial decomposition) (*72*); b. p.(20 mm.) 128—130° (*152*); b. p.(10 mm.) 120° (*116*); d$_{15}^{15}$ 1.054—1.058 (*158*); n$_D^{20}$ 1.61949 (*39*). Cinnamaldehyde is a yellow liquid possessing a strong cinnamon odor. It is volatile with steam. This aldehyde is sparingly soluble in water, but soluble in 25 volumes of 50% ethyl alcohol, in 7 volumes of 60% alcohol, and in 2—3 volumes of 70% alcohol. On exposure to air it readily oxidizes first to cinnamic acid, and finally to benzaldehyde and benzoic acid.

Occurrence. Cinnamaldehyde is the main constituent of cassia leaf and bark oil, and of cinnamon bark oil (*13, 25*).

Isolation. This aldehyde is isolated as an addition compound of sodium sulfite or sodium bisulfite. The original compound is regenerated with sodium carbonate solution. A cold solution of sodium bisulfite must be used in order to prevent the formation of a hydrosulfonic acid (211).

Identification. 1. Reaction of cinnamaldehyde with 2,4-dinitrophenyl-hydrazine gives the hydrazone derivative, m. p. 255° with decomposition (43); 2. Semicarbazone, m. p. 208° (246); 3. p-Nitrophenyl hydrazone, m. p. 195° (101).

3. Hydrocinnamaldehyde.

$C_9H_{10}O$. Phenyl propionaldehyde.

$$\text{CH}_2\text{CH}_2\text{—C—H}$$
$$\overset{\text{O}}{\underset{\|}{}}$$

Properties. b. p.$_{(744\,mm.)}$ 221—224°; b. p.$_{(13\,mm.)}$ 104—105° (66); d$_{15}^{15}$ 1.03 (158). Hydrocinnamaldehyde is a colorless oil which has an odor reminiscent of jasmine, hyacinth and lilac. Exposure to air transforms it to phenyl propionic acid, m. p. 48.7°. The aldehyde is soluble in approximately 2 volumes of 70% ethyl alcohol.

Occurrence. Hydrocinnamaldehyde is found in Ceylon cinnamon oil (237).

Isolation. Through the sodium bisulfite compound or the semicarbazone (237).

Identification. 1. Semicarbazone, m. p. 130—131° (136); 2. Oxime, m. p. 93—94° (53); 3. 2,4-Dinitrophenylhydrazone, m. p. 149° (8); 4. Hydrazone from 1-methyl-3-carbohydrazido pyridinium p-toluene sulfonate, m. p. 160° (9).

4. o-Methoxycinnamaldehyde.

$C_{10}H_{10}O_2$. o-Coumaraldehyde methyl ether.

$$\text{CH=CH—C—H}$$
$$\overset{\text{O}}{\underset{\|}{}}$$
$$\text{—OCH}_3$$

Properties. m. p. 45—46°; b. p. 295° (partial decomposition); b. p.$_{(12\,mm.)}$ 160—161° (27). o-Methoxycinnamaldehyde possesses a very strong odor, imparts a yellow color to the skin and it easily decomposes on exposure to heat or light. It is very soluble in ether, alcohol and benzene, but insoluble in ligroin.

Occurrence. This aromatic aldehyde is present in cassia oil (27).

Isolation. Through the sodium bisulfite addition compound (27).

Identification. Oxidation with potassium permanganate yields o-methoxy benzoic acid, m. p. 99°. Treatment with silver oxide leads to o-methoxy cinnamic acid, m. p. 182—183° (27). Other derivatives by which this aldehyde can be identified are, 1. the oxime, m. p. 125—126°; 2. the phenylhydrazone, m. p. 116—117° (72).

5. p-Methoxycinnamaldehyde.

$C_{10}H_{10}O_2$.

$$\text{CH=CH—C—H}$$
$$\overset{\text{O}}{\underset{\|}{}}$$
$$\text{OCH}_3$$

Properties. m. p. 58° (*182*); b. p.$_{(15\,mm.)}$ 171°; d$_0$ 1.137 (*48*). It exists in the form of yellow needles which are very soluble in alcohol.

Occurrence. It occurs in estragon oil (*48*).

Isolation. By the bisulfite addition compound (*48*).

Identification. Oxidation with permanganate yields anisic acid, m. p. 184°; while oxidation with silver oxide leads to p-methoxy cinnamic acid, m. p. 170° (*48*). The following derivatives can also be obtained: 1. oxime, m. p. 154°; 2. semicarbazone, m. p. 222°; 3. phenyl hydrazone, m. p. 136—137° (*182*).

6. Coniferylaldehyde.

$C_{10}H_{10}O_3$. 3-Methoxy-4-hydroxy cinnamaldehyde.

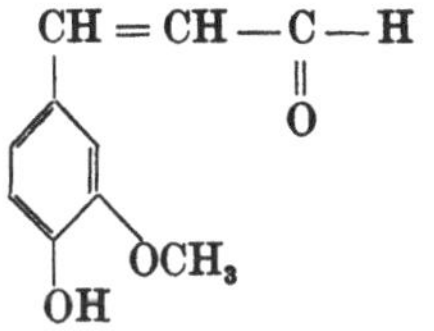

$$CH = CH - C - H$$
$$\| \quad O$$
$$OCH_3$$
$$OH$$

Properties. b. p.$_{(5\,mm.)}$ 175°; b. p. $_{(2.5\,mm.)}$157°; d$^{101}_4$ ^{5} 1.1562 (*149*). KLASON (1930) proposed that this aldehyde exists in an α and β form, the former being the more stable of the two. Its alcohol solution gives a purple color when treated with phloroglucinol-hydrochloric acid.

Occurrence. ADLER and ALLMER (1948) have identified it in spruce and pine hadromal preparations. More recently, it has been found in oak hardwood, maple, walnut, Douglas fir. (*31*).

Isolation. The resin-free wood is extracted with a zinc chloride solution at 70°, which in turn is extracted with ether. Removal of the ether at reduced pressure yields an extract which is commonly known as "hadromal". ADLER and ELLMER (1948) found that treatment of this residue with 2,4-dinitrophenyl hydrazine yields the hydrazone derivative of coniferyl aldehyde and also some hydrazone of vanillin.

Identification. 1. 2,4-Dinitrophenyl hydrazone, m. p. 265—266° (*3*); 2. Diconiferal benzidide from coniferylaldehyde and 0.5 mol. $(C_6H_4NH_2)_2$ in methanol, m. p. 216° (*149*).

7. Sinapaldehyde.

$C_{11}H_{12}O_4$.

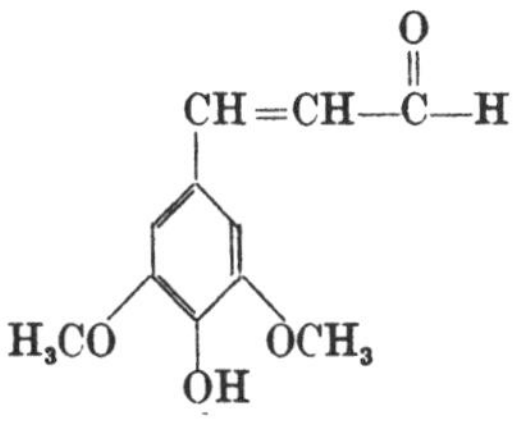

$$O$$
$$\|$$
$$CH = CH - C - H$$
$$H_3CO \quad OCH_3$$
$$OH$$

Properties. m. p. 108° (*151*). Sinapaldehyde is soluble in ethanol and ethyl acetate giving a yellow color. When dissolved in NaOH, the solution becomes orange colored whereas a blood-red color is obtained when dissolved in nitric acid. It colors a ferric chloride solution deep-brown-red. A purple color is obtained when treated with phloroglucinol-hydrochloric acid mixture (1:1) (*151*).

Occurrence. BLACK, ROSEN and ADAMS (1953) have identified this aldehyde in Port oak (*Quercus stellata*), forked leaf oak (*Quercus alba*), white maple (*Acer saccharum*), butternut (*Juglans cinera*), black walnut (*Juglans nigra*), Avodire and Phillipine mahogany.

Isolation and Identification. A coarse meal of wood is extracted at room temperature for several days with 95% ethyl alcohol. The extract is then concentrated to 30 ml. by distillation at 30° under reduced pressure in a stream of nitrogen. The concentrate is extracted repeatedly with ethyl ether, and the ether extract taken nearly to dryness in vacuo. The residue is extracted repeatedly with benzene and the benzene is concentrated to 30 ml. in vacuo for application in paper chromatography (31).

Chromatographic Procedure. The chromatographic method of Stone and Blundell (1951) is employed. The solvent for the upper phase is a 6:2:2 ligroin (b. p. 100—106°), n-butyl ether and water, respectively. Whatman No. 1 filter paper is used.

The extract is applied in a continuous line across a number of large paper sheets and chromatographed for 6 hours. After development and drying, the individual zones are located by spraying a narrow vertical strip, out from the paper sheet, with 2,4-dinitro phenylhydrazine. The appropriate paper strips are thus extracted with ethyl alcohol in a Soxhlet apparatus. Vanillin and syring aldehyde are thus eluted, and coniferyl aldehyde and sinapaldehyde are eluted by cold washing. Sinapaldehyde is identified by its absorption maxima, 347 and 243 mμ. Its alcohol extract can also be evaporated to dryness and the 2,4-dinitrophenyl-hydrazone derivative prepared, m. p. 273° with decomposition.

G. Ketones.

1. Acetophenone.

C_8H_8O. Methyl phenyl ketone.

$$CH_3$$
$$|$$
$$C=O$$

Properties. m. p. 19.5—20.5° (146); b. p.(760 mm.) 202° (216); b. p.(20 mm.) 94.5°; b. p.(13 mm.) 87° (76); d_4^{20} 1.0281; n_D^{15} 1.53631 (216). Acetophenone is somewhat insoluble in water, soluble in organic solvents, and soluble in concentrated sulfuric acid with orange-yellow color. It does not form an addition compound with sodium bisulfite.

Occurrence. This aromatic ketone is present in the oil of Stirlingia latifolia (86).

Isolation. Fractional distillation of the oil yields crude acetophenone which is recrystallized from water.

Identification. Several methods have been outlined for the characterization of acetophenone: 1. Sodium nitro prusside color test (141). To 2 cc. of cold saturated aqueous solution of acetophenone add 2 drops of a 1% aqueous sodium nitro prusside solution and then 2 drops of 10% sodium hydroxide solution. The solution is now divided in two parts, a and b. Acidification of a results in a blue colored solution, which b changes in color from red to yellow within twenty minutes. 2. Oxime, m. p. 59° (50); 3. Semicarbazone, m. p. 201° (193); 4. Phenyl-hydrazone, m. p. 105° (65); 5. 2,4-Dinitro phenyl hydrazone, m. p. 249—250° (7); 6. Treatment with sodium hypoiodide yields iodoform, m. p. 119—121° (191); 7. Oxidation with potassium dichromate and sulfuric acid yields benzoic acid, m. p. 121°.

2. o-Hydroxyacetophenone.

$C_8H_8O_2$. o-hydroxy methyl phenyl ketone.

Properties. b. p.$_{(760\,mm.)}$ 215—220° (*192*); b. p.$_{(14\,mm.)}$ 100°; d$_4^{20}$ 1.131; n$_D^{20}$ 1.5593 (*12*). o-hydroxy acetophenone is soluble in most organic solvents, but sparingly soluble in water. It is volatile with steam.

Occurrence. This compound occurs in *Chione glabra* oil (*54*).

Isolation. Fractional distillation of the crude oil (*54*).

Identification. 1. Color test: intense red color with ferric chloride (*203*); 2. oxime, m. p. 112° (*54*); 3. α-naphthoate, m. p. 108°, and β-naphthoate, m. p. 119° (*231*); 4. phenylhydrazone, m. p. 109—110° (*218*); 5. semicarbazone, m. p. 209—210° (*47*).

3. p-Methyl acetophenone.

$C_9H_{10}O$. Methyl-p-tolyl ketone.

Properties. f. p. —23°; b. p. 226.7° (*83*); b. p.$_{(7\,mm.)}$ 93.5° (*146*); b. p.$_{(1.3mm.)}$ 68°; d$_4^{20}$ 1.0016; d $_{15}^{15}$ 1.007—1.014; n$_D^{20}$ 1.5331 (*145*).

Occurrence. Methyl-p-tolyl ketone was isolated by Naves (1948) from Brazilian Cabreuva tree (*Myrocarpus fastigiatus* and *Myrocarpus frondosus* Allem), and of the rosewood tree (*Aniba rosaedora* Ducke).

Isolation. The oil extract is fractionated *in vacuo*. The p-methyl acetophenone fraction is converted to the semicarbazone which is insoluble in methanol and ethanol. The derivative can be decomposed with 10% aqueous oxalic acid, from which the ketone is obtained by steam distillation (*145*).

Identification. 1. Semicarbazone, recrystallized from ethanol, m. p. 210°; 2. 2,4-dinitrophenylhydrazone, m. p. 257—259°, recrystallized from benzene (*145*); 3. Oxidation with sodium hypochlorite leads to the formation of p-toluic acid, m. p. 179—180° (*223*).

4. 2,4-Dimethoxy-6-hydroxy acetophenone.

$C_{10}H_{12}O_4$. Phloroacetophenone-2,4-dimethyl ether.

Properties. m. p. 82—83° (*121*). It forms colorless needles which are soluble in alkali.

Occurrence. Phloroacetophenone-2,4-dimethyl ether is found in the oil of *Blumea balsamifera* and *Xanthoxylum Anbertia* (*108*).

Isolation. The oil from the above plants is extracted with alkali. The alkaline solution, after extraction with ether, is acidified and the desired product is precipitated. The ketone is recrystallized from benzene or petroleum ether (*108*).

Identification. 1. Treatment with ferric chloride results in the formation of a deep violet colored solution; 2. Oxime, m. p. 108—110° (*108*); 3. Acetate, m. p. 106—107° (*121*).

5. Resacetophenone-4-methyl ether.

$C_9H_{10}O_3$. Paenol.

Properties. m. p. 50° (*203*); soluble in most organic solvents.

Occurrence. NAGAI (1892) identified. this ketone in the bark of *Paeonia Moutan*. It is also present as the glucoside in the roots of *Paeonia arborea* and *P. officinalis*.

Isolation. The glucoside is hydrolyzed with dilute hydrochloric acid to paeonol and glucose. The paeonol is recrystallized from alcohol.

Identification. 1. A red violet color is produced when this ketone is treated with ferric chloride; 2. Acetate, m. p. 46.5°, recrystallized from alcohol (*143*); 3. Phenylhydrazone, m. p. 107° (*2*); 4. p-Nitrophenylhydrazone, m. p. 235—236° (*133*); 5. Azine: 2 molecules of paeonol and 1 molecule of hydrazine hydrate are refluxed for 2 hours. The azine separates out and is recrystallized from glacial acetic acid, m. p. 227° (*2*).

6. Acetovanillone.

$C_9H_{10}O_3$. 3-methoxy-4-hydroxyacetophenone.

Properties. m. p. 115° (*64*); b. p.(15—20 mm.) 233—235° (*142*). Acetovanillone is sparingly soluble in water and very soluble in most organic solvents, with the exception of ligroin and petroleum ether (*64*).

Occurrence. This compound was identified by FINNEMORE (1908) in the roots of *Apocynum cannabinum* and by MOORE (1909) in *A. androsaemefolium*.

Isolation. The roots of *A. cannabinum* are extracted thoroughly with 90% ethanol. The ethanol is then removed by distillation and the residue extracted with hot water. The aqueous solution is extracted with ether and upon removal of the solvent a copious precipitate is obtained which is recrystallized from aqueous ethanol. From 40 kilos of roots are obtained approximately 80 grams of aceto-vanillone (*64*).

Identification. 1. Acetovanillone gives an intensive blue-violet color when treated with ferric chloride (*142*); 2. Acetate, m. p. 57°, recrystallized from dilute ethanol; 3. Phenylhydrazone, m. p. 126°; 4. Semicarbazone, m. p. 166° (*64*).

7. Methoxyphenylacetone.

$C_{10}H_{12}O_2$. Anisketone.

Properties. b. p. 267—269°; b. p.(10 mm.) 136—137°; d_{17}^{17} 1.0707 (*93*); n_D^{20} 1.5253 (*239*). Anisketone is somewhat soluble in water and very soluble in the usual organic solvents.

Occurrence. p-Methoxy phenylacetone is present in small amounts in Chinese star anise oil (*205*).

Isolation. This compound is isolated from nature as the sodium bisulfite addition compound from which the ketone is regenerated and fractionally distilled (*205*).

Identification. 1. Oxidation with silver oxide yields anisic acid, m. p. 183° (*205*); 2. When treated with sodium hypoiodide, anisketone yields iodoform, m. p. 119—121°, and p-methoxy phenylacetic acid (*215*); 3. Semicarbazone, m. p. 182° (*214*); 4. It forms two oximes, I. m. p. 78—79°, II. m. p. 61—62° (*93*).

H. Phenols.

1. p-Isopropylphenol.

$C_9H_{12}O$. p-hydroxycumene, p-cumenol.

Properties. m. p. 60° (*57*); b. p.(745 mm.) 228—229°; b. p.(19 mm.) 119° (*22*); b. p.(10 mm.) 109—111° (*226*).

Occurrence. EARL and TRIKOJUS (1925) identified p-isopropyl phenol in the oil of *Eucalyptus polybractea* R. T. Baker, whereas PENFOLD (1925) isolated this compound from the oil of *Eucalyptus Bakeri* Maiden.

Isolation. The high boiling fraction of the oil of the above mentioned Eucalyptus species is extracted with 5% alkali and this alkaline solution is acidified. The crude phenol is thus obtained and purified by fractional distillation (*153*).

Identification. 1. It gives a green color with ferric chloride; 2. Methylation with dimethyl sulfate and alkali transforms the phenol to the methyl ether, which in turn is oxidized to anisic acid, m. p. 184°; 3. Benzoate, m. p. 71° (*98*).

2. Carvacrol.

$C_{10}H_{14}O$. 2-methyl-5-isopropyl phenol.

Properties. m. p. 1°; b. p. 237.5° *(107)*; b. p.$_{(16 \text{ mm.})}$ 119° *(188)*; d$_4^{20}$ 0.9772 *(56)*; n$_D^{20}$ 1.52338 *(71)*. Carvacrol is a colorless, viscid liquid which darkens on exposure to air. It must be cooled well below its melting point before solidification occurs. It is quite insoluble in water but very soluble in organic solvents.

Occurrence. Carvacrol is a main constituent of oils derived from the *Labiatae* family (oil of origanum) *(71)*.

Isolation. Origanum oil is extracted with 5% alkali and the alkaline solution is then acidified. The pure carvacrol is obtained by extraction of the acid solution with ether.

Identification. 1. A concentrated alcohol solution of carvacrol gives a green color when treated with ferric chloride; 2. Phenylurethane, m. p. 134—135° *(245)*; 3. α-Naphthylurethane, m. p. 166° *(68)*; 4. Oxidation with potassium permanganate yields thymoquinone, m. p. 45.5° *(46)*; 5. Heating with potassium hydroxide yields isohydroxycuminic acid, m. p. 93° *(104)*.

3. Thymol.

$C_{10}H_{14}O$. 3-methyl-6-isopropyl-phenol.

Properties. m. p. 51.5° *(134)*; b. p. 233°; d$_{20}^{20}$ 0.9757; n$_D^{20}$ 1.52269 *(158)*. Thymol is very sparingly soluble in water but very soluble with chloroform, ether alcohol and benzene. It does not give any coloration when treated with ferric chloride in alcohol. Like carvacrol, it can be cooled below its melting point without solidifying.

Occurrence. Thymol is present in oil of thyme *(Thymus valgaris)*, ajowan, *Ocimum gratissimum* and *O. viride* *(4)*.

Isolation. The natural oil is extracted with 5% sodium hydroxide solution, which was subsequently freed of non-phenolic constituents by ether extraction, and finally acidified with dilute acid. The product is recrystallized at low temperatures.

Identification. 1. Quantitative Determination *(85)*: Into a well cleaned 150 ml. cassia flask, having a long thin neck graduated in 0.1 cc. divisions, introduce exactly 10 ml. of the oil. Add 75 ml. of an aqueous 5% potassium hydroxide solution. Stopper and shake thoroughly for exactly 5 minutes and then let it stand undisturbed for 1 hour, after which the undissolved oil is formed into the neck by the careful addition of more potassium hydroxide solution. The amount of phenol which does not dissolve in the alkali is measured. The phenol content, expressed as a volume/volume percentage, is calculated from the following formula:

% of phenol = 10 (10 — no. of ml. of undissolved oil).

2. Phenylurethane, m. p. 106—107° *(245)*; 3. p-Nitrobenzoate, m. p. 85.5°;
4. Nitroso derivative, m. p. 161—162° *(116)*; 5. p-Iodophenyl urethane, m. p.
175—176° *(178)*; 6. Oxidation with potassium bichromate and sulfuric acid yield
thymoquinone, m. p. 45.5° *(19)*; 7. Color reactions: a) When fused with phthalic
anhydride, thymol develops a violet red color. b) Dissolve a small crystal of
thymol in 1 ml. of glacial acetic acid, add 6 drops of sulfuric acid and 1 drop of
nitric acid. When viewed by reflected light the liquid shows a deep bluish-green
color. c) Thymol is dissolved in concentrated sulfuric acid and then treated with
ferric chloride. The solution becomes violet in color *(87)*.

4. Chavicol.

$C_9H_{10}O$. p-allyl phenol.

CH_2—CH=CH_2

OH

Properties. m. p. 16°; b. p. 215°; $d_4^{15.5}$ 1.0203; n_D^{20} 1.5448 *(182a)*. Chavicol
is sparingly soluble in water and soluble in organic solvents.

Occurrence. p-Allylphenol exists in the oil of betel leaf. ZEMPLÉN (1937) was
able to show that chavicol-β-rutinoside is present in *Cerasus lusitanica* Lois (247).

Isolation. The oil of the betel leaf is extracted with dilute alkali. Fractional
distillation of the acidified extract yields chavicol *(182a)*.

Identification. 1. The water solution of chavicol gives a blue color with ferric
chloride; 2. 3,5-Dinitrobenzoate, m. p. 103—104° *(182a)*.

5. Allyl protocatechol.

$C_9H_{10}O_2$. Hydroxy chavicol.

CH_2—CH=CH_2

—OH

OH

Properties. m. p. 48°; b. p.(16 mm.) 156—158°; b. p.(4 mm.) 139°; n_D^{29} 1.5600 *(159)*.
This compound possesses an odor reminiscent of creosite. It is soluble in water
and in alcohol and crystallizes from petroleum ether or benzene in the form of
long, colorless needles.

Occurrence. The derivative of catechol is present in Java betel leaf oil *(26)*.

Isolation. The betel leaf oil is extracted with dilute alkali. Acidification
of the alkaline extract yields the phenol, which is purified by fractional distillation.

Identification. 1. An alcohol solution of allyl-pyrocatechol develops a deep
green color on treatment with ferric chloride; 2. Dibenzoate, m. p. 71—72°;
3. Dibenzyl ether, m. p. 37—38°; 4. Diacetate, b. p.(7 mm.) 157° *(182a)*.

6. Eugenol.

$C_{10}H_{12}O_2$. 1-allyl guaiacol.

CH_2—CH=CH_2

OCH$_3$

OH

Properties. m. p. 10.3°; b. p. 253.1—253.4°; b. p.$_{(10\,mm.)}$ 121.3°; b. p.$_{(5\,mm.)}$ 111°; d_4^{20} 1.0651; n_D^{20} 1.5410 (126). Eugenol possesses a strong odor of cloves and a burning taste. It is soluble in most organic solvents.

Occurrence. Eugenol is a main constituent of the oil of clove stem and leaf of the family *Myrtaceae* and *Lauraceae*. It is also present to some extent in cinnamon bark, camphor sassafras, etc. SABETAY and TRABAUD (1939) reported 21% of eugenol in the oil from the flowers of the Parma violet.

Isolation. According to HUNGER (1941), the oil of the plant in question is extracted with concentrated alkaline solution. Non-phenolic constituents are removed by steam distillation. The residue is acidified and the pure eugenol is obtained by fractional distillation.

Identification. 1. An alcohol solution of eugenol gives a blue color when treated with ferric chloride. BEZSSENOFF's reagents gives a blue color also. 2. Benzoate, m. p. 69.5° (102). 3. 2,4-Dinitrophenyl ether, m. p. 114—115° (37). 4. Dibromide, m. p. 80°. 5. Mercury derivative derived from mercuric acetate, m. p. 95—96° (168).

7. Chavibetol.

$C_{10}H_{12}O_2$. 1-allyl-3-hydroxy-4-methoxy benzene.

Properties. m. p. 8.5° (180); b. p. 254—255° (26); b. p.$_{(12\,mm.)}$ 124° (182a); b. p.$_{(4\,mm.)}$ 107—108°; d_4^{25} 1.0613; n_D^{25} 1.5379 (180).

Occurrence. This phenol occurs in betel oil (26).

Isolation. The oil containing the chavibetol is extracted with 5% alkaline solution which is then acidified to regenerate the phenol and finally fractionally distilled. SCHÖPF and co-workers (1940) have devised the following method: 42 g. of the phenolic mixture is added to a cold mixture of 120 ml. of absolute ethyl alcohol containing 10 g. of potassium hydroxide. The chavibetol remains in the alcohol filtrate and is recovered therefrom (182a).

Identification. 1. An alcohol solution of this compound is colored deep blue green with the addition of ferric chloride. 2. Treatment with potassium hydroxide converts chavibetol to isochavibetol, m. p. 96° (26). 3. Methylation with dimethyl sulfate and sodium hydroxide leads to the formation of the methyl ether which upon oxidation yields veratric acid, m. p. 179—180° (160). 4. Benzyl ether, m. p. 48° (182a).

8. Isoeugenol.

$C_{10}H_{12}O_2$.

Properties. Isoeugenol exists in a *cis* and *trans* form. Some of the properties of the two forms are as follows:

	cis		*trans*	
m. p.			33—34°	(*35*)
b. p.$_{(13\ mm.)}$	134—135°	(*35*)	141—142°	(*35*)
b. p.$_{(5\ mm.)}$	115°	(*110*)	118°	(*110*)
d$_4^{20}$	1.0851	(*35*)	1.0852	(*35*)
n$_D^{k}$	1.5726	(*35*)	1.5782	(*35*)

Occurrence. Isoeugenol occurs in the oil of ylang ylang and nutmeg (*166*).

Isolation. The high boiling fraction of ylang ylang oil is obtained by fractional distillation *in vacuo*. Extraction of this fraction with dilute alkali, acidification and fractional distillation of the regenerated phenol yields pure isoeugenol (*166*).

Identification. 1. Treatment of an alcohol solution of isoeugenol with ferric chloride results in an olive green color (*166*). 2. Piperazine derivative, m. p. 79° (*179*). 3. Benzoate, m. p. 68° (*166*). 4. α-Naphthyl-urethane, m. p. 149—150° (*68*). 5. 3,5-Dinitrobenzoate, m. p. 158.4° (*161*).

I. Phenol Ethers.

1. Methyl Chavicol.

$C_{10}H_{12}O$. p-methoxy allylbenzene.

Properties. b. p. 213—215°; b. p.$_{(12\ mm.)}$ 97—97.5°; d$_{25}^{25}$ 0.9600; n$_D^{22}$ 1.51372 (*89*). It has an odor reminiscent of anise.

Occurrence. Methyl chavicol is found in oil of estragon, star anise, basil and turpentine (*89*). Recently, GOTO (1941) determined its presence in the oil of the leaves of Manchurian *Fagara mantshurica* Honda.

Isolation. This phenol ether is obtained by fractional distillation *in vacuo* of the natural oil (*89*).

Identification. 1. Oxidation with dilute potassium permanganate yields p-methoxy phenyl acetic acid, m. p. 84—85°. A small amount of anisic acid, m. p. 184°, is formed also (*80*). 2. When two parts of solid potassium hydroxide is heated with one part of methyl chavicol for 2 hours at 130°, one obtains anethole, m. p. 22°, b. p.$_{(14\ mm.)}$ 113° (*229*). 3. Monobromomethyl chavicol dibromide, m. p. 62.4° (*80*).

2. Anethol.

$C_{10}H_{12}O$. p-methoxypropenyl benzene.

Properties. m. p. 22—23° (*33*); b. p. 232—234°; d$_{25}$ 0.966; n$_D^{18}$ 1.56149 (*230*). Anethole is a white crystalline mass of intensely sweet odor and taste, characteristic of anise seed. It is insoluble in water, but miscible in all proportions with organic solvents. Anethole undergoes deep seated changes when exposed to light or air. MILAS (1930) suggests that oxidation occurs to form anisaldehyde, anisic acid, acetaldehyde and acetic acid.

Occurrence. Anethole occurs in star anise oil *(Illicium verum)* and to a greater extent in the volatile oils from the seed of plant species belonging to the family of *Umbelliferae* (*5, 205*).

Isolation. The fraction of the natural oil boiling about 230—240° is collected and then cooled to a low temperature. Anethole is obtained in pure crystalline form (*5, 205, 230*).

Identification. 1. Bromination of anethole: Anethole is dissolved in ether and the solution is chilled. 2 moles of bromine dissolved in ether are added very slowly with vigorous stirring. The ether is removed and the residue is washed with a small amount of alcohol. The material is recrystallized from petroleum ether yielding needles of 2-mono-bromoanethole dibromide, m. p. 107—108° (*222*). 2. Oxidizing anethole with potassium permanganate, KING and MURCH (1925) obtained anisic acid, m. p. 184°. 3. 1,2,3,ₐ8-tetrahydro-7-methoxy-3-methyl-1,2-naphthalenedicarboxylic acid, m. p. 292°, is a product of anethole-maleic anhydride condensation. According to HUDSON and ROBINSON (1941), anethole and maleic anhydride are heated under reflux for 12 hours in a toluene medium. The product is washed with alcohol, hydrolyzed with boiling 2 N sodium hydroxide, and precipitated with hydrochloric acid.

3. Feniculin.

$C_{14}H_{18}O$. p-anethole prenyl ether.

Properties. m. p. 23.5—24.5°; b. p.$_{(5 mm.)}$ 147°; d_{15} 0.967 (*195*). This substance is very insoluble in water but soluble in the usual organic solvents. It readily decomposes to give acetic acid.

Occurrence. TAKENS (1929) and SPÄTH and BRUCK (1938) have isolated feniculin from fennel oil.

Isolation. Fennel oil is fractionally distilled and the fraction coming over at 147°/5 mm. is collected (*204*).

Identification. 1. A phenol is obtained when feniculin is heated at 260°. This phenol is methylated and then oxidized to yield anisaldehyde. The p-nitrophenylhydrazone derivative of anisaldehyde melts at 161° (*195*).

4. Aceteugenol.

$C_{12}H_{14}O_3$. Eugenol Acetate.

Properties. m. p. 30° (*207*); b. p. 281—282° (*59*); b. p.(13 mm.) 163—164° (*207*); b. p.(6 mm.) 142—143° (*118*); d_{15} 1.0842 (*59*); n_D^{20} 1.52069 (*118*).

Occurrence. This ester occurs in dried clove buds (*59*).

Isolation. Since eugenol is usually present along with eugenol acetate, ROWAAN and INSINGER (1939) suggest that the clove bud oil be pretreated with tartaric acid paste and then extracted with cold dilute potassium hydroxide solution to remove the eugenol. Aceteugenol is obtained by distillation *in vacuo*.

Identification. 1. Saponification yields eugenol (*59*).

5. Methyl Eugenol.

$C_{11}H_{14}O_2$. Eugenol methyl ether.

Properties. b. p.(11 mm.) 128—129° (*26*); d_4^{15} 1.0386 (*63*); n_D^{17} 1.5383 (*1*). This is a viscid liquid which is soluble in 4—5 volumes of 60% alcohol.

Occurrence. It has been obtained from Canada snake root oil, oil of citronella and acacia flowers (*26*).

Isolation. By fractional distillation (*26*).

Identification. 1. Bromination yields bromoeugenol methyl ether dibromide, m. p. 78° (*222*). 2. Oxidation with potassium permanganate yields veratric acid, m. p. 179—180° (*240*). 3. Eugenol methyl ether picrate, m. p. 114—115° (*20*). 4. Eugenol methyl ether nitrate, m. p. 125° (*240*).

6. Methyl Isoeugenol.

$C_{11}H_{14}O_2$. Isoeugenol methyl ether.

Properties. Methyl isoeugenol exists in a *cis* and *trans* form.

m. p.	5.5—6.5°	(*73*)	16—17°	(*73*)
b. p.	270°	(*73*)		
b. p.(8 mm.)	136—137°	(*73*)		
d_4^{20}	1.0521	(*35*)	1.0528	(*35*)
n_D^{20}	1.5616	(*35*)	1.5692	(*35*)

Its solubility in organic solvents is similar to eugenol.

Occurrence. Methyl isoeugenol occurs in oil of *Cymbogon javenensis* and *Asarum arifolium* (*73*).

Isolation. Fractional distillation *in vacuo* of the natural oil.

Identification. 1. Bromination according to UNDERWOOD, BARIL and TOONE (1930): During the addition of bromine the ether solution of isoeugenol methyl ether is cooled in ice. Subsequently, the reaction mixture is allowed to stand for half an hour at room temperature and then cooled in an ice-hydrochloric acid mixture. Crystallization is induced by scraping the wall of the container with

a sharp glass rod. The dibromide is recrystallized from ether, m. p. 101—101.5°.
2. Oxidation with potassium permanganate yields veratric acid, m. p. 179—180°
(*240*). 3. Condensation between methyl isoeugenol and maleic anhydride gives
a product ($C_{49}H_{50}O_{18}$), m. p. 300—305° (*38*).

7. Safrole.

$C_{10}H_{10}O_2$. allyl pyrocatechol methylene ether.

$$CH_2—CH=CH_2$$

Properties. m.p. 11° (*168*); b.p.(759 mm.) 233° (*73*); b.p.(10—11mm.) 100—101° (*159*);
d_4^{20} 1.100 (*244*); n_D^{20} 1.5381 (*159*). Safrole is a colorless liquid which becomes
yellow on standing. On cooling, it forms a crystalline mass. Safrole is insoluble
in water, soluble in alcohol or ether.

Occurrence. American sassafrass oil, star anise oil, oil of cinnamon leaf,
American wormseed, California laurel and *Illicium paroiflorum* are sources of
safrole (*62, 67, 102*).

Isolation. According to FOOTE (1938) safrole can be isolated in good yields
by cooling the safrole containing fraction of the oil, obtained through fractional
distillation, to at least —12°.

Identification. 1. Bromo derivative: Bromine is added dropwise to an alcohol
solution of safrole. The mixture is then heated for 15 minutes on a water bath
and chilled. Crystals separate immediately. Pentabromosafrole, recrystallized
from benzene, melts at 169—170° (*222*). 2. Safrole picrate, m. p. 104—105.5°
(*20*). 3. Oxidation of safrole in acetone with potassium permanganate yields
piperonylic acid, m. p. 228° (*67*). 4. Oxidation with chromic acid mixture forms
piperonal, m. p. 35°. 5. Heating with alkali transforms safrole to isosafrole,
which is oxidized to piperonal (*163*).

8. Isosafrole.

$C_{10}H_{10}O_2$. Propenyl pyrocatechol methylene.

$$CH=CH—CH_3$$

Properties. WATERMAN and PRIESTER (1928) have shown that only the
trans isomer of this ether is known with certainty. m. p. 6.7°; b.p. 248°; b.p.(20 mm.)
149°; b. p.(14 mm.) 105—106°; d_4^{20} 1.122; n_D^{20} 1.5782. Isosafrole is a colorless liquid
which polymerizes under the influence of acids. It is soluble in all the usual
organic solvents.

Occurrence. Isosafrole is present in ylang ylang oil.

Isolation. The high-boiling fraction of ylang ylang oil is fractionally distilled.

Identification. 1. According to IMOTO (1934), piperonylic acid is obtained
when isosafrole is oxidized with potassium permanganate. To 15 g. of isosafrole
dissolved in 135 ml. of water are added with vigorous stirring 69 g. of potassium
permanganate dissolved in water to make a 4% solution. The oxidizing agent
is added dropwise over a period of one hour at a temperature of 80—90°. After

the passage of another 30 minutes, the reaction mixture is filtered, the unreacted products are steam distilled and the organic acid is precipitated with hydrochloric acid. Reasonably pure piperonylic acid, m. p. 226—227°, is obtained. 2. Bromo isosafrole dibromide, m. p. 109° (222). 3. Isosafrole picrate, m. p. 74—75° (20). 4. Phenylimide derivative, m. p. 243° (94).

9. Elemicin.

$C_{12}H_{16}O_3$. 3,4,5-trimethoxy-1-allylbenzene.

$$CH_2—CH=CH_2$$

H$_3$CO

OCH$_3$
OCH$_3$

Properties. b. p.$_{(17 mm.)}$ 152—156° (242); b. p. $_{(10 mm.)}$ 144—147°; d_{20} 1.063; n_D 1.52848 (74).

Occurrence. The compound is the main constituent of Manila elemi oil (189). PICKLES (1912) also identified it in "Nepal Camphor" tree. It is present in small amounts in the oil of *Melaleuca bracteata* (156).

Isolation. SEMMLER (1908) purified the fraction of elemi oil boiling at 277° to 280° by refluxing with formic acid whereby the allyl compound remains unchanged and the propenyl compounds are destroyed. For further purification the allyl compound is redistilled.

Identification. 1. Oxidation of elemicin with potassium permanganate yields trimethyl gallic acid, m. p 169° (189). 2. Rearrangement through treatment with alkali and then bromination yields the dibromide of isoelemicin, m. p. 88° to 89° (74).

10. Calamol.

$C_{12}H_{16}O_3$. $(CH_3O)_3 \cdot C_6H_2 \cdot (CH_2—CH=CH_2)$.

Properties. b. p.$_{(5 mm.)}$ 153—154°; $d_4^{30.1}$ 1.07021; $n_D^{30.1}$ 1.55012 (169). This oil is colorless, mobile liquid with a strong and rather pleasant aromatic odor.

Occurrence. QUDRAT-I-KHUDA, MUKHERJEE and GHOSH (1939) isolated calamol from the rhizomes of *Acorus calamus*.

Isolation. The rhizome from Ghore Bacha (Indian variety) is ground to a very fine mesh, mixed with water and steam distilled. The distillate is saturated with sodium chloride, extracted twice with ether, the extract dried over fused CaCl$_2$ and the solvent removed. The residual oil is fractionally distilled under reduced pressure to produce calamol in about 8% yield (169).

Identification. The structure of the phenol ether has not been elucidated. 1. Oxidation with permanganate yields calamonic acid $(CH_3O)_3 C_6H_2—COOH)$, m. p. 143°. 2. Treatment with alkali yields isocalamol, b. p.$_{(2 mm.)}$ 133°. 3. Dihydro derivative, b. p.$_{(2 mm.)}$ 124° (169).

11. cis-Asarone.

$C_{12}H_{16}O_3$. 3,4,6-trimethoxy-1-propenyl benzene.

$$CH=CH—CH_3$$

H$_3$CO

OCH$_3$
OCH$_3$

Properties. m. p. 62—63°; b. p.$_{(12\,mm.)}$ 167—168°; d$_{30}^{30}$ 1.112; n$_{D}^{20}$ 1.5683; R$_{LD}$ 62.7 (171). The cis-isomer of asarone is odorless and colorless. It is slightly soluble in hot water, readily soluble in alcohol, ether and chloroform.

Occurrence. cis-Asarone occurs in the oil of *Asarum arifolium*, in the roots of *A. europaeum*, and in the leaves of *Piper angustifolium* (32).

Isolation. The natural oil is fractionally distilled and the asarone fraction is cooled to a low temperature. The product is recrystallized from water (206).

Identification. 1. Oxidation with chromic acid yields asaryl aldehyde, m. p. 114° (74). 2. Asarone pseudonitrosite, m. p. 130° with decomposition. 3. Picrate, 182°—183°. 4. Dibromide, m. p. 86° (171).

12. trans-Asarone.

$C_{12}H_{16}O_3$. β-asarone.

Properties. b. p.$_{(12\,mm.)}$ 162—163°; d$_{30}^{30}$ 1.082; n$_{D}^{20}$ 1.5552; R$_{LD}$ 62.2 (171). It has the same solubility characteristics as cis-Asarone. It is pale yellow oil.

Occurrence. β-asarone was first isolated by RAO and SUBRAMANIAM (1937) from the oil of the roots of *Acorus calamus*, L.

Isolation. It is separated from calamus oil by repeated fractionation (171).

Identification. 1. Reduction of β-asarone with sodium and alcohol yields 2,4,5-trimethoxypropyl-benzene, b. p.$_{(6\,mm.)}$ 128°. 2. Bromination in dry ether at —20° give a dibromide, m. p. 82—83°. 3. β-asarone-pseudo-nitrosite, m. p. 130° with decomposition (171).

13. Myristicin.

$C_{11}H_{12}O_3$. 3,4-methylenedioxy-6-methoxy-1-allylbenzene.

Properties. b. p.$_{(40\,mm.)}$ 171—173° (166); b. p.$_{(15\,mm.)}$ 149.5° (209); b. p.$_{(0.2\,mm.)}$ 95—97° (220); d$_{20}^{20}$ 1.1437; n$_{D}^{20}$ 1.54032 (166). Myristicin has a slightly aromatic odor.

Occurrence. This ethereal oil occurs in nutmeg, mace and parslex (166, 209). HUZITA (1940) has detected it in small amounts in *Orthodon tenuicaule* Koidy.

Isolation. Myristicin is isolated by fractional distillation *in vacuo* (166, 209).

Identification. 1. Dibromomyristicin dibromide, m. p. 130° (220); 2. Treatment with alkali converts myristicin to isomyristicin, m. p. 44° (166); 3. Oxidation with permanganate yields myristicinaldehyde, m. p. 130°, and myristicinic acid, m. p. 208—210° (209).

14. Isomyristicin.

$C_{11}H_{12}O_3$.

Properties. m. p. 44°; b. p.$_{(18\,mm.)}$ 166°; n$_D^{45.5}$ 1.56551 (*166*). It is a colorless, viscid liquid, which when placed in a freezing mixture, readily solidifies.

Occurrence. Isomyristicin occurs in oil of mace and dill herb (*171*).

Isolation. By fractional distillation *in vacuo*.

Identification. 1. Dibromoisomyristicin dibromide, m. p. 156° (*220*).

15. Croweacin.

$C_{11}H_{12}O_3$.

Properties. b. p.$_{(10\,mm.)}$ 129—131°; d$_{15}^{15}$ 1.1346; n$_D^{19.5}$ 1.5346 (*15*).

Occurrence. PENFOLD and MORRISON (1939) first isolated croweacin from the leaves and terminal branches of *Eriostemon crowei (Crower saligna)*.

Isolation. This aromatic ether is isolated by repeated fractional distillation *in vacuo*.

Identification. 1. Bromine (1 ml.) is added to croweacin (0.3 g.) in acetic acid (5 ml.) and the solution kept for 12 hours prior to dilution with water. The precipitated solid is filtered off from much oily impurity, which does not solidify. The dibromocroweacin dibromide is crystallized from dilute alcohol in fine needles, m. p. 108° (*157*). 2. Oxidation of croweacin with permanganate yields croweacic acid, m. p. 153°, and the glycol, m. p. 97°. 3. Treatment of croweacin with alkali results in the formation of isocroweacin, which is isolated as the picrate, m. p. 75—76° (*15*).

16. Allyltetramethoxybenzene.

$C_{13}H_{18}O_4$. 2,3,4,5-tetramethoxy-1-allylbenzene

Properties. m. p. 25°; d$_{25}$ 1.087; n$_D^{25}$ 1.51462 (*210*).

Occurrence. THOMS (1908) isolated this phenol ether from French parsley seed oil.

Isolation. The seed oil is fractionally distilled, the corresponding fraction is cooled to a low temperature and the solid is recrystallized (*210*).

Identification. 1. Oxidation with potassium permanganate yields tetra-methoxybenzoic acid which crystallizes in the form of long needles, m. p. 87° (*29*).

17. Apiole.

$C_{12}H_{14}O_4$.

Properties. m. p. 28°; b. p. 292° (*228*); b. p.$_{(34\,mm.)}$ 179° (*45*); d$_{15}^{15}$ 1.1788; n$_D^{14}$ 1.5380 (*62*). VOLOCHNEVA (1930) reported that apiole is polymorphic with an unstable form, m. p. 18—19°. Apiole is quite insoluble in water, but soluble in alcohol, ether or in fatty oils.

Occurrence. This phenol ether has been found to exist to a great extent in parsley seed oil (*209*).

Isolation. The high boiling fraction of parsley seed is fractionally distilled and the corresponding fraction is chilled to a low temperature. The resulting solid is recrystallized from alcohol and petroleum ether (*209*).

Identification. 1. Quantitative determination of apiole (*228*): 2.2 g. of apiole is dissolved in 200 ml. of 95% ethyl alcohol. Take aliquots of 5, 10 and 15 ml., add to each 5 ml. of 0.1 N KBrO$_3$, 10 ml. of a 33% KBr solution, then, after 2 minutes, add 25, 20 and 15 ml. of ethyl alcohol, respectively, and 10 ml. of 10% hydrochloric acid. After 2 minutes add 10 ml. of 10% KI solution and 10 ml. of ethyl alcohol. Titrate the solutions with standard Na$_2$S$_2$O$_3$. A blank is run with the same quantities of reagents. One mol. of apiole (*222*) requires 4 atoms of bromine. 2. Qualitative colorimetric test (*109*): To 1 ml. of the alcoholic solution add 5 drops of 2.5% solution of phosphomolybdic acid in dilute alcohol. Then add 0.5 ml. of concentrated sulfuric acid and shake. A deep blue-green color changing to orange-red on heating indicates apiole. 3. Bromoapiole dibromide, m. p 80° (*16*). 4. Boiling with alkali converts apiole to isoapiole, m. p. 55—56° (*209*).

18. Dillapiole.

C$_{12}$H$_{14}$O$_4$.

Properties. b. p. 285° (*45*); b. p.$_{(16\,mm.)}$ 172—173° (*14*); b. p.$_{(11\,mm.)}$ 162° (*45*); d$_{15}^{15}$ 1.1598; n$_D^{25}$ 1.52778 (*196*). This is a viscid, almost colorless oil.

Occurrence. HUZITA (1940) has detected dillapiole in *Orthodon formosanum* Kudo to the extent of 62%. It is also present in East Indian, Japanese and Spanish dill oils as well as in *Crithmum maritimum*, Bamba oil and *Ligusticum scoticum* (*111, 196*).

Isolation. By fractional distillation *in vacuo* (*209*).

Identification. 1. Alcoholic potassium hydroxide converts dillapiole to dillisoapiole, m. p. 44°. The tribromide of the *iso* compound melts at 115° (*49*). 2. Oxidation with permanganate yields dillapiolaldehyde, m. p 75°, and dillapiolic acid, m. p. 144° (*111*). 3. Monobromoapiole dibromide, m. p. 107° (*14*).

References.

1. ABATI, G.: Gazz. chim. ital. **40**, 2, 91 (1910). — 2. ADAMS, R.: J. Amer. Chem. Soc. **41**, 260 (1919). — 3. ADLER, E., and L. ELLMER: Acta chem. scand. **2**, 839 (1948). — 4. ALBERS, C. C.: Pharm. Arch. **13**, 39 (1942). — 5. ALBRIGHT, A. R.: J. Amer. Chem. Soc. **36**, 2198 (1914). — 6. ALDER, K., F. PASCHER and H. VOGT: Ber. dtsch. chem. Ges. **75**, 1514 (1942). — 7. ALLEN, C. F. H.: J. Amer. Chem. Soc. **52**, 2955 (1930). — 8. ALLEN, C. F. H., and J. W. GATES JR.: J. Org. Chem. **6**, 599 (1941). — 9. ALLEN, C. F. H., and J. H. RICHMOND: J. Org. Chem. **2**, 224 (1937). — 10. ALTSCHUL, M., and B. v. SCHNEIDER: Z. physik. Chem. **16**, 24 (1895). — 11. ASHWORTH, F., and G. N. BURKHARDT: J. Chem. Soc. **1928**, 1798. — 12. AUWERS, K. V.: Liebigs Ann. **408**, 245 (1915).

13. BACON, R. F.: Phillipine J. Sci. 4, 93 (1911); Chem. Zbl. 1911 I, 147. — 14. BAKER, W., E. H. T. JUKES and J. SUBRAHMANYAM: J. Chem. Soc. 1934, 1682. — 15. BAKER, W., A. R. PENFOLD and J. L. SIMONSEN: J. Chem. Soc. 1939, 441. — 16. BAKER, W., and R. I. SAVAGE: J. Chem. Soc. 1938, 1607. — 17. BAMBERGER, M.: Monatshefte für Chemie 12, 444 (1891). — 18. BAMBERGER, M.: Monatshefte für Chemie 18, 502 (1897). — 19. BARGELLINI, G.: Gazz. chim. ital. 53, 238 (1923). — 20. BARIL, O. L., and G. H. MEGRDICHIAN: J. Amer. Chem. Soc. 58, 1415 (1936). — 21. BARTH, L., and H. HLASIWETZ: Liebigs Ann. 138, 61 (1866). — 22. BERT, L.: Compt. rend. Acad Sci. (Paris) 177, 453 (1923). — 23. BERT, L.: Bull. Soc. Chim. [4], 37, 1251 (1925). — 24. BERT, L.: Bull. Soc. Chim. [4], 37, 1577 (1925). — 25. BERTAGNINI, C.: Liebigs Ann. 85, 271 (1853). — 26. BERTRAM, J., and E. GILDEMEISTER: J. prakt. Chem. 2, 39, 349 (1889). — 27. BERTRAM, J., and R. KÜRSTEN: J. prakt. Chem. 2, 51, 316 (1895). — 28. BICKEL, V. T., and H. E. FRENCH: J. Amer. Chem. Soc. 48, 749 (1926). — 29. BIGNAMI, C., and G. TESTONI: Gazz. chim. ital. 30 I, 246 (1900). — 30. BIRKINSHAW, J. H., and W. P. K. FINDLAY: Biochem. J. 34, 82 (1940). — 31. BLACK, R. A., A. A. ROSEN and S. L. ADAMS: J. Amer. Chem. Soc. 75, 5344 (1953). — 32. BLANCHET, and SELL: Liebigs Ann. 6, 297 (1833). — 33. BLOCK, H.: Z. physik. Chem. 78, 397 (1911). — 34. BLYTH, J., and A. W. HOFMANN: Liebigs Ann. 53, 289 (1845). — 35. BOEDECKER, F., and A. VOLK: Ber. dtsch. chem Ges. 64, 62 (1931). — 36. BÖHME, E.: Ber. dtsch. chem. Ges. 70, 379 (1937). — 37. BOST, R. W., and F. NICHOLSON: J. Amer. Chem. Soc. 57, 2369 (1935). — 38. BRUCKNER, V.: Ber. dtsch. chem. Ges. 95, 2041 (1942). — 39. BRÜHL, J. W.: Liebigs Ann. 235, 17 (1886). — 40. BRÜHL, J. W.: Liebigs Ann. 200, 139 (1879). — 41. BRÜHL, J. W.: J. prakt. Chem. 2, 50, 131 (1894). — 42. BRÜHL, J. W.: Ber. dtsch. chem. Ges. 29, 2907 (1896).

43. CAMPBELL, J.: Analyst 61, 392 (1936). — 44. CARRE, P., and D. LIEBERMANN: Compt. rend. Acad. Sci. (Paris) 198, 274 (1934). — 45. CIAMICIAN, G., and P. SILBER: Ber. dtsch. chem. Ges. 21, 1621 (1888). — 46. CLAUS, A., and W. FAHRION: J. prakt. Chem. 2, 39, 360 (1889). — 47. COPE, A. C.: J. Amer. Chem. Soc. 57, 574 (1935).

48. DAUFRESNE, M.: Compt. rend. Acad. Sci. (Paris) 145, 875 (1907). — 48a. DAVIS, B. D.: J. Biol. Chem. 191, 315 (1951). — 48b. DE BUSK, A. G., and R. P. WAGNER: J. Amer Chem. Soc. 75, 5131 (1953). — 49. DELÉPINE, M., and A. LONGUET: Bull. Soc. Chim. biol. (Paris) 4, 39, 1022 (1926). — 50. DERICK, C. G., and J. H. BORNMANN: J. Amer. Chem. Soc. 35, 1287 (1913). — 51. DIELS, O., and H. HEINTZEL: Ber. dtsch chem. Ges. 38, 302 (1905). — 52. DIPPY, J. F. J., and R. H. LEWIS: J. Chem. Soc. 1937, 1010. — 53. DOLLFUS, W.: Ber. dtsch. chem Ges. 26, 1971 (1893). — 54. DUNSTAN, R. W., and T. A. HENRY: J. Chem. Soc. 75, 66 (1899). — 55. DUQUENOIS, P.: Bull. Soc. Chim. 5, biol (Paris) 5, 1200 (1938). — 56. DZIRKAL, V.: Trans. Inst. Pure Chem. Reagents (U.S.S.R.) No. 17, 40 (1939); Cdem. Abstracts 36, 2257 (1942).

57. EARL, J. C., and V. M. TRIKOJUS: J. Proc. Roy. Soc. N. S. Wales 59, 301 (1925); Chem. Abstracts 20, 2560 (1926). — 57a. EBERHARDT, G., and F. F. NORD: Arch. Biochem. Biophys. 55, 578 (1955). — 58. ENDOH, C.: Rec. trav. chim. 44, 871 (1925). — 59. ERDMANN, E.: J. prakt. Chem. 2, 56, 147 (1897). — 60. ERDTMAN, H.: Liebigs Ann. 503, 283 (1933). — 61. EVAN, W. L., and L. H. MORGAN: J. Amer. Chem. Soc. 35, 56 (1913). — 62. EYKMAN, J. F.: Ber. dtsch. chem. Ges. 23, 855 (1890). — 63. EYKMAN, J. F.: Rec. trav. chim. 14, 189 (1895).

64. FINNEMORE, H.: J. Chem. Soc. 93, 1513 (1908). — 65. FISCHER, E.: Ber. dtsch. chem. Ges. 17, 576 (1884). — 66. FISCHER, E., and E. HOFFA: Ber. dtsch. chem. Ges. 31, 1991 (1898). — 67. FOOTE, P. A.: J. Amer. Pharm. Assoc. 25, 418 (1936). — 68. FRENCH, H. E., and A. F. WIRTEL: J. Amer. Chem. Soc. 48, 1738 (1926). — 69. FREUDENBERG, K.: Sitzungsber. Heidelberger Academie Wissensch. no. 5 (1949). — 69a. Ber. dtsch. chem. Ges. 53, 232 (1920). 70. GADAMER, J.: Arch. Pharm. 235, 44 (1897). — 71. GILDEMEISTER, E.: Arch. Pharm. 233, 188 (1895). — 72. GILDEMEISTER, E., and F. HOFFMANN: Die ätherischen Öle, Vol. I., 3 rd Ed., MILTITZ and J. STACHMANN, p. 533. Leipzig: Schimmel and Co. 1928. — 73. GILDEMEISTER, E., and F. HOFFMANN: Die ätherischen Öle, Vol. I., 3rd Ed., MILTITZ and J. STACHMANN, p. 613, 614. Leipzig: Schimmel and Co. 1928. — 74. GILDEMEISTER, E., and F. HOFFMANN: Die ätherischen Öle, Vol. I., 3 rd. Ed., MILTITZ and J. STACHMANN, p. 618. Leipzig: Schimmel and Co. 1928. — 75. GILMAN, H.: Organic Syntheses, Coll. Vol. I, p. 436. New York: J. Wiley & Sons 1941. — 76. GILMAN, H., and J. F. NELSON: Rec. trav. chim. 55, 528 (1936). — 76a. GILVARG, C., and K. BLOCH: J. Biol. Chem. 199, 689 (1952). — 77. GLADSTONE, J. H.: J. Chem. Soc. 45, 246 (1884). — 78. GORIS, A., and H. CANAL: Bull. Soc. Chim. biol. (Paris) 5, 3, 1982 (1936). — 79. GORTER, K.: Liebigs Ann. 359, 217 (1907). — 79a. GORTER, K.: Liebigs Ann. 358, 328 (1907); 379, 111 (1911). — 80. GOTO, R.: J. Pharm. Soc. (Japan) 61, 91 (1941); Chem. Abstracts 35, 7971 (1941). — 81. GREDY, B.: Bull. Soc. Chim. biol. (Paris) 5, 3, 1098 (1936). — 82. GRIGNARD, V.: Ann. chim. phys. 8, 10, 28 (1907). — 83. GROGGINS, P. H., and R. H. DAGEL: Ind. Eng. Chem. 26, 1315 (1934). — 84. GROSS, P. M., J. H. SAYLOR and M. A. GORMAN: J. Amer. Chem. Soc. 55, 650 (1933). — 85. GUENTHER, E.: The Essential Oils, Vol. I, p. 291. New York: D. van Nostrand Inc. 1949. — 86. GUENTHER, E.: The Essential Oils, Vol. II, p. 474. New York: D. van Nostrand Inc. 1949. — 87. GUENTHER, E.: The Essential Oils, Vol. II, p. 501. New York: D. van Nostrand Inc. 1949.

88. Hariharan, K. V., and J. J. Sudborough: J. Indian Inst. Sci. 8 A, 189 (1925); Chem. Abstracts 19, 3263 (1925). — 89. Hasselstrom, T., and B. L. Hampton: J. Amer. Chem. Soc. 60, 3086 (1938). — 90. Hlasiwetz, H.: Liebigs Ann. 186, 31 (1865). — 91. Hira-moto, M., and K. Watanabe: J. Pharm. Soc. (Japan) 59, 261 (1939); Chem. Abstracts 34, 1005 (1940). — 92. Hoejenbos, L., and A. Coppens: Rec. trav. chim. 50, 1047 (1931). — 93. Hoering, P.: Ber. dtsch. chem. Ges. 38, 3480 (1905). — 94. Hudson, B. J. F., and R. Robinson: J. Chem. Soc. 1941, 715. — 94a. Hunger, H.: Seifensieder-Ztg. 68, 95 (1941); Chem. Abstracts 35, 3765 (1941). — 95. Hunter, B. A.: Iowa State College J. Sci. 15, 228 (1941). — 96. Huntress, E. H., and S. P. Mulliken: Identification of Pure Organic Compounds, Order I, p. 412. New York: J. Wiley & Sons 1941. — 97. Huntress, E. H., and S. P. Mulliken: Identification of Pure Organic Compounds, Order I, p. 477. New York: J. Wiley & Sons 1941. — 99. Huston, R. C., R. L. Guile, D. L. Bailey, R. J. Curtis and M. T. Esterdahl: J. Amer. Chem. Soc. 67, 899 (1945). — 100. Huzita, Y.: J. Chem. Soc. (Japan) 61, 729 (1940); Chem. Abstracts 36, 6753 (1942). — 101. Hyde, E.: Ber. dtsch. chem. Ges. 32, 1814 (1899).

102. Ikeda, T., S. Takeda, H. Dakama and T. Yokohara: J. Chem. Soc. (Japan) 61, 583 (1940); Chem. Abstracts 35, 6754 (1942). — 103. Imoto, M.: J. Chem. Soc. (Japan) 37, 26 (1934); Chem. Abstracts 28, 1998 (1934).

104. Jacobsen, O.: Ber. dtsch. chem. Ges. 11, 578 (1878). — 105. Jaeger, F. M.: Z. anorg. Chem. 101, 140 (1917). — 106. Jerzmanowska-Sienkiewiczowa, Z.: Roczniki Chem. 15, 510 (1935); Chem. Abstracts 30, 2933 (1936). — 107. John, H., and P. Beety: J. prakt. Chem. 2, 143, 256 (1935). — 108. Jonas, R.: Chem. Zbl. 1909 II, 1566. — 109. Jonesco-Matiu, A., and C. Popesco: Bull. Soc. Chim. biol. 17, 671 (1935); Chem. Abstracts 29, 5222 (1935). — 110. Junge, C.: Reichstoff Ind. 7, 112 (1933); Chem. Abstracts 27, 4530 (1933).

111. Kariyone, T., and H. Teramoto: J. Pharm. Soc. (Japan) 59, 313 (1939); Chem. Abstracts 33, 7959 (1939). — 112. King, H., and W. O. Murch: J. Chem. Soc. 127, 2632 (1925). — 113. Klason, P.: Ber. dtsch. chem. Ges. 63, 912 (1930). — 114. Klein, G.: „Handbuch der Pflanzenanalyse", III, I, p. 487. Wien: Julius Springer 1932. — 115. Klein, G.: „Handbuch der Pflanzenanalyse", III, I, p. 510. Wien: Julius Springer 1932. — 116. Klein, G.: „Handbuch der Pflanzenanalyse", III, I, p. 523. Wien: Julius Springer 1932. — 117. Klipstein, K. H.: U. S. Patent No. 2,068,415, Jan. 19 (1937); Chem. Abstracts 31, 1821 (1937). — 118. Kobert, R.: Ber. Schimmel and Co., Oct. 1908, 51; Chem. Zbl. 1908 I, 1124. — 119. de Kok, W. J. C.: Z. physik. Chem. 48, 132 (1904). — 120. Körner, W.: Ber. dtsch. chem. Ges. 15, 2624 (1892). — 121. v. Kostanecki, St., and J. Tambor: Ber. dtsch. chem. Ges. 32, 2260 (1899). — 122. Kraut, K.: Liebigs Ann. 192, 224 (1878). — 123. Kudzin, S. F., R. M. de Baun and F. F. Nord: J. Amer. Chem. Soc. 73, 4615 (1951). — 124. Kudzin, S. F., and F. F. Nord: J. Amer. Chem. Soc. 73, 690, 4619 (1951). — 125. Kung, H. P., and W. Huang: J. Amer. Chem. Soc. 71, 1836 (1949).

126. Lauffer, P., and W. Ingalls: Ind. Eng. Chem. News Ed. 11, 114 (1933). — 127. Law, H. D.: J. Chem. Soc. 101, 1030 (1912). — 128. Leonard, C. S.: Amer. Chem. Soc. 47, 1774 (1925). — 129. Lyman, J. A., and E. E. Reid: J. Amer. Chem. Soc. 39, 710 (1917).

130. Machado, A.: Rev. quim. ind. (Rio de Janeiro) 10, No. 115, 15, 379 (1941); Chem. Abstracts 36, 1735 (1942). — 131. Manta, J.: Bull. Soc. Chim. biol. 4, 53, 1277 (1933). — 131a. Mason, H. S., and M. Cronyn: J. Amer. Chem. Soc. 77, 491 (1955). — 132. Mastagli, P.: Ann. chim. 11, 10, 281 (1938). — 133. Mauthner, F.: J. prakt. Chem. 136, 208 (1933). — 134. Meyer, J., and W. Pfaff: Z. anorg. Chem. 217, 257 (1934). — 135. Meyer, R.: Liebigs Ann. 219, 244 (1883). — 136. Michael, A., and W. W. Garner: J. Amer. Chem. Soc. 35, 266 (1913). — 137. Milas, N. A.: J. Amer. Chem. Soc. 52, 739 (1930). — 138. v. Miller, W.: Liebigs Ann. 188, 184 (1877). — 139. Möller, F., and A. Strecker: Liebigs Ann. 113, 65 (1860). — 140. Moore, C. W.: J. Chem. Soc. 95, 744 (1909). — 141. Mulliken, S. P.: "Identification of Pure Organic Compounds", Vol. I, 1st Ed., p. 149. New York: J. Wiley & Sons 1904.

142. Nagai, N.: Ber. dtsch. chem. Ges. 10, 204 (1877). — 143. Nagai, N.: Ber. dtsch. chem. Ges. 24, 2847 (1892). — 144. Nakao, M., and C. Shibuye: J. Pharm. Soc. (Japan) 513, 2 (1924); Chem. Zbl. 1925 I, 974. — 145. Naves, Y R.: Helv. chim. Acta 31, 44 (1948). — 146. Noller, C. R., and R. Adams: J. Amer. Chem. Soc. 46, 1893 (1924). — 147. Nord, F. F., and G. de Stevens: Naturwissensch. 39, 479 (1952). — 148. Nord, F. F., and J. C. Vitucci: Adv. in Enzymol. 8, 253-298 (1948).

149. Pauly, H., and K. Feuerstein: Ber. dtsch. chem. Ges. 62, 305 (1929). — 150. Pauly, H., H. Schmidt and E. Bohme: Ber. dtsch. chem. Ges. 57, 1329 (1924). — 151. Pauly, H., and L. Strassberger: Ber. dtsch. chem Ges. 62, 2277 (1929). — 152. Peine, J.: Ber. dtsch. chem. Ges. 17, 2117 (1884). — 153. Penfold, A. R.: J. Proc. Roy. Soc. N. S. (Wales) 59, 301 (1925); Chem. Abstracts 22, 664 (1928). — 154. Penfold, A. R.: J. Proc. Roy. Soc. N. S. (Wales) 61, 179 (1927); Chem. Abstracts 22, 664 (1928). — 155. Penfold, A. R., and F. R. Morrison: J. Proc. Roy. Soc. N. S. (Wales) 56, 227 (1922); Chem Abstracts 17, 2166 (1923): — 156. Penfold, A. R., F. R. Morrison, H. H. G. McKern and J. L.

WILLIS: Museum Technol. and Applied Sci. 2, 8 (1950); Chem. Abstracts 45, 2153 (1951). —
157. PENFOLD, A. R., G. R. RAMAGE and J. L. SIMONSEN: J. Chem. Soc. 1938, 756. — 158.
PERKIN, W. H.: J. Chem. Soc. 69, 1228 (1896). — 159. PERKIN, W. H., and V. M. TRIKOJUS:
J. Chem. Soc. 1927, 1663. — 160. PETERSEN, A. S. F.: Ber. dtsch. chem Ges. 21, 1062 (1888). —
161. PHILLIPS, M., and G. L. KEENAN: J. Amer. Chem. Soc. 53, 1926 (1931). — 162. PICKLES,
S. S.: J. Chem. Soc. 101, 1433 (1912). — 163. POWER, F. B., and F. H. LEES: J. Chem. Soc.
85. 638 (1904). — 164. POWER, F. B., and C. W. MOORE: J. Chem. Soc. 95, 243 (1909). —
165. POWER, F. B., and H. ROGERSON: J. Chem. Soc. 97, 1954 (1910). — 166. POWER, F. B.,
and A. H. SALWAY: J. Chem. Soc. 91, 2037 (1907). — 167. POWER, F. B., and F. TUTIN:
J. Chem. Soc. 91, 892 (1907). — 168. PRIESTER, R.: Rec. Trav. chim. 57, 811 (1938).
   169. QUDRAT-I-KHUDA, M., A. MUKHERJEE and S. K. GHOSH: J. Indian Chem. Soc.
16, 583 (1939); Chem. Abstracts 34, 2531 (1940).
   170. RAKSHIT, J. N.: Perfumery Essential Oil Record 29, 89 (1938); Chem. Abstracts
32, 4278 (1938). — 171. RAO, B. S., and K. S. SUBRAMANIAN: J. Chem. Soc. 1937, 1338. —
172. RATHER, J. B., and E. E. REID: J. Amer. Chem. Soc. 41, 81 (1919). — 173. REISSERT, A.,
and A. MORE: Ber. dtsch. chem. Ges. 39, 3307 (1906). — 174. ROSENTHALER, L.: Mikrochemie
21, 215 (1937). — 175 ROTH, W. A., and K. v. AUWERS: Liebigs Ann. 413, 264 (1917). —
176. ROWAAN, P. A., and J. A. INSINGER: Chem. Weekblad. 36, 642 (1939); Chem. Abstracts
33, 9551 (1939). — 177. RUGHEIMER, L.: Liebigs Ann. 172, 122 (1874).
   177a. SABETAY, S., and L. TRABAUCH: Compt. rend. Acad Sci. (Paris) 209, 843 (1939). —
178. SAH, P. P. T., and P. T. YOUNG: Rec. trav. chim. 59, 357 (1940). — 179. SANNA, G., and
A. SORABU: Rend. seminar facoeta sci. Univ. Calgliari 12, 34 (1942); Chem. Abstracts 38,
5504 (1944). — 180. SCHIMMEL & Co.: Bericht, Oct. 13, 1907; Chem. Zbl. 1907 II, 1741. —
181. SCHIMMEL & Co.: Bericht, April 1899, p. 52; Chem. Zbl. 1914 I, 1008. — 182. SCHOLTZ,
M., and A. WIEDEMANN: Ber. dtsch. chem. Ges. 36, 853 (1903). — 182a. SCHÖPF, C., E. BRASS,
E. JACUBI and W. JORDE: Liebigs Ann. 544, 51 (1941). — 183. SCHORGER, A. W.: J. Ind.
Eng. Chem. 10, 258 (1918). — 184. SCHRÖDER, H.: Ber. dtsch. chem. Ges. 13, 1072 (1880). —
185. SCHUBERT, W. J., and F. F. NORD: J. Amer. Chem. Soc. 72, 977, 3835 (1950). — 186.
SCHUMEIKO, A. K.: J. Applied Chem. (U.S.S.R.) 14, 93 (1941); Chem. Abstracts 36, 436
(1942). — 187. SEIDEL, C. F., H. SCHINZ and P. H. MÜLLER: Helv. Chim. Acta 27, 662 (1944).—
188. SEMMLER, F. W.: Ber. dtsch. chem. Ges. 25, 3353 (1892). — 189. SEMMLER, F. W.:
Ber. dtsch. chem. Ges. 41, 2183, 2556 (1908). — 190. SHRINER, R. L., and R. J. ANDERSON:
J. Biol. Chem. 80, 743 (1928). — 191. SHRINER, R. L., and R. FUSON: "Identification of
Organic Compounds", p. 53. New York: J. Wiley & Sons, Inc. 1940. — 192. SHRINER, R. L.,
and A. G. SHARP: J. Org. Chem. 4, 575 (1939). — 193. SHRINER, R. L., and T. A. TURNER:
J. Amer. Chem. Soc. 52, 1269 (1930). — 194. SKAU, E. L., and H. F. MEIER: Trans. Far. Soc.
31, 478 (1935). — 195. SPÄTH, E., and J. BRUCK: Ber. dtsch. chem. Ges. 71, 2708 (1938). —
196. SPOELSTRA, D. B.: Rec. trav. chim. 48, 373 (1929). — 197. STEINKOPF, W., and M.
KÜHNEL: Ber. dtsch. chem. Ges. 75, 1327 (1942). — 198. NORD F. F., and G. DE STEVENS:
Trans. N. Y. Acad. Sci. 14, 97 (1951). — 199. DE STEVENS, G., and F. F. NORD: J. Amer.
Chem. Soc. 73, 4622 (1951); 74, 3326, 3447 (1952); 75, 305 (1953); — 200. DE STEVENS, G.,
and F. F. NORD: Proc. Nat. Academy Sci. (U.S.) 39, 80 (1953). Fortschr. chem. Forsch. 3,
70—107 (1954). — 201. STOBBE, H.: Ber. dtsch. chem. Ges. 47, 2701 (1914). — 202. STONE,
J. E., and M. J. BLUNDELL: Anal. Chem. 23, 771 (1951).
   203. TAHARA, Y.: Ber. dtsch. chem. Ges. 24, 1308, 1460 (1892). — 204. TAKENS, E.:
Reichstoffinal. 4, 8 (1929). — 205. TARDY, E.: Bull. soc. chim. 3, 27, 990 (1902). — 206.
THOMS, H.: Apoth.-Ztg. 19, 771 (1904); Chem. Zbl. 1904 II, 1125. — 207. THOMAS, H.: Arch.
Pharm. 241, 600 (1903). — 208. THOMS, H.: Arch. pharm. 242, 344 (1904). — 209. THOMS, H.:
Ber. dtsch. chem. Ges. 36, 3447 (1903). — 210. THOMS, H.: Ber. dtsch. chem. Ges. 41, 2761
(1908). — 211. TIEMANN, F.: Ber. dtsch. chem. Ges. 31, 3302 (1898). — 212. TIEMANN, F.
and W. HAARMAN: Ber. dtsch. chem. Ges. 8, 1130 (1875). — 213. TIEMANN, F., and N. NAGAI:
Ber. dtsch. chem. Ges. 11, 652 (1878). — 214. TIFFENEAU, M., and A. BÉHAL: Compt. rend.
Acad. Sci. (Paris) 141, 597 (1905). — 215. TIFFENEAU, M., and M. DUFRESSE: Compt. rend.
Acad. Sci. (Paris) 144, 1356 (1907). — 216. TIMMERMANS, J., and M. HERNAUT-ROLAND:
J. chim. phys. 32, 524 (1935). — 217. TOEL, F.: Liebigs Ann. 70, 1 (1849). — 218. TORREY,
H. A., and C. M. BREWSTER: J. Amer. Chem. Soc. 35, 441 (1913). — 219. TREIBS, W., and
H. SCHMIDT: Ber. dtsch. chem. Ges. 61, 465 (1928). — 220. TRIKOJUS, V. M., and D. E.
WHITE: Nature (London) 144, 1016 (1939). — 221. TUTIN, F., and H. W. B. CLEWER: J. Chem.
Soc. 105, 1845 (1914).
   222. UNDERWOOD, H. W. JR., O. L. BARIL and G. C. TOONE: J. Amer. Chem. Soc. 52,
4090 (1930).
   223. VAN ARENDONK, A. M., and M. E. CUPERY: J. Amer. Chem. Soc. 53, 3184 (1931). —
224. VAN GINKEL, J. G.: Rec. trav. chim. 61, 149 (1942). — 225. VAVON, G.: Compt. rend.
Acad. Sci. (Paris) 154, 361 (1912). — 226. VARON, G., and A. CALLIER: Bull. Soc. Chim. biol.
4, 41, 678 (1927). — 227. VASQUEZ-SANCHES, J.: Anales soc. españ. fis quin. 31, 361 (1933);

Chem. Abstracts **27**, 3973 (1933). — 228. Vignoli, L.: Bull. sci. pharmacol. **40**, 344 (1933); Chem. Abstracts **27**, 4628 (1933). — 229. Vinogradova, I. V., and N. F. Novotal'nova: Trudy Vsesoyuz. Inst. Cfirno-Maslichnoi Prom. **8**, 141 (1940); Chem. Abstracts **37**, 3558 (1943). — 230. Viquera-Labo, J. M.: Ion **3**, 410 (1943); Chem. Abstracts **38**, 1319 (1944). — 231. Virkar, V. V., and R. C. Shah: J. Univ. Bombay **11**, pt. 3, 140 (1942); Chem. Abstracts **37**, 2374 (1943). — 232. Nord F. F. and J. C. Vitucci: Arch. Biochem. **14**, 243, 465 (1947). — 233. Volochneva, E. P.: J. Russ. Phys. Chem. Soc. **62**, 77 (1930); Chem. Abstracts **24**, 4679 (1930). — 234. Vorländer, D.: Liebigs Ann. **294**, 295 (1896). — 235. Vorländer, D.: Z. physik. Chem. **57**, 359 (1907).

236. Walbaum, H.: Ber. dtsch. chem. Ges. **33**, 2300 (1900). — 237. Walbaum, H., and O. Huthig: J. prakt. Chem. 2, **66**, 47 (1902). — 238. Wallach, O.: Liebigs Ann. **264**, 10 (1891). — 239. Wallach, O., and H. Müller: Liebigs Ann. **332**, 324 (1904). — 240. Wallach, O., and T. Rheindorff: Liebigs Ann. **271**, 306 (1892). — 241. Warunis, T. S., and P. Lekos: Ber. dtsch. chem. Ges. **43**, 660 (1910). — 242. Wassmuth, H.: Ber. dtsch. chem. Ges. **67**, 704 (1934). — 243. Waterman, H. I., and W. J. C. de Kok: Rec. trav. chim. **53**, 1134 (1934). — 244. Waterman, H. I., and R. Priester: Rec. trav. chim. **47**, 849 (1928). — 245. Weehuizen, F.: Rec. trav. chim. **59**, 357 (1940). — 246. Wilson, F. J., I. M. Heilbron and M. M. J. Sutherland: J. Chem. Soc. **105**, 2892 (1914).

247. Zemplén, G.: Math. naturw. Anz. Ungar. Akad. Wiss. **56**, 560 (1937); C.A. **32**, 2136 (1938).

Addendum von K. Paech u. H. Ruckenbrod (Tübingen)

Chlorogensäure.

Chlorogensäure wurde in jüngster Zeit aus recht verschiedenartigen Pflanzen isoliert. Sie dürfte darüber hinaus noch weiter verbreitet sein. Da sie zudem in manchen Pflanzen eine ökologische Bedeutung zu haben scheint (Resistenz gegen bestimmte pathologische Pilze), erscheint eine eingehendere Behandlung der analytischen Methoden angebracht, die mit Zustimmung der Autoren des Hauptbeitrages hier gegeben wird.

1. Bestimmung in Pflanzenmaterial (Papierchromatographisch) (6). Die Pflanzenteile werden nach Zerstörung der Polyphenoloxydasen (in kochendem abs. Alkohol oder mit 1% Na-Bisulfitlösung) zerrieben und mit 75% Äthanol in der Wärme (etwa 50° C) erschöpfend extrahiert. Das Filtrat wird bei vermindertem Druck und 50° C eingeengt bis auf etwa ein Zehntel des Volumens des ursprünglichen Extraktes. Von dieser Lösung trägt man einen Tropfen von 0,01 ml ohne Filtrieren auf die Startlinie eines Filtrierpapierstreifens (Typ: Whatman Nr. 1 oder Schleicher & Schüll Nr. 2045) auf. Man arbeitet vorteilhaft mit der absteigenden Methode (vgl. Band I dieses Handbuches, Papierchromatographie) und benutzt ein Gemisch Butanol—Eisessig—Wasser 4:1:5 bei 20° C. Nach 8 Std. Entwicklung ist das Chromatogramm fertig und kann nach kurzem Trocknen zur Identifizierung von Chlorogensäure verwendet werden. Weitere Gemische von Lösungsmitteln, die sich für die Papierchromatographie von Chlorogensäure und Kaffeesäure eignen, und die zugehörigen R_f-Werte hat Fiedler (1) angegeben.

HV-Fluoreszenz: blau, im NH_3-Dampf grüngelb. R_f-Wert unter den angegebenen Bedingungen 0,75.

Sprühreaktionen: 1. Höpfners Reagens (1% $NaNO_2$ in 10% Essigsäure) gibt gelbe Färbung; 2. $FeCl_3$ gibt grüne Färbung.

Zur genauen Identifizierung läßt man am besten zum Vergleich reine Chlorogensäure mitlaufen.

Zur quantitativen Bestimmung trägt man den eingeengten Extrakt als Streifen auf die Startlinie des Papierchromatogramms auf, löst nach Entwickeln und Trocknen die durch UV-Fluoreszenz erkannte Chlorogensäure mit kaltem Wasser heraus und bestimmt die Konzentration des Herausgelösten im Photometer bei 324 mμ unter Zuhilfenahme einer Eichkurve, die mit reiner Chlorogensäure aufgestellt worden ist.

2. Isolierung. Methoden zur Isolierung von Chlorogensäure aus frischem Pflanzenmaterial beschreiben Rudkin und Nelson für *Ipomoea batatas* und Hulme (4) für Äpfel. Eine verbesserte Methode zur Gewinnung aus Kaffeebohnen beschreibt Fiedler (1).

Äpfel oder andere frische Pflanzenteile werden auf —20° C gefroren, zerkleinert und dann mit 80%igem Äthanol oder Wasser extrahiert. Das Filtrat wird zur Ausfällung der Chlorogensäure mehrmals mit neutralem Bleiacetat versetzt. Man erhält einen gelben Niederschlag, der mit Wasser ausgewaschen wird. Um das Blei zu entfernen, wird die Fällung mit Schwefelsäure versetzt, das Filtrat mit K-Bisphosphat auf p_H 2 gebracht und mit Äthylacetat extrahiert. Die Äthylacetatlösung wird eingeengt. Es fällt eine mit Catechinen verunreinigte Chlorogensäure aus. Da Catechine nicht aus Wasser kristallisieren, wird die Chlorogensäure aus eiskaltem Wasser (1° C) bei Gegenwart von wenig HCl kristallisiert. Getrocknet wird über P_2O_5 im Vakuum oder in N_2-Atmosphäre.

8. Vorkommen. Bisher ist über das Vorkommen der Chlorogensäure in folgenden Pflanzen berichtet worden. Ihre Verbreitung ist aber sicher sehr viel weiter.

Coffea arabica, Samen (*2, 3*); *Nicotiana tabacum*, Blätter; *Camellia sinensis*, Blätter (*7*); *Helianthus annuus*, Früchtchen; *Ipomoea coccinea*, Samen und Blätter; *Ipomoea batatas* Knollen (*8*); *Hedera helix*, Blätter; *Solanum tuberosum*, Knollen (*5*); *Pirus communis*, *Pirus malus*, *Prunus persica*, Früchte (*3*); *Crataegus spec.*, Blätter, Blüten und Früchte (*1*).

1. FIEDLER, U.: Arzneimittelforschg. 4, 41 (1954).
2. FREUDENBERG, K.: Ber. dtsch. chem. Ges. 53, 232 (1920).
3. GORTER, K.: Liebigs Ann. 358, 328 (1907); 379, 111 (1911).
4. HULME, A. C.: Biochem. J. 53, 337 (1952).
5. JOHNSON, G.: Food Res. 16, 298 (1951); Science 115, 627 (1952).
6. PAECH, K., u. H. RUCKENBROD: Ber. dtsch. Bot. Ges. 66, 75 (1953).
7. ROBERTS, R. R., and D. J. WOOD: Arch. of Biochem. and Biophys. 33, 299 (1951).
8. RUDKIN, O., and J. M. NELSON: J. Amer. Chem. Soc. 69, 1470 (1947).

Lignans.

By

H. Erdtman.

With 2 Figures.

I. General Structure and Theory of Biosynthesis.

The lignans comprise a family of plant products characterised by the carbon skeleton (II). The relation to simple $C_6 \cdot C_3$-compounds (I), of which they are dimerides, is obvious.

| I | II | III |

Lignans have been isolated from a variety of angio- and gymnosperms but not so far from cryptogams, which may be accidental. They sometimes occur as glycosides and have been found in all parts of plants. It is uncertain whether the lignans play an essential role in the plant, and only a few exhibit any marked physiological properties. Since they are widely spread in the vegetable kingdom their value as "taxonomic tracers" is limited.

The main interest lies in the problem of their biosynthesis. Formally, the various lignans fall within very different systematic groups, but structural and stereochemical considerations strongly indicate a common general biosynthetic principle. SCHROETER, LICHTENSTADT and IRINEU (1918), SCHROETER (1928) who elucidated the structure of the first member of this series, guaiaretic acid, assumed that it is formed by dimerisation of isoeugenol, but at least acid catalysed dimerisation of isoeugenol yields the phenylindane di-isoeugenol (III). (For summary see MÜLLER, 1952.)

ERDTMAN (1933a) pointed out that the presence of a double bond in the side chain, in conjugation with an ortho- or parahydroxylated phenyl nucleus as in isoeugenol, would permit oxidative couplings at the β-carbon atom of the side chain in exactly the same manner as the classical coupling of simple phenols to diphenyls or diphenyl ethers. He has suggested that lignans as well as lignins are formed, in principle, by dehydrogenation of simple primary C_6C_3-precursors, compounds which possess a central position in the biosynthesis of large groups of aromatic compounds. (Compare GEISSMAN and HINREINER, 1952.)

The theory may be illustrated by the following chart (formulae IV—VIII) indicating the probable route of biosynthesis of guaiaretic acid and some associated components of guaiacum resin. Isoeugenol (IV) has been postulated as the starting material, but coniferyl alcohol serves equally well (the terminal hydroxyl group being removed at some stage). The process involves the formation of what to-day is termed a mesomeric free radical V a — c. (formerly an "aroxyl" and a "ketomethyl" radical), followed by dimerisation to VI—VII.

Hydrogenation of VI or VII (which are essentially equivalent) would give guaiaretic acid (VIII) or dihydroguaiaretic acid. These compounds may, alternatively, arise from VI by dismutation with simultaneous formation of other components of the guaiacum resin of obviously related but not as yet elucidated structures. (It should be noted that the addition of the elements of water to compounds of the types VI or IX would explain why some lignans contain hydroxyl groups in the α- or β-positions, but on the other hand enol ethers of type X may be the true precursors.)

$$
\begin{array}{ccccc}
\text{CH}_3 & \text{CH}_3 & \text{CH}_3 & \text{CH}_3 & \text{CH}_3\ \text{CH}_3\\
\text{H—C}\ \beta & \text{H—C} & \text{H—C} & \text{H—C·} & \text{H—C——C—H}\\
\|\quad -(e+\text{H}) & \| & \| & \| & \|\quad\ \|\\
\text{H—C}\ \alpha & \text{H—C} & \text{H—C} & \text{H—C} & \text{H—C}\quad\text{C—H}
\end{array}
$$

IV	V a—c	VI

Searching for side chain β-β-couplings in support of this theory, attention was drawn to an already known dehydrogenation product of *iso*eugenol, dehydro-di-*iso*eugenol (COUSIN and HÉRISSEY, 1908, 1909), considered to be a normal diphenyl derivative (XI) in spite of the fact that its methyl ether yielded veratric acid upon oxidation (HÉRISSEY and DOBY, 1909). The lignan structure VII was anticipated for dehydrodi-*iso*eugenol but in this case a C_5-C_β-coupling actually takes place which leads to structure XII (ERDTMAN, 1933b; AULIN-ERDTMAN, 1942). This structure is reminiscent of certain structural schemes for lignin suggested at the same time by FREUDENBERG on the basis of degradative experiments. Recently LINDBERG (1953) working in these laboratories, was able to isolate dehydroguaiaretic acid (XIII) from the mother liquor from the dehydrogenation of isoeugenol with ferric chloride thus showing that a β-β-coupling of *iso*eugenol does actually occur although perhaps to a lesser extent. (About 60% of the isoeugenol is converted into amorphous substances of unknown nature.)

Ferulic acid on dehydrogenation yielded dehydrodi-ferulic acid and considering its alkali lability (probably due to quinomethane formation) and on the basis of the above hypothesis, it was suspected to be a dilactone of structure XIV (R=H), closely analogous to pinoresinol XIV (R=H, CH_2 instead of CO) (ERDTMAN, 1935b). The correctness of this assumption was demonstrated by CARTWRIGHT and HAWORTH (1944), who proved the structure of this dehydrogenation product. In this case, obviously, β-β-coupling takes place with formation of a dicarboxylic acid analogue of VI followed by addition of the appropriate carboxylate ions to the quinone methide systems in exactly the same way as suggested for the formation of the furane ring in dehydrodi-*iso*eugenol (ERDTMAN, 1933b).

A further example of the same type has been discovered recently. Dehydrogenation of coniferyl alcohol with a mushroom dehydrogenase preparation afforded, apart from a dialcoholic analogue of dehydrodi-*iso*eugenol (FREUDENBERG and HÜBNER, 1952), D,L-pinoresinol (FREUDENBERG and RASENACK, 1953; FREUDENBERG and DIETRICH, 1953b). Natural pinoresinol is optically active and FREUDENBERG and RASENACK suggest that the synthesis *in vivo* proceeds *via* an asymmetric ester of coniferyl alcohol, but the correctness of this hypothesis is difficult to judge on detailed consideration. Obviously there is a great difference between the random dehydrogenation *in vitro* and the much more highly organised reactions *in vivo*.

Sinapin alcohol undergoes similar dehydrogenation with great ease to give a pinoresinol analogue, "syringaresinol" XIV (R=OCH_3, CH_2 instead of CO) (FREUDENBERG and DIETRICH, 1953a).

These elegant results substantially support the idea that lignin as well as lignans are essentially dehydrogenation products of simple C_6C_3-progenitors (ERDTMAN, 1933b, 1935a, 1939). Similar views have been expressed by HAWORTH in his Tilden lecture (1942), in which the various synthetic aspects of lignan chemistry were also adequately considered.

II. Isolation and Purification of Lignans.

1. General Remarks.

It is, of course, impossible to give any general methods for the isolation of lignans. It may be useful, however, to remember that lignans are non-volatile with steam and that only few survive an attempted sublimation or distillation under atmospheric or moderately reduced (8—20 mm) pressure. Lignans generally are obtained from extracts of plants, wood or resins by the ordinary methods of purification and crystallisation. In some cases, especially when the starting material is ground wood, extraction with ether either does not remove, or only incompletely removes ether soluble lignans (ERDTMAN, 1944). This is obviously due to the presence of obstructing, ether insoluble "membrane" substances and not due to adsorption phenomena. In such cases extraction with ethanol or acetone is recommended in preference to ether, benzene or chloroform. Lignans are generally sparingly soluble in light petroleum. This is sometimes an advantage (compare the isolation of asarinin). Several lignans e. g. guaiaretic acid and pinoresinol yield sodium or potassium salts, sparingly soluble in strong alkali or ethanol, which greatly facilitates their isolation. Chromatography has been employed successfully, especially for the separation of mixtures of related lignans. Several lignans crystallise with a variety of solvents of crystallisation, frequently causing considerable analytical problems and variations in the recorded melting points.

Many lignans easily undergo isomerisation, especially in the presence of acids or alkali, leading to more or less deep seated structural changes e. g. formation

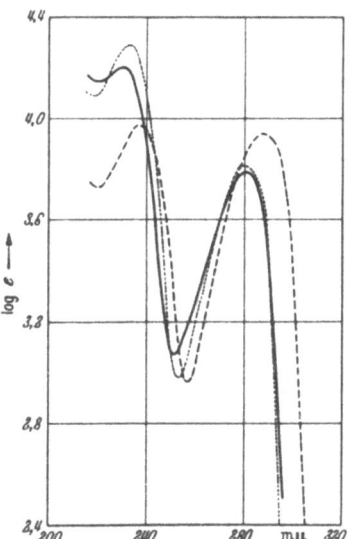

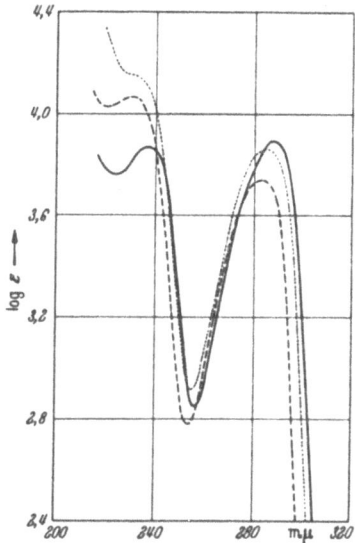

Fig. 1. ——— Dihydroguaiaretic acid dimethylether; ——— Asarinin; ······ Pinoresinol dimethylether. (All in 100% ethanol.)

Fig. 2. ——— Hinokinin; ————— Matairesinol; ········ Conidendrin. (All in 100% ethanol.)

of stereoisomerides or phenylnaphthalene derivatives. This should be borne in mind when processes for isolation and purification of lignans are considered or derivatives are prepared. Isomerisations accompanying acid hydrolysis of lignan glycosides have caused much confusion. Enzymatic hydrolysis is to be preferred.

Recrystallisation from various solvents is the normal method of purification. Preparations obtained in this way, however, frequently retain impurities tenaciously, causing slight discolouration and upsetting the analytical results. Fortunately these disturbing impurities are, as a rule, easily removed by filtering an ether or chloroform solution of the lignan through a layer of aluminium oxide. Sometimes it may be advisable to purify a lignan *via* a derivative e. g. the acetate.

The U V absorption spectra are not particularly characteristic (compare Fig. 1 and 2) and in the absence of double bonds conjugated with the aromatic nuclei the spectra are very similar to the absorption of the relevant aromatic portions of the molecules. The infrared absorption, naturally, is well suited for the characterisation of lignans but so far has been little used.

Dimorphy is very common in the lignan field and frequently causes uncertainty. Almost all lignans are optically active and it is hoped that future workers in this field will facilitate comparisons between various lignans and their derivatives by employing a standard solvent, preferably chloroform. Sometimes the rotation is strongly dependant upon the solvent and it is desirable that the rotation for the lignans and their more important derivatives be given in more than one solvent (e. g. chloroform and ethanol, acetone, benzene, acetic acid or pyridine).

2. Various Lignans.

*Nor*dihydroguaiaretic Acid, "NDGA", $C_{18}H_{22}O_4$ (XV), m. p. 184—185° (*Meso*form).

XV[1]

This technically important bactericidic antioxidant occurs in the creosote shrub, *Larrea divaricata* (WALLER and GISVOLD, 1945) and *L. cuneifolia* (RUTH, 1946), *Zygophyllaceae*.

Most of the phenolic material appears to be present in a resinous exudate on the leaves and stems and is easily extracted with ether or with sodium hydroxide. The ether extract is successively shaken with solutions of sodium hydrogen carbonate, sodium carbonate and sodium hydroxide containing sodium hyposulphite. From the latter, *nor*dihydroguaiaretic acid is recovered by acidification with hydrogen chloride and extraction with peroxide free ether. It is purified by recrystallisation from ethanol or dilute acetic acid or *via* its tetraacetate (WALLER and GISVOLD, 1945; PAGE, 1951). On a larger scale the plant is extracted with sodium hydroxide solution (5%) containing sodium hyposulphite (2—2.5%). The content of NDGA in *Larrea divaricata* is highest at the end of the growing season (up to 12%) (BOTKIN and DUISBURG, 1949). A colorimetric analysis based upon the orange colour developed with 1% $(NH_4)_2 MoO_4$ (sensitivity 25 γ per ml.), has been reported by DUISBURG, SHIRES and BOTKIN (1949). (Compare also MAHON and CHAPMAN, 1951.)

*Nor*dihydroguaiaretic acid sublimes with partial decomposition (formation of catechol) at 290—320° (3 mm) (WALLER and GISVOLD, 1945). Tetraacetate m. p. 102—103°. Tetramethyl ether m. p. 102—103°.

Guaiaretic acid, $C_{20}H_{24}O_4$ (VIII), m. p. 99—100.5°, $[\alpha]_D$—94° (ethanol).

---

[1] The dots refer to the configuration at the asymmetric centres. The dot indicates H "up", no dot "down" and × denotes an uncertain configuration.

Guaiaretic acid is the best known of the components of guaiacum resin from *Guaiacum officinale (Zygophyllaceae.)* This resin is exuded from wounds on the trunk but also occurs in the heartwood.

Guaiacum resin (500 g) mixed with sand (1 kg) is shaken with ether for one hour. The liquid is decanted and the insoluble material again shaken twice with ether (2×500 ml.). The joint extracts on standing deposit some resin which is removed. The filtrate is shaken three times with sodium carbonate solution (5%, 3×800 ml.), twice with sodium hydroxide solution (5%, 2×200 ml., duration of shaking 2 min.) several times with small quantities of water until the latter is no longer coloured green, and finally with sodium hydroxide of the same concentration (500 ml.) until the mixture solidifies due to the precipitation of a crystalline sodium salt of the phenol (Yield 50—60 g.). The sodium salt is suspended in water, covered with ether, and decomposed with dilute sulphuric acid. Repeated crystallisation from ethanol affords pure guaiaretic acid. The substance is soluble in concentrated sulphuric acid, giving a deep red colour. Ferric chloride reaction, green (SCHROETER, LICHTEN-STADT and IRINEU, 1918).

Crude guaiaretic acid is accompanied by "an inactive form" which depresses the melting point and the optical activity. Later G. SCHROETER informed R. D. HAWORTH (compare HAWORTH, MAVIN and SHELDRICK, 1934), that it is contaminated with optically active and inactive dihydroguaiaretic acid. Most of the studies on the chemistry of guaiaretic acid appears to have been carried out with mixtures of guaiaretic and dihydroguaiaretic acids which has caused much confusion.

The success of the method of SCHROETER et al. is highly dependant upon the quality of the — commercial — resin samples. In several cases we have been unable to obtain anything like the yields reported by these authors and the product sometimes consisted almost entirely of dihydroguaiaretic acid. A renewed investigation of guaiacum resin, preferably extracted from fresh heartwood, employing modern methods of purity control is greatly needed. With paper chromatographic methods the presence of a fair number of constituents has been revealed (ERDTMAN and LINDBERG, unpublished).

Guaiaretic acid dimethylether, m. p. 94—95°, $[\alpha]_D$—92° (ethanol). D,L-Guaiaretic acid dimethylether (m. p. 112—113°) has been synthesised (HAWORTH, MAVIN and SHELDRICK, 1934).

Hydrogenation of a mixture of "optically inactive" and optically active guaiaretic acid dimethylether yielded inactive and active dihydroguaiaretic acid dimethylether. The inactive ether (mesoform), m. p. 100—101° (UV absorption spectrum, see fig. 1), gives a dibromoderivative, m. p. 130.5—131.5° and the active ether, m.p. 86—87°, $[\alpha]_D$—27° (ethanol) gives a dibromoderivative m.p. 122—123°, $[\alpha]_D$—49,5° (acetic acid).

Demethylation of inactive dihydroguaiaretic acid dimethylether with hydriodic acid affords inactive *nor*dihydroguaiaretic acid (NDGA) m. p. 184—185° (SCHROETER et al., 1918). A tetraacetate of "*nor*guaiaretic acid", m. p. 100—102°, described by HERZIG and SCHIFF (1897) was obviously the acetate of optically inactive (meso), *nor*dihydroguaiaretic acid.

When guaiaretic acid dimethylether (SCHROETER et al., 1918) or the inactive synthetic ether, but not the dihydroderivatives, are treated in alcoholic solution with HÜBL's solution (iodine and mercuric chloride) dehydroguaiaretic acid dimethylether (XIII, OCH_3 instead of OH), m. p. 178.5—179°, is formed. Another naphthalene derivative pyroguaiacin (2,3-dimethyl-6-hydroxy-7-methoxy-naphthalene), is obtained together with guaiacol on destructive distillation of guaiaretic acid (HERZIG and SCHIFF, 1897).

Matairesinol, $C_{20}H_{22}O_6$ (XVI, R = R' = H), m. p. 119°, $[\alpha]_D$—49° (acetone) has been isolated by EASTERFIELD and BEE (1910) by dissolving the resin from the heartwood of the conifer *Podocarpus spicatus* ("matai") in alcohol and cooling. The matairesinol crystallises with alcohol of crystallisation (m. p. 74—76°), but from acetic acid without crystal solvent. The mother liquor contains a small amount of conidendrin (XXXIII).

XVI   XVII   XVIII

The structure was simultaneously suggested by HAWORTH and RICHARDSON (1935), BRIGGS (1935), BRIGGS, PEAK and WOOLLOXALL (1935).

Dibenzoate m. p. 134.5°. The diethylether m. p. 97—98° gives vanillic acid ethylether on oxidation with permanganate. The dimethylether m. p. 127—128°, $[\alpha]_D$—36° (CHCl$_3$), gives a dibromoderivative m. p. 126—127°, $[\alpha]_D$—38° (CHCl$_3$), a tetrabromoderivative m. p. 169—169.5°, a dinitroderivative, m. p. 178—180°, $[\alpha]_D$—127° (CHCl$_3$), and a tetranitroderivative, m.p. 202—203°. The dimethylether on heating in acetic acid solution with lead tetraacetate gives the phenyl naphthalene derivatives XVII and XVIII both of which have been synthesised. XVII is available by similar dehydrogenation of conidendrin dimethylether. Prolonged heating of matairesinol dimethylether with strong alkali, acidification and lactonisation of the hydroxy-acids formed, yields a mixture of unchanged *(trans-)* lactone and *(cis-)* *iso*matairesinol dimethylether, m. p. 111—112°, $[\alpha]_D$+78° (CHCl$_3$) [dibromoderivative m.p. 144°, $[\alpha]_D$+19° (CHCl$_3$), dinitroderivative, m.p. 161—162°, $[\alpha]_D$+105,5° (CHCl$_3$), which is almost quantitatively transformed into the *trans*-lactone by dilute alkali].

The hydroxy-acid corresponding to matairesinol dimethylether has m. p. 127°, $[\alpha]_D$—32° (ethanol) and that of *iso*matairesinol dimethylether m. p. 160°, $[\alpha]_D$—23° (ethanol). Matairesinol has been synthesised by HAWORTH and SLINGER (1940b) by methods analogous to those devised by KEIMATSU, ISHIGURO and NAKAMURA (1935) for hinokinin.

Reduction of matairesinol dimethylether with LiAlH$_4$ gives the corresponding diol, m. p. 121—122°, $[\alpha]_D$—26° (CHCl$_3$). *Iso*matairesinoldimethylether, however, gives the inactive *meso*form, m. p. 94—95° (HAWORTH and WILSON, 1950).

Arctiin, C$_{27}$H$_{34}$O$_{11}$ (XVI, R =gluc., R′ =CH$_3$), m. p. 112°, $[\alpha]_D$—39° has been isolated from the seeds of *Arctium lappa (Compositae)* SHINODA and KAWAGOYE (1929) further investigated by OMAKI (1935, 1936, 1937), by HAWORTH and KELLY (1936a) and by OZAWA, née OMAKI (1953).

The defatted (ether) seeds are extracted with alcohol and the extract digested with hot water. The solution is cleared with lead acetate followed by hydrogen sulphide and the solution concentrated whereupon arctiin crystallises. Hydrolysis with dilute sulphuric acid yields glucose and arctigenin (XVI, R =H, R′ =CH$_3$) m. p. 102°, $[\alpha]_D$—29°. Ferric chloride reaction, blue green. Oxidation with permanganate gives veratric acid. Bromination gives a tribromoderivative m. p. 194—195° oxidised with permanganate to 6-bromoveratric acid. Similarly the oily ethyl-ether gives veratric acid and vanillic acid ethylether. Arctigenin monomethylether is identical with matairesinol dimethylether. The ethylether undergoes cyclo-dehydrogenation with lead tetraacetate to two naphthalene derivatives, one of which has been synthesised, whereby the position of the free hydroxyl group in arctigenin was proved (HAWORTH and KELLY). The acetate of arctigenin crystallises with difficulty (m. p. about 50—60°) but undergoes a very interesting dehydrogenation with lead tetraacetate to a conidendrin monomethyl ether acetate m. p. 239—240°, $[\alpha]_D+79°$ (CHCl$_3$) which has been deacetylated and methylated to conidendrin dimethylether (OZAWA, 1953). The corresponding ethylether is oxidised by hypobromite to various products including 2-veratroyl vanillic acid ethylether. The hydroxy-acid corresponding to arctigenin melts at 131°. Strong alkali causes normal isomerisation to *iso*arctigenin m. p. 92°, $[\alpha]_D+84°$ (corresponding hydroxy-acid m. p. 82°, $[\alpha]_D+31°$).

Cubebin, $C_{20}H_{20}O_6$ (XIX), m. p. 132°, $[\alpha]_D-45.5°$ (CHCl$_3$), $-17.1°$ (acetone, changing to $-49°$ on addition of a trace of ammonia) has been known since 1836 (compare MAMELI, 1907).

Much of our knowledge of the chemistry of this lignan is due to the work of MAMELI (1909a and b, 1912a and b, 1921, 1935a and b) but the final elucidation of the structure is due to ISHIGURO (1936) who discovered that cubebin possesses aldehydic properties. (Compare also HAWORTH and KELLY, 1937.)

Cubebin is obtained from the oil recovered from unripe fruits of *Piper cubeba, Piperaceae*, by extraction with alcohol. The oil is distilled with steam and the nonvolatile material treated with alkali and extracted with ether. The ether soluble portion is recrystallised from methanol.

Cubebin reduces warm FEHLING's solution. Semicarbazone, m. p. 144°. Oxidation with sodium hypobromite, hydrogen peroxide, silver oxide and alkali or photochemical oxidation in the presence of ferric chloride gives cubebinolide m. p. 63—64°, $[\alpha]_D-34°$ (CHCl$_3$) MAMELI (1912b, 1935b) identical with hinokinin. Reduction with aluminium amalgam gives dihydrocubebin:

$$R-CH_2-CH(CH_2OH)-CH(CH_2OH)-CH_2-R$$

(R = 3:4-methylenedioxyphenyl), m. p. 104°, $[\alpha]_D-31°$ (CHCl$_3$) (v. BRUCHHAUSEN and GERHARD, 1939). On attempted acetylation with acetic anhydride and sodium acetate, or treatment of the acetic acid solution with hydriodic acid, dehydration takes place and "cubebin ether" $C_{20}H_{18}O_5$ m. p. 78°, $[\alpha]_D+24°$ (CHCl$_3$) is formed. This substance ·(XX, R = 3:4-methylenedioxyphenyl according to ISHIGURO), on catalytic hydrogenation gives a dihydroderivative $C_{20}H_{20}O_5$ m. p. 131—132°, $[\alpha]_D-59°$ (CHCl$_3$). On reduction with sodium in ethanol, however, "cubebinol" $C_{20}H_{20}O_5$ m. p. 92°, $[\alpha]_D-35°$(CHCl$_3$) MAMELI (1909b) is formed which according to ISHIGURO might possess structure XXI (R = 3,4-methylenedioxyphenyl) corresponding to $C_{20}H_{22}O_5$. Cubebinol gives a monoacetate, a benzoate and a phenylurethane. With acetic acid containing sulphuric acid MAMELI (1912a) obtained "*iso*cubebinether" $C_{20}H_{18}O_5$ m. p. 157°, $[\alpha]_D+26°$ (C$_6$H$_6$). It is not hydrogenated by sodium amalgam or sodium and amyl alcohol, but brief heating with hydrochloric acid (15%) gives cubebinol. The chemistry of cubebin-ether, *iso*cubebinether and cubebinol deserves renewed investigation.

Cubebin gives an oily methylacetal which yields a crystalline dinitroderivative m. p. 136—137° (Ishiguro).

Hinokinin, $C_{20}H_{18}O_6$ (XXII) m. p. 64—65°, $[\alpha]_D$—32° (ethanol) —34° (CHCl$_3$) has been isolated from the heartwood of the commercially important Japanese conifer "hinoki" *(Chamaecyparis obtusa)* by Yoshiki and Ishiguro (1933). The ether extract of the wood contains up to 30% of this lignan.

Dinitroderivative m. p. 163—164° viz. 184—185° (dimorphy), $[\alpha]_D$—90.5° (acetone). Dibromoderivative m. p. 137—138°, $[\alpha]_D$—27°(CHCl$_3$). With alkali, the salt of the corresponding hydroxy acid, and with methanolic hydrogen chloride, the chloro acid methylester $C_{21}H_{21}O_6Cl$, m. p. 92—93°, $[\alpha]_D$—15° is obtained. Permanganate oxidation gives piperonal and piperonylic acid, and lithium aluminium hydride a diol m. p. 102—103°, $[\alpha]_D$—34° (CHCl$_3$) identical with dihydrocubebin. The close relation between hinokinin and cubebinolid was realised already by Yoshiki and Ishiguro. They are in fact identical. Hinokinin has been transformed into matairesinol dimethylether by demethylenation followed by methylation (Keimatsu and Ishiguro, 1936). With selenium, the methylene ether of 3:4-dihydroxytoluene is obtained. With alkali followed by acidification *iso*hinokinin m. p. 116—117°, $[\alpha]_D$+106° is obtained due to inversion at the C-atom adjoining the CO-group. Dinitro*iso*hinokinin m. p. 202—203° $[\alpha]_D$+50° Dibromo*iso*hinokinin m. p. 160—161°, $[\alpha]_D$+41°. Hinokinin possesses the *trans*- and *iso*hinokinin the *cis*-configuration. Synthesis, compare Keimatsu, Ishiguro and Nakamura (1935) and Haworth and Woodcock (1938).

Olivil, $C_{20}H_{24}O_7$ (XXIII or XXIV, R = 4-hydroxy-3-methoxyphenyl), m. p. 142.5° (anhydrous), $[\alpha]_D$—127° (water) (with one molecule of water, m. p. 105°) was isolated from the resinous exudate of *Olea europaea, Oleaceae,* by Pelletier in 1816, further investigated by Körner and his collaborators (1882, 1903, 1911), Vanzetti (1929, 1937) and Vanzetti and Dreyfuss (1934). The resin sometimes contains large quantities of olivil readily obtained by dissolving amorphous impurities with methanol. Olivil crystallises from alcohols with one molecule of the relevant alcohol, but from acetone without solvent of crystallisation. Dimethylether m. p. 156°, diethylether m. p. 182°. Identical mixed ethers are obtained by monoethylation followed by methylation, and by monomethylation followed by ethylation, indicating a symmetrical structure and configuration. Dibromo-olivil dimethylether m. p. 132°.

Catalytic hydrogenation of olivil dimethylether affords a triol:

$$R—CHOH—CH(CH_2OH)—CH(CH_2OH)—CH_2—R,$$

(R = 3:4-dimethoxyphenyl) m. p. 137—138° $[\alpha]_D$—15° (CHCl$_3$) (Haworth and Woodcock, 1939). Oxidation of olivil with nitrobenzene and alkali gives an unusually high yield of vanillin (83%, lariciresinol 63%, pinoresinol 31%, matairesinol 15%, conidendrin 1% and *iso*olivil 3%; Leopold and Malmström, 1951). Olivil dimethylether on oxidation with permanganate gives veratric acid and 2-veratroyl-veratric acid. When olivil is boiled with dilute acids (acetic or formic acid) *iso*olivil (XXXVII, R = CH$_3$) is obtained. Olivil still occupies an isolated position among the lignans. *Via iso*olivil, however, it shows interesting structural relations with the sikkimotoxin-podophyllotoxin group.

Lariciresinol, $C_{20}H_{24}O_6$ (XXV) m. p. 167—168° $[\alpha]_D$+20° (acetone) is obtained from the wound resin of *Larix decidua, Pinaceae* (Bamberger and Landsiedl, 1897; Haworth and Kelly, 1937), by adding a concentrated solution of potassium hydroxide to an alcoholic solution of the resin. The sparingly soluble potassium salt separates and is decomposed with hydrochloric acid, care being taken to avoid acidity. The solution of the crude resinol in ether is filtered through a column of aluminium oxide and then concentrated (yield about 15%).

XXV   XXVI

Lariciresinol is sparingly soluble in ether and ethyl acetate but readily soluble in hot ethanol. Ferric chloride reaction green. Dimethylether m. p. 79—80°, $[\alpha]_D + 22°$ (acetone).

The empirical formula of lariciresinol was long considered to be $C_{19}H_{22}O_6$ but a C_{20}-formula and a relation to the lignans was expected by KUH and RICHTER (1924) and ERDTMAN (1934a, 1936c).

The elucidation of the structure of lariciresinol, however, is due to HAWORTH and his collaborators (HAWORTH and KELLY, 1937; HAWORTH and WOODCOCK, 1939a and b) and its chemistry gives several beautiful examples of the close relations between various lignans.

The pyrolysis to pyroguaiacin (yield about 10%) and guaiacol, products also obtained on pyrolysis of guaiaretic acid, is interesting. The most important reaction of lariciresinol, however, is its conversion into isolariciresinol (XXVI, $R = CH_3$), m. p. 112°, $[\alpha]_D + 69°$ (acetone), which is obtained by boiling a solution of lariciresinol in dilute formic acid (1:4) or with very dilute methanolic hydrogen chloride. Tetraacetate m. p. 162°, $[\alpha]_D + 18°$ (acetone). The dimethylether m. p. 166 — 167°, $[\alpha]_D + 20°$ (CHCl₃), is also obtained by reduction of conidendrin dimethylether with LiAlH₄ (HAWORTH and WILSON, 1950).

With strong methanolic hydrogen chloride isolariciresinol gives a tetrahydrofurane derivative, anhydroisolariciresinol (XXVI but —CH₂—O—CH₂— instead of the two CH₂—OH groups), m. p. 209—210°, $[\alpha]_D + 8°$ (acetic acid), dimethylether 146—147°, $[\alpha]_D - 33°$ (acetone), also obtained by briefly heating isolariciresinol dimethylether with sodium hydrogen sulphate to 180°.

Lariciresinol ethylether on oxidation with permanganate affords 3-methoxy-4-ethoxybenzoic acid. Isolariciresinol dimethylether similarly gives 2-veratroylveratric acid, but oxidation with sodium hypobromite also affords conidendrin dimethylether and phenyltetralinedicarboxylic acid (XXXV) previously obtained by HOLMBERG from conidendrin dimethylether.

Catalytic hydrogenation of pinoresinol dimethylether gives lariciresinol dimethylether and it is further hydrogenated to the diol:

$$R—CH_2—CH(CH_2OH)—CH(CH_2OH)—CH_2—R$$

(R = 3:4-dimethoxyphenyl), m. p. 121—122°, $[\alpha]_D - 26°$ (CHCl₃) identical with the diol from matairesinol dimethylether, and because of its optical activity it must be the trans-form. It follows that the relevant hydrogen atoms in isolariciresinol and conidendrin are trans. The diol is oxidised with sodium hypobromite in dioxan to matairesinol dimethylether and veratric acid.

Pinoresinol, $C_{20}H_{22}O_6$ (XXVII, R = H), m. p. 121—122°, $[\alpha]_D+84°$ (acetone) occurs in the "gum resin" ("Überwallungsharz") from several pine and spruce species (BAMBERGER, 1891, 1894; BAMBERGER and LANDSIEDL, 1897 and ERDTMAN, 1939).

XXVII   XXVIII

XXIX   XXX   XXXI

This resin which is quite different from the initial oleoresin obtained on wounding the trunks, forms drops or pellets slowly exuded from the borderline between bark and wood. Its appearance seems to be connected with the wound healing process ("Überwallung") and, obviously, this resin contains products of the cambial metabolism (ERDTMAN, 1939). Part of the pinoresinol is said to occur in the form of esters, e. g. with abietic acid.

The resin (100 g.) is extracted with ether and the soluble material dissolved in hot ethanol (100 ml.). A hot solution of potassium hydroxide (65 g.) in water (25 ml.) is slowly added with stirring. On cooling, the potassium salt separates and is collected by suction and washed with ethanol and finally with ether. The crude salt is dissolved in water, carefully acidified and the precipitated gum dissolved in ether. The solution is filtered through a layer of aluminium oxide which removes some high molecular impurities. Upon concentration, a gum separates which solidifies and is recrystallised from methanol. (Partly according to ERDTMAN, 1934a, partly with GARBERG, unpublished.)

Colour reaction with sulphuric acid, brown, with ferric chloride, green. Diacetate m. p. 166—167.5°, $[\alpha]_D+49°$ (CHCl₃). Dibenzoate m. p. 163—164°. Dimethylether m. p. 107—108°, $[\alpha]_D+64°$ (acetone), $+95°$ (benzene), $+65°$ (CHCl₃), $+73°$ (acetic acid). Colour reaction with sulphuric acid, red soon turning violet. Dibromopinoresinol dimethylether (XXVII, R = Br, OCH₃ instead of OH), dimorphous, prisms, m. p. 157°, threadlike needles, m. p. 172—173°, $[\alpha]_D-69°$ (CHCl₃) giving an excellent yield of 5-bromo-4-nitroveratrole and $(+)$-*bis*hydroxymethyl succinic acid dilactone (XXVIII) m. p. 160—161°, $[\alpha]_D+206°$ (H₂O) with concentrated nitric acid (ERDTMAN and GRIPENBERG, 1947). Dinitropinoresinol dimethylether m. p. 212—213°, $[\alpha]_D-125°$ (CHCl₃) is obtained on nitration in acetic acid. Pinoresinol monomethylether benzoate m. p. 100—101°. Pinoresinol monomethylmonoethylether m. p. 75—76°. Pinoresinol has a symmetrical configuration [XXIX or XXX, R = C₆H₃OH (4), OCH₃ (3)]. (ERDTMAN, 1936a and b; GRIPENBERG, 1946.)

Acids isomerise pinoresinol and its derivatives to various products. One series of *epi*pinoresinol derivatives include *epi*pinoresinol m. p. 140.5—141.5°, $[\alpha]_D+126°$ (CHCl₃), *epi*pinoresinoldiacetate m. p. 151.5—152.5°, $[\alpha]_D+90°$ (CHCl₃) (LINDBERG, 1950), *epi*pinoresinol dimethylether m. p. 131—133°, $[\alpha]_D+141°$ (CHCl₃) (KAKU and RI, 1937b; ERDTMAN, 1938).

This series possesses an unsymmetrical structure (XXXI) formed by inversion at one C—R-group (GRIPENBERG, 1948). Another series is perhaps represented by a dimethylether, m. p. 133—135°, $[\alpha]_D+182°$ (CHCl$_3$), obtained by methylation of acid isomerised pinoresinol (ERDTMAN, 1938). This, like pinoresinol may belong to one of the two symmetrical series (XXIX or XXX), R $= C_6H_3(OCH_3)_2$ (3:4), resulting from a double inversion (at both C—R-groups).

Eudesmin, $C_{22}H_{26}O_6$ (XXIX or XXX, R $= 3:4$-dimethoxyphenyl) m. p. 107°, $[\alpha]_D-64°$ (CHCl$_3$), —92°(benzene), —74°(acetic acid), occurs in the "kino", resinous exudates from the trunks of several *Eucalyptus* species including *E. hemiphloia* (MAIDEN and SMITH, 1895). It seems always to be accompanied by aromadendrin (2:3-dihydrokaempferol) and has been more closely investigated by ROBINSON and SMITH (1915) who on the basis of various derivatives and degradations (e. g. to veratric acid) suggested alternative structures including the correct one. The constitution follows from the fact that eudesmin is the optical antipode of pino-resinol dimethylether (ERDTMAN, 1935).

Airdried kino from *E. hemiphloia* is powdered and heated with water to a thick treacle which is extracted with ether. The product is recrystallised once from a little ethyl acetate and the crystals treated with chloroform which dissolves eudesmin but not aromadendrin. Finally it is recrystallised from ethanol. Yield 10%.

Its properties follow from its relationship to pinoresinol dimethylether.

Symplocosin, $C_{26}H_{32}O_{11}$ [XXXI, one R $= C_6H_3(OCH_3)(3)(O$-gluc.) (4) and the other $= C_6H_3(OCH_3)(3)(OH)$ (4)], m. p. 171—172°, $[\alpha]_D-45°$ (solvent not given) crystallising with 6 moles of water has been isolated by NISHIDA, FUNAOKA and KONDO from the bark of *Symplocos lucida*, *Symplocaceae* (NISHIDA et al., 1951). The compound is a glucoside hydrolysed by emulsin to symplocosigenol which gives a dimethylether m. p. 128—128.5° and a diethylether m. p. 118.5—119.5°. The latter yields vanillic acid ethylether upon oxidation. Symplocosin gives a monomethylether which is not identical with phillyrin and which has been hydro-lysed (by sulphuric acid) to "symplocosigenol monomethylether" m. p. 132.5°, $[\alpha]_D-125°$ (ethanol). From their work NISHIDA, SUMIMOTO and KONDO (1951a and b) conclude that symplocosin is a monoglucoside of the optical antipode of *epi*pinoresinol but as in the case of phillyrin-phillygenol, the stereochemistry of many aglucone derivatives is uncertain. Their conclusion may be correct considering the following data for derivatives prepared by methods which probably avoid isomerisation reactions. Compare table 1.

Table 1.

	M. p.	$[\alpha]_D$	Solvent
symplocosigenol . .	141—141.5°	—119°	alcohol
*epi*pinoresinol . . .	140—141.5°	120°	alcohol[1]
s-diacetate	148—150°	—72°	acetone
epi-p-diacetate . . .	151—152.5°	92°	acetone[1]
s-dimethylether . .	128—128.5°	—115°	ethanol
epi-p-dimethylether	131—133°	121°	ethanol[1]

Phillyrin (forsythin), $C_{27}H_{34}O_{11}$ [XXXI, one R $= C_6H_3(OCH_3)(3)(O$-gluc.)(4) and the other $= C_6H_3(OCH_3)_2$ (3:4)], is dimorphous m. p. 154—155° and 180°, $[\alpha]_D+63-64°$ (pyridine), $+46-48.5°$ (ethanol) and has been isolated from leaves and bark of the closely related *Forsythia* and *Phillyrea* species *(Oleaceae)* by extraction with boiling water in the presence of calcium carbonate (KRAMER, 1933; KUNIMINE and SUZUKI, 1938). Phillyrin forms lustrous, colourless, leaflets which are very sparingly soluble in cold water (1:3000). It gives a redviolet colour with sulphuric acid. On hydrolysis with emulsin, glucose and phillygenol $C_{21}H_{24}O_6$ m. p. 133—135°

---

[1] The author is grateful to Drs. J. GRIPENBERG and B. LINDBERG for measuring the optical activity of these compounds in the solvents used by NISHIDA et al.

are obtained. The monomethylether (m. p. 129—129.5°) and the dibromo monomethylether (m. p. 161—162°) are identical with the corresponding *epi*pinoresinol
derivatives (GRIPENBERG, 1949). Phillygenol ethylether gives veratric acid and
vanillic acid ethyl ether on oxidation with permanganate (KUNIMINE and SUZUKI,
1938). Phillyrin is a β-glucoside of one of the two possible *epi*pinoresinol mono-
methylethers.

Great confusion still exists in the chemistry of phillygenol partly due to the
fact that phillyrin on acid hydrolysis gives phillygenol and isomerisation products,
e. g. pinoresinol monomethylether, and partly due to the frequent occurrence of
dimorphism in this series.

Gmelinol[1], $C_{22}H_{26}O_7$ (XXXII), m. p. 124°, $[\alpha]_D + 123°(CHCl_3)$, occurs in the wood
of *Gmelina Leichtardtii, Verbenaceae* (sometimes filling cracks in the wood) and
is conveniently extracted with hot water.

XXXII

Gmelinol gives a deep red colour reaction with sulphuric acid. On nitration
with fuming nitric acid in acetic acid, dinitrogmelinol m. p. 190°, $[\alpha]_D + 136°(CHCl_3)$
is obtained. Gmelinol is sensitive to acids. Refluxing with 20% formic acid
affords *iso*gmelinol, m. p. 147°, $[\alpha]_D + 34°$ (CHCl$_3$), dinitroderivative m. p. 235°,
$[\alpha]_D + 36°$ (CHCl$_3$). Bromination of gmelinol in benzene in the presence of pyridine
yields dibromogmelinol m. p. 145° isomerised to dibromo*iso*gmelinol, m. p. 196°,
by ethanolic hydrochloric acid. With nitric acid, dibromogmelinol yields 5-bromo-
4-nitroveratrole and *iso*gmelinol on oxidation with permanganate gives veratric
acid (SMITH, 1912; BIRCH and LIONS, 1938). Gmelinol exhibits no ketonic properties but forms a monophenylurethane m. p. 189°.

These results and the fact that the UV absorption spectra of gmelinol,
*iso*gmelinol and pinoresinol dimethylether are almost identical, show that gmelinol
must possess structure (XXXII) (AULIN-ERDTMAN and ERDTMAN, 1944).

Sesamin, $C_{20}H_{18}O_6$ (XXXI, R = 3:4-methylenedioxyphenyl), m. p. 123—124°.
$[\alpha]_D + 69°$ (CHCl$_3$) was isolated by VILLAVECCIA and FABRIS in 1893 from the un.
saponifiable fraction of sesame oil from the seeds of *Sesamum indicum, Pedaliaceae,*
Nitric acid gives 4-nitrocatechol methylene ether and dinitrosesamin, m. p-
240—241°, $[\alpha]_D + 35°(CHCl_3)$. Dibromosesamin m. p. 180.5—181°, $[\alpha]_D - 9.6°$ (CHCl$_3$)
when heated with nitric acid yields 4-nitro-5-bromo catechol methyleneether
(COHEN, 1938). Sesamin is isomerised by acids to *iso*sesamin m. p. 122—123°
$[\alpha]_D + 119°$ (CHCl$_3$) which is the optical antipode of asarinin. In these reactions
sesamin is reminiscent of pinoresinol-eudesmin (ERDTMAN, 1936c). KAKU and
RI (1937 b) have converted sesamin into *epi*pinoresinol dimethylether and pinoresinol
dimethylether. Sesamin probably possesses a symmetrical configuration
(ERDTMAN and PELCHOWICZ, unpublished). Dipole moment: 1.78 D (ROLLA and
MARINAGELI, 1949).

Catalytic hydrogenation in acetic acid gives dihydrocubebin (v. BRUCHHAUSEN
and GERARD, 1939).

---

[1] Cf. addendum on p. 448.

Another interesting component of sesame oil is sesamolin which was isolated by MALAGNINI and ARMANNII in 1907, m. p. 94°, $[\alpha]_D$ approximately $+220°$ (CHCl$_3$). This compound has been studied by ADRIANI (1928) who found the composition $C_{20}H_{18}O_7$. Since sesamolin is hydrolysed by hydrochloric acid to sesamol (4-hydroxy-1:2-methylenedioxy-benzene) and "samin" $C_{12}H_{14}O_5$, m. p. 103°, $[\alpha]_D$ approximately $+100°$ (CHCl$_3$) it is probably not a lignan although certainly related to sesamine. BÖESEKEN, COHEN and KIP (1936) believe that sesamolin is a "glycoside-similar" compound. Sesamol gives the Baudoin reaction, sesamolin only after hydrolysis.

Pseudocubebin, $C_{20}H_{20}O_6$(?) m. p. 122°, $[\alpha]_D + 61°$ (CHCl$_3$) (dibromoderivative, m. p. 177°), isolated from the fruits of *Piper Lowong, Piperaceae* (PEINEMANN, 1896) and from the bark of *Ocotea usambarensis, Lauracea* (HALBERKANN, 1916) has been degraded with permanganate to piperonylic acid. According to the little data available pseudocubebin may perhaps be identical with sesamine.

(—) **Sesamin**, $C_{20}H_{18}O_6$ (XXXI, R = 3 : 4-methylenedioxyphenyl) m. p. 123—124°, $[\alpha]_D—66°$ (CHCl$_3$) (KAKU and RI, 1937a). The optical antipode of sesamin has been isolated from *Asarum Sieboldii* Miquel *var. seoulenois* Nakai, *Aristolochiaceae.*

The dried plant was extracted with ethanol, the extract distilled with steam, and the residue extracted with ether. The ether extract was dissolved in ethanol and treated with ethanolic lead acetate. The filtrate was freed from lead with hydrogen sulphide and concentrated. Asarinin crystallises first, followed by a sterol and a mixture of asarinin and (—)sesamin from which (—)sesamine is obtained by treatment with ether in which it is less soluble than asarinin.

Properties follow from its relationship to sesamin. Since (—)sesamin is obtained by acid epimerisation of asarinin the (—)sesamin isolated may perhaps be an artefact.

Asarinin, $C_{20}H_{18}O_6$ (XXIX or XXX, R = 3:4-methylenedioxyphenyl) m. p. 122—123°, $[\alpha]_D—119°$ (CHCl$_3$), —113° (acetone) has been isolated by KAKU, KUTANI and TAKAHASHI (1936) from *Asarum Sieboldii* Miquel and *Asarum Sieboldii* Miq. var. *seoulensis* Nakai by extraction with ethanol [compare (—)sesamin] and by CHOU and CHU (1935) and HUANG-MINLON (1937) from *A. Blumei* Duch. "Hsi-Hsin", *Aristolochiaceae*, simply by extraction with hot light petroleum (yield 0.04—0.05%). "Xanthoxylin S" from the bark of *Xanthoxylum carolinianum (X. Clava Herculis = X. americanum), Rutaceae*, is identical with asarinin (compare DIETERLE and SCHWENGLER, 1939).

The chemistry of asarinin is very similar to that of sesamin and eudesmin and the large difference in optical rotation between asarinin and its substitution products has its counterpart in epieudesmin. Dinitroasarinin m. p. 220—221° $[\alpha]_D+31°$(CHCl$_3$). Dibromoasarinin m. p. 182—183°, $[\alpha]_D+18°$ (CHCl$_3$). (ERDTMAN, 1936c). KAKU and RI (1937b) converted asarinin into eudesmin and, due to epimerisation, to *epi*eudesmin. Acids cause isomerisation to (—)sesamin and catalytic hydrogenation in acetic acid affords the optical antipode of dihydrocubebin (v. BRUCHHAUSEN and GERARD, 1939). Among the steam volatile components of *Asarum Sieboldii* (2.2%) are eugenol methylether (about 50%) and eucarvone (KAKU, KONDO, CHO and ORITA, 1931).

Fagarol, $C_{20}H_{18}O_6$, m. p. 127—128°, $[\alpha]_D\pm0°$ (5% solution in acetone). Fagarol has been isolated from the root bark of *Xanthoxylum senegalense* D. C. = *Fagara xanthoxyloides* Lam. "Artar Root", by GIACOSA, MORANI and LOAVE (1887, 1889) who found m. p. 123° and has later been studied by H. PRIESS (1911). It has recently been isolated from the trunk bark of *Fagara viridis* by PARIS and MOYSE-MIGNON (1947, 1948) who also described a new compound "pseudofagarol". It is obtained in a yield of 1% by extraction of the bark with benzene and dilution of the concentrated extract with light petroleum. On standing, long needles are obtained which after recrystallisation (charcoal) melt at 127—128°. Colour reaction with sulphuric acid, brownish-yellow soon turning red. The compound contains no methoxyl groups and according to PRIESS *is optically inactive*. In view of the close relation between the genera *Xanthoxylum* and *Fagara*, however, one would have suspected that faragol is identical with asarinin and a renewed investigation is needed. Mameli (1935b) suggests that fagarol might be "inactive cubebin". No derivatives have been described. D, L-sesamin melts at 129—130° and D, L-asarinin at 135—136° (Kaku, Kutani and Takahashi, 1936).

Isotaxiresinol $C_{19}H_{22}O_6$ (XXVI, R = H) m. p. 169—171°, $[\alpha]_D + 19°$ (CHCl$_3$) has been isolated from the heartwood of *Taxus baccata* L., *Taxaceae*, by extraction with hot water, concentration of the extract and extraction of the aqueous phase with ether. The crude lignan is boiled with ethyl acetate to remove impurities and recrystallised from 2 N acetic acid. Alternatively the wood is extracted with ether and the residue boiled with light petroleum. Yield 1% (King, Jurd and King, 1952). The trimethylether m.p. 167—168°, $[\alpha]_D + 19°$ (CHCl$_3$) is identical with *iso*lariciresinol dimethylether. The triethylether m. p. 140° gives a diacetate and a dibenzoate and is oxidised by permanganate or chromic acid to 2-(3:4-diethoxybenzoyl)-4-ethoxy-5-methoxybenzoic acid and by hot concentrated nitric acid to 1:2-diethoxy-4:5-dinitrobenzene from which the orientation of the methoxyl group in *iso*taxiresinol follows.

Conidendrin, $C_{20}H_{20}O_6$ (XXXIII) m. p. 255—256°, $[\alpha]_D - 55°$ (acetone) was first isolated in a pure form by Holmberg (1920, 1921) from the waste liquor from sulphite pulping of spruce [*Picea abies* (L.) Karst.].

XXXIII   XXXIV   XXXV

XXXVI

It has later been isolated either direct from the wood or from the waste liquors from several species of the general *Picea* and *Tsuga* and together with the closely related matairesinol from *Podocarpus spicatus* (Emde and Schartner, 1934, 1935; Kawamura, 1932; Erdtman, 1944; Brauns, 1945; Briggs and Peak, 1936). An especially rich source is the waste liquor from *Tsuga heterophylla* (1 g./litre. Pearl, 1945).

Holmberg isolated the substance by extraction with ether, yielding upon evaporation, impure conidendrin (0.2—0.3 g./litre) which was washed with water or methanol and recrystallised from ethanol. A remarkably simple method has been described by Lachey, Moyer and Hearon (1949) working at the Crown Zellerbach Corporation, Camas: Two litres of filtered waste liquor (from *Tsuga heterophylla*) is stirred vigourously with 40 ml of trichloroethylene for 30 minutes. After a few hours, a clear upper layer, an intermediate phase containing crystals, and a bottom layer are formed. The upper layer is siphoned off and the remainder filtered. The crystals (conidendrin) are washed with water and dried.

Conidendrin gives a green ferric chloride reaction. On acidification of a solution in alkali the corresponding hydroxy-acid is obtained. M. p. about 185° followed by lactonisation, $[\alpha]_D + 75°$ (acetone), $+97°$ (alkali). Hydroxy-acid amide m. p. 139—140° (foaming at 143°), $[\alpha]_D + 85°$ (acetone). Tribromoderivative m. p. 238—240°, $[\alpha]_D + 20.5°$ (acetone). Diacetate m.p. 221—222°, $[\alpha]_D - 74°$. Dimethylether (α-conidendrin dimethylether) m. p. 179—180°, $[\alpha]_D - 101°$ (acetone). Corresponding hydroxy-acid m. p. 150—156° (with lactonisation), $[\alpha]_D + 39°$. When heated with sodium ethylate in ethanol, conidendrin (α-conidendrin) gives β-conidendrin m. p. 210—212°, $[\alpha]_D + 29°$ (acetone) in which the configuration at the CH—CO-group is reversed. β-Conidendrin dimethylether m. p. 142—143° solidifying and remelting at 156°, $[\alpha]_D \pm 0°$ can be obtained similarly. The corresponding β-hydroxy-acid sinters from about 95° (lactonisation), $[\alpha]_D + 53°$ (acetone) (HOLMBERG and SJÖBERG, 1921).

Demethylation of conidendrin can be effected with pyridinium chloride. The products α- and β-nor-conidendrin, possess antioxidant properties (BICKFORD, 1947; ERDTMAN and LINDBERG, 1949; HEARON, LACKEY and MOYER, 1951).

The hypobromite oxidation of α-conidendrin dimethylether has been investigated by HOLMBERG (1927) and gives one neutral substance and two acids. The neutral compound m. p. 182—183° has recently been identified as (XXXIV) (with CARNMALM, unpublished). The acids were shown to be 2-veratroyl-veratric acid and the phenyltetralin dicarboxylic acid (XXXV). The latter m. p. 192—193°, $[\alpha]_D + 39°$ (acetone) gave a dimethylester dehydrogenated with lead tetraacetate to the corresponding phenyl naphthalene derivative (ERDTMAN, 1934 b). These results established the main features of the structure of conidendrin and the introduction of lead tetraacetate in the study of lignans has been followed by several important applications (compare arctiin and matairesinol). The orientation of the hydroxyl groups in conidendrin follows from similar degradations of the diethylether of conidendrin and that of the lactone group by a synthesis of the phenylnaphthalene derivative (XXXVI) obtained from conidendrin dimethylether with lead tetraacetate (HAWORTH and SHELDRICK, 1935; HAWORTH, RICHARDSON and SHELDRICK, 1935). In conidendrin the configuration of the lactone group is trans- and the guaiacyl group has been suggested to be trans to the lactone —CH$_2$. In β-conidendrin the lactone group is cis (HAWORTH and SLINGER, 1940).

β-Conidendrin dimethylether does not give any XXXIV or XXXV. The dimethylester of the phenyltetraline dicarboxylic acid (XXXV) on reduction with lithium aluminium hydride affords the same diol (XXXV but CH$_2$OH instead of COOH) as α-conidendrin dimethylether. β-Conidendrin dimethylether, however, affords a different diol. (HAWORTH and WILSON, 1950; ERDTMAN and CARNMALM, unpublished.)

Savinin, $C_{20}H_{14(16}?)O_6$, m. p. 146.4—148.4°, $[\alpha]_D - 87°$ (CHCl$_3$). HARTWELL, JOHNSON, FITZGERALD and BELKIN (1953) have isolated this substance from needles of *Juniperus sabina*, *Cupressaceae*, in which it occurs together with podophyllotoxin. Savinin is inactive in the tumour test. It is probably a lignan and contains methylenedioxy, but no methoxyl groups. The presence of a lactone group is indicated by the infrared absorption and by the solubility in hot alkali. The UV spectrum indicates a large chromophore and conforms reasonably well with the calculated absorption for a compound of the following structure:

$$R-CH =C -CO$$
$$\qquad\qquad\qquad >O \quad (R = 3:4\text{-methylenedioxyphenyl})$$
$$R-CH_2-CH-CH_2$$

or the corresponding phenylnaphthalenederivative. (AULIN-ERDTMAN, private communication.)

Isoolivil $C_{22}H_{28}O_7$ (XXXVII, R = CH_3), m. p. 163—164°, $[\alpha]_D+62°$ (ethanol) has been found by Briggs and Frieberg (1937) in the resinous exudate and wood of *Olea Cunninghamia (Oleaceae)*, a tree endemic to New Zealand. The alcoholic extract is concentrated and on addition of ether the compound crystallises. *Isoolivil* is purified by recrystallisation from ethanol-ether or acetone. Ferric chloride gives a green and sulphuric acid a violet colour reaction. In contrast to olivil *isoolivil* gives two different monomethyl-monoethylethers and consequently is unsymmetrical. The dimethylether m. p. 181—181.5°, $[\alpha]_D+47°$ (ethanol) on oxidation with permanganate (or chromic acid) gives 2-veratroyl-veratric acid, *isoolivilic* acid dimethylether (XXXVII, R = CH_3, —COOH instead of —CH_2OH) m. p. 230°, $[\alpha]_D+44°$ and the lactone (XXXVIII), Dreyfuss (1936), which has been synthesised (Haworth and Sheldrick, 1935). The orientation of the methoxyl and hydroxyl groups in *isoolivil* (and olivil) follows from similar degradations of *isoolivil* diethylether (Vanzetti and Dreyfuss, 1934).

Desoxypodophyllotoxin, (silicicolin), $C_{22}H_{22}O_7$ (XXXIX) m. p. 171—172°, $[\alpha]_D-119°$ (CHCl₃), $-196°$ (pyridine) has been isolated from the needles of *Juniperus silicicola, Cupressaceae*, in a yield of about 0.1% by a complex method involving chromatography on aluminium oxide (Hartwell, Johnson, Fitzgerald and Belkin, 1952).

XXXVII   XXXVIII   XXXIX

Silicicolin is identical with desoxypodophyllotoxin obtained by removing the secondary hydroxyl group in podophyllotoxin (XLI) by catalytic hydrogenolysis of the corresponding chloride. Ethanolic sodium acetate or piperidine isomerises silicicolin to the diastereo-isomeride silicicolin-B m. p. 169—173°, $[\alpha]_D+31.5°$ (CHCl₃) +40° (pyridine) identical with desoxypicropodophyllin obtained by similar isomerisation of desoxypodophyllotoxin. The corresponding hydroxyacid, desoxy-podophyllic acid, has $[\alpha]_D-160°$ (pyridine). Silicicolin possesses tumour damaging properties.

Anthriscin, $C_{22}H_{22}O_7$ m. p. 168°, $[\alpha]_D-142.5°$ (pyridine)'has been isolated by Noguchi and Kawanami (1940) from the roots of *Anthriscus silvestris, Umbelliferae*, grown in central Japan, by extraction with aqueous ethanol. The crude extract (0.14%) when allowed to stand in the cold with ether, partly crystallised. It gave a brown colour with sulphuric acid. When dissolved in hot alkali and precipitated with acid, *isoanthriscin*, thin needles, m. p. 170°, $[\alpha]_D-128°$ (pyridine) was obtained which gave a green colour with sulphuric acid. Anthriscin in methanol yielded a hydroxyacid hydrazide $C_{22}H_{26}O_7N$ m. p. 223° with hydrazine hydrate and was hydrolysed to *isoanthriscin* with hydrogen chloride. Dehydrogenation with palladium gave dehydroanhydropicropodophyllin. This indicates that anthriscin possesses the same structure as silicicolin. Silicicolin-B and *isoanthriscin* differ considerably in their reported properties, however, especially the optical rotation. Hartwell (private communication) suggests that Nogushi's "*isoanthriscin*" was partly lactonised desoxypodophyllic acid.

Hernandione. In 1942 Hata described a lactone "*hernandione*" obtained by extraction of the seeds of *Hernandia ovigera* and *H. peltata (Hernandiaceae)* in about two per cent yield. The lactone m. p. 167—168°, $[\alpha]_D-112°$ (CHCl₃) on treatment with alkali was isomerised to *iso*hernandione, m. p. 170°, $[\alpha]_D + 37°$ (CHCl$_3$). These compounds were sent to the late T. NOGUSHI who identified them by mix. m. p. with anthriscin and "*iso*anthriscin" respectively. The recorded optical data agree reasonably with those for silicicolin and silicicolin B.

Cicutin. In 1942 MARION described the isolation of a lactone "*cicutin*", from the rhizomes of *Cicuta maculata (Umbelliferae)*, possessing the composition C$_{22}$H$_{22}$O$_7$. The original preparation of MARION has been further studied by HARTWELL, SCHRECKER and JOHNSON, 1953 and they arrived at the conclusion that "cicutin" is probably partly epimerised silicicolin.

α-**Peltatin**[1], C$_{21}$H$_{20}$O$_8$, m. p. 230.5—232.5°, $[\alpha]_D$—120° (CHCl$_3$), —111°(ethanol), —96° (acetone) has been isolated (HARTWELL, 1947; HARTWELL and DETTY, 1950; HARTWELL, SCHRECKER and GREENBERG, 1952) from "podophyllin" from *Podophyllum peltatum* by chromatographic separation from other components. It gives a reddish-brown colour reaction with conc. sulphuric acid, couples with diazotised amines to red dyes and contains a methylene dioxy group.

α-Peltatin possesses tumour damaging properties and on methylation with diazomethane yields α-peltatin-A dimethylether m. p. 124—126.3°, $[\alpha]_D$—116° (CHCl$_3$). Acetylation with acetic anhydride gives α-peltatin-A diacetate m. p. 229.6 to 232.5°, $[\alpha]_D$—115° (CHCl$_3$). Methylation with dimethyl sulphate and alkali gives α-peltatin-B dimethylether m. p. 183.8—184.6°, $[\alpha]_D + 11°$ (CHCl$_3$). Alkali (or sodium acetate) causes isomerisation of α-peltatin to α-peltatin-B m. p. 275—276°, $[\alpha]_D + 39°$ (acetone), acetylated by acetic anhydride to α-peltatin-B diacetate m. p. 260 to 262.9°, $[\alpha]_D$—12° (CHCl$_3$) and also obtained from α-peltatin by acetylation with acetic anhydride and sodium acetate. The difference between the A- and the B-series is due to diastereo-isomerism as in the case of podophyllotoxin and picropodophyllin. Only the A-derivatives are tumour damaging. α-Peltatin-B ethylether (m. p. 139—141°) on oxidation with permanganate yields syringic acid ethylether. As yet there is no direct proof of the lignan structure and the orientation of the lactone group, but the most probable structure would be that of an analogue of silicicolin with two pyrogallol nuclei.

β-**Peltatin**, C$_{22}$H$_{22}$O$_8$, m. p. 231—238° (shrinking at about 225°), $[\alpha]_D$—119° (CHCl$_3$), —115° (ethanol), —95° (acetone), another product isolated from *Podophyllum peltatum* gives a green colour reaction with conc. sulphuric acid (HARTWELL and DETTY, 1948, 1950; HARTWELL, SCHRECKER and GREENBERG, 1952). The structure is equally uncertain as that of α-peltatin, but β-peltatin gives α-peltatin-A dimethylether with diazomethane and α-peltatin-B dimethylether with dimethyl sulphate and alkali. β-Peltatin-A monoacetate m. p. 229.4—231.6°, $[\alpha]_D$—122° (CHCl$_3$), is obtained with acetic anhydride. Isomerisation with alkali (or sodium acetate) gives β-peltatin-B m. p. 211.8—212.8°, $[\alpha]_D + 40°$ (acetone) acetylated with acetic anhydride to β-peltatin-B monoacetate m. p. 220—222°, $[\alpha]_D$—6.3° (CHCl$_3$) also obtained from β-peltatin with acetic anhydride and sodium acetate. β-Peltatin is active in the tumour test, β-peltatin-B is not. On oxidation with permanganate, β-peltatin-B ethylether gives gallic acid trimethylether which shows that there is no free hydroxyl group in the phenyl group at carbon atom 4.

Sikkimotoxin, C$_{23}$H$_{26}$O$_8$ (XL), m.p. 120° (with effervescence), $[\alpha]_D$—92°(ethanol), —92°(CHCl$_3$), has been isolated by CHATTERJEE and DATTA (1952) from *Podophyllum sikkimensis*, CHATTERJEE et MUKERJEE, *Berberidaceae*, a new species growing in Sikkim and morphologically and chemically different from other Indian *Podophyllum* species. It contains 5 methoxyl groups and is obviously an analogue of podophyllotoxin which it closely resembles in its reactions. Acetylation with acetic anhydride gives sikkimotoxin monoacetate m. p. 182°, $[\alpha]_D$—140° (CHCl$_3$). Isomerisation with alkali (or sodium acetate) gives *iso*sikkimotoxin m. p. 220 to

---

[1] Cf. addendum on p. 448.

$221°$, $[\alpha]_D + 1.0°$ (acetone) acetylated with acetic anhydride to *iso*sikkimotoxin mono-acetate m. p. 207—208° also obtained by direct acetylation of sikkimotoxin with acetic anhydride and sodium acetate or by refluxing sikkimotoxin monoacetate with ethanolic sodium acetate. Sikkimotoxin refluxed with acetyl chloride gives a chloroderivative, $C_{23}H_{25}O_7Cl$, m. p. 196—197°. On similar treatment *iso*-sikkimotoxin was recovered unchanged. Sikkimotoxin on oxidation with per-manganate gives gallic acid trimethylether, metahemipinic acid, $4:5:3':4':5'$-pentamethoxy-2-benzoyl benzoic acid and the corresponding phthalide. The close similarity with podophyllotoxin is exhibited by the fission of the *iso*sikkimotoxin molecule on boiling with hydriodic acid and acetic acid. From the reaction products after methylation with dimethyl sulphate and alkali, 6:7-dimethoxy-2-methylnaphthalene-3-carboxylic acid m. p. 223—225°, a methoxyl analogue of podophyllomeronic acid, was obtained (CHATTERJEE and CHAKRAVARTI, 1952b).

Podophyllotoxin[1], $C_{22}H_{22}O_8$ (XLI), m. p. 157—158°, 183—184° (anhydrous, compare HARTWELL and SCHRECKER, 1951), $[\alpha]_D - 109°$ (ethanol), $-132°$ ($CHCl_3$).

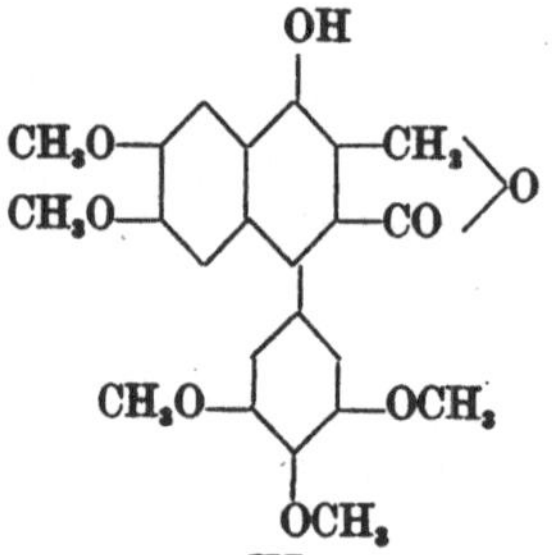

XL 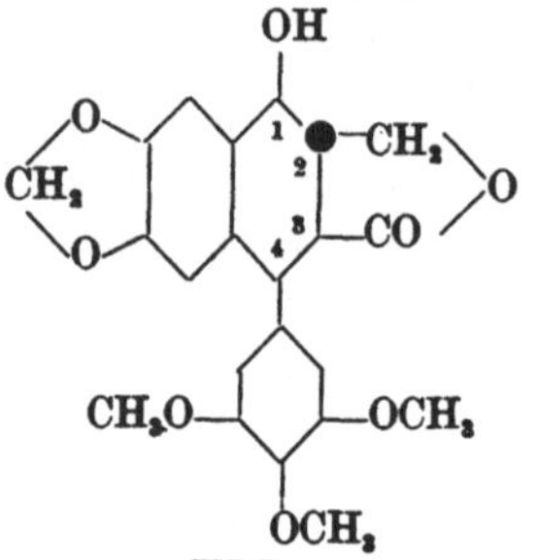   XLI 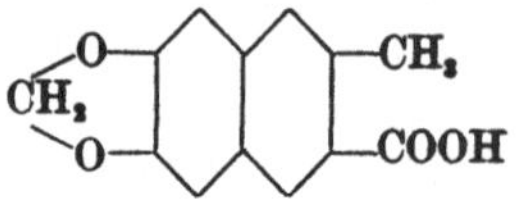   XLII

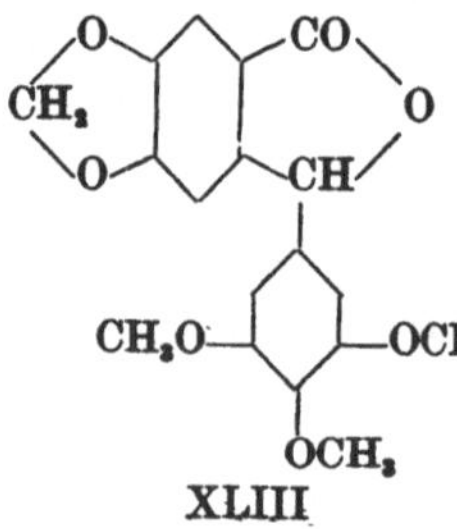

XLIII 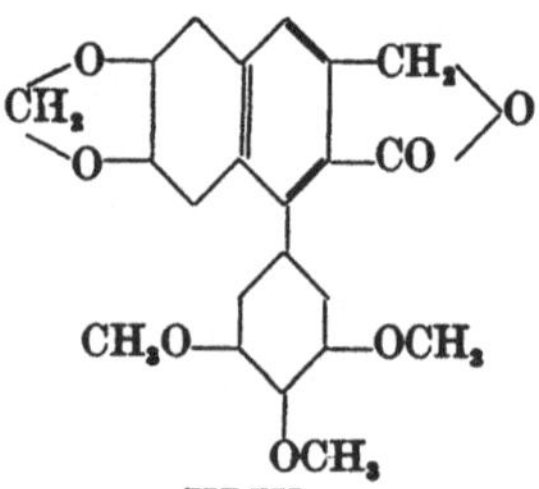   XLIV

Podophyllotoxin (KÜRSTEN, 1891) has been isolated from the rhizomes of *Podophyllum peltatum* and *P. emodi*, *Berberidaceae*. An extract "podophyllin" is a commercial product employed as a purgative which also causes damage to tumour cells (HARTWELL, 1947). In 1953 HARTWELL, JOHNSON, FITZGERALD and BELKIN reported the unexpected discovery of podophyllotoxin in the needles of a series of *Juniperus*-species all belonging to the section *Sabina*. This is interesting since, prior to the isolation of podophyllotoxin, it had been found that extracts of the needles cause tumour hemorrhage and necrosis. Podophyllotoxin is obtained from podophyllin by extraction with chloroform. The extract is boiled with benzene (charcoal) and the benzene set aside for crystallisation or diluted with ethanol, whereupon crystals separate (BORSCHE and NIEMANN, 1932; SPÄTH, WESSELY and KORNFELD, 1932; compare BRUUN, 1951).

Podophyllotoxin crystallises with a variety of solvents, removed by heating at low pressure. It is easily transformed in the isomeric physiologically inactive picropodophyllin by alkali (NaOCOCH₃ or NH₃ in ethanol) or by heating with

---

[1] Cf. addendum on p. 448.

methanol and a little colloidal palladium, m. p. 215—232°, $[\alpha]_D+9.6°$ (acetone), $+9.4°$ (CHCl₃). Acetylation with acetic anhydride alone or in the presence of pyridine gives podophyllotoxin acetate m. p. 204°. Acetylation with acetic anhydride and sodium acetate gives the acetate of picropodophyllin m. p. 216° also obtained direct from picropodophyllin. The hydroxy-acid, corresponding to picropodophyllin, is called podophyllic acid m. p. 163—165°, $[\alpha]_D-103°$ (ethanol). (Compare DUNSTAN and HENRY, 1898.)

For the structural elucidation of podophyllotoxin two observations of BORSCHE and NIEMANN have been of great importance namely 1) the formation of podophyllomeronic acid (XLII) by brief boiling with a mixture of acetic acid and hydriodic acid and 2) the formation of the lactone (XLIII) by degradation with permanganate. Further, SPÄTH, WESSELY and KORNFELD (1932) on dehydrogenation of podophyllotoxin or picropodophyllin with palladium obtained the phenyl naphthalene derivative (XLIV) which has been synthesised (HAWORTH, RICHARDSON and SHELDRICK, 1935). The difference between podophyllotoxin and picropodophyllin was originally explained as being due to a different arrangement of the lactone ring, involving in podophyllotoxin the secondary hydroxyl group at carbon atom 1 (numbering according to HARTWELL), and in picropodophyllin the primary hydroxyl group. HARTWELL and SCHRECKER (1950, 1951), however, have shown that these compounds are in reality diastereo-isomerides differing in the configuration about carbon atom 3. In the "toxin" series the lactone grouping is *trans*- but in the "picro" series *cis*. *Epi*podophyllotoxin m. p. 159 to 161°, $[\alpha]_D-75°$ (CHCl₃) and *ep*.-picropodophyllin m. p. 158—159°, $[\alpha]_D+84°$ (CHCl₃) differing from podophyllotoxin viz. picropodophyllin in the configuration around carbon atom 1, have also been prepared. *Epi*picropodophyllin is converted into picropodophyllin with acids and *epi*podophyllotoxin into *epi*picropodophyllin with piperidine in dilute ethanol.

For arguments in favour of the configuration shown in (XLI) compare SCHRECKER and HARTWELL (1953). Compare also CHATTERJEE and CHAKRAVARTI (1951, 1952a).

Podophyllotoxin acetate and picropodophyllin acetate have recently been isolated from the wood of *Hernandia sonora* (F. KING, private communication). This is interesting in view of the occurrence of desoxy-podophyllotoxin in the seeds of related *Hernandia* species.

Demethylpodophyllotoxin, $C_{21}H_{20}O_8$ (XLI, but OH instead of OCH₃ at carbon atom 4 in the phenyl group), m. p. 250—251.6° (shrinking at 246°), $[\alpha]_D-130°$(CHCl₃) has been isolated by NADKARNI, HARTWELL, MAURY and LEITER (1953) by chromatographic methods from podophyllin from *Podophyllum emodi* Wall. together with podophyllotoxin and picropodophyllin glucoside. With diazomethane, podophyllotoxin, and with dimethyl sulphate and alkali, picropodophyllin, is obtained. Acetylation with acetic anhydride gives demethylpodophyllotoxin diacetate m. p. 230—231°, $[\alpha]_D-133°$ (CHCl₃). Isomerisation with alkali (or sodium acetate) gives demethylpicropodophyllin m. p. 193—196°, $[\alpha]_D+7°$ (acetone) acetylated with acetic anhydride to demethylpicropodophyllin diacetate m. p. 207—209°, $[\alpha]_D+27°$ (CHCl₃) also obtained by direct acetylation of demethylpodophyllotoxin with acetic anhydride and sodium acetate. Demethylpicropodophyllin ethylether m. p. 203.2—206° on oxidation with permanganate gives syringic acid ethylether showing that demethylpodophyllotoxin is related to podophyllotoxin in the same way as α-peltatin to β-peltatin. Demethylpodophyllotoxin possesses tumour necrotizing properties.

Picropodophyllin glucoside, $C_{28}H_{32}O_{13}$, m. p. 237—238°, $[\alpha]_D-11.5°$ (pyridine) like demethylpodophyllotoxin is a minor constituent of the resin from *Podophyllum emodi* (Nadkarni, Hartwell, Maury and Leiter, 1953). It is hydrolysed by acids and by emulsin to glucose and picropodophyllin and hence is characterised as 1-O-(β-glucopyranosyl)-picropodophyllin. It gives a tetraacetate m. p. 269 −270°, [α]_D−5.2° (acetone).

Addendum.

The lignan structure of the peltatins has been proved [Schrecker, A., and J. Hartwell: J. Amer. Chem. Soc. 75, 5924 (1953)]. Configuration of podophyllotoxin, compare Schrecker, A., and J. Hartwell: J. Amer. Chem. Soc. 75, 5916 (1953). — Four new lignans have been isolated from the bark of *Himantandra* species [Hughes, G. K., and E. Ritchie: Austral. J. Chem. 7, 104 (1954)]. Galbacin and galgravin correspond structurally to olivil (XXIII) but have methyl groups instead of hydroxylmethyl groups. Galbacin has four methoxyl groups and galgravin two methylene-dioxy groups. Galbulin and galcatin correspond to isolariciresinol (XXVI) but have methyl groups instead of hydroxymethyl groups. Galbulin has four methoxyl groups, galcatin two methoxyl groups in the phenyl group and a methylenedioxy group in the tetralin moiety. — The suggested structure of savinin has been confirmed. It is not the phenylnaphthalene alternative (Hartwell, private communication). The structure of gmelinol has been confirmed [Birch, A. J., G. K. Hughes and E. Smith: Austral. J. Chem. 7, 83 (1954)]. — The isolation of podophyllotoxin-β-D-glucoside from *Podophyllum emodi* has been reported [Stoll, A., J. Renz and A. V. Wartburg: J. Amer. Chem. Soc. 76, 3103 (1954)].

References.

Adriani, W.: Z. Unters. Lebensmittel 56, 187 (1928). — Aulin-Erdtman, G.: Svensk Kem. Tidskr. 54, 168 (1942). — Aulin-Erdtman, G., and H. Erdtman: Svensk Papperstidn. 47, 22 (1944).

Bamberger, M.: Monatsh. f. Chemie 12, 444 (1891); 15, 505 (1894). — Bamberger, M., and A. Landsiedl: Monatsh. f. Chemie 18, 481 (1897); 20, 647, 755 (1899). — Bickford, W.: J. Amer. Oil Chem. Soc. 24, 28 (1947). — Birch, A., and F. Lions: Proc. Roy. Soc. N. S. Wales 71, 391 (1938). — Böseken, J., W. Cohen and C. Kip: Rec. trav. chim. Pays-Bas 55, 815 (1938). — Borsche, W., and J. Niemann: Liebigs Ann. 494, 126 (1932). — Botkin, C., and P. Duisberg: Chem. Abstr. 43, 9174 (1949). — Brauns, F.: J. Org. Chem. 10, 216 (1945). — Briggs, L.: J. Amer. Chem. Soc. 57, 1383 (1935). — Briggs, L., and A. Frieberg: J. Chem. Soc. 1937, 271. — Briggs, L., and D. Peak: J. Chem. Soc. 1936, 724. — Briggs, L., D. Peak and J. Wooloxall: J. Proc. Roy. Soc. N. S. Wales 69, 61 (1935). — v. Bruchhausen, F., and H. Gerard: Ber. dtsch. chem. Ges. 72, 830 (1939). — Bruun, R.: Helvet. Chim Acta 34, 2457 (1951).

Cartwright, N., and R. Haworth: J. Chem. Soc. 1944, 535. — Chatterjee, R., and S. Chakravarti: Science and Culture 17, 136 (1951); (a) Science and Culture 18, 197 (1952); (b) J. Amer. Pharm. Assoc. Sci. Ed. 41, 415 (1952). — Chatterjee, R., and D. Datta: Ind. J. Physiol. Allied Sci. 4, 61 (1950). — Chou, T., and T. Chu: Chin. Journ. Physiol. 9, 261 (1935). — Cohen, W.: Rec. trav. chim. Pays-Bas 57, 653 (1938). — Cousin, H., and H. Hérissey: C. r. Acad. Sci. (Paris) 146, 1413 (1908); 147, 247 (1909).

Dieterle, H., and K. Schwengler: Arch. Pharm. Ber. dtsch. pharm. Ges. 277, 33 (1939). — Dreyfuss, P.: Gazz. chim. Ital. 66, 96 (1936). — Duisberg, P., L. Shires and C. Botkin: Analyt. Chem. 21, 1393 (1949). — Dunstan, W., and T. Henry: J. Chem. Soc. 73, 209 (1898).

Easterfield, T., and J. Bee: J. Chem. Soc. 1910, 1028. — Emde, H., and H. Schartner: Naturwiss. 44, 743 (1934); Helvet. Chim Acta 18, 344 (1935). — Erdtman, H.: (a) Biochem. Z. 258, 172 (1933); (b) Liebigs Ann. 503, 283 (1933); (a) Svensk Kem. Tidskr. 46, 229 (1934); (b) Liebigs Ann. 513, 229 (1934); (a) Liebigs Ann. 516, 162 (1935); (b) Svensk Kem. Tidskr. 47, 223 (1935); (a) Svensk Kem. Tidskr. 48, 230 (1936); (b) 48, 236 (1936); (c) 48, 250 (1936); Svensk Kem. Tidskr. 50, 161 (1938); Svensk Papperstidn. 42, 115 (1939); Svensk Papperstidn. 47, 155 (1944). — Erdtman, H., and J. Gripenberg: Acta Chem. Scand. 1, 71 (1947). — Erdtman, H., and B. Lindberg: Acta Chem. Scand. 3, 982 (1949).

Freudenberg, K., and H. Dietrich: (a) Ber. dtsch. chem. Ges. 86, 4 (1953); (b) 86, 1157 (1953). — Freudenberg, K., and H. Hübner: Ber. dtsch. chem. Ges. 85, 1181 (1952). — Freudenberg, K., and D. Rasenack: Ber. dtsch. chem. Ges. 86, 755 (1953).

Geissman, T., and E. Hinreiner: Botanical Rev. 18, 77—244 (1952). — Giacosa, P., and N. Monari: Gazz. Chim. Ital. 17, 362 (1887). — Giacosa, P., and M. Loave: Chem. Zbl. 1889 II, 141. — Gisvold, O.: J. Amer. Pharm. Assoc. Sci. Ed. 37, 194 (1948). — Gripenberg, J.: Suomen Kemistilehti 19, 138 (1946); Acta Chem. Scand. 2, 82 (1948); 3, 898 (1949). —

Halberkann, J.: Arch. Pharm. 254, 246 (1916). — Hartwell, J.: J. Amer. Chem. Soc. 69, 2918 (1947). — Hartwell, J., and W. Detty: J. Amer. Chem. Soc. 70, 2833 (1948);

72, 246 (1950). — HARTWELL, J., J. JOHNSON, D. FITZGERALD and M. BELKIN: J. Amer. Chem. Soc. 74, 4470 (1952); 75, 235 (1953). — HARTWELL, J., and A. SCHRECKER: J. Amer. Chem. Soc. 72, 3320 (1950); 73, 2909 (1951). — HARTWELL, J., A. SCHRECKER and G. GREENBERG: J. Amer. Chem. Soc. 74, 6285 (1952). — HARTWELL, J., A. SCHRECKER and J. JOHNSON: J. Amer. Chem. Soc. 75, 2138 (1953). — HATA, C.: J. Chem. Soc. Japan 63, 1540 (1942). — HAWORTH, R.: J. Chem. Soc. 1942, 448. — HAWORTH, R., and W. KELLY: J. Chem. Soc. 1936, 998; 1937, 384. — HAWORTH, R., C. MAVIN and G. SHELDRICK: J. Chem. Soc. 1934, 1423. — HAWORTH, R., and T. RICHARDSON: J. Chem. Soc. 1953, 633. — HAWORTH, R., T. RICHARDSON and G. SHELDRICK: J. Chem. Soc. 1953, 1576. — HAWORTH, R., and G. SHELDRICK: J. Chem. Soc. 1935, 636. — HAWORTH, R., and F. SLINGER: (a) J. Chem. Soc. 1940, 1098; (b) 1940, 1321. — HAWORTH, R., and L. WILSON: J. Chem. Soc. 1950, 71. — HAWORTH, R., and D. WOODCOCK: J. Chem. Soc. 1938, 1985;(a) J. Chem. Soc. 1939, 1054; (b) 1939, 1237. — HEARON, W., H. LACKEY and W. MOYER: J. Amer. Chem. Soc. 73, 4005 (1951). — HÉRISSEY, H., and G. DOBY: J. Pharm. Chim. (Paris) (6) 30, 289 (1909). — HERZIG, J., and F. SCHIFF: Monatsh. f. Chemie 18, 714 (1897). — HOLMBERG, B.: Svensk Kem. Tidskr. 32, 56 (1920); Ber. dtsch. chem. Ges. 54, 2389 (1921); Ann. Acad. Sci. Fennicae 29, Ser. A, No. 6 (1927). — HOLMBERG, H., and M. SJÖBERG: Ber. dtsch. chem. Ges. 54, 2406 (1921). — HUANG-MINLON: Ber. dtsch. chem. Ges. 70, 951 (1937).

ISHIGURO, T.: J. Pharm. Soc. Japan 56, 68 (1936).

KAKU, T., T. KONDO, C. CHO and T. ORITA: Keijo J. Medicine 2, 566 (1931). — KAKU, T., N. KUTANI and J. TAKAHASHI: Keijo J. Medicine 7, 644 (1936). — KAKU, T., and H. RI: (a) J. Pharm. Soc. Japan 57, 184 (1937); (b) 57, 289 (1937). — KAKU, T., H. RI and N. HARA: J. Pharm. Soc. Japan 59, 248 (1939). — KAWAMURA, J.: Bull. Imp. Forestry Exper. Stat. 8, 73 (1932). — KEIMATSU, S., and T. ISHIGURO: J. Pharm. Soc. Japan 56, 19 (1936). — KEIMATSU, S., T. ISHIGURO and Y. NAKAMURA: J. Pharm. Soc. Japan 55, 185 (1935). — KING, F., L. JURD and T. KING: J. Chem. Soc. 1952, 17. — KRAMER, A.: C. r. Acad. Sci. (Paris) 196, 814 (1933). — KUH, H., and F. RICHTER: In V. MEYER and P. JACOBSON, Lehrbuch der organischen Chemie II (4), 165. Berlin: W. de Gruyter & Co. 1924. — KUNIMINE, S., and S. SUZUKI: J. Pharm. Soc. Japan 58, 25 (1938). — KÜRSTEN, R.: Arch. Pharm. 229, 220 (1891). — KÖRNER, W., and N. CARNELUTTI: Rend. R. Inst. Lomb. Sci. 15, (II), 654 (1882). — KÖRNER, W., and B. VANZETTI: Rend. R. Accad. Lincei Sci. fis. 12, (I), 122 (1903); Mem. R. Accad. Anno CCCVIII (1911). —

LACKEY, H., W. MOYER and W. HEARON: Tappi 32, 469 (1949). — LEOPOLD, B., and I. MALMSTRÖM: Acta Chem. Scand. 5, 936 (1951). — LINDBERG, B.: Acta Chem. Scand. 4, 391 (1950); Svensk Papperstidn. 56, 6 (1953).

MAHON, J., and R. CHAPMAN: Analyt. Chem. 23, 1116 (1951). — MAIDEN, J., and H. SMITH: Proc. Roy. Soc. N. S. Wales 29, 1 (1895). — MALAGNINI, G., and G. ARMANNII: Chem. Ztg. 31, 884 (1907). — MAMELI, E.: Gaz. Chim. Ital. 37, 483 (1907); (a) 39, 477 (1909); (b) 39, 494 (1909); (a) 42, 546 (1912); (b) 42, 551 (1912); 61, 353 (1921); (a) 65, 875 (1935); (b) 65, 886 (1935). — MARION, L.: Canadian J. Res. 20 B, 157 (1942). — MÜLLER, A.: Acta Chim. Acad. Scient. Hung. 1952 II, 231—69.

NADKARNI, M., J. HARTWELL, P. MAURY and J. LEITER: J. Amer. Chem. Soc. 75, 1308 (1953). — NISHIDA, K., and T. KONDO: J. Soc. Forestry, Japan 33, 336 (1951). — NISHIDA, K., M. SUMIMOTO and T. KONDO: J. Soc. Forestry, Japan 33, 235, 269 (1951). — NOGUSHI, T., and K. KAWANAMI: J. Pharm. Soc., Japan 60, 629 (1940).

OMAKI, T.: J. Pharm. Soc., Japan 55, 159 (1935); 56, 180 (1936); 57, 22 (1937). — OZAWA, T.: Chem. Abstr. 47, 2745 (1953).

PAGE, J.: Analyt. Chem. 23, 296 (1951). — PARIS, M., and H. MOYSE-MIGNON: Ann. Pharm. franç. 5, 410 (1947); 6, 409 (1948). — PEARL, J.: J. Org. Chem. 10, 219 (1945). — PEINEMANN, K.: Arch. Pharm. 234, 204 (1896). — PRIESS, H.: Ber. dtsch. Pharm. Ges. 21, 227 (1911). —

ROBINSON, R., and G. SMITH: Proc. Roy. Soc. N. S. Wales 48, 449 (1915). — ROLLA, M., and A. MARINAGALI: Chem. Abstr. 1949, 8769. — RUTH, E.: Anales asoc. quim. Argentina 34, 163 (1946).

SCHRECKER, A., and J. HARTWELL: XIII th., Int. Comp. Pan Applied Chem. Stockholm 1953. Abstr. of Papers p. 206. — SCHROETER, G.: Chem. Zbl. 1928 II, 2303. — SCHROETER, G., L. LICHTENSTADT and D. IRINEU: Ber. dtsch. chem. Ges. 51, 1587 (1918). — SHINODA, J., and M. KAWAGOYE: J. Pharm. Soc. Japan 49, 565, 1165 (1929). — SMITH, H.: Proc. Roy. Soc. N. S. Wales 46, 187 (1912). — SOZA, A.: Bull. Soc. chim. biol. 29, 918 (1947). — SPÄTH, E., F. WESSELY and L. KORNFELD: Ber. dtsch. chem. Ges. 65, 1536 (1932).

WALLER, C., and O. GISVOLD: J. Amer. Pharm. Assoc. Sci. Ed. 34, 78 (1945).

VANZETTI, B.: Monath. f. Chemie 52, 331 (1929); Reale Accad. d'Italia 8, 411 (1937). — VANZETTI, B., and P. DREYFUSS: Gazz. Chim. Ital. 64, 381 (1934).

YOSHIKI, Y., and T. ISHIGURO: J. Pharm. Soc., Japan 53, 11 (1933).

Anthocyanins, Chalcones, Aurones, Flavones and Related Water-Soluble Plant Pigments.

By

T. A. Geissman.

With 17 Figures.

During the past two decades many fundamental advances have been made in methods for the detection, separation, recognition and structure determination of the water-soluble plant pigments. While relatively few fundamental changes have been introduced into the procedures for the large-scale isolation of flavonoid substances, the development of chromatographic and partition technics, and the increasing application of absorption spectrometry made possible by advancements in instrumentation, have made available powerful tools for the detailed examination of the complex mixtures of pigments that most plant tissues contain. The first systematic scheme developed for the characterization of one class of the water-soluble pigments was that elaborated by ROBINSON and ROBINSON (1931) for the rapid identification of the anthocyanins. This procedure made possible the characterization of the anthocyanin pigments of leaves and blossoms with the use of crude extracts of the plant material, and afforded a reliable means for the examination of a large number of plant specimens with the use of small amounts of material. Application of these methods to genetically-analyzed flower populations by SCOTT-MONCRIEFF (1939) and her colleagues made possible the important studies which represent the first concerted attack on the fundamental problems of biochemical genetics. Since the interruption of the genetical studies at the John Innes Horticultural Institution, a number of advances have been made that suggest the desirability of renewing and extending investigations along chemical-genetical lines. Not only have new methods been devised for the analysis of non-cyanic pigments, but new types of flavonoid pigments have been discovered in plants — some, indeed, in certain of the plants used in the original genetical studies.

The term "flavonoid" is used in this chapter to include all of the pigments that possess structures based upon the C_6—C_3—C_6 carbon skeleton found in flavones, chalcones, anthocyanins, etc. The numbering systems used in the following discussion are as follows:

Flavones, anthocyanins, etc.   Aurones

Chalcones

A. The Distribution of Flavonoid Compounds in Nature.

The occurrence of anthocyanins in plants has been reviewed by BLANK (1947). Since the publication of his review, at which time no flavonoid pigments had been discovered in micro-organisms, the work of MOEWUS (1951) and KUHN and his co-workers (1942, 1948, 1949a, b) on the sex-determining substances of the green alga *Chlamydomonas* has disclosed the presence in certain mutant strains of this organism of rutin, isorhamnetin-3,4′-diglucoside, and peonin. These remain the only flavonoid pigments known to occur in micro-organisms. MOEWUS has postulated the presence in *Chlamydomonas* of quercetin as the common precursor of the three flavonoid compounds so far discovered.

More is known about the distribution of the anthocyanins than about non-cyanic pigments, largely because of the ease with which they can be recognized and characterized by simple tests. Despite the somewhat more detailed examination, necessary to establish the presence in a plant sample of flavone, flavanone or other non-anthocyanin pigments, enough is known about their distribution to support the statement that they occur throughout the higher plants, and probably in all parts of the plant: roots, bark, wood, stems, leaves, flowers, fruits, and seed. The occurrence of non-cyanic pigments in mosses and ferns may be inferred from the known presence of anthocyanins in these plants.

With the sole exception of *Chlamydomonas* no flavonoid compounds have been discovered in algae.

The occurrence of flavones in insects has been demonstrated by THOMSON (1926a), who isolated a yellow pigment from the wings of the "marbled white" butterfly, *Melanargia galatea*, and identified it as quercetin. While his evidence for its identity is not unequivocal, the flavone nature of the compound seems certain. THOMSON (1926b) later showed that the same pigment occurs in the grass *(Dactylis glomerata)* frequented by the butterfly. E. B. FORD (1944), in a series of screening-type investigations of many butterfly genera, has found that yellow flavone pigments occur in the wings of many species and genera. None of these compounds (with the exception of that described by THOMSON and also detected by FORD) has been isolated or its identity established.

It appears from THOMSON's findings, and from the limited occurrence of flavones only in insects that feed on flowers, that the source of the flavone pigments is the plant upon which the insect feeds. This assumption remains to be proved in most of the examples so far reported, by studies on the identities of the pigments from insect and food-plant.

PALMER and KNIGHT (1924) have reported that the red colorations in the hemipterous insect families *Aphididae, Coreidae, Lygaeidae, Miridae* and *Reduviidae* are due to anthocyanin and "flavone-like" pigments. The evidence they present in support of this conclusion is tenuous and unconvincing. It is to be noted that TODD and his colleagues (BROWN et al., 1952) have recently isolated numerous *Aphididae* pigments; they are not flavone-like and not anthocyanins.

I. Physiological Significance of the Naturally-Occurring Flavonoid Pigments.

Sexual Reproduction. The biological role of the flavonoid pigments in higher plants is for the most part unknown. It has been suggested by LAWRENCE, PRICE, ROBINSON and ROBINSON (1939) that the evolutionary development of the antho-cyanin pigmentation of flowers has been affected by the presence or absence of certain kinds of insects, selection processes having been directed by insect preferences in the selection of colors in pollination. The presence of anthocyanin pigmentation in flowers may be owing to evolutionary processes controlled by factors such as these, but anthocyanin pigmentation in leaves, stems, roots and fruits would seem to bear no direct relationship to reproductive forces, except in those cases where selection of genes for flower color has established the presence of genetic factors which control pigmentation throughout the plant.

The ubiquity throughout the plant kingdom of flavonoid compounds other than anthocyanins would not appear to be the result of the action of selective forces based upon visible color. The flavones and flavonols, although yellow compounds, often impart no visible color to the tissues in which they are found. Pure white flowers may contain luteolin or quercetin glycosides; and different yellow flowers of apparently identical colors may be pigmented with carotenoids in one case, chalcones or aurones in another. In sum it may be said that while it is tempting to believe physiological functions of the flavonoid pigments based upon their colors are related to the role of flowers in reproduction, evidence for such a view is tenuous at best (cf. Blank, 1947).

Suggestions that the flavonoid pigments may be involved directly in the physiology of the reproductive process of higher plants are found in the reported role of peonin and isorhamnetin-3,4'-diglucoside in the sexual processes of the green alga, *Chlamydomonas eugametos* (Moewus, 1951). The flavonol exercices a highly specific gynotermone (female-determining) action on the gametes of this alga, while peonin is a highly active androtermone. The morphological gap between the single-celled algae and the highly differentiated, multicellular flowering plant is very large; but at the level of interaction of the fertilization process itself, where single cells are involved, the two phyla are more nearly comparable. Recent researches have offered hints that flavonoid substances are involved in the fertilization process in plants, although still offering no clear picture of the biochemical mechanisms that may be involved. Kuhn and Löw (1949a) have found that the inability of two varieties of *Forsythia* to cross-pollinate is associated with the presence of rutin in the pollen of one and quercitrin in the other. The plant capable of being fertilized by the rutin-containing pollen contains in its stigma an enzyme capable of hydrolyzing the glycoside, and that which is sterile to the rutin-containing pollen cannot split the glycoside. To rutin is attributed the power of inhibiting the fertilization process; thus, it is a "sterilization factor", its action in this regard bearing a remarkable similarity to its property of sterilizing *Chlamydomonas* gametes.

Scattered studies of the chemistry of pollens has indicated that the presence of flavone glycosides in these tissues is common (Heyl, 1919; Karrer et al., 1950; Redemann et al., 1950; Ducloux, 1925). These studies have not yet been sufficiently exhaustive or systematic to form the basis for more than the belief that further work along these lines is to be desired. The presence of flavones in pollens may be purely fortuitous so far as the reproductive process is concerned: for instance, it is to be noted that many pollens also contain anthocyanins, but it would be hazardous to impute to these pigments a physiological role in the fertilization of plants whose pollen contains them, in view of the fact that most pollens are not anthocyanin-containing.

Oxidation-Reduction Processes. Hypotheses regarding the role of flavonoid pigments in the metabolic oxidation-reduction processes of the plant undoubtedly owe their origin in part to the observation that the various classes of these compounds are distinguished from one another by differences in the oxidation level of the three-carbon moiety that joins the two aromatic rings, and in part by the ubiquity throughout all the classes of the *ortho*-dihydroxyphenyl grouping. Early speculations regarding the role of anthocyanins in oxidation-reduction processes are discussed by BLANK (1947). The possible implications of flavones in enzymatic oxidation-reduction systems is further discussed by LUNDEGARDH and STENLID (1946), and by URI, KARROSY and SZÉPLAKI (1947). Earlier, SZENT-GYÖRGYI in connection with early studies on the putative "vitamin P" discussed the possible role of 3,4-dihydroxyphenyl-containing flavonoid compounds in plant oxidation-reduction systems (RUSZNYÁK and SZENT-GYÖRGYI, 1936). These theories have not been sufficiently elaborated or substantiated by corollary evidence to allow their assessment at the present time. There is still very little known about the natural substrates in plant respiration mediated by polyphenoloxidases (JOSLYN and PONTING, 1951), but the observation of ROBERTS and WOOD (1951) that quercetin, its glycosides and myricetin are less susceptible to oxidation by tea polyphenoloxidase than is DL-catechin indicates that structural features other than the *ortho*-dihydroxy grouping alone will be found to be of importance in determining the ability of flavonoid compounds to act as substrates in polyphenol-oxidase systems.

The ability of many flavones, flavanones and chalcones to form metal complexes with cupric ions has been observed by CHAIKIN and GEISSMAN (1949); and CLARK and GEISSMAN (1949) have suggested that the protection of adrenaline by flavonoid compounds towards copper-catalyzed autoxidation is to be ascribed to this property. MASQUELIER (1951) has shown, however, that rutin (and esculin) exert no corresponding protective effect against the copper-catalyzed air oxidation of ascorbic acid. MASQUELIER's further observation that "leucoanthocyanin" (from peanut pellicles) does afford such protection suggests that the action of the flavonoid agent is to maintain the ascorbic acid in the reduced state at the expense of its own oxidation, an action resembling that of the 3,4-dihydroxyphenylalanine-respiratory substrate system in WALTER and NELSON's (1945) scheme for what they have suggested to be the terminal oxidase system of the potato. HOOPER and AYRES (1950) observed that powdered black currants prevented the rapid oxidation of ascorbic acid in apple juice by enzymes present in the juice. The nature of the inhibitory substances was not determined.

$$HO-\overset{\displaystyle OH}{\underset{\displaystyle O-Glucose}{\bigcirc}}-COCH_2CH_2-\bigcirc-OH$$

Phlorizin

Interest in the physiological action of flavonoid compounds and in their possible application to clinical therapy has long existed. The well-known ability of phlorizin to induce glucosuria has made it a widely-used compound in experimental physiology and pharmacology. Vegetable drugs have long been important in folk medicine, and are still used extensively by many peoples of the world. The chemical study of such plants has been very productive and has led to the discovery of many important chemical substances, most of those of therapeutic significance being the alkaloids and, during the present century, the vitamins. Although many flavonoid compounds have been isolated in the course of chemical investigations of drug plants, few of these compounds have assumed importance as physiologically active substances.

The early studies of SZENT-GYÖRGYI (ARMENTANO et al., 1936) on the so-called "Vitamin P" have led in recent years to extensive investigations on the distribution, isolation and physiological investigation of flavone and flavanone glycosides.

Rutin, to which "Vitamin P" action has been attributed, and to which the greatest attention has been paid since the description of its therapeutic properties by Griffith, Couch and Lindauer (1944), has been found in the leaves and blossoms of a great many families and species of higher plants, as well as in a mutant strain of the green alga, *Chlamydomonas*. Despite the extensive literature on the therapeutic properties of rutin in conditions having to do with capillary fragility and permeability, the question of its efficacy remains to settled with finality, and conflicting reports concerning its physiological properties remain unresolved in the literature.

Miscellaneous properties of flavonoid compounds that have been studied are the bacteriostatic action of anthocyanins (Blank and Suter, 1948) and chalcones (Schraufstätter et al., 1948), the insecticidal action of polyhydroxyflavones and their ethers (see Seshadri and Varadarajan, 1952), and the action of flavones (Cruz-Coke and Plaza de los Reyes, 1947a, b) and chalcones (Bartlett, 1948) on isolated enzyme systems.

II. The Known Flavonoid Pigments (Aglycones).

The range of structural variation found in the known compounds of the flavonoid type is associated primarily with variation in the oxidation level of the C_3-portion of the molecule. The range of oxidation level extends from the highly reduced catechin type

$(=A—CH_2—CHOH—CHOH—B)$

to the highly oxidized flavonol

$(=A—CO—CO—CHOH—B)$

Table 1.

Compound Type	Oxidation State of C_3
Catechins	A—CH$_2$CHOHCHOH—B

Dihydro-
chalcones
	A—CO—CH$_2$—CH$_2$—B (Iso: A—COCH—B)
	                                           |
	                                          CH$_3$

Chalcones	A—CO—CH=CH—B
Flavanones Isoflavanones	A—CO—CH$_2$—CHOH—B
Flavanonols Flavones Isoflavones	A—CO—CHOH—CHOH—B A—COCH$_2$CO—B
Anthocyanins Aurones	A—CH$_2$COCO—B A—COCOCH$_2$—B
Flavonols	A—COCOCHOH—B

The great majority of the naturally-occurring flavonoid substances possess a phloroglucinol-derived ring A and a catechol-derived ring B, as in the following widely-distributed compounds:

OH

HO—[ring structure]—CH—[ring]—OH
              CHOH
HO   H₂
Catechin (trans)
Epicatechin (cis)

OH

HO—[ring structure]—CH—[ring]—OH
              CH₂
HO   O
Eriodictyol

OH

HO—[ring structure]—CH—[ring]—OH
              CHOH
HO   O
Dystilin
(Taxifolin)

OH

HO—[ring structure]—C—[ring]—OH
              CH
HO   O
Luteolin

OH

HO—[ring structure]—C—[ring]—OH
         +   C—CH
HO   H
Cyanidin (cation)

OH

HO—[ring structure]—C=CH—[ring]—OE
              C
HO   O
Aureusidin

OH

HO—[ring structure]—C—[ring]—OH
              C—CH
              C
HO   O
Quercetin

CH₃O—[ring structure]—[ring]—OH
                        —OH
HO   O
Santal

No naturally-occurring chalcone possessing the phloroglucinol-derived ring A with free hydroxyl groups is known: NARASIMHACHARI and SESHADRI (1948) have pointed out that when the 5-hydroxyl group is present in the flavanone, the chalcone-flavanone isomerism is strongly on the side of the flavanone because of the resulting hydrogen-bonding stabilization of the ring. Salipurposide is stable in the chalcone form, having a glucosidoxy residue in place of one of the *ortho* hydroxyl groups:

OH

HO—[ring]—COCH=CH—[ring]—OH
         O—Glucose

Variation in the structure of the A-ring extends from the simplest case of flavone itself (KARRER and SCHWAB, 1941; BLASDALE, 1947)

[flavone structure]
O

to that in which hydroxyl groups are found[1] in the 5, 6, 7 and 8 positions of the ring.

CH₃O   OCH₃
CH₃O
              O   —OCH₃
CH₃O
CH₃O   O
Nobiletin

---

[1] The discussion in this section is concerned with hydroxylation *patterns*, and not with such additional modifications as methylation or glycosidation of the hydroxyl groups.

Of the less usual (compared with the phloroglucinol type) A-ring hydroxylation patterns, none seems to occur in markedly greater numbers than any other[1]. Although the phloroglucinol-A:catechol-B pattern appears to be universally distributed throughout the plant kingdom, other A-ring patterns appear infrequently enough to suggest that they owe their formation to genetic factors of a more unique and restricted kind.

Variations in the hydroxylation pattern of the B-ring are relatively more limited. Compounds possessing the 4'-hydroxyl and the 3',4'-dihydroxyl groupings make up the bulk of the known compounds. Substances with no hydroxyl groups and with 2'-hydroxyl groups are known but rare. The 3',4',5'-trihydroxy B-ring occurs commonly but in a restricted group of compounds. Aside from its presence in irigenin (3',5,7-trihydroxy-4',5'6-trimethoxyisoflavone) and robinetin, the occurrence of the pyrogallol-derived B-ring is most common in compounds having the 5,7,3',4',5'-hydroxylation pattern in the aromatic rings:

Delphinidin   Petunidin   Malvidin   Gallocatechin

Myricetin   Ampeloptin   5,7,3',4',5'-pentahydroxy-flavone

This fact suggests that there exists a peculiar biogenetic relationship between these classes of compounds, distinct from the more fundamental relationship which probably exists between all of the flavonoid compounds.

Ethers and Glycosides. The alkylation of the hydroxyl groups of the flavonoid compounds, with the formation of methoxyl and methylenedioxy groups, can give rise to numerous derivatives for each polyhydroxy compound. Many of these are known. As an illustration, the presently known naturally-occurring ethers of quercetin are shown in the following:

Quercetin   Isorhamnetin   Rhamnetin

Rhamnazin   Ayanin

---

[1] A recent review by Geissman and Hinreiner (1952) lists the known flavonoid compounds up to 1950.

Methylation of the 5-hydroxyl group, as in meliternatin, meliternin and ponkanetin

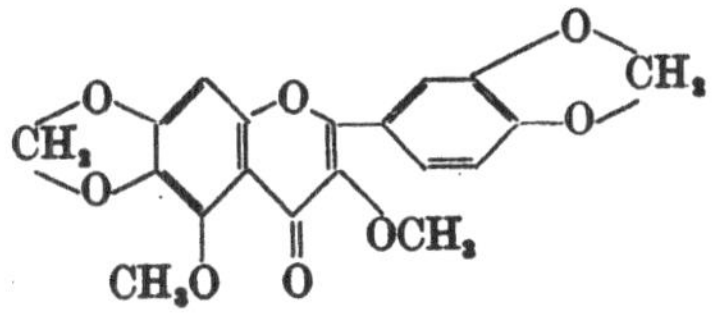

Meliternatin

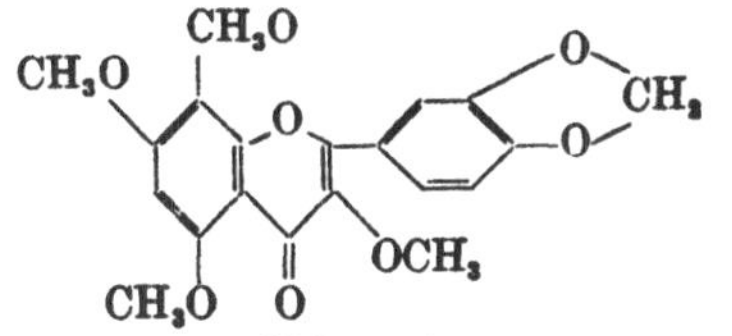

Meliternin

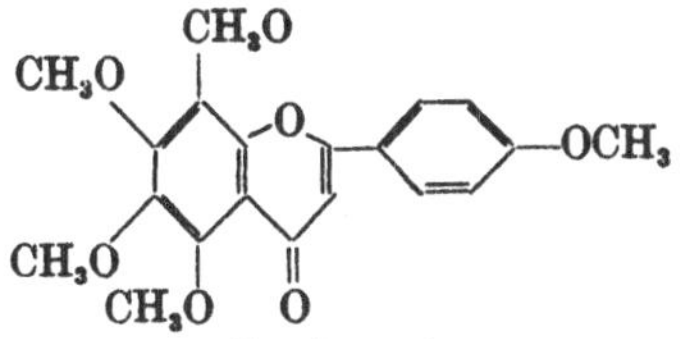

Ponkanetin

is known, but occurs with such relative infrequency as to suggest that methylation usually occurs at a stage in the elaboration of the pigments at which the 4-carbonyl group is present. SCHÖNBERG (1946) has discussed the difficulty of methylating phenolic hydroxyl groups such as the 5-hydroxyl group of flavones and the analogously constituted *peri*-hydroxyl groups in anthrones and anthraquinones.

Modification of flavonoid hydroxyl groups by other than methylation or methylenation (of *ortho*-hydroxyl groups) can occur in natural polyphenols, but is uncommon in the flavonoid compounds. Karanjin possesses a furo-ring at the 7,8-positions,

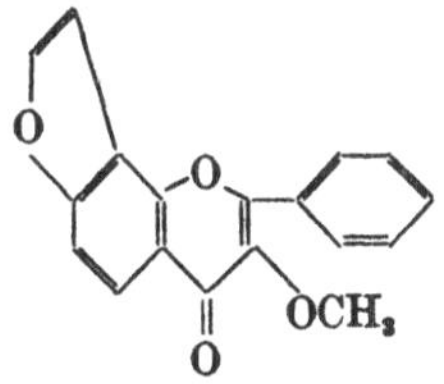

Karanjin

and many naturally-occurring coumarins are prenyl $\left(-CH_2C=C<\begin{smallmatrix}CH_3\\CH_3\end{smallmatrix}\right)$ or related terpenoid ethers.

In the anthocyanins methylation is restricted in all but one known case (hirsutidin) to the 3'- and 5'-hydroxyl groups. Anthocyanins containing 4'-methoxyl groups are unknown, although flavonoid compounds of other kinds bear methoxyl groups in this position. With the exception of hirsutidin (the 3,4',5-trihydroxy-3',5',7-trimethoxyflavylium salt), the methylated anthocyanidins are 3'- and 3',5'-mono- and dimethyl ethers of cyanidin and delphnidin. Whether the invariable freedom of the 4'-hydroxyl group from both methylation and glycosylation *(vide infra)* is due to the "protection" of this group during the early stages of pigment synthesis, or to some other factor, is not known; but it is apparent that the 4'-position is uniquely situated (II) with respect to the positive charge in the oxonium ion (I)

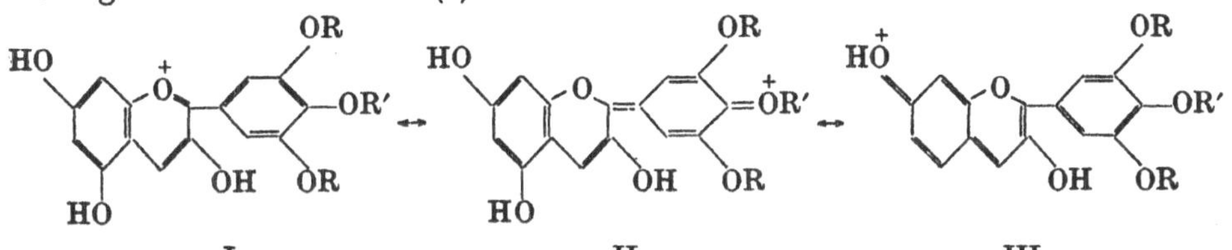

I   II   III

and could undergo ready displacement of the 4'-group R', if it were already present, or, conversely, be reluctant to undergo alkylation or glycosylation. Similar reasoning can be applied to the 7-hydroxyl group (see III above), which is never glycosylated in the anthocyanins.

Glycosides of flavonoid compounds may bear the sugar residue in any of most of the available positions in the molecules, but in certain classes of compounds glycosylation is restricted to certain positions. The anthocyanins bear sugar residues only in the 3-position if monoglycosides or biosides, and in the 3,5-positions if diglycosides. Flavonoid compounds of other classes are known to contain 3'- (butrin), 4'- [the isorhamnetin diglucoside of *Crocus* pollen (Kuhn, Löw and Moewus, 1942)], 3- (many flavonol glycosides), 5- (toringin), 7- (many flavone and flavonol glycosides) and 8- (gossypin) sugar residues. No flavone-6-glycoside is known, and 4'-glycosides, although known, are rare. Flavonols occur most commonly as 3-glycosides; in flavones, in which the 3-hydroxyl group is absent, 7-glycosides represent the largest class. Of the sugars that are found in combination with flavonoid aglycons, D-glucose, L-rhamnose and D-galactose occur most frequently, and biosides containing rutinose (β-L-rhamnosido-6-D-glucose) are of wide distribution (e. g., rutin, linarin, hesperidin, naringin, antirrhinin). In addition to these, glucuronides, arabinosides, an apioside (apiin) and anthocyanidin glycosides containing xylose (lycoricyanin, and ilicicyanin, the anthocyanin of *Lavandula peduculatus*) are known.

It is apparent from this survey of the structural modifications that are encountered in the naturally-occurring flavonoid compounds that an enormous range of chemical types must be dealt with in studies in this field, despite the fundamental unity of the many different kinds of compounds that may be encountered. Isolation procedures must possess sufficient versatility to ensure the separation of complex mixtures, tests used for recognition and classification must be capable of affording unequivocal distinctions between compounds belonging to different classes but showing similar behavior, and between compounds belonging to a single class but showing disparate properties. In succeeding sections these questions will be dealt with in discussions of methods of isolating plant constituents, methods of characterizing them by means of color tests and physical properties, and methods of separating complex mixtures by the relatively new technics of adsorption and partition chromatography as well as by the classical procedures of large-scale isolation.

B. The Isolation of Flavonoid Compounds from Plant Materials.

The most significant recent advances in the examination of the flavonoid constituents of plant materials are to be found in the use of chromatographic methods, particularly those involving paper partition chromatography, a technic which is described in detail in the sequel. The importance of this quite recent development is emphasized when viewed in the light of recent trends in the objectives of plant analysis. Heretofore most chemical investigations of substances occurring in plants have been motivated to a considerable extent by an interest in these compounds as dyes or coloring matters, or for the putative or potential use as therapeutic agents suggested by the physiological effects of plant extracts. Investigations guided by these aims have resulted in most cases in the isolation and identification of the chief constituents of the plants examined, with the greatest attention being focused upon the isolated constituent rather than upon the plant. In recent years there is appearing a renewed interest in the biogenetical relationships between the constituents of a single plant, of the various species of a given genus, or of the varieties of a single species. Studies guided by these interests must fall short of their complete objectives unless methods exist for the analysis of numerous constituents present in both small and large amounts. It is, of course, often necessary to isolate a sufficiently large sample of a plant constituent to facilitate the determination of its structure by the classical methods of degradation or the preparation of known derivatives. This procedure is often a necessary prelude to the systematic study of the occurrence of the substance throughout numerous members of a plant family, genus or species — a study which may at length be carried out by analytical methods based upon preliminary studies on the pure material, but not requiring further repeated isolation of the crystalline compound.

I. Extraction.

The flavonoid substances of flower, fruit and leaf tissues (mostly anthocyanins, flavones, chalcones and aurones) occur chiefly in the form of glycosides. Indeed, it is doubtful whether anthocyanidins occur in the plant, and studies by NORD-STRÖM and SWAIN (1953) and in the writer's laboratory (GEISSMAN, 1953) on flower-petal pigments have in all but one instance failed to reveal the presence of the aglycones of flavonoid pigments present in these tissues. Flavonoid aglycones are most typically found in woody tissues, although bark, roots, rhizomes and resinous exudates of wood have been found to contain glycosides. Certain compounds are never found in combination with sugars: the non-hydroxylated compound flavone; fully alkylated polyhydroxyflavones such as nobiletin, tangeretin, meliternatin; and the polymethoxychalcone pedicellin possess no hydroxyl group with which a sugar residue can be combined.

Too little is known concerning either the mode of formation, or the metabolic fate or function of the flavonoid substances to permit any conclusions to be drawn with regard to the relationship between the location in the tissues of glycosidic or non-glycosidic compounds and the metabolic functions of the tissues in which one or the other is the more prevalent. The information so far available suggests that glycosides are more typical of actively metabolizing tissues and that aglycones appear to be deposited as metabolic residues or end-products. The work of KING, LINDSTEDT, ERDTMAN, PEW, and others on the chemical constitution of woods should continue to furnish information which will shed further light on these questions.

The constitution of a given sample of plant material reflects the actual constitution of the living plant to a degree which depends upon the history of the particular sample: its manner of collection, the conditions under which it is kept before being examined chemically, the conditions of extraction, and the nature of the manipulations to which it is subjected in the course of extraction with solvents. Since plant tissues usually contain either general or specific glycosidases, as well as enzymes of other kinds capable of modifying cellular constituents (e. g., polyphenoloxidases of fruits, tea leaves, etc.), autolytic processes may ensue subsequent to collection of the fresh material, resulting either in the hydrolysis of glycosides or the destructive oxidation of sensitive compounds. Autolysis on storage of fresh plant material may thus result in the production within the cells of aglycones corresponding to the glycosides originally present, and subsequent isolation of these hydrolytic artefacts may lead to an erroneous description of the constitution of the plant. Immediate and rapid drying of plant material usually preserves it in a form substantially equivalent to the fresh material; and thoroughly dried and properly stored material may be kept without change for extended periods of time.

Since most flavonoid glycosides are rather readily hydrolyzed by acid, care must be taken — especially when fresh material is used — to prevent the decomposition of glycosides during extractions with boiling solvents. Rapid exposure of the plant to boiling alcohol is effective in inactivating hydrolytic enzymes but the materials in the extract are still exposed to the danger of hydrolysis by accompanying plant acids. It is customary to carry out long-continued extractions (as in a Soxhlet extractor) with the addition of a small amount of calcium carbonate to the liquid in the boiler.

Paper chromatography, to be discussed in the sequel, is a most advantageous means of following the course of an isolation procedure, both in respect to the appearance or disappearance of substances in the various stages of the process, and in recognizing the way in which the various constituents are distributed between the solvents employed.

The flavonoid compounds range in solubility characteristics from ether-soluble, water-insoluble substances such as the non-glycosidic, highly-methylated substances represented by nobiletin and meliternatin (Briggs and Locker, 1951a) ether- and alcohol-soluble non-glycosylated, hydroxy-flavones, -flavanones and -isoflavones (King et al., 1950a, b, 1951, 1952a—f), to ether-insoluble, water-soluble glycosides containing as many as three sugar residues. Consequently no single extraction procedure is ideally suited to all plant materials. Until the advent in recent years of chromatographic analysis the examination of plant tissues was perforce subject to the possible omission of constituents present in small amounts, and the selection of extraction technics necessarily an arbitrary process governed largely by the experience and judgment of the investigator.

In general, the flavonoid compounds of fresh or desiccated plant materials can be completely extracted by means of ethyl or methyl alcohols; but it is often advantageous — especially when dried material is used — to carry out a systematic series of extractions with the use of three or four solvents of increasing polarity. A preliminary extraction of dried, powdered plant meal with low-boiling petroleum ether or carbon tetrachloride is effective in removing waxy materials. Petroleum-ether-soluble flavonoids are of relatively infrequent occurrence, and such a pre-extraction usually removes no flavonoid constituents. Important exceptions to this generalization are encountered in recent work on the chemistry of the extractives of heartwoods, in which ether and petroleum extractions have been found to remove hydroxylated flavonoid and anthrone pigments. The results of the recent investigations of King, Lindstedt, Erdtman and Briggs and their respective co-workers, on the constituents of hardwoods, Pinus heartwoods and bark show that woody tissues are rich in non-glycosidic polyphenolic compounds extractable by petroleum fractions, ether and benzene.

The following is a description of a typical extraction of a coniferous heartwood (Lindstedt, 1950):

Extraction from Pinus Heartwood. Air-dried, finely-ground heartwood (3.7 kg) of Pinus aristata Engelm. was extracted with ether for 24 hours and with acetone for 60 hours.

The ether extract was concentrated to a syrup (287 g.) and 1.5 l. of light petroleum added. The petroleum extract was concentrated to a light syrup (149 g.) but was not investigated in detail. The petroleum-insoluble residue was dissolved in 1 l. of ether, and the resulting ether solution extracted as follows:

(A) with saturated sodium bicarbonate solution;
(B) saturated sodium carbonate solution;
(C) 0.2% sodium hydroxide;
(D) 4% sodium hydroxide.

Each fraction was in turn acidified and extracted with ether. A and B yielded small amounts of brown oils. The ether extract of (C) deposited crude chrysin; combined with a small amount of crude chrysin which had separated from the original ether extract of the wood, vacuum-sublimed, and recrystallized from ethanol, this yielded 4.7 g. of pure chrysin (5,7-dihydroxyflavone), m. p. 274 to 276°. Before acidification, (D) deposited a yellow crystalline precipitate which, after treatment with dilute sulfuric acid and purification by recrystallization, yielded 2.2 g. of tectochrysin (chrysin 7-methyl ether), m. p. 163—165°. Acidification of the remaining solution (D) yielded a brown oil. After distillation and recrystallization, this afforded 11.3 g. of pinosylvin monomethyl ether (3-hydroxy-5-methoxystilbene), m. p. 120—121°.

The residue left after evaporation of the acetone extract was treated with ether and the ether-soluble part extracted serially with alkaline solutions as in A, B, C and D, above, yielding solutions E, F, G and H. From F was obtained a small amount of chrysin; from G, chrysin and pinocembrin (5,7-dihydroxy flavanone); and from H a mixture of pinosylvin monomethyl ether and tectochrysin.

KING, GRUNDON and NEILL (1952e) have described an extraction of the heartwood of the hardwood *Ferreirea spectabilis* as follows:

Extraction from *Ferreirea* Heartwood. The finely ground timber (600 g.) was extracted (Soxhlet) with boiling light petroleum (b. p. 60—80°) and the resulting solution kept at 0° for two days. The solid deposit was collected and triturated with ether. The insoluble portion, recrystallized from light petroleum, yielded 1,8-dihydroxy-3-methyl-9-anthrone (0.05%). The evaporated ethereal solution yielded 0.75 of semi-solid material; purified through the preparation and saponification of its acetyl derivative, this gave homoferreirin (5,7-dihydroxy-2',4'-dimethoxyisoflavanone) (0.05%).

The wood was then extracted with boiling ether for several hours. Naringenin (0.07%) separated from the concentrated extract. Evaporation of the ether concentrate from which the naringenin had been separated and crystallization of the residue from methanol yielded biochanin-A (5,7-dihydroxy-4'-methoxy-isoflavone) (0.1%).

The occurrence of glycosides in woody tissues, while less general than that of non-glycosidic compounds, is also known. Sakuranin (sakuranetin-5-glucoside) has been isolated from the bark of *Prunus puddum* (NARASIMHACHARI and SESHADRI, 1949), and kampferol-3-rhamnoside was obtained from a resinous exudate of the wood of an *Afzelia* species (KING and ACHESON, 1950a). Extractions of these plant materials with methyl or ethyl alcohol and concentration of the extract yields a residue which can be fractionated with solvents selected for their ability to remove selectively compounds of differing solubility behavior. An example of a separation of this kind is found in the separation of the constituents of the bark of *Prunus puddum* (NARASIMHACHARI et al., 1949):

Extraction from *Prunus* Bark. Two kg. of the dried, powdered bark of *Prunus puddum* was percolated twice for 24 hours with cold ethyl alcohol. The extract was concentrated and allowed to stand, and the sticky red solid that formed was collected and extracted twice with hot benzene. Upon cooling, the benzene solution deposited 20 g. of sakuranetin (naringenin-7-methyl ether). The benzene-insoluble residue was boiled with two portions of water, the aqueous extract filtered, concentrated, and extracted with ether. From the ether solution was obtained 0.5 g. of sakuranin (sakuranetin-5-glucoside). The water-insoluble residue was dissolved in hot alcohol, from which 2 g. of genkwanin (4',5-dihydroxy-7-methoxy-flavone) and 6 g. of prunusetin (4',5-dihydroxy-7-methoxy-isoflavone) separated on cooling.

Extraction from Leaves, Flowers and Fruits. The general procedures for the isolation on the large scale of flavonoid glycosides from leaves, flowers and fruits are adequately described in numerous typical examples in Klein's "Handbuch" (1932), and recent additions to the hundreds of descriptions of such procedures already in the literature add little of fundamental significance.

The presence of chlorophyll in green tissues adds to the difficulties of the isolation of flavonoid compounds from fresh leaves. Extraction with water only, or the extraction with hot water of concentrated alcoholic extracts of fresh plant material serves to remove chlorophylls, fats and waxes but adds the complication of introducing carbohydrate materials into the extracts. Extraction of such aqueous solutions with ethyl acetate or butanol, or the precipitation of flavonoid constituents as lead salts (see next section), is often advantageous. Reliance has often been placed upon the spontaneous crystallization of the desired glycosides from concentrated aqueous extracts. Typical descriptions of two extractions are as follows:

Extraction of kampferol-3,7-dirhamnoside from leaves of *Celastrus orbiculata* [Kanao and Shimokariyana (1949)]:

One kg. of fresh leaves was boiled for one hour each with 5, 3, and 2 l. of water. The aqueous solution was concentrated to 300 ml. by vacuum distillation, and the precipitate (7.5 g.) extracted with successive portions of 100, 50 and 50 ml. of boiling alcohol. The alcoholic solution was diluted with an equal volume of water and concentrated. The 3 g. of glycoside which separated was purified by recrystallization, when it had m. p. 190—5°, dec. 230°.

Nakabayashi (1952) has isolated kampferol-3-glucoside from flowers of *Astragalus sinicus* in the following way:

Fresh flowers (2.5 kg.) were extracted with hot aqueous ethanol, and the filtered extract concentrated *in vacuo*, washed with ether, and the acidified (HCl) aqueous residue extracted with ethyl acetate. The ethyl acetate extract was washed with dilute HCl and water, dried with sodium sulfate, and concentrated *in vacuo* to a syrup, which was covered with toluene and stored in a refrigerator. After two months, the red precipitate was collected, dissolved in hot water, and the solution washed with ether and allowed to stand. The glucoside separated as yellow needles; m. p. 178° (3.1 g.) after several recrystallizations from 50% aqueous ethanol.

Shimizu, Ohta, Yoshitkawa and Kasihara (1952) have reported that a 4% borax solution is effective in extracting myricitrin from the bark of *Myrica rubra*, giving a yield of 5.5% of the flavone as compared with 0.19% by methanol extraction. A systematic examination of the solubility of flavone derivatives by Shimizu et al. (1951) has shown that hydroxyl groups in the 3',4'- and 5-positions are the effective ones in forming the solubilizing complexes with borax. The general applicability of this method for the extraction of plant materials remains to be demonstrated by its more extensive use.

II. Selective Precipitation of Lead Salts of Flavonoid Compounds.

The ability of certain substances to form insoluble precipitates when treated with lead acetate, and the effect of pH upon precipitability, offers a useful means of separating or purifying many compounds.

In general, flavones, chalcones and aurones containing free *ortho*-hydroxyl groups in the B-ring, as in luteolin, quercetin, butein, aureusidin and leptosidin (and their A-ring glycosides) give deep yellow to red precipitates when their alcoholic solutions are treated with neutral lead acetate. After centrifugation (filtration is usually tedious) and washing, the precipitate is resuspended in alcohol and decomposed with a stream of hydrogen sulfide. After removal of the lead sulfide the regenerated substance is isolated from the alcoholic filtrate.

The filtrate from the original precipitation may be freed of lead with hydrogen sulfide, or basic lead acetate may be added to precipitate a second group of lead salts. These are decomposed and the products isolated as in the first instance.

Lead acetate is often effectively used to clarify extracts when no usable precipitate is actually formed. After the addition of the lead solution hydrogen sulfide is passed in and the precipitated lead sulfide, along with adsorbed colored and colloidal impurities, is removed. The clarified filtrate may then be processed in the usual ways. LUTOKHIN and BYVSHIKH (1950) have recommended the use of zinc sulfate and potassium ferrocyanide as an alternative method for clarifying plant extracts. The precipitated zinc ferrocyanide forms a gel which carries down impurities. The use of this reagent with extracts containing flavonoid compounds has not been investigated with regard to the possible removal of flavonoid substances.

The combined actions of neutral lead acetate as a clarifying agent and basic lead acetate as a precipitant have been utilized by GUPTA and SESHADRI (1952) for the preparation of crystalline apiin (apigenin-7-apioglucoside). Neutral lead acetate was added to the hot aqueous extract of parsley seeds and the precipitate removed. The addition of basic lead acetate to the filtrate caused the precipitation of the lead salt of apiin, from which the pure glycoside was obtained after decomposition with hydrogen sulfide.

A similar use of lead acetate for the clarification of an extract is found in the isolation of quercitrin from dyers' bark *(Quercus tinctoria)*. The addition of a small amount of neutral lead acetate to an alcoholic extract of the bark causes precipitation of some of the quercitrin, but the first portions of the precipitate are darkly colored from entrained and adsorbed impurities. Removal of the initial dark brown precipitate and addition of a further quantity of lead acetate precipitates the bright yellow-orange lead salt of quercitrin. After treatment of an alcoholic suspension of this with hydrogen sulfide, filtration and evaporation, there is obtained a yellow residue which dissolves in water to give a solution from which crystalline quercitrin quickly separates.

The isolation of rhoifolin (apigenin-7-rutinoside) from *Rhus succedanea* has been accomplished by HATTORI and MATSUDE (1952) with the aid of lead acetate, the addition of which to a water extract of the leaves caused the formation of precipitate containing no rhoifolin. After removal of the precipitate the apigenin glycoside crystallized from the aqueous filtrate.

Uo, FUKUSHIMA and KONDO (1943) have found that katsuranin (3,5,7,4'-tetrahydroxyflavanone) is not precipitated when lead acetate is added to the concentrated alcoholic extract of the wood of *Cercidiphyllum japonicum*, and is found in the filtrate from the lead precipitate. KING and ACHESON (1950a) observed that kampferol-3-rhamnoside is not precipitated by neutral lead acetate from the alcoholic solution of an exudate from the wood of doussié (*Afzelia* sp.).

These examples illustrate the selective action of neutral lead acetate in the precipitation of flavonoid compounds. Basic lead acetate lacks this selectivity and is usually used after precipitation with the neutral reagent is complete.

C. Identification by Color Reactions.

I. Color Tests on Fresh Plant Tissues and Crude Extracts.

The presence of flavonoid constituents in plant tissues can often be demonstrated by the testing of simple aqueous or alcoholic extracts or samples of the tissues themselves. Tests on fresh tissues are most successful with flower petals, in which interference with color reactions by chlorophyll and non-flavonoid phenolic substances is minimal. Extracts of plant samples can be subjected to a rough fractionation for the purpose of testing for the presence of specific classes of compounds and as a guide in later larger-scale isolation studies.

Anthocyanins are immediately recognizable. Red to blue pigmentation is in most cases due to the presence of anthocyanins, and the colors of red-orange, brown or "black" flower petals are usually due to the presence of mixtures of anthocyanins and "background" pigments of flavonoid or carotenoid types. Exposure of anthocyanin-containing tissues to the fumes of concentrated aqueous ammonia causes color changes to violet or blue. When the anthocyanin is accompanied by flavones, ammonia vapor causes the appearance of green-blue to green colorations.

II. Color Reactions of Flavonoid Compounds.

1. Anthocyanins and Anthocyanidins.

The scheme developed by Robinson and Robinson (1931) for the rapid analysis of anthocyanins in plant extracts depends primarily upon observations of color changes, coupled with estimations of the distribution of the pigments between organic and aqueous solvent phases. The following is a description of the procedure developed by these workers for the examination of flower petal extracts:

A cold, aqueous 1% hydrochloric acid of the fresh petals is prepared. Frequently some purification is necessary before satisfactory color reactions can be obtained.

1. Solutions of diglycosides can be repeatedly extracted with amyl alcohol. Occasionally this is sufficient.

2. The pigment is taken up in a mixture of amyl alcohol (2 parts) and acetophenone (1 part) containing picric acid. The organic layer is separated, filtered, diluted with ether and shaken with 1% hydrochloric acid. The aqueous solution is completely freed of picric acid by repeated extractions with ether.

3. Monglycosides can be purified as in 2. by extraction with cyclohexanone-picric acid or ethyl acetate-picric acid, followed by dilution of the organic phase with light petroleum ether and extraction of the pigment with 1% hydrochloric acid. The aqueous solution is then extracted with benzene, cyclohexanone and again with benzene. Occasionally the process has to be repeated.

Examination of the Anthocyanin. (1) If the color of the solution is orange-red, dilute a sample with alcohol. *Peonidin* derivatives become bluer than *pelargonidin* derivatives.

(2) Test for complex (acylated) diglycosides: A sample of the original solution is shaken with amyl alcohol to roughly determine the distribution number. A second extraction is made in the case of anthocyanins of high distribution number. In the latter case a test must be made for complex diglycosides. The solution is boiled in a test tube while hot 20% aqueous sodium hydroxide is added drop by drop until the color changes through green to yellow or brownish-yellow. After boiling for a few seconds, concentrated hydrochloric acid is added dropwise until the appearance of the color of the reconstituted anthocyanin indicates that the solution is acidic. One more drop is added, and after 15 seconds the distribution is again observed: monoglycosides: no change; complex diglycosides: distribution falls almost to zero.

(3) On addition of sodium acetate to the original solution, the following colors are observed:

Callistephin: dull brownish violet-red.
Pelargonin: bright bluish red.

Peonidin-3-glycosides: similar to callistephin, but brighter.
Peonin: red-violet.
Cyanin: violet.
Mecocyanin, chrysanthemin: violet-red.
Malvin: bright violet.
Oenin: dull violet.
Delphinidin glycosides: blue-violet to blue.

This reaction is subject to interference from iron salts and tannins.

Examination of the Anthocyanidin. The original solution is mixed with somewhat less than an equal volume of concentrated (12 N) hydrochloric acid and boiled for about 30 seconds. The solution is cooled and extracted with amyl alcohol, and the organic layer washed with water and with 1% hydrochloric acid. A large excess of benzene is added and the pigment extracted with a small portion of 1% hydrochloric acid. The amount of benzene needed to decolorize the upper layer gives some information about the anthocyanidin, the more highly hydroxylated pigments being driven into the aqueous layer with smaller amounts of benzene:

Anthocyanidin.	*Amount of benzene required.*
Delphinidin:	3—4 times the volume of amyl alcohol.
Petunidin:	4—5 times the volume of amyl alcohol.
Cyanidin:	5—6 times the volume of amyl alcohol.
Malvidin:	5—6 times the volume of amyl alcohol.
Peonidin:	8—9 times the volume of amyl alcohol.
Pelargonidin:	10—11 times the volume of amyl alcohol.

The filtered anthocyanin solution is again extracted with amyl alcohol and the process repeated. Finally the aqueous solution is washed thoroughly with benzene to remove traces of the alcohol. The following tests are performed:

1. A portion of the solution is extracted with amyl alcohol and sodium acetate is added; after observation, a drop of ferric chloride solution is added and the tube gently shaken.

2. A portion of the solution is shaken with an equal volume of the "cyanidin reagent" (a mixture of 1 part cyclohexanol and 5 parts toluene), and the upper layer transferred to a narrow tube for observation.

3. A portion is shaken with air and half its volume of 10% aqueous sodium hydroxide added. This is immediately followed by concentrated hydrochloric acid and amyl alcohol. Recovery of the anthocyanin in this "oxidation test" is noted.

4. A portion is shaken with 5% solution of picric acid in a mixture of methyl amyl ether (1 part) and anisole (4 parts): the "delphinidin reagent".

The various anthocyanidins exhibit the following behavior in the above tests:

Pelargonidin (3,4',5,7-tetrahydroxy). AmOH—NaOAc: violet-red; no change when FeCl$_3$ is added. Largely extracted by the cyanidin reagent, completely by the delphinidin reagent. Not destroyed in the oxidation test.

Peonidin (3,4',5,7-tetrahydroxy-3'-methoxy). Differs from pelargonidin in the color reactions of the anthocyanins derived from it.

Cyanidin (3,3',4',5,7-pentahydroxy). Reddish-violet when NaOAc is added to the amyl alcohol extract over water; FeCl$_3$ changes the violet to a bright, clear blue (which may be confused with malvidin containing a trace of a ferric-reacting anthocyanidin). Imparts a rose-red color to the cyanidin reagent (malvidin a very weak mauve). Fairly stable to the oxidation test. Extraction by the delphinidin reagent is not complete from dilute solution.

Malvidin (3,4',5,7-tetrahydroxy-3',5'-dimethoxy). Gives a slightly bluer color in the AmOH—NaOAc test than cyanidin, and $FeCl_3$ does not change it. The oxidation test leaves malvidin largely unchanged. Not extracted by the cyanidin reagent; completely extracted by the delphinidin reagent. Pure malvidin is of rare occurrence.

Delphinidin (3,3',4',5,7-hexahydroxy). Gives a blue solution in AmOH on the addition of NaOAc. Destroyed in the oxidation test. Not extracted by the cyanidin reagent or the delphinidin reagent.

Color Reactions of Anthocyanins.

Pelargonin (3,5-diglycoside). Violet coloration with aqueous Na_2CO_3; this becomes greenish-blue on addition of acetone. Decisive confirmation is obtained by adding one-quarter the volume of concentrated HCl to the solution and boiling for about a minute. On extraction with AmOH a green fluorescence due to pelargonenin will be observed.

Pelargonidin-3-glycosides (e. g., callistephin). Red-violet color with Na_2CO_3 that is rather stable towards NaOH. No other anthocyanin type behaves similarly.

Peonin (3,5-diglycoside). Blue coloration with Na_2CO_3.

Cyanin (3,5-diglycoside). Rich, pure blue with Na_2CO_3, unstable to NaOH.

Malvin (3,5-diglycoside). Bright greenish-blue with Na_2CO_3.

Oenin (malvidin-3-glucoside). Blue-violet with Na_2CO_3, unchanged by NaOH.

When new anthocyanins are encountered the tests described above are useful in allowing an estimate to be made of the extent and pattern of hydroxylation, but are incapable of establishing the details of new structures. In such cases the isolation of the crystalline pigment in amounts sufficient for degradation experiments (Karrer et al., 1927, 1929, 1932), is necessary. The color tests are likewise useless in elucidating the nature of the sugars present in the glycosides. The subtle differences in the behavior in such tests between glucosides and galactosides, for example, would not permit their positive identification by this means.

Distinctions between glycosides containing different sugar types — hexosides, pentosides, methylpentosides, dihexosides or pentosehexosides — can be made with reasonable certainty by careful measurements of the distribution of anthocyanins between amyl alcohol and dilute hydrochloric acid. This procedure, extensively used by Robinson and his co-workers, is described in detail by Robinson and Todd (1932).

2. Flavones, Chalcones and Aurones.

Flavones and Flavonols are readily detected in white or pale yellow tissues (e. g., white flowers) by the ammonia test, white tissues turning yellow, and yellow tissues usually deepening in shade. While this test is not specific for any single class of flavonoid substances, it is sensitive to those polyphenolic carbonyl compounds represented by the flavones, flavanones, chalcones and xanthones. Xanthones are, however, of rare occurrence in plants. The addition of alkali to a crude or partially purified plant extract can serve as a substitute for the ammonia test, the presence of flavones, etc. being recognized by the appearance of a yellow coloration.

The presence of *flavanones and flavonols* and their glycosides can be confirmed by testing an alcoholic extract of the plant material, freed of anthocyanins, waxes and chlorophyll, with magnesium and concentrated hydrochloric acid. The appearance of a pink to magenta color indicates the presence of flavonols (and their 3-ethers and glycosides), flavanones or flavanolones. Experiments in the writer's laboratory have shown that the sensitivity of the magnesium — hydrochloric acid test is such that about 50 micrograms of quercetin can be detected with ease when this amount is present in approximately 0.5 ml. of ethanol. The use of more dilute solutions and the presence of colored impurities will reduce the sensitivity of the test, but it is safe to say that amounts of flavonols considerably less than one milligram can be detected with ease. Flavanones and flavanonols give reduction products similar in color to those formed from flavonols possessing corresponding hydroxylation patterns, and can be detected in comparable concentrations (see p. 471).

Flavones which lack the 3-hydroxyl group do not usually respond to the magnesium-hydrochloric acid reduction test. Application of this test to samples of pure flavones such as apigenin and luteolin results in the appearance of colored reduction products, but the colors produced are yellow-orange to orange-red; consequently, small amounts of flavones in plant extracts are not detectable with certainty by this test, the presence of colored impurities of whatever kind usually being sufficient to mask them.

Chalcones and Aurones impart bright yellow to orange-yellow colors to flower petals and yellow-green colors to chlorophyll-containing tissues; but since most yellow flowers are pigmented by carotenoids, the chalcone and aurone pigments cannot be recognized with certainty simply by the visual appearance of the living tissues. They can be readily detected, however, by the striking color change from yellow to red or red-orange in the ammonia test. Chalcones and aurones behave so nearly alike in this respect that the test does not distinguish between them.

Flavanones dissolve in cold, dilute alkali to give nearly colorless to yellow solutions. On heating, isomerization (ring opening) to the corresponding chalcones occurs, with the formation of deep yellow to red colors.

III. Color Reactions of Individual Classes of Flavonoid Compounds.

Ferric Chloride. The production of colors with ferric chloride is a general property of all classes of polyhydroxy flavonoid compounds. This property is of limited use in the examination of crude plant extracts — except to show the presence of ferric-reacting substances — because of the non-specific nature of the reaction, but is often of value in support of experiments in which partially methylated compounds or degradation products are formed.

When two or more hydroxyl groups are present in a flavone or structurally related compound, the color given with ferric chloride is seldom unequivocally diagnostic. Ortho-dihydroxyl groups often, though not invariably, give green colors (catechin, eriodictyol, 7-0-methyl eriodictyol, protocatechuic acid); but the utility of this generalization is limited by the fact that green colors are also given by many compounds which do not contain the ortho-dihydroxyl grouping. BRIGGS and LOCKER (1951 b) have discussed the use of the ferric reaction, with examples drawn from their work and the extensive studies of SESHADRI and his co-workers.

Although polyhydroxy flavonoid compounds cannot be usefully classified with respect to structure and ferric chloride color, with the exception of those containing the 3,4,5-trihydroxy grouping in the B-ring, in which case deep blue to black colors are produced, the ferric chloride test is of value in structure-proof studies in which polyhydroxyflavone glycosides are converted by successive methylation (or ethylation) and hydrolysis into monohydroxy-polyalkoxy flavones. The production of ferric chloride colors is characteristic of 3-, 5- and 8-hydroxyflavones, but not of 6-, 7- or 4'-hydroxyflavones (BRIGGS and LOCKER, 1951 b). 3-Hydroxyflavones usually give brown colors; the color given by 5-hydroxy derivatives may be green, purple or brown. Since 3- and 7-glycosides are the most commonly encountered flavone monoglycosides, the use of ferric chloride in connection with methylation experiments represents a valuable means of structure determination.

Neutral and Basic Lead Acetate. Gage, Douglass and Wender (1951) have described the colors produced by flavonoid compounds on paper chromatograms when sprayed with basic and neutral lead acetate. These reagents produce colored salts or complexes with many flavonoid compounds, the colors of which depend upon the class of compound tested and the number and arrangement of hydroxyl groups it contains.

In the following table (Table 2) are listed the colors produced (usually as precipitates) on treatment with neutral lead acetate of a number of flavonoid compounds which have been selected to include the types that give characteristic colors.

Basic lead acetate will give colored precipitates with most of the flavonoid polyphenols, while neutral lead acetate form precipitates with compounds containing o-dihydroxy groupings, or combinations of this grouping with the o-hydroxy carbonyl or the 3-hydroxy-chromone structural units. Some of the applications of the structural specificity of lead acetate are described on p. 462.

Table 2. *Color Reactions of Flavonoid Compounds with Lead Acetate.*

Compound		Color with Lead Acetate
OH	Other	
5, 6, 7	— flavone	yellow
5, 6, 7, 4'	— flavone	yellow
3, 3', 4', 5, 7, 8	— flavone	red
3, 3', 4', 5, 7	8-O-Glucose flavone	red
3, 5, 7, 8	— flavone	deep red
3', 4', 5, 7	— flavone	yellow
3, 3', 4', 6, 7	— flavone	orange-red
3, 3', 4', 5, 6	7-O-Glucose flavone	red
3, 4', 5, 7	8-OCH₃ flavone	orange-red
3, 5	4', 7, 8-OCH₃ flavone	orange-red
4', 5, 7	— flavone	no ppt.
2', 4', 3, 4	— chalcone	deep orange-red
2', 3, 4	4'-O-Glucose chalcone	brick-red
4, 6, 3', 4'	— aurone	red
3', 4', 6	7-OCH₃ aurone	red

Alkaline Reagents. Polyhydroxyflavonoid compounds dissolve in alkali to give colorless to deeply colored solutions. Theoretically, colorless solutions are given by simple phenols in which a carbonyl group is lacking (as in catechins) or in which no unsaturation is present to link a carbonyl group with an ionizable hydroxyl group (as in flavanones). In practice, however, many polyphenols of these classes do give colors as the result of secondary transformations: catechins give yellow to red solutions as a result of the presence of traces of oxidation products almost invariably present in samples of these extraordinarily oxygen-sensitive compounds. Pure flavanones give colorless to very pale yellow solutions in cold, dilute alkali, but their ready isomerization into the isomeric chalcones may cause the appearance of deep yellow to red solutions within a short time. Pure butrin, for instance, dissolves in ice-cold, dilute sodium hydroxide to a nearly colorless solution that rapidly changes to yellow, orange and, finally, red. Eriodictyol gives a colorless solution; on standing, and very rapidly on heating, this deepens in color, eventually becoming red.

Chalcones and aurones give immediate red to purple solutions in alkali, the color depending upon the degree and position of hydroxylation. These colors are very characteristic, and are shown by no other classes of flavonoid compounds.

The naturally-occurring chalcones and aurones known at the present time represent a rather narrow range of structural variation. With the sole exception of the *Dahlia* chalcone (2,4,4'-trihydroxychalcone) described by Bate-Smith and Swain (1953b) they all possess the 3,4-dihydroxy B-ring. Aureusin and its glycosides (Seikel et al., 1950b; Geissman, Jorgensen and Johnson, 1954) possess the phloroglucinol-type A-ring, and the known chalcones and aurones of the *Compositae* possess the following structures:

Butein, R=R′=R″=H.
Coreopsin, R′=Glucosyl, R=R″=H.
Lanceolin, R′=Glucosyl, R″=OCH$_3$, R=H
Lanceoletin, R=R′=H, R″=OCH$_3$.
Stillopsidin, R=OH, R′=R″=H.
Dahlia chalcone, R=R″=R′=H (3-OH missing).

Sulfurein, R=Glycosyl, R′=H.
Sulfuretin, R=R′=H.
Leptosin, R=Glucosyl, R′=OCH$_3$.
Leptosidin, R=H, R′=OCH$_3$.

Sulfurein and leptosin dissolve in aqueous sodium hydroxide to give deep purple solutions. The corresponding aglycones, sulfuretin and leptosidin, give deep red solutions. The presence of the 6-hydroxyl group in these aglycones (and of the 5-hydroxyl group in aureusin and aureusidin) provides a crossed-conjugated system in the resonating ions of the sodium salts, causing absorption at somewhat shorter wavelengths (and thus less blue colors) than in the case of the aurones containing free hydroxyl groups in the 3,4-positions only.

Flavones and flavonols dissolve in alkali with the production of yellow solutions. These are rather stable in the case of the polyhydroxyflavones containing no more than five hydroxyl groups, none of which bear a 1,2,3-relationship; but alkaline solutions of highly hydroxylated flavones such as myricetin, etc. (see Table 3), undergo rapid color changes on standing. Row and SESHADRI (1945) have studied many of these in detail; some of their results are shown in the following table (Table 3):

Table 3. *Color Changes of Polyhydroxyflavones in Alkaline Solution.*

Flavone		p$_H$	Color Changes [1]
OH	O—Glucosyl		immediate → intermediate → 24 hours
3, 5, 7, 4′, 5′	3′	10.4	yellow; yellow-green; yellow; orange
3, 5, 7, 4′, 5′	3′	12.0	yellow; yellow-green; colorless; brown
3, 5, 7, 3′, 4′, 5′	—	10.4	yellow; yellow-green; red-brown; crimson (60)
3, 5, 7, 3′, 4′, 5′	—	12.0	yellow; purple-red; brown
3, 5, 6, 7	—	11.0	yellow; yellow-green (5); green (30); bright-green (60)
3, 5, 6, 7, 4′	—	11.0	yellow; yellow-green (fast); then fades
3, 5, 6, 7, 3′, 4′, 5′	—	11.0	yellow; green-yellow; brown (5); red-brown
3, 5, 8, 4′	7	11.0	yellow; yellow-green; colorless (10)
3, 5, 7, 8, 4′	—	11.0	yellow; green; blue (stable 30 min.); colorless
3, 5, 3′, 4′	7	11.0	yellow; colorless
3, 5, 6, 7, 8	—	11.0	yellow; yellow-green; pale blue; yellow; pale yellow
3, 5, 6, 7, 8, 4′	—	11.0	yellow; green (0.5); green-yellow; orange; yellow
3, 5, 6, 7, 8, 3′, 4′	—	11.0	yellow; green; emerald green; yellow (0.3)
3, 5, 6, 7, 8, 3′, 4′, 5′	—	11.0	yellow; green; purple; red-brown (12); orange red
3, 5, 7, 3′, 4′	(6-OCH$_3$)	11.0	yellow; stable 1 hour
3, 5, 6, 3′, 4′	—	11.0	yellow; red-brown (2); colorless
3, 6, 7, 3′, 4′	—	11.0	yellow-green; deepens; pink-orange

[1] Last color given is after 24 hours, unless otherwise stated. Figures in parentheses are times in minutes.

The observations recorded in Table 3 show that compounds having no more than two hydroxyl groups in adjacent positions are fairly stable to alkali. Compounds containing three hydroxyl groups in adjacent positions in either the A-ring or B-ring are extraordinarily sensitive to alkali, passing through a series of often remarkable color change, often within a few minutes after solution.

Experiments in the writer's laboratory have disclosed a further striking example of the effect of structure on stability of polyphenolic compounds towards alkali. Esculin and esculetin are soluble in alkali with the formation of yellow to orange-yellow solutions (depending upon the concentration) from which the original compounds can be recovered completely unchanged by acidification. Dihydroesculetin, however, undergoes immediate and irreversible changes in alkaline solution, the momentarily colorless solution changing in a matter of minutes through brilliant shades of red and blue; none of the original compound is recoverable upon acidification. These changes, and those observed by Row and Seshadri (Table 3) are probably the result of air oxidation; dihydroesculetin does not undergo the decomposition described when sodium hydrosulfite is present in the solution.

The relative stability of polyhydroxy flavanoid compounds toward oxidation may further be seen in the results of Roberts and Wood (1951) on the relative ease with which compounds of different classes are attacked through the mediation of a polyphenol oxidase prepared from tea leaves. Quercetin and myricitrin were not appreciably oxidized, and myricetin and butin (7,3'4'-trihydroxy flavanone) were oxidized about one-half as fast as D,L-catechin. The relative stability (quercetin > butin > catechin) in the 3'4'-hydroxy compounds shows the stabilizing effect of the conjugated system joined to the catechol residue. Myricetin, which possesses the stabilizing pyrone ring of quercetin, also possesses three vicinal hydroxyl groups and thus is susceptible to oxidation.

Dechene (1951) has shown that alkaline solutions of flavones and flavonol-3-glycosides are more stable than those of flavonols, indicating that the 3-hydroxyl group contributes to the instability of the latter. However, the decomposition of flavonols in alkali under ordinary conditions is not rapid, and in the absence of other alkali-sensitive structures *(vide supra)* they may be passed through cycles of solution in alkali and acidification without significant loss.

Mineral Acids. Concentrated sulfuric acid dissolves many flavonoid compounds with the production of colored solutions, the properties of which are often of diagnostic value in structure analysis. Murti, Rajagopalan and Row (1951) have described the colors and fluorescence of a large number of chromones, flavones, etc. in sulfuric acid solution.

Flavones and flavonols dissolve in sulfuric acid to give intensely yellow solutions which probably contain the oxonium (flavylium) salts of the following general structure (see Hunter and Partington, 1933):

When hydroxyl or methyl groups are present in such positions in either the A- or B-rings as to permit their participation in the distribution through resonance of the positive charge, increased basicity is observed, and polymethoxy flavones (e. g., quercetin pentamethyl ether) may be soluble in concentrated hydrochloric acid (Watson, 1914; Briggs and Locker, 1951 b).

Flavanones dissolve in sulfuric acid with the productions of lively orange to crimson colors. These intensely colored salts are probably those of the corresponding chalcones and owe their colors to the extended conjugation in the ions:

Note: A 4′-hydroxyflavanone is used as an illustration to show participation of the B-ring-hydroxyl group in the production of color. Other forms also contribute to the structure of the resonance hydrid ion, but, for brevity, are not shown.

Chalcones, as would be expected from the above, give deeply colored solutions (shades of red, crimson and magenta) in sulfuric acid, as do aurones.

The marked difference between the sulfuric acid colors of flavones and those of chalcones and aurones, despite the possession by all three classes of compounds of the same system of conjugation

is probably to be attributed to the fact that in the flavones the most important structures in the resonating ion are those involving only the pyrone ring, which in its protonated form assumes a benzenoid structure; while in chalcones and aurones the participation of the oxygen atom (2′-OH in chalcones, the hetero-oxygen in aurones) occurs in forms of sufficiently less important contributions to allow the full conjugated system to play an important role. Reference to the earlier discussion concerning the colors of the alkali salts of these classes of compounds will disclose similar factors are involved in the productions of colors in alkaline solution.

Antimony Pentachloride. MARINI-BETTÓLO and BALLIO (1946) have observed that the reaction of flavonoid compounds with antimony pentachloride in carbon tetrachloride produces characteristic colors; these are similar in general to those produced with concentrated sulfuric acid. Since antimony pentachloride is a strong acid of the Lewis type, the halochromism produced by this reagent and by sulfuric acid may be regarded as being the same in kind although differing in degree. MARINI-BETTÓLO and BALLIO have listed the colors given by nineteen polyhydroxychalcones and their ethers, and eighteen flavone and flavanone derivatives. The chalcones give red to red-violet colors, the flavones yellow to yellow-orange. Dihydrochalcones, which lack the conjugation between the carbonyl group and the B-ring, do not give characteristic colors with antimony pentachloride or with concentrated sulfuric acid.

Magnesium-Hydrochloric Acid Reduction. One of the most useful qualitative tests in the study of flavonoid compounds is that of SHINODA (1928), in which a compound or a suitably prepared plant extract is treated with magnesium and concentrated hydrochloric acid, usually in ethanol solution. The test is carried out by adding the acid dropwise to an alcohol solution containing a fragment of magnesium ribbon. Characteristic colors develop within a minute or two, and the subsequent addition of more acid often causes modification of the color in a manner characteristic of the compound being examined.

The test is positive — with the production of pink, scarlet, crimson or, occasionally, green or blue colors—for flavonols (and their 3-ethers and glycosides), flavanones and flavanonols. SHINODA found that xanthone derivatives also react positively, and Ross (1950) has also observed that corymbiferin, a naturally-occurring xanthone derivative, gives a red color in this test. Flavones which lack the 3-oxy substituent respond with the production of much less striking colors, and the yellow-orange to red-orange shades given by this class of compounds are not easily confused with the deeper and more intense colors which characterize the flavonol and flavanone derivatives.

Chalcones and aurones give negative results in the magnesium reduction test[1]. Although the addition of concentrated hydrochloric acid to alcoholic solutions of these substances causes the appearance of red colors due to the formation of colored oxonium salts, the immediate appearance of these colors clearly distinguishes them from the colors produced by the reduction of compounds which give a positive test.

In Table 4 are listed colors produced in the magnesium—hydrochloric acid reductions of a number of flavonoid substances.

It should be emphasized that descriptions of colors (as in Table 4) are subject to individual judgment; and, further, that the actual shade observed depends upon the concentration of the substance in the test solution. For example, a very dilute solution of quercetin produces a rose-pink color; more concentrated solutions produce crimson or magenta colors. It is clear from the examples cited,

Table 4. *Color Reactions of Flavonoid Compounds in the Magnesium-Hydrochloric Acid Reduction Test.*

Compound	Magnesium — HCl Color
7,8-dimethoxy flavone	orange
5,7,8-trimethoxyflavone	orange-red
5,7-di OH-6,8,4'-tri MeO flavone	red
7,8,4'-tri OH flavone (apigenin)	red-orange
7,8,3',4'-tetra OH flavone (luteolin)	orange
7,8,3',4',5'-penta OH flavone	red-orange
5,7,3',4',5'-penta OH flavone	bright red
5,7,8,4'-tetra OH flavone	red
5,7,8,3',4'-penta OH flavanone	red
5,7,4'-tri OH flavanone (naringenin)	magenta-red
5,7,3',4'-tetra OH flavanone (eriodictyol)	magenta
7,8,3'-tri OH-4'-OMe flavanone (hesperidin)	magenta
7,8,4'-tri OH-3'-OMe flavanone (homoeridioctyol)	magenta
7,3',4'-tri OH flavanone (butin)	blue-violet
6,7,3',4'-tetra OH flavanone	blue
6,7-di OMe flavanone	green
6,7,4'-tri OMe flavanone	green
6,7,3',4'-tri OMe flavanone	green
3',4',5-tri OH-7-OMe flavanone	scarlet
5,7,4'-tri OH flavonol (kampferol)	scarlet
5,7,3',4'-tetra OH flavonol (quercetin)	bluish-crimson
5,7,8,4'-tetra OH flavonol	mauve
5,7,8,3',4'-penta OH flavonol	violet
7 OH 3 OEt 3',4'-di OMe flavone	red-purple
7 OH 3,3',4'-tri OEt flavone	scarlet
7,3,3',4'-tetra OEt flavone	orange
3 OEt-5,7 di OH-4'-OMe flavone	pink
3 OEt-4',5,7-tri OME flavone	bright red
3 OEt 5,7-di OH-3',4' OMe$_2$ flavone	red-orange

---

[1] Isomerization of chalcones into flavanones (which would form colored reduction products) does not seem to occur under the strongly acid conditions of this test.

however, that the three classes of compounds listed in Table 4 fall into groups which may be generally categorized as follows:

Flavones: orange to red
Flavonols: red to crimson
Flavanones: crimson to magenta.

PEW (1948) has found that flavanonols give very intense, deep colors in the magnesium reduction test, and in contrast to flavanones, are further distinguished by their ability to produce deep colors when zinc is used in place of magnesium.

While the use of metals other than magnesium in color tests of flavonoid compounds has not been systematically investigated, SHIMUZU (1951, 1952) has reported that while magnesium-hydrochloric acid produces approximately the same colors with flavonols and their (corresponding) 3-glycosides, only the glycosides give a color when zinc is used in place of magnesium.

The combined use of the magnesium-hydrochloric acid and ferric chloride tests in determining the structures of four naringenin acetates is illustrated by an example from the work of SHIMOKORIYAMA (1949): The acetylation of naringenin under different conditions can lead to the following four acetylated compounds:

I m. p. 140—143° Mg-HCl$^+$ FeCl$_3$$^+$
II m. p. 83— 86° Mg-HCl$^-$ FeCl$_3$$^+$
III m. p. 135—140° Mg-HCl$^+$ FeCl$_3$$^-$
IV m. p. 95—100° Mg-HCl$^-$ FeCl$_3$$^-$

These tests show that acetates I and III are flavanones, III containing no free hydroxyl group, and acetates II and IV are acetates of the isomeric chalcone, IV being the completely acetylated tetrahydroxy compound:

I, R=Ac, R'=H
III, R=R'=Ac

II, R=Ac, R'=H
IV, R=R'=Ac

Concentrated Nitric Acid. RAO and SESHADRI (1949) have observed that certain phenolic compounds dissolve in concentrated nitric acid with the production of a brilliant blue color. The test is given by certain phloroglucinol-derived (A-ring) flavanones but not by flavones or chalcones (Table 5).

Boric Acid Color Tests. Flavonols which contain a free 5-hydroxyl group react with boric acid in the presence of organic or mineral acids with the productions of bright yellow colors which are characterized by a yellow-green fluorescence. TAUBÖCK (1942) has described the reaction with the use of oxalic acid; WILSON (1939) used a reagent consisting of acetone solutions of boric acid and citric acid, but referred to the yellow coloration only, and not to the fluorescence; and NEELAKANTAM, ROW and VENKATESWARLU (1943) added boric acid to concentrated sulfuric acid solutions of the materials being tested.

NEELAKANTAM et al. (1943) have specified the general structural requirement for a positive test as follows:

5-Hydroxyflavones and 2'-hydroxychalcones fulfil this requirement. 3-Hydroxyflavones which lack the 5-hydroxyl group (e. g., fisetin) do not respond (WILSON),

Table 5. *Color Reactions of Flavanones and Related Compounds with Concentrated Nitric Acid.*

Compound	Color	
Resorcinol dimethyl ether	emerald green	(immed.)
Resorcinol diethyl ether	emerald green	
Orcinol dimethyl ether	emerald green	
Phloroglucinol trimethyl ether	deep blue	(2 min.)
2-OH-4-OMe benzaldehyde	green	(1 min.)
2-OH,4,6-di OMe benzaldehyde	blue	(immed.)
2-OH-4-OMe acetophenone	greenish-blue	(2 min.)
2-OH-4-OEt acetophenone	greenish-blue	(2 min.)
2,4-di OMe acetophenone	greenish-blue	(2 min.)
2-OH-6-OMe acetophenone	greenish-blue	(2 min.)
2-OH-4,6-di OMe acetophenone	pure blue	(immed.)
2-OH-4,6-di OEt acetophenone	pure blue	
2-OH-4,6-dibenzyloxy acetophenone.	pure blue	
2-OH-4-benzyloxy-6-OMe acetophenone	pure blue	
2,4,6-tri OMe acetophenone	pure blue	
2-OH-4,6,w-tri OMe acetophenone	pure blue	
2-OH-4,6-di OMe benzophenone	pure blue	
w-phenylphloroacetophenone-4,6-dimethyl ether	pure blue	
2-OH-4-OMe benzoic acid	green	(1 min.)
5-OH-7-OMe flavanone	blue	(immed.)
2,4-di OMe benzoic acid	blue	(immed.)
5,4'-di-OH-7-OMe flavanone (Sakuranetin)	blue	
5-OH-4',7-di OMe flavanone	blue	
5,7,4'-tri OMe flavanone	blue	
5,7,3'-tetra OMe flavanone	blue	
5,3',4'-tri OH-7 OMe flavanone	blue	

Negative tests

5,7-di OH flavanone	no green or blue	
5,7,4'-tri OH flavanone (Naringenin)	no green or blue	
5,7-di OH-4'-OMe flavanone (Isosakuranetin)	no green or blue	

Catechol, hydroquinone, hydroxyhydroquinone, pyrogallol, and all methyl ethers of these do not give blue colors.

although Neelakantam reports a positive test with 3,7-dihydroxy flavone. 5-Hydroxyflavanones do not respond under the conditions used by Tauböck and Wilson.

This reaction is of added interest in connection with the relationship between the amount of boron in plants and plant tissues and the flavone content of the plant. Tauböck has noted a correspondence between the presence of flavonols and high boron content; and Beilig (1944) has discussed the possible physiological role of boron in connection with the boric-organic acid-flavonol interaction.

D. Analysis by Chromatographic Methods.
I. Paper Chromatography.

The use of filter-paper chromatography in the study of sap-soluble plant pigments has become widespread since Bate-Smith's (1948) description of its application to the identification and separation of anthocyanidins, flavones and their glycosides. The flavonoid compounds have proved to be ideally suited to this elegant and powerful technic by reason of their wide range of solubility characteristics, the changes that are brought about in partition characteristics and consequently in R_F values[1] by the hydrolysis of glycosides, the characteristic

---

[1] The R_F value is defined as the ratio of the distance traveled by the constituent spot (or band) to the distance traveled by the solvent front.

colors of the substances themselves in visible or ultra-violet light and the colors produced by the application of appropriate reagents to the chromatograms.

The technic has been described in detail in numerous publications as to methods, apparatus, and reagents (for example, BLOCK, LE STRANGE and ZWEIG, 1952; GAGE et al., 1951; BATE-SMITH, 1948, 1950; BENSON et al., 1950; FIJISE and TATSUTA, 1952; PARIS, 1952; BATE-SMITH and WESTALL, 1950) and need only be briefly reviewed here. The general procedure is as follows: the solution containing the substance or mixture to be tested is applied as a spot near one corner of a sheet of filter paper (Whatman No. 1 is most commonly used) and hung from a trough containing a suitable solvent. Irrigation of the paper is allowed to continue until the solvent front has progressed to a point near the opposite edge of the paper, which is then removed and dried and (if a second solvent is to be used) rehung in the trough so that the second irrigation runs at right angles to the first. After drying, the paper is examined in ordinary light, under ultra-violet light and, if desired, sprayed with suitable reagents and reexamined. The positions of the components are marked and the R_F values calculated. R_F values can be measured in more than one way: the distance traveled by a constituent can be measured from the center of the initial spot to the center of the constituent spot, or from the leading edge of the initial spot to the leading edge of the constituent spot. The first method is difficult to apply because spots after development are usually more diffuse than the initial spot, and often tend to "trail". Measurements to the leading edge give R_F values slightly different from those obtained from measurements to the centers or points of maximum density, but are subject to less arbitrariness in the selection of the point to which the measurement is to be made. It is to be noted that in many articles the method for measuring R_F values is not clearly specified. This is not a matter of serious concern, since R_F values should never be relied upon for the purpose of identification; but this information should be given. Experience in the writer's laboratory has shown that the R_F values determined by a single individual are subject to small variations due to small differences in the quality of the reagents used, temperature control, and differing characteristics of the paper sheets used; and R_F values for a given substance may vary with the absolute amount of the substance applied to the paper. BATE-SMITH (1950) has specified the rather elaborate precautions that must be observed in order to secure accurate, reproducible R_F values. Much of this precaution is unnecessary when (as is highly desirable in any case) one or two known control substances are run simultaneously or on the same sheet with the substance under examination. BATE-SMITH has pointed out that if paper chromatography is to have extended practical use in plant physiology, elaborate equipment and delicate control of experimental conditions cannot be envisaged. Consequently, in the present discussion emphasis will be placed upon methods involving the use of authentic control specimens and the absolute identification of compounds by chemical and physical methods, and when R_F values are given they are to be regarded as illustrative only.

1. Solvents.

The selection of the solvent used for the development of the chromatogram depends upon the solubility characteristics of the substances to be separated. Particular examples will be given in the sequel, but the following generalizations can be used as a guide:

1. **Water** has the very useful property of moving glycosides but leaving aglycones at or very near the origin (ROBERTS and WOOD, 1953). While water gives relatively poor separations, so far as measurements of R_F are concerned, its

Table 6. R_F *Values and Color Reactions of Chromatographed Flavonoid and Some Related Compounds.*

Compound	n-BuOH HOAc H₂O[a]	m-cresol HOAc H₂O[b]	phenol H₂O[c]	H₂O[d]	Untreated V[h]	UV[i]	NH₃[e] V	UV	AlCl₃[f] V	UV	FeCl₃[g]	Other
Flavones												
Flavone	.96	.99	.99	. . .	C	C	C	C	C	C	C	Bk[j]Bk[k]
4'-hydroxy	.95	.99	.99	. . .	C	lBl	YG	YG	C	Bl	. .	. . . .
5-hydroxy	.96	.98	.99	. . .	C	Bk	pY	BK	pY	Bl	. .	. . . . . .
7-hydroxy	.96	.99	.99	. . .	C	YB	pY	Y	C	C	. .	. . . .
3',4'-dihydroxy	.90	.99	.98	. . .	C	Bl	Y	YG	C	Bl	. .	. . . .
Apigenin	.92	.88	.96	.01	pY	B	Y	dYG	Y	Y	Br	
Apigenin-7-glucoside . . .	.69	.73	.88	. . .	pY	YB	Y	Y	. .	. .	. .	. . . . . .
Apigenin-7-rhamoglucoside	.64	.61	.81	.15	pY	YB	Y	Y	. .	. .	. .	. . . .
Luteolin	.86	.63	.72	.01	Y	B	Y	dYG	lY	dY	G	. . . .
Tricin	.83	·96	.93	.00	pY	B	Y	YG	. .	. .	. .	. . . .
Flavonols												
Flavonol	.96	.99	.99	. . .	pY	YG	Y	Y	pY	bBl	. .	. . . .
4'-methoxy	.96	.99	.99	. . .	pY	YG	Y	YG	Y	Y	. .	. . . .
7-methoxy	.96	.99	.99	. . .	pY	YG	Y	Y	Y	bBl	. .	. . . .
3',4'-dihydroxy	.84	.80	.78	. . .	pY	YG	Y	dY	pY	Y	. .	. . . .
3',4'-dimethoxy	.92	.99	.99	. . .	pY	YG	Y	Y	YG	BlG	. .	. . . .
4',5,7-trimethoxy	.93	.99	.99	. . .	pY	YG	Y	BlG	pY	Y	. .	. . . .
3',4',5,7-tetramethoxy . .	.87	.99	.99	. . .	pY	YG	Y	Y	Y	YG	. .	. . . .
Kampferol	.90	.53	.67	.01	Y	dYG	Y	dY	Y	bG	. .	. . . .
Robinin	.62	.43	.72	.60	pY	YB	Y	YG	. .	. .	. .	. . . .
Flavonols												
Quercetin	.77	.23	.36	.01	Y	dYG	Y	lYG	Y	bY	. .	. . . .
Isoquercitrin	.72	.21	.53	.15	pY	B	Y	YG	. .	. .	. .	. . . .
Quercitrin	.85	.38	.66	.28	pY	B	Y	dG	Y	Y	. .	. . . .
Querimeritrin	.48	.19	.49	.02	Y	Y	Y	Y	. .	. .	. .	. . . .
Rutin	.66	.18	.48	.33	pY	B	Y	dG	Y	YB	. .	. . . .
Hyperin	.70	.38	.58	.14	pY	B	Y	YB	Y	Y	. .	. . . .
Rhamnetin	.87	.69	.69	.01	pY	dYG	Y	Y	Y	Y	. .	. . . .
Xanthorhamnin	.62	.35	.71	.44	pY	B	Y	Y	Y	YB	. .	. . . .
Quercetagetin	.45	.07	.23	.00	pY	YG	Y	YG	YB	B	. .	. . . .
Flavanones												
Liquiritigenin	.95	.90	.91	.22	C	pY	C	pY	C	C	. .	Bk[j]Bk[k]
Butin	.91	.73	.82	.18	C	pY	C	pY	C	C	G	Bk[j]Bk[k]
Naringenin	.92	.88	.93	.17	C	C	C	YG	C	pYG	B	. . . .
Naringenin-7-glucoside .	.71	.72	.88	.45	C	C	C	Y	C	pYG	. .	. . . .
Naringin	.61	.56	.80	.61	C	pY	C	Y	C	pYG	B	. . . .
Isosakuranetin	.94	.99	.99	.11	C	C	C	YG	C	pYG	. .	. . . .
4',7-dimethoxy-5-hydroxy	.95	.99	.99	. . .	C	C	C	Y	C	pYG	. .	. . . .
Eriodictyol	.61	.16	.81	.14	C	C	C	pY	C	pYG	G	Bk[j]Bk[k]
Homoeriodictyol	.90	.96	.96	.17	C	pY	C	pY	C	pYG	B	Bk[j]Bk[k]
Hesperetin	.90	.95	.95	.13	C	C	C	YG	C	pYG	B	. . . .
Hesperetin-7-glucoside .	.67	. . .	. . .	. . .	C	C	C	Y	C	pYG	. .	. . . .
Hesperidin	.58	.67	.86	.49	C	C	C	Y	C	pY	. .	. . . .
Neohesperidin	.59	.64	.87	.56	C	C	C	Y	C	pYG	. .	. . . .
Aurones												
Sulfurein	.60	.48	.69	.03	Y	Y	RO	O	. .	. .	. .	. . . .
Aureusidin	.66	.18	.29	.01	Y	YG	O	YO	. .	. .	. .	. . . .
Aureusin	.36	.09	.35	.01	Y	Y	O	O	. .	. .	. .	. . . .
Cernuoside	.56	.20	.45	.02	Y	Y	YO	O	. .	. .	. .	. . . .
Leptosidin	.80	.79	.80	.01	Y	Y	O	O	. .	. .	. .	. . . .
Leptosin	.55	.54	.73	.03	Y	Y	RO	O	. .	. .	. .	. . . .
3',4',6,7-tetramethoxy . .	.87	.99	.99	.01	Y	Y	Y	Y	. .	. .	. .	. . . .

Table 6. (Continued.)

Compound	n-BuOH HOAc H₂Oᵃ	m-cresol HOAc H₂Oᵇ	phenol H₂Oᶜ	H₂Oᵈ	Untreated		NH₃ᵉ		AlCl₃ᶠ		FeCl₃ᵍ	Other
					Vʰ	TVⁱ	V	UV	U	UV		
Benzylcoumaranones												
Dihydroaureusidin . . .	.85	.47	.66	.27	C	C	C	Bl	C	C	..	.. ..
Chalcones												
Butein	.83	.65	.66	.01	Y	YG	O	O	YO	YG	..	.. ..
Coreopsin	.67	.39	.64	.05	Y	B	O	RO	..	..	..	.. ..
Stillopsidin	.65	.14	...	.01	Y	YB	O	O	..	..	..	.. ..
Stillopsin	.47	.14	...	.02	Y	YB	O	O	..	..	..	.. ..
Dihydrochalcones												
Phloridzin	.78	.58	.75	...	C	pO	C	pO	..	..	..	.. ..
Coumarins												
Coumarin	.96	...	.99	.68	C	C	C	C	..	..	..	Bkʲ..
4-hydroxy	.93	.74	.56	.81	C	C	C	C	..	..	..	bBkBbl
Esculetin.	.83	.81	.83	.32	C	Bl	Y	BlG	..	..	..	.. ..
Esculin	.65	.63	.80	.60	C	Bl	pY	Bl	..	..	..	.. ..
Flavanonols.												
Taxifolin	.86	.50	.56	.30	C	C	C	Bk	..	..	..	BkʲBkᵏ
Flavanols												
d-catechin	.69	.18	.41	.38	C	C	C	Bk	C	C	..	BkʲBkᵏ
l-epicatechin	.64	.18	.41	.29	C	C	C	Bk	C	C	..	BkʲBkʲ
Anthocyanins												
Pelargonidin	.52	.35	...	...	..	..	..	..	..	..	..	.. ..
Callistephin	.69	.65	.81	.31	..	..	..	..	..	..	..	.. ..
Pelargonin	.52	.33	.68	.72	..	..	..	..	..	..	..	.. ..
Pelargonidin-3-pentose glycoside	.47	.40	.58	...	..	..	..	..	..	..	..	.. ..
Cyanidin	.60	.39	...	.01	..	..	..	..	..	..	..	.. ..
Chrysanthemin	.57	.33	.49	.20	..	..	..	..	..	..	..	.. ..
Antirrhinin	.41	.14	.52	.27	..	..	..	..	..	..	..	.. ..
Cyanin.	.29	.12	.37	.18	..	..	..	..	..	..	..	.. ..
Isoflavones												
Pseudobaptisin	.75	.75	...	.51	C	pY	C	pY	..	..	..	YʲYᵏ
Benzalcoumaranones												
Benzalcoumaranone . . .	.99	.99	.93	.00	pY	dG	pY	dG	..	..	..	.. ..
4,4′,6-trihydroxy	.82	.52	.74	.01	Y	YG	..	..	..	..	..	.. ..
4,4′,6-trimethoxy . . .	.97	.99	...	.01	pY	Bl	pY	Bl	..	..	..	.. ..
3′,4,4′,6-tetramethoxy . .	.90	.99	.99	.01	YG	YG	YG	YG	..	..	..	.. ..
Sulfuretin	.87	.65	.70	.01	Y	Y	YO	YO	..	..	..	.. ..
Miscellaneous Phenolics C₆:C₆-C₁:C₆-C₂												
Catechol	.86	...	.79	.81	C	Bk	C	Bk	..	..	Bk	Pkˡ..
Resorcinol	.85	...	.21	.75	C	C	C	pYB	..	..	Gr	Rˡ..
Hydroquinone	.87	.66	.78	.74	C	Bk	C	Bk	..	..	Gr	.. ..
Arbutin	...	...	...	.87	C	C	C	C	..	..	..	Oˡ..
Phloroglucinol	.70	.15	.20	.64	C	C	C	Bl	C	dBl	Gr	Pˡ..
Pyrogallol	.71	.36	.42	.73	C	Bk	C	Bk	..	..	R-B	Bˡ..
Salicyladehyde	...	...	...	...	C	C	C	C	..	..	..	Cʲ..
p-hydroxybenzaldehyde .	.88	.98	.95	.75	C	Bk	C	P	..	..	..	Oˡ..
3,4-dihydroxybenzaldehyde	.83	.76	.77	.67	C	Bk	C	dBlG	..	..	..	.. ..
Vanillin	.88	.98	...	.74	C	Bk	C	Bk	..	..	..	Bˡ..
2,4-dihydroxybenzaldehyde	.89	.92	.93	.66	C	Bl	C	BlG	..	..	..	Rˡ..
Gallic acid	.63	...	.10	.46	C	C	C	C	..	..	Gr	BkʲBˡ
Resacetophenone	.94	.91	.95	.65	C	C	C	Bl	..	..	..	BkʲRˡ
Phloroacetophenone . . .	.93	.71	.84	.44	C	Bk	C	Bk	..	..	..	Rˡ ..

Table 6. (Continued.)

Compound	n-BuOH HOAc H_2O[a]	m-cresol HOAc H_2O[b]	phenol H_2O[c]	H_2O[d]	Untreated V[h]	Untreated UV[i]	NH_3[e] V	NH_3[e] UV	$AlCl_3$[f] V	$AlCl_3$[f] UV	$FeCl_3$[g]	Other
C_6-C_3												
o-coumaric acid	.95	.79	.68	.68	C	Y	C	bY	..	..	..	.. ..
m-coumaric acid	.94	...	...	.63	C	C	C	dY	..	..	..	Bk[j]Bk[k]
p-coumaric acid	.93	.82	.68	.88	C	C	C	Bl	..	..	..	Bk[j]Bk[k]
p-methoxycinnamic acid .	.96	...	...	.59	C	C	C	C	..	..	..	Bk[j]Bk[k]
Caffeic acid.	.86	...	.46	...	C	Bl	C	Bl	..	..	..	.. ..
C_6-C_3												
Hydrocaffeic acid	.85	.80	.70	.28	C	Y	C	YG	..	..	..	.. ..
Ferulic acid	.92	.89	.78	...	C	Bl	C	Bl	..	..	..	.. ..
3,4-dimethoxycinnamic acid	.94	.99	.85	.51	C	Bl	C	Bl	..	..	..	Bk[j]Bk[k]
2,3-dimethoxycinnamic acid	.96	.99	.82	.78	C	Y	C	Y	..	..	..	bBl[k]..
C_6-C_3-C_6												
Chlorogenic acid (coffee) .	.73	.25	.46	.73	C	Bl	C	G	..	..	..	.. ..
Isochlorogenic acid (coffee)	.86	.36	.51	.34	pY	YBl	Y	YG	..	..	..	.. ..

B = brown
Bk = black
Bl = blue
C = colorless (not visible)
G = green
Gr = grey
O = orange
P = purple
Pk = pink
R = red
Y = yellow
l = light
d = dark
b = bright
p = pale

a. n-butanol: 27% aqueous acetic acid (1:1 v/v)
b. m-cresol: acetic acid:water (50:2:48 v/v)
c. phenol:water (73:27 w/w)
d. distilled water
e. ammonia vapor
f. 1% alcoholic aluminum chloride
g. 1% aqueous ferric chloride
h. visible light
i. ultra-violet, long wave length
j. ultra-violet, short wave length
k. ultra-violet, short wave length + ammonia
l. diazotized sulfanilic acid

ability to bring about gross separations of groups of compound types and to remove by virtue of their rapid movement the very water-soluble sugars, makes it a valuable solvent to be used in combination with organic solvents.

2. **Butanol-Water-Organic Acid** mixtures of varying proportions move most flavonoid compounds with an excellent range of R_F values and with good separations and definition of spots. The most widely used solvent of this type is the organic phase of a n-butanol-water-acetic acid mixture in the proportions of 40:50:10, respectively. Compounds containing numerous hydroxyl groups or sugar residues (myricetin 0.43, delphinin 0.11) run slowly with this solvent; less highly hydroxylated or glycosylated compounds (isoquercitrin 0.68, callistephin 0.59) run more rapidly; and aglycones such as quercetin (0.74), luteolin (0.88) and apigenin (0.92) run nearer to the front the fewer hydroxyl groups they contain.

3. **Mixtures of Hydrocarbon Solvents, Water and Methanol** (LINDSTEDT, 1950b) give excellent separations and convenient R_F values for the non-glycosidic flavonoid and stilbene derivatives found in pine heartwoods.

Table 6 presents the reported R_F values and color reactions for a number of anthocyanins, anthocyanidins, flavones, flavanones, chalcones, aurones, and some related substances, in several different solvents. These figures show the effect of structural variation upon R_F, and can be used as a guide in making tentative identifications. Final identification can only be made with certainty by the use of color reactions and comparison with authentic specimens, preferably in more than one solvent.

Because of the wide use of paper chromatography, a complete list of the reported R_F values for all of the flavonoid compounds that have been studied would be impracticable. Furthermore, the R_F values reported for many compounds by different investigators do not always agree exaqtly, and so a complete tabulation would have to include all of the reported figures or else an arbitrary choice would often have to be made. For these reasons, the values given in Table 6 are those that have been obtained in the writer's laboratory, largely over the past two years; they were measured under closely comparable conditions and in most cases represent average values of many individual determinations.

2. The Use of Two-dimensional Chromatography.

With any one irrigating solvent there will be more than one compound with the same, or nearly the same, R_F value. It is usually possible, however, to find a different solvent that will separate such groups. Such a pair of solvents are most effectively used in conjunction when mixtures are being studied. This may be done by preparing separate one-dimensional chromatograms with each of the solvents; or by preparing a two-dimensional chromatogram using a single sheet of paper in which the solvents travel at right angles to each other.

The preparation of individual one-dimensional chromatograms with two or more solvents offers a means of absolute identification in which the possibility of error diminishes the greater the number of solvents used. This method is most effective when the individual chromatograms are prepared with mixtures of the unknown substance and an authentic sample of the compound it is suspected to be. The appearance of a single well-defined spot on each of the several chromatograms, coupled with the observation of appropriately selected color reactions may be regarded as absolute identification.

3. Color Reactions and Spray Reagents.

Many flavonoid compounds that possess distinct colors in the crystalline mass are only faintly colored or nearly colorless when present in microgram quantities on a paper chromatogram, particularly under the faintly acid conditions of the butanol-acetic acid solvent. Flavanones and catechins are colorless compounds and are not visible on the paper. Only the anthocyanins, chalcones and aurones possess the deep colors necessary to define them clearly to the naked eye when present in trace amounts on the chromatogram, and it is often advantageous even in these cases to be able to deepen their colors in order to define the limits of the spot for the purpose of R_F measurement.

The development of the constituent spots on the paper can be accomplished by viewing them under ultra-violet light and marking the areas made visible by the radiation; by exposing the paper to the vapors of ammonia or a volatile acid (hydrochloric or acetic) and viewing it under visible and ultra-violet light; or by spraying the paper with a solution of a reagent selected to produce colored reaction products with the constituents on the chromatogram, and again observing the colors in visible and ultra-violet light. By a suitable choice of these manipulations many compounds can be definitely classified as to type; and, taken in conjunction with R_F values in two or more solvents, these procedures can lead in many cases to absolute identification of individual components.

In Table 6 are noted the behavior of the compounds listed in many of the color reactions to be discussed in the following sections.

Ultra-violet Light. Only limited generalizations can be made regarding the relationship between the structures of flavonoid compounds and their appearance under ultra-violet light. Because the aglycones often behave quite differently from their various possible glycosides, a glycoside of one class (e. g., a flavonol-3-glycoside) may behave like an aglycone of another (e. g., a flavone). Flavonols fluoresce brightly, with greenish-yellow colors. This behavior is to be attributed to the effect of the 3-hydroxyl group, since flavonol-3-glycosides absorb the ultra-violet radiation and appear on the chromatogram as dull, usually brownish, spots. Flavones lacking the 3-hydroxyl group also appear brown under the ultra-violet lamp. Flavanones and catechins do not appear, remaining invisible under ordinary and ultra-violet light in the absence of ammonia *(vide infra)*. Anthocyanins generally appear as dark brown to nearly black spots under the ultra-violet lamp, but are, of course, clearly recognizable by their appearance in ordinary light.

Too narrow a range of structural variation exists in the few known naturally-occurring chalcones and aurones to enable any useful generalizations to be made. Glycosylation of these compounds effects as marked changes in their behavior under ultra-violet light as are observed in the case of flavonols: butein shows an intense yellow-orange fluorescence, while coreopsin, its 4'-glucoside, absorbs under ultra-violet light, appearing a dark purplish-brown[1]. The known chalcones and aurones are most easily characterized by the dramatic change in their visible and ultra-violet colors when exposed to ammonia vapors, changes to intense orange to crimson colors being observed.

Alkaline Reagents. Spraying the dried chromatograms with sodium carbonate solution or exposing them to ammonia fumes causes marked color changes in most of the flavonoid compounds, particularly when the treated papers are viewed under ultra-violet light. In visible light ammonia deepens the spots of the flavones to bright yellow, changes anthocyanins from pink or red to shades of bluish-gray or blue, and causes the yellow to yellow-orange chalcones and aurones to become bright orange to orange-red. Flavanones, catechins and simple phenols (pyrogallol, phloroglucinol, etc.) show no visible color under these conditions in ordinary light.

A convenient procedure for carrying out the tests described in the above paragraphs is the following:

1. Examine the chromatogram under ordinary light, marking visible components and noting their colors.

2. Repeat the examination under ultra-violet light.

3. While observing the chromatogram under ultra-violet light, expose it to the fumes from a solution of concentrated aqueous ammonia, noting color changes and the appearance of new constituents.

4. Immediately thereafter re-examine the paper under ordinary light (repeating the ammonia treatment if necessary), and note the changes in the colors of the spots observed before the ammonia treatment, and the presence of new spots.

The ammonia treatment produces few permanent changes, and indeed causes quite evanescent reactions in the case of some components. It has the advantage of being largely reversible; an ammonia-treated paper reverts to its original condition if hung in a fume-hood for a short time. A sodium carbonate spray produces comparable changes but the treatment is not as readily reversible as is

---

[1] These properties are reminiscent of the effects of substitution of hydroxyl groups on the fluorescence of courmarins (Goodwin and Kavanagh, 1950): umbelliferone fluoresces strongly, while skimmin (its glucoside) and herniarin (its methyl ether) show only very weak fluorescence.

exposure to ammonia, and consequently renders the chromatogram unsuitable for many subsequent operations.

Ammonia vapor produces marked changes in the appearance under ultra-violet light of flavones and their glycosides. Some flavonol-3-glycosides and flavones lacking the 3-substituent change from dull yellow-brown or brown to bright yellow to yellow-green (see Table 6). Flavanones, invisible under ultra-violet light, become visible as pale yellow spots (against the normally dark background of the paper); and catechins and some non-carbonyl-group-containing phenols fluoresce under ultra-violet light in the presence of ammonia with pale blue colors. NORDSTRÖM and SWAIN (1953) have described the ultra-violet-ammonia colors of some partially and completely methylated flavones derived from apigenin and luteolin.

Aluminum Salts. The aluminum complexes formed on the paper with aluminum chloride or acetate solution often fluoresce strongly under ultra-violet light. Flavones, chalcones and aurones exhibit particularly characteristic colors (Table 6; see also p. 489).

Other Metal Salts. The formation of deeply colored lakes with such metals as iron, chromium, aluminum, etc. is characteristic of certain structural groupings. Among these are several that are characteristic of many flavonoid compounds:

1. The o-hydroxycarbonyl grouping as found in 5-hydroxyflavones and 2'-hydroxychalcones.

2. The 3-hydroxychromone grouping of the flavonols.

3. The o-dihydroxy grouping, as in the catechol residue and the 7,8-dihydroxy grouping of gossypetin, etc.

The utilization of this property in the use of neutral and basic lead acetate in the separation and isolation of flavonoid compounds has been discussed in an earlier section (p. 462). The colors of the precipitates obtained by the treatment of certain flavonoid compounds with neutral lead acetate are given in Table 2 (p. 468), and the colors developed on paper chromatograms are described by GAGE et al. (1951).

Other Reagents. The ability of polyphenolic compounds to reduce ammoniacal silver nitrate, in the cold in some cases (ortho- or para-hydroxyl groups), on heating in others, can be used to locate substances of this kind on paper chromatograms. The reaction is, however, not specific for phenolic or flavonoid compounds.

Ferric chloride is often a useful spray reagent. Its general applicability to the location of phenolic compounds on paper is limited by the fact that no general rule can be stated with regard to the actual color produced and the structure of the constituent, and (although this limitation in naturally-occurring compounds is not severe) the fact that some phenolic compounds give no color with this reagent.

LINDSTEDT (1950 b) has used a solution of tetrazotized benzidine for locating and identifying the phenolic compounds of pine heartwoods after their separation on paper chromatograms. This and similar diazonium salts (FUJISE and TATSUTA, 1952; HOSSFELD, 1952) have not been thoroughly and systematically investigated as possible spray reagents for flavonoid compounds, but appear to offer considerable promise for the detection and identification of these substances. Of particular interest is LINDSTEDT's observation of the different rates with which the color is developed in the case of simple phenols (fast), flavanones (intermediate) and flavones (slow). These differences undoubtedly reflect the different reactivities of the phenolic residues in these compounds towards nucleophilic attack by the diazonium cation.

II. The Examination of Plant Materials by Paper Chromatography.

Recent applications of chromatographic methods to the study of plant extracts has shown the great complexity of the mixtures of closely related substances that may be encountered in the extract of a single tissue. Ice and Wender (1953) have identified four distinct glycosides of quercetin in the leaves of *Vaccinium myrtillus*. Swain and Nordström (1953) showed that the petals of a blue *Dahlia* ("Dandy") contain three glycosides of apigenin, two of luteolin, two anthocyanins and several other flavonoid glycosides not as yet completely identified. Geissman and Jorgensen (1953), in a study of the color genotypes of the garden snapdragon *(Antirrhinum majus)* found aureusidin (the aglycone) and three glycosides related to it, glycosides of apigenin, luteolin, and quercetin, and the anthocyanin antirrhinin in the petals of a single color type (orange-red). The separation and study by classical isolation methods of so many components from a single source would require large quantities of material, and in the case of so valuable a material as a pure genotype would be practically impossible.

The complete examination of the material so complex as one of the flowers described above can be separated into two distinct parts, as has been done (a) in the case of the snapdragon; or (b) conducted as a series of concomitant separations from the outset, as was done in the case of the blue dahlia.

(a) A chromatogram prepared from an acid-hydrolyzed petal extract shows spots of the aglycones related to the glycosides originally present. By comparison of the chromatograms of the original and the hydrolyzed extracts it was possible, in the case of snapdragon flower extracts, to identify some of the original glycosides (by their disappearance or diminution) with some of the newly-formed aglycones. Final identification of the aglycones could be made by their R_F values in the two solvents used in preparing the original chromatograms, their color reactions, and rechromatography with the addition of the pure compounds.

Identification of the aglycones and provisional identification of the glycosides by the hydrolysis-chromatography sequence facilitated the succeeding manipulations. Larger-scale paper chromatography (with the application to the paper of extended strips of petal extract rather than of single spots) allowed the separation of readily separable groups of components, which were subsequently eluted from the paper and examined by combinations of chromatography in other solvents, hydrolysis and chromatography, and hydrolysis and determination of absorption spectra.

Table 7. *Chromatography of Extract of Dahlia Petals.*
(Nordström and Swain, 1953.)

Band No.	R_F Value in BuOH--HOAc--H$_2$O (30:5:10)	Identified[1] as
1	0.89	apigenin
2	0.75	luteolin-5-glucoside
3.1	0.62	{ apigenin-4'-glucoside
3.2		{ apigenin-7-glucoside { naringenin- ?-glucoside
4	0.49	apigenin-7-rhamnoglucoside
5.1	0.23	{ unknown diglucoside
5.2		{ luteolin-7-diglucoside
6.1	0.18	{ pelargonidin glucoside
6.2		{ cyanidin arabinoglucoside

(b) Nordström and Swain performed the initial separation of the constituents of the dahlia petals by paper chromatography of the original extract, followed by separation of the main bands. The procedure used was briefly as follows:

Ten ml. of an alcoholic extract (0.01 N in hydrochloric acid) of dahlia flowers was applied to pre-washed (water) Whatman's No. 3 paper and developed with

---

[1] In subsequent experiments.

butanol 30-acetic acid 5-water 10. The components were marked under ultra-violet light, separated, and eluted by prolonged irrigation with aqueous ethanol: Tests for homogeneity or further separations of the eluted bands were performed in a manner similar to that used in the original separation. The results of the primary separation were as shown in Table 7.

Elutions and hydrolysis of the individual glycosides were followed by (a) measurements of the absorption spectra of the glycosides and the aglycones, both in neutral and alkaline solution, (b) determination of the amount of sugar present (and from this the ratio sugar: aglycone), and (c) the isolation in the pure state, by means of chromatographic separations on paper, of several of the components of the flower in amounts sufficient for melting-point determinations and analysis.

III. The Determination of the Positions of Sugar Residues.

The classical methods for establishing the position of attachment of the sugar residue in a new flavonoid glycoside ordinarily require amounts of material sufficient for a series of manipulations involving the methylation of free hydroxyl groups, removal of the sugar residue by acid hydrolysis, and isolation and melting-point comparison of the resulting hydroxy-polymethoxy compound with a sample of known constitution. The application of the technics of paper chromatography to this procedure involves little that is new in principle, but extends the method to use on the micro scale. The isolation from a paper chromatogram of the discrete area corresponding to the glycoside is followed by elution of the component, methylation of the residue from the eluate, hydrolysis of the methylated glycoside, and comparison of the partially methylated aglycone with synthetic standards by means of R_F values, color reactions, and ultra-violet absorption spectra in neutral and alkaline solution.

LINDSTEDT and MISIORNY (1951) have utilized paper chromatography to excellent advantage in a comprehensive study of the nature of the heartwood constituents of a large number of Pinus species. Earlier studies by ERDTMAN (1944) and LINDSTEDT on pine heartwood constituents had revealed the presence in the species studied of the following phenolic substances (Table 8):

Table 8. Compounds Isolated from Pinus ssp. Heartwood.

Flavones	chrysin tectochrysin	5,7-dihydroxyflavone 5-hydroxy-7-methoxyflavone
Flavanones	pinocembrin pinobauksin pinostrobin strobopinin cryptostrobin	5,7-dihydroxy flavanone 3,5,7-trihydroxy flavanone 5-hydroxy-7-methoxyflavanone 5,7-dihydroxy-8(or 6)-methylflavanone 5,7-dihydroxy-6(or 8)-methylflavanone
Stilbenes	pinosylvin pinosylvin monomethyl ether	3,5-dihydroxystilbene

LINDSTEDT and MISIORNY's study of the behavior of these known compounds showed that they could be separated by paper chromatography and subsequently identified by the use of color reactions. The solvent used in most of the chromatographic work was the organic phase resulting from the equilibration of a mixture of benzene (50 vols.), ligroin (b. p. 85—105°, 50 vols.), methanol (1 vol.) and water (50 vols.). Mixtures of ethyl ether-ligroin-water (1:5:5) and of methanol-chloroform-ligroin (1:2:7), and water-saturated carbon bisulfide were also used in some experiments. Since the compounds are all colorless, with the exception of the pale

31*

yellow flavones, development of the chromatograms with a chromogenic reagent was necessary to show the location of the components. The reagent used for this purpose was a solution of tetrazotized benzidine, which coupled with the phenolic substances with the formation of red azo compounds. Both the rate of development and the shade of the color produced were of value in identification. In Table 9 are given the R_F values and descriptions of the color development of the heartwood constituents listed above.

Table 9[1]. *R_F Values in Benzene-Ligroin-Methanol-Water Solvent (at 20°) and Color Reactions with Benzidine Reagent of Pine Heartwood Constituents.*

Substance	R_F	Color	Time to Appearance to Color
Pinosylvin	0.05	dark red	immediately
Pinobanksin	0.14	red	0.5—1 min.
Chrysin	0.17	red	3—5 min.
Pinocembrin	0.44	red	1—3 min.
Cryptostrobin[2]	0.48	orange-yellow	2—4 min.
Strobopinin	0.65	yellow	1—3 min.
Pinosylvin Monomethylether . .	0.71	brick-red	immediately
Tectochrysin	0.91	very pale yellow	within 10 min.
Pinostrobin.	0.93	orange-red	within 7—10 min.
Dihydropinosylvin	0.11	dark-red	immediately
3-Hydroxystilbene	0.78	red-violet	immediately
3-Hydroxydibenzyl	0.89	bright yellow	immediately

The pronounced influence of hydroxylation upon the R_F values in this largely hydrocarbon developing solvent is shown by the $R_F = 0.05$ for 3,5-dihydroxy-stilbene and $R_F = 0.78$ for 3-hydroxystilbene. Methylation of hydroxyl (3-hydroxy-5-methoxystilbene, $R_F = 0.71$) nearly annuls its effect upon the rate of movement — an effect closely paralleled by the effect of methylation of hydroxyl upon rate of movement in butanol-water-acetic acid. In that solvent, too, the change of —OH to —OCH$_3$ causes an increase in R_F somewhat less than would be caused by replacement of OH by H.

The R_F values for pinocembrin *vs.* chrysin, for 3-hydroxydibenzyl *vs.* 3-hydroxy-stilbene, and for dihydropinosylvin *vs.* pinosylvin demonstrate that the carbon-carbon double bond has a definite influence, as compared with the saturated linkage, of favoring distribution toward the aqueous phase (here present in the paper). It should be added that this effect of the unsaturated linkage is strongly dependent upon the actual solvent system employed; it has been observed in the writer's laboratory that when water is used as the irrigating solvent, flavanone aglycones (e. g., naringenin, hesperidin) are moved a short distance from the origin while flavone aglycones are uniformly immobile and remain at the starting point.

IV. Adsorption and Partition Chromatography on Columns.

The use of packed columns for the separation and isolation of flavonoid compounds has not been exploited extensively, but sufficient experience with this technic has been gained to indicate the potential usefulness of the method. In general the difficulties in column chromatography of polyphenolic compounds lie in the limitations of the adsorbents used. No generally satisfactory material has been found that will give good separations of macro amounts of structurally diversified groups of compounds; and the separations of micro and semi-micro

---

[1] Lindstedt (1950).
[2] Lindstedt and Misiorny (1951).

amounts of material on paper sheet chromatograms remains a more practical method for the isolation of milligram quantities than presently available procedures involving the use of columns.

Alumina, the most generally used adsorbent for the separation organic compounds, is unsatisfactory for use with flavonoid compounds. GRASSMAN (1935), GRASSMAN and LANG (1935), and CLARK and LEVY (1950) found that pigments adsorbed on alumina were eluted with difficulty or not at all. CLARK et al. (1950) found that tannin mixtures were not satisfactorily adsorbed on aluminum hydroxide, calcium sulfate, kaolin, sillimanite or potato starch, but that wood cellulose columns effected their separation.

BRADFIELD, PENNEY and WRIGHT (1947) and BRADFIELD and PENNEY (1948) separated seven individual catechin derivatives from green tea leaves by partition chromatography on water-silica gel columns with wet ether as the mobile phase. SPAETH and ROSENBLATT (1950) used partition chromatography on silicic acid columns for the separation of a mixture of synthetic malvidin, petunidin and delphinidin. No separation of a natural anthocyanin mixture by the use of this technic has been reported, although KARRER and STRONG (1936) separated the anthocyanin pigments of *Althaea* flowers by adsorption chromatography on calcium sulfate.

PEARL and DICKEY (1951, 1952) and ICE and WENDER (1952) have found that Magnesol (hydrated magnesium acid silicate) is a useful adsorbent for the separation of polyphenolic substances. ICE and WENDER have separated mixtures of quercetin and morin; quercetin, rutin and quercitrin; xanthorhamnin, rutin and quercetin; naringin and hesperidin; and naringin and apigenin-7-rutinoside on columns of Magnesol. The mixtures were applied to the column in anhydrous acetone solution and development (with the collection of eluate fractions) was carried out with water-saturated ethyl acetate. NORDSTRÖM and SWAIN (1953) have commented on their inability to achieve satisfactory separations of flower petal extracts on columns.

Ion-exchange resins have found use in the preliminary purification of plant extracts containing flavonoid compounds, and in the separation of the polyphenolic constituents of extracts of peaches. JOHNSON, MAYER and JOHNSON (1950) separated peach extracts with the use of Duolite A-2 and Duolite A-4 exchange resins with the eventual isolation and characterization of D-catechin, chlorogenic acid and an anthocyanin. GAGE, MORRIS, DETTY and WENDER (1951), WILLIAMS and WENDER (1952a, b), and MORRIS, GAGE and WENDER (1950) employed amberlite IRC-50 cation exchange resin in separations of the phenolic constituents of a variety of plant materials.

It is usually necessary to supplement the separations carried out on columns by paper chromatographic procedures in order to establish the homogeneity, purity and identity of the fractions obtained from the columns. The combination of ion exchange resins, magnesol columns and paper chromatography promises to be a useful one in the study of plant extracts.

E. Absorption Spectra of Flavonoid Compounds.

The absorption spectra of flavonoid compounds have been studied extensively. Data on flavones have been recorded by SKARZYNSKI (1939), BRIGGS and LOCKER (1949, 1951b), SEIKEL and GEISSMAN (1950a, b), and others; on chalcones and aurones by SHIBATA and NAGAI (1927), RUSSELL, TODD and WILSON (1934) and SEIKEL et al.; and on natural and synthetic flavylium salts (anthocyanidins and anthocyanins) by TASAKI (1929), HAYASHI (1933a, b, 1934, 1936) and SCHOU (1927).

The application of spectral data to the identification or structure determination of naturally-occurring flavonoid substances requires the use of pure samples in order that the observed absorption maxima and extinction coefficients may be relied upon when compared with reported values. Consequently it is usually not feasible to perform spectral measurements on direct plant extracts, but when used in combination with paper chromatographic separations *(vide infra)*, spectral data are invaluable in characterizing and identifying flavonoid constituents present in small amounts as part of complex mixtures in the plant.

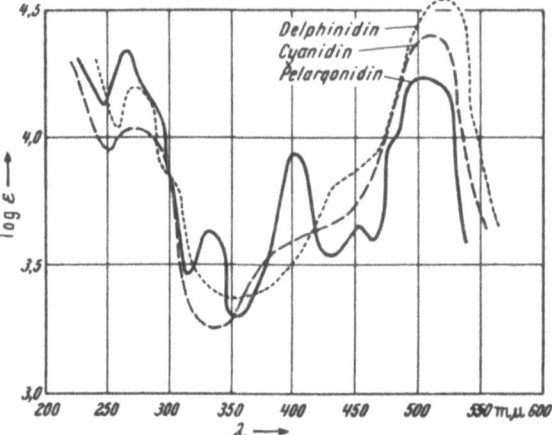

Fig. 1. Absorption Spectra of Pelargonidin, Cyanidin, Delphinidin. (Schou, 1927.)

Anthocyanin absorption spectra are of limited use in the identification of the natural pigments. Nearly all of the natural anthocyanins possess in common those structural features (3,5,7,4'-hydroxylation) which are primarily involved in the resonance that is responsible for their characteristic absorption, and the modifyingeffects of 3'- and 5'-hydroxylation are of relatively minor influence. In Fig. 1 are shown the absorption spectra of pelargonidin, cyanidin and delphinidin chlorides. Distinct differences exist between the wavelengths of maximum absorption of the oxonium forms (i. e., in acid solution, used for the data of Fig. 1), but Thimann and Edmondson (1949) and Geissman and Mehlquist (1947) observed that the presence in crude plant extracts of modifying substances ("copigments") renders uncertain the validity of spectral measurements on any but carefully purified pigments. Moreover, since mixtures of anthocyanins are often encountered, elaborate separation procedures must precede spectral measurements carried out for identification purposes. In Fig. 2 are shown the absorption spectra of cyanidin and peonidin (Schou, 1927); it is evident that

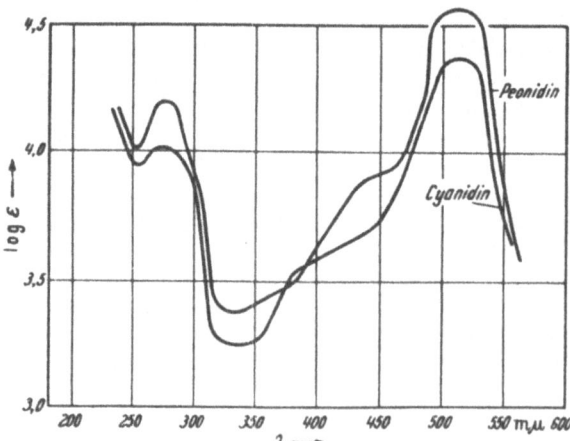

Fig. 2. Absorption Spectra of Peonidin and Cyanidin.

the identification or the establishment of the purity of either of these pigments in the possible presence of the other would be an uncertain undertaking. Since the known anthocyanins differ mostly in the nature and number of the sugar residues attached to the 3- and 5-position of the ten known anthocyanidins[1], and since

[1] The structure of the nitrogenous anthocyanins (e. g., betanin) are still incompletely known, and these pigments are not considered in detail in this chapter.

these differences cause only subtle changes in the spectra, measurements of absorption spectra have not proved to be of value in solving the structural problems encountered in this class of pigments. It is probable that the qualitative tests of ROBINSON and ROBINSON (1931) are still more useful than absorption spectra in the determination of the structures of the anthocyanins. Although the color changes of anthocyanins and anthocyanidins brought about by pH variation (ROBERTSON and ROBINSON, 1929) would appear to be potentially useful in the spectral determination of their structures, no systematic study has been made along this line.

Flavones and flavonols show a general similarity in the positions of maximum absorption in the ultra-violet region. Two regions of high-intensity absorption are

Table 10. *Ultra-Violet Absorption Spectra of Flavone Derivatives (in Ethanol).*

Flavone	$\lambda_{max.}$	log ε
Flavone	297.5; 250	4.20; 4.07
3',4'-di OH	345; 245	4.28; 4.17
5,7-di OH (chrysin)	330; 270	3.90; 4.42
5,7-di OAc	302.5; 255	4.43; 4.18
5-OH-7-OMe (tectochrysin)	330; 270	3.88; 4.40
Apigenin-7-apioglucoside (apiin)	341; 267	4.29; 4.17
Apigenin-7-glucoside	335; 268	— —
Apigenin-7-rhamnoglucoside	335; 270	— —
5,7,4'-tri OH (apigenin)	340; 265	4.31; 4.25
5,7,4'-tri OMe	325; 265	4.33; 4.25
Luteolin-7-glucoside	350; 259	— —
Luteolin-7-glucoside	350; 259	— —
5,7,3',4'-tetra OH (luteolin)	355; 258	4.28; 4.22
5,7,3',4'-tetra OAc	300; 258	4.35; 4.30
3-OH (flavonol)	347.5; 305; 239	4.04; 3.86; 4.14
3,5,7-tri OH (galangin)	360; 267.5	4.07; 4.23
3,7,3',4'-tetra OH (fisetin)	370; 315; 252.5	4.43; 4.22; 4.33
3,5,7,2'-tetra OH (datiscetin)	360; 262.5	3.99; 4.14
3,5,7,4'-tetra OH (kampferol).	370; 310[1]; 267.5	4.28; — 4.12
3,5,7,3',4'-penta OH (quercetin)	375; 258	4.32; 4.32
3,5,7,2',4'-penta OH (morin)	380; 263	4.15; 4.22
3,5,4'-tri OH-3', 7-di OMe (rhamnazin)	375; 255	3.27; 4.37
5-OH-3,7,3',4'-tetra OME	252; 269; 254	4.34; 4.29; 4.37
3,5,6,7,3',4'-hexa OMe	335; 240	4.42; 4.37
3,5,7,8,3',4'-hexa OMe	351; 271; 252	4.33; 4.33; 4.34
3,5,6,7,3',4'-hexa OH (quercetagetin)	361; 272[1]; 259	4.34; 4.15; 4.34
Quercitrin.	352; 260	4.24; 4.35
Rutin	361; 310; 258	4.28; 3.96; 4.35
Isoquercitrin	360; 310[1]; 258	4.32; 4.01; 4.41
Hyperin	362.5; 312; 258	4.31; 3.97; 4.38
Quercimeritrin.	374; 257	4.39; 4.42
3,5,7,3',4'-penta OAc	300; 253	4.27; 4.32
5,7-di OH-3-OMe-3',4'-methylenedioxy	353; 269[1]; 255	4.28; 4.21; 4.32
3,5,7-tri OMe-3',4'-methylenedioxy	340; 263[1]; 250	4.32; 4.21; 4.35
5,7,4'-tri OH-3,3'-di OMe	360; 268; 256	4.31; 4.24; 4.31
5,4'-di OH-3,7,3'-tri OMe	360; 268; 257	4.33; 4.24; 4.32
4'-OH-3,5,7,3'-tetra OMe	345; 263; 251	4.34; 4.22; 4.32
6-OH-3,5,7-tri OMe-3',4'-methylenedioxy . . .	337; 272[1]; 245	4.35; 4.07; 4.24
6-OH-7 OEt-3,5-di OMe-3',4'-methylenedioxy .	337; 272[1]; 244	4.38; 4.10; 4.25
Ternatin	368; 273; 258	4.28; 4.29; 4.33
Meliternin	351; 272; 253	4.29; 4.27; 4.36
Melinternatin	336; 269[1]; 248	4.41, 4.11; 4.25
Melisimplexin	336; 235	4.29; 4.30

[1] Data largely from SKARZYNSKI (1939); BRIGGS and LOCKER (1951 b); NORDSTRÖM and SWAIN (1953); and GEISSMAN and JORGENSEN (1953). Values marked by a superscript are inflection points. Log ε values are given in respective order of $\lambda_{max.}$ values.

observed: a high-frequency region at about 240—260 mμ, and a lower-frequency region at about 330—375 mμ (Table 10). Representative absorption spectra of several flavones are given in Figs. 3 and 4; but because of the enormous amount of spectral data that has been recorded for flavonoid compounds, the bulk of the material presented in this section is found in tabular form (Tables 10, 11, 12).

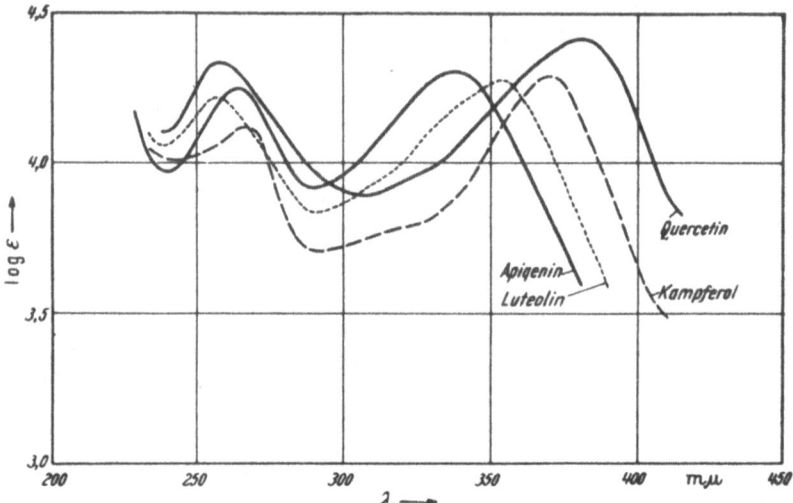

Fig. 3. Absorption Spectra of Apigenin, Luteolin, Kampferol, and Quercetin.

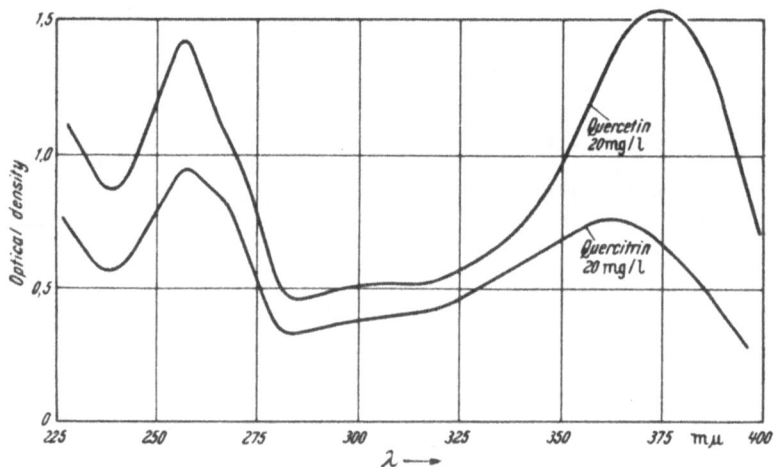

Fig. 4. Absorption Spectra of Quercetin and Quercetin-3-rhamnoside (Quercitrin).

Three devices for extending the usefulness of spectral measurements in structure determination of flavonoid compounds are the following:

1. The measurement of the spectra of metal (e. g., aluminum) complexes of the compounds.

2. The measurement of the spectra in alkaline as well as in neutral (ethanol) solutions.

3. The measurement of the spectra of the acetyl derivatives of the compounds, most of which are polyphenolic.

The formation of metal complexes is a characteristic property of those flavonoid compounds which possess a carbonyl group so disposed with respect to a phenolic hydroxyl group that complexes of the types

can exist; and of those which possess an adjacent pair of phenolic hydroxyl groups

HÖRHAMMER and HÄNSEL (1952) have studied the stability and stoichiometry of flavonol complexes of zirconium, aluminum and copper. GAGE and WENDER (1950), from whose data Fig. 5 is reproduced, have utilized complex formation with aluminum chloride for the quantitative determination of flavonol glycosides. The formation of colored metal complexes is discussed in an earlier section (p. 481).

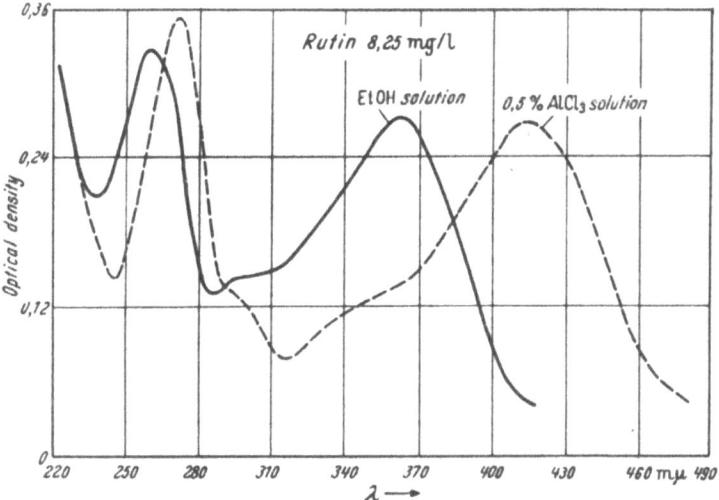

Fig. 5. Effect of Aluminium Chloride upon the Absorption Spectrum of Rutin.

Measurement of the absorption spectra of alkaline solutions of hydroxylated flavonoid compounds show the marked enhancement of the auxochromic effects of properly disposed (with respect to resonating system involving a carbonyl group) hydroxyl groups as a result of ionization. The changes in the visible colors of flavonoid compounds in alkaline solution have been discussed above (p. 468), but the potentially very fruitful application of these phenomena to studies in the ultra-violet region has not yet become the subject of extensive investigation. NORDSTRÖM and SWAIN (1953) have utilized this property in their study of the flavone glycosides found in *Dahlia* petals. Figs. 6—9 show the absorption spectra in alkaline and neutral solution of several methyl ethers of apigenin and luteolin.

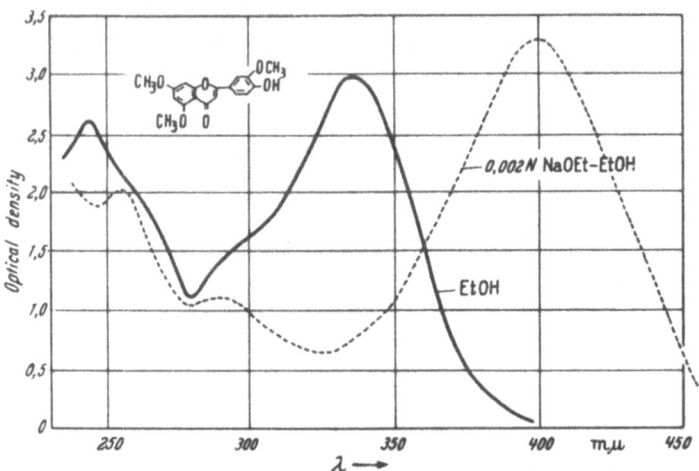

Fig. 6. Effect of Alkali upon the Absorption Spectrum of Luteolin 3',5,7-Trimethyl Ether.

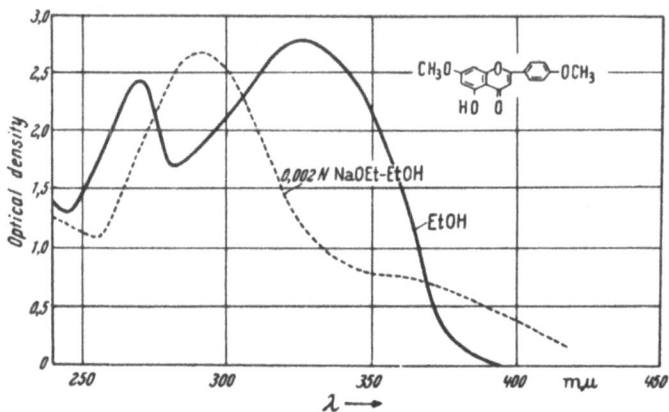

Fig. 7. Effect of Alkali upon the Absorption Spectrum of Apigenin 4',7-Dimethyl Ether.

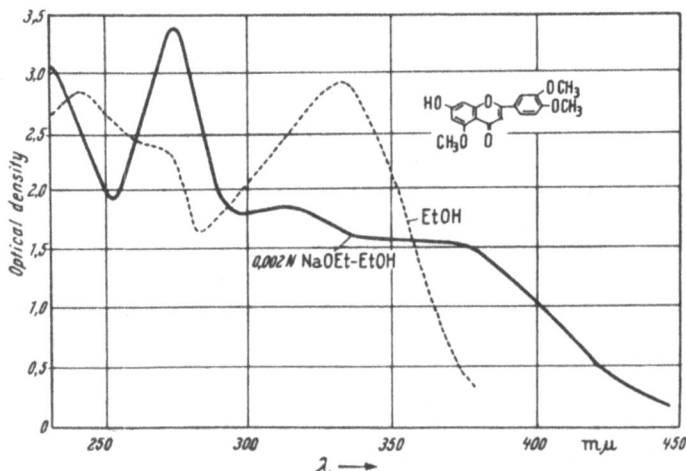

Fig. 8. Effect of Alkali upon the Absorption Spectrum of Luteolin 3',4',5-Trimethyl Ether.

Fig. 10 shows the shift in the absorption spectrum of the aurone, leptosidin (3,4′,6-trihydroxy-7-methoxybenzalcoumaranone), in alkaline solution (MOJÉ, 1950).

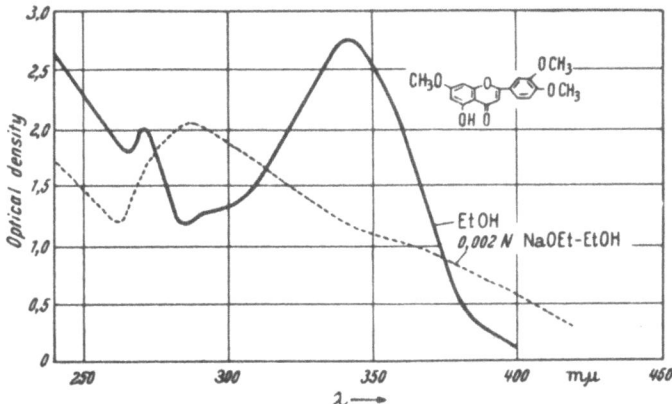

Fig. 9. Effect of Alkali upon the Absorption Spectrum of Luteolin 3′,4′,7-Trimethyl Ether.

Acetylation of phenolic hydroxyl groups substantially nullifies their effects upon the absorption, a polyacetoxyflavone having an ultra-violet absorption spectrum very similar to that of flavone itself, a polyacetoxychalcone having a

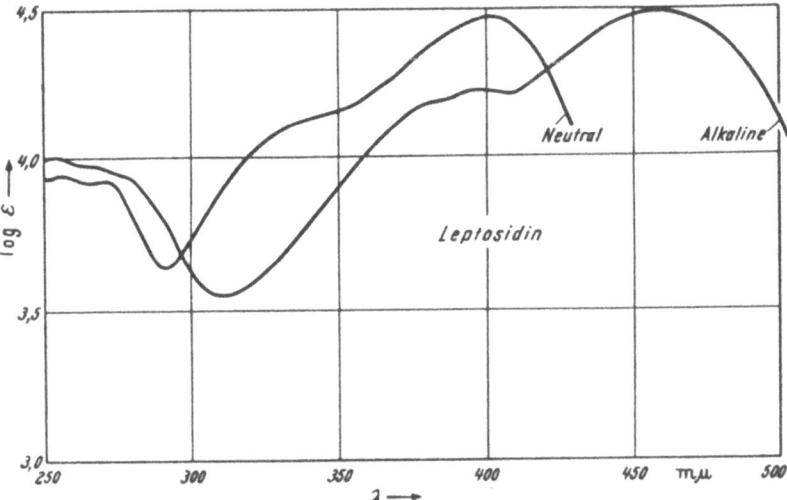

Fig. 10. Effect of Alkali upon the Absorption Spectrum of 3′,4′,6-Trihydroxy-7-methoxyaurone (Leptosidin).

spectrum similar to that of benzalacetophenone, and a polyacetoxyaurone resembling benzalcoumaranone. Figs. 11, 12 and 13 illustrate these effects in the flavone, chalcone and aurone classes. Polyhydroxychalcones and -aurones are deep yellow to orange in color, and so show absorption at considerably longer wavelengths than the yellow to nearly colorless flavone derivatives. The naturally-occurring chalcone and aurone glycosides show an intense absorption band in the region of 400 mμ, and aurones are further distinguished by the comparative complexities of their spectra, having several distinct peaks of high intensity as wavelengths under 400 mμ (Fig. 13). The study of the spectra of the acetates of

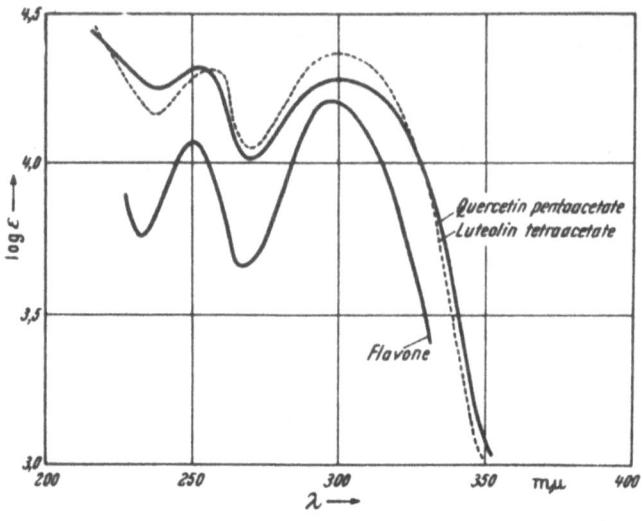

Fig. 11 (above).
Effect of Acetylation upon
the Absorption Spectra of
Quercetin and Luteolin.

Fig. 12 (middle).
Effect of Acetylation upon
the Absorption Spectrum of
3',4',6-Trihydroxyaurone
(Butein).

Fig. 13 (below).
Effect of Acetylation upon
the Absorption Spectrum of
Leptosidin.

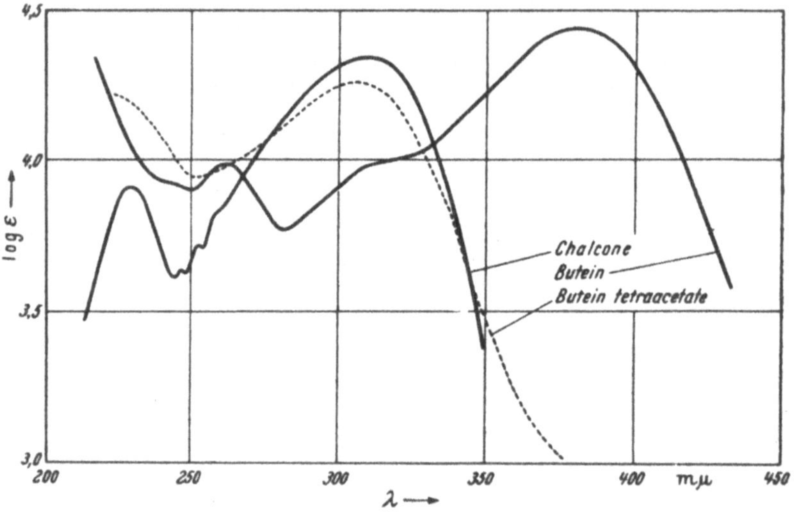

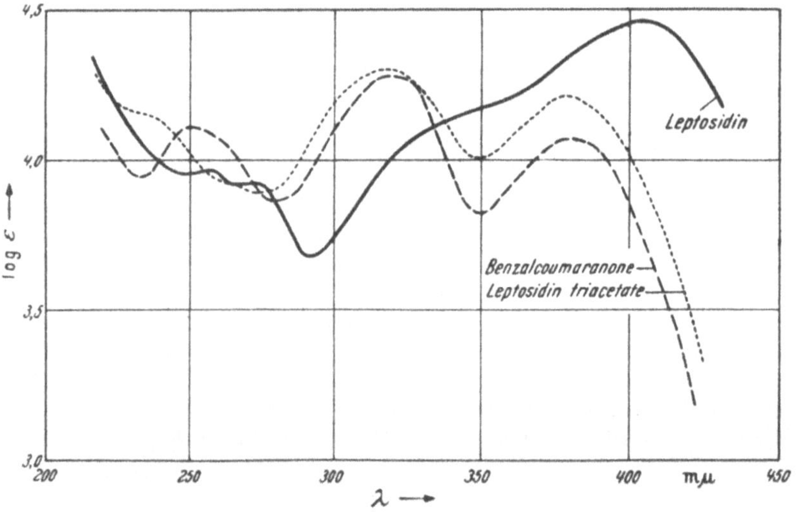

chalcones and aurones is particularly instructive, since chalcone and benzalcoumaranone have widely different absorption spectra. The spectra of natural
chalcone and aurone pigments are recorded in Table 11.

Table 11. *Chalcones and Aurones.*

Compound	$\lambda_{max.}$	log ε
Chalcone	309.5; 228	4.35; 3.91
Butein	382; 263	4.44; 3.99
2′,4,4′-Trihydroxychalcone	370; 242	— —
2′,4,4′-Triacetoxychalcone	312; —	— —
Butein tetraacetate	306.5; —	4.26 —
Coreopsin acetate	304; —	— —
Stillopsin octaacetate	313; 228	4.41; 4.26
Benzalcoumaranone	379; 316.5; 251	4.06; 4.27; 4.10
Leptosidin	405.5; 272; 257	4.45; 3.92; 3.94
Aureusidin	398.5 269; 254	4.44; 3.90; 3.95
Leptosidin trimethyl ether	405.5; 256.5	4.44; 4.02
Aureusidin tetramethyl ether	397; 253	4.49; 4.02
Leptosin	411; 328.5 276.5; 257	4.44; 4.09; 3.96; 3.93
Aureusin heptaacetate	368; 326; 244	4.32; 4.37; 4.11
Leptosin hexaacetate	374; 325.5; —	4.27; 4.35
Leptosidin triacetate	379; 319; —	4.20; 4.29
Aureusidin tetraacetate	374.5; 317; 251	4.23; 4.29; 4.12

Flavanones are colorless compounds and consequently absorb at comparatively
short wavelengths. Since hydroxylation in the 2-aryl group has very little influence
on the positions of maximum absorption of flavanones, the use of absorption
spectra in this class of compounds is largely limited to classification as to type

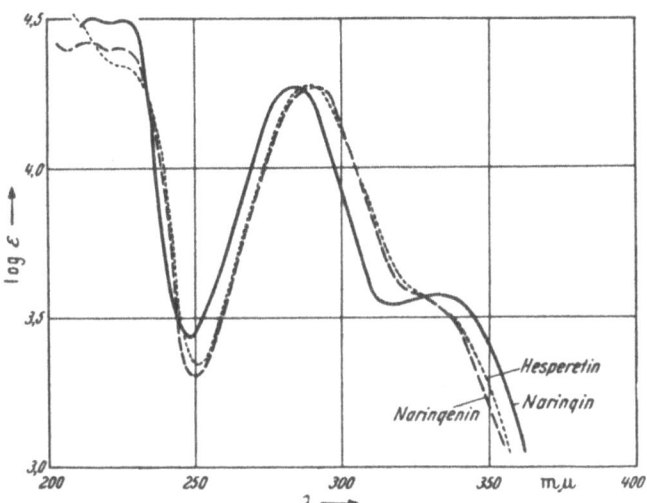

Fig. 14. Absorption Spectra of Naringin, Naringenin, and Hesperetin.

and cannot be usefully extended to the analysis of structural details. In Fig. 14
are shown the ultra-violet absorption spectra of naringin, naringenin and hesperetin.
The aglycones (naringenin, hesperetin) have essentially identical spectra, while
the presence of the sugar residue in the 7-position (naringin) causes a small shift
in the chief maximum to a shorter wavelength.

Naringenin triacetate (5,7,4'-triacetoxyflavanone) exhibits absorption maxima at shorter wavelengths than the parent compound (Fig. 15). The positions of the two maxima of the triacetate (259 and 313 mμ are not far different from those of o-hydroxyacetophenone (252 and 327 mμ), showing the effect of acetylation in diminishing the auxochromic effect of the hydroxyl groups.

In alkali, flavanones are converted into salts of the corresponding chalcones, and as a consequence a pronounced shift in the absorption spectrum is observed in going from a neutral to an alkaline solution. DAVIS (1947) has measured the spectra of a number of flavanones in alkaline solution.

Catechins and leucoanthocyanins have absorption spectra which show the maxima

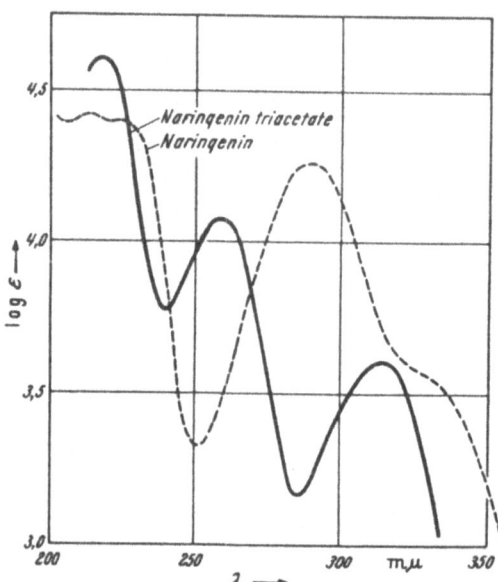

Fig. 15. Effect of Acetylation upon the Absorption Spectrum of Naringenin.

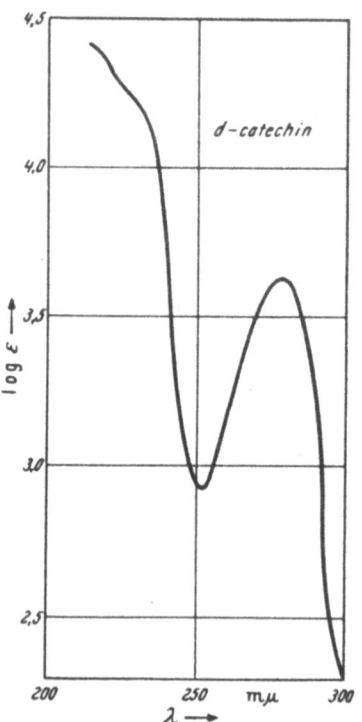

Fig. 16. Absorption Spectrum of D-Catechin.

typical of polyhydric phenols in which no carbonyl-conjugation is present, the wavelength of maximum absorption being found in the 280 mμ region. Fig. 16 shows the ultra-violet absorption of a typical member of this class of compounds, D-catechin. The wavelength of maximum absorption is shifted in alkaline solution to 290—300 mμ. This behavior is to be expected of a substance such as catechin

in which the substituted phloroglucinol and catechol residues are insulated from each other and thus absorb independently, and substantially as do the respective parent phenols. The similarity in the absorption spectra of catechins and leucoanthocyanins lends support to the flavane structure suggested for the latter by ROBINSON and ROBINSON (1933):

HO

OH

OH

O

C——————OH

CH—OH

C

HO H

H

OH

Leucocyanidin

In Table 12 are presented data for the ultra-violet absorption of several compounds of these classes, as reported by BATE-SMITH and SWAIN (1953).

Table 12.

Compound	EtOH		EtOH—NaOEt	
	$\lambda_{max.}$	$E_{1\ cm.}^{1\%} \times 10^2$	$\lambda_{max.}$	$E_{1\ cm.}^{1\%} \times 10^2$
Cacao leucoanthocyanin	280	1.79	288[1]	2.74
Pinus leucoanthocyanin	280	1.73	291[1]	2.34
d-Catechin	280	1.35	298[1]	2.36

F. Polarographic Analysis of Flavonoid Compounds.

Flavones, flavanones and chalcones show well-defined polarographic reduction waves, and the possibility of applying the polarographic method to the analysis of plant materials has been explored by ENGELKEMEIR, GEISSMAN, CROWELL and FRIESS (1947), GEISSMAN and FRIESS (1949), BOCKIAN (1949) and HINREINER (1950). The method does not appear to be a useful one for structural characterization since the half-wave potentials for structurally-related compounds differ by very little. At pH 7.7, ENGELKEMEIR et al., found the half-wave potentials (*vs.* the saturated calomel electrode) for quercetin, quercitrin and apigenin to be —1.62, —1.58, and —1.63 volts, respectively.

The potential value of the polarographic method appears to lie in the quantitative estimation of the total flavone content of plant material, by the measurement of the height of the reduction wave at the flavone potential. FRIESS (1947) measured the "flavone" content of ten carnation *(Dianthus caryophyllus)* genotypes by this means. The procedure was as follows: accurately weighed one-gram samples of dried petal meal were extracted with 95% ethyl alcohol and the extracts

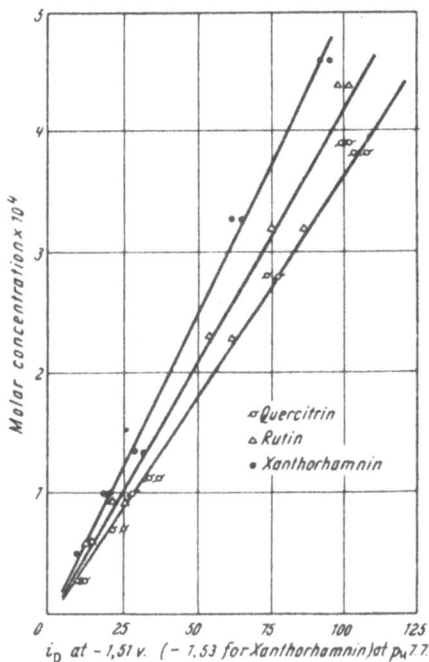

Fig. 17. Polarographic Reduction of Quercetin, Rutin, Xanthorhamnin.

---

[1] Varies with time; measured when λ is maximum.

hydrolyzed by acidification with sulfuric acid and boiling. The flavone aglycones were taken up in ether by continuous extraction, the ether solution washed with sodium sulfite solution and water and made up to a convenient volume with peroxide-free ether. Aliquots of this stock solution were evaporated in polarograph cells, and after dissolving the residue in a 50% isopropyl alcohol buffer of pH 6.1, polarographed with a Fisher Electropode. A standard prepared by treating a weighed amount of pure kampferol in the same way was used for the preparation of a calibration curve. Fig. 17 shows the calibration curves prepared with known amounts of the three flavonol 3-glycosides: quercitrin, rutin and xanthorhamnin.

The results obtained by Friess showed that the ten carnation genotypes fell clearly into three groups in respect to flavone content, the concentration (measured as kampferol) increasing as the number of dominant genes increased.

The limitations of the polarographic method are the requirements for careful removal of interfering reducible substances (e. g., oxygen) and the difficulty in estimating wave-heights when waves are poorly defined, as is sometimes the case. It is probable that if a solution of an unknown flavone or flavone mixture is sufficiently carefully purified to allow polarography to be used, other methods of analysis (e. g., chromatography on paper followed by spectrophotometric measurements) would be more reliable and equally convenient.

References.

Armentano, P. L., A. Bentsath, T. Béres, S. Rusznybk and A. Szent-Györgyi: Deutsche Med. Wochschr. 62, 1326—1328 (1936). — Asahina,.: J. Pharm. Soc. Japan 550, 1007 (1927): — Asahina, Y., and M. Inubuse: Ber. dtsch. chem. Ges. 64, 1256 (1931).
Bartlett, G. R.: J. Pharmacol. Exp. Ther. 93, 329—37 (1948). — Bate-Smith, E. C.: Nature (London) 161, 835 (1948); Partition Chromatography, Biochem. Soc. Symp. No. 3, 62—71 (1950). — Bate-Smith, E. C., and R. G. Westall: Biochem. Biophys. Acta, 4, 427—40 (1950). — Bate-Smith, E. C., and T. Swain: (a) Chem. and Ind. 1953, 376; (b) J. Chem. Soc. 1953, 2185—7. — Benson, A. A., J. A. Bassham, M. Calvin, T. C. Goodale, V. A. Haas and W. Stepka: J. Amer. Chem. Soc. 72, 1710 (1950). — Bielig, H. J.: Ber. dtsch. chem. Ges. 77 B, 748—61 (1944). — Blank, F.: Botan. Rev. 13, 241—317 (1947). — Blank, F., and R. Suter: Experientia 4, 72—73 (1948). — Blasdale, W. C.: J. Roy. Hort. Soc. 72, 240—245 (1947). — Block, R. J., R. Le Strange and G. Zweig: Paper Chromatography, Academic Press, New York 1952. — Boswell, J. G., and G. C. Whiting: Ann. Bot. [N. S.] 11, 847 (1938). — Bradfield, A. E., M. Penney and W. B. Wright: J. Chem. Soc. 1947, 32—36. — Bradfield, A. E., and M. Penney: J. Chem. Soc. 1948, 2249—54. — Briggs, L. H., and R. H. Locker: (a) J. Chem. Soc. 1949, 2157; (b) 1949, 2162; 1950, 864; (a) 1951, 3131; (b) 1951, 3136. — Brown, B. R., A. W. Johnson, S. F. MacDonald and A. R. Todd: J. Chem. Soc. 1952, 4928.
Chaikin, S., and T. A. Geissman: Unpublished observations 1949. — Clark, L. M., and W. J. Levy: J. Sci. Food Agr. 1, 213—14 (1950). — Clark, W. G., and T. A. Geissman: J. Pharm. Exp. Ther. 95, 363 (1949). — Curz-Coke, E., and M. Plaza de los Reyes: (a) Bol. Soc. biol. Santiago Chile 4, 105—7 (1947); (b) Bull. Soc. chim. biol. 29, 573—82 (1947).
Davis, W. B.: Analyt. Chem. 19, 476—78 (1947). — Dechene, E. B.: J. Amer. Pharm. Assoc. 40, 495—97 (1951). — Ducloux, E. H.: Rev. Faculdad Ciencias 3, No. 2, 23 (1925).
Engelkemeir, D. K., T. A. Geissman, W. R. Crowell and S. L. Friess: J. Amer. Chem. Soc. 69, 155 (1947). — Erdtman, H.: Svensk Kem. Tidskr. 56, 2—14; 26—31; 95—101; 134—42 (1944).
Fijise, S., and H. Tatsuta: J. Chem. Soc. Japan 73, 35—36 (1952). — Ford, E. B.: Proc. Roy. Ent. Soc. London 19 A, 92—106 (1944). — Friess, S. L.: Ph. D. Thesis, Univ. of California, Los Angeles 1947.
Gage, T. B., and S. H. Wender: Analyt. Chem. 22, 708 (1950). — Gage, T. B., C. D Douglass and S. H. Wender: Analyt. Chem. 23, 1582 (1951). — Gage, T. B., Q. L. Morris, W. E. Detty and S. H. Wender: Science 113, 522—23 (1951). — Geissman, T. A., and G. A. L. Mehlquist: Genetics 32, 410 (1947). — Geissman, T. A., and S. L. Friess: J. Amer. Chem. Soc. 71, 3893—02 (1949). — Geissman, T. A., and E. H. Hinreiner: Botan.

Rev. 18, 77—244 (1952). — GEISSMAN, T. A., E. C. JORGENSEN and B. L. JOHNSON: Arch. Biochem. Biophys., 49, 368 (1954). — GOODWIN, R. H., and F. KAVANAGH: Arch. Biochem. 27, 152—73 (1950). — GRASSMAN, W., and O. LANG: Collegium 1935, 114—18 (1953). — GRASSMAN, W.: Collegium 1935, 401—05 (1935). — GRIFFITH, J. Q. JR., J. F. COUCH and M. A. LINDAUER: Proc. Soc. Exp. Biol. Med. 55, 228—29 (1944). — GUPTA, S. R., and T. R. SESHADRI: Proc. Indian. Acad. Sci. 35, 242—48 (1952).

HATTORI, S., and H. MATSUDA: Arch. Biochem. Biophys. 37, 85—89 (1952); —HAYASHI, K.: Acta Phytochim. 7, 117 (1933); 7, 143—68 (1933); 8, 65—105 (1934a); 8, 179—207 (1934b); 9, 1—24 (1936); 13, 19—24, 25—35 (1942). — HAYASHI, K., and K. OUCHI: Misc. Repts. Res. Inst. Nat. Resources 17—18, 19—24 (1950). — HEYL, F. W.: J. Amer. Chem. Soc. 41, 1285 (1919). — HINREINER, E. H.: Ph. D. Thesis, Univ. of California, Los Angeles 1950. — HOOPER, F. C., and A. D. AYRES: J. Sci. Food. Agr. 1, 5—8 (1950). — HÖRHAMMER, L., and R. HÄNSEL: Arch. Pharm. 285, 438—44 (1952). — HOSSFELD, R. I.: J. Amer. Chem. Soc. 73, 852—54 (1952). — HUNTER, E. C. E., and J. R. PARTINGTON: J. Chem. Soc. 1933, 87.

ICE, C. H., and S. H. WENDER: Analyt. Chem. 24, 1616 (1952); J. Amer. Chem. Soc. 75, 50—52 (1953).

JOHNSON, G., M. M. MAYER and D. K. JOHNSON: Food Res. 16, 169—80 (1950). — JOSLYN, M. A., and J. D. PONTING: Adv. Food Res. 3, 1—44 (1951).

KANAO, M., and M. SHIMOKORIYAMA: Acta Phytochim. 15, 229 (1949). — KARIYONE, T., and Y. HASHIMOTO: J. Pharm. Soc. Japan 71, 433—36 (1951). — KARRER, P., and R. WIDMER: Helv. Chim. Acta 10, 67 (1927); 12, 292 (1929); 15, 507 (1932). — KARRER, P, R. WIDMER, A. HELFENSTEIN, W. HÜRLIMAN, O. NIEVERGELT and P. MONSARRAT-THOMS: Helv. Chim. Acta 10, 729 (1927). — KARRER, P., and F. M. STRONG: Helv. Chim. Acta 19, 25 (1936). — KARRER, P., and G. SCHWAB: Helv. Chim. Acta 24, 297—8 (1941). — KARRER, P., C. H. EUGSTER and M. FAUST: Helv. Chim. Acta 33, 300—01 (1950) — KING, F. E., and R. M. ACHESON: (a) J. Chem. Soc. 1950, 168. — KING, F. E. T. J. KING and A. J. WARWICK: (b) J. Chem. Soc. 1950, 3590. — KING, F. E., and T. J. KING: J. Chem. Soc. 1951, 569. — KING, F. E., T. J. KING and K. SELLARS: (a) J. Chem. Soc. 1952, 92. — KING, F. E., T. J. KING and A. J. WARWICK: (b) J. Chem. Soc. 1952, 96; (c) 1952, 1920. — KING, F. E., and L. JURD: (d) J. Chem. Soc. 1952, 3211. — KING, F. E., M. F. GRUNDON and K. G. NEILL: (e) J. Chem. Soc. 1952, 4580. — KING, F. E., and K. G. NEILL: (f) J. Chem. Soc. 1952, 4752. — KING, F. E., T. J. KING and K. G. NEILL: (a) J. Chem. Soc. 1953, 1055. — KING, F. E., and L. JURD: (b) J. Chem. Soc. 1953, 1192. — KLEIN, G.: Handbuch der Pflanzenanalyse. Vienna: Springer-Verlag 1932. — KUHN, R., I. LÖW and F. MOEWUS: Naturwiss. 30, 374 (1942). — KUHN, R., and I. LÖW: Chem. Ber. 81, 363—67 (1948); 82, 474—79 (1949a); 82, 481—84 (1949b).

LAWRENCE, W. J. C., J. R. PRICE, G. M. ROBINSON and R. ROBINSON: Phil. Trans. Roy. Soc. 230B, 149—78 (1939). — LINDSTEDT, G.: (a) Acta. Chem. Scand. 4, 55—59 (1950); (b) 4, 448—55. (1950). — LINDSTEDT, G., and A. MISIORNY: Acta Chem. Scand. 5, 121—28 (1951). — LUNDEGÅRDH, H., and G. STENLID: Arkiv Botan. 31, No. 3, 1—27 (1944). — LUTOKHIN, S. N., and N. A. BYVSHIKH: Žhur. Anal. Khim. 5, 239—43 (1950).

MARCHLEWSKI, L., and B. SKARZYNSKI: Biochem. Z. 297, 56—59 (1938). — MARINI-BETTOLO, G. B., and A. BALLIO: Gazz. chim. Ital. 76, 410—18 (1946). — MAROTO, A. L.: Rev. real. acad. cienc. exact, fis. y nat. Madrid 44, 79—101 (1950). — MASQUELIER, J.: Bull. Soc. chim. biol. 33, 302—03; 304—05 (1951). — MOEWUS, F.: Ergebn. Enzymforschg. 12, 173—206 (1951). — MOJÉ, W.: Ph. D. Thesis, Univ. of California, Los Angeles 1950. — MOORE, M. B., and E. E. MOORE: J. Amer. Chem. Soc. 53, 2744 (1931). — MORRIS, Q. L., T. B. GAGE and S. H. WENDER: Proc. Okla. Acad. Sci. 31, 140 (1950). — MURTI, V. V. S., N. V. SUBBARAO and T. R. SESHADRI: Proc. Ind. Acad. Sci. 25A, 22—24 (1947). — MURTI, V. V. S., S. RAJOGOPALAN and L. R. ROW: Proc. Ind. Acad. Sci. 34, 319—23 (1951).

NAGHSKI, J., C. S. FENSKE and J. F. COUCH: J. Amer. Pharm. Assoc. 40, 613—16 (1951).— NAKABAYASHI, T.: J. Agr. Chem. Soc. Japan 26, 539 (1952). — NARASIMHACHARI, N., and T. R. SESHADRI: Proc. Ind. Acad. Sci. 27, 223—39 (1948); 30A, 271—76 (1949). — NEELA-KANTAM, K., L. R. ROW and V. VENKATESWARLU: Proc. Ind. Acad. Sci. 18A, 364—72 (1943). — NORDSTRÖM, C. T. SWAIN: J. Chem. Soc. 1953 (in press).

PALMER, L. S., and H. H. KNIGHT: J. Biol. Chem. 59, 451 (1929). — PARIS, R.: Bull. Soc. chim. biol. 34, 767—72 (1952). — PEARL, I. A., and E. E. DICKEY: J. Amer. Chem. Soc. 73, 863—64 (1951); 74, 614 (1952). — PEW, J. C.: J. Amer. Chem. Soc. 70, 3031—34 (1948). — PORTER, W. L., D. F. DICKEL and J. F. COUCH: Arch. Biochem. 21, 273—78 (1949).

RAO, P. S., and T. R. SESHADRI: Proc. Ind. Acad. Sci. 14A, 29—34 (1941); 30, 30—34 (1949). — REDEMANN, C. T., S. H. WITTWER, C. D. BALL and H. M. SELL: Arch. Biochem. Biophys. 25, 277 (1950). — ROBERTS, E. A. H., and D. J. WOOD: Nature (London) 167, 608 (1951); Biochem. J. 53, 332 (1953). — ROBERTSON, A., and R. ROBINSON: Biochem. J. 23, 35 (1929). — ROBINSON, E. S., and J. M. NELSON: Arch. Biochem. 4, 111 (1944). — ROBINSON, G. M., and R. ROBINSON: Biochem. J. 25, 1687—1705 (1931); 27, 206 (1933). — ROBINSON, R., and A. R. TODD: J. Chem. Soc. 1932, 2293. — Ross, D. J.: New Zealand J. Sci.

498   T. A. Geissman: Anthocyanins, Chalcones, Aurones and Flavones.

Technology **32** B, 39—43 (1950). — Row, L. R., and T. R. Seshadri: Proc. Ind. Acad. Sci. **22** A, 215—24 (1945). — Russell, A., J. Todd and C. L. Wilson: J. Chem. Soc. **1934**, 1940. — Rusznyák, S., and A. Szent-Györgyi: Nature (London) **138**, 27 (1936).

Schönberg, A., and A. Mustafa: J. Chem. Soc. **1946**, 764—68. — Schraufstätter, E., and S. Deutsch: Z. Naturforschg. **3** b, 163—71 (1948); **4** b, 276—80 (1949). — Scott-Moncrieff, R.: Ergebn. Enzymforschg. **8**, 277—306 (1939). — Seikel, M. K., and T. A. Geissman: (a) J. Amer. Chem. Soc. **72**, 5720 (1950); (b) **72**, 5725 (1950). — Seshadri, T. R., and S. Varadarajan: Proc. Ind. Acad. Sci. **35**, 75—81 (1952). — Shibata, Y., and W. Nagai: Acta Phytochim. **2**, 25 (1927). — Shimizu, M.: J. Pharm. Soc. Japan **71**, 1329 (1951); **72**, 338—44 (1952). — Shimizu, M., G. Ohta and T. Yoshikawa: J. Pharm. Soc. Japan **71**, 1488—92 (1951). — Shimizu, M., G. Ohta, T. Yoshikawa and A. Kasihara: J. Pharm. Soc. Japan **72**, 336—68 (1952). — Shinoda, J.: J. Pharm. Soc. Japan **48**, 214—20 (1928). — Skarzynski, B.: Biochem. Z. **301**, 150—169 (1939). — Spaeth, E. C., and D. H. Rosenblatt: Analyt. Chem. **22**, 1321 (1950). — Shimokoriyama, M.: J. Chem. Soc. Japan **70**, 234 (1949).

Tappi, G.: Atti. accad. sci. Torino, Classee Sci. fis. mat. e nat. **83**, 99—106 (1947—49). Atti. accad. Sci. Torino 84, No. 1, 97—107 (1949—50). — Tauböck, K.: Naturwiss. **30**, 439 (1942). — Thimann, K. V., and Y. H. Edmondson: Arch. Biochem. **22**, 33—53 (1949). — Thomson, D. L.: (a) Biochem. J. **20**, 73 (1926); (b) **20**, 1026 (1926).

Uo, H., B. Fukushima, and T. Kondo: J. Agr. Chem. Soc. Japan **19**, 467—77 (1943). — Úri, J., S. Korossy, and S. Szeplaki: Z. Vitamin-, Hormon- und Fermentforschg. **1**, 137—42 (1947).

Valentin, J., and G. Wagner: Pharm. Zentralhalle **91**, 291—310 (1952).

Walter, E. M., and J. M. Nelson: Arch. Biochem. **6**, 131 (1945). — Watson, E. R.: J. Chem. Soc. **105**, 338 (1914). — Wender, S. H., and T. B. Gage: Science **109**, 287 (1949). — Williams, B. L., and S. H. Wender: (a) J. Amer. Chem. Soc. **74**, 4372 (1952); (b) **74**, 5919 (1952). — Wilson, C. W.: J. Amer. Chem. Soc. **61**, 2303 (1939).

Lignin[1].

Von

K. Freudenberg.

Mit 1 Abbildung.

A. Das Lignin in der Pflanze.

1. Vorkommen des Lignins im Pflanzenreich.

Eine systematische botanische Übersicht über das Vorkommen des Lignins stammt von HOLMBERG (1934). Er benutzte zur Isolierung und Kennzeichnung des Lignins die von ihm gefundene Reaktion mit Thioglykolsäure XIV, die mit Lignin in Wasser unlösliche methoxylhaltige Verbindungen liefert. Wo methoxylfreie Reaktionsprodukte auftreten, ist es zweifelhaft, ob ihnen Lignin zugrunde liegt. HOLMBERG berichtet:

„Bei 7 Thallophyten (Algen, Flechten und Pilzen) wurden entweder fast keine unlöslichen Thioglykolsäure-Produkte erhalten oder höchstens solche (besonders bei *Laminaria*), welche ihren Zusammensetzungen gemäß nichts mit Ligninabkömmlingen zu tun hatten. Nur aus dem Feuerschwamm, *Polyporus fomentarius*, wurden Produkte erhalten, welche beträchtlichere Gehalte an methoxylfreien Ligninsubstanzen enthalten könnten. Dies war auch der Fall bei *Marchantia polymorpha*, *Polytrichum commune* und *Equisetum arvense* und *palustre*, während *Sphagnum subsecundum* nur Spuren von unlöslichen Thioglykolsäure-Verbindungen ergab.

Blattstiele von *Pteris aquilina* und *Dryopteris Filix mas* lieferten Lignothioglykolsäuren, welche mit der aus Fichtenholz erhältlichen ziemlich gut übereinstimmten, was auch mit Gefäßbündeln aus Rhizomen von *Dryopteris* der Fall war, während Durchschnittsproben aus Rhizomen von *Pteris* unreinere Lignin-Präparate ergaben und aus dem Mark der *Dryopteris*-Rhizome nichts Ligninartiges erhalten wurde.

Stengel von *Lycopodium annotinum*, Blattstiele und (mit einigem Vorbehalt) Gefäßbündel von *Cycas revoluta* sowie Holzproben von *Ginkgo biloba* und 6 Coniferen lieferten Ligno-thioglykolsäuren von der annähernden Zusammensetzung $C_{40}H_{40}O_{12}$, $3\,HSCH_2COOH$, während das Mark von *Cycas* sich als ligninfrei erwies und das Holz einer *Ephedra*-Art sich wie die Laubhölzer verhielt.

Die meisten der 45 untersuchten Angiospermen schließlich lieferten Lignothioglykolsäuren, welche zwar ungefähr dieselben Elementarzusammensetzungen wie die aus Nadelhölzern erhältlicher aufwiesen, aber methoxylreicher waren und demgemäß von an Kohlenstoff etwas ärmeren und an Sauerstoff reicheren Grundsubstanzen als das Nadelholzlignin abstammen. Bemerkenswertere Ausnahmen machten nur *Zostera marina*, welche sich als fast ligninfrei erwies, *Heracleum sibiricum*, das Mark von *Bunias orientalis* und einige weiche oder besonders saftige Kräuter, wie *Potamogeton natans*, *Juncus bufonius*, *Orchis mascula*, *Solanum*

---

[1] Über das Lignin sind in den letzten Jahren Zusammenfassungen erschienen von E. HÄGGLUND (1951), F. E. BRAUNS (1952), E. WISE (1952) und K. FREUDENBERG (1954).

tuberosum und *Lathraea squamaria*. Bei diesen Pflanzen wie bei den Moosen und Schachtelhalmen, und in gewissem Grade auch bei den Farnen und *Cycas*, dürften nicht ligninartige Stoffe die Ligno-thioglykolsäure begleiten, oder auch sozusagen halbfertige, den Kohlenhydraten mehr oder weniger nahestehende Lignine vorkommen."

Aus seinen Ligninthioglykolsäurepräparaten hat Holmberg die Elementarzusammensetzung und den Methoxylgehalt der ihnen zugrundeliegenden Lignine berechnet. Wo es sich bei den Gefäßkryptogamen um unzweifelhaftes Lignin handelt (Blattstiele von *Pteris aquilina*, Gefäßbündel von *Dryopteris Filix mas*, Stengel von *Lycopodium annotinum*), liegt der Kohlenstoffgehalt zwischen 66,4 und 67,4% und der Methoxylgehalt zwischen 14,1 und 16,5%. Bei den Gymnospermen finden sich dieselben Zahlen, nämlich Kohlenstoffgehalt zwischen 65,0 und 67,6% und der Methoxylgehalt zwischen 14,3 und 17,2%. Hierhin gehören die Blattstiele von *Cycas revoluta*, das Holz von *Ginkgo biloba* und aller untersuchten Coniferen. Eine Ausnahme macht *Ephedra procera* mit 64% Kohlenstoff und 20,5% Methoxyl. Bei den Monokotyledonen schwankt der Kohlenstoffgehalt zwischen 61,8 und 64,8% und der Methoxylgehalt von 16,2—20,9% (*Bambusa, Phragmites communis, Secale cereale, Copernicia australis, Cocos nucifera* [Nußschale] *Calamis rotang, Asparagus officinalis*); bei Kräutern, wie *Potamogeton natans, Juncus bufonius* und *Orchis maculata*, ist der Kohlenstoffgehalt niedriger (58,6—59,2%) und ebenso der Methoxylgehalt (6,0—12,1%). *Zostera marina* ist offenbar fast ligninfrei. Bei den baum- und strauchartigen Dikotyledonen liegt der Kohlenstoffgehalt zwischen 63 und 66% und der Methoxylgehalt zwischen 20,0 und 23,7%. Die krautigen Dikotyledonen haben im allgemeinen einen etwas tieferen Kohlenstoffgehalt und tieferen Methoxylgehalt. Man kann demnach bei den Ligninen von Hölzern zwei Gruppen unterscheiden, die Coniferen und einige andere mit einem Methoxylgehalt um 15% und die Laubhölzer mit einem Methoxylgehalt von rund 21%. Das Lignin von *Ephedra* fällt in die Laubholzgruppe.

Im Coniferenholz finden sich im allgemeinen 26—30%, im Laubholz im allgemeinen 20—22% Lignin. In allen übrigen Pflanzen, insbesondere krautartigen, ist der Ligningehalt geringer.

Coniferen- und Laubholzlignin haben einen verschiedenen Methoxylgehalt, weil das Coniferenlignin zur Hauptsache aus der Komponente des Coniferylalkohols (I), das Laubholzlignin aus einem Gemisch von Coniferylalkohol und dem methoxylreichen Sinapinalkohol (III), aufgebaut ist. In geringer Menge, bei den Gramineen allerdings in nennenswertem Umfange und bei *Sphagnum* überwiegend (Lindberg, 1952), tritt hinzu die Komponente des p-Cumaralkohols (V). Man kann aus Coniferenlignin (K. Freudenberg, W. Lautsch und K. Engler, 1940) durch Oxydation mit Nitrobenzol bei 160° in Gegenwart von Lauge ungefähr 25% Vanillin (VI) erhalten, das der Coniferylalkoholkomponente entstammt. Neuerdings haben Nord und de Stevens (1952) aus Lignin von White Scots Pine (*Pinus silvestris*) außerdem 2—3% p-Oxybenzaldehyd (VIII) erhalten. Aus Laubholzlignin wird ein Gemisch von Vanillin (VI) und Syringaaldehyd (VII) erhalten, der der Sinapinalkoholkomponente entstammt (Creighton, McCarthy und Hibbert, 1941). Creighton, Gibbs und Hibbert (1944) haben an einer größeren Anzahl von Pflanzen die Bildung dieser Aldehyde und ihr gegenseitiges Mengenverhältnis untersucht. Zu diesen Aldehyden tritt insbesondere bei den Gramineen (Creighton und Hibbert, 1944) der p-Oxybenzaldehyd (VIII) hinzu. Bei den meisten Gymnospermen wurde nur Vanillin erhalten. Dies gilt auch für *Podocarpus acutifolius, P. macrophyllus v. maki*, während *Podocarpus amarus* und *pedunculatus* Vanillin und Syringaaldehyd etwa im Verhältnis 1:1 ergaben. Dies wurde auch bei *Tetraclinis articulata* und

Welwitschia mirabilis gefunden. *Ephedra trifurca* und eine andere *Ephedra* ergaben Vanillin und Syringaaldehyd im Verhältnis 1:3, *Gnetum indicum* im Verhältnis 1:2,5; *Ginkgo biloba* gab nur Vanillin. Bei den Monokotyledonen *Dracaena fragrans* und *Aloe abessinica* war das Verhältnis 1:3,8 bzw. 1:3,3, während bei Bambus, Roggen und Mais das Vanillin überwog, beim Zuckerrohr dagegen das Verhältnis Vanillin zu Syringaaldehyd 1:1,7 war. Bei den Gramineen tritt, wie gesagt, in geringer Menge p-Oxybenzaldehyd hinzu. Bei den untersuchten Dikotyledonen ist das Verhältnis von Vanillin zu Syringaaldehyd bei *Belliolum haplopus* und *Zygogynum vaillardi* ungefähr 1:1, während alle übrigen Dikotyledonen, insbesondere die Laubhölzer, ein Verhältnis aufweisen, das zwischen 1:2,5 und 1:4,0 schwankt. Auch in *Eucalyptus*-Arten ist der Gehalt an Syringakomponente sehr hoch (BLAND, Ho und COHEN, 1950).

Hier muß auf einen Widerspruch hingewiesen werden. Coniferenlignin hat 15,5% Methoxyl. Ein entsprechendes, nur aus Sinapinkomponente aufgebautes Lignin müßte 26,5% Methoxyl enthalten. Wären die beiden Komponenten im molaren Verhältnis 1:4 vorhanden, so müßte ein solches Lignin 24,9% Methoxyl enthalten. Der höchste beobachtete Methoxylgehalt *(Eucalyptus regnans)* ist jedoch 23,6%, der Durchschnitt bei *Eucalyptus* ist 20,5% (COHEN, 1936). Eine Erklärung für diese Erscheinung geben FREUDENBERG und SCHLÜTER (1955).

Die weitaus meisten der im folgenden beschriebenen Untersuchungen sind an Coniferenlignin, insbesondere an Fichtenlignin ausgeführt worden, weil es fast ausschließlich aus der Coniferylalkoholkomponente aufgebaut ist. Im folgenden wird unter Lignin Coniferenlignin verstanden, wenn es nicht anders vermerkt ist.

2. Verteilung, Rolle und Bindung des Lignins im Gewebe.

Man spricht von Holz oder verholztem Gewebe, wenn es außer der Cellulose und den Hemicellulosen Lignin enthält. Das Lignin ist im Holz nicht gleichmäßig verteilt. Im Gebiet der Mittellamelle, also zwischen den Primärwänden benachbarter Zellen ist es zu mehr als 70 Gewichtsprozenten angehäuft. Dies haben BAILEY (1936) durch Mikromanipulation und LANGE (1944/45/54) durch Ultraviolettspektroskopie festgestellt. In der verholzten Zellwand ist es gleichfalls vorhanden, wenn auch in geringerer Menge. Der Ligningehalt fällt von außen her gegen das Lumen hin ab. Die Markstrahlen enthalten reichliche Mengen an Lignin. Coniferenholz enthält im allgemeinen 26—30% Lignin, Laubholz im allgemeinen 20—22%, während bei Gramineen und krautartigen Gewächsen der Ligningehalt außerordentlich stark schwankt und wegen der vielen Begleitstoffe häufig nicht genau anzugeben ist. HODGE und WARDROP (1950) haben Längsschnitte des Holzes der Douglasföhre *(Pseudotsuga taxifolia)* vor und nach der Delignifizierung im Elektronenmikroskop untersucht. Aus ihren Aufnahmen geht hervor, daß das Lignin die Zwischenräume zwischen den Cellulosefibrillen ausfüllt. Die Cellulosefibrillen sehen nach der Delignifizierung straff und kompakt aus, und es liegen keine Anzeichen dafür vor, daß das Lignin in nennenswerter Weise in die Fibrillen selbst eindringt. Es ist selbstverständlich, daß in den kristallinen Bereichen der Cellulosefibrillen kein Raum für einen solchen Fremdkörper vorhanden ist. Man hat das Lignin mit Recht mit dem Beton verglichen, der die Stäbe des Eisenbetons verfestigt. Daß das Lignin und die Cellulosestränge im Holz nicht ineinander gewachsen sind, sondern im wesentlichen nebeneinander liegen, ist bereits von FREUDENBERG, ZOCHER und DÜRR (1929) aus der polarisationsmikroskopischen Untersuchung von Querschnitten des Fichtenholzes und des daraus präparierten Lignins geschlossen worden. Im Lignin sind die Hohlräume nachweisbar, die nach Entfernung der gestreckten, sich einander nach Sperrholzart überkreuzenden Cellulosefibrillen entstehen.

Bei weitem der größte Teil des Lignins ist, solange er unverändert bleibt, in Wasser und organischen Lösungsmitteln unlöslich. Lösungsmittel für Cellulose, z. B. Kupferoxydammoniak oder Kupferoxydäthylendiamin vermögen nur geringe Anteile des Holzes in Lösung zu bringen. Mit den Polysacchariden gehen hierbei auch Teile des Lignins in Lösung, so daß das Lignin im Rückstand im allgemeinen nur schwach angereichert ist. Dies gilt auch für die Versuche, das Holz mit Cellulase abzubauen (Freudenberg und Ploetz, 1939, 1940; Ploetz, 1939—1940).

Brauns (1953) hat durch Vermahlen von Fichtenholz unter Wasser eine kolloide Lösung hergestellt. Auch in diesem Zustande läßt sich das Lignin nicht von Polysacchariden trennen. Besser gelang dies A. Björkman (1954) durch anhaltendes (destructives?) Mahlen des Holzes.

Diese Beobachtungen können erklärt werden durch eine Bindung des unlöslichen Lignins an die Saccharide oder durch eine Umhüllung der Cellulose durch das Lignin. Ob die eine oder die andere Deutung zutrifft oder ob beide nebeneinander gültig sind, ist unentschieden. Wahrscheinlich ist es gebunden.

Über den Abbau des Holzes durch Pilze und Bakterien liegen zahlreiche Arbeiten vor, die in den Büchern von Hägglund (1951) und Brauns (1952) angeführt sind. Die einen Organismen greifen vorwiegend die Kohlenhydrate, die anderen hauptsächlich das Lignin an. Im ersten Fall spricht man von Rotfäule, weil nach Entfernung des größten Teils der Kohlenhydrate ein rotbraun gefärbtes, stark angegriffenes Lignin übrigbleibt. Die Zersetzung, bei der vorwiegend der gefärbte Ligninanteil beseitigt wird und stark abgebaute Kohlenhydrate übrigbleiben, nennt man Weißfäule. Von präparativem Interesse sind Versuche, die Nord in den letzten Jahren ausgeführt hat, um nach Zerstörung der Kohlenhydrate den Ligninanteil freizulegen. Schubert und Nord (1950) sowie Kudzin, DeBaun und Nord (1951) finden, daß aus Coniferenholz, das von löslichem Lignin befreit ist, nach monatelanger Einwirkung der Pilze Lentinus lepideus und Poria vaillantii ein weiterer Anteil an alkohollöslichem Lignin extrahiert werden kann und daß dieser Anteil mit dem ursprünglichen löslichen identisch ist. Man wird schwer entscheiden können, ob es sich hier nur um die Freilegung eines an sich löslichen Anteils handelt oder ob durch einen analytisch nicht nachweisbaren Angriff auf den an sich nicht löslichen Hauptanteil des Lignins ähnlich wie beim Dioxanlignin Bruchstücke löslich geworden sind. Die Methoxylwerte der Präparate sind in diesem Falle nicht sehr aufschlußreich, weil die Substanzen mit Alkohol behandelt sind, der in Ligninpräparaten bekanntlich außerordentlich fest haftet (Freudenberg, 1933). Alkohole sollten bei der Behandlung des Holzes und der Ligninpräparate grundsätzlich vermieden und durch Aceton ersetzt werden, dem 10% Wasser zugegeben sind. Diese Arbeiten beziehen sich auf White Scots Pine (offenbar Pinus silvestris) und White Fir (wahrscheinlich Abies concolor). Auch Eichen-, Birken- und Ahornholz, das mit dem Pilz Daedalea quercina abgebaut war, ergab Ligninarten, die dem löslichen Lignin der entsprechenden Hölzer gleich waren (Kudzin und Nord, 1951). Mit dem gleichen Ergebnis wurden die Untersuchungen auf die Zersetzung von Zuckerrohr (Bagasse) mit Poria vaillantii ausgedehnt (de Stevens und Nord, 1951, 1952).

3. Entstehung des Lignins in der Pflanze.

Im Cambialsaft der Coniferen befindet sich in reichlicher Menge das schön kristallisierende Glucosid des Coniferylalkohols, das Coniferin (II). In ihm ist das Wasserstoffatom der Phenolgruppe des Coniferylalkohols (I) durch den Rest der D-Glucose $C_6H_{11}O_5$ ersetzt. Es wird durch die im Cambium und seiner Umgebung in reichlicher Menge vorhandenen Redoxasen (sauerstoffzuführende oder wasserstoffwegnehmende Fermente) nicht angegriffen. In den Zellen jedoch, die zwischen dem Cambium und dem fertigen Holze liegen und in der Verholzung begriffen sind, trifft das Coniferin auf eine β-Glucosidase, ein Ferment also, das β-Glucoside, zu denen auch das Coniferin gehört, in Zucker und Aglykon, hier den Coniferyl-alkohol, zu spalten vermag. Der freigesetzte Coniferylalkohol wird von den im gleichen Gewebe vorhandenen Redoxasen unter Entzug von Wasserstoff in Lignin verwandelt (FREUDENBERG, 1949, 1954; FREUDENBERG, REZNIK, BOESENBERG und RASENACK, 1952; FREUDENBERG, REZNIK, FUCHS und REICHERT, 1954/55). Der Vorgang wird an der Abb. 1 erläutert.

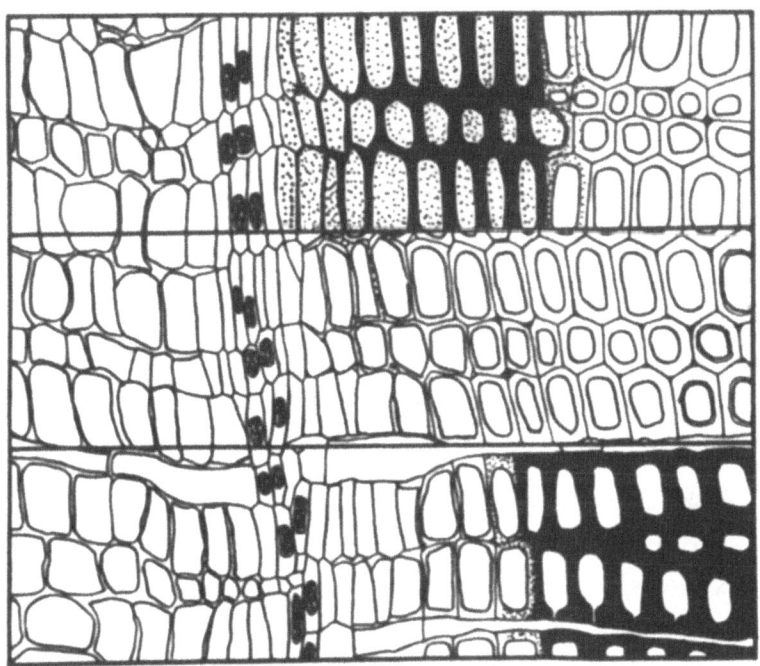

Abb. 1. Indigoeffekt (oben) und Phloroglucinreaktion (unten) am Coniferenholz.

Das Bild stellt einen Schnitt durch das Cambium und das umgebende Gewebe einer Conifere dar. Der mittlere Teil ist im Naturzustand belassen. Das Cambium ist durch die Zellkerne kenntlich gemacht. Links vom Cambium ist Rindengewebe, rechts liegen die frisch gebildeten Zellen, die weiter nach rechts Verholzung er-leiden und ganz rechts bereits verholzt sind. Im unteren Teil des Bildes ist die Phloroglucinreaktion des Holzes dargestellt. Das fertige Holz und das in Ver-holzung begriffene, soweit es bereits Lignin in nennenswerter Menge enthält, ist dunkelrot angefärbt. Im oberen Teil des Bildes ist die Glucosidase sichtbar gemacht durch Betupfen des Schnittes mit Indicanlösung. Indican ist ein β-Glucosid des Indoxyls. Wenn es mit einer β-Glucosidase zusammentrifft, so wird es gespalten in Glucose und Indoxyl. Das Indoxyl verwandelt sich an der Luft in kurzer Zeit in den tiefblau gefärbten Indigo. Die dunkel gefärbten Teile des oberen Bildes sind blau zu denken. Die Färbung zeigt den Sitz der streng lokalisierten und aus dem Gewebe nicht auswaschbaren Glucosidase an. Dif-fundiert also das Coniferin (II) in dieses Gebiet, so wird es von der Glucosidase gespalten und an Ort und Stelle von den Redoxasen in Lignin verwandelt.

Außen in der Rinde, auf der Abb. 1 nicht sichtbar, befindet sich gleichfalls durch Phloroglucin anfärbbares unzusammenhängendes verholztes Gewebe.

Auch hier tritt der Indigoeffekt auf. Die zellgebundene Glucosidase ist in dem in Verholzung begriffenen Gewebe bei den Coniferen gut nachweisbar. Von Monokotyledonen wurde eine verholzte Liliacee *(Cordyline congesta)* mit dem gleichen Ergebnis untersucht. Bei Dikotyledonen gelingt der Versuch bei den Oleaceen und Salicaceen. Bei anderen Bäumen wie *Prunus* und *Pirus* ist die Indigobildung häufig undeutlich oder nicht wahrnehmbar. Vielleicht hängt das damit zusammen, daß bei der Herstellung des Schnittes andere Phenolglucoside einströmen, gespalten werden und durch die braune oder schwarze Farbe, die sie unter der Wirkung der Redoxasen annehmen, die blaue Farbe des Indigos überdecken (REZNIK, Privatmitteilung 1953).

Die geschilderte Auffassung von dem Verholzungsvorgang wird gestützt durch Versuche mit Coniferin, das aus radioaktivem Coniferylalkohol mit D-Glucose hergestellt ist (FREUDENBERG und BITTNER, 1953; FREUDENBERG, 1954; FREUDENBERG, REZNIK, FUCHS und REICHERT, 1955). Wenn man die Lösung dieses Glucosides durch die gestutzten Nadeln eines frischen Fichtentriebes aufsaugen läßt, so verteilt sich die Radioaktivität in den benachbarten Teilen des Stämmchens oberhalb des Triebes. Wird der Ende Mai angestellte Versuch einige Wochen später durch Zerlegung des Baumes unterbrochen, so ergibt sich folgendes Bild: Auf die während des Mai gebildeten gewöhnlichen Holzzellen lagern sich wenige Zellreihen Holz, die radioaktiv sind. Darüber wachsen weitere inaktive Zellreihen während des Juni. Auch in der Rinde findet sich eine schmale Zone radioaktiver verholzter Zellen.

I, R=H: Coniferyl-alkohol
II, R=C$_6$H$_{11}$O$_5$:Coniferin

III, R=H: Sinapin-alkohol.
IV, R=C$_6$H$_{11}$O$_5$: Syringin.

V, p-Cumar-alkohol.

VI, R=H, R'=OCH$_3$: Vanillin.
VII, R=R'=OCH$_3$: Syringaaldehyd.
VIII, R=R'=H: p-Oxybenzaldehyd.

Wird die radioaktive Zone in der gewöhnlichen Weise aufgearbeitet, so zeigt sich zunächst, daß die radioaktive Substanz wasserunlöslich geworden ist und weiterhin, daß sie in jeder Hinsicht zum Lignin gehört. Das zugeführte radioaktive Coniferin ist also in Lignin verwandelt worden. Als derselbe Versuch mit radioaktivem L-Coniferin, d. h. der Verbindung des radioaktiven Coniferins mit der L-Glucose wiederholt wurde, fand sich bei der Aufarbeitung die radioaktive Substanz größtenteils in den Nadeln der Umgebung und sonst diffus und wasserlöslich über das Nachbargebiet verteilt. Das L-Coniferin ist also nicht zu Lignin verarbeitet worden, weil es von der D-Glucosidase nicht angegriffen werden kann.

Bei einer größeren Anzahl von Oleaceen ist insbesondere in der Rinde das Glucosid des Sinapinalkohols (III), das Syringin (IV), gefunden worden. Es wird am besten aus der Fliederrinde gewonnen. Der Sinapinalkohol läßt sich nicht für sich allein, sondern nur im Gemisch mit anderen Oxyzimtalkoholen zu ligninartigen Polymerisaten dehydrieren. Das gemischte Dehydrierungsprodukt von Coniferylalkohol und Sinapinalkohol gleicht in auffälliger Weise dem Laubholzlignin.

B. Zur Chemie des Lignins.

Die Chemie des Lignins wird hier nur so weit behandelt, wie sie zum Verständnis der Substanz und ihrer Eigenschaften in diesem Zusammenhang nötig ist.

1. Entstehung in vitro und Konstitution.

Der beste Einblick in die Konstitution des Lignins wird durch das Studium seiner Entstehung in vitro gewonnen.

Künstliches Lignin. (Dehydrierungspolymerisat, DHP.) (FREUDENBERG, 1949, 1954; FREUDENBERG und HEIMBERGER, 1950; FREUDENBERG und DIETRICH, 1953; FREUDENBERG, REZNIK, FUCHS und REICHERT, 1955.) Die Lösung von 3 g Coniferylalkohol in 1 l dest. Wasser wird mit Ferment aus *Psalliota campestris* versetzt und bei 20° mit Luft oder Sauerstoff belüftet. Auf die bald beginnende Trübung folgt ein Niederschlag, der nach drei Tagen gesammelt und bei gewöhnlicher Temperatur im Exsiccator getrocknet wird. Zur Entfernung von adsorbiertem Fermenteiweiß wird in 30 cm³ Aceton gelöst und durch vorsichtige Zugabe von Benzol ein geringer Niederschlag erzeugt, der abzentrifugiert wird. Aus der überstehenden Lösung wird der Hauptanteil des künstlichen Lignins durch Benzol gefällt. Er wird an der Luft getrocknet, mit wenig Wasser angerieben und im Vakuumexsiccator getrocknet. Die Ausbeute beträgt 60—70% des angewendeten Coniferylalkohols. Aus den wäßrigen und organischen Mutterlaugen lassen sich weitere kleine Anteile gewinnen. Das künstliche Lignin unterscheidet sich von dem löslichen Lignin aus Fichtenholz (s. unten) durch einen geringen Mehrgehalt an Doppelbindungen, die beim Lagern in feuchter Luft teilweise verschwinden.

Herstellung des Fermentpräparates. (KEILIN und MANN, 1938; FREUDENBERG und RICHTZENHAIN, 1943.) 3,5 kg Speisechampignon *(Psalliota campestris)* werden mit Sand zerrieben und hydraulisch ausgepreßt, der Preßkuchen wird mit Wasser angerieben und erneut ausgepreßt. Die 3,5 l wäßriger Flüssigkeit werden bei 0—5° mit 3,5 l Methanol versetzt und 1 Stunde aufbewahrt. Nach der Entfernung eines schwach aktiven Niederschlags werden weitere 4,7 l Methanol hinzugegeben, so daß die Mischung jetzt ein Volumenverhältnis Wasser : Methanol = 3 : 7 besitzt. Die Mischung steht eine Stunde bei 0—5° und wird abzentrifugiert. Die überstehende Flüssigkeit wird verworfen. Der Niederschlag wird noch naß mit 250 cm³ Wasser von 20° angerührt, 2 Stunden geschüttelt und zentrifugiert. Diese Lösung wird verwendet. Sie wird bei 4° aufbewahrt. In einem kleinen Teil wird das Trockengewicht bestimmt.

Messung der Wirksamkeit der Fermentlösung. 3 mg Dihydro-ferulasäure werden in 1 cm³ Wasser und 2 cm³ Citratpuffer nach SÖRENSEN von p_H 5,5 gelöst. Hierzu wird die zu prüfende Lösung (auf 1 cm³ verdünnt) hinzugegeben. Eine Einheit ist die Menge Ferment, die in 40 min. in der Warburg-Apparatur bei 25° 120 mm³ Sauerstoff überträgt. Die Konzentration des Ferments muß so bemessen sein, daß dieser Verbrauch zwischen 35 und 70 Minuten erreicht wird, weil nur in diesem Intervall eine lineare Abhängigkeit zwischen der Geschwindigkeit der Sauerstoffübertragung und der Konzentration des Ferments besteht. Unter diesen Bedingungen wird die Zeit gemessen, nach der 120 mm³ O₂ verbraucht sind. Innerhalb der genannten Grenzen ist die Menge des Ferments umgekehrt proportional der Zeit.

Zwischenprodukte. Sobald der größte Teil des Coniferylalkohols verschwunden und nicht mehr als ein Drittel an unlöslicher Substanz ausgefallen ist, wird die abzentrifugierte Lösung mit Methylenchlorid erschöpft und die eingeengte Lösung mit Methylenchlorid, Methanol und Wasser in der Verteilungsapparatur in folgende Fraktionen zerlegt: Coniferylalkohol (I), Dehydro-diconiferylalkohol (IX), dl-Pinoresinol (X), Guajacyl-glycerin-coniferyläther (XI), Coniferylaldehyd. Die Substanzen IX, X und Coniferylaldehyd sind kristallinisch gewonnen worden (Freudenberg und Hübner, 1952; Freudenberg und Rasenack, 1953). IX, X, XI und Coniferylaldehyd werden die sekundären Bausteine des Lignins genannt, während der Coniferylalkohol der primäre Baustein des Coniferenlignins ist. Jeder der dimeren sekundären Bausteine ist, für sich allein der Wirkung des Fermentes ausgesetzt, weiterer Dehydrierung unter Bildung ligninartiger Substanzen fähig. Im Lignin sind sie im Mengenverhältnis ihrer Entstehung durch Dehydrierung zusammengeschweißt. Die sekundären dimeren Bausteine bestehen aus Coniferylalkohol minus 1 Wasserstoffatom. Bei ihrer weiteren Dehydrierung zu Lignin verlieren sie pro Coniferylalkoholeinheit ein weiteres Wasserstoffatom. An welcher Stelle ihrer Moleküle diese weitere Dehydrierung einsetzt, ist erst andeutungsweise erkannt. Die verschiedenartigen Ätherbindungen der sekundären Bausteine sowie die Phenylcarbinolgruppe der Substanz XI und die Aldehydgruppe des Coniferylaldehyds bleiben bei der weiteren Dehydrierungskondensation erhalten.

p-Cumaralkohol (V) bildet für sich allein und in Gemeinschaft mit Coniferylalkohol entsprechende Dehydrierungspolymerisate.

Sinapinalkohol (III) läßt sich für sich allein durch Pilzredoxase nicht in ein unlösliches DHP verwandeln. In Gemeinschaft mit Coniferylalkohol bildet dagegen der Sinapinalkohol leicht und·vollständig ein schönes DHP, das dem Laubholzlignin entspricht. Es ist wahrscheinlich, daß der Sinapinalkohol hierbei für sich allein oder mit einem Molekül Coniferylalkohol Pinoresinol-artige sekundäre Bausteine bildet, die weiter einkondensiert werden. Als deutliches Anzeichen hierfür kann die Bildung des Syringaresinols (XII) angesehen werden, das aus Sinapinalkohol (III) durch verschiedene Oxydationsmittel entsteht oder durch Sauerstoff mit oder ohne Überträger. (Freudenberg, Kraft und Heimberger, 1951; Freudenberg und Dietrich, 1953). Für sich allein gibt das Syringaresinol ebenso wenig wie der Sinapinalkohol mit Pilzredoxase ein unlösliches DHP, wohl aber in Gemeinschaft mit Coniferylalkohol. Auch in den natürlichen Ligninarten wird die Komponente des Sinapinalkohols nie ohne die des Coniferylalkohols angetroffen.

IX. Dehydro-diconiferylalkohol.

X. R=H: dl-Pinoresinol.
XII. R=OCH₃: Syringaresinol.

XI. Guajacylglycerinconiferyläther.

XIII. Kaffeealkohol.

XIV. Thioglycolsäure.

XV. 1-Guajacyl-propanol-2.

Synthetischer Kaffeealkohol (XIII) liefert für sich allein ein bräunliches DHP mit mäßiger Ausbeute. Dagegen gibt er ein schönes helles Misch-DHP mit Coniferylalkohol. Es ist durchaus möglich, daß der Kaffeealkohol eine bisher übersehene Komponente insbesondere methoxylarmer Ligninsorten ist.

2. Die wichtigsten Eigenschaften und Derivate des Lignins.

Die Ligninarten der Hölzer, die künstlichen Lignine, die löslichen Lignine sowie das Dioxanlignin sind in Gegenwart von heißem Wasser thermoplastisch. In der Kälte erstarren sie zu spröden Massen, die weiterhin thermoplastisch sind. Bei der Behandlung mit Säuren geht diese Eigenschaft verloren. Infolgedessen sind Cuproxamlignin und Salzsäurelignin nicht thermoplastisch. Alle Ligninarten enthalten phenolisches und aliphatisches, insbesondere primäres Hydroxyl, das sich acetylieren und methylieren läßt.

Bei der technischen Kochung mit Bisulfit wird zunächst das dem Benzolkern benachbarte Hydroxyl des Guajacylglycerin-coniferyläthers (XI) durch SO_3H ersetzt. Auch die Hydroxyle von Zimtalkoholgruppen können, soweit vorhanden, dieselbe Verwandlung erleiden. Außerdem lagert sich schweflige Säure häufig an die Doppelbindung. Die Äthergruppe der Pinoresinol- und Syringaresinolkomponente wird durch Einlagerung von schwefliger Säure gespalten, wobei die SO_3H-Gruppe an die Stelle der dem Benzolkern benachbarten Sauerstoffbindung eintritt. Weniger leicht und zumeist wohl sehr unvollständig wird in entsprechender Weise der Phenylcumaranring der Dehydro-diconiferylalkohol-komponente IX gespalten. Thioglykolsäure (XIV) (HOLMBERG, 1930) reagiert in derselben Reihenfolge wie Bisulfit, wobei der Schwefel der Thioglykolsäure an die gleiche Stelle tritt.

Mit Alkoholen, die geringe Mengen Mineralsäure enthalten, reagieren sämtliche Ligninarten, größtenteils unter Bildung unlöslicher Kondensationsprodukte. Ein Teil wird jedoch in Lösung gehalten unter Bildung von Alkyläthern an den oben beschriebenen Stellen. Ein sehr kleiner Teil davon, der ohne Zweifel der Komponente XI entstammt, tritt als monomolekularer Alkyläther auf. Dabei bilden sich durch Umlagerung in der Allylgruppe Ketone oder Ketonderivate (CRAMER, HUNTER und HIBBERT, 1939; HIBBERT, vgl. BRAUNS, 1952, S. 465 ff.). Denselben sekundären Bausteinen dürften die geringen Mengen 1-Guajacylpropanol-2 (XV) entstammen, die SCHORYGINA (1949/50) aus Holz und Lignin durch Alkalimetall in flüssigem Ammoniak erhalten hat.

3. Was ist Lignin?

Bei dem Versuch, diese Frage zu beantworten, kann auf das Vorstehende zurückgegriffen werden. Der Begriff Lignin ist zunächst ein morphologischer. Lignin ist ein Stoff, der das Gefüge der aus Polysacchariden bestehenden Membran und ihre Zwischenräume auffüllt und versteift. Seine Gegenwart führt den physiologischen Tod des Gewebes herbei. Es ist ein funktioneller Bestandteil des Holzes und ist darin als fertige Substanz vorgebildet. Es unterscheidet sich von den wasserlöslichen Gerbstoffen und ihren mehr oder weniger unlöslichen Umwandlungsprodukten, den Gerbstoffroten oder Phlobaphenen und anderer Ablagerungen, die zwar zur Verfestigung und Härtung des Holzes beitragen können, aber keine notwendigen Bestandteile der Holzmembran sind.

Die chemische Charakterisierung geht von einem Idealbild aus, das im Coniferenlignin, und zwar besonders im Fichtenlignin weitgehend verwirklicht ist. Lignin zeigt die auf periphere Zimtaldehydgruppen zurückgehenden Farbreaktionen mit Phloroglucin-Salzsäure und Anilin-hydrochlorid. Es reagiert mit Bisulfit und Thioglykolsäure. Wird Fichtenholz mit 75%iger Schwefelsäure (nach KLASON;

Freudenberg und Ploetz, 1940) behandelt (s. unten), so hinterbleibt ein schwarz-
braunes „Schwefelsäure-lignin" mit 16,1% Methoxyl in einer Ausbeute von
26—27% des Holzes. Mit Thioglykolsäure in salzsaurer Lösung entsteht Thioglykolsäurelignin oder Ligno-Thioglykolsäure (Holmberg, 1930, 1934, 1940).
Berücksichtigt man hierzu das analytische und optische Verhalten, so kann man
das Lignin etwa folgendermaßen beschreiben:

Lignin ist eine polymere, in Wasser und den üblichen organischen Lösungsmitteln größtenteils unlösliche Substanz, die thermoplastisch und im verholzten
Gewebe der Pflanzen abgelagert ist, ein charakteristisches Ultraviolettspektrum
besitzt, 59—67% Kohlenstoff enthält, bei geeigneter Oxydation etwa 25%
aromatische Aldehyde liefert, mehr oder weniger Methoxyl enthält sowie mit
Bisulfit und Thioglykolsäure unter den bekannten Bedingungen reagiert. In
starker Schwefelsäure ist es ganz oder größtenteils unlöslich.

In vielen Fällen sind diese Kennzeichen überlagert durch Eigenschaften von
Substanzen, die sich bei der einen oder anderen dieser Reaktionen ähnlich verhalten.
Besonders unsicher ist die Reaktion mit starker Schwefelsäure. Gewisse Zuckerarten,
insbesondere in Mischung mit Phenolen oder Aminosäuren, können gleichfalls dunkel
gefärbte Humifizierungsprodukte liefern. Man kann sie weitgehend dadurch aus-
schalten, daß man das zu prüfende Material einige Stunden mit 1%iger Schwefelsäure kocht, wodurch viele nicht zum Lignin gehörige Bestandteile in Lösung
gehen und das in der Faser verbleibende Lignin kondensiert und, soweit es vorher
teilweise wasserlöslich war, unlöslich wird. Solche Vorsicht ist insbesondere bei
krautartigen Gewächsen und Gramineen geboten. Weitere Schwierigkeiten treten
auf, wenn Gerbstoffe anwesend sind. Hier ist eine Vorbehandlung mit lauwarmem
Wasser nötig, um lösliche Anteile wegzuschaffen. Kondensierte Gerbstoffe oder
Gerbstoffrote wird man jedoch kaum von Lignin unterscheiden können, besonders
nicht bei der Bestimmung mit starker Schwefelsäure. Hier hilft vielleicht die
Kennzeichnung mit Thioglykolsäure weiter.

Krautige Pflanzenteile sollten in frischem Zustande abgekocht werden, ehe
die Redoxasen aus Phenolen und Gerbstoffen unlösliche Dehydrierungskondensate
bilden.

C. Isolierung und Bestimmung des Lignins.

1. Isolierung der Ligninpräparate.

Lösliches Lignin. Da Lignin gegen Hitze empfindlich ist, muß man die Über-
hitzung beim Mahlen des Holzes in der Mühle vermeiden. Am besten ist es, das
Holz zu raspeln. Das geschieht zweckmäßig mit einer Kreissäge, die an die Schnitt-
fläche so herangeführt wird, daß nur Sägemehl entsteht. Es ist unzweckmäßig, wie
vielfach empfohlen, mit einer Mischung von Benzol und Alkohol in der Hitze zu
entharzen, weil das Lignin durch die Hitze verändert wird und Alkohol aufnehmen
könnte. Zweckmäßig wird mit Aceton in der Kälte perkoliert und dabei so viel Wasser
zugesetzt, daß das Aceton mitsamt dem Wassergehalt des Holzes, der gewöhnlich
5—7% beträgt, 10% Wasser enthält. Um Aceton zu sparen, kann man die ab-
fließende Lösung durch mehrere Perkolatoren hintereinander schicken. Sie wird im
Vakuum in eine gut gekühlte Vorlage abdestilliert. Der trockene, vom Wasser befreite Rückstand wird mit wenig Aceton angerührt und die meistens trübe Lösung
mit viel Benzol versetzt, das die Harze in Lösung hält und das Lignin ausfällt. Das
abzentrifugierte oder abfiltrierte Lignin wird an der Luft getrocknet, mit wenig
Wasser durchfeuchtet und wieder in der Kälte getrocknet. Es enthält zum Teil
kristallisierende Dimere der Coniferylreihe (sog. Lignane, siehe Seite 428).

Das auf diese Weise erhaltene Lignin wird lösliches Lignin genannt im Gegensatz zu dem Hauptanteil des Lignins, der unlöslich ist. Die vielfach übliche

Bezeichnung natives Lignin ist unzweckmäßig, weil der unlösliche Ligninanteil des Holzes gleichfalls nativ ist. Die Ausbeute an löslichem Lignin beträgt beim Fichtenholz *(Picea excelsa)* gewöhnlich 1/2% ; bei Laubholz ist sie größer.

Dioxanlignin. (STUMPF und FREUDENBERG, 1950; FREUDENBERG, 1954; FREUDENBERG und BOESENBERG, 1954.) Das extrahierte Holzmehl kann auf Dioxanlignin verarbeitet werden. Hierzu muß sorgfältig gereinigtes Dioxan verwendet werden. 10 l käufliches Dioxan werden mit 500 ml 4 n Salzsäure 12 Std. gekocht zwecks Zerstörung der Acetale. Die Mischung wird mit einem Überschuß von festem Natriumhydroxyd versetzt, bis sich zwei Schichten gebildet haben, die getrennt werden. Die obere Dioxanschicht wird mit frischem Natriumhydroxyd mehrere Stunden geschüttelt, abgegossen und 12 Std. mit Natrium unter Stickstoff gekocht und unter Stickstoff durch eine kurze Kolonne destilliert. Siedepunkt 760 mm 101—102°. Es wird unter Stickstoff aufbewahrt (STUMPF, WEYGAND und GROSSKINSKY, 1953).

Das vom löslichen Lignin befreite, an der Luft bis zum Verschwinden des Acetons ausgebreitete Holzmehl wird gut durchmischt und auf eine größere Anzahl von Flaschen verteilt, die auf eine große Schüttelmaschine gesetzt werden. In einer Probe wird der Wassergehalt bestimmt. Nunmehr wird mit soviel gereinigtem Dioxan, das 2—2,5% Chlorwasserstoff enthält, versetzt, daß eine leicht bewegliche Mischung entsteht. Die Dioxan-Chlorwasserstoff-Lösung stellt man zweckmäßig dadurch her, daß man 200 ml Dioxan mit trockenem Chlorwasserstoff sättigt, die Lösung titriert und nunmehr dem Dioxan bis zum gewünschten Chlorwasserstoffgehalt zugibt. Zu dieser Lösung wird so viel Wasser gegeben, daß der Wassergehalt des Dioxans mitsamt dem im Holz enthaltenen Wasser 3% beträgt. In dieser Mischung wird das Holzmehl 20 Tage bei 20° geschüttelt, danach wird abgesaugt, mit Dioxan gewaschen und im Vakuum verdampft, nachdem Natriumacetat zur Abstumpfung der Säure zugegeben ist. Wenn nahezu alles Dioxan verdampft ist, wird die Lösung mit Wasser versetzt und das ausgefallene Dioxanlignin abgesaugt, mit Wasser gewaschen und an der Luft getrocknet. Die Ausbeute beträgt etwa 15% des im Holze enthaltenen gesamten Lignins (4% des Holzes). Das Dioxanlignin hat sehr ähnliche Löslichkeitseigenschaften wie das lösliche Lignin, enthält aber 1,5—2% Chlor. Es ist offenbar ein Spaltstück des im Holz verbleibenden unlöslichen Lignins. Acetonlignin und Dioxanlignin sind von ähnlicher heller Farbe wie das Holz selbst.

Das durch Abbau des Holzes mit Pilzen freigelegte Lignin ist bereits geschildert worden. Es hat eine dunklere Farbe. Lösliches und Dioxanlignin sind wie das unlösliche intakte Lignin des Holzes thermoplastisch. Die folgenden Präparate sind infolge der Behandlung mit Säure höher kondensiert und nicht thermoplastisch.

Cuproxamlignin. (FREUDENBERG und DIETRICH, 1949.) Das mit Aceton erschöpfte lufttrockene Sägemehl wird gemahlen (Siebweite 0,5 mm). 1 kg Holzmehl wird in einem Kolben von 20 l unter Einleiten von Dampf 90 min (Anheizzeit nicht gerechnet) mit 12 l 0,2 n Schwefelsäure gekocht. Es wird abgesaugt, mit Wasser gewaschen, auf der Nutsche mit 2—3 l 25%igem Ammoniak 30 min behandelt und abgesaugt. Im nassen Zustande wird es in einer Schliff-Flasche mit 16 l Kupferoxydammoniak-Lösung übergossen. Die Flasche soll bis zum Stöpsel gefüllt sein, damit die Luft ausgeschlossen ist. (Das Kupferreagens wird aus 25%igem Ammoniak und Luft mit Kupferspänen unter Kühlung mit Leitungswasser hergestellt. Die Luft wird vor Eintritt in die Mischung durch 2 Flaschen mit 25%igem Ammoniak geleitet.)

Die Mischung bleibt 12 Std. bei 4—5° unter gelegentlichem Umschütteln stehen. Jetzt wird zentrifugiert und die Behandlung mit Kupferlösung noch zweimal wiederholt. Danach wird in den Bechern mit Kupferlösung, viermal mit 25%igem Ammoniak, zweimal mit Wasser und einmal mit 1%iger Schwefelsäure aufgerührt und jedesmal zentrifugiert. Nun wird in 5 l 1%ige Schwefelsäure eingetragen und wie beschrieben $2^1/_2$ Std. gekocht. Darauf folgt eine Behandlung mit Kupferlösung, Auswaschen, erneute Kochung ($2^1/_2$ Std.) mit Säure, Behandlung mit Kupferlösung, Auswaschung, Kochung mit Säure ($1^1/_2$ Std.); die Extraktion mit Kupferlösung und die Kochung mit Säure ($1^1/_2$ Std.) wird noch zweimal wiederholt. Das auf diese Weise 6mal mit Säure ausgekochte und 7mal mit Kupferlösung behandelte Material wird mit Ammoniaklösung, Wasser, kalter Säure ausgewaschen und zweimal mit dest. Wasser ausgekocht.

Bei Verwendung von Buchenholz beträgt die Ausbeute 15—17%. Berücksichtigt man den mechanischen Verlust und den Wassergehalt des lufttrockenen Holzes, so ergibt sich, daß etwa 75% des Lignins des Holzes als Cuproxamlignin erhalten werden. Der Verlust ist auf die Löslichkeit eines Teiles des Lignins in der Kupferlösung zurückzuführen. Bei Fichtenholz ist die Ausbeute erheblich größer. Das Buchen-Cuproxamlignin, das auf diese Weise hergestellt ist, enthält etwa 4% Glucosan, Fichten-Cuproxamlignin etwa 2%. Während der Bereitung des Cuproxamlignins tritt eine leichte Oxydation des Materials ein (Freudenberg und Wilke, 1952).

Salzsäurelignin. Mit der Herstellung dieses Präparates (Willstätter und Zechmeister, 1913) hat die neuere Ligninchemie begonnen. Die verschiedenen Abwandlungen der Darstellungsvorschriften sind von Brauns (1952) geschildert (S. 57 ff.). In einer 9 l-Flasche werden 4 l konz. Salzsäure auf 0° gekühlt und bei dieser Temperatur mit Chlorwasserstoff versetzt. Unter Rühren werden 400 g mit Aceton extrahiertes Holzmehl in kleinen Portionen eingetragen. Danach wird 2 Std. weitergerührt und die Temperatur während dieser Zeit auf 20° erhöht. Danach werden langsam 1300 g Eis zugegeben. Die Mischung wird weitere 2 Std. gerührt und bleibt dann bei Zimmertemperatur 18—20 Std. stehen. Sie wird mit 1300 g dest. Wasser vermischt. Nachdem sich das Lignin abgesetzt hat, wird die überstehende Flüssigkeit durch Polyvinylchloridgewebe abgesaugt und schließlich das Lignin auf die Nutsche gebracht. Es wird mit 2 l 20%iger Salzsäure, dann mit dest. Wasser gewaschen und mehrmals mit dest. Wasser ausgekocht, bis die Salzsäure entfernt ist. Zur Prüfung auf Kohlenhydrate wird eine Probe erneut mit 42%iger Salzsäure 1 Std. behandelt und filtriert. Das Filtrat wird auf Zucker geprüft. Das Lignin wird an der Luft getrocknet oder, um es reaktionsfähiger zu halten, in feuchtem Zustand unter Zusatz von etwas Toluol aufbewahrt. Die Ausbeute an Fichtenlignin beträgt 25—26%.

Hägglund (1918, 1925); Hägglund und Björkman (1924) empfehlen eine kürzere Einwirkung der konz. Salzsäure, um das Lignin zu schonen. Dabei ist jedoch der Zeitpunkt, bei dem die Kohlenhydrate entfernt sind, schwer zu bemessen.

Behandelt man das Holz bei —15° C mit überkonz. Salzsäure, so geht vom Fichtenlignin ungefähr ein Viertel, bei Laubholzlignin bedeutend mehr mit schwarzer Farbe in Lösung, um im weiteren Verlauf der Aufarbeitung wieder auszufallen. Man hat angenommen, daß der lösliche Anteil aus einer Ligninkohlenhydratverbindung besteht, die alsdann gespalten wird. Zutreffender dürfte sein, daß ein Teil des Lignins in der überkonz. Säure löslich ist und bei längerer Berührung mit ihr zu unlöslichem Material kondensiert wird.

Methyliertes Lignin. Mit Diazomethan wird ein Teil der phenolischen Gruppen des Lignins und ein Teil der aliphatischen Hydroxyle methyliert. Gleichzeitig addiert sich Diazomethan an die Zimtaldehydgruppen. Da diese nur in sehr geringem Umfang vorhanden sind, ist der Stickstoffgehalt der entstehenden

Präparate gering und kann vernachlässigt werden. Die Präparate sind stark aufgehellt. Die Methylierung wird zweckmäßig in methanolischer Lösung oder Suspension vorgenommen. Gibt man ätherisches Diazomethan zu, so wird durch den Äther ein Teil des in Lösung gegangenen Lignins ausgefällt, was den Reaktionsverlauf nicht beeinträchtigt. Will man den Äther vermeiden, so kann man bei der Herstellung des Diazomethans den Nitrosomethylharnstoff in Glykollösung durch Natriumglykolatlösung zersetzen und das Diazomethan überdestillieren (Vorsicht!). Die Methylierung mit Diazomethan ist sehr unvollständig, aber sehr schonend und kann deshalb in besonderen Fällen der Methylierung mit Dimethylsulfat vorausgeschickt werden. Auch Holz kann auf diese Weise vorbehandelt werden, nachdem es mit Aceton von den Harzen befreit ist. 100 g Lignin oder Holz werden in 900 ml 45 %iger Kalilauge aufgeschlämmt und unter starkem Turbinieren langsam mit 900 ml Dimethylsulfat versetzt. Die Zugabe muß in dem Maße geschehen, wie das Dimethylsulfat verbraucht wird. Die Temperatur muß dabei unter 35° C gehalten werden. Die Zugabe dauert mehrere Stunden (FREUDENBERG und Mitarbeiter, 1938). Auch nach mehrfacher Wiederholung wird der Endwert von 36,5% OCH$_3$ für Methyllignin nicht ganz erreicht (32—34%). Bei derMethylierung des Fichtenholzes geht ein Teil der Hemicellulosen verloren. Das Endprodukt hat 38—40% Methoxyl (URBAN, 1926; FREUDENBERG und KRAFT, 1950).

Das Methylholz kann auf Methyllignin verarbeitet werden (FREUDENBERG und KRAFT, 1950). 50 ʃ trockenes methyliertes Fichtenholz werden mit 850 ml Ameisensäure übergossen, die 8,5 ml Acetylchlorid enthält. Gallertige Klumpen, die sich in der dunklen Mischung bilden, werden zerdrückt. Wenn die Mischung 4 Tage bei 20° verschlossen gestanden hat, wird Ungelöstes abzentrifugiert. Der Abguß wird bei 20—25° stark konzentriert und mit Wasser versetzt, in dem die abgebauten methylierten Saccharide löslich sind. Der Niederschlag wird mit Wasser gewaschen, mit Dimethylsulfat methyliert und mit einer entsprechenden Menge Ameisensäure-acetylchlorid behandelt. Methylierung und Abbau werden noch dreimal wiederholt. Zuletzt wird methyliert, zur Abtrennung anhaftenden Dimethylsulfats mit Pyridin angeteigt und nach einigen Stunden mit Wasser gefällt. Dann wird der feuchte Niederschlag, nötigenfalls wiederholt, aus Aceton mit Wasser umgefällt. Zur Entfernung anhaftenden Acetons wird die wäßrige Suspension im Vakuum ein wenig eingeengt. Die Ausbeute beträgt 35% des im methylierten Holze enthaltenen Methyllignins, während ebensoviel bei den Behandlungen mit Ameisensäure in Aceton unlöslich bleiben. Das hellbraune Produkt enthält 33—34% Methoxyl. Es löst sich in kaltem Aceton, Chloroform, Dioxan, Tetrahydrofuran und Benzol, dagegen kaum oder nicht in Äther und Alkoholen.

Thioglykolsäurelignin. (HOLMBERG, 1934.) 10 g mit Aceton und mit Wasser extrahiertes Fichtenholzmehl werden mit 5 g Thioglykolsäure und 50 ml 2 n Salzsäure während 4 Std. unter gelegentlichem Umrühren im Wasserbad behandelt. Nach Erkalten wird abgesaugt, mit 100 ml Wasser gewaschen und an der Luft getrocknet. Das ungelöste Material wird 24—48 Std. bei 20° C mit 100 ml Alkohol behandelt, abgesaugt, mit Alkohol gewaschen und an der Luft getrocknet. Das alkoholische Filtrat wird im Vakuum eingedampft und ergibt eine erste Fraktion von Lignothioglykolsäure. Die in Alkohol unlösliche Hauptmenge wird während 24 Std. bei 20° mit 100 ml 0,5 n Natronlauge behandelt, abgesaugt und mit 100 ml Wasser gewaschen. Dabei geht die Hauptmenge der Lignothioglykolsäure, die offenbar mit den Kohlenhydraten verestert war, in das braungefärbte alkalische Filtrat. Es wird mit 15 ml 5 n-Salzsäure angesäuert; der käsige Niederschlag verwandelt sich während 24 Std. in ein voluminöses Pulver.

Die Mischung wird 15 min im Wasserbad erwärmt, wodurch die Fällung in eine halbfeste teigige Masse übergeht, die beim Erkalten spröde wird. Sie wird unter Wasser pulverisiert, abfiltriert, mit Wasser gewaschen und getrocknet. Das rahmfarbige Pulver gibt mit Phloroglucinsalzsäure eine starke Rotfärbung. Die in Natronlauge unlösliche Masse wird in 300 ml Wasser aufgeschlämmt, die Wasserphase durch eine Spur Chlorcalcium geklärt, das Wasser abdecantiert und der ungelöste Stoff im gleichen Volumen Alkohol verteilt, am nächsten Tage abgesaugt, mit Alkohol gewaschen und an der Luft getrocknet. Dieser Rückstand wird aufs neue mit 2 g Thioglycolsäure und 20 ml 2 n Salzsäure behandelt und schließlich wie oben mit Lauge übergossen. Beim Ansäuern der Lauge wird ein weiterer kleiner Anteil an Lignothioglycolsäure gewonnen.

Die Mengen der drei Anteile verhalten sich etwa wie 2:19:1. Sie enthalten etwa 10% Schwefel. Rechnet man die eingetretene Thiglycolsäure ab, so beträgt die Ausbeute aus Fichtenholz 23—28%, das sind im Durchschnitt 10% weniger als bei dem unten beschriebenen Klason-Lignin; obwohl nach Klason, bei Fichtenlignin wenigstens, die genaueren Werte erhalten werden, ist dem Verfahren von Holmberg bei solchen Pflanzenmaterialien, die Gerbstoffe und andere kondensierbare Beimengungen enthalten, ohne Zweifel der Vorzug zu geben, da die Thioglykolsäurereaktion für das Lignin spezifischer ist. Sie ist deshalb mit Recht von Holmberg für die eingangs geschilderte Orientierung über das Vorkommen von Ligninarten im Pflanzenreich angewendet worden.

Lignosulfonsäure. Technische Sulfitablauge kann für wissenschaftliche Zwecke nicht verwendet werden. Die folgende Vorschrift gilt für Fichtenholz und andere Holzarten, die gerbstofffrei sind. Sind Gerbstoffe vorhanden, so muß vorher mit Wasser ausgelaugt werden. Da dieses aber die unlöslichen Gerbstoffanteile (Gerbstoffrote oder Phlobaphene) nicht oder nur unvollkommen löst und diese mit schwefliger Säure gleichfalls reagieren, muß angenommen werden, daß Teile davon in die Ligninsulfonsäure übergehen.

In einem Volhard-Rohr werden 50 g ausgesuchte Schnitzel aus Fichtenholz mit 250 cm³ einer wäßrigen Lösung übergossen, die 12,5 g Schwefeldioxyd und 3,5 g Natriumhydroxyd enthält. Das Holz muß mit der Flüssigkeit bedeckt sein. Das zugeschmolzene Rohr wird stehend im Ölbad während 5—6 Std. langsam auf 135° C geheizt und 10 Std. bei dieser Temperatur gehalten. Die Lösung wird in Anlehnung an Lautsch und Piazolo (1944) aufgearbeitet. Sie wird mitsamt dem Waschwasser im Vakuum vom überschüssigen Schwefeldioxyd befreit und zur Entfernung der Natriumionen über einen Kationenaustauscher geführt. Nach erneuter Entfernung des Schwefeldioxyds wird mit einer 3,5%igen 60° warmen Lösung von Benzacridin (v. Braun und Wolf, 1922) in wenig überschüssiger verdünnter Salzsäure versetzt, solange noch ein Niederschlag entsteht. Die Sulfosäure wird hierbei nahezu vollständig gefällt. Der gelbe Niederschlag wird durch Zentrifugieren abgetrennt und so lange mit Wasser gewaschen, bis dieses keine Chlorionen mehr enthält. Der nasse Niederschlag wird mit n-Natronlauge zerlegt, das ausgeschiedene Benzacridin abgesaugt und die alkalische Lösung zur Entfernung letzter Anteile von Benzacridin mit Äther ausgeschüttelt. Da die alkalische Lösung oxydationsempfindlich ist, wird sie sofort über einen Kationenaustauscher gegeben. Die Lösung der freien Ligninsulfosäure wird an einer guten Wasserstrahlpumpe bei 25—30° C Badtemperatur auf etwa 50 ml eingeengt und jetzt der Gefriertrocknung unterworfen. Die freie Ligninsulfosäure bleibt als helles lockeres Pulver zurück. Der Wassergehalt wird an einer Probe, die im Vakuum auf 50° C erhitzt wird, festgestellt. Will man das Natriumsalz der Ligninsulfonsäure gewinnen, so wird ein Teil der ausgeätherten alkalischen Lösung von Natriumionen befreit und mit der gewonnenen sauren Lösung die restliche alkalische Lösung genau neutralisiert. Alsdann wird im Vakuum eingeengt und schließlich im gefrorenen Zustand eingetrocknet. Auch hierbei wird ein lockeres, gut zu handhabendes Pulver gewonnen.

Die Ausbeute ist schlecht, weil an den Austauschern viel Material adsorbiert wird. Besser ist es, mit Ammoniumbisulfit aufzuschließen, mit Benzacridin-HCl zu fällen und das Ammoniumsalz der Lignosulfonsäure zu isolieren.

2. Qualitative Reaktionen.

Um die Fermente unschädlich zu machen, wird lebendes Pflanzenmaterial in Alkohol aufgekocht, filtriert und zerkleinert. Dabei gehen gleichzeitig lösliche Bestandteile, wie Fette und Harze, größtenteils in Lösung. Mikroskopische Schnitte von lebendem Material sollten sofort in verdünnte Salzsäure eingetragen, mit Wasser, dann mit Aceton ausgewaschen und wieder in Wasser eingelegt werden. Auch Holzschnitte sind mit Aceton und dann mit Wasser zu waschen. Beim Durchfeuchten mit Phloroglucinsalzsäure (kalt gesättigte Lösung in 39%iger Salzsäure) wird ligninhaltiges Material tiefrot gefärbt; mit Anilin und Salzsäure entsteht eine eigelbe Färbung. Beide Reaktionen sind auf die in natürlichen Ligninen stets vorhandenen Zimtaldehydgruppen zurückzuführen; man kann jedoch aus löslichem Lignin und Dioxanlignin Fraktionen gewinnen, die nur eine sehr geringe Farbreaktion mit diesen Reagentien geben. Statt Phloroglucin und Anilin lassen sich andere Phenole und aromatische Amine verwenden, worüber die Bücher von HÄGGLUND und BRAUNS Auskunft geben. Alle diese Reaktionen sind nicht streng spezifisch für Lignin, da sie auch von anderen aldehydhaltigen Substanzen gegeben werden. In 39%ige und stärkere Salzsäure eingetragen, färbt sich Lignin alsbald tiefschwarzgrün. Diese Halochromie verschwindet wieder beim Verdünnen, wobei das so behandelte Material mit brauner Farbe zurückbleibt. An dieser Reaktion dürften die zahlreichen Ätherbindungen beteiligt sein. In Schwefelsäure von 70—75% bleibt das Lignin mit schwarzer Farbe ungelöst. Dieser Rückstand kann jedoch mit Resten von Phlobaphenen oder mit huminartigen Stoffen vermengt sein, die durch Kondensation von Zuckern, Phenolen, Aminosäuren usw. entstehen können.

Eine sehr verdünnte Lösung von Diazobenzolsulfosäure in Natriumcarbonatlösung erzeugt, auf Fichtenholz gesprüht, eine leuchtend ziegelrote Färbung, während Buchenholz rotbraun gefärbt wird. Lösliches- und Dioxanlignin der Fichte, in Acetonlösung auf Filtrierpapier gebracht, geben nach Verdampfen des Acetons und Besprühen eine starke Orangefarbe, die auch auftritt, wenn Fichtenholzmehl auf Filtrierpapier mit Aceton übergossen und das Papier nach Verdunsten des Acetons besprüht wird. Das graubraune Cuproxamlignin der Fichte wird mit Diazolösung stark rötlich-braun.

Wird ligninhaltiges Material kurz mit Chlorwasser und dann mit Ammoniak behandelt, so tritt bei Laubholzlignin (Syringakomponente) eine Rotfärbung auf, während Coniferenlignin sich wenig charakteristisch braun färbt [Reaktion nach C. MÄULE, modifiziert von CROCKER (1921)]. Die Reaktion wird zur Unterscheidung von Laubholz- und Coniferenholzlignin verwendet.

3. Quantitative Bestimmung.

Die Versuche zur quantitativen Bestimmung des Lignins beruhen auf der Überführung des Lignins in unlösliches Material bei gleichzeitiger Lösung sämtlicher anderen Bestandteile des Gewebes. Hierzu wird starke Schwefelsäure oder bei 0° gesättigte Salzsäure verwendet. Bei gerbstoff-freien Hölzern liefern diese Verfahren brauchbare Resultate. Bei krautigem Material ist jedoch größte Vorsicht geboten, weil durch die starken Säuren andere Materialien in unlösliche

Produkte verwandelt werden können. In solchen Fällen empfiehlt es sich, mit Wasser von 80° zu extrahieren und danach mehrere Stunden mit 1%iger Schwefelsäure auszukochen, durch die ein großer Teil der störenden Begleitstoffe in Lösung gebracht und das Lignin coaguliert wird. Der Rückstand kann alsdann mit starker Säure behandelt werden. Eine Sicherheit ist jedoch hierbei nicht dafür gegeben, daß ausschließlich die Ligninkomponente erfaßt wird (vgl. hierzu Cohen, 1934 u. 1936). Kennt man den Methoxylgehalt des in dem Pflanzenmaterial vorhandenen Lignins, so kann man aus dem Methoxylgehalt des in starken Säuren unlöslichen Materials Rückschlüsse auf die Menge des Lignins ziehen. Zur Bestimmung des Ligningehalts ließe sich die Thioglykolsäurereaktion nach Holmberg (s. oben) heranziehen. Kennt man den Schwefel- und Methoxylgehalt des Thioglykolsäurelignins, so kann man den Methoxylgehalt des ihm zugrunde liegenden Lignins ausrechnen.

Zur Bestimmung mit Schwefelsäure werden im wesentlichen die Vorschriften von Klason befolgt. Die benötigte Holzmenge beträgt 0,1—0,5 g, die lufttrocken eingewogen werden. Asche und Feuchtigkeit werden gesondert bestimmt. Die Holzprobe wird in einem Zentrifugenglas mit wenig Aufschlußsäure gut angeteigt und dann mit dem Rest der Säure (6—20 cm³) versetzt. Die Mischung bleibt 48 Std. bei 20° stehen. Dann wird mit Wasser auf 20—100 cm³ verdünnt und nach dem Zentrifugieren noch dreimal mit je 8—40 cm³ Wasser aufgerührt und zentrifugiert. Mit der Aufschlußsäure und den Waschwassern können Zuckerbestimmungen ausgeführt werden. Der ausgewaschene Ligninrückstand wird mit 10—50 cm³ 0,5%iger Salzsäure in ein starkes Reagenzglas gespült und nach dem Zuschmelzen 12 Std. auf 100° erhitzt. Jetzt wird der Niederschlag in einem kleinen konisch zugespitzten Zentrifugenglas gesammelt und darin ausgewaschen, bis keine Säure mehr nachweisbar ist. Zuletzt wird im Zentrifugenglas bei 100° im Vakuum getrocknet. Mit diesem Material werden Aschebestimmungen und Analysen ausgeführt. Nach Freudenberg und Ploetz (1940) muß für jede Holzart die geeignete Konzentration der Schwefelsäure in einem Serienversuch mit Schwefelsäure mit einem Gehalt zwischen 60 und 80% festgestellt werden. Bei zu geringer Konzentration bleiben andere Holzanteile dem Lignin beigemischt. Bei zu hoher Konzentration treten humifizierte Nebenprodukte hinzu. Die richtige Konzentration ist diejenige, bei der der Methoxylgehalt des entstehenden Ligninpräparates den höchsten Wert hat. Dies ist gleichzeitig gewöhnlich die geringste Ligninmenge, die bei den Konzentrationen zwischen 60 und 80% gefunden wird. Für einige Beispiele sind in folgender Übersicht die optimalen Konzentrationen angegeben:

Holzart	Fichte	Linde	Buche	Holundermark
Konzentration der Schwefelsäure % . . .	75	75	66,5	66,5
Ligningehalt	26,3	25	22	27

Es ist möglich, daß die Konzentration bei Fichten- und Lindenholz auf etwa 72% gesenkt werden kann. Diesen Prozentzahlen sind die geringen Mengen an löslichem Lignin zuzurechnen, die durch Aceton herausgelöst werden (bei Fichtenholz etwa 0,5%, bei Laubholz 1—2%).

Das so gewonnene Ligninpräparat wird Klason- oder Schwefelsäurelignin genannt. Wie sich schon an der schwarzen Farbe zu erkennen gibt, ist es ein tiefgreifend verändertes Ligninpräparat. Unterwirft man lösliches Lignin, Dioxanlignin oder künstliches Lignin der gleichen Behandlung mit starker Schwefelsäure, so werden 93—95% in Gestalt von Schwefelsäurelignin zurückgewonnen.

Dieser Gewichtsverlust dürfte auf Verlust von Konstitutionswasser zurückzuführen sein. Man wird daher zu dem gefundenen Schwefelsäurelignin noch
2% hinzurechnen dürfen, um den wirklichen Ligningehalt des Holzes zu
finden. Fichtenholz gibt beispielsweise 26,3% Schwefelsäurelignin. Hinzu kommen
0,5% lösliches Lignin und 2% Verlust durch Kondensation. Der wirkliche
Ligningehalt dürfte demnach 29% betragen. Der Methoxylgehalt des Fichtenholzes beträgt 4,5%. Davon entfallen 4% auf das Lignin, während 0,5% einem
Kohlenhydratenanteil des Holzes, hauptsächlich einer methylierten Hexuron-
säure angehören.

Trotz ihrer Umständlichkeit ist die beschriebene modifizierte Ligninbestimmung nach KLASON die beste. Versuche mit überkonz. Salzsäure zu arbeiten,
leiden an der stärker humifizierenden Wirkung, die von Salzsäure auf zucker-
artige Bestandteile ausgeübt wird. Vielleicht fallen diese Nachteile weg, wenn
Mischungen von 3 Vol. Salzsäure (1, 18) mit 1 Vol. Phosphorsäure (1, 7) für den
Aufschluß verwendet werden (URBAN, 1926). Diese Mischung ist jedoch noch
nicht für quantitative Zwecke erprobt worden.

Im Anschluß an die von FREUDENBERG und PLOETZ angegebene Modifikation
der Ligninbestimmung nach KLASON haben STUMPF und WIESENBERGER (1940)
ein Verfahren der Mikrobestimmung des Lignins angegeben (Einwaage 13—23 mg),
das an Fichtenholz befriedigende Werte liefert (Mittelwert 26,3% bei Schwankungen von 26,1—26,7).

Ein anderes Verfahren der Mikrobestimmung des Lignins hat BAILEY (1936)
angegeben. Dabei werden nur 3 mg Holz benötigt. Das Verfahren liefert etwas
höhere Werte als die Bestimmung nach KLASON. Es beruht auf der Kondensation des Lignins mit Formaldehyd unter Anwendung starker Schwefelsäure,
wobei die Masse in Lösung geht und beim Verdünnen mit Wasser nur der Ligninanteil ausfällt. Dieses Verfahren haben ROSS und POTTER (1930) für die Bestimmung des Lignins im gewöhnlichen Maßstabe angewendet.

4. Optisches Verhalten.

Der Brechungsindex des Cuproxamfichtenlignins liegt nach FREUDENBERG,
ZOCHER und DÜRR (1929) ungefähr bei 1,61. Im Ultraviolett haben lösliches
Lignin, Dioxanlignin und Fichtenlignin in situ (LANGE, 1944, 1945) ein Maximum
bei 280 mμ, das auch für die Ligninsulfosäure kennzeichnend ist. Reflexions-
spektren im Ultraviolett von verschiedenen Ligninpräparaten haben LAUTSCH,
KURTH und BROSER (1953) gemessen.

Literatur.

BAILEY, A. J.: Mikrochemie **19**, 98 (1936); Ind. Eng. Chem. Analyt. Ed. 8, 52 (1936). —
BJÖRKMAN, A.: Nature **179**, 1057 (1954). — BLAND, D. E., G. Ho and W. E. COHEN:
Australian J. Scientific Research, Serie A **3**, No. 4, 642 (1950). — v. BRAUN, J., u. P.
WOLF: Ber. dtsch. chem. Ges. **55**, 3675 (1922). — BRAUNS, F. E.: The Chemistry of Lignin.
New York: Acad. Press, 1952; Das Papier **7**, 446 (1953).
COHEN, W. E.: Council for Scientific and Industrial Research (Australia) Pamphlet
No. 51 (1934); Council for Scientific and Industrial Research (Australia) Pamphlet No. 62,
Melbourne 1936. — CRAMER, A. B., J. M. HUNTER and H. HIBBERT: J. Amer. Chem. Soc.
61, 509 (1939). — CREIGHTON, R. H. J., J. L. McCARTHY and H. HIBBERT: J. Amer. Chem.
Soc. **63**, 312 (1941). — CREIGHTON, R. H. J., R. D. GIBBS and H. HIBBERT: J. Amer. Chem.
Soc. **66**, 32 (1944). — CREIGHTON, R. H. J., and H. HIBBERT: J. Amer. Chem. Soc. **66**, 37
(1944). — CROCKER, C. E.: Ind. Eng. Chem. **13**, 625 (1921).
FREUDENBERG, K.: Fortschritte der Chemie organ. Naturstoffe, Band XI, 43. Wien:
Springer 1954; Tannin, Cellulose, Lignin, S. 121. Berlin: Julius Springer 1933; Angew.
Chemie **61**, 228 (1949); Sitz.-Ber. Heidelberger Akad. Wissenschaften **1949**, 5. Abh. —

FREUDENBERG, K., u. F. BITTNER: Ber. dtsch. chem. Ges. 86, 155 (1953). — FREUDENBERG, K., u. H. BOESENBERG: Unveröffentlicht. — FREUDENBERG, K., u. G. DIETRICH: Liebigs Ann. 563, 146 (1949); FREUDENBERG, K., u. H. DIETRICH: Chem. Ber. 86, 4 (1953); 86, 1157 (1953). — FREUDENBERG, K., K. ENGLER, E. FLICKINGER, A. SOBECK u. F. KLINK: Ber. dtsch. chem. Ges. 71, 1810 (1938). — FREUDENBERG, K., u. W. HEIMBERGER: Chem. Ber. 83, 519 (1950). — FREUDENBERG, K., u. H. H. HÜBNER: Chem. Ber. 85, 1181 (1952). — FREUDENBERG, K., u. R. KRAFT: Chem. Ber. 83, 530 (1950). — FREUDENBERG, K., R. KRAFT u. W. HEIMBERGER: Chem. Ber. 84, 472 (1951). — FREUDENBERG, K., W. LAUTSCH u. K. ENGLER: Ber. dtsch. chem. Ges. 73, 167 (1940). — FREUDENBERG, K., u. TH. PLOETZ: Hoppe-Seylers Z. 259, 19 (1939); Holz als Roh- und Werkstoff 3, 105 (1940); Ber. dtsch. chem. Ges. 73, 754 (1940). — FREUDENBERG, K., u. D. RASENACK: Chem. Ber. 86, 755 (1953). — FREUDENBERG, K., H. REZNIK, H. BOESENBERG u. D. RASENACK: Chem. Ber. 85, 641 (1952). — FREUDENBERG, K., H. REZNIK, W. FUCHS u. M. REICHERT: Angew. Chemie 66, 109 (1954); Naturw. 42, 29 (1955). — FREUDENBERG, K., u. H. RICHTZENHAIN: Ber. dtsch. chem. Ges. 76, 997 (1943). — FREUDENBERG, K., u. H. SCHLÜTER: Chem. Ber. 88 (1955). — FREUDENBERG, K., u. G. WILKE: Chem. Ber. 85, 78 (1952). — FREUDENBERG, K., H. ZOCHER u. W. DÜRR: Ber. dtsch. chem. Ges. 62, 1814 (1929).

HÄGGLUND, E.: Chemistry of Wood. New York: Acad. Press 1951; Arkiv Kem. Mineral. Geol. 7, No. 8 (1918); Cellulosechemie 4, 84 (1923). — HÄGGLUND, E., u. C. B. BJÖRKMAN: Biochem. Z. 147, 74 (1924). — HODGE, H. J., u. A. B. WARDROP: Australian J. Sci. Res. Ser. B 3, 265 (1950). — HOLMBERG, B.: Ing. Vetenskaps Akad. Handl. No. 103 (1930); Österr. Chem. Ztg. 43, 152 (1940); Ing. Vetenskaps Akad. Hand. No. 131 (1934).

KEILIN, E., and T. MANN: Proc. Royal Soc. London 125B, 187 (1938). — KUDZIN, S. F., R. M. DEBAUN and F. F. NORD: J. Amer. Chem. Soc. 73, 4615 (1951).

LANGE, P. W.: Svensk Papperstidn. 47, 262 (1944); 48, 241 (1945); 57, 235, 501, 525, 533, 563 (1954). — LAUTSCH, W., G. KURTH u. W. BROSER: Z. Naturforschg. 8b, 640 (1953). — LAUTSCH, W., u. G. PIAZOLO: Cellulosechemie 22, 48 (1944). — LINDBERG B., u. O. THEANDER: Acta chem. Scand. 6, 311 (1952).

NORD, F. F., u. G. DE STEVENS: Naturwiss. 20, 479 (1952).

PLOETZ, TH.: Hoppe-Seylers Z. 261, 183 (1939); Ber. dtsch. chem. Ges. 72, 1885 (1939); Ber. dtsch. chem. Ges. 73, 57, 61, 74, 790 (1940); Sitz.-Ber. Heidelberger Akad. Wissenschaften 1940, 10. Abh.

ROSS, H. J., and J. C. POTTER: Pulp and Paper Magazine Can. 29, 569 (1930).

SCHORYGINA, N. N., T. JA. KEFELI u. A. F. SSEMETSCHKINA: J. Obtschei Chemii 19 (81), 1558 (1949); Chem. Zentralbl. 1950 I, 728; Dokl. Akad. Nauk 64, 689 (1949); Chem. Zentralbl. 1950 I, 1366. — SCHORYGINA, N. N., u. T. JA. KEFELI: J. Obtschei Chemii 20 (82), 1199 (1950); Chem. Zbl. 1951 II, 233. — SCHUBERT, P. J., and F. F. NORD: J. Amer. Chem. Soc. 72, 977, 3835, 5338 (1950). — DE STEVENS, G., and F. F. NORD: J. Amer. Chem. Soc. 73, 6422 (1951); 74, 3326 (1952). — STUMPF, W., u. K. FREUDENBERG: Angew. Chem. 62, 537 (1950). — STUMPF, W., F. WEYGAND u. O. A. GROSSKINSKY: Chem. Ber. 86, 1391 (1953). — STUMPF, W., u. E. WIESENBERGER: Cellulosechemie 18, 103 (1940).

URBAN, E.: Cellulosechemie 7, 73 (1926).

WILLSTÄTTER, R., u. L. ZECHMEISTER: Ber. dtsch. chem. Ges. 46, 2401 (1913). — WISE, L. E.: Wood Chemistry. New York: Reinhold Publishing Corp. 1952.

Natürliche Gerbstoffe.

Von

Otto Th. Schmidt.

Mit 4 Abbildungen.

A. Übersicht und Einteilung.

Unter den pflanzlichen Stoffen, deren wäßrige Lösungen die Haut in Leder umzuwandeln vermögen, finden sich recht verschiedenartige Typen. Eine streng gültige Klassifizierung der natürlichen Gerbstoffe ist zur Zeit noch nicht möglich, einmal, weil in den meisten Fällen nur die Gerbstoffgemische beschrieben sind, zum andern, weil man bei vielen solcher Gerbstoffe nicht einmal die Stoffklasse angeben kann, denen sie angehören. Nur von wenigen Gerbstoffen kennt man die chemische Konstitution. K. FREUDENBERG schlägt in seinem Buch „Tannin, Cellulose, Lignin" (1933) die folgende Einteilung vor, die auch der vorliegenden Abhandlung zugrunde gelegt werden soll.

1. Gallotannine. Hierher gehören Ester der Gallussäure, Digallussäure und ähnlicher Phenolcarbonsäuren mit Zuckern, vornehmlich Glucose, aber auch Hamamelose und Acerit[1]. Typische Vertreter sind das chinesische Gallotannin (I), das türkische Gallotannin, der Sumachgerbstoff, das Hamameli-Tannin, das Acertannin, die Chebulinsäure, das Glucogallin und das Tetrarin. Alle diese Stoffe werden bei der Einwirkung hydrolysierender Agentien in Zucker und Phenolcarbonsäure gespalten. Daher bezeichnet man sie auch als hydrolysierbare Gerbstoffe.

Die Formel ist idealisiert. Das chinesische Gallotannin ist ein Gemisch von der durchschnittlichen Zusammensetzung einer Pentadigalloyl-glucose.

2. Ellagsäuregruppe. Eine ganze Reihe von Gerbstoffen scheidet beim Stehen der Lösungen Ellagsäure aus. Der weiße Belag, der sich mitunter auf dem Leder bildet und den der Gerber als „Blume" bezeichnet, besteht in den meisten Fällen aus Ellagsäure (II). Zu den Ellagsäure abscheidenden Gerbmitteln gehören die Myrobalanen, Dividivi, Algarobilla und Valonea (Trillo). Aber die Gerbstoffe aus Edelkastanie und aus Eichenrinde spalten ebenfalls bei der Hydrolyse Ellagsäure ab. Auch das türkische Gallotannin enthält Ellagsäure, desgleichen

---

[1] Anhydrohexit $C_6H_{12}O_5$ unbekannter Konstitution und Konfiguration.

die Gerbstoffe aus der Wurzel- und Zweigrinde des Granatbaumes und aus den
Schalen der Granatäpfel. Nach einer Angabe von Nierenstein (1919) spaltet
auch der Knopperngerbstoff bei der Hydrolyse Ellagsäure ab.

Sicher könnte man einen Teil dieser Gerbstoffe noch zur Klasse der Gallotannine rechnen. Insbesondere gilt dies von den beiden einzigen bisher in kristallisiertem Zustand isolierten Ellagengerbstoffen, der Chebulagsäure (aus Myrobalanen, Schmidt und Nieswandt, 1948, 1950; aus Dividivi, Schmidt und
Lademann, 1950) und Corilagin (aus Dividivi, Schmidt und Lademann, 1951;
aus Myrobalanen, O. Th. Schmidt und D. M. Schmidt, 1952), von denen sichergestellt worden ist, daß sie die Ellagsäure nicht als solche, sondern in ihrer doppelt-
lactonoffenen Form als (optisch aktive) Hexaoxy-diphensäure (III) an Glucose
gebunden enthalten (Schmidt, Blinn und Lademann, 1952). Die Konstitution
und Konfiguration des Corilagins zeigt Formel IV (O. Th. Schmidt, D. M.
Schmidt u. Herok, 1954). Eine ähnliche Bindung der Ellagsäure ist beim
türkischen Gallotannin und vielleicht beim Gerbstoff der Granatrinde anzunehmen. Andererseits wissen wir noch zu wenig über den Bau der Gerbstoffe aus
Edelkastanien oder Eichen, um diese den Gallotanninen zuzurechnen.

Immerhin scheinen die Gruppen 1 und 2 als hydrolysierbare Gerbstoffe enger
zusammenzugehören.

Zu den bislang bekannten phenolischen Bauelementen dieser beiden Gruppen,
der Gallussäure, der m-Digallussäure und der Ellagsäure, gesellt sich also nun
auch die Hexaoxy-diphensäure (III). Die in Chebulin- und Chebulagsäure ent-
haltene Chebulsäure („Spaltsäure" $C_{14}H_{12}O_{11}$) ist in ihrer Konstitution (V) aufgeklärt worden (Schmidt und Mayer, 1951). Eine weitere neuartige Phenolcarbonsäure, die Dehydro-digallussäure (VI), ist als Bestandteil der Gerbstoffe
der Edelkastanie isoliert und aufgeklärt worden (Mayer, 1952)[1].

II
Ellagsäure

III
Hexaoxy-diphensäure

V
Chebulsäure

VI
Dehydrodigallussäure

IV
Corilagin

3. Nicht hydrolysierbare oder kondensierte Gerbstoffe. Den beiden ersten
Gruppen der hydrolysierbaren Gerbstoffe steht gegenüber die große Gruppe der
nicht hydrolysierbaren oder kondensierten Gerbstoffe, deren wichtigste der
Catechingruppe (Catechin, Formel VII) angehören. Zu dieser Gruppe muß man
auch die Gerbstoffe der grünen Teeblätter zählen, obgleich einige dieser Stoffe
als Ester der Gallussäure mit Catechin (VIII) oder mit Gallocatechin (IX) zu

---

[1] Über die vor kurzem aus Algarobilla und Valonea aufgefundenen Verbindungen siehe
Nachtrag auf S. 547.

Gallussäure und den Catechinen hydrolysiert werden können. Aber die Grundkörper VII, IX und X können durch milde Hydrolyse nicht weiter aufgespalten werden. Erst energische Mittel, wie Schmelzen mit Alkali, zerstören den zusammenhängenden Bau des Kohlenstoffgerüstes.

Das Catechin (VII) besitzt schwache Gerbstoffeigenschaften. Durch Kondensation geht es in den amorphen Catechugerbstoff über, der ein höheres Molekulargewicht besitzt und als typischer Gerbstoff anzusehen ist. Der Catechugerbstoff sowie das in mehreren stereoisomeren Formen vorkommende Catechin sind sehr verbreitet. Der Quebracho-Gerbstoff ist möglicherweise ein Kondensationsprodukt des 3,7,3',4'-Tetraoxy-flavans (X; FREUDENBERG und MAITLAND, 1934). Dem Mimosa-Gerbstoff liegt wahrscheinlich das 3,7,3',4',5'-Pentaoxy-flavan (XI; ROUX, 1950) zugrunde.

VII
Catechin

VIII
3-Galloyl-catechin

IX
Gallocatechin

X

XI

Darüberhinaus gibt es aber zahlreiche Gerbmittel, deren Inhaltsstoffe noch so wenig erforscht sind, daß man sie bis jetzt noch keiner der angeführten Gruppen zuteilen kann.

B. Allgemeine Eigenschaften.

1. Löslichkeit.

Mit wenigen Ausnahmen sind die natürlichen Gerbstoffe bisher nur in amorphem Zustande bekannt. Bei manchen dürfte die Ursache hierfür daran liegen, daß sie in den Extrakten als Gemische mit mehreren oder vielen einander ähnlichen Substanzen vorliegen, die einander gegenseitig in bezug auf die Löslichkeit und Kristallisationsneigung stark beeinflussen. Jedenfalls sind alle bisher bekannten kristallisierten Gallotannine in kaltem Wasser schwer löslich. Darunter sind einige (Chebulagsäure, Corilagin), deren Schwerlöslichkeit erst in Erscheinung trat, als es gelang, sie von den zahlreichen Begleitern abzutrennen und kristallisiert zu erhalten.

In heißem Wasser sind die Pflanzengerbstoffe — wenn auch zum Teil kolloidal — gut löslich. Von dieser Eigenschaft macht man Gebrauch bei der quantitativen Bestimmung der Gerbstoffe in den Gerbmitteln. In einzelnen Fällen läßt sich ein und derselbe Gerbstoff kristallisiert und amorph erhalten (Hamameli-Tannin, FREUDENBERG, 1919; SCHMIDT, 1929; Chebulagsäure, SCHMIDT und NIESWANDT, 1950). Soweit die einzelnen Gerbstoffe kristallisieren, benötigen sie zu diesem Vorgang Wasser und kristallisieren mit mehreren Molen Kristallwasser. Entzieht man ihnen das Kristallwasser, so kann sich die Löslichkeit stark ändern. So löst sich die in kaltem Wasser schwer lösliche 3,6-Digalloylglucose, wenn man sie des Kristallwassers beraubt, spielend in kaltem Wasser auf, um dann langsam wieder auszukristallisieren (FREUDENBERG, 1919). Ähnlich verhält sich auch kristallisiertes Catechin.

Die Gerbstoffe sind in hohem Maße befähigt, wesensähnliche amorphe Substanzen, auch wenn diese schwer oder unlöslich sind, in Lösung zu bringen oder zu halten. Solche Stoffe sind die in der Natur weit verbreiteten Gerbstoffrote oder Phlobaphene oder ähnliche Produkte, welche die Gerbstoffe häufig begleiten. Auch die in Wasser außerordentlich schwer lösliche Ellagsäure wird von den Lösungsgenossen eines wäßrigen Gerbextraktes meist längere Zeit in Lösung gehalten und daher zunächst unvollständig ausgeschieden.

In Methanol, Äthanol, Diacetonalkohol und wäßrigem Aceton lösen sich die Gerbstoffe meist gut; in trockenem Äther, Petroläther, Chloroform, Benzol und Schwefelkohlenstoff sind sie meist schwer oder gar nicht löslich.

2. Empfindlichkeit, Hygroskopizität, Geschmack.

Die natürlichen Gerbstoffe sind empfindliche Substanzen. Schon längeres Erhitzen in wäßriger Lösung führt bei Chebulinsäure, Chebulagsäure und Corilagin zur Hydrolyse, bei Catechin zur Bildung eines in Wasser leicht löslichen, amorphen Umwandlungsproduktes. Beim Kochen mit verdünnter Mineralsaure gehen die Catechine in weißlichrote bis rote, amorphe, auch in Alkohol und Alkalien unlösliche Produkte (Gerbstoffrot, Catechinrot) über. Durch Oxydation werden die Gerbstoffe mehr oder weniger dunkel gefärbt. Die Gegenwart von Alkalien — auch in geringen Mengen — fördert diesen Oxydationsvorgang stark.

Die meisten (amorphen oder kristallisierten, wasserfreien) Gerbstoffe sind hygroskopisch. Der Geschmack ist adstringierend.

3. Verhalten gegen Elektrolyte.

Elektrolyte, d. h. Säuren oder Mineralsalze, denn Alkalien kommen wegen ihrer Salzbildung und wegen ihrer Erhöhung der Oxydationsempfindlichkeit der Gerbstoffe nicht in Betracht, fällen die Gerbstoffe, besonders die hochmolekularen, kolloidgelösten aus ihren wäßrigen Lösungen mehr oder weniger vollständig. Praktisch wird vielfach Natriumchlorid zum Aussalzen verwendet. Beim fraktionierten Aussalzen mit Kochsalz verhalten sich die einzelnen Gerbstoffe in für sie charakteristischer Weise verschieden. Zwischen dem Verhalten beim Aussalzen, d. h. der Dispersität der Gerbmittelauszüge, und der Gerbwirkung bestehen enge Zusammenhänge.

4. Verhalten gegen adsorbierende Mittel.

Tierkohle und Baumwolle nehmen reichliche Mengen von Gerbstoff auf. Geraspelte Haut bindet vorwiegend die lederbildenden, als Gerbstoffe im technischen Sinn zu bezeichnenden Verbindungen. Aber auch Gallussäure wird von Hautpulver in erheblichem Maße aufgenommen. Besonders eignet sich fein verteilte Tonerde („gewachsene Tonerde" nach H. WISLICENUS), wenn Gerbstoffe aus einer Lösung entfernt werden sollen. Die Tonerde nimmt aber auch einfachere Phenolderivate, z. B. Gallussäure, auf. Die Adsorptionsverbindungen werden durch Wasser nicht oder unvollständig zerlegt. Organische Lösungsmittel,

z. B. Aceton, wirken gelegentlich besser eluierend. Stiasny hat jedoch gezeigt, daß Tonerde auch aus Eisessiglösung erhebliche Mengen von Gallotannin oder Quebracho-Gerbstoff adsorbiert. Alkohol löst aus Leim-Gallotanninfällungen fast den ganzen Gerbstoff heraus.

C. Qualitative analytische Untersuchung.

I. Allgemeine Gerbstoffreaktionen.

Die in diesem Abschnitt aufgeführten Reaktionen haben für alle Gerbstoffe, sowohl für die Gerbmittelauszüge, wie für die einzelnen Reingerbstoffe Gültigkeit.

1. Fällung durch Gelatine-(Leim-)Lösung.
(Gnamm, S. 55.)

Man gibt zu 2—3 ml einer etwa 0,5%igen wäßrigen Gerbstofflösung tropfenweise die gleiche Menge einer 0,5%igen Gelatinelösung, die zum Schutz gegen Schimmelbildung etwas Chloroform enthält, und jeweils vor dem Gebrauch verflüssigt und wieder auf Zimmertemperatur abgekühlt wird. Bei sämtlichen Gerbmittelauszügen tritt eine Fällung oder wenigstens eine Trübung ein. In heißem Wasser sind die entstandenen Niederschläge etwas löslich. Durch anhaltendes Kochen mit Bleicarbonat wird ein Teil der Gelatine in Freiheit gesetzt. Alkohol löst aus den Niederschlägen fast den ganzen Gerbstoff wieder heraus.

Digallussäure und Diprotocatechusäure ergeben starke Fällung. Auch Pikrinsäure, Gallussäuremethylester und Protocatechualdehyd führen zu Niederschlägen, wenn man kleine Mengen dieser Substanzen in 0,5%iger Gelatinelösung auflöst und abkühlt. Unter diesen Umständen geben auch Pyrogallolcarbonsäure, Salicylsäure, Kaffeesäure und p-Oxybenzaldehyd opaleszierende Trübung, bevor sie auskristallisieren. Gallussäure erzeugt nur in konzentrierter Lösung eine Fällung: wird eine kleine Probe mit einer 10%igen Gelatinelösung übergossen, heiß gelöst und abgekühlt, so entsteht eine dicke, weiße, zähe Abscheidung. p-Oxybenzoesäure, Protocatechusäure, Pyrogallolcarbonsäure und Chlorogensäure verhalten sich ebenso, während Chinasäure und Phloroglucin diese Erscheinung nicht zeigen.

Die Reaktion ist stets anwendbar, wenn die Anwesenheit von Gerbstoffen in einer Lösung festgestellt werden soll, oder wenn Gerbstoffe von Nichtgerbstoffen unterschieden werden sollen. Stoffe, die sich zwar bei anderen Reaktionen wie Gerbstoffe verhalten, aber keine Leimfällung geben, kann man nicht als Gerbstoffe bezeichnen, so z. B. die Monogalloyl-glucose (-fructose) und Glucosidogallussäure, während Digalloylglucose und Hamameli-Tannin Leim fällen (schwächer als die Galläpfeltannine) und daher zu den Gerbstoffen zu zählen sind.

Die Empfindlichkeit der Gelatineprobe wird durch eine Spur n/10 Salzsäure wesentlich erhöht. Auch Kochsalz begünstigt die Reaktion. Stark saure Kochsalz-Gelatine-Lösungen werden aber auch durch Nichtgerbstoffe getrübt. Die verschiedenen Gerbstoffe zeigen gegen Gelatine verschiedene Empfindlichkeit. Die Früchtegerbstoffe geben noch in äußerst verdünnten Lösungen eine Trübung; Rindengerbstoffe sind weniger empfindlich. Am geringsten ist die Empfindlichkeit der Reaktion bei Fichtenrinde und Gambir.

Die Empfindlichkeit der Gelatinereaktion ist p_H-abhängig und besitzt bei den meisten Gerbstoffen ein Optimum zwischen p_H 3,5 und 4,5 (Thomas und Frieden, 1923). Die Ausfällbarkeit der Gelatine nimmt mit deren Aschegehalt ab. Nach Freudenberg (Tannin, S. 12) beruht die Reaktion zwischen Gelatine und Gerbstoff auf der Bildung ähnlicher Additionsprodukte, wie sie bei der Einwirkung von Aminen und Amiden auf Gerbstoff entstehen. Der phenolartige Gerbstoff reagiert mit Amino- und besonders den Amido-gruppen der Eiweißmolekel.

2. Fällung durch Amine und Amide.
(GNAMM, S. 56.)

Zahlreiche Amine und Ammoniumverbindungen, wie Ammoniumcarbonat, Pyridin, Chinolin geben mit wäßrigen Lösungen von Gerbstoffen Fällungen. Die Niederschläge sind teils säurelöslich, teils in Säuren unlöslich. Ihre Zusammensetzung ist nicht bekannt. Auch viele Alkaloide geben Fällungen. Es scheint, daß die meisten Amine von Ammoniak bis zu den Alkaloiden mit den als schwerlösliche Phenole anzusehenden Gerbstoffen schwer- bzw. unlösliche Additionsverbindungen eingehen (FREUDENBERG, Tannin, S. 11). Von diesen Reaktionen hat analytische Bedeutung vor allem die Umsetzung mit Hexamethylentetramin (HOUGH, 1931). Gerbstofflösungen werden durch Lösung von Hexamethylentetramin gefällt. Das Optimum der Fällung liegt bei einem p_H-Wert von 5 bis 6. In alkalischer Lösung tritt keine Fällung ein. Durch Metallsalze wird die Empfindlichkeit der Reaktion sehr erhöht.

10 Teile gesättigte Zinkacetat-Lösung, 10 Teile 30%ige Ammoniumacetat-Lösung, 1 Teil Eisessig und 10 Teile 30%ige Hexamethylentetramin-Lösung bilden das Reagens, das unbegrenzt haltbar ist. Von dieser Lösung gibt man 4 Tropfen zu 10 ml der zu prüfenden Gerbstofflösung. Die optimalen Bedingungen liegen bei der Einwirkung von 8 Gewichtsteilen Gerbstoff auf 17 Gewichtsteile Hexamethylentetramin. Durch überschüssigen Gerbstoff wird die Fällung peptisiert. Noch bei einer Gerbstoffkonzentration von 1:100000 tritt nach HOUGH fast unmittelbar eine Trübung ein, bei einer Verdünnung von 1:200000 nach etwa 2—3 min. Im Tyndall-Effekt ist Gerbstoff noch in einer Konzentration von 1:1000000 nachzuweisen. Phosphate stören die Reaktion.

Manche Gerbstoffe geben mit Amiden Fällung, die als ähnliche Additionsverbindung anzusehen sind wie die Amin-Niederschläge. So gibt eine konzentrierte, wäßrige Lösung von symmetrischem Diäthylharnstoff bei 0° eine milchige Fällung mit einer verdünnten, noch bei 0° klaren Lösung von Gallotannin. Erwärmt man Asparagin in einer solchen Tanninlösung und kühlt auf 0° ab, so bildet sich ein klebriger Niederschlag. Viel stärker sind die entsprechenden Fällungen mit Benzamid und Phenoxyacetamid. Die wiederholt untersuchte Fällung der Gerbstoffe durch Alkaloide ist in vielen Fällen auf deren Amin-Charakter zurückzuführen. J.-H. BESSE (1937) fand, daß auch viele Verbindungen, die Alkaloidreaktionen zeigen ohne Alkaloide zu sein, Gerbstoffe fällen, z. B. Stovain, Novocain, Antipyrin, Pyramidon, Piperazin.

3. Fällung mit Metallsalzen.
(FREUDENBERG, Tannin, S. 13; GNAMM, S. 57.)

Als mehrwertige Phenole geben die Gerbstoffe mit zahlreichen Metallionen Niederschläge. Im allgemeinen sind die Natriumsalze leicht wasserlöslich. Ammonium- oder Kaliumcarbonat fällt dagegen viele Gerbstoffe. Am besten werden die Kaliumsalze — allerdings häufig acetathaltig — aus alkoholischen Gerbstofflösungen mit alkoholischem Kaliumacetat gefällt (A. G. PERKIN, 1899). Diese Reaktion hat auch präparative Bedeutung, da sich viele dieser Salze in warmem Wasser lösen und in der Kälte wieder ausfallen. Catechin wird von alkoholischem Kaliumacetat nicht gefällt.

Die übrigen Metallsalze bilden meist nahezu unlösliche Niederschläge. Enthält der Gerbstoff eine Carboxylgruppe, so tritt die Fällung häufig erst ein, wenn das Carboxyl abgesättigt ist. Die amorphen Metallsalze der Gerbstoffe sind gewöhnlich nicht stöchiometrisch gebaut. Die Erdalkalihydroxyde geben starke, meist farbige Fällungen, die sich gewöhnlich an der Luft oxydieren. Catechin wird durch Bariumhydroxyd nicht gefällt. Von den übrigen Metallsalzen haben vornehmlich die des Bleis präparative Bedeutung erlangt. Durch Bleiacetat entstehen voluminöse, flockige Niederschläge, die in Essigsäure mehr oder weniger löslich sind. Die Bleiniederschläge der kondensierten Gerbstoffe werden von verdünnter Essigsäure leichter gelöst als diejenigen der Gallotannine. Gerade wegen der teilweisen Löslichkeit in Essigsäure sind die Bleifällungen, auch wenn basisches Bleiacetat verwendet wurde, häufig unvollständig, weil bei ihnen Essigsäure frei wird. Diese kann durch Kochen mit Bleicarbonat abgestumpft werden. Kochen der Gerbstofflösung mit Bleicarbonat allein, auch wenn es frisch gefällt ist, führt nicht sicher zur völligen Niederschlagung des Gerbstoffes, d. h. bis zum Verschwinden der Eisenchloridreaktion.

Zur Abscheidung der Gerbstoffe aus ihren Lösungen eignet sich auch Tonerde, wenn man die Gerbstoffe nicht wieder gewinnen will. Durch Verwendung von frisch gefälltem Aluminiumhydroxyd hat KARRER das chinesische Gallotannin (KARRER, SALOMON und PYER, 1923) und das türkische Gallotannin (KARRER, WIDMER und STAUB, 1923) fraktioniert gefällt, die einzelnen Niederschläge mit verdünnter Schwefelsäure zerlegt und die Gerbstoffe mit Essigester extrahiert. In ähnlicher Weise kann Zinkacetat (6%ige Lösung) zur Fällung verwendet werden (ILJIN, 1914; SCHMIDT und NIESWANDT, 1950; LANG, 1951).

Durch Kaliumbichromat werden Gerbstofflösungen teils dunkel gefärbt, teils entstehen körnige Niederschläge. Gallussäure, Pyrogallol, Brenzcatechin und Hydrochinon reagieren ähnlich, nicht dagegen Resorcin, Protocatechusäure und Phloroglucin.

Auch Brechweinstein, Osmium- und Thalliumsalze geben Gerbstoff-Fällungen.

F. FEIGL und H. E. FEIGL (1946) empfehlen eine Lösung von α,α'-Dipyridyl-eisen(II)-sulfat als empfindliches und spezifisches Reagens auf Gallotannine und andere natürliche Gerbstoffe.

Reagenslösung: Man löst 0,2 g α,α'-Dipyridyl und 0,146 g $FeSO_4$, $7\,H_2O$ in 50 ml Wasser. Vor Ausführung der Probe ist es zweckmäßig, einen Teil der Lösung ammoniakalisch zu machen, aufzukochen und den Niederschlag abzufiltrieren. Für die Prüfung von pflanzlichen Gerbstoffen wird eine 0,5%ige Lösung empfohlen.

Ausführung: Man gibt zu 1 ml der zu prüfenden Lösung die gleiche Menge ammoniakalischer Reagenslösung, kocht auf, gibt Essigsäure zu, bis der Geruch nach Ammoniak verschwindet und erhitzt erneut zum Sieden. Bei Anwesenheit von (nicht synthetischen) Gerbstoffen entsteht ein flockiger violetter Niederschlag. Empfindlichkeit 1:125000. Lösungen von Phenanthrolin-eisen(II)-sulfat geben ähnliche Fällung. Gallussäure und Pyrogallol reagieren ebenfalls, Resorcin und Brenzcatechin nicht.

4. Farbreaktionen mit Metallsalzen.

(FREUDENBERG, Tannin, S. 14; GNAMM, S. 58.)

Alkalische Gerbstofflösungen sind stets gelb oder braun gefärbt. Meistens verstärkt sich die Farbe durch Oxydation an der Luft zu braunschwarz oder dunkelgrün. Erdalkalihydroxyde erzeugen bräunliche, blaue, grüne oder rote Fällung.

Besonders charakteristisch und wichtig sind die Farbreaktionen mit Eisen(III)-salzen. Die reinsten Farben werden in Alkohol erhalten. Liegt ein Pyrogallol-derivat vor, so genügt es, einige Milligramm in 10 ml Alkohol zu lösen und sehr vorsichtig verdünnteste alkoholische Eisenchlorid-lösung zuzufügen. Die Färbungen sind rein kornblumenblau. Ein Überschuß an Eisenlösung ist sorgfältig zu vermeiden, weil die blaue Lösung durch die gelbe Farbe des Eisenchlorids einen Stich ins Grüne erhalten kann. Zur Ausführung der Reaktion in wäßriger Lösung ist Eisenalaun dem Eisenchlorid vorzuziehen, weil es weniger sauer ist.

Blaue Eisenfärbungen liefern außer den Pyrogallolderivaten noch zahlreiche andere Phenolabkömmlinge, z. B. Vanillin, Gentisinsäure, Morphin.

Die wäßrige Lösung von Catechin wird durch Eisen(III)-salze grün gefärbt; die Farbe geht auf Zusatz von Natriumacetat in Tiefviolett über.

Die sog. eisengrünenden Gerbstoffe liefern viel schwächere Farbtöne, die durch Pyrogallolderivate leicht verdeckt werden können, selbst wenn diese nur in geringen Mengen beigemengt sind. Infolgedessen herrscht viel Unsicherheit in der Beurteilung der Farben (z. B. beim Rindengerbstoff von *Quercus robur*), und es ist unzulässig, die Farbenreaktion allein für eine Gruppeneinteilung maßgebend zu machen.

FEHLINGsche Lösung wird von Gerbstoffen reduziert. Soll eine Gerbstofflösung auf Zucker geprüft werden, so muß aller Gerbstoff bis zum Verschwinden der Eisenfärbung entfernt werden.

Wäßriges vanadinsaures Ammonium bewirkt in wäßrigen Lösungen von Chebulinsäure eine olivgrüne Färbung; wird diese Lösung mit wenig Schwefelsäure erwärmt, so entsteht eine beständige grasgrüne Farbe (PAESSLER, HOFFMANN, 1913). Ähnlich verhalten sich Chebulagsäure und Chebulsäure (SCHMIDT und LADEMANN, 1950) sowie Corilagin (SCHMIDT und LADEMANN, 1951), während Gallussäure die Reaktion nicht gibt.

II. Unterscheidungsreaktionen.

Zur Unterscheidung, ob ein Gerbmittelextrakt hydrolysierbare (Gallotannin- oder Pyrogallol-) Gerbstoffe oder kondensierte (Catechin-) Gerbstoffe enthält, haben sich die vier nachstehenden Reaktionen bewährt, deren Ausführungsvorschriften von der Kommission für qualitative Analyse des Internationalen Vereins der Lederindustrie-Chemiker (JVLIC) empfohlen wurden.

1. Formaldehyd-Salzsäure-Probe. (GNAMM, S. 60.)

50 ml filtrierter, analysenstarker Gerbstofflösung (4 g pro Liter) werden mit 5 ml konz. Salzsäure und 10 ml 40%iger Formaldehydlösung versetzt und 30 min lang über freier Flamme am Rückfluß zum Sieden erhitzt. Man beobachtet, ob während des Kochens ein Niederschlag entsteht. Nach dem Abkühlen filtriert man und fügt zu 10 ml des Filtrats 1 ml einer 1%igen Eisenalaunlösung und gibt schließlich ohne zu schütteln etwa 5 g festes Natriumacetat zu.

Bei dieser Behandlung werden die Catechingerbstoffe beim Kochen vollständig gefällt. Die gleichzeitige Anwesenheit von Gallotanninen (Pyrogallolgerbstoffe) neben Catechingerbstoffen macht sich durch eine mehr oder weniger starke Violett- oder Blaufärbung im Filtrat, insbesondere am Boden und in der Nähe des Natriumacetats, bemerkbar. Hat man also einen Gerbstoffauszug der Gallotanningruppe vor sich und bleibt die vorher filtrierte Gerbstofflösung beim Kochen mit Formaldehyd und Salzsäure klar, so sind keine Gerbstoffe der Catechinklasse vorhanden. Bei den Gallotannin-Gerbstoffen ist die Reaktion nicht einheitlich. So z. B. ergibt Sumach eine kräftige Trübung. Ein Schluß auf die Anwesenheit von Catechin-Gerbstoffen in einer Lösung von Gallotannin-Gerbstoffen kann also aus dem Auftreten einer Fällung allein nicht gezogen werden. Andererseits ist aber ein Gallotannin im Filtrat einer Fällung auf Grund der Eisenfarbe eindeutig zu erkennen.

Gallussäure selbst gibt nach einigem Kochen mit Formaldehyd-Salzsäure eine reichliche weiße Fällung, die sich an der Luft bald rötet; Protocatechusäure dagegen gibt nur eine sehr geringe Fällung.

2. Die Bleiacetatprobe in essigsaurer Lösung. (GNAMM, S. 62).

5 ml 0,4%ige, klar filtrierte Gerbstofflösung werden mit 10 ml 10%iger Essigsäure und 5 ml 10%iger Bleiacetatlösung versetzt. Nach 5 min wird die Fällung beurteilt.

Die Essigsäure verhindert die Bleifällung der Catechin-Gerbstoffe. Die Gallotannin-Gerbstoffe werden in essigsaurer Lösung ganz oder teilweise gefällt.

Die Wirkung dieser Probe zeigt sich also gerade umgekehrt wie in der vorigen Reaktion, und man verwendet sie als Gegenprobe zu dieser. Auch die Eisenreaktion im Filtrat oder in der nicht gefällten Lösung kann bei Abwesenheit von Gallotannin-Gerbstoffen Anhaltspunkte zur Unterscheidung der Gerbstoffe geben (z. B. Mimosa violett, die übrigen Catechin-Gerbstoffe grün).

Die Reaktion gestattet den sicheren Nachweis von 5% Gallotannin-Gerbstoffen im Gemisch mit Catechin-Gerbstoffen.

3. Die Bromwasserprobe. (PROCTER, 1911; GNAMM, S. 63.)

Gerbstoffe der Catechingruppe ergeben mit Bromwasser sofort Fällung, Gallotannin dagegen lösliche Bromverbindungen, die bei überschüssigem Brom und erst allmählich zu Abscheidungen führen.

5 ml einer 0,4%igen, klar filtrierten Analysenlösung werden mit 2%igem Bromwasser versetzt, bis die Lösung deutlich nach Brom riecht, dann kurz aufgekocht. Das Ergebnis wird nach 5 min festgestellt; später auftretende Fällungen oder Trübungen werden nicht berücksichtigt.

Die Bromreaktion gestattet den Nachweis von 5% Catechin-Gerbstoff im Gemisch mit Gallotanninen. Sulfitierte Catechin-Gerbstoffe stören die Reaktion.

4. Die Schwefelammoniumprobe. (KÜNTZEL, Taschenbuch S. 134.)

5 ml einer 0,4%igen Lösung des Gerbstoffs werden mit 5 Tropfen konz. Schwefelammoniumlösung versetzt. Man beobachtet, ob die Lösung klar bleibt oder ob sich ein Niederschlag bildet.

Sämtliche Gallotannine (Pyrogallol-Gerbstoffe) einschließlich der Gerbstoffe der Eichenrinde geben mit Schwefelammonium Flockungen, während Catechin-Gerbstoffe nicht ausfallen. 3,6-Digalloylglucose gibt eine positive Reaktion mit Schwefelammonium, 6-Galloylglucose dagegen nicht (SCHMIDT und SCHACH, 1951).

Die nachstehende Tab. 1 gibt eine Zusammenstellung des Verhaltens verschiedener Gerbstoffe bei den vier Unterscheidungsreaktionen (KÜNTZEL, Taschenbuch S. 132).

Tabelle 1. (+ bedeutet in der 3. Spalte Eisenfärbung, sonst Fällung.)

Gerbstoff	Formaldehydprobe		Essigsäure-Bleiacetat-Fällung	Bromwasser-reaktion	Ammonsulfid-reaktion
	Während des Kochens	Filtrat mit Eisenalaun und Natriumacetat			
Eichenrinde . . .	+	+	+	+	+
Fichtenrinde . . .	+	—	—	+	—
Hemlock	+	—	—	+	—
Mimosa	+	—	(+)	+	—
Malet	+	—	—	+	—
Mangrove	+	—	—	+	—
Valonea	Trübung	+	+	—	+
Myrobalanen . . .	—	+	+	—	+
Dividivi	Trübung	+	+	—	+
Algarobilla	Trübung	+	+	—	+
Knoppern	Trübung	+	+	—	+
Sumach	Trübung	+	+	—	+
Quebracho	+	—	—	+	—
Kastanie	—	+	+	—	+
Eichenholz	—	+	+	—	+
Gambir	+	—	(+)	+	—

Andere Reaktionen, die zur Unterscheidung von Gallotannin- und Catechin-Gerbstoffen vorgeschlagen worden sind, wie die Nitrosomethylurethan-Probe (VOGEL und SCHÜLLER, 1923) und die Jodsäure-Probe (MARSHALL, 1929) stehen an Bedeutung hinter den vier oben beschriebenen Reaktionen zurück.

III. Nachweis einzelner Gerbstoffkomponenten.

1. Cyankalireaktion zum Nachweis freier Gallussäure. (Young, 1883.)

Einige Tropfen der zu prüfenden Lösung werden im Reagenzglas mit 1—2 ml einer nicht zu verdünnten wäßrigen Cyankalilösung versetzt. Bei der Gegenwart der geringsten Menge von Gallussäure nimmt die Lösung eine schöne Rosafärbung an, die kurz darauf verblaßt und beim Schütteln wiederkehrt. Der Vorgang läßt sich viele Male wiederholen.

Gallotannin und alle anderen Verbindungen, die gebundene Gallussäure enthalten, zeigen, soweit es bisher bekannt ist, die Cyankalireaktion, im Reagenzglas ausgeführt nicht oder nur schwach. In dieser Form dient die Reaktion zur Unterscheidung von gebundener und freier Gallussäure. Eine ähnliche Reaktion zeigt die Chebulsäure („Spaltsäure" $C_{14}H_{12}O_{11}$ aus Chebulinsäure; Freudenberg, 1919). Dehydrodigallussäure (Formel VI) gibt eine positive Cyankalireaktion (Mayer, 1952).

2. Griessmayer-Reichelsche Reaktion zum Nachweis freier Ellagsäure. (Reichel und Schwab, 1942.)

Zu 1—5 mg Ellagsäure werden 5—10 ml Aceton, hierauf einige Kristalle von Natriumnitrit und 3—4 Tropfen Eisessig gegeben. Die kaum gefärbte oder schwach gelbliche Lösung färbt sich beim Stehen, schneller durch Schütteln, rotviolett. Dieser charakteristische Farbton ist noch bei großer Verdünnung erkennbar. Nach längerem Stehen wechselt die Farbe von rotviolett nach rotbraun.

3. Reaktion zum Nachweis gebundener Ellagsäure (Hexaoxydiphensäure). (Procter-Paessler, 1901.)

Die Reaktion beruht wie die vorige auf der Anwendung von salpetriger Säure.

In einer Porzellanschale werden zu mehreren ml der sehr verdünnten wäßrigen Gerbstofflösung einige Kristalle von Natriumnitrit oder Kaliumnitrit und 3—5 Tropfen n/10 Schwefelsäure oder Salzsäure gefügt. In typischen Fällen wird die Lösung augenblicklich rosen- oder karmoisinrot und geht dann langsam über Purpur zu indigoblau über, während in anderen Fällen, wenn die Reaktion schwach ist oder durch andere Substanzen beeinflußt wird, die Endfarbe grün oder bräunlich ist. Bei Abwesenheit von gebundener Ellagsäure entsteht nur eine gelbe bis braune Färbung oder Fällung. Freie Ellagsäure wird nicht angezeigt.

Es ist in keinem Fall bewiesen, daß die Ellagsäure als solche gebunden in den Gerbstoffen enthalten ist. Vielmehr ist bei Chebulagsäure und Corilagin sichergestellt (Schmidt, Blinn und Lademann, 1952), daß sie in ihrer doppelt Lacton-offenen Form als (rechtsdrehende) Hexaoxy-diphensäure über beide Carboxylgruppen an Glucose gebunden ist (vgl. Formel IV).

Anstelle der oben wiedergegebenen Vorschrift kann man die Reaktion mit Vorteil folgendermaßen durchführen (Mayer, unveröffentlicht):

4 mg Chebulagsäure werden in 5 ml Wasser gelöst und mit 0,05 ml n/10 H_2SO_4 versetzt. Man erwärmt auf 50° C und fügt 0,02 ml einer 20%igen Natriumnitritlösung zu. Die Lösung färbt sich sofort rosa und geht innerhalb einer Minute in violett über. Nach 2 min wird eine längere Zeit beständige, leuchtend tiefblaue Färbung erhalten.

Chebulagsäure, Corilagin, Hexaoxy-diphensäure-dimethylester, die Gerbstoffe aus der Edelkastanie (Blätter, Holz, Stachelschalen), Dividivi, Algarobilla und Valonea geben eine positive Reaktion. Die Reaktion ist empfindlich und erlaubt den Nachweis von z. B. 1 mg Chebulagsäure in 5 ml (0,02%). Es ist wichtig, die angegebenen Konzentrationen einzuhalten. Gegebenenfalls muß man in Reihenversuchen mehrere Konzentrationen eines Gerbstoffs prüfen.

4. Nachweis von Catechin und Phloroglucin, Salzsäure-Fichtenspan-Reaktion. (Procter-Paessler, 1901.)

Ein Span von Fichtenholz wird mit der zu untersuchenden Gerbstofflösung befeuchtet und dann entweder vor oder nach dem Trocknen mit konz. Salzsäure betupft. Bei Phloroglucinhaltigen Gerbstoffen (z. B. Gambir, Catechu) wird der Span prächtig rot oder violett. Manchmal erscheint die Farbe erst nach Stunden. Da außer Phloroglucin auch andere Phenole und Phenolabkömmlinge die Reaktion geben, kann sie nur als Hinweis dienen.

IV. Chromatographische Methoden.

1. Chromatographische Fluoreszenz-Analyse.

(GRASSMANN, 1935.)

Die Methode beruht auf der chromatographischen Zerlegung von Gerbmittel-auszügen an Al_2O_3 (BROCKMANN) oder einem anderen Adsorptionsmittel und Beobachtung der Fluoreszenzfarben der einzelnen Zonen im Licht der UV-Analysenlampe. Die Fluoreszenz-Chromatogramme sind nach GRASSMANN für die einzelnen Gerbmittelauszüge charakteristisch.

Man verwendet ein Glas- oder Quarzröhrchen von etwa 16 cm Länge und 0,75 cm lichter Weite und wäßrige alkoholische Gerbextrakte. Beispielsweise werden 3 ml des zu unter-suchenden, konzentrierten wäßrigen Extraktes (20—30% Trockengehalt) mit 6 ml Methanol versetzt und gegebenenfalls von einem entstehenden Niederschlag abgesaugt oder zentri-fugiert. Zum Entwickeln werden 3—4 ml Essigester oder Methanol/Essigester (1:3) verwendet.

Fluoreszenzchromatogramme einiger Gerbmittel und verwandter Verbindungen.

a) Phenole und einheitliche Gerbstoffe: Phenol und Brenzcatechin in methanolischer Lösung auf Al_2O_3 und MgO: schwachviolett; Resorcin auf Al_2O_3 und MgO: hell blau—violett; Gallussäure auf Al_2O_3 und MgO: tief violett; Phloroglucin auf MgO: gelb; auf Al_2O_3: gelb (etwas bräunlich).

Natürlich zeigen diese Stoffe, falls sie rein sind, keinerlei Schichten im Chromatogramm, sondern eine einheitliche Färbung. Tannin (zur Analyse, Kahlbaum) zeigt in methanolischer Lösung auf Al_2O_3 sowie auf MgO indigoblaue, einheitliche Fluoreszenz. Ein längere Zeit gelagertes Präparat besaß außerdem oberhalb der blau fluoreszierenden Schicht einen schma-len, lebhaft grün fluoreszierenden Streifen, der eine Verunreinigung des Gerbstoffs darstellen dürfte.

Catechin aus Gambir, das wiederholt umkristallisiert worden war, gab auf Al_2O_3 eine einheitliche grüne, auf MgO eine schwach stahlblaue Fluoreszenz; bei einem länger gelagerten Präparat, das auf Al_2O_3 geprüft wurde, befand sich oberhalb der langen, grünen Schicht ein schmaler, ockergelber Ring.

Gerbextrakte: In der folgenden Zusammenstellung bedeuten die neben den Farben der aufeinanderfolgenden Schichten in Klammern stehenden Zahlen die Dicke der betreffenden Schichten in Millimetern, die bei typischen Chromatogrammen ausgemessen wurden, wobei zu bemerken ist, daß die Schichtdicke von den Mengenverhältnissen und Versuchsbedingungen und der Art der „Entwicklung" abhängt.

Extrakt aus: Eichenholz (auf Al_2O_3): dunkel (30), grünstichig hellblau (70); Kastanienholz (auf Al_2O_3): dunkel braungrün (40), leuchtend blau (11); Sumach (auf Al_2O_3): dunkel grün-braun (80), gelbgrün (3), leuchtend blau (7); Myrobalanen (auf Al_2O_3): dunkel olivgrün (60), dunkel (20), weißblau (2), schwach gelblich (14), schwach blaugrau (10); Valonea (auf Al_2O_3): dunkelbraun (40), hellblau bis grünblau (80); Dividivi (auf Al_2O_3): dunkel grünbraun (50), schwefelgelb (30), hellgrau (20); Algarobilla (auf Al_2O_3): dunkel grün-braun (50), hell schwefelgelb (5), dunkel stahlgrau (40); Gambir (auf Al_2O_3): umbrabraun (25), reingelb (40), hell grünblau (24), graubraun (7); Quebracho (auf Al_2O_3): ocker (50), terra-siena-braun (8), weißlich sandgelb (2), schwach bläulich (—); Fichtenrinde (auf Al_2O_3): braun (45), dunkel lila (55), hell graugrün (40), hell gelbgrün (15), rein gelb (2), ocker (1), leuchtend blau (20); Fichtenrinde (auf MgO): gelbgrün (24), gelbbraun (32), lila (12), gelb-grün (2), leuchtend himmelblau (13); Fichtenrinde (auf Tonsil.): dunkelbraun (14), schwarz (3), gelbgrün (60), tiefblau (140); Mimosa (auf Al_2O_3): weißlich rotbraun (55), himmelblau (2), hell ocker (13), hellblau (40); Weidenrinde (auf Al_2O_3): grünbraun (17), blauviolett (30), hell grünblau (65); Tizera (auf Al_2O_3): grünbraun (50), schmutzig weiß-blaugrün (80); Mangrove (auf Al_2O_3): dunkelbraun (20), schwachlila (27), schwach hellblaugrau (20); Badan-wurzel (auf Al_2O_3): umbra (23), rein ocker (6), schwarzgrau (3), blaugrau (25), schwefelgelb (32), gelbgrün (20).

2. Papierchromatographische Untersuchung.

Die Methode ist von verschiedenen Seiten zur Charakterisierung der ver-schiedenen Gerbextrakte herangezogen worden. So beschreiben WHITE und Mitarbeiter (1949, 1951, 1952) eindimensionale Chromatogramme von Quebracho, Mimosa, Tizera, Burma, Cutch, Guayacan, Edelkastanie, Valonea, Eichenholz,

Eichenrinde, Myrobalanen, Gambir, Urunday, Canaigre, Myrten, Malettrinde, Sumach, Kiefer, Tara, Fichte und Mangrove und zweidimensionale Chromatogramme von Mimosa, Tara, Gallotannin, Valonea, Edelkastanie, Myrobalanen, Burmacutch, Gambir, Algarrobo, Canaigre, Myrten und Quebracho. Auch Evans, Parr und Evans (1949), Rydel und Macheboeuf (1949), Hillis (1950, 1951), Asquith (1951, 1952), Küntzel und Zissel (1952), Bradfield und Bate-Smith (1950), Tsujimura (1952) und Roux (1952, 1953) ·haben Chromatogramme von Gerbextrakten beschrieben.

Schmidt und Mitarbeiter verwenden die Papierchromatographie zur Erkennung und Identifizierung einzelner kristallisierter Gerbstoffe und von deren Bausteinen (Chebulinsäure, Chebulagsäure, Hamameli-Tannin, Glucogallin, Chebulsäure, 3,6-Digalloylglucose, 3-Galloylglucose, 6-Galloylglucose, Gallussäure und Corilagin; Schmidt und Lademann, 1951) und zur Verfolgung des Ablaufs der Hydrolyse einzelner Gerbstoffe (Schmidt, Blinn und Lademann, 1952; O. Th. Schmidt und D. M. Schmidt, 1952) sowie zur Verfolgung von Trennungsoperationen bei Gerbstoffgemischen (O. Th. Schmidt und D. M. Schmidt, 1952). Eine ähnliche Verwendung beschreibt auch Asquith (1951, 1952).

Zur Durchführung der Papierchromatographie werden in der Regel Whatman-Papiere (No. 1, 2, 4, 11 und 20) verwendet; Wachtmeister (1952) empfiehlt Whatman-1-Papier, das mit Phosphatpuffer getränkt und getrocknet wird.

Die Lösungsmittelgemische sind recht verschieden: n-Butanol/Wasser/Eisessig (White, 1949); feuchtes sek. Butanol; tert. Butanol/Wasser (7:3); feuchter tert. Amylalkohol zugesetzt zu n-Butanol/Eisessig/Wasser (White, 1951); n-Butanol/Wasser/Eisessig/Glykol (Schmidt und Lademann, 1951); m-Kresol/Eisessig/Wasser/Phenol/2n-Essigsäure und Salzsäure (Hillis, 1951); Butanol/Wasser/Benzol (1:1:1) (Wachtmeister, 1952); Phenol/Eisessig/Wasser oder Phenol/Trichloressigsäure/Wasser (Asquith, 1952).

Zur zweidimensionalen Chromatographie verwenden White und Mitarbeiter (1952) bevorzugt als erstes Lösungsmittel Wasser, das mit tert. Amylalkohol gesättigt ist und 0,1% Eisessig enthält, und als zweites Lösungsmittel feuchtes sek. Butanol, oder als erstes Lösungsmittel 10%ige Essigsäure, oder n/20-Salzsäure, gesättigt mit tert. Amylalkohol, und als zweites Lösungsmittel n-Butanol/Eisessig/Wasser (40:10:50), bzw. sek. Butanol, gesättigt mit n/20 Salzsäure.

Die zweidimensionale papierchromatographische Analyse der Polyphenole der Teeblätter beschreiben Roberts und Wood (1953). Sie verwenden Wasser als erstes Lösungsmittel und n-Butanol/Eisessig (8:2), gesättigt mit Wasser als zweites Lösungsmittel und berichten dabei auch über eine Trennung der optischen Antipoden von Catechin, Epicatechin, Gallocatechin und Epigallocatechin.

Die Rundfilter-Methode (Rutter, 1948, 1951) mit Whatman-Nr. 3-MM-Papier und 40%iger Essigsäure als mobiler Phase verwendet Kilchher (1952) zur Charakterisierung der Gerbstoffe aus Eichenrinde, Wattle-Rinde, Tizera, Edelkastanie, Valonea, Sumach, Myrobalanen und Fichtenrinde.

Es geht aus den vorstehenden Angaben hervor, daß es ein Standardlösungsmittel-Gemisch für alle Gerbstoffe nicht gibt. Man muß von Fall zu Fall verschiedene Gemische verwenden. Um den Verlauf der Hydrolyse der Chebulagsäure zu verfolgen, haben O. Th. Schmidt und D. M. Schmidt (1952) Chromatogramme in zwei Gemischen nebeneinander ausgeführt; in dem einen Gemisch (Essigester/Eisessig/Wasser 3:1:3 + 0,35 Äthanol) ist die auftretende Gallussäure scharf neben den übrigen Stoffen zu erkennen, während die Chebulsäure nahezu mit einem dieser Stoffe zusammenfällt; in einem zweiten Gemisch (Essigester/Eisessig/Wasser 2:1:2 + 0,35 Äthanol) ist die Chebulsäure scharf zu erkennen.

Zum Indizieren der Chromatogramme ist eine große Zahl von Reagentien untersucht und vorgeschlagen worden. Am meisten werden verwendet: ammoniakalische Silberlösung, 0,5%ige methanolische Eisen(III)-chloridlösung, 0,2%ige Eisenalaunlösung und frisch bereitete bis-diazotierte Benzidinlösung. Von diesen Reagentien ist die ammoniakalische Silberlösung das empfindlichste, aber ebenso wie diazotiertes Benzidin nicht spezifisch. Für die Untersuchungen von Gallotanninen haben O. TH. SCHMIDT und Mitarbeiter Eisen(III)-chlorid bevorzugt.

In vielen Fällen können die einzelnen Flecke der Papierchromatogramme auch durch Bestrahlen der getrockneten Bögen im UV-Licht an charakteristischen Fluoreszenzen beobachtet werden. Manchmal empfiehlt es sich, die Papierbögen vor der Beobachtung im UV-Licht mit Ammoniak zu beräuchern. Zum Beispiel wird Hexaoxydiphensäure im UV-Licht mit hellblauer Fluoreszenz, nach Beräuchern mit Ammoniak dagegen gelbgrün angezeigt. Natürlich ist die Eigenschaft, im UV-Licht farbig zu fluoreszieren, keineswegs spezifisch für Gerbstoffe. Es hat sich als zweckmäßig erwiesen, die im UV sichtbaren Flecke mit Bleistift zu umranden und dann die Bögen noch mit einem anderen Reagens, z. B. Eisenchlorid, zu indizieren.

Die Empfindlichkeit einiger Indikationen ist bei einigen Substanzen geprüft worden. In der nachstehenden Tab. 2 sind die noch nachzuweisenden Mengen in Mikrogrammen angegeben. (DEMMLER, 1952).

Tabelle 2.

Substanz	Fluoreszenz nach Beräuchern mit Ammoniak	Eisenchlorid	ammoniak. Silberlösung	Anilin-phthalat. (Nachweis freier reduzierender Gruppen in Zuckern)
Chebulinsäure	10	1	1	—
Chebulsäure	1	1	1	—
3,6-Digalloylglucose	10	1	0,1	10[1]
6-Galloylglucose	10	1	0,1	10[1]
Gallussäure.	—	1	0,1	—
Hexaoxydiphensäure	10	1	0,1	—

3. Verteilungschromatographie, Gegenstromverteilung und Elektrophorese.

Die Trennung der Gerbstoffe der grünen Teeblätter durch Verteilungschromatographie an einer Säule von feuchtem Silicagel ist als einzige bisher beschriebene Anwendung dieser Methode im Abschnitt E I, 3 ausführlich wiedergegeben. Für die Anwendung der Gegenstromverteilung finden sich Beispiele bei der Darstellung der Chebulagsäure und des Corilagins im Abschnitt E III und E IV.

Über die Trennung von Stoffgemischen auf Filtrierpapier durch Ablenkung im elektrischen Feld (Elektrophorese) ist, soweit es sich um Gerbstoffe handelt, bis jetzt nur ein kurzer Hinweis in einer Abhandlung von GRASSMANN und HANNIG (1953) bekannt geworden.

D. Quantitative Analyse.

1. Gerbstoffbestimmungen nach der Hautpulvermethode.

Für die technische Bewertung von pflanzlichen Gerbmaterialien wird allgemein die Hautpulvermethode angewandt, die in ihrer Durchführung bis in alle Einzelheiten festgelegt ist (KÜNTZEL, Taschenbuch S. 150 u. ff.). Der heiß bereitete wäßrige Pflanzenaufguß wird in mehrere Teile geteilt. In einem Teil wird der

---

[1] Nach einiger Zeit ist evtl. auch 1 γ zu erkennen.

Gesamtextrakt bestimmt, einem anderen Teil wird der Gerbstoff mit chromiertem Hautpulver entzogen und im Filtrat hiervon die noch gelöste Substanz durch Eindampfen zur Wägung gebracht und als Nichtgerbstoff in Rechnung gestellt.

Die offizielle Hautpulvermethode erfordert größere Mengen Substanz, die bei wissenschaftlichen Untersuchungen an Pflanzenmaterial oder bei der Untersuchung einzelner Fraktionen aus Gerbextrakten nicht immer zur Verfügung stehen. GRASSMANN, ENDISCH und KUNTARA (1951) haben daher eine Halbmikrobestimmung mit Hautpulver nach dem „Filterverfahren" vorgeschlagen, die im nachstehenden wiedergegeben werden soll.

Zur *Auslaugung* wird von dem zerkleinerten Material $^1/_{10}$ der für die Makroanalyse vorgeschriebenen Menge, also z. B. 3 g Fichtenrinde oder 4 g Eichenrinde, verwendet. Als Auslaugegefäß dient ein Jenaer Glasrohr (Abb. 1) von 6 cm Höhe und 2,5 cm innerem Durchmesser mit flachem Boden, das am oberen Rande mit einem Wulst zum Zubinden versehen ist. Auf das Auslaugegefäß wird ein doppelt durchbohrter, gut schließender Gummistopfen aufgesetzt. Durch eine Bohrung reicht ein doppelt, und zwar entgegengesetzt rechtwinklig gebogenes Glasrohr bis dicht unter den Stopfen, während durch die andere Bohrung ein einfach rechtwinklig gebogenes Glasrohr bis fast auf den Boden des Gefäßes führt. Die innerhalb des Gefäßes befindlichen Enden dieser beiden Glasröhren sind trichterförmig etwas erweitert und mit Seidengaze zugebunden, damit feine Teilchen des Gerbmittels weder in das obere Zuflußrohr aufsteigen, noch durch das Abflußrohr mit fortgerissen werden können. Zur Auslaugung bedeckt man den Boden des Auslaugegefäßes mit einer 1—2 cm hohen Schicht feinen, mit Salzsäure gereinigten Seesandes, bringt darauf das zu extrahierende Gerbmittel, setzt den Stopfen mit den Röhren ein und befestigt diesen mit Bindfaden. Sodann taucht man den freien Schenkel des Abflußrohres in ein Gefäß mit destilliertem Wasser und saugt vorsichtig an dem oberen Ende des doppeltgebogenen Glasrohres, damit sich das Auslaugegefäß mit Wasser füllt. Danach läßt man das Gefäß einige Minuten stehen, bis das Auslaugegut sich mit Wasser vollgesaugt und die verdrängte Luft sich oben angesammelt hat, und stellt es dann bis an den Hals in ein Wasserbad. Durch Verbinden des doppelt gebogenen Zuflußrohres mit einer etwa 1,5 m höher stehenden Wasservorratsflasche und Öffnen der Regulierhähne läßt man nun das destillierte Wasser langsam einfließen in dem Maße, daß in 6 Std., und zwar während 3 Std. bei einer Wasserbadtemperatur von 50° C und weiteren 3 Std. bei 100° C, 100 ml Gerbstofflösung in einen vorgelegten 100 ml-Meßkolben abtropfen. Nach beendeter Extraktion wird die Gerbstofflösung wie üblich auf 18° abgekühlt.

Zur *Herstellung von analysenstarken Gerbstofflösungen* (0,375—0,425 g in 100 ml) aus festen oder flüssigen Gerbextrakten löst man die 0,35—0,45 g Gerbstoff enthaltende Analysenmenge in einem 100 ml-Meßkolben in 90 ml heißem destilliertem Wasser auf, kühlt auf 18° ab und füllt mit destilliertem Wasser zu 100 ml auf.

Zur *Bestimmung des „Gesamttrockenrückstandes"* werden von der jeweiligen Lösung 5 ml in einer kleinen Silberschale mit flachem Boden (Durchmesser 3 cm, Höhe 2 cm, Gewicht etwa 2 g) auf einem Wasserbad zur Trockne eingedampft und im Trockenschrank bei 100° C bis zur Gewichtskonstanz getrocknet (Dauer 4—6 Std.). Die Wägung erfolgt auf den üblichen Halbmikrowaagen.

Die *Bestimmung des „Gesamtlöslichen"* erfolgt durch Filtration durch eine Filterkerze bei etwa 18° C. Empfohlen werden die Berkefeld-Filterkerzen aus Kieselgur von 60 mm Länge und 15 mm Durchmesser und geeigneter Porosität. Die Kerzen müssen vor dem erstmaligen Gebrauch durch mehrtägiges Behandeln mit 10%iger Salzsäure gereinigt, dann mit heißem destilliertem Wasser sorgfältig ausgewaschen und bei 100° C getrocknet werden. Der Kropfzylinder, der als Aufnahmegefäß der zu filtrierenden Lösung dient, hat eine Gesamthöhe von 120 mm, und zwar einen schmaleren, unteren Teil von nur 25 mm Innendurchmesser und 75 mm Höhe, und einen breiteren, oberen Teil von 40 mm Durchmesser und 45 mm Höhe. Diese Form ermöglicht es, mit einem sehr geringen Verbrauch an Analysenlösung auszukommen. Die Kerze wird mit einem Gummistopfen verschlossen, durch dessen Bohrung ein zweimal umgebogenes Glasrohr (Heberohr) von 360 mm wirksamer Länge ragt (Abb. 2). Nach Einfüllen der Gerbstofflösung in den Kropfzylinder läßt man 10 min stehen und setzt dann durch Ansaugen am Heberohr die Filtration in Gang. Die ersten 25 ml des Filtrats werden verworfen und von dem darauffolgenden klaren Filtrat 5 ml zur Trockne verdampft und zur Gewichtskonstanz gebracht. (Nach Beendigung der Filtration werden die Filterkerzen in der üblichen Weise mit Kaliumbichromat-Schwefelsäure gereinigt.)

Für die *Entgerbung der Analysenlösung* dient eine verkleinerte „PROCTERsche Filterglocke" folgender Abmessungen: Länge 50 mm, Innendurchmesser des zylindrischen Teils 11 mm; an den Konus der Glocke ist ein zweimal gebogenes Kapillarrohr von 320 mm Länge und 1,5 mm Innendurchmesser angeschmolzen (Abb. 3). In das obere Ende der Glocke wird ein Stück Watte gebracht und dann 0,7 g fein verteiltes, schwach chromiertes Hautpulver sehr vorsichtig eingestopft, und zwar so fest, daß es nicht von selbst aus der Glocke fällt. Sodann setzt man die Glocke in ein Glasrohr mit flachem Boden (Höhe 75 mm, Durchmesser 20 mm) und füllt in dieses die zu entgerbende (nicht filtrierte) Analysenlösung ein. Sobald das Hautpulver vollständig mit Gerbelösung durchtränkt ist, saugt man am Heberohr sehr vorsichtig an bis die Lösung langsam abtropft. (Das Durchlaufen der entgerbten Lösung soll nicht weniger als 100 und nicht mehr als 140 min erfordern.) Als Auffanggefäß für den Vorlauf (3 ml) und den Hauptlauf (6 ml) eignen sich am besten entsprechend große Meßzylinder. Eine Probe der entgerbten Lösung darf mit Gelatine-Kochsalz-Lösung (1 g Gelatine und 10 g Kochsalz zu 100 ml in destilliertem Wasser gelöst) keine Trübung ergeben. Genau 5 ml des Hauptlaufs werden in derselben Weise wie bei der Ermittlung des Gesamtlöslichen zur Trockne gedampft und der Rückstand, der aus Nichtgerbstoffen besteht, im Trockenschrank getrocknet und gewogen.

Der Gerbstoffgehalt ergibt sich aus der Differenz der Prozentzahlen für Gesamtlösliches und Nichtgerbstoffe.

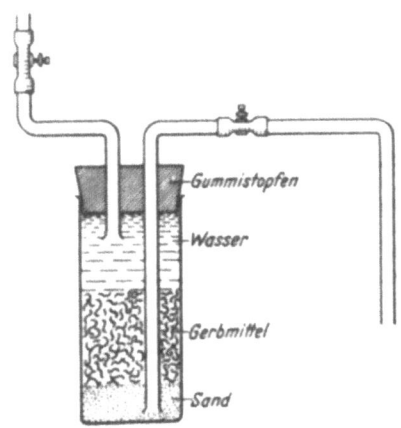
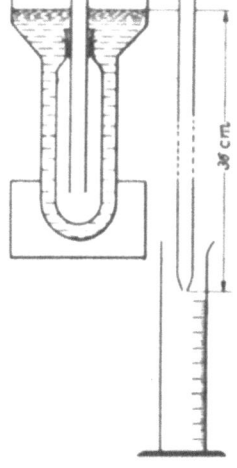
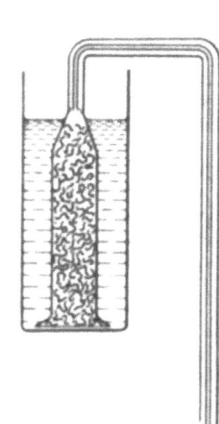

Abb. 1. Auslaugegefäß.   Abb. 2. Filterkerze.   Abb. 3. Filterglocke.

2. Andere quantitative Gerbstoffbestimmungsmethoden.

Eine zweite Halbmikromethode mit Hautpulver nach dem „Schüttelverfahren" haben GRASSMANN und ENDISCH (1952) angegeben. Sie dient der Bestimmung des „Gerb- und Bindungswertes" von Gerbmitteln.

Bei der Hautpulvermethode können gerbstoffartige, unlösliche Phlobaphene zum Teil im Pflanzenmaterial zurückbleiben, während ein Teil kolloidal in Lösung geht. Andererseits werden einfache gerbstoffartige Stoffe, wie Gallussäure, Phenole und deren Glucoside, nicht mit den Gerbstoffen bestimmt. Trotzdem kann man auf die Hautpulvermethode zur Bestimmung des Gerbstoffgehalts in Pflanzen nicht verzichten. Man wird diese Methode, soweit sie sich auf die (in ihr genau festgelegten) Herstellung der Extrakte erstreckt, in vielen Fällen dadurch ergänzen, daß man außer den heiß bereiteten, wäßrigen Extrakten, auch heiß oder kalt gewonnene Extrakte oder Perkolate mit organischen Lösungsmitteln zur Untersuchung heranzieht. Hierfür können unter anderen Aceton, Methanol, Äthanol, Essigester oder Diacetonalkohol [2-Methyl-pentanol(2)-on(4)] in Betracht kommen. Diese Extrakte müssen dann zur Gerbstoffbestimmung in wäßrige Lösung übergeführt werden.

Sollen möglichst alle einfachen, phenolartigen Substanzen mitbestimmt werden, so kann für pflanzenphysiologische Untersuchungen die Adsorption an „gewachsene Tonerde" (nach WISLICENUS) herangezogen werden. Tonerde bindet

34*

auch einfachere, gerbstoffartige Substanzen, wie z. B. Chlorogensäure, allerdings in gewissem Umfang auch Dextrine und Pflanzenschleime.

Die Fällung der Gerbstoffe zu ihrer quantitativen Bestimmung mit basischem Bleiacetat ist von Grassmann, Peh Chuan Chü und Schelz (1937) empfohlen worden.

Eine Mikromethode, die für pflanzenphysiologische Untersuchungen von kleinen Drogenmengen bestimmt ist, wurde von Lang (1951) beschrieben. Sie beruht auf der Fällung der Gerbstoffe mit Zinkacetat und anschließender kolorimetrischer Bestimmung mit Phosphorwolframsäure. Ein durchaus ähnliches Verfahren hatte schon Menaul (1923) angegeben. Von Diemair, Janecke und Krieger (1951) wird ein ebensolches Verfahren zur Bestimmung der Gerbstoffe in Wein angewendet, doch wird mit Bleiacetat und Gelatine gefällt und dann ebenfalls mit Phosphorwolframsäure kolorimetriert. Über die allgemeinere Anwendbarkeit dieser beiden Mikromethoden kann noch kein Urteil abgegeben werden.

Die Bestimmungsverfahren nach Löwenthal usw. (Gnamm, S. 133), die auf der Titration mit Permanganat vor und nach der Entgerbung mit Hautpulver beruhen, sind für die Pflanzenphysiologie ähnlich zu bewerten wie das Hautpulververfahren selbst. Hinzu tritt aber noch als Fehlerquelle der Umstand, daß die verschiedenen Gerbstoffe ungleiche Mengen Permanganat verbrauchen. Auch andere titrimetrische (E. Martin, 1927; F. T. Lee, 1919), kolorimetrische (Hoeffner, 1932; Vorsatz, 1942), bzw. spektrophotometrische (Bybak und Hirth, 1949; Roux, 1951), nephelometrische (Grassmann, Peh Chuan Chü und Schelz, 1937; Gustavson, 1947) und refraktometrische (Woodhead, 1945) Methoden sind mehr für technische Analysen entwickelt worden und haben sich bisher nicht allgemein durchzusetzen vermocht. Ebenso dürfte das sehr schöne „Verfahren zur Schnellbestimmung von Gerbstoffen und Gerbstoffgemischen" von Grassmann und Zeschitz (1952), bei welchem Gerbstofflösungen an Cellophanfolien adsorbiert, mit Methylenblau oder Eisen(III)-salzen angefärbt und mittels lichtelektrischem Kolorimeter bestimmt werden, vor allem der technischen Gerbstoffanalyse und Betriebskontrolle dienen.

3. Elementaranalyse, Molekulargewicht, optisches Drehungsvermögen.

Bei kristallisierten Gerbstoffen ist stets mit Kristallwasser zu rechnen. Zur Elementaranalyse sind die Gerbstoffe im Vakuum oder Hochvakuum bei 100° über P_2O_5 in der Pistole bis zur Gewichtskonstanz zu trocknen. In der Regel sind die wasserfreien Gerbstoffe hygroskopisch. Es empfiehlt sich, immer auch die lufttrockenen Gerbstoffe der Elementaranalyse zu unterwerfen und außerdem den Gewichtsverlust zu bestimmen, der beim Trocknen der lufttrockenen Substanzen in der Pistole entsteht.

Amorphe Gerbstoffe halten leicht hartnäckig Lösungsmittel zurück, das die Elementaranalysen verfälschen und unter Umständen z. B. Methoxylgehalte vortäuschen kann. Von allen Lösungsmitteln läßt sich Wasser am leichtesten entfernen. Wenn eine Analysenprobe mit organischen Lösungsmitteln in Berührung war, muß sie vor der Analyse in Wasser gelöst, unter vermindertem Druck eingedampft und dann wie oben getrocknet werden.

Als Faustregel kann gelten, daß die Gerbstoffe der Gallotanninklasse (wasserfrei) im allgemeinen 50—53%, die Gerbstoffe kondensierten Systems um 60% und die Gerbstoffrote noch etwas mehr Kohlenstoff enthalten.

Für die Molekulargewichtsbestimmung sind die Substanzen ebenso vorzubereiten wie für die Elementaranalyse. Kryoskopische Bestimmungen in Wasser sind ungeeignet, weil die kristallisierten Gerbstoffe in der Regel zu schwer löslich sind, und die amorphen zu kolloidalen Lösungen neigen, die sich häufig bereits bei 0° trüben. Geeigneter ist Eisessig. Maclurin und Catechin geben normale Depressionen. Für die kristallisierte Chebulinsäure fanden Freudenberg und Frank (1927) in Eisessig 895 statt 956. Im Bernsteinsäuredimethylester wurde (kryoskopisch) bei chinesischem Gallotannin 1690—1793 (FREUDENBERG, Tannin, S. 10) und für Chebulinsäure 855 statt 956 (FREUDENBERG und FRANK, 1927) gefunden.

Nach der ebullioskopischen Methode erhielten FREUDENBERG und FICK (1920) für die Digalloylglucose aus Chebulinsäure in Aceton 475 statt 484. ILJIN (1910) fand in Aceton für chinesisches Gallotannin im Mittel 1512 statt 1550 (Nonagalloylglucose) oder 1700 (Dekagalloylglucose). SCHMIDT und NIESWANDT (1950) fanden für Chebulagsäure in Aceton im Mittel 950 statt 954, SCHMIDT und LADEMANN (1951) für Corilagin, ebenfalls in Aceton, 595 statt 634.

Die ebullioskopische Methode besitzt vor allem bei amorphen Gerbstoffen den Vorzug.

Im Dialysierversuch bestimmten H. BRINTZINGER und W. BRINTZINGER (1931) für chinesisches Gallotannin ein Molekulargewicht von 1780.

Bei Gerbstoffen mit freier Carboxylgruppe, z. B. Chebulinsäure, kann die elektrometrische Titration brauchbare Werte liefern (FREUDENBERG und FRANK, 1927).

Bei der Bestimmung des optischen Drehungsvermögens ist zu berücksichtigen, daß dieses bei manchen Gerbstoffen, wie chinesisches und türkisches Gallotannin oder Sumach konzentrationsabhängig ist. So dreht z. B. unfraktioniertes chinesisches Gallotannin

in 20%iger wäßriger Lösung +45 bis +53° (spez.)
in 5%iger wäßriger Lösung etwa +60°
in 1%iger wäßriger Lösung bis zu +70°.

In organischen Lösungsmitteln ist die Konzentrationsabhängigkeit der Drehung des chinesischen Gallotannins kleiner.

E. Beispiele für die präparative Darstellung von natürlichen Gerbstoffen.

Für die Isolierung und Reindarstellung von natürlichen Gerbstoffen werden im folgenden einige Beispiele gegeben. Beim Hamameli-Tannin wird zugleich ein Beispiel der fermentativen Spaltung beschrieben. Eine Bausteinanalyse durch totale Hydrolyse mit verdünnter Schwefelsäure wird bei der Chebulagsäure mitgeteilt.

I. Catechine.

1. Darstellung der Catechine nach FREUDENBERG.

Catechin ist in einer D-, einer L- und D,L-Form bekannt. Die Rechts-(D)-Form findet sich neben wenig D-Epicatechin im „Gambir", dem Extrakt aus Blättern und Zweigen der malaiischen Liane *Uncaria gambir*. Die zwei asymmetrischen Kohlenstoffatome verursachen Diastereomerie; somit existieren weitere Isomere, das D-, das L- und das D,L-Epicatechin, die sämtlich bekannt sind. Von diesen befindet sich das L-Epicatechin im Holz vorderindischer Akazien (z. B. Acacia catechu); der eingedickte Saft solcher Hölzer, das „Catechu", genauer als „Pegucatechu" bezeichnet, enthält wechselnde Mengen von L-Epicatechin und seinen Umlagerungsprodukten: L-Catechin, D,L-Epicatechin und D,L-Catechin (dieses oft als Hauptprodukt). In dieser Gestalt ist das Catechin 1821 von RUNGE entdeckt worden.

Bereitung und Vorkommen der Catechine. Das Catechin tritt meist mit seinen Stereoisomeren zusammen auf. Die Trennung beruht auf dem Umstand, daß die beiden Racemate in Alkohol sowie in Aceton/Wasser inaktiv sind, die aktiven

Epicatechine in Alkohol und Aceton/Wasser stark drehen, während die aktiven Catechine in Alkohol keine, in wäßrigem Aceton eine deutliche Drehung zeigen.

D-*Catechin.* 50 kg Blockgambir (Indragiri) von hellem Aussehen werden in 100 l Wasser so lange geknetet, bis keine festen Stücke mehr vorhanden sind. Der ungelöste Anteil wird abgesaugt, bei 300 Atm. gepreßt (8 kg), gemahlen, mit dem dreifachen Volumen Sand zerrieben und 240 Std. ausgeäthert. Die Auszüge liefern nach zwei- bis dreimaliger Kristallisation aus Wasser reinweißes D-Catechin, dem noch einige Prozente D,L-Catechin beigemengt sind. Durch wiederholte Kristallisation wird das D-Catechin rein erhalten. Für die Verarbeitung zu den Acetyl- und Methylverbindungen kann das mit wenig D,L-Catechin durchsetzte Material verwendet werden, da die Derivate des D,L-Catechins in den Mutterlaugen bleiben. Die Mutterlaugen der Kristallisate werden durch Ausäthern, Kristallisation aus Wasser und Verfolgung der Drehung in der nachstehend geschilderten Weise aufgearbeitet. Zuletzt tritt das D-Epicatechin auf. Erhalten werden 4700 g D-Catechin, das in 50%igem Aceton + 15,3° dreht, also noch etwas D,L-Catechin enthält (richtige Drehung +17°), ferner 2,1 g reines D-Epicatechin (+68,5° in 96%igem Alkohol) sowie gegen 100 g eines Gemisches von D- und D,L-Catechin mit wenig D-Epicatechin. Ausäthern der ersten wäßrigen Lösung (100 l) ist nicht lohnend. Neben etwa 100 g D-Catechin (obigem zugezählt) werden dabei gegen 600 g Quercetin erhalten (Freudenberg und Purrmann, 1923).

L-*Epicatechin.* 1,5 kg feingemahlenes Holz von Acacia catechu (Kernholz) werden 250 Std. lang mit Äther extrahiert. Die hellen Auszüge werden in 400 ml heißem Wasser gelöst, von einigen Gramm Quercetin abfiltriert und mehrere Tage der Kristallisation überlassen. Das L-Epicatechin setzt sich in dicken, schwach gelb gefärbten Prismen ab, die zunächst 4 Kristallwasser enthalten, das sie an der Luft völlig abgeben. Dabei verwittern die Kristalle.

Die Mutterlaugen werden 2 Tage lang ausgeäthert und systematisch durch Beobachtung des Drehungsvermögens jeder einzelnen aus Wasser anschießenden Kristallisation aufgearbeitet. Insgesamt werden erhalten: 78 g Epicatechin und 4,3 g D,L-Catechin (Freudenberg und Purrmann, 1924).

D,L-*Catechin und* L-*Catechin.* Der eingedickte Auszug von Holz der Acacia catechu (Pegu-catechu) enthält häufig als einzig faßbaren kristallinen Anteil das D,L-Catechin, entstanden durch Umlagerung im alternden Stamm oder während des Einkochens. Andere Sorten Pegu-catechu, die noch nicht so weit umgelagert sind, liefern außerdem L-Catechin und noch unverändertes L-Epicatechin, vermischt mit etwas D,L-Epicatechin. Die Präparate werden folgendermaßen getrennt (Freudenberg, Böhme und Purrmann, 1922).

Die Ätherextrakte von 8 kg Pegu-catechu, die über 500 g wogen, wurden mit 3 l Wasser aufgenommen und bei 50° vom Äther befreit. 11 g Quercetin blieben ungelöst. Aus der Lösung kristallisierte die Hauptmenge als ein in Alkohol —5° drehendes Gemisch von L-Catechin, D,L-Catechin nebst wenig D,L-Epicatechin. Bei erneuter Kristallisation (aus 4,5 l Wasser) schied sich nur alkohol-inaktives Catechingemisch ab. Die vereinigten Mutterlaugen wurden bei Unterdruck auf 750 ml eingeengt und gaben beim Stehen ein reichliches Kristallisat von der spez. Drehung —30° in Alkohol. Die Mutterlauge wurde erneut eingeengt und mit Äther 48 Std. erschöpft. Die in den Äther übergegangenen Anteile erwiesen sich nahezu alkohol-inaktiv. Der das L-Epicatechin enthaltende, in Alkohol drehende Anteil wurde im Vakuumtrockenschrank bei 90° bis zur Gewichtskonstanz getrocknet, fein zerrieben und im Soxhlet-Apparat 6 Std. derart ausgeäthert, daß etwa die Hälfte in Lösung ging. Der ungelöste Teil zeigte jetzt in Alkohol eine Drehung von etwa —40°. Er wurde mit so viel Wasser von 70° behandelt, daß die feinen Kristalle in Lösung gingen und das nahezu reine grobkristalline L-Epicatechin zu Boden sank. Dieses zeigte eine Drehung von —69° (in Alkohol). Die sämtlichen Mutterlaugen wurden bei Unterdruck eingeengt und zur Kristallisation gebracht. Anteile, die weniger als —25° (in Alkohol) drehten, wurden so lange aus Wasser umgelöst, bis ihre Drehung auf diesen Wert stieg; sobald er erreicht war, setzte die oben geschilderte Behandlung mit Äther ein. Die letzten wäßrigen Mutterlaugen wurden stets mit Äther ausgezogen. Oft traten zwischendurch gallertige Abscheidungen auf. Sie wurden scharf abgesaugt, durch gelindes Anwärmen verflüssigt und der Kristallisation überlassen.

Das D,L-Epicatechin findet sich zur Hauptsache in Begleitung des L-Epicatechins; es wird an seiner Kristallform (dicke Prismen) erkannt und abgesondert, sobald es in den alkoholinaktiven Anteilen auftritt. Es läßt sich von beigemengtem L- und D,L-Catechin durch Aufschlämmen befreien und aus Wasser umkristallisieren.

Der größte Anteil bestand aus alkohol-inaktivem L- und D,L-Catechin. Um diese beiden Arten voneinander zu trennen, wurde wiederholt aus Wasser umkristallisiert und die fortschreitende Trennung durch Polarimetrierung der Lösung in wäßrigem Aceton verfolgt. Das L-Catechin reicherte sich in den leichter löslichen Anteilen an. Sobald in wäßrigem Aceton eine spez. Drehung von —10° erreicht war, blieb bei weiterer Kristallisation der racemische Anteil zur Hauptsache in der Mutterlauge; schließlich wurde reines L-Catechin von $[\alpha]_{Hg\ gelb} = -16,7°$ (in wäßrigem Aceton; 0° in Alkohol) erhalten.

Der aus D,L-Catechin bestehende Hauptanteil wurde so lange umkristallisiert, bis er sowohl in Alkohol wie in Aceton völlig inaktiv war.

Das Mengenverhältnis der Catechine war ungefähr:

320 g D,L-Catechin	30 g D,L-Epicatechin
60 g L-Catechin	30 g L-Epicatechin

D-Epicatechin wird neben D,L-Catechin durch Umlagerung von D-Catechin gewonnen (FREUDENBERG und PURRMANN, 1924; FREUDENBERG, FIKENTSCHER, HARDER und SCHMIDT, 1925).

Die wichtigsten Eigenschaften der Catechine finden sich in der nachstehenden Tabelle 3 (FREUDENBERG, Tannin, S. 58).

Tabelle 3.

Kristallform	Catechin		Epicatechin	
	D- dünne Nadeln	D,L- dünne Nadeln	L- dicke Prismen	D,L- dicke Prismen sowie Nadeln
Kristallwasser	0² oder 4	3	4; wird an der Luft wasserfrei	Prismen 4 Nadeln 1
Schmelzpunkt¹ (Zersetzungspunkt; sehr unscharf)	mit Wasser 93—95 ohne „ 174—175	sehr unscharf 212—214 sintert wasserhaltig üb. 100°, zersetzt sich bei 212—214	237—39	224—326
$[\alpha]_{578}$ in Alkohol	±0	—	—69°(7%)	—
$[\alpha]_{578}$ in Aceton-Wasser (1:1)	+17,1°	—	—60°(4%)	—
Pentacetyl-Schmelzpunkt	131—132	164—165	151—152	167
$[\alpha]_{578}$ in $C_2H_2Cl_4$.....	+40,6°	—	—12°	—
Tetramethyl-Schmelzpunkt	143—144	142	153—154	141—142
$[\alpha]_{578}$ in $C_2H_2Cl_4$.....	—13,4°	—	—61,5°	—
Pentamethyl-Schmelzpunkt	93—94	110—111	103—104	113—114
$[\alpha]_{578}$ in $C_2H_2Cl_4$.....	+8,3°	—	—84°	—

2. Isolierung von D-Catechin und L-Epicatechin aus der Colanuß.

(FREUDENBERG und OEHLER, 1930.)

1 kg frische ungetrocknete Colanüsse werden zur Zerstörung der Enzyme 1 Std. mit Alkohol gekocht. Das getrocknete und gemahlene Material wird erst mit demselben, dann mit frischem Alkohol perkoliert. Der Extrakt wird im Vakuum eingedampft, der Rückstand mit wenig heißem Wasser aufgenommen und zur Entfernung des Coffeins mehrmals mit Chloroform ausgeschüttelt. Der wäßrigen Lösung werden die Catechine durch Essigester entzogen. Das Lösungsmittel wird im Vakuum eingedampft, der Rückstand in wenig heißem Wasser gelöst und der Kristallisation überlassen. Es werden 10 g fast reines D-Catechin erhalten. $[\alpha]_{578} = +15,2°$ (Aceton/Wasser 1:1) statt +17°. Die Substanz ist also 90%ig in bezug auf optisch einheitliches D-Catechin und kann 10% Racemat oder sonstige inaktive Beimengung enthalten. In Alkohol war keine Drehung erkennbar, was typisch für D-Catechin ist. Schmelzpunkt mit Kristallwasser über 90°, ohne Kristallwasser 175°.

Die Pentaacetylverbindung wurde durch Analyse, Drehung in Acetylentetrachlorid (+40,3°), den Schmelzpunkt (132°) und den Mischschmelzpunkt gekennzeichnet.

Die Mutterlaugen vom D-Catechin lieferten beim weiteren Einengen und längeren Stehen eine Kristallfraktion, die in Alkohol die spez. Drehung von —32° hatte, also bereits nahezu zur Hälfte aus L-Epicatechin bestand. Durch fraktionierte Kristallisation in Wasser und Ausäthern der Mutterlaugen im Apparat wurden nach dem früher beschriebenen Verfahren je 3,8 g reinen L-Catechins und eines Gemisches von L-Epicatechin mit D-Catechin erhalten. Das L-Epicatechin drehte in Alkohol —67,5° (statt mit —69°); die Pentaacetylverbindung wurde analysiert sowie charakterisiert durch den Schmelzpunkt 152° und durch den Mischschmelzpunkt.

---

¹ Alle Schmelzpunkte sind unkorrigiert.
² D-Catechin kristallisiert bei 40° C aus starker Lösung wasserfrei.

In analoger Weise isolierten Freudenberg, Cox und Braun (1932) aus frischen Kakaobohnen L-Epicatechin (einige Promille der frischen Bohnen) und Schmidt und Hüll (1947) D-Catechin (etwa 0,6%) aus den noch weißen Fruchtschalen der kurz vor der Reife geernteten Edelkastanie.

3. Trennung und Isolierung der Gerbstoffe der grünen Teeblätter durch Verteilungschromatographie.

Tsujimura isolierte aus japanischem grünem Tee L-Epicatechin (1929), L-Gallocatechin (1934) und 3-Galloyl-epicatechin (1930, 1935). Oshima (1933, 1936) hat aus dem Tee von Formosa Epicatechin und Gallocatechin isoliert. Deijs (1939) konnte aus 8 Sorten grüner Teeblätter (Java und Formosa) L-Epicatechin und L-Gallocatechin und aus einigen der untersuchten 8 Sorten 3-Galloylcatechin isolieren.

In zwei neueren Arbeiten beschreiben Bradfield und Mitarbeiterinnen (1947, 1948) die Trennung und Isolierung der Teegerbstoffe unter Anwendung der Verteilungschromatographie an einer Säule von feuchtem Silicagel nach Martin und Synge (1941). Diese Untersuchungen sollen im nachstehenden wiedergegeben werden.

Durchführung der Chromatographie. Als Säule dient ein Glasrohr von 3,15 cm innerem Durchmesser und 40—45 cm Länge, das unten eine mit Filtrierpapier bedeckte Lochplatte aus Nickel oder Silber trägt, zu einer Rohrweite von 2 mm ausgezogen und mit einem Glashahn versehen ist. Auf eine Säule ist ein Tropftrichter aufgesetzt, dessen Ablaufrohr so gebogen ist, das es an die Wand des Glasrohres stößt.

40 g getrocknetes Silicagel, vermischt mit 26 ml Wasser, werden in 200 ml trockenem peroxydfreiem Äther suspendiert und der Brei in das Rohr eingefüllt und mit Äther nachgespült. Darauf läßt man das Silicagel absitzen. Gelegentliches Klopfen erleichtert das Absitzen des Gels. Wenn das Lösungsmittel etwa 45 min lang durch die Säule gelaufen ist, wird die überstehende Ätherschicht auf 15 cm Höhe aufgefüllt und die Geloberfläche geebnet. Darauf läßt man den Äther durchfließen, bis noch etwa 1 cm davon übersteht. Nun wird die Gerbstofflösung durch den Tropftrichter eingefüllt. Die Lösung und die ersten 50 ml des zur Entwicklung verwendeten Lösungsmittels läßt man so durch die Säule fließen, daß etwa 150 ml pro Stunde durchlaufen. Für die späteren Anteile des entwickelnden Lösungsmittels wird die Geschwindigkeit auf 350—400 ml pro Stunde gesteigert.

Unter den angegebenen Arbeitsbedingungen werden die farblosen Bänder allmählich herausgelöst. Man fängt alle 5 min 4 Tropfen des Eluats auf, verdünnt sie mit 2—3 ml Wasser und gibt 1 Tropfen n/3-p-Nitrophenyl-diazoniumchloridlösung hinzu. Es entstehen gelbe bis braunorange Färbungen, wenn das Eluat Polyphenole enthält. Mit diesem Nachweis wird der Fortgang der Chromatographie verfolgt.

Extraktion der Polyphenole des grünen Tees. 10 g Ceylontee werden in 250 ml Wasser 5—6 min gekocht, dann abgekühlt und durch ein Tuch filtriert. Die Lösung (200 ml) wird 15 min mit 150 ml Chloroform zusammen am Rückfluß gekocht, gekühlt und zur Vervollständigung der Extraktion nach 6—8 Std. im Extraktor mit Chloroform extrahiert. Dadurch werden Coffein, Abbauprodukte des Chlorophylls und Spuren von Carotinoiden entfernt. Die wäßrige Lösung wird abgetrennt, zur Beseitigung des restlichen Chloroforms einige Minuten unter Durchleiten von CO_2 gekocht und dann, nach Erkalten, 12 Std. lang mit Essigester extrahiert. Die Essigesterlösung wird im CO_2-Strom — zuletzt im Vakuum — eingedampft. Der Rückstand wird mit Aceton in eine Schale gespült und auf dem Wasserbad zur Trockne gedampft. Dabei geht der harzige Rückstand in ein hell braun-orangefarbiges, amorphes Pulver über (1,25 g).

Chromatographie mit Äther. 2 g dieses Pulvers wurden mit 40 ml feuchtem Äther in mehreren Portionen angerieben, die Lösung vom Ungelösten (0,4 g) dekantiert und zur Chromatographie eingesetzt. Ein kaum sichtbares, blaßgrünes Band passierte sehr rasch die Säule und erschien als grüne Lösung im Eluat. Darauf folgten noch einige unvollständig aufgetrennte Bänder von Polyphenolen, und das ganze Eluat von annähernd 60—600 ml wurde als Fraktion (a) aufgefangen. Nach einem deutlichen Abstand wurde ein wohl definiertes zweites Band als Fraktion (b) von 700—1000 ml und anschließend ein Band der Fraktion (c) von 1200—1800 ml aufgefangen. Während der Entwicklung des Chromatogramms rückten schwach gefärbte Bänder sehr langsam in der Säule nach unten. Schließlich war eine schmale, hellrote Zone 2—3 cm unter dem oberen Rand der Säule zu sehen. Etwas tiefer war eine breite, schwachgelbe Zone. Diese wurden nicht untersucht.

Fraktion (a) wurde mit MgSO$_4$ getrocknet, im CO$_2$-Strom bei Raumtemperatur einge-dampft und zur weiteren Untersuchung aufbewahrt (1,07 g). Fraktion (b): die vereinigten Lösungen von zwei Säulen wurden getrocknet und im CO$_2$-Strom auf 30 ml eingeengt. Darauf kristallisierte ein Teil der Substanz beim Stehen aus. Der Rest wurde erhalten durch er-neutes Chromatographieren der dekantierten, ätherischen Lösung an 40 g Silicagel, das mit 26 ml Wasser vermischt war. Das Eluat, das die gewünschte Fraktion enthielt, wurde ge-trocknet und eingedampft. (Ausbeute 0,14 g aus 4 g des orange-farbenen Pulvers.)

Fraktion (c) wurde getrocknet, auf 30 ml eingeengt und ebenfalls noch einmal an 40 g Silicagel chromatographiert. Wenn das Band im Eluat erschien, wurden die nächsten 150 ml des Eluats verworfen, bevor die Hauptfraktion gesammelt wurde. (Ausbeute 0,17 g von 2 g Ausgangsmaterial.)

Chromatographie mit anderen Lösungsmitteln. Es wurde dieselbe Anordnung und Arbeits-weise verwendet wie bei Äther. Auch hier enthielt das Silicagel 65% seines Gewichts an Wasser. Die zur Entwicklung benutzten Lösungsmittel waren die gleichen, wie die zur Herstellung der Lösung verwendeten. Das Gemisch von Essigester und Tetrachlorkohlen-stoff, das in Säule III und IV verwendet wurde, war durch Mischen von 2 Teilen Essigester (E) und 1 Teil Tetrachlorkohlenstoff (CCl$_4$) hergestellt ($d = 1,121$) und unmittelbar vor Gebrauch mit Wasser gesättigt.

Nachstehend ist das Schema der Trennung der Teegerbstoffe durch mehrfache Chromato-graphie angegeben.

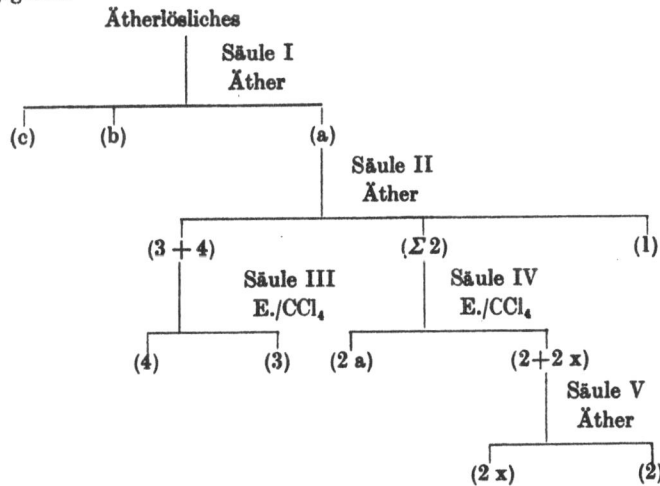

Die Produkte wurden isoliert durch Eindampfen der Lösung im Vakuum und CO$_2$-Atmosphäre, durch Herauslösen der Eindampfrückstände mit Äther, der dann bei tiefer Temperatur verdampft wurde. Das wiedergewonnene Lösungsmittel wurde gewaschen, getrocknet, destilliert, auf die richtige Dichte gebracht und vor der neuen Verwendung mit Wasser gesättigt.

Die Lage der Bänder ist in Tabelle 4 angegeben durch die angenäherten Werte R_1 und R_2 die ihre untere und obere Begrenzung angeben. Diese Werte schwanken etwas für die

Tabelle 4.

Säule Nr.	Gewicht d. Sili-cagels in g	Lösung	Erhaltene Fraktionen	R_1	R_2
II	70	0,5 g Fraktion (a) in 10 ml Äther	(Σ 2) (3 + 4)	0,75 0,45	0,45 0,26
III	50	0,25 g Fraktion (3 + 4) in 5 ml E./CCl$_4$	(3) (4)	0,58 0,42	0,47 0,27
IV	70	0,2 g Fraktion (2) in 5 ml E./CCl$_4$	(2 + 2 x) (2a)	0,85 0,55	0,55 0,35
V	70	0,25 g Fraktion (2 + 2 x) in 5 ml Äther	(2) (2 x)	0,77 0,55	0,55 0,47

verschiedenen Silicagelpräparate und hängen auch etwas von den relativen Mengen der Fraktionen ab. Obgleich dies nicht aus den angegebenen R-Werten ersichtlich ist, befindet sich doch zwischen den Fraktionen eine kleine Lücke. Bei Säule II gehen mehrere schwache Bänder der Fraktion (2) voraus und überlappen sie leicht. Diese Bänder stammen von Spuren grüner und gelber Farbstoffe, von Gallussäure und zwei phenolischen Substanzen.

Zur Isolierung und Identifizierung wurden mehrere Ansätze zusammengenommen.

(—)Galloyl-epicatechin: Subst. (2), 0,5 g aus 10 ml Wasser farblose Nadeln F. 252—254° (Zers.), $[\alpha]_D^{18} = -190°$ (Äthanol, $c = 0,25$). Acetat F. 119,5°—120,5°, $[\alpha]_D^{15} = -96°$ (Benzol, $c = 0,56$) in Übereinstimmung mit Tsujimura (1930, 1931, 1935). Die Tannase-Spaltung (es wurde keine isolierte Tannase, sondern getrocknetes Mycel von Aspergillus niger verwendet) führte zu Gallussäure und (—)-Epicatechin.

Subst. (2a). Die Substanz, 0,15 g, aus 0,2 ml Wasser kleine Nadeln F. 217—219° (Zers.), $[\alpha]_D^{18} = -46°$ (Aceton, $c = 0,43$). Ergab kein Acetat. Die Tannasespaltung lieferte Gallussäure (0,0325 g) und ein Gallocatechin (2b). Die Substanz (53 mg) kristallisierte aus Wasser in kleinen Nadeln. F. 200—205° (Zers.), optisch inaktiv. Hexaacetat F. 140—142°. Der Analyse nach liegt ein neues $(\pm)$-Gallocatechin vor, das verschieden ist von dem $(\pm)$-Gallocatechin der Fraktion (b).

(—)-Epicatechin. Substanz (3) aus Wasser rechtwinklige Tafeln F. 236—237° (Zers.). Acetat F. 151—152°. Identifiziert mit (—) Epicatechin.

(—) Galloyl-Gallocatechin. Substanz (4), 0,19 g aus 0,6 ml Wasser F. 215—216° (Zers.), $[\alpha]_D^{18} = -179°$ (Äthanol, $c = 0,28$). Es konnte kein Acetylderivat erhalten werden. Tannase-Spaltung von 0,4 g lieferte Gallussäure (0,115 g) und (—) Gallocatechin (0,16 g) und daraus das Hexaacetat vom F. und Mischschmelzpunkt 191—193°.

$(\pm)$ Catechin. Substanz (2 x), kleine Nadeln, die bei 100—110° Wasser verlieren, bei 200° beginnend sich zwischen 210 und 215° zersetzen und optisch inaktiv sind. Acetylverbindung F. 164—165°.

(—) Gallocatechin. Fraktion (c), 0,5 g aus 3 ml Wasser kleine, weiße Nadeln F. 217—218° (Zers.), $[\alpha]_D^{18} = -60°$ (Äthanol, $c = 0,28$); Hexaacetat F. 190,5—192°, $[\alpha]_D^{15} = -14°$. [In Übereinstimmung mit Tsujimura (1934).]

Substanz Fraktion (b), 0,1 g kristallisierte aus 3 ml Wasser/Äthanol (2:1) als Gemisch von weißen Rhomben und kleinen Nadeln, die nicht völlig voneinander getrennt werden konnten. Ein Teil der Substanz (vorwiegend Nadeln) schmolz unscharf in der Gegend von 160° (Zers.), ein anderer (vorwiegend Rhomben) bei 195° (Zers.). Die Substanz ist optisch inaktiv; die Formel $C_{15}H_{14}O_7$, H_2O und das Hexaacetat vom F. 158,5—159,5° (optisch inaktiv) weisen auf ein $(\pm)$ Gallocatechin.

Die Ausbeuten aus grünem Ceylontee, bezogen auf extrahierbare Polyphenole, waren: (—) Gallocatechin 11,7%; $(\pm)$ Gallocatechin 5,8%; (—) Epicatechin 3,2%; $\pm$ Catechin 1,2%; (—) Galloyl-gallocatechin 36%; Substanz (2a) 4,7%; (—) Galloyl-epicatechin 7,5%. Ganz ähnliche Ergebnisse wurden bei einer anderen Sorte von grünem Ceylontee, bei grünem chinesischem Tee und bei Proben von getrockneten Blättern von Ceylon- und Assam-Tee erhalten.

II. Hamameli-Tannin.

Das von Grüttner (1898) entdeckte, schön kristallisierende Hamamelitannin ist neben braunen amorphen Gerbstoffen in der Rinde des nordamerikanischen Strauches *Hamamelis virginica* enthalten. Es ist eine Digalloylhexose (Freudenberg, 1919), deren Konstitution weitgehend aufgeklärt ist und am besten durch Formel XII wiedergegeben wird.

XII

Hamameli-Tannin

XIII

Hamamelose

In dieser Formulierung ist sichergestellt die Konstitution (SCHMIDT, 1929) und Konfiguration (SCHMIDT und WEBER-MOLSTER, 1934; SCHMIDT und HEINTZ, 1934) der Hexose. Diese, die Hamamelose, ist eine α-Oxymethyl-D-ribose (Formel XIII). Es ist in Formel XII wahrscheinlich gemacht der 1—4-Ring im Zucker und der Sitz der beiden Moleküle Gallussäure an den primären Hydroxylgruppen des Zuckers (SCHMIDT, 1929).

1. Darstellung.

(FREUDENBERG und BLÜMMEL, 1924; SCHMIDT, 1929.)

20 kg grobgemahlene Rinde von *Hamamelis virginica* werden mit kaltem Aceton erschöpft (perkoliert). Die Extrakte werden vorsichtig, zuletzt bei Unterdruck, auf 4 l eingeengt. Diese Lösung wird bei vermindertem Druck im DAKINschen Vakuum-Extraktions-apparat mit Benzol extrahiert, bis dieses farblos abläuft. Das Benzol entfernt große Mengen dunkelgefärbter Harze und fettiger Substanzen. Das der extrahierten Flüssigkeit noch anhaftende Benzol wird bei Unterdruck abgedampft. Nunmehr wird die schwarze, sirupöse Flüssigkeit bis zu 140 Std. bei Unterdruck mit Essigester extrahiert. Um eine allzu lange Berührung des Hamameli-Tannins mit dem Essigester zu vermeiden, wird das den Extrakt enthaltende Gefäß nach je 20 Std. ausgewechselt; der letzte 20stündige Extrakt darf bei der im folgenden beschriebenen Aufarbeitung keine Kristallisation von Hamameli-Tannin mehr liefern. Die Extrakte werden im Vakuum eingeengt, mit Wasser versetzt und wiederum zur Entfernung der letzten Spuren des Essigesters konzentriert, alsdann vereinigt und mit Wasser auf 3 l verdünnt. Man gibt unter gelindem Erwärmen solange Talk in kleinen Portionen zu, bis sich dieser nicht mehr anfärbt und eine filtrierte Probe keine Trübung mehr zeigt. Nach der Filtration wird tropfenweise 10%ige Bleiacetat-Lösung zugesetzt, bis auf den anfangs ausfallenden, sehr dunklen Niederschlag hellgelbe Fällungen folgen. Dazu sind 30—40 ml nötig. In dem Filtrat wird durch Schwefelwasserstoff in gelinder Wärme das Blei gefällt. Die filtrierte Lösung wird bei Unterdruck zum dünnflüssigen Syrup eingeengt, der meist über Nacht zum Kristallbrei erstarrt. Durch Rühren wird die Kristallisation beschleunigt, die erst nach 4—6tägigem Stehen auf Eis beendet ist. Das Kristallisat wird solange mit Eiswasser gewaschen, bis das Filtrat farblos abläuft. Die Mutterlaugen enthalten noch geringe Mengen Hamameli-Tannin. Sie werden mit der letzten, nicht mehr kristallisierenden Essigester-Fraktion vereinigt, im Vakuum bis zur Konsistenz der konz. Schwefelsäure eingeengt und erneut mit Essigester 20 Std. extrahiert. Bei der Aufarbeitung wird noch ein geringes Kristalli-sat erhalten. Die Ausbeute an kristallwasserfreiem Material beträgt 260 g, d. i. 1,3 % der Rinde.

Das Rohprodukt wird zunächst aus 30 Teilen Wasser umkristallisiert (Impfen!), im Vakuumtrockenschrank durch sehr langsames Erwärmen entwässert, in der 3—4fachen Menge Aceton gelöst und mit Benzol bis zur bleibenden Trübung versetzt. Nach einigen Stunden wird die überstehende klare Lösung durch ein trockenes Filter vom Bodensatz abgegossen und mit wenig Tonerde geklärt, das organische Lösungsmittel bei Unterdruck verjagt (nicht über 40° C) und der Rückstand aus 30 Teilen Wasser umkristallisiert. Der Bodensatz, der noch eine erhebliche Gerbstoffmenge enthält, wird noch einige Male auf dieselbe Weise behandelt.

Man erhält so das Hamameli-Tannin zwar rein weiß und in schönen Kristallen, die jedoch von gallertigen Anteilen durchsetzt sind. Es hat sich gezeigt, daß diese Gallerten nur eine andere Abscheidung desselben Stoffes sind und sich vollständig in die kristallisierte Form überführen lassen (SCHMIDT, 1929).

Zu diesem Zweck wird die aus dem Rohprodukt durch Umkristallisieren und Behandeln mit Aceton und Benzol gereinigte, übersättigte Lösung des Gerbstoffs handwarm über Talk abgesaugt. Das klare, farblose Filtrat wird verschlossen unter Vermeidung jeglichen Impfens auf 10—15° C abgekühlt. Nach einigem Stehen scheidet sich ein Belag von farblosen Gallerten am Boden und an den Wänden des Gefäßes ab. Mitunter, bei zu langem Stehen, beginnt auch die Bildung von Kristallen. Die von den Gallerten abfiltrierte Lösung wird geimpft und im Verlaufe von einigen Stunden auf etwa 5° C abgekühlt. Dabei beginnt die Kristalli-sation, die durch eintägiges Stehen im Eisschrank vervollständigt wird, und nun ganz frei von der amorphen Abscheidung ist. Von den abgetrennten Gallerten wird wiederum eine handwarme gesättigte Lösung bereitet und genau so weiterbehandelt wie das erste Mal, so daß auch von diesem Anteil die Hauptmenge wohlkristallisiert erhalten wird. Die Gallerten-bildung nimmt sehr rasch ab. 2—3malige Anwendung des Verfahrens genügt in der Regel zur Umwandlung der amorphen Abscheidungen in Kristalle. Da die Löslichkeit des Tannins in Wasser bei 0° C sehr klein ist, sind die Verluste insgesamt unbedeutend.

Das Hamameli-Tannin kristallisiert mit 6 Molen Kristallwasser. $[\alpha]_{546} = +15°$ (wäßriges Methanol, $c = 1$). $[\alpha]_D = +35°$ (Wasser, $c = 1$). Konzentriertere wäßrige Lösungen haben eine kleinere spezifische Drehung. Der Gerbstoff löst sich leicht in heißem, schwer (weniger als 1%) in kaltem Wasser. Er löst sich leicht in Alkohol, Aceton und Essigester, kaum dagegen in Äther. Die wäßrige Lösung fällt Leim, aber weniger stark als die Galläpfeltannine, und die Fällung löst sich in der Wärme nicht schwer. Auch die übrigen Gerbstoffreaktionen fallen positiv aus. Die Acidität gleicht der des Pyrogallols, 1 g verbraucht etwa 1,4 ml $n/10$ Natronlauge.

2. Darstellung und Messung der Tannase.

Die Darstellung der Tannase erfolgt im wesentlichen nach Vorschriften von Freudenberg, Blümmel und Frank (1927) mit einigen nach Dyckerhoff und Armbruster (1933) und Tatarskaja (1938) vorgeschlagenen Abänderungen (Will, 1951).

900 g zerstoßene Myrobalanenschalen werden in 2 Portionen in je $^1/_2$ l heißem Wasser 10 min gekocht. Dann wird abgegossen und der Rückstand noch dreimal mit je $^1/_2$ l heißem Wasser ausgezogen. Zu dieser Flüssigkeit werden 4 wäßrige Lösungen von: 300 g Ammonsulfat, 13 g Dikaliumphosphat, 5 g Magnesiumsulfat und 1 g Zinksulfat hinzugefügt und mit Wasser auf 11 l aufgefüllt. Die Flüssigkeit wird auf große, flache Schalen derart verteilt, daß die Schichtdicke mindestens 4 cm beträgt. Es wird nun mit einer Aufschlämmung von Sporen des *Aspergillus niger* in Wasser die Nährlösung in den einzelnen Schalen angeimpft. Der Pilz, dessen Sporen leicht anfliegen, wird auf einer Myrobalanenlösung oben angegebener Zusammensetzung gezüchtet. Pilzdecken, die durch Animpfen mit Sporen des auf Aleppogallen gezüchteten Aspergillus niger gewachsen waren, führten nicht zu guten Tannasepräparaten. Für einen zweiten Ansatz zur Darstellung von Tannase dienen jeweils die Sporen der Pilzdecke der letzten Ernte des ersten Ansatzes. Die einzelnen Schalen werden dann bei 33° im Brutschrank gehalten, bis sich ein straffes, weißes Mycel (möglichst ohne Sporen) ausgebildet hat. Dies ist meist nach 2—2$^1/_2$ Tagen der Fall. Alsdann wird die erste Ernte des Pilzes abgenommen und dreimal mit frischem dest. Wasser mit den Händen durchgeknetet und ausgepreßt, das Mycel mit einem Messer fein zerschnitten und mit $^3/_4$ l dest. Wasser unter Zusatz von 0,75 ml Toluol in einem geschlossenen Gefäß 24 Std. geschütte... Nun wird durch eine Lage Kieselgur abgesaugt und der Auszug sofort im Vakuum (Badtemperatur nicht über 40° C) auf 30—50 ml eingeengt, durch Kieselgur geklärt und mit der gleichen bis doppelten Menge Aceton und wenig Äther ausgefällt. Der abgesaugte Niederschlag wird in etwa 20 ml dest. Wasser gelöst und wieder mit Aceton und Äther ausgefällt. Diese Operationen, Absaugen, Eindampfen und Ausfällen sollen möglichst innerhalb eines Arbeitstages erledigt werden, da sich die Beobachtung von Tatarskaja (1938) bestätigte, daß bei längerem Stehen des Fermentes in der wäßrigen Lösung der wirksame Enzymgehalt sinkt. Die hellbraunen bis hellgrauen Tannasepräparate werden im Vakuumexsiccator getrocknet und dann zur Spaltwertbestimmung angesetzt. Jede Nährlösung erzeugt 2—3 Pilzernten, die brauchbare Tannasepräparate liefern.

Die Ausbeuten an Tannase und deren Spaltwerte sind recht schwankend. Zum Beispiel lieferte ein Ansatz (900 g Myrobalanen, 11 l Wasser) in drei Ernten insgesamt 1,65 g Tannase vom mittleren Spaltwert 34,6, ein anderer Ansatz um 0,46 g Tannase vom mittlerem Spaltwert 61.

Als „Spaltwert" bezeichnen Freudenberg und Vollbrecht (1921) die Anzahl Milligramm eines Tannasepräparates, die erforderlich ist, um bei 33° C in 24 Std. 1,082 g Gallussäuremethylester (entsprechend 1,000 g Gallussäure), in 200 ml Wasser gelöst, zur Hälfte zu spalten. Und eine „Tannaseeinheit" ist diejenige Menge Tannase, die 1 g als Ester vorliegende Gallussäure in wäßriger Lösung, die in bezug auf Gallussäure $^1/_2$%ig ist, bei 33° in 24 Std. zur Hälfte in Freiheit setzt.

Zur Bestimmung des Spaltwertes werden 1,082 g wasserfreier Gallussäure-methylester in 200 ml dest. Wasser gelöst. Jeweils 10 ml dieser Lösung werden mit 1 mg, 2 mg, 3 mg usw. des zu messenden Tannasepräparates versetzt und 24 Std. im Brutschrank bei 33° gehalten. Die dabei jeweils freiwerdende Gallussäure wird mit n/40-Natronlauge und 10 Tropfen Bromkresolpurpur bis zur ersten Farbänderung des Indikators zu einem hellen bräunlichen Rot titriert. (Es erfordert einige Übung, den Umschlagspunkt zu treffen, und man titriert zweckmäßig in einem zylindrischen Glas von 3,5 cm Durchmesser und etwa 8 cm Höhe.) Von den erhaltenen Titrationswerten ist der zu ermittelnde Blindwert für Gallussäuremethylester (0,2—0,4 ml) jeweils in Abzug zu bringen. Ein Verbrauch von 1 ml n/40 Lauge entspricht einer Menge von 4,25 mg Gallussäure in den titrierten 10 ml oder von 20mal 4,25 = 85,0 mg Gallussäure in 200 ml. Die jeweils verbrauchte Menge Natronlauge, multipliziert mit 85,0, ergibt also die gesamte Menge der freigewordenen Gallussäure, z. B. 360 mg. Dies würde 36,0% Abbau entsprechen, die durch z. B. 1 mg Tannase in 10 ml oder 20 mg Tannase in 200 ml hervorgerufen wurden. Man trägt in einem Diagramm auf der Abszisse die steigenden Tannasemengen des Versuchs und auf der Ordinate die gemessenen Abbauwerte auf, verbindet die Punkte und sucht die Tannasemenge, die einem 50%igen Abbau entspricht. Somit liefert diese „24 Std.-Kurve" (vgl. Abb. 4) den „Spaltwert".

Hat man häufiger Tannasepräparate zu messen, so kann man sich die jedesmalige Aufstellung einer eigenen 24 Std.-Kurve ersparen und seine Meßwerte auf die einmal aufgestellte Kurve oder auf eine von FREUDENBERG und VOLLBRECHT (1921) für ein Tannasepräparat vom Spaltwert 35,4 angegebene 24 Std.-Kurve (Abb. 4) beziehen. Nun braucht nur der Umsatz einer beliebigen Menge *(a)* eines dargestellten Tannasepräparates bei 33° C in 24 Std. festgestellt und auf der obenstehenden Kurve aufgesucht zu werden. Dann kann man unmittelbar ablesen, welche Menge *(b)* des Tannasepräparates der abgebildeten Kurve der verwendeten Menge des zu untersuchenden Präparates entspricht. Hierdurch läßt sich der Spaltwert des zu untersuchenden Präparates errechnen: a mg der Tannase vom Spaltwert x entsprechen b mg der Tannase vom Spaltwert 35,4;

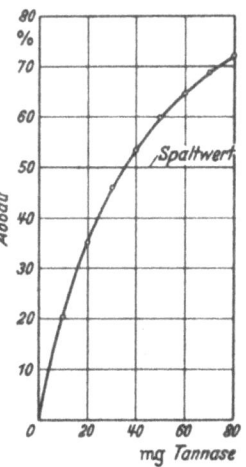

Abb. 4. „24 Std.-Kurve."

$$a:x = b:35,4; \quad x = \frac{a \cdot 35,4}{b}.$$

Für die Wertbestimmung der Tannase durch ihre Einwirkung auf Gallussäure-methylester genügt das oben beschriebene Verfahren ohne Anwendung von Puffern. Auch für die Verfolgung einer präparativen Spaltung eines Substrats mit Tannase wird man in der Regel auf Puffer verzichten müssen. Indessen ist insbesondere für kinetische Messungen die Anwendung von Puffern gegeben, da bei den Hydrolysen wachsende Mengen von Gallussäure entstehen, aber nur bei gleichbleibendem p_H mit einem monomolekularen Verlauf der Fermentreaktion zu rechnen ist. Als optimale Wasserstoffionenkonzentration für die Tannasewirkung auf Gallussäure-methylester ist von DYCKERHOFF und ARMBRUSTER (1933) p_H 5 festgestellt worden. Zur Wertbestimmung schlagen diese Autoren folgendes Verfahren vor.

25 ml m/50 Substratlösung, die nach Bedarf vorher mit NaOH auf etwa p_H 5 gebracht worden sind, werden in Gegenwart von m/50-sekundärem Citrat nach SÖRENSEN 24 Std. lang bei 40° C der Einwirkung des Enzymlösung überlassen. Bei Beginn der Versuchszeit werden 5 ml dieser Lösung herauspipettiert und mit n/10 NaOH mit Bromthymolblau auf p_H 7 titriert. Nach Ablauf der Hydrolysenzeit werden weitere 5 ml in derselben Weise behandelt. Aus der Differenz der beiden Titrationszahlen errechnet sich die Spaltung, und zwar entspricht 1 ml Aciditätszuwachs der Durchspaltung des Substrates. Wie durch besondere Versuche ermittelt wurde, besteht Äquivalenz zwischen entstehender Säure und Laugenverbrauch auch in Gegenwart von Puffern, wenn der Fehler, den der Eigenverbrauch des Gallussäure-methylesters an NaOH bedingt, in Kauf genommen wird.

3. Abbau des Hamameli-Tannins mit Tannase.
(FREUDENBERG und BLÜMMEL, 1924.)

Eine Gerbstoffmenge, die 10 g Trockensubstanz entspricht, wird in 2 l Wasser gelöst; in einigen Millilitern dieser Flüssigkeit werden 0,2 g Tannase vom Spaltwert 35 aufgenommen. Von Tannase mit schlechterem Spaltvermögen muß entsprechend mehr genommen werden. Die Lösungen werden vereinigt und bei 33° C steril aufbewahrt. Die erste Titration wird nach 5 Tagen ausgeführt. In einzelnen Fällen ist der Abbau schon beendet. 20 ml der Lösung verbrauchen alsdann 16,7 ml n/40 Natronlauge. Meistens muß die Lösung noch einige Tage stehen, bis die Säurezunahme aufhört. Die Lösung wird bei Unterdruck eingeengt, bis die Gallussäure zu kristallisieren beginnt; nach Einstellen in Eis wird abgesaugt, mit Eiswasser nachgewaschen und Mutterlauge nebst Waschwasser im Apparat 24 Std. ausgeäthert. Falls der Abbau nicht beendet war, wird die ausgeätherte Lösung von Äther befreit, mit Wasser so weit verdünnt, daß sie 0,33 % gebundene Gallussäure enthält, und erneut mit wenig Tannase behandelt. Die Gallussäure wird nach der Konzentration wieder ausgeäthert. Sie wird vom Äther befreit, mit Wasser in ein gewogenes Schälchen gespült, an der Luft bei 20° C eingetrocknet und mit 1 Molekül Kristallwasser in Rechnung gestellt. Ausbeute: 68,2—68,9 % wasserfreie Gallussäure (berechnet für Digalloylhexose 70,2 %). Sie ist einheitlich und liefert bei der Acetylierung reine Triacetyl-gallussäure (F. 171—172° C korr.).

Die vom Äther befreite Zuckerlösung wird mit Wasser verdünnt und 15 Std. mit 1,5 g Faserton (Merck) in Berührung gelassen. Die filtrierte Lösung gibt jetzt meistens keine Reaktionen mit Eisenchlorid mehr; sie wird im Vakuum bis zum dünnen Sirup eingeengt und in abs. Alkohol aufgenommen. Die Tannase bleibt zurück, während der Zucker fast farblos in Lösung geht. Die alkoholische Lösung wird wieder mit Tonerde behandelt, verdampft und der Zucker in Wasser mit Talk geschüttelt. Die Lösung zeigt jetzt keine Eisenchloridreaktion mehr. 1 ml wird im Schiffchen über Phosphorsäureanhydrid bei 100° C und 5 mm Druck getrocknet; aus dem Rückstand läßt sich die Gesamtausbeute an Zucker berechnen; statt 37,2 % werden 33,2 % gefunden; der Verlust ist in der Hauptsache auf die Adsorption an die Tonerde zurückzuführen.

III. Chebulagsäure.

Die Chebulagsäure, $C_{41}H_{30}O_{27}$, ist als erster kristallisierter Ellagengerbstoff zuerst aus Myrobalanen *(Terminalia chebula)* (SCHMIDT und NIESWANDT, 1948, 1950) und kurz darauf auch aus Dividívi *(Caesalpinia coriaria)* (SCHMIDT und LADEMANN, 1950) dargestellt worden. Ihre Konstitution ist noch nicht völlig aufgeklärt. Doch hat sich bis jetzt zeigen lassen (O. TH. SCHMIDT und D. M. SCHMIDT, 1952), daß der Chebulagsäure das Corilagin (Formel IV) zugrunde liegt, von dem sie sich nur dadurch unterscheidet, daß sie zusätzlich ein Mol Chebulsäure (Formel V), entweder an der Hydroxylgruppe 2 oder 4 der Glucose, oder an beiden, gebunden enthält. Es ist auch gelungen, Chebulagsäure durch vorsichtige Hydrolyse unter Abspaltung der Chebulsäure präparativ in Corilagin überzuführen.

Die nachstehend beschriebenen Isolierungsverfahren beruhen darauf, daß die Gesamtgerbstoffe aus Myrobalanen oder Dividivi durch fraktionierte Extraktion mit Essigester bei verschiedenen p_H-Werten (PHILLIPS, 1936) in einen „carboxylsauren" und einen „phenolsauren" Anteil zerlegt werden. Im Falle der Myrobalanen wurde ursprünglich (SCHMIDT und NIESWANDT, 1950) der carboxylsaure Anteil über eine Fällung mit Zinkacetat gereinigt und fraktioniert kristallisiert. Später hat sich die Zinkfällung als nicht unbedingt erforderlich erwiesen (BLINN, 1951). Im Falle des Dividivi wird der carboxylsaure Anteil fraktioniert mit Blei gefällt und die aus den besten Bleifällungen freigelegten Gerbstofffraktionen im Gegenstromverfahren (CRAIG, 1949) weiter aufgetrennt, wobei das optische Drehungsvermögen zur Beurteilung der Trennungsoperation diente.

1. Darstellung aus Myrobalanen.
(BLINN, 1951.)

300 g entkernte und fein gemahlene Myrobalanen werden mit 270 ml Wasser angeteigt und über Nacht aufbewahrt. Man perkoliert dann mit 2—2,5 l Aceton, bis die abtropfende Flüssigkeit nur noch schwach gelb gefärbt ist, dampft im Vakuum bis zum Sirup ein, verdünnt mit Wasser auf etwa 500 ml und läßt — nach Animpfen mit Chebulinsäure — 1 bis 2 Tage stehen, wobei die Lösung zum Schutze gegen Schimmelbildung mit einigen Tropfen Toluol bedeckt wird. Man saugt nun den ausgefallenen Chebulinsäurebrei ab (32—41 g), wäscht mit Wasser und extrahiert das etwa 600 ml betragende Filtrat bei 30° C und 80 mm 5—6 Tage lang mit Essigester. Den so erhaltenen Extrakt der Gesamtgerbstoffe nimmt man, nach Abdestillieren des Essigesters im Vakuum, mit 550 ml Wasser auf und neutralisiert unter Indizieren mit der Wasserstoffelektrode mit festem Natriumhydrogencarbonat bis p_H 6,3. Man extrahiert nun 5 Tage im Vakuum mit Essigester die phenolsauren Gerbstoffe, welche

verworfen werden, säuert die wäßrige Lösung mit halbkonzentrierter Phosphorsäure bis p_H 2,5 an und extrahiert in weiteren 5 Tagen mit Essigester im Vakuum die carboxylsauren Gerbstoffe. Den Essigester verjagt man wiederum im Vakuum und dampft dann mit Wasser im Vakuum fast bis zur Trockene, wobei ein großer Teil der restlichen Chebulinsäure als Kristallbrei ausfällt und beim Aufnehmen in etwa 400 ml warmem Wasser nicht mehr völlig in Lösung geht. Durch 12 stündiges Stehenlassen vervollständigt sich die Chebulinsäure-Abscheidung. Man saugt den weißen Niederschlag (8—15 g) ab und erhält bei weiterem Stehenlassen meist schon nach 1—2 Tagen reine Chebulagsäurekristalle. Diese lassen sich durch ihre Rhombenform unter dem Mikroskop gut von den Verunreinigungen — Chebulinsäure und Gallussäure, welche beide in Nadeln kristallisieren — unterscheiden. Sollte die erste Kristallisation noch Nadeln enthalten, so wird sie abgetrennt. Jedenfalls darf das Filtrat erst dann zur Erzielung der Hauptkristallisation in den Eisschrank gestellt werden, wenn keine Chebulinsäure-Kristalle mehr unter dem Mikroskop beobachtet werden. Die Ausbeute an Rohchebulagsäure beträgt 10—11 g. Zum Umkristallisieren löst man in etwa der 40 fachen Menge Wasser von 70° C auf, fügt eine Spatelspitze eisenfreier Tierkohle hinzu, filtriert und erhält bei langsamem Abkühlen bis auf Zimmertemperatur schöne Kristalle. Aus konzentrierteren Lösungen und bei zu raschem Abkühlen (durch Einstellen in den Eisschrank) fällt die Chebulagsäure als Gallerte aus, die sich nach Animpfen — oft auch von selbst — allmählich in Kristalle umwandelt.

Wenn es nicht gelingt, die gesamte Chebulinsäure vor dem ersten Auskristallisieren der rohen Chebulagsäure völlig abzutrennen, so erhält man Präparate, die noch Chebulinsäure enthalten. Es ist ziemlich aussichtslos, die beiden Säuren, deren Löslichkeiten in kaltem Wasser sehr ähnlich sind, durch fraktionierte Kristallisation vollständig zu trennen. Indessen gelingt die Trennung dann ohne Schwierigkeiten durch Gegenstromverteilung zwischen Wasser und Essigester.

Zum Beispiel wurden 10,0 g eines Gemisches aus 90% Chebulagsäure und 10% Chebulinsäure (berechnet aus der spez. Drehung von —47,4°) unter Erwärmen in 250 ml Wasser gelöst, abgekühlt und in der ersten von 12 Scheidetrichtern von 600 ml Fassungsvermögen gefüllt, die alle mit 250 ml Essigester beschickt sind. Nach kräftigem Durchschütteln wird die wäßrige Phase des ersten Trichters in den zweiten Trichter übergeführt, dem ersten Trichter 250 ml frisches Wasser gegeben und so weiter verfahren, bis die erste wäßrige Lösung im zwölften Trichter angelangt ist. (Beim Schütteln bilden sich in der Regel Emulsionen, deren Entmischung langsam vor sich geht.) Die Trichterinhalte werden — beide Phasen zusammen — im Vakuum eingedampft und sowohl ihr Gewicht wie ihre spez. Drehung (in Äthanol) bestimmt. Es zeigt sich, daß die in Essigester ein wenig schwerer lösliche Chebulagsäure in den Scheidetrichtern 5 bis 12 — mit Schwerpunkt im siebten — vorliegt. Ausbeute 8,0 g.

Chebulagsäure bildet (aus Wasser) farblose, schön ausgebildete, manchmal an den Spitzen abgeschnittene Rhomben. Sie enthält Kristallwasser (10 Mole), das bei 80° und 15 mm über P_2O_5 abgegeben wird, und wird ohne zu schmelzen oberhalb 240° C dunkel. Sie ist löslich in Methanol, Äthanol, Aceton, Essigester und heißem Wasser, unlöslich in Benzol und Petroläther, schwerlöslich in kaltem Wasser, so daß sie am besten aus Wasser umkristallisiert wird. Ihre Löslichkeit ist derjenigen der Chebulinsäure sehr ähnlich. Dies trifft auch für die Löslichkeit in Wasser zu, doch ist Chebulinsäure in Wasser ein wenig schwerer löslich und kristallisiert leichter.

Chebulagsäure fällt Gelatine und gibt mit verdünnter alkoholischer Eisenchloridlösung eine schöne tiefblaue Färbung.

Eine wäßrige Lösung von vanadinsaurem Ammonium liefert mit Chebulagsäure eine braungrüne Färbung; wird diese Lösung mit wenig Schwefelsäure erwärmt, so entsteht eine grasgrüne Farbe. Diese bisher für Chebulinsäure charakteristische Farbreaktion findet sich auch, und zwar am reinsten, bei der Chebulsäure, nicht aber bei Gallussäure. Corilagin gibt eine etwas verschiedene Vanadatreaktion. Wasserfreie Chebulagsäure ist hygroskopisch.

Die Bestimmung des Molekulargewichts der getrockneten Substanz ebullioskopisch in Aceton ergab im Mittel 950 (ber. 954,7). $[\alpha]_D^{20} = -57,2°$ (wasserfreie Substanz in Äthanol, $c = 2,6$). 100 mg wasserfreie Substanz in 10 ml Wasser in der Wärme gelöst und auf 25° abgekühlt zeigten p_H 2,8.

2. Darstellung aus Dividivi.

(Schmidt und Lademann, 1950.)

100 g Dividivimehl, aus den Schoten mitsamt den Körnern erhalten, werden mit 80 ml Wasser angeteigt, einige Stunden aufbewahrt, dann mit 6,0—6,5 l Wasser oder mit 2,0 bis 2,5 l Aceton perkoliert. Die wäßrigen Perkolate enthielten im Durchschnitt 60 g gelöste Stoffe, davon 40 g Gerbstoffe (Hautpulvermethode), die acetonischen enthielten 48 g, davon 38 g Gerbstoffe. Für die weitere Arbeit wurden stets acetonische Perkolate verwendet. Sie werden nach Verdampfen des Acetons in 6 l Wasser aufgenommen, wobei mit zunehmender Verdünnung ein voluminöser Niederschlag entsteht. Er wird nach einigen Stunden Stehens bei 0° abgetrennt (3—5 g) und verworfen. Die Lösung wird im Vakuum auf 200 ml eingeengt und 6 Tage lang im Vakuum mit Essigester extrahiert. Nach Verjagen des Essigesters wird der so gereinigte Gesamtextrakt (30—35 g) in 180 ml Wasser aufgenommen und unter lebhaftem Umrühren mit festem Natriumhydrogencarbonat bis p_H 6,0—6,3 (Wasserstoffelektrode) neutralisiert. Durch 6tägige Vakuumextraktion mit Essigester werden nun die phenolsauren Gerbstoffe ausgezogen (durchschnittlich 7 g). Darauf wird die verbliebene wäßrige Lösung mit Phosphorsäure (D. = 1,35) auf p_H 2 gebracht und weitere 6 Tage im Vakuum mit Essigester extrahiert. Es resultieren 17—18 g carboxylsaure Fraktion.

Die carboxylsaure Fraktion wird in 150 ml Wasser gelöst und zur Entfernung frei vorhandener Gallussäure (1—1,5 g) 8 Std. lang im Schacherl-Apparat mit Äther extrahiert, dann auf ein Volumen von 100 ml gebracht. Nun werden unter starkem Rühren bei 40—50° C zunächst 10 ml 20%ige Bleiacetatlösung $(Pb(C_2H_3O_2)_2, 3 H_2O)$ zugetropft. Der entstehende Niederschlag ist dunkel, enthält die Hauptmenge der harzigen Verunreinigungen, wird abgetrennt und verworfen. Aus dem Filtrat wird in der gleichen Weise so lange mit Bleiacetatlösung (30—35 ml) gefällt, bis eine merkliche Aufhellung der verbleibenden Lösung nach Gelb festzustellen ist. So wird Fraktion Pb I erhalten. Pb II wird aus dem Filtrat durch weitere 40—45 ml Bleilösung abgeschieden. Der kleine in Lösung gebliebene Rest an Gerbstoff, erfordert nur noch wenig Bleiacetat und ergibt Fraktion Pb III. Die drei Bleifällungen werden in Wasser aufgeschlämmt, bei 40° mit Schwefelwasserstoff zerlegt und ergeben die Fraktionen I (6 g, braun), II (7 g, gelb) und III (1 g, hellgelb). Alle drei Fraktionen zeigen in wäßriger Lösung negative Drehungen, die je nach Ansatz und Fraktion (I dreht stets schwächer als II und III) von —42° bis —100° (spez.) betragen.

Am besten aus Fraktion II, aber auch aus I erhält man Kristallisationen von Chebulagsäure, wenn die Fraktionen durch Gegenstromextraktion mit Wasser/Essigester gereinigt werden. Dazu kann die einfache Apparatur benutzt werden, die Weygand (1950) angegeben hat, mit 11 Röhren von je 100 ml Fassungsvermögen. Die Chebulagsäure findet sich in den wäßrigen Phasen der 4.—10. und den Essigesterphasen der 3.—9. Röhre angereichert und kristallisiert nach Animpfen der eingeengten Lösungen (aus Wasser). Zum Beispiel erhielt man aus einer Fraktion II 1,6 g Chebulagsäure. Auch ohne Gegenstromverteilung kann man die Säure aus den Fraktionen II und III isolieren, doch dauert die Kristallisation sehr viel länger und ist sehr unvollständig.

Die aus Dividivi erhaltene Chebulagsäure ist mit der aus Myrobalanen gewonnenen in allen Eigenschaften (Drehung, Verhalten beim Erhitzen, Elementaranalyse, Bausteinanalyse) identisch.

3. Totalhydrolyse der Chebulagsäure.

(Schmidt und Lademann, 1950.)

Die durchgreifende Hydrolyse der Chebulagsäure mit verdünnter Schwefelsäure in der Hitze führt zu je 1 Mol Glucose, Gallussäure, Chebulsäure und Ellagsäure, die sich aus der primär abgespaltenen Hexaoxydiphensäure sofort bildet. Während für chinesisches und türkisches Gallotannin zur völligen Spaltung 72stündiges Erhitzen mit n-Schwefelsäure erforderlich ist, genügen bei Chebulagsäure schon 24 Std. Dabei werden Gallussäure und Ellagsäure (ohne Verlustrechnung) quantitativ, die Chebulsäure zu 87% eines Mols im Hydrolysat gefunden. Die tatsächliche gefundene Menge der Glucose dagegen beträgt nur etwa 41% der Theorie. Wenn man ein äquimolares Gemisch von Glucose, Gallussäure, Ellagsäure und Chebulsäure 24 Std. mit n-Schwefelsäure erhitzt, findet man Gallussäure und Ellagsäure quantitativ wieder; von Chebulsäure erhält man 81% und von Glucose 91% zurück. Es ist offensichtlich, daß der gebundene Zucker während der Abspaltung stark angegriffen wird, und daß das

Maß seiner Zerstörung abhängt von der Art seiner Bindung an andere Komponenten. Bei 72 stündiger Hydrolyse von chinesischem Gallotannin rechnen FISCHER und FREUDENBERG (1912) mit etwa 35% Verlust an Glucose. In anderen Fällen ist der Verlust wesentlich größer. Unter den gleichen Bedingungen beträgt er bei Chebulinsäure 39—47% (FISCHER und BERGMANN, 1918) bzw. 52% (FISCHER und FREUDENBERG, 1912) eines Moles und bei synthetischer 3,5,6-Trigalloylglucose 54% (FISCHER und BERGMANN, 1918). Sowohl bei Chebulin- wie bei Chebulagsäure treten bei der Hydrolyse erhebliche Mengen teils kohliger, teils harziger Substanzen auf, deren Entstehung ganz vorwiegend der Zerstörung des Zuckers während der Ablösung von den anderen Bausteinen zuzuschreiben ist.

Die Hydrolyse der Gallotannine kann übrigens auch mit verdünnten Alkalien (natürlich unter Ausschluß von Sauerstoff) durchgeführt werden (z. B. SCHMIDT und NIESWANDT, 1950), doch wird dabei der Zucker zerstört.

Eine 10%ige Lösung von Chebulagsäure in n-Schwefelsäure wird 24 Std. im siedenden Wasserbade erhitzt. Die Ellagsäure scheidet sich in mehrere Millimeter langen, lichtbraunen Nadeln ab; wasserfrei 31,7% der Einwaage, 100,5% der Theorie. Das Filtrat wird 15 Std. im Schacherl-Apparat mit Äther extrahiert. Dabei werden die Gallussäure vollständig, die Chebulsäure nur zu einem beschränkten Teil ausgeäthert. Man kristallisiert die Gallussäure aus wenig Wasser um, saugt sie ab, vereint diese Mutterlauge 1 Std. aus, vereint diese Ätherlösung mit der umkristallisierten Gallussäure und erhält so insgesamt 17,7% der Einwaage (99,5% der Theorie) als Gallussäure zurück, die man mit Diazomethan in die Tetramethylverbindung vom Schmelzpunkt 82,5° C überführen kann. Aus der von Ellagsäure und Gallussäure befreiten Hydrolysenlösung extrahiert man im Schacherl-Apparat die Chebulsäure 20 Std. lang mit Essigester. Der Extrakt wird mit der Mutterlauge der Umkristallisation der Gallussäure vereinigt, in methanolische Lösung übergeführt und mit ätherischer Diazomethanlösung methyliert. Die entstandene Hexamethyl-chebulsäure wird nach Verdampfen des Äthers eine halbe Stunde mit 2 n-Natronlauge auf dem Wasserbad verseift zur Trimethyl-chebulsäure. Die angesäuerte wäßrige Lösung der Trimethyl-chebulsäure wird im Flüssigkeitsextraktor 5 Std. lang mit siedendem Chloroform extrahiert. Dabei werden dunkel gefärbte Verunreinigungen entfernt. Aus der (blaßgelben) wäßrigen Lösung wird die Trimethyl-chebulsäure durch 15 stündige Extraktion mit Äther gewonnen und ihre Menge gravimetrisch und polarimetrisch bestimmt zu 32,9% der Einwaage (statt 37,5%, 87,6% der Theorie). Die ursprüngliche Hydrolysenlösung enthält nun nur noch die Glucose. Die polarimetrische Bestimmung vor weiterer Reinigung zeigt 8,0—8,1% der Einwaage (statt 18,9%, 42,7% der Theorie) an. Die Lösung wird mit einem geringen Überschuß an Bleiacetat von Schwefelsäure und restlichen Zersetzungsprodukten befreit. Das Filtrat der Bleifällung wird mit Schwefelwasserstoff zerlegt, eingedampft, das Wasser aufgenommen und gegebenenfalls mit Aluminiumhydroxyd behandelt, bis die Eisenchlorid-Reaktion negativ ist. Nun wird der Zucker polarimetrisch (7,2% der Einwaage) und jodometrisch (7,85% der Einwaage) bestimmt. Der Mittelwert ergibt 41% der theoretischen Menge Glucose.

Die Modellhydrolyse eines äquimolaren Gemisches der 4 Bausteine wurde nach dem gleichen Arbeitsverfahren durchgeführt.

IV. Corilagin.

(SCHMIDT und LADEMANN, 1951.)

Das Corilagin, $C_{27}H_{22}O_{18}$, wird aus Dividivi *(Caesalpinia coriaria)* gewonnen. Seine Konstitution ist in Formel IV wiedergegeben. Die Hydrolyse mit verdünnter Schwefelsäure führt zu je 1 Mol Glucose, Gallussäure und Ellagsäure. Zur Isolierung des Corilagins verwendet man die „phenolsauren" Anteile der Dividiviextrakte, deren Darstellung in Abschnitt III, 2 beschrieben ist. Die phenolsauren Gerbstoffe werden über Bleifällungen gereinigt, dann im Gegenstromverfahren weiter aufgetrennt, wobei, ähnlich wie bei der Darstellung der Chebulagsäure aus Dividivi, die polarimetrische Prüfung der Fraktionen als Kriterium diente. Nach begründeten Schätzungen enthalten die getrockneten Dividivi-Schoten etwa 5% ihres Gewichtes an Corilagin. Es ist durch besondere Versuche festgestellt worden, daß Corilagin als solches in Dividivi vorliegt und nicht erst während der Aufarbeitung durch Spaltung aus größeren Molekeln entsteht. Corilagin ist auch (in kleinen Mengen) aus Myrobalanen isoliert worden (O. TH. SCHMIDT und D. M. SCHMIDT, 1952).

Die aus 300 g Dividivi gewonnen phenolsauren Gerbstoffe werden in 150—180 ml Wasser aufgenommen und zur Beseitigung geringer Mengen frei vorhandener Gallussäure 6 Std. im Schacherl-Apparat mit Äther extrahiert. Die extrahierte, wäßrige Lösung wird zur Vertreibung des gelösten Äthers etwas eingedampft, darauf bei 40—50° mit einer 20%igen Lösung von Bleiacetat (Pb(OOCCH₃)₂, 3 H₂O) unter kräftigem Rühren fraktioniert gefällt. Die ersten 10 ml Bleilösung erzeugen eine dunkle Fällung, die verworfen wird. Mit weiteren je 40 ml Bleilösung werden die Fraktionen Pb I (braun), Pb II (gelb) und Pb III (hellgelb) erhalten. Weiterer Zusatz von Bleiacetat bringt keine Fällung mehr hervor. Jede der drei Fraktionen wird getrennt in wäßriger Aufschlämmung bei 40° mit Schwefelwasserstoff zerlegt; so werden die Fraktionen I, II und III erhalten, deren spez. Drehungen in Wasser —60° bis —100° betragen (I dreht schwächer als II und III).

Alle drei Fraktionen werden getrennt weiterverarbeitet und der stark drehende Bestandteil durch Gegenstromverteilung mit Wasser/Essigester weiter angereichert. Zuerst benutzte man hierzu die einfache Apparatur nach F. WEYGAND (1950) mit 12 Hülsen von je 100 ml Fassungsvermögen und setzte jeweils 4 g Substanz ein. Die maximale Drehung beobachtete man in der wäßrigen Phase der vierten Hülse. Der Inhalt der ersten Hülse drehte noch erheblich negativ, der der zwölften kaum noch. Es zeigte sich nun, daß der stark drehende Stoff in Essigester doch sehr schwer löslich ist. Deshalb wurden mit besserem Erfolg 12 Scheidetrichter mit je 250 ml Inhalt verwendet, 7—8 g Substanz eingesetzt und zwischen jeweils 50 ml Wasser und 125 ml Essigester verteilt. Die am stärksten negativ drehenden Anteile findet man in der Mitte der Reihe angereichert. Nach beendeter Verteilung wird der gesamte Inhalt jedes Scheidetrichters im Vakuum eingedampft, der Rückstand völlig zur Trockene gebracht und in Wasser polarimetriert. Schwächer als —70° drehende Fraktionen werden nicht berücksichtigt. Aus den übrigen Fraktionen werden von 10 zu 10° ansteigende Sammelfraktionen zusammengestellt. Diese stärker drehenden Fraktionen werden — jede für sich — noch einmal in der gleichen Weise der Gegenstromverteilung unterworfen, bis schließlich eine der Fraktionen die spez. Drehung von —160° zeigt.

Die „Substanz 160°" war nach dem Eindampfen im Vakuum und völligem Eintrocknen noch immer ein hellbrauner Lack. Bei Kristallisationsversuchen wurden nach 6 Wochen Stehens aus Essigessig die ersten Impfkristalle erhalten. Darauf wurde die gesamte „Substanz 160°" mit wenig Wasser zu einem dicken Sirup verrieben und dieser angeimpft. Durch weiteres Reiben mit dem Glasstab verwandelte sich der Sirup zu einem dicken, weißen Kristallbrei. Nach 30 min wurde abgesaugt, mit wenig Eisessig gewaschen und aus Wasser umkristallisiert. Bei langsamem Abkühlen der wäßrigen Lösung erhält man lange, weiße Nadeln. Nach Animpfen und etwas längerem Reiben können alle Fraktionen, die —120° und stärker negativ drehen, zur Kristallisation gebracht werden. Die Ausbeute an reinem Corilagin beträgt 3—3,5 g.

Bei der Schätzung des tatsächlichen Gehalts des Dividivi an Corilagin wurde berücksichtigt, daß erstens die Essigesterextraktionen trotz ihrer 6tägigen Dauer nicht erschöpfend sind, also ein Teil besonders des in Essigester sehr schwer löslichen Corilagins in der wäßrigen Lösung zurückbleibt; zweitens die schwächer als —70° drehenden Gegenstromfraktionen gar nicht berücksichtigt werden und die schwächer als —120° drehenden Fraktionen keine Kristallisationen mehr ergeben, obgleich beide, wie das Papierchromatogramm erkennen läßt, noch reichlich Corilagin enthalten; und daß drittens die Abscheidung des Corilagins aus den —120° und stärker drehenden Fraktionen nicht quantitativ erfolgt. Im Papierchromatogramm des unfraktionierten phenolsauren Anteils erscheint Corilagin als Hauptbestandteil.

Corilagin bildet lange, farblose, wenig charakteristische Nadeln, die sich (lufttrocken) bei 204—205° (unkorr.) zersetzen. Es löst sich leicht in Aceton, Methanol und Äthanol, schwer in Eisessig und Wasser, sehr schwer in Essigester und gar nicht in Äther und Benzol. Aus Wasser kristallisiert Corilagin mit 3 Molen Kristallwasser, die bei 80° und 3 mm über P_2O_5 abgegeben werden. Die wasserfreie Substanz ist hygroskopisch. Molekulargewicht, ebullioskopisch in Aceton: 595, ber. 634,4.

$$[\alpha]_D^{20} = -246° \text{ (lufttrockener Substanz in abs. Äthanol, } c = 1,5)$$
$$[\alpha]_D^{20} = -228° \text{ (lufttrockener Substanz in Wasser,} \quad c = 0,36).$$

Die Drehungen waren nach 72 Std. unverändert.

Corilagin fällt 0,5%ige Gelatinelösung, ergibt jedoch mit Brucinacetat keinen Niederschlag. Kaliumacetat erzeugt in alkoholischer Lösung eine weiße amorphe Abscheidung, Kalkwasser eine zunächst weiße, dann blau werdende gallertige Fällung. Die Eisenchloridreaktion ist tiefblau. Die Kaliumcyanidreaktion (auf freie Gallussäure) ist schwach positiv. Die Reaktion mit Nitrit und Eisessig in acetonischer Lösung führt zu einer braunroten und nicht zu einer weinroten Farbe, die freie Ellagsäure anzeigt. Mit Ammoniumvanadat entsteht eine tiefgrüne (Chebulagsäure: braungrüne) Färbung, die beim Erwärmen mit verdünnter Schwefelsäure über gelbbraun nach grasgrün übergeht.

Nachtrag zu Seite 518:

Aus Algarobilla sind zwei neue Gerbstoff-Bausteine isoliert und aufgeklärt worden, das „Brevifolin" (XIV), die „Brevifolincarbonsäure" (XV oder XVI) (SCHMIDT und BERNAUER, 1954, 1955); und aus Valonea ist das „Valoneasäure-dilacton" (XVII) neu aufgefunden und ebenfalls aufgeklärt worden (SCHMIDT und KOMAREK 1955).

Literatur.

ASQUITH, R. S.: Nature 168, 738 (1951); J. Soc. Leather Trades Chem. 36, 316 (1952). — BESSE, H.-J.: Cuir techn. 26, 252 (1937). — BLINN, F.: Dissertation Heidelberg 1951. — BRADFIELD, A. E., and B. C. BATE SMITH: Biochim. and Biophys. Acta 4, 441 (1950). — BRADFIELD, A. E., and M. PENNY: J. Chem. Soc. (London) 1948, 2249. — BRADFIELD, A. E., M. PENNEY and W. B. WRIGHT: J. Chem. Soc. (London) 1947, 32. — BRINTZINGER, H., u. W. BRINTZINGER: Z. anorg. u. allg. Chem. 196, 33 (1931). — BYBAK u. HIRTH: Bull. Soc. Chim. 81, 1092 (1949).

CRAIG, L. C.: Fortschr. Chem. Forschg. 1, 292 (1949).

DEIJS, W. B.: Rec. Trav. Chim. 58, 805 (1939). — DEMMLER, K.: Dissertation Heidelberg 1952. — DIEMAIR, W., H. JANECKE u. G. KRIEGER: Z. analyt. Chem. 189, 346, 353 (1951). — DYCKERHOFF, H., u. R. ARMBRUSTER: Hoppe-Seylers Z. 219, 38 (1933).

EVANS, R. A., W. G. PARR u. W. C. EVANS: Nature 164, 674 (1949).

FEIGL, F., u. H. E. FEIGL: Ind. Engng. Chem. (Anal. Ed.) 1946, 62. — FISCHER, E., u. M. BERGMANN: Ber. dtsch. chem. Ges. 51, 316 (1918). — FISCHER, E., u. K. FREUDENBERG: Ber. dtsch. chem. Ges. 45, 925 (1912). — FREUDENBERG, K.: Ber. dtsch. chem. Ges. 52, 177 (1919); Tannin, Cellulose, Lignin, wird zitiert als „Freudenberg, Tannin". Berlin: Springer 1930. — FREUDENBERG, K., u. F. BLÜMMEL: Liebigs Ann. 440, 45 (1924). — FREUDENBERG, K., F. BLÜMMEL u. TH. FRANK: Hoppe-Seylers Z. 164, 262 (1927). — FREUDENBERG, K., O. BÖHME u. L. PURRMANN: Ber. dtsch. chem. Ges. 55, 1734 (1922). — FREUDENBERG, K., R. F. B. COX and E. BRAUN: J. Amer. Chem. Soc. 54, 1913 (1932). — FREUDENBERG, K., H. FIKENTSCHER, M. HARDER u. O. TH. SCHMIDT: Liebigs Ann. 444, 135 (1925). — FREUDENBERG, K., u. TH. FRANK: Liebigs Ann. 452, 303 (1927). — FREUDENBERG, K., u. P. MAITLAND: Liebigs

Ann. **510**, 193 (1934). — Freudenberg, K., u. L. Oehler: Liebigs Ann. **488**, 140 (1930). — Freudenberg, K., u. L. Purrmann: Liebigs Ann. **487**, 274 (1924); Ber. dtsch. chem. Ges. **56**, 1185 (1923).

Gnamm, H.: Die Gerbstoffe und Gerbmittel, 3. Aufl.; wird zitiert als „Gnamm". Stuttgart 1949. — Gnamm, H., u. E. Vollbrecht: Hoppe Seylers Z. **116**, 277 (1921). — Grassmann, W.: Collegium **1935**, 114, 401. — Grassmann, W., u. O. Endisch: Das Leder **8**, 211 (1952). — Grassmann, W., O. Endisch u. W. Kuntara: Das Leder **2**, 202 (1951). — Grassmann, W., u. K. Hannig: Hoppe-Seylers Z. **292**, 32 (1953). — Grassmann, W., Peh Chuan Chü u. H. Schelz: Collegium **1937**, 530. — Grassmann, W., u. E. Zeschitz: Das Leder **8**, 241 (1952). — Grüttner, F.: Arch. Pharm. **236**, 278 (1898). — Gustavson, K. H.: J. Amer. Leather Chem. Ass. **1947**, 314.

Herfeld, H.: Collegium **1937**, 427. — Hillis, W. E.: Nature **166**, 195 (1950); J. Soc. Leather Trades Chem. **85**, 211 (1951). — Hoeffner, W.: Chemiker-Ztg. **56**, 991 (1932). — Hough, A. T.: J. Intern. Soc. Leather Trades Chem. **15**, 406 (1931); Cuir techn. **24**, 320 (1931).

Iljin, E.: J. prakt. Chem. **82**, 422 (1910); Ber. dtsch. chem. Ges. **47**, 985 (1914).

Karrer, P., H. R. Salomon u. J. Peyer: Helv. chim. acta **6**, 17 (1923). — Karrer, P., R. Widmer u. M. Staub: Liebigs Ann. **433**, 288 (1923). — Kilchher, H.: J. Soc. Leather Trades Chem. **36**, 331 (1952). — Kirby, K. S., E. Knowles and Th. White: J. Soc. Leather Trades Chem. **35**, 338 (1951). — Kirby, K. S., E. Knowles and Th. White: J. Soc. Leather Trades Chem. **36**, 45 (1952). — Küntzel, A.: Gerbereichemisches Taschenbuch, 5 Aufl.; wird zitiert als „Küntzel, Taschenbuch". Dresden und Leipzig 1943. — Küntzel, A., u. A. Zissel: Das Leder **3**, 2 (1952).

Lang, W.: Die Pharmazie **6**, 137 (1951). — Lee, F. T.: J. Intern. Soc. Leather Trades Chem. **3**, 2 (1919).

Macheboeuf, M.: Bull. Soc. Chim. Biol. **31**, 1265 (1949). — Marshall, F.: J. Amer. Leather Chem. Ass. **24**, 567 (1929). — Martin, A. J. P., and R. L. M. Synge: Biochem. J. **35**, 1358 (1941). — Martin, E.: Chimie et Industrie (Sondernr.) **17**, 536 (1927). — Mayer, W.: Liebigs Ann. **578**, 34 (1952). — Menaul, P.: J. Agricult. Res. **26**, 257 (1923).

Nierenstein, M.: J. Chem. Soc. (London) **115**, 1174 (1919).

Oshima, Y.: Bull. Agric. Chem. Soc. (Japan) **9**, 948 (1933); **12**, 103 (1936).

Paessler, J. u. Hoffmann: Leder-Ind. (Ledertechn. Rundschau) **1918**, 129. — Perkin, A. G.: J. Chem. Soc. (London) **75**, 433 (1899). — Phillips, H.: J. Intern. Soc. Leather Trades Chem. **20**, 230 (1936). — Procter, H. R.: Collegium **1911**, 324. — Procter, H. R., u. J. Paessler: Leitfaden für gerbereichemische Untersuchungen, S. 78. Berlin 1901.

Reichel, L., u. A. Schwab: Liebigs Ann. **550**, 152 (1942). — Roberts, E. A. H., u. D. J. Wood: Biochem. J. **49**, 414 (1951); **53**, 332 (1953). — Roux, D. G.: J. Soc. Leather Trades Chem. **34**, 122 (1950); **35**, 322 (1951); **36**, 274 (1952); **37**, 229 (1953). — Rutter, L.: Nature **161**, 435 (1948); Analyt. Chem. **23**, 389 (1951).

Schmidt, O. Th.: Liebigs Ann. **476**, 250 (1929). — Schmidt, O. Th., u. K. Bernauer: Liebigs Ann. **588**, 211 (1954); **591**, 153 (1955). — Schmidt, O. Th., F. Blinn u. R. Lademann: Liebigs Ann. **576**, 75 (1952). — Schmidt, O. Th., u. K. Heintz: Liebigs Ann. **515**, 77 (1934). — Schmidt, O. Th., u. G. Hüll: Chem. Ber. **80**, 509 (1947). — Schmidt, O. Th., u. E. Komarek: Liebigs Ann. **591**, 156 (1955). — Schmidt, O. Th., u. R. Lademann: Liebigs Ann. **569**, 149 (1950); **571**, 41, 232 (1951). — Schmidt, O. Th., u. W. Mayer: Liebigs Ann. **571**, 1 (1951). — Schmidt, O. Th., u. W. Nieswandt: Naturwissensch. **35**, 191 (1948); Liebigs Ann. **568**, 165 (1950). — Schmidt, O. Th., u. A. Schach: Liebigs Ann. **571**, 29 (1951). — Schmidt, O. Th., u. D. M. Schmidt: Liebigs Ann. **578**, 25, 31 (1952). — Schmidt, O. Th., D. M. Schmidt u. J. Herok: Liebigs Ann. **587**, 67 (1954). — Schmidt, O. Th., u. C. C. Weber-Molster: Liebigs Ann. **515**, 43 (1934). — Stiasny, E.: Der Gerber **1905**, 187. — Stiasny, E., u. C. D. Wilkinson: Collegium **1911**, 318.

Tatarskaja, R. I.: Chem. Zbl. **1938 I**, 4481. — Thomas, A. W., u. A. Frieden: Ind. Engng. Chem. **15**, 839 (1923); ref. nach Collegium **1925**, 340. — Tsujimura, M.: Sci. Pap. phys. chem. Res. (Tokyo) **10**, 253 (1929); **14**, 63 (1930); **15**, 155 (1931); **24**, 149 (1934); **26**, 186 (1935); J. Sci. Res. Inst. (Tokyo) **46**, 31 (1952).

Vogel, W., u. C. Schüller: Collegium **1923**, 319. — Vorsatz, F.: Collegium **1942**, 424.

Wachtmeister, C. A.: Acta Chemica scand. **6**, 818 (1952). — Weygand, F.: Chemie-Ingenieur-Technik **22**, 213 (1950). — White, Th.: J. Soc. Leather Trades Chem. **33**, 39 (1949). — White, Th, K. S. Kirby and E. Knowles: J. Soc. Leathers Trades Chem. **36**, 148 (1952). — White, Th: Siehe Kirby, K. S. — Will, H.: Diplomarbeit Heidelberg 1951. — Woodhead: Leather Research Bull. Nr. 21 (1945).

Young, S.: Chemical News **48**, 31 (1883).

Anthraglykoside und Dianthrone.

Von

W. Schmid.

Mit 2 Abbildungen.

A. Vorkommen und Eigenschaften.

Die Glykoside, deren Aglykone Derivate des Chrysazins sind, wurden von
TSCHIRCH erstmalig unter dem Namen der Anthraglykoside zusammengefaßt.
Der Name ist auch vom heutigen Standpunkt glücklich gewählt, weil er nichts
aussagt über die Oxydationsstufe des Aglykons. Das Vorkommen der Anthraglykoside ist auf eine verhältnismäßig kleine Anzahl von Pflanzenfamilien beschränkt. Besonders häufig, wenn auch in sehr verschiedener Menge, finden sie
sich in Polygonaceen (*Rheum-*, *Rumex-*, *Polygonum*-Arten) und Rhamnaceen,
dann in einigen Papilionaceen wie *Cassia*-Arten und Liliaceen wie *Aloe*. Weitere
Anthracenderivate kommen bei Rubiaceen (*Rubia tinctorum*, *Galium*-Arten)
sowie in einer Reihe von Flechten und Pilzen (*Boletus*-Arten) vor, schließlich
sogar in Insekten, den Coccionella-Arten (Carminsäure in *Coccus cacti*, Kermes-
säure in *Coccus ilicis*).

Die Anthracenglykoside sind nach ihrer chemischen Grundstruktur schon
verhältnismäßig früh bekannt geworden, wohl weil sie einerseits seit alters hoch-
geschätzte, dickdarmwirksame Abführmittel („Emodindrogen"), andererseits
technisch wichtige Farben (z. B. Krapp, Carmin) umfassen. Wenn es auch
gelungen ist, eine Anzahl von Glykosiden mehr oder weniger rein darzustellen,
so ist die Zahl der chemisch endgültig aufgeklärten verhältnismäßig gering. Mehr
und mehr stellt sich heraus, daß das Aglykon in der Frischpflanze viel häufiger
in der reduzierten Stufe des Anthranols als in der oxydierten des Anthrachinons
vorliegt. Bei Sennesblättern (STRAUB und GEBHARDT, STOLL, BECKER und
KUSSMAUL) und bei *Aloe* (HAUSER) scheint es nur in der reduzierten Form vorhanden zu sein. Beide Formen können aber auch nebeneinander bestehen, wobei
das gegenseitige Verhältnis starken, jahreszeitlich bedingten Schwankungen unter-
liegen kann, wie dies bei *Rheum* und *Rhamnus Frangula* der Fall ist. Darauf hat
schon WASICKY (1915) aufmerksam gemacht und dies ist durch neuere Untersuchungen (BRIDEL und CHARAUX, 1925—1935; SCHULTZ; SCHMID, 1951) immer
wieder bestätigt worden. Besonders deutlich zeigt dies das Beispiel des Rhizoma
Rhei (Tab. 1).

Am Blatt des Speiserhabarbers *(Rheum undulatum)* ließ sich feststellen (SCHMID, 1951),
daß die jungen, noch nicht entfalteten Blätter eine verhältnismäßig hohe Konzentration von
reduziertem Glykosid enthalten. Mit zunehmender Größe und Alter des Blattes geht die
Konzentration zurück; gleichzeitig tritt auch oxydiertes Glykosid auf, so daß im Sommer
und im Herbst das Verhältnis von oxydierter zu reduzierter Form etwa 1:2 ist. Trotz des
Rückganges der Konzentration des Glykosids hat seine Menge, auf das Gesamtblatt berechnet,
aber zugenommen, ob durch Neubildung, ist noch nicht erwiesen. Es zeigt sich weiterhin,
daß in einem Pflanzenorgan die beiden Glykosidformen topographisch verschieden verteilt
sein können. Im Rhabarber-Rhizom findet sich z. B. im Sommer im Markanteil praktisch
nur oxydiertes Glykosid, während die Rinde immer noch zu etwa 50% reduziertes enthält.

Tabelle 1. *Emodingehalt einiger Teile von frischem Rheum palmatum (Pflanzung: Schloß Lindich bei Tübingen) zu verschiedenen Jahreszeiten und bei fermentativer Spaltung* (Schmid, unveröffentliche Versuche). (GE = % Gesamtemodin, bezogen auf Frischgewicht; Red = prozentualer Anteil von reduziertem Aglykon am Gesamtemodin.)

		März 51. GE	März 51. Red	April 51. GE	April 51. Red	Juni 51. GE	Juni 51. Red	Oktober 51. GE	Oktober 51. Red
Grundständiges Blatt		1,0		0,48 —0,82		0,19		0,22	
			97		90		80		55
Rhizom in Sproßnähe	Rinde	0,46		0,42		0,34			
			78		40		60		
	Mark periph.	0,81		0,34		0,58			
			86		35		70		
	Mark zentral	0,92		0,19		0,20			
			85		30		50		
Rhizom an Wurzel- eintritt	Rinde	1,08		0,44		0,45		0,44	
			55		30		50		73
	Mark	0,65		0,08		0,12		0,13	
			0,0		0,0		0,0		0,0
	+ Mark nach HCl-Spaltung			0,28		0,18		0,25	
					0,0		0,0		0,0

Von erheblichem Einfluß kann das Alter der Pflanzenteile sein. So fanden sich bei *Rheum palmatum* wie bei einer ganzen Reihe von *Rumex*- und *Polygonum*-Arten in einjährigen, noch wachsenden Rhizomteilen 80—100% reduziertes Glykosid, während die mehrjährigen Anteile eine etwa 50%ige Mischung von beiden Formen besaßen (eigene unveröffentlichte Versuche).

Wie andere Inhaltstoffe sind also auch die Anthraglykoside in der Pflanze sehr ungleichmäßig verteilt. Außerdem ist meist nicht ein Glykosid allein, sondern mehrere gleichzeitig nebeneinander vorhanden. Über die physiologische Bedeutung bestehen nur Vermutungen; so nimmt z. B. Wasicky (1929) an, daß sie als H-Akzeptoren eine Rolle spielen.

Die reduzierten Glykoside sind mehr oder weniger leicht oxydabel, unter Umständen schon durch den Luftsauerstoff wie z. B. das Frangularosid von Bridel und Charaux (1930). Die Oxydation wird durch alkalische Reaktion erheblich beschleunigt. Am stabilsten sind die Sennes- und Aloeglykoside. Bei Rheum- und Rhamnusglykosiden tritt eine Oxydation des gebundenen Aglykons schon beim Trocknen ein, vor allem, wenn höhere Temperaturen angewendet werden, wie dies bei der industriellen Gewinnung der Drogen häufig der Fall ist.

Aus der Droge können die Glykoside mit Wasser oder Alkohol oder Wasser-Alkohol-Mischungen extrahiert werden. In organischen Lösungsmitteln sind sie meist sehr viel schlechter löslich. Zur Gewinnung von Glykosidkomplexen hat sich die Extraktion der wasserfreien Trockendrogen mit Methanol oder Äthanol oft bewährt (Bridel und Charaux, 1925, 1930, 1935; Straub und Gebhardt; Stoll, Becker und Kussmaul). Auch die Bleiacetatfällung ist mit Erfolg angewendet worden (Casparis und Maeder, 1925, 1927).

Mit wenigen Ausnahmen kommt in der Frischpflanze freies Aglykon nur in Spuren vor. Wenn sich in Drogen oder Drogenextrakten freies Aglykon findet, so ist dies meist auf unzweckmäßige Trocknung oder Behandlung der Drogen (Fermente!) zurückzuführen. Interessante Verhältnisse fanden sich bei den Beeren von *Rhamnus cathartica* (Grahle). Das Glykosid, das nur in der inneren Epidermis des Endocarps vorkommt, ist in der unreifen, grünen Beere voll reduziert. Mit beginnender Reife tritt auch oxydiertes Glykosid auf und mit demWeichwerden der Beeren werden die Glykoside gespalten, so daß man schließlich zur Zeit der Erntereife überwiegend freies, oxydiertes Aglykon (Frangula-Emodin) antrifft. Allerdings scheint dies ein Spezialfall zu sein, denn schon bei der *Frangula*-Beere ist diese Spaltung nicht vorhanden (eigene unveröffentlichte Versuche). In einer Reihe von Pflanzen sind Glykosidasen (WASICKY, 1915) festgestellt worden. Ein Teil von diesen spaltet das genuine Glykosid völlig bis zum Aglykon durch. Dieser Typ kommt vor allem bei Polygonaceen und Rubiaceen vor. Es scheint eine weitgehende Spezifität vorzuliegen, die sich in erster Linie nach Art und Zahl der Zucker und nicht nach dem Aglycon richtet. Eine weitere Gruppe von Fermenten spaltet das genuine Glykosid nur bis zu einem einfachen Aglykon-Zuckerkomplex. Dieser Wirkungsmodus ist bei den Rhamnaceen für die Rhamno-diastase (BRIDEL und CHARAUX, 1933, 1935) festgestellt worden. So wird z. B. bei der Frangularinde das genuine Glykosid über das Glukofrangulin von CASPARIS und MAEDER (1925, 1927) zu 60% zum Frangulosid bzw. Frangularosid gespalten, während ein anderer Teil durch ein weiteres, nicht näher bekanntes Ferment bis zum Emodin gespalten wird und ein Rest ungespalten bleibt. Die Glykosidasen kommen meist in allen Pflanzenteilen, auch in den glykosidarmen, vor. Sie sind mit genügender Aktivität schon durch Auspressen der Frischpflanzen oder durch Wasserextraktion von trockenen Drogen zu gewinnen Ihr Spaltungsoptimum liegt meist im sauren Milieu, zwischen p_H 4,0 und 6.0. Durch stärkere Säuerung z. B. n/5 HCl oder durch Alkalisieren werden sie inaktiviert, ebenso durch Temperaturen über 60° C. Bei Folia Sennae und Aloe ist bis jetzt über autochthone Glykosidasen nichts bekannt geworden. Interessanterweise ist auch das oxydierte Glykosid des Markes im Sommerrhizom von *Rheum palmatum* nicht durch die Rhabarberglykosidase spaltbar. Außer durch Eigenfermente wurden einige Glykoside auch durch „Fremdfermente" gespalten. STRAUB verwendete bei seinen Untersuchungen über Folia Sennae den Emulsinkomplex, der außer der Spaltung die reduzierten Aglykone durch eine Oxydase auch oxydiert. Man erhält damit als Aglykon Rhein. STOLL, BECKER und KUSSMAUL fanden eine Spaltbarkeit der Sennesglykoside durch ein Enzym des Schneckenmagens. Emulsin spaltet Polygonaceen- und Rhamnaceenglykoside nur mit geringer Geschwindigkeit. Auch andere tierische Glykosidasen, vor allem die des Dickdarms und der Leber von Warmblütern, vermögen Anthraglykoside zu spalten (STRAUB und TRIENDL). Ferner spalten auch *Bacterium coli* und Enterococcen in erheblichem Umfang (SCHMID, 1952).

Der meist benutzte und wohl auch sicherste Weg der Spaltung der Glykoside ist die Säurehydrolyse. Im allgemeinen kommt man mit 5—10% iger Salz- oder Schwefelsäure, unter Umständen sogar mit Eisessig und 30 min langem Kochen aus. Die früher öfter angewendete Hydrolyse mit Lauge ist nicht zu empfehlen, da dabei reduzierte Aglykone oxydiert werden und dann selbstverständlich keine einwandfreie Analyse mehr möglich ist. Die einzelnen Glykoside zeigen eine sehr verschiedene Hydrolysegeschwindigkeit. So wird z. B. Frangulaglykosid durch 0,1 n HCl bei Zimmertemperatur innerhalb 30 min schon bis zu 30% gespalten, während das Aloeglykosid erst bei 5% iger HCl und nach Erhitzen eine Spaltung zeigt.

Die *therapeutische Verwendung* der Anthraglykosiddrogen beruht auf der Reizwirkung der freien Anthranole auf Haut und Schleimhäute. Die Anthranole sind somit als die effektive Wirkung der Gruppe anzusehen [SCHMID (1951 u. 1952), SCHULTZ]. In nicht gebundener Form auf die Haut gebracht, rufen sie eine langanhaltende entzündliche Rötung hervor (Chrysarobin, Cignolin). Sie wirken außerdem photosensibilisierend. Anthranolglykoside zeigen diese Wirkung nicht, ebensowenig die freien Anthrachinone und deren Glykoside. Sie wirken auch mit Ausnahme des Frangularosids nicht reizend auf die Magenschleimhaut. Bei der peroralen Anwendung als Abführmittel wird ein Teil der Glykoside und, wenn vorhanden, der freien Aglykone resorbiert und zu 75% zerstört. Der Rest wird teils unverändert. teils gespalten und oxydiert durch die Niere ausgeschieden. Die freien Aglykone werden dabei mit Schwefel- oder Glukuronsäure gepaart (Gebhardt). Die reduzierten Aglykone können bei ihrer Ausscheidung eine Nierenschädigung hervorrufen (Aloinnephritis bei Kaninchen, Gefahr der Nierenreizung bei Chrysarobinbehandlung am Menschen). Ein Teil der resorbierten Glykoside wird im Dickdarm ausgeschieden, ein weiterer Anteil gelangt aber auch auf direktem Wege dorthin. Im Dickdarm werden die Glykoside durch die Dickdarmbakterien, vor allem durch *Bacterium coli*, gespalten und, wenn es sich um oxydierte Aglykone handelt, zur Wirkform Anthranol reduziert, die nunmehr die Tätigkeit der Drüsen und der Darmmuskulatur steigert (Schmid, 1952).

B. Konstitution und Bestimmung.

Die Zucker der Anthraglykoside sind chemisch sehr verschiedenartig (s. Tab. 2). Die glykosidische Bindung kann an sehr verschiedenen Stellen des Aglykons erfolgen; sie ist wohl in erster Linie entscheidend für die Spaltungsgeschwindigkeit der Glykoside.

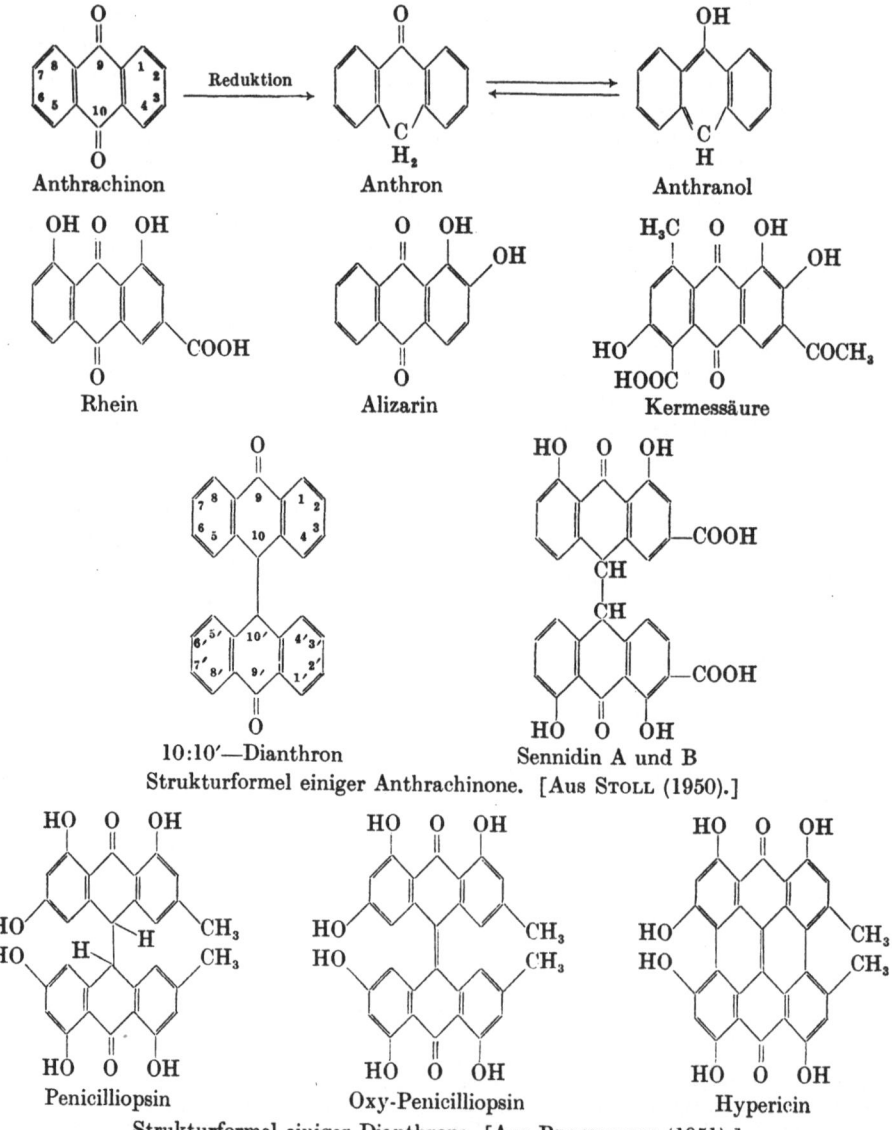

Strukturformel einiger Anthrachinone. [Aus Stoll (1950).]

Strukturformel einiger Dianthrone. [Aus Brockmann (1951).]

Tabelle 2. *Zusammensetzung einiger Anthracen-Glykoside.*

Vorkommen	Name	Zusammensetzung
A. Mit oxydiertem Aglykon		
Rhamnus Frangula	Primärer Glykosidkomplex	2 Glukose + 1 Rhamnose + Emodin
Rinde	(BRIDEL und CHARAUX, 1935)	
Fermente:	Gluko-Frangulin F = 229°	1 Glukose + 1 Rhamnose + Emodin
Rhamnodiastase,	(CASPARIS und MAEDER, 1925)	
unbekannte	= Rhamnocathartin	
Glykosidase	Frangulosid F = 239—241°	1 Rhamnose + Emodin
	(BRIDEL und CHARAUX, 1930)	(Zucker an 6-oxy des Aglykons)
	= Frangulin (CASSELMANN)	
Rubia tinctorum	Ruberythrinsäure	1 Primverose + Alizarin
	(RICHTER)	(6- -D( )-Xyliside-D-Glucose
Galium-Arten	Galiosin	1 Primverose + 1,2,4-Trioxy-
Ferment:	(RICHTER und HILL)	anthrachinon-3-carbonsäure
Erythrozym-Prim-		(Zucker an 1-oxy des Aglykons)
verosidase		
B. Mit reduziertem Aglykon		
Rhamnus Frangula	Frangularosid	1 Rhamnose + Emodinanthron
Frische Rinde	(BRIDEL und CHARAUX, 1930)	(Zucker an 6-oxy des Aglykons)
Rhamnus Purshiana	Rhamnosid	1 Rhamnose + Emodinanthron
Rinde		(Zucker an 9-enol d. Aglykons)
Rhamnus cathartica	Rhamnartikosidkomplex	
Frische Rinde	(BRIDEL und CHARAUX, 1925)	
Ferment:	Rhamnikosid	1 Primverose + Rhamnikogenol
Rhamnodiastase	(BRIDEL und CHARAUX, 1925)	
Beeren	Jesterin	1 Hexose + 1 Pentose + Emodin-
	(WALIASCHKO u. KRASSOWSKI)	anthron
Cassia angustifolia	Sennosid A 200° Verkohlung	1 Glukose + Sennidin A
Blätter	Sennosid B 180—186° Sinterung	1 Glukose + Sennidin B
	(STOLL und BECKER)	(Zucker an 8-oxy des Aglykons
Aloe ferox	Aloin	1 Arabinose + Aloeemodinanthron
Saft	(HAUSER)	(Zucker an 9-enol des Aglykons)

I. Die Aglykone.

1. Oxydierte Formen. Chemische Unterschiede liegen bei den Emodinen sowohl in der Zahl der Oxygruppen als auch in der Existenz und dem Oxydationsgrad einer Methylgruppe in 3-Stellung vor. Die Aglykone sind in gewissem Umfang charakteristisch für einzelne Pflanzengruppen. Das Frangula-Emodin findet sich hauptsächlich bei den Polygonaceen und Rhamnaceen, daneben kommen vor allem in den Rhizomen einiger Polygonaceen in beträchtlichen Mengen Chrysophansäure, Emodinmethyläther und Rhein vor. Aloe-Emodin findet sich in einigen Aloearten, Alizarin und Purpurin in Rubiaceen und *Galium*-Arten. Durch die Untersuchungen von STOLL, BECKER und KUSSMAUL an Folia Sennae ist ein weiterer Aglykontyp aufgedeckt worden, bei dem zwei Anthranolmoleküle nach Art eines Bianthrons miteinander verknüpft sind und ein Dihydrodianthronderivat bilden.

Die Aglykone sind in Wasser sehr schlecht, in Alkohol gut, in anderen organischen Lösungsmitteln, wie Äther, Chloroform, Benzol, Essigester, mit gelber Farbe mäßig gut löslich. Als Alkalisalze lösen sie sich auch in Wasser mit einer typischen roten Farbe. Eine Carboxylgruppe verleiht dem Aglykon saure Eigenschaften und macht es schon bei schwach alkalischer Reaktion (Bicarbonat) wasserlöslich.

2. Die reduzierten Formen sind hinsichtlich ihrer Substituenten von den oxydierten Formen nicht verschieden. Ob sie in der glykosidischen Bindung als

Anthrone oder Anthranole vorliegen, läßt sich nicht entscheiden, da nach der Spaltung bei Ausschüttelung mit organischen Lösungsmitteln bald die eine, bald die andere Form je nach Art des Lösungsmittels überwiegt. Die Anthranole lösen sich in Alkali wie in organischen Lösungsmitteln mit gelber Farbe und fluoreszieren gelbgrün. Bei Anwesenheit von Luftsauerstoff tritt in alkalischem Milieu ziemlich rasch Oxydation ein, so daß die Farbe über braunrot in rot übergeht. Der erreichte Farbton ist dabei deutlich blaustichiger als es der Farbe der reinen, oxydierten Form entspricht. Dies beruht auf der Bildung von Dianthronen und Polyanthronen (Mühlemann, Schmid, 1951). Bei schwach alkalischer Reaktion entsteht wesentlich mehr Dianthron als bei starker.

Die gelbe Farbe der beiden Aglykonformen in organischen Lösungsmitteln ist sehr verschieden intensiv. Die Anthranole sind etwa 80—100mal farbschwächer als die entsprechenden oxydierten Formen, die Anthrone etwa 10—20mal.

3. **Das Dianthron** aus Frangula-Anthranol ist in organischen Lösungsmitteln blaurot, das aus den Sennes-Aglykonen goldgelb gefärbt. Ihre Eigenfarbe bedingt eine Farbänderung des organischen Lösungsmittels, wenn man ein Gemisch von Anthranol und Anthrachinon in Lauge ausschüttelt und nach längerem Stehen nach Ansäuern wieder zurückschüttelt. Das Dianthron des Frangula-Anthranols konnte aus solchen Lösungen durch Ausschütteln mit 50%igem Alkohol, der durch Phosphatpuffer auf p_H 6,8 eingestellt war, gewonnen werden.

Alle Emodine sind in Lösung, besonders in wäßrigem alkalischem Milieu, bei Licht schlecht haltbar. Aufbewahren im Dunkeln erhöht ihre Beständigkeit beträchtlich. Sie werden durch stärkere Oxydationsmittel weitgehend abgebaut. Dies gilt auch für das zur Oxydation von Anthranolen häufig benutzte Wasserstoffsuperoxyd. Dieses ist deshalb nur in sehr geringen Konzentrationen (z. B. 0,2 ml 3%ige H_2O_2-Lösung auf 10 ml) brauchbar. Bei dieser Oxydation scheinen sehr viel weniger Di- und Polyanthrone zu entstehen als bei der Spontanoxydation an der Luft in alkalischer Lösung.

Zur *Gewinnung* der Aglykone werden Drogen oder Drogenauszüge nach enzymatischer Spaltung oder Säurehydrolyse mit Benzol, Äther oder Chloroform

Tabelle 3. *Einige natürlich vorkommende Anthracenderivate.*
(Stu. Ph. = Pulfrich-Stufenphotometer.)

Name	Chemische Bezeichnung	F = °C Absorpt. Max. Stu. Ph.
A. Chrysazinderivate		
1. Oxydierte Formen		
Chrysophansäure	1,8-Dioxy-3-methylanthrachinon	196° S 50
Aloe-Emodin	1,8-Dioxy-3-oxymethyl-anthrachinon	224—225° S 50
Rhein	1,8-Dioxy-anthrachinon-3-carbonsäure	321° S 50
Frangula-(=Rheum-)Emodin	1,6,8-Trioxy-3-methyl-anthrachinon	254° S 53
Frangulaemodinmethyläther	1,6,8-Trioxy-anthrachinon-6-methyläther	206—207°
2. Reduzierte Formen		
Aloe-Emodinanthron	1,8-Dioxy-3-oxymethyl-anthron	194—195°
Frangula-Emodinanthron	1,6,8-Trioxy-3-methyl-anthron	271—273°
Rhamnikogenol	Penta-oxy-methylanthron	177°
Sennidin A und B	1,8-1′,8′-Tetraoxy-bianthron-3,3′-di-carbonsäure	
B. Andere Anthrachinonderivate		
Alizarin	1,2-Dioxy-anthrachinon	289—290°
Rubiadin	1,3-Dioxy-4-methyl-anthrachinon	
Morindon	1,2,5-Trioxy-6-methyl-anthrachinon	281—282°
Boletol (aus Boletusarten)	1,2,4-Trioxy-anthrachinon-5- oder 8-carbonsäure	

ausgeschüttelt. Zur leichteren Abtrennung der wasserunlöslichen Aglykone ist es wichtig, die bei der Hydrolyse ausgefallenen Substanzen möglichst fein zu suspendieren. Dazu wird nach dem Vorgehen von STRAUB und GEBHARDT nach der Spaltung, aber vor dem Ausschütteln, und unter Umständen noch mehrmals währenddessen durch Einbringen von fester Natron- oder Kalilauge alkalisiert und vorsichtig angesäuert, bis die ersten Flocken ausfallen. Dieses Vorgehen hat aber zweifellos den Nachteil, daß mit einer mehr oder weniger umfangreichen Oxydation etwa vorhandener Anthranole gerechnet werden muß. Besser geeignet erscheinen Vorschriften, bei denen in homogenen Mischungen (etwa Eisessig + + Äther + Wasser nach AUTERHOFF, 1951a) hydrolysiert wird. Besonders zu empfehlen ist — auch nach eigenen Erfahrungen — ein von SCHULTZ angegebener Weg: Bei ihm wird in salzsaurem Alkohol (z. B. 1 ml Extrakt + 1 ml 25% HCl + 5 ml 96% Alkohol) 60 min lang bei 70° C hydrolysiert. Nach Beendigung der Hydrolyse wird die etwa 7fache Menge eines Gemisches von gleichen Teilen Benzol und Alkohol zugegeben (z. B. 20 ml Benzol + 20 ml Alkohol). Die nunmehr homogene Lösung wird in die 4fache Menge 0,5% wässerige HCl (z. B. 200 ml) eingegossen, worauf sich das Benzol abtrennt.

Die Aglykone können über die meist gut kristallisierbaren Acetyl- oder Benzoylverbindungen charakterisiert werden.

II. Qualitative Nachweismethoden.

1. Für die erste grobe Orientierung zur Auffindung von Anthraglykosiden wird die BORNTRÄGERsche Reaktion verwendet. Sie ist eine Farbreaktion, die auf der Bildung von Alkali-Verbindungen der Emodine beruht. Bei ihrer Ausführung werden Drogen oder Drogenzubereitungen nach Zusatz von Kalilauge wenige Minuten lang durch Sieden hydrolysiert; dann wird mit Salzsäure angesäuert und mit Benzol oder Äther ausgeschüttelt. Das gelbgefärbte organische Lösungsmittel wird von der wäßrigen Phase abgetrennt und mit Ammoniak oder anderen Alkalien ausgeschüttelt. Es tritt eine kirschrote Färbung der alkalischen Lösungen ein, während das organische Lösungsmittel entfärbt wird. Die Reaktion ist in den meisten Pharmakopöen eingeführt, allerdings stets nur zu qualitativen Untersuchungen. Etwas mehr ist aus ihr herauszuholen, wenn man die Hydrolyse nicht durch Lauge, sondern mittels Fermenten oder Säure durchführt. Nimmt die alkalische Lösung bei der Anstellung

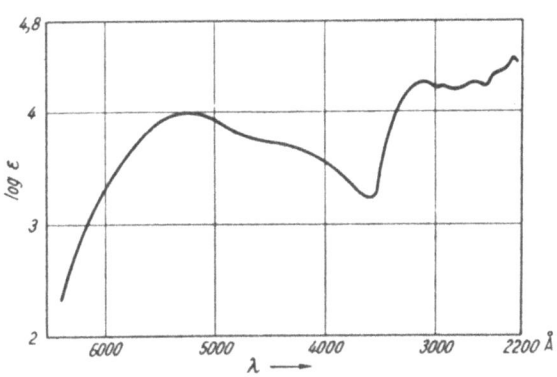

Abb. 1. Absorptionsspektrum von Frangula-Emodin in N-Sodalösung. (Nach LARÈZE und EPAILLY.)

der Reaktion zuerst eine gelbe bis braunrote Farbe an und wird dann langsam kirschrot, dann liegt zum mindesten ein Teil der Aglykone in der reduzierten Stufe vor.

Die BORNTRÄGERsche Reaktion ist sehr empfindlich. Sie fällt noch bei Aglukonkonzentrationen von 10^{-5} deutlich positiv aus. Ihre Farbe folgt dem LAMBERT-BEERschen Absorptionsgesetz und kann deswegen auch zu quantitativen Bestimmungen benutzt werden. Da Absorptionsstärke und die Lage des Absorptionsmaximums je nach Art des Emodins etwas verschieden ist, ist zu empfehlen, bei quantitativen Bestimmungen möglichst das adäquate Aglykon als Standardsubstanz zu wählen (Abb. 1).

Die Bornträgersche Reaktion wird auch zum histotopochemischen Nachweis im Pflanzenparenchym benutzt. Die frischen Schnitte werden dabei mit Ammoniakdämpfen behandelt oder in dünne Lauge gelegt. Allerdings ist bei diesem Vorgehen nicht zu entscheiden, ob der positive Ausfall durch freies oder hydrolytisch frei gesetztes Aglykon bedingt wird. Oft ist die Farbe nicht rein rot, sondern rotbraun. Daran dürften in erster Linie gleichzeitig vorhandene Gerbstoffe beteiligt sein.

Zum qualitativen Nachweis von *Anthranolen* wird die Tunmannsche Reaktion benutzt. Dazu werden Drogenauszüge mit Schwefelsäure, die selenige Säure enthält (Meckes Reagens), versetzt. Es entsteht eine zuerst blaugrüne, dann blauschwarze Farbe.

Weiterhin kann die Hausersche Reaktion benutzt werden: Beim Kochen von Drogen oder Drogenextrakten mit einer Lösung von Natrium biboracicum entsteht eine gelbgrüne Fluoreszenz.

Um Spuren von Emodin in Körperflüssigkeiten nachzuweisen, kann man dieses als Calcium- oder Magnesiumsalz ausfällen und in einem spitzen Zentrifugenglas auszentrifugieren. Noch 0,1 γ Emodin sind als violetter Niederschlag nachweisbar (Friebel und Friebel).

Schließlich sei noch auf die Möglichkeit der Mikrosublimation hingewiesen (Rosenthaler, 1911, 1926; Kofler). Nach der Spaltung der Glykoside liefern dabei Anthrone farblose, Anthrachinone gelbe Sublimate bzw. Kristalle, mit denen dann die oben beschriebenen qualitativen Reaktionen angestellt werden können.

III. Quantitative Bestimmungsmethoden.

Nach unseren heutigen Kenntnissen sollte eine quantitative Untersuchung von Frischpflanzen, Trockendrogen oder Drogenzubereitungen der Anthraglykosidgruppe umfassen:

1. freies Emodin,
2. glykosidisch gebundenes Emodin,
   a) saure Aglykone } jeweils reduzierte und oxydierte Anteile,
   b) neutrale Aglykone }
3. Glykosidase-Aktivität.

Während für freies und gebundenes Aglykon schon recht frühzeitig Trennungsmethoden angegeben wurden, war Tschirch (1928) wohl der erste, der eine quantitative Auftrennung nach reduziertem und oxydiertem Anteil auf titrimetrischem Weg ausarbeitete. Besser eignen sich für eine solche Analyse die heute allgemein gebräuchlichen kolorimetrischen bzw. absorptionskolorimetrischen Methoden. Sie benutzen entweder die Bornträgersche Reaktion oder messen die Aglykone direkt nach ihrer Ausschüttelung in den organischen Lösungsmitteln. Gravimetrische Methoden, wie die von Daels (1913) werden heute kaum mehr angewendet, zumal sie umständlicher und wohl auch ungenauer als die kolorimetrischen sind.

1. Bestimmung des freien Emodins. (Prinzip s. S. 553.)

0,1—0,2 g Droge bzw. entsprechende Mengen Drogenextrakt werden mehrmals (2—3mal) mit je 20 ml Benzol, Äther oder Chloroform heiß ausgezogen. Die vereinigten und filtrierten Extrakte werden mit 10—20 ml 5%iger Natronlauge, die 2% Ammoniak enthält, ausgeschüttelt und die Lauge wird nach entsprechender Verdünnung möglichst rasch kolorimetriert.

2. Bestimmung des glykosidisch gebundenen Emodins.

Zur *Spaltung* wird heute allgemein die Hydrolyse in saurem Milieu verwendet; sie scheint in allen Fällen schon nach 30 min beendet zu sein (s. S. 551). Über die wichtige Frage der erschöpfenden Ausschüttelung der Aglykone ist schon gesprochen worden (s. S. 555). Als Beispiel sei das Vorgehen nach AUTERHOFF (1951) näher ausgeführt:

0,1—0,2 g Rhabarber- oder Franguladroge bzw. entsprechende Mengen Extrakt werden genau gewogen, in einem 100 ml-Kolben mit 7,5 ml Eisessig übergossen und 15 min lang über kleiner Flamme am Rückflußkühler gehalten. Darauf werden durch den Rückflußkühler 30 ml Äther hinzugegeben und weiter 15 min gekocht. Die gelbe Äthereisessiglösung wird durch einen kleinen Wattebausch in einem etwa 300 ml-Scheidetrichter filtriert. Den Rückstand übergießt man mit 30 ml Äther und kocht nochmals 10 min. Die zweite Ätherlösung wird durch denselben Wattebausch in den Scheidetrichter gegeben.

Bei der Spaltung der Sennesglykoside — und wohl auch der Aloine — genügt die Acidität des Eisessigs zur Spaltung nicht. Es werden deshalb zu 7,5 ml Eisessig 1 ml konz. Salzsäure (25% ig) zugesetzt.

Die vereinigten Eisessig-Äther-Lösungen werden zur Entfernung überschüssiger Säure mit 40 ml Wasser ausgeschüttelt und die wäßrige Phase wird verworfen.

a) Saure Aglykone. Man gibt in den Scheidetrichter 30 ml etwa 10%ige Natriumbicarbonatlösung und 3,5 g Natriumcarbonat in Substanz. Nach beendeter Umsetzung wird die wäßrige alkalische Phase in einen zweiten Scheidetrichter gebracht und die organische Phase noch 2—3 mal bis zur Erschöpfung mit je 10 ml gesättigter Natriumbicarbonatlösung ausgeschüttelt. Die Bicarbonatlösung kann man einige Male mit etwas Chloroform ausschütteln, um neutrale Aglykone, die mitgeschleppt wurden, zu entfernen. Dann wird mit 40 ml Äther überschichtet und vorsichtig mit 50%iger Schwefelsäure angesäuert. Nach Umschütteln und Trennung der Schichten wird die Ätherlösung in 100 ml-Meßkölbchen durch Papier filtriert. Das Ausschütteln der sauren wäßrigen Phase mit Äther wird solange wiederholt, bis sich der Äther nicht mehr gelblich färbt und die vereinigten Ätherlösungen 100 ml ausmachen.

b) Die neutralen Aglykone sind in der durch die Natriumbicarbonatlösung von den sauren Aglykonen befreiten Ätherschicht enthalten.

c) Bestimmung des oxydierten und reduzierten Aglykonanteils.

α) BORNTRÄGERsche *Reaktion.* Da die reduzierten Aglykone in Lauge gelb gefärbt sind und beim Absorptionsmaximum der oxydierten Form nicht absorbieren, wird nach der Ausschüttelung aus dem organischen Lösungsmittel in Lauge bei der Messung bei S 50 bzw. S 53 nur das native oxydierte Aglykon erfaßt. Durch Aufoxydation des reduzierten Anteils mittels verdünnten Wasserstoffsuperoxyds entsteht ein Extinktionszuwachs, der auf das reduzierte Aglykon entfällt.

Die bei a) und b) gewonnenen Ätherlösungen werden jeweils mit 5%iger Natronlauge und 2% Ammoniak erschöpfend ausgeschüttelt und auf 100 ml Lauge aufgefüllt. Nach Absetzen wird möglichst rasch kolorimetrisch gemessen (bei Benutzung des Pulfrich-Stufenphotometers je nach Aglykonart bei Filter S 53 oder S 50). Danach wird durch Hinzufügen von 0,2 ml 3% igem H_2O_2 auf 10 ml Lauge und durch 4 min langes Erhitzen im siedenden Wasserbad oxydiert. Nach dem Abkühlen wird nochmals gemessen. Die Differenz zwischen dem 2. und dem 1. Meßwert ergibt die Anthranolmenge.

β) Bei Messung im organischen Lösungsmittel. Gegen das genannte Vorgehen bestehen einige Bedenken. Da die 1. Messung schon in Lauge erfolgt, können schon vor der Messung nicht unbeträchtliche Anthranolanteile spontan oxydierten und so den oxydierten Anteil zu hoch angeben. Weiterhin ist die Möglichkeit einer gewissen oxydativen Zerstörung der Aglykone bei der Oxydation durch H_2O_2 nicht auszuschließen, und endlich wird das Entstehen von Dianthronen, die bei diesem Vorgehen allerdings geringfügig sein dürfte, nicht erfaßt. Deshalb scheint uns die direkte Messung der organischen aglykonhaltigen Lösungen gewisse Vorteile zu bieten, ein Verfahren, das von Schultz und Schmid (1951) (für Cortex Frangulae und Fol. Rhei) ausgearbeitet wurde. Es arbeitet im Prinzip so, daß nach der Hydrolyse die ersten Ausschüttelungen mit den organischen Lösungsmitteln gemessen werden. Sie geben den Anteil des oxydierten Aglykons an. Dann wird mit Lauge ausgeschüttelt, nach Beendigung der Spontanoxydation (4—6stündiges Stehen im Dunkeln) angesäuert und wieder in das organische Lösungsmittel zurückgeschüttelt. Wie oben ergibt die Differenz zwischen der Messung nach und vor der Oxydation den Anthranolanteil. Für die Bestimmung des Gesamtaglykons nach der Oxydation (bei der 2. Messung) ist aber noch das gebildete Dianthron zu berücksichtigen. Dieses ist im Falle von Frangula-Emodin-Glykosiden leicht dadurch zu erfassen, daß es sein Maximum bei S 53 besitzt. Die gelben Emodinlösungen, die bei S 43 gemessen werden, absorbieren in diesem Bereich noch nicht. Da das Dianthron auch bei S 43 noch absorbiert, muß dieser Wert vom Gesamtwert der Absorption bei S 43 abgezogen werden. Der Quotient, aus dem dieser Wert errechnet werden kann, beträgt für dieses Dianthron $k\,S\,53 : k\,S\,43 = 1 : 2,7$. Es gilt also:

z. B. Benzol vor Lauge: $E_{S\,43}$ = natives oxydiertes Aglykon,

Benzol nach Lauge: $E_{S\,53} + \left(E_{S\,43} - \dfrac{E_{S\,53}}{2,7}\right)$ = Gesamtaglykon,

Gesamtaglykon minus natives oxydiertes Aglykon = reduziertes Aglykon.

Für Frangula-Emodindrogen hat sich das Verfahren gut bewährt. Es bedarf noch einer Ergänzung hinsichtlich der sauren Aglykone.

3. Bestimmung der Fermentaktivität.

1,0 g Frischdroge + 0,5 ml Wasser oder 0,1 g Trockendroge + 1,5 ml Wasser werden mit 0,5 g Seesand verrieben und 1 Std. bei Zimmertemperatur stehen gelassen. Dann werden 10 ml saurer Alkohol (50%iger Alkohol mit einer Säurekonzentration von n/5 Salzsäure) zugegeben und dreimal mit je 10 ml Benzol extrahiert. Ein Anteil des vereinigten Benzols (5 ml) wird im Stufenphotometer bei Filter S 43 gemessen (oxydiertes Emodin). Ein weiterer Anteil des Benzolextraktes wird mit 2 ml n-Natronlauge ausgeschüttelt. Man läßt 4 Std. im Dunkeln stehen, säuert mit einigen Tropfen konz. Salzsäure an und schüttelt nach Hinzufügen einer der Laugenmenge aliquoten Menge Alkohol in das alte Benzol zurück. Es erfolgt die 2. Messung bei S 43 und S 53 (Gesamtaglykon).

$$\text{Gesamtaglykon} = \text{Meßwert } S\,53 + \left(\text{Meßwert } S\,43 - \frac{k\,S\,53}{2,7}\right).$$

Es ergibt sich: fermentativ abgespaltenes Aglykon = Gesamtaglykon minus freies Aglykon.

Eine quantitative Bestimmung von reduziertem und oxydiertem Aglykon nebeneinander in einem Arbeitsgang ist in manchen Fällen durch Messung im UV-Bereich möglich (eigene unveröffentlichte Messungen). Aus den für Frangulaemodin in Abb. 2 wiedergegebenen Absorptionskurven, die mittels des Beckman-Spektrophotometers gewonnen wurden, ergibt sich, daß die oxydierte Form in Essigsäureäthylester bei 4400 Å ihr Maximum hat, während hier, wie schon beschrieben, die Absorption des Anthranols praktisch zu vernachlässigen ist.

Das Anthranol hat dagegen sein Maximum bei 3550 Å. In diesem Bereich ist noch die Absorption der oxydierten Form zu berücksichtigen. Diese kann man durch Bildung des Quotienten $\frac{k \lambda_{4400}}{k \lambda_{3550}}$ leicht errechnen, wenn man bei 4400 Å gemessen hat. Der Quotient beträgt für Lösungen in Essigsäureäthylester 2,8. Die Differenz zwischen $k \lambda_{3550}$ und dem errechneten k-Wert für die oxydierte Form bei λ 3550 ist dem Anthranol zuzuschreiben. Die Methode läßt sich gut durchführen für Cortex Frangulae und Fol. Rhei undulat. (Die Spaltung erfolgt in 50%igem Alkohol mit 5%iger Salzsäure, die Ausschüttelung mit Essigsäureäthylester.)

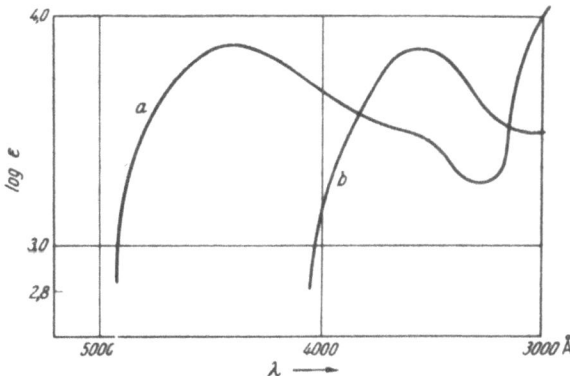

Abb. 2. Absorption von oxydiertem (a) und reduziertem (b) Frangula-Emodin in Essigsäureäthylester.

Tabelle 4. *Eichwerte für Aglykone.* (Stufo = Pulfrich-Stufenphotometer; Spektrom = Beckman-Spektrophotometer.)

Substanz	Lösungsmittel		
	Lauge	Benzol	Essigsäureäthylester
Frangula-Emodin	Stufo S 53[1] $k=0,42:0,017$ mg/1 ml Spektrom[2] 5195 Å: log ε = 3,99 3090 Å: log ε = 4,25 2540 Å log ε 4,27	Stufo S 43[4] $k=0,1:0,0019$ mg/1 ml	Spektrom[5] 4400 Å: log ε = 3,89 $k\lambda_{4400}=0,59:0,02$ mg/1 ml $k\lambda_{3550} = \dfrac{k\lambda_{4400}}{2,9}$
Frangula-Emodinanthron		Stufo S 43 $k=0,1:0,22$ mg/1 ml	Spektrom[5] 3550 Å: log ε = 3,88 $k\lambda_{3550}=0,58:0,02$ mg/1 ml
„Dianthron" aus Frangula-Anthron		Stufo S 53[4] $k=0,1:0,0043$ mg/1 ml $k_{S\,43} = \dfrac{k\,S\,53}{2,7}$	
Sennidine	Stufo S 53[3] $k = 0,42:0,1875$ mg Senn. B/10 ml $k = 0,35:0,3$ mg Glyk. A + B/10 ml		
Chrysophansäure	Stufo S 50[1] $k = 0,42:0,125$ mg/10ml		
Istizin	Stufo S 53[1] $k = 0,57:0,3$ mg/10 ml Stufo S 50[3] $k = 0,51:0,15$ mg/10 ml		

---

[1] SCHULTZ; [2] LARÈZE und EPAILLY; [3] AUTERHOFF, 1951 b; [4] SCHMID, 1951 [5] SCHMID (unveröffentlicht).

IV. Gewinnung von Standardsubstanzen.

1. Frangula-Emodin.

100 g 100% ig oxydierte Frangularinde werden mit 200 ml 50% igem Alkohol, der $n/5$ Salzsäure enthält, angefeuchtet und 1 Std. stehengelassen. Dann extrahiert man im Perkolator mit weiteren 300 ml 50% igem Alkohol, bis der Extrakt farblos abläuft. Der Extrakt wird durch Watte filtriert, mit konz. Salzsäure (25%) auf eine Salzsäurekonzentration von 5% gebracht und 30 min im siedenden Wasserbad hydrolysiert. Bei der Hydrolyse entsteht ein flockiger Ausfall. Dieser wird abfiltriert. Der Filterrückstand wird im Exsiccator getrocknet und im Soxhletapparat mit Benzol erschöpfend extrahiert. Das Filtrat wird ebenfalls mit Benzol ausgeschüttelt. Die Benzollösungen werden vereinigt und mit 100 bis 200 ml n NaOH bis zur Entfärbung des Benzols ausgeschüttelt. Die Lauge wird mit konz. Schwefelsäure vorsichtig bis nahe an den Farbumschlag nach braun abgestumpft. Dann wird mit 500 ml Benzol überschichtet und in die Lauge in langsamem Strom CO_2-Gas eingeleitet. Das Benzol wird mehrmals erneuert. Die vereinigten Benzolextrakte werden im Vakuum eingeengt. Meist fällt schon beim Abkühlen Rohemodin aus, das aus heißem Alkohol umkristallisiert wird.

2. Sennidine.

Prinzip (Stoll und Mitarbeiter, 1949). Die sauren Glykoside werden mit oxalsäure-haltigem Methanol in Freiheit gesetzt und aus der Droge herausgelöst. Nach Einengen des Methanolextraktes erhält man ein Rohkristallisat von Sennosid A, das als Triäthylaminsalz gelöst und mit Bromwasserstoffsäure in reiner Form gefällt wird. Sennosid B wird aus der Mutterlauge als Calciumsalz gefällt, mit Oxalsäure in Freiheit gesetzt und nach Entfernen des Calciumoxalats kristallisiert gewonnen. Die reinen Glykoside werden mit Säure hydrolysiert und die Aglykone mit Äther ausgeschüttelt. Aus dem Äther werden diese in Lauge übergeführt, mit H_2O_2 oxydiert und gemessen. Das Oxydationsprodukt stellt offenbar keine einheitliche Substanz dar, da das Absorptionsmaximum nicht bei S 50, nämlich dem des bei der Oxydation von Sennesaglykonen erhaltenen Rheins liegt, sondern bei S 53, wahrscheinlich infolge von Beimengung von Dianthron[1].

Gewinnung der Sennoside: 1 kg Sennesblätter werden 4mal mit je 3,5 l Chloroform-äthanol (93 Teile Chloroform, 7 Teile Äthanol) vorextrahiert. Die Hauptextraktion erfolgt mit oxalsäurehaltigem Methanol (16 l + 20 g Oxalsäure). Der Extrakt wird bei maximal 30° C auf 2—2,5 l eingeengt. Bei 24stündigem Stehen kristallisiert das Rohsennosid A aus. Dieses wird nach Abfiltrieren getrocknet und durch Anreiben mit triäthylaminhaltigem Methanol gelöst. Nach Filtration läßt man das Filtrat in überschüssige Bromwasserstoffsäure einlaufen. Es erfolgt sofort Auskristallisation, die nach 2—3 Std. beendet ist. Pünktliches Waschen der Kristalle auf der Nutsche mit Methanol.

Die Mutterlauge wird mit 200—300 ml Methanol, das 10% $CaCl_2$ enthält, versetzt und methanolisches Ammoniak solange zulaufen gelassen, bis die Farbe des ausfallenden Calciumsalzes von Sennosid B von lehmgelb gerade in braun umschlägt. Das Calciumsalz wird abfiltriert und getrocknet.

Zur Freisetzung von Sennosid B trägt man das fein gepulverte Gemisch der Calciumsalze vorsichtig unter Rühren in 100 ml Wasser ein. Durch die Zugabe einer Lösung von 4 g Oxalsäure in 40 ml Methanol wird eben kongosauer gemacht. Nach 10 min langem Rühren läßt man 1 l Methanol zufließen und rührt weitere 30 min. Der Calciumoxalatniederschlag wird abfiltriert und das klare, gelbbraune Filtrat im Vakuum bei 25—30° C auf ein Volumen von etwa 150 ml eingeengt. Gegen den Schluß des Eindampfens trübt sich die Lösung und beginnt oftmals zu schäumen und zu stoßen. Durch ein- bis zweimaliges Ausschütteln mit Chloroform können die Trübungen, die zum Teil aus Rhein bestehen, entfernt werden.

---

[1] Zur Isolierung von Rhein vgl. S. 668.

Aus der klaren wäßrigen Lösung kristallisiert nach dem Animpfen im Verlaufe von 1—2 Tagen Sennosid B aus. Trennung der Kristalle von der braunschwarzen Mutterlauge auf Sinternutsche, Waschen mit Wasser, bis dieses farblos abläuft. Dann mit Alkohol nachwaschen, bis das Filtrat keine grünbraune Trübung mehr aufweist und klar hellgelb abfließt. Aus der erneut im Vakuum eingeengten und angeimpften Mutterlauge erfolgt nach 1—2 Tagen eine erneute Kristallisation.

Die *Reinigung der Rohkristalle* erfolgt für beide Glykoside

a) durch Lösen in einem siedenden Gemisch von gleichen Teilen Glykolmonoäthyläther und Wasser. Man filtriert heiß und kühlt rasch ab.

b) durch Lösen von 10 g Rohkristallisat A in 900 ml eines am Rückfluß siedenden Gemisches von 3 Vol. Aceton und 2 Vol. Wasser. Man filtriert die Lösung mit einem Heißwassertrichter und gibt 180 ml Wasser hinzu, so daß das Mischungsverhältnis Aceton:Wasser 1:1 beträgt. Nach Abkühlen erfolgt Auskristallisation; die Umkristallisation wird so oft wiederholt, bis die Mutterlauge nur noch blaß gelbgrün abläuft.

Das leichter lösliche Sennosid B reinigt man durch Auflösen von 10 g in einer siedenden Aceton-Wasser-Mischung (3:2) von 200—300 ml, filtriert heiß und versetzt mit Wasser bis zu einem Mischungsverhältnis von 2 Vol. Aceton auf 3 Vol. Wasser. Im Verlauf von 2—3 Std. kristallisiert das Sennosid B in hellgelben, dünnen Kristallen aus. Waschen auf der Nutsche mit etwas reinem Aceton.

Die kristallisierten Sennoside werden über Phosphorpentoxyd und vor Licht geschützt in evakuierten Ampullen aufbewahrt.

Herstellung einer Standardlösung von Sennidinen: Die Glykoside werden etwa 0,5—1⁰/₀₀ in Wasser unter Zugabe einiger Tropfen Alkali gelöst. 10 ml der Lösung werden nach Zugabe von 5 ml konz. Salzsäure auf dem siedenden Wasserbad 15 min hydrolysiert. Der bei der Hydrolyse gebildete flockige Niederschlag wird durch vorsichtiges Zusetzen von konz. Natronlauge unter Kühlen gerade gelöst, die klare gelbbraune Lösung im Scheidetrichter mit 80 ml Äther überschichtet, mit 50%iger Schwefelsäure angesäuert und sofort kräftig geschüttelt. Die gelbe Ätherlösung wird abgetrennt und die wäßrige Phase nach Alkalisieren und Wiederansäuern noch zweimal mit je 40 ml Äther ausgeschüttelt. Die filtrierten und vereinigten Ätherauszüge werden auf 100 ml aufgefüllt. Spätestens innerhalb 10 Std. werden 5 ml der Ätherlösung mit 10 ml n-Natronlauge extrahiert; die gelbbraune alkalische Lösung wird mit 0,2 ml 3%iger H_2O_2-Lösung versetzt und 4 min auf dem siedenden Wasserbad erhitzt. Messung der weinroten Lösung innerhalb 10 min (im Stufenphotometer bei S 53).

V. Biologische Wertbestimmung der Anthraglykosiddrogen.

Sehr häufig wird neben oder statt der chemischen Untersuchung der Tierversuch zur Auswertung der als Abführmittel gebräuchlichen Anthraglykosiddrogen und ihrer Zubereitungen herangezogen (UHLMANN). Als Test dient dabei die Veränderung des normalen Kots zu Durchfall. Die Methode hat als Fährtenweiser bei der Isolierung von Glykosiden wertvolle Dienste geleistet. Das am meisten verwendete Versuchstier ist die weiße Maus, die auf die meisten der am Menschen verwendeten Anthraglykoside gut anspricht. Es muß allerdings betont werden, daß die Empfindlichkeit der Maus — übrigens auch die anderer Versuchstiere, wie Ratte und Katze — bei den einzelnen Drogen dem Menschen nicht völlig maßstabsgerecht ist. So wirkt z. B. die am Menschen so prompt und kräftig wirksame Aloe an der Maus nur wenig, auch Sennes wirkt relativ schwächer als beim Menschen. Dies macht zweifellos die Beurteilung von Kombinationen aus verschiedenen Anthraglykosiddrogen bezüglich ihrer Brauchbarkeit am Menschen schwierig; für Vergleichsversuche innerhalb derselben Droge ist aber die Methode sehr gut brauchbar. Da die Ansprechbarkeit der Maus starken, offenbar jahreszeitlich bedingten Schwankungen unterworfen ist, ist die Verwendung einer Vergleichssubstanz, etwa des synthetisch hergestellten Istizins (1,8-Dioxanthrachinon) zu empfehlen.

Wichtig ist eine gute Vorbereitung der Tiere, um gleichmäßige Darm- und damit auch Kotverhältnisse zu schaffen. Am besten hat sich bewährt, die Tiere 3—4 Tage vor dem Versuch nur mit Hafer und Wasser zu ernähren. Die Zufuhr der Substanzen geschieht am besten mit der Schlundsonde, da beim Verfüttern der von Führer empfohlenen Mehlkeks die Aufnahmezeit schlecht zu definieren ist. Unlösliche Substanzen suspendiert man zweckmäßig in einen dünnflüssigen Stärkekleister. Die verabreichte Menge sollte bei der Maus 0,2 ml nicht übersteigen. Empfehlenswert ist die Zumischung einer nicht resorbierbaren Farbe, z. B. von Carmin rubr., um die Passagezeit besser beurteilen zu können. Wichtig ist es, sich bei der Beurteilung der Wirkung auf eine bestimmte Wirkungsstufe festzulegen, da von starkem Durchfall mit dünnflüssigem Kot bis zur eben nachweisbaren Koterweichung alle Übergänge vorhanden sein können. Man ermittelt bei der Auswertung am besten die ED 50 auf statistischem Weg.

Die Frage der Übereinstimmung zwischen den Ergebnissen der chemischen Wirkstoffbestimmung und der biologischen Auswertung kann wohl erst dann eindeutig beantwortet werden, wenn bei der chemischen Analyse sorgfältig nach den oben beschriebenen Gesichtspunkten verfahren wird und wenn man berücksichtigt, daß die reduzierten Glykoside und Aglykone um ein Mehrfaches wirksamer sind als die entsprechenden oxydierten Formen.

VI. Dianthrone.

Als der Prototyp der Stoffgruppe ist das Hypericin anzuführen. Nach den Vorarbeiten von Cerny ist seine Reindarstellung, Konstitutionsaufklärung und Synthese Brockmann und Mitarbeitern zu verdanken. Hypericin ist ein Inhaltsstoff aus *Hypericum*-Arten (Fam. *Guttiferae*); besonders hoch ist der Gehalt bei *Hypericum perforatum* (Johanniskraut, Hartheu). Auf Grund seiner (roten) Fluoreszenz tritt nach dem Fressen von Hypericum eine Lichtkrankheit, der sog. Hypericismus bei Weidetieren (Pferden, Schafen, Rindern) auf. Das Hypericin findet sich in der Pflanze im gelösten Zustand, anscheinend ungebunden, besonders reichlich in den gelben Blüten, die beim Zerreiben blutrot werden, sowie in den Öldrüsen der Blätter, die bei der Durchsicht als Löcher („perforiert") erscheinen. Auch der photosensibilisierende Stoff des Buchweizens (*Fagopyrum esculentum*, Fam. *Polygonaceae*) ist als Dianthron erkannt worden (Brockmann, Weber und Sander).

1. Darstellung des Hypericins.

1 kg getrocknete Blüten von *Hypericum perforatum* werden in der Kugelmühle zermahlen und in Portionen von 1 kg zunächst mit Äther erschöpfend extrahiert (Entfernung des Chlorophylls und der Carotinoide). Bei der anschließenden Extraktion mit Methanol erhält man einen tiefroten Auszug, den man durch Zusatz von methylalkoholischer Salzsäure auf einen Salzsäuregehalt von 2,5% bringt. Man läßt 2 Tage bei 0° stehen. Dabei scheidet sich das Hypericin als schwarzes, aus mikroskopisch kleinen Kügelchen bestehendes Pulver ab. Nach dem Trocknen wird dieses mehrmals mit Benzin und darauf mit Methanol ausgekocht. Versetzt man die klare heiß gesättigte Pyridinlösung des auf diese Weise gewaschenen Pulvers mit 20%iger methanolischer Salzsäure, so kristallisiert nach einiger Zeit das Hypericin in glänzenden, rechtwinkligen Nädelchen aus.

Hypericin ist in den gebräuchlichen organischen Lösungsmitteln schwer oder gar nicht löslich, mit roter Farbe und intensiver roter Fluoreszenz mäßig gut löslich in Pyridin. Es zersetzt sich ab 320° C. Seine charakteristischen Absorptionsbanden in Pyridin liegen bei 603, 557, 519 mμ.

2. Quantitative Bestimmung durch Absorptionsmessung.

Die Pflanzenteile werden nach Vorextraktion mit Äther im Soxhletapparat erschöpfend mit Methanol ausgezogen. Die so erhaltenen roten Lösungen werden im Vakuum zur Trockene eingedampft und der Rückstand mit einem abgemessenen Volumen Pyridin aufgenommen. Blüten und Knospen werden ohne Vorextraktion sofort mit Pyridin erschöpfend extrahiert. Die Pyridinlösungen (100 ml) werden mit einer Lösung von reinem Hypericin in Pyridin im Kolorimeter mit Spektralaufsatz gemessen.

Durch weitere Arbeiten sind interessante Beziehungen des Hypericins zu dem Penicilliopsin (OxFORD und RAISTRICK) und von da zum Frangula-Emodinanthron aufgedeckt worden. Das Penicilliopsin ist der gelbe Farbstoff des Pilzes *Penicilliopsis clavariaeformis* und ist ein Bianthron. Durch Luftoxydation in piperidinhaltigem Pyridin (OxFORD und RAISTRICK) oder durch Erwärmen in Pyridiumchlorid (BROCKMANN und NEEFF) entsteht aus diesem Oxypenicilliopsin (s. S. 552). Extrahiert man Oxypenicilliopsin mit Methanol und belichtet, so erhält man ein

Tabelle 5.
(Nach BROCKMANN, POHL, MAIER u. HASCHAD (1942).)

Material	mg Farbstoff pro 1 kg Trockensubstanz
Junge Pflanze von etwa 12 cm Höhe . .	272
Ausgewachsene Pflanze mit Blüten . . .	362
Ausgewachsene Pflanze mit Knospen . .	420
Blüten	1960
Blütenblätter	2450
Blätter	288
Stengel	210

Bestrahlungsprodukt, das aus Tetrahydrofuran an Gips adsorbiert eine Fraktion liefert, die nach ihren Lösungseigenschaften und den Absorptionsbanden identisch mit Hypericin ist. Als Ausgangssubstanz für das Penicilliopsin nehmen BROCKMANN, v. FALKENHAUSEN und DORLARS auf Grund der Konstitutionsformel das Frangula-Emodinanthron an.

Literatur.

Zusammenfassende Literatur.

EDER, R., u. B. SIEGFRIED: Pharm. Helv. Acta 14, 34 (1939).
ROSENTHALER, R.: In KLEINS Handb. d. Pflanzenanalyse II, III/2, 989. Wien 1932.
TSCHIRCH, A.: Handb. d. Pharmakognosie 2. Bd., 2. Abt., 1361. Leipzig 1917.
WASICKY, R.: Lehrbuch der Physiopharmakognosie, 1. Teil, 302. Wien und Leipzig 1929.

Einzelliteratur.

AUTERHOFF, H.: (a) Dtsche Apoth.-Ztg. **91**, 415 (1951); (b) Arzneimittelforschg. **1**, 412 (1951).
BRIDEL, M., et C. CHARAUX: C. r. Acad. Sci. (Paris) **180**, 875 (1925); J. Pharm. et Chim. **2**, 375 (1925); C. r. Acad. Sci. (Paris) **191**, 1151 (1930); **191**, 1374 (1930); **192**, 1269 (1931); Bull. Soc. chim. biol. **15**, 642, 648 (1933); **17**, 793 (1935). — BROCKMANN, H., F. POHL, K. MAIER u. M. N. HASCHAD: Liebigs Ann. **553**, 1 (1942). — BROCKMANN, H., E. WEBER u. E. SANDER: Naturwiss. **37**, 43 (1950). — BROCKMANN, H., E. H. v. FALKENHAUSEN u. A. DORLARS: Naturwiss. **37**, 540 (1950). — BROCKMANN, H., u. R. NEEF: Naturwiss. **38**, 47 (1951). — BROCKMANN, H., u. F. KLUGE: Naturwiss. **38**, 141 (1951). — BROCKMANN, H., u. H. MUXFELDT: Naturwiss. **40**, 411 (1953).
CASPARIS, P., u. R. MAEDER: Schweiz. Apoth.-Ztg. **63**, 313, 329, 348 (1925); Bull. Soc. chim. biol. **9**, 324 (1927). — CASSELMANN, A.: Liebigs Ann. **104**, 77 (1857). — CERNY, C.: Z. f. physiol. Chem. **73**, 371 (1911).
DAELS, F.: Bull. Acad. Reg. Méd. Belg. **2**, 350 (1913); J. Pharm. Belg. **1**, 198 (1919).
FAIRBAIRN, J. W.: J. Pharm. Pharmac. **1**, 683 (1949). — FAIRBAIRN, J. W., and M. R. SALEH: J. Pharm. Pharmac. **3**, 93 (1951). — FRIEBEL, H., u. G. FRIEBEL: Dtsch. Z. f. gerichtl. Med. **40**, 164 (1950). — FÜHNER, H.: Arch. f. exp. Path. u. Pharm. **105**, 249 (1925).
GEBHARDT, H.: Arch. f. exp. Path. u. Pharm. **182**, 521 (1936). — GRAHLE, A.: Südd. Apoth.-Ztg. **1946**, 51.
HAUSER, F.: Pharm. Helv. Acta **6**, 79 (1931).
KOFLER, L.: Z. Allg. Österr. Apoth.-Verein **56**, 231 (1918). — KUSSMAUL, W., u. B. BECKER: Helv. Chim. Acta **30**, 59 (1946).
LARÈZE, F., et M. EPAILLY: Ann. Pharmac. franç. **10**, 669 (1952).
MÜHLEMANN, H.: Pharmac. Helv. Acta **24**, 343 (1949).

Oxford, A. E., and H. Raistrick: Biochem. J. **34**, 790 (1940).

Richter, D.: J. Chem. Soc. **1936**, 1701. — Richter, D., and R. Hill: J. Chem. Soc. **1936**,-1714; Nature **136**, 38 (1936). — Rosenthaler, L.: Pharmaz. Zentr. Halle **67**, 353 (1926); Ber. Pharm. Ges. **1911**, 341.

Schindler, O.: Pharm. Helv. Acta **21**, 189 (1946). — Schmid, W.: Dtsch. Apoth.-Ztg. **1951**, 152; Arch. f. exp. Path. u. Pharm. **208**, 177 (1949); Arzneimittelforschg. **2**, 6 (1952); unveröffentl. Versuche. — Schultz, O. E.: Die Pharmazie **5**, 501, 541, 505 (1950). — Straub, W., u. H. Gebhardt: Arch. f. exp. Path. u. Pharm. **181**, 399 (1936). — Straub, W., u. E. Triendl: Arch. f. exp. Path. u. Pharm. **185**, 1 (1937). — Stoll, A., B. Becker u. W. Kussmaul: Helv. Chim. Acta **32**, 1892 (1949). — Stoll, A., u. B. Becker: In Zechmeister, Fortschritte der Chemie organischer Naturstoffe Bd. VII, 248. Wien 1950.

Triendl, E.: Arch. f. exp. Path. u. Pharm. **182**, 527 (1936). — Tschirch, A., u. H. Schmitz: Helv. Pharm. Acta **3**, 88 (1928).

Uhlmann, F.: In Abderhaldens Hdb. d. biol. Arbeitsmeth. Abt. IV, 6, I, 463. Berlin und Wien 1926.

Waliaschko, I., u. T. Krassowski: J. Russ. Phys. Chem. Ges. **40**, 1502 (1908). — Wasicky, R.: Ber. Dtsch. Bot. Ges. **33**, 37 (1915).

Growth Substances in Higher Plants.

By

Poul Larsen.

With 26 Figures.

Growth substances may be defined as organic compounds which at low concentrations promote, inhibit, or qualitatively modify growth. Their effect does not depend on their caloric value or their content of essential elements. By "low concentrations" is generally meant concentrations lower than 10^{-4} molar when the compound is applied externally in aqueous solution to suitable test objects. The so-called bios substances (e. g. thiamin, biotin, etc.) are treated individually in other chapters of this handbook. The main subject of the present chapter, therefore, ll be substances which affect the extension of the cell wall, accompanied by water uptake in the cell. Such substances are classified according to the qualitative character of their biological effect. There is as yet no general agreement on the boundaries and definitions of the individual groups of growth substances. Some natural groups are listed below, and the definitions which will be used in the present chapter are given.

1. *Auxins* are growth substances capable of inducing elongation in shoot cells when applied in suitable concentrations. — Auxins may, and generally do, affect other processes besides elongation, but the effect on elongation is considered critical. They are generally acids with an unsaturated, cyclic nucleus. Indole-3-acetic acid[1] is commonly used as a standard in determining auxin activity.

2. *Antiauxins* are growth substances which competitively inhibit the action of auxin. Their natural occurrence has not been definitely established.

3. *Growth Inhibitors* are substances which retard growth in both shoot and root cells and have no stimulatory range of concentrations.

(A logical systematic name for *oligodynamic* inhibitors of cell elongation would be *auxocholins*, analogous to KÖCKEMANN's blastocholins.)

4. *Fructigenic Substances* are growth substances which induce development of the tissues supporting the ovules, i. e. development of fruits in the broadest sense (NITSCH, 1952).

5. *Wound Hormones* are growth substances which induce cell divisions and are liberated upon injury of tissue. — They will not be dealt with here. Reference is made to BONNER and ENGLISH (1938) and RUGE (1951, p. 65—66).

6. *Ethylene* was treated in Vol. I (KENTEN) of this handbook.

A. Extraction of Growth Substances.

It seems certain that auxins and their precursors exist in several forms in the plant, but there is no agreement as to the actual nature of these forms or their physiological significance. Consequently, there is no standard method for extracting "auxin" from a plant. The auxin obtained by different methods may represent a variety of native forms. The various forms of auxin may undergo changes

---

[1] The abbreviation IAA, used throughout this chapter, stands for indole-3-acetic acid.

during the extraction: auxin may be liberated from a bound form; precursors may be converted to auxin; and auxin may be inactivated. Such processes may proceed enzymatically even in the presence of ether or chloroform.

A list of observed or postulated forms of auxins and auxin precursors to be considered in extraction work is given below.

A. Practically insoluble in ether.
    1. Free tryptophan.
    2. Tryptophan-containing proteins.
    3. IAA-protein complex.
    4. Precursor-complexes of low molecular weight.
    5. Auxin-complexes of low molecular weight.

B. Ether- and water-soluble.
    6. Unidentified precursors.
    7. Indole-3-pyruvic acid.
    8. Indole-3-acetaldehyde.
    9. Indole-3-acetonitrile.
  10. IAA.
  11. IAA ethyl-ester.
  12. Auxins a and b.

Methods for the extraction of free auxin and auxin precursors, actually present in a sample of plant material at a given moment, should be designed to exclude chemical or enzymatic changes of these compounds during the extraction. The study of bound auxin and auxin precursors requires additional methods for a quantitative release or conversion. Boiling of plant material for the purpose of preventing enzymatic activity is not recommended, except in special cases, because boiling may either release bound auxin chemically, or inactivate free auxin, or even liberate growth inhibitors (van Overbeek et al., 1945). It may be possible to suppress the enzymatic activity by means of specific inhibitors. Such inhibitors, e. g. cyanide, may, however, interfere with the biological tests (Wildman and Muir, 1949; Bonde, 1954b) and will have to be removed before the test. Cyanide can be inactivated by $FeSO_4$ (p. 567), but a general method for the use of cyanide in auxin extractions has not been worked out. Enzymatic inactivation of auxin can be prevented with Na-diethyl-dithiocarbamate (p. 567).

At present the only practicable methods for reducing the extent of conversion of the various forms of auxin in a sample of plant material during extraction consist in the use of low temperature and/or comparatively short periods of extraction.

Procedures, commonly used for the demonstration and determination of several of the above-mentioned forms of auxin, are described below. None of these procedures, however, is generally accepted as a standard method for determining the actual quantity of a given form of auxin in a plant at a given moment.

1. Trapping.

For certain purposes, particularly for qualitative demonstration or semi-quantitative estimation, the active materials may be obtained by direct diffusion or secretion from living plant material into agar or other suitable substrate (the trapping method).

Agar is generally used in a concentration of 1.25—1.5%. Several plant organs (e. g. coleoptile tips or shoot tips; Went, 1929; Kramer and Went, 1949; Avery et al., 1937) will secrete auxin into plain agar. Appreciable amounts of auxin, however, could not be obtained from root tips unless the agar contained mannitol or glucose (10%) (Boysen Jensen, 1933). Handling of the living plant material should preferably be done in a dark-room, under weak, red-orange light. The plant parts are placed on a square of agar, generally about 1 sq. cm. in area and 1—1.5 mm. thick. Good contact is secured by first dipping the cut surface of the plant organ in a 10% solution of gelatin at about 30° C. The proximal end of the plant section should be the one in contact with agar if auxin is desired. Auxin-free diffusates, possibly containing inhibitors or precursors, may be obtained in agar placed at the distal end. After one half to several hours, the plant material is removed; the agar square is cut into a number of small blocks (4—10 mm.³ each), which may subsequently be applied to suitable test plants. The diffusate may be partially purified by diffusion through additional layers of agar, or it may be extracted from the agar and subjected to various methods of purification.

A modification of this method consists in soaking the plant organs (coleoptile tips) in a small quantity of water (WILDMAN and BONNER, 1948; TERPSTRA, 1953b; SÖDING and RAADTS, 1953).

The trapping method gives no information as to the amount of active material in the plant tissue at a given moment. The yield of active material depends on the duration of the secretion, the rate of production of growth substance in the plant tissue, and the rate of destruction, particularly at the cut surface of the plant organ, where e. g. enzymatic inactivation of auxin is known to take place.

A technique for preventing the auxin-inactivation at the cut surfaces in trapping experiments was described by STEEVES et al. (1953), using coleoptile tips and leaves or shoot apices of *Osmunda Cinnamomea:* A freshly cut surface of the organ is applied for a period of about 10 min. to filter paper saturated with 0.005 M KCN solution. The plant material is then placed on agar platelets (8 × 11 × 1.5 mm.), using one or two 0.01 ml. drops of 0.005 M KCN solution to effect the contact between cut surface and agar. During the diffusion, more cyanide solution may be added if necessary to prevent drying out. Several leaves may be tied together with thread before they are placed on the agar. At the end of the diffusion period, which may be 3 hrs., the plant material is removed, and to the agar platelet is added a volume of 0.005 M FeSO$_4$ solution equal to the volume of cyanide solution which has been used (apparently disregarding the amount in the filter paper). After 1 hr. any liquid not absorbed by the agar is blotted off. Each agar platelet is divided into 12 blocks just before application to *Avena* test coleoptiles. The most convenient concentration of cyanide may have to be determined for each new kind of plant material.

2. Extraction with Water.

Water has been used only to a limited extent as an extractant for auxin, because water dissolves some undesired materials, and particularly because enzymatic processes, leading either to conversion of auxin precursors or to destruction of the active materials, are believed to take place more readily during extraction with water than with organic solvents. The destruction, however, can be prevented by extraction at 0—4° C or by the presence of 0.01% Na-diethyldithiocarbamate (TERPSTRA, 1953b). If auxin destruction is prevented by these or other means, water may be a satisfactory extractant for auxins in certain cases.

1. (TERPSTRA, 1953b; LARSEN, 1951b.) Sixty-five to 300 etiolated *Avena* coleoptiles or their tips, 5—25 mm. long, are ground in a mortar. An amount of water or 0.01 M KH$_2$PO$_4$-solution, at least equal to the weight of the plant material, is added (100 coleoptiles, 25 mm. long, weigh about 2 g.). The brei is filtered through a coarse Pyrex fritted glass filter (or through filter paper). An aliquot part of the filtrate may either be diluted, mixed with agar, and tested, or it may be acidified and extracted with ether, from which the auxin may then be transferred to agar. The amounts of auxin obtained by this method agree well with values obtained by other methods and are of the order of 1.5—2 × 10^{-4} μg. per coleoptile, computed as IAA (LARSEN, 1951b). No inactivation of IAA takes place in expressed coleoptile juice (LARSEN, 1949; TERPSTRA, 1953b). At 4° C the yield of auxin is practically independent of the duration of the extraction. The increase in yield found by TERPSTRA when extending the extraction period to 24 hrs. at 23° C was suspected to be a result of bacterial activity during the extraction. Even though filtration may require 30 min. or more, extraction at room temperature should yield reliable results with this plant material. The active material obtained by this method is believed by TERPSTRA to be an auxin complex of low molecular weight, which can be split by shaking with ether.

2. (AVERY, BERGER and WHITE, 1945.) Green leaves or stems are dried for 24—48 hrs. at low temperature and pressure, ground, and stored in a desiccator. Forty to 50 mg. of this material is shaken for 30 min. with 10 ml. of water at room temperature. The pH value is adjusted to 6.0 and the suspension is centrifuged. The clear extract is tested at various dilutions in agar mixture. The auxin activity found in this extract is ascribed to "free" auxin. The sediment is autoclaved at 120° C for 30 min. with 10 ml. N NaOH. After cooling, the pH-value is adjusted to 6.0, and the suspension is centrifuged and tested as before. In certain plants (e. g. in the cabbage group), the auxin activity of the alkali-treated material may be several times higher than that of the original extract. The increase is ascribed to conversion of an auxin precursor. A parallel sample of dried plant material may be treated similarly, except that autoclaving is done with 0.5 N HCl (not 1 N). This procedure also produces auxin from a presursor, but whether this precursor is identical with the one which yields auxin upon alkaline hydrolysis is uncertain.

3. A similar procedure for the extraction of maize endosperm was described by AVERY, BERGER and SHALUCHA (1941; some details from AVERY, CREIGHTON and SHALUCHA, 1940):

Endosperm is removed from 3—10 dry or germinating maize grains. Ten dormant, dry endosperms of *Zea Mays*, var. Canada Flint, weigh approximately 3 g. (For several purposes a complete separation of endosperm tissue from embryo and scutellum is unnecessary. A uniform material may be obtained by cutting off most of the endosperm tissue with a pair of diagonal cutters.) The endosperm is ground in a mortar or a mill. Finely powdered tissue gave no higher yields than tissue ground to 20 mesh sieve size (about 1.2 mm. diameter). Sand should be avoided, as finely ground sand may prematurely increase the pH-value of the extract. A 0.25 g. portion of the ground material is suspended in 25 ml. of water (pH 5—7) and shaken for 15 min. at room temperature. After centrifugation, the liquid is tested at various dilutions. The yield, assumed to represent "free" auxin, may be of the order of 7 mg. of auxin per kg. (computed as IAA) and is higher than yields obtained with ether, chloroform and alcohol. Water will extract considerable quantities of auxin from tissue which has already been exhausted by extraction with other solvents.

A parallel sample is suspended in 25 ml. of 0.05 M buffer solution, prepared by mixing 36.85 ml. 0.2 N NaOH with 50 ml. of an 0.2 M solution of boric acid in 0.2 M KCl and diluting to 200 ml. The suspension (pH = 9.6) is heated for 15 min. to 100 or 120° C. *Avena* tests are made after centrifuging, and adjusting the pH value to 6.0. By this procedure a "total" auxin yield as high as 100 mg. of auxin (computed as IAA) may be obtained per kg.

The auxin formed by alkaline hydrolysis has been identified as IAA after isolation (BERGER and AVERY, 1944a). Its extractable precursor is as yet unidentified but does not seem to be tryptophan. The partially purified precursor is relatively insoluble in water, ether, acetone, and absolute ethanol, but is soluble in aqueous acetone, aqueous ethanol, dioxan and aqueous alkali (BERGER and AVERY, 1941b). Its physiological significance is uncertain.

3. Extraction with Diethyl Ether.

The diethyl ether should be as low as possible in alcohol content, but need not be water-free. MALLINCKRODT's "Ether Anhydrous, Analytical Reagent" which has less then 0.01% alcohol, is recommended. Traces of alcohol would interfere with subsequent partitioning of the extracts. The general belief that ether peroxides inactivate auxins seems to rest on insufficient evidence. However, since the peroxides interfere with both biological and chemical tests (SIEGEL and WEINTRAUB, 1952), ether used in auxin work must be peroxide-free. Various methods for removing ether peroxides are discussed by REIMERS (1943). In the experience of the writer the following procedure yields a product which is highly satisfactory in auxin work.

Ca. 2.5 g. of powdered $FeSO_4$, and ca. 0.5 g. of powdered CaO are added to one liter of ether, which is then shaken briefly. After addition of 20 ml. of dist. water, the mixture is shaken vigorously for 3 minutes. The ether is poured off from the aqueous phase and subjected to a second, similar treatment in a 3-liter distillation flask, which is then placed in an electrically heated water bath, kept at 50—60° C, and connected with a LIEBIG or WEST condensor and a 1-liter receiving flask standing in ice-cold water. The first 50 ml. of the distillate and the last 50—100 ml. of ether in the distillation flask are discarded. The distillate is frozen for 2 or more hours to remove most of the water in order to improve the keeping quality of the ether. Drying with chemicals is not recommended. The ether is now transferred to a dry bottle and either used immediately or stored in a refrigerator. This ether may be used directly for extractions. Ether to be used in the "dropping method" (p. 587) is poured, ice-cold, into 10—15 ml. Pyrex bottles, which are filled completely and stoppered with corks (not glass stoppers; cork retards the autoxidation of ether; REIMERS, 1943). These small bottles are stored in a refrigerator. Once opened, their content should be used for "dropping" within a few hours. — Ether containing certain synthetic "stabilizers" (e. g. diphenylamine) cannot be purified by the above method and may have a deleterious effect in the tests.

In certain plant materials there is a considerable enzymatic production of auxin even during the first hour of extraction with ether at 22—23° C. This production can be largely prevented by reducing the temperature to 1° C. The excess of auxin obtained at 22° C most likely stems from a conversion of indole acetaldehyde, since BONDE (1954b), working with etiolated pea seedlings, found an abundance of neutral growth substance in extracts made at 22° C, but not at 1° C. WILDMAN and MUIR (1949) showed that IAA added to lyophilized tobacco ovaries, can be quantitatively extracted at 0° C in 2 hours. In view of these results extraction at 0—1° C is recommended for the purpose of determining the actual amount of "free" auxin.

The following outline for the extraction of "free" auxin, using short periods of extraction, is based mainly on the studies of VAN OVERBEEK et al. (1945, 1947) and BONDE (1954b) as well as the experience of the writer. It should be noted, however, that VAN OVERBEEK et al. carried out their extractions at 25—28° C.

Nodes of sugar cane, or apices of stem or bases of leaves of pineapple, are cut into pieces about 5 × 2 × 2 mm. Stems of etiolated seedlings (pea, bean) need only be cut into sections, 1—2 cm. long. The material is weighed out, preferably at 1° C, and immediately dropped into ice-cold, peroxide-free ether in 50—100 ml. ERLENMEYER flasks. The quantity of solvent may vary considerably, but should not be less than 10 ml., and not less than 2 ml. per g. of plant material. Convenient quantities of plant material are between 1 and 20 g. The containers are stoppered with corks and placed in the dark at 1° C. After 45—60 min. the ether is decanted from the plant material and the exuded juice. The tissue is rinsed with two 5 ml. portions of ether which are combined with the original portion. The plant material is then covered with the same quantity of ether as was originally added, and is left for another 45—60 min., after which the decanting and rinsing is repeated, all ether being combined and made to a definite volume (15 or 25 ml.) by evaporation or distillation at 50—55° C. The extraction of "free" auxin seems to be complete, or nearly so, after $1^1/_2$—2 hrs., while the release of bound auxin is still insignificant during this period. The rate of release of bound auxin during subsequent periods, however, may be used as a basis for correcting the yield of "free" auxin during the first periods.

Freezing of the plant material in solid CO_2 before extraction increased the yield of auxin during the first two half-hour periods at the expense of the yield in the third and fourth half-hour periods. Grinding the frozen material prior to extraction did not materially alter the auxin yield (VAN OVERBEEK et al., 1945). Consequently, "free" auxin in such plant material as mentioned above may be extracted with two changes of ether during a period of $1^1/_2$—2 hours at 1° C. Certain materials may require a somewhat longer time.

When dry materials such as maize endosperm or lyophilized tissues are to be extracted, ca. 2 ml. of water should be added per g. of dry tissue before the ether is added. Continuous shaking during the extraction seems to be necessary for maximum yield (ALDER, unpublished). Dry ether does not extract auxin from dry plant material. In extraction with "wet" ether it is entirely possible that the actual extraction is being done by the water, from which the auxin subsequently passes into the ether. Dry ether, however, can be used for removing lipids and pigments from dry plant material before extraction of the auxin (LINK et al., 1941).

The question of the most convenient pH-value of the aqueous phase during the extraction with cold ether needs further investigation. In the experience of LINSER (1939) and others, the yields of auxin are increased if some acid is added to the plant material. The acid used should preferably be insoluble in ether. Tartaric acid is very sparingly soluble in ether, but also has some growth-inhibiting effect (LARSEN and TUNG, 1950; LARSEN, 1955). Careful adjustment of the pH-value with hydrochloric acid seems to be the most reliable procedure.

4. Extraction with Chloroform.

Chloroform for extraction may be freed from deleterious impurities by 3—5 shakings with equal volumes of water and drying over night with Na_2SO_4. The chloroform is then shaken twice with conc. H_2SO_4, washed by ca. 8 shakings with water, dried over night with Na_2SO_4, and finally distilled (HEMBERG, 1952; if 1% abs. ethanol is added, such chloroform is recommended for the storage of auxin extracts). *Extraction* (THIMANN, 1934): The plant material, not exceeding 25 g. fresh weight, is mortared with 3 successive 15 ml. portions of (alcohol-free) chloroform, with or without the addition of 2 ml. 0.1 N HCl per portion of chloroform (not 1.0 N as stated in the original paper). Each chloroform fraction is separated from the mortared material and the aqueous phase. The fractions are combined and made to a definite volume. Carbon tetrachloride may be used instead of chloroform.

5. Extraction with Ethanol.

Ethanol has the disadvantage of being more difficult to remove than ether or chloroform. LINSER and MASCHEK (1953), however, recommend 96% alcohol in preference to ether as an extractant. LINSER (1939) points out that alcohol will penetrate wet plant material much more thoroughly than ether and that the use of alcohol, in contrast to ether, excludes the disturbing formation of foams in plant material which has been subjected to cutting or grinding. Alcohol extraction of spinach, further, yielded 2—3 times as much auxin as extraction with ether + acid; and alcohol would extract considerable quantities of auxin from plant material, already extracted with ether. WIEDOW and VON GUTTEN-BERG (1953) claim that alcohol is more suitable than ether for the extraction of an auxin (assumed to be auxin a), which is stable to boiling with acid and to treatment with the IAA-oxidizing enzyme in pea seedlings (cf. p. 622).

The procedure of LINSER and MASCHEK (1953) is as follows: Five to 50 g. of fresh plant material is cut into small pieces and placed in an agate mortar. A volume of warm 96% ethanol, equal in weight to three times the weight of the plant material, is added. The material is ground and then transferred to a Soxhlet apparatus and extracted for 24 hours. The extract is evaporated to 50 ml. and separated in various fractions by chromatography (see later). LINSER (1939) evaporated such extracts, or aliquots thereof, to dryness at 70° C and mixed the residue with 2 g. of lanolin (adeps lanae, anhydr. + distilled water, 1:1).

Ethanol, being less inflammable than ether, and not possessing the anesthetic properties of chloroform, is often used in preliminary stages of large-scale extractions, particularly for the purpose of isolating the active material in pure form (see e. g. the isolation of IAA ethyl ester by REDEMANN, WITTWER and SELL, 1951).

B. Release of Bound Auxin and Conversion of Auxin Precursors.

a) **Bound Auxin.** The term "bound auxin" refers to preformed auxin bound to some other molecule. It is difficult at present to distinguish clearly between auxin complexes and tryptophan-containing proteins. The non-auxin component of an auxin complex is most frequently believed to be a protein. Such complexes will have to be extracted with water at a suitable pH-value and then hydrolyzed, either with alkali (assuming the auxin to be the alkali-stable IAA) or with proteolytic enzymes. The hydrolysis of a complex auxin precursor, probably not containing protein, was described on p. 568. The enzymes which have been reported to produce auxin from auxin complexes are chymotrypsin (THIMANN, SKOOG and BYER, 1942), trypsin (KULESCHA, 1948), pepsin followed by trypsin (WILDMAN and BONNER, 1947), pancreatin (MOEWUS, 1948a, 1950; MUIR, 1947). None of the enzymatic methods seems to have been worked out as a quantitative method. Chymotrypsin itself yields auxin upon alkaline hydrolysis (SCHOCKEN, 1949).

An example of the procedure for enzymatic release of bound auxin follows (WILDMAN and BONNER, 1947; KULESCHA, 1951).

Sixty mg. of lyophilized material or 2—3 g. of ground, fresh tissue are incubated for 24 or 48 hours with 10 mg. of enzyme in 5 ml. of a buffer solution; trypsin at pH 7, chymotrypsin at pH 8.5. If the treatment with trypsin is preceded by a treatment with pepsin for 24 hrs. the yield of auxin is almost as high as in alkaline hydrolysis. After incubation, the pH-value is adjusted to 2.7—3.1, and the auxin formed may be shaken out with ether. KULESCHA (1951, p. 32—33) suspects that auxin released by these procedures has nothing to do with the normal regulation of growth and warns against the use of such methods.

b) **Tryptophan** and tryptophan-containing proteins may possibly act as precursors of IAA or at least as potential sources of auxin. If the synthesis of auxin should be limited by the supply of tryptophan, the amino acid should be determined as such (NITSCH, 1951; NITSCH and WETMORE, 1952), and not by the amount of IAA which can be produced from it by various treatments. The amount of auxin obtained by alkaline hydrolysis of tryptophan and tryptophan-containing proteins is less than 0.01% of the theoretical yield (AVERY and BERGER,

1943), and treatment with various impure enzyme preparations has yielded equally small amounts (WILDMAN, FERRI and BONNER, 1947; WILDMAN and BONNER, 1948; GORDON and SÁNCHEZ NIEVA, 1949 b).

c) **Indole Acetaldehyde.** The occurrence of indole acetaldehyde in certain plant extracts was discussed by LARSEN (1951 a) and GORDON (1954). The activity of this substance in the *Avena* curvature test is most likely due to its partial conversion to IAA in the coleoptile. Conversion, before the test, can be accomplished with soil or with the SCHARDINGER enzyme from milk. As judged from the behavior of the analogue 1-naphthaleneacetaldehyde, a nearly quantitative dismutation can be achieved with coleoptile juice by the following procedure (LARSEN, 1949, 1951 b).

The apical 25 mm. of 65—200 empty, etiolated *Avena* coleoptiles are crushed in a mortar. An amount of 0.01 M KH$_2$PO$_4$ solution, equal to the weight of the coleoptiles (about 2 g. per 100), is added. The resulting brei is filtered through a coarse Pyrex fritted glass filter. The amount of filtrate (in general equal to the amount of buffer solution) is measured, and twice its volume of the above buffer solution is added. The diluted filtrate thus contains roughly 15% coleoptile juice. Per ml. it contains only about 0.002 μg. of auxin, computed as IAA.

One ml. of an aqueous solution containing 0.3—5 μg. of the aldehyde in 0.01 M KH$_2$PO$_4$ is mixed with 1 ml. of the diluted coleoptile juice. The mixture (pH 5.8) is incubated at 22—25° C in the dark. After 3—4 hrs., 90% or more of the aldehyde is converted (extended incubation is avoided for fear of bacterial activity). After incubation, the reaction mixture is diluted with 3 ml. of water. One-half ml. of a 0.5 M solution of NaHCO$_3$ is added. The alkaline solution (pH 8.6) is shaken with three successive 9 ml. portions of peroxide-free ether. This ether contains the non-acidic substances including unconverted aldehyde, if any. The theoretical conversion product indole-ethyl alcohol (tryptophol) has not yet been demonstrated in plant extracts. The non-acidic ether fraction is made up to 25 ml. and may be tested as a control. The activities of indole acetaldehyde and indole-ethyl alcohol in the *Avena* curvature test are about 10% and 0.005%, respectively, of the activity of IAA. The activity of tryptophol can be ignored. The alkaline, aqueous phase is acidified to pH 2.7—3.1 with a 0.5 N solution of hydrochloric acid (using methyl orange as an indicator; see p. 572) and again shaken with three successive 9 ml. portions of ether, which is made up to 25 ml. If the conversion was complete, the content of IAA in this fraction constitutes one half of the initial amount of indole acetaldehyde (on a mole basis). Coleoptile juice does not inactivate IAA (LARSEN, 1949; TERPSTRA, 1953 b). In the case of etiolated pea epicotyls an amount of indole acetaldehyde, sufficient for one dismutation experiment, involving several *Avena* curvature tests, may be obtained by extracting 1—3 g. of etiolated pea epicotyls with ether at 22° C for 24 hrs.

C. Fractionation of Extracts.

In addition to growth substances, the crude extracts of plant materials always contain various impurities which, although inactive themselves, may cause difficulties in the biological or chemical tests. Since, further, several forms of both growth-promoting and growth-retarding substances may be present, a fractionation of the extracts must usually be made before testing (cf. also p. 619).

1. Partition between Solvents.

As one of the first steps in the isolation of auxins from urine, KÖGL and his coworkers (1933—1934) partitioned the crude extracts between ether and water at different pH-values. Similar methods are frequently used for extracts of plant material, particularly tissues low in chlorophyll content:

A crude extract in ether is evaporated to ca. 10 ml. and shaken three times in a separatory funnel, each time with about 7 ml. water + 2.0 ml. 0.50 M NaHCO$_3$-solution (pH 8.6). Each shaking lasts for 3—4 min. The volume of ether is readjusted to 10 ml. and designated the non-acidic fraction. Auxin activity in this fraction may be ascribed to indole acetaldehyde and/or indole acetonitrile. The combined aqueous fractions are acidified and shaken with 3 × 18 ml. ether. The combined ether fractions are evaporated to 25 ml., which constitute the acidic fraction, containing IAA and possible other acid auxins.

Fig. 1 shows that a satisfactory recovery of IAA is obtained with 3 successive shakings over a series of pH-values ranging from about 2.5 to 5. A narrow optimum at pH 2.8 was found by GORDON and SÁNCHEZ NIEVA (1949a), but not by TERPSTRA (1953b) and the present writer. It seems advisable to operate at a pH-value near the middle of the range mentioned.

A pH-value of 3.5 may be reached with 1.0 ml. 1 M tartaric acid per millimole of bicarbonate present in the aqueous fraction. Tartaric acid has the advantage of a satisfactory buffering capacity around pH 3.5 (Fig. 1) and being sparingly soluble in ether. It has been used by several workers, including the writer. Ether extracts of several brands of tartaric acid, tested by the writer, however, all showed an inhibitory effect in the *Avena* curvature test. Tartaric acid may be safely used as indicated above, only when at least 0.08 μg. of IAA or equivalent quantities of other auxins are present in the 25 ml. of acid fraction. In that case less than 1 ml. of ether extract is needed for a test, and the inhibitory effect of the extract of tartaric acid is negligible.

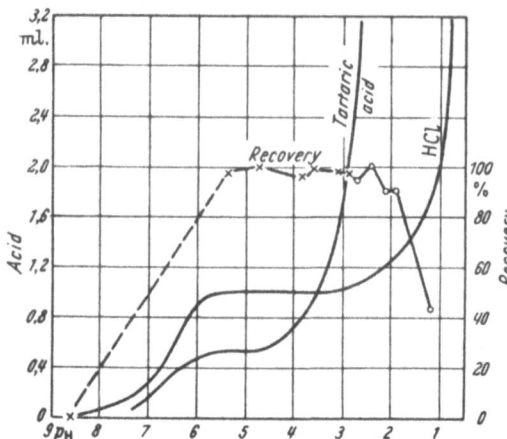

Fig. 1. Recovery of IAA by three shakings with ether at different pH-values. IAA (0.083 μg.) dissolved in 8 ml. water plus 2.0 ml. 0.50 M NaHCO$_3$. Acidification with 1.0 M tartaric acid ($\times$) or with 1 N HCl ($\circ$). *Right-hand ordinate:* % IAA recovered. — Titration curves for the two acids are shown. *Left-hand ordinate:* Number of ml. of acid solution required to reach the corresponding pH-value. — In the partitioning of plant extracts as described in text, a total of 6 ml. bicarbonate and 3 ml. of acid is used.
(Data from LARSEN, 1955.)

As a *general* procedure, particularly when less than 0.08 μg.-equivalents of auxin are present, it is recommended to titrate the bicarbonate fraction carefully, under shaking, to a pH-value of 2.7—2.8 using a 0.50 N HCl solution, and adding 5 drops of methyl orange (0.02% aq. soln.; TERPSTRA, 1953b). After the color of the solution has changed from yellow through orange to clear red, one more drop of the acid should be added. The indicator remains in the aqueous phase and does not influence auxin tests (LARSEN, 1955).

BOYSEN JENSEN (1941) recommends the following method for removing the lipids from crude ether extracts of plant materials: Evaporate the ether, and stir the residue with 10 ml. of a saturated glucose solution for 30 min. Pour the emulsion into a 15 ml., cylindrical separatory funnel and leave it to separate in the cold for several hrs. Remove the aqueous phase and filter it through a Jena fritted glass filter (3 G 3). Wash the lipid residue in the separatory funnel by 2 more, similar treatments, each with 5 ml. saturated glucose solution.

2. Chromatographic Partition on Columns.

Methods for the separation of growth substances by passing plant extracts through chromatographic columns were described by REDEMANN et al. (1951) and by LINSER (1951a) and LINSER and MASCHEK (1953). (Cf. also vol. I of this handbook.)

The tubes used most extensively by LINSER were 100 $\times$ 7 or 220 $\times$ 20 mm. in size. They are packed with standardized aluminum oxide, Al$_2$O$_3$ (BROCKMANN; Merck, Darmstadt), the upper surface being protected by a thin layer of glass wool. A 220 $\times$ 20 mm. column is rinsed with 50 ml. 96% ethanol. Fifty ml. ethanol extract, representing 50 g. fresh plant material (and containing a certain amount of water, e. g. 17%), are poured through the column, which is then rinsed (developed) with 50 ml. 96% ethanol. The column shows 4—5 layers, distinguishable by characteristic colors when viewed under ultraviolet radiation. Individual sections are eluted with 0.5 N NaOH solution; the eluates are neutralized with 0.5 N HCl solution and then centrifuged in order to remove precipitated Al(OH)$_3$. Each supernatant is evaporated to dryness at 70° C, powdered, dissolved in ethanol, and made to 25 ml. Aliquots of the extract are used for colorimetric or biological tests. The combined filtrates from the chromatogram are evaporated to 50 ml. and tested. An example of results obtained by this method is given in Table 1. Partitioning of plant extracts dissolved in benzene yielded results which were in principle similar to those obtained with ethanol. The Al$_2$O$_3$ column, however, adsorbed greater amounts of auxin from a solution in benzene.

Table 1. *Example of Results Obtained with Chromatographic Separation of Growth Substances on a 220 × 20 mm. Al_2O_3 Column. Brassica oleracea, var. gemmifera (brussels sprouts). Shoot with 7 leaves (0.5—8 cm.). Fresh weight 5.60 g. Dry weight 0.784 g. Ethanol extract, 50 ml. Data from* LINSER *and* MASCHEK *(1953, Table 9).*

Material tested	Length of section, cm	Fluorescence in ultraviolet	IAA-μg.-equivalents per g. dry weight		Difference: IAA-μg.-equivalents	
			$FeCl_3$—$HClO_4$ reaction	Paste test	Inactive indole compounds	Non-indole auxins [1]
Sect. I (top)	3	Pink Yellow Brown Blue	53.1	153		99.9
Sect. II	5	Pink	3.3	0	3.3	
Sect. III	10	Pink	4.6	10		5.4
Sect. IV	4	Pink	6.5	10		3.5
Filtrate			23.0 [2]	918		895
Total			90.5	1091	3.3	1003.8

Control experiments with 20 mg. of pure IAA, dissolved in 83% ethanol, showed that this auxin is retained in the upper 12 cm. of the Al_2O_3-column, with a pronounced maximum in the upper 3 cm. Elution with NaOH is quantitative. The filtrate is slightly inhibitory in biological tests.

In tomato and *Brassica*, LINSER and MASCHEK found very considerable quantities of compounds yielding a color reaction with $FeCl_3$ and $HClO_4$ (cf. p. 612). The auxin activity in extracts of the shoots of these plants, however, was many times higher than could be accounted for by assuming that the colorimetrically determined indole compounds were IAA. These results are distinctly different from those obtained by HOLLEY et al. (1951) who partitioned ether extracts of cabbage by means of the counter-current technique and assayed the various fractions both in the *Avena* curvature test and by the color reaction given with $FeCl_3$ and H_2SO_4. In certain fractions the biological activity agreed well with the assumption that the color reaction was due to IAA; other fractions lacked biological activity but contained large quantities of materials giving the color reaction.

A fractionation of the filtrate from the aluminum oxide column may be accomplished by partitioning on a column of sucrose (LINSER, 1951a): The filtrate is evaporated to dryness and dissolved in petroleum ether. The solution is passed through a column of sucrose and rinsed with enough petroleum ether to remove the chlorophylls. Sections of the column are dissolved in water and shaken with peroxide-free ether. After evaporation of the ether, the residues are used for auxin tests. In an experiment with an alcoholic extract of brussels sprouts the upper part of the second column contained a growth substance which promoted the linear elongation of intact coleoptiles but was unable to induce negative curvatures (away from the lanolin paste). The lower part, and in one case also the filtrate, contained an auxin, which behaved normally in this respect, but must be different from IAA because the latter was adsorbed on the first (Al_2O_3) column. Partitioning on calcium carbonate yielded results similar to those obtained with sucrose.

Experiments (LINSER, 1951a) with alcoholic extracts of leaves of *Syringa* suggest the possibility of separating auxins from inhibitors by first passing the solution through three columns of aluminum oxide (which retains IAA and certain other auxins), and then transferring the filtrate to petroleum ether and passing this solution through sucrose. The upper part of the sucrose column will retain one type of growth inhibitor, and the lower part and the filtrate contain a second growth inhibitor.

FISCHER and BEHRENS (1953) describe the separation of indole derivatives, present in aqueous plant extracts, by partitioning on a column of cellulose powder.

3. Paper Chromatography.

Paper chromatography shows great promise as a tool for the separation and identification of growth substances (cf. also vol. I of this handbook). As a general procedure, TERPSTRA (1953a, b) recommends running (a) one chromatogram

---

[1] The authors admit the possibility of an indole-compound which is more active than IAA.

[2] Probably a neutral indole compound, perhaps indoleacetonitrile.

with a pure substance in sufficient quantity for a chemical spot test, (b) one chromatogram with the same substance in "physiological amounts", and (c) one chromatogram with a plant extract. The unspecificity of the color reactions makes biological tests indispensable, even when the plant extracts contain enough material to yield a positive reaction.

Solutions in e. g. ether, isopropanol, or water may be applied to the paper. Drying of drops or streaks can be aided, if necessary, by the use of an infra-red lamp or a current of nitrogen. Ascending or descending flow of the partition solvent may be used.

Sen and Leopold (1954) examined the color reaction of 25 different indole compounds with 4 different reagents. Some of their data are listed in Table 2 together with the fluorescence of the compounds in ultraviolet, which seems to be a very convenient indicator. Of the color reagents, p-dimethyl-aminol nz-aldehyde and $FeCl_3 + HClO_4$ were the most satisfactory. Heating of paper treated with the latter, however, should be done with great caution to avoid "burning" of the paper.

In addition to the tests and procedures listed in Table 2, the following should be mentioned.

(1) (Von Denffer et al., 1952a.) Spray with a 1% solution of $NaNO_2$ in ethanol. Dry, and treat paper with HCl-gas. Results: IAA: red. Indole-3-acetonitrile: weak greenish, turning dark-blue and then reddish-brown. Indole aldehyde: red. Tryptophan: yellow.

(2) (E. Alder, unpublished) — Spray with a mixture of 80 ml. 10% H_2SO_4, by volume, and 2 ml. 0.5 M $FeCl_3$. Dry at 60—65° for 3—6 min. IAA (0.2—8 μg.): pink.

(3) (Jerchel and Müller, 1951; Terpstra, 1953a, b). — Spray with 1% cinnamaldehyde in methanol. Dry at room temperature and place paper in HCl-gas (Wieland and Bauer, 1951). IAA (1—5 μg.) and tryptophan: yellow-red, rapidly fading.

Table 2. *Means for Detecting Various Indole Derivatives on Paper Chromatograms.* Data selected from Sen and Leopold (1954) unless indexed. Quantities given as μg. are the minima required.

Compound	Fluorescence in ultraviolet	Color reaction after spraying dried chromatogram with reagents listed below and heating for 3—10 min. at 60—65° C						
		100 ml. 5% $HClO_4$ + 2 ml. 0.05 M $FeCl_3$		1g. KNO_2 + 20 ml. HNO_3 +80ml.95% ethanol		1% p-dimethyl-amino-benzalde-hyde in 1 N HCl[1]		5 ml. cinnam-aldehyde + 95 ml. ethanol + 5 ml. conc. HCl.
		Color	μg.	Color	μg.	Color	μg.	Color	μg.
IAA	Ash	Pink / Crimson	1 / 0.25[2]	Red	3	Bluish pink / Deep blue	1 / 2.5[3]	Yellowish brown	1
Ind.-3-pro-pionic acid	Light blue	Light brown / Pink brown	1 / 2[2]	Yellow	3	Bluish green	1	Light brown	1
Ind.-3-bu-tyric acid	Light blue	Brown / Orange	1 / 2[2]	Yellow	3	Bluish green	1	Light brown	1
Ind.-3-aceto-nitrile	Greenish blue	Green	3	Ashy brown	3	Yellow	1	Yellow	5
Ind.-3-aldehyde	Pale yellow	Light brown	3	Yellow	10	Light brown	3	Yellow	3
Ind.-3-acet-amide	Yellowish brown	Pink	1	Pinkish brown	1	Pinkish brown	1	Yellowish brown	3
Tryptamine	Pale green	Dull brown		Yellow	3	Blue[3]			
Indole	Pale green	Orange red	3	Red	3	Light red	3	Pinkish brown	3

[1] Colors change with time. Reagent deteriorates after a week, even in the cold.

[2] Bennet-Clark et al. (1952).

[3] Vlitos and Meudt (1953). No heating after spraying. Indole derivatives in general: deep blue. Indole: red.

The color reactions can be used for quantitative estimation of the compounds by spectrophotometry at 280 mμ (JERCHEL and MÜLLER, 1951) or in the visible region. VLITOS and MEUDT (1953) recommend measurement with the Densichron transmission densitometer (Welch Mfg. Co.). The area-spot method (log. area of spot is proportional to conc. in starting spot over a certain range) was used by BENNET-CLARK et al. (1952).

R_F values selected from the list of 25 indole derivatives chromatographed by SEN and LEOPOLD in 8 different solvents are given in Table 3. Of the organic solvents listed, isopropanol-ammonia-water, definitely gives the best separation of indole derivatives. Compounds which are difficult to separate with organic

Table 3. R_F *Values of Indole Derivatives in Different Solvents.* Cylinder of WHATMAN No. 1 filter paper. Data selected from SEN and LEOPOLD (1954).

Compound	Isopropanol-NH₃-water 10:1:1	Butanol-ethanol-water 4:1:1	70% ethanol	Pyridine-NH₃ 4:1	Water
IAA	0.37	0.66	0.77	0.56	0.89
IAA-ethyl ester .	0.97	0.91	0.80	0.97	0.59
Ind.-3-propionic acid	0.44	0.76	0.91	0.61	0.85
Ind.-3-butyric acid	0.56	0.86	0.84	0.63	0.89
Ind.-3-acetonitrile	0.99	0.94	0.86	0.95	0.41
Ind.-3-aldehyde .	0.86	0.92	0.86	0.97	0.47
Tryptamine . . .	0.75	0.42	0.71	0.86	0.28
Tryptophan . . .	0.19	0.26	0.40	0.45	0.63
Indole	0.99	0.93	0.86	0.97	—

solvents can be separated by using water alone. Substances dissolved in water can travel 40 cm. in 3 hrs. With water, however, only small quantities of the various compounds should be chromatographed, as otherwise the spots become large and diffuse. — R_F values for the following compounds are also given by SEN and LEOPOLD: 20 benzoic acid derivatives, 5 phenoxyacetic acid derivatives, phenylacetic, 1-naphthaleneacetic, and 2-naphthoxyacetic acids.

YAMAKI and NAKAMURA (1952) found 70% ethanol satisfactory for the separation of IAA, tryptophan, and indole-3-acetaldehyde ($R_F = 0.45$).

The techniques used by various workers in the paper-chromatographic analysis of plant extracts are briefly described in Table 4; and examples of results are summarized in Table 5. A few additional details are given below.

In TERPSTRA's experiments (1953) the biological activity in chromatograms of entire coleoptile tips coincided clearly with the expected position of IAA. Water extracts of frozen and ground tips, on the other hand, showed "tail" formation, except in solvent No. 5 (Table 5). Renewed chromatography of the "tail", however, indicated that the "tail" consisted of IAA. The acid fraction of ether extracts of frozen and ground tips showed no "tail" formation, but some biological activity occurred in front of the expected position of IAA. Added, synthetic IAA was similarly displaced. The displaced material, when chromatographed anew, behaved like pure IAA. The active material remaining after boiling coleoptile extracts for three hrs. with 1.66 N HCl showed a similar displacement in solution No. 4, but not in solution No. 6 (Table 5).

A separation of synthetic and naturally occurring growth substances and related compounds was accomplished by VON DENFFER et al. (1952a) by paper electrophoresis in an Elphor-H apparatus after GRASSMANN and HANNIG (1950; cf. also Vol. I of this handbook). Strips of filter paper (*Schleicher & Schüll* No. 2043b, or *Whatman* No. 1; 4 × 30 cm.) were moistened with phosphate buffer (SÖRENSEN). By application of 110 volts for 8—12 hours at pH 7, a clear separation of IAA and tryptophan was achieved. To avoid inactivation of the sensitive indole compounds, it is recommended to place the apparatus in darkness and to draw a current of nitrogen through the electrophoresis chamber. The authors conclude (1952b) that IAA is absent from several plant extracts. Only in the endosperm of maize was this auxin present in appreciable amounts. Other indole derivatives, however, were present in various members of the cabbage group (full description by FISCHER, 1953/54):

1. Indole-3-acetonitrile (an auxin), which travels toward the anode in the electric field with about 1/8 of the velocity of IAA. Special methods of purification, including the use of Al_2O_3-columns, had to be applied to plant extracts before it was possible to demonstrate the presence of indole-3-acetonitrile therein.

2. Indole-3-aldehyde (not an auxin) which, dissolved in petroleum ether, passes through a 3 cm. high column of $CaCO_3$ (where indole-3-acetonitrile is adsorbed). The aldehyde does not travel in the electric field. It shows typical aldehyde reactions.

3. A substance "B" (an auxin) in extracts of brussels sprouts. "B" yields a red, but rapidly fading color upon spraying with $NaNO_2 + HCl$. It travels with approximately one-half the velocity of IAA and is thus not identical with the slowly travelling nitrile.

4. A substance "G" (an auxin) in aqueous extracts of cabbage and brussel sprouts. "G" yields a red, stable color with $NaNO_2 + HCl$. It travels somewhat further than synthetic indole-3-acetonitrile.

A striking feature of the results listed above and in Table 5 is their inconsistency as regards the occurrence of detectable quantities of "free" IAA in plant extracts.

Table 4. *Elution and Bioassay of Paper Chromatograms.*

Reference	Size and brand of paper	Size of paper section for elution	Elution solvent[1]	Bioassay
Jerchel and Müller (1951)	8 × 60 cm. *Whatman* No. 4		Twice-distilled water (Dent et al., 1947)	Cress root test (p. 606) Slit pea-stem test (p. 599)
Luckwill (1952)	21 cm. long	1 cm. long	1 ml. dist. water for 17 hrs.	Elongation of ten 2 mm. sections of wheat coleoptiles, floating for 24 hrs.
Bennet-Clark et al. (1952)	ca. 30 × 2.5 cm.	2.5 × 2.5 cm.	2 ml. 3% sucrose or fructose	Paper and *Avena* coleoptile sections placed in elution solvent. Elongation measured after 24 hrs.
Bennet-Clark and Kefford (1953)			Same as above. Also boiling alcohol and ether	Same as above. Also: eluate taken up in 2 ml. 1% sucrose; elongation of pea root meristem sections measured after 24 hrs. (p. 607)
Lexander (1953)	ca. 30 cm. long *Munktell* No. OB.	2 cm. long	2 ml. 3% sucrose	*Avena* coleoptile section test as above
			4 ml. sterilized nutrient solution (p. 607)	Paper and wheat seedlings placed in elution solvent. Epidermis cells of roots measured after 24 hrs. (p. 607). Controls with "chromatogram" of pure solvent
Terpstra (1953 a, b)	ca. 35 cm. long *Whatman* No. 1	1—5 cm. long, shredded	10 ml. ether for 4 hrs. + 2 rinses with 5 ml. each	*Avena* curvature test.
Audus and Thresh (1953)	50 × 2.8 cm. *Whatman* No. 1	Approx. 1 × 2.8 cm.	0.75 ml. 0.5% sucrose in glass-distilled water	Elongation of 2 mm. sections of pea roots immediately placed on the paper and measured after 24 hrs. (p. 607)
Stowe and Thimann (1953)	*Whatman* No. 1			*Avena* coleoptile section test (p. 601). Slit pea-stem test (p. 599).

[1] Elution with aqueous solutions over any extended period of time before testing may lead to considerable losses of auxin.

Table 5. *Results Obtained in Paper Chromatography of Various Synthetic Compounds and Natural Products.*

Reference	No.	Composition	IAA, R_F	Other synthetic compounds, R_F	Natural products. Substances determined by tests listed in Tables 2 and 4, and on p. 574. R_F and other data
JERCHEL and MÜLLER, 1951	1	Methyl-ethyl-ketone (70 parts) Pyridine (5 parts) Water (15 parts)	0.78	Tryptophan: 0.18	IAA in acid fraction of ether extracts: Maize kernels: 5 µg./g. Urine: 100 µg./l.
	2	n-Butanol (60 parts) Conc. NH₃ (30 parts) Water (10 parts).	0.82— 0.84	Tryptophan: 0.82—0.84	
LUCKWILL, 1952	3	n-Butanol, saturated with water and NH₃	0.35		Extracts of *Malus, Pyrus, Vitis, Lycopersicum,* and *Brassica:* R_F (auxin) = 0.82—0.84, R_F (inhibitor) = 0.65—0.68. In *Brassica* also: R_F (auxin) = 0.35. *Asparagus* (unripe fruits): R_F (auxin) = 0.35; R_F (inhibitor) = 0.16
LEXANDER, 1953		Same. 3¹/₂—5 hrs. at 22° C	Approx. 0.3		Acidic fraction of ether extracts of wheat roots: Presence of IAA indicated. Growth of both shoots and roots is promoted at $R_F \leq 0.1$ and retarded at $R_F = 0.60$—0.75
TERPSTRA, 1953a, b	4	Butanol (100 parts) 11.9 N NH₃ (11 parts) Water (97 parts)	0.29— 0.31		Water or ether extracts of entire *Avena* coleoptile tips: Biological activity coincides clearly with expected position of IAA. For further results, see text
	5	Butanol (100 parts) 17.4 N acetic acid (8 parts) Water (100 parts)	0.92— 0.95		
	6	Butanol-water(1:1)	0.26— 0.30		
	7	iso-Propanol-water (5:1)	0.78		
BENNET-CLARK et. al. 1952	8	iso-Propanol (10 parts). NH₃, sp. gr. 0.88 (1 part).Water (1 part). 25° C	0.52	Ind.-3-propionic acid: 0.59. Ind.-3-butyric acid: 0.66	Ether extract of urine and of etiolated sunflower seedlings: Biological activity coincides with expected position of IAA
AUDUS and THRESH, 1953		Same	0.40— 0.43	2,4-Dichlorophenoxyacetic acid: 0.73—0.77	
STOWE and THIMANN, 1953	9	iso-Propanol (8 pts.) 28% NH₃ (1 part) Water (1 part)	0.25	Indole-3-pyruvic acid: 0.12	Extracts of maize endosperm contain IAA and indole-3-pyruvic acid
VON DENFFER et al., 1952a, b, v. DENFFER and FISCHER 1952	10	iso-Propanol (80 parts). Conc. NH₃ (5 parts). Water (15 parts)	0.55	Ind.-3-aldehyde: 0.86. Tryptophan: 0.42	Members of the cabbage group contain indole-3-acetonitrile and 2 unidentified indole derivatives with auxin activity. IAA not found in all plants
VLITOS and MEUDT, 1953		Same. 24 hrs.	0.43	Tryptophan: 0.34 Ind.-3-prop. acid: 0.49. Ind.-3-butyric acid: 0.53. Others listed	Soybean, tobacco, spinach, barley, tomato: kg.-quantities of leaf and stem yielded detectable amounts of IAA, only after alkaline hydrolysis

Table 5. (Continued.)

Reference	Partition solvent		IAA, R_F	Other Synthetic compounds, R_F	Natural products. Substances determined by tests listed in Tables 2 and 4, and on p. 574. R_F and other data.
	No.	Composition			
Wieland et al. (1954)	10	Same	0.48	IAA-methyl ester: 0.77	Extract of urine: IAA and its methyl ester
von Denffer et al., 1952a	11	Same, when paper is buffered at pH = 2.4 (citrate)	0.77	Tryptophan: 0.52	
Bennet-Clark and Kefford, 1953	12	iso-Propanol (10 parts). Water (1 part). NH₃ in base of tank	Approx. 0.3	Ind.-3-acetonitrile: appr. 0.65. 2,4-Dichlorophenoxy acetic acid: appr. 0.55	Acidic fractions of ether extracts of shoots and roots of various plants: Presence of IAA and its nitrile indicated. Also a growth accelerator at $R_F < 0.2$ and a growth inhibitor at R_F around 0.4

4. Vaporization Techniques.

A purification of growth substances can be accomplished by collecting fractions subliming at various temperatures in a vacuum. This method was used by Larsen (1944) and Yamaki and Nakamura (1952) in the study of acid and non-acidic auxins in ether extracts of pea seedlings and maize endosperm. Behrens and Fischer (1954) describe a procedure by which IAA, indole-3-aldehyde, skatole, and indole can be sharply separated when a mixture of these substances is placed in one end of a 60 cm. long, evacuated tube which is then moved slowly into a heat gradient (—80 to +300° C).

D. Isolation of Growth Substances in Pure Form.

For details of the isolation and identification of auxin from plant materials, the reader is referred to the original papers by Kögl, Haagen-Smit and Erxleben (1933—1934). Auxins a and b were isolated from malt and from oils of maize, peanut, sunflower, mustard, and linseed. The procedure in isolation is based on the experience obtained in the preparation of the active materials from urine. Later attempts to isolate auxins a or b from urine or plant materials have been unsuccessful. A complete synthesis of these auxins has never been accomplished (cf. Kögl and de Bruin, 1950; Brown et al., 1950). IAA was isolated from urine (Kögl, Haagen-Smit and Erxleben, 1934), and later from yeast and the mold *Rhizopus*. The same auxin was isolated in pure form from kernels of wheat (Haagen-Smit et al., 1942) and maize (Berger and Avery, 1944a; Haagen-Smit et al., 1946). IAA- ethyl ester was isolated from immature maize kernels (Redemann et al., 1951). Wieland et al. (1954) applied Kögl's isolation procedure for auxin a to urine. As a result, they did not find auxin a, but isolated the IAA-methyl ester. They showed that IAA will be converted to its methyl ester by boiling with HCl in methanol (both water-free), a step intended to lactonize auxin a and supposed by Kögl to destroy IAA (see also p. 622: Holley et al.). The isolation of indole-3-acetonitrile from cabbage was described by Jones et al. (1952).

E. Biological Tests.

A great number of different biological tests, requiring comparatively large quantities of the active substances, have been developed and used in extensive studies of synthetic compounds. Native growth substances, however, are frequently available only in limited amounts. Tests of *general* applicability, therefore, should require as small absolute amounts of growth substance as possible.

Most biological auxin tests require a dark-room with controlled temperature ($\pm$ 0.4° C). Mean temperatures of 18—19°, 22—23°, or 25—26° C may be chosen, depending on the requirements of the test plants and other conditions. The *Avena* technique developed by WENT requires a humidifying system, maintaining a relative humidity of 85—89% at 25° C. A simple humidifying system was described by HENDERSON and HUNT (1951). Other techniques, e.g. BOYSEN JENSEN's, do not require humidity control of the entire dark-room, although a humidity of 50—60% is preferable at 22° C.

A ventilation system is desirable. The air-inlet should be well above street level. In extreme cases it may be necessary to filter the air through charcoal (p. 595).

Plants are highly sensitive to wavelengths shorter than 550 mμ, which may cause phototropic curvatures or reduce the sensitivity of the plants to auxin. Convenient filters to exclude these wavelengths are CORNING light filter, new serial No. 2424, and *Schott & Gen.* O. G. 2. A suitable illumination is obtained with a 15-watt incandescent bulb screened with one of these filters in a thickness of 2—3 mm. Since pea epicotyls, the first internode of *Avena* seedlings, and a number of other plant organs are sensitive to orange and red light, no particular effort should be made to brighten the walls of the dark-room, and the plants should not be unnecessarily exposed to even the filtered light.

In the *Avena* coleoptile curvature test the size and shape of curvatures produced by a given concentration of an auxin depend not only on the effect of the auxin on cell elongation, but also on the extent to which the particular auxin molecule can be polarly transported in the coleoptile. Various tests in which the complication of polar transportability is largely eliminated have been devised. These include the slit pea-stem curvature test and a number of tests in which the straight growth of various intact, decapitated or excised organs (e. g. *Avena* coleoptiles) is measured. A curvature test which is based on unilateral application of accurately measured droplets of an alcoholic solution of auxin to the intact epidermis of decapitated bean seedlings has been used, so far, only with synthetic compounds (WEINTRAUB et al., 1951), but this technique seems applicable to plant extracts as well.

I. *Avena* Coleoptile Curvature Tests.

1. Seed Material.

The etiolated coleoptile of *Avena sativa* is the classical test object in auxin studies. By far the most widely used strain is Victory oats (Swedish: "Seger havre"), obtainable from Sveriges Utsädesförening, Svalöf, Sweden. The sensitivity to auxin of a given seedling depends, among other things, on the previous location of the grain in the panicle. If a selection is made, the largest seeds are generally chosen; but they may not yield the most sensitive plants (JUDKINS, 1946). Even seeds of uniform size yield seedlings of varying sensitivity. Seedlings showing low, medium, and high sensitivities to IAA may be selected and grown to maturity in the field if their primary leaves are left intact. The progeny of such seedlings likewise falls in three groups with correspondingly different mean sensitivities. In each of the three groups of progeny the variability in auxin-sensitivity is lower than in the original population (C. M. LARSEN, 1948). The auxin-sensitivity of oat seedlings also varies with the origin of the seed (geographic location and probably culture conditions). Other strains of *Avena* are used regularly by various workers. Different strains may show great differences in auxin-sensitivity. The sensitivity of a number of different grain plants and dicotyledons was examined by LINSER (1952).

In planting, even after selecting uniform seeds, an excess of at least 50% of the desired number of usable test plants should be allowed in order to make possible a rigid selection of coleoptiles before the test.

2. Cultivation of Test Plants.

a) Cultivation in Vials. Boysen Jensen's Method (Boysen Jensen, 1935, 1936 b, 1941; Larsen, 1944). — When properly standardized, the simple method of planting soaked seeds in good soil in glass vials yields a uniform crop of highly sensitive test plants.

Any good, screened garden soil may be used. The development and sensitivity of the test plants depends on the suction force of the soil. The relation between suction force and water content varies from one type of soil to another. The optimal water content varies accordingly and may lie between 16 and 26% of the wet weight of the soil. A handful of soil should just barely stick together when squeezed lightly. This test may serve as a first guide. The most suitable water content is then determined in a few trial experiments, the quality of the crop being judged by the uniformity and rate of development of the plants, and by their sensitivity to given concentrations of IAA. Once determined, the fixed water content is maintained constant within 1% water or less. The same soil can be used repeatedly. The water content of the used soil is determined on a 10 or 20 g. sample, and the necessary amount of water is added to the main portion. After addition of water, the soil is left undisturbed in a covered container the following day and then mixed well.

A schedule for the various steps in the procedure is outlined below:

1st day. Make sure the soil is ready. Soak seeds, with husks, under a 4—5 mm. layer of tap water. Seeds are placed in the light, preferably near a window facing north. The temperature may be 15—18° C, but a standardization of temperature and illumination may be advantageous.

2nd day (20—24 hrs. after beginning of soaking). Glass vials, 25 × 100 mm., are filled with soil, packed rather loosely except for the topmost one-half cm., which is squeezed gently, making the soil level with the rim of the vial. Soaked seeds are rinsed with water and placed vertically in 6—7 mm. deep holes in the soil, the apex just above the surface. No water is added to the soil. Groups of 25—35 vials are placed on trays and transferred to the dark-room. Each group is covered with an inverted can of suitable size (e. g. 18 cm. wide and 16—18 cm. high).

4th day (if dark-room temperature is 22—23° C) or *5th day* (18—19° C). The coleoptile tip is just visible above the soil. In the afternoon (preferably), plants are illuminated for 30 min. with a dark-room lamp (see p. 579) placed 50—100 cm. above the plants. This illumination and the soaking of seeds in the light reduce the elongation of the first internode. After the illumination, plants are placed in partially covered boxes or in a cabinet. If the humidity in the dark-room is constant around 60%, plants may be placed on an open shelf, but protected from the general dark-room illumination by a curtain or shade. Too high a humidity makes plants crooked and less sensitive.

5th day (22—23° C) or *6th day* (18—19° C). In the morning coleoptiles are (18—) 20 to 22 mm. above the soil, and are ready for use.

b) Water Culture Technique of Went (Went, 1929; Went and Thimann, 1937).

1st day. Morning. Soak dehusked seeds in distilled or tap water for 2 hrs. in light. Drain. Immediately, or after a few hrs., place seeds on moist paper. Two methods are in use. (1): Place seeds, embryos upward and pointing in one direction, on two layers of moist filter paper in Petri dishes (about 50 seeds per Petri dish of 9—10 cm. diameter). For this method the writer would recommend filter paper from *Schleicher & Schüll*, No. 575, gehärtete Filter, from which roots can be easily removed. (2) (this method is used by Went in Pasadena): Wrap two layers of lens paper around a flat block of lucite or perspex, approximately 0.8 × 3 × 15 cm. Moisten the paper. Place seeds on the block side by side in such a manner that the embryos are turned up and just barely protrude from the edges. The roots will grow freely downward without sticking to the paper. The blocks are placed in photographic developing trays with a little water at the bottom and covered with glass plates. — Petri dishes or trays are placed in the dark-room at 25—26° C and 85—89% humidity.

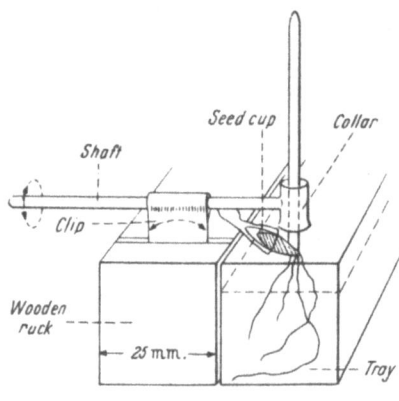

Fig. 2. Water culture technique of Went. The inner dimensions of the seed cup can be adjusted by dipping this part of the glass holder in hot paraffin.

2nd day. Seedlings are illuminated with a dark-room lamp (see. p. 579) for a standardized period of time (e. g. 2 hrs. or longer) at 1—1½ m. distance. This may be done automatically with a time switch.

3rd day. Early afternoon. Petri dishes are placed in racks at about 60° angle, roots pointing downward, to make coleoptiles attain a suitable direction. Seedlings on lucite blocks are not touched.

3rd day. About 2¹/₂ hrs. later. Coleoptiles are now about 1.5 cm. long. Uniform plants are selected and placed in special glass holders[1] (Fig. 2). Twelve such holders are held by brass clips which fit into grooves in a wooden rack (2.5 × 2.5× 20 cm.). The shaft of the glass holder can be rotated in the clip, and the clip can be moved in its groove, thus permitting suitable adjustment of the position of the coleoptile. The mounted rack is placed along a tray (2.5 × 2.5 × 20 cm.) which is ³/₄ filled with water. At this time, the roots just about reach the water surface. Trays may be made from zinc or galvanized metal sheeting and coated with paraffin, or they may be furnished as lucite trays, with or without legs.

4th day. Morning or noon. Coleoptiles are approximately 3 cm. long and ready for use.

c) **"Deseeded" Method of Skoog** (Skoog, 1937).

1st day to 3rd day, early afternoon: proceed as described under b).

3rd day. Coleoptiles about 1.5 cm. long. Carefully break off the endosperm, but leave the lower half of the scutellum, and twist a tuft of cotton around the lower region of the seedling. With a pair of tweezers, place the seedling in the collar of the glass holder, making use of the cotton tuft to fasten the plant. The broad side of the coleoptile must be parallel to the wooden rack (cf. b).

4th day. Morning or noon. When coleoptiles are 2.5—3 cm. long, they are ready for use.

d) **Linser's Method (for Lanolin Application)** (Linser, 1938).

1st day, early afternoon. Seeds (Fläming's Gold or Flämingstreue), with husks, are floated on tap water (filtered through a Berkefeld filter) in a shallow dish; exposed to continuous illumination with fluorescent light.

3rd day (48 hrs. later). Roots are visible. Seedlings are placed on moist filter paper in earthenware dishes.

4th day, morning. Roots are several mm. long. A test unit consists of 15 seedlings, arranged parallel to one another and spaced 14 mm. apart on double-layers of moist filter paper wrapped around a glass plate, 22 × 5 cm. Either the dorsal or the ventral side of the seed faces the filter paper. Seeds are held in position by 3 parallel rubber bands. Glass plates are placed in the vertical position, dipping ¹/₂—1 cm. into Berkefeld-filtered tap water. The cultures are then transferred to the dark-room (22.5—23.5° C; no humidity control) and placed under light-proof wooden boxes.

6th day, morning. Seedlings having coleoptiles 16—20 mm. long are ready for use.

e) **Other Modifications.** The complexity of equipment and manipulations required for the Went technique has led some workers to simply plant seeds, prepared as described under (b), 1st—2nd day, in trays (2.5 × 2.5 × 20 cm.), which are filled with moist sand (Rawes and Hatcher, 1949; van Overbeek et al., 1945). Söding (1935, 1952) has worked out a method in which the cultivation and preparation of the test plants takes place in diffuse daylight. The sensitivity of this test, however, shows considerable variations from day to day, and its results are comparable only in simultaneous determinations. Since a temperature-controlled dark-room is relatively simple to set up, whereas humidity control requires more expensive equipment and maintenance, Avery et al. (1939) designed a "low-cost chamber", 33 cm high × 75 × 105 cm., in which 8—9 dozen test plants may be grown in an atmosphere of high humidity. When this culture-and-test chamber is placed in a temperature-controlled dark-room, it provides satisfactory conditions for the techniques of Went and Skoog.

3. Preparation of Test Plants.

The first step in starting a series of tests consists in selecting a sufficient number of uniform plants, the main criteria being straightness and uniformity in length. One quantitative test generally requires 10—12 plants.

Since test plants are grown in groups, and these groups may have been exposed to slightly different conditions of illumination, humidity, temperature, draught (especially in ventilated rooms), carbon dioxide concentration (Mer and Richards, 1950), and possibly still other factors, plants selected for a number of tests should be thoroughly randomized, so that no individual test is dominated by plants coming from one single group. Such randomization is almost impossible when several plants are grown together in flower pots or in trays with sand.

Details of the various procedures in preparation of test plants are given below. Reference is made to Fig. 3.

a) **Plants Grown in Vials.** Plants grown individually in vials are easier to handle than plants grown in rows. With a little practice, satisfactory decapitations can be accomplished with a sharp razor blade, without the use of any special equipment.

---

[1] These holders and other special equipment for the Went technique may be obtained from H. Wilder Tomlin, 1502 Woodbury Rd., Pasadena 7, California, U.S.A.

1. Double Decapitation. (Originally introduced by van der Weij, 1931; utilized by the writer in connection with Boysen Jensen's culture method.) Between 10 and 11 a. m., nick one side of the coleoptile (but not the primary leaf) with a razor blade approximately 1 mm, below the apex. Break off the tip (Fig. 3, B 1 a, b). The plants, which have been kept in an atmosphere of 50—60% relative humidity during the last 20—24 hrs., are now placed under inverted two-liter battery jars, partly lined with wet filter paper. After $2^1/_2$ hrs. (C 1) remove the topmost $2^1/_4$—$2^3/_4$ mm. of the coleoptile stump, leaving the leaf intact (D 1, E 1). The primary leaf is pulled gently till it breaks near the base, and is then partially drawn out 4—5 mm. (F). When one set of plants has been made ready, apply agar blocks ($2 \times 2 \times 1$ mm.)

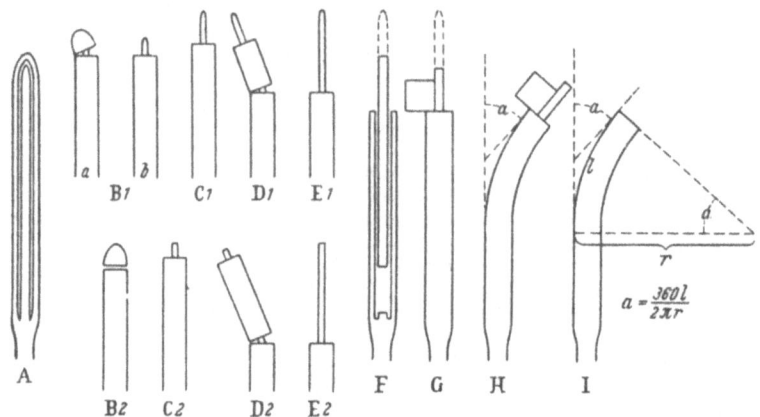

Fig. 3. Preparation of coleoptiles for the curvature test. Measurement of the curvature. For explanation, see text.

to one of the narrow sides of the coleoptile, using a thin-bladed scalpel (G). One of the narrow sides of the agar block should rest on the cut surface of the coleoptile, while the adjoining one makes contact with the protruding part of the primary leaf. Great care should be taken to secure good contact between the agar block and the cut surface. Plants are again placed in saturated air under the inverted battery jars. Curvatures are measured after $2^1/_2$ hrs. (22—23° C) or $2^3/_4$ hrs. (18—19° C).

2. Single Decapitation. Boysen Jensen's Method (1935, 1936a, b). As above with the following changes: Decapitate only once, approximately 3 mm. below the apex. Moisten the cut surface with a drop of water. Do not pull loose the leaf. Apply an agar block to the broad, possible slightly concave, side of the coleoptile. Every 45 min. the plants are inspected, and the position of the agar blocks readjusted if necessary.

b) Water-Cultured Test Plants.

1. Double Decapitation. Went's Modified Technique. (Went and Thimann, 1937;

Fig. 4.	Fig. 5.

Fig 4. Cutting end of decapitation scissors. *A* screw for adjusting clearance between knives. *B* strips of razor blade protruding 4 mm. beyond brass holders *C*. *D* coleoptile being decapitated. (Went and Thimann, 1937.)
Fig. 5. Decapitation forceps after Jahnel (1937). Strips of razor blade soldered to points of forceps.

Schneider and Went, 1938.) Between 10 and 11 A.M., remove approximately one mm. of the coleoptile tip and the corresponding part of the leaf inside (Fig. 3, B 2). After 3 hrs. (C 2), nick one side of the coleoptile (but not the primary leaf) with a razor blade, approximately 4 mm. below the first cut. Break off the cylinder above the incision (D 2, E 2). These operations may be done conveniently with decapitation scissors or forceps (Figs. 4 and 5). The stump of the primary leaf, protruding 5 mm. or more, is pulled gently (conveniently with cork-tipped forceps) till it breaks near the base, and is then partially drawn out (Fig. 3, F) and trimmed so that 6—10 mm. protrude. If wet, the cut surface is dried with filter paper. When 12 plants have been prepared as described, agar blocks to be tested are placed on one of the narrow sides of each coleoptile, supported by the protruding leaf (G). The application of agar blocks is done with a special spatula, having a flexible blade. Shadowprints of the test plants are made after a specified period of time, usually 90—110 min.

2. *Single Decapitation.* WENT'S *Original Method.* (WENT 1929.) As above, with the following changes: Decapitate only once, 4—5 mm. below the apex. Pull loose the primary leaf, and apply agar blocks 40 min. later. Shadowprints are made after 110—120 min.

c) "**Deseeded**" **Plants.** *Single Decapitation.* (SKOOG, 1937.) About 11 a. m. remove the topmost 5—6 mm. of the coleoptile, using a razor blade or decapitation scissors. The leaf is pulled out and trimmed so that about 5 mm. of it remain inside the coleoptile and 5 mm. protrude. Apply agar blocks as under (b). Shadowprints ar taken after 5 hrs.

d) LINSER'S **Method (for Lanolin Application).** *No Decapitation.* (LINSER, 1938.) Straight coleoptiles, 16—20 mm. long (from top of grain) are selected. Others are cut off and discarded. Lanolin paste is applied by means of a 2 mm. thick celluloid or plastic spatula ending in a wedge-shaped blade, 10 × 10 mm. in size. Paste is applied as a uniform stripe along one of the narrow sides of the coleoptile. The stripe extends 1 cm. downward from the tip (Fig. 7). Photoprints are taken after 24 hrs.

4. Measurement of the Response.

Curvatures away from the agar block (or paste) are called negative curvatures but are generally recorded without a minus sign. Curvatures toward the agar block, which may occur when testing plain agar or growth inhibitors, are called positive and should be designated by a plus sign.

As a measure of the response is generally taken the angle (a in Fig. 3, H) which the straight base of the coleoptile makes with the tangent to the curved portion at its extreme upper end. The angle should be measured at the convex side as shown in Fig. 3. In 38 tests (each with 8—12 plants) the angle of curvature produced by IAA was measured both at the concave and the convex side (LARSEN, unpublished). Over a range of angles from 1.9° to 50.0° (measured at the convex side), a_{convex} was equal to $a_{concave}$ only in one test. In all other cases a_{convex} was the greatest. The following relationship was found:

$$a_{convex} = 1 + 1.135\, a_{concave}.$$

The difference, expressed as percentages, is greatest in the case of small angles.

The angle a is a correct, relative measure of auxin activity only if coleoptiles of the same thickness are compared. In organs of varying thickness, the difference, d, in length of the convex and the concave side is a more correct expression. d has been computed from PURDY's formula (1921), $d = t\,l/r$, in which l is the length of the curved portion of the organ, and r is the radius of the corresponding arc. t is the thickness of the organ in the plane of the curvature. In selected test coleoptiles of Victory oats (which are elliptical in cross-section) the two alternative values of t are, on an average, close to 1.2 and 1.5 mm., respectively. The appropriate value can be taken as a constant. Since the angle of curvature is greater at the convex than at the concave side, however, d-values, computed from PURDY's formula are only approximations. In spite hereof, d-values computed from PURDY's formula can be correctly converted to angles of curvature by the formula $a = d \cdot 360/2\pi t$ (a related to the arc determined by l and r).

Curvatures are recorded on bromide paper placed closely behind the plants. The plane of the curvatures must be parallel to that of the paper. When plants are cultured in trays with sand, this point must be considered already at the time of planting. Seedlings may also be placed on a glass plate resting on bromide paper. A flash of light from a distance of 1 m. or more yields sharp shadowprints. Shadowprinting may be done conveniently in a light-proof box ("tunnel") set up in the same dark-room where tests are carried out. With SKOOG's deseeded method, a given set of test plants may be shadowprinted several consecutive times without influencing the course of the curvatures.

On the finished shadowprint, curvatures are measured with a transparent protractor.
Various designs have been proposed (see WENT, 1929; WENT and THIMANN, 1937; BOYSEN
JENSEN, 1936b). A convenient type, which may now be obtained from H. WILDER TOMLIN
(p..580, note), was designed by JUDKINS (Fig. 6). The vertical lines of the protractor are kept

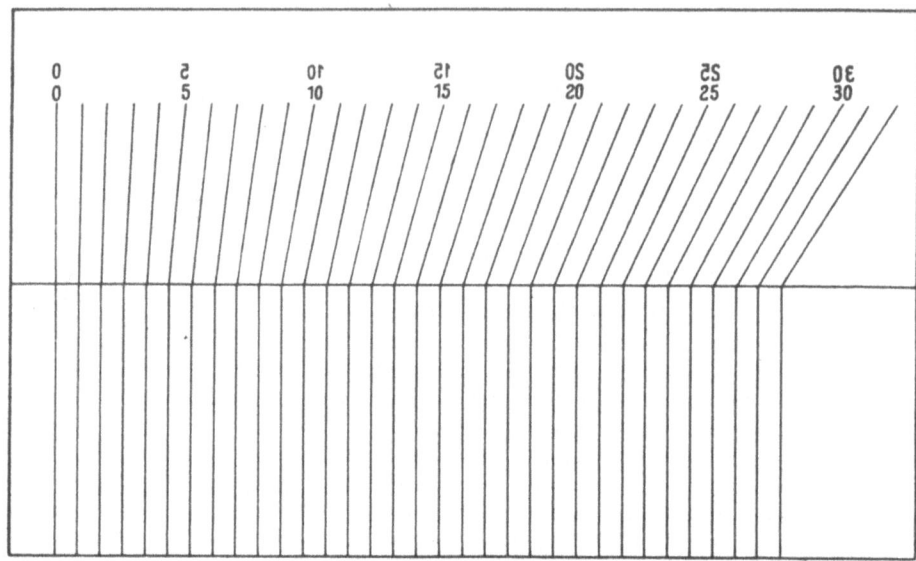

Fig. 6. Curvature measuring chart after JUDKINS.

parallel to the straight base of the print of a given coleoptile, while the protractor is moved
until one of the slanting lines matches the tangent to the convex side at the extreme upper
end of the organ. The corresponding angle of curvature is read at the top of the line.

KRAMER and WENT (1949) reached greater accuracy by measuring curvatures on shadowprints projected on a pivoted board with a movable hand, used for summing up the angles
of a whole set of plants.

In LINSER's lanolin paste test, curvatures are recorded after 24 hrs. During this time the
apical portion of the coleoptile may develop a negative geotropic curvature (Fig. 7), which
however, is neglected in measuring the angle of auxin curvature.
As a routine, LINSER also measures the length of the auxin-treated
side of the coleoptile by counting marks, made by rolling a toothed
wheel along the contours of the seedling from the top of the
grain to the extreme tip of the coleoptile. By subtracting the mean
length of a set of untreated coleoptiles, a measure of the auxin-
induced elongation is thus obtained.

In some cases it may be deemed advantageous to omit shadowprinting, developing etc. The curved coleoptile itself may then be
placed on a glass plate over a protractor and measured (SÖDING,1952).
JUDKINS' chart (Fig. 6) can be used for measuring curvatures
directly on living plant parts. The chart shown in Fig. 8 is also
very convenient. (If reproduced on a transparent film, this chart
may be used on shadowprints as well.) The plant is freed from
the substrate, and the protruding leaf with the agar block is

Fig. 7.
Avena seedling treated
with lanolin paste containing auxin.(LINSER,1938.)

removed. The coleoptile is moved along the chart until its convex
side matches one of the arcs. The radius (r) of the arc is given
in mm. at the base. (The slight deviations of the auxin-induced
curvatures from true arcs of circles are of no practical significance.)

The length (l) of the curved portion of the coleoptile is read on
the millimeter scale along the arc. The angle of curvature (a) corresponding to a given set
or r and l values is read from a table computed by means of the formula:

$$a = \frac{360 \cdot l}{2 \cdot \pi \, r} \quad \text{(cf. Fig. 3 I)}.$$

5. Preparation of Agar.

Fifteen to 30 g. of shredded agar (U.S. Pharmacopoeia or similar quality) is washed with several changes of water (preferably glass-distilled) during two days. Most of the water is squeezed out, the agar is dried in glass dishes at 60° C and stored. Agar solutions of desired strength are made with glass-distilled water by boiling, or by autoclaving at 105—110° C. The hot solution is filtered through a double-layer of gauze. The filtrate is distributed in screw-capped test tubes (19 × 145 mm.), each tube receiving 6 ml. The tubes are autoclaved

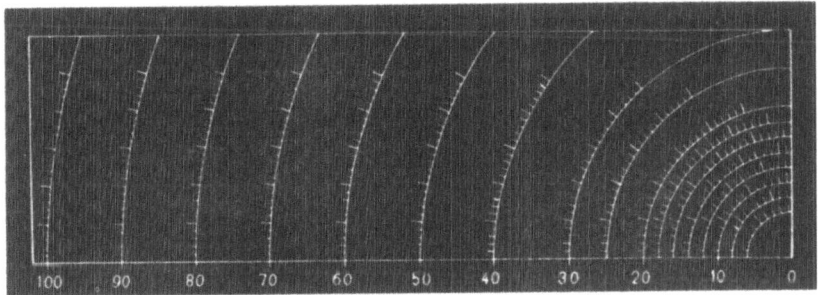

Fig. 8. Curvature measuring chart after Purdy; modified.

at 105 to 110° for 15 min. and stored. The gel strength of the agar is reduced by repeated melting. The above procedure, therefore, is preferable to storing a larger amount of agar in one flask and melting the whole quantity every time molten agar is needed.

As shown by du Buy (1931), Thimann and Schneider (1938), and Larsen (1940), the concentration of agar in the agar block has a pronounced influence on the degree of curvature and the shape of the activity curve. A final concentration of 1.5% is generally recommended, but it is not always clear whether this figure refers to crude or washed agar. Since some soluble material may be removed by washing, the relative gel strength of the washed agar may be increased accordingly. Since, further, the gel strength may vary in different brands of agar, it is recommended to try out different agar concentrations and select the lowest concentration which will yield blocks of convenient consistency. Shredded USP agar, washed and dried as above, yields suitable blocks when used in a final concentration of 1.25%, based on the weight of the dried agar. Some of the higher grades of agar should be used at still lower concentrations. Agar prepared as described above is kept ready in test tubes in a concentration which is two or four times as high as the one finally desired.

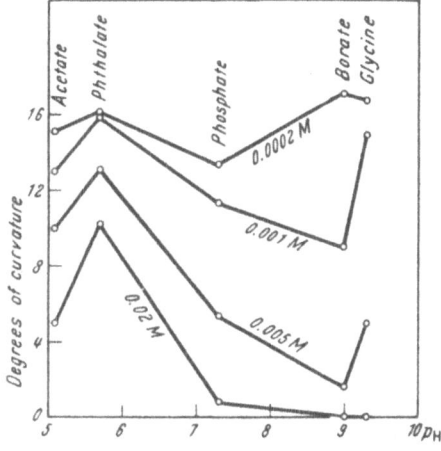

Fig. 9. Influence of the pH-value and the concentration of buffer in the agar mixture on the magnitude of *Avena* coleoptile curvatures. IAA, 15 μg./l. Skoog's deseeded method. Data from Avery, Berger and Shalucha (1941, Table 2).

The pH-value of the agar influences the magnitude of the curvatures (cf. for instance Dolk and Thimann, 1932; and Avery, Berger and Shalucha, 1941). An example is shown in Fig. 9. A pH-value about 6.0 is favorable and can be obtained with Sörensen's citrate buffer: 58.7 ml. 0.1 M citrate + 41.3 ml. 0.1 N NaOH (cf. Vol. I, Estimation of pH-Values). Curvatures are depressed by too high concentrations of buffer. On the other hand, the buffering capacity should not be too low. A final concentration of 0.005 M (at pH 6.0) seems to be an acceptable compromise. BONDE (1954a), using phosphate buffers in a final concentration of 0.0167 M, found an optimum at pH 5—5.5.

SÖRENSEN's citrate buffer, in which the only cation is Na+, is strongly unbalanced. In experiments by HEMBERG (1947, p. 150), this buffer, when used alone at pH 6.0, almost completely prevented the development of curvatures in the *Avena* test. The addition of 0.01—0.02 M CaCl$_2$, however, resulted in greater curvatures. In experiments by the writer at the University of Chicago (unpublished), the optimal concentration of calcium was around 0.003 M. The favorable effect dropped sharply above this value (Fig. 10). Since different brands of agar may contain different amounts of calcium, not removable by washing, the optimal calcium concentration may also vary. When using shredded USP agar, it is recommended to make up the agar blocks with a final concentration of 1.25% agar, 0.005 M citrate buffer (pH 6.0) and 0.001 M CaCl$_2$.

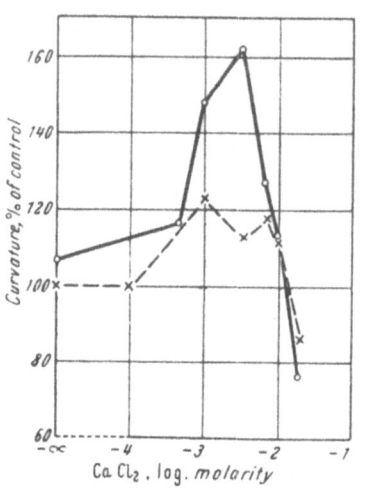

Fig. 10. Influence of the concentration of CaCl$_2$ and citrate buffer (pH = 6.0) on the magnitude of *Avena* coleoptile curvatures. O: 0.005 M citrate. ×: 0.01 M citrate. (LARSEN, unpubl.)

6. Transfer of Growth Substances to Agar.

a) **Micro Mixing Method for Aqueous Solutions of Growth Substances.** If sufficient material is at hand, the quantities of agar and liquid recommended below may be increased accordingly, whereby the accuracy in volumetric measuring will be increased. If an extract is to be tested in a series of dilutions, these dilutions should be made before adding the hot agar, since volumetric measuring of small quantities of molten agar is rather inaccurate and should be avoided as much as possible.

Mix 1 ml. of 5% molten agar with 0.5 ml. 0.04 M citrate buffer (pH = 6.0, see above) and 0.5 ml. 0.008 M CaCl$_2$ solution. Add 0.1 ml. of the mixture to a small, round-bottomed vial (e. g. 35 × 9 mm.), supported in a tight-fitting hole in a cork which covers a beaker of water at 50° C. When the agar-mixture has cooled to 50° C, add 0.1 ml. of the aqueous solution of plant extract and stir with a small glass rod. Handling the test solution at temperatures no higher than 50° C is a precaution against destruction of auxin. Pour part of the mixture into a mold, made by cutting a rectangular opening in a brass sheet of suitable thickness. The dimensions of the mold will be discussed later (p. 590). The mold rests on a plate of brass or glass. When the agar has solidified, make its top surface even with that of the brass sheet by shaving off the excess agar with a razor blade. After removal of the mold, the rectangular agar platelet is cut into small blocks of suitable size (see later, p. 589). The mold may have 2 or 4 rectangular openings in the same brass sheet. It may be necessary to increase the amount of extract and agar mixture to 0.13—0.15 ml. each, if the volume of the agar platelet exceeds 120 mm³.

Since volumetric measurement of less than 0.1 ml. molten agar is very inaccurate, the preparation of very small platelets requires special precautions. Amounts of agar smaller than 0.1 ml. should be measured off in the solid state by stamping out platelets of a given volume from a sheet of solid agar or by casting platelets in molds of known size. Such platelets may then be melted in a small, closed vial, cooled to 50° C, and kept at that temperature while the test solution and other constituents are being added from micro pipettes. After stirring, the mixture is poured into the mold.

b) **Micro Mixing Method for Solutions in Ether or Chloroform.** The solution is placed in a test tube, evaporated to 0.5—1 ml. with a slow current of dry air (Fig. 11), drawn up into a micro burette and dropped slowly into a small vial, which is kept at 50° C as described under (a). The burette is rinsed twice with 0.3 ml. of ether, which is likewise dropped into the vial. As soon as the solvent has evaporated, the vial is removed from the water bath, and 0.1 ml. of a freshly mixed solution of equal amounts of 0.02 M citrate buffer (pH 6.0, see p. 585) and 0.004 M CaCl$_2$ is added. The vial is closed with a cork and left at room temperature for 30 min. It is then returned to the 50° C water bath, and 0.1 ml. of molten, 2.5% agar, kept at 50° C, is added. After stirring, agar platelets are cast as under (a).

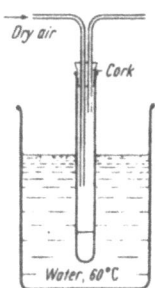

Another method consists in first evaporating the solution to dryness in the tube (to make sure that no water is added with the solution), redissolving it in 0.5 ml. ether, and evaporating this at 50° C directly on a small amount of molten, 1.25% agar in a vial. This procedure permits the measurement of small amounts of agar in the solid state as mentioned under (a).

c) **Ether-Dropping Method.** (BOYSEN JENSEN, 1936a, 1937.) By this method the auxin solution is evaporated directly on solid agar and there is no waste of auxin in casting the platelet. Add 0.6 ml. 0.1 M citrate buffer (pH 6.0, see p. 585) and 1.2 ml. 0.01 M CaCl$_2$ to 6 ml. molten, 2.5% agar in a test tube. Add 4.2 ml. water and mix well. (To avoid precipitation, it is not recommended to use a stock solution of buffer in mixture with the CaCl$_2$ solution.) Using a graduated pipette with a 1.5—2 mm. orifice, 10 ml. of the resulting 1.25% agar are poured on a plane, horizontal glass plate, 100 × 100 mm., and distributed evenly over its surface as a 1 mm. thick layer. For these operations are needed an adjustable leveling disk and a spirit-level. The glass plate, which may be 3—5 mm. thick, is adjusted to a horizontal position on the leveling disk and then placed on top of a beaker of cold water, which is brought to a boil. The hot plate is wiped dry and placed on the leveling disk in the same position as before. It is generally impossible to test the levelness of the glass plate when hot, since most spirit-levels are inaccurate at elevated temperatures.

Fig. 11. Evaporation of ether with a current of air, dried by passing through a column of solid CaCl$_2$.

The agar is allowed to solidify for at least 20 min. in saturated air. The edge of the cold agar plate is removed. Circular, square, or rectangular platelets, generally about 1 cm². in area, are stamped out with cutters of appropriate dimensions. A cutter with two parallel razor blades is convenient for preparing square platelets by first making strips of the desired width, and then cutting these at right angles. The uniformity of the platelets can be examined by weighing them under a small glass cap on a slide. The average weight of the platelets serves as a measure of their volume, which is needed for calculations of amounts of growth substance. Agar platelets of suitable size may also be cast in brass molds as described under (a).

Each platelet is placed on a numbered glass slide and covered with a small glass cap (18 × 9 mm.) with ground edges (Fig. 12, B). The glass cap can be cut from a flat-bottomed vial, 18 mm. in diameter. The slides are placed in moist PETRI dishes or staining jars.

Aliquots of the ether solutions to be tested are evaporated to dryness in test tubes (16 × 150 mm.) with a slow current of dry air or nitrogen (Fig. 11). As soon as the ether has evaporated, 0.5 ml. of "dropping ether" (see p. 568) is added. The 0.5 ml. of ether solution is drawn into a vertical pipette by means of a syringe (Fig. 12). A slide with an agar platelet

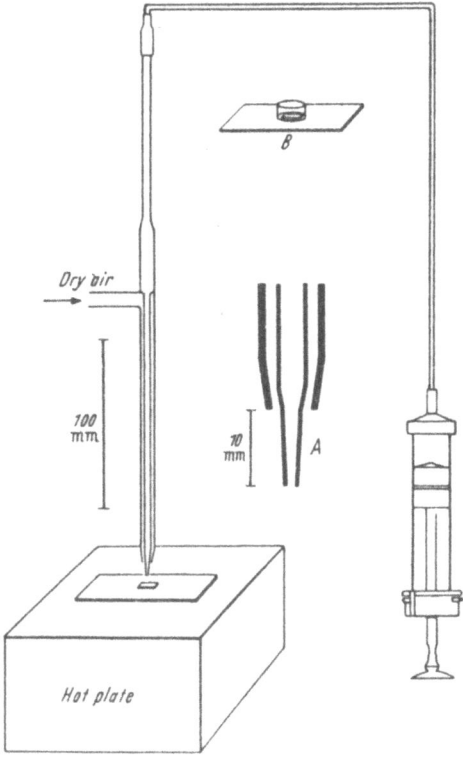

Fig. 12. Equipment for "dropping" of ether solutions onto agar. A detail of tip of air jacket and ether pipette (orifice 0.5—1.0 mm.). B glass slide with agar square covered by glass cap.

is placed under the tip of the pipette on a hot-plate, adjusted to 45—48° C. A Temco Variable Control Hot Plate, 15 × 15 cm. (38—370° C, 110 volts, max. 660 watts) is most convenient, but a water bath, covered with sheet metal, also yields good service. By means of the syringe, the ether solution is dropped slowly onto the surface of the agar platelet, where it evaporates. In order to speed up the evaporation, it is necessary to remove the ether vapors by means of a slow current of air, dried by passing through a column of solid $CaCl_2$. (A current of N_2 may be preferable, but has not been tested.) The current may be directed toward the agar platelet from the side as in Boysen Jensen's original set-up, but the risk of the ether running over the edge of the platelet is considerably reduced when the current hits the platelet directly from above as shown in Fig. 12 (Larsen). It is convenient to have the ether pipette and the air jacket made in one piece as shown in the figure, but the dropping apparatus may also be assembled from glass tubing and rubber connections. The pipette is held in the proper position by a clip (not shown in the figure) from which it can be swung out for immersion in the test tube containing the solution of growth substance. The current of air should be rather slow. A T-tube (not shown in the figure) is inserted in the rubber tubing connecting the source of air with the air inlet of the jacket. The open branch of the T-tube is closed with a finger, in order to turn the current on. Generally, the current should not be on at the moment a drop is falling. The necessary current may be furnished by a rubber bulb, leaving out the T-tube, but pressure air is more convenient. To prevent drying out of the agar, there should always be some ether on the platelet when staying on the hot-plate. By its evaporation the ether cools the agar.

When the last drop of ether solution has reached the platelet, the original test tube is rinsed with 0.3 ml. of "dropping ether" which is then dropped and evaporated as described. The platelet is covered with its glass cap and left in a moist Petri dish for at least 1 hr. before cutting it into smaller agar blocks.

The dropping method was used by Boysen Jensen only for auxin present in plant extracts. With such extracts the dropping and the mixing methods yielded consistent and identical results. With synthetic IAA, the resulting curvatures were at first smaller and more variable than those obtained by the mixing methods. The two methods, however, were found to yield identical results under the following conditions (Larsen, unpublished):

(1) "Dropping ether" must either be distilled immediately before use, or treated and stored as directed on p. 568. In the latter case, the ether is still usable after two weeks.

(2) Standard solutions of IAA must be made up in ether which, however, may have been stored in the refrigerator in larger containers. Standard solutions in 96% or absolute ethanol yielded curvatures which were much inferior to those obtained with solutions in ether, and also more variable.

Since none of the above-mentioned difficulties occurred with plant extracts (such as an extract of maize grains used as a relative standard), it may be assumed that plant extracts contain materials which protect the auxin at the critical stage during the evaporation of the ether on the agar. Physiological amounts of synthetic IAA must be handled with extreme caution.

d) Soaking agar blocks in an aqueous solution of auxin has been found to give unreliable results, and evaporating droplets of an alcoholic auxin solution on the agar blocks does not seem to be a more satisfactory method.

7. Dimensions of Agar Blocks and Agar Platelets.

The magnitude of curvatures produced by a given concentration of auxin depends somewhat on the volume and shape of the agar blocks containing the auxin. Blocks in common use are parallelepipeds which are applied to the coleoptile as shown in Fig. 13. The degree of curvature produced by a given concentration of auxin increases with increasing volume of the block up to a volume of about 10 mm³. (Thimann and Bonner, 1932; Avery, Creighton and Shalucha, 1941). A curvature which is 80—100% of the maximum, however, is obtained already with a block size of 4 mm³. (Fig. 14). This means that with blocks from 4 to 10 mm³., the curvature produced depends almost exclusively on the concentration of auxin in the block, not on the absolute amount; small changes in dimension *a* in Fig. 13 have very little effect on the curvature. When agar blocks are 1 to 1.2 mm. wide and applied to the narrow side of the coleoptile, the influence of changes in dimension *b* is equally small. From a certain point, any increase in curvature gained by increasing the volume of the agar block, is obtained at the cost of a much greater absolute amount of auxin, required to keep up the concentration in the agar. Consequently, the sensitivity of the test, in terms of the

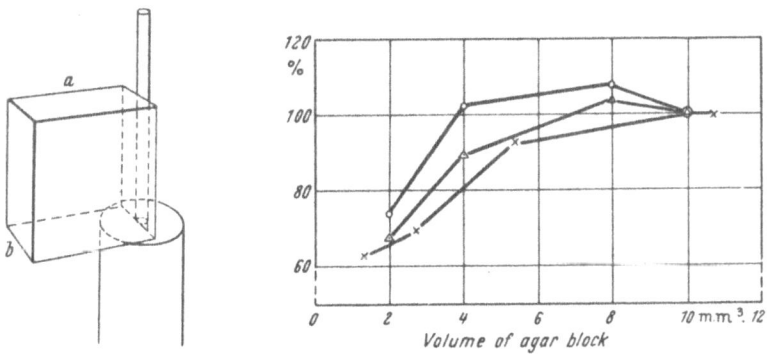

Fig. 13.   Fig. 14.

Fig. 13. Agar block applied to decapitated oat coleoptile. Explanation in text.

Fig. 14. Influence of the volume of agar blocks on the size of curvatures produced by a given concentration of auxin. WENT's technique. Ordinate: mean values of curvatures expressed as percentages of curvatures produced by largest block. ×: computed from data of THIMANN and BONNER (1932; Table 5, columns 2. 3. and 4.). ° and △: computed from data of AVERY, CREIGHTON and SHALUCHA (1941, Table 1). Mean Curvature produced by largest blocks are 13.6° (crosses), 19.9° (circles) and 10.5° (triangles).

smallest, absolute amount of auxin determinable, is increased by decreasing the size of the block. The latter, should be as small as possible without causing practical inconveniences, such as drying out during the test, difficulties in handling, etc. A block of dimensions $2 \times 2 \times 1$ mm. fulfills these requirements.

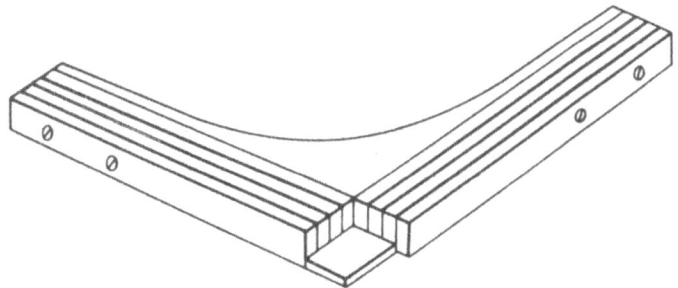

Fig. 15. Cutting frame for dividing agar platelets into smaller blocks.

In general 12 blocks are used for a test. Most platelets are of such dimensions that they can be cut into exactly 12 blocks of the desired size. The writer, however, prefers to make the platelet a little larger and discard the edges, so that each block has 4 sharply cut sides. Sizes of platelets and blocks which have been commonly used, are listed in Table 6.

The agar platelet may be divided into smaller blocks, either by cutting it at right angles with a five-bladed cutter or by means of a cutting frame (Fig. 15) and a razor blade. Blocks of 10 mm³. may be cut by hand, since small changes in volume in blocks of that size have little influence on the resulting curvatures (Fig.14).

Table 6. *Dimensions of Agar Platelets and Agar Blocks.*

No.	Size of platelet mm.	mm².	Size of block mm.	mm².	Reference
1	$6 \times 8 \times 0.5$	24	$2 \times 2 \times 0.5$	2.0	KÖGL and HAAGEN-SMIT, 1931
2	$6 \times 8 \times 0.9$	43	$2 \times 2 \times 0.9$	3.6	TERPSTRA, 1953b
3	1 mm. thick[1]	100	$2 \times 2 \times 1$	4.0	BOYSEN JENSEN, 1935, 1936a, b, 1941
4	$8 \times 11 \times 1.27$	112	$2.67 \times 2.67 \times 1.27$	9.3	KRAMER and WENT, 1949
5	$8.0 \times 10.7 \times 1.4$	120	$2.67 \times 2.67 \times 1.4$	10.0	AVERY, CREIGHTON and SHALUCHA, 1941
6	$8 \times 10.7 \times 1.5$	128	$2.67 \times 2.67 \times 1.5$	10.7	DOLK and THIMANN, 1932
7	$14 \times 14 \times 1.4$	274[2]	$3.5 \times 3.5 \times 1.4$	17.15	VAN OVERBEEK, 1950

8. Standard Solutions of Auxin.

The only auxin standard in common use is IAA.

a) **Aqueous Solutions.** Aqueous solutions of IAA are very unstable, particularly when exposed to light. Not only is part of the auxin inactivated by storing, but some of the breakdown products are inhibitory to the growth of plants (see e. g. ALGÉUS, 1946, p. 200).

If the potassium salt of IAA is available, the simplest way to prepare a standard solution is to dissolve 5 mg. of this salt in 100 ml. of distilled water and make serial dilutions. According to VON DENFFER and FISCHER (1952), the potassium salt of IAA is less photolabile in solution than the free acid. Owing to hygroscopicity the keeping quality of the salt may be inferior to that of the acid. We know, on the other hand, that crystalline preparations of the free acid can be stored unchanged for years.

The free acid is not readily dissolved directly in distilled water, but various other means for preparing aqueous solutions of this substance have been used.

Table 7. *Preparation of Agar Mixtures, Suitable for the Construction of a Standard Activity Curve for IAA.*

Final Conc. of IAA in 1.25% agar, μg./l.	To 6.0 ml. of molten 2.5% agar, kept at 60° C., add 1.2 ml. 0.05 M citrate buffer (pH 6.0), 1.2 ml. 0.01 M CaCl₂, and amounts of standard solutions and water listed below:		
	Conc. of standard soln., μg./l.	Quantity of standard soln., ml.	Quantity of water, ml.
5	100	0.60	3.00
10	100	1.20	2.40
20	100	2.40	1.20
40	960	0.50	3.10
60	960	0.75	2.85
80	960	1.00	2.60
100	960	1.25	2.35
120	960	1.50	2.10

(1) (JUEL, 1936.) Weigh out 5 mg. of IAA on a watch glass and place this at the bottom of a 1-liter beaker. Pour 5 ml. of ether on the crystals and let them dissolve. Pour 500 ml. of distilled water quickly into the beaker and stir vigorously at once. Concentration 10 μg./ml.

(2) Dissolve 5 mg. of IAA in 1.5 ml. 0.1 M Na₂CO₃ or 1.5 ml. 0.1 N NaOH in a vial. (The amount of 0.1 N base equivalent to 5 mg. IAA is 0.286 ml., but the crystals dissolve too slowly in this quantity or in corresponding larger quantities of more dilute base.) Transfer the contents of the vial with ca. 80 ml. of water to a 100 ml. volumetric flask. Add 1.0 ml. 0.1 N HCl and make to 100 ml. A closer neutralization is unnecessary when the agar is buffered. Concentration 50 μg./ml.

The second method seems to be preferable. Serial dilutions are made with distilled water. Suggestions for the preparation of agar mixtures suitable for the construction of a standard activity curve are given in Table 7. The total amount of 1.25% agar mixture will be 12 ml.

---

[1] Either a circular disk (BOYSEN JENSEN) or a 10 × 10 mm. square (LARSEN). Edges discarded.

[2] Sixteen blocks made.

Ten ml. hereof are used for casting an agar plate 100 × 100 × 1 mm., from which the final agar blocks are cut. Smaller total amounts of agar mixture may be prepared after proper adjustment of the concentration of the standard solutions and the quantities of agar, buffer, and CaCl₂-solution, the final concentration of which should remain constant at 1.25%, 0.005 M, and 0.001 M, respectively. In the micro mixing method (p. 586), it is possible to keep the temperature of the auxin-containing mixture at 50° C. In the macro mixing method (Table 7), the temperature must be 60° C because it takes more time to spread the agar over the larger area. Preparing the agar mixture at temperatures higher than 60° C results in somewhat lower curvatures (JUEL, 1936; cf. Table 9).

b) **Solutions in Ether.** Dissolve 5 mg. of IAA in 50 ml. of peroxide-free ether from which water has been frozen out. Concentration 100 μg./ml. Make a dilution series by adding 2 ml. of this solution (and subsequently each new number of the dilution series) to 18 ml. of ether and mixing well. Solutions containing 0.01 and 0.001 μg. of IAA per ml., are convenient for the dropping method (p. 587). The solutions in this series are stable for months when kept in the refrigerator in cork-stoppered brown bottles.

9. Preparation of Lanolin Mixtures.

Pure lanolin (adeps lanae, anhydrous) may be used as a carrier for growth substances in various biological tests (LAIBACH, 1933). Its application to *Avena* coleoptiles was described on p. 583. Since lanolin may contain growth-inhibitors, occasional or regular control experiments with "blank" lanolin are important. Lanolin may further contain oxidizing agents which inactivate growth substances and may cause serious errors in quantitative determinations. Such lanolin can be purified in the following way (REDEMANN et al., 1950):

Dissolve 25 g. of lanolin in 250 ml. of ether and shake the solution with 100 ml. of water in which are dissolved 15 g. of sodium hydrosulfite and 5 ml. of glacial acetic acid. Separate the two layers, and wash the ether phase with 100 ml. of water. Separate again, and agitate the ether phase with 15 g. of anhydrous sodium sulfate in order to remove water from the ether-lanolin emulsion. After separation, evaporate the ether over a steam bath. Add 15 ml. of water and evaporate to dryness *in vacuo* over a steam bath. The purpose of this step is to remove traces of acetic acid. The residue is sufficiently inert to be used as a carrier for substances to be tested.

Anhydrous lanolin is capable of taking up its own weight of water. Both anhydrous lanolin and lanolin-water pastes are used in auxin work. The influence of water on the biological responses does not seem to have been studied systematically, but the capacity of lanolin to take up water is convenient when aqueous solutions are to be tested. Once a lanolin mixture has been made up, serial dilutions can be made by mixing aliquots (by weight) of the original mixture with known quantities of pure lanolin or lanolin-water paste. In mixing with water, the addition of 1 drop of oleic acid is recommended by RUGE (1951) as a means for facilitating the homogenization of the paste and making it softer. Plant extracts may be mixed with lanolin as follows.

a) **Aqueous Solutions.** Weigh out 2 g. of anhydrous lanolin in a crucible or a small dish. Heat gently on a water bath until the lanolin has melted. Add 2 ml. of the aqueous extract or auxin solution. (If less than 2 ml. is taken, add water to make a total of 2 ml.) Knead well with a glass rod or spatula for at least 10 minutes, until the paste is light yellow and has a homogeneous appearance.

b) **Ether Extracts.** Weigh out 2 g. of anhydrous lanolin as above. Evaporate the extract or an aliquot thereof to 10 ml. or less and add it to the lanolin. Mix with a glass rod. Heat gently on a steam bath or water bath under occasional stirring until the ether has evaporated. Water (2 ml.) may or may not be added. In either case, knead for at least 10 min.

c) **Residues from Evaporated Extracts.** (LINSER, 1938, 1939, 1940.) (1) *Small quantities of residue:* Add 2 g. of lanolin, containing 50% water, and mix well; or add equal amounts of water and anhydrous lanolin and mix. (2) *Larger quantities of residue:* Determine the weight of the residue. Add enough anhydrous lanolin (and, if necessary, some water) to make a total weight of paste equal to 1/10 of the fresh weight of the extracted plant material.

10. Standard Lanolin Paste.

It is generally assumed that the concentration of IAA in a freshly prepared lanolin paste remains unchanged for a few days, particularly at higher concentrations of IAA. Considerable inactivation, however, takes place over longer periods (LINSER, 1938). The stability of IAA is probably higher in mixture with anhydrous lanolin than in a water-containing paste. Standard mixtures may be prepared as follows.

(1) Dissolve 100 mg. IAA in 10 ml. of ether. Conc.: 10 mg./ml. Make ten-fold dilutions in ether down to 0.1 μg./ml. Add desired volumes of the respective dilutions to each of a series of 2 g. portions of lanolin. Follow directions for the preparation of lanolin mixtures. — Serial dilutions may be made with lanolin instead of ether.

Some workers mix crystals of IAA directly with anhydrous lanolin. Crystals of IAA, however, are not dissolved by this method. A microscopic examination shows a mixture of crystals and air bubbles (MICHEL, 1951). No crystals are visible when the crystals are first dissolved in ether. The use of ether, therefore, is recommended to secure a homogeneous paste.

(2) Serial dilutions of an aqueous standard solution of IAA (see p. 590) may be kneaded with equal weights of anhydrous lanolin.

11. Standard Activity Curves.

When curvatures are plotted against concentrations of IAA, the course and shape of the resulting "activity curve" depends on the particular test method used. Fig. 16 shows examples of activity curves obtained with different modifica-

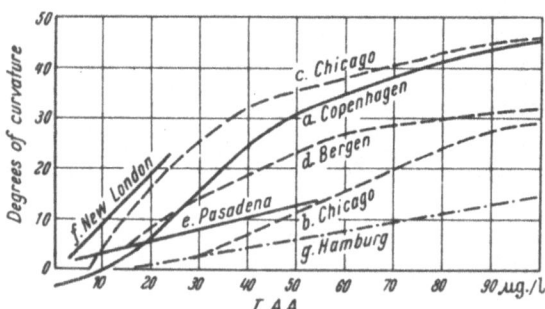

tions of the agar technique in 6 different laboratories (cf. Table 8). Curves a—f are based on mean values of a greater number of tests at each concentration, carried out over a period of several weeks or months. Curve g represents one day's results.

Curve a was constructed in Copenhagen by GOODWIN (1939a), using BOYSEN JENSEN's technique. When applying exactly the same me-

Fig. 16. Activity curves for IAA in different *Avena* curvature tests. Agar technique. Compare Table 8.

thod in Chicago in 1949, the writer obtained a much lower activity curve, b. The reason for this may be the change of soil and seed material. In attempts to improve the

Table 8. *Data Concerning the Activity Curves in Fig. 16.*

Designation of Curve	Culture medium	Technique	No. of decapitations	Minutes between decapitations	Minutes between application and recording	Volume of agar blocks, mm³.	Reference
a	Soil	BOYSEN JENSEN's	1		165	4	GOODWIN, 1939a
b	Soil	BOYSEN JENSEN's	1		165	4	LARSEN, unpubl.
c	Soil	BOYSEN JENSEN's modified by LARSEN	2	150	150	4	LARSEN, unpubl.
d			2	150	150	4	ALDER, unpubl.
e	Water	WENT's modified	2	180	90	9.3	KRAMER and WENT, 1949
f	Water	SKOOG's deseeded	1		300	10.0	AVERY, CREIGHTON and SHALUCHA, 1941
g	Sawdust	SÖDING's daylight	1		135	ca. 8	SÖDING, 1935, 1952

sensitivity of the test plants used in Chicago, a great number of the significant points in the test procedure were varied. Each of the first five of the following changes was found to increase the curvature: (1) Reducing the agar concentration from 1.5% to 1.25%. (2) Reducing the buffer concentration from 0.01 M to 0.005 M. (3) Adding 0.001 M $CaCl_2$ to the agar. (4) Using 2 decapitations, 150 min. apart, instead of one. (5) Omitting the addition of a drop of water to the cut surface. (6) Pulling loose the leaf was found to decrease the curvatures, but this procedure was chosen in order to eliminate the need for regular readjustments of the position of the agar blocks during the test. Curve c, as compared with curve b, shows the accumulated effect of changes (1)—(6). The modified procedure was used by Mr. EDWIN ALDER, working with the writer at the University of Bergen. Mr. ALDER's results (curve d) were obtained with oats from the same source as those used for curve c, but his test plants were pre-illuminated with light of a different composition, which may explain the lower course of the curve.

Lanolin paste is generally applied in greater quantity than agar and is capable of giving off auxin for a longer period than an ordinary agar block. Both the maximum angle of curvature and the range over which curvatures increase with auxin concentration are much greater in lanolin-treated plants than in agar-treated ones. Curvatures of lanolin-treated plants therefore, are generally plotted on a semi-logarithmic scale against percentages of auxin in the paste (Fig. 17).

12. Variability of Tests.

In discussing the var ability of the *Avena* curvature test or any test in which the result is expressed as a mean of the responses of a number of individual test organisms, one has to distinguish between (1) the variability among individuals used on a given occasion and (2) the variability among means obtained on different occasions.

a) **Variation among Individual Test Plants.** WENT (1929) has shown that in most cases the distribution of curvatures is in principle close enough to normality to permit the application of common variation statistics directly to the curvatures recorded.

On the basis of data from various sources, the writer has computed an "accumulated estimate" of the mean error, e, for curvatures obtained with given concentrations of IAA tested in different modifications of the *Avena* curvature test. The mean errors, e, were computed by the respective authors from the formula $e = \sqrt{\dfrac{\Sigma D_i^2}{n_i (n_i - 1)}}$ in which D_i is the deviation of the curvature of any individual test plant from the mean curvature of n_i plants. When n_i was identical ($= 12$ or 24) in all tests of a given series, an accumulated estimate of e, entered in Table 9, could be computed from the mean of the squared e-values. Although in some cases, e for 12 plants seems to increase with the mean curvature, the e-values probably do not differ significantly in different tests when these are carried out with the same technique and at the same concentration of IAA. When n_i was variable and its individual values were known, both e and s_m (see below) were found by analysis of variance and computed for $n_i = 12$.

b) **Variation among Occasions.** Using water-cultured plants, KÖGL (1933) and KÖGL et al. (1935, 1936) reported that curvatures produced by a given concentration of auxin might vary several hundred per cent when tests were carried out on different days or at different times of the day. Also in later reports from the Utrecht laboratory the great variability of the *Avena* test is mentioned (OPPENOORTH, 1941; TERPSTRA, 1953 b). WENT and THIMANN (1937, p. 49—50), working in Pasadena, reported that the plants were more sensitive in the morning than in the afternoon and evening. SÖDING's test plants, cultivated in diffuse daylight, show a pronounced variability from day to day, and also a seasonal variability (SÖDING and FUNKE, 1942; SÖDING, 1952).

As a measure of the variation among occasions is used the standard deviation, s_m, of means determined on different days, using the same concentration of auxin.

$$s_m = \sqrt{\frac{\Sigma D_m^2}{(n_m - 1)}}\,,$$ in which D_m is the deviation of any mean of usually 12 plants from the grand mean obtained at a given concentration, and n_m is the number

Table 9. *Variability of Avena Curvature Tests, Agar Technique.*

s_m and e given for 12 plants per test except in two cases[8]. The square sum used in computing e was accumulated from $n_m \times 11$ degrees of freedom (f_i) except in the following cases. LARSEN (unpubl.): $n_i = 8$ to 12; $f_i = 85$. KRAMER and WENT: $f_i = 22$. TERPSTRA (personal communication): $n_i = 9$ to 24; $f_i = 136$ and 216. HULL et al.: $n_i = 24$; $f_i = 184$ and 207.

Reference	Technique	Location. Reference to Fig. 16	IAA, μg./l.	Mean curvature, degrees	Number of tests n_m	Standard deviation, s_m, of means of 12 or 24 plants degrees	%	Accumulated estimate of e for 12 or 24 plants degrees	%	$\frac{s_m}{e}$
JUEL, 1936	BOYSEN JENSEN's (Gul Näsgaard)[1]	Copenhagen	35.7	29.8[4]	11	2.30	7.7	1.99	6.7	1.15
			35.7	34.0[5]	19	3.06	9.0	2.15	6.3	1.42
GOODWIN, 1939a			0	+3.4	5	1.56	45.9	1.22	35.8	1.28
	BOYSEN JENSEN's (Victory)[1]	Copenhagen Curve *a*	20	6.3	5	2.46	39.0	1.64	26.8	1.50
			40	24.6	5	2.68	10.9	2.21	9.0	1.21
			60	34.8	5	1.79	5.1	1.70	4.9	1.05
			80	40.9	5	2.01	4.9	2.26	5.5	0.89
			120	51.8	5	4.03	7.8	3.55	6.9	1.13
LARSEN, unpubl.	BOYSEN JENSEN's modified by LARSEN[2]	Chicago Curve *c*	40	32.6	10	3.23	9.9	2.90	8.9	1.11
ALDER, 1953—54, unpubl.		Bergen Curve *d*	20	8.5	8	1.49	17.5	1.39	16.3	1.07
			30	14.1	6	1.27	9.0	1.29	9.1	0.98
			40	18.7	8	1.80	9.6	1.59	8.5	1.13
LINK et al., 1940	WENT's modified[1]	Chicago	40	22.4	11	5.81	25.9			
same, 1941		Chicago	40	20.2	17	3.75	18.5			
KRAMER and WENT, 1949		Pasadena Curve *e*	25	6.76	16	1.63	24.1	0.58	8.6	2.81
			50	12.60	16	3.29	26.1	0.68	5.4	4.76
TERPSTRA, 1953b		Utrecht	50	8.8	12	4.84	54.8	0.77	8.7	6.30
			100	13.3	15	6.50	48.9	1.21	9.1	5.39
HULL et al., 1953, Fig 3.	WENT's modified[3]	Pasadena	200	15.5[6]	8[8]	3.7	23.8	1.3	8.4	2.8
			200	19.4[7]	9[8]	1.7	8.7	1.5	7.8	1.1
AVERY, CREIGHTON, and SHALUCHA, 1941	SKOOG's deseeded[1]	New London Curve *f*	10	8.9	4	0.63	7.1	0.62	7.0	1.02
			20	18.8	4	1.24	6.6	0.88	4.7	1.41
JUDKINS, 1946		Wooster, Ohio	20	12.5	32	1.24	10.0			

[1] Auxin solutions mixed with molten agar.
[2] Auxin transferred to agar by the ether-dropping method (p. 587).
[3] Agar blocks soaked in IAA solution, 200 μg./l. Tests carried out at 3-hr. intervals during 24 hrs.
[4] Temp. of agar higher than 60° when mixing with IAA.
[5] Temp. of agar = 60° when mixing with IAA. Mean maximum angle = ca. 75°.
[6] Smog-containing, non-purified air.
[7] Air filtered through four banks of activated charcoal filters.
[8] 24 plants per test. Numerical values for mean curvatures and e were read from the graph given by the authors.

of means (tests). Values of s_m and the corresponding coefficients of variation as percentages are entered in Table 9. If the variation among occasions has the same causes as the variations among individual plants, and if the distribution is normal, then $e = s_m$ (or $s_m/e = 1$) when the same number of plants is used for the determination of each mean value and of e. In the extreme case that e referred to 12 plants and s_m were based exclusively on tests with 11 plants each, the "normal" value of s_m/e would be 1.04.

If the variance ratios are computed by squaring s_m/e (or in two cases its reciprocal), they reveal that the comparatively small variations from day to day in JUEL's second series (Table 9) are actually significant near the 1% level. All other tests made with BOYSEN JENSEN's original or modified method and listed in Table 9 show insignificant variations from day to day ($P > 0.2$, except for the first two series by GOODWIN, in which P lies between 0,05 and 0.2). Such is also the case in the two series made with SKOOG's method by AVERY et al. As for WENT's modified method, the variations between tests are very highly significant ($P < 0.001$) in all the series listed, except for the last one by HULL et al., in which $P > 0.2$.

Various possible causes of variation are discussed by the workers cited. Low sensitivity of the test plants was observed in Pasadena in connection with heavy motor traffic (HULL et al., 1954). The diurnal variability could be reduced somewhat by ventilating the dark-room with air taken 10 m. above ground rather than at street level. Subsequent experiments showed that "natural" and synthetic smog (the latter in concentrations corresponding to 0.1—0.2 ppm. of ozonides) caused significant reductions in the sensitivity of the test plants over the whole range of physiological concentrations of IAA. The depression of auxin sensitivity was considerably greater in seedlings exposed to smog during the first and/or second day of germination than in plants exposed only during later stages. Smog application during the test itself caused no significant reduction in curvature.

Attempts to remove the deleterious impurities by filtering the air through a single activated carbon filter were unsuccessful, because the time of contact (about 0.01 second) of the air with the carbon was too short. The active constituents of "natural" smog, however, could be effectively removed by filtering through four banks of activated charcoal filters, permitting the air to remain in contact with the charcoal for about 0.2 seconds. The charcoal filters were placed after a mechanical filter, an electrostatic precipitator, and a water spraying system. The major part of the diurnal and seasonal variability of WENT's modified *Avena* curvature test can be ascribed to air pollutants. If these are removed, the method yields uniform and quantitatively reproducible results (Table 9, HULL et al.).

As judged from experiments with WENT's original method (cf. e. g. GOOD-WIN, 1939 a) the variability of water-cultured plants is not equally great in all laboratories. Similar observations have been made with SKOOG's deseeded method, which has shown low variability in Wooster, Ohio, and in New London, Conn., but high variability in Utrecht (OPPENOORTH, 1941). The soil-culture methods, on the other hand, appear to be much less variable, at least in the range of curvatures which is actually used for auxin determinations. In Chicago, where LINK et al. (1940) complained of excessive variations from day to day in WENT's modified test, the writer found that the variability among occasions in soil-cultured plants was only insignificantly larger than might be expected from the variability among individual plants. If the soil-culture methods continue to show negligible variability even in notorious smog areas, it may be worth while to investigate the difference between the water-culture and the soil-culture techniques in greater detail. It should be noted that for the soil-culture methods seeds are soaked, with husks, for 20—24 hrs., i. e. they remain immersed during a considerable part of the smog-sensitive stage of early germination. The water may protect the seeds against the smog constituents. Another possibility is that smog constituents are adsorbed to the soil particles and thus more or less effectively prevented from reaching the seedlings. In this connection it should be borne in mind that the soil-grown plants remain under almost air-tight metal covers from the time of planting and until coleoptiles are about 3 mm. above the soil.

In LINSER's paste test, the mean error, e, of curvatures computed as a mean of 15 test plants varied between 7.3 and 11.7% in the range of concentrations from 10^{-5} to 10^{-3}% IAA (LINSER, 1938). At 10^{-2} to 1% IAA the mean error of curvatures was greater. (In this range, however, the rate of elongation of the coleoptiles showed lower variability.) The standard deviation, s_m, of means of 15 plants, determined on different occasions, varied between 21.2 and 42.6% at concentrations of 10^{-5} to 10^{-1}% IAA. The ratio s_m/e varied from 1.27 to 3.88, thus indicating that the variations from day to day are greater than expected from the variation among individuals. The paste test also shows seasonal variations (LINSER, 1952).

To reduce the variations among occasions, first of all the test plants must be thoroughly randomized (see p. 581). The culture and test conditions should be carefully controlled with respect to temperature, humidity of the air (particularly during the test itself), and exposure of the plants to light at all stages of their development. The use of chlorinated tap water in preparing the test plants and humidifying the dark-room may be an additional source of variation. This factor however, has not been investigated. For the water-culture techniques it may be advantageous to lay out seeds at the same time of the day.

A cause of variation which seems not to have received sufficient attention is the instability of solutions of IAA under certain conditions, particularly during the process of transferring the auxin to agar. This point was emphasized in a previous section.

13. Comparison of Different Techniques.

In selecting a suitable modification of the *Avena* curvature test, a number of points have to be considered. Both in WENT's and BOYSEN JENSEN's methods, two decapitations increase the sensitivity and do not require much more time than one. Among the water culture techniques, WENT's modified method is simpler than SKOOG's deseeded test, but appears to be less sensitive (compare curves e and f in Fig. 16).

In order to simplify the culture technique, some workers grow test plants in trays or pots with sand or sawdust. This procedure has the serious drawback that randomization is impossible. On the other hand, if seeds are planted individually in vials, complete randomization is even easier to obtain then in WENT's method. The writer has found plants cultured in sand or sawdust less sensitive than soil-grown plants.

In LINSER's lanolin test the curvatures increase with the concentration of IAA over a much longer range than in any of the agar methods (Fig. 17). In all of the tests discussed here, the curvature decreases at higher concentrations, although cell elongation is still promoted. In LINSER's test, simultaneous determinations of the curvature and the auxin-induced elongation furnish the valuable information of whether the concentration tested is suboptimal or supraoptimal for curvature. BOYSEN JENSEN's original method, in which the primary leaf is not pulled loose, offers the same advantage. If auxin concentrations are supra-optimal for curvature, the coleoptile grows much faster than the leaf.

The sensitivity of a test may be defined as the lowest concentration, or amount, which can be determined with tolerable variability. As tolerable variability may be taken values of e or s_m which are $\leqq \pm 10\%$ of the auxin concentration (p. 594; 12 plants per test). In 30 tests reported by WILDMAN et al. (1947, 1948) e did not appear to differ significantly from 0.6 for curvatures ranging from 1.8 to 6.5°. On this basis, the minimal concentration required for WENT's modified method is about 22 μg. of IAA per liter, corresponding to 6° curvature, in simultaneous determinations. In SKOOG's method, the minimal concentration is lower than 10 μg./l. (Table 9). BOYSEN JENSEN's method and the writer's modification thereof yield activity curves which do not pass through the origin. The variability of curvatures is, therefore, no accurate estimate of the variability of the concentrations to be determined. In BOYSEN JENSEN's original method (Copenhagen) the s_m and e values for curvatures at 20 μg. of IAA per liter were $\pm 39\%$ and $\pm 27\%$, respectively. These values correspond to variations of $\pm$ ca. 15% and $\pm$ ca. 10% in auxin concentration. In the modified method (Bergen) the corresponding figures are $\pm$ ca. 10% each. In all methods the variability, expressed as percentages of auxin concentration, is lower at somewhat higher concentrations.

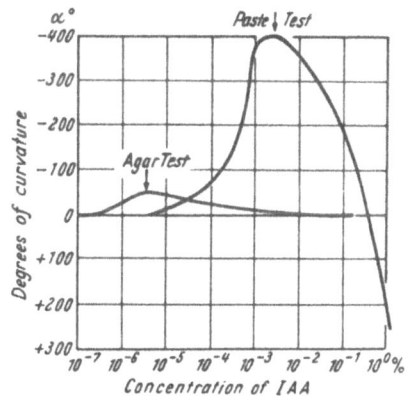

Fig. 17. Activity curves for IAA in the *Avena* curvature test using either agar or lanolin paste as a carrier. (LINSER, 1951b.)

In LINSER's paste test, the lowest auxin concentration which can be determined with a satisfactory accuracy is about $10^{-5}\%$ IAA, i. e. 3—10 times as high as in the agar methods. When 2 g. of paste are used, the smallest absolute amount determinable is about 0.2 μg., whereas in most agar tests only 10^{-3} to 10^{-2} μg. are needed. It seems possible, however, to reduce considerably the amount of lanolin required for LINSER's test, e. g. by evaporating ether extracts on small quantities of anhydrous lanolin (LARSEN, 1940a).

14. Expression of Test Results.

In comparative experiments, it sometimes suffices to simply express the results in degrees of curvature. Such a procedure, however, is accurate only when all curvatures are proportional to the concentration of auxin. This is never true at high concentrations. Even at lower concentrations a direct proportionality exists only under certain conditions, depending among other things on the concentration of agar and salts in the agar mixture. Evaluation of test results, therefore, should be made not by comparing the curvatures, but by comparing the concentration values read on the abscissa of the activity curve. All readings used for quantitative evaluations must be made on the steeply ascending part of the curve. To fulfill this requirement, several dilutions must be tested, and special attention should be paid to the fact that all activity curves have a descending part at high concentrations.

For relative values, the standard activity curve may be constructed by testing various concentrations of the plant extract under investigation. If absolute values are desired, a standard activity curve representing the pure auxin, generally IAA, must be used. In spite of its recognized limitations (AVERY, CREIGHTON and

Shalucha, 1941; Söding, 1952), the method proposed by van Overbeek (1938) and van Overbeek and Bonner (1938) of expressing auxin yields as μg.-equivalents of IAA has certain advantages and is widely used. For general application, however, particularly when the activity curves show no distinct "proportionality range", the use of van Overbeek's formula must be abandoned, and concentrations simply read at the abscissa of the activity curve. The difficulty arising when the activity curves of the plant extract and the pure auxin are distinctly different in shape can be largely overcome by comparing the activities near the origin of the curves, where such differences are generally smaller.

The IAA-μg.-equivalent (IAA-μg.-eq.) may be defined as follows (Larsen, 1949): One IAA-μg.-eq. is the amount of auxin which has the same effect in the Avena curvature test as 1 μg. of pure IAA when tested at such a dilution that curvatures $\leq 5°$ are produced. The upper limit of 5° was selceted for use in Went's modified method. It may have to be raised when certain other methods are used.

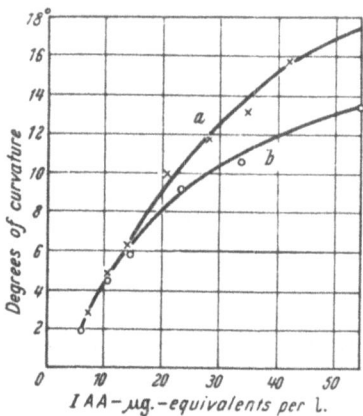

Fig. 18. *Avena* curvature test. Went's modified technique, except that agar was buffered at pH 6.0 and the ether-dropping method was used. *a* synthetic IAA and acidic fraction of extract. *b* non-acidic fraction of extract. (Larsen, 1949.)

The IAA-μg.-eq. is by no means an absolute value, unless it can be proved that the unknown auxin is IAA and that the extract containing it is free of other substances influencing the test. The attractive feature of this unit, however, as contrasted to other arbitrary units, is the fact that it indicates directly the order of magnitude of the auxin activity which it represents.

The procedure may be illustrated by the following example (Larsen, 1949). In Fig. 18, *a* is the standard activity curve for IAA. The acidic and non-acidic fractions of an extract are tested at various dilutions, and the resulting curvatures plotted against concentration, expressed in arbitrary units (e. g. number of ml. of the original solution used per volume of agar). In each fraction the dilution yielding 5° curvature is said to contain 11.5 IAA-μg.-eq. per liter, because in the case of IAA, 11.5 μg./l. are needed to produce 5° curvature. The arbitrary units have thus been calibrated, and activity curves representing the unknown auxins can be plotted. As an average over a longer period, the acid fraction was found to yield an activity curve which was indistinguishable from that of IAA (curve *a* in Fig. 18). The non-acidic fraction yielded a different curve (*b*). If the variations in sensitivity of the test are negligible, these curves can then be used directly for translating curvatures, obtained in subsequent experiments, into IAA-μg.-eq.

If, on the other hand, the variations from day to day are considerably greater than might be expected from the variation among individual plants (see p. 594 and Table 9), a correction, based on the relative sensitivity of the plants has to be applied. This requires that two concentrations of pure IAA are tested along with a number of dilutions of the unknown solution. Dilutions which yield curvatures as close as possible to one of the controls are selected. Curvatures are then translated into IAA-μg.-eq. by reading on the respective activity curves. The readings for the unknown solutions are corrected for the higher or lower sensitivity of the day's test plants by multiplication by a factor determined from the control experiment and the (average) standard activity curve. The correction factor is the concentration actually tested, divided by the apparent concentration found in the control test. An example is shown in Table 10. It might be possible to determine a special correction factor for the non-acidic fraction, taking the preparation used for constructing curve *b* as a standard. In the present case, however, the same factor was used for both fractions.

The values obtained by this or other methods will express the concentration (or at least the relative concentration) of auxin in the agar blocks. In order to get an expression of the amount of auxin (or "auxin activity") in the material extracted, the following quantities must be known:

(a) Auxin concentration in the agar (from curvatures), μg. or IAA-μg.-eq. per liter. — (b) Amount of agar having concentration a, (= volume of platelet plus "waste", if any), ml. — (c) Amount of plant extract used in preparing b, ml. — (d) Total amount of plant extract, ml. — (e) Amount of plant material extracted, grams.

The number of μg. or IAA-μg.-eq. of auxin (or "auxin activity") pr. kg. of plant material is equal to $\dfrac{a \times b \times d \times 1000}{1000 \times c \times e}.$

Table 10. *Examples of the Translation of Avena Coleoptile Curvatures into Concentrations of Auxin Expressed as IAA-μg.-eq. per Liter.*

	Curvature, degrees	IAA-μg.-eq., read on the curves in Fig. 18	IAA-μg.-eq. corrected by multiplication by 14.2/15.5
1. Control. Agar, containing *14.2 μg.* of IAA per l.	7.2	15.5 (curve *a*)	14.2
2. Agar containing acid fraction of extract	6.2	13.7 (curve *a*)	12.6
3. Agar containing non-acidic fraction of extract	8.5	22.2 (curve *b*)	20.3

II. Slit Pea-Stem Curvature Test.

The slit pea-stem curvature test, commonly known as the pea test, is based on observation or measurement of auxin-induced curvatures, increasing or partially reversing those which are produced by tissue tension in longitudinally slit internodes of etiolated pea seedlings. In this test, polar transportability of the auxins does not influence the response.

The pea test was first described by WENT (1934). Practical and theoretical aspects of the test were studied and discussed by JOST and REISS (1936), WENT and THIMANN (1937), VAN OVERBEEK and WENT (1937), THIMANN and SCHNEIDER (1938b) and WENT (1939). KENT and GORTNER (1951) greatly improved the reproducibility of the test by standardizing the conditions of illumination during the cultivation of the test plants. The pea test has been widely used in the study of synthetic compounds, but less extensively for the assay of plant extracts, the main reason for this being the comparatively large absolute amounts of auxin required for one test. — The following directions are based mainly on the recommendations by KENT and GORTNER (1951).

1st day. Soak seeds (the variety Alaska is recommended) in water for 4—6 hrs. and place them between wet paper towels (or filter paper) at 27° C. Light conditions during the first 3 days were not specified by KENT and GORTNER.

4th day. Seedlings are placed on a perforated lucite or porcelain plate above a shallow dish of water. Roots can reach the water through the holes in the plate. Cultures are placed in total darkness.

5th—7th day. Change water daily to avoid root rot. Use bluegreen light, when inspecting the plants. A two-cell flash light fitted with a KLETT-SUMMERSON colorimeter light-filter No. 50, transmitting at 470—530 mμ is recommended.

8th day. Using a time switch, illuminate plants from 2 a. m. to 6 a. m. (i. e. starting 32 hrs. before harvest). KENT and GORTNER recommend 10 foot candles of red light from a 60 watt Mazda incandescent ruby-glass bulb in reflector at a distance of 60 cm. from the base of the seedlings.

9th day. Harvest plants under red light. Select plants in which the fourth internode is 5 mm. long or less. Cut through the upper part of the internode, just below the first bud bearing a normal leaf. Using a razor blade or a special "slitter" (VAN OVERBEEK and WENT, 1937), make a median slit reaching 3 cm. downward from the cut surface. Cut off the slit section 6—10 mm. below the end of the slit, wash slit sections in glass-distilled water for one hr. (no longer), and place them in test solutions.

Modifications. Seeds may be sterilized for 10—15 min. in a 1% solution of calcium hypochlorite, rinsed for one hr. in running tap water, soaked for an additional 3—5 hr. period, and then planted in moist sand. The time required for the plants to reach the correct stage of development may vary from 7 to 12 days at 25—26° C.

The dosage and mode of application of red light greatly influences the rate of development and the type of curvature response to given concentrations of auxin. Instead of one 4 hr. exposure to red light, daily exposures of 20—40 min. may be used (Kent and Gortner, 1951). Internodes of plants subjected to such treatment yield curvatures which are easier to measure (Fig. 19) because the arms do not overlap even when large curvatures are produced. Plants

Fig. 19. Response of slit pea-stem sections to Na-1-naphthaleneacetate, 100 mg./l. *A* No light treatment. *B* Pretreated with a single 4 hr. exposure to red light. *C* Pretreated with a brief exposure to red light daily. (Kent and Gortner, 1951.)

which have been exposed to intermittent illumination may be harvested on the 8th day, when the third internode is in the proper stage. If tests are to be carried out on the 9th day, the fourth internode should be used.

Test solutions are made up with glass-distilled water. They should be buffered at pH 7.0 with phosphate buffer in a final concentration of 0.003 M. In testing synthetic growth substances, generally 20 ml. of test solution are used per test. It seems possible to reduce the quantity of solution when testing plant extracts, available in limited amounts.

One test may be carried out with 5—10 slit sections. They are left in the dark in the test solution for 24 hrs. In an auxin solution, the outward curvature of each arm of a section first increases for about one hr., and then, if the auxin

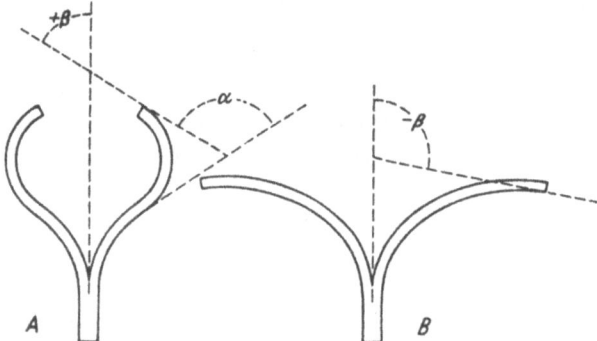

Fig. 20. Measurement of the response in auxin-treated, slit pea-stem sections. *A* Higher concentrations of auxin. α is the angle between the tangents at the extreme tip and the point of inflection of the lower part of the arm (inflection reference). β is the angle between the unslit base of the section and the tangent at the extreme tip of the arm (stem reference). β is here recorded as a positive curvature. *B* Low concentration. β recorded as a negative curvature.

concentration is sufficiently high, a reverse movement begins, finally leading to a more or less pronounced inward curvature. At intermediary auxin concentrations, the inward curvature becomes almost stationary after 6—8 hrs. At higher concentrations, however, the curvature increases for about 24 hrs.

Sections may be placed on a glass plate and shadowprinted, or curvatures may be measured directly on the living sections. As a measure of the response of each arm of a section is taken the angle, α (Fig. 20, *A*), between the tangents at the extreme tip and at the point of inflection of the lower part of the arm (inflection reference). This method disregards the outward movement, which is the only response at lower concentrations of auxin (THIMANN and SCHNEIDER, 1938b). This response may be measured as the angle, β, between the unslit part of the section and the tangent at the tip of the arm (stem reference). Outward curvatures are recorded as negative, and inward curvatures as positive angles (Fig. 20, A, B).

All workers who mention the variability of the pea test report that its sensitivity to given concentrations of auxin shows considerable variation from day to day. Fig. 21 shows examples of the quantitative relationship between auxin concentration and curvature.

According to WENT and THIMANN (1937) the response of the slit pea stem sections is highly sensitive to very low concentrations of heavy metals. Curvatures may be almost completely inhibited by $2.5 \times 10^{-4} M$ Cu, $10^{-3} M$ Ni, or $10^{-2} M$ Mn and Zn.

Slit coleoptiles (THIMANN and SCHNEIDER, 1938b, 1939) respond to externally supplied auxin in the same manner as slit pea internodes.

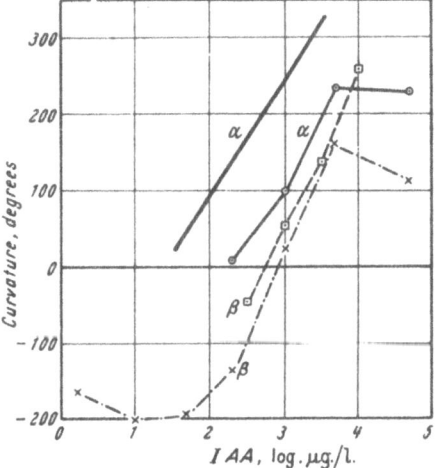

Fig. 21. Relationship between auxin concentration and curvature in the slit pea-stem section test. ——: WENT and THIMANN (1937, Fig. 45). ○ and ×: THIMANN and SCHNEIDER (1938b). □: THIMANN (1952). α and β refer to the angles measured; compare Fig. 20.

III. Tests Based on Measurement of Straight Growth of Coleoptiles or Stems.

As compared with the *Avena* coleoptile curvature test the tests described in this section are simpler and less influenced by the polar transportability of the auxins, but generally also less sensitive in terms of the minimal absolute amounts which can be determined.

1. *Avena* Coleoptile Section Test.

Excised sections of *Avena* coleoptiles may be used in auxin tests in a variety of ways. In most cases the sections are floated on the test solutions or immersed therein. This method was worked out by J. BONNER (1933, 1949) and has been used and partly modified, by several workers (SCHNEIDER, 1938; THIMANN and SCHNEIDER, 1938a; THIMANN and W. D. BONNER, 1948; POHL, 1949; RIETSEMA, 1949a, b; BENTLEY, 1950; Bentley and Housley, 1954).

a) Cultivation of Test Plants. Seeds, with husks, are soaked for 2, 4 or 20 hrs. in tap water in the light. Prolonged soaking should take place at temperatures no higher than 15° C. Seeds are planted, preferably in vertical holes, in moist vermiculite, quartz sand, or soil in earthenware dishes or wooden flats (hardwood), which are then placed in a dark-room at 22—23° or 25—26° C. The moisture content of the substrate, and the amount of water subsequently added, should be standardized. Soil prepared as described on p. 579, but containing about 2% more water, yields good results without further watering, even if the humidity of the dark-room atmosphere cannot be controlled, when plants are grown in earthenware dishes and these are covered with tin cans until the coleoptiles begin to emerge. At this stage the seedlings should be illuminated with a standardized amount of red light and thereafter treated as described on p. 580. The time from planting until coleoptiles are ready for use may vary from 62 to 76 hrs., depending on culture conditions and internal factors in the seed.

When no constant humidity chamber is available, BENTLEY (1950) recommends the following procedure. Husk seeds, and grow the oats on moist filter paper in PETRI dishes under red light for 48 hrs. from time of sowing. Transfer the seedlings to the mouth of small, narrow test tubes (ignition tubes) filled with water, and place them in a saturated atmosphere in a beaker or tank. When grown at 25° C, coleoptiles reach a length of approximately 15 mm. in 76 hrs. (from time of sowing) and are then ready for use. — (If a constant humidity chamber is available, plants may remain in the PETRI dishes until ready for use.)

b) Test Procedures. All operations, except for the final measurement, should be carried out under red light. When the coleoptiles are 15—25 mm. long, they are selected for uniform length. If sections are to be threaded on supports (see below), the primary leaf may remain inside until it can be pushed out by the support. Otherwise, the leaf is more easily removed before sections are cut. A simple, double-bladed cutter may be used for preparing sections of uniform length from coleoptiles, conveniently placed on a cork plate. BENTLEY (1950)

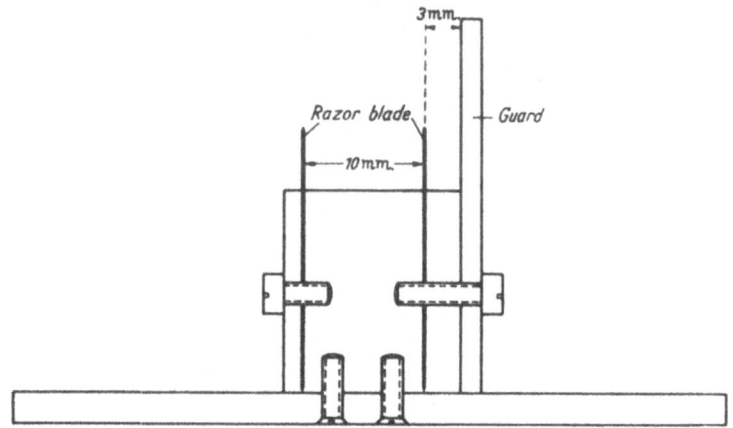

Fig. 22. Coleoptile cutter. Schematic cross section. Adapted from photograph by BENTLEY and HOUSLEY (1954).

recommends a cutter which has a guard situated 3 mm. from one of the blades (Fig. 22). Coleoptiles are laid in batches of ten on a wet glass slide, their tips exactly to the edge of the slide. The slide is upturned and lowered onto the cutting edges of the blades, the edge of the slide resting against the guard. All sections cut in this fashion consist of the region of the coleoptile which extends downward from a point 3 mm. below the apex. A special microtome was used by VAN DER WEIJ (1932) and, for pea stems, by GALSTON and HAND (1949).

Ten-mm. sections show greater elongation, expressed as percentages of initial length, than do short ones (BENTLEY, 1950). Long sections, however, when floated on the surface of a solution, show pronounced geotropic curvatures and are difficult to measure. When sections are 3—5 mm. long, the geotropic reactions cause but little inconvenience. Longer sections are often threaded on the teeth of specially prepared glass or plastic combs (BONNER, 1933; SCHNEIDER, 1938) or on sealed capillary tubes (BENTLEY, 1950). Such supports are also convenient when shorter sections are used, because they facilitate measuring and prevent the sections from sinking into the liquid. BONNER (1949) and BENTLEY and HOUSLEY (1954), however, found that the use of combs or capillaries decreased the growth rate of the sections. Since, further, the presence of the primary leaf has a slight stimulatory effect on the growth of coleoptile sections, the British authors recommend leaving the sections unmounted and still containing the leaf. The inconvenience of geotropic curvatures is overcome by measuring enlarged images of the sections (see later).

THIMANN and W. D. BONNER (1948) and BENTLEY (1950) found that submerged sections grew slower than floating ones when externally supplied auxin was present. BONNER (1933) and SCHNEIDER (1938) found no significant difference.

According to BENTLEY submerged sections show greater variability than floating ones. VAN SANTEN (1938) and RIETSEMA (1949a, b) recommend the use of $1^1/_2$ mm. sections, mounted on a slide by means of a narrow strip of pure vaseline and aerated by bubbling air through the test solution. In experiments by BENTLEY and HOUSLEY (1954), 10 mm. sections aerated by bubbling grew significantly faster than sections which were simply floating on the surface. Although the positive response to bubbling occurred in concentrations of IAA ranging from 0 to 1000 μg./l., the authors conclude that the sensitivity of the sections to added auxin is not markedly affected by the method of aeration. They recommend floating as being simpler than bubbling aeration and yielding just as reliable results.

Some workers cut several sections from one coleoptile. Both the control growth rate and the response to added auxin, however, decrease with the distance of the section from the tip (SCHNEIDER, 1938; BENTLEY, 1950). The use of several sections from each coleoptile will increase the variability within occasions, but reliable, comparable results may still be obtained if the various portions of the coleoptiles are equally represented in each individual test. This procedure, however, just corresponds to first making longer sections and then cutting them into smaller ones, a method which only complicates measuring without increasing the accuracy of the test. It is, therefore, recommended to cut only one section from each coleoptile.

It has been considered desirable to reduce the content of residual, native auxin in the sections before starting the test. This can be done either by decapitating the intact coleoptile $1^1/_2$ to several hours before cutting the sections or by soaking the sections in a sucrose solution or pure water for some hours before starting the test. According to BENTLEY and others, neither of these methods increases the sensitivity or accuracy of the test. RIETSEMA (1949a, b), however, found that sections which had been starved in distilled water for 6 hrs. before starting the test attained a greater final length than sections which were immersed in auxin solutions immediately after cutting. The greatest advantage in using starved sections, however, was that the growth rate of controls was very low. By comparing the growth rates, measured over 3 hrs., rather than the final lengths, RIETSEMA claims that auxin concentrations as low as 0.01 μg. per liter can be determined with an acceptable degree of accuracy. RIETSEMA's modification, which requires two measurements of all sections, has not been tried out with plant extracts. A rigid control of the pH-value, and due consideration of impurities in the test solutions seem to be particularly important if very low auxin concentrations are to be tested. Deseeding the oat seedlings 24 hrs. before sectioning the coleoptiles reduces control growth considerably (POHL, 1949). The effect of deseeding on the response to added auxin, however, was not determined directly by POHL.

When testing synthetic compounds, generally 20 ml. of test solution are used per test with 20 sections. BENTLEY recommends 10 ml. of solution and 12 sections per test. In testing paper chromatograms (Table 4), volumes of 1 or 2 ml. were used per test with 10 sections. In such cases it may be advantageous to use sections only 2 or 3 mm. long. As judged from SCHNEIDER's data (1938), a volume as low as 0.4 ml. per 30 three-mm. sections may still yield usable results. According to BENTLEY and HOUSLEY (1954), however, the response to given concentrations of IAA is reduced when the volume of test solution per section becomes too small. If e. g. 10 three- or ten-mm. *Avena* coleoptile sections floating unmounted on the surface of 10 ml. solution require 100 μg. of IAA per liter in order to elongate 45%, 10 three-mm. sections mounted on a capillary and bathed in 0,25 ml. solution require 1000 μg./l. for the same percentage of elongation.

Although the use of 0.25 ml. solution thus makes possible the determination of one-fourth of the absolute amount of auxin required with 10 ml. solution, somewhat larger volumes of test solution are preferable. Results are comparable, only when identical quantities of solution are used.

Several workers add sugar and sometimes also other compounds, such as arginine and manganese, to the test solutions. These compounds have been shown to increase the growth rate of the coleoptile sections in the presence of auxin. The optimal concentration of sucrose is 2—3% (BONNER, 1949). BENTLEY (1950) and BENTLEY and HOUSLEY (1954), however, found that the addition of sugar increased the variability of the test. Since the growth rate of controls was also increased by sucrose, the auxin-response was not magnified. BENTLEY, therefore, recommends leaving out the sugar. When testing plant materials extracted with water, however, the presence of an optimal concentration of sucrose in the test solution seems to be indispensable, since the extracts themselves may contain sugar or other respiratory material. Potassium chloride was found to decrease the rate of elongation.

The growth of sections is greatly influenced by the pH-value of the test solution (review in POHL, 1949). When testing plant extracts, therefore, a buffer must be present in the test solution. The sodium acetate mixtures of MICHAELIS may be used, but should be diluted 10 times in order to reduce the inhibitory or harmful effect of sodium ions. A pH-value of 4.7—5.1 seems to be optimal for growth over longer periods in the presence of auxin. A very convenient buffer, therefore, is a mixture of 99 parts of $M/100$ KH_2PO_4 and 1 part of $M/100$ Na_2HPO_4 (final concentration; pH 5.0).

Plant extracts in ether may be transferred to a small volume of aqueous solution as described on p. 586.

Sections are generally allowed to grow for 24 hrs. in the dark at 25° C. There is often considerable additional growth during the next 24 hrs. in the presence of optimal concentrations of auxin, sucrose and other supplementary compounds. In the absence of sugar, however, the sections have generally attained their final length in 18— 24 hrs. Extending the test beyond 24 hrs., particularly in routine experiments, is inconvenient from several points of view, one of which is the risk of bacterial contamination of the test solutions.

c) **Measurement of Sections.** If not mounted on combs or glass capillaries, sections are lined up on a glass slide for measurement at the end of the test-period. Sections having an initial length of 2—5 mm. are usually measured under a wide-field (dissecting) microscope equipped with a focussing eyepiece micrometer. The micrometer scale should be one cm. long, and divided in 100 units. Sections which are initially 10 mm. long, and may attain a final length of 20 mm. or more, can be measured under a dissecting microscope on a transparent rule, divided in $^1/_2$ mm. (BENTLEY, 1950). BENTLEY and HOUSLEY (1954) recommend measuring sections on 4 × enlarged images projected on a screen by means of a photographic enlarger. By this method, which they found much less tiring than the use of a microscope, 250—300 sections can be measured in an hour. The images of crooked sections can be measured with satisfactory accuracy by means of a flexible, transparent plastic ruler divided in mm.

Results may be expressed in various ways: (1) As elongation in mm. (2) As elongation in percentages of original length. (3) As final length of auxin-treated sections minus final length of water-controls, expressed as percentages of the final length of the water-controls.

Fig. 23 shows some examples of activity curves of the section test.

The variability of the test may be elucidated by the following data from BONNER (1949). Ten replicate lots of 19—20 sections were allowed to grow for 20 hrs. at 25° C in a solution containing 1 mg. IAA and 10 mg. sucrose per liter. Each section was initially 5.0 mm. long and grew on an average 2.14 mm. The mean error of 20 sections was 0.110 mm. growth per section, corresponding to a standard deviation of 0.49 mm. The standard deviation computed for the 10 mean values (which were all determined on the same occasion) was 0.086 mm. — Most workers report considerable variation among tests made under identical conditions on different occasions.

d) **Modifications.** The method of JOST and REISS (1936, 1937) employs *Avena* coleoptile sections, 20 mm. long, which are inverted and allowed to grow in the vertical position, their apical ends dipping into the auxin solution.

In the "Zylindertest" of FUNKE (1943) and FUNKE and SÖDING (1948), coleoptile sections, 10 mm. long, are placed in the normal, vertical position on short glass pins, stuck into a block of paraffin. Using a suspension of charcoal in paraffin oil, a zone, approximately 5 mm. long,

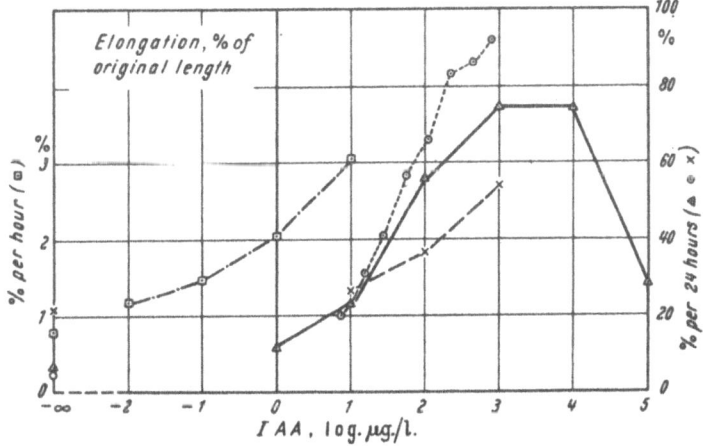

Fig. 23. Elongation of *Avena* coleoptile sections at various concentrations of IAA. *Right-hand ordinate:* △ (BONNER, 1949, Fig. 4): 5 mm. sections; 2% sucrose, and 100 mg. arginine per l. ○ (LARSEN, 1949): 5 mm. sections: 1% sucrose and *M*/100 phosphate buffer, pH = 5.1. × (mean values computed from data of BENTLEY 1950, Table IV): 10 mm. sections; no additions other than IAA solution. — *Left-hand ordinate:* Elongation, % per hr. during the first few 3 hr. periods after addition of auxin. □ (RIETSEMA, 1949b, mean values from Table 3, column 2): 1.5 mm. sections starved for 6 hrs.; no additions other than IAA solution.

is marked on each section, the upper mark being placed a short distance below the apical surface to which agar blocks containing the test material are applied. The length of the marked zone is measured initially, and subsequently at intervals of a few hours. Wet filter paper is wrapped around the rows of sections.

The elongation of sections treated with plant extracts is compared with that of controls, treated with plain agar. The effect of plant extracts is studied both in freshly cut sections and in sections cut 24 hrs. before the application of agar. With this test FUNKE and SÖDING studied what may be considered a complex of an auxin and an anti-auxin or growth-inhibitor, obtained by treating a brei of potato tubers with hydrogen peroxide. If an extract of this material is tested on "old" sections, these respond by showing a growth increase within 2.5 hrs. They continue to grow faster than the controls throughout the test (23 hrs.). Similarly treated but freshly cut sections, on the other hand, grow slower than the controls for at least 5 hrs. Later they start growing faster, and at the end of the test they, too, are longer than the controls. For the interpretation of these responses, reference is made to the original papers. A consideration of the effect of the time interval between cutting and start of test (e. g. RIETSEMA, 1949b) may be of interest in this connection. — See also Table 16 (RAADTS, 1952).

Sections of stems of various *dicotyledons* can be used in auxin tests in the same way as coleoptile sections (e. g. pea stems; GALSTON and HAND, 1949).

2. Straight Growth of Decapitated Seedlings.

In the study of growth, a common method is to decapitate the young stem, apply auxin in agar to the cut surface, and follow the rate of elongation. Similar methods have been used in determining auxin in plant extracts, e. g. as follows.

1. (SCHEER, 1937): *Avena* seedlings, grown by the water culture method (Fig. 2) are rearranged in inverted glass holders and decapitated 3—4 mm. below the tip. The primary leaf is removed. The coleoptilar node is marked with a dot of lanolin mixed with charcoal. A second decapitation is made 16 mm. above the mark. Test-agar is applied to the cut surface 40 min. after the last decapitation, and final length is measured after 8 or 24 hrs.

2. WEINTRAUB (1938) recommends the cultivation of *Avena* seedlings in test tubes containing 1% agar solidified in a slant. Husked seeds are planted in such a position that the coleoptilar node is about 13 mm. below the rim of the test tube. When coleoptiles are 24—27 mm. long they are decapitated level with the rim. The primary leaf is pulled out, and test-agar applied to the cut surface. After 4 hrs. the plants are shadowprinted. The length of the portion of the coleoptile between the agar block and the plane of the rim of the tube is measured under a dissecting microscope.

IV. Root-Growth Tests.

The sensitivity to auxin is generally higher in young roots than in young stems and coleoptiles. For this reason several attempts have been made to develop a sensitive auxin test, using young roots as a test object. A number of roots are known to respond to very low concentrations of auxin by a slight increase in growth rate. In principle, the corresponding range of stimulatory concentrations should be particularly suitable for test purposes, since stimulation is believed to be more specific than the inhibition which occurs at higher concentrations. In practice, however, the slight, auxin-induced stimulation is often difficult to measure accurately. When the effect of a growth inhibitor on the elongation of roots is plotted against the logarithm of inhibitor concentration, a sigmoid curve results. This curve can be converted to a straight line by a probit transformation (POHL, 1952; compare Fig. 26). The slope and position of this line yield a good characteristic of the particular inhibitor. The lower part of the activity curve of an auxin (Fig. 24) can be subjected to a similar transformation. POHL suggests using the deviation of the actual measurements from the extrapolated probit regression line as a basis for evaluating the growth promoting effect of low concentrations of auxin.

Techniques of a few root-growth tests are outlined below. None of them, however, have proven their general applicability to the determination of auxins in plant extracts. A reliable root-growth test, possessing a high degree of specificity for auxin has yet to be worked out.

a) **Cress Root Test.** MOEWUS (1948b, c, 1949a, b) developed a highly standardized and very sensitive test for auxin and growth-inhibitors, using roots of cress *(Lepidium sativum)*. Unfortunately, in spite of the high degree of accuracy of the test in assaying pure synthetic compounds dissolved in water, its specificity is insufficient for work with plant extracts. According to REINERT (1950), low concentrations of acetic acid are capable of producing growth-inhibitions similar to those obtained with auxin. CLAUSS (1952) demonstrated a considerable influence, specific or unspecific, of several organic acids and of Na_2HPO_4 on the growth of the roots of cress. Although the papers by MOEWUS contain a great number of details of general importance for improving the accuracy of biological tests, only a summarized description of the cress root test will be given here. It is entirely possible, however, that the test can be modified, particularly by controlling the pH-value of the test solutions, to such a degree that it will be a valuable supplement to other tests.

Seeds of cress are germinated on filter paper moistened with twice-distilled water. For tests, those seedlings are selected whose roots are 4.6—5.4 mm. long when measured from the root tip to the proximal end of the root hair zone. The selection must be done when the longest roots in a batch (usually 100) are 7 mm. At 27° C, this is generally the case 20 hrs. after sowing. Only 12—14% of the seedlings are usable. Ten, 15, or 20 seedlings are arranged in rows on filter paper, moistened with double-distilled water (controls) or auxin solutions. Five ml. of solution are needed. Roots are measured after 17 hrs. Control roots grow about 17 mm. in 17 hrs. A standard activity curve is shown in Fig. 24.

b) **Artemisia Root Test.** The technique of ASHBY (1951; cf. also LARSEN, 1953) used in the study of root growth in *Artemisia* may also be used as an auxin assay method. It has the advantages that roots are grown on a buffered substrate, and that only 0.1 ml. of substrate is needed. The *Artemisia* test, however, has not yet been used in the assay of plant extracts. For one thing, the effectiveness of the composition and concentration of the applied buffer will have to be studied further. Among the reasons for choosing *Artemisia absinthium* as a test plant were the facts that its achenes are small and its radicles have a clearly visible mark at the root-hypocotyl junction which serves well as a natural starting point for measurements. A summarized description of the test follows.

Achenes are germinated on moist filter paper. Illumination during the first 3 hrs. increases the germination percentage. After about 48 hrs. at 22—23° C, seedlings having straight roots, approximately 1 mm. long, are selected and spaced parallel to one another on 10 × 10 × 1 mm. squares of 1.25% agar, prepared and buffered at pH 6.0 as described on p. 585. A modified medium, containing 0.0025 M SÖRENSEN's citrate buffer (pH 6.25), 0.0025 M SÖRENSEN's phosphate buffer (pH 6.20), and 0.001 M CaCl$_2$ plus a number of other salts was preferred by LAR-SEN (1953). Root lengths are measured initially and after 4 and 24 hrs. The elongation of auxin-treated roots is expressed as percentages of the elongation of controls. The growth rate of these young roots increases regularly by about 8.32 μ/hr. per hour. (LARSEN, 1953). Roots which are initially 1 and 2 mm. long, respectively, will elongate 5.2 and 6.6 mm. in 24 hrs. A rigid selection of roots, or grouping of data on the basis of initial root length, therefore, is necessary in order to obtain comparable results. An example of results is shown in Fig. 24.

c) **Wheat Root Test.** LEXANDER (1953) used the intact roots of wheat seedlings as a test object for growth substances in plant extracts. Wheat was germinated for 3 days on moist filter paper. Three seedlings were then placed in a 50ml. ERLENMEYER flask containing 4 ml.

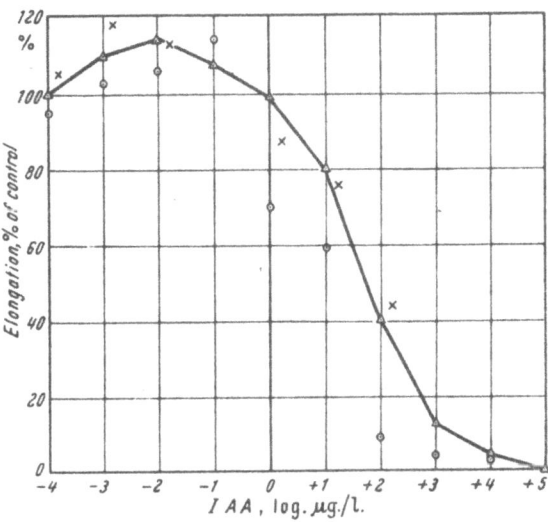

Fig. 24. Growth responses of roots to various concentrations of IAA. △: (connected by line): *Lepidium sativum*, intact seedlings; 5 ml. test solution (MOEWUS, 1949b, Table 8). ○: *Artemisia absinthium*, intact seedlings; 0.1 ml. test agar (ASHBY, 1951). ×: *Pisum sativum*, meristem sections; 0.75 ml. test solution (AUDUS and THRESH, 1953).

of the test solution. The test solution contained nutrient salts, including KH$_2$PO$_4$ (3 × 10^{-4}M), Ca(NO$_3$)$_2$ (4 × 10^{-4} M) and a number of micro-elements. The buffering capacity of this solution is low, but the technique, which was used in connection with paper chromatography, may still yield satisfactory results in testing plant extracts which have been highly purified by chromatographic methods. The lengths of 60 to 90 epidermal cells in the growing region of the roots were measured after 24 hrs. at 22° C in the dark. The difference between the length of cells in control roots and in auxin-treated roots was expressed as percentages of the length of cells in the controls. No standard activity curve was presented. The method is based on techniques developed for other purposes by BURSTRÖM (1942, 1949, 1950).

d) **Pea Root Section Test.** In spite of the widespread belief that the growth of roots is greatly influenced by wounding, excised sections of pea roots proved to be a sensitive and fairly reliable test object for auxins.

AUDUS and SHIPTON (1952) and AUDUS and THRESH (1953) modified the technique of BROWN and SUTCLIFFE (1950) for application to quantitative auxin determinations. Two-mm. sections are cut from the roots of three-day-old pea seedlings grown in the dark on damp filter paper under standardized moisture conditions. Only the extension zone is used, i. e. the region from 2 to 4 mm. behind the root tip. The cutter (p. 602) described by BENTLEY could probably be used for excising this zone, if the positions of the guard and blades were adjusted. BROWN and SUTCLIFFE (1950, p. 91), however, recommend a special tool consisting of two safety-razor blades, clamped in a holder 2.0 mm. apart. These are pushed into a channel which is just slightly more than 2.0 mm. wide. Ten roots are stretched across the channel, each traversing a perforation in the support on one side and having its apex accommodated in a 2.0 mm. deep pit in the support on the opposite side. After excision, the ten sections are washed in glass-distilled water, surface dried with filter paper, and weighed rapidly to the nearest 0.1 mg. on a micro torsion-balance. They are then placed on strips of filter paper moistened with the test solutions. The arrangement described by AUDUS and THRESH (1953), was specially designed for the assay of auxin in paper chromatograms: The chromatogram is cut into transverse strips about 1 × 2.5 cm. in size. Each strip is wrapped around a square of glass (1.5 × 1.5 cm.) cut from a microscope slide, the ends of the strip being underneath. The glass squares are placed at the bottom of cylindrical glass vessels, 2 cm. high and 2.5 cm. in diameter. Each vessel receives 0.75 ml. of a 0.5% solution of sucrose in glass-distilled water to saturate the paper. Ten weighed root sections are lined up on the upper surface of the filter paper. The vessel is closed with a cork possessing a central hole plugged with cotton wool. The sections are allowed to grow at 25° C in almost saturated air in the dark for 24 hrs. They are then surface dried and weighed to the nearest 0.1 mg. The increase in weight is closely proportional to elongation. The elongation of sections in a vessel containing auxin solution or plant extract is expressed as percentages of the elongation of control sections grown on plain, 0.5% sucrose solution. In a study by AUDUS and GARRARD (1953), elongation of root sections was determined by measurement of the sections to the nearest 0.01 mm. under a microscope. A 2 mm. long control section may elongate 2.4 mm. in 24 hrs. About 20 separate tests may be carried out on the same occasion.

This root section test yielded satisfactory results with plant extracts which had been purified by partitioning on filter paper (cf. p. 576). However, before adopting it as a test *generally* applicable to plant extracts, its specificity and pH-sensitivity must be investigated. Addition of a buffer to the test solution may reduce the growth rate of the sections, but at the same time prevent the specific or unspecific growth inhibition by organic acids, probably present in plant extracts. Examples of results are given in Fig. 24. LEOPOLD and GUERNSEY (1954) described a root test, utilizing 1 cm. long apical sections of the roots of four-day-old Alaska pea seelings. The sections grew in a buffered medium (pH 5) in PETRI dishes, but the results were quite variable.

V. Assay of Growth-Inhibitors.

Auxin tests based on the use of plant organs relatively rich in endogenous auxin can be used unchanged for the demonstration and assay of growth-inhibitors. Certain other tests, in which special precautions were taken to reduce the content of endogenous auxin and thereby the growth rate of the test object, are not directly applicable to the assay of growth-inhibitors.

When plant extracts containing both growth-promoting and growth-retarding substances are applied to coleoptiles or stems, the growth responses of these organs are an expression of the balance of growth-promoting and growth-retarding activity. In order to determine each of these activities separately, a rigorous purification of the extracts seems to be the only satisfactory solution; and paper chromatography appears to be the simplest procedure which yields good results. Partial separation of auxins and inhibitors has been achieved by diffusion in agar (p. 619; cf. BOYSEN JENSEN, 1941; GOODWIN, 1939b; JUEL, 1946), but this method is cumbersome as compared with chromatography.

In roots, the promotion of growth by auxin takes place at much lower concentrations than those in which both auxins and inhibitors exert their growth-retarding activity. Root-growth tests would therefore, in principle, be ideal for the physiological separation and simultaneous measurement of the two kinds of biological activity in the same extract. At a suitable dilution of the extract, the growth-promoting effect of auxin, if present, will be the only detectable biological activity (MOEWUS). Since growth inhibition in roots may be caused by supra-optimal concentrations of auxin, such inhibition alone is no proof of the presence of a growth-inhibitor in a plant extract. A test for growth-promoting activity must be made as a control. None of the existing root-growth tests, however, seems to possess an acceptable degree of reliability in work with semi-purified plant extracts.

Linser's lanolin paste method (p. 581) can be used unchanged for the assay of growth-inhibitors. At moderate concentrations of an inhibitor in the lanolin paste, the intact *Avena* coleoptile will curve toward the applied paste. The degree of curvature and the rate of elongation (determined simultaneously) are a measure of the concentration of the inhibitor. The residual growth in excised coleoptile sections, used immediately after cutting, is sometimes sufficient for measurement of the activity of added inhibitors. The presence of growth-inhibitors in plant extracts purified by paper chromatography has been demonstrated by means of coleoptile sections (Tables 4 and 5). For the assay of growth inhibitors Bentley and Housley (1954) recommend coleoptile sections of wheat in preference to oats, because the former possess a basic growth rate which is more than twice as high as that of the latter. They also investigated the possible advantage of increasing the basic growth rate of oat coleoptile sections by adding 1% glucose or sucrose to the test solution, but obtained more variable results with such additions than without sugar.

Germination tests are frequently used for the assay of growth inhibitors (review by Evenari, 1949). Results are generally expressed as percentage germination and average root-length after a given time.

The response of test organs relatively high in endogenous auxin can be standardized against pure preparations of synthetic growth inhibitors. Coumarin seems to be a suitable standard for most purposes.

Plant organs which are low in endogenous auxin may be used as test objects for inhibitors if the latter are given in mixture with auxin in known concentrations. The amount of inhibitor (or growth-retarding activity) in a given quantity of plant material may then be expressed in terms of the amount of auxin (IAA) which it will counteract under standardized conditions. A synthetic inhibitor, such as coumarin, may also be used as a standard. Agar blocks containing the mixture of auxin and inhibitor may be applied to decapitated *Avena* coleoptiles, which are then treated as in an ordinary *Avena* coleoptile curvature test (Larsen, 1940 a, 1947; Juel, 1946; Hemberg, 1949 a, b, 1951; Bonde, 1953, 1954 a). Aqueous solutions of such mixtures may be tested in the coleoptile section test (Bonner, 1949).

In the determination of inhibitors, plant extracts should be carefully neutralized, and control experiments should be made with the pure extraction solvents and with the chemicals used for neutralization. Salts formed in the neutralization may retard growth, even at relatively low concentrations.

VI. Assay of Fructigenic Activity.

Certain auxins are capable of inducing parthenocarpy, but this capacity does not necessarily parallel the growth-promoting or growth-retarding activity of the auxins in the usual tests. IAA, for instance, which has a strong effect on cell elongation, shows relatively little activity in stimulating parthenocarpy. The reverse is true of 2-naphthoxyacetic acid, whereas 2,4-dichlorophenoxyacetic acid is fairly active in both processes. In the study of natural regulators of fruit-growth, therefore, the ordinary auxin tests cannot *a priori* be considered adequate. A test based on the measurement of the actual growth of treated ovaries is described below. For reviews of the literature on induced parthenocarpy, see Gustafson (1942) and Nitsch (1952, 1953).

Procedure. (Luckwill, 1948.) An inbred strain of the Blaby variety of tomato is used as the test plant. Only flowers on the first and second trusses are used for tests. Growth is stopped two leaves beyond the second truss, thereby eliminating the need for staking. Side shoots are kept pinched out. Cultivation and tests may be carried out in an ordinary green-house with no temperature and humidity control. Uniform test plants are selected and randomized.

When the oldest flowers on the first truss start to open, two flower buds at a stage of development one to two days before opening are chosen. They are emasculated by removing the stamen tube, corolla, and style with the fingers. All other flowers and buds on the truss are then cut off. In selecting ovaries, uniformity in size, shape, and stage of development should be considered. Treatment with growth substances should be done within 24 hrs. of preparation. Aqueous solutions of growth substances are conveniently applied by means of a 1 ml. hypodermic syringe fitted with a No. 17 needle, delivering drops of constant size

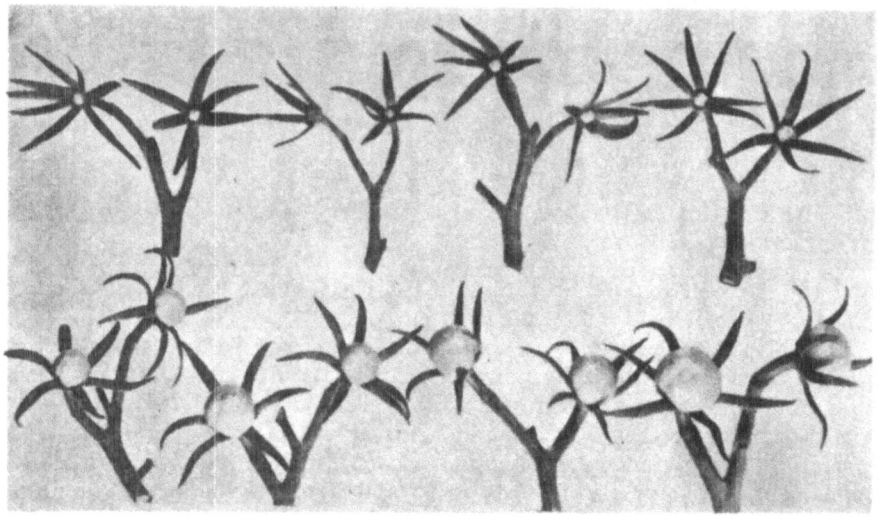

Fig. 25. Tomato ovaries photographed six days after treatment with 2-naphthoxyacetic acid. Doses (from top, left): 0, 0.0112, 0.0225, 0.112, 0.225, 0560, 1.125, 2.250 μg. per ovary (LUCKWILL, 1948; photograph by courtesy of Dr. L. C. LUCKWILL and Long Ashton Research Station).

(0.0075 ml.). During treatment, the flower is held in vertical position and the required number of drops (usually three) allowed to fall on the ovary, where they remain after the flower is returned to its normal, inverted position.

The logarithm of ovary volume is a linear function of time at least until the 12th day, and volume is a constant function of diameter. The initial diameter could be regarded as constant. Six days after treatment, the ovaries are cut off and measured under a binocular dissecting microscope at a magnification of 8 ×, using an eyepiece micrometer. The response is expressed as log. D_x — log. D_c, D_x and D_c being the diameters of ovaries treated with growth substance solution and with pure water, respectively. The response was found to be a function of the *amount* of growth substance applied per ovary, and not of the concentration of the solution (Fig. 25).

The maximum response varied from 0.23 to 0.76 (D_x/D_c varying from 1.7 to 5.75) with environmental and other factors. In order to eliminate the disturbing influence of this variation, the dose causing 50% of the maximal response (median effective dose, ED 50) was chosen to express the activity of a growth substance. The maximum response can be estimated by extrapolating the dosage/response curve. From May till the middle of September a maximum response is produced by 2.25 μg. of 2-naphthoxyacetic acid (= 0.0225 ml. of a solution containing 100 mg. per liter). Outside this period as much as 5.6 μg. may be required per ovary. The ED 50 varied with the maximum response: log. ED 50 = 0.801 — 1 — 0.687 × max. response.

In determining the activity of an extracted fructigenic substance, five or six suitable dilutions are tested on at least ten ovaries each. Control tests are made with water and with suitable doses of 2-naphthoxyacetic acid. The response is calculated from the mean log. diameters of the ovaries and expressed as percentages of the maximum response. These percentages are converted to probit values which are then plotted against the logarithm of the dose. The course of the probit regression line is computed. For a given substance the slope of such lines appeared to be constant under a wide range of environmental conditions. As a mean value for 2-naphthoxyacetic acid, used as a standard, may be taken 2.29 ± 0.32, which means that each probit-unit corresponds to a variation of $1/2.29$ or 0.436 log. dose. By converting the points of the probit regression line to percentages, a normal sigmoid curve, fitting the experimental points, is obtained. From this curve (or from the probit regression line itself) the dose ED 50, yielding half the maximum response, is read off. Once the relationship between maximum response and ED 50 for 2-naphthoxyacetic acid has been determined (cf. formula above), the ED 50 can be computed from the maximum response without constructing the entire dosage/response curve.

The ratio of the reciprocals of the ED 50's for two different substances will give a measure of their relative activities. (The relative activities of two substances may vary with the relative response at which they are compared, because the slope of their probit regression

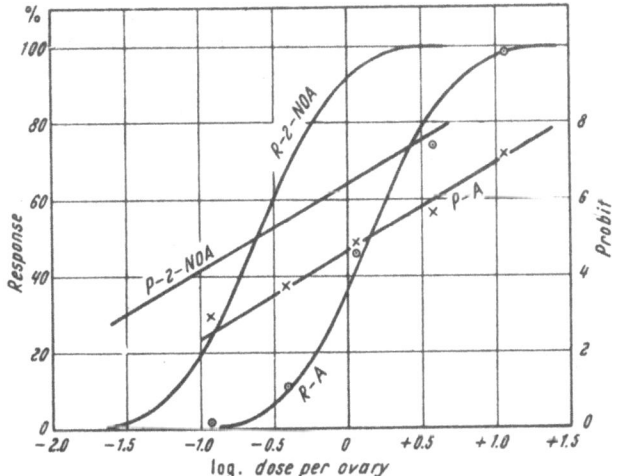

Fig. 26. Determination of the fructigenic activity of an aqueous extract of apple seeds in the tomato ovary test. (Data from LUCKWILL, 1948.) — *Left-hand ordinate:* Response expressed as % of maximum response (0.6). (Response = log. diameter of ovaries treated with growth substance minus log. diameter of ovaries treated with water.) — P-2-NOA: probit regression line, and R-2-NOA: dosage/response curve, both for 2-naphthoxyacetic acid. *Abscissa:* log. μg. per ovary. — P—A: probit regression line, and R—A: dosage/response curve, both for extract of apple seeds. *Abscissa:* log. number of seeds per 0.0225 ml. of extract (= the volume of extract applied to each ovary).

lines may be significantly different. For a given substance, however, the slope, as mentioned above, appeared to be constant under varying external and internal conditions.)

Fig. 26 shows the probit regression lines and dosage/response curves for 2-naphthoxyacetic acid and for an extract of apple seeds. Comparison of the ED 50's yields the following results:

At ED 50: log. μg. 2-naphthoxyacetic acid per ovary $= -0.609$;
              log. number of seeds applied per ovary $= 0.130$;
              log. μg. per seed $= -0.609 - 0.130 = -0.739 = 0.261 - 1$.

The content of fructigenic substance in one average apple seed is thus equivalent to antilog. $(0.261 - 1)$ or 0.182 μg. of 2-naphthoxyacetic acid.

Alternatively, test materials may be applied to the cut style in mixture with lanolin (e. g. GUSTAFSON, 1936). However, if the response depends on the amount of fructigen applied, and not on the concentration, the quantity of applied paste must be accurately measured. Lanolin paste was used by REDEMANN et al. (1951) in their work on the isolation of IAA-ethyl ester from immature maize kernels. As a measure of the activity of an extract they used the greatest dilution in which the extract would induce parthenocarpy in 50% of the assay flowers. When using 15—20 mg. paste per ovary, 50% fruit set is obtained with 0.01—0.1% IAA and with 0.001% IAA-methyl or -ethyl ester (SELL et al. 1953).

The use of the JOHN BAER self-sterile tomato (in which a brown ring of necrotic tissue at the anther tips effectively prevents self-pollination) facilitates the complete control of fruit-set (LEOPOLD and SCOTT, 1952).

F. Colorimetric Methods for the Determination
of Indole-3-Acetic Acid.

The variability and relative complexity of quantitative biological auxin tests have led several investigators to attempt using chemical, i. e. in this case colorimetric, methods for the quantitative determination of auxin. Among the naturally occurring auxins, only IAA and its derivatives can at present be determined by such methods. The color reactions which have been studied are due to the indole nucleus, but the quality and intensity of the color are greatly modified by the nature of the side chain.

A number of color reactions given by indole compounds were mentioned in the section on paper chromatography. For general application, however, only three reactions have been more extensively studied. These reactions are the SALKOWSKI reaction, the ADAMKIEWICZ reaction (HOPKINS-COLE reaction), and the nitroso-indole reaction. All of these colorimetric tests are at least 100 times less sensitive than the *Avena* coleoptile curvature tests (agar technique).

a) The SALKOWSKI Reaction. Small amounts of IAA form an intensive red color with $FeCl_3$ in the presence of high concentrations of a mineral acid. This reaction, the SALKOWSKI reaction, has been used for qualitative demonstration and for semi-quantitative estimation of IAA by various workers. ALBAUM, KAISER and NESTLER (1937), and MITCHELL and BRUNSTETTER (1939) worked out procedures for quantitative determinations. The SALKOWSKI reaction is at present the basis of the most widely used colorimetric auxin test.

Procedure. (1) TANG and BONNER (1947). — Reagent: 15 ml. 0.5 M $FeCl_3$. — 500 ml. H_2O. — 300 ml. H_2SO_4, sp. gr. 1.84. — The reagent is stable, and keeps indefinitely.

Add 2 ml. of an aqueous solution of the auxin (containing a total of 5—100 μg. of IAA) to a test tube containing 8 ml. of the reagent. After 30 min., determine the extinction using a Klett-Summerson colorimeter fitted with a green filter (KS No. 52). The colorimeter readings, plotted against μg. of auxin per aliquot, yield a straight line up to 60 μg./2 ml. The color is rapidly developing and then fading. GORDON and WEBER (1951) recommend reading after exactly 15 min. HOLLEY et al. (1951) increased the sensitivity of this method to 0.1 μg. of IAA by using only 0.2 ml. of the reagent mixture. Under these conditions the unknowns had to be estimated by visual comparison with a set of standards.

(2) HUBER (1951). — Reagent: 0.5 ml. saturated $FeCl_3$-solution. — 50 ml. H_2O. — 100 ml. conc. HCl, sp. gr. 1.19.

Add 1.5 ml. of the reagent to 15 ml. of an aqueous solution of the auxin (preferably containing a total of at least 15 μg. of IAA). Shake well, and leave the mixture in an incubator at 35—40° C for 2 hrs. The mixture is allowed to cool to room temperature in the dark for $^1/_2$—1 hr. Readings are made with a PULFRICH Stufenphotometer *(Zeiss)* using a 15 cm. depth of solution and filter No. S 53 (530 mμ). The auxin content is interpolated between 2 known concentrations. The extinction is a linear function of concentration over a wide range of concentrations, but the slope of the line varies from one occasion to another.

(3) GORDON and WEBER (1951). — Reagent: 1.0 ml. 0.5 M $FeCl_3$. — 50 ml. 35% $HClO_4$. — The reagent is stable for at least three months when stored in the light at room temperature.

Add 2 ml. of the reagent to 1.0 ml. of an aqueous solution of auxin (containing a total of 0.2—45 μg. of IAA). Color intensity reaches its maximum in 20—25 min. and remains virtually constant for at least 3 hrs. Colorimeter readings are made at 530 mμ. BEER's law is not followed at high concentrations of IAA. Readings are therefore converted to concentrations of IAA by means of a standard curve. The standard curve is reproducible from occasion to occasion.

LINSER and MASCHEK (1953) used the same reagent mixture as GORDON and WEBER but modified the procedure somewhat: To two parts of auxin solution in ethanol is added one part of the reagent. The extinction value at 530 mμ is determined with the PULFRICH photometer after 25—30 min. When the depth of solution is 10 mm., 1—60 μg. of IAA per ml. may be determined. Within this range, extinction is a linear function of concentration. At 50 μg. per ml. the extinction is 1.02.

The concentration of the perchloric acid is critical. Using 30, 35, and 40% perchloric acid and 50 μg. of IAA, LINSER found extinction values of 0.745, 0.998, and 1.115, respectively.

The red color is stable only in darkness, in red light, or in white, artificial light of low intensity. In diffuse daylight the color intensity is lower than in darkness, although it seems to be constant from the 30th to the 180th min. after mixing. In sunlight the color fades off rapidly.

Specificity of Reaction. TANG and BONNER (1947) report that tryptophan, indolepropionic acid, indolebutyric acid, indole carboxylic acid, and indole give no appreciable reaction in their test over a range of concentrations from 5 to 100 μg. per 2 ml. HOLLEY et al. (1951) obtained strong color reactions with the TANG and BONNER reagent in certain plant extracts which were low in auxin activity (cf. also LINSER and MASCHEK, 1953).

GORDON and WEBER (1951) determined the relative extinction at 530 mμ given by various indole compounds tested at 0.125 millimoles per ml. (corresponding to 21.9 μg. of IAA). Their results are given in Table 11.

HUBER (1951) found that the red color is destroyed by reducing substances (sodium sulfite, ascorbic acid). Tannin disturbs the color reaction. Alcohols increase the intensity of the color, but do not otherwise disturb the reaction. This effect increases in the following order: methanol, ethanol, isopropanol, isobutanol. HUBER, therefore,

Table 11. *Relative Extinction, Given by 0.125 Millimoles of Various Indole Compounds* (GORDON *and* WEBER, 1951). Some of the figures were rounded off.

Compound	SALKOWSKI reaction, 530 mμ.		Nitroso-indole reaction. 527 mμ. Sodium nitrite + nitric acid.
	Sulfuric acid + ferric chloride (Procedure of TANG and BONNER)	Perchloric acid + ferric chloride (Procedure of GORDON and WEBER)	
Indole-3-acetic acid (21.9 μg.)	100	100	100
Indole	12.4	9.9	325
Skatole	13.4	10.9	24.2
Indole-3-aldehyde	3.2	0.9	2.0
Indole-3-carboxylic acid . .	6.2	4.0	10.4
Indole-3-propionic acid . .	0.7	0.0	8.5
Indole-3-butyric acid . . .	14.4	11.9	11.1
Tryptophan	0.7	0.0	5.9

recommends the addition of 1 ml. isobutanol to the sample in addition to the reagent, particularly when small quantities of auxin are to be determined.

Among the various modifications of the SALKOWSKI reaction, the one by GORDON and WEBER, using ferric chloride and perchloric acid, seems to be the most sensitive and the most specific. Further, the perchloric acid method yields results which are reproducible on different occasions.

Of the other two methods, the one by HUBER seems to be preferable, because there is less uncontrolled heating when mixing the test solution with hydrochloric than with sulfuric acid.

b) The ADAMKIEWICZ Reaction (HOPKINS-COLE Reaktion). The addition of glyoxylic acid and strong sulfuric acid to a solution of an indole derivative brings about a reddish-violet coloration, characteristic of the particular indole compound. Copper sulfate was added to the reagent mixture in a modification of this test which was used by SUTTER (1944) for the quantitative determination of IAA. A minimum of 1.5—3 μg. of IAA in 3 ml. of test solution yields the color, but an accurate determination requires at least 12 μg. Special equipment is needed for the addition of the sulfuric acid. Indolebutyric acid, indolepropionic acid, and tryptophan yield colors of higher intensity than those produced by equivalent amounts of indole or IAA. The ADAMKIEWICZ reaction, therefore, cannot be considered a reliable basis for the determination of IAA in plant extracts.

c) The Nitroso-Indole Reaction Indole compounds yield a red color when treated with sodium nitrite and nitric acid. This reaction, the nitroso-indole reaction, was used as the basis for a quantitative method for the determination of IAA by MITCHELL and BRUNSTETTER (1939). A modification of this method by GORDON and WEBER yielded a somewhat more stable color. The method, however, is less sensitive than the ones based on the SALKOWSKI reaction and is less specific than GORDON and WEBER's perchloric acid method. The color produced by free indole in the nitroso-indole reaction is more than three times as intense as that produced by IAA. The corresponding reaction with nitrite and hydrochloric acid (the urorosein reaction) was studied by E. MÜLLNER (work reported by LINSER and MASCHEK, 1953). MÜLLNER found that the conditions during the mixing of the reagents and the test solution have to be carefully standardized if reproducible results are to be obtained. — The smallest amount of IAA which can be measured in these methods is of the order of 10—25 μg.

d) EHRLICH's Indole and Skatole Reaction. When p-dimethylaminobenz-aldehyde and HCl are added to IAA, a red-violet color develops. Upon addition of $FeCl_3$, the color changes to an intensive violet (ALGÉUS, 1946). This test was used for quantitative determination of IAA by ALGÉUS:

Reagents: (1) 2 g. p-dimethyl-aminobenzaldehyde + 10 ml. conc. HCl + 100 ml. H_2O. (2) 0.5% $FeCl_3$. (3) conc. HCl.
Procedure: Add 5 ml. of reagent (1) to 5 ml. of a solution containing a total of at least 25 μg. of IAA. Boil for 10 min. on a water bath. A red-violet color develops. Cool. Add 1 ml. conc. HCl and 4—5 drops of 0.5% $FeCl_3$. Boil for 15 min. The color changes to a strong violet. Cool. Adjust the volume to 11 ml. Measure the extinction in the yellow part of the spectrum. Readings must be evaluated by means of a standard curve, determined simultaneously.

G. Identification of Growth Substances.

If the amount of plant material available is insufficient for a complete isolation and chemical identification of a particular growth substance, only a combination of a number of different tests and reactions can give usable information as to the possible chemical nature of the compound. The first step toward identification must be a fractionation of the crude plant extract according to the principles outlined in previous sections of this chapter. It is convenient to start by separating the acidic and the non-acidic fractions, which can then be further fractionated by chromatographic methods. A combination of determinations of R_F-values, color reactions and biological activity of unknown growth substances and selected synthetic compounds can aid in the identification of the former, particularly by excluding certain possibilities. A few additional methods which have been used in attempts to identify unknown growth substances are described below.

1. Determination of the Diffusion Coefficient.

The rate of diffusion of a substance depends on the size of its molecules. This fact was first utilized by WENT (1929) to estimate the molecular weight of auxin present in coleoptile diffusates. Subsequently, determination of the diffusion coefficient has been widely used for the characterization and identification of auxins (and auxin precursors). For reviews see e. g. HEYN (1935, 1936), LARSEN (1944, 1951a), HEMBERG (1947), KRAMER and WENT (1949), RAADTS (1951). In all of these determinations an auxin-containing agar platelet was placed on top of (or below) a stack of three auxin-free platelets. The rate of diffusion was determined by measuring the biological activity of the individual platelets after a certain time. In principle, other methods might yield equally satisfactory results (cf. e. g. HÖBER, 1945, p. 11). When the quantitative auxin determinations are to be made with the Avena curvature test, however, the use of agar platelets, which can be separated and tested directly, is by far the simplest method.

a) General Principles. The diffusion coefficient and the molecular weight are computed from the ratio of the amounts of auxin in the four platelets. The calculations are based on theoretical and experimental work by GRAHAM, FICK, STEFAN (1879), KAWALKI (1894), and others. For a general discussion, see e. g. six papers in Ann. New York Acad. Sci. 46 (1945). STEFAN subjected the experimental results of GRAHAM to a mathematical analysis and tabulated data pertaining to the following experimental conditions. Two identical layers of a solution are placed under an infinite number of layers of pure solvent. The height of each layer is h cm. The distribution of the diffusing substance is determined after t days. STEFAN's table shows the relationship between the quantity $h/2\sqrt{Dt}$ and the content of solute in each layer. D is the diffusion coefficient of the solute in cm.² per day.

When only a limited number of layers, e. g. 8, is used the amount of solute in each can be computed by means of the reflection principle: The molecules which reach the final layer are reflected and begin a migration in the opposite direction. Their movement is statistically independent of the primary migration, and they are reflected in the same manner from the bottom of the first layer, and so on. The content of solute in the various layers can be computed from the data tabulated for an infinite series by conceiving this as being "folded up" several times and by adding the amounts of solute contained in layers facing each other. If 8 layers are used, after a given time layer No. 8 will contain the same amount of solute as the layers Nos. $8 + 9 + 24 + 25 + \cdots$ of an infinitely long series at the same moment. A series is considered "infinite" if less than 1/20000 of the total amount of solute reaches the final layer within the duration of the experiment.

GRAHAM used 16 layers, and STEFAN's calculations extend to 28 layers.

In the above-mentioned series of 8 layers the first two were initially identical. If these are considered as one layer having the thickness $2h$, the distribution of solute in a column of 4 layers can be computed by combining the next following layers by twos and twos. In this way KAWALKI (1894) computed a table showing the connection between the magnitude h^2/Dt and the content of solute in each of the 4 layers. In the portion of KAWALKI's table which is given here (Table 12),

Table 12. *Diffusion of Solute in Four Layers of Solvent.* Distribution of solute after t days when the thickness of each layer is H cm. Percentages of total amount initially contained in layer No. I. From KAWALKI (1894, p. 185). (Note: in KAWALKI's table, h^2/Dt was used as the argument, but there h denoted only one-half of the thickness of the layers.)

$\dfrac{H^2}{4\,Dt}$	Number of layer			
	I (donor)	II	III	IV
0.0400	2587	2535	2466	2414
0.0484	2666	2568	2431	2330
0.0576	2778	2617	2384	2221
0.0676	2914	2671	2329	2085
0.0784	3068	2735	2265	1935
0.0900	3233	2799	2194	1772
0.1024	3404	2866	2121	1607
0.1156	3576	2934	2048	1440
0.1296	3751	2994	1972	1284
0.1444	3921	3049	1896	1135
0.1600	4088	3097	1816	996
0.1936	4411	3172	1660	755

H denotes the thickness of each of the 4 layers. In determining the diffusion coefficient D, the percentage distribution of solute is determined experimentally, and the value of $H^2/4Dt$ for each layer is found by graphical interpolation in the table. At sufficient dilution, D is a constant, independent of concentration. D varies with the temperature, following EINSTEIN-STOKES' law:

$$D_2 = D_1 \cdot \frac{T_2 \cdot \eta_1}{T_1 \cdot \eta_2}$$

in which T_1 and T_2 are two different, absolute temperatures; D_1 and D_2 the corresponding diffusion coefficients; and η_1 and η_2 the viscosity of water at the two temperatures. The viscosity of water at various temperatures is given in Table 13. At 15 and 35° C the diffusion coefficient increases by 2.9 and 2.3%, respectively, per degree C. The presence of 1.5% agar does not seem to influence the rate of diffusion.

The exact relationship between the molecular weight M and the diffusion coefficient D is not quite clear. For a discussion of this point see e. g. BRODERSEN and KLENOW (1947) and HÖBER (1945). When dealing with substances of molecular weights lower than ca. 500, the equation of RIECKE (1890), $D \sqrt{M} = C$, is often in fairly good agreement with the experimental results (see e. g. STUMPF, 1945). For various non-colloidal and non-dissociated compounds, C is equal to ca. 7 at 20° C (ÖHOLM, 1913). For dissociated compounds, C assumes higher values, e. g. 7.7 in the case of acetic acid, which has the same dissociation constant (1.8×10^{-5}) as IAA. JANDER and WINKEL (1930) found a similar value for the base NH_4OH (diss. const. 1.75×10^{-5}), but lower values ($C_{20} = $ ca.7) for the stronger racemic

Table 13. *Viscosity of Water at Different Temperatures.* Data selected from Handbook of Chemistry and Physics 1953/54, p. 1993.

Temperature, °C	Viscosity, centipoises	Temperature, °C	Viscosity, centipoises
0	1.7921	24	0.9142
5	1.5188	25	0.8937
10	1.3077	26	0.8737
15	1.1404	27	0.8545
16	1.1111	28	0.8360
17	1.0828	29	0.8180
18	1.0559	30	0.8007
19	1.0299	31	0.7840
20	1.0050	32	0.7679
21	0.9810	33	0.7523
22	0.9579	34	0.7371
23	0.9358	35	0.7225

and citric acids (diss. const. 9.7 and 8.3×10^{-4}, respectively). The magnitude of C does, however, also depend on the hydration of the molecules. The iodine ion, which is very weakly hydrated, has a C_{20}-value of at least 16. If two different substances are found to have identical diffusion coefficients, the conclusion that they have the same molecular weight thus involves the assumption that they are also dissociated and hydrated to the same extent (or that a higher degree of hydration of one of them is compensated by a higher degree of dissociation).

b) Diffusion Experiments with Growth Substances. Technique. An agar platelet which contains growth substance is placed on top of (or below) a stack of 3 other platelets of exactly the same size and shape. The four platelets should be very accurately centered on each other. No air bubbles must be present between them, and excess water should be avoided. It is possible to obtain satisfactory results by simply building a stack of the four individual platelets. When a great number of diffusion experiments are to be made, however, the following procedure is advantageous, as it facilitates the stacking (BOYSEN JENSEN, 1941).

An agar plate of the desired thickness and composition is cast as described on p. 587 c. A disk of suitable diameter, e. g. 13.2 mm. (137 mm².) is stamped out, and a convenient quantity of auxin is introduced into the disk by the ether-dropping method. After one or more hours in saturated air the disk is turned upside down. Three other disks are stamped from the same agar plate by means of a 2 cm. long glass tube having a wall thickness of 0.5—0.7 mm. and a diameter of 11.4 mm. (102 mm².). The ends of the tube must be plane and even, which can be achieved by cautious grinding. In stamping out the disks, the glass tube is pressed down into the agar plate and then moved, sliding on the supporting glass plate, until the disk leaves the glass surface and remains in the tube. Avoiding air bubbles, two other disks are deposited in the same manner below the first one. The diffusion is started by finally stamping out a central disk from the larger, auxin-containing one. A mark on the glass tube indicates the position of this disk, which is denoted as No. I. The stack of four disks is now allowed to slide to the middle of the glass tube by inverting this for a few seconds.

The tube is then placed in the horizontal position in a small vial together with some moist cotton and kept for a suitable time at a constant temperature. In order to prevent even small fluctuations of the temperature, the vial is placed in a Dewar's vessel or in the middle of a box (e. g. $25 \times 25 \times 25$ cm.) filled with cotton which has been kept at the desired temperature for several hours.

A few minutes before the end of the chosen diffusion period, the stack of four disks is deposited on a slide, disk No. 4 at the bottom. At the fixed time, measured by an accurate stop-watch, the four disks are separated by means of fine brushes. They are kept in saturated air until their content of auxin can be determined. The four concentrations must be within the measuring range of the test, usually the *Avena* test. If necessary, the auxin in the upper disks can be diluted by placing disks of auxin-free agar upon them after they have been separated. One hour is sufficient to secure an even distribution of auxin in two disks of 1.5 mm. thickness.

Thickness of Agar Platelets. The thickness H of the agar platelets enters in the second and the fourth power, respectively, in the formulas from which the diffusion coefficient and the molecular weight are computed. An exact determination of H, therefore, is of great importance. The thickness of the three platelets of plain agar can be measured, before starting the diffusion, by means of a horizontal microscope equipped with an eyepiece micrometer. It is more convenient, however, to determine the height and weight of a stack of several platelets and compute the ratio of H to the weight of the platelet. It then suffices to weigh the three platelets and compute their average thickness from the H/weight ratio.

c) Determination of the Diffusion Coefficient of IAA.

Table 14 shows how a suitable gradient of auxin concentrations through the four agar platelets can be established by proper adjustment of several variables: (1) thickness of agar platelets, (2) length of diffusion period, (3) temperature, and (4) pH-value. The

Table 14. *Determination of the Diffusion Coefficient D of IAA.*

Reference	Conditions of experiment	Platelet No.	Concentration of IAA in the individual disks, μg/l.	Relative distribution, %	$\frac{H^2}{4Dt}$ From Table12, interpolated	p weight of the individual values	$\frac{H^2}{4Dt} p$	Weighted mean $x = \frac{\Sigma \frac{H^2}{4Dt} \cdot p}{\Sigma p}$	$D = \frac{H^2}{x \cdot 4t}$
LARSEN (1944)[1]	Temp. 20° C pH 6.0 $H = 0.106$ cm. $t = 1/24$ day	I	82.5	34.7	0.107	1.3	0.1391		
		II	72.5	30.5	0.145	0.35	0.0508	0.1155	0.584
		III	48.9	20.6	0.113	0.6	0.0678		
		IV	33.8	14.2	0.117	1.2	0.1404		
			237.7	100.0		3.45	0.3981		
HEMBERG (1947)[1]	Temp. 23.3° C pH 2.7 $H = 0.098$ cm. $t = 1/24$ day	I	121.9[3]	32.8	0.094	1.4	0.1316		
		II	109.1[3]	29.5	0.119	0.5	0.0595	0.1008	0.572
		III	77.6	20.9	0.108	0.6	0.0648		
		IV	62.0	16.7	0.098	1.4	0.1372		
			370.6[4]	99.9		3.9	0.3931		
KRAMER and WENT (1949)[2]	Temp. 26.0° C Unbuffered $H = 0.127$ cm. $t = 1.5/24$ day	I	16.35	32.69	0.0925	1.4	0.1295		
		II	14.43	28.85	0.1060	0.5	0.0530	0.0961	0.671
		III	10.57	21.15	0.1034	0.6	0.0620		
		IV	8.65	17.31	0.0929	1.4	0.1301		
			50.00[5]	100.00	0.3948	3.9	0.3746		
				Unweighted mean: 0.0987					(0.652)[6]

[1] Stack of agar disks contained in a glass tube. BOYSEN JENSEN's original *Avena* curvature test.

[2] No glass tube used for stacking the agar platelets. WENT's modified *Avena* curvature test.

[3] Concentration of IAA reduced to one-half before testing (cf. text).

[4] Absolute concentrations computed from arbitrary units by means of activity curve given by the author.

[5] Absolute concentrations computed from relative values and initial concentration in platelet No. I (50 μg./l.) given by the authors.

[6] D_{25} computed from the unweighted mean of $H^2/4 Dt$ by the authors.

magnitude of the absolute concentrations which can be conveniently determined depends on the particular modification of the *Avena* curvature test employed. The table shows an example of dilution of the auxin present in platelets Nos. I and II before testing (HEMBERG).

The curvatures produced by the individual platelets are converted to auxin concentrations by means of a standard activity curve; and the relative distribution in the four platelets is computed from the actual concentrations. (If the magnitude of curvature is directly proportional to concentration, the relative distribution can be computed from the curvatures themselves.) For each platelet the corresponding value of $H^2/4\,Dt$ is interpolated in Table 12, conveniently plotted on graph paper. Within the range of convenient distributions, the slope of the curves representing platelets Nos. II and III is generally lower than one-half of the slope of those representing Nos. I and IV. An error of e. g. 10% in the determination of the auxin concentration thus has a much greater influence on the value of $H^2/4\,Dt$ in platelets Nos. II and III than in Nos. I and IV. A certain weight p is, therefore, attributed to the interpolated values of $H^2/4\,Dt$, p being the increase or decrease in auxin concentration (as percentages) per 0.01 $H^2/4\,Dt$ in the region around the interpolated value. A weighted mean x of $H^2/4\,Dt$ is computed (Table 14), and this is used for computing D. (KRAMER and WENT, 1949, computed D from the unweighted mean of $H^2/4\,Dt$. For comparison, however, their values were recalculated by the above method; cf. Table 14.)

When D has been computed as a mean of several determinations the relationship between D and the molecular weight of IAA can be found. Table 15 shows examples of this relationship under different conditions of buffering of the agar. At pH 2.7, where IAA is practically undissociated, C_{20} is close to 7 (HEMBERG). At pH 6 and in unbuffered solution C_{20} is higher.

Table 15. *The Relationship between the Molecular Weight of IAA (M = 175) and the Diffusion Coefficient D at Different pH-Values.*

Reference	Temperature during diffusion, ° C	pH	No. of determinations	D_{20}	$C_{20} = D_{20}\sqrt{175}$
LARSEN (1944)	20	6.0	5	0.592[1]	7.83
HEMBERG (1947)	23.1—23.4	2.7	10	0.521[1]	6.89
KRAMER and WENT (1949)	26	un-buffered	2	0.563[2]	7.44
				0.572[3]	7.56

d) Determination of the Diffusion Coefficient and the Molecular Weight of Unknown Growth Substances. The diffusion coefficient of an unknown growth substance is determined in the same way as that of IAA. The concentrations in the four agar platelets need only be known in arbitrary units, but must of course be read from an activity curve representing the unknown growth substance itself since the shape of the activity curve may vary with the kind of growth substance tested and may be influenced by impurities in the preparation.

Table 16 shows some examples of the determination of the diffusion coefficient and the molecular weight of various naturally occurring auxins and auxin precursors. In computing M of an unknown, acid growth substance the value of C found in experiments with pure IAA is substituted in the equation $D\sqrt{M} = C$, assuming that the dissociation constant and the degree of hydration of the unknown substance are the same as those of IAA. If the molecular weight of an undissociated growth substance is to be estimated, the value of C must be determined in experiments with an undissociated model substance, e. g. indole-3-acetonitrile.

---

[1] Weighted mean.
[2] Unweighted mean: $D_{26} = 0.660$; $C_{26} = 8.73$.
[3] Weighted mean: $D_{26} = 0.6705$; $C_{26} = 8.88$.

Table 16. *Determination of the Diffusion Coefficient D and the Molecular Weight M of Auxins and Auxin Precursors Obtained from Various Kinds of Plant Material.*

Reference	Material	pH of agar	No. of determinations	Diffusion coefficient	$\dfrac{C -}{D\,\sqrt{M}}$	M
HEMBERG (1947)	Potato tubers. Ether extract. Acid fraction.	2.7	10	$D_{20} = 0.515$	6.89[1]	179
KRAMER and WENT (1949)	Tomato stem tips Diffusate Ether extract	un-buf-fered	12 11	$D_{26} = 0.620$ $D_{26} = 0.617$	8.73[1] 8.73[1]	198 200
RAADTS (1952)	Avena coleoptiles Descending diffusate[2] Ascending diffusate[3]	ca. 6	2 8	$D_{20} = 0.425$ $D_{20} = 0.542$	8.32[1] 7.0[4]	384 167
LARSEN (1944)	Pea seedlings. Ether extract. Neutral fraction.	6.0	9	$D_{20} = 0.584$	7.27[5]	155

The simplest way to avoid the uncertainty concerning the dissociation of the unknown auxin is to carry out the diffusion experiments at a low pH-value (2.7—3) where the acid auxins are practically undissociated and C has a value close to 7, assumed to be independent of the dissociation constant (Tables 15 and 16; HEMBERG, 1947). The activity curve used for translating *Avena* curvatures to auxin concentrations must, of course, be founded on tests made with agar having the same pH-value. A second, but more complicated, method would consist in determining the dissociation constant of the unknown auxin by partitioning at different pH-values (DOLK and THIMANN, 1932). The value of C can then be determined by using a model substance which has the same dissociation constant (but does not have to be an auxin).

Although the rate of diffusion of a given solute is independent of the presence of other solutes, an exact determination of D may be impossible if a mixture of different growth substances is present in the material which is being examined. The biological activity of a mixture of IAA and a growth inhibitor can be expressed in arbitrary units. There is no difficulty in establishing the activity curve for such a mixture. If, however, the two substances have different diffusion coefficients, the ratio of one to the other will vary from platelet No. I to platelet No. IV, and the original activity curve cannot be used for translating biological response to concentrations. Similarly, if the original material contains a mixture of two auxins having different diffusion coefficients, the above method does not yield a correct D-value for either of the components. It is, essential, therefore, that the materials to be examined are purified as far as possible.

The diffusion method itself may be used for purifying the plant extracts. The final agar platelet will contain more of the fast diffusing components and less of the slower ones than the original mixture. An extract of the final platelet is a purified preparation of the faster moving components and can be used for a new set of diffusion experiments. A separate activity curve will have to be constructed for this preparation. When using BOYSEN JENSEN's "double diffusion method" (1941), it is unnecessary to extract platelet No. IV. BOYSEN

---

[1] From experiments with pure IAA ($M = 175$).

[2] Tested in the „Zylindertest" (p. 605). Readings taken after 2.5 or 5 hrs. C and M computed by the writer.

[3] Tested in the „Zylindertest". Coleoptile sections cut 8 hrs. before agar application. Readings taken after 15 hrs. This diffusate contains an auxin precursor which becomes active during the test in about 7 hrs. Average D and M computed by the writer.

[4] From ÖHOLM (1913). The precursor is a neutral substance.

[5] From experiments with the neutral growth substance prepared from tryptophan and isatin and assumed to be indole-3-acetaldehyde ($M = 159$).

Jensen's procedure is as follows. First an activity curve representing auxin of the same degree of purity as that present in platelet No. IV is constructed. This can be done by making a series of uniform diffusion experiments with varying concentrations of the unknown preparation in platelet No. I and plotting the curvatures produced by platelet No. IV against the concentrations originally present in No. I. When determining the diffusion coefficient by "double diffusion", the first diffusion is made with 4 agar disks of e. g. 13.2 mm. diameter. The auxin concentration in disk No. I should be 5—7 times as high as for a "single diffusion". After the expiration of the first diffusion period a central disk is stamped out from disk No. IV by means of a glass tube (e. g. 11.4 mm. diameter) and this disk is used as disk No. I in the second diffusion. Assuming that no further purification of the faster moving growth substance is achieved in the second diffusion, the curvatures produced by the four disks in the second diffusion experiment are converted to auxin concentrations by means of the activity curve of the diffused material, mentioned above. In a number of cases Goodwin (1939b) and Boysen Jensen (1941) obtained apparently normal distributions of auxin in the second diffusion, while the apparent concentrations in the upper disks of the first diffusion were by far too low. This is taken as an indication of the presence in the original preparation of a growth inhibitor having a lower diffusion coefficient than the growth promoting substance. In such cases disk No. I of a "single diffusion" may even yield lower curvatures than disk No. IV although both curvatures are on the ascending part of the respective activity curves.

The "self purification" of the faster moving components might be utilized in still another way by abandoning the use of Kawalki's table, and instead computing D on the basis of the original probability distribution obtained by integration of the equation for Fick's second law. This procedure requires that the concentration in the first platelet can be considered as a constant, and that no measurable quantity of material reaches the final platelet. As pointed out by Brodersen and Klenow (1947) this procedure is particularly suitable for biologically active materials, which can be determined in very low concentration, although also with a relatively low degree of accuracy. Probably 10 or 12 agar platelets of 1—1.5 mm. thickness and a diffusion time of 1—3 hrs. would be suitable. Platelet No. I should have a high concentration, and only the last 3 or 4 of the platelets which contain measurable quantities of growth substance should be used for computing D.

e) Variability in Diffusion Experiments. In the determination of the diffusion coefficient by the method outlined above each experiment actually yields a mean of four individual determinations, one for each agar plate. In the present discussion, however, each such mean will be considered as a single determination of D. The distribution of such D-values is approximately normal. The standard deviation of D-values of growth substances obtained from different sources do not seem to differ significantly when the D-values are of the same order of magnitude and determined by the same method. An estimate s of the standard deviation can, therefore, be accumulated from several series of experiments, thus increasing the number of degrees of freedom. In determinations of D-values of about 0.5 to 0.6 by Larsen (1944) and Hemberg (1947) the standard deviation was 0.03—0.04 (based on about 30 degrees of freedom in either case). These figures show that the diffusion coefficient of a growth substance can be determined as a mean of 10 experiments with a mean error of 0.01—0.013, or 1.7—2.6%. It is convenient from a technical point of view that not the absolute concentrations in the four agar platelets, but only their ratio, is needed for the determination of D. Thereby the influence of possible variations in sensitivity of the test plants from day to day is considerably reduced.

As mentioned above the magnitude of C is found by determining the diffusion coefficient D_1 of a substance with known molecular weight M_1:

$$D_1 \sqrt{M_1} = C \tag{1}$$

The molecular weight M_2 of an unknown substance is computed from the diffusion coefficient D_2 of this substance, assuming that C has the same value as in (1):

$$D_2 \sqrt{M_2} = C \tag{2}$$

$$\sqrt{M_2} = \sqrt{M_1} \cdot \frac{D_1}{D_2} \tag{3}$$

In estimating the mean error, e, of $\sqrt{M_2}$ the errors in determining both D_1 and D_2 will have to be taken into account. This is done by using the following formula

$$e = s \sqrt{M_2} \sqrt{\frac{1}{n_1 D_1{}^2} + \frac{1}{n_2 D_2{}^2}} \tag{4}$$

in which e is the mean error of $\sqrt{M_2}$, s is the accumulated estimate of the standard deviation of D-values, and n_1 and n_2 are the numbers of determinations of D_1 and D_2, respectively.

Example (LARSEN, 1944): Non-acidic fraction of pea seedling extract. $s = 0.0304$; $M_2 = 155$, based on a C-value of 7.27 (Table 16); $\sqrt{M_2} = 12.45$; $n_1 = 4$; $D_1 = 0.577$; $n_2 = 9$; $D_2 = 0.584$; $e = 0.393$. s was based on 31 degrees of freedom. Hence, to determine the 95% probability limits of $\sqrt{M_2}$, a t-value of 2.04 should be used according to FISHER's tables. $et = 0.79$. $\sqrt{M_2} \pm et = 12.45 \pm 0.79 = 13.24$ and 11.66. $M_2 = 176$ and 136, i. e. statistically there is a 5% risk of M_2 falling outside these limits. In addition the principal uncertainty with respect to the identity of C for the two compounds will have to be borne in mind.

f) **Examples of Results.** In spite of the uncertainty of the quantitative relationship between D and M it is customary to express the results of diffusion experiments in terms of the probable molecular weight of the unknown substance. This practice will also be followed as far as the following few examples are concerned.

WENT (1929) found that the molecular weight of auxin in coleoptile diffusates was about 376, and values around or slightly higher than 300 have been found repeatedly for similar material. Such values suggest the identity of the diffusible auxin with auxin a or b ($M = 328$ and 310, respectively). WILDMAN and BONNER (1948) confirmed these values, but obtained a value of $M = 206$ for the same material after the auxin had been extracted from the agar platelet with ether and subjected to renewed diffusion. These results would be in agreement with the view that auxin diffusing from coleoptile tips is a complex, from which IAA ($M = 175$) and/or indole-3-pyruvic acid ($M = 203$) can be split off by shaking with ether (compare TERPSTRA, 1953b). Values around $M = 175$ and $M = 200$ have been found repeatedly for auxin extracted with ether from various plant materials; and indole-3-pyruvic acid has been demonstrated in extracts of maize endosperm; cf. p. 577. Table 5 (STOWE and THIMANN, 1953).

Since non-acidic fractions of plant extracts have been found to possess auxin activity, various neutral compounds have been suggested as the auxin present therein. These include the indole-3-acetonitrile ($M = 156$; isolated from cabbage by JONES et al., 1952), IAA-ethyl ester ($M = 203$; isolated from unripe maize kernels by REDEMANN et al., 1951), and indole-3-acetaldehyde ($M = 159$; indirect evidence by various workers for its occurrence in plant extracts, cf. LARSEN, 1951 a, and YAMAKI and NAKAMURA, 1952). Diffusion experiments with neutral growth substances have yielded values of M from 148 to 167 (LARSEN, 1944; RAADTS, 1952; cf. also Table 16).

2. Acid and Base Sensitivity.

KÖGL, HAAGEN-SMIT and ERXLEBEN (1934b) reported differential sensitivities of various auxins toward boiling with acid and base:

IAA: Sensitive to acid, stable to base.

Auxin a: Stable to acid, sensitive to base.

Auxin b: Sensitive to both acid and base.

The test may be carried out as follows: A solution of auxin (e. g. containing 0.05—1 μg. of IAA) in ether or chloroform is evaporated to dryness in a test tube. Two ml. 5% HCl or 2 ml. *N* KOH are added. (Aqueous auxin solutions are adjusted to the appropriate concentration of acid or base.) The solutions are refluxed at 100° C on a water bath for 3¹/₂ hrs. After cooling, they are neutralized with KOH or HCl. The high concentration of KCl in the neutralized, aqueous solution reduces the response of test plants. The auxin will, therefore, have to be shaken out with ether (or with chloroform) as described on p. 571. The concentrations of acid and base, and the duration of boiling can probably be varied considerably.

HOLLEY et al. (1951) reported that IAA is entirely stable toward boiling with acid in the absence of oxygen. Pure, synthetic IAA, however, is completely inactivated when treated as described above. In partially purified plant extracts, on the other hand, various workers have found a fraction of auxin which was not destroyed by the above treatment and which was even stable to a second, identical treatment. This fraction has been assumed to be auxin a. In the case of auxin from *Avena* coleoptiles, however, TERPSTRA (1953 b) found that the auxin remaining after boiling with acid was also stable toward boiling with base and thus could not be identical with auxin a. The position of this residual auxin on a paper chromatogram coincided with that of IAA.

The recovery of synthetic IAA after boiling with base is often variable and may be quite low, although generally at least *some* auxin activity remains after the treatment. SÖDING and RAADTS (1953) obtained such inconsistent results only when ether was used for extracting the auxin after boiling. With chloroform no loss of IAA occurred. In the writer's experiments (LARSEN, 1944, p. 54) the use of tartaric acid for adjusting the pH-value before shaking with ether may be partly responsible for the low recovery. The quality of the ether may be an additional cause of variability. The phenomenon may be of the same nature as the difficulties encountered in the dropping method (p. 588), when the ether was not treated as described on p. 568.

SÖDING and RAADTS (1953) made the observation that IAA, although stable toward refluxing with *N* NaOH, was destroyed by evaporation with a 2.5% NH₃ solution. Auxin in the diffusate from oat coleoptiles was likewise stable toward refluxing with *N* NaOH, but was also stable toward evaporation with 2.5% NH₃ solution.

Indole-3-acetonitrile is stable to treatment with 1 *N* H_2SO_4 at 100° C for 1 hr. (BENTLEY and HOUSLEY, 1952) and thus resembles auxin *a* in this respect. When heated to 100° C with 1 *N* NaOH it is hydrolyzed to IAA. Indole-3-acetaldehyde resembles auxin *b* in being sensitive to boiling with acid as well as with base.

3. Enzymatic Oxidation.

An enzyme system capable of inactivating indole-3-acetic acid by oxidation is present in the juice of several plants (e. g. etiolated pea and bean seedlings; review by LARSEN, 1951 a). According to TANG and BONNER (1947) the enzyme seemed to attack only IAA among 12 auxins or auxin-like compounds studied. WAGENKNECHT and BURRIS (1950), on the other hand, reported that indole-3-propionic and indole-3-butyric acids were also oxidized, although at a slower rate than IAA and apparently by a different mechanism. Inactivation of natural auxins by the IAA-oxidizing enzyme was reported by LARSEN (1940 b), GORDON and SÁNCHEZ NIEVA (1949 a), MOEWUS (1950), REINERT (1950), and WIEDOW and VON GUTTENBERG (1953). The enzyme has not been tested against authentic samples of auxins a or b. WIEDOW and VON GUTTENBERG (1953), however, found that alcohol extracts (but not ether extracts) of light-grown *Phaseolus* seedlings contained an auxin which was not inactivated by the IAA-oxidizing enzyme prepared from pea-stems. It seems possible, therefore, to use the behavior of extracted auxins toward the IAA-oxidizing enzyme as a means for their characterization. The preparation of the enzyme was described by LARSEN (1940 b), TANG and BONNER (1947), and WAGENKNECHT and BURRIS (1950).

The epicotyls of 7-day-old pea seedlings, grown in complete darkness at 24° C, are ground in a mortar or blendor at 0—1° C in a minimum of distilled water. The juice is squeezed off and filtered or centrifuged. The juice may be used as such, or it may be lyophilized and stored. A stable preparation can be precipitated by adding 32 ml. acetone to a mixture of 60 ml. juice and 15 ml. water (TANG and BONNER, 1948, p. 571) or (with *Phaseolus*; LARSEN, 1940 b, p. 678) by dropping 15 ml. juice into a mixture of 120 ml. 96% alcohol and 60 ml. peroxide-free ether. The mixture must be stirred vigorously during the addition of the juice. The precipitate is filtered off on a BÜCHNER funnel, rinsed 3 times with absolute alcohol and dried at room temperature for 24 hrs. in vacuum over conc. H_2SO_4. Highly active preparations were obtained by TANG and BONNER (1947) by dialysis against distilled water.

Auxins can be shaken out from the reaction mixtures with ether as described previously.

References.

ALBAUM, H. G., S. KAISER and H. A. NESTLER: Amer. J. Bot. **24**, 513—518 (1937). — ALGÉUS, S.: Botan. Notiser (Lund) **1946**, 129—278. — ASHBY, W. C.: Bot. Gaz. **112**, 237—250 (1951). — AUDUS, L. J., and A. GARRARD: J. Exptl. Bot. **4**, 330—348 (1953). — AUDUS, L. J., and M. E. SHIPTON: Physiol. Plantarum **5**, 430—455 (1952). — AUDUS, L. J., and RUTH THRESH: Physiol. Plantarum **6**, 451—465 (1953). — AVERY, G. S. JR., and J. BERGER: Science **98**, 513—515 (1943). — AVERY, G. S. JR., J. BERGER and BARBARA SHALUCHA: Amer. J. Bot. **28**, 596—607 (1941). — AVERY, G. S. JR., J. BERGER and O. WHITE: Amer. J. Bot. **32**, 188—191 (1945). — AVERY, G. S. JR., P. R. BURKHOLDER and HARRIET B. CREIGHTON: Amer. J. Bot. **24**, 51—58 (1937). — AVERY, G. S. JR., HARRIET B. CREIGHTON and C. W. HOCK: Amer. J. Bot. **20**, 360—365 (1939). — AVERY, G. S. JR., HARRIET B. CREIGHTON and BARBARA SHALUCHA: Amer. J. Bot. **27**, 289—300 (1940); **28**, 498—506 (1941).

BEHRENS, M., and A. FISCHER: Naturwiss. **41**, 13 (1954). — BENNET-CLARK, T. A., and N. P. KEFFORD: Nature **171**, 645 (153). — BENNET-CLARK, T. A., M. S. TAMBIAH and N. P. KEFFORD: Nature **169**, 452—453 (1952). — BENTLEY, JOYCE A.: J. Exptl. Bot. **1**, 201—213 (1950). — BENTLEY, JOYCE A., and S. HOUSLEY: J. Exptl. Bot. **3**, 393—405 (1952); Physiol. Plantarum **7**, 405—419 (1954). — BERGER, J., and G. S. AVERY JR.: (a) Amer. J. Bot. **31**, 199—203 (1944); (b) Amer. J. Bot. **31**, 203—208 (1944). — BONDE, E. K.: Physiol. Plantarum **6**, 234—239 (1953); (a) **7**, 66—71 (1954); (b) Bot. Gaz. **115**, 1—15 (1954). — BONNER, J.: J. Gen. Physiol. **17**, 63—76 (1933); Amer. J. Bot. **36**, 323—332 (1949). — BONNER, J., and J. ENGLISH: Plant Physiol. **13**, 331—348 (1938). — BOYSEN JENSEN, P.: Planta **19**, 345—350 (1933); Die Wuchsstofftherorie. VIII + 166 pp. Jena: Gustav Fischer 1935; (a) Kgl. Danske Videnskab.Selskab. Biol. Medd. **13** (1), 1—31 (1936); (b) Growth Hormones in Plants. Translated and revised by G. S. AVERY JR. and P. R. BURKHOLDER. XIV + 268 pp. New York: McGraw-Hill 1936; Planta **26**, 584—594 (1937); **31**, 653—669 (1941). — BRODERSEN, R., and H. KLENOW: Kgl. Danske Videnskab. Selskab. Biol. Medd. **20** (7), 1—29 (1947). — BROWN, J. B., H. B. HENBEST and E. R. H. JONES: J. Chem. Soc. (London) **1950**, 3634—3641 (1950). — BROWN, R., and J. F. SUTCLIFFE: J. Exptl. Bot. **1**, 88—113 (1950). — BURSTRÖM, H.: Lantbrukshögskolans Ann. **10**, 209—240 (1942); Physiol. Plantarum **2**, 197—209 (1949); **3**, 277—292 (1950).

CLAUSS, H.: Z. Naturforschg. **7 b**, 112—117 (1952).

DENT, C. E., W. STEPKA and F. C. STEWARD: Nature **160**, 682—684 (1947). — DOLK, H., and K. V. THIMANN: Proc. Nat. Acad. Sci. (USA) **18**, 30—46 (1932). — DU BUY, H. G.: Proc. Kon. Akad. Wetensch. Amsterdam **34**, 277—288 (1931).

EVENARI, M.: Bot. Rev. **15**, 153—194 (1949).

FISCHER, A.: Planta **43**, 288—314 (1953/54). — FISCHER, A., and M. BEHRENS: Hoppe-Seylers Z. **291**, 242—244 (1953). — FUNKE, HILDEGARD: Jahrb. wiss. Bot. **91**, 54—82 (1943). — FUNKE, HILDEGARD, and H. SÖDING: Planta **36**, 341—370 (1948).

GALSTON, A. W., and MARGERY E. HAND: Amer. J. Bot. **36**, 85—94 (1949). — GOODWIN, R. H.: (a) Amer. J. Bot. **26**, 74—78 (1939); (b) **26**, 130—135 (1939). — GORDON, S. A.: Ann. Rev. Plant Physiol. **5**, 341—378 (1954). — GORDON, S. A., and F. SÁNCHEZ NIEVA: (a) Arch. of Biochem. **20**, 356—366 (1949); (b) **20**, 367—385 (1949). — GORDON, S. A., and R. P. WEBER: Plant Physiol. **26**, 192—195 (1951). — GRASSMANN, W., and K. HANNIG: Naturwiss. **37**, 469 (1950). — GUSTAFSON, F. G.: Proc. Nat. Acad. Sci. (USA) **22**, 628—638 (1936); Bot. Rev. **8**, 599—654 (1942).

HAAGEN-SMIT, A. J., W. B. DANDLIKER, S. H. WITTWER and A. E. MURNEEK: Amer. J. Bot. **33**, 118—120 (1946). — HAAGEN-SMIT, A. J., W. D. LEECH and W. R. BERGREN: Amer. J. Bot. **29**, 500—506 (1942). — HEMBERG, T.: Acta Horti Bergiani **14**, 133—220 (1947);

624   POUL LARSEN: Growth Substances in Higher Plants.

(a) Physiol. Plantarum 1, 24—36 (1949); (b) 1, 37—44 (1949); 4, 437—445 (1951); 5, 115—129 (1952). — HENDERSON, J. H. M., and D. L. HUNT: Science 114, 262—264 (1951). — HEYN, A. N. J.: Proc. Kon. Akad. Wetensch. Amsterdam 38, 1074—1081 (1935); Abderhaldens Handbuch biol. Arbeitsmeth., Abt. V, Teil 3 B, 823—861 (1936). — HÖBER, R.: Physical Chemistry of Cells and Tissues. XIV + 676 pp. Philadelphia: Blakiston 1945. — HOLLEY, R. W., F. P. BOYLE, H. K. DURFEE and ANN D. HOLLEY: Arch. of Biochem. Biophys. 32, 192—199 (1951). — HUBER, H.: Ber. schweiz. bot. Ges. 61, 499—538 (1951). — HULL, H. M., F. W. WENT and N. YAMADA: Plant Physiol. 29, 182—187 (1954).

JAHNEL, H.: Jahrb. wiss. Bot. 85, 329—353 (1937). — JANDER, G., and A. WINKEL: Z. physikal. Chem. A 149, 97—122 (1930). — JERCHEL, D., and RUTH MÜLLER: Naturwiss. 38, 561—562 (1951). — JONES, E. R. H., H. B. HENBEST, G. F. SMITH and JOYCE A. BENTLEY: Nature 169, 485 (1952). — JOST, L., and ELISABETH REISS: Z. f. Bot. 30, 335—376 (1936); 31, 65—94 (1937). — JUDKINS, W. P.: Amer. J. Bot. 33, 181—184 (1946). — JUEL, INGER: Planta 25, 307—301 (1936); Dansk. Bot. Arkiv (Copenhagen) 12(4), 1—16 (1946).

KAWALKI, W.: Ann. Phys. u. Chem. N.F. 52, 166—190, 300—327 (1894). — KENT, MARTHA, and W. A. GORTNER: Bot. Gaz. 112, 307—311 (1951). — KÖCKEMANN, A.: Ber. dtsch. bot. Ges. 52, 523—526 (1934). — KÖGL, F.: Angew. Chemie 46, 469—473 (1933). — KÖGL, F., and O. A. DE BRUIN: Rec. trav. chim. Pays Bas 69, 729—752 (1950). — KÖGL, F., and HANNI ERXLEBEN: Hoppe-Seylers Z. 227, 51—73 (1934). — KÖGL, F., HANNI ERXLEBEN and A. J. HAAGEN-SMIT: Hoppe-Seylers Z. 225, 215—229 (1934). — KÖGL, F., and A. J. HAAGEN-SMIT: Proc. Kon. Akad. Wetensch. Amsterdam 34, 1411—1416 (1931). — KÖGL, F., A. J. HAAGEN-SMIT and HANNI ERXLEBEN: Hoppe-Seylers Z. 220, 137—161 (1933); (a) 228, 90—103 (1934); (b) 228, 104—112 (1934). — KÖGL, F., A. J. HAAGEN-SMIT and C. J. VAN HULSSEN: Hoppe-Seylers Z. 241, 17—33 (1936). — KÖGL, F., and F. R. KOSTERMANS: Hoppe-Seylers Z. 235, 201—216 (1935). — KRAMER, M., and F. W. WENT: Plant Physiol. 24, 207—221 (1949), — KULESCHA, ZOÏA: C. r. Soc. Biol. (Paris) 142, 931—933 (1948); Recherches sur l'élaboration de substances de croissance par les tissus végétaux. 114 pp. Paris (Librairie générale de l'enseignement). 1951.

LAIBACH, F.: Ber. dtsch. bot. Ges. 51, 386—392 (1933). — LARSEN, C. MUHLE: Physiol. Plantarum 1, 265—277 (1948). — LARSEN, P.: (a) Planta 30, 160—167 (1940); (b) 30, 673—682 (1940); Dansk Bot. Arkiv (Copenhagen) 11(9), 1—132 (1944); Amer. J. Bot. 34, 349—356 (1947); 36, 32—41 (1949); (a) Ann. Rev. Plant Physiol. 2, 169—198 (1951); (b) Plant Physiol. 26, 697—707 (1951); Physiol. Plantarum 6, 735—774 (1953); 8, 343—357 (1955). — LARSEN P., and S. M. TUNG: Bot. Gaz. 111, 436—447 (1950). — LEOPOLD, A. C., and FRANCES I. SCOTT: Amer. J. Bot. 39, 310—317 (1952). — LEOPOLD, A. C., and FRANCES S. GUERNSEY: Bot. Gaz. 115, 147—154 (1954). — LEXANDER, KERSTIN: Physiol. Plantarum 6, 406—411 (1953). — LINK, G. K. K., VIRGINIA EGGERS and J. MOULTON: Bot. Gaz. 101, 928—939 (1940); 102, 590—601 (1941). — LINSER, H.: Planta 28, 227—256 (1938); 29, 392—408 (1939); 31, 32—59 (1940); (a) 39, 377—401 (1951); (b) Verh. zool.-bot. Ges. Wien 92, 199—224 (1951); Planta 41, 25—39 (1952). — LINSER, H., and F. MASCHEK: Planta 41, 567—588 (1953). — LUCKWILL, L. C.: J. Hort. Sci. 24, 19—31 (1948); Nature 169, 375 (1952).

MER, C. L., and F. J. RICHARDS: Nature 165, 179—180 (1950). — MICHEL, B. E.: Bot. Gaz. 112, 418—436 (1951). — MITCHELL, J. W., and B. C. BRUNSTETTER: Bot. Gaz. 100, 802—816 (1939); (a) Z. Naturforschg. 3b, 135—136 (1948); (b) Züchter 19, 108—115 (1948); (c) Naturwiss. 35, 124 (1948); (a) Biol. Zbl. 68, 58—72 (1949); (b) 68, 118—140 (1949); Planta 37, 413—430 (1950). — MUIR, R. M.: Proc. Nat. Acad. Sci. (USA) 33, 303—312 (1947).

NITSCH, J. P.: C. r. Soc. Biol. (Paris) 145, 1809—1812 (1951); Quart. Rev. Biol. 27, 33—57 (1952); Ann. Rev. Plant Physiol. 4, 199—236 (1953). — NITSCH, J. P., and R. H. WETMORE: Science 116, 256—257 (1952).

ÖHOLM, L. W.: Med. Kon. Vetensk. akad. Nobelinstitut 2 (23), 1—52 (1913). — OPPENOORTH, W. F. F. JR.: Rec. trav. bot. néerl. 38, 287—372 (1941).

POHL, R.: Planta 36, 230—261 (1949). ; Z. Bot. 40, 307—316 (1952). — PURDY, HELEN A.: Kgl. Danske Videnskab. Selskab. Biol. Medd. 3(8), 1—29 (1921).

RAADTS, EDITH: Planta 40, 419—430 (1952). — RAWES, M. ROSALIE, and E. S. J. HATCHER: Ann. Rep. East Malling Res. Sta. for 1948: 1949, 157—159. — REDEMANN, C. T., S. H. WITTWER and H. M. SELL: Plant Physiol. 25, 356—358 (1950); Arch. of Biochem. Biophys. 32, 80—84 (1951). — REIMERS, F.: Æter til Narkose. 311 pp. Copenhagen: Einar Munksgaard 1943. — REINERT, J.: Z. Naturforsch. 5 b, 374—380 (1950). — RIECKE, E.: Z. physikal. Chem. 6, 564—572 (1890). — RIETSEMA, J.: (a) Proc. Kon. Akad. Wetensch. Amsterdam 52, 1039—1050 (1949); (b) 52, 1194—1204 (1949). — RUGE, U.: Übungen zur Wachstums- und Entwicklungsphysiologie der Pflanzen. 3rd ed. XIV + 166 pp. Berlin: Springer 1951.

SCHEER, BEATRICE A.: Amer. J. Bot. 24, 559—565 (1937). — SCHNEIDER, C. L.: Amer. J. Bot. 25, 258—270 (1938). — SCHNEIDER, C. L., and F. W. WENT: Bot. Gaz. 99, 470—496 (1938). — SCHOCKEN, V.: Arch. of Biochem. 23, 198—204 (1949). — SELL, H. M., S. H. WITTWER, T. L. REBSTOCK and C. T. REDEMANN: Plant Physiol. 28, 481—487 (1953). — SEN,

S. P., and A. C. LEOPOLD: Physiol. Plantarum 7, 98—108 (1954). — SIEGEL, S. M., and R. L. WEINTRAUB: Physiol. Plantarum 5, 241—247 (1952). — SKOOG, F.: J. Gen. Physiol. 20, 311—334 (1937). — SÖDING, H.: Ber. dtsch. bot. Ges. 53, 331—334 (1935); Die Wuchsstofflehre. XII + 305 pp. Stuttgart: Georg Thieme 1952. — SÖDING, H., and HILDEGARD FUNKE: Jahrb. wiss. Bot. 90, 1—24 (1942). — SÖDING, H., and EDITH RAADTS: Planta 43, 25—36 (1953). — STEEVES, T. A., G. MOREL and R. H. WETMORE: Amer. J. Bot. 40, 534—538 (1953). — STEFAN, J.: Sitz.ber. Akad. Wiss. Wien, Math.-Nat. Classe 79 (II), 161—214 (1879). — STOWE, B. B., and K. V. THIMANN: Nature 172, 764 (1953). — STUMPF, K. E.: Z. Elektrochem. 51, 1—13 (1945). — SUTTER, ERIKA: Ber. schweiz. bot. Ges. 54,197—244 (1944).

TANG, Y. W., and J. BONNER: Arch. of Biochem. 13, 11—25 (1947); Amer. J. Bot. 35, 570—578 (1948). — TERPSTRA, WILLEMKE: (a) Proc. Kon. Akad. Wetensch. Amsterdam Ser. C. 56, 206—213 (1953); (b) Extraction and Identification of Growth Substances. 64 pp. Thesis (Utrecht) 1953. — THIMANN, K. V.: J. Gen. Physiol. 18, 23—34 (1934); Plant Physiol. 27, 329—404 (1952). — THIMANN, K. V., and J. BONNER: Proc. Nat. Acad. Sci. (USA) 18, 692—701 (1932). — THIMANN, K. V., and W. D. BONNER: Amer. J. Bot. 35, 271—280 (1948). — THIMANN, K. V., and C. L. SCHNEIDER: (a) Amer. J. Bot. 25, 270—280 (1938); (b) 25, 627—641 (1938); 26, 328—333 (1939). — THIMANN, K. V., F. SKOOG and A. BYER: Amer. J. Bot. 29, 598—606 (1942).

VAN DER WEIJ, H. G.: Proc. Kon. Akad. Wetensch. Amsterdam 34, 875—892 (1931); Rec. trav. bot. néerl. 29, 379—496 (1932). — VAN OVERBEEK, J.: Bot. Gaz. 100, 133—166 (1938); Chapter 13: 422—463, in FREAR (ed): Agricultural Chemistry I. New York: Van Nostrand 1950. — VAN OVERBEEK, J., and J. BONNER: Proc. Nat. Acad. Sci. (USA) 24, 260—264 (1938). — VAN OVERBEEK, J., G. DÁVILA OLIVO and E. M. SANTIAGO DE VÁZQUEZ: Bot. Gaz. 106, 440—451 (1945). — VAN OVERBEEK, J., E. M. SANTIAGO DE VÁZQUEZ and S. A. GORDON: Amer. J. Bot. 34, 266—270 (1947). — VAN OVERBEEK, J., and F. W. WENT: Bot. Gaz. 99, 22—41 (1937). — VAN SANTEN, A. M. A.: Proc. Kon. Akad. Wetensch. Amsterdam 41, 513—523 (1938). — VLITOS, A. J., and W. MEUDT: Contr. Boyce Thompson Inst. 17, 197—202 (1953). — VON DENFFER, D., M. BEHRENS and A. FISCHER: (a) Naturwiss. 39, 258 (1952); (b) Naturwiss. 39, 550—551 (1952). — VON DENFFER, D., and A. FISCHER: Naturwiss. 39, 549—550 (1952).

WAGENKNECHT, A. C., and R. H. BURRIS: Arch. of Biochem. 25, 30—53 (1950). — WEINTRAUB, R. L.: Smithsonian Misc. Coll. 97(11), 1—10 (1938). — WEINTRAUB, R. L., J. W. BROWN, J. A. THRONE and J. N. YEATMAN: Amer. J. Bot. 38, 435—440 (1951). — WENT, F. W.: Rec. trav. bot. néerl. 25, 1—116 (1929); Proc. Kon. Akad. Wetensch. Amsterdam 37, 547—555 (1934); Bull. Torrey Bot. Club. 66, 391—410 (1939). — WENT, F. W., and K. V. THIMANN: Phytohormones. XII + 294 pp. New York: Macmillan 1937. — WIEDOW, HANNELORE, and H. VON GUTTENBERG: Planta 41, 589—612 (1953). — WIELAND, O. P., R. S. DE ROPP and J. AVENER: Nature 173, 776—777 (1954). — WIELAND, TH., and L. BAUER: Angew. Chemie 63, 511 (1951). — WILDMAN, S. G., and J. BONNER: Arch. of Biochem. 14, 381—413 (1947); Amer. J. Bot. 35, 740—746 (1948). — WILDMAN, S. G., M. G. FERRI and J. BONNER: Arch. of Biochem. 13, 131—144 (1947). — WILDMAN, S. G., and R. M. MUIR: Plant. Physiol. 24, 84—92 (1949).

YAMAKI, T., and K. NAKAMURA: Sci. Papers Coll. Gen. Educ. Tokyo 2, 81—98 (1952).

Antibiotics.

By

F. A. Skinner.

A. Introduction.

The modern term "antibiotic" is usually applied to an organic substance which will kill certain micro-organisms such as bacteria, fungi or protozoa, or which will inhibit their growth. The term will be used in this sense in the following pages. It is commonly assumed that a substance designated as an antibiotic must necessarily have been elaborated by a living organism. Most antibiotics have, in fact, been obtained from living organisms, particularly from certain mould fungi and actinomycetes, and almost all those of clinical importance today are still prepared commercially in this way. However, some antibiotics, such as chloramphenicol (isolated originally from cultures of the actinomycete *Streptomyces venezuelae*[1], EHRLICH et al.) can be synthesized, and it is not improbable that synthetic methods of production of all useful antibiotics will in time replace the biological methods now in use.

Many antibiotics are highly active even in a very low concentration and display a marked specificity in their action toward different micro-organisms. In fact, it is often supposed that a substance referred to as an antibiotic will have these special properties of high activity and specificity though there is nothing implicit in the term "antibiotic" which ensures that this shall be so. Activity and specificity are relative, and it is extremely difficult in many cases to decide whether a particular substance reported in the literature should be called an antibiotic rather than a general antiseptic or disinfectant. Even some simple substances usually regarded as being generally poisonous to all bacteria are sometimes rather specific in their action: for example, hypochlorites are reported to have little effect on the tubercle bacillus (JORDAN and BURROWS, 1947). It is well to remember that anti-microbial substances or preparations reported in the literature before about 1940 are not recorded as antibiotics but are referred to as antiseptics or disinfectants, or by a variety of other terms generally indicative of toxic action. In this chapter, organic substances which have an adverse effect on micro-organisms will be discussed irrespective of whether they were originally called antibiotics or not. Only substances of this kind which are to be found in the tissues of Pteridophytes, Gymnosperms and Angiosperms will be considered. Although most attention has been given to those substances which are highly active and highly specific, reference has also been made to certain compounds or preparations of low activity and specificity.

B. Historical.

The systematic study of higher plants for the purpose of detecting antibiotics in their tissues is of comparatively recent origin. However, these investigations which have been inspired largely by the desire to find new substances toxic to

---

[1] Authorities for the names of higher plants and micro-organisms have, in general, been omitted, since in much of the published literature, such information has not been given. Authorities have been given in this chapter only when there has been no doubt as to their validity.

pathogenic micro-organisms, have followed naturally from the age-old practice of using plants and extracts of them as drugs for the cure of human diseases. Documents, many of which are of great antiquity, reveal that plants were used medicinally in China, Egypt and Greece long before the beginning of the Christian era. Knowledge of the healing properties of plants increased in later times, particularly during the Middle Ages in Europe, and much information was later recorded in the herbals of the 15th to the 17th centuries. After this time knowledge became more systematized and more divorced from superstitious belief but it was not until the early 19th century that it became realized that the medicinal properties of plants were due to active constituents present usually in minute quantities. Further reference will not be made to this early history as it has already formed the subject of an excellent review by ABRAHAM (see FLOREY et al. 1949).

The discovery of micro-organisms as the causative agents of many infectious diseases of man naturally created interest in substances toxic to these organisms. Many substances, including some of vegetable origin, became recognized as antiseptics. Thus, thymol, a simple phenol present in the essential oils of several plants (e. g. *Thymus vulgaris* and *Monarda punctata*) was used as an antiseptic by MARTINI in 1887. During the present century, many plants have been found to contain substances capable of inhibiting the growth of micro-organisms or of killing them. GLASER and PRINZ (1926) have reported that the addition of certain oxidases from barley, grasses, malt, and horse-radish to plate cultures prevented the growth of *Escherichia coli*, *Eberthella typhosa*, *Bacillus anthracis* and certain streptococci. All these oxidases had pronounced bactericidal properties which were proportional to their concentrations and which varied with the nature of the oxidase used. JORDANOFF (1927) reported that extracts of *Capsicum annuum* had a bactericidal effect on *E. coli*, *Eb. typhosa* and on some other gram-negative enteric bacteria. However, more recent studies have tended to emphasize the lack of bactericidal properties of this plant (see *Capsicum annuum*). YAMAGAMI (1927) found that quite dilute solutions of an oil obtained from *Allium scorodoprasum* had an inhibiting and a lethal action toward *Vibrio cholerae*. The antibacterial effects in this case were selective since a strong solution of the oil was required to inhibit the growth of the typhoid and coli bacteria: the oil was almost without effect on staphylococci. It is now known that several species of the genus *Allium*, notably *A. cepa* (onion) and *A. sativum* (garlic) are rich in substances having an adverse effect on the growth of micro-organisms.

The antiseptic and preservative substances present in hops formed the subject of investigations by several workers in the late 19th century. This work was reviewed by PYMAN et al. (1922), and the subject was further investigated in this country by teams of workers connected with the brewing industry from this date onwards. At least two antibiotic substances, lupulon and humulon, have been isolated from hops (see *Humulus lupulus*). In 1934 there was published an account of one of the first surveys of plant materials for the purpose of detecting antibacterial activity. TETSUMOTO (1934) tested sixteen fruit juices and nineteen Japanese condiments of vegetable origin for activity against *Eb. typhosa* and *V. cholerae*. Some of these materials, particularly the condiments, were reported to be very effective. BOAS and STEUDE (1935) and KEDING (1939) noted the bactericidal effect of anemonin, a substance contained in *Ranunculus acris*. Anemonin has since been isolated from several other members of the Ranunculaceae (see *Anemone pulsatilla*). The bactericidal properties of raw juices obtained from the heads of cabbages and the roots of turnips was also discovered at about this time (SHERMAN and HODGE, 1936). These juices were active against *E. coli*, *Bacterium aerogenes* and *Xanthomonas campestris*.

Valette and Liber (1938) observed that the bactericidal action of sodium taurocholate (against the pneumococcus) was greatly enhanced by the presence of convolvulin (a glucoside from *Ipomoea purga*) or of jalapin (a glucoside present also in this plant and in the roots of other members of the *Convolvulaceae*). Foter and Golick (1938) and Foter (1940) demonstrated the bactericidal action of crushed horse-radish root vapours and of the allyl isothiocyanate and other mustard oils present in this plant. Some studies on the fungicidal activity of certain vegetable oils were made by Clayton and Foster (1939).

The realization of the importance of penicillin in therapeutic medicine in about 1940 gave a tremendous stimulus to the search for micro-organisms capable of yielding new antibiotics. This search was also extended to cover the higher plants. The beginning of this new period of intensive research is marked by the work of Osborn (1943) who made an enormous survey of higher plants in order to detect the presence of substances antibiotic towards *Staphylococcus aureus* and *E. coli*. In this survey, extracts were made from approximately 2,300 species of plants, most of them Angiosperms, belonging to 166 families. Of these, extracts of plants belonging to 63 genera (28 families) inhibited the growth of at least one of the two species of test bacteria. During the last decade, many such surveys have been made. They are too numerous to review here in detail but references to their authors and to salient features of the investigations are given in Table 1.

As a result of the surveys mentioned in this table and the numerous more detailed researches on individual plant species, it is clear that antibiotic principles are distributed widely among the higher plants, particularly among the Angiosperms. Substances inhibiting or toxic to one or more micro-organisms have been detected in some members of all the families listed below.

1. Pteridophytes.

Equisetaceae, Gleicheniaceae, Lycopodiaceae, Polypodiaceae, Psilotaceae, Selaginellaceae.

2. Gymnosperms.

Cupressaceae, Ginkgoaceae, Gnetaceae, Pinaceae, Taxaceae.

3. Angiosperms.

a) Monocotyledons.

Alismataceae, Amaryllidaceae*, Araceae, Bromeliaceae, Commelinaceae, Cyperaceae, Dioscoreaceae, Gramineae, Iridaceae, Juncaceae, Liliaceae, Musaceae, Palmae, Pontederiaceae, Stemonaceae, Typhaceae, Zingiberaceae.

b) Dicotyledons.

Acanthaceae, Aceraceae, Aizoaceae, Amarantaceae*, Anacardiaceae*, Anonaceae, Apocyanaceae*, Aquifoliaceae, Araliaceae*, Aristolochiaceae*, Asclepiadaceae, Balsaminaceae, Berberidaceae, Betulaceae, Bignoniaceae*, Bixaceae, Boraginaceae*, Burseraceae*, Cactaceae, Canellaceae*, Capparidaceae, Caprifoliaceae*, Caricaceae, Caryophyllaceae, Casuarinaceae, Celastraceae, Chenopodiaceae, Cistaceae*, Combretaceae, Compositae*, Convolvulaceae, Cornaceae*, Crassulaceae, Cruciferae, Cucurbitaceae, Datiscaceae*, Dilleniaceae, Dipsacaceae, Droseraceae, Ebenaceae, Elaeocarpaceae, Empetraceae, Ericaceae, Euphorbiaceae*, Fagaceae, Flacourtiaceae, Fumariaceae, Gentianaceae*, Geraniaceae*, Guttiferae, Hamamelidaceae, Hippocrateaceae, Hydrophyllaceae, Hypericaceae, Juglandaceae, Koeberliniaceae*, Lab-

---

* The families marked with an asterisk contain some plants which were found by Spencer et al. (1947) to possess principles antibiotic to malarial parasites. Most if not all of these families also contain plants yielding materials active against other microorganisms.

iatae*, Lauraceae, Leguminoseae*, Linaceae, Loganiaceae*, Lythraceae, Magnoliaceae*, Malvaceae, Martyniaceae, Melastomataceae, Meliaceae*, Melianthaceae, Menispermaceae*, Monotropaceae, Moraceae, Moringaceae, Myricaceae, Myrsinaceae, Myrtaceae, Nyctaginaceae, Nymphaceae, Nyssaceae, Oleaceae, Onagraceae, Oxalidaceae, Papaveraceae, Passifloraceae, Phytolaccaceae, Piperaceae, Pittosporaceae, Plantaginaceae, Plumbaginaceae, Polemoniaceae, Polygalaceae, Polygonaceae, Portulacaceae, Proteaceae, Punicaceae, Ranunculaceae, Resedaceae, Rhamnaceae, Rosaceae*, Rubiaceae*, Rutaceae*, Salicaceae*, Sapindaceae, Sapotaceae, Saururaceae*, Sarraceniaceae, Saxifragaceae*, Scrophulariaceae, Simarubaceae*, Solonaceae, Sterculiaceae, Theaceae*, Tiliaceae, Tremandraceae, Tropoeolaceae, Umbelliferae*, Urticaceae, Valerianaceae, Verbenaceae, Violaceae, Vitaceae, Zygophyllaceae.

In the course of this quest for new substances active against micro-organisms pathogenic for man, many workers have taken plants at random though others (see Table 1) have tested groups of plants already known or suspected to possess useful medicinal properties. It would seem that some of the material recorded in the older herbals might be of value to the modern investigator by indicating to him plants which might well repay detailed study. In fact, very few workers have availed themselves of ancient literature but quite recently WINTER and WILLECKE (1953) attempted to use information given in the herbal of MATTHIOLUS (1611). The plants mentioned by MATTHIOLUS frequently could not be identified with any degree of certainty but they could usually be assigned to families recognized by modern botanists. Accordingly, WINTER and WILLECKE tested extracts prepared from many plants belonging to these families. Two groups of families were considered: those families containing plants which MATTHIOLUS had supposed to be of value in the treatment of diseases of the urinary system and those families containing species reputed to be of value for the treatment of wounds. Of the first group of 21 families, 18 (86%) contained plants which gave extracts active against one or more of the test bacteria (*Staph. aureus, E. coli* and *Bac. subtilis*). Of the second groups of 31 families, 27 (87%) were similarly active. These percentages of active families were rather higher than would reasonably be expected had the plants been taken at random. Nevertheless, it seems generally agreed that reference to very old literature is of limited value today, partly because of the often inadequate descriptions of plants given and partly because a plant regarded as being of value against a particular disease may act more directly on the human subject rather than on the organism causing that disease.

The survey of SPENCER et al. (1947) deserves special mention since it was an attempt to discover new naturally-occurring substances active against malarial parasites. Tests were made on extracts of parts of about six hundred different species representing 123 families of Phanerogams and 3 families of Cryptogams. Though many plants gave extracts which were active in vivo against at least one of the species of parasite used (*Plasmodium gallinaceum* in chicks; *P. cathemerium* and *P. lophurae* in ducklings) none contained active principles which appeared promising for use against malarial infections in man.

It may, in fact, be fairly stated that the results of all the numerous investigations conducted for the purpose of finding in plants new antibiotics active against micro-organisms pathogenic for man, have been disappointing. Many potentially useful antibiotics have been isolated but most of them have proved to be too toxic to human and animal subjects to be of value. As yet, no antibiotic from a higher plant has attained a place in therapeutic medicine at all comparable with that held by certain drugs of microbial origin such as penicillin.

Table 1. Surveys of Higher Plants for Antibiotic Activity.

Author	No. plants tested	No. showing activity against one or more test organisms.	Test organisms	Remarks
OSBORN, 1943	c. 2300 spp. (of 166 families)	Plants belonging to 63 genera (28 families)	E. coli, Staph. aureus	
HUDDLESON et al., 1944	Plants in 23 genera (of 15 families)	6 spp., and many varieties of onion	Brucella abortus, Staph. aureus	
LUCAS and LEWIS, 1944	Not stated	7 active genera named	E. coli, Phytomonas campestris, P. phaseoli and Staph. aureus	
PANISSET and LOUIS-MARIE, 1945	26 spp.	At least 5 spp.	E. coli, Staph. aureus	Survey of some Canadian green plants
SANDERS, WEATHERWAX, and McCLUNG, 1945	c. 120 spp.	24 spp.	Bacillus subtilis, E. coli	Survey of plants of Indiana, USA.
ATKINSON, 1946	c. 1100 spp.	c. 50 spp.	Bact. typhosum and Staph. aureus	See also, ATKINSON and RAINSFORD, 1946
CARLSON, BISSELL and MUELLER, 1946	> 200 spp.	5 active spp. described in detail	Several test organism used	Survey of plants of semi-arid region of S. E. Oregon, USA.
GUERRA et al., 1946	11 spp.	3 spp. showed marked activity		Tested plants which were believed by the ancient Aztecs to have medicinal value
HAYES, 1946	231 spp.	46 spp.	E. coli, Erwinia carotovora, Phytomonas tumefaciens, Staph. aureus	
LITTLE and GRUBAUGH, 1946	20 plants	13 plants	Several human and plant pathogenic bacteria and several fungi	Twenty varieties of common garden plants tested
ALAMANNI et al., 1947	30 spp.	A number of active extracts	Several test organism used	Survey of some Sardinian plants
SPENCER et al., 1947	Extracts from c. 600 spp.	Many extracts active	Plasmodium gallinaceum (in chicks), P. cathemerium and P. lophurae (in ducklings)	Survey of plants (from 123 families of Phanerogams and 3 families of Cryptogams) for antimalarial activity. Tests made in vivo.

Table 1. (Continued.)

Author	No. Plants tested	No. showing activity against one or more test organisms.	Test organisms	Remarks
Cardoso and Santos, 1948	c. 105 spp.	5 spp.	E. coli, Proteus X-19 and Staph. aureus	
Carlson and Douglas, 1948a	13 spp. treated in detail	12 spp.	E. coli, Staph. aureus	Extracts of parts of plants prepared with five different solvents
Carlson, Douglas, and Robertson, 1948	2115 extracts from 550 spp.	At least 114 spp. active	E. coli, Staph. aureus	Tested extracts of plants from Ohio and Oregon, USA
Sproston, Little and Foote, 1948	73 extracts from 11 spp. (11 families)	20 extracts active	Several micro-organisms including E. coli and Staph. aureus	Tested plants from Vermont, USA
Collier and van de Pijl, 1949	Leaves of 290 plants	42 plants	E. coli, Pasteurella pestis, Staph. aureus	Survey of Indonesian plants
Gaw and Wang, 1949	45 spp.	17 spp.	E. coli, Staph. aureus	Tested concentrated aqueous extracts of Chinese drugs prepared from various parts of the 45 spp.
George and Pandalai, 1949	100 plants	Many active extracts	Several gram-positive and gram-negative bacteria	Preliminary survey of 100 important Indian medicinal plants
Gottshall et al., 1949	c. 160 spp.	c. 40 spp.	E. coli, Mycobacterium tuberculosis and Staph. aureus	
Mitra, Chandran and Rao, 1949	57 spp. (from 32 families)	11 spp.	Nine micro-organisms	
Sartory, Quevauviller and Richard, 1949	c. 300 plants	Extracts of 44 spp. (18 families) active	Eight spp. of bacteria including E. coli and Staph. aureus	
Schnell and Thayer, 1949	c. 350 spp.	c. 118 spp.	E. coli, Staph. aureus and spores of Neurospora crassa	
Bushnell et al., 1950	101 spp.	13 spp.	E. coli, Pseudomonas aeruginosa and Staph. aureus	Survey of plants, many of which are mentioned in Hawaiian materia medica
Bishop and MacDonald, 1951	940 extracts from 209 spp. (65 families)	146 extracts active against Staph. aureus; 44 against E. coli	E. coli and Staph. aureus	Survey of Nova Scotian plants

Table 1. (Continued.)

Author	No. Plants tested	No. showing activity against one or more test organisms.	Test organisms	Remarks
Freerksen and Bönicke, 1951	550 spp.	330 spp.		
Hughes, 1952	545 spp. (295 genera of 73 families)	151 spp. (102 genera of 42 families)	*E. coli* and *Staph. aureus*	Tested crude juices from wild plants of Southern California, USA.
Joshi and Magar, 1952	63 spp.	58 spp.	*E. coli* and *Staph. aureus*	Tested extracts of Indian medicinal plants
Madson and Pates, 1952	>1500 extracts from 126 plant parts (102 spp.)	58 spp. gave active extracts	*Candida albicans, Pseudomonas aeruginosa* and *Staph. aureus*	Survey of plants of Florida, USA.
Winter and Willecke, 1952 a	100 spp.	37 spp.	*Bacillus subtilis, E. coli and Staph. aureus*	Tested extracts of green and withered leaves of the 100 spp.
Winter and Willecke, 1952 b	51 spp. of grasses	At least 16 spp.	*Bacillus subtilis. E. coli and Staph. aureus*	Tested extracts of green and withered leaves of the grasses
MacDonald and Bishop, 1953	177 spp.	59 spp.	*E. coli, Staph. aureus*	Survey of Nova Scotian plants
Winter and Willecke, 1953	1283 spp.	378 spp.	*Bacillus subtilis, E. coli and Staph. aureus*	Survey of plants likely to be of medicinal value according to information given in the herbal of Matthiolus (1611)

Though most research has had a medical bias, the subject has also been studied from other points of view. These other modern studies may be grouped in the following categories.

1. Antibiotics Active against Phyto-pathogenic Organisms.

FISHER (1935) and GOTTLIEB (1943) obtained evidence to indicate that the expressed juice from tomato plants retarded the growth of *Fusarium oxysporum f. lycopersici* (the fungus causing *Fusarium* wilt of tomatoes) in proportion to the wilt-resistance of the tomato varieties tested. This work was followed up by IRVING, FONTAINE and DOOLITTLE (1945) who discovered a substance in the juice of tomato plants that strongly inhibited the growth of this fungus. They named this substance "lycopersicin". They suggested that the resistance of some plant varieties to phytopathogens might conceivably be related to the presence of more or less specific antibiotics in the juices of these plants (see *Lycopersicum* spp.). LITTLE and GRUBAUGH (1946) obtained juices from 20 varieties of common garden plants which were resistant or susceptible to certain diseases. These juices were tested against four pathogenic fusaria and against several phyto-pathogenic bacteria. It seemed that substances active against these common pathogenic organisms were not widespread in the juices of the plants tested. The juices of maize and tomatoes were inhibiting to the growth of the fusaria though there was a marked variation in the susceptibilities of these fungi to the juices. Juices of the tomato varieties were more active against the fusaria than the maize varieties. The juices of varieties of maize, cucumber, wild mustard and cabbage were active to varying extents against the pathogenic bacteria. However, the authors decided that no clear distinction could be drawn between the activities of the juices of resistant and non-resistant varieties except perhaps in the case of the action of maize juices against the bacterial phytopathogens. There is evidence that the resistance of some varieties of onions to smudge disease [caused by the fungus *Colletotrichum circinans* (Berk) Vogl.] and neck-rots (caused by *Botrytis allii* Munn. and *B. byssoidea* J. C. Walker) is due primarily to the presence of water-soluble phenolic substances toxic to these pathogens in the dry outer scabs of the onion bulb (see *Allium cepa*). The fungus *Schizophyllum commune* Fr. can act as a parasite of several fruit and ornamental trees such as apple, orange and maple though it is more commonly found as a saprophyte on the dead wood of many species. Recently, McDONOUGH and BELL (1951) have found the wood and bark of some living trees e. g. *Catalpa spinosa*, to contain water- and alcohol-soluble constituents which inhibited the growth of this fungus. Dead wood of these same species appeared to contain no such inhibitors and was not resistant to attack by *S. commune*.

2. Antibiotics in Timber.

Work on this subject has arisen out of the need to explain the remarkable resistance of some timbers of commerce to fungal decay. Many such resistant woods (particularly heartwoods) are now known to contain antibiotics. HAWLEY, FLECK and RICHARDS (1924) found that the wood of several tree species yielded aqueous extracts which were toxic to the wood-rotting fungus *Fomes annosus* Cooke. Heartwood extracts were all more toxic than sapwood extracts from the same species, and hot-water extracts were all more toxic than the corresponding cold-water extracts. The relative toxicity of the extracts of the timbers to *F. annosus* was in close agreement with the relative durability of the woods. SOWDER (1929) found that aqueous extracts of the wood of *Thuja plicata* D. Don. (Western Red Cedar) were toxic to the wood-rotting fungus *Lentinus lepideus* Fr.

Volatile constituents obtained by dry distillation of the wood were also toxic to this fungus. The heartwood, which is very resistant to decay, has since yielded several compounds antibiotic to fungi and bacteria. Kitajima (1933) obtained material that inhibited the growth of *Polyporus vaporarius* on nutrient agar at 1:2000, from the heartwood of *Thujopsis dolobrata* (see *Thuja plicata, Pinus sylvestris* and *Chlorophora excelsa*).

3. Antibiotics in Vegetables Used as Food.

Some investigations have been made on the presence of antimicrobial substances in vegetables commonly used as food with a view to determining the part played by these substances during fermentation or commercial processing. Pederson and Fisher (1944 a, b), found that the majority of micro-organisms usually present on the surfaces of cabbage leaves were gram-negative aerobic bacteria, particularly species of *Achromobacter, Flavobacterium* and *Pseudomonas*. During fermentation of cabbage (for the preparation of sauerkraut) these bacteria quickly disappear, their place being taken by the gram-positive forms normally responsible for the correct fermentation process (e.g. *Leuconostoc mesenteroides, Lactobacillus plantarum* and *L. brevis*). The gram-negative forms were found to be susceptible to a thermo-labile bactericidal substance present in the cabbage leaves whereas the gram-positive fermenters were scarcely affected. This principle is present in different amounts in different varieties of cabbage. Conner (1946) investigated the possibility that commercial tomato juice might be inhibitory to the growth of bacteria particularly those which play a prominent part in the spoilage of foodstuffs. Extracts of tomato fruits contained some material which inhibited the growth of many gram-positive and gram-negative bacteria. He considered that this material was different from the "lycopersicin" described by other workers (see *Lycopersicum* spp.).

4. Plant Antibiotics and the Soil Micro-population.

There have been several investigations on the secretion of antibiotics by the roots of higher plants and on the possible effect of such substances on the soil micro-organisms near the roots. Thus, Bernard (1911) and Nobécourt (1928) found that orchid tubers secreted material that checked the growth of their own mycorrhizal fungi. Thorne and Brown (1937) made the interesting observation that most of the legume nodule bacteria (*Rhizobium* spp.) studied were able to grow in fresh juices expressed from the normal leguminous host plants but that these juices were bactericidal to other species of the root nodule bacteria. These bactericidal properties of the juices seemed to be associated with the protein fraction. Winter and Willecke (1951 a, b) obtained from *Aucuba japonica* a juice which, when added to a soil suspension to give a dilution of 1:20480, reduced the number of micro-organisms capable of growing on peptone agar by 70—80%. At a dilution of juice of 1:40960, the plate count was reduced by about 50%. The inhibitory effect varied greatly according to the density of the soil suspension, the soil type, the dilution of the sap and seasonal variations in its character. Not all soil organisms were inhibited: some, such as *Bacillus subtilis* were stimulated even at such a low dilution of sap as 1:40. When tulips, myrtle and *Aucuba* were grown in water-culture, substances inhibitory to micro-organisms appeared in the culture solutions after a few days. The authors concluded that, in nature, such inhibitors would pass into the soil and so affect the soil micro-population in the vicinity of the roots.

The study of so many plants from these several points of view has yielded an enormous amount of data on many compounds of diverse chemical type and on an even larger number of imperfectly characterized preparations antibiotically active against one or more micro-organisms. It is to be expected that no one method of analysis will serve to detect the presence of all antibiotic principles in plants and no one method of chemical extraction will be suitable for isolating all of them. Many methods are necessary and many have, in fact, been used: these will be discussed in the following sections.

C. The Detection of Antibiotic Substances in Plant Tissues and the Assay of Active Preparations.

Antibiotic substances in plants are detected by observing the growth response of various micro-organisms to those plant tissues or extracts which are placed in contact with them. Many methods for detecting such substances are available but since they are not all equally sensitive or even based upon the same principles, the results obtained will be influenced by the method selected: results will also be profoundly affected by the micro-organisms used to make the tests.

I. The Direct Testing of Plant Tissues.

1. Whole Plants.

Though the usual methods for detecting the presence of antibiotic substances in plants involve the preparation of extracts, it is sometimes possible to demonstrate their production by the whole living plant. Thus OSBORN and HARPER (1951) germinated seeds of *Leptosyne maritima* and then transferred the young seedlings to petri dish plates of agar medium which had previously been uniformly seeded with *Staphylococcus aureus*. After remaining in contact with the medium for four hours, the seedlings were removed, and the plates were incubated at 35° C. In this particular case an antibiotic principle which exuded from the cotyledons, roots and seed coats caused a zone of inhibition of bacterial growth around the position which each seedling had occupied. This method is of general application to small seedlings and can give some information about the distribution of antibiotic principles in the plants tested.

The secretion of antibiotics from the roots of some higher plants may be detected by growing them in water culture. Samples of the culture solution can be withdrawn at intervals and tested by the methods normally used for plant extracts (see WINTER and WILLECKE, 1951a).

2. Parts of Plants.

Even when an antibiotic is present in a plant, its concentration will not necessarily be the same in all parts of that plant: very often the antibiotic is present in some parts and not in others. The following method was used by OSBORN and HARPER (1951) to detect the presence and approximate abundance of the antibiotic in different parts of more mature plants of *Leptosyne maritima*. Transverse slices, each 0.5 cm. thick were cut from the stem and placed on agar plates seeded with *Staphylococcus aureus*. After incubation for a suitable time, the widths of the inhibition zones round the stem sections (caused by diffusion of the inhibitor from the pieces of tissue) were measured. (The diameter of these zones of inhibition is related to the concentration of the antibiotic in the pieces of tissue. See diffusion methods.) This method has the advantage of being simple and rapid and does not necessitate the preparation of large numbers of extracts in order to give some idea of the distribution of the antibiotic within the plant tissues. Whole leaves or other plant parts may also be placed directly on the seeded agar to test for the presence of an inhibitor.

Another simple method is to add pieces of plant tissue directly to liquid cultures of the test organisms. After incubation, the presence or absence of inhibitors in the pieces of tissue is judged by comparing growth in these cultures with that in control cultures which have not received pieces of tissue. (See Panisset and Louis-Marie, 1945.)

II. The Preparation and Testing of Plant Juices and Extracts.

1. Preparation.

Collection and Storage of Plant Samples. Extracts may be prepared from fresh or dried material. In general, fresh material is to be preferred since many plant antibiotics disappear from the tissues as the plants dry out (Osborn, 1943). Plants may be kept fresh for at least a few hours in a refrigerator. Is must be remembered, however that antibiotics may also develop in the tissues on drying. Thus, Winter and Willecke (1952) found that though the antibiotic power of extracts of the leaves of many species declined as the leaves withered, the antibiotic power of similar extracts of other species increased. In some cases, on withering, a loss of the inhibitor contained in the fresh leaves coincided with the build-up of new substances with quite different biological spectra (i. e. active against different sets of micro-organisms). The choice of material will obviously depend upon the purpose of the investigation.

Crude Plant Juices. Several workers have tested crude juices obtained by pressing the plant tissue. Very high pressures have sometimes been used: for example, Bushnell et al. (1950) subjected pieces of plants to pressures of 15,000 to 20,000 lbs. per sq. inch in a hydraulic press. Juices should be clarified and sterilized in the same ways as extracts.

Aqueous Extracts. The preliminary step in any extraction procedure must be the breaking up of the cells of the plant tissue. Methods based upon the principle of maceration have been frequently employed. Carlson and Douglas (1948a) have also suggested the alternate freezing and thawing of tissues, enzymatic hydrolysis, or allowing the cells to autolyse, as possible alternatives, but these methods do not seem to have been used in connection with the search for antibiotic substances. Macerated tissue is treated with water to prepare the extracts. In most surveys of plants for the detection of antibiotic substances, extracts of the whole plants (or parts of them) have been prepared by grinding the tissues with water by hand or by using mechanical macerators. Thus, the material may be ground with water in a mortar, with or without the addition of abrasives such as sand, to yield a pulp from which the aqueous extract can be strained off. Many workers have macerated plant tissue with water in a Waring blender. In some cases, the proportion of water to each plant tissue has been kept constant (MacDonald and Bishop, 1953); in others, different proportions have been used according to the succulence of the tissue (Hayes, 1946). Extracts may, of course, be made by the mechanical stirring of ground plant tissue with water (Spencer et al., 1947).

The crude pulps or mixtures obtained by these methods are usually strained through fine cotton or silk cloth or filtered through paper to yield clear extracts. Clarifying is certainly advisable since particulate material in the extracts may seriously interfere with subsequent tests (see cylinder-plate method). This applies to all extracts whether made with water or not.

It is advisable to use cold water rather than hot for making extracts in order not to destroy any thermo-labile antibiotics in the plant tissues. Some antibiotics exist in the plant as inactive precursors from which the active principles are liberated by enzymic action on rupture of the cells. In such cases, heating will tend to destroy the enzymes and lead to the production of only inactive extracts (see *Allium sativum* and *Crepis taraxacifolia*).

Extracts Prepared with Solvents other than Water. Antibiotic substances have been demonstrated in the aqueous extracts of a great number of plants. Nevertheless, not all antibiotics in plant tissues are soluble in, or directly extractable with water. In fact, there is now abundant evidence to show that the use of water alone does not provide an adequate test for the presence of many antibiotic principles. It has been maintained that for the efficient screening of plants, extracts prepared with several different solvents should be tested.

CARLSON and DOUGLAS (1948a) selected solvents to yield extracts of varied types of material in which potential antibiotic substances might exist. These solvents were:—

1. *Saline (0.9% aqueous NaCl)*. This was expected to remove some inorganic compounds, a few enzymes, albumin, histones, protamines, proteoses, peptones and amino-acids.

2. *Strong acid (1.5—5.0% H_2SO_4)* to extract alkaloids and similar basic substances.

3. *Weak acid (aqueous solution buffered at pH 4.0)* to remove glutelins, enzymes and possibly meta-proteins and albuminoids.

4. *Weak alkali (aqueous solution buffered at pH 9.0)* to remove acidic compounds and glycerides.

5. *Ether (di-ethyl ether)* to remove waxes, sterols, etc.

Portions of plants to be tested were macerated with a volume of the saline solution equal to one-half of the amount of plant material. The suspension was allowed to stand for up to one hour at room temperature and then parts of it were distributed among four large test-tubes. Each tube then received an equal volume of one of the four other solvents mentioned above. The contents of each tube were mixed and stored in a cold room along with the remainder of the saline extract for 24 hours. Before testing, the strong acid extract was neutralized with 4% sodium hydroxide. Supernatants were used for testing. In a survey, active substances were found in all these different types of extract. By using the solvents described above antibiotic activity was found in a group of 14 plants whereas if only saline had been used, only one of these plants would have yielded an extract with any marked antibiotic properties. A rather similar technique using three organic solvents was used by MACDONALD and BISHOP (1953). The slurry resulting from the maceration of 20 g. of plant material with 50 ml. of water was strained through cheesecloth and squeezed to dryness. The dry residue was then divided into four equal parts each of which was placed in a mortar and ground for 3 to 5 minutes with 5 ml. of ethanol, acetone, di-ethyl ether or the aqueous filtrate itself. The extracts were then separated from the residues and stored until required for testing. These authors found a considerably higher percentage of activity among the plants tested if several solvents were used instead of only one solvent. *Staphylococcus aureus* was inhibited by acetone extracts of 49 plants; by ethanol extracts of 40; by ether extracts of 17; and by aqueous extracts of only 13. The corresponding figures for *Escherichia coli* were 6, 6, 2 and 4 respectively.

SPENCER et al. (1947) used a complicated extraction procedure in their survey of about six hundred plants for anti-malarial activity. Extraction of moistened plant material with methanol in a Soxhlet apparatus for 24—48 hours and subsequent removal of the solvent in vacuo yielded aqueous residues which were tested in vivo against *Plasmodium* spp. Chloroform extracts prepared from portions of these aqueous residues were concentrated to dryness in vacuo. These dry products were dissolved in 95% ethanol or suspended in an aqueous solution of gum arabic: the resulting fluids were also tested in vivo against the malarial parasites.

The use of one solvent may affect the subsequent extraction of the plant residues with another. For example, CARLSON, DOUGLAS and BISSELL (1948) found that the direct aqueous extraction of *Rhus hirta* (sumac) did not release any active water-soluble material but, if the plant material was first extracted with ether, then a water-soluble antibiotic could be obtained from the aqueous residue. Thus, it appeared that the ether either released a water-soluble agent which had been bound in some way or else changed it chemically so that it became soluble in water.

A water-soluble antibiotic may sometimes be removed from an ether extract of plant tissue but not by direct treatment of the tissue with water (PAI and IRANI, 1950).

Various antibiotically active ether-soluble constituents may be removed from certain woods by treatment with acetone whereas these components are not directly extractable from the woods by the ether itself. (See *Pinus sylvestris* and *Thuja plicata*.)

pH of Aqueous Extracts. A test micro-organism may not be able to grow in medium which has been rendered too acid or too alkaline by the presence of an extract irrespective of whether that extract contains any specific antibiotic or not. It is therefore advisable to know the limits of pH between which the test organism can grow, and to ensure that the pH values of the extracts being tested do not fall outside these limits. Moreover, an antibiotic present in an extract will not necessarily be equally effective over even quite a narrow pH range. Ideally, therefore, each extract should be tested at several pH levels within the limits imposed by the test organisms, but when a large number of extracts are being examined this may not be practicable. In practice, extracts are usually adjusted to neutrality or to some other arbitrary pH value not far removed from it. (Most micro-organisms will grow between pH 6.0 and 8.0.)

When using unadjusted extracts it is advisable to test the activity of salt solutions buffered at the same pH values as these extracts. In this way, inhibition effects due to antibiotics may be distinguished from those due to pH alone. BUSHNELL et al. (1950) found that even very acid buffers (pH 3.0 and 4.0) were only moderately effective in their ability to inhibit growth of the test organisms (*Micrococcus pyogenes* var. *aureus*, *Escherichia coli* and *Pseudomonas aeruginosa*). Solutions buffered at pH 5.0 to 8.0 had no effect at all. Some extracts at pH 3.0 gave significantly greater degrees of inhibition than acid buffer at this same pH. They concluded that pH effects were not generally responsible for inhibition of the test organisms. This also seems to be the experience of other workers (see MacDONALD and BISHOP, 1953).

Concentration of Extracts. Extracts are usually tested in the form in which they are prepared but they may be concentrated to increase the chance of detecting antibiotics originally present in very small quantities. Concentration by evaporating off the solvent in vacuo is to be preferred as this is less likely to destroy thermo-labile antibiotics than evaporation at atmospheric pressure.

Sterilization of Extracts. For almost all methods of testing it is necessary to use sterile extracts. Sterilization by filtration is the method of choice since heating is best avoided for reasons already mentioned. Even this method has its disadvantage since many antibiotic principles can be adsorbed on to the filter material thereby rendering the extract inactive: this danger is acute when using filter-candles or Seitz filter pads of asbestos or compressed paper. It may, however, be minimized by using sintered glass filters or Gradocol membranes.

Storage of Extracts. It is probably best to test the extracts as soon as they are prepared but they may be stored at low temperatures. No precise rules about temperature and duration of storage can be laid down as the stability of any antibiotics in the extracts cannot be foretold.

2. Testing.

In this section I shall deal with the micro-biological methods for the detection of antibiotics in plant extracts, and with the methods for determining the potency of various preparations of any one antibiotic under investigation.

In order to detect an antibiotic, three conditions must be fulfilled. Firstly, the preparation (e. g. a plant extract) must be brought into contact with the micro-organism which has been selected for the tests. Secondly, conditions must be so adjusted that the micro-organism is able to grow provided no specific antibiotic is present. Thirdly there must be some means of judging the amount of growth, if any, made by the test organism during that period of time chosen for the test. These conditions also apply to methods for the assay of preparations of an antibiotic but, in his case, it is necessary to compare the response of the test organism to the preparation being assayed with its response to other preparations containing known amounts of the antibiotic. It would be preferable to consider methods for detecting antibiotics before discussing those methods suitable for their assay, but this arrangement is scarcely practicable since the same basic method is often used for both purposes. It is convenient, therefore, to take each method in turn and to discuss its suitability for qualitative and quantitative work.

The available methods fall mainly into two groups: dilution methods and diffusion methods. Dilution methods are not very suitable for the qualitative examination (screening) of large numbers of plant extracts but they are very useful for assay purposes. Diffusion methods are easily adapted for qualitative use and have been used in this way by many investigators. Because of their importance in qualitative work, diffusion methods will be considered first.

Diffusion Methods. A substance suspected of containing an antibiotic is placed upon a solid (e. g. agar) nutrient medium which has previously been seeded (i. e. uniformly inoculated), either throughout its volume or on the surface only, with a suitable test micro-organism. During incubation of the culture, the antibiotic, if present, will diffuse out into the medium and affect the growth of the test organism. The distance to which a completely inhibitory concentration has extended is indicated by absence of growth of the test organism. Thus, the presence of an antibiotic is shown by a clear zone of inhibition of growth round the sample being tested.

In the following pages only horizontal diffusion methods will be discussed. In these methods, the sample to be tested is placed on the surface of a plate of solid medium which has been seeded with the test organism, and the plate is then incubated in a horizontal position. The outward diffusion of the antibiotic through the horizontal layer of medium is observed. Such methods are in frequent use. Certain vertical diffusion methods have been described (see FLOREY et al., 1949) but they are relatively unimportant and have never apparently been used in work on higher plant antibiotics.

In the simplest horizontal diffusion test, a drop of the solution or a small quantity of a dry preparation to be tested is placed directly on the surface of a seeded agar plate which is then incubated. Several samples may be tested on the same plate. This method is quite suitable for screening a large number of extracts because it is simple and economical of time and apparatus. Moreover, only small quantities of extract are required: this is an additional advantage since frequently only small amounts of plant material may be available. Plant extracts made with organic solvents (particularly if they are very volatile) may also be tested by this method: drops of the solution are placed on the agar surface and the solvent allowed to evaporate thereby leaving a dry residue on the medium. The plate is then incubated in the usual way. A disadvantage of this method is that the extract etc. must be sterile because, if a contaminant of the sample is not susceptible to an antibiotic contained in it, then the contaminant may spread over the plate and ruin it.

Apart from its qualitative use the method can be used for the assay of solutions of a known antibiotic since the size of the inhibition zone (i. e. the distance to which an effective concentration of the antibiotic has diffused in a given time) is related to the concentration of the inhibitor in the drops. For assay, solutions containing known quantities of the antibiotic are tested at the same time and under the same conditions as the unknowns and a response-concentration curve is plotted from which the strength of the unknown can be read off. (For the theory underlying diffusion methods of assay, see COOPER and WOODMAN, 1946, and MASUYAMA, 1947.) This method is not now used to any great extent but the more precise methods of assay derived from it are frequently employed for both qualitative ad quantitative purposes. The most important of these is the cylinder-plate method which was developed originally for the assay of penicillin solutions (ABRAHAM et al., 1941; HEATLEY, 1944a).

The Cylinder-plate Method. Several sterile, short, open-ended cylinders of glass or vitreous porcelain are placed on the surface of an agar plate which has previously been seeded with the test organism. Each cylinder is placed so that one end seals on to the agar to form a cup which is then filled with the solution to be tested: the dish cover is then restored and the plate is incubated. After a suitable time, the plate is examined and the presence of zones of inhibition recorded (screening tests) or their widths measured (assays). The diameter of the zone is related to the concentration of the antibiotic (cf. filter paper disc method). The cylinders, if properly placed, should make a water-tight seal with the agar so that the inhibition zones are caused only by diffusion of the antibiotic through the agar and not by spreading of the solution on the agar surface. A water-tight seal of this kind is also bacteria-tight, so it is not necessary to sterilize the liquids being tested since any bacteria etc. present will be confined within the cylinders and will not therefore be able to spread and ruin the plate. This is a most important feature of the cylinder-plate method and it distinguishes it from all other diffusion methods and all dilution methods. It is this which makes the method so useful for the screening of large numbers of plant extracts. Gross contamination of the solutions should, however, be avoided, particularly in assay work, because some bacteria can destroy certain antibiotics (e. g. penicillin can be destroyed by penicillinase-producing bacteria).

Screening of Plant Extracts. When testing plant extracts by the cylinder-plate method or any other diffusion method, too much attention should not be given only to those extracts which produce large inhibition zones. Antibiotic substances present in plant extracts will be of unknown chemical type and present in unknown quantities. Thus, a large inhibition zone may be caused by a highly active substance present in quite small amount or by a substance of comparatively low activity (against the particular test organism being used) but present in high concentration. Again, a small inhibition zone may be caused by a very active substance which is almost insoluble in the solvent used to make the extract. (A solvent other than water should always be tested at the same time as the extract to make sure that it has no antibiotic activity.) It is also possible that inhibitors of active substances may be present in the same extracts.

The cylinder-plate tests are made in essentially the same way for both qualitative and quantitative work but for the latter it is necessary to prepare the plates with care to ensure uniformity.

Type of Medium. Any agar medium may be used provided that it permits rapid growth of the test organism. For most bacteria, a nutrient medium of the conventional beef extract — peptone type is suitable. HEATLEY (1944a) gives the following recipe of such a medium suitable for use with *Staphylococcus aureus* (a widely used test organism):— Lemco (beef extract) 10.0 g.; bacteriological peptone, 10.0 g.; NaCl, 5.0 g.; agar, 20.0 g.; tap water to 1 litre. The following medium was used by HAYES (1946): this was suitable for use with *Staph. aureus*, *E. coli*, and with the two phytopathogenic bacteria, *Erwinia carotovora* and *Phytomonas tumefaciens* as test organisms:— Bacto-tryptone, 20.0 g.; Bacto-dextrose, 2.0 g.; di-sodium phosphate, 2.5 g.; NaCl, 5.0 g.; powdered agar, 15.0 g.; distilled water, 1 litre. Other media will be required for certain fastidious bacteria and for the cultivation of yeast and mould fungi. For references to culture media see FRED and WAKSMAN (1928) and SKINNER, EMMONS and TSUCHIYA (1947).

Seeding the Agar. The medium may be seeded throughout while still molten (bulk-seeding) or on the surface only when set. For qualitative work, the method of seeding need be dictated only by convenience; but for accurate assay, surface-seeding of the hardened plates is, in general, to be preferred, since such plates tend to give sharper zones of inhibition than bulk-seeded plates. Surface-seeding by spreading a small amount of inoculum over the surface of a hardened agar plate with a wire loop or a curved sterile glass rod is adequate for qualitative work but not for assays since the potency of some antibiotics depends on the number of bacteria present. In such cases, the even distribution of a standardized amount of inoculum is essential. A plate may be surface-seeded by flooding it with a small volume of inoculum which is then spread evenly by tilting the plate in all directions. After spreading, it is usually necessary to leave the plates in a tilted position for a few minutes to allow excess inoculum to drain off to one side. This excess may then be removed by pipette. The plates may also be completely inverted: thus, HAYES (1946) allowed the surface-seeded plates to drain inverted on a board which had been sterilized with phenol solution. Plates may also be surface-seeded by spraying (WILSKA, 1947).

When a great number of tests have to be made it is convenient to seed all the medium in bulk while it is molten and then to distribute it into the dishes. Care must be taken to keep the molten seeded medium at the right temperature: if it is too cold, it may solidify prematurely; if it is too hot, some of the test organisms may be killed. When only a few plates are to be prepared, aliquot amounts of liquid inoculum can be placed in the petri dishes and an appropriate volume of molten sterile medium added to each dish. The contents of each dish are mixed in the usual way by moving it in a circle flat on the bench or by rocking it from side to side.

A plate may also be seeded by pouring a thin layer of pre-seeded agar on to a sterile hardened agar plate. Such plates are really surface-seeded and so give sharply-defined inhibition zones. However, there is no excess inoculum to drain off after the flooding of the plates.

Certain precautions have to be taken when fungi are being used as test organisms. In order to illustrate this, the following account is taken from a paper by IRVING, FONTAINE and DOOLITTLE (1945) on the inhibitory effects of tomato plant extracts on *Fusarium oxysporum f. lycopersici*. A suspension of spores of the fungus was filtered through a thin layer of sterile cotton wool to remove fragments of mycelium. If these fragments were allowed to remain in the inoculum they caused irregular fungus growth on the assay plates. Five ml. of the spore suspension were added to 40 ml. of CZAPEK-dextrose agar at 45° C and mixed. Sterile 90 mm. diameter petri dishes each containing 20 ml. of solidified CZAPEK-dextrose agar were warmed to about 45° C and flooded evenly with the agar spore suspension (3.5 ml. to each dish); the plates were then allowed to harden.

However, not all fungi form spores readily, so, if such a fungus has been selected as test organism, it is necessary to prepare an inoculum from the mycelium itself. LITTLE and GRUBAUGH (1946) used a method for preparing the plates similar to that described above except that spores were not used. Twenty-four-hour-old cultures of various *Fusarium* spp. in a beef-infusion broth containing 2% of glucose were shaken with glass beads to break up the mycelium. One ml. portions of these suspensions were pipetted into sterile petri dishes and 10 ml. of a modified CZAPEK glucose agar were added. A similar method of agitation to break up the mycelium in the cultures was used by CARLSON, DOUGLAS and BISSELL (1948).

Dispensing the Agar. The medium, sterile or pre-seeded, may be dispensed into the petri dishes by means of a pipette. A better method, particularly if many plates are to be prepared, is to use an automatic measuring head which fits the stock bottles containing the medium. Plates are usually filled to a depth of about 3 to 5 mm.

Drying the Plates. It is usually necessary to dry the hardened plates after seeding, especially after surface-seeding. Insufficient drying may cause streaky growth of the test organism or may obscure the results with low concentrations of antibiotic by causing a ring of liquid to collect around the cylinder. The bottom of the dish may be inverted and tilted against the lid but, for surface-seeded plates, it is better that they should be level and that the agar should dry symmetrically. HEATLEY (1944a) has described a drying-rack consisting of two horizontal glass rods supported on a wooden stand. The inverted dish is supported about one-half inch above the lid which may or may not be inverted. Alternatively, the inverted plate and lid may be placed side by side on the rack. Plates may also be left open and level and covered with a sterile cloth until dry. The following method was used by MACDONALD and BISHOP (1953). The excess inoculum was drained off from surface-seeded plates and the dishes and covers inverted in the incubator for 30 min. to dry. When dry, the glass lids were replaced with metal covers containing fibre absorption discs (Brewer Petri Metal Tops) which readily absorbed excess moisture in the dishes.

The Placing and Filling of Cylinders. The original cylinders used by HEATLEY (1944a) were short lengths of glass tubing which were placed directly on to the seeded agar without heat or pressure. These were later replaced by cylinders made of vitreous porcelain to the following dimensions:— Height, 9.6 ± 0.2 mm.; I. D., 5.1 ± 0.1 mm.; O. D., 7.2 ± 0.1 mm. Such a cylinder holds about 0.2 ml. of solution. The actual dimensions of cylinders used is unimportant provided they are uniform. These porcelain cylinders were more easily chipped than the glass ones so they were warmed by flaming just before being placed on the agar surface as this enabled a fluid-tight seal to be obtained. HEATLEY notes that the flaming of cylinders may introduce serious errors unless the operator has considerable experience. Cylinders were originally bevelled internally to improve the seal but this does not really seem to be necessary: it is certainly not necessary if they are flamed before placing, or if they are made of heavy material such as stainless steel. Usually four or five cylinders are placed in a ring on a plate of 9 cm. diameter. The centre of the plate where the agar is likely to vary in thickness should not be used for accurate assays. Cylinders may be filled conveniently with a pipette. Aliquot volumes may be given to each cylinder though it is a more usual practice to fill them to the top.

Testing Solutions of Low Activity. The prepared plate may be placed in the refrigerator for several hours before incubation in order to give the antibiotic more time to diffuse out from the cylinder before the test organism begins to grow rapidly.

Incubation Temperatures and Times. Human and animal pathogenic bacteria are usually incubated at 37° C but rather lower temperatures are commonly used for saprophytic and plant-pathogenic bacteria, e. g. 18—28° C. These lower temperatures are also generally used for fungi. At 37° C the plates are usually incubated for 16 to 24 hours though longer periods are usual at the lower temperatures. HEATLEY (1944a) recommends that the plates should be stored on wood or asbestos in the 37°C incubator rather than directly on the incubator shelf. If placed directly on the shelf, fluid may condense on the lid, touch the cylinders and cause their non-sterile contents to run down on to the agar. The incubation times are not usually very critical when using bacteria but they may be much more so when using filamentous fungi as test organisms. IRVING, FONTAINE and DOOLITTLE (1945) found this to be the case when testing tomato plant extracts against *Fusarium oxysporum f. lycopersici*. Porcelain cylinders were dropped on to the inoculated surface and the covered plates incubated for 24 hours at 28° C. The cylinders were then filled and the plates incubated for another 16 hours under the same conditions. The zones were measured. Under these conditions, fungus growth was uniformly raised and developed evenly over the entire agar surface. The zones were sharp and could therefore be measured accurately. Plates to which the test solution was added before 20 hours or after 30 hours of incubation showed less distinct inhibition zones than those to which test solutions were added after the optimum period of incubation, namely 23—25 hours after inoculation. Inhibition zones must be measured within 15—17 hours after the test solutions have been applied. After periods of less than 15 hours the inhibition zones were not well defined due to the thinness of the fungal mat; after more than 17 hours overgrowth of the zone edges often occurred. It is possible that similarly critical timing may be necessary for other filamentous fungi. LITTLE and GRUBAUGH (1946), working with various fusaria, found that a preliminary incubation period of 18 hours before placing and filling the cylinders was necessary.

The Preparation of Standard Assay Curves. In order to establish the exact relationship between size of inhibition zone and concentration of the antibiotic being assayed, a batch of solutions containing various known concentrations of the antibiotic is tested at the same time as the unknowns. A response-concentration curve is then plotted for the solutions of known concentration, and from this the concentrations in the unknowns can be read off. The shape and slope of this standard curve depend upon the test organism, the antibiotic being assayed, and the conditions under which the test is carried out. The working range of the curve (i. e. that range over which the most accurate results are obtained) varies with the same factors. In most cases the zone size bears a direct and almost linear relationship to the logarithm of the concentration. As the zone size for any one concentration of the antibiotic may vary from day to day, it is necessary to prepare a new assay curve for each batch of unknowns tested.

41*

Errors Due to Arrangement of Cylinders on Surface-seeded Plates. If several cylinders filled with the same antibiotic solution are tested on the same plate, the resulting zones of inhibition will usually be of identical size. However, on surface-seeded plates, it sometimes happens that those zones near the point on the circumference of the dish to which the excess inoculum was drained during seeding are smaller than the average for the plate while those on the opposite side are larger than the average. Errors due to this source can be reduced or eliminated by suitable arrangement of replicates on different plates (see HEATLEY, 1944a; FLOREY et al., 1949).

Sizes and Types of Inhibition Zones. The size of an inhibition zone depends upon the rate of diffusion of the antibiotic and the duration of the lag phase of the test organism. The zone can be made larger, for a given concentration of inhibitor, if diffusion is allowed to proceed at room temperature or below for some time before incubation. This procedure has been used for the assay of low concentrations.

Increased bacterial growth outside the zone usually occurs when the solution being assayed contains nutrients as well as the inhibitor. Halo effects, and concentric zones are sometimes obtained with crude solutions. OSBORN (1943) found that a few substances give a "partial" inhibition, i. e. there is no sharp inhibition zone, but a gradual transition from little or no growth near the cylinder to full growth further away.

CARLSON, DOUGLAS and ROBERTSON (1948) observed that the inhibition zones surrounding the cylinders containing some plant extracts, were only on the surface of the agar whereas it is usually found that the growth of the test organism is inhibited all through the agar surrounding the cylinders. (These authors used bulk-seeded plates. This "surface effect" would not presumably have been apparent if surface-seeded plates had been used.) In these cases, it was found that the extract being tested had not spread out over the agar surface as a result of leakage from the base of the cylinder. They suggested that the cause of this surface activity was the oxidation of the diffused agent, i. e. the oxidized principle was active while that portion in the agar, not having access to the atmosphere, remained inactive. This phenomenon was found with extracts of the flowers of *Nelumbo nelumbo*, and extracts of the plants of *Schmaltzia crenata*, *Isanthus brochiatus* and *Ipomoea pandurata*. (The lipoid extracts of many plants develop antibiotic properties on photo-oxidation. See Fatty acids.)

The Hole-plate Method. Solutions (or pastes etc.) to be tested qualitatively or assayed may be placed in small depressions in the surface of the medium instead of inside cylinders resting on the surface. These cavities may be made by removing small discs of the medium or by placing moulds (e. g. rubber stoppers) in the dish while the medium is poured. (See FLOREY et al., 1949.) The same general technique for preparing the plates is used as for the cylinder-plate method. In this method, the solutions for assay must be sterile. For the qualitative testing of plant extracts, sterility is to be preferred though it is not always essential if the extracts are reasonably free from contamination. This method is not generally favoured for qualitative work but it seems to be useful for the assay of liquids of low surface tension. CARLSON and DOUGLAS (1948b) found that the colourless oil with antibiotic properties which they had obtained as a first fraction in the steam-distillation of the root of *Leptotaenia dissecta*, had a low surface tension and a strong tendency to spread over an agar surface. The cylinder-plate method or the placing of the oil directly on the agar surface, gave a false evaluation of the antibiotic effectiveness of this oil, possibly because the oil could penetrate to some extent through the cylinder-agar seal. The following hole-in-plate technique, which minimised the amount of spreading of the oil, gave consistent and measurable zones of inhibition. Small circles of agar were cut out with a sterile 8 mm. cork-borer from each seeded agar plate. By applying a slight negative pressure to the tube of the cork-borer, these agar discs could be removed. The authors emphasize that excessive negative pressure should be avoided since this tends to tear irregular holes in the agar. In this particular case, each hole in the agar received one to three drops of the oil. This technique was also used (in conjunction with normal cylinder-plate assays) with aqueous solutions by CARLSON, DOUGLAS and BISSELL (1948) in their work on sumac.

An advantage of the hole-plate method over the cylinder-plate method is that the presence of suspended particulate matter in the liquid being tested is less likely to interfere with the diffusion of the antibiotic.

The Filter Paper Disc Method. Small discs of filter paper may be used as containers for the antibiotic solutions to be assayed or tested. Uniform discs of filter paper or filter fabric are laid on the surface of a seeded plate, then two or three drops or loopfuls of the solution to be tested, are placed on the disc. VINCENT and VINCENT (1944) and EPSTEIN et al. (1944) dipped the sterile disc into the solution to be tested before placing it on the plate. This last seems the best method: very uniform amounts of fluid were taken up by successive discs (DE BEER and SHERWOOD, 1945). They found that within rather wide limits, the zone diameter-log dose curve was linear. The method is capable of high accuracy. It is not so sensitive as the cylinder-plate or hole-plate methods but it has the advantage of requiring only 0.02 ml. of liquid for each disc. Accurate measurement of these small volumes is essential. In the cylinder-plate method, the concentration of the substance to be assayed determines the diameter of the zone of inhibition. In the paper disc method, it is the amount of the substance which is the controlling factor provided it is freely soluble. Drying of discs scarcely affects results. It is a good method for assaying water-soluble antibiotics in organic solvents. A measured amount of the solution is placed on the disc, the solvent allowed to evaporate and the dry disc is placed directly on the plate. The discs may be conveniently dried by placing them on points of needles. The paper disc method will tolerate higher concentrations of organic solvents than are permissible with other methods. Liquids must be sterile, at least for assay. This method has been used for the testing of plant extracts by LUCAS and LEWIS (1944) and LUCAS et al. (1948).

SPROSTON, LITTLE and FOOTE (1948) used a modification of the paper disc method for testing plant extracts. Absorbent cotton rolls, made by slicing dental cotton rolls into 1 cm. lengths (10 mm. diameter), were dipped into the extracts and placed on the seeded agar plates. They were placed on the plates immediately after the surface-seeding with inoculated agar had hardened. These rolls adhered firmly to the agar and there was no runoff of surplus extract from them. Each roll held much more solution than a cylinder of normal size (1.0 to 1.5 ml.): this was considered to be an advantage as it would probably facilitate the detection of antibiotic substances present in low concentration.

Dilution Methods. As an example of a very simple kind of test, we may consider the direct addition of a sample suspected to contain an antibiotic to a vessel of liquid culture medium which has just been inoculated with test bacteria. On incubation, the bacteria will grow normally if no inhibitor is present, or badly or even not at all if an inhibitor is contained in the sample added to the culture. Growth of the organism may be determined by:

a) Direct visual comparison of the test culture with a control culture which did not receive an addition of the sample being tested. (This is practicable only if the medium is clear enough to permit the observation of turbidity due to growth of the cells.)

b) Estimation (e. g. by plating out the organisms) of growth in both test and control cultures.

Tests of this kind do not appear to have been used by modern workers for testing plant extracts, probably because the diffusion methods already described are so very suitable for this purpose. However, it is from these principles that the dilution method of assay has been derived.

For assay purposes, a number of identical vessels of culture medium are prepared, and to each is added a different amount of the preparation to be assayed. The test is usually set up by making a series of dilutions of the original sample in the culture medium and adding an aliquot of each dilution to one of the vessels. The vessels are then inoculated with the test organism and incubated for a suitable period of time. The end point of this test is usually taken as the highest dilution of the sample which will just prevent growth of the test organism.

At the same time, a similar set of cultures containing known concentrations of the antibiotic is incubated. By comparing the endpoint of the set of standards with that of the set of unknowns an estimate of the potency of the original sample can be made. Many samples may be tested against one set of standards.

Methods Using Liquid Media.

Preparation of the Dilutions. A rough estimate of the concentration of antibiotic in a sample may be obtained by using a two-fold dilution series. This can be prepared as follows: x ml. of the solution to be assayed are added to an equal volume of nutrient broth in a test-tube. This gives a dilution of $1/_2 \cdot X$ ml. of this dilution are transferred to a second tube containing x ml. of broth to give a dilution of $1/_4$. This process is repeated until the required number of tubes have been set up. (If nothing is known about the potency of the sample to be assayed there is no way of telling in advance how many dilutions will be needed to ensure that the end point of the test shall be reached. In this case, some arbitrary number of dilutions (e. g. 10) must be selected.) Finally x ml. are discarded from the final tube after mixing to bring its volume down to x ml. A control tube containing only x ml. of sterile broth is also included in the test. Each tube is then inoculated with the test organism, incubated, and then examined after a suitable interval of time. A similar set of dilutions containing known concentrations of the antibiotic is set up at the same time.

Let us assume, firstly, that the test organism is completely inhibited in the culture containing 10 μg./ml. of an antibiotic, but not in that culture containing one-half of this concentration (this information is given by the set of standard dilutions) and, secondly, that a $1/_8$ dilution of the sample being assayed is completely inhibitory to the test organism and that a $1/_{16}$ dilution is not. An estimate of potency is given by regarding the $1/_8$ dilution of the unknown as containing 10 μg./ml. of the antibiotic: the original sample therefore contains 80 μg./ml. This estimate is clearly not very accurate because the result of the test is not given by a single value but by two limits between which lies a concentration of the antibiotic just sufficient to cause complete inhibition of the test organism. In the above hypothetical example, the inhibitory concentration lies between 10 and 5 μg./ml. (as given by the set of standards) and this concentration is contained in some dilution of the unknown between $1/_8$ and $1/_{16}$. Thus a certain error is associated with the reading of the set of standards and a similar error arises with the reading of the set of dilutions of the unknown. These errors will, of course, be larger if the dilution steps are larger, as they will be in five-fold

(i. e. x ml. of the sample to be assayed is added to 4 x ml. of broth etc.) or ten-fold (i. e. x ml. of the sample is added to 9 x ml. of broth etc.) dilution series.

These errors may however, be reduced by lessening the concentration difference between adjacent tubes in the series but to do this it is necessary to use a different system for making the dilutions. For example, one may add the same volume of medium to each tube and vary the volume of the sample to be assayed (or a suitable dilution of it) which is added to each tube by a certain small amount, e. g. 2 ml. of the sample are added to the first tube containing say, 5 ml. of medium, 1.9 ml. to the second tube, 1.8 ml. to the third and so on. Alternatively, aliquots of the sample may be added to tubes containing increasingly larger volumes of the culture medium. (For more detailed information concerning the preparation of dilution series, see FIOREY et al., 1949.) In this way, the dilution steps may be made as small as desired but the resulting increase in accuracy is rather offset by the increasing difficulty of reading the end-point. Moreover, when using small dilution steps with a sample of unknown potency, it is essential to prepare a large number of dilutions to ensure that the end-point shall be reached. A preliminary experiment using wide dilution steps may, of course, be made to determine the approximate position of the end-point so that a second experiment using the minimum number of dilutions graded in small steps can be planned to determine the end-point with accuracy.

The preparations assayed by dilution methods using liquid media must be sterile unless the incubation period can be made very short.

Inoculation. The titres of some antibiotics depend on the number of cells of the test organism present so that it is necessary to inoculate all the dilution tubes in one batch of tests as uniformly as possible. This is usually accomplished by adding one or more drops or a measured volume of the inoculum to each tube.

Time of Incubation. The time of incubation of a particular test will depend upon the test organism being used and on the temperature. The time may be shortened to some extent by increasing the temperature of incubation.

The End-point. This is usually taken as the highest dilution which will just prevent perceptible growth. Sometimes, the end-point is taken as the dilution showing 50% inhibition of turbidity. This is measured by matching the tubes with a tube of fully-grown control broth diluted with an equal volume of sterile broth. This method can obviously only be used with test organisms capable of causing turbidity. Other kinds of end-point depending upon change in pH of the cultures, presence or absence of haemolysis, or non-reduction of an Eh indicator have also been described, particularly in connection with the assay of penicillin (see FLOREY et al., 1949).

Significance of the "no growth" End-point. Failure of the test organism to grow in the presence of a certain dilution of the antibiotic does not indicate whether the cells of that organism have been killed or only inhibited. This point may be decided by removing a portion of the inhibited culture to a tube of fresh broth containing no antibiotic. If, on incubation, the test organism grows, then clearly, some or all of the cells transferred must have been viable, i. e. the concentration of antibiotic in the inhibited culture was bacteriostatic (assuming the test organism to be a bacterium). Failure to grow in the fresh medium indicates that the concentration of antibiotic in the inhibited culture was lethal (i. e. bactericidal). It should be noted that a substance which is bactericidal for a certain test bacterium in a comparatively high concentration, may be only bacteriostatic in a lower one. Tests of this kind have often been made on plant extracts (see HUDDLESON et al., 1944; CARLSON, BISSELL and MUELLER, 1946).

Uses of the Dilution Methods. The dilution methods as described above are very suitable for assay purposes, particularly when a high degree of sensitivity is required, but they are generally less suitable than diffusion methods for qualitative work, e. g. the rapid screening of large numbers of plant extracts. A great advantage of dilution methods using liquid media, however, is that they do enable the investigator to determine easily whether an antibiotic is lethal or only inhibitory to the test organism at various concentrations. This aspect of the method will be considered in greater detail with particular reference to work on plant antibiotics.

More precise information about the action of the antibiotic in completely or partially inhibited dilution cultures may be obtained by plating out samples of these cultures on to solid media containing no antibiotic. Thus, the proportion of cells killed in a completely inhibited culture, by that particular concentration of antibiotic may be determined. SOUTHAM (1946) prepared dilution series of aqueous decoctions of the wood of *Thuja plicata* in buffered nutrient broth. These dilutions together with control cultures containing the broth alone were inoculated with 10^4 viable cells of *Shigella dysenteriae*/ml. and then incubated at 37° C. After 8 hrs., the controls contained 10^6 viable organisms/ml. but no appreciable change occurred in the next 16 hrs. In the test cultures containing 45% of the wood extract, no increase in viable cells took place during the first 12 hrs. of incubation but there was an increase to 10^6 after 24 hours. In this case, the suppression of growth was due to stasis which did not persist and was not due to killing of the cells. This same author also studied bacterial growth in the same cultures by turbidimetric readings taken at the same times as the samples were withdrawn to make the platings. A Klett-Summerson photoelectric colorimeter was used with a dark red filter to eliminate variations due to depth of colour of the media. For each culture, the reading obtained before incubation was subtracted from that obtained after various periods of incubation. The final figures therefore represented turbidity due to bacterial growth during incubation and not the total turbidities of the cultures. The use of this method confirmed the results obtained by plating.

Such transient bacteriostatic action is not uncommon: it may be due to decomposition of the antibiotic or to other causes such as the development of bacterial resistance or to the multiplication of a few resistant cells of the inoculum.

The dilution method may be used for studying the antibiotic effects of substances in oily solution. For example, CARLSON and DOUGLAS (1948b), made dilution tests with the colourless oil fraction obtained from the root of *Leptotaenia dissecta*. Dilutions of this oil were made in sterile mineral oil and portions of these dilutions were added to seeded broth cultures of a test organism. Samples were removed from these cultures after the test organism had been in contact with the oil dilutions for 5, 15 and 30 min. and for 1 and 18 hrs.

In the examples discussed, the test bacteria have been incubated in culture medium containing an antibiotic. Clearly, if it is desirable to test the ability of a substance or extract for inhibitory properties, then the presence of suitable substrates favourable for growth of the test bacteria is essential. However, the presence of such substrates or culture media is not essential if one is testing only for bactericidal activity. For this purpose, it is only necessary to allow the test organism to remain in contact with the material being tested for varying periods of time before estimating the numbers of viable cells. If, after contact with the antibiotic, the number of viable cells is less than was present originally in the inoculum, then that antibiotic is to some extent bactericidal under these conditions. This principle was used by PEDERSON and FISHER (1944b) in their work on the bactericidal principles present in vegetables, especially in cabbage. These vegetables were ground to pulp under aseptic conditions and 25 g. of the pulp and juice added aseptically to a sterile conical flask containing 25 ml. of tap water. Each flask received 1 ml. of a dilute suspension of the test organisms (bacteria isolated from the surface of cabbage leaves) and was then shaken to distribute the inoculum evenly among the pulp. Samples were withdrawn at once for estimation of bacterial numbers by plating and also after various periods of incubation up to 24 hrs. duration, i. e. the bacteria remaining in a viable condition in the flask after contact with the vegetable juice for varying periods of time were determined. In many cases, the number of viable organisms declined thereby demonstrating that they were in contact with bactericidal substances.

The methods which have been described for bacteria are equally suitable for yeasts and for certain other unicellular organisms but are less so for filamentous mould fungi. If these are used as test organisms, the "no growth" end-point may be taken but, if partial inhibition is being studied, it is difficult to estimate the amount of growth made by the fungus. Turbidimetric methods cannot be used for this estimation and, before using plating methods, a suitable technique must be used to break up the mycelial mats in a standardized way. In general, if filamentous fungi are the test organisms, it is more convenient to use dilution methods employing solid media. Some use can however be made of the ability of many antibiotics to inhibit the germination of fungus spores. BRIAN and HEMMING (1945) have described a dilution method suitable for the assay of entibiotics which are particularly active against fungi. Two-fold dilutions of the material to be assayed are made in liquid medium of the following composition: dextrose 12.5 g.; ammonium tartrate, 1.0 g. potassium hydrogen tartrate, 1.0 g; magnesium sulphate, 0.5 g.; distilled water, 1 litre. To each dilution is added an equal volume of a suspension of spores of *Botrytis allii* Munn. made with the same medium. This spore suspension is prepared by washing tube cultures of the fungus which have been grown for 7 days at 25° C on Czapek-Dox agar, with this medium. Before addition to the dilutions, the spore suspension is filtered through sterile cotton gauze and is then diluted to contain about 0.5×10^6 spores/ml. After mixing, three separate drops of each dilution are placed on a sterile slide in a petri dish moist chamber and incubated at 25° C for 16—18 hrs. The drops are examined microscopically and the percentage of spores which have germinated is estimated. The end-point is taken as the highest dilution in which germination of 99% of the spores has been suppressed. The activity is expressed in BA units, i. e. the number of units of activity/ml. being the number of times the original solution can be diluted in the germination drops and still prevent germination of 99% of the spores.

A similar method using spores of the fungus *Sclerotinia fructicola* was employed by MICHENER et al. (1948) for assaying antibiotic materials from hops (see *Humulus lupulus*). In this case, the results were expressed graphically and the dilution which would have inhibited germination of 50 % of the spores was determined: this dilution was taken as the end-point.

Methods Using Solid Media. If a micro-organism is streaked on to a solid (e. g. agar) medium containing an antibiotic to which that organism is susceptible, then its growth will be inhibited to an extent depending upon the concentration of the antibiotic present. This principle forms the basis of both qualitative tests and of dilution methods of assay.

The Detection of Antibiotics in Crude Materials. A quantity of the material to be examined (e. g. a plant extract) is added to a sterile petri dish.

A suitable volume of molten agar medium is then added and mixed thoroughly with the extract before solidification. When solid, the test organism is streaked on to the agar plate which is then incubated under suitable conditions of time and temperature. Inhibition of growth of the test organism is judged by comparing it with the amount of growth on control plates prepared without the extract, which are set up at the same time as the test plates.

Assay of Antibiotics. For assay purposes, a series of petri dish agar plate cultures each containing a different amount of the substance to be assayed, is prepared. The plates are inoculated by streaking the inoculum on the surface and they are then incubated. The end-point is usually taken as the highest dilution which will inhibit completely the growth of the test organisms. A set of dilutions containing known amounts of the antibiotic being assayed is set up at the same time. These methods are rather less accurate than those using liquid media but they have been used extensively (see Waksman and Reilly, 1945).

Advantages of Methods Using Solid Media.

1. Absolute sterility of the preparation being assayed is not essential. (Contaminants will not necessarily appear on that part of the plate on which the test organism is streaked.)

2. Several different test organisms may be tested simultaneously on the same dilution (cf. diffusion methods in which several substances or several dilutions of one substance may be tested simultaneously against one test organism).

3. Non-aqueous solutions or suspensions of solids can often be tested directly by incorporating then with the agar media as if they were aqueous solutions.

This method was used by Michener et al. (1948) to test and assay various antibiotically active fractions from hops. Humulon, lupulon, "yellow resin", "soft resin" and "soft resins B and C" were relatively insoluble in water so suspensions were prepared for testing. "Soft resin" was dispersed in water containing 0.2% of agar with the aid of a homogenizer. This gave a reasonably stable emulsion, which could be added to the assay medium. Forty mg. quantities of humulon, "yellow resin" and "soft resins B and C" were dissolved or dispersed in 2 ml. of warm ethylene glycol to which was added 100 ml. of hot water. Lupulon and a "black residue" were dispersed similarly except that the 2 ml. of ethylene glycol were replaced by 0.15 ml. of "Tween 20". These dispersions were adjusted to pH 5.8 and then added to the assay medium. They were not sterilized because hop antibiotics are known to be thermo-labile under some conditions (see 1 above). Contaminants appeared only occasionally.

4. Antibiotics which do not diffuse through agar media (and which cannot, therefore, be detected or assayed by diffusion methods) may nevertheless be tested by incorporating them in a solid agar medium on which the test organism is inoculated (see Southam, 1946).

Filamentous Mould Fungi as Test Organisms. When using filamentous fungi as test organisms, failure to grow at all with a certain concentration of an antibiotic may be taken as the end-point in a dilution series (cf. germination of fungus spores). However, the regular and relatively rapid growth of such fungi may be used to advantage in that the rate of growth of a colony may be related directly to the concentration of antibiotic in the medium (cf. turbidimetric methods of assay). Michener et al. (1948) inoculated each plate in the centre with an agar disc cut out with a sterile cork-borer from near the margin of rapidly growing colonies of the test fungus. After incubation, the diameter of each colony was measured and the percentage of maximal growth was plotted against the concentration on logarithmic paper. From the resulting dosage-response curve, the concentration which would have caused 50% inhibition of growth was determined and this was taken as a measure of the potency of the preparation. Because of the flatness of the curve, this method of assay was not very precise. SOUTHAM (1946) made single plantings each 5 mm. in diameter in each concentration and compared the rates of peripheral growth of the mycelium with that in the control medium after seven days of incubation at 37° C.

Turbidimetric Methods of Assay. Several dilutions containing known amounts of the antibiotic in nutrient broth are inoculated with a test organism and incubated. After a suitable interval of time, the amount of growth made in each culture is estimated by its turbidity and a standard curve is then drawn to relate turbidity to concentration of antibiotic. One or more dilutions of each preparation to be assayed are set up and incubated with the standards. The turbidity of these unknowns is measured and the concentrations of antibiotic corresponding to these measurements are read off from the standard curve. Turbidity or light absorption is usually measured photoelectrically.

It seems to be the general experience of workers that the most consistent results are obtained by adding a large inoculum to each dilution and then incubating for the shortest possible time. (Several variations of the basic method have been devised, mainly for the assay of penicillin solutions, in which the incubation time does not exceed five hours.) If the duration of incubation is sufficiently short, strict aseptic precautions are unnecessary

It is often the practice to sterilize the cultures, either by steaming or by the addition of some toxic agent such as formalin, after incubation in order to prevent continued growth of the test organism while the measurements of turbidity are being made.

Turbidimetric methods can be very accurate but errors may arise owing to the sensitivity of the method to impurities in the cultures, which may affect growth of the test organism. Errors may also be introduced by changes in colour of the medium during incubation or by changes in turbidity not entirely due to changes in number of cells of the test organism. For example, a change in acidity during growth may affect the turbidity of the medium. When testing coloured or turbid samples, the necessary compensation for these factors must be made.

Miscellaneous Methods of Assay. Several other methods for the assay of antibiotics (particularly penicillin) have been described but they will not be considered here as they are of minor importance. For details of these methods the reader is referted to FLOREY et al. (1949).

The Detection of Volatile Antibiotics. Many plants contain volatile constituents capable of exerting antibiotic effects (see *Allium cepa, A. sativum*). BÖCHER (1938) demonstrated the inhibitory effects of garlic vapours on the growth of staphylococci in the following way: a small heap of pulp of crushed garlic cloves was placed in the lid of an inverted petri dish, the other section of which contained nutrient agar seeded or streaked with the bacteria. Incubation resulted in heavy growth of the bacteria except in a circular area directly above the pulp where growth was sparse or non-existent. Similar tests with garlic were made by ÖZEK (1946).

CARLSON, BISSELL and MUELLER (1946) tested the vapours arising from various plant extracts for anti-microbial activity by placing six drops of the extracts in the top of an inverted agar plate seeded with a test organism. These plates were incubated at 37° C for 24 hours, and the zone of inhibition above the site of each drop of extract measured. They demonstrated antibiotic activity of vapours at greater distances by placing a seeded agar plate over the top of a glass cylinder in which an extract was placed at the bottom. To eliminate the possibility of liquids being transferred upwards to the plates by capillary action, an inverted seeded agar plate was suspended in a bell-jar of 12 inches diameter placed over the extract being tested. The jar was incubated and zones of inhibition measured after 24 hrs.

3. Test Organisms.

When testing plant extracts etc. for antibiotic properties, it is advisable to use more than one test micro-organism since by this means, the chance of detecting antibiotic principles in the materials tested will be increased (see Section A). Use of more than one test organism may, of course, necessitate the use of more than one culture medium.

The test organisms usually employed in the methods of testing and assay which have been discussed are aerobic saprophytes, particularly bacteria and filamentous fungi. Strains of *Staphylococcus aureus* and *Escherichia coli* have been used frequently and extensively (see Table 1). The choice of test organism will obviously depend greatly on the purpose of the investigation: for example, if one is interested in the possible role of antibiotics in the natural resistance of many plants to disease, it is clearly to the point to employ the organisms causing these diseases. However, if the investigation is of a general character, the test organisms selected should be as diverse as possible and preferably representative of important groups. Anaerobic bacteria have been rarely used and then only when some special reason for doing so has existed (see Conner, 1946).

Free-living Protozoa. Some methods, particularly dilution methods using liquid media, can be used with organisms other than those cited above, e. g. fresh water protozoa. Carlson, Bissell and Mueller (1946) used three species of fresh water protozoa (*Paramecium multinucleatum*, *Tetrahymena geleii* and *Euglena sp.*). Clone cultures of these organisms were added to ten tubes, 1 ml. to each. To the first tube was added 1 ml. of the saline extract (of buttercup) being tested; to the second tube, 0.9 ml.; to the third 0.8 ml. and so on to the tenth tube which received 0.1 ml. of the extract. The tubes were examined every 10 min. for 1 hr. When using protozoa as test organisms, it is usual to look for cessation of motility, or obvious distortion or degeneration of the cells. Tests of viability can of course be made by transferring some of the organisms to fresh water containing suitable salts and nutrients and examining these cultures for renewed growth.

Parasitic Protozoa. The presence in plants of antibiotics active against certain parasitic protozoa has attracted much attention. The subjects for investigation have often been various species of malarial parasites. Some examples to illustrate the methods of testing plant extracts and preparations against malarial parasites are given below.

In vitro Tests. Carlson, Bissell and Mueller (1946) mixed chick blood parasitized with *Plasmodium gallinaceum* with certain plant extracts in the proportions of 1:1 and incubated the preparations at 25° to 29° C for 6 hrs. Before use the blood was so diluted that it contained 8×10^6 parasitized cells/ml. Volumes, each containing one million of the treated cells were inoculated intravenously into two-week old chicks. These birds were kept under observation for four weeks after inoculation and the progress of the disease followed by taking blood smears every other day.

In vivo Tests. The above-mentioned authors injected three two-week-old healthy chicks intra-peritonially or subcutaneously with the extracts; 0.5 ml. twice daily. These injections were started two days before infection with the

malaria parasite. The infective dose of *Plasmodium gallinaceum* was 10⁶ parasitized cells. Blood smears were taken every other day after the 4th. to 5th. day of
inoculation. Birds which succumbed to the disease after the 9th. day after infection
were also examined for exo-erythrocytic forms of the parasite in brain smears.

SPENCER et al. (1947) produced experimental malaria infections in healthy
seven-day-old chicks and five- to six-day-old ducklings. Trophozoite-induced
Pl. gallinaceum infections were established in white Leghorn chicks by intra-
jugular inoculation with 200×10^6 parasitized red cells/kg. of body weight.
Sporozoite infections were produced by inoculating each chick with a quantity
of sporozoite suspension approximately equivalent to one mosquito per chick.
Trophozoite-induced infections of *Pl. cathemerium* were produced in white Pekin
ducklings by inoculation with 500×10^6 parasitized red cells/kg. Similar infections of *Pl. lophurae* in ducklings were established in the same way. Drug
treatment began immediately after inoculation and continued for three days in
the *Pl. gallinaceum* sporozoite tests and for five days in the other tests. Each
drug was administered sub-cutaneously and/or orally depending on its concentration or solubility. Anti-malarial activity of the drugs tested was estimated by
comparison of the parasite counts of treated birds with those of untreated birds
and of birds treated with quinine or with sulphadiazine.

III. Precautions to be Taken in Testing Plant Extracts and in the Evaluation of Results.

It sometimes happens that a plant which has been reported to contain antibiotic principles by one worker has given negative results when tested by another.
Such disparity in results is undoubtedly often due to the use of different techniques
for testing the plants but it may also be occasioned by differences in the antibiotic
contents of individual plants of the same species.

1. The Distribution of Antibiotic Principles within Individual Plants and within Groups of Plants.

Antibiotics vary greatly as to their potency and distribution within plants.
For example, CAVALLITO, BAILEY and KIRCHNER (1945) state that the active
principle of *Arctium minus* occurs almost exclusively in the green leaves. The
leaves of *Onopordon acanthium* also contain a principle inhibitory to the growth
of *Staphylococcus aureus*, but it is only the second years' growth that produces
an active extract in appreciable extent (LUCAS and LEWIS, 1944).

HUDDLESON et al. (1944) found that an aqueous dilution of the fresh juice
of one variety of rhubarb *(Rheum rhaponticum)* inhibited the growth of *Staph.
aureus* and *Brucella abortus*. The active principle occurred only in the petioles.
Second growth petioles contained more active material than the first growth
ones. Active material in the former disappeared later in the summer. In *Brassica
oleracea*, the concentration of active principle in the seeds greatly exceed that
in any other part, and the active substance in *Magnolia acuminata* occurs only
in the bark (OSBORN, 1943).

In some cases, the type of antibiotic seems to be different in different parts
of the same plant. For example, HAYES (1946) found that aqueous extracts
of the leaves of *Allium cernuum* inhibited growth of test micro-organisms in the
following order of decreasing severity: *Staphylococcus aureus*, *Phytomonas
tumefaciens*, *Erwinia carotovora* and *Escherichia coli*. Aqueous extracts of the
roots, however, had no effect on *E. coli* or *Er. carotovora*; inhibited *Ph. tumefaciens*;
and stimulated the growth of *St. aureus*. These four test organisms were also

inhibited by aqueous extracts of the fruits of *Berberis thunbergii*, but aqueous extracts of the flowers inhibited only *Er. carotovora*. This extract had no effect on *Ph. tumefaciens* and stimulated growth of the other two bacteria. When testing plant extracts, stimulation of growth of the test organisms is often observed. In diffusion tests, rings of stimulated growth often surround the inhibition zones. Boas (1934) called attention to the fact that stimulatory substances may be present in plant tissues together with antibiotics. Simultaneous action might explain these phenomena on plates particularly if the stimulant diffuses faster than the antibiotic. It is possible too, that some inhibitors, if present in very low concentration, may have a stimulatory effect on the growth of some test organisms.

In some plants, an antibiotic does not exist in a free, active state but as an inactive precursor from which the active principle is released by enzymic action. The enzyme may be located in one part of the plant and the precursor in another, so, unless both parts are used together, no inhibitor is produced. Some examples of this phenomenon are given in the next section (see *Allium sativum* and *Crepis taraxacifolia*).

Clearly, when testing plant extracts for antibiotic activity, it is advisable to test as many separate parts of the plants as possible. Furthermore, when comparing results with those of other workers, it is essential to ensure that the same parts of a given species are being compared under the same conditions.

The specificity and potency of extracts of plants belonging to one family sometimes tend to be similar throughout that family. This suggests that similar types of antibiotic substances occur in those species of that family. Osborn (1943) found that extracts of plants belonging to the Ranunculaceae were active against both *Staph. aureus* and *E. coli*, but that extracts of active species of the Compositae were specific for *Staph. aureus*. Conclusions about the type of antibiotic activity in members of a family should however be drawn with caution, particularly if they are based on results obtained with only a very few test organisms. Increasing the number of test organisms may well reveal differences in the antibiotic spectra of extracts from plants of the same family. Lucas and Lewis (1944) found that antibiotic activity could be similar throughout a genus but they also observed considerable differences in the potency of antibiotic principles within genera and even within species. Thus, active principles found in the scarlet berries of *Lonicera tatarica* were not found in the yellow, orange, dark red or purple berries borne by other varieties of this same species.

A possible reason for the divergence of some results between different workers may be the seasonal variation in antibiotic content of certain plants. Hayes (1946) found that aqueous extracts of the winter rosette of *Barbaraea vulgaris* inhibited the growth of *St. aureus*, *Erwinia carotovora* and *Phytomonas tumefaciens*, and stimulated the growth of *E. coli*. An extract of the whole plant taken in the summer stimulated all these organisms but an extract of the summer rosette had no effect on any of them. Such seasonal variation may be due in some cases, to a difference in concentration with the season, and in others, to differences in the nature of the antibiotic.

2. The Effects of the Technique Used in Testing on the Results Obtained.

The detection of the presence of an antibiotic substance in a plant extract will be influenced by a number of factors such as the stability of the active principles to various treatments during preparation and testing of the extract, the solubility of the principle in the solvent or solvents used and the ability of the principle to respond to the particular test employed.

D. Plants which Yield Antibiotically-active Preparations.

The antibiotic properties of extracts obtained from a number of higher plants have been investigated in considerable detail. In some cases, the active principles have been isolated and their chemical structures determined; in others, the active preparations have been only imperfectly characterized. There is evidence too, that some plants contain more than one antibiotic substance.

The most important plants are listed in this section in alphabetical order. Details of the procedures used for extracting the active principles and lists of the micro-organisms against which they are active are given. A list of named antibiotic substances and preparations obtained from higher plants is given in Table 2 which will be found at the end of Section E (see p. 720).

1. Achillea millefolium *(Compositae)*.

Aqueous extracts of this plant were found to be ineffective against strains of *Staphylococcus aureus* and *Escherichia coli* (OSBORN, 1943, and HAYES, 1946) and against *Erwinia carotovora* and *Phytomonas tumefaciens* (HAYES, 1946). However, later work by SCHNELL and THAYER (1949) showed that some ethereal extracts were active against *S. aureus*. Ether extracts of the flower and leaf were effective in vitro against *S. aureus* whereas aqueous extracts of these organs were inactive. Both aqueous and ether extracts of the stem were ineffective against *S. aureus*. None of these extracts had any effect on *E. coli*, but aqueous extracts of the flower and aqueous and ethereal extracts of the leaf inhibited the germination of spores of *Neurospora crassa*.

2. Allium cepa *(Liliaceae)*.

It seems evident from the great amount of work done on the onion plant that it contains more than one type of substance capable of acting antibiotically against various micro-organisms. WALKER, LINK and associates have shown that the resistance of coloured varieties of onions to smudge [caused by *Colletotrichum circinans* (Berk) Vogl.] and neck-rots (caused by *Botrytis allii* Munn. and *B. byssoidea* J. C. Walker) is due primarily to the presence of toxic, water-soluble phenolic substances in the dry outer scales of the bulb. Two of these substances have been identified as protocatechuic acid and catechol.

However, JONES et al. (1946) have suggested that the degrees of resistance to these diseases shown by various varieties of onion cannot be explained entirely by the presence of these phenolic bodies in the protective scales: resistance seems to be modified by some other factor, such as the presence of variable amounts of some antibiotic substances in the fleshy scales of the bulb.

It has been known for some time that antibiotic principles are present in onion tissue. WALKER (1918) found that volatile substances present in onion tissue had an inhibitory effect on germination of the spores of *Colletotrichum circinans*. Later (WALKER, 1923), the liquid from fleshy onion tissue was found to be similarly toxic. WALKER et al. (1925) demonstrated that the toxic materials in onion juice were of at least two kinds. One component was volatile and quite easily driven off by heating the juice for 15 min.: the other was more stable and remained toxic after heating to 90° C for 90 min. *C. circinans*, *B. allii* and *Aspergillus niger* Van Tiegh. were all susceptible to the vapour given off by crushed onion tissue. LOVELL (1937) found that the vapours from crushed onion tissue were inhibitory to *Bacillus subtilis*. (This was confirmed by FULLER and HIGGINS, 1945.) Species of *Proteus*, *Staphylococcus* and *Salmonella* were slightly more resistant, and coliform organisms and *Pseudomonas* spp. were considerably more resistant than

Bacillus subtilis. The age, variety, and the period of storage of onion bulbs had no apparent effect on the potency of juice prepared from them and the pH of the juice did not, apparently, influence its toxicity. Intermittent sterilization of the juice by steaming decreased its potency and intermittent sterilization under pressure almost destroyed it.

HATFIELD, WALKER and OWEN (1948) continued the investigations begun earlier (WALKER et al., 1925) and confirmed these results. They also secured evidence that the non-volatile antibiotic principle remaining in juice or aqueous extracts after removal of the volatile component by heating, consisted of two antibiotic substances. Not all of the antibiotic in the liquid phase was destroyed by heat; also, when equal parts of onion juice and ether were shaken together, both the ether-soluble and the water-soluble fractions displayed some antibiotic activity against spores of *Colletotrichum circinans.*

HUDDLESON et al. (1944) succeeded in concentrating an extract of onions showing strong antibiotic activity. Ten pounds of onions (two varieties, Ebenezer and Brigham Yellow Globe were tested) were macerated in a Waring blender and the liquid extracts then filtered through cotton cloth. The filtrates were then extracted repeatedly with chloroform. During this process, the *E. coli* inhibiting factor was lost: this led the authors to suggest that this principle may be associated with the volatile components of the onion extract. When the chloroform was removed by distillation under reduced pressure, a gummy residue, most of which was soluble in ethanol, was left. The ethanol-insoluble fraction had no antibiotic activity against the test organisms. During storage of the ethanol-soluble fraction for several days at 4° C, an antibiotically inactive fat-like substance was deposited: this was removed. The solubility of the partially purified active component in ethanol was 8% at 4° C and 20% at 30° C. This substance inhibited the growth of *Staphylococcus aureus* and many other pathogenic gram-positive cocci and spore-forming bacilli and also several species of *Brucella* (including *B. abortus*) at a dilution of 1:1,600,000. These tests were made in test-tubes by the serial dilution method. At the end of 4 hrs. and 20 hrs. of incubation, each dilution showing no turbidity was cultured on plates of nutrient agar. During the first 4 hrs. the action of the antibiotic was apparently bacteriostatic since there was little or no decrease or increase in the number of organisms added originally. At the end of 20 hrs., there was a considerable decrease in the number of organisms, this decrease being proportional to the concentration of the antibiotic used. The active principle was soluble and stable in water at pH 7.3 but slowly lost its activity at pH levels above 7.5.

These authors concluded that the volatile antibiotic principle of onion tissue was not identical with crotonaldehyde as had been suggested earlier by INGERSOLL et al. (1938). They also concluded that the active substance in the ethanol-soluble fraction was not an aldehyde or a carbohydrate. Guinea-pigs which had been inoculated with *Brucella suis* 10 days previously were not protected from brucellosis by being fed on Ebenezer onions daily for 11 days.

Some other workers have detected antibiotic activity in extracts of onion tissue. OSBORN (1943) found that extracts of onion did not inhibit the growth in vitro of either *Staphylococcus aureus* or *Escherichia coli*. SANDERS et al. (1945) found that extracts inhibited *Bacillus subtilis* but not *E. coli*. However, CARDOSO and SANTOS (1948) obtained extracts that inhibited growth of *S. aureus*, *E. coli* and *Proteus X-19.*

It is evident that much remains to be learned about the antibiotic principles of the onion. Much of the confusion that exists at present may be due to differences in the type and concentration of antibiotics in different varieties of onion.

The situation may be summarized as follows:—

1. Phenolic substances (e. g. catechol and protocatechuic acid) which have some antibiotic activity against pathogenic fungi are present in the dry outer scales of the bulbs of certain varieties.

2. The fleshy scales of the onion bulb contain a volatile antibiotic principle (which does not seem to be crotonaldehyde) and one, or possibly more, non-volatile antibiotics which are effective against certain phyto-pathogenic fungi and against some bacteria.

3. A resinous, gummy, non-volatile substance whose chemical constitution is as yet unknown but whose anti-bacterial properties are considerable, has been isolated from the fleshy tissue of onion bulbs. The identity of this substance with the active non-volatile components studied by other workers has not yet been confirmed.

3. Allium sativum *(Liliaceae)*.

The anti-microbial substances present in garlic, particularly in the cloves, have been studied by many workers. In recent times, an antibiotic (allicin) has been isolated and its chemical structure elucidated. However, some other researches conducted with garlic tissue and extracts, as distinct from those concerning allicin, will be considered first.

Böcher (1938) demonstrated that the vapours from crushed garlic tissue were toxic to staphylococci (see "Detection of volatile antibiotics" p. 651). Twenty-four hours exposure of the bacteria on a nutrient agar surface to 1 g. of crushed garlic pulp at a distance of 1 cm. from the agar, completely sterilized an area corresponding to two-thirds of the diameter of the plate. A definite effect was also observed at a distance of 20 cm. The pulp was most active when fresh: it became inactive in a few days owing, presumably, to the disappearance of a volatile component. Uncrushed pieces of garlic tissue had very little activity (see allicin). The expressed juice of garlic bulbs was also very active against staphylococci both at a distance and when incorporated in liquid media. Distillation of a mixture of garlic pulp and water and subsequent extraction of the distillate with petroleum ether yielded a volatile oil with a powerful bactericidal action. The yield of oil was about 0.1% of the weight of the pulp.

Özek (1946), using a method similar to that of Böcher, found that the vapours of crushed garlic tissue were toxic to *Escherichia coli*, *Eberthella typhosa*, *Pseudomonas pyocyanea*, *Corynebacterium diphtheriae*, *Serratia marcescens*, *Salmonella* spp., *Shigella* spp., *Bacillus anthracis*, *Bac. subtilis* and various strains of *Staphylococcus*, *Streptococcus* and *Pneumococcus*. The vapours were bactericidal to these organisms but were only bacteriostatic to tubercle bacilli. Suri (1951) found that an aqueous extract of fresh raw garlic tissue could also inhibit growth of the tubercle bacillus (strain N. T. C. H 52) at a concentration of 1.4% in a modified Proskauer and Beck's medium containing 10% of horse serum. An alcoholic extract of garlic was bacteriostatic at a concentration of 1.6%. However, the feeding of fresh raw garlic to guinea-pigs which had been previously injected intraperitoneally with tubercle bacilli (H. 37 Rv), did not prevent or delay the onset of the disease.

An attempt was made by Torpzev and Kamnev (1948) to isolate antibiotic principles from garlic (and onions). They considered that the active principle might be protein in nature but abandoned this idea when isolated protein material was found to be devoid of activity against bacteria and protozoa. They concluded that the bactericidal properties of garlic, and indeed, the whole phenomenon of phytoncides generally (phytoncides:— a term used by several Russian workers to denote antibiotic principles contained in higher plants) should be ascribed to the effect of volatile oils. They did, in fact, isolate from garlic pulp (by extraction with ether) a volatile oil which was strongly bactericidal and protisticidal. Subsequent work led them to conclude that the volatile oils existed not only in a free state, but also in a bound state as glycosides; the active aglycones being responsible for the bactericidal properties of the sap.

HUDDLESON et al. (1944) isolated from garlic (by the same procedure they had adopted with onions) a resinous or gummy substance which was soluble in chloroform, ether and benzene. Alkali destroyed the antibiotic activity of this material completely. The original aqueous extracts of the garlic tissue contained a principle capable of inhibiting the growth of *Escherichia coli*: this principle was destroyed by the chloroform extractions which were made to prepare the resinous antibiotic material (cf. *Allium cepa*).

The resinous antibiotic was effective (as were aqueous extracts of garlic) against *Brucella abortus* and *Staphylococcus aureus*, and, at a dilution of 1:10,000, immobilized *Paramoecium caudatum*. This material had a low toxicity to animal subjects. Intraperitoneal injections of 85 mg. had no adverse effect on guinea-pigs. However, 5 mg. intraperitoneal doses given twice daily were ineffective against *Brucella suis* infections in guinea-pigs. OSBORN (1943) reported that extracts of garlic inhibited *Staph. aureus* and *E. coli*, and SANDERS et al. (1945) found that extracts inhibited the growth of both *E. coli* and *Bacillus subtilis*.

The name "allicin" was given (and later withdrawn to avoid confusion with a proprietary medicinal product) by CAVALLITO and BAILEY (1944) to an antibiotic substance isolated from garlic.

Extraction. Four kg. of ground garlic cloves were treated with 5 l. of 95% ethanol and the mixture was stirred for 30 min. Filtration yielded about 5.2 l of solution which was found by assay to contain from 2.5 to 4.0 mg. of allicin per ml. The filtrate was concentrated under reduced pressure (15—20 mm.) until most of the alcohol was removed, and the distillate was discarded. Distillation was then continued at a lower pressure (10—15 mm.) and the aqueous distillate collected. During this process, the volume of liquid in the distillation flask was kept constant at about 500 ml. by the addition of water from a dropping funnel. The process was continued until the residual solution in the distillation flask contained less than 10 units/ml. of the active principle. The 9 litres of aqueous distillate was divided into three equal parts and each volume was extracted once with 500 ml. of diethyl ether and then four times with 300 ml. portions of ether. Removal of the solvent under reduced pressure from the combined ethereal extracts left a residue of some water and an oil. This residue was shaken with c. 250 ml. of water and 10 ml. of Skellysolve B. After separation and filtration, the aqueous solution was frozen and stored in dry ice until required. The pure product was isolated by extracting the aqueous concentrate four times, each with one-fifth of its volume of ether. The combined ethereal extracts were cooled in dry ice and the ice crystals which separated were filtered off. The ether was removed under reduced pressure and the residual oil dried by exposing it to a pressure of 0.5 mm. or less for 30 min. at room temperature. Yield:— c. 6 g. of oil.

Physical Properties. Allicin is a colourless liquid with a solubility in water of c. 2.5% at 10° C. It is miscible with alcohol, benzene and ether but is rather insoluble in the Skellysolves. It has a more characteristic odour of garlic than that of the various allyl sulphides which have also been isolated from this plant. It is irritating to the skin.

$$d^{20} = 1.112. \qquad\qquad n_D^{20} = 1.561.$$

Chemical Properties. Allicin contains sulphur. Aqueous solutions have a pH of c. 6.5 and upon standing, an oily precipitate forms. The acidity slowly increases due to the formation of sulphur dioxide and the biological activity decreases. Allicin is inactivated by alkalies with the precipitation of allyl disulphide and the formation of an alkali sulphite. CAVALLITO, BUCK and SUTER (1944) have proposed the formula of $C_6H_{10}OS_2$ (M. Wt. 162) for allicin and have presented evidence in favour of one or other of the two structures shown below:—

$$CH_2=CH-CH_2-S-S-CH_2-CH=CH_2 \qquad\qquad 1.$$
$$\underset{O}{\overset{\|}{}}$$

$$CH_2=CH-CH_2-S-O-S-CH_2-CH=CH_2 \qquad\qquad 2.$$

The water-solubility of allicin suggests that formula No. 1 represents the correct structure. Allicin is rapidly inactivated by cysteine. (Cf. also the contribution of STOLL and JUCKER in Vol. IV of this handbook.)

The State of Allicin in the Plant. CAVALLITO, BAILEY and BUCK (1945) noted that though allicin was comparatively stable in aqueous solutions in concentrations up to 0.2%, it was very unstable in the pure state. However, in the garlic cloves, allicin was present to an extent of 0.3 to 0.4% and appeared to be stable indefinitely. By grinding whole garlic cloves and dry ice under acetone they were able to obtain a white garlic powder which contained all the potential antibiotic principle. This powder was almost odourless, but, upon the addition of water, a typical garlic odour could be detected and allicin could be isolated. Thus, they showed that neither allicin nor the allyl sulphides found in "essential oil of garlic" are present in a free state in the plant. Further work showed that allicin is contained in garlic in the form of a thermo-stable and inactive precursor which rapidly breaks down to yield free allicin when the garlic cells are crushed. This break-down takes place only in the presence of a certain enzyme and water. The precursor and the enzyme seem to be present in different cells of the garlic clove. The authors suggest that the sequence of events in the préparation of "essential oil of garlic" is:—

$$\text{Precursor} \xrightarrow{\text{Enzyme} + H_2O} \text{Allicin}$$

Steam-distillation breaks down the allicin to allyl sulphide $(C_3H_5-S-S-C_3H_5)$ and traces of other substances.

[The onion *(Allium cepa)* does not contain allicin or a precursor but some varieties possess an enzyme which is able to release allicin from its precursor. Red varieties of onion tested contained more enzyme than yellow varieties: white varieties were not found to contain the enzyme.]

Biological Activity of Allicin. Allicin inhibited *Streptococcus haemolyticus* in vitro at a dilution of 1:85,000 and the following bacteria at 1:125,000:— *Bacillus subtilis, Proteus morgani, Salmonella enteritidis, S. paratyphi, S. schott-muelleri, S. typhi, S. typhimurium, Shigella dysenteriae, S. paradysenteriae, Staphylococcus aureus, Streptococcus viridans* and *Vibrio cholerae* (CAVALLITO and BAILEY, 1944).

RAO, RAO and VENKATARAMAN (1946) reported that the following bacteria were inhibited at 1:48,000:— *Aerobacter aerogenes, Bacillus subtilis, E. coli, Mycobacterium phlei, M. tuberculosis hominis, Salmonella hirschfeldii, S. paratyphi* and *Staph. aureus.* The actinomycete, *Streptomyces griseus* was inhibited at a dilution of 1:10,000 and the moulds, *Aspergillus fumigatus* and *Penicillium cyclopium* at 1:25,000.

Allicin is more bacteriostatic than bactericidal and is almost equally effective against gram-positive and gram-negative organisms (CAVALLITO and BAILEY, 1944). The inactivation of allicin by cysteine suggests that the antibiotic may be combining with sulphhydryl groups essential to growth of the bacteria. The

heavy bacterial growth surrounding zones of inhibition in cylinder-plate tests
may be the result of stimulating action of sulphhydryl groups formed by the
degradation of allicin.

Toxicity of Allicin. The LD_{50} for mice is c. 60 mg./kg. for intravenous, and
c. 120 mg./kg. for subcutaneous administration.

4. Anacardium occidentale (Anacardiaceae).

This tropical tree produces the "cashew nut" of commerce. The kernel of this
nut is edible, but the pericarp contains a brown, balsam-like substance, oily at
ordinary temperatures, which has a burning, acrid taste and which acts as a
vesicant on the skin. This oil is highly inflammable: if the pericarp of a nut is
punctured and ignited, the whole burns vigorously (Ruhemann and Skinner,
1887, refer to "Feuerwerknüsse"). In Brazil, the oil has been used for a long time
for the treatment of eczema and leprosy.

Städeler (1848) isolated two constituents of the oil, anacardic acid and
"cardol". It is now known that anacardic acid makes up about 90% of the crude
nut oil. The remaining fraction which was originally referred to as "cardol" by
the earlier workers really contains two substances now named cardol and anacardol,
the latter being present in the greater proportion. Ruhemann and Skinner (1887)
continued the investigations begun by Städeler; they determined the correct
empirical formula for anacardic acid but did not elucidate its structure.

More recently, Eichbaum et al. (1945) have investigated the constituents of
cashew-nut oil and have established that these have a marked antibiotic action
against bacteria and other organisms.

Isolation of Anacardic Acid. The following method which was used by Eichbaum et al. (1945) is an improved version of that originally employed by Städeler.
One hundred grams of cashew nut oil were washed with 600 ml. of water and then
dissolved in 1 l. of ethanol. After filtering off impurities, the solution was treated
with an alcoholic solution of freshly precipitated lead hydroxide. The precipitate
which formed was washed with alcohol and decomposed with 10% sulphuric acid.
Anacardic acid and lead sulphate formed a layer on the bottom of the vessel. The
supernatant liquid was decanted off and the deposit was washed with water and
dissolved in acetone. Lead sulphate was removed by filtration and the acetone
then distilled off. An oil, crude anacardic acid, remained behind. This was
separated from residual water and completely dried in vacuo at 40° C. Yield,
50—52% of the crude nut oil. The lead hydroxide used was prepared by dissolving
150 g. of basic lead acetate in 1.5 l. of water acidified with nitric acid. The solution
was then made alkaline by the addition of 2 l. of 10% ammonium hydroxide in
the cold. The precipitate was washed by decantation until free from nitrate ions
and then filtered.

Purification of Anacardic Acid. Two grams of crude sodium anacardate were
dissolved in 90 ml. of 60% alcohol and the solution then passed through Brockman
alumina. The material was eluted with the same solvent until the eluate no longer
gave a violet colouration with ferric chloride. After evaporating off the alcohol,
the remaining aqueous solution was acidified with dilute sulphuric acid and then
extracted with ether. The ethereal extract was washed once with water and dried
with anhydrous sodium sulphate. Finally, the ether was removed by evaporation
to yield 1.6 g. of oil. After crystallization, the product melted at 21° C. Very
pure material obtained by Backer and Haack (1941) melted at 34—37° C.

Physical Properties. Anacardic acid forms a white crystalline mass. It is
odourless, with a faint burning taste and does not act as a vesicant. It is heavier
than water and produces a greasy stain on paper. It is sparingly soluble in water
but is soluble in alcohol and ether.

Chemical Properties. Anacardic acid $(C_{22}H_{32}O_3)$ is 2-hydroxy-6-pentadecadienyl benzoic acid (or o-pentadecadienyl salicylic acid).

1.	2.	3.
COOH		
HO⟨⟩$C_{15}H_{27}$	HO⟨⟩$C_{15}H_{27}$	HO⟨⟩$C_{15}H_{27}$
	ŌH	
Anacardic Acid	Cardol	Anacardol

(For proof of the structure, see FLOREY et al., 1949.)

Anacardic acid gives a violet colouration with ferric chloride. When heated to 220° C in vacuo, carbon dioxide is evolved and anacardol, which is normally a constituent of the crude nut oil, distills.

Antibiotic Activity. (EICHBAUM, 1946.) Alcoholic solutions of cashew nut oil emulsified by the slow addition of water, were strongly antibiotic against common pyogenic bacteria.

The alkali salts of anacardic acid are anionic detergents which are strongly antibiotic against staphylococci. They are also active against many other gram-positive and gram-negative bacteria. Antibiotic activity is practically independent of pH. The alkali salts are soluble both in water and in lipoid solvents and possess antibiotic activity in aqueous and oily solutions.

Sodium anacardate inhibited the growth of *Streptococcus pyogenes* at a dilution of 1:200,000; *Bacillus anthracis*, *Mycobacterium tuberculosis* (human strain "Ratti"), *Neisseria gonorrhoeae*, and *Staphylococcus haemolyticus aureus* at 1:20,000; *Brucella melitensis* and *Pasteurella aviseptica* at 1:2,000; and *Proteus X-19* and *Penicillium notatum* at 1:200. The salt was ineffective in vitro at a dilution of 1:200 against *Pseudomonas pyocyaneus*, *E. coli*, *Salmonella paratyphi B.*, *S. typhi*, *Aspergillus niger* and an unidentified yeast. The gram-positive organisms were the most sensitive. Anaerobic bacteria are also affected by this compound; thus, vegetative cells of *Clostridium tetani*, *C. perfringens*, and *C. septicum* were killed by high dilutions of the sodium salt. Spores of *C. tetani*, and *C. septicum* survived for 1 hr. in contact with a 1:100 dilution of sodium anacardate, but those of *C. perfringens* (and of the aerobic species, *Bac. anthracis* and *Bac. subtilis*) were very sensitive to this substance. Moulds and yeasts are generally resistant.

EICHBAUM suggests that as members of the Entero-bacteriaceae (except *Proteus*) are insensitive to sodium anacardate, this substance might find some application in facilitating the isolation of these organisms especially when contaminated by gram-positive types.

Sodium anacardate was found to be toxic to protozoa from a hay infusion. Ciliates died within 10—12 min. when in contact with a 1:30,000 dilution. Amoeboid forms lost their mobility after 10 min. in a 1:5,000 dilution. Some flagellates became immobile after 20 min. and others survived for 1.5 hrs. in a 1:3,000 dilution. Sodium anacardate is strongly vermicidal. The nematode *Rhabditis fuelleborn* was killed within 30 min. by a dilution of 1:100,000; Cestodes (from rat intestine) died after 15 min. contact with a 1:4,000 dilution and ascarid worms (from swine intestine) died after 15 min. contact with a 1:100 dilution.

Toxicity.

1. Oral. Sodium anacardate (and cardol and anacardol) is apparently nontoxic.

2. Subcutaneous injections of a 1% solution of sodium anacardate in oil is tolerated by guinea-pigs and pigeons but other solutions of the same strength cause necrosis.

3. Intravenous injections have a strong tendency to produce anaphylactic shock, especially in guinea-pigs.

4. Ointments (2—5% anacardic acid) produce a transitory loss of hair when applied to rabbits though human subjects are not apparently affected in the same way.

5. Sodium anacardate is haemolytic though this activity is strongly reduced by the presence of serum. Leucocytes are less sensitive to this salt.

Clinical. Oral doses of sodium anacardate had an anti-helminthic effect in vivo in rats, guinea-pigs and rabbits. A local application of an ointment containing 5% of raw cashew-nut oil or sodium anacardate has been known to cure rabbits heavily infested with scabies.

Chemical Structure and Antibacterial Activity. The presence of both the aromatic nucleus and a long aliphatic side-chain seems to be important in determining the high bactericidal activity of anacardic acid. Salicylic acid which has the same aromatic nucleus but no alkyl side-chain is devoid of the specific activity of anacardic acid. Linoleic acid and ricinoleic acids that are similar in structure to that of the side-chain, display an activity similar to that of anacardic acid but to a much lesser degree. Sodium anacardate is about ten times as active as sodium ricinoleate. Saturation of the side-chain does not seem to be very important, since tetrahydro-anacardic acid or its sodium salt possess only a slightly lower activity than the unsaturated compounds.

5. Anemone pulsatilla *(Ranunculaceae).*

Two antibiotic substances, protoanemonin and anemonin, have been isolated from this plant by Baer et al. (1946). These substances are, however, widely distributed among members of the Ranunculaceae and may be obtained quite easily from them. Asahina and Fujita (1920) obtained an oily substance by steam-distillation of *Ranunculus scleratus* L. This oil, which thay named protoanemonin, polymerised spontaneously on standing, the molecules uniting in pairs to form anemonin. Both proto-anemonin and anemonin were successfully synthesised.

Isolation of Protoanemonin from Anemone pulsatilla (Baer et al., 1946). The extraction method worked out by Asahina and Fujita (1920, 1922) was used with slight modification. Dried and ground plants, when steam-distilled, yielded an aqueous distillate with a yellow oil floating on the surface. This oil which had no antibiotic activity, was discarded (Asahina and Fujita did not remove this oil). The aqueous phase was then extracted with chloroform. Removal of this solvent in vacuo yielded a pale yellow irritating oil. (This was not identical with the yellow oil originally found floating on the aqueous distillate.) This oil, which has a high antibiotic activity, is protoanemonin. It may be purified by repeated distillation with steam and extraction of each distillate with chloroform. After each extraction, the solvent is removed by distillation in vacuo at 40—50° C. Baer et al. confirmed the identity of this substance with proto-anemonin by comparing it with samples synthesized by the methods of Muskat, Becher and Lowenstein (1930) and of Asahina and Fujita (1922). Owing to the tendency of the material to polymerise to anemonin and higher polymers at room temperature, the sample was analysed within one hour of preparation.

Properties. Proto-anemonin has the empirical formula of $C_5H_4O_2$ and the structure shown below.

Anhydro-α-angelicalactone

Antibiotic Activity. Protoanemonin is of particular interest as it appears to be another member of a group of antibacterial substances, which includes crepin (see *Crepis taraxacifolia*), penicillic acid and clavacin. All these compounds possess a five-membered unsaturated lactone ring and also, a highly reactive double-bond system. They are all active against both gram-positive and gram-negative bacteria. The antibacterial activity of protoanemonin is destroyed by alkaline hydrolysis of the lactone ring. Growth of the following bacteria was inhibited in vitro by protoanemonin (HOLDEN et al., 1947): *Alcaligenes faecalis, Bacillus anthracis, B. subtilis, Clostridium histolyticum, C. novyi, C. oedematiens, C. sporogenes, C. tetani, C. welchii, Corynebacterium diphtheriae, C. hoffmannii, C. xerosis, Diplococcus pneumoniae, Escherichia communior, E. communis, Klebsiella pneumoniae, Micrococcus lysodeikticus, Mycobacterium tuberculosis avium, M. tuberculosis bovis, M. tuberculosis hominis, Neisseria catarrhalis, Proteus OX-19, P. vulgaris, Pseudomonas aeruginosa, Salmonella paratyphi, S. schottmuelleri, S. typhi, Serratia marcescens, Shigella dysenteriae, S. flexneri, S. sonnei, Staphylococcus albus, S. Oxford H, Streptococcus haemolyticus* (groups A and D), *S. viridans, Vibrio cholerae.* These bacteria were all inhibited by dilutions between 1:6,000 and 1:350,000.

The following fungi were also inhibited by dilutions of between 1:50,000 and 1:300,000: *Allescheria boydii, Candida albicans, Coccidioides immitis, Cryptococcus neoformans, Microsporum audouini, M. canis, Saccharomyces cerevisiae, Trichophyton mentagrophytes, T. purpureum* and two unidentified moulds.

Protoanemonin also inhibited the protozoa, *Tetrahymena geleii* and *Trypanosoma gambiense.* It was also toxic to chicken fibroblasts and epithelial cells at a dilution of $1:10^6$ and inhibitory at $1:5 \times 10^6$.

ERICKSON (1948) reported that when *Zea mays* seedlings were treated with protoanemonin, the frequency of mitosis in the meristematic cells was reduced, and also that the mitochondria and cytoplasmic structure were affected.

Anemonin. Anemonin is the dimer of protoanemonin. BAER et al. (1946) state that protoanemonin solidified (i. e. polymerised) to anemonin in a few hours at room temperature. ASAHINA and FUJITA (1922) describe anemonin as crystallizing from "Ranunkelöl" (which presumably consists almost entirely of protoanemonin) in shining plates of from 2—3 cms. in width. From hot alcohol, anemonin crystallises in narrow prisms or needles. After long exposure to the air, the surfaces of the crystals take on a matt appearance owing to their becoming covered with a thin film of polymerisation products. Anemonin is not volatile in steam. It melts at 158° C.

Chemical properties. Anemonin has the empirical formula $C_{10}H_8O_4$ (M. Wt. 192) and is now known to be the dilactone of cyclobutane-1:2-diol-1:2-diacrylic acid.

$$\begin{array}{c} O\!\!-\!\!-\!\!-\!\!-C\!=\!O \\ | \qquad\quad | \\ H_2C\!\!-\!\!C\!\!-\!\!CH\!=\!CH \\ | \qquad | \\ H_2C\!\!-\!\!C\!\!-\!\!CH\!=\!CH \\ | \qquad\quad | \\ O\!\!-\!\!-\!\!-\!\!-C\!=\!O \end{array}$$

Anemonin gives a reddish-brown colouration with alkalies, and reduces Fehlings solution and ammoniacal silver nitrate. Oxidation gives a mixture of succinic and oxalic acids. When heated, it depolymerises to some extent to give protoanemonin.

Antibiotic Activity. Anemonin has a much lower antibiotic activity than protoanemonin. McCAWLEY et al. (1946) state that it is ineffective against *E. coli*, but BAER et al. (1946) obtained evidence of inhibition of this organism at a dilution of 1:2,000. *Staphylococcus aureus* and *Shigella dysenteriae* are inhibited at 1:12,500, and the growth of *Trypanosoma equiperdum* is inhibited in vitro by a dilution of 1:50,000.

Toxicity.

Rabbits. Intravenous injection leads to venospasm. Solutions are also irritating to the eyes.

Cats. Intravenous injections caused a transitory fall in blood pressure. Eight successive intraperitoneal doses each of 50 mg./kg. were tolerated without loss in weight.

Clinical. One hundred mg./kg. of anemonin injected intraperitoneally did not protect mice from *Shigella* peritonitis (McCawley et al., 1946).

6. Arctium minus *(Compositae).*

Aqueous extracts of the leaves of this plant have some antibiotic action against gram-positive bacteria. Cavallito, Bailey and Kirchner (1945) isolated an active substance from the leaves in the following way. The centre ribs of fresh leaves were removed and the remaining tissue was ground with water. After standing for 1 hr., the material was filtered with suction and the filtrate then treated with lead acetate. The precipitate was filtered off and the solution freed from excess lead by treatment with sodium bicarbonate. The solution was again filtered and the filtrate extracted with ethyl acetate. Evaporation of the solvent from this extract under reduced pressure yielded a syrupy residue which crystallized on standing. The material was recrystallized from a mixture of chloroform and Skellysolve B.

The pure product to which the investigators assigned the probable formula of $C_{15}H_{20}O_5$, crystallized in colourless, optically-active prisms which decomposed on slow heating. It was soluble in methanol, ethanol, chloroform, ethyl acetate, dioxane, and acetone; slightly soluble in ether, benzene and water; and insoluble in the Skellysolves. The substance is present in relatively large quantities in the plant, but almost exclusively in the leaves, (c. 1.8% in small, young leaves and 0.3—0.5% in large older ones, calculated on a basis of dry leaf weight). The substance is relatively stable in dry leaves.

Antibiotic Activity. The substance is active, but not strongly so, against gram-positive bacteria but is without effect on gram-negative species. Antibacterial activity is destroyed by treatment with cysteine or N-acetylcysteine but not by treatment with S-methylcysteine.

Streptococcus viridans was inhibited in vitro by a concentration of 1 mg./ml. The following bacteria were inhibited by 0.7 mg./ml. or less of the preparation: *Bacillus subtilis, Clostridium botulinum, C. oedematiens, C. perfringens, C. septicum, C. tetani, Pneumococci* (types I, II and XIX), *Staphylococcus albus, S. aureus* and *Streptococcus haemolyticus.* The substance was inactive against the following gram-negative bacteria at a concentration of 1 mg./ml.: *E. coli, Proteus morgani, P. vulgaris, Salmonella enteritidis, S. paratyphi S. schottmuelleri, S. typhi, S. typhimurium, Shigella flexneri, S. sonnei.*

Toxicity. The intravenous LD_{50} for mice was about 90 mg./kg. Daily oral doses (for 8 days) of 100 mg./kg. caused no less in weight or other obvious adverse effects; similar doses of 250 mg. and 500 mg./kg. caused loss in weight but did not kill the animals.

Doses of 50 to 250 mg./kg. injected subcutaneously into mice failed to protect them against *Streptococcus haemolyticus* infections.

A second antibiotic substance which may well be isomeric with the one described above, has been isolated from *Arctium minus* (and also from *Onopordon tauricum*) by Abraham, Crowfoot, Joseph and Osborn (1946).

Fresh leaves were ground with sand and water and the mixture strained through silk. After adjustment of the liquid to pH 3.0, it was boiled and centrifuged, and the supernatant extracted three times with ether. The combined ethereal solutions were passed through a column of acid-washed (pH 5.0) Brockman alumina. The active material passed through the column and collected in the percolate. Crystals of the antibiotic were deposited from the most active fractions of the percolate on standing in the ice-chest and additional batches of the crystals were obtained from less active fractions by concentrating them in vacuo. The substance was purified by recrystallization from a concentrated solution in warm ethyl acetate by the addition of ether. The pure substance which is neutral in reaction, crystallizes in small, colourless ortho-rhombic plates which melt at 57—59° C. It is optically active; $[\alpha]_D^{20}$ in ethanol $= + 161°$, $[\alpha]_D^{20}$ in acetone $= + 157°$. The substance is readily soluble in ethanol, acetone, ethyl acetate and chloroform; sparingly soluble in water and ether; and insoluble in petroleum ether. The empirical formula was the same as that of the substance isolated by CAVALLITO, BAILEY and KIRCHNER (1945), i. e. C_3H_4O, but X-ray crystallographic analysis led these authors to propose the formula $C_{18}H_{24}O_6$ (M. Wt. $= 336$). X-ray analysis of the material isolated by CAVALLITO et al. indicated that the formula of this compound should also be $C_{18}H_{24}O_6$ rather than $C_{15}H_{20}O_5$ as originally proposed by the American workers. However, these two substances were obviously different as indicated by large differences in melting points, optical activity and the X-ray powder crystal photographs. The structure of the compound isolated by ABRAHAM et al. has not been completely determined but its reactions are consistent with its having a structure containing four double-bonds of aliphatic character, an ester group and a lactone ring. The material oxidizes slowly when exposed to air but can be stored indefinitely under petroleum ether. The compound isolated by CAVALLITO et al. also appears to be a lactone.

In a later publication (CAVALLITO and KIRCHNER, 1947) the American workers have agreed with ABRAHAM et al. that the formula for their antibiotic should be $(C_3H_4O)_6$ instead of $(C_3H_4O)_5$ as originally stated. The full structure of the American compound has not yet been fully determined but recent evidence indicates that it has an α-methylene butyrolactone type of structure. The antibiotic activity is attributed to this structural feature. Also, the compound contains an ester group, an isolated double-bond, and two hydroxyl groups.

Antibiotic Activity (of the material isolated by ABRAHAM et al.). Certain staphylococci were inhibited in vitro at a concentration of 0.5 mg./ml. but even at 2 mg./ml., it was ineffective against *E. coli* (cylinder-plate tests).

Other Extracts of Actium minus. SANDERS et al. (1945) report that extracts inhibited both *Bacillus subtilis* and *E. coli* in vitro. GOTTSHALL et al. (1949) found that extracts inhibited *Mycobacterium tuberculosis* but not *Staph. aureus*, and CARLSON, DOUGLAS and ROBERTSON (1948) found that extracts inhibited *Staph. aureus* but not *E. coli*.

7. Aristolochia sp. (Aristolochiaceae).

DE LIMA et al. (1952) have reported that a species of *Aristolochia* bearing the local Mexican name of Raiz de Indio, can yield two antibiotic substances. The two substances (A and B) have similar biological and chemical properties except that B is less soluble in acetone and ether than A. A, when purified chromatographically, inhibited *Micrococcus pyogenes* at a concentration of 1.2 to 1.7 μg./ml. M. *citreus* at 2.4 μg./ml.; and *Bacillus anthracis* at c. 3 μg./ml. The substances contain no nitrogen or sulphur and are inactivated by 1% cysteine or 10% serum.

8. Artemisia tridentata *(Compositae)*.

Carlson et al. (1946) prepared extracts with antibacterical properties from this plant (the sagebrush) as follows:

Green portions of the plant were chopped and incubated in diethylene dioxide at 56° C for 3 to 4 days. The residue was filtered off and the dark green solution concentrated in vacuo to a thick syrup. This residue was boiled with 20 volumes of water for 5 min. and filtered while hot. The filtrate was again concentrated to a thick syrup: this was frozen in CO_2 ice and exposed to the air for 12 or 18 hrs. The brown gum so formed was extracted with acetone. This extraction yielded a yellow, water-soluble precipitate which was washed four times with acetone to remove the last traces of gum and then tested for antibiotic activity. Biological tests were also made on a gum obtained by evaporating the acetone-soluble fraction of the extract to dryness in vacuo.

Antibiotic Activity. Both preparations inhibited the growth of *Staphylococcus aureus* in vitro. Two-week-old chicks injected with a mixture of the extract (acetone-insoluble) and blood containing the parasite *Plasmodium gallinaceum*, failed to develop malaria. The extracts did not protect mice against *Diplococcus pneumoniae* infections.

Toxicity. Doses of 0.5 to 1 ml. injected intraperitoneally, subcutaneously or intravenously into chicks and mice were lethal: smaller doses were anaesthetic.

9. Asarum canadense *(Aristolochiaceae)*.

Cavallito and Bailey (1946) isolated two antibiotic substances (A and B) from this plant (Wild Ginger).

Isolation. Five kg. of fresh leaves and stems were ground and treated with 5 l. of 95% ethanol for 1 hr. This mixture was filtered to yield filtrate a. The residue was treated with 4 l. of 95% ethanol for 1 hr. and the liquid strained off. Three litres of water were added to precipitate chlorophyll, and the mixture was then filtered through Filter-Cel to yield filtrate b. Filtrates a and b were combined and the alcohol then removed by distillation at 20 mm. pressure. The aqueous residue was divided into 2.5 l. portions, each of which was extracted twice with approximately 250 ml. of chloroform. These chloroform extracts were combined and then extracted at least twice with one-third of the volume of 1% sodium bicarbonate solution. On acification, the combined sodium bicarbonate extracts yielded c. 100 mg. of crude substance B as a yellow precipitate.

The chloroform solution was evaporated under reduced pressure, and the residue extracted with 25 ml. of dioxane. This dioxane solution was filtered and mixed with 100—150 ml. of Skellysolve B. On refrigeration for at least three hours, crude substance A was precipitated.

Purification. Compound A was purified by repeated precipitation from 95% alcohol until it was colourless. Crude compound B was dissolved in dilute alkali, treated with a small amount of charcoal, filtered and acidified. The precipitate was recrystallized as yellow needles from hot 95% ethanol.

Properties.

Compound A. This is a colourless substance to which the probable formula $C_{21}H_{20}O_8N_2S$ has been given. It has no sharp melting point but decomposes slowly above 160° C, and rapidly at 175° C. The substance has a neutral reaction in aqueous ethanol solutions.

Ultraviolet absorption spectrum ($E\,{}^{1\,\%}_{1\,cm}$ values in U.S.P. ethanol): 529 at λ282.

Compound B. This is a lemon-yellow acid to which the probable formula of $C_{16}H_{11}O_7N$ has been ascribed. It has no sharp melting point but darkens slowly between 230° and 260° C without melting.

Ultraviolet absorption spectrum ($E\,^1_{1\,cm}\%$ values in U. S. P. ethanol): 860 at λ 250, 376 at λ 318, and 194 at λ 390.

Both compounds A and B are soluble in ethanol, acetone, chloroform, ethyl acetate and dioxane and are almost insoluble in water, benzene, and the Skellysolves. B forms water-soluble salts. Both compounds are readily inactivated by cysteine.

Antibiotic Activity.

Compound A. This substance has powerful antibiotic properties. The following bacteria were inhibited by 0.0005 to 0.00075 mg./ml.:— *Bacillus cereus, B. mycoides, Clostridium botulinum, C. tetani, Sarcina lutea:* the following were inhibited by 0.0025 to 0.0075 mg./ml.:— *Bacillus subtilis, Staphylococcus albus, S. aureus,* and *Streptococcus faecalis. Pneumococcus* (type I) was inhibited by 0.01 mg./ml.; *Pneumococcus* (types II and III), *Streptococcus haemolyticus,* and *S. viridans* were not inhibited by this concentration. *E. coli* and *Salmonella paratyphi* were unaffected by 0.1 mg./ml.

Compound B. This substance has a considerably lower antibiotic activity than compound A.

Bacillus cereus, B. subtilis and *Staph. albus* were completely inhibited, and *Staph. aureus* and *Streptococcus faecalis* were partially inhibited by 0.1 mg./ml. (All tests of antibiotic activity were made by the cylinder-plate method.)

The reactivity of compounds A and B toward cysteine suggests that they belong to a class of antibiotics which may act by reacting with —SH groups which are essential for bacterial growth.

Toxicity. Intraperitoneal injections into mice of 5 mg./kg. of compound A dissolved in sesame oil usually caused death in 2—3 days.

10. Berberis spp. *(Berberidaceae).*

The well-known alkaloid, berberine, is obtainable from several members of this family, e. g. *Berberis vulgaris* and *Hydrastis canadensis* (see chapter on alkaloids in Vol. IV of this handbook).

GILLIVER (1946) states that berberine inhibited completely the growth of the following phyto-pathogenic micro-organisms in vitro:— *Pseudomonas syringae,* and *Verticillium dahliae* at a dilution of 1:5,000; *Actinomyces scabies, Corynebacterium sepedonicum* and *Xanthomonas malvacearum* at 1:20,000; and *X. begoniae* at 1:80,000.

Phytophthora erythroseptica, Claviceps purpurea and *Rhizoctonia crocorum* were partially inhibited at c. 1:5,000.

GUPTA and KAHALI (1944) reported that berberine inhibited Leishmania *tropica* at 1:80,000, and that it was effective in the treatment of Oriental Sore and of *Trypanosoma equiperdum* infections in man.

Another alkaloid, umbellatine, can be isolated from *Berberis umbellata* and *B. insignis.*

Leishmania tropica was inhibited by a dilution of 1:50,000; 1:100,000 was lethal in 12 days. *L. donovani* and *Endamoeba histolytica* were not affected by a dilution of 1:10,000. Like berberine, umbellatine could be used for the treatment of Oriental Sore (caused by *L. tropica*). Both berberine and umbellatine killed paramoecia at dilutions of 1:500 (GUPTA and KAHALI, 1944).

11. Brucea javanica *(Simarubaceae).*

The seeds of this plant (Chinese:— Ya Tan Tzu or kô-sam) are reported to have been used in China for treating dysentery since 1765 (see FLOREY et al., 1949, and WU, 1943).

12. Capsicum annuum *(Solanaceae)*.

Jordanoff (1927) found that extracts of this plant had a bactericidal effect on *Bacillus typhosus*, *B. paratyphosus* (A and B), *B. enteritidis* Gaertner, and *E. coli*. Tokin (1943/44) also found evidence of the presence of a "phytoncide" in this plant: a preparation was lethal for the protozoa, *Paramoecium caudatum* within 1—5 min.

More recent work has tended to emphasize the inactivity of extracts of *Capsicum annuum*. Thus, extracts were reported to be ineffective in vitro against *Staph. aureus* and *E. coli* (Osborn, 1943; Cardoso and Santos, 1948; Gottshall et al., 1949). Extracts were also ineffective against *Proteus X-19* (Cardoso and Santos, 1948) and *Mycobacterium tuberculosis* (Gottshall et al., 1949).

13. Cassia absus L. *(Leguminosae)*.

Mazhar-Ul-Haque (1951) has reported that chaksine, an alkaloid contained in the seeds of this plant, has some antibiotic activity. It inhibited the growth of *Staphylococcus aureus* at 1:4,000 and of *Streptococcus haemolyticus* at 1:2,000: it was inactive against *E. coli* and *Salmonella typhosa*.

14. Cassia reticulata Willdenow. *(Leguminosae)*.

Robbins et al. (1947) isolated a crystalline antibiotic from the leaves of this plant. They considered that this substance which they named cassic acid, was not the only antibiotic principle present in the leaves. Anchel (1949) has shown that cassic acid is identical with rhein, a compound which was originally isolated from Chinese rhubarb by Hesse (1895) and later from *Cassia acutifolia* by Tutin and Clewer (1911).

Isolation of Rhein (Anchel, 1949). One hundred grams of the ground leaves of *Cassia reticulata* were placed in fluted filter paper over a pad of glass wool and extracted (in an extractor of the type described by Clarke and Kirner, 1941) for three periods of 1, 1.5 and 1.5 hrs., with water: 750 ml. of water were used for each extraction. The combined extracts were concentrated under reduced pressure to about 100 ml. and the syrupy residue then extracted with methyl isobutyl ketone until the extract was almost colourless. This extract was then shaken with successive 10—25 ml. portions of 5% sodium bicarbonate solution for as long as the typical reddish colour appeared in the alkaline solution. The bicarbonate extract was iced and adjusted to pH 2.0 with cold dilute HCl. An amorphous precipitate was removed by centrifugation, washed with water and dried in vacuo. (Yield: 215—348 mg.) A dark pigment was removed by washing the crude product with cold acetic acid or with acetone followed by acetic acid: the residue was then recrystallized from hot acetic acid. The purified substance crystallized in pale yellow hair-like needles, but under certain conditions (e. g. when too concentrated a solution was used, or if the crystallization was too rapid) it precipitated as a crystalline orange powder. Both of these crystalline forms had essentially the same melting-point and displayed the same antibiotic activity. It was difficult to obtain pure rhein. Samples which had been recrystallized several times and dried in vacuo at 100° C, melted, with decomposition at 326—329° C.

Properties. Rhein ($C_{15}H_8O_6$) is 4,5-dihydroxy-anthraquinone-2-carboxylic acid.

In 95% ethanol, the substance showed absorption maxima at 230, 260 and 430 mμ, and minima at 215, 245 and 307 mμ. The extracted material formed a diacetate (a pale yellow powder) which, after several recrystallizations, melted at 250—251° C and gave no depression when mixed with the synthetic product (4,5-diacetoxy-anthraquinone-2-carboxylic acid) melting at 250—253° C. [Rhein can be synthesized from chrysophanic acid (FISCHER, FALCO and GROSS, 1911): synthetic material melts at 325—330° C.]

Rhein could be obtained by a similar extraction procedure from the roots of *Rheum officinale*.

(N. B. Emodin, which is present in rather large amounts in rhubarb, was bacteriostatic under the test conditions employed: thus, the antibiotic activity of rhubarb extracts was not entirely due to rhein.)

The yield of 215—348 mg. of rhein from *Cassia reticulata* had a potency of 64 dilution units/mg.; the number of dilution units in a sample being given by the volume in ml. to which it could be diluted with nutrient broth and still completely inhibit the growth of *Staph. aureus*. The recovery of rhein, estimated on the basis of antibiotic activity was about 87% (about 20,000 dilution units) of that present originally in the aqueous extracts.

ROBBINS et al. (1947) isolated rhein in a different way. The leaves were boiled first with water and then with dilute sodium bicarbonate solution. The combined extracts were acidified to pH 3.2 and then extracted with methyl iso-butyl ketone. After removal of the ketone in vacuo, the residue was dissolved in acetone, diluted with water and extracted with ether. The active substance was extracted from the ethereal extract with sodium bicarbonate solution. Careful acidification of the dilute alkaline extract yielded fine yellow needle crystals of rhein.

Antibiotic Activity. ROBBINS et al. (1947) found that bacteria were inhibited by concentrations of rhein as follows:— *Bacillus mycoides* (4 μg./ml.), *B. subtilis*, *Neisseria gonorrhoeae*, *Staph. aureus* and *Mycobacterium phlei* (all by 8 μg./ml.), and *M. smegma* (32 μg./ml.). A concentration of more than 250 μg./ml. was required to inhibit the growth of *E. coli*, *Klebsiella pneumoniae* and *Pseudomonas aeruginosa*.

KAVANAUGH (1947) records the inhibition of *E. coli* (at 1,000 μg./ml.), *Klebsiella pneumoniae* (at 500 μg./ml.), *Mycobacterium smegma* (at 30 μg./ml.) and *Photobacterium fischeri* (at 0.25 μg./ml.).

Toxicity. Rhein is only slightly toxic to mice and rabbits when given orally. After such administration, some substance inhibitory to *Staph. aureus* is excreted in the urine.

Clinical. Extracts of the leaves of *Cassia reticulata* are reputedly taken by the inhabitants of Costa Rica as a cure for gonorrhoea: such treatment is considered unlikely to be effective (ROBBINS et al., 1947).

15. Celastrus scandens *(Celastraceae)*.

HAYES (1946) reported that extracts of the fruit of this plant could inhibit the growth of *Staphylococcus aureus*, *E. coli*, *Erwinia carotovora* and *Phytomonas tumefaciens*.

PANISSET and NANTEL (1948) obtained an acetone extract of the root. On acidifying this extract to pH 3.0, they obtained a precipitate which contained all the antibiotic activity. The active principle (probably a complex sugar) was strongly antibiotic against gram-positive bacteria (especially *Mycobacterium tuberculosis avium*) but only weakly so against gram-negative species.

SANDERS et al. (1945) found extracts to be ineffective in vitro against *Bacillus subtilis* and *E. coli*, and SCHNELL and THAYER (1949) found that aqueous extracts of the fruit were ineffective against *Staph. aureus* and *E. coli*.

16. Centaurea maculosa *(Compositae)*.

Preliminary work by Cavallito and Bailey (1949) revealed that some antibiotic activity was associated with the leaves and flowering tops. An active substance was later isolated by the following procedure.

Isolation. One kg. of dried leaves was powdered, placed in a cloth sack in a large Soxhlet extractor and extracted with ethyl ether. After 10—15 hrs. of extraction, the ethereal solution was concentrated to c. 500 ml., an equal volume of petroleum ether added, and the mixture allowed to stand overnight. This first ethereal extract contained most of the chlorophyll and the antibiotic that separated also contained chlorophyll. Fresh ether was added to the residual plant material and the extraction continued for a further twenty hours during which time almost pure antibiotic crystallized from the ether extract. This extract was treated as before with petroleum ether to precipitate more antibiotic.

The crude material was dissolved in a small quantity of dioxane and filtered. To the clear filtrate (containing c. 10—15 g. material in 75—100 ml. solvent) were added c. 300 ml. of toluene at 90—100° C. The dark material that separated was removed and the clear filtrate refrigerated overnight. Clusters of needle crystals separated out and further crops of crystals were obtained from the mother liquor by the addition of petroleum ether. The product was recrystallized from dioxane-toluene solutions until colourless needles were produced. Yields of up to 1.5% of the dry leaf weight were produced.

Physical Properties. This neutral, bitter substance crystallizes in colourless needles. It has no sharp melting point on gradual heating but, if heated suddenly, it fuses at 140° C and solidifies immediately to a hard glass. The substance is soluble to c. 5% in ethanol, acetone, dioxane, and propylene glycol; to c. 2% in ethyl acetate; to 0.9% in chloroform and water; and to 0.15% in ethyl ether: it is almost insoluble in benzene, toluene and hexane. The substance is optically active: $[\alpha]_D^{25} = +129°$ (10 mg./ml. of ethanol). Ultraviolet absorption spectrum: $\Sigma = 2400$ at λ 240 and 220 at λ 270.

Chemical Properties. The formula $C_{20}H_{26}O_7$ (m. Wt. = 378) has been assigned to this compound. The exact structure has not been determined but there is evidence that the substance is an unsaturated lactone.

Antibiotic Activity. Serial dilution tests showed that this substance was bacteriostatic for:— *Alcaligenes faecalis* and *Shigella dysenteriae* at a concentration of 0.025 mg./ml.; *Staphylococcus aureus* (209. $P_{60}T_{54}$) and *Streptococcus pyogenes* (c. 203) at 0.05 mg./ml.; *Proteus vulgaris, P. morgani, Salmonella paratyphi, S. enteritidis, Shigella paradysenteriae* and *Eberthella typhosa* at 0.06 mg./ml.; *E. coli* (Michigan; 86-N; and 4157 strains), *Salmonella aertryke* and *S. typhimurium* at 0.09 mg./ml.; *Klebsiella pneumoniae, Staph. aureus* (209 P), *Streptococcus pyogenes* (68 C), *Sarcina lutea,* and *Bacillus subtilis* (SB), at 0.15 mg./ml.; *E. coli* (71), *Aerobacter aerogenes, Pasteurella bovisepticus* and *Pseudomonas aeruginosa* at 0.2 mg./ml.; *Streptococcus faecalis* (10 Cl) at 0.25 mg./ml.; and *Clostridium perfringens* at 0.5 mg./ml. The compound was bactericidal for all these organisms at a concentration of c. 0.25 mg./ml.

Toxicity. The ALD_{50} for mice was 112 mg./kg. (intravenous), 22 mg./kg. (intraperitoneal) and 775 mg./kg. (oral).

Clinical. Intraperitoneal or oral administration of the antibiotic failed to protect mice infected with *Brucella melitensis* (Kolmer strain).

The antibiotic was found to be slightly more active against gram-negative than gram-positive bacteria. It is rapidly inactivated by cysteine or thioglycollate, so it is regarded as belonging to that class of antibiotic which may act by binding essential sulphhydryl groups in the micro-organism (see Cavallito et al., 1945).

The reaction with thioglycollate sulphhydryl groups places it in the category of non-specific —SH inhibitors (CAVALLITO, 1946): these differ from penicillin and streptomycin which are inactivated specifically by the group:—

$$NH_2\text{---}\overset{|}{\underset{|}{C}}\text{---}\overset{|}{\underset{|}{C}}\text{---}SH$$

The antibiotic from *Centaurea maculosa* induces little or no development of resistance in the bacteria treated with it (see KLIMEK et al., 1948).

17. Centella asiatica Urban *(Umbelliferae)*.

This plant is reputed to contain various substances, particularly glycosides, which are effective in the treatment of leprosy. Infusions of the plant have been used against this disease in India and Madagascar for some time.

BOITEAU and GRIMES in 1937 extracted a glucoside from this plant in Madagascar which gave encouraging results when used as a drug against leprosy but which was found to be too toxic to human subjects [see editorial "News and Views", Nature 155 (1945)]. Later BONTEMPS (1942) isolated another glucoside which he named asiaticoside: this was also active against leprosy and was much less toxic. The clinical administration of this drug was at first difficult owing to its insolubility in water but BOITEAU later obtained a solution of it, suitable for injection. These injections have been rep rted as being remarkably effective in the cure of leprotic lesions.

Asiaticoside is a neutral glucoside which crystallises from dilute alcohol in colourless prisms. It is slightly soluble in water and very soluble in pyridine. It is optically active, $[\alpha]_D = -14°$ in alcoholic solution; and melts with decomposition at 230—233° C.

The formula $C_{54}H_{90}O_{23}$ has been assigned to asiaticoside. The molecule consists of two molecules of D-glucose and two molecules of L-rhamnose in combination with one molecule of the aglycone which is a triterpene acid ($C_{30}H_{48}O_5$ or $C_{30}H_{50}O_5$) named asiatic acid. The glucoside is readily hydrolysed by acids or alkalis.

Asiatic acid has a melting point of 240—244° C which rises to 310° C after purification through its sodium salt. It is difficult to crystallize, but its methyl ester, obtained by methylation with diazomethane or dimethyl sulphate, crystallizes readily in needles (m. p. 255° C. $[\alpha]_D = +52°$ in alcoholic solution).

BOITEAU and GRIMES are of the opinion that asiaticoside acts by dissolving the waxy coating of the cells of *Mycobacterium leprae* so that they then become very fragile and susceptible to destruction either by the tissues themselves or by other drugs. (For further clinical information, see British Medical Journal, **338**, March 10th 1945 and Lancet, **357**, March 17th 1945.)

BHATTACHARYA and LYTHGOE (1949) failed to find any sugar derivative similar to asiaticoside in dried plant material of Ceylonese origin but they were able to isolate three triterpene acids which they considered to be probably related to the aglycone of asiaticoside. Two of these acids were named centoic acid and centellic acid. However, it appears that another glycoside, centelloside, can be isolated from fresh Ceylonese plant tissue. Thus, the Ceylonese variety (or strain) of *Centella asiatica* seems to contain no asiaticoside but does contain this closely related compound (LYTHGOE and TRIPPET, 1949). It is not known whether the substances obtained from the Ceylonese plants have antibiotic properties.

GRIMES and BOITEAU (1947) have suggested that there may be an oxidised form of asiaticoside which is more readily soluble in water than asiaticoside itself, present in fresh plant material of Madagascan origin. This substance is presumably the oxyasiaticoside referred to by BOITEAU et al. (1949). This substance inhibited growth of the tubercle bacillus in vitro at a concentration of 0.015 mg./ml. The anti-tubercular properties of this compound were confirmed by experiments carried out on guinea-pigs which had been inoculated 15 days previously with tubercle bacilli. Repeated injections of 0.5 ml. of 4% aqueous oxyasiaticoside reduced the number of tubercular lesions in the liver, lungs, nerve ganglia and spleen, and decreased the volume of the spleens as compared with those of untreated control animals.

Both asiaticoside and oxyasiaticoside have the same aglycone, asiatic acid.

(Details of the isolation of these various compounds from *Centella asiatica* could not be obtained from the available literature.)

18. Cheiranthus cheiri *(Cruciferae).*

Osborn (1943) obtained from this plant (wallflower) a substance which inhibited the growth of *Staph. aureus* and *E. coli*. The active substance, which seemed to be produced enzymatically from a precursor, was later isolated from the seeds by Chain and Callow (1943, unpublished; see Florey et al., 1949) who found it to be cheirolin. Cheirolin was first isolated from the seeds of *Cheiranthus cheiri* (and of *Erysimum arkansanum*) by Wagner (1908) and was shown by Schneider (1910) to be γ-thio-carbamidopropylmethylsul-phone, $CH_3SO_2CH_2CH_2CH_2NCS$.

Cheirolin occurs in the wallflower as a glucoside which is readily hydrolysed, chemically or enzymatically, to cheirolin, glucose and sulphate (Schneider and Schütz, 1913).

Isolation. (Schneider, 1910.) Seeds of *Cheiranthus cheiri* or *Erysimum arkansanum* were ground and defatted by extraction with ether in a Soxhlet apparatus. The plant material was then extracted by shaking it with ether and 5% sodium carbonate solution. This ethereal extract was then evaporated and the residue dissolved in warm 0.5% sulphuric acid. Cheirolin was removed from the filtered acid solution by salting-out with ammonium sulphate, and was then extracted with ether. The ethereal extract was then dried over potash and the solvent evaporated off to yield a residue of colourless oil which crystallized on cooling. Yield: c. 16—17 g./kg. of seeds.

Properties. Cheirolin is a neutral, optically inactive compound which crystallizes from ether in colourless prisms of melting point 47—48° C. It is soluble in alcohol or chloroform, slightly soluble in water and almost insoluble in petroleum ether. (For details of the structure of cheirolin, see Florey et al., 1949.)

Antibiotic Activity. Cheirolin was found to inhibit the growth of the following bacteria in vitro: *Bacillus polymyxa, B. subtilis, Bacterium aroideae, B. carotovorum, B. tumefaciens, Corynebacterium michiganense, C. sepedonicum, Leuconostoc* sp., *Pseudomonas syringae, Xanthomonas begoniae, X. campestris,* and *X. malvacearum.*

Cheirolin has also been found to be active against many fungi as follows: *Achorion gallinae, A. gypseum, A. quinkeanum, A. violaceum, Actinomyces scabies, Bodinea violacea, Byssochlamys fulva, Cladosporium herbarum, Claviceps purpurea, Endodermophyton indicum, E. tropicale, Endomycopsis albicans, Epidermophyton cruris, E. perneti, E. rubrum, Fusarium avenaceum, F. culmorum, Gloeosporium musarum, Grugyella schoenleinii, Microsporum equinum, M. ferrugineum, M. fulvum, Myrothecium roridum, Penicillium digitatum, Phytophthora erythroseptica, Rhizoctonia crocorum, R. solani, Sabouraudites audouini, S. felineus, S. lanosus, Sclerotinia sclerotiorum, Stereum purpureum, Trichophyton album, T. asteroides, T. balcaneum, T. cerebriforme, T. decalvans, T. depressum, T. discoides, T. effractum, T. equinum, T. fumatum, T. granulosum, T. lacticolor, T. louisianicum, T. persicolor, T. plicatilis, T. sabouraudii, T. sulphureum, T. tonsurans, Trichothecium roseum,* and *Verticillium dahliae.*

All these organisms were inhibited by a dilution of 1:5,000, and many of them are inhibited by much higher dilutions (up to 1:320,000 for *Phytophthora erythroseptica*).

[This list has been compiled from the publications of SANDERS (1946) and GILLIVER (1946)].

Alternaria citri, Botrytis cinerea and *Penicillium expansum* were partially inhibited in vitro at about 1:5,000 but this dilution was ineffective against *Pseudomonas marginalis* (GILLIVER, 1946). A 1:5,000 dilution of cheirolin did not inhibit *Microsporum japonicum* (SANDERS, 1946).

Toxicity. Mice of 20 g. body weight were killed in c. 40 min. by an intravenous injection of 0.2 mg. of cheirolin. During the survival period, the mice suffered from fits and muscular spasms. Smaller doses caused excitement which was followed by recovery.

Oral administration of 2 mg. to mice caused slight illness; 4 mg. was lethal after some hours. Subcutaneous injection of 1 mg. in 0.1 mg. of water caused illness lasting for 2 or 3 hours.

An intravenous injection of 10 mg. into a cat weighing 2 kg. caused a sharp rise in blood pressure followed by a fall.

The toxic and antibiotic properties of cheirolin seem to be due to the mustard-oil grouping. The amine ($CH_3SO_2CH_2CH_2CH_2NH_2$) and the corresponding thiourea had no antibacterial activity, were not toxic and they did not affect blood pressure in doses larger than those in which cheirolin was effective (see FLOREY et al., 1949).

19. Chelidonium majus *(Papaveraceae)*.

STICKL (1928) tested an extract of this plant and various alkaloidal constituents of it for antibacterial properties. The alkaloids tested were a) chelidonine, which occurs in the roots of this plant; b) chelerythrine, which also occurs in *Bocconia frutescens* L. and *Eschscholtzia californica* (all Papaveraceous plants); and c) chelidoxanthine (berberine). An extract of *C. majus*, the alkaloids, and their gold salts were all bactericidal for various staphylococci and for *Bacillus anthracis*. The author concluded that the bactericidal activity was not dependent on pH or surface tension changes.

More recent investigations have shown that some aqueous extracts were ineffective in vitro against *Staph. aureus* and *E. coli* (OSBORN, 1943), and that other extracts were ineffective in vitro, not only against these two species but also against the plant pathogens *Phytomonas campestris* and *Ph. phaseoli* (LUCAS and LEWIS, 1944).

20. Chlorophora excelsa *(Moraceae)*.

This tropical African tree yields a timber (Iroko) which is very resistant to decay. GRUNDON and KING (1949) isolated a complex phenol from this wood by extraction with ether, and they have proposed the name "chlorophorin" for this compound. This phenol, which appears to be a stilbene derivative, has the probable molecular formula of $C_{25}H_{30}O_4$. The probable structure has been partially determined as follows:

$$HO-\underset{OH}{\underbrace{}}-CH=CH-\underbrace{}\left\{\begin{array}{l}2\text{-OH}\\ -CH_3\\ -C_{10}H_{17}\end{array}\right.$$

The substance is amorphous and melts at 157—159° C. KAREL and ROACH (1951) list this substance as an antibiotic but GRUNDON and KING in their original paper, do not refer to any tests made to determine antibiotic activity. However, it is probable that this substance plays some part in protecting the timber against attack by wood-rotting fungi etc., particularly as it is present in the wood in relatively high concentration (2—8%). Moreover, its chemical relationship to pinosylvine (see *Pinus sylvestris*) suggests that it may prove to be inhibitory to many micro-organisms including bacteria.

21. Cocculus trilobus *(Menispermaceae)*.

Some undated researches by HASEGAWA refer to "trilobin", an antitubercular substance which has been obtained from this plant (see KAREL and ROACH, 1951).

22. Cochlearia armoracia *(Cruciferae)*.

FOTER and GOLICK (1938) demonstrated that the vapours of crushed horse-radish root had an inhibitory effect on the growth of *Serratia marcescens, Bacillus subtilis, E. coli, Mycobacterium phlei*, and *M. tuberculosis* var. *hominis*. Of these, *B. subtilis* was the most susceptible to the vapours, and *E. coli* was the most resistant. Growth of these test organisms was inhibited by exposing the agar media (before inoculation with bacteria) to the vapour for as short a time as 16 min. The inhibitory effects were strongest at 37.5° C; these effects became less marked as the temperature during exposure of the agar plates to the vapour was lowered.

23. Convolvulaceae.

According to VALETTE and LIBER (1938), various plants of this family contain glucosides which have a bactericidal effect on certain bacteria. Sodium tauro-cholate was lethal to the pneumococcus at a dilution of 1:2,000, but when an equal quantity of convolvulin was added, the lethal concentration of the tauro-cholate was much lower, i. e. 1:300,000. Convolvulin (or rhodeoretin) is a glucoside present in the large root of *Ipomoea jalapa*. The glucoside jalapin, which occurs (with convolvulin and some other glucosides) in *Ipomoea purga* (the Jalap) similarly enhances the bactericidal power of sodium taurocholate. Against the pneumococcus, this salt was effective at a dilution of $1:3 \times 10^6$ in the presence of an equal quantity of jalapin. With Löffler's bacillus as test organism, the bactericidal dilution of taurocholate alone was 1:1,000; with convolvulin, it was rather lower; and with jalapin, it was 1:150,000.

24. Coptis chinensis *(Ranunculaceae)*.

CHANG (1948) has reported that the roots of this plant contain an alcohol-soluble antibiotic. The dried crude alcoholic extract is yellowish-brown and very bitter in taste.

The crude extract was effective in vitro at dilutions of 1:400—1:3,200 against *Brucella melitensis, Corynebacterium diphtheriae*, various diphtheroids, γ-strepto-cocci, *Klebsiella pneumoniae, Shigella dysenteriae, S. paradysenteriae, S. sonnei, Staph. aureus, Streptococcus haemolyticus* and *Vibrio comma*. It was also effective at higher dilutions (1:6,400—1:51,200) against *Bacillus subtilis, Brucella abortus, Corynebacterium diphtheriae, Micrococcus tetragenus, Shigella dysenteriae, Staph. albus, S. aureus*, and *S. citreus*. The following bacteria were not inhibited even at a dilution of 1:200: *E. coli, Proteus OX-19, Pseudomonas aeruginosa, Salmonella enteritidis, S. paratyphi, S. schottmuelleri, S. typhi* and *Serratia marcescens*.

Toxicity. Rats were reported to have survived for at least a week following single intraperitoneal injections of 250 mg./kg. of the crude extract.

GAW and WANG (1949) found that concentrated aqueous extracts of the Chinese drug prepared from the stem and roots of this plant were inhibitory in vitro to *Staph. aureus* but not to *E. coli*.

25. Crepis taraxacifolia *(Ranunculaceae)*.

OSBORN (1943) found that aqueous extracts of the buds, flowers, inflorescence stems, and roots of the fresh or dried plant contained a substance inhibitory to the growth of *Staph. aureus*. The active principle does not occur in the plant in a free state but as an inactive precursor. An extract of steamed plant material which had no antibiotic power became fully active when incubated for a short time with a small quantity of fresh extract. The activating substance, presumably an enzyme, seemed to be present only in the yellow petals of the flower and, to a lesser extent, in the roots. The presursor occured in most parts of the plant except the stem and leaves. Seeds contained neither the enzyme nor its substrate.

HEATLEY (1944b) has isolated an antibiotic named crepin from this plant in the following way: About 250 g. of fresh (or 50 g. dried) flowers and buds were thoroughly ground with 100—150 ml. of distilled water and c. 50 g. of sand. The extract was separated from the plant residue by pressing the mixture through linen. The residue was then extracted a second time. The mixed aqueous extracts were brought to pH 2.5—3.0 with HCl and the resulting precipitate removed by centrifuging. This precipitate was stirred with 50—100 ml. of 0.01 N HCl, again centrifuged, and then discarded. The active material was adsorbed from solution by passing the centrifugates through a filter bed about 1 cm. thick consisting of 5 g. of Celite or kieselguhr and 15 g. of Farnell grade 14 activated charcoal. The more dilute extracts were passed through first and, when all the extracts had been passed, the filter was washed with water. The first colourless filtrates were discarded, but the later portions and the wash-water were passed through the fresh filter of the next batch. Crepin, the active principle, was eluted from the filters with 80% aqueous acetone. The final percolates were not worked up directly but were used for the first elution of the filter bed of the following batch. Acetone and some water were removed from the richest eluates by distillation, first at normal, and then at reduced pressure. The pH of the residue was adjusted to 6.0—6.5 and the residue was extracted with ether in a liquid — liquid extractor for 16—24 hours. The ethanol extract was then passed through a short column of alumina, concentrated and refrigerated. Crepin crystallized out in a few hours. (Further concentration of the mother liquor yields more crops of crystals but these are liable to be contaminated with gummy material.) The substance may be purified by recrystallization from alcohol or alcohol-water mixtures. Yield rarely exceeds 100 mg./kg. of fresh starting material.

Physical Properties. Crepin is odourless, and when pure, tasteless. It is soluble in water to about 0.25 mg./ml. at room temperature, and to about 2.5 mg./ml. in alcohol. It is also soluble in ether and glycerol and is very soluble in pyridine. Crepin decomposes without melting on heating: it darkens at 300° C.

Chemical Properties. Crepin chars when heated strongly and gives off yellowish-white fumes which condense to a tar. The molecular formula of $C_{14}H_{16}O_4$ (M. Wt. 248) was originally suggested but there is some evidence to suppose that $C_{15}H_{18}O_4$ may be correct (ROGERS, 1944). The chemical structure has not been fully worked out, but the following facts are known about the constitution of the molecule: Carboxyl and methoxyl groups are absent but there are 1.02 equivalents of C—CH_3/molecule (assuming the formula to be $C_{14}H_{16}O_4$). There are also 1.66 to 1.64 equivalents of hydroxyl groups/molecule. There are probably not more than one pair of conjugated double-bonds/molecule. Crepin gives a positive test for $\beta\gamma$ unsaturated lactone structures. The lactone ring is probably opened irreversibly by treatment with alkali. Four atoms of hydrogen are taken up by each molecule with consequent loss of antibiotic activity.

Crepin has been obtained in three crystalline forms:

1. Monoclinic tables (from 50% alcohol); 2. Orthorhombic prisms (from absolute alcohol); and 3. Orthorhombic prisms terminated by pyramids (from absolute or 50% alcohol).

Stability. Crude plant extracts remained active for several weeks when stored in an ice-chest. The activity of extracts and pure material was almost completely destroyed by 0.1 N alkali at pH 9.0. Crepin is stable in acid solution, and it could be autoclaved for 20 min. at 15 lbs. pressure with 0.1 N HCl without loss of activity.

Antibiotic Activity. The concentration of crepin which just inhibits the growth of *Staph. aureus* in a liquid medium depends on the number of organisms present; the titre approximately doubles as the number of bacteria in the inoculum is decreased one hundred-fold. The titre decreases as the time of incubation is prolonged. For example, with an inoculum of 50,000 organisms/ml. of Lemco broth, the titre was 1:80,000 after 20 hours; 1:40,000 after 30 hours; and 1:30,000 after 48 hours. Crepin inhibited the growth in vitro of *Staph. aureus* at 1:32,000 (the cells were not lysed after 16 hrs. incubation at 37° C by a 1:4,000 dilution); *Streptococcus pyogenes* at 1:8,000; *Bacillus subtilis* at 1:16,000; *Salmonella typhi* at 1:4,000. A lower dilution than 1:4,000 was required to inhibit *Pseudomonas pyocyanea*. The activity of crepin was reduced by the presence of human serum but not by peptone. Human leucocytes survived in the presence of a $1:4.5 \times 10^6$ dilution of crepin, and some survived (through most were killed) even at 1:4,500.

Crepis virens behaves in a similar way to *C. taraxacifolia*: crepin or some similar substance may well be the inhibitor.

C. capillaris and *C. incana* yielded extracts which inhibited *Staph. aureus* but not *E. coli* in vitro (OSBORN, 1943).

26. Curcuma spp. *(Zingiberaceae).*

The dried powdered tubers of *C. tinctoria* and *C. longa* L. are known as turmeric (a yellow dye-stuff and condiment) a constituent of which is the compound curcumin. This well-know substance was first obtained in crystalline form by DAUBE (1870) and by IWANOF-GAJEWSKY (1870) working independently. The correct molecular formula of $C_{21}H_{20}O_6$ was determined and the compound synthesized by LAMPE (1918). Curcumin is 4,4'-dihydroxy-3,3'-dimethoxy-cinnnamoylmethane.

Properties. Curcumin crystallizes in reddish-yellow prisms, m. p. 183° C. It is moderately soluble in ethanol and in acetic acid; sparingly soluble in ether, benzene and carbon bisulphide; and insoluble in water and ligroin. It is soluble in alkalis giving deep reddish-brown solutions.

Antibiotic Activity. The antibiotic properties of curcumin have been investigated by SCHRAUFSTÄTTER and BERNT (1949). Curcumin inhibited completely the growth of the following organisms in vitro: *Staph. aureus* at 1:20,000; *Salmonella paratyphi* at 1:5,000; *Mycobacterium tuberculosis* and *Trichophyton gypseum* at 1:10,000. [Many unsaturated ketones with the —CO—C=C— group possess antibacterial activity: see references quoted by SCHRAUFSTÄTTER and BERNT (1949).]

27. Datisca cannabina *(Datiscaceae).*

An antibacterial substance present in aqueous extracts of this plant was found to be datiscetin (OSBORN, PEARD and ABRAHAM, 1948). This compound was synthesized by KALFF and ROBINSON (1925).

Isolation. The whole ground plant of *Datisca cannabina* was extracted with 50% aqueous acetone, and the active material removed from the extract by adsorption on to 3% characoal. Datiscetin was eluted from the charcoal with 80% acetone. The solvent was removed from this extract in vacuo, and the residual aqueous solution brought to pH 2.5. This aqueous solution was then extracted with ether and the ethereal solution passed through a column of alumina. Most of the activity was contained in a band near the top of the column. The substance was eluted from the band with hot phosphate buffer at pH 8.0 and was again transferred to ether. On concentration of the ethereal extract, datiscetin crastallized out. It was purified by recrystallization from warm alcohol.

Properties. Datiscetin ($C_{15}H_{10}O_6 \cdot H_2O$) is 3,5,7,2-tetrahydroxyflavone.

The compound crystallizes in yellow needles, m. p. 270° C. It is soluble in dilute alkali, alcohol, and ether but is only slightly soluble in water. Datiscetin dissolves in concentrated sulphuric acid to give a pale yellow solution with a faint green fluorescence. When dissolved in aqueous alcohol, it gives a green colour with Fehling's solution, a dark green colour with ferric chloride, and an orange precipitate with lead acetate.

Antibiotic Activity. Datiscetin inhibited the growth of *Staph. aureus* at 1 : 5,000 and that of *Bacillus anthracis* at 1 : 10,000. (Serial dilution tests.) *Staph. aureus* was inhibited by a dilution of 1:2, when tested by the cylinder-plate method but was not inhibited by the same dilution which had been incubated for 4 hrs. with 50% serum.

28. Decalepis hamiltonii *(Cyperaceae).*

MURTI and SESHADRI (1942) observed that the air-dried roots of this plant were resistant to attack and spoilage by fungi and insects. The fresh roots also kept remarkably free from micro-organisms during several days of storage. The roots of the Indian sarsaparilla, *Hemidesmus indicus* (Asclepiadaceae) were similarly resistant to spoilage. Restistance to microbial attack seemed to be due to a sweet-smelling volatile compound, 4,o-methylresorcylicaldehyde, which was present to an extent of c. 0.8% in *Decalepis* and c. 0.12% in *Hemidesmus*. This substance can be easily isolated by steam-distillation of root material, through a better method is to extract the roots with alcohol, distil off the alcohol, and then subject the residue to steam-distillation. For the chemical characterization of this compound see RAO et al. (1925, 1929).

Antibiotic Activity. The growth of *E. coli* was inhibited for more than seven days by a concentration of 0.041%. To produce this same degree of inhibition, vanillin and iso-vanillin (both of which are isomeric with this methyl ether of resorcylic aldehyde) had to be used in concentrations of 0.231% and 0.270% respectively. The fish, *Haplochilus panchax*, was killed within 4 min. in a 0.021% solution: again, vanillin and iso-vanillin were much less toxic.

Toxicity. Little is known about the toxicity of this substance for human subjects but the authors mention that *Decalepis* root is used extensively as a pickle in Southern India, apparently without any harmful effects.

29. Dichroa febrifuga Lour *(Saxifragaceae).*

JANG et al. (1946) note that the roots of this plant (under the Chinese name of Ch'ang Shan) have been used for a very long time in China for the treatment of malaria. In 1942, they found that an extract of these roots was as effective as quinine in controlling the fever due to human tertian malaria, but that its anti-parasitic effect was slightly lower. Extracts of the roots and leaves also controlled *Plasmodium gallinaceum* infections of chicks but did not prevent relapses. They isolated four crystalline substances, two of which, Dichrin A (m. p. 228—230° C) and Dichrin B (m. p. 179—181° C) were neutral compounds. The other two, Dichroine A (m. p. 230° C with decomposition) and Dichroine B (m. p. 237—238° C with decomposition) were alkaloids. Only Dichroine B was effective against chicken malaria.

KUEHL et al. (1948) isolated two crystalline and apparently, isomeric, alkaloids from this plant.

Isolation. Moist root material was extracted with methanol. The methanol was then removed from the extract by distillation in vacuo and the aqueous residue was acidified to pH 3.0 and extracted with chloroform for 20 hrs. to remove impurities. The aqueous solution was adjusted to pH 8.0 and the alkaloids removed from it by another continuous extraction with chloroform for 20 hours. The alkaloidal fraction remaining after removal of the chloroform was dissolved in 50% methanol and brought to pH 3.0 with oxalic acid: the resulting solution was warmed, filtered and concentrated. The gummy residue was dissolved in methanol and treated with acetone: in this way, a crystalline oxalate was obtained. After recrystallization from 50% methanol, the oxalate melted at 215—218° C ($[\alpha]_D^{25} = +17°$ in water). The alkaloids were liberated from the oxalate by treatment with sodium bicarbonate at pH 8.0 and removed by chloroform extraction. The two components of the alkaloid fraction were separated chromatographically.

Properties. Alkaloid I. Crystalline. m. p. 131—132° C,
 Alkaloid II. Crystalline. m. p. 140—142° C.
Both compounds have the formula $C_{16}H_{19}N_3O_3$ and are optically active.

Antimalarial Activity. Five mg./kg. of alkaloid I or 2.5 mg./kg. of alkaloid II administered orally was equivalent to a dose of 40 mg./kg. of quinine in suppressing *Plasmodium gallinaceum* malaria in chicks. Doses twice as large as those given above were toxic to the birds.

The authors considered (on the evidence of close similarity of melting points, composition and ultraviolet absorption spectra) that their alkaloids I and II corresponded respectively to the isofebrifugine and the febrifugine isolated by KOEPFLI et al. (1947). Neither KOEPFLI et al. nor KUEHL et al. (1948) found any compounds corresponding to the Dichroines A and B described by JANG et. al. (1946). KOEPFLI et al. (1949) have described the isolation of two interconvertible, isomeric, crystalline, optically active alkaloids, febrifugine (from the roots and leaves) and isofebrifugine (from the roots). These authors note that CHAN et al. (1948) reported the isolation of three isomeric alkaloids, α-, β-, and γ-dichroines. They (KOEPFLI et al.) considered that the Chinese α-dichroine corresponded with isofebrifugine, and that the β-, and γ-dichroines were not two different isomeric alkaloids but corresponded with the two crystalline modifications of febrifugine.

Febrifugine.

Antimalarial Activity. Febrifugine is a powerful antimalarial drug: it has about 100 times the activity of quinine against bird malaria. (The tests were made against *Plasmodium lophurae* in ducks and against *P. gallinaceum* in chicks.) It was also about 100 times as active as quinine when tested against the trophozoites of *P. cynomolgi* in the monkey. HENDERSON et al. (1949) reported that γ-dichroine (probably identical with febrifugine) was active against *P. relictum* in canaries.

Toxicity. The oral LD_{50} for the white mouse was c. 2.5 to 3.0 mg./kg. (more than 100 times that of quinine). A rhesus monkey receiving 0.3 mg./kg. daily, administered in three doses, one every 8 hrs., survived 16 days of treatment with no untoward effects. An animal receiving 0.75 mg./kg. daily succumbed on the ninth day. The substance is a powerful emetic which probably precludes its use in malaria.

Isofebrifugine. This was found to be about as effective as quinine when it was given intravenously three times a day to ducks infected with *P. lophurae.*

Antibiotic activity of other extracts. SPENCER et al. (1947) found that extracts of the roots, stems and leaves of *Dichroa febrifuga* were effective in the treatment of experimental malaria. GAW and WANG (1949) claimed that concentrated aqueous extracts of the Chinese drug (Ch'ang Shan) were effective in vitro in inhibiting *Staph. aureus* but not *E. coli.* OSBORN (1943), however, found aqueous extracts of this plant to be ineffective against both these micro-organisms.

30. Drosera peltata *(Droseraceae).*

ATKINSON (1949) obtained an antibiotic substance from this plant as follows: The plants were dried at 105°C, powdered, and refluxed with ethanol. (Before extraction, the powder when mixed water in the proportion of 1:10 inhibited *Staph. aureus* and *Salmonella typhi.* After extraction with ethanol, the residual powder did not inhibit growth of these bacteria.) The ethanol extract was evaporated to dryness and the residue heated in vacuo to yield an orange-yellow sublimate possessing strong antibacterial activity against *Staph. aureus* and slight activity against *Salmonella typhi.*

The ethanol extract residue was also steam-distilled, and the distillate extracted with ether. The ether removed a yellow material which, after chromatographic purification, was obtained as yellow crystals. At a dilution of 1:1,000, this substance inhibited the growth of *Staph. aureus* and *Salmonella typhi.*

The chemical constitution of this substance which is stable to moderate heating, has not been determined but there is evidence to show that it is not hydroxydroserone, a naphthaquinone isolated from *Drosera whittakeri* by LUGG et al. (1937).

31. Echeveria glauca *(Crassulaceae).*

SÖDING (1941) found that water which had been infiltrated into the leaves of this species, became bactericidal for *Bacterium ozaenae* after about five hours. The chemical nature of the active principle is unknown.

32. Eleocharis tuberosa *(Cyperaceae).*

Extracts of the tubers of this plant (the Chinese Water-Chestnut) have certain antibacterial properties (CHEN et al., 1945).

Preparation of Extracts. The tubers were washed and crushed in a hydraulic press. The resulting milky liquid (pH 6.3), 300 ml. of which were obtained from 1,650 g. of starting material, was neutralized with 0.1 N NaOH solution and its antibiotic activity was tested by the cylinder-plate method. The active principle which has been named puchiin, has not been isolated though the crude extract has been concentrated. The antibiotic activity was destroyed when the extract was held at 95° C for more than 10 min. Activity was also destroyed by treatment with ethanol. The antibiotic activity was not destroyed when the extract was held at pH 3.0 or pH 8.0 for at least 30 min. Removal of protein material from the extract by treatment with lead acetate also removed the activity.

In slightly acid, alkaline or neutral solution, the active principle was not extractable by ether, petroleum ether, chloroform, benzene, carbon bisulphide, ethyl acetate or acetone. Neither kaolin nor animal charcoal adsorbed the active substance.

Antibiotic Activity. Puchiin inhibited in vitro the growth of *Staph. aureus*, *E. coli* and *Aerobacter aerogenes*, but did not affect the growth of *Bacillus graveolens* The respiration of a culture of *E. coli* was inhibited to an extent of more than 80% by a partially concentrated extract.

33. Garcinia morella Desroux *(Guttiferae)*.

This plant, the Mysore Gamboge Tree, yields the gamboge of commerce. The seed itself yields a semi-solid edible oil and the pericarp of the fruit contains a yellowish colouring matter. Isolation of this yellow material was accomplished by RAO (1937) before its antibiotic properties were suspected.

Isolation. One hundred g. of dry powdered pericarp material was digested with 300 ml. of alcohol, filtered and allowed to stand. A yellow crystalline compound was deposited after some hours: yield, 7 g., m. p. 148—150° C. A further quantity could be obtained by extraction of the residual plant material with another 300 ml. portion of alcohol. This substance for which the author proposed the name morellin, could be purified by recrystallization from methanol or ethanol.

Properties. Morellin crystallizes in golden-yellow needles or rhombic prisms. The m. p. is 154° C and $[\alpha]_D = -594°$ (in chloroform solution). It is insoluble in water, but readily soluble in most organic solvents except alcohols and ligroin. The exact formula (or formulae; see later work by RAO and VERMA, 1951) has not been worked out. According to RAO (1937), the molecule apparently contained four hydroxy-groups, two of which were readily methylated by methyl iodide in acetone in the presence of potassium carbonate. The formula of $C_{30}H_{34}O_6$ (M. Wt. 490) was proposed. Two ethylenic linkages were present. The dimethyl ether had a m. p. of 156° C, and the trimethyl ether, a m. p. of 172° C. Fusion with alkali gave many products including di-methyl-heptenol; phloroglucinol; acetic, iso-valeric, methylsuccinic and homophthalic acids; and a liquid di-tertiary glycol ($C_{16}H_{22}O_2$).

Morellin is rather unstable. It is resinified by prolonged digestion with alcohol or when kept at 100° C for some hours.

RAO and NATARAJAN (1950) found that alcoholic extracts of the seed exhibited a marked antibiotic activity against *Bacillus subtilis* (as tested by the cylinder-plate method). The active principle was identified with the yellow pigment of the pericarp (i. e. morellin), described above: a waxy substance from the seed itself was inactive.

Antibiotic Activity. Morellin (tested by the serial dilution method using nutrient broth at pH 7.0) inhibited the growth of *Staph. aureus, Bacillus subtilis, Eberthella typhosa, Bacterium dysenteriae, B. enteritidis* and *B. aerogenes* at 1:150,000; *B. paratyphosus* C. at 1:100,000; and *E. coli* and *B. paratyphosus* B at 1:75,000.

Toxicity (for mice using a 60% alcoholic solution of morellin). Subcutaneous doses of 25 to 200 mg./kg. caused necrosis at the site of injection and were lethal within 10 days. With smaller doses of 2—4 mg./kg., necrosis developed at the site of injection from the fifth day.

It has more recently been discovered that morellin can be separated chromatographically into three distinct pigments (RAO and VERMA, 1951). Morellin (0.5 g.) was dissolved in 5 ml. of anhydrous carbon tetrachloride and run through a packed column of dried silica gel, 15 × 190 mm. in a pyrex tube. On passing through c. 150 ml. of dry thiophene-free benzene, the pigment separated into three distinct bands. The fractions were separated and eluted with absolute alcohol. On concentration and refrigeration, the pigments slowly crystallized.

Properties.

1. Morellin-T. (Top of silica gel column; band 4 mm. thick.) Golden-yellow, crystalline, m. p. 80° C. $[\alpha]_D^{15} = -350°$ (0.4% in chloroform). Yield, 30 mg.

2. Morellin-M. (Middle of column; band 47 mm. thick.) Orange-yellow, crystalline, m. p. 156° C. $[\alpha]_D^{15} = -524.13°$ (0.0725% in chloroform). Yield, 360 mg.

3. Morellin-L. (Bottom of column; band 19 mm. thick.) Yellow, crystalline, m. p. 60° C. $[\alpha]_D^{15} = -503.85°$ (0.1945% in chloroform). Yield, 30 mg.

Antibiotic activity. Clear and stable emulsions could be obtained from alcoholic solutions of the pigments for testing in nutrient broth at pH 7.0 by the serial dilution method.

1. Morellin (mixed pigments) inhibited *Micrococcus pyogenes* var. *aureus* at 1:200,000; *E. coli* at 1:10,000—15,000; *Aerobacter aerogenes* at 1:50,000; *Salmonella typhosa* (Rawlings) and *S. typhimurium* at 1:10,000—50,000; and *S. schottmuelleri* at 1:10,000. *S. enteritidis* was not inhibited.

2. Morellin-T. *Micrococcus pyogenes* var. *aureus* was inhibited at 1:200,000; *Aerobacter aerogenes* at 1:150,000; *E. coli* and *Salmonella typhosa* at 1:10,000; and *S. enteritidis* at 1:10,000. *S. typhimurium* and *S. schottmuelleri* were unaffected.

3. Morellin-M. was bacteriostatic for all the test organisms at 1:10,000 to 50,000. *M. pyogenes* var *aureus* was also inhibited by a dilution of 1:200,000.

4. Morellin-L. inhibited the growth of all the above-mentioned microorganisms at 1:10,000—50,000.

34. Humulus lupulus *(Moraceae)*.

The preservative and antiseptic principles contained in the strobiles of the hop plant (i. e. that part used in the brewing of beer) have formed the subject of many investigations, some of which were carried out toward the end of the nineteenth century. It was generally considered that these principles were associated with that light petroleum-soluble fraction of hops known as "soft resin"; and the isolation of two slightly acidic components known respectively as α-hop-bitter acid (or humulon) and β-hop-bitter acid (lupulic acid, lupulunic acid, or lupulon), both of which had antiseptic properties, tended to confirm this opinion. (For a review and summary of the earlier literature on this subject, see PYMAN et al., 1922.) In the course of a long and detailed enquiry extending from 1922 until 1941 (see J. Inst. Brewing: "Report on the preservative principles of hops". Parts I to XX), it was established beyond question that the antiseptic effects were due entirely to the soft resin. This resin consists of the active principles, humulon and lupulon, together with certain antiseptic resinous derivatives of these substances and an amount of inert petroleum-soluble material (WALKER, 1941). The mature hops contain 11 to 21% of this soft resin.

MICHENER et al. (1948) isolated lupulon and humulon by fractionation of the soft resin, using a method based on that of RABAK (1942).

Isolation. 1025 g. of dried and ground hops were extracted firstly with 6.6 l., and then with 2.7 l. of methanol. The combined extracts were added to 15 l. of 2% sodium chloride solution and the mixture extracted successively with five 5-litre portions of petroleum ether (of b. p. 30—60° C). The combined petroleum extracts were evaporated under reduced pressure to give 123 g. of a viscous, dark-brown liquid — "soft resin". (The methanol-water phase contained "hard resin" with negligible antibiotic activity.)

Isolation of Lupulon. After overnight storage at 2° C, the soft resin contained crystals of lupulon. The resin was warmed to room temperature, mixed with 50 ml. of petroleum ether, and filtered through fritted glass: 39 g. of lupulon crystals contaminated with some resinous material remained behind on the filter. 8 g. of this crude material was refluxed briefly with shaking in 320 ml. of 70% methanol. The liquid was then filtered while hot from insoluble impurities and the filtrate allowed to cool slowly to 2° C, at which temperature it was held overnight. The large crystals of lupulon which separated contained only a trace of resinous matter. Yield: 2.25 g. The authors emphasize that for this separation, the concentration of the methanol is very critical: separation could not be made with 60% or 80% methanol. The sample was purified by recrystallisation from hot 70% methanol.

Isolation of Humulon. Twelve g. of the soft resin (after removal of the lupulon with petroleum ether) was dissolved in 400 ml. of absolute methanol and the humulon precipitated as the lead salt by adding, preferably in excess, lead acetate. The precipitate was suspended in ethyl ether, decomposed with H_2S, and the mixture filtered. Evaporation of the solvent under reduced pressure yielded a light brown residue. This residue was dissolved in methanol, reprecipitated with lead acetate and recovered as before. The resulting light yellow residue (Yield: 2.0 g.) which consisted almost entirely of humulon was nearly as active against *Lactobacillus bulgaricus* as a highly purified sample prepared by Walker and Parker (1937). Michener et al. noted that after precipitation of the humulon, the supernatant contained a slight excess of lead which was precipitated as lead sulphide. The filtrate was evaporated leaving a dark viscous residue (soft resin C). This residue, when extracted with 250 ml. of hot 70% methanol yielded 3.3 g. of yellowish-brown viscous material which was termed "yellow resin". Two subsequent extractions yielded 1.2 g. of similar material, darker in colour and lower in antibiotic potency. (N. B. Any humulon and lupulon not separated earlier from the soft resin would have been recovered as part of the "yellow resin"). All samples were stored at 2° C.

Alternative Methods of Isolation of Active Constituents. Lewis et al. (1949) extracted dried and ground hops with petroleum ether and concentrated the extract in vacuo. Lupulon was isolated as crystals by refrigerating the residue. The crude product was recrystallized from petroleum ether and aqueous methanol. The mother liquor remaining after removal of the lupulon crystals was made to yield the o-phenylenediamine salt of humulon by diluting it with petroleum ether, heating to 40° C, adding o-phenylenediamine in boiling benzene, and crystallizing the product by refrigeration. The salt was washed with cold benzene and petroleum ether. Free humulon was recovered by converting this material to the lead salt and decomposing it with sulphuric acid.

Properties of Lupulon. Lupulon is a crystalline substance of formula $C_{26}H_{38}O_4$, m. p. 92° C. It is fairly soluble in methanol, ethanol, petroleum ether, haxane and iso-octane. It is slightly soluble in neutral or acidulated water. Lupulon is moderately stable to acid and alkali but is inactivated at room temperature when exposed to air. Michener et al. found that it retained its appearance and biological activity during several months of storage at 2° C.

Salle et al. (1949) have determined that lupulon can exist in any one of the following structural forms:

1.

$(CH_3)_2C=CH—CH_2—C$ ... $C—C—CH_2—CH(CH_3)_2$

$O=C$ ... $C—OH$

$(CH_3)_2CH—CH=CH$ $CH=CH—CH(CH_3)_2$

2.

$$(CH_3)_2C=CH-CH_2-C \quad C-C-CH_2-CH(CH_3)_2$$

with OH, O, and O=C, C-OH ring groups

$$(CH_3)_2CH-CH=CH \quad CH=CH-CH(CH_3)_2$$

3.

$$(CH_3)_2C=CH-CH_2-C \quad C-C-CH_2-CH(CH_3)_2$$

with O=C, O, and HO-C, C-OH ring groups

$$(CH_3)_2CH-CH=CH \quad CH=CH-CH(CH_3)_2$$

Structures 2 and 3 probably predominate.

Properties of Humulon. Humulon has the formula of $C_{21}H_{30}O_5$, m. p. 55° C. It is optically active, $[\alpha]_D^{20} = -232°$ (in benzene solution). Its solubility properties are similar to those of lupulon. Humulon is reasonably stable to acid.

LEWIS et al. (1949) give the structural formula of humulon as:

$$(CH_3)_2-C=CH-CH_2-C \quad C-C-CH_2-CH(CH_3)_2$$

with H, C=O, O, and O=C, C-OH, OH, CH=CH-CH(CH₃)₂ groups

Antibiotic Activity. [N. B. In the following list, the letters L and H placed before the figures for dilution or concentration stand for lupulon and humulon respectively. The letters A, B, C and D placed after the dilution figures indicate the authority for the information: thus, A = LEWIS et al. (1949); B = CHIN, CHANG and ANDERSON (1949); C = SALLE et al. (1948); D = MICHENER et al. (1948).]

Lupulon and humulon inhibit the growth of the following bacteria in vitro at the concentrations shown: *Aerobacter aerogenes* (L. H. 1:3,000. A; L. 1:500. C), *Alcaligenes faecalis* (L. H. 1:3,000. A; L. 1:500. C), *A. viscosus* (L. 1:500. C), *Bacillus anthracis* (L. 1:3 × 10⁵. A; L. 1:10⁴. C; H. 1:10⁵. A), *B. cereus* (L. 1:3 × 10⁵; H. 1:10⁵. A), *B. cereus* var. *mycoides* (L. 1:10⁶; H. 1:10⁵. A), *B. megatherium* (L. 1:8 × 10⁵. A; 1:10⁴. C; H. 1:8 × 10⁴. A), *B. mesentericus* (L. 1:5 × 10⁵; H. 1:10⁵. A), *B. subtilis* (L. 1:10⁶. A; 1:10⁴. C; H. 1:5 × 10⁴. A), *Corynebacterium diphtheriae gravis* (L. 1:10⁵; H. 1:10⁴. A), *Diplococcus pneumoniae* (L. 1:3 × 10⁵; H. 1:2 × 10⁴. A), *E. coli* (L. H. 1:3,000. A; L. 1:500. C), *E. coli* var. *communior* (L. 1:500. C), *Gaffkya tetragena* (L. 1:10⁴. C), *Klebsiella pneumoniae* (L. H. 1:3000. A; L. 1:500. C), *Micrococcus conglomeratus* (L. 1:3 × 10⁵; H. 1:6 × 10⁴. A), *M. lysodeikticus* (L. 1:3 × 10⁵. A; 1:10⁴. C; H. 1:6 × 10⁴. A), *M. pyogenes* var. *aureus* (L. 1:5 × 10⁵. A, 1:3.3 × 10⁴. C; H. 1:3 × 10⁴. A), *M. ureae* (L. 1:10⁴. C), *Mycobacterium phlei* (L. 1:3 × 10⁵. A; 50 µg./cc. B;

H. 1:3 × 10⁴. A), *M. tuberculosis* (L. 25 μg./cc. B), *M. tuberculosis hominis* (L. 1:10⁵. A; 1:2 × 10⁵. C; H. 1:10⁴. A), *Proteus vulgaris* (L. H. 1:3,000. A; L. 1:500. C), *Pseudomonas aeruginosa* (L. H. 1:3,000. A; 1:500. C), *P. fluorescens* (L. H. 1:3,000. A), *P. synxantha* (L. 1:500. C), *Rhodococcus roseus* (L. 1:10⁴. C), *Salmonella enteritidis* and *S. schottmuelleri* (L. H. 1:3,000. A; 1:500. C), *S. typhi* (L. H. 1:3,000. A), *S. paratyphi* (L. 1:500. C), *Sarcina lutea* (L. 1:10⁵.A; 1:10⁴ C; H. 1:3 × 10⁴. A), *S. ureae* (L. 1:10⁴. C), *Serratia marcescens, Shigella dysenteriae* and *S. paradysenteriae* (L. H. 1:3,000. A; L. 1:500. C), *S. ambigua* and *S. sonnei* (L. 1:500. C), *Staphylococcus aureus* (L. 1.56 μg./cc. B), *Streptococcus faecalis* (L. 1:5 × 10⁵. A; 1:10⁴. C; H. 1:3 × 10⁴. A), *S. lactis* (L. 1:10⁴. C), *Vibrio comma* (L. H. 1:3,000. A).

Lupulon and humulon also inhibited the growth of the following fungi: *Alternaria citri* (L. H. 1:3,000. A), *Aspergillus flavus* (L. 1:500. C), *A. niger* (L. 1:3,000. A; 1:500. C; H. 1:3,000. A), *A. oryzae* (L. 800 mg./l. for 50% inhibition; H. 60 mg./l. for 50% inhibition. D), *Candida albicans* (L. 1:500. C), *C. krusei* (L. H. 1:500. C), *Cryptococcus neoformans* (L. H. 1:3,000. A; L. 1:500. C), *Debaryomyces membranaefaciens* (L. H. 1:500. C), *Discomyces mexicanus* and *Epicoccum nigrum* (L. 1:500. C), *Fusarium solani f. pisi* (L. H. 1:3,000. A), *Hanseniaspora melligeri* and *Hansenula anomala* (L. H. 1:500. C), *Microsporum lanosum* (L. 1:500. C), *Penicillium citrinum* (L. H. 1:3,000. A), *P. glabrum* (L. 1:500. C), *Rhizoctonia solani* (L. H. 1:3,000. A), *Rhizopus nigricans* (L. H. 1:3,000. A; L. 1:500. C; L. 140 mg./l. for 50% inhibition. D; H. 9 mg./l. for 50% inhibition.D.), *Saccharomyces cerevisiae* (L. H. 1:3,000. A), *Sclerotinia fructicola* (L. H. 20 mg./l. for 50% inhibition. D), *Sclerotium bataticola* (L. 18 mg./l.; H. 16 mg./l. for 50% inhibition. D), *Torulopsis dattila* and *Trichoderma koningi* (L. H. 1:3,000. A; L. 1:500. C), *Trichophyton gypseum* (L. 1:500. C), and *Zygosaccharomyces mandschuricus* (L. H. 1:3,000. A; 1:500. C).

The following actinomycetes were also inhibited: *Nocardia asteroides* and *N. madurae* (L. 1:500. C), *Streptomyces coelicolor* (L. 1:5 × 10⁴; H. 1:3,000), and *S. pelletieri* (L. 1:500. C).

Toxicity of Lupulon. Lupulon has a low toxicity for mice, the LD₅₀ being 1,500 mg./kg. (oral) and 600 mg./kg. (intramuscular), though sublethal as well as lethal doses cause tetanic convulsions (see CHIN and ANDERSON, 1949; CHIN et al., 1949; and LEWIS et al., 1949). Repeated intramuscular doses cause degeneration of the renal tubules but oral doses do not have this effect. The LD₅₀ for rats was 330 mg./kg. (intramuscular) and 1,800 mg./kg. (oral); for guinea-pigs the LD₅₀ was 130 mg./kg. (oral). The growth of young rats was checked slightly by daily oral doses of 300—450 mg./kg. given over a period of 12—14 days, but not by doses of 150 mg./kg. Rabbits also lost weight slightly when given daily oral doses of 300 mg./kg. for 14 days, but guinea-pigs gained weight over a similar period on receiving daily oral doses of 30 mg./kg. (CHIN and ANDERSON, 1949). Mice were apparently unharmed by daily intramuscular doses of 30 mg./kg. given over a period of 30 days. Fifty per cent of mice tested survived 18 days on a diet containing 4% of lupulon; 75% survived 40 days with 2%, and 90% survived 40 days with 1% of lupulon as supplement to the diet. Respiration of animals (both anaesthetised and unanaesthetised) was stimulated by intravenous injection of lupulon.

Clinical. SALLE et al. (1949) found that lupulon injected intravenously failed to protect mice against *Streptococcus pyogenes* infections. However, CHIN and ANDERSON (1949) found that daily doses of 60 mg./kg. (intramuscular) or 300 mg./kg. (oral) given to tuberculous mice reduced significantly the number of acid-fast bacteria in the lesions, particularly those of the liver.

35. Hydrophyllum capitatum *(Hydrophyllaceae)*.

CARLSON, BISSELL and MUELLER (1946) found that various saline and alcoholic extracts of this plant were inhibitory in vitro to the growth of a strain of *Staph. aureus*. When two-week-old chicks were injected with 1:1 mixtures of extracts and blood containing red cells parasitized with *Plasmodium gallinaceum*, they failed to develop malaria. Also, the extracts were effective to some extent in the treatment of experimental malaria in these birds (see section C. II. 3). Extracts did not protect mice against *Diplococcus pneumoniae* infections. Doses of 0.5 to 1.0 cc. (intraperitoneal, intravenous or subcutaneous) were lethal for chicks and mice but smaller doses were anaesthetic.

36. Impatiens balsamina L. *(Balsaminaceae)*.

LITTLE, SPROSTON and FOOTE (1948) obtained from the flowers of this plant, an antibiotic substance which was shown to be 2-methoxy-1,4-naphthaquinone.

Isolation. A 675 g. portion of dried and ground flowers was extracted by stirring for 30 min. with 4 l. of absolute ether. The mixture was filtered and the dry plant residue extracted again in the same way. The combined filtrates were concentrated to 1.8 l. and passed through a column of Brockman alumina. The filtrate, which contained the active material, was evaporated to dryness in vacuo and the residue treated with 900 ml. of petroleum ether (b. p. 35—45° C). The mixture was stirred for 20 min., filtered through sintered glass, and the precipitate washed with petroleum ether on the funnel. Yield: 507 mg. of yellow crystalline crude product. The material was purified by repeated crystallization from hot alcohol after treatment with active carbon.

Properties. The compound of formula $C_{11}H_8O_3$, crystallizes in pale yellow needles, m. p. 183.5° C. It has a mild phenolic odour.

It sublimes below the melting point. It is neutral to litmus, is insoluble in aqueous acids but is soluble in aqueous NaOH giving a dark red solution from which the original yellow compound may be reprecipitated by acidification. The substance gives no colour with ferric chloride solution. It is very soluble in chloroform and benzene, moderately soluble in ethanol and ether, and almost insoluble in water and petroleum ether.

Antibiotic Activity. The compound inhibited the growth of the following fungi in vitro: *Aspergillus niger, Colletotrichum lindemuthianum, Monilia (Sclerotinia) fructicola, Penicillium notatum, Pythium debaryanum,* and *Rhodotorula glutinis.* It was ineffective against *Trichophyton mentagrophytes* and *Ustilago avenae.* The antibiotic also inhibited in vitro the growth of *Staph. aureus* but not that of *E. coli.*

Other Extracts of Impatiens balsamina. SCHNELL and THAYER (1949) found that aqueous extracts of seed, seedling, flower, leaf, stem and root were not inhibitory in vitro to *Staph. aureus, E. coli* or the spores of *Neurospora crassa.* However, other extracts of this plant did inhibit the growth of *Staph. aureus* and *Mycobacterium tuberculosis* but not that of *E. coli* (GOTTSHALL et al., 1949).

37. Inula spiraeifolia *(Compositae)*.

An antibiotic substance has been isolated from this plant by OSBORN, PEARD and ABRAHAM (1947, unpublished; see FLOREY et al., 1949).

Isolation. An extract was made by grinding the whole plant with sand and water. The extract was brought to pH 2.5 and the active material removed by adsorption on to 2% of charcoal from which it was then eluted with 80% acetone. The acetone was removed in vacuo, and the active material extracted from the aqueous residue with ether. This ethereal extract was passed through a column of acid-washed (pH 4) alumina. The first percolate which contained the active principle, was concentrated and allowed to stand in the cold room, when the active substance crystallized out. It was purified by recrystallization from a mixture of chloroform and petroleum ether.

Chemical Properties. The chemical structure of this substance has not been determined but the empirical formula $C_{10}H_{12}O_3$ has been assigned to it. It was sparingly soluble in water and petroleum ether but readily soluble in acetone. It was extractable by ether from aqueous solutions at pH 2, 4, 6 or 8. The substance melted at 185—186° C.

Antibiotic Properties. The growth of *Bacillus anthracis* was inhibited by a dilution of 1:56,000, and that of *Staph. aureus*, at 1:14,000 (serial dilution tests in nutrient broth). Growth of these bacteria was also inhibited by a dilution of 1:1,000 when tested by the cylinder-plate method. In these tests, this dilution inhibited slightly the growth of *C. xerosis* but did not affect that of *E. coli* or *Pseudomonas pyocyanea*. The antibiotic activity of this substance was reduced to some extent by incubation with serum.

Ipomoea spp. cf. p. 674.

38. Juglans spp. *(Juglandaceae).*

Various species of walnut trees (e. g. *J. cinerea, J. nigra* and *J. regia*) contain an antibiotic named juglone. This substance is found in the green fruit husk, in the bark and in some other plant parts.

Isolation. COMBES (1907) prepared an extract of walnut shells with ether. This extract was evaporated to dryness, and impurities were removed from the residue with benzene. Juglone was removed as a soluble nickel complex by treating the residue with a mixture of nickel acetate, calcium carbonate and water. The resulting solution was acidified and the juglone extracted by ether. The compound was purified by recrystallization from benzene.

Properties. Juglone is deposited as reddish-yellow crystals from solution in chloroform or benzene, m. p. 153—154° C after sintering at 144—150° C. The compound sublimes and is volatile in steam. It is very soluble in chloroform and hot acetic acid, soluble in ethanol and ether, sparingly soluble in ligroin and insoluble in water. It dissolves in solutions of NaOH giving purple solutions, and gives a blood-red colouration with concentrated sulphuric acid. Juglone was shown by BERNTHSEN and SEMPER (1887) to be 5-hydroxy-1,4-naphthaquinone, $C_{10}H_6O_3$ (M. Wt. = 174).

PHIPSON (1869) isolated a yellow crystalline substance from green husks of the fruits of *Juglans regia*. He named this compound régianine, and from his description of its properties, it appears to be identical with juglone.

Antibiotic Activity. Juglone is reported to be effective in preventing the growth of germinating fungus spores.

Clinical. The use of the green husks of the black walnut *(J. nigra)* for the control of ringworm infections has been traced back to Greek and Roman times. Juglone itself is recorded as being effective in the treatment of eczema, psoriasis, impetigo and some other skin diseases (BRISSEMORET and MICHAUD, 1917). It is also supposed to be effective clinically when applied locally to infections of persistent ringworm caused by *Microsporum audouini*, *Trichophyton* spp., and *Tinea* spp. (GRIES, 1943).

Toxicity. Juglone is toxic to fish and to the non-cutinized surfaces of root tissues (GRIES, 1943). The toxic effect of black walnut trees towards other plants such as tomato and lucerne, has been attributed to juglone (DAVIS, 1928).

39. Juniperus occidentalis *(Pinaceae).*

Crude alcoholic and aqueous extracts of the berries of this plant (juniper) inhibited the growth of a strain of *Staph. aureus*. Two-week-old chicks, when injected with mixtures of the extracts and blood containing *Plasmodium gallinaceum*, failed to develop malaria (see section C. II. 3). The extracts were ineffective in the treatment of experimental malaria in chicks, and they did not protect mice against *Diplococcus pneumoniae* infections. Doses of 0.5 to 1.0 cc. injected intraperitoneally, intravenously or subcutaneously into chicks and mice were lethal (CARLSON, BISSELL and MUELLER, 1946).

40. Lapsana communis *(Compositae).*

OSBORN, PEARD and ABRAHAM (1947, unpublished; see FLOREY et al., 1949) isolated an antibiotic from this plant as follows:

Isolation. Flowers and seed heads of this plant were ground with sand and water. The aqueous extract was brought to pH 2.5, centrifuged, and the active material adsorbed from the supernatant on to 2% charcoal from which it was subsequently eluted with 80% acetone. The acetone was removed in vacuo and the active substance then extracted by ether from the aqueous residue. The substance partly crystallized on allowing this concentrated ethereal extract to stand in the cold room. The active substance was recrystallized by dissolving it in hot acetone and then adding petroleum ether.

Chemical Properties. The structure of the compound has not been determined but the empirical formula of $C_{22}H_{26}O_6$ has been assigned to it. The substance was sparingly soluble in water and in petroleum ether but rather more soluble in acetone. It was stable for 10 min. at pH 2 (at 100° C) but not at pH 10 under the same conditions.

Antibiotic Properties. The substance inhibited the growth of *Staph. aureus*, *Bacillus anthracis* and *C. xerosis* at a dilution of 1:10,000 (serial dilution test). Its activity was reduced by about 80% after incubation for 4 hrs. with 50% serum.

41. Larrea divaricata *(Covillea tridentata) (Zygophyllaceae).*

WALLER and GISVOLD (1945) isolated from this plant an antibiotic substance which was active against gram-positive and gram-negative bacteria.

Isolation. The dried, powdered plant was extracted with 95% ethanol. This alcoholic extract was steam-distilled, and impurities removed from the distillate by extraction with ether. The remaining aqueous distillate contained crystalline material which was separated from amorphous solids by decantation. The substance was purified by crystallization from aqueous acetic acid after treatment with charcoal. The compound was found to be nordihydroguiaretic acid $(C_{18}H_{22}O_4)$, m. p. 184—185° C.

The acid is soluble in ethanol and ether, slightly soluble in hot water, and insoluble in benzene and petroleum ether. An alcoholic solution gives a brilliant green colouration with ferric chloride.

Antibiotic Activity. The compound was found to be active in vitro against *Staph. aureus, Salmonella enteritidis, S. paratyphi* and *S. schottmuelleri.* Under certain conditions it was bactericidal: nutrient broth cultures containing initially about a million organisms/ml. were rendered sterile by incubation at 37° C for 24 hrs. with the acid in dilutions of between 1:5,000 and 1:10,000.

Clinical. Freshly-prepared solutions in alcohol, acetone and water were found to be highly efficient in sterilizing the skin (Tsuchiya et al., 1944). The plant, *Larrea divaricata,* appears to have been used medicinally by the natives of Mexico and some south-western states of the USA., to which regions the plant is indigenous.

42. Leptotaenia dissecta Nutt. (Umbelliferae).

Carlson, Douglas and Robertson (1948) found that this plant contained an ether-soluble agent which inhibited the growth of *Staph. aureus* and *E. coli.* In a subsequent investigation (Carlson and Douglas, 1948b), two antibiotic substances were isolated.

Isolation. The roots were macerated in a food chopper and the resulting mash subjected to steam-distillation for 18 to 24 hrs. When 400 g. of root (wet weight) were steam-distilled in this way, the first 400 ml. of distillate yielded a few drops of a colourless oil which had an odour different from that of the root. This was denoted as fraction 657 B 30. Continued steam-distillation produced a yellowish oil with a definite "parsnip" odour characteristic of the root (fraction 657 B 33). These oils were used in the biological tests without further purification.

Antibiotic Activity. Both the oils inhibited growth of the following bacteria in vitro:— *Achromobacter lacticum, Agrobacterium* sp., *Bacillus circulans, B. megatherium, B. subtilis, Corynebacterium diphtheriae, Diplococcus pneumoniae, E. coli, Mycobacterium phlei, M. smegmatis, Pseudomonas fluorescens, Salmonella typhi, Shigella paradysenteriae, S. sonnei, Staph. aureus, Streptococcus faecalis,* and *S. viridans.* The growth of the following fungi was inhibited in vitro:— *Aspergillus niger, A. terreus, Candida albicans, Fusarium* sp., *F. culmorum, Microsporum trichoderma, Mucor sylvaticus, Mycoderma* sp.. *M. lactis, Penicillium* sp., *P. cyclopium, Pestalozzia funera, Pythium debaryanum, Rhizoctonia oryzae, R. solani,* and *Trichophyton* sp.

Fraction B 30 (colourless oil) but not B 33, inhibited growth of the following bacteria:— *Proteus* sp., *P. vulgaris, Pseudomonas aeruginosa, Serratia marcescens,* and *Shigella dysenteriae.* Fraction B 30 (B 33 not tested) was also effective in inhibiting growth of the following bacteria and fungi:— *Clostridium botulinum, C. histolyticum, C. perfringens, C. putrificum, C. sporogenes, Haemophilus influenzae, Micrococcus tetragenus, Mycobacterium tuberculosis, Neisseria gonorrhoeae, N. intracellularis, Streptococcus pyogenes, Coccidioides immitis, Histoplasma capsulatum* and *Trichophyton sulphureum.*

Bactericidal Activity of Fraction B 30. The test organisms (*E. coli* and *Staph. aureus*) in 1:100 broth suspension were shaken with the oil or with dilutions of it in sterile mineral oil for varying periods of time, and samples were removed at intervals for the detection of the presence of dead and living cells. Contact with the undiluted oil for 5 min. was bactericidal for both test organisms: contact with the 1:10 dilution of oil was bactericidal after 1 hr. With the 1:100 dilution, 18 hrs. contact was required to kill the cells. *Staph. aureus* was still killed by 24 hrs. contact with a 1:10,000 dilution, but *E. coli* could survive this treatment. Higher dilutions were not bactericidal even with the longest time of contact used (48 hrs.).

Antibiotic Activity of Fraction B 33. (B 30 not tested.) This fraction strongly inhibited growth of the actinomycete, *Streptomyces griseus.*

Toxicity. (Fraction B 30.) A 1:100 dilution in mineral oil when injected intraperitoneally into mice in 0.25 ml. and 0.5 ml. doses was not lethal, but caused the animals to walk with a staggering gait for periods of up to 30 min. after injection. A 1:3 dilution administered intraperitoneally in 0.25 ml. doses, was lethal for one animal in 45 min.; the remainder died in 24—48 hrs. Of six mice which received 0.25 ml. doses subcutaneously, one died in 18 hrs. but the remaining animals tolerated a second injection 48 hrs. later.

43. Leptotaenia multifeda *(Umbelliferae)*.

MATSON et al. (1949), isolated an antibiotic substance from this plant in the following way. The root was macerated and extracted with ethyl acetate. The solvent was then removed from the extract by evaporation and the residual oil washed with water. The crude oil was washed with sodium bicarbonate solution, and with water, and then dissolved in absolute alcohol. An alcoholic solution of sodium bisulphite was then added, the precipitate filtered off and washed with alcohol. The precipitate was treated with a mixture of acetic acid and petroleum ether. The ethereal layer was washed with water, dried over sodium sulphate and the solvent then removed by evaporation under reduced pressure. The resulting oil was dissolved in benzene, passed through a column packed with Magnesol-Celite, and eluted with a 200:1 benzene-ethanol mixture. Evaporation of the solvent yielded a viscous oil, the antibiotic activity of which was somewhat reduced by heating to 100° C for one hour.

Antibiotic Activity. The following bacteria were inhibited in vitro:— *Bacillus subtilis, Corynebacterium diphtheriae, Diplococcus pneumoniae, E. coli, Micrococcus aureus, Mycobacterium lacticolor, M. phlei, M. tuberculosis hominis, Neisseria catarrhalis, Proteus vulgaris, Pseudomonas aeruginosa, Serratia marcescens, Streptococcus pyogenes* and *Vibrio comma.*

The oil was ineffective in inhibiting the growth of *Aerobacter aerogenes, Klebsiella pneumoniae,* and *Salmonella schottmuelleri.*

Toxicity. Mice tolerated subcutaneous injections of as much as 2.5% of the total body weight of the pure oil without any obvious ill effects.

44. Lycopersicum esculentum and L. pimpinellifolium *(Solanaceae)*.

IRVING et al. (1945) considered various possible explanations for the resistance of some varieties of tomato plants to wilting caused by the fungus, *Fusarium oxysporum f. lycopersici.* They thought it probable that the degree of susceptibility or resistance of some varieties might be determined to some extent by the presence in the host of substances which would inhibit the growth of the fungus or neutralize its toxic products (see GOTTLIEB, 1944), or which would stimulate development of the parasite. FISHER (1935) and GOTTLIEB (1943) had already found that expressed juice from tomato plants retarded the growth of *F. oxysporum f. lycopersici* in vitro, in proportion to the wilt resistance of the varieties tested. IRVING et al. (1945) obtained a preparation from the expressed juice of Pan America tomato plants (a variety highly resistant to the *Fusarium* wilt), that possessed a marked fungistatic activity against this fungus. This crude preparation was termed "lycopersicin", but this name was later changed to "tomatin" since "lycopersicin" had already been used before to designate the red pigment of the tomato fruit.

Preparation of Crude Tomatin. Tomatin occurs in all parts of the tomato plant with the exception of the seeds though the amounts present in different organs vary considerably: the highest concentration is found in the leaves (IRVING et al., 1945). Whole plants of any variety may be used as a source of tomatin but it was found to be preferable to use the leaves of *Lycopersicum pimpinellifolium* (the Red Currant tomato): either fresh or dried starting material may be used (Irving et al., 1946).

The following isolation procedure is due to Fontaine et al. (1947). Two hundred grams of dried tomato plant were extracted with four successive 1 l. portions of hot methanol. The clear extract was dried in vacuo, and the residue then extracted with successive portions of boiling water until about 500 ml. of clear yellow solution had been obtained. This solution was dried in vacuo to yield 21 g. of crude tomatin. The overall recovery of the active material was high; c. 4,000 units in the crude concentrate being obtained from 4,400 units in the starting material. (One unit of tomatin/ml. produced a zone of inhibition of 18.5 mm. diameter on a standard assay plate — cylinder-plate method — using *F. oxysporum f. lycopersici* as test organism.) A different procedure was employed for isolating crude tomatin from fresh plant material. Sap pressed out from the fresh plants was autoclaved for about an hour at 120° C. The clear extract was then separated from the inactive precipitate, concentrated to dryness in vacuo, and then extracted with boiling water as described above.

Properties of Crude Tomatin. (Fontaine et al., 1947.) Crude tomatin is soluble in water at pH values below 7.0. It is very soluble in absolute methanol and exhibits progressively decreased solubility in ethanol, iso-propanol and butanol. Tomatin was found to be insoluble in many other organic solvents including aromatic and aliphatic hydrocarbons, ketones, ethers, esters and chloroform. The antibiotically active principle could be adsorbed on to charcoal (Norit A) from slightly acid aqueous solutions, and could be eluted from it with acid aqueous methanol. Crude tomatin in aqueous solution at pH 5.5 in sealed ampoules, withstood heating at 120° C for at least five hours without loss of antibiotic activity.

Antibiotic Activity. The growth of the following human pathogenic fungi was inhibited on culture medium containing 1 unit of tomatin/ml.:— *Candida albicans* (E 3147), *Cryptococcus neoformans* (E 3708), *Debaryomyces histolytica* (ATCC 732), *Trichophyton mentagrophytes* (ATCC 9533), *T. interdigitale* (E 640), *T. rubrum* (AMS), *T. gypseum* (E 666), *Epidermophyton floccosum* (E 1207), *Microsporum audouini* (ATCC 9082), *Achorion gypseum* (ATCC 6286), *A. schoenleinii* (ATCC 4822), *Blastomyces dermatitidis* (E 6014), *Coccidioides immitis* (ATCC 9180) and *Histoplasma capsulatum* (E 6507). Growth of the following micro-organisms was partially inhibited on culture medium containing 1 unit of tomatin/ml.:— *Fusarium oxysporum f. lycopersici* (R-5-6), *F. oxysporum f. pisi* (JCW), *F. oxysporum f. conglutinans* (JCW), *F. oxysporum f. lini* (HHF 343), *Actinomyces scabies* (ATCC 3352), *Sporotrichum schenkii* (E 7017), *Monosporium apicospermum* (AMS), *Aspergillus niger* (ATCC 6267), *A. clavatus* (ATCC 1007), *Penicillium notatum* (NRRL 124 B 21), *Staph. aureus* (NRRL B 313), *Bacillus cereus* (C 369), *B. mycoides* (C 6462), *B. subtilis* (NRRL 558), and *E. coli* (NRRL B 210).

Nocardia asteroides (ATCC 3308), *Actinomyces hominis* (ATCC 3008), *Phialophora verrucosa* (AMS) and *Hormodendron pedrosoi* were not affected by 1 unit of tomatin/ml. of culture medium.

Toxicity of Tomatin Preparations. The parenteral administration of doses of up to 10 mg. of a preparation containing 1.2 units/mg. was tolerated by guinea-pigs but unfavourable reactions ensued. One mg. of crude tomatin could be given intravenously, intraperitoneally or subcutaneously without causing any marked reaction. Intravenous injection of 10 mg. into two guinea-pigs caused distress and swelling of the injected legs. These animals recovered from systemic reactions within 24 hrs. but the injected legs remained swollen. One animal recovered in 4 days, but the other suffered necrosis of the injected leg. Ten mg. of tomatin administered intraperitoneally caused immediate severe distress and tensing of the abdomen but these symptoms disappeared in 24 hrs. and there were no untoward after effects. Subcutaneous injection of one animal with 10 mg. of tomatin produced a delayed general reaction which subsided in 24 hrs. but an ulcer which persisted for more than 10 days formed at the site of the injection.

The Significance of Tomatin in the Tomato Plant (IRVING, 1947). Tomatin occurs in wilt-susceptible tomato plants as well as in those which are wilt-resistant, thus, susceptibility cannot be explained as being due to a complete absence of tomatin. However, a high level of tomatin is maintained in resistant plants which are able to survive even though badly infected with *Fusarium oxysporum f. lycopersici*. On the other hand, tomatin gradually disappears from susceptible plants as invasion by the fungus proceeds and it is completely absent from wilted and dying plants. IRVING concluded that wilt-resistance or wilt-susceptibility probably depended on the rate at which the plant was able to produce tomatin. If the metabolic processes of a variety produce tomatin at a rate sufficient to maintain a level high enough to have a protective effect, then that variety will be resistant. As yet, conclusive proof of this explanation is lacking.

A crystalline compound which inhibited the growth of fungi, and, to a lesser extent, bacteria, was later isolated from tomatin concentrates by FONTAINE et al. (1948). This pure product was named tomatine.

Isolation of Tomatine. Ten litres of a tomatin concentrate having an activity of 20 units/ml. were brought to pH 10.0 with ammonium hydroxide solution. The supernatant was syphoned off from the precipitate which was then resuspended in 10 l. of water and re-dissolved by adjusting to pH 4.0 with HCl. This whole procedure of precipitation with ammonium hydroxide and re-solution with acid was repeated twice and the precipitate finally collected by centrifugation. This precipitate was dissolved in hot ethanol and the ethanol concentration brought to 70% with a final volume of 1.5 l. The solution was then refrigerated at 4° C for 2 days during which time an amorphous precipitate formed and adhered to bottom of the flask. The supernatant, after further refrigeration, produced a second precipitate.

The first precipitate was dissolved in hot ethanol and dried under reduced pressure. The residue was dissolved in hot 1,4-dioxane (peroxide-free) and the solution again dried. The residue was then dissolved in 20 ml. of warm 80% dioxane (rendered alkaline by the addition of 1 ml. of concentrated ammonium hydroxide to 100 ml. of 80% dioxane), centrifuged to remove gelatinous material and then transferred to a clean flask. Tomatine crystallized in rosettes of short needles when the solution was stored overnight at room temperature. The product was recrystallized five times from 80% ammoniacal dioxane, washed with 70% ethanol, absolute ethanol and finally with ether. The yield was 2.5 g. Tomatine could be recrystallized from 70% alcohol though it was necessary to cool the solution slowly without agitation to prevent the formation of a gel. The crystals were small even when formed by slow crystallization.

Properties of Tomatine. Tomatine is soluble in ethanol, methanol, dioxane and propylene glycol. It is nearly insoluble in water, ether and petroleum ether but is soluble in water as the hydrochloride. It is optically active (laevo-rotatory) in 0.1 N HCl solution. The melting point varies to some extent with the rate of heating and the starting temperature: when placed on a hot stage at 250° C, tomatine melted with decomposition at 263—267° C. The compound is stable to alkali.

Constitution of Tomatine. Analysis of three samples gave the following (mean) results; C, 57.5%; H, 8.32%; N, 1.35%. The maximum molecular weight is probably of the order of 1050. Tomatine gave a positive Molisch test for carbo-hydrate and was readily hydrolysed by refluxing for 30 min. in N HCl solution to yield an insoluble crystalline substance which has been named tomatidine hydrochloride, and a supernatant solution rich in reducing sugars. Thus, tomatine was characterized as a glycoside.

Preparation and Properties of Tomatidine. Tomatidine hydrochloride was recrystallized from hot 70% ethanol. The addition of ammonia to a hot 70% ethanol solution of the hydrochloride liberated a free base which crystallized as large flat plates on cooling. Tomatidine was recrystallized from 70% ethanol. A sample of tomatidine uncontaminated with the hydrochloride could be obtained by dissolving the dry crystals in absolute ether, in which the hydrochloride was insoluble, and then concentrating the clear solution to dryness.

Constitution of Tomatidine. Analysis of two samples gave the following (mean) composition; C, 77.32%; H, 11.15%; N, 3.46%. Tomatidine probably has a minimum molecular weight of c. 400. Owing to some inconsistencies in the analytical results, no empirical formulae have been suggested for tomatine, tomatidine or tomatidine hydrochloride. Tomatidine has been regarded as an alkaloid.

Antibiotic Activity of Tomatine. The growth of strains of the following fungi was inhibited completely in vitro by tomatine which was incorporated in agar media in the concentrations shown. *Achorion schoenleinii* (ATCC 4822), *Blasto-myces dermatitidis* (Duke 1035) and *Microsporum audouini* (E 239) at 0.1 mg./ml.; *Achorion gypseum* (ATCC 6286), *Epidermophyton floccosum* (ATCC 9646) and *Candida albicans* (Duke 1036 and E. 3147, at 0.25 mg./ml.; and *Trichophyton mentagrophytes* (ATCC 9533), at 0.5 mg./ml. The fungi *Fusarium oxysporum f. lycopersici* (WR-5-6) and *Penicillium notatum* (NRRL 124 B 21), and the bacteria *E. coli* (NRRL B 210) and *Staph. aureus* (NRRL B 313), were not completely inhibited though their growth was retarded by a concentration of 1 mg. tomatine per ml. of agar medium.

The partial antibiotic spectrum of solanine (an alkaloidal substance from solanaceous plants) was very similar to that of tomatine. This, coupled with the fact that tomatine gave a faint positive reaction in the Marquis colour test for solanine, suggests some chemical relationship between these compounds: they are certainly not identical, and neither are solanidine and tomatidine (the respective aglycones of solanine and tomatine). The antibiotic properties of tomatine have been attributed to the tomatidine part of the molecule.

Other Antibiotics Present in the Tomato Plant. CONNER (1946) examined the possibility that commercial tomato juice (as used in the processing of vegetables of low acidity) might contain principles inhibitory to the growth of bacteria, particularly those responsible for some kinds of food spoilage. Untreated, filtered and dehydrated samples of commercially processed tomato juice were tested against 21 species of aerobic and 3 species of anaerobic bacteria. Extracts for testing were also made of the leaves, stems, seeds, and the green, partially ripe and ripe fruit of mature tomato plants (var. Sutton's Very Earliest) and of tomato seedlings (var. Pan America). The plant parts were treated with methanol and the resulting extracts evaporated to dryness. The residue of each extract was dissolved in distilled water or in sterile phosphate buffer solution. CONNER found that extracts of the fruits contained a principle which could inhibit the growth of all the bacteria tested. No appreciable activity could be demonstrated with extracts made from parts of mature tomato plants grown in the greenhouse other than the fruits: even extracts of the seeds were inactive. The active principle was not destroyed by the treatments used for the commercial processing of tomato juice. The author concluded that this antibacterial substance was different from "lycopersicin" which was reported as being present in all parts of the tomato except the seeds.

Antibiotic Activity of the Tomato Preparations. Untreated and filtered tomato juice inhibited growth of *Staph. citreus* but had almost no effect on *Bacillus subtilis*. The following bacteria were inhibited by aqueous extracts of commercial whole tomato juice and pulp which had been dried at 55° C: *Bacillus subtilis* (penicillin-resistant and penicillin-susceptible strains), *E. coli, Eberthella typhosa, Lactobacillus lycopersici* (ATCC 4005), *Salmonella aertrycke, S. anatis, S. enteritidis, S. morgani, S. paratyphi, S. psittacosis, S. schottmuelleri, S. typhimurium, Serratia marcescens, Shigella dysenteriae, S. gallinarum, S. flexneri, S. sonnei, Staph. aureus* and *S. citreus*. These bacteria and *Bacillus thermoacidurans* (ATCC 8038) were also inhibited by filter paper filtrateś of commercial tomato juice. The following bacteria were inhibited by an active principle contained in methanol extracts of tomato fruits which had been dried at 55° C: *Bacillus subtilis* (penicillin-resistant strain), *B. thermoacidurans, B. stearothermophilus, E. coli, Staph. aureus, S. citreus* and *Serratia marcescens*. These bacteria were inhibited by extracts from green, partially ripe, and ripe fruits: ripe fruits gave the most active extracts. The extract from ripe fruits also inhibited growth of *Clostridium butyricum, C. sporogenes* (ATCC 3679), and *C. thermosaccharolyticum* (ATCC 7956).

The results for the aerobic bacteria given above apply to undiluted extracts or tomato juice tested by the cylinder-plate method. Tests were also made on 1:1 and 1:2 dilutions of the extracts and juices, and, in most cases, these dilutions were effective in inhibiting the test organisms.

Key to Abbreviations Referring to American Sources of Test Organisms. ATCC = American Type Culture Collection; NRRL = Northern Region Research Laboratory; R-5-6 = Wellman collection; JCW = J. C. Walker (University of Wisconsin); AMS = Army Medical School (USA); C = H. R. Curran (Bureau of Dairy Industry); E = C. W. Emmons (National Institute of Health).

45. Melia azadirachta *(M. indica) (Meliaceae)*.

SIDDIQUI and MITRA (1945) obtained a number of products from the oil of this plant (nim tree). One product, a neutral substance which they named nimbidin, was said to be effective in the treatment of eczema, septic sores and ulcers. Nimbidin had no marked antibacterial properties when tested in vitro. The leaves and bark of this tree which has been cultivated throughout India, are used in the treatment of ulcers, infected wounds and skin diseases.

46. Melilotus spp. *(Leguminosae)*.

Cattle fed on spoiled sweet clover hay prepared from *Melilotus alba* and *M. officinalis*, contract a haemorrhagic disease. CAMPBELL et al. (1940) in an investigation into the causes of this disease, succeeded in obtaining concentrates of the haemorrhagic agent from the spoiled hay. Later, (CAMPBELL and LINK, 1941), the active substance was isolated in a pure state. These investigations were continued by STAHMANN et al. (1941) who improved the extraction procedure and identified the haemorrhagic substance as dicoumarol (dicoumarin).

Isolation (STAHMANN et al.). Three kg. of spoiled sweet clover hay were extracted with 30 l. of water at pH 3.0, then steeped in 0.1 *N* sodium hydroxide solution; acidified to pH 3.0 and filtered. The residual plant material was then extracted with two 20 l. portions of ethanol. The alcoholic extract from 9 kg. of hay was concentrated at 25° C, and the residue dissolved in 0.5% sodium hydroxide solution and then acidified to pH 3.0. The precipitate was suspended in 1 l. of methanol and 2 l. of ether added to the suspension. After filtration, the methanol was removed from the filtrate by shaking with 6 l. of 2% HCl. The green ethereal solution was then shaken with 36% HCl until the acid layer was slightly coloured. During this treatment, more ether was added to maintain the ether volume above 2 l. The ethereal extract was concentrated to 500 ml. at atmospheric·pressure, and then to a thin syrup at reduced pressure. This syrup was suspended in 200 ml. of methanol and centrifuged. The methanol layer was decanted and the solids re-suspended in 200 ml. methanol and then centrifuged again. This operation was repeated until the methanol supernatants were only slightly coloured. The remaining solids were transferred to a 50 ml. centrifuge tube and washed with a 10% solution of Skellysolve A in methanol. This operation was repeated several times with methanol containing increasing quantities of Skellysolve A. Recrystallization of the residue from benzene or cyclohexanone yielded crystals of the crude product. Thirty successive extractions gave 1.8 g. of pure dicoumarol. The overall recovery was 66—73% of the quantity originally present in the hay.

Properties. Dicoumarol is a white to creamy-white crystalline substance with a slight pleasant odour and a slightly bitter taste. It is sparingly soluble in water and readily soluble in solutions of strong alkalies. It melts at 288—289° C. Dicoumarol ($C_{19}H_{12}O_6$) is 3,3'-methylene bis (4-hydroxycoumarin). M. Wt.=336.3.

Antibiotic Activity. Goth (1945) remarked that though much work had been done on dicoumarol, it had not hitherto been recognized that this substance has pronounced antibacterial properties. He found that *Bacillus anthracis, Staph. aureus, Streptococcus pyogenes* and *S. viridans* were inhibited at a dilution of 1:100,000; and that *Brucella abortus* and *Corynebacterium diphtheriae* were inhibited at 1:25,000. *Bacillus subtilis, Clostridium welchii, E. coli, Proteus vulgaris, Pseudomonas aeruginosa, Salmonella paratyphi, S. typhi,* and *Streptococcus faecalis* were not inhibited by a dilution of 1:25,000.

47. Moringa pterygosperma Gaertn. (Moringaceae).

Rao, George and Pandalai (1946) isolated an antibiotic principle active against both bacteria and fungi from the roots of this plant (Indian drumstick tree). Although the maximum activity was found in alcoholic extracts of the roots, the activity was also present in alcoholic extracts made from other parts of the plant.

Isolation. The root was cut into small pieces and extracted overnight with absolute alcohol in the cold. The active principle present could be removed completely by adsorption on to active carbon from which it could subsequently be eluted with petroleum ether. Removal of this solvent by distillation in vacuo yielded an oil of irritating odour. This crude substance which has been named Pterygospermin, is soluble in alcohol but only slightly soluble in water with which, however, it forms an emulsion at high concentrations.

Antibiotic Activity. The preparation was effective in vitro in inhibiting the growth of the following bacteria:

1. Gram-positive Types. *Bacillus subtilis* and *Staph. aureus* were inhibited at a dilution of 1:70,000 and *Mycobacterium phlei* at c. 1:30,000.

2. Gram-negative Types. *Salmonella schottmuelleri, S. typhi* and *Shigella flexneri* were inhibited at 1:40,000; *Salmonella enteritidis* and *S. hirschfeldii* at 1:30,000. *Aerobacter aerogenes* and *E. coli* were not inhibited at 1:20,000.

Purification of Pterygospermin. An attempt was made by KURUP and RAO (1952) to purify and identify the active compound from crude pterygospermin prepared by the alcohol extraction method described above. These authors actually obtained a yield of the crude preparation about 2.5 times as great as that obtainable by alcohol extraction, by extracting fresh chopped roots with benzene and removing water originally present in the tissues continuously during extraction. They considered that alcohol extraction was inefficient because this solvent became greatly diluted by the large amount of water in the fresh tissues. Dry plant material could not be used because even gentle drying of the roots by air at 37° C led to a disappearance of the antibiotic. However, for some reason not stated, crude pterygospermin for purification was prepared by alcohol extraction.

When the crude material was stored in vacuo over phosphorus pentoxide in the refrigerator for 7 to 10 days, pure sulphur separated out in pale yellow needle crystals. After removal of this sulphur, the antibiotic titre of the preparation was found to have increased slightly so it was concluded that the deposition of sulphur was not the result of chemical modification of the antibiotic. (The addition of sulphur to a high dilution of pterygospermin had no effect on its antibiotic properties.) By shaking 40 ml. of a 1% alcoholic solution of the crude preparation with 4 g. of acid-washed charcoal for 80 min. at 26° C, it was possible to adsorb all the activity. However, through all the material could be eluted from the charcoal with petroleum ether, the pterygospermin was not obtained in a higher state of purity. By fractional distillation of the material under reduced pressure, two fractions of high antibiotic titre were obtained. These were colourless oils of characteristic odour, readily soluble in all organic solvents but only sparingly soluble in water. They were optically active. Detailed analysis indicated that they were still heterogeneous. A homogeneous product (distilling at 45° C at 1×10^{-4} mm.) was obtained by molecular distillation after the removal of sterols with digitonin. This compound was identified as benzyl iso-thiocyanate, but the authors considered that this arose as a result of the decomposition of the antibiotic.

Properties of Crude Pterygospermin. The crude product contained 4.86% of nitrogen and 10.15% of sulphur, part of which is, presumably, not connected with antibiotic activity. $D_4^{25} = 1.0103$, $n_D^{25} = 1.5283$. There is ultraviolet absorption in the region 2,800—2,200.

48. Musa sapientum *(Musaceae)*.

Various extracts of the banana plant have been found to be inhibitory to the growth of certain bacteria and fungi. SCOTT et al. (1949) found that though aqueous extracts of fresh leaves and petioles had no antibiotic activity against the organisms tested, methanol extracts of dried leaves and stems inhibited growth of the following bacteria in vitro: *Mycobacterium phlei, Sarcina lutea, Serratia marcescens,* Staph. *aureus, Xanthomonas translucens* F. sp. *hordei-avenae* and *Rhodococcus roseus.* The fungus, *Fusarium oxysporum f. lycopersici* was also inhibited.

The water-soluble portion of a methanol extract of dried fruit skins inhibited the growth of *Blastomyces dermatitidis, F. oxysporum f. lycopersici, Monosporium apicospermum* and *Trichophyton mentagrophytes.*

Water-soluble portions of methanol extracts of green, and naturally- and ethylene-ripened fruit skin and pulp inhibited growth of *F. oxysporum f. lycopersici*

S. marcescens and *S. aureus*. The extract of green material did not inhibit growth of *E. coli* and *M. phlei*, but extracts of ripe material were effective against these species. Also, extracts of ethylene-ripened pulp and skin inhibited *Bacillus subtilis, R. roseus, S. lutea* and *X. translucens f. sp. hordei-avenae.*

A low-pressure distillate of a methanol extract of ripe skins inhibited *Bacillus cereus, E. coli, F. oxysporum f. lycopersici, M. phlei, S. lutea, S. aureus* and *X. translucens f. sp. hordei-avenae.*

The possibility that certain varieties of banana might contain substances which would inhibit the growth of *Fusarium oxysporum cubense* (the fungus causing Panama disease) was investigated by HARPER (1950). He found no evidence for the presence in the roots and rhizomes of bananas of any stable substance which would prevent growth of this fungus. Aqueous extracts in particular were ineffective. However, alcoholic extracts of roots displayed antibiotic activity against *Bacillus subtilis, Bacterium solanacearum* and *Mycobacterium phlei*, and transitory activity against *F. oxysporum cubense*. Different varieties of banana showed differences in the degree and type of antibiotic activity but there was no correlation between these differences and resistance to Panama disease.

Alcoholic extracts were made from several varieties of banana (Gros Michel, Congo, I. C. 1., I. C. 2., Silk Fig and Guindy) as follows: 44 g. of root were macerated in a Waring blender with 200 ml. of 95% alcohol. The mixture was allowed to stand overnight and then filtered. The filtrate was evaporated to 1 ml. under reduced pressure at 60—80° C. Three ml. of methanol were added to each extract to keep it sterile. On the following day, the extracts were again evaporated to remove the methanol, and each was then made up to 10 ml. with distilled water. At this concentration, the extracts did not inhibit *Bacillus subtilis* or *F. oxysporum cubense* (when tested by the hole-in-agar plate method) but when concentrated by evaporation to 2 ml., the test organisms were inhibited. All four test organisms were inhibited by all extracts on the first day after setting up the assay plates except the extracts of Guindy and I. C. 2. which did not inhibit the growth of *B. solanacearum* and *M. phlei*, and the extract of Silk Fig which did not inhibit *M. phlei*. However, on the third day, the *F. oxysporum cubense* plates showed no inhibition of growth, the fungus having grown over the zones of inhibition which had been present on the first day.

49. Persoonia pinifolius (Proteaceae).

ATKINSON (1949) found that the berries of this plant contained an antibacterial principle. The activity, which occurred in the fleshy part of the fruit only, was greatest in mature berries in the process of changing in colour from green to purple.

At first, the berries were extracted with water and the extract preserved by freeze-drying. However, aqueous extracts remained active at 2° C or 18° C for at least six months, and no significant reduction in activity followed exposure to buffers between pH 2.2 and 10.0 for several hours or to temperatures between 60 and 100° C for 30 min.

Isolation. The berries were dried at 60—105° C, powdered, and extracted with methanol. The solvent was removed from the extract by distillation, and the residue with a little added water was extracted continuously for several hours with ethyl acetate. After removal of the ethyl acetate from the new extract by distillation, the residue was dissolved in a small volume of ethanol; hot chloroform was added and the precipitate of impurities filtered off. In the chloroform solution which was very acid, the activity had been concentrated about 100 times. Analysis of this chloroform extract by paper partition chromatography revealed the presence of at least three acids, with one of which the antibiotic activity was associated. The active substance could be adsorbed on to charcoal from aqueous solutions and eluted from it by methyl alcohol.

Purification. The residue from the chloroform extract was distilled to yield a pale yellow oil which solidified to a white flaky mass at —10° C: this was thought to be nearly pure antibiotic.

Antibiotic Activity. At a concentration of 20 mg./ml., much of the antibiotic remained undissolved but inhibition zones of 17 and 21 mms. were produced against *Staph. aureus* and *Salmonella typhi* respectively. Partially purified extracts inhibited growth of the following bacteria in vitro: *Aerobacter aerogenes, Bacillus anthracis, B. mycoides, B. subtilis, Brucella abortus, B. bronchisepticus, B. melitensis, Chromobacterium prodigiosum, Clostridium botulinum, C. septicum, C. sporogenes, C. tetani, Corynebacterium diphtheriae mitis, C. diphtheriae intermedius, C. equi, C. hofmanni, C. murium, C. ovis, E. coli, Klebsiella pneumoniae, Lactobacillus casei, L. bulgaricus, Micrococcus* spp., *Mycobacterium phlei, Neisseria catarrhalis, Pasteurella aviseptica, P. muriseptica, P. pestis, P. pseudotuberculosis,* Paracolon bacilli (six strains), *Proteus morgani, P. XK, P. X-19, Pseudomonas pyocyaneus, Salmonella typhi* (17 strains), 25 other spp. of *Salmonella, Sarcina* spp., *Shigella dysenteriae, S. flexneri, S. sonnei, Staph. albus, S. aureus* (3 strains), *Streptococcus agalactiae, S. faecalis, S. haemolyticus* (2 strains), and *S. viridans.*

Toxicity. A dose of 500 mg./kg. of some residue from the chloroform extract which had been dissolved in water, filtered through a Seitz EK pad, and neutralized, was lethal for the mouse.

50. Pinus sylvestris *(Pinaceae)*.

The heartwood of *Pinus sylvestris* contains two substances, pinosylvine, and its mono-methyl ether, which inhibit the growth of many fungi. These compounds probably account at least in part for the resistance of this wood to decay by wood-rotting fungi.

Isolation (ERDTMAN, 1939). Extraction of finely-powdered heartwood with ether did not remove pinosylvine even through this substance proved, after isolation to be ether-soluble: it could, however, be extracted with acetone (cf. the use of acetone to remove thujaplicins from heartwood of *Thuja plicata*). An acetone extract of 3.5 kg. of powdered heartwood was concentrated to 100 ml., poured into 1 l. of ether and the resulting precipitate discarded. The ethereal solution was shaken firstly with sodium bicarbonate solution, then with sodium carbonate solution, and finally, with sodium hydroxide solution. The hydroxide extract was acidified with sulphuric acid and the precipitate dissolved in ether. This ethereal solution was passed through a column of alumina and then evaporated to yield a thick brown oil. On the addition of benzene, crystals of the monomethyl ether of pinosylvine separated out. These were removed and the mother-liquor concentrated to yield crystals of pinosylvine. The yield was 5—6 g. of pinosylvine and 7—8 g. of the monomethyl ether from 3.5 kg. of the heartwood.

Pinosylvine   Pinosylvine mono-methyl ether

1.   2.

Properties. Pinosylvine ($C_{14}H_{12}O_2$) is trans-3,5-dihydroxy stilbene. It crystallizes from glacial acetic acid in colourless needles, m. p. 156° C. It is slightly soluble in water.

Pinosylvine mono-methyl ether ($C_{15}H_{14}O_2$) is trans-3-hydroxy-5-methoxy-stilbene. It crystallizes from glacial acetic acid or methanol, m. p. 122—123° C.

Both of these compounds are optically active and show a bright blue fluorescence in ultraviolet light. A method for the separate determination of pinosylvine and of its monomethyl ether in pine heartwood has been described (ERDTMANN, 1945).

Antibiotic Activity. Pinosylvine inhibited the growth of *Staph. aureus* at dilutions of 1:20,000 to 1:50,000; and of *Salmonella typhimurium* at 1:5,000. Spores of *Bacillus subtilis* were inhibited at 1:50,000. The monomethyl ether inhibited these organisms at dilutions of 1:20,000—1:50,000; 1:2,000; and 1:50,000 respectively (FRYKHOLM, 1945).

RENNERFELT (1945) found that pinosylvine inhibited the growth of the following fungi:— *Merulius lachrymans* at 1:50,000; *Poria vaporaria* at 1:5,000 to 1:50,000; *Lentinus lepideus* at 1:10,000; *Coniophora puteana, Polyporus annosus* and *P. pinicola* at 1:5,000.

The monomethyl ether inhibited *C. puteana* at 1:100,000; *M. lachrymans* and *P. pinicola* at 1:50,000. Growth of *L. lepideus, P. annosus* and *P. vaporaria* was not prevented by a dilution of 1:5,000.

Generally, concentration of these substances that were sufficient to arrest growth also killed the fungi. The following concentrations were fungicidal over a four-week period:— a) Pinosylvine, *M. lachrymans*, 1:50,000; *C. puteana* and *P. pinicola*, 1:20,000; *P. vaporaria*, 1:10,000; *L. lepideus* and *P. annosus*, 1:5,000. b) Pinosylvine monomethyl ether, *M. lachrymans*, 1:100,000; *C. puteana* and *P. pinicola*, 1:20,000; *P. vaporaria, L. lepideus* and *P. annosus*, 1:5,000.

Toxicity. The MLD of pinosylvine for mice (15 g. body weight) was 1.2 mg. in 10% ethanol solution given intraperitoneally (FRYKHOLM, 1945). Pinosylvine was toxic to the fish *Lebistes reticulatus* at a dilution of 1:50,000.

51. Piper methysticum *(Piperaceae)*.

The natives of Polynesia appear to have employed this plant (kawa-kawa) for a very long time for the treatment of infections of the genital organs. A resin isolated from this plant is reported to have bactericidal activity particularly against gonococci (see LECLERC, 1937). BORSCHE and PEITZSCH (1930) isolated an unsaturated lactone named kawain from the root. This lactone has the following structure:—

According to VELDSTRA and HAVINGA (1943—45), kawain has been used under the proprietary name of "gonosan" for the treatment of gonorrhoea.

52. Plumbago europaea *(Plumbaginaceae)*.

DULONG D'ASTAFORT (1829) isolated a substance which he named plumbagin, from the root of this plant.

Isolation. The powdered root was extracted with ether; the solvent was then evaporated from the extract and the residue treated with hot water. On cooling this aqueous extract, plumbagin separated in yellow crystals. The substance was purified by recrystallization from alcohol and ether.

Properties. Plumbagin crystallizes from alcohol in orange-yellow needles which melt at 78—79° C. It is soluble in alkaline solutions, fairly soluble in hot water and slightly soluble in cold water. Plumbagin gives a red colouration with ferric chloride and forms a ·yellow acetyl derivative melting at 117—118° C. Plumbagin ($C_{11}H_8O_3$) was found to be 2-methyl-5-hydroxy-1,4-naphthaquinone (FIESER and DUNN, 1936).

(For proof of the formula see FLOREY et al., 1949.)

Antibiotic Activity. The antibacterial activity of plumbagin was demonstrated by SAINT-RAT, OLIVIER and CHOUTEAU (1946). Growth of *Staph. aureus, Streptococcus pyogenes* and the pneumococcus was partially inhibited at a dilution of 1:500,000 and completely inhibited at 1:100,000. A strain of *Mycobacterium tuberculosis* was inhibited at 1:50,000, and *E. coli* and *Salmonella typhi* were inhibited at 1:10,000. Higher concentrations of plumbagin were bactericidal for these organisms.

SAINT-RAT and LUTERAAN (1947) found that a 1:50,000 dilution completely inhibited growth of the following fungi pathogenic to man:— *Coccidioides immitis, Ctenomyces radians, Histoplasma capsulatum* and *Trichophyton ferrugineum. Phialophora verrucosa* was slightly inhibited by this dilution.

53. Plumeria acutifolia *(Apocyanaceae).*

(This plant may be identified with *P. rubra acutifolia: P. rubra* is known as Frangipani or W. Indian Jasmine.)

GRUMBACH et al. (1952) have reported the isolation of a new crystalline substance with antibiotic properties, from this plant. This compound ($C_{14}H_{12}O_4$) has been named fulvoplumericin. It was inhibitory to the growth of various strains of *Mycobacterium tuberculosis* in vitro at concentrations of 1—5 μg./ml.

54. Plumeria bracteata *(Apocyanaceae).*

DE LIMA et al. (1947) found that the seeds of this plant contained a substance that inhibited the growth of *Staph. aureus* and *E. coli.* The substance was soluble in water, alcohol and ether. It was thermolabile and lost its antibiotic activity in weakly alkaline solution (cf. plumericin).

55. Plumeria multiflora *(Apocyanaceae).*

As a result of the observation that an alcoholic extract of this plant displayed strong antibiotic activity against *Bacillus subtilis* and *Aspergillus niger,* LITTLE and JOHNSTONE (1951) investigated this plant more thoroughly and succeeded in isolating an active principle which they called plumericin.

Isolation. Eight hundred grams of the dried ground roots were extracted by stirring in 4 l. of absolute alcohol for 2 hrs. The mixture was filtered and the dry residue washed in the funnel with 1,300 ml. of absolute alcohol. The filtrate and washings were concentrated to 2.5 l. by distillation in vacuo and then passed through a column of 500 g. of Merck chromatographic alumina in a glass tube of 6 cms. diameter. The column was washed with 100 ml. of absolute alcohol and the percolate concentrated in vacuo to 450 ml. During overnight cooling, white crystals separated; these were purified by recrystallizing twice from benzene, the second operation being combined with treatment of the solution with norit (active carbon). The yield of plumericin was 1.913 g.

` *Properties.* Plumericin crystallizes in flat needles which melt with yellowing at 212.5—213.5° C. It is optically active $[\alpha]_D^{20} = +204°$ (in chloroform solution). The compound is soluble in chloroform, slightly soluble in methanol, ethanol, ethyl ether, acetone and benzene; and insoluble in petroleum ether and water. A saturated aqueous solution contained 60 mg./l. Alcohol-water solutions were neutral in reaction. Plumericin is a neutral, alkali-labile compound for which the authors have proposed the formula $C_{15}H_{14}O_6$ (M. Wt. = 290.3). The structure has not been completely determined but the substance is probably an unsaturated lactone with four potential acidic groups. No free hydroxyl, aldehyde or ketone groups have been demonstrated. The molecule contains one methoxyl group and one carbon-alkyl linkage. A positive fluorescein test indicated the possible presence of a phthalide ring.

Antibiotic Activity. The following gram-positive bacteria were inhibited by an alcoholic solution containing 500 ppm. of plumericin (tested by the cylinder-plate method):— *Bacillus subtilis, B. mycoides, B. megatherium, B. cereus, Micrococcus pyogenes* var. *aureus, Mycobacterium avium, M. phlei, M. tuberculosis 607,* and *Sarcina lutea.*

Growth of the following gram-negative species was also inhibited by this solution:— *Alcaligenes faecalis, E. coli, Klebsiella pneumoniae, Proteus vulgaris* and *Shigella paradysenteriae. Erwinia amylovora* and *Pseudomonas fluorescens* were not inhibited.

Growth of the following fungi was inhibited by this solution of plumericin:— *Alternaria* sp., *Aspergillus niger, Botrytis* sp., *Candida albicans, Ceratostomella ulmi, Fusarium oxysporum, Monilinia* sp., *Penicillium* sp., *Stemphylium* sp., and *Trichophyton mentagrophytes.*

By means of assays performed on the material at different stages in the extraction and purification, it was estimated that c. 0.81% of plumericin had been contained in the sample of dried ground roots. The overall recovery of the material was 29.3%.

56. Podophyllum peltatum (Berberidaceae).

SCHNELL and THAYER (1949) found that aqueous extracts of the leaf inhibited the growth of *Staph. aureus* in vitro, but that ethereal extracts of the leaf and root were ineffective. None of these extracts inhibited the growth of *E. coli* or the spores of *Neurospora crassa.* Various other extracts prepared by other workers were found to be ineffective in inhibiting several test organisms (see OSBORN, 1943; HAYES, 1947; and GOTTSHALL et al., 1949).

This plant is the source of a purgative yellow resin named podophyllin which was shown by REISS and WINSTON (1949) to possess certain antifungal properties. *Microsporum audouini, M. fulvum, M. lanosum, Trichophyton gypseum* and *T. purpureum* were inhibited by a dilution of 1:10,000 of podophyllin. *M. audouini* and *M. lanosum* were killed by a dilution of 1:1,000; and *M. fulvum* and *T. purpureum* were killed by 1:200.

The local application of 1% of podophyllin in a carbowax base is reported to have given encouraging results in the treatment of tinea capitis due to the fungi *M. audouini* and *M. lanosum.*

57. Pristimera indica (Willd) A. C. Smith (syn. Hippocratea indica Willd) (Hippocrateaceae).

BHATNAGAR and DIVEKAR (1951) isolated an antibiotic principle named pristimerin from this plant, the root of which is used as a native (Indian) remedy for human respiratory diseases. The root consists of three distinct parts; an outer yellow covering (phellem), an inner red bark, and pith. Antibiotic activity is concentrated mainly in the phellem though it is present to a lesser extent in the red bark. The pith is inactive.

Isolation. Ten g. of pulverised phellem were extracted at room temperature with petroleum ether (b. p. 40—65° C). Removal of the solvent from this extract by distillation yielded a gummy, dark orange-coloured mass. This residue was dissolved in a minimum amount of boiling ether and left overnight in the refrigerator. The orange crystalline substance which separated out was removed (yield = 14.2 g.) and crystallized from ethyl acetate.

The material was purified by dissolving it in the smallest amount of boiling benzene and adding an excess of petroleum ether. Pristimerin separated as bright orange needles, m. p. 219—220° C with decomposition. The yield was 11.1 g. The formula $C_{27}H_{34}O_4$ has been given to pristimerin. The molecule appears to contain a quinone structure, and one methoxy group is present.

Antibiotic Activity. Pristimerin had marked bacteriostatic and bactericidal properties: it was particularly active against gram-positive cocci. *Streptococcus pyogenes* (ATCC C203 8668) was inhibited at a dilution of 1:25,000; *S. viridans* (local strain) at 1:12,500; *Diplococcus pneumoniae* type II (NCTC 7466) and *Streptococcus viridans* VAN SICKLE (NCTC 1080) at 1:10,000; *D. pneumoniae* type I (NCTC 7465), *S. faecalis* (local strain), and *Staph. aureus* (FDA 209) at 1:5,000; *Strep. viridans pyorrhoeae* (NCTC 3165), *S. viridans* I (NCTC 3166) and *S. viridans* (NCTC 3168) at 1:2,500 or less. No antibacterial activity was displayed against any of the following gram-negative organisms:— *E. coli* var. *communis* (NCTC 86), *Klebsiella pneumoniae* (NCTC 204), *Proteus vulgaris* (NCTC 5821), *Salmonella paratyphi A* (NCTC 5702), *S. paratyphi B* (NCTC 5705), *S. typhi*, *Shigella dysenteriae* (local strain), *Vibrio cholerae* (Haffkine Inst. 569B) and *V. cholerae* (Haffkine Inst. 41).

Toxicity. A 20% suspension of the drug in 2% gum arabic solution was sterilized at 100° C for 10 min., diluted as required, and tested against mice. All mice which received an intraperitoneal dose of 0.25 g./kg. died within 12 hrs. Forty per cent of animals which received 0.2 g./kg. died within 24 hrs. A subcutaneous dose of 0.5 g./kg. was lethal, and a dose of 0.25 g./kg. killed 20% of the treated mice within 24 hrs. Mice could withstand a dose of 6.0 g./kg. administered orally without showing the least sign of toxicity. An oral dose of 0.5 g./kg. given every day for 28 days to 20 mice, was apparently non-toxic.

Pristimerin conferred only a slight amount of protection on mice infected with *Strep. pyogenes* (ATTC C203 8668) or *D. pneumoniae* (NCTC 7465).

Clinical. Pristimerin is particularly effective against *Streptococcus viridans*, the causative organism of some throat and tonsillar infections. Nineteen patients suffering from infection of the nasopharyngeal mucosa responded well to direct application of pristimerin (in glycerol or "paroleine") coupled with oral doses (of 20 mg. in alcohol) twice a day for three days. In these cases, the chief pathological changes were confined to the tonsils from which α-haemolytic strains of the viridans group were isolated.

58. Prosopis juliflora *(Leguminosae)*.

Aqueous and alcoholic extracts of fresh mature leaves of this plant (the Mexican "mesquite") displayed a marked bactericidal activity against *Staph. aureus* and *E. coli* (SHANKAMURTHY and SIDDIQUI, 1948).

An extract of 100 g. of leaves in 250 ml. of the solvent was prepared, and a 1:1,000 dilution of this extract was used for testing against the bacteria by the cylinder-plate method.

An aqueous extract of the leaf had a pH of 4.0—4.5, and an aqueous solution prepared in the same concentration from an alcoholic extract had the same pH range. When an aqueous extract was shaken with petroleum ether, ether, chloroform or carbon tetrachloride, the pH of the aqueous layer in which the antibiotic principle was retained, increased to 6.5. The active principle was stable in alcoholic extracts when stored at 35—37° C but the activity was gradually lost at 40° C. Extracts became more acid on concentration under reduced pressure and buffering to maintain the pH at 4.5 did not prevent loss of activity. The most suitable pH range for activity and stability at 35—37° C or in the ice chest was 5.5—6.5. Sanchez et al. (1948) have reported that extracts of the commercial wood of this tree (prepared by soaking 15 g. of wood in 150 ml. of water for 10 min.) inhibited the growth of *Staph. aureus* at a dilution of 1:250; *Bacillus anthracis* at 1:10; and *E. coli* at 1:2.

Extracts of this plant were also effective in inhibiting the growth of *Bacillus subtilis, Brucella melitensis, Neisseria gonorrhoeae, N. intracellularis,* and various staphylococci.

59. Pyrus malus L. (Rosaceae).

Bishop and MacDonald (1951) noted that alcohol, ether and acetone extracts of apple leaves contained a substance which inhibited the growth of *Staph. aureus.* The active principle was subsequently isolated and shown to be phloretin.

Isolation. (Bligh, 1951.)[1] Fresh apple leaves were macerated with water in a Waring blender, and the mixture filtered. The plant material was then extracted with ether for 18—24 hrs. The ether was removed from the extract by distillation, leaving a brown aqueous suspension which was cooled in ice and filtered. The green residue was desiccated over anhydrous calcium chloride and then extracted with benzene at room temperature until the solvent was practically colourless. The dried yellow-green material remaining after extraction with benzene was boiled with distilled water (300—400 ml. of water per g. of residue) and filtered while hot. This filtrate was partially decolourized with norit and allowed to cool whereupon a flocculent precipitate of the antibacterial substance settled out. This precipitate was usually coloured and had to be recrystallized either from hot water or from an alcohol-water mixture. The pure product crystallized as fine needles. A yield of about 2.7% calculated on a dry leaf weight basis was obtained. The compound, to which the formula $C_{12}H_{12}O_4$ was assigned, was later identified as phloretin (ω-p-hydroxyphenylpropiophenone), the aglucone of the glucoside phloridzin. This glucoside has been found in leaves, shoots, roots and seeds of apple, pear, cherry and some other members of the Rosaceae (Gortner, 1929). Phloridzin produces artificial diabetes or glycosuria when administered to experimental animals or man, and phloretin has been found to have similar physiological activity.

Antibiotic Activity. (MacDonald and Bishop, 1952.) Owing to the insolubility of phloretin in water, a special method of assay had to be devised. The substance was dissolved in 1 ml. of propylene glycol and added to 19 ml. of nutrient agar. In this way, a concentration of up to 2,000 ppm. of phloretin could be included in the medium without any visible precipitation in the media: higher concentrations were not tried.

The following gram-positive bacteria were inhibited. Growth of *Bacillus cereus, B. megatherium* (one strain), *B. subtilis, Corynebacterium pseudodiphthericum, Sarcina lutea* (one strain) and *Staph. aureus* (209 P) was inhibited by a concentration of 30 ppm.; a second strain of *Sarcina lutea* and a second strain of *Staph. aureus* by 50 ppm.; *B. mycoides* by 100 ppm.; a second strain of *B. megatherium, Diplococcus pneumoniae* (ATCC 6301) at 500 ppm. *Mycobacterium phlei* and

---

[1] I am indebted to Dr. C. J. Bishop, Superintendent of the Experimental Farms Service, Nova Scotia, for making this information on the isolation of phloretin available to me. F.A.S.

Streptococcus faecalis (ATCC 9790) both of which were tested by the cylinder-plate method, were inhibited at something less than 500 ppm.

Gram-negative bacteria were also inhibited as follows:— *Neisseria catarrhalis* (ATCC 7900) at 50 ppm.; *E. coli* (ATCC 9637) at 100 ppm.; *Proteus vulgaris* at 200 ppm.; two strains of *Aerobacter aerogenes* and one strain of *E. coli* at 500 ppm.; and *Alcaligenes viscosus* and *Serratia marcescens* at 1,000 ppm. *Xanthomonas pruni* (tested by the cylinder-plate method) was inhibited at something less than 200 ppm. Phloretin was inactive against the fungi, *Aspergillus niger* and *Penicillium* sp.

The activity of phloretin against *Staph. aureus* increased with increasing H ion concentration between the limits tested (pH 6.0 to 8.0). The antibacterial activity, generally, was not decreased by the presence of ascorbic acid, albumin or lecithin, or by autoclaving in nutrient broth for 20 min. at 15 lbs. pressure, but the activity was reduced considerably by 1% of whole blood. Phloretin prepared by the hydrolysis of phloridzin (which had no antibiotic activity) with N HCl, showed the same degree of activity as did that extracted from apple leaves. The inactivity of the glucoside suggests that the antibiotic activity of phloretin may be due to the group to which the glucose is attached. There is evidence to suggest that phloretin exerts its antibacterial effect by preventing the uptake of phosphorus by the cells.

60. Quercus spp. *(Fagaceae)*.

The bark of oak is one source of the flavonol pigment quercetin which has recently been found to possess antibiotic properties. Quercetin is also found in the flowers of pansy (*Viola* sp.), wallflower (*Cheiranthus* spp.) and species of *Narcissus*, and in the outer scale leaves of onion bulbs. Quercetin occurs either free or in the form of glycosides such as quercetrin and rutin which have not been found to have any antibiotic activity.

Isolation. PERKIN and PATE (1895) isolated quercetin from quercitron bark *(Quercus tinctoria)* as follows:— The powdered bark was washed with salt solution to remove impurities and then extracted with cold dilute ammonia. This extract, when neutralized with dilute sulphuric acid, deposited a brown amorphous precipitate. This precipitate was filtered off and discarded, and the clear lemon-yellow filtrate (which contained the glycoside quercetrin) was acidified and boiled. Crystals of quercetin which separated were collected while the solution was still warm to prevent their contamination with brown flocculent material which usually separated out on further cooling. The product was almost pure quercetin.

Quercetin may be purified by recrystallization from alcohol. Alternatively, the crude material may be extracted with a mixture of ether and chloroform: on evaporation, crystals of pure quercetin separate as it is practically insoluble in chloroform.

Quercetin and its glycosides have been isolated from plants by treatment with hot water or alcohol (see PERKIN and HUMMEL, 1896a and b).

Properties. Quercetin crystallizes from alcohol in yellow needles which melt at 313—314° C. It is slightly soluble in hot water but dissolves easily in alkalies to give golden-yellow solutions. Quercetin ($C_{15}H_{10}O_7$) is 3,5,7,3'4'-pentahydroxy-flavone.

Antibiotic Activity. NAGHSKI, COPLEY and COUCH (1947a and b) studied the antibiotic properties of quercetin. The compound had only slight activity at pH values above 7.0 but was definitely antibiotic in the acid range. The following tests were made in nutrient broth at pH 6.5.

Aerobacillus polymyxa, Brucella abortus, Staph. albus and *Staph. aureus* were completely inhibited by concentrations of 0.075 to 0.10 mg./ml. *Aerobacter aerogenes, E. coli, Proteus* sp., *Pseudomonas aeruginosa, P. angulata, P. tabaci, Salmonella oranienburg,* and a strain of a group D and a group E streptococcus were partially inhibited by a concentration of 0.15 mg./ml. of quercetin.

The fungus *Mucor racemosus* was inhibited to some extent by a concentration of 0.15 mg./ml. but *Aspergillus fumigatus, A. niger, Fusarium oxysporum f. lycopersici, Penicillium notatum* and *Actinomyces fradii* were not affected.

BUSTINZA and LOPEZ (1946) found that the sodium salt of quercetin inhibited the growth of *Bacillus mycoides, Mycobacterium avium, M. phlei, M. smegmatis, M. tuberculosis hominis* and *Staph. aureus.*

61. Ranunculus occidentalis *(Ranunculaceae).*

CARLSON, BISSELL and MUELLER (1946) found that a saline extract of this plant (buttercup) inhibited growth of the following organisms in vitro:— *Aspergillus* sp., *Clostridium sporogenes, Corynebacterium diphtheriae, Diplococcus pneumoniae, Euglena* sp., *Micromonospora* sp., *Paramecium multinucleatum, Penicillium* sp., *Pseudomonas aeruginosa, Salmonella typhi, Staph. aureus, Streptococcus viridans,* five species of *Streptomyces,* and *Tetrahymena gellei.*

All or most of these micro-organisms were also inhibited by a volatile oil obtained by ether extraction of a sodium chloride-saturated steam distillate of the plant.

When two-week-old chicks were injected with a 1:1 mixture of the saline extract and blood containing *Plasmodium gallinaceum,* they failed to develop malaria (see section C. II. 3). Both extracts were ineffective in the treatment of experimental malaria in chicks and of *Diplococcus pneumoniae* infections in mice. Chicks and mice survived intraperitoneal and subcutaneous injections of 0.5 to 1.0 ml. of the extracts.

62. Raphanus sativus *(Cruciferae).*

IVÁNOVICS and HORVÁTH (1947a and b) found that aqueous extracts of the seeds of this plant (radish) but not those of the roots and leaves, inhibited the growth of *Staph. aureus* and *E. coli.* The antibiotic principle which they named raphanin, was isolated.

Isolation. Impurities were precipitated at pH 5.0 from an aqueous extract of ground seeds by the addition of basic lead acetate. The excess of lead was removed from the supernatant with disodium hydrogen phosphate and the active material then extracted with butyl acetate. After removal of the solvent from the extract in vacuo, the residue was dissolved in phosphate buffer at pH 7.2, and the active substance removed by extraction with chloroform. The chloroform extract was passed through a column of Brockman alumina and the active substance removed from the percolate by evaporation of the solvent.

Properties. Raphanin was obtained as an almost colourless or slightly yellow neutral syrupy liquid which boiled at 135° C at 0.06 mm. pressure and which could be distilled. It was optically active $[\alpha]_D^{20} = -141°$ (in ethanol solution). Raphanin was readily soluble in water, ethanol, butanol, butyl acetate, amyl acetate and chloroform; moderately soluble in ether; and only slightly soluble in petroleum ether. The formulae $C_{17}H_{26}O_3N_3S_5$ or $C_{17}H_{26}O_4N_3S_5$ have been suggested.

Raphanin was stable between pH 3.0 and 8.0 but was inactivated by more alkaline solutions. It was not inactivated by cysteine but was inactivated by H_2S. When heated with salts of heavy metals such as silver nitrate, metallic sulphides were precipitated and the antibiotic activity was lost. Though raphanin was stable to heat (it could be heated on a boiling-water-bath for 30 min. without marked loss of activity), boiled radish seeds yielded only inactive extracts. This suggested that raphanin did not exist in a free state in the seeds but only as an inactive precursor. The precursor, which could be extracted with 80% ethanol, was activated by a dialysed aqueous extract of non-boiled seeds.

Antibiotic Activity. A 1:1,000 dilution of raphanin inhibited the growth of the following bacteria in vitro (tested by the cylinder-plate method):— *Bacillus anthracis* (virulent and avirulent strains), *B. subtilis*, *E. coli*, *Pseudomonas aeruginosa*, *Salmonella schottmuelleri*, *S. typhi-H*, *S. typhi-O*, *Serratia marcescens*, *Shigella dysenteriae*, and *Staph. aureus.*

This same dilution also prevented germination of the seeds of *Brassica oleracea*, *Cucumis sativus*, *Festuca pratensis*, *Hordeum distichon*, *Sinapis alba* and some other plants, but did not affect radish seeds.

Toxicity. Mice survived single intravenous injections of 5 mg. of raphanin, but single injections of 7—10 mg. were lethal. Similar results were obtained with subcutaneous injections except that the effects were somewhat delayed. Guinea-pigs weighing 450—750 g. survived intracardial injections of 25 mg.: 50 mg. doses were lethal. Perfusion of isolated frog's heart with a dilution of 1:800 caused slowing of the beat and relaxation of tone and amplitude: a dilution of 1:8,000 had no effect.

In tissue culture, a 1:20,000 dilution prevented the growth of rabbit testis fibroblasts but a dilution of 1:80,000 was without effect.

Other Extracts of R. sativus.

SCHNELL and THAYER (1949) found that aqueous extracts of the seed, but not those of the seedling, of the variety Scarlet Globe inhibited the growth in vitro of *Staph. aureus* and *E. coli*. None of these extracts prevented germination of the spores of *Neurospora crassa*. Aqueous extracts of the fruit, leaf and stem, but not of the seedling, of the variety White Icicle, inhibited in vitro the spores of *Neurospora crassa*. Only aqueous extracts of the seedlings inhibited *E. coli*, and none of these extracts inhibited *Staph. aureus*. CARDOSO and SANTOS (1948) failed to obtain extracts of *R. sativus* which would inhibit the growth, of *Staph. aureus*, *E. coli* and *Proteus X-19*.

63. Rhus hirta *(Anacardiaceae).*

CARLSON, DOUGLAS and BISSELL (1948) have reported on the antibiotic activity of several partially purified extracts prepared from this plant (sumac).

Preparation of Extracts. Fresh stems and leaves were chopped and extracted for 24 to 48 hours at room temperature with sufficient ethyl ether to cover the plant material. After removal of the ether by decantation, the residue was then extracted in a similar manner with distilled water. This aqueous extract was then removed and evaporated to dryness. Both the ether extract and the aqueous extract contained antibiotic material. This was particularly interesting since a direct aqueous extract of fresh plant material was inactive. Thus, it appeared that a water-soluble active material had been either released from the tissues by pre-treatment with ether, or possibly, an originally water-insoluble material had been changed chemically by the ether so as to render it soluble in water.

The original extracts (i. e. the ether extract and the water extract of the ether-insoluble residue) were both subjected to lengthy purification procedures, the products appearing at different stages being tested for antibiotic activity. Eventually, a dark-brown aqueous solution (911 B, 102) derived from the water-soluble fraction, and two aqueous extracts (911 B, 108 and 110), derived from the original ether extract, were prepared. These three extracts contained antibiotic principles. Extracts 102, 108 and 94 (the latter being a step-fraction of the partially purified 108) were tested against 58 species of micro-organisms. The authors concluded that extracts 102 and 108 contained antibiotics which were probably different from each other but, nevertheless, closely related. The extracts were partly inactivated when held at 123° C for 10 min. i. e. they displayed no activity against gram-negative organisms after this heat-treatment.

Antibiotic Activity. Extracts 94, 102 and 108 inhibited the growth of the following bacteria in vitro:— *Achromobacter lacticum, Bacillus circulans, B. megatherium, B. subtilis, Clostridium putrificum, Corynebacterium diphtheriae, E. coli, Haemophilus influenzae, Micrococcus tetragenus, Neisseria gonorrhoeae, N. intracellularis, Proteus* sp., *P. vulgaris, Pseudomonas aeruginosa, P. fluorescens, Salmonella typhi, Serratia marcescens, Shigella dysenteriae, S. paradysenteriae, S. sonnei, Staph. aureus,* and *Streptococcus viridans.* The following fungi were also inhibited:— *Fusarium culmorum, Microsporum trichoderma, Penicillium cylopium, Pythium debaryanum,* and *Trichophyton sulphureum.* Extracts 94 and 108 (102 not tested) inhibited *Agrobacterium* sp., *Mycobacterium phlèi, M. smegmatis* and *Streptococcus faecalis,* and the fungi *Mucor sylvaticus* and *Pestallozia funera.*

Extract 108 inhibited *Streptococcus pyogenes* and *Clostridium sporogenes.*

Extract 108 but not 94 (102 not tested) inhibited *Diplococcus pneumoniae.*

Extract 102 partially inhibited *Clostridium botulinum.*

Extracts 94 and 108 but not 102 inhibited *Candida albicans, Fusarium* sp., *Mycoderma* sp., and *Trichophyton* sp.

The following organisms were not inhibited by any of the three extracts:— *Aspergillus terreus, A. niger, Clostridium histolyticum, C. perfringens, Penicillium* sp., *Rhizoctonia solani* and *R. oryzae.*

Extract 108 lysed red blood cells but the other two extracts had no apparent effect.

Toxicity. A 10% solution of extract 102 injected intraperitoneally into mice in 1.0, 0.5 and 0.25 ml. doses was not toxic. A 10% solution of extract 94 in 1 ml. doses caused death in 45 min. and 0.5 and 0.25 ml. doses were lethal in 18 to 24 hrs. A 10% solution of extract 108 in 1.0, 0.5 and 0.25 ml. doses caused death in 18—20 hrs.

64. Simaruba amara *(Simarubaceae).*

SPENCER et al. (1947) found that extracts of the wood, bark, and stems of this plant were effective in the treatment of experimental malaria in chicks and ducklings.

This plant has also yielded a crystalline amoebicidal substance which has been named simaroubidin (CUCKLER and SMITH, 1949).

Antibiotic Activity of Simaroubidin. Single oral doses of 200—400 mg./kg. cured young rats infected with *Endamoeba histolytica* but single doses of 25 mg./kg. were without effect. Six daily oral doses, each of 50 mg./kg. for 6 days showed an incomplete therapeutic effect; doses of 2—10 mg./kg. administered in the same way were ineffective.

Toxicity. The acute oral LD_{50} for rats and mice was about 800 mg./kg. Daily oral doses of 500 mg./kg. killed 90% of rats in 10 days. Daily oral doses of 50 mg./kg. given to young rats for 21 days were not lethal and caused only a slight retardation of growth. Single oral doses of 400 mg./kg. were lethal for dogs within 2—3 days.

65. Sinapis alba *(Cruciferae).*

CRASSELT (1950) found that extracts of white mustard only exhibited antibiotic activity against the test organisms (*E. coli,* staphylococci and haemolytic streptococci) when they contained free p-hydroxybenzyl-iso-thiocyanate. The action of this substance was bactericidal rather than bacteriostatic.

66. Sorbus aucuparia (Rosaceae).

The ripe berries of this plant (mountain ash) contain an unsaturated lactone named parasorbic acid. This compound is now known to possess antibiotic properties.

Isolation. (KUHN and JERCHEL, 1943.) The juice of ripe berries was neutralized with slaked lime and the resulting precipitate of calcium malate removed. The filtrate was evaporated to a syrup, which was then acidified with sulphuric acid and steam-distilled. The distillate was saturated with ammonium sulphate and extracted with ether. On removing the ether, parasorbic acid remained as a sweet-smelling oil.

Properties. The compound boiled at 104—105° C at 14 mm. pressure. It was optically active, $[\alpha]_D^{16} = +49.3°$.

This substance which was isolated originally by HOFMANN in 1859, was found by DOEBNER (1894) to have the composition of $C_6H_8O_2$. DOEBNER named the compound parasorbic acid since, when heated with alkali it became converted into the isomeric sorbic acid. KUHN and JERCHEL (1943) showed that parasorbic acid was δ-$\Delta^{\alpha\beta}$-hexenolactone.

(For proof of the structure, see FLOREY et al., 1949.)

Antibiotic Activity. KUHN et al (1943) found that parasorbic acid inhibited the growth of *Staph. aureus* completely at a dilution of 1:2,000. It also inhibited the growth of fibroblasts and mesenchymal cells and prevented the germination of certain seeds. McCAWLEY et al. (1946) reported that a 1:50,000 dilution was effective in vitro in inhibiting the growth of *Trypanosoma equiperdum*. The antibacterial activity of parasorbic acid was antagonized by cysteine (BRODERSEN and KJAER, 1946).

67. Spiraea aruncus L. (Rosaceae).

ABRAHAM, HEATLEY, ROLT and OSBORN (1946) isolated a weakly antibiotic substance from this plant.

Isolation. Fresh leaves and flowers were ground with sand and the liquid expressed. This was brought to pH 3, boiled and centrifuged. The supernatant was extracted three times with equal volumes of ether. The extracts were combined, concentrated by distillation and passed through a column of acid-washed alumina (final pH c. 5.0). The active substance was eluted from a band in the middle of the column with phosphate buffer at pH 6.5 and then transferred to ether. The solvent was evaporated from this extract to give an orange-coloured oil which on being extracted with hot benzene, gave a solution from which the active material separated. It was recrystallized by adding benzene to its chloroform solution.

Properties. The antibiotic crystallized in fine colourless prisms (from chloroform-benzene solution) which melted at 79—80° C. It was optically active; $[\alpha]_D^{20} + = 55.8°$ (in water). The formula $C_{10}H_{14}O_4$ has been given to this substance and there is evidence for the presence of an α-β unsaturated lactone ring in the molecule. The antibacterial properties were destroyed by cold alkali.

Antibiotic Activity. The substance inhibited the growth of *B. proteus, E. coli* and *Staph. aureus* at a dilution of 1:4,000 but had no effect on *Pseudomonas pyocyanea* at 1:2,000.

45*

68. Spiraea sp. (Rosaceae).

An extract of this plant was tested by Gilliver (1946) against a number of phyto-pathogenic micro-organisms.

Antibiotic Activity. The growth of the following organisms was completely inhibited in vitro: *Phytophthora erythroseptica* at a dilution of 1:320,000; *Leuconostoc* sp. at 1:40,000; *Bacterium aroideae* and *Pythium ultimum* at 1:20,000; *Actinomyces scabies*, *Corynebacterium sepedonicum*, *Xanthomonas begoniae*, *X. campestris* and *X. malvacearum* at 1:10,000; *Bacillus subtilis*, *Bacterium tumefaciens* and *Claviceps purpurea* at 1:5,000.

The following were partially inhibited in vitro at dilutions of about 1:5,000: *Gloeosporium musarum*, *Penicillium digitatum*, *Rhizoctonia crocorum*, *R. solani*, *Sclerotinia sclerotiorum*, *Stereum purpureum* and *Verticillium dahliae*.

The extract had no effect in vitro on *Corynebacterium michiganense*, *Pseudomonas marginalis*, *P. syringae*, *Fusarium avenaceum* and *Trichothecium roseum*.

69. Thuja plicata Don. (Pinaceae).

Blasdale (1907) isolated a white crystalline compound of formula $C_{10}H_{12}O_2$ (m. p. 80° C) from the heartwood of this tree (Western Red Cedar). Sherrard and Sondern (1929) also isolated a substance of the same empirical formula with acidic properties (m. p. 86.5° C). Later, Anderson and Sherrard (1933) obtained two compounds, an acid, and a phenolic substance, to both of which this same formula was assigned. The acid was named dehydroperillic acid. More recent researches have demonstrated the presence of four isomerides of general formula $C_{10}H_{12}O_2$, some of which are very toxic to certain wood-destroying fungi. Erdtman and Gripenberg (1948) isolated three of these isomers from the heartwood of Swedish-grown timber as follows: Batches, each of about 2 kg. of powdered heartwood were extracted continuously with acetone for 48 hrs. The solvent was then distilled off from the combined extracts to yield a nearly black oil. When this was added to a large volume of ether, a resinous precipitate was formed. (Acetone removes from the wood various ether-soluble constituents which are, however, not directly extractable with ether.) The ether-insoluble (but acetone-soluble) material which resembled "native lignin", seems to form membranes in the wood within which the ether-soluble constituents are situated (cf. pinosylvine). The ethereal solution was decanted off and the precipitate washed with ether. These combined ethereal solutions were extracted with a saturated solution of sodium bicarbonate to remove the dehydroperillic acid, and then with 2 N sodium hydroxide solution. The dark alkaline extract was acidified with sulphuric acid and extracted with ether. After removal of the solvent from this extract by distillation, the residue was distilled with steam until the distillate no longer gave a green colouration with ferric chloride. The distillate was then saturated with sodium chloride and extracted with ether. The ether extract was extracted with sodium bicarbonate solution and then with 2 N sodium hydroxide. This alkaline extract was stirred mechanically and carbon dioxide passed through it until the pH fell to 8.0. The precipitated red oil was removed with ether (extract A). On continuing to pass carbon dioxide through the alkaline solution, a precipitate was formed: This was removed by filtration and the filtrate extracted with ether (extract B). The precipitate consisted of γ-thujaplicin. An oily material remaining after the solvent had been evaporated from extract A partly crystallized when refrigerated overnight: the crystals consisted of α-thujaplicin. Removal of the solvent from extract B left an oil from which a small amount of γ-thujaplicin crystallized. Further yields of both substances were obtained by combining the mother liquors of

extracts A and B, dissolving them in ether and extracting them with sodium
hydroxide. Carbon dioxide was passed through to separate the compounds as
described above.

Purification of α-Thujaplicin. The crude product was distilled in vacuo and
recrystallized from petroleum ether, m. p. 34° C.

Purification of γ-Thujaplicin. The crude product was distilled in vacuo and
recrystallized from petroleum ether. It formed long colourless needles of m. p.
82° C.

Isolation of β-Thujaplicin. The phenolic material isolated by ANDERSON and
SHERRARD (1933) consisted of two fractions, a crystalline substance which was
later shown to be γ-thujaplicin by ERDTMAN and GRIPENBERG (1948), and an oil
which possessed approximately the same chemical composition. During storage
for 16 years, this oil partly crystallized. When purified, these crystals proved
to be yet another isomer of the three substances already mentioned: it was named
β-thujaplicin (m. p. 52—52.5° C). This compound, which was not found in
timber grown in Sweden, was isolated from American-grown wood by ANDERSON
and GRIPENBERG (1948).

Heartwood sawdust was steam-distilled in a copper cylinder of c. 5 kg.
capacity until the distillate no longer gave a green colour with ferric chloride.
The first 20 litres of distillate were cloudy and a small quantity of a volatile
oil settled to the bottom. After removal of this oil, the distillate was made
alkaline with concentrated barium hydroxide solution. The resulting yellow
precipitate was removed by filtration and the solution reduced to about 300 ml.
in large evaporating basins. The yellow precipitate which formed during evaporation was removed and combined with the first precipitate of the barium salt.
Decomposition of the salt with dilute sulphuric acid yielded a brown oil which
was extracted with ether. This ethereal solution was extracted three times with
5% sodium hydroxide solution. The dark alkaline extract was then saturated
with carbon dioxide to liberate the thujaplicin. This was then extracted with
ether and distilled (b. p. 145—147° C at 12 mm.). Crystals of γ-thujaplicin
were removed from the distillate: the oily residue yielded some crystals of
β-thujaplicin after several years of storage.

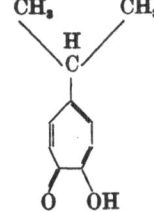

α-Thujaplicin [1-iso-propyl-
cycloheptatrien-(1,4,6)-ol-
(2)-one-(3)].

β-Thujaplicin [1-iso-propyl-
cycloheptatrien-(1,4,6)-
ol-(4)-one-(3)]

γ-Thujaplicin [1-iso-propyl-
cycloheptatrien-(1,3,6)-
ol-(4)-one-(5)]

Constitution of the Thujaplicins. All three phenolic compounds gave green
colourations with ferric chloride, formed chloroform-soluble complexes with
copper and gave very similar ultraviolet absorption curves. These facts indicated
strongly that they were of very similar chemical structure. Treatment of an
alcoholic solution of the compound melting at 82° C with Adam's platinum oxide
catalyst yielded crystalline and liquid hydrogenation products which, on oxidation
with potassium permanganate, gave a dicarboxylic acid ($C_{10}H_{18}O_4$, m. p. 65.5 to

66.5° C) which was shown to be γ-iso-propyl-pimelic acid (Erdtman and Gripen-berg, 1948). The compounds melting at 34° C and at 52—52.5° C gave α- and β-iso-propyl-pimelic acids respectively (Gripenberg, 1948; Anderson and Gripenberg, 1948). Careful oxidation of all three thujaplicins with chromic acid yielded iso-butyric acid in each case thereby indicating the presence of an iso-propyl group in each compound. The compounds have been named α-, β- and γ-thujaplicins because the iso-propyl group occupies the α-, β- and γ-positions respectively, relative to the oxygen atoms in the cycloheptatrien system. The above structural formulae have been assigned to the thujaplicins.

Dehydroperillic Acid. This acid, which is isomeric with the thujaplicins, was isolated originally by Anderson and Sherrard (1933).

The acid is removed from primary ethereal extracts of the wood by extraction with sodium bicarbonate solution as described above. This alkaline extract is acidified and the precipitate dissolved in ether. The ether is then removed, the residue distilled with steam, and the crystalline material in the distillate removed, dried and recrystallized from petroleum ether. The acid melts at 88—89° C.

Anderson and Sherrard (1933) assigned the following structure to the acid.

However, more recently, Gripenberg (1949) has established that this substance is 4,4-dimethyl-cyclo-hepta-2,5,7-trienecarboxylic acid, and has proposed the new name of thujic acid for it.

Thus, this acid, like the thujaplicins, contains a seven-membered ring.

Distribution of Thujaplicins in Nature. American-grown wood contained thujic acid, β- and γ-thujaplicins, but no α-thujaplicin. Swedish-grown wood furnished thujic acid, α- and γ-thujaplicins but no β-thujaplicin. The thujaplicins are stable compounds, and no transformation of one isomer into another has been observed. The cause of this difference in chemical composition between American and Swedish-grown timber is not known (cf. also the chapter "Natural Tropolones" p. 351).

Antibiotic Activity. All the thujaplicins are highly toxic towards many wood-destroying fungi and are almost certainly responsible for the extreme durability of the wood.

α-Thujaplicin. This is certainly an antibiotic but is rather less active than either the β-, or the γ-compound (Gripenberg, 1948).

β-Thujaplicin. This appears to be slightly more toxic to wood-destroying fungi than either the α-, or the γ-compound (ANDERSON and GRIPENBERG, 1948).

γ-Thujaplicin. Treatment of spores of *Pullularia pullulans* with a 0.02% solution of γ-thujaplicin for one hour did not effect viability; after 3 hrs. only 11% of the spores were alive, and after 6 hrs., all were dead. Thus, the action appeared to be fungicidal rather than fungistatic. The fish, *Lebistes reticulatus*, died within 10 min. in a 0.02% solution, and within 3 hrs. in a 0.002% solution. (ERDTMAN and GRIPENBERG, 1948). This compound is generally highly toxic to fungi.

Thujic Acid. This compound is only slightly toxic to wood-rotting fungi (ANDERSON and SHERRARD, 1933).

Distribution of Antibiotics in Heartwood. The amounts of toxic substances (as tested by the activity of steam-distillates against *Fomes annosus*) were distributed evenly throughout the heartwood of a freshly-felled American-grown tree. In a tree which had lain for some time in water, the highest concentration of toxic substances occurred in the outside of the heartwood and decreased towards the centre (ANDERSON and GRIPENBERG, 1948).

CARTWRIGHT (1941) found variability in resistance to decay in the heartwood of English-grown timber.

Other Extracts of Thuja plicata. Various extracts of this wood have been found to be antibiotic towards a variety of micro-organisms. This activity is probably due to the compounds discussed above but this has not been proved.

SOWDER (1929) found that extracts of the wood were toxic to the wood-destroying fungus *Lentinus lepideus*. Heartwood extracts were more toxic than sapwood extracts, and hot-water extracts of the heartwood were more toxic than those made with cold water. Seasoning of the wood by kiln-drying had very little effect on the toxic properties. Dry distillation of wood blocks yielded volatile substances which were all toxic to the test fungus. Even those substances which distilled over at as low a temperature as 80.3° C were toxic. (See also SCHMITZ, 1922.)

SOUTHAM (1946) has investigated the antibiotic properties of Western Red Cedar heartwood extracts towards a number of human pathogenic organisms.

Preparation of Extracts. Sawdust from heartwood was covered with distilled water and simmered for 48 hrs. The crude filtrate of this decoction was used in the tests of antibiosis. The strength of the extract was expressed as mg.-% (i. e. mg. of total solids/100 ml. of solution). (This was admittedly an inaccurate method for expressing the potency of extracts because it undoubtedly included inert compounds. Also, extracts prepared from different trees showed as much as fourfold differences in antibiotic activity for a given concentration expressed in mg.-%.)

Antibiotic Activity. Growth of the following bacteria was inhibited by concentrations of 0.57—1.62 mg. of total solids/ml. of medium: *Alcaligenes faecalis*, *Bacillus subtilis*, *Corynebacterium xerosis*, *E. coli*, *Klebsiella pneumoniae*, *Mycobacterium tuberculosis*, *Proteus OX-19*, *P. vulgaris*, *Pseudomonas aeruginosa*, *Salmonella paratyphi*, *S. schottmuelleri*, *S. typhi*, *Shigella dysenteriae*, *S. paradysenteriae*, *S. sonnei*, *Staphylococcus albus*, *S. aureus*, *Streptococcus faecalis*, *S. haemolyticus* and *S. viridans*. The following fungi were inhibited by the same concentration: *Candida albicans*, *Cryptococcus neoformans*, *Epidermophyton floccosum*, *Microsporum audouini*, *M. felineum*, *Trichophyton gypseum*, and *T. purpureum*.

Fungi causing wood decay were inhibited by similar concentrations (SOUTHAM and EHRLICH, 1942).

Other Properties of the Extract. The active principles in the extract were completely dialysable through cellophane but did not diffuse through agar. Boiling the extract to dryness caused little or no loss of antibiotic potency: even heating to 200° C in sealed tubes for 10 min. only caused a diminution in activity of 30%. Acidification to pH 1.0 with HCl for 48 hrs. followed by neutralization with NaOH caused no loss of activity. When the extract was held at pH 12.0 for 1 hr. and then neutralized with HCl, there was again no loss of activity, but about 50% of the activity was lost when the extract was kept at pH 12.0 for 48 hrs. At least 10% of the antibiotic activity resided in the ether-soluble resinous components of the extract. The active principle(s) was inactivated by cysteine. The extract was also inactivated by blood and by serum, but not by urine or gastric residues.

Toxicity. Mice given drinking water containing 2.3 mg. (of total solids)/ml., or given single subcutaneous injections of 1.4 mg., showed no symtoms of toxicity. Rabbits were not affected by intravenous doses of 2.3 mg. given twice daily for 3 days.

Clinical. Doses of the extract did not protect mice against systemic infections of the pneumococcus, *Streptococcus haemolyticus, Candida albicans* or *Cryptococcus hominis.* When given orally, it had no apparent effect on the bacterial flora in the caeca of mice. Mice and rabbits which received injections of the extract excreted part of the active material in the urine.

70. Tillandsia usneoides *(Bromeliaceae).*

It was found by Weld (1945) that chloroform or acetone extracts of the brown parts of this plant (Spanish Moss) were inhibitory in quite high dilution to the growth of *Cryptococcus hominis, Pneumococcus* (types I, II and III), *Staphylococcus aureus H,* and *Streptococcus haemolyticus C. 203. Candida albicans* and *Haemophilus influenzae* (type B) were less sensitive. The growth of *Bac. proteus, E. coli, Haemophilus influenzae* (type A), and *Pseudomonas pyocyaneus* was not inhibited by a 1:50 dilution of the extract, the strongest solution used.

71. Triticum sp. *(Gramineae).*

Two antibiotics have been obtained from wheat, a protein from the flour, and a substance with the characteristics of a fatty acid from the bran. The former is considered here; the latter, in a later section dealing with fatty acids.

Balls and Hale (1940) found in wheat flour a compound containing a sulphhydryl group. This compound, apparently in combination with a lecithin-like lipoid, could be extracted with petroleum ether. When the extract was treated with hydrochloric acid, the lipoid was separated from the sulphur-containing substance which then behaved like a protein. In this form, its sulphur was no longer present as sulphhydryl but as a constituent of cystine.

Isolation. Balls, Hale and Harris (1942a) isolated a component of the protein-like material in the following way. Two hundred pounds of freshly-milled unbleached flour from soft wheat was extracted with petroleum ether in a percolator. Most of the solvent was removed from this extract by distillation in vacuo and the liquid residue stored at —1.5° C for several weeks. Crystals of sterol which separated during storage were removed with the aid of a refrigerated centrifuge. The liquid was then mixed with an equal volume of ether and three volumes of cold N HCl in absolute ethanol. After standing at 0° C for 1 hr., the precipitate was removed by centrifugation and washed, firstly with absolute alcohol and then with ether. A yield of 25.2 g. of crude product was obtained.

Purification. The crude precipitate was dissolved in 100 ml. of water and the solution then mixed with 300 ml. of absolute alcohol. The precipitate which formed was discarded and the supernatant evaporated firstly on a steam-bath and finally to dryness in vacuo over phosphorus pentoxide. The yield of dry residue was 16.8 g. Of this residue, 15.5 g. were dissolved in 25 ml. of water, 225 ml. of absolute alcohol added, and the mixture allowed to stand at 5° C for 4 hrs. A crystalline precipitate was formed; yield, 4.1 g. The product was recrystallized several times by this procedure.

Properties. The compound was the hydrochloride of a basic substance which consisted mainly of amino-acid residues; arginine, cystine and tyrosine accounting for more than half of the total nitrogen. The minimum M. Wt. was 6,000 and the probable M. Wt., c. 12,000. The substance may be regarded as lying on the borderline between proteins and polypeptides. In the flour and the wheat grain, the compound exists in the reduced form as a sulph-hydryl compound and is probably combined with a phosphorus-bearing lipoid. The substance has been named "purothionin" by BALLS, HALE and HARRIS (1942 b).

Antibiotic Activity. STUART and HARRIS (1942) found that purothionin inhibited the growth of the following bacteria in cultures in beef-heart infusion broth (results recorded after 48 hrs. of incubation at 37.5° C): *Sarcina lutea* and *Streptococcus viridans* at a concentration of 0.001 mg./ml. broth culture; *Pneumococcus* (types I and III) at 0.025 mg./ml.; and *Staph. aureus* at 0.05 mg./ml. *E. coli, Eberthella typhosa* and *Pseudomonas pyocyaneus* were not affected even by a concentration of 0.5 mg./ml. Of all these organisms, only *Sarcina lutea* was killed by the antibiotic at concentrations between 0.5 and 0.05 mg./ml. Thus, the substance was bactericidal and bacteriostatic only against the gram-positive organisms employed. When tested by the hole-in-agar plate method using a nutrient agar at pH 6.9 (a lower pH than the infusion broth mentioned above), the growth of *Eberthella typhosa* was inhibited by solutions containing 0.5 to 0.05 mg./ml. of purothionin. Purothionin was also very toxic in vitro to three strains of *Saccharomyces cerevisiae.* Concentrations of 0.005 mg./ml. and above were lethal for these yeast strains and appreciably fungistatic for two of them at concentrations as low as 0.001 mg./ml. STUART and HARRIS (1942) considered that purothionin might sometimes be responsible for the inhibition of yeast cells in bakers' dough and consequent failure of the dough to rise. The pathogenic yeast *Debaryomyces nadiformis (Torula histolytica)* was killed completely at concentrations of 0.001 mg./ml. and above, and *Endomycopsis (Monilia) albicans* was also killed at concentrations of 0.005 mg./ml. and above. Purothionin had no effect on *Aspergillus niger* and *Rhizopus nigricans.*

The antibiotic had no bacteriolytic, haemolytic or yeast-cell lytic action in vitro.

Toxicity. The MLD for mice was c. 15 mg./kg. (STUART and HARRIS, 1942). This figure agrees with that given by COULSON, HARRIS and AXELROD (1942). The MLD for guinea-pigs (intraperitoneal) was of the same order, but for intravenous doses, the MLD was c. 1.6 mg./kg. Guinea-pigs could take oral doses of purothionin 50—100 times the size of a fatal intravenous dose without showing symptoms (COULSON et al., 1942).

Clinical. STUART and HARRIS (1942) found that doses of 0.02 and 0.01 mg. per mouse (weighing 20 ± 0.2 g. each) given intraperitoneally immediately after inoculation with pneumococci (types I and III), *Streptococcus viridans* and *S. epidemicus,* failed to protect the animals against disease.

E. Antibiotic Compounds and Groups of Compounds of Wide Distribution in Higher Plants.

I. Alkaloids.

The antibiotic properties of some alkaloids have been referred to in the previous section (see *Berberis* spp., *Cassia absus*, *Chelidonium majus*, *Dichroa febrifuga* and *Lycopersicum* spp.). However, there are a few other alkaloids worthy of mention in this respect.

1. Cepheranthine.

This compound is the principal alkaloid of a preparation obtained from *Stephania cepherantha* (Menispermaceae) by KONDO, HASEGAWA and TOMITA (1940). (See also KAREL and ROACH, 1951.) The preparation was said to be effective for combating tuberculosis. Cepheranthine was found to lyse tubercle bacilli in vitro (BÜCHI, 1945; JUNOD, 1946).

2. Conessine.

This alkaloid was isolated by HAINES (1858) from the bark of *Holarrhena antidysenterica* (Apocyanaceae). This bark (kurchi bark) has been used in India for the treatment of amoebic dysentery. *Endamoeba histolytica*, in a serum medium buffered to pH 7.2, was killed by conessine at a dilution of 1:20,000 (see WHITE, 1933), and the growth of *Mycobacterium tuberculosis* was partially inhibited by dilutions of between 1:1,000 and 1:10,000 (MEISSNER and HESSE, 1930).

3. Gindricine.

Gindricine, which was isolated from *Stephania glabra* by SIDDIQUI (1943), was found by OSBORN (1945) to be slightly inhibitory to *Staph. aureus*. However, JENNINGS (1946) observed that gindricine inhibited the growth of *Staph. aureus* and *Streptococcus pyogenes* at a dilution of 1:24,000. This antibiotic activity was reduced to some extent by incubation with 50% serum.

(N. B. These three unpublished references are quoted by FLOREY et al., 1949.)

4. Quinine.

JOHNSON and LEWIN (1945) found that the addition of quinine to a culture of *E. coli* in a glucose-asparagine synthetic medium was bacteriostatic or bactericidal depending upon the concentration used. A concentration of 0.0005 M was to some extent bacteriostatic; and 0.00073 M was partially bactericidal. Both effects ceased at once on dilution of the medium, and growth was then resumed at approximately the same rate as in control cultures which had not received quinine. The inhibitory effects were antagonized by the addition of pure riboflavin or of partially purified cozymase preparations.

5. Solanine.

Solanine, a glycoside containing the alkaloidal moiety solanidine, is derived from various solanaceous plants. It has been shown to be inhibitory to the growth of the following micro-organisms: *Achorion gypseum*, *A. schoenleinii*, *Blastomyces dermatitidis*, *Candida albicans*, *Epidermophyton floccosum*, *Fusarium oxysporum f. lycopersici*, *Microsporum audouini*, *Staphylococcus aureus*, and *Trichophyton mentagrophytes* (FONTAINE et al., 1948).

6. Vinalin.

Vinalin is an alkaloid present in the leaves of *Prosopis ruscifolia* Griseb (Leguminosae). It has been found to inhibit the growth of several bacteria but was more active against gram-positive than against gram-negative types. *Bacillus subtilis* and *Chromobacterium violaceum* were inhibited: *Pseudomonas aeruginosa* was very resistant to the action of this compound (CERCÓS, 1951).

II. Chlorophyll.

A solvent which will remove an antibiotic from plant tissues may also remove other substances which may affect the results of tests made to determine the antibiotic activity of the extracts. This has been remarked particularly in connection with the use of di-ethyl ether as solvent since this also removes chlorophyll which may or may not have some antibiotic properties. To examine the possibility of chlorophyll being an antibiotic, CARLSON and DOUGLAS (1948) removed the pigment from ethereal extracts by adsorption on to charcoal (norit A) or on to kaolin. It was found that chlorophyll-containing extracts frequently had no antibiotic activity against strains of *Staph. aureus* and *E. coli* employed as test organisms. Furthermore, antibiotically-active agents often remained in the extracts after the chlorophyll had been removed. Thus, they considered it unlikely that chlorophyll itself functioned as an antibiotic. In a few cases, active principles in the extracts were removed from solution with the chlorophyll. However, there is evidence that some water-soluble chlorophyll derivatives have an inhibitory effect on the growth of staphylococci and streptococci.(SMITH, 1944).

III. Essential Oils.

Frequent reference to the bactericidal power of many essential oils and their constituents is to be found in the literature. In many investigations, particularly those conducted in the earlier part of the present century, the disinfectant properties of these oils were studied by determining their phenol coefficients by the Rideal-Walker test. This test does certainly indicate bactericidal efficiency but, unfortunately, gives little information about the chemotherapeutic value which some of these plant constitituents may possess. The whole subject of the properties of essential oils is a large one, and in this section, it is impracticable to do more than to indicate the more important researches concerning bactericidal properties of these substances.

The bactericidal power of essential oils from Australian plants has formed the subject of many investigations. Prominent among these are the researches of PENFOLD and GRANT (1923a, 1924, 1925, 1926a, 1927).

More recently, ATKINSON (1949) has investigated the bactericidal properties of essential oils obtained from many Australian species of the Myrtaceae. *Agonis linearis*, *Chamaelaucium uncinatum* (Geraldton wax plant), and *Darwinia citriodora* were investigated in some detail. The crude oil from the flowers of *C. uncinatum* inhibited the growth of *Mycobacterium phlei*. When this oil was distilled under reduced pressure in an atmosphere of nitrogen, the antibiotically-active material occurred in the fraction boiling between 46 and 59° C (13 mm. pressure). The crude oil inhibited the growth of *Staph. aureus* at a dilution of 1:500 in nutrient broth, but, since the fraction containing the active principle did not exceed 1/10th. of the total volume of crude oil, it was expected that the active material would be effective against *S. aureus* at a minimum dilution of 1:5,000. The author concluded that the active principle in this case was probably not cineol, a compound which occurs in the essential oils of *Eucalyptus* spp. and other Myrtaceous plants, and which has been held to be partly responsible for their antibacterial properties. (See PENFOLD and GRANT, 1923b, 1926b; and PENFOLD and MORRISON, 1934.) The crude oil of *D. citriodora*, obtained by steam-distillation and by ether extraction of crushed leaves and flowers, inhibited to some extent, the growth of *Salmonella typhi*. Ethereal extraction of the flowers of *A. linearis* yielded an oil which was active against *S. typhi* and *Staph. aureus*. In aqueous extracts of the flowers of these two plants, the antibacterial activity was not impaired by boiling under reflux for at least 3 hrs.

Bose, Rao and Subrahmanyan (1949a, b) investigated the bactericidal activity of several Indian essential oils, particularly those obtained from grasses. Of all the oils tested, Lemon-grass oil (from *Andropogon citratus* — Gramineae) had the highest bactericidal potency against various pathogenic bacteria in distilled water as well as against *B. typhosus* in the presence of different kinds of organic matter.

Other oils which also possessed high activity were cinnamon bark oil (*Cinnamomum zeylanicum* — Lauraceae), palmarosa oil (*Andropogon schoenanthus*), ginger-grass oil (*Cymbopogon martini* var. *sofia*), and citronella oil (*A. nardus*).

(N. B. *Cymbopogon* is nearly related to *Andropogon* and one generic name is often used as a synonym for the other.)

In general, these oils had a high activity against gram-negative bacteria and a low activity against gram-positive species. The oils were almost without effect on *Mycobacterium phlei*, the only acid-fast organism tested. In a later communication (idem, 1950), it was stated that the bactericidal efficiency of lemon-grass oil was directly proportional to its citral content.

De Potter (1939) tested the effect of 5% aqueous solutions of geraniol, borneol and cypress oil upon vegetative bacteria. Emulsions of staphylococci were sterilized after 1—2 hrs. at 37° C. *Eberthella typhosa*, *E. coli* and *Alcaligenes faecalis* were killed after 20—30 min. at room temperature. None of the three oils affected *Bacillus subtilis* spores even after several days at 37° C. Subcutaneous doses of 2 ml. were inocuous to guinea-pigs, rabbits and man.

Many plants belonging to the Labiatae are rich in essential oils and it is not surprising that some of these oils have been found to possess antibacterial activity.

Menthol, a constituent of the essential oils of *Mentha piperita* and some other species of this family, was found by Zeeti (1939) to have a selective bacteriostatic effect on species of *Brucella*. This substance inhibited the growth of *B. melitensis*, *B. paramelitensis* and *B. suis*, but had no effect on any strain of *B. abortus*. In all, 75 strains of *Brucella* were tested.

According to Brieskorn (1950) mould fungi were strongly inhibited by a concentration of 0.09% of the essential oil of sage but yeasts were not affected. *E. coli* was also inhibited.

The essential oil of *Ocimum basilicum* is reported to have been bactericidal for a strain of *Salmonella typhi* though it did not adversely affect the growth of *Staph. aureus* (Khorana and Vangikar, 1950). *Ocimum gratissimum* also yields an essential oil which is capable of exerting marked antibacterial and antitubercular effects (Sirsi et al., 1952).

IV. Fixed Oils and Fats, Fatty Acids and Soaps.

Mazzetti (1927, 1928a, b) found that though pure linseed oil had no bactericidal effect on several human pathogenic bacteria including the tubercle bacillus, the oil acquired bactericidal properties after prolonged heating at 280° C. Castor oil, olive oil and soy bean oil behaved in a similar way.

Lehmann (1931) attributed certain bactericidal effects of linoleum on bacteria in contact with it, to various oxidation products of the linseed oil used in its manufacture.

More recent studies have been made on the antimicrobial properties of crude oils. For example, CLAYTON and FOSTER (1939) tested the fungicidal power of many vegetable oils in connection with studies on the blue mould disease of tobacco, caused by *Peronospora tabacina*. The oils, which were used as emulsions, varied greatly in their fungicidal potency against this test organism. Castor, chaulmoogra, coconut, eucalyptus (see Essential Oils), olive, palm and pine oils were ineffective or only slightly effective against this fungus, but cottonseed, linseed, oiticica, maize, peanut, rapeseed, sesame and tung oils were markedly fungicidal. These antifungal properties appeared to be associated with the presence of linoleic, linolenic, eleostearic and licanic glycerides (CLAYTON et al., 1945). BELLO (1942) found that crude olive oil had a bactericidal action on *Staph. aureus* after 5 hrs. Sweet-almond oil was less effective: it gave positive results after 3—4 days. LEMBACH (1947) showed that sunflower and castor oils were bactericidal but non-lytic for various staphylococci and for *E. coli*. The effects varied with the manner of application of the oils in the tests. Heating did not markedly impair bactericidal activity. The author suggested that oils, particularly sunflower oil, might be considered for the treatment of fresh and not heavily infected wounds.

EGGERTH (1926) observed that soap solutions had antibacterial properties. The bactericidal titre of these solutions increased with increasing molecular weight of the soap up to a point and then decreased. This decrease in bactericidal power with increasing length of the carbon atom chain of the fatty acids varied with different test organisms and with the pH. A number of other investigations have been made along these lines, particularly with acid-fast bacteria as test organisms. IIJIMA (1935) found that the inhibitory action of fatty acids on growth of tubercle bacilli and other acid-fast bacteria in vitro, decreased in the order:— formic, propionic, acetic and butyric. With a further increase in length of the carbon atom chain, and consequent decrease in water-solubility of the acids, the inhibitory effect increased progressively up to capric acid. Higher acids, such as myristic, palmitic and stearic, were ineffective. Sodium salts of the inhibitory acids were less effective than the corresponding free acids. FRANCKE and SCHILLINGER (1943) measured the rates of aerobic respiration of several acid-fast bacteria in substrates of the sodium salts of a homologous series of fatty acids. Acids with a carbon chain length of 10 to 14 atoms reduced, and sometimes inhibited completely the rate of respiration. Acids of longer or of shorter chain length gave increased rates of respiration. KÜSTER and WAGNER-JAUREGG (1944) obtained somewhat similar results. In particular, the sodium salts of n-nonylic (C_9), capric (C_{10}) and undecylic (C_{11}) acids inhibited almost completely the growth of tubercle bacilli in vitro.

Similar results have also been obtained with fungi as test organisms. STOKOE (1928) reported that the growth of *Penicillium politans* and *Oidium lactis* was inhibited by caprylic acid, whereas higher fatty acids had little effect. The inhibitory action against the *Penicillium* increased with the molecular weight up to caprylic acid and then decreased. WYSS et al. (1945) also found that the antifungal activity of fatty acids increased with increasing carbon chain length. The optimum length varied with the test organisms between C_{11} and C_{14}. They also demonstrated that the acids increased in activity with decreasing pH provided that the low pH values did not render the compounds so insoluble that tests of inhibition could not be made.

This type of work has been carried further by SPOEHR et al. (1949) who found that substances with antibacterial properties could be isolated from the lipid extracts of many plants. Extracts commonly possessed little or no antibiotic activity at first, but activity developed when they were exposed to light and air. Such extracts were obtained from the leaves of lucerne, spinach, flax, sunflower, privet *(Ligustrum japonicum)*, grape *(Vitis vinifera)* and *Ailanthus glandulosa*, and also from cabbages, turnips, carrots and avocado fruit. Commercial vegetable oils, such as maize, olive and raisin-seed oils, behaved in a similar way.

The fatty acids of raisin-seed oil were fractionated by low temperature crystallization from a 10% solution in acetone. Three fractions were prepared: 1. crystals which separated at —20° C; 2. crystals which separated at —50° C; 3. the liquid which remained at —50° C. After being freed from acetone, each fraction was photo-oxidized by exposure to light from fluorescent lamps with gentle agitation for 120 hrs. During photo-oxidation, the iodine number of the first fraction changed only from 50.6 to 49.8, and no antibiotic activity (cylinder-plate test with *Staph. aureus*) developed. The iodine numbers of the second and third fractions changed from 136.3 to 122.4 and from 160.6 to 147.6 respectively, and both these fractions acquired antibacterial activity. Thus, the development of activity on photo-oxidation was associated mainly with those fractions of a mixture of natural fatty acids containing unsaturated acids. Similar results were given by fractions of the fatty acid mixture obtained from olive oil.

Oleic, linoleic, β-eleostearic, β-licanic and elaidic acids did not possess antibacterial properties until they had been photo-oxidized. Stearic acid (a saturated acid) had no antibacterial properties even after photo-oxidation.

The authors concluded that photo-oxidation of unsaturated fatty acids led to the formation of a variety of compounds among which were certain fatty acids of medium chain length (mean $= C_{11}$) which exhibited antibiotic properties. Consequently, acids of this type were considered in considerable detail.

When a homologous series of straight-chain fatty acids were employed in cylinder-plate tests using "Difco" Bacto nutrient agar medium with *Staph. aureus* as test organism, the acids of lowest molecular weight produced the largest inhibition zones. Thus, the activity appeared to decrease with increase in molecular weight. However, it was necessary to take account of other factors such as the lower solubility in water of the higher acids, their lower molecular concentration, and the higher pH of their solutions. Neutralization or partial neutralization of the acids in 50% ethanol solution by the addition of sodium or potassium bicarbonate resulted in decreased antibacterial activity of the lower acids such as butyric, caproic and heptylic acids, but produced an increase in the activity of the higher acids. Solutions of laurates, because of the insolubility of lauric acid, showed no activity below pH c. 9.0.

Solutions of the sodium or potassium salts of the acids were adjusted to pH 7.5 (except those of capric and lauric acids, which had to be maintained near 8.1 and 8.8 respectively to keep the acids in solution) and tested on plates of agar medium buffered at pH 7.5. Near neutrality under these conditions, the antibacterial activity of the solutions increased with the number of carbon atoms in the acids until limited by their solubility. On this basis, the acids showing the highest activity were capric (C_{10}) and lauric (C_{12}).

The authors considered that these acids might be useful antibiotics in certain circumstances and they endeavoured to find a suitable natural source of them. It so happens that very few natural fats of either plant or animal origin have a high content of fatty acids of medium carbon chain length $(C_{10}—C_{12})$. However, it was found that the fat contained in the seeds of *Umbellularia californica* (California Laurel) is a rich source of both capric and lauric acids.

Ripe nut kernels of *U. californica* were ground and dried in vacuo at 100° C, and 600—900 g. of this dried material were extracted with cold petroleum ether in a percolator. Usually about 6—8 l. of extract were collected in 16—18 hrs. Removal of the solvent, finally at reduced pressure, yielded c. 62.5% of pale yellow fat which solidified at room temperature but which melted below 35° C. Saponification of the fat with excess alkali, followed by acidification gave a mixture of fatty acids melting at 29—30° C. Fractional distillation of the methyl esters of the total acids gave four fractions: 1. up to and including methyl caprate, 14%; 2. mostly methyl caprate, 29%; 3. mostly methyl laurate, 51%; 4. above methyl laurate, 5% (Loss = 1%).

Unsaponified laurel-nut fat had no antibacterial activity against *Staph. aureus*, but the mixed acids and their mixed potassium salts were inhibitory to this organism. Growth of the following organisms was inhibited by sodium laurate added to agar media upon which the organisms were streaked:— *Bacillus megatherium*, at a concentration of 0.078%; *Bacillus subtilis*, *Corynebacterium xerosis*, *Mycobacterium phlei*, *Sarcina lutea*, and *Staph. aureus* at 0.156%; *Aerobacter aerogenes*, *E. coli*, and *Pseudomonas aeruginosa* at 1.25%; and *P. fluorescens* at 2.5%.

Rabbit serum reduced the activity of aqueous sodium laurate solutions against *Staph. aureus* when tested by the cylinder-plate method using agar buffered to pH 7.5, and in broth cultures. The intraperitoneal injection of laurel-nut fat or of the sodium salts of the mixed acids into guinea-pigs did not cause the serum of these animals to acquire any antibacterial activity. Incorporation of 10% laurel-nut fat with the diet of guinea-pigs gave the same result. The feeding of the fat to animals did not protect them against infection with *Mycobacterium tuberculosis* (H 37 Rv), and the feeding of free fat, free fatty acids or the sodium salts of these acids, did not protect guinea-pigs from infection with a strain of *Salmonella enteritidis*.

There have been some other investigations on the antibacterial properties of fatty acids, particularly linoleic acid which is widely distributed among higher plants. KODICEK and WORDEN (1944) found that a strain of *Lactobacillus helveticus* was inhibited in media to which had been added oleic, linoleic and linolenic acids in concentrations of 160 µg./10 ml. of medium. Oleic acid inhibited the bacteria for 24 hrs.; linoleic and linolenic acids inhibited them for more than 72 hrs. Sodium salts were equally effective but the methyl esters were inactive. Linoleic acid inhibited growth of the following gram-positive bacteria:— *Bacillus anthracis*, *Listeria* (*Listerella*) *monocytogenes*, *Staphylococcus albus*, *Streptococcus agalactiae*, and also *Erysipelothrix rhusiopathiae*. The gram-negative *E. coli* and *Proteus vulgaris* were not affected. The inhibitory action of linoleic acid was exhibited in media which had been extracted or unextracted with chloroform. In the former medium, the inhibitory action was reversible by many compounds including cholesterol, lecithin, stearic acid, sodium fumarate, oxaloacetic acid and maleic acid. Linoleic acid appeared to be highly toxic when administered parenterally to mice.

Linoleic acid interfered with the uptake of oxygen by *Mycobacterium tuberculosis* at a dilution of 1:15,000 (BERGSTRÖM et al., 1946). RILEY and MILLER (1948) isolated linoleic acid in considerable amounts from the mycelium of *Penicillium crustosum* (Thom). The acid was stated to be bactericidal for *Mycobacterium avium* and at least bacteriostatic for *M. phlei*. This acid seemed to be responsible for all the antibiotic activity associated with the fungus mycelium.

There is evidence too that linoleic acid may be a constituent of the fatty-acid preparation which was isolated by HUMFELD (1947) from wheat bran. The method of isolation was as follows:— One kilogram of wheat bran was extracted overnight by percolation with 2.5 l. of petroleum ether. The drained bran was

Table 2. *Named Antibiotic Substances or Preparations and Their Sources.*

Name of Antibiotic	Category (see key)	Source of Antibiotic
Allicin	A	*Allium sativum*
Anacardic acid	A	*Anacardium occidentale*
Anacardol	A	*Anacardium occidentale*
Anemonin	A	Members of *Ranunculaceae* (see *Anemone pulsatilla*)
Asiaticoside	B	*Centella asiatica*
Berberine	A	Members of *Berberidaceae* (see *Berberis* spp.)
Cardol	A	*Anacardium occidentale*
Cassic acid	A	*Cassia reticulata* (see Rhein)
Catechol	A	*Allium cepa*
Cepheranthine	B (?)	*Stephania cepherantha*
Chaksine	B	*Cassia absus*
Cheirolin	A	*Cheiranthus cheiri*
Chelerythrine	A	
Chelidonine	A	} *Chelidonium majus*
Chelidoxanthine	A (?)	
Chlorophorin	B	*Chlorophora excelsa*
Conessine	A	*Holarrhena antidysenterica*
Convolvulin	A	Members of *Convolvulaceae*
Crepin	B	*Crepis taraxacifolia*
Curcumin	A	*Curcuma* spp.
Datiscetin	A	*Datisca cannabina*
Dicoumarol	A	*Melilotus* spp.
Febrifugine	B	*Dichroa febrifuga*
iso-Febrifugine	B	*Dichroa febrifuga*
Fulvoplumericin	B	*Plumeria acutifolia*
Gindricine	B (?)	*Stephania glabra*
Humulon	A	*Humulus lupulus*
Jalapin	B	*Ipomoea purga*
Juglone	A	*Juglans* spp.
Kawain	A	*Piper methysticum*
Lupulon	A	*Humulus lupulus*
Lycopersicin	C	*Lycopersicum* spp. (see Tomatin)
2-Methoxy-1,4-naphthaquinone	A	*Impatiens balsamina*
4-O-Methylresorcylicaldehyde	A	*Decalepis hamiltonii*
Morellins	B	*Garcinia morella*
Nimbidin	C	*Melia azadirachta*
Nordihydroguiaretic acid	A	*Larrea divaricata*
Oxyasiaticoside	B	*Centella asiatica*
Parasorbic acid	A	*Sorbus aucuparia*
Phloretin	A	*Pyrus malus*
Pinosylvine	A	
Pinosylvine monomethyl ether	A	} *Pinus sylvestris*
Plumbagin	A	*Plumbago europaea*
Plumericin	B	*Plumeria multiflora*
Podophyllin	C	*Podophyllum peltatum*
Pristimerin	B	*Pristimera indica*
Protoanemonin	A	Members of *Ranunculaceae* (see *Anemone pulsatilla*)
Protocatechuic acid	A	*Allium cepa*
Pterygospermin	C	*Moringa pterygosperma*
Puchiin	C	*Eleocharis tuberosa*
Purothionin	B	*Triticum* spp.
Quercetin	A	*Quercus* spp.
Quinine	A	*Cinchona* spp. (see alkaloids)
Raphanin	B	*Raphanus sativus*
Rhein	A	Synonymous with cassic acid
Simarubidin	B	*Simaruba amara*
Solanine	A	Members of *Solanaceae* (see alkaloids)

Table 2. (Continued.)

Name of Antibiotic	Category (see key)	Source of Antibiotic
Thujaplicins	A	*Thuja plicata*
Thujic acid	A	*Thuja plicata*
Tomatin	C	Synonymous with lycopersicin
Tomatine	B	*Lycopersicum* spp.
Tomatidine	B	*Lycopersicum* spp.
Trilobin	A	*Cocculus trilobus*
Umbellatine	B	Members of *Berberidaceae* (see *Berberis* spp.)
Vinalin	B (?)	*Prosopis ruscifolia* (see alkaloids)

Key: A = Compound of known chemical structure; B = Isolated active substance, the structure of which is incompletely known or unknown; C = Imperfectly characterized preparation.

then washed with a further 1.5 l. of the same solvent. The residue remaining after the combined extracts had been evaporated nearly to dryness on a steam-bath was extracted with aliquots of 95% ethanol. These combined ethanol extracts (about 300 ml.) were then refluxed with 300 ml. of 0.832 N alcoholic KOH for 2 hrs. The mixture was concentrated to c. 200 ml., diluted with 1,600 ml. of distilled water, and then extracted with five 200 ml.-portions of ether to remove the "neutral" ether-soluble fraction. The remaining alcohol-water phase was acidified to pH 2.0 with HCl and extracted again with ether. This ether extract was washed with water and then evaporated to yield about 30 g. of a brown oily residue which contained the active material. The residue was then extracted with 95% ethanol, and the ethanol-soluble fraction separated from the mixture by centrifugation. A potassium salt was prepared from the supernatant by adding 90 ml. of 0.096 N KOH. The solution, after dilution with about 600 ml. of water, was shell-frozen in round-bottomed flasks and dried in vacuo from the frozen state. The yield was 27 g. As a result of tests for antibiotic activity made on each extract at each stage in the isolation, it was calculated that the final yield represented c. 95% of the original activity. It was noted that the refluxed alkaline alcohol solution was more active than the original petroleum ether extract: this was attributed to the hydrolysis of some of the fats to free fatty acids.

Extracts prepared by treating separate 10 g. samples of wheat bran with 200 ml. portions of water and with 70% ethanol, produced a 50% inhibition of the growth of *Staph. aureus* at dilutions of 1:10 and 1:260 respectively.

The antibiotic activity of the potassium salt from wheat bran was compared with that of potassium laurate, sodium oleate, the potassium salts of the mixed acids of castor oil and of cottonseed oil, and of potassium linoleate. The potassium salt from bran was more active than any of the other salts tested with the exception of potassium linoleate which had about the same activity as the bran salt.

The bran salt had a comparatively high activity against *Staph. aureus* (FDA 209), *Micrococcus conglomeratus* (Mercks N. Y. strain), and *Streptococcus faecalis* (ATCC 7080). It did not inhibit the growth of *E. coli* at the concentrations tested but actually stimulated its growth at 300 μg./ml.

BARTON-WRIGHT (1938) had found that in the fatty fraction of wheat bran, the total combined acids were 84% unsaturated with an iodine number of 152.4 and had concluded that it was safe to assume the presence of a considerable amount of linoleic acid.

722   F. A. SKINNER: Antibiotics.

References.

ABRAHAM, E. P., E. CHAIN, C. M. FLETCHER, H. W. FLOREY, A. D. GARDNER, N. G. HEATLEY and M. A JENNINGS: Lancet 1941 II, 177. — ABRAHAM, E. P., D. M. CROWFOOT, A. E. JOSEPH and E. M. OSBORN: Nature (London) 158, 744 (1946). — ABRAHAM, E. P., N. G. HEATLEY, R. ROLT and E. M. OSBORN: Nature (London) 157, 511 (1946). — ALAMANNI, U., A. BOZZO, U. CARCASSI and F. GARTALDI: Boll. Soc. ital. Biol. Sperim 23, 738 (1947). — ANCHEL, M.: J. Biol. Chem. 177, 169 (1949). — ANDERSON, A. B., and J. GRIPENBERG: Acta Chem. Scand. 2, 644 (1948). —ANDERSON, A. B., and E. C. SHERRARD: J. Amer. Chem. Soc. 55, 3813 (1933). — ASAHINA, Y., and A. FUJITA: J. Pharm. Soc. Japan 455, 1 (1920); Acta phytochim. Japan 1, 1 (1922). — ATKINSON, N.: Nature (London) 158, 876 (1946); Med. Jour. Australia 1, 605 (1949). — ATKINSON, N., and M. K. RAINSFORD: Australian J. Exp. Biol. and Med. Sci. 24, 49 (1946).

BAER, H., M. HOLDEN and B. C. SEEGAL: J. Biol. Chem. 162, 65 (1946). — BALLS, A. K., and W. S. HALE: Cereal Chem. 17, 243 (1940). — BALLS, A. K., HALE, W. S., and T. H. HARRIS: a) Cereal Chem. 19, 279 (1942); b) Cereal Chem. 19, 840 (1942). — BARTON-WRIGHT, E. C.: Cereal Chem. 15, 723 (1938). — BELLO, D.: Riv. Italiana Igiene 2, 455 (1942). — BERGSTRÖM, S., H. T. THEORELL and H. DAVIDE: Nature (London) 157, 306 (1946). — BERNARD, N.: Ann. Sci. nat., bot. 14, 221 (1911). — BERNTHSEN, A., and A. SEMPER: Ber. dtsch. chem. Ges. 20, 934 (1887). — BHATNAGAR, S. S., and P. V. DIVEKAR: J. Sci. Indust. Res. (India) 10 (B) 56 (1951). — BHATTACHARYA, S. C., and B. LYTHGOE: Nature (London) 163, 259 (1949). — BISHOP, C. J., and R. E. MacDONALD: Canad. J. Bot. 29, 260 (1951). — BLASDALE, W. C.: J. Amer. Chem. Soc. 29, 539 (1907). — BLIGH, E. G.: Master's Thesis, Acadia University 1951. — BOAS, F.: Ber. dtsch. bot. Ges. 52, 126 (1934). — BOAS, F., and R. STEUDE: Biochem. Z. 279, 417 (1935). — BÖCHER, O. E.: Z. Hyg. und Infektionskr. 121, 166 (1938). — BOITEAU, P., M. DUREUIL and A. R. RATSIMAMANGA: C. r. Acad. Sci., Paris 228, 1165 (1949). — BONTEMPS, J. E.: Gaz. Méd. Madagascar 5, 29 (1942). — BORSCHE, W., and W. PEITZSCH: Ber. dtsch. chem. Ges. 63, 2414 (1930). — BOSE, S. M., C. N. B. RAO and V. SUBRAHMANYAN: a) J. Sci. Indust. Res. (India) 8 B, 157 (1949); b) J. Sci. Indust. Res. (India) 8 B, 160 (1949); 9 B, 12 (1950). — BRIAN, P. W., and H. G. HEMMING: Ann. Appl. Biol. 32, 214 (1945). — BRIESKORN, C. H.: Arch. Pharm. u. Ber. dtsch. pharm. Ges. 283, 33 (1950). — BRISSEMORET, A., and J. MICHAUD: J. Pharm. Chim. Paris 16, 283 (1917). — BRODERSEN, R., and A. KJAER: Acta pharmacol. toxicol. 2, 109 (1946). — BÜCHI, J.: Schweiz. Apoth.Ztg. 83, 198 (1945). — BUSHNELL, O. A., F. MITSUNO and T. NAKINODAN: Pacific Science 4, 167 (1950). — BUSTINZA, F., and A. C. LOPEZ: Ann. Jardín Botánico de Madrid 7, 549 (1946).

CAMPBELL, H. A., and K. P. LINK: J. Biol. Chem. 138, 21 (1941). — CAMPBELL, H. A. W. L. ROBERTS, W. K. SMITH and K. P. LINK: J. Biol. Chem. 136, 47 (1940). — CARDOSO, H. T., and M. SANTOS: Brasil med. 62, 67 (1948). — CARLSON, H. J., H. D. BISSELL and M. G. MUELLER: J. Bact. 52, 155 (1946). — CARLSON, H. J., and H. G. DOUGLAS: a) J. Bact. 55, 235 (1948); b) J. Bact. 55, 615 (1948). — CARLSON, H. J., H. G. DOUGLAS and H. D. BISSELL: J. Bact. 55, 607 (1948). — CARLSON, H. J., H. G. DOUGLAS and J. ROBERTSON: J. Bact. 55, 241 (1948). — CARTWRIGHT, K. ST. G.: Forestry (J. Soc. For. Gr. Brit.) 15, 65 (1941). — CAVALLITO, C. J.: J. Biol. Chem. 164, 29 (1946). — CAVALLITO, C. J., and J. H. BAILEY: J. Amer. Chem. Soc. 66, 1950 (1944); 68, 489 (1946); J. Bact. 57, 207 (1949). — CAVALLITO, C. J., J. H. BAILEY and J. S. BUCK: J. Amer. Chem. Soc. 67, 1032 (1945). — CAVALLITO, C. J., J. H. BAILEY, J. R. HASKELL, J. R. McCORMICK and W. F. WARREN: J. Bact. 50, 61 (1945). — CAVALLITO, C. J., J. H. BAILEY and F. K. KIRCHNER: J. Amer. Chem. Soc. 67, 948 (1945). — CAVALLITO, C. J., J. S. BUCK and C. M. SUTER: J. Amer. Chem. Soc. 66, 1952 (1944). — CAVALLITO, C. J., and F. K. KIRCHNER: J. Amer. Chem. Soc. 69, 3330 (1947). — CERCÓS, A. P.: Rev. Argentina Agron. 18, 200 (1951). — CHANG, NAI CH'U: Proc. Soc. Exptl. Biol. and Med. 69, 141 (1948). — CHEN, S. L., B. L. CHENG, W. K. CHENG and P. S. TANG: Nature (London) 156, 234 (1945). — CHIN, Y., and H. H. ANDERSON: Federation Proc. 8, 281 (1949). — CHIN, Y., H. H. ANDERSON, G. ALDERTON and J. C. LEWIS: Proc. Soc. Exper. Biol. and Med. 70, 158 (1949). — CHIN, Y., N. CHANG and H. H. ANDERSON: J. Clin. Investigation 28, 909 (1949). — CHOU, T. Q., F. Y. FU and Y. S. KAO: J. Amer. Chem. Soc. 70, 1765 (1948). — CLARKE, H. T., and W. R. KIRNER: Organic Syntheses, coll. 1, New York 375 (1941). — CLAYTON, E. E., and H. H. FOSTER: Phytopathology 29, 1 (1939). — CLAYTON, E. E., T. E. SMITH, K.J. SHAW, J. G. GAINES, T. W. GRAHAM and C. C. YEAGER: J. Agric. Res. 66, 261 (1943). — COLLIER, W. A., and VAN DE PIJL: Chron. Nat. 105, 8 (1949). — COMBES, R.: Bull. Soc. chim. 1, 800 (1907). — CONNER, J. W.: Canad. J. Res. (F) 24, 467 (1946). — COOPER, K. E., and D. WOODMAN: J. Path. Bact. 58, 75 (1946). — COULSON, E. J., T. H. HARRIS and B. AXELROD: Cereal Chem. 19, 301 (1942). — CRASSELT, E.: Arch. Pharm. u. Ber. dtsch. pharm. Ges. 283, 275 (1950). — CUCKLER, A. C., and C. C. SMITH: Federation Proc. 8, 284 (1949).

DAUBE, F. W.: Ber. dtsch. chem. Ges. 3, 609 (1870). — DAVIS, E. F.: Amer. J. Bot. 15, 620 (1928). — DE BEER, E. J., and M. B. SHERWOOD: J. Ract. 50, 459 (1945). — DE LIMA, O. G., J. A. BANDEIRA and A. E. VIEIRA: Ann. Soc. biol. Pernambuco 7, 31 (1947). — DE LIMA, O. G., C. LARIOS, M. ZAPATA and V. DZIENDZIELEWSKY: Ciencia (Mex.) 12, 31 (1952). — DE POTTER, F.: C. r. Soc. Biol. 131, 158 (1939). — DOEBNER, O.: Ber. dtsch. chem. Ges. 27, 344 (1894). — DULONG D'ASTAFORT: J. pharm. Sci. access. Paris 14, 441 (1829).

EGGERTH, A. H.: J. Gen. Physiol. 10, 147 (1926). — EICHBAUM, F. W.: Mem. Inst. Butantan 19, 69 (1946). — EICHBAUM, F. W., H. HAUPTMANN and H. ROTHSCHILD: An. Assoc. quim. do Brasil 4, 83 (1945). — EPSTEIN, J. A., E. J. FOLEY, I. PERRINE and S. W. LEE: J. Lab. Clin. Med. 29, 319 (1944). — ERDTMAN, H.: Ann. Chem. 539, 116 (1939); Svensk Papp. Tidn. 48, 217 (1945). — ERDTMAN, H., and J. GRIPENBERG: Acta Chem. Scand. 2, 625 (1948). — ERICKSON, R. O.: Science 108, 533 (1948).

FIESER, L. F., and J. T. DUNN: J. Amer. Chem. Soc. 58, 572 (1936). — FISCHER, C., F. FALCO and H. GROSS: J. prakt. Chem. 83, 208 (1911). — FISHER, P. L.: Maryland Agr. Sta. Bull. 374 (1935). — FLOREY, H. W., E. CHAIN, N. G. HEATLEY, M. A. JENNINGS, A. G. SANDERS, E. P. ABRAHAM and M. E. FLOREY: Antibiotics. Oxford University Press 1949. — FONTAINE, T. D., G. W. IRVING and S. P. DOOLITTLE: Arch. Biochem. 12, 395 (1947). — FONTAINE, T. D., G. W. IRVING, R. MA, J. B. POOLE and S. P. DOOLITTLE: Arch. Biochem. 18, 467 (1948). — FOTER, M. J.: Food Res. 5, 147 (1940). — FOTER, M. J., and A. M. GOLICK: Food Res. 3, 609 (1938). — FRANCKE, W., and A. SCHILLINGER: Biochem. Z. 316, 313 (1943). — FRED, F. B., and S. A. WAKSMAN: Laboratory Manual of General Microbiology. 1st. Ed. New York: McGraw-Hill Book Co. Inc. 1928. — FRERRKSEN, E., and K. BÖNICKE: Z. Hyg. 132, 417 (1951). — FRYKHOLM, K. O.: Nature (London) 155, 454 (1945). — FULLER, J. E., and E. R. HIGGINS: Food. Res. 5, 503 (1940).

GAW, H. Z., and H. P. WANG: Science 110, 11 (1949). — GEORGE, M., and K. M. PANDALAI: Ind. Jour. Med. Res. 37, 159 (1949). — GILLIVER, K: Ann. Bot. 10, 271 (1946). — GLASER, E., and F. PRINZ: Fermentforsch. 9, 64 (1926). — GORTNER, R. A.: Outlines of Biochemistry. New York: John Wiley & Sons, Inc. 1929. — GOTH, A.: Science 101, 383 (1945). — GOTTLIEB, D.: Phytopathology 33, 1111 (1943); 34, 41 (1944). — GOTTSHALL, R. Y., E. H. LUCAS, A. LICKFELDT and J. M. ROBERTS: J. Clin. Investigation 28, 920 (1949). — GRIES, G. A.: Northern Nut Growers' Ann. Rep. 34, 52 (1943). — GRIMES, C., and P. BOITEAU: 8th. Ann. Rep. of Bot. and Zoo. Park of Tananarive, Madagasgar 1947. — GRIPENBERG, J.: Acta Chem. Scand. 2, 639 (1948); 3, 1137 (1949). — GRUMBACH, A., H. SCHMID and W. BENCZE: Experientia 8, 224 (1952). — GRUNDON, M. F., and F. E. KING: Nature (London) 163, 564 (1949). — GUERRA, F., G. VARELA and F. MATA: Rev. d. Inst. salub. y enferm. trop. 4, 201 (1946). — GUPTA, J. C., and B. S. KAHALI: Indian J. med. Res. 32, 53 (1944).

HAINES, R.: Trans. Med. Soc. Bombay 4, 28 (1858). — HARPER, J.: Plant and Soil 2, 374 (1950). — HATFIELD, W. C., J. C. WALKER and J. H. OWEN: J. Agr. Res. 77, 115 (1948). — HAWLEY, L. F., L. C. FLECK and C. A. RICHARDS: Ind. Eng. Chem. 16, 699 (1924). — HAYES, L. E.: Bot. Gaz. 108, 408 (1946). — HEATLEY, N. G.: a) Biochem. J. 38, 61 (1944); b) Brit. J. Exptl. Path. 25, 208 (1944). — HENDERSON, F. G., C. L. ROSE, P. N. HARRIS and K. K. CHEN: J. Pharmacol. and Exptl. Therap. 95, 191 (1949). — HESSE, O.: Pharm. J. 1, 325 (1895). — HOLDEN, M., B. C. SEEGAL and H. BAER: Proc. Soc. Exptl. Biol. Med. 66, 54 (1947). — HUDDLESON, I. F., J. DUFRAIN, K. C. BARRONS and M. GIEFEL: J. Amer. Vet. M. A. 105, 394 (1944). — HUGHES, J. E.: Antibiotics and Chemotherapy 2, 487 (1952). — HUMFELD, H.: J. Bact. 54, 513 (1947).

ILJIMA, S.: Tokohu J. exptl. Med. 25, 424 (1935). — INGERSOLL, R. L., R. E. VOLLRATH, B. SCOTT and C. C. LINDEGREN: Food Res. 3, 389 (1938). — IRVING, G. W.: J. Washington Acad. Sci. 37, 293 (1947). — IRVING, G. W., T. D. FONTAINE and S. P. DOOLITTLE: Science 102, 9 (1945); J. Bact. 52, 601 (1946). — IVÁNOVICS, G., and S. HORVTÁH: a) Nature (London) 160, 297 (1947); b) Proc. Soc. Exptl. Biol. Med. 66, 625 (1947). — IWANOF-GAJEWSKY: Ber. dtsch. chem. Ges. 3, 624 (1870).

JANG, C. S., F. Y. YU, C. Y. WANG, K. C. HUANG, G. LU and T. C. CHOU: Science 103, 59 (1946). — JOHNSON, F. H., and I. LEWIN: Science 101, 281 (1945). — JONES, H. A., J. C. WALKER, T. M. LITTLE and R. H. LARSON: J. Agr. Res. 72, 259 (1946). — JUNOD: Méd. Hyg. 4, 1 (1946). — JORDAN, E. O., and W. BURROWS: Textbook of Bacteriology. Philadelphia: W. B. Saunders Co. 1947. — JORDANOFF, M.: Jahresber. Univ. Sofia, Vet. Med. Fakultät 3, 55 (1927). — JOSHI, C. G., and N. G. MAGAR: J. Sci. Indust. Res (India) 11 B, 261 (1952).

KALFF, J., and R. ROBINSON: J. Chem. Soc. 127, 1968 (1925). — KAREL, L., and E. S. ROACH: A Dictionary of Antibiosis. New York: Columbia Univ. Press, 1951. — KAVANAUGH, F.: J. Bact. 54, 761 (1947). KEDING, V.: Angew. Bot. 21, 1 (1939). — KHORANA, M. L., and M. B. VANGIKAR: Indian J. Pharm. 12, 134 (1950). — KITAJIMA, K.: Extracts from Bull. Imp. Forestry exptl. Stn., No. 2, 13 (1933). — KLIMEK, J. W., C. J. CAVALLITO and J. H. BAILEY: J. Bact. 55, 139 (1948). — KODICEK, E., and A. N. WORDEN: Nature (London) 154, 17 (1944). KOEFFLI, J. B., J. F. MEAD and J. A. BROCKMAN: J. Amer. Chem. Soc. 71,

1048 (1949).—KONDO, H., S. HASEGAWA and M.TOMITA: U.S. Patent No. 2,206,407, July 2 (1940) KUEHL, F. A., C. F. SPENCER and K. FOLKERS: J. Amer. Chem. Soc. 70, 2091 (1948). — KUHN, R., and D. JERCHEL: Ber. dtsch. chem. Ges. 76 B, 413 (1943). — KUHN, R., D. JERCHEL, F. MOEWUS, E. F. MÖLLER and H. LETTRÉ: Naturwiss. 31, 468 (1943). — KURUP, P. A., and P. L. N. RAO: J. Indian Inst. Sci. 34, 219 (1952). — KÜSTER, E., and T. WAGNER-JAUREGG, Biochem. Z. 317, 256 (1944).

LAMPE, V.: Ber. dtsch. chem. Ges. 51, 1347 (1918). — LECLERC, H.: Presse méd. 45, 164 (1937). — LEHMANN, K. B.: Arch. Hyg. u. Bakteriol. 106, 1 (1931). — LEMBACH, K.: Zbl. Bakt. Abt. I 152, 266 (1947). — LEWIS, J. C., G. ALDERTON, G. F. BAILEY, J. F. CARSON, D. M. REYNOLDS and F. STITT: West. Reg. Res. Lab. U.S. Dept. Agric. AIC 231 (1949). — LITTLE, J. E., and K. K. GRUBAUGH: J. Bact. 52, 587 (1946). — LITTLE, J. E., and D. B. JOHNSTONE: Arch. Biochem. 30, 445 (1951). — LITTLE, J. E., T. J. SPROSTON and M. W. FOOTE: J. Biol. Chem. 174, 335 (1948). — LOVELL, T. H.: Food Res. 2, 435 (1937). — LUCAS, E. H., and R. W. LEWIS: Science 100, 597 (1944). — LUCAS, E. H., K. PEARSON, R. W. LEWIS and B. VINCENT: Food Res. 13, 82 (1948). — LUGG, J. W. H., A. K. MACBETH and F. L. WINZOR: J. Chem. Soc. 1597, (1937) — LYTHGOE, B., and S. TRIPPETT: Nature (London) 163, 259 (1949).

MACDONALD, R. E., and C. J. BISHOP: Canad. J. Bot. 30, 486 (1952); 31, 123 (1953). — MADSEN, G. C., and A. L. PATES: Bot. Gaz. 113, 293 (1952). — MASUYAMA, M.: J. Jap. Penicillin Ass. 1, 209 (1947). — MATSON, G. A., A. RAVOE, J. M. SUGIHARA and W. J. BURKE: J. Clin. Investigation 28, 903 (1949). — MATTHIOLUS, P. A.: Kräuterbuch. Frankfurt 1611. — MAZHAR-UL-HAQUE: Medicus 2, 22 (1951). — MAZZETTI, G.: Ann. Igiene 37, 1 (1927). — MAZZETTI, G.: a) Acad. Fisiocrit., Siena 1928, 1; b).Boll. Soc. Italiana Biol. sper. 3, 754 (1928). — MCCAWLEY, E. L.,B. A. RUBIN and N.J.GIACOMINO: Federation Proc. 5, 191 (1946). — MCDONOUGH, E. S., and L. BELL: Phytopath. 41, 25 (1951). — MEISSNER, G., and E. HESSE: Arch. exper. Path. u. Pharmakol. 147, 339 (1930). — MICHENER, H. D., N. SNELL and E. F. JANSEN: Arch. Biochem. 19, 199 (1948). — MITRA, G. C., K. R. CHANDRAN and N. K. S. RAO: Sci. and Culture 14, 315 (1949). — MURTI, P. B. R., and T. R. SESHARDI: Proc. Ind. Acad. Sci. (A) 16, 135 (1942). — MUSKAT, I. E., B. C. BECKER and J. S. LÖWENSTEIN: J. Amer. Chem. Soc. 52. 326 (1930).

NAGHSKI, J., M. J. COPLEY and J. F. COUCH: a) J. Bact. 54, 34 (1947); b) Science 105, 125 (1947). — NOBÉCOURT, P.: Thesis, Lyons 2 nd. Ed. 1928 (Quoted from ETTLINGER, 1946, Schweiz. Z. path. Bakt. 9, 352).

OSBORN, E. M.: Brit. J. Exptl. Path. 24, 227 (1943). — OSBORN, E. M., and J. L. HARPER: Nature (London) 167, 685 (1951). — OSBORN, E. M., P. PEARD and E. P. ABRAHAM: Unpublished, 1948 (quoted by FLOREY et al., 1949). — ÖZEK, Ö.: Istanbul Seririyati 27, 156 (1946).

PAI, M. N., and R. J. IRANI: Indian Med. Gaz. 85, 302 (1950). — PANISSET, M., and R. P. LOUIS-MARIE: Rev. Oka. Agron. Med. Vet. 19 (1), 1 (1945). — PANISSET, M., and A. NANTEL: Canad. J. Pub. Health 39, 76 (1948). — PEDERSON, C. S., and P. FISHER: a) J. Bact. 47, 421 (1944); b) Tech. Bull. N. Y. State (Geneva) Agric. Exptl. Stn. No. 273, 1944. — PENFOLD, A. R., and R. GRANT: a) Perfum. essent. Oil Rec. 14, 175, 437 (1923); b) J. and Proc. Roy. Soc. N. S. W. 57, 80 (1923); Perfum. essent. Oil Rec. 15, 127, 388 (1924); Perfum. essent. Oil Rec. 16, 14 (1925); a) Perfum. essent. Oil Rec. 17, 251 (1926); b) J. and Proc. Roy. Soc. N. S. W. 59, 346 (1926); Perfum. essent. Oil Rec. 18, 100 (1927). — PENFOLD, A. R., and F. R. MORRISON: Technological Museum Bull. No. 14, Sydney 1934. — PERKIN, A. G., and J. J. HUMMEL: a) J. Chem. Soc. Trans. 69, 1295 (1896); b) Proc. Chem. Soc. 12, 144 (1896). — PERKIN, A. G., and L. PATE: J. Chem. Soc. Trans. 67, 644 (1895). — PHIPSON, T. L.: C. r. Acad. Sci. 69, 1372 (1869). — PYMAN, F. L., H. ROGERSON and T. K. WALKER: J. Inst. Brewing 28, 929 (1922).

RABAK, F.: J. Assoc. Offic. Agric. Chemists 25, 288 (1942). — RAO, B. S.: J. Chem. Soc. 1, 853 (1937). — RAO, M. G. S., C. SKIRANTIA and M. S. IYENGAR: J. Chem. Soc. 127, 556 (1925); 1578, (1929) — RAO, P. L. N., and S. C. L. VERMA: J. Sci. Indust. Res. (India) 10 (B), 184 (1951). — RAO, R. R., M. GEORGE and K. M. PANDALAI: Nature (London) 158, 745 (1946). — RAO, R. R., and S. NATARAJAN: Current Sci. 19, 59 (1950). — RAO, R. R., S. S. RAO and P. R. VENKATARAMAN: J. Sci. Indust. Res. (India) 5, 31 (1946). — REISS, F., and D. R. WINSTON: Exper. Med. and Surg. 7, 229 (1949). — RENNERFELT, E.: Svensk bot. tidskr. 39, 311 (1945). — RILEY, R. F., and D. K. MILLER: Arch. Biochem. 18, 13 (1948).— ROBBINS, W. J., F. KAVANAUGH and J. D. THAYER: Bull. Torrey Bot. Club. 74, 287 (1947). — ROGERS, B. W.: Brit. J. Exptl. Path. 25, 212 (1944). — RUHEMANN, S., and S. SKINNER: Ber. dtsch. chem. Ges. 20, 1861 (1867).

DE SAINT-RAT, L., and P. LUTERAAN: C. r. Acad. Sci. Paris 224, 1587 (1947).—DE SAINT-RAT, L., H. R. OLIVER and J. CHOUTEAU: Bull. Acad. Méd. Paris 130, 57 (1946). — SALLE, A. J., G. J. JANN and M. ORDANIK: Proc. Soc. Exptl. Biol. and Med. 70, 409 (1949). — SANCHEZ, F. R., E. P. DE LEON and G. AROZCO: Med. rev. Mex. 28, 97 (1948). — SANDERS,

A. G.: Lancet **1**, 44 (1946). — SANDERS, D. W., P. WEATHERWAX and L. S. McCLUNG: J. Bact. **49**, 611 (1945). — SARTORY, A., A. QUEVAUVILLIER and P. RICHARD: C. r. Acad. Sci. Paris **228**, 782 (1949). — SCHMITZ, H.: Idaho Forester **4**, 46 (1922). — SCHNEIDER, W.: Ann. Chem. **375**, 207 (1910). — SCHNEIDER, W., and L. A. SCHÜTZ: Ber. dtsch. chem. Ges. **46**, 2634 (1913). — SCHNELL, L. O., and J. D. THAYER: Unpublished 1949 (quoted by KAREL and ROACH, 1951). — SCHRAUFSTÄTTER, E., and H. BERNT: Nature (London) **164**, 456 (1949). — SCOTT, W. E., H. H. McKAY, P. S. SCHAFFER and T. D. FONTAINE: J. clin. Investigation **28**, 899 (1949). — SHANKARMURTHY, P., and S. SIDDIQUI: J. Sci. Indust. Res. (India) **7** B, 188 (1948). — SHERMAN, J. M., and H. M. HODGE: J. Bact. **31**, 96 (1936). — SHERRARD, E. C., and C. W. SONDERN: Unpublished report. Forest Products Lab., Madison, Wisconsin 1929 (Quoted by ANDERSON, A. B., and E. C. SHERRARD 1933). — SIDDIQUI, S., and C. MITRA: J. Sci. Indust. Res. (India) **4**, 5 (1945). — SIRSI, M., L. KALE, S. NATARAJAN and U. B. NAYAK: J. Indian Inst. Sci. **34**, 261 (1952). — SKINNER, C. E., C. W. EMMONS and H. M. TSUCHIYA: Henrici's Molds, Yeasts and Actinomycetes. New York: John Wiley & Sons, Inc. 1947. — SMITH, L. W.: Amer. J. Med. Sci. **207**, 647 (1944). — SÖDING, H.: Ber. dtsch. bot. Ges. **59**, 458 (1941). — SOUTHAM, C. M.: Proc. Soc. Exptl. Biol. Med. **61**, 391 (1946). — SOUTHAM, C. M., and J. EHRLICH: Phytopath. **33**, 517 (1943). — SOWDER, A. M.: Ind. Eng. Chem. **21**, 981 (1929). — SPENCER, C. F., F. R. KONIUSZY, E. F. ROGERS, J. SHAVEL, N. R. EASTON, E. A. KACZKA, F. A. KUEHL, R. F. PHILLIPS, A. WALTI, K. FOLKERS, C. MALANGA and A. O. SEELER: Lloydia **10**, 145 (1947). — SPOEHR, H. A., J. H. C. SMITH, H. H. STRAIN, H. W. MILNER and G. J. HARDIN: Carnegie Inst. of Washington, D. C., Publication 586, 1949. — SPROSTON, T., J. E. LITTLE and M. W. FOOTE: Bull. Vermont Agric. Exptl. Sta., No. 543, 1948. — STÄDELER, G.: Chem. Gaz. **6**, 29, 58 (1848). — STAHMANN, M. A., C. F. HUEBNER and K. P. LINK: J. Biol. Chem. **138**, 513 (1941). — STICKL, O.: Z. Hyg. Infektkr. 108, 567 (1928). — STOKOE, W. N.: Biochem. J. **22**, 80 (1928). — STUART, L. S., and T. H. HARRIS: Cereal Chem. **19**, 288 (1942). — SURI, J. C.: Indian J. Med. Res. **39**, 411 (1951).

TETSUMOTO, S.: Bull. Agric. Chem. Soc. Japan **10**, 166 (1934). — THORNE, D. W., and P. E. BROWN: J. Bact. **34**, 567 (1937). — TOKIN, B.: Amer. Rev. Soviet Med. **1**, 237 (1943/44). — TORPZEV, I., and I. KAMNEV: Compt. Rend. (Doklady) Acad. Sci. U.R.S.S. **51**, 373 (1946). — TSUCHIYA, H. M., C. H. DRAKE, H. O. HALVORSON and R. N. BIETER: J. Bact. **47**, 422 (1944). — TUTIN, F., and H. W. B. CLEWER: J. Chem. Soc. **99**, 946 (1911).

VALETTE, G., and A. LIBER: C. r. Soc. Biol. **128**, 362 (1938). — VELDSTRA, H., and E. HAVINGA: Enzymologia **11**, 373 (1943/45). — VINCENT, J. G., and H. W. VINCENT: Proc. Soc. Exptl. Biol. N. Y. **55**, 162 (1944).

WAGNER, P.: Chemikerztg. **32**, 76 (1908). — WAKSMAN, S. A., and H. C. REILLY: Indust. Eng. Chem. (Anal. Ed.), **17**, 556 (1945). — WALKER, J. C.: Phytopath. **8**, 70 (1918); J. Agr. Res. **24**, 1019 (1923). — WALKER, J. C., C. C. LINDEGREN and F. M. BACHMANN: J. Agr. Res. **30**, 175 (1925). — WALKER, T. K.: J. Inst. Brewing **47**, 362 (1941). — WALKER, T. K., and A. PARKER: J. Inst. Brewing **43**, 17 (1937). — WALLER, C. W., and O. GISVOLD: J. Amer. Pharm. Assoc. (Sci. Ed.) **34**, 78 (1945). — WELD, J. T.: Proc. Soc. Exptl. Biol. and Med. **59**, 40 (1945). — WHITE, A. C.: J. Pharmacol. **48**, 79 (1933). — WILSKA, A.: J. gen. Microbiol. **1**, 368 (1947). — WINTER, A. G., and L. WILLECKE: a) Naturwiss. **38**, 262 (1951); b) Naturwiss. **38**, 354 (1951); a) Naturwiss. **39**, 45 (1952); b) Naturwiss. **39**, 190 (1952); **40**, 247 (1953). — WU, C. C.: Chin. Med. J. **61**, 337 (1945). — WYSS, O., B. J. LUDWIG and R. R. JOINER: Arch. Biochem. **7**, 415 (1945).

YAMAGAMI, M.: Chosen Igakkai Zosshi **72**, 65 (1927).

ZEETI, R.: Boll. Inst. Sieroterap. Milan **18**, 140 (1939).

Sachverzeichnis.

(Deutsch — Englisch)

Wegen allgemeiner Stichworte wie Extraktion, Abtrennung, Reinigung usw. der einzelnen Stoffgruppen vergleiche man auch das Inhaltsverzeichnis am Anfang dieses Bandes.

cis-, trans-, n-, D-, L- und ähnliche Isomere sind unter dem Anfangsbuchstaben der Verbindung und nicht unter dem Präfix eingeordnet.

Alle iso-Verbindungen finden sich unter Iso-.

Ä, Ö, Ü sind wie Ae, Oe, Ue eingereiht.

Bei gleicher Schreibweise in beiden Sprachen sind die Verbindungen jeweils einfach aufgeführt.

Anisketon, *anisketone* 411.
Anonol 142, 170.
Antheraxanthin 275.
—, Absorptionsspektrum, *absorption spectrum* 295.
—, Säulenchromatographie, *column chromatography* 288, 290.
—, Smp., *m. p.* 293.
cis-Antheraxanthin 276.
—, Absorptionsspektrum, *absorption spectrum* 295.
—, Säulenchromatographie, *column chromatography* 288, 290.
—, Smp., *m. p.* 293.
Antheren,Carotinoide,*anthers, carotenoids* 275.
Anthesterin, *anthesterol* 83, 142.
Anthocyane, *anthocyanins* 450, 454.
—, Farbreaktionen, *colour reactions* 464—466.
Anthocyanidine, Farbreaktionen, *anthocyanidins, colour reactions* 464—466.
Anthracenderivate, *anthracene derivatives* 554.
Anthrachinon, *anthraquinone* 552.
— -Derivate als Antibiotica, *derivatives as antibiotics* 668.
Anthraglykoside, *anthraglucosides* 549—564.
—, biologische Wertbestimmung, *biological test* 561.
Anthranol 552.
Anthriscin 444.
Anthron, *anthrone* 552.
Antiarigenin 253.
Antiarin 253.
Autiauxine, *antiauxins* 565.
Antibiotica, *antibiotics* 626—725.
—, ätherische Öle, *essential oils* 715.
—, Alkaloide, *alkaloids* 714.
— aus einzelnen Arten in alphabetischer Reihenfolge, *from single species in alphabetical order* 655—713.
—, Diffusionsmethoden, *diffusion methods* 639.
—, Fettsäuren, *fatty acids* 716—721.
—, flüchtige, *volatile* 651.
— im Gemüse, *in vegetables* 634.
— im Holz, *in timber* 633.
—, Testorganismen, *test organisms* 652.
— und Bodenmikroorganismen, *and soil micro-organisms* 634.
— und Chlorophyll, *and chlorophyll* 715.
—, Verbreitung in Pflanzenfamilien, *distribution in plant families* 628 ff.
—, Verdünnungsmethoden, *dilution methods* 645.
—, Zylinder-Plattenmethode, *cylinder-plate method* 640.
Antirrhinin 477.
Aphanicin 277, 302.
—, Absorptionsspektr., *absorption spectr.* 295.
—, Säulenchromatogr., *column chromatogr.* 288.
Aphanin 277, 302.
—, Absorptionsspektr., *absorption spectr.* 294.
—, Säulenchromatogr., *column chromatogr.* 288, 290.
—, Smp., *m. p.* 292.

Aphanizophyll 277.
—, Absorptionsspektr., *absorption spectr.* 295.
—, Säulenchromatogr., *column chromatogr.* 288, 290.
—, Smp., *m. p.* 293.
Apigenin 472, 476, 482.
—, Absorptionsspektr., *absorption spectr.* 487, 488.
—, Absorptionsspektren von Methyläthern, *absorption spectra of methyl ethers* 490.
Apiin 487.
Apiol 421.
Araligenin 105.
Arbusterin, *arbusterol* 142, 170.
Arbutin 477.
Arctiin 434.
Arnidendiol 127.
Arnidiol 60, 106, 127.
Arnisterin, *arnisterol* 127.
Aromatische Säuren, *aromatic acids* 345—348.
—, quant. Bestimmg., *quant. determ.* 347.
Artemisia-Wurzeltest, *Artemisia root test* 606.
Artostenon, *Artostenone* 142, 155.
Asarinin 431, 441.
cis-Asaron, *cis-asarone* 419.
trans-Asaron, *trans-asarone* 420.
Ascosterin, *ascosterol* 147, 155.
Asiaticosid, *asiaticoside* 123, 671, 720.
Asiatsäure, *asiatic acid* 60, 123, 671.
Astacin 295, 301.
Astaxanthin 276, 277, 282, 291, 301.
—, Absorptionsspektrum, *absorption spectrum* 295, 298.
—, Farbreaktionen, *colour reactions* 300.
—, Säulenchromatogr., *column chromatogr.* 283, 288.
—, Smp., *m. p.* 293.
Atromentin 375.
Aureusidin 455, 476.
Aureusin 476.
Aurone, *aurones* 450, 454.
—, Absorptionsspektren, *absorption spectra* 493.
—, Farbreaktionen, *colour reactions* 466.
Auroxanthin 275.
—, Absorptionsspektr., *absorption spectr.* 295, 297.
—, Säulenchromatogr., *column chromatogr.* 288, 290.
—, Smp., *m. p.* 293.
Auxin (a, b) 566, 578, 621.
Auxin, gebundenes, *bound auxin* 570.
Auxine (s. a. Wuchsstoffe), *auxins (s. a. growth substances)* 565.
— und Fruchtwachstum, *and fruit growth* 609—611.
Auxin-Inaktivierung, Verhütung von, *auxin-inactivation, prevention of* 567.
Auxin-Komplex, *auxin complex* 567.
Auxin-Tests s. Avena-Test, Erbsentest, Wurzelwachstumsteste, *auxin tests, s. Avena test, pea test, root growth tests.*
Auxin-Vorstufe, Hydrolyse, *auxin precursor, hydrolysis* 567.

Subject Index.

(English — German)

For general terms such as extraction, isolation, purification etc. of various groups of compounds cf. also the table of contents at the beginning of the volume.

cis-, trans-, n-, D-, L- and similar isomers are listed according to the first letter of the following word.

All iso-compounds are to be found under Iso-.

Ä, Ö, Ü are taken as Ae, Oe, Ue.

Where English and German spelling of a word is identical the italicised (German) entry is omitted.

48*